Physikalische Chemie für Einsteiger

Josef K. Felixberger

Physikalische Chemie für Einsteiger

Josef K. Felixberger
Augsburg, Deutschland

Cover Die gezielte Fragmentierung der Doppelbindung eines Alkens, in diesem Fall Butadien, erfolgt durch die Anregung der π-Elektronen mittels eines hochenergetischen Laserblitzes, der nur wenige Femtosekunden dauert. Hintergrundbild: Valdas Jarutis/Shutterstock.com.

ISBN 978-3-662-69766-5   ISBN 978-3-662-69767-2 (eBook)
https://doi.org/10.1007/978-3-662-69767-2

Die Deutsche Nationalbibliothek verzeichnet diese Publikation in der Deutschen Nationalbibliografie; detaillierte bibliografische Daten sind im Internet über https://portal.dnb.de abrufbar.

© Der/die Herausgeber bzw. der/die Autor(en), exklusiv lizenziert an Springer-Verlag GmbH, DE, ein Teil von Springer Nature 2025
Das Werk einschließlich aller seiner Teile ist urheberrechtlich geschützt. Jede Verwertung, die nicht ausdrücklich vom Urheberrechtsgesetz zugelassen ist, bedarf der vorherigen Zustimmung des Verlags. Das gilt insbesondere für Vervielfältigungen, Bearbeitungen, Übersetzungen, Mikroverfilmungen und die Einspeicherung und Verarbeitung in elektronischen Systemen.
Die Wiedergabe von allgemein beschreibenden Bezeichnungen, Marken, Unternehmensnamen etc. in diesem Werk bedeutet nicht, dass diese frei durch jede Person benutzt werden dürfen. Die Berechtigung zur Benutzung unterliegt, auch ohne gesonderten Hinweis hierzu, den Regeln des Markenrechts. Die Rechte des/der jeweiligen Zeicheninhaber*in sind zu beachten.
Der Verlag, die Autor*innen und die Herausgeber*innen gehen davon aus, dass die Angaben und Informationen in diesem Werk zum Zeitpunkt der Veröffentlichung vollständig und korrekt sind. Weder der Verlag noch die Autor*innen oder die Herausgeber*innen übernehmen, ausdrücklich oder implizit, Gewähr für den Inhalt des Werkes, etwaige Fehler oder Äußerungen. Der Verlag bleibt im Hinblick auf geografische Zuordnungen und Gebietsbezeichnungen in veröffentlichten Karten und Institutionsadressen neutral.

Planung/Lektorat: Sinem Toksabay, Désirée Claus
Springer Spektrum ist ein Imprint der eingetragenen Gesellschaft Springer-Verlag GmbH, DE und ist ein Teil von Springer Nature.
Die Anschrift der Gesellschaft ist: Heidelberger Platz 3, 14197 Berlin, Germany

Wenn Sie dieses Produkt entsorgen, geben Sie das Papier bitte zum Recycling.

Zwei Dinge erfüllen das Gemüt mit immer neuer und zunehmender Bewunderung und Ehrfurcht, je öfter und anhaltender sich das Nachdenken damit beschäftigt: Der bestirnte Himmel über uns und das moralische Gesetz in uns.

Immanuel Kant

For my marvelous wife Elena, for her continuos support and her understanding.

In memoriam Professor I. Meshkovskiy

Vorwort

Wer sich intensiver mit Chemie beschäftigt, erkennt schnell, dass physikalische Methoden und Theorien maßgeblich zur Vorstellung von Atomen, Molekülen und chemischen Reaktionen beigetragen haben.

So ging beispielsweise aus dem Rutherfordschen Streuversuch in Kombination mit den Erkenntnissen der Spektralanalyse das Bohrsche Atommodell hervor. Demnach bestehen Atome aus einem massiven Atomkern, um den Elektronen auf diskreten Bahnen kreisen.

Schrödinger erkannte, dass Elektronen nicht als konkrete kreisende „Kugeln" aufgefasst werden dürfen, sondern wegen ihrer geringen Ruhemasse als stehende verschmierte Wellen um den Atomkern anzusehen sind. Der quantenmechanische Ansatz (Schrödinger-Gleichung) und dessen Weiterentwicklung ermöglicht die Berechnung von Energiezuständen von Atomen und Molekülen (Energieeigenwerte) und der bevorzugten Aufenthaltsräume von Elektronen (Orbitale).

Da chemische Reaktionen letztendlich auf elektromagnetische Wechselwirkungen zwischen den Valenzelektronen von Molekülen und/oder Atomen zurückzuführen sind, liefern physikalische Theorien/Modelle einen tieferen Einblick in das chemische Reaktionsverhalten als der eher abstrakte Ansatz der Chemie.

Das Scale-up von Laboransätzen zu großindustriellen Verfahren ist ein weiteres Beispiel für die Bedeutung der physikalischen Herangehensweise in der Chemie. Laborchemiker konzentrieren sich meist nur auf die Syntheseroute und weniger auf energetische Verfahrensaspekte, da Kühlen und Heizen im Labor einfach zu bewerkstelligen ist. Dagegen ist bei Großanlagen und die Kenntnis des zeitlichen Verlaufs der Reaktionsgeschwindigkeit (Kinetik) und des Wärmeaustausches (Thermodynamik) von herausragender Bedeutung, um diese sicher und rentabel betreiben zu können.

Das vorliegende Buch richtet sich an interessierte Schüler der gymnasialen Oberstufe, Lehrer und Studierende des Bachelorstudiums Chemie sowie an alle Studierende mit dem Nebenfach Chemie. Für fortgeschrittene Studenten dient es als Nachschlagewerk, um einmal Gelerntes wieder aufzufrischen. Der Begriff „Einsteiger" im Buchtitel ist bewusst gewählt. Einsteiger verfügen über gewisse Vorkenntnisse und setzen sich ernsthaft und länger mit der Thematik auseinander. Alle anderen Leser, die sich intensiv mit den physikalischen Prinzipien der Chemie befassen wollen, werden ebenfalls an diesem Buch Gefallen finden. Das Buch gliedert sich in fünf Teile:

Grundlagen (▶ Kap. 1 bis 9)

Der Teil „Grundlagen" soll den Leser helfen, die folgenden Teile besser verstehen zu können. Es wird das internationale Einheitensystem (SI) erläutert, die Grundlagen verschiedener Atommodelle beschrieben und die Grundprinzipien der chemischen Bindung erklärt. Darüber hinaus werden die Grundlagen des chemischen Fachrechnens (Stöchiometrie) behandelt, sowie zwischenmolekulare Wechselwirkungen, Aggregatzustände und Stoffgemische diskutiert. Ein grundlegendes Verständnis von Magnetismus und elektromagnetischer Strahlung ist Voraussetzung für die Interpretation spektroskopischer Beobachtungen (IR, Raman, UV-VIS, NMR).

Da in der physikalischen Chemie tiefere mathematische Kenntnisse zur quantitativen Beschreibung erforderlich sind, werden in Kapitel neun die Grundlagen des Differenzierens und Integrierens prägnant erläutert.

Thermodynamik (▶ Kap. 10 bis 12)

Thermodynamik als Teilgebiet der physikalischen Chemie, beschäftigt sich mit den Gesetzmäßigkeiten der Energieumwandlung und -übertragung. Ihr „Wesen" lässt sich auf vier Hauptsätze zurückführen, wovon der Energieerhaltungssatz (1. Hauptsatz) und der Entropiesatz (2. Hauptsatz) am bekanntesten sind. Die moderne chemische Verfahrenstechnik sowie der Maschinenbau (Motoren, Kältemaschinen, Wärmepumpen, Turbinen) wären ohne die Erkenntnisse der Thermodynamik nicht vorstellbar.

Besonderer Wert wird in diesem Teil auf die Definition und Abgrenzung zentraler Begriffe wie Wärmeenergie, Temperatur und Entropie gelegt. Insbesondere das Konzept der Entropie stößt bei vielen Studenten anfänglich auf Verständnisprobleme, da dieses weder im Schulunterricht noch im Alltag Einzug gefunden hat.

Die Begriffe werden sowohl aus phänomenologischer (Carnot, Clausius, Joule) als auch aus atomistisch-statistischen Perspektive (Maxwell, Boltzmann) betrachtet. Durch die unterschiedlichen Blickwinkel werden diese nach und nach greifbarer und verständlicher.

Kinetik (▶ Kap. 13 und 14)

Die Thermodynamik beschreibt Gleichgewichtszustände und kann deshalb lediglich energetische Anfangs- und Endzustände chemischer Reaktionen beschreiben. Sie ist jedoch nicht in der Lage Aussagen über die Geschwindigkeit von Zustandsänderungen oder Vorgänge auf molekularer Ebene zu treffen. Hier helfen kinetische Betrachtungen weiter.

Der Teil „Kinetik" definiert Begriffe wie Reaktionsgeschwindigkeit, Geschwindigkeitskonstante, Reaktionsordnung und Molekularität. Es werden komplexe Reaktionen (▶ Kap. 14) wie Folge-, Parallel- und Gleichgewichtsreaktionen sowohl qualitativ als auch quantitativ beschrieben. Komplexe Reaktionsabläufe setzen sich aus mehreren einfachen Reaktionen (▶ Kap. 13) zusammen.

Abschließend wird der Einfluss von Temperatur (Arrhenius-Gleichung) und Aktivierungsenergie (Katalyse, Enzymreaktionen) auf den kinetischen Verlauf chemischer Reaktionen betrachtet.

Elektrochemie (▶ Kap. 15 bis 18)

Für die Erreichung der angestrebten CO_2-Neutralität, spielt Elektromobilität eine zentrale Rolle. Elektroautos, E-Bikes und E-Busse sollen nicht mit Verbrennungsmotoren, sondern mit Akkumulatoren angetrieben werden. Die Rechnung geht nur dann auf, wenn die zur Beladung der Akkumulatoren benötigte elektrische Energie auf erneuerbare Quellen zugreift.

Im ▶ Kap. 15 werden die Grundlagen (Ohm-Gesetz, Coulomb-Gesetz, Elektrolytlösungen, Redox-Vorgänge) und Basisgrößen der Elektrochemie diskutiert.

▶ Kap. 16 vertieft das Thema Leitfähigkeit von Ionen in Elektrolytlösungen (Ostwald- und Kohlrausch-Gesetz).

In ▶ Kap. 17 werden galvanische Elemente, sowie das Standardpotential galvanischer Zellen (Nernst-Gleichung) behandelt. Aufbau und Chemismus kommerziell bedeutsamer Batterien (Leclanché-Element, Alkalibatterien) und Akkumulatoren (Blei-Akku, Lithium-Ionen-Akkus) werden erläutert. Elektrochemische Reaktionen als Auslöser von Korrosionsschäden in Milliardenhöhe bilden den Abschluss des Kapitels.

Im ▶ Kap. 18 werden großtechnischen Anwendungen elektrochemischer Prozesse diskutiert. So kann beispielsweise mit Hilfe des Stroms Wasser in seine Elemente

Wasserstoff und Sauerstoff zerlegt und aus Natriumchlorid Chlor und Natrium resp. Natronlauge hergestellt werden. In der Galvanotechnik werden mit Hilfe vom elektrischen Strom dekorative Metallüberzüge (z. B. Verchromung) und Korrosionsschutz realisiert.

Atom- und Molekülspektroskopie (▶ Kap. 19 und 20)

Vieles – wenn nicht sogar das meiste – was wir über Zusammensetzung, Struktur und Eigenschaften von Stoffen wissen, basiert auf der Wechselwirkung von elektromagnetischer Strahlung (z. B. IR-, UV-VIS-, Röntgenstrahlung) mit Materie. In ▶ Kap. 19 werden elektromagnetische Wellen und die Grundlagen der Spektroskopie beschrieben.

In ▶ Kap. 20 werden typische spektroskopische Methoden wie die UV-VIS-Spektroskopie (Anregung von Valenzelektronen), die IR/Raman-Spektroskopie (Anregung von Molekülschwingungen) und die NMR-Spektroskopie (Anregung von Atomkernen) besprochen. Die Interpretation von Spektren wird exemplarisch erläutert.

Es wurde versucht, die meist abstrakten Konzepte der physikalischen Chemie möglichst anschaulich zu beschreiben und in Bilder zu fassen. Rechenbeispiele wurden detailliert ausgeführt, um sie für den geneigten Leser nachvollziehbar zu machen. Besonderer Wert wurde auf übersichtliche und gut lesbare Graphiken gelegt. Ich hoffe den Erwartungen gerecht geworden zu sein.

Mein herzlicher Dank gilt dem Verlag Springer Spektrum und insbesondere dem Cheflektor Dr. Rainer Münz, der das Projekt angestoßen hat. Ich möchte mich auch bei der Projektmanagerin Stefanie Adam sowie den Associate Editoren Désirée Claus und Sinem Toksabay bedanken, die die Vermarktung des Buches vorantreiben. Ein besonderer Dank gilt dem Production Editor Bhupendra Kumar Singh und seinem Team, die mit großer Ausdauer das Skript in ein druckfähiges Buch überführt haben.

Viel Spaß bei der Lektüre!

Josef Felixberger
Oktober 2025

Inhaltsverzeichnis

I Grundlagen der Physikalischen Chemie

1 Physikalische Größen und Einheiten ... 3
1.1 Physikalische Größen – Produkt von Zahlenwert und Maßeinheit ... 5
1.2 Internationales Einheitensystem – Sieben Basisgrößen als globaler Standard ... 5
1.3 Naturkonstanten – Fundament der SI-Basisgrößen ... 8
1.4 Dezimale Vielfache und Teile physikalischer Messgrößen ... 9

2 Atommodelle im Wandel der Zeit ... 11
2.1 Teilchenmodell – Materie besteht aus kleinsten, unteilbaren Teilchen ... 12
2.2 Atome – Kleinste Einheit von Elementen ... 13
2.2.1 Dalton'sches Atommodell – Atome als kugelförmige, strukturlose Teilchen ... 13
2.2.2 Thomson'sches Atommodell – Positive Teilchen mit eingebetteten Elektronen ... 13
2.2.3 Rutherford'sches Atommodell – Elektronen kreisen um positive Atomkerne ... 13
2.3 Elementarteilchen – Elektronen, Protonen und Neutronen als Grundbausteine von Atomen ... 14
2.3.1 Das Elektron – Träger der negativen Elementarladung ... 15
2.3.2 Das Proton – Positiv geladene Kernteilchen charakterisieren die Elemente ... 19
2.3.3 Das Neutron – Neutral geladene Kernteilchen halten Atomkerne zusammen ... 20
2.4 Isotope – Atome mit identischer Protonen-, aber unterschiedlicher Massenzahl ... 20
2.5 Bohr'sches Atommodell – Elektronen kreisen auf diskreten Bahnen um den Atomkern ... 23
2.6 Schrödingers Atommodell – Elektronen als stehende dreidimensionale Materiewellen ... 26
2.7 Mehrelektronensysteme – Aufbauprinzip – Periodensystem ... 36
2.7.1 Aufbauprinzip – Pauli-Prinzip und Hund'sche Regeln bestimmen die Elektronenkonfiguration ... 38
2.7.2 Periodensystem – Protonenzahl, Gruppenzahl und Periodenzahl als Ordnungskriterien ... 41

3 Chemische Bindung und Molekülstruktur ... 49
3.1 Edelgaszustand – Atome verfügen über gesättigte Elektronenschalen ... 50
3.2 Ionenbindung – Elektronenübergang von Metallatom auf Nichtmetallatom ... 53
3.3 Atombindung – Nichtmetallatome teilen sich Elektronenpaare ... 54
3.3.1 Ideale Atombindung – Zwei Atome eines Nichtmetalls gehen eine Bindung ein ... 54
3.3.2 Polare Atombindungen – Zwei Atome verschiedener Nichtmetalle gehen eine Bindung ein ... 54
3.3.3 VSEPR-Modell – Räumliche Molekülstruktur, abgeleitet von der Anzahl an Elektronenpaaren ... 55
3.3.4 Valence-Bond-Theorie – Atom- bzw. Hybridorbitale überlappen zu chemischen Bindungen ... 59
3.3.5 Molekülorbitaltheorie – Atomorbitale interagieren zu Molekülorbitalen ... 64
3.4 Metallbindung – Freies Elektronengas stabilisiert Gitter aus Metallkationen ... 73
3.4.1 Elektronengasmodell – Valenzelektronen bewegen sich frei durch das Metallgitter ... 74
3.4.2 MO-Theorie – Zahllose Atomorbitale überlappen zu Energiebändern ... 74
3.4.3 Elektrische Leiter – Halbleiter – Isolatoren ... 74
3.4.4 Metallgitter – Metallatome bilden dichteste Kugelpackungen ... 75

3.5	**Komplexbindung – Liganden gruppieren sich um ein Zentralatom**	76
3.5.1	MO-Theorie – Orbitale der Liganden wechselwirken mit den Valenzorbitalen des Metalls	77
3.5.2	Ligandenfeldtheorie – Entartung der d-Orbitale des Zentralatoms wird durch Liganden aufgehoben	78
4	**Stöchiometrie – Das Zahlengerüst der Chemie**	**81**
4.1	Absolute und relative Atommasse/Molekülmasse	82
4.2	Stoffmenge Mol – Anzahl der Teilchen als Kriterium	83
4.3	Molare Masse und molares Volumen	84
4.4	Molarität – Die wichtigste Konzentrationseinheit der Chemie	86
4.5	Chemische Formeln – Kompakte Darstellung mit hoher Aussagekraft	87
4.6	Elementare Zusammensetzung von Verbindungen	88
4.7	Summenformel – Herleitung aus der Elementarzusammensetzung	89
4.8	Chemische Reaktionsgleichungen – Art und Anzahl der Atome ändern sich nicht	90
5	**Stoffe – Zwischenmolekulare Wechselwirkungen, ursächlich für Aggregatzustände**	**93**
5.1	Zwischenmolekulare Wechselwirkungen sorgen für inneren Zusammenhalt	94
5.2	Gasförmig, flüssig, fest – Die drei klassischen Aggregatzustände	98
5.2.1	Gase – Stoffe von variabler Form und variablem Volumen	98
5.2.2	Flüssigkeiten – Stoffe mit variabler Form und definiertem Volumen	105
5.2.3	Feststoffe – Stoffe mit definierter Form und definiertem Volumen	114
5.3	Phasenübergänge – Druck und Temperatur entscheiden über den Aggregatzustand	117
6	**Magnetismus**	**119**
6.1	Permanentmagneten und Elektromagneten	120
6.2	Magnetfeld der Erde – Deklination und Inklination	122
6.3	Magnetische Feldstärke – Magnetische Flussdichte – Lorentzkraft	124
6.4	Ferromagnetismus – Diamagnetismus – Paramagnetismus	125
6.4.1	Magnetische Suszeptibilität und Permeabilität	125
6.4.2	Bohr'sches Magneton – Magnetisches Moment eines Elektrons	125
6.4.3	Diamagnetismus – Diamagnetische Stoffe schwächen Magnetfelder	126
6.4.4	Paramagnetismus – Paramagnetische Stoffe verstärken Magnetfelder	128
6.4.5	Ferromagnetismus – Ferromagnetische Stoffe als Permanentmagneten	129
7	**Reinstoffe und Stoffgemische**	**133**
7.1	Gehaltsangaben – Anteile und Konzentrationen einzelner Komponenten	135
7.2	Einstoffsysteme	138
7.2.1	Dampfdruckkurven – Gleichgewicht zwischen Flüssigkeits- und Dampfphase	138
7.2.2	Phasendiagramme – Druck und Temperatur entscheiden über den Aggregatzustand	139
7.3	**Zweistoffsysteme – Ideale Lösungen**	140
7.3.1	Dampfdruck idealer binärer Lösungen	141
7.3.2	Dampfdruckdiagramme – Dampfdruck als Funktion des Stoffmengenanteils	141
7.3.3	Siedediagramme – Siedepunkt als Funktion des Stoffmengenanteils	143
7.3.4	Gleichgewichtsdiagramme – Korrelation von Dampf- und Flüssigkeitsphasenzusammensetzung	144
7.4	**Zweistoffsysteme – Reale Lösungen aus Lösungsmittel und gelöstem Stoff**	146
7.5	**Zweistoffgemische – Kolligative Eigenschaften hängen ausschließlich von der Teilchenzahl ab**	148
7.5.1	Dampfdruckerniedrigung – Verringerung des Dampfdrucks	148
7.5.2	Siedepunktserhöhung – Zunahme des Siedepunkts	148
7.5.3	Gefrierpunktserniedrigung – Abnahme des Schmelzpunkts	151
7.5.4	Osmotischer Druck – Semipermeable Membran trennt Lösungen unterschiedlicher Konzentration	152

8 Elektromagnetische Strahlung – Welle-Teilchen-Dualismus ... 155
- 8.1 **Elektromagnetische Strahlung als Wellen – Interferenz und Polarisation** ... 156
  - 8.1.1 Dipolschwingung – Erzeugung elektromagnetischer Wellen ... 157
  - 8.1.2 Ausbreitungsgeschwindigkeit elektromagnetischer Wellen ... 157
  - 8.1.3 Interferenz – Verstärkung und Auslöschung elektromagnetischer Wellen ... 159
  - 8.1.4 Polarisation elektromagnetischer Wellen ... 160
  - 8.1.5 Brechungsindex – Lichtgeschwindigkeit als Funktion des Mediums ... 160
- 8.2 **Elektromagnetische Strahlung als Teilchen – Photoelektrischer Effekt** ... 161
- 8.3 **Elektromagnetische Strahlung – Energietransport ist nicht an das Medium gebunden** ... 163

9 Mathematische Grundlagen ... 167
- 9.1 **Vektoren – Richtung, Orientierung und Länge als Charakteristika** ... 168
- 9.2 **Differenzialrechnung – Steigungsverhalten von Funktionen** ... 172
- 9.3 **Integralrechnung – Berechnung von krummlinig begrenzten „Flächeninhalten"** ... 175
- 9.4 **Ableitungen höherer Ordnung** ... 180
- 9.5 **Integrale höherer Ordnung** ... 181
- 9.6 **Partielle Differenziale – Funktionsänderung bei der Variation einer von mehreren Variablen** ... 181
- 9.7 **Totale Differenziale – Funktionsänderung bei Variation aller Variablen** ... 181

II Thermodynamik

10 Thermodynamik – Wärmelehre ... 187
- 10.1 **Thermodynamik – Lehre von Energiezuständen und Energieumwandlungen** ... 189
  - 10.1.1 System – Abgegrenztes Volumen, das durch Zustandsgrößen eindeutig definiert ist ... 189
  - 10.1.2 Zustand – Zustandsgrößen (p, V, T, n) charakterisieren einen thermodynamischen Zustand ... 190
  - 10.1.3 Zustandsfunktionen – Quantitative Beschreibung von Zuständen durch Zustandsgrößen ... 191
  - 10.1.4 Zustandsänderung – Isotherm, isobar, isochor, adiabatisch ... 191
  - 10.1.5 Makroskopische vs. mikroskopische Betrachtung ... 191
- 10.2 **Thermodynamik – Grundlegende Größen** ... 192
  - 10.2.1 Temperatur – Maß für die mittlere kinetische Energie von Teilchen ... 192
  - 10.2.2 Energie – Fähigkeit eines Systems, Arbeit zu verrichten und/oder Wärme auszutauschen ... 192
  - 10.2.3 Wärmeenergie – Kinetische Energie ungeordneter Teilchenbewegung ... 193
  - 10.2.4 Innere Energie – Gesamtenergie eines Systems, die für Zustandsänderungen zur Verfügung steht ... 193
  - 10.2.5 Volumenarbeit – Volumenänderung eines Systems ist mit Arbeit verbunden ... 193
  - 10.2.6 Enthalpie – Adäquate Größe für die Änderung der inneren Energie bei konstantem Druck ... 194
  - 10.2.7 Entropie – Innere Energie präferiert möglichst viele energetisch gleichwertige Mikrozustände ... 194
- 10.3 **Kinetische Gastheorie – Charakterisierung idealer Gase auf Teilchenebene** ... 196
  - 10.3.1 Geschwindigkeit – Einzelne Gasteilchen bewegen sich unterschiedlich schnell ... 196
  - 10.3.2 Kinetische Energie – Grundgleichung der kinetischen Gastheorie ... 200
  - 10.3.3 Innere Energie – Zunahme mit Temperatur und inneren Freiheitsgraden ... 201
  - 10.3.4 Gasdruck – Kollisionen von Gasteilchen mit Gefäßwänden erzeugt Druck ... 202
  - 10.3.5 Temperatur – Maß für die mittlere kinetische Energie von Teilchen ... 203
  - 10.3.6 Mittlere freie Weglänge – Durchschnittliche Fluglänge eines Gasteilchens ohne Teilchenkollision ... 203
  - 10.3.7 Stoßfrequenz – Anzahl von Teilchenkollisionen pro Zeiteinheit ... 204

10.4	**Hauptsätze der Thermodynamik – Fundament der Wärmelehre**	205
10.4.1	Nullter Hauptsatz – Thermisches Gleichgewicht; Temperaturen von Systemen gleichen sich an	205
10.4.2	Erster Hauptsatz – Energieerhaltungssatz; Energie kann weder erzeugt noch vernichtet werden	205
10.4.3	Zweiter Hauptsatz – Entropiesatz; die Entropie eines geschlossenen Systems nimmt niemals ab	205
10.4.4	Dritter Hauptsatz – Nernst'sches Theorem; der absolute Temperaturnullpunkt ist unerreichbar	206
11	**Erster Hauptsatz der Thermodynamik – Energieerhaltungssatz**	**207**
11.1	**Energieerhaltung – Energie kann nicht erzeugt, sondern nur umgewandelt werden**	208
11.1.1	Energiearten und Energieumwandlung	209
11.1.2	Erster Hauptsatz der Thermodynamik – Energieerhaltungssatz	210
11.1.3	Reversible (umkehrbare) und irreversible Zustandsänderungen	211
11.2	**Innere Energie eines idealen Gases**	212
11.2.1	Volumenarbeit – Expansion und Kompression von Gasen	212
11.2.2	Wärmeenergie – Energieaustausch durch ungeordnete Teilchenbewegung ohne Massefluss	217
11.2.3	Wärmekapazität – Moleküle speichern Energie als innere Energie	217
11.2.4	Phasenübergänge – Latente Wärme, keine Temperaturänderung trotz Wärmefluss	226
11.2.5	Joule-Thomson Effekt – Temperaturänderung realer Gase bei Expansion	228
11.3	**Wärmekraftmaschinen – Umwandlung von Wärmeenergie in mechanische Energie**	231
11.3.1	Carnot-Kreisprozess – Idealvorstellung einer Wärmekraftmaschine	232
11.3.2	Wärmepumpen – Wärme aus der Umwelt für die Gebäudeheizung	235
11.4	**Thermochemie – Wärmeumsatz chemischer Reaktionen**	236
11.4.1	Enthalpie – Reaktionswärme bei konstantem Druck	236
11.4.2	Molare Reaktionsenthalpie und Standardreaktionsenthalpie	239
11.4.3	Bildungsenthalpie – Wärmetönung bei der Bildung von Verbindungen aus den Elementen	241
11.4.4	Hess'scher Wärmesatz – Berechnung von Reaktionsenthalpien in Reaktionsfolgen	242
11.4.5	Born-Haber-Kreisprozess – Bestimmung von Kristallgitterenergien	243
11.4.6	Kirchhoff'sches Gesetz – Temperaturabhängigkeit von Reaktionsenthalpien	245
12	**Zweiter Hauptsatz der Thermodynamik – Entropiemaximierung führt zur Energieentwertung**	**249**
12.1	**Spontane Prozesse – Zweiter Hauptsatz der Thermodynamik gibt die Richtung vor**	251
12.1.1	Zweiter Hauptsatz – Carnot, Clausius, Kelvin und Boltzmann legten die Fundamente	252
12.1.2	Spontane chemische Reaktionen – Gibbs-Energie als Entscheidungskriterium	253
12.2	**Entropie – Maß für Energieverteilung und -entwertung**	254
12.2.1	Exergie und Anergie – Verwertbare und nutzlose Energie	255
12.2.2	Clausius-Theorem – Kriterium für reversible resp. irreversible Prozesse	255
12.2.3	Thermodynamische Definition von Entropie – Wärme- und Entropieübergang sind gekoppelt	255
12.2.4	Statistische Definition von Entropie – Energie verteilt sich auf möglichst viele Mikrozustände	257
12.2.5	Absolute Entropie – Ideale Reinstoffe am absoluten Nullpunkt als Referenzpunkt	262
12.3	**Entropie – Energieumwandlungsprozesse weisen eine Richtung auf**	265
12.3.1	Gibbs-Energie – Entscheidungskriterium für die Spontaneität chemischer Reaktionen	267
12.3.2	Chemisches Gleichgewicht – Gibbs-Energie weist ein Minimum auf	272
12.3.3	Maxwell-Relationen – Substitution experimentell schwer zugänglicher thermodynamischer Größen	280

12.3.4	Chemisches Potential – Maß für die Umwandlungsneigung chemischer Stoffe	286
12.4	**Entropie – Philosophische Betrachtungen zu Zeit, Leben, Chaos und Verfall**	298
12.4.1	Zeitpfeil – Entropie zwingt Prozessen eine zeitliche Richtung auf	298
12.4.2	Leben – Entropieexport ermöglicht komplexe biologische Strukturen	299
12.4.3	Universum – Die Entropie nimmt stetig zu. Endet der Kosmos im Wärmetod?	302

III Reaktionskinetik

13	**Grundlagen und Kinetik einfacher Reaktionen**	307
13.1	**Reaktionskinetik – Die Grundlagen**	308
13.2	**Geschwindigkeitsgesetze – Mathematische Beschreibung der Reaktionskinetik**	310
13.3	**Reaktionsgeschwindigkeit – Einfluss der Eduktkonzentration**	312
13.3.1	Reaktion 0. Ordnung – Die Eduktkonzentration hat keinen Einfluss auf die Reaktionsgeschwindigkeit	313
13.3.2	Reaktion 1. Ordnung – Die Reaktionsgeschwindigkeit ist proportional zur Eduktkonzentration	316
13.3.3	Reaktion zweiter Ordnung – Die Reaktionsgeschwindigkeit nimmt mit dem Quadrat der Eduktkonzentration zu	319
13.3.4	Reaktionsordnung (RO) und Geschwindigkeitskonstante (k)	321
14	**Kinetik komplexer Reaktionen und Reaktionsgeschwindigkeit**	325
14.1	**Komplexe Reaktionen – Mehrere einfache Reaktionen greifen ineinander**	326
14.1.1	Folgereaktionen – Edukte reagieren über Intermediate zu Endprodukten	326
14.1.2	Parallelreaktionen – Edukt reagiert simultan zu zwei Produkten	328
14.1.3	Gleichgewichtsreaktionen – Edukt und Produkt stehen im dynamischen Gleichgewicht	330
14.1.4	Enzymkinetik – Biokatalysatoren beschleunigen Stoffwechselvorgänge	334
14.2	**Reaktionsmechanismen – Betrachtung chemischer Reaktionen auf molekularer Ebene**	338
14.2.1	Reaktionsmechanismus – Zerlegung chemischer Reaktionen in Elementarschritte	338
14.2.2	Elementarreaktion – Moleküle kollidieren miteinander	338
14.2.3	Molekularität – Anzahl der Moleküle, die an einer Elementarreaktion beteiligt sind	338
14.2.4	Reaktionsordnung – Einfluss der Eduktkonzentration auf die Reaktionsgeschwindigkeit	338
14.3	**Reaktionsgeschwindigkeit – Einfluss der Temperatur**	339
14.3.1	Arrhenius-Gesetz – Einfluss von Temperatur und Aktivierungsenergie auf die Reaktionsgeschwindigkeit	339
14.3.2	Arrhenius-Plot – Bestimmung der Aktivierungsenergie und des präexponentiellen Faktors	341
14.3.3	Katalysatoren – Zunahme der Reaktionsgeschwindigkeit durch Absenken der Aktivierungsenergie	344

IV Elektrochemie

15	**Grundlagen der Elektrochemie**	353
15.1	**Elektrische Basisgrößen**	354
15.1.1	Elektrische Ladung – Ursprung elektrischer Felder	354
15.1.2	Coulombkraft – Elektrische Ladungen üben wechselseitig Anziehungskräfte aus	356
15.1.3	Elektrische Stromstärke – Ladungsstrom pro Zeiteinheit	357
15.1.4	Elektrisches Potential – Elektrische Spannung als Differenz elektrischer Potentiale	359
15.1.5	Elektrische Spannung – Voraussetzung für elektrischen Stromfluss	360
15.1.6	Elektrischer Widerstand – Begrenzung der elektrischen Stromstärke	360
15.1.7	Elektrischer Leitwert – Kehrwert des elektrischen Widerstands	363

15.2	**Elektrolyte – Lösungen, Schmelzen oder Feststoffe als Ionenleiter**	363
15.2.1	Elektrolytische Dissoziation – Elektrolyte zerfallen in Ionen	364
15.2.2	Hydratation – Wassermoleküle stabilisieren Ionen	364
15.2.3	Thermodynamische Betrachtung des Lösevorgangs	365
15.3	**Redoxvorgänge – Elektronenübergang zwischen Atomen**	367
15.3.1	Oxidationszahl – Definition und Bestimmung	367
15.3.2	Oxidation – Die Oxidationszahl nimmt zu	369
15.3.3	Reduktion – Die Oxidationszahl nimmt ab	369
15.3.4	Redoxreaktionen – Oxidation und Reduktion sind miteinander gekoppelt	369
16	**Elektrische Leitfähigkeit – Transport elektrischer Ladungen**	**373**
16.1	**Leitfähigkeit von Elektrolytlösungen – Grundlagen**	374
16.1.1	Molare Leitfähigkeit und Äquivalentleitfähigkeit	374
16.1.2	Ionenbeweglichkeit und Wanderungsgeschwindigkeit	375
16.2	**Leitfähigkeit von Elektrolyten – Konzentrationsabhängigkeit**	377
16.2.1	Schwache Elektrolyten – Ostwald'sches Verdünnungsgesetz	377
16.2.2	Starke Elektrolyten – Kohlrausch'sches Quadratwurzelgesetz	378
17	**Galvanische Elemente – Umwandlung von chemischer in elektrische Energie**	**381**
17.1	**Die Anfänge – Die Volta'sche Säule als erste zuverlässige Stromquelle**	382
17.2	**Halbzellen – Metalle verfügen über einen charakteristischen Lösungsdruck**	382
17.3	**Galvanische Zellen – Kombination zweier Halbzellen**	383
17.3.1	Daniell-Element – Kombination von Kupfer- und Zinkhalbzelle	383
17.3.2	Normalpotenzial – Normalwasserstoffelektrode als Referenz	385
17.3.3	Elektrochemische Spannungsreihe – Auflistung von Redoxpaaren nach ihren Normalpotenzialen	386
17.4	**Nernst-Gleichung – Einfluss von Temperatur und Elektrolytkonzentration auf das Zellpotenzial**	387
17.4.1	Nernst-Gleichung – Herleitung	387
17.4.2	Nernst-Gleichung – Anwendungsbeispiele	388
17.5	**Primärelemente und Sekundärelemente – Nichtaufladbare und aufladbare galvanische Elemente**	393
17.5.1	Zink-Kohle-Batterie (Leclanché-Element) – Die erste Trockenbatterie	393
17.5.2	Alkali-Mangan-Batterie – Universalbatterie mit hohem Auslaufschutz	395
17.5.3	Bleiakkumulator – Aufladbare Starterbatterie mit hoher Stromstärke	396
17.5.4	Brennstoffzelle – Kontrollierte „Verbrennung" von Wasserstoff erzeugt elektrischen Strom	397
17.5.5	Lithiumionenakkumulatoren – Hohe Energiedichte, prädestiniert für E-Mobilität	399
17.6	**Korrosion – Galvanische Prozesse zerstören Metalle**	401
17.6.1	Lokalelement – Unterschiedliche Metalle werden durch Elektrolytlösung kurzgeschlossen	401
17.6.2	Korrosionsschutz	402
18	**Elektrolyse – Elektrischer Strom erzwingt chemische Reaktionen**	**405**
18.1	**Elektrolyse – Grundlagen**	406
18.1.1	Elektroden – Anode als Oxidationsmittel, Kathode als Reduktionsmittel	406
18.1.2	Faraday'sche Gesetze – Elektrodenumsätze sind proportional zur Ladungsmenge	407
18.2	**Elektrolyse – Anwendungen**	407
18.2.1	Chloralkalielektrolyse – Großtechnische Herstellung von Chlor und Natronlauge	407
18.2.2	Schmelzflusselektrolyse – Industrielle Herstellung schwer reduzierbarer Metalle	408
18.2.3	Galvanotechnik – Korrosionsschutz und Ästhetik durch Metallabscheidung	410

V Atom- und Molekülspektroskopie

19 Grundlagen der Spektroskopie ... 415
19.1 **Absorption – Transmission – Reflexion** ... 418
19.1.1 Lambert-Beer-Gesetz – Grundlage der quantitativen Spektralanalyse ... 419
19.1.2 Wechselwirkung von Licht mit Atomen und Molekülen ... 422
19.1.3 Jablonski-Termschema – Schematische Darstellung der Elektronenübergänge ... 422
19.1.4 Signalaufweitung – Heisenberg'sche Unschärfe, Dopplereffekt, Molekülkollisionen ... 424
19.2 **Spektren – Übergänge zwischen Energieniveaus erzeugen Spektrallinien und -bänder** ... 426
19.2.1 Atome – Linienspektren durch Elektronenübergänge ... 426
19.2.2 Moleküle – Bandenspektren durch eng benachbarte Energiezustände ... 435
19.2.3 Fourier-Transformation – Gleichzeitige Anregung sämtlicher Energiezustände ... 437

20 Spektroskopische Methoden ... 439
20.1 **UV/VIS-Spektroskopie – Anregung von Elektronenübergängen durch Lichtphotonen** ... 441
20.1.1 Prinzip – Anregung von Elektronenübergängen mithilfe von Lichtphotonen ... 441
20.1.2 Physikalische Grundlagen – Elektronenübergang zwischen Grenzorbitalen ... 441
20.1.3 Intensität der Absorptionsbanden – Auswahlregeln erlaubter/verbotener Elektronenübergänge ... 445
20.1.4 Lage der Absorptionsbanden – Auxochrome vertiefen die Farbe von Chromophoren ... 447
20.1.5 Spektrometer – Aufbau und Probenvorbereitung ... 452
20.1.6 Anwendung in der quantitativen Analytik ... 453
20.2 **IR-Spektroskopie – Anregung von Molekülschwingungen durch Wärmestrahlung** ... 454
20.2.1 Prinzip – Anregung von Molekülschwingungen durch IR-Photonen ... 454
20.2.2 Physikalische Grundlagen – Klassischer und anharmonischer Oszillator ... 455
20.2.3 Spektren – Streckschwingungen, Deformationsschwingungen und Fingerprintbereich ... 462
20.2.4 Rotationsschwingungsspektren – Gleichzeitige Anregung von Molekülrotationen und -schwingungen ... 465
20.2.5 Spektrometer – Komponenten und Probenvorbereitung ... 469
20.2.6 Raman-Spektroskopie – Inelastische Streuung von Photonen an Molekülorbitalen ... 471
20.2.7 Anwendung in der Qualitätssicherung und zum Stoffnachweis ... 473
20.3 **NMR-Spektroskopie – Anregung von Atomkernen durch Radiowellen** ... 474
20.3.1 Prinzip – Radiowellen zwingen Atomkerne zu antiparalleler Ausrichtung im Magnetfeld ... 474
20.3.2 Physikalische Grundlagen – Wasserstoffatome verhalten sich wie Stabmagneten ... 475
20.3.3 Spektrometer – Supraleitende Magneten erzeugen homogene Magnetfelder hoher Feldstärke ... 478
20.3.4 Spektren – Chemische Verschiebung, Integrale, Spin-Spin-Kopplung und Signalmultiplizität ... 481
20.3.5 ^{13}C-NMR-Spektroskopie – Ideale Ergänzung zur ^{1}H-NMR-Spektroskopie ... 492
20.3.6 NMR – Anwendung in der Strukturaufklärung und medizinischen Diagnostik ... 495

VI Serviceteil

21 Anhänge ... 499
21.1 Bohr'sches Atommodell ... 500
21.2 Schrödingergleichung ... 504
21.3 Van-der-Waals-Konstanten und kritischer Punkt ... 505
21.4 Barometrische Höhenformel ... 506
21.5 Kolligative Eigenschaften ... 508
21.6 Joule-Thomson-Effekt ... 512
21.7 Reaktionskinetik ... 515
21.8 Namensgleichungen ... 520

Serviceteil
Stichwortverzeichnis ... 523

Vita

Prof. Dr. Josef Felixberger
Stipendiat der Studienstiftung des deutschen Volkes, hat an der Technischen Universität München (TUM) Chemie studiert und in der Arbeitsgruppe von Prof. Herrmann zu katalytischen Anwendungen metallorganischer Verbindungen promoviert. Darüber hinaus hat er ein Studium der Betriebswirtschaft an der Universität Hagen als Dipl.-Kaufmann abgeschlossen.

Nach einem Postdoc-Aufenthalt an der Australian National University (ANU) sammelte er langjährige Erfahrung im Entwicklungs- und Managementbereich in den Branchen Erdölexploration und Bauchemie in Europa und USA Derzeit ist er Technischer Direktor bei der Fa. Sika, einem global agierenden Unternehmen der Spezialitätenchemie.

Der Autor hält Vorträge und Seminare zu verschiedenen Themen der Chemie (Basiswissen, Katalyse, Polymere und Kunststoffe, Naturstoffe, Analytik, Energie und Gesellschaft, Bauchemie) sowie der Betriebswirtschaft (Basiswissen, Marketing, Investitionsrechnung, Qualitätsmanagement, Businesspläne usw.) und Rhetorik. Zielgruppen sind Studierende, Postgraduierte und Fachkräfte in der beruflichen Weiterbildung. Dabei legt er großen Wert auf didaktisch gut aufbereitete Unterlagen mit hohem Praxisbezug.

Dr. Felixberger ist zudem Vorstandsmitglied des Industrieverbandes Deutsche Bauchemie (DBC).

Abkürzungsverzeichnis

Abb.	Abbildung	MWG	Massenwirkungsgesetz
Abschn.	Abschnitt	MO	Molekülorbital
AO	Atomorbital		
		NASA	National Aeronautics and Space Administration
BASF	Badische Anilin & Soda Fabrik		
BIPM	Bureau International des Poids et Mesures	n	Neutron
		n. b.	nicht bekannt
BO	Bindungsordnung	n. z.	nicht zutreffend
COP	Coefficient of Performance	OZ	Oxidationszahl
e	Elektron	p	Proton
E	Enzym	ppb	parts per billion
Ed	Edukt	ppm	parts per million
ES	Enzym-Substrat-Komplex	P, Pr	Produkt
EN	Elektronegativität	PSE	Periodensystem der Elemente
		PTB	Physikalisch-Technische Bundesanstalt
FTIR	Fourier-Transformations-Infrarotspektroskopie		
		PU	Phasenumwandlung
		PU	Polyurethan
GG	Gleichgewicht		
griech.	griechisch	RGT	Reaktionsgeschwindigkeit-Temperatur-Regel
Hal	Halogen	RO	Reaktionsordnung
HOMO	highest occupied molecular orbital		
		S	Substrat
		SI	Système international d'unités
IR	Infrarotstrahlung		
IUPAC	International Union of Pure and Applied Chemistry	Tab.	Tabelle
		TOF	turnover frequency
		TON	turnover number
Kap.	Kapitel		
Kat.	Katalysator	u	atomare Masseneinheit
KW	Kohlenwasserstoff	UN	United Nations
		UV-VIS	ultraviolette-visuelle Strahlung
lat.	lateinisch	ÜZ	Übergangszustand
L	Ligand		
LM	Lösungsmittel	VF	Verlustfaktor
LUMO	lowest unoccupied molecular orbital		
		Z	Zentralatom

Symbolverzeichnis

Nachfolgend werden wichtige Symbole, Subskripte und Superskripte allgemeinerer Natur aufgeführt. Spezielle Symbole werden im Text erklärt.

a	Kohäsionsdruck, $m^6 Pa mol^{-2}$	E_{Ph}	Photonenenergie, J
a_0	Bohrscher Atomradius, m	E_{rot}	Rotationsenergie, J
A	Flächeninhalt, Integralwert	E_{vib}	Schwingungsenergie, J
A	präexponentieller Faktor	f	Anzahl Freiheitsgrade
A	Absorptionsgrad	f_{rot}	Rotationsfreiheitsgrade
A	Fläche, m^2	f_{trans}	Translationsfreiheitsgrade
A	Absorptionsanteil	f_{vib}	Schwingungsfreiheitsgrade
A	Atommasse	F	Kraft, N
		F	Faraday-Konstante, $Cmol^{-1}$
b	Breite, m	F_C	Coulomb-Kraft, N
b	Eigenvolumen Moleküle, $m^3 mol^{-1}$	F_G	Gravitationskraft, N
B	Rotationskonstante, cm^{-1}	g	Erdbeschleunigung, ms^{-2}
B_0	magnetische Flussdichte, T oder $NA^{-1}m^{-1}$	G	elektr. Leitwert, Ω^{-1} oder S
		G	Gibbs-Energie, freie Energie, J
c	Lichtgeschwindigkeit, ms^{-1}	G	Gravitationskonstante, $Nm^2 kg^{-2}$
c	Konzentration, $moll^{-1}$		
c	spezifische Wärmekapazität, $JK^{-1}kg^{-1}$	h	Plancksches Wirkungsquantum, Js
C	Wärmekapazität System, JK^{-1}	h	Höhe, Steighöhe, m
d	Länge, Abstand, Dicke, Durchmesser, m oder cm	$\hbar$	reduziertes Plancksches Wirkungsquantum, Js
		H	Enthalpie, J
d	infinitesimale Differenz	H	magnetische Feldstärke, Am^{-1}
dt	Zeitdifferential, infinitesimales Zeitintervall, s	I	Trägheitsmoment, kgm^2
dx	Wegänderung, m	I	elektrische Stromstärke, A
dx	Differential, infinitesimale Änderung der Variable x	I_0	eingestrahlte Intensität, Wm^{-2}
D_e	Dissoziationsenergie, J	J	Rotationsquantenzahl
e	elektrische Elementarladung, As	J	Quantenzahl des Gesamtdrehimpulses
E	Energie, Arbeit, J oder Nm		
E	Elastizitätsmodul, Nmm^{-2}	k	Kraftkonstante, Bindungsstärke, Nm^{-1}
E	elektr. Halbzellenpotential, V		
E	Enzym	k	Geschwindigkeitskonstante, diverse Einheiten
E_A	Aktivierungsenergie, $Jmol^{-1}$		
E_{kin}	kinetische Energie, J	k_B	Boltzmann-Konstante, JK^{-1}
E_{pot}	potentielle Energie, J	K	Anzahl Komponenten

K	Gleichgewichtskonstante	t	Zeitdauer, s
K_{eb}	ebullioskopische Konstante, $K\,kg\,mol^{-1}$	$t_{0,5}$	Halbwertszeit, s
		T	absolute Temperatur, K
K_{kr}	kryoskopische Konstante, $K\,kg\,mol^{-1}$	T	Tripelpunkt
		T	Transmissionsanteil
K_M	Michaelis-Konstante, $mol\,l^{-1}$		
		u	atomare Masseneinheit, kg
l	Länge, m	u	Ionenbeweglichkeit, $m^2V^{-1}s^{-1}$
L	Länge, m	U	innere Energie, J
L	Quantenzahl des Gesamtbahndrehimpulses	U	Bahnumfang, m
		U	elektr. Spannung, V
m	Masse, Stoffmenge, kg oder g	v	Geschwindigkeit, ms^{-1}
M	molare Masse, $g\,mol^{-1}$ oder Dalton	V	Volumen, m^3 oder l oder cm^3
M	Magnetisierung, Am^{-1}		
M_J	Richtungsquantenzahl des Gesamtdrehimpulses	W	Arbeit, Nm oder J
		W	statistisches Gewicht, Anzahl Mikrozustände
M_L	Richtungsquantenzahl des Gesamtbahndrehimpulses		
		x	Stoffmengenanteil
M_S	Richtungsquantenzahl des Gesamtspinimpulses	$x(A)$	Stoffmengenanteil der Komponente A, mol
n	Stoffmenge, mol		
n	Hauptquantenzahl, Hauptschalenzahl	α	Einfallwinkel, °
		α	Energie eines lokalisierten Elektrons, J
n	Brechungsindex		
N	Anzahl	α	Dissoziationsgrad, dimensionslos
N_A	Avogadro-Konstante, mol^{-1}		
		β	Energieabsenkung für delokalisiertes Elektron, J
p	Wahrscheinlichkeit		
p	Druck, Nm^{-2} oder Pa		
p_{os}	osmotischer Druck, Pa	γ	gyromagnetisches Verhältnis, $As\,kg^{-1}$
P	Anzahl Phasen		
$P(r)$	radiale Aufenthaltswahrscheinlichkeit	$\dot{\gamma}$	Schergeschwindigkeit, ms^{-1}
		δ	Partialladung
q, Q	elektrische Ladung, As	Δ	Differenz
r	Radius, Abstand, m	ΔE	Energiedifferenz, $J\,mol^{-1}$
R	allgemeine Gaskonstante, $JK^{-1}mol^{-1}$	ΔEN	Elektronegativitätsunterschied
		ΔQ	messbare Änderung Wärmeenergie, J
R	elektr. Widerstand, Ω		
R	Reflexionsgrad	Δs	Längenunterschied, m
R_H	Rydberg-Konstante, m^{-1}	ΔT	Temperaturänderung, K
S	Entropie, JK^{-1}	ε	Dehnung
S	Quantenzahl des Gesamtspinimpulsvektors	ε_λ	dekadischer, molarer Extinktionskoeffizient, $l\,mol^{-1}cm^{-1}$

$\varepsilon^*(\lambda)$	natürlicher, molarer Extinktionskoeffizient, lmol^{-1}cm^{-1}	$\tilde{\nu}$	Energie in Wellenzahlen, cm^{-1}
ε_0	elektrische Feldkonstante, AsV^{-1}m^{-1}	ν_{Ed}	stöchiometrischer Koeffizient Edukte
ε_r	relative Dielektrizitätskonstante Material, dimensionslos	ν_L	Larmorfrequenz, Larmorpräzession, s^{-1}
η	dynamische Viskosität, Nsm^{-2} oder Pas	υ_{Pr}	stöchiometrische Koeffizient Produkte
η	Wirkungsgrad	π	osmotischer Druck, Nm^{-2} oder Pa
κ	spezifische elektrische Leitfähigkeit, Sm^{-1}	ρ	Dichte, kgm^{-3}
λ	Wellenlänge, m oder nm oder μm	ρ	spezifischer elektrischer Widerstand, Ωm
Λ_m	molare elektrische Leitfähigkeit, Sm^{2}mol^{-1}	σ	Abschirmungskonstante
		σ	mechanische Spannung, Nm^{-2}
$\Lambda_{m,0}$	molare Grenzleitfähigkeit, Sm^{2}mol^{-1}	τ	Schubspannung, Nm^{-2} oder Pa
μ	reduzierte Masse, kg	φ	Volumenanteil
μ	relative magnetische Permeabilität	$\varphi(A)$	Volumenanteil von Komponente A, m^3/m^3
μ	elektr. Dipolmoment, Cm	$\varphi(r)$	elektrisches Potential an der Position r, V oder JC^{-1}
$\vec{\mu}$	magnetisches Moment, Am^2		
μ_B	Bohrsches Magneton, Am^2	χ	magnetische Suszeptibilität
μ_{JT}	Joule-Thomson-Koeffizient, Kbar^{-1}		
μ_0	magnetische Feldkonstante, Permeabilität, NA^{-2}	Ψ	Wellenfunktion
		Ψ^2	Wahrscheinlichkeitsdichte
υ	Frequenz, s^{-1}	$\omega(A)$	Massenanteil von Komponente A, kg/kg

Subskripte (Beispiel in Klammern)

A	Aktivierungsenergie (E_A)	m	molar ($\Delta_{RE}G_m$)
AO	Atomorbital (Ψ_{AO})	M	Michaelis (K_M)
		MO	Molekülorbital (Ψ_{MO})
B	Boltzmann (k_B)		
BE	Bindungsenthalpie ($\Delta_{BE}G$)	os	osmotisch (p_{os})
DE	Dissoziationsenthalpie ($\Delta_{DE}G$)	p	Druck (c_p)
		pot	potentiell (E_{pot})
e	Elektron (r_e)	Pr	Produkt (υ_{Pr})
eb	ebullioskopisch (K_{eb})	PU	Phasenumwandlung (E_{PU})
EA	Elektronenaffinität ($\Delta_{EA}G$)	rot	rotatorisch (E_{rot})
Ed	Edukt (υ_{Ed})	RE	Reaktionsenthalpie ($\Delta_{RE}G$)
GE	Gitterenthalpie ($\Delta_{GE}G$)	SE	Sublimationsenthalpie ($\Delta_{SE}G$)
		Sm	Schmelzenthalpie
IE	Ionisationsenthalpie ($\Delta_{IE}G$)	trans	translatorisch (E_{tr})
JT	Joule-Thomson (μ_{JT})	vib	vibratorisch (E_{vib})
KE	Kondensationsenthalpie	V	Volumen (c_V)
kin	kinetisch (E_{kin})	VE	Verdampfungsenthalpie ($\Delta_{VE}G$)
kr	kryoskopisch (K_{kr})		
KrE	Kristallisationsenthalpie	z	z-Komponente (μ_z)

Superskripte (Beispiel in Klammern)

⌀	Standardbedingungen ($\mu^{\varnothing}$)	
o	Normalbedingungen (E^o)	
S	Sättigung (p^S)	

Konstante		Einheit	Zahlenwert
a_0	Bohrscher Radius	m	$0{,}529.177.210.903 \cdot 10^{-10}$
c	Lichtgeschwindigkeit	ms^{-1}	$299.792.458$
e	Elementarladung	C oder As	$1{,}602.176.634 \cdot 10^{-19}$
F	Faraday-Konstante	$Cmol^{-1}$	$96.485{,}332.123$
g	Normalfallbeschleunigung	ms^{-2}	$9{,}806.650$
G	Gravitationskonstante	$m^3kg^{-1}s^{-2}$	$6{,}674.302 \cdot 10^{-11}$
h	Plancksches Wirkungsquantum	Js	$6{,}626.070.150 \cdot 10^{-34}$
k_B	Boltzmann-Konstante	JK^{-1}	$1{,}380.649 \cdot 10^{-23}$
m_e	Elektronenmasse	kg	$9{,}109.383.702 \cdot 10^{-31}$
m_n	Neutronenmasse	kg	$1{,}674.927.498 \cdot 10^{-27}$
m_p	Protonenmasse	kg	$1{,}672.621.924 \cdot 10^{-27}$
N_A	Avogadro-Konstante	mol^{-1}	$6{,}022.140 \cdot 10^{23}$
R	allgemeine Gaskonstante	$JK^{-1}mol^{-1}$	$8{,}314.462.618.153$
R_H	Rydberg-Konstante	m^{-1}	$1{,}097.373.156.816$
T_a	absoluter Nullpunkt	K	0 oder $-273{,}15\ °C$
u	atomare Masseneinheit	kg	$1{,}660.539.066.605 \cdot 10^{-27}$
V_m	molares Gasvolumen	m^3mol^{-1}	$22{,}413.969 \cdot 10^{-3}$
ε_0	elektrische Feldkonstante	$CV^{-1}m^{-1}$	$8{,}854.187.812 \cdot 10^{-12}$
μ_B	Bohrsches Magneton	JT^{-1}	$9{,}274.010.078 \cdot 10^{-24}$
μ_0	magnetische Feldkonstante	$VsA^{-1}m^{-1}$	$1{,}256.637.062.122 \cdot 10^{-6}$

Standardbedingungen

Standardbedingungen definieren Temperatur und in der Regel auch Druck, um Syntheserouten und Messergebnisse zwischen Laboren vergleichen zu können. Die Standardbedingungen variieren je nach Fachgebiet (Chemie, Physik, …), um Umrechnungen empirischer Messdaten zu minimieren.

Im Handel ermöglichen Standardbedingungen eine einheitliche Bepreisung von Gasmengen.

Anwendungsbereich	Temperatur	Druck	Beispiel
Chemie, Thermodynamik	0 °C/273,15 K	1,000 bar	Standardenthalpie
Physikalische Stoffeigenschaften	20 °C/293,15 K	1,01325 bar	Dichte, Viskosität, …
Elektrochemie	25 °C/298,15 K	nicht definiert	Standardpotential
Technik, Handel	0 °C/273,15 K	1,01325 bar	Gasmengen im Handel

Grundlagen der Physikalischen Chemie

Inhaltsverzeichnis

Kapitel 1   Physikalische Größen und Einheiten – 3

Kapitel 2   Atommodelle im Wandel der Zeit – 11

Kapitel 3   Chemische Bindung und Molekülstruktur – 49

Kapitel 4   Stöchiometrie – Das Zahlengerüst der Chemie – 81

Kapitel 5   Stoffe – Zwischenmolekulare Wechselwirkungen, ursächlich für Aggregatzustände – 93

Kapitel 6   Magnetismus – 119

Kapitel 7   Reinstoffe und Stoffgemische – 133

Kapitel 8   Elektromagnetische Strahlung – Welle-Teilchen-Dualismus – 155

Kapitel 9   Mathematische Grundlagen – 167

Physikalische Größen und Einheiten

Inhaltsverzeichnis

1.1 Physikalische Größen – Produkt von Zahlenwert und Maßeinheit – 5

1.2 Internationales Einheitensystem – Sieben Basisgrößen als globaler Standard – 5

1.3 Naturkonstanten – Fundament der SI-Basisgrößen – 8

1.4 Dezimale Vielfache und Teile physikalischer Messgrößen – 9

Quantifizieren und Messen ist seit jeher die Voraussetzung für Handel, Technik und Wissenschaft. Schon im Altertum galt es Tuchlängen und Getreidemengen zu messen und zu bewerten. Die ersten Maßeinheiten benutzten den menschlichen Körper als Referenzgröße. So war die klassische Längeneinheit die Elle, der Abstand von Ellenbogen bis zu den Fingerspitzen. Diese Einheit war europaweit verbreitet und wurde in unseren Regionen bis ca. 1870 verwendet. Zwar war die Bezeichnung Elle in den Ländern und Regionen gleich, allerdings variierte deren Länge enorm, beispielsweise 55,4 cm für eine Bremer (Abb. 1.1) und 81,1 cm für eine Regensburger Elle.

Nach der französischen Revolution und mit der einsetzenden Industrialisierung wuchs der Wunsch nach einheitlichen Längen- und Masseneinheiten, um Handelshemmnisse zu beseitigen. Als Referenz für eine universale Längeneinheit wurde die Entfernung des Äquators vom Nordpol gewählt. Die neue Längeneinheit wurde als Meter (métron, griech. für messen) bezeichnet und als Zehnmillionstel der Entfernung zwischen Äquator und Nordpol definiert. Ein Prototyp des so definierten Meters wurde 1795 in Messing gegossen. Genauere Messungen ergaben, dass die Entfernung Äquator zu Nordpol nicht 10.000.000, sondern 10.001.966 m beträgt. Zudem weist die Erde keine ideale Kugelform auf, weshalb sie als Referenzgröße für den Meter ungeeignet ist. Daraufhin wurde 1889 nach der Generalkonferenz für Maß und Gewicht durch das Internationale Büro für Maß und Gewicht (BIPM) in Paris der Meter als Länge des physischen Urmeters aus Platin-Iridium-Legierung (90:10) festgelegt und Kopien des Urmeters an die Mitgliedsstaaten verteilt.

Physiker und Messtechniker hatten stets das Bedürfnis, die Längendefinition auf eine Referenzgröße zurückzuführen, die weder vom Ort noch von der Zeit abhängt. Physische Gegenstände wie das Urmeter, die Erdgröße oder gar die Länge des Unterarms variieren zu stark und/oder sind auf Dauer nicht stabil und somit als Referenzgröße für exakte Naturwissenschaften ungeeignet.

> **Mars-Satellit – Inkompatible Einheitensysteme führen zum Absturz**
>
> Wie wichtig ein gemeinsames Einheitensystem ist, zeigt der Absturz des 200 Mio. USD teuren Mars Climate Orbiter (MCO). Der MCO sollte als erster interplanetarer Wettersatellit den Mars umkreisen und mit Spezialsensoren Atmosphäre und Klima des roten Planeten vermessen. Beim Einschwenken in die Mars-Umlaufbahn geriet der Satellit zu tief in die Mars-Atmosphäre, sodass der Satellit letztendlich verglühte. Ursache war die Verwendung unterschiedlicher Einheitensysteme von Satellitenproduzent Lockheed Martin und der NASA als Satellitenbetreiber. Während die NASA das metrische SI-System (Meter, Kilogramm) verwendete, nutzte Lockheed Martin das anglo-amerikanische Maßsystem (Feet, Pound), wodurch der Satellit eine Umlaufbahn von lediglich 57 km statt den erforderlichen 150 km einschlug.

Deshalb schlug 1960 die Physikalisch-Technische Bundesanstalt (PTB) in Braunschweig die orangerote Linie des Atomspektrums von Krypton-86 als Bezugsgröße vor. Der Meter wurde als das 1.650.763,73-Fache der Wellenlänge der Kr-86-Spektrallinie definiert. Noch genauer und unabhängig von jeglicher Materie kann mithilfe der Lichtgeschwindigkeit die Referenz festgelegt werden. Seit 1983 entspricht ein Meter der Wegstrecke, die das Licht im Vakuum innerhalb von 1/299.792.458 Sekunden zurücklegt.

Seit 2019 sind alle sieben Basisgrößen (Meter, Kilogramm, Sekunde, Ampere, Kelvin, Candela, Mol) des internationalen Einheitensystems (SI) über Naturkonstanten definiert.

 Abb. 1.1 Metallspitzen an den Knien der Bremer Rolandstatue erlaubten den Händlern, die Bremer Elle direkt am Marktplatz nachzumessen (© Christian Reimann)

1.1 Physikalische Größen – Produkt von Zahlenwert und Maßeinheit

Die Physik beschreibt u. a. die Eigenschaften von Körpern (ugs. Objekten) und Stoffen (Materialien). Eigenschaften werden als physikalische Größen (messbares Merkmal) bezeichnet, wenn sie quantifiziert, d. h. gemessen oder gezählt werden können. Um Messungen miteinander vergleichen zu können, ist eine Referenzgröße erforderlich.

Um den Messwert einer physikalischen Größe nachvollziehbar anzugeben, wird er als Vielfaches (Zahlenwert) einer physikalischen Maßeinheit (Basis-, Referenzgröße) ausgedrückt. Das Messen einer physikalischen Größe ist somit der Vergleich mit einer vorher festgelegten Maßeinheit wie z. B. Meter (Länge als physikalische Größe), Kilogramm (Masse) oder Sekunde (Zeit).

> ▶ **Beispiel**
> Die Masse (ugs. Gewicht) einer Person ist eine physikalische Größe und wird in der Maßeinheit „Kilogramm" gemessen.
> Bestimmt man für die Körpermasse 85 kg, dann ist Kilogramm die Maßeinheit und 85 der Zahlenwert (◘ Abb. 1.2).
> Der Zahlenwert 85 drückt aus, dass die Körpermasse 85-mal größer ist als die der Referenzgröße Kilogramm. ◀

◘ **Abb. 1.2** Physikalische Größen werden als Produkt von Zahlenwert und Maßeinheit ausgedrückt

1.2 Internationales Einheitensystem – Sieben Basisgrößen als globaler Standard

Damit exakte Messwerte angegeben werden können, wird ein festes Einheitensystem benötigt. Mit Ausnahme der Länder USA, Liberia und Myanmar hat sich weltweit das metrische SI-Einheitensystem durchgesetzt. Das metrische System – nomen est omen – basiert einerseits auf dem Meter als Basiseinheit für die Länge und andererseits auf dem Dezimalsystem. Das heißt, Teile oder Vielfache von Basiseinheiten (◘ Tab. 1.1) werden als dezimale Bruchteile oder Vielfache angegeben (◘ Tab. 1.3). Das SI-Einheitensystem basiert auf sieben Basisgrößen (Länge, Masse, Zeit, Stromstärke, Temperatur, Stoffmenge, Lichtstärke) mit den zugehörigen Basiseinheiten (Meter, Kilogramm, Sekunde, Ampere, Kelvin, Mol, Candela). Alle Einheiten physikalischer Größen können auf diese sieben Basisgrößen zurückgeführt werden.

Die Festlegung eines Einheitensystems berücksichtigt physikalische Zusammenhänge, praktische Überlegungen, historische Gegebenheiten und weitere Faktoren. Ein Einheitensystem soll langlebig und rückwärtskompatibel sein, um beispielsweise Klimadaten über Jahrhunderte vergleichen zu können. Im Folgenden werden wichtige Stationen bis hin zum heute weltweit verbreiteten SI-System aufgezeigt.

Die Französische Revolution im Jahr 1789 mit der damit verbundenen Sehnsucht nach Gleichheit, Freiheit und Aufklärung legte den Grundstein für die Einführung des Dezimalsystems (◘ Tab. 1.3) und der metrischen Maße (◘ Abb. 1.3). Dieses Streben manifestierte sich 1791 im Urmeter und Urkilogramm. Das Urmeter entsprach dem zehnmillionsten Teil der Strecke vom Nordpol zum Äquator, gemessen auf dem Längenkreis durch Paris. Das Urkilogramm entspricht der Masse eines Liters Wasser bei vier Grad Celsius. 1799 wurden Prototypen des Urmeters und Urkilogramms aus Platin-Iridium Legierung hergestellt und im französischen Nationalarchiv verwahrt (◘ Abb. 1.4).

Es dauerte nochmals über 75 Jahre, bis die internationale Meterkonvention 1875 das Urmeter und

Tab. 1.1 Basiseinheiten und ihre Definitionen

Physikalische Basisgröße	SI-Basiseinheit	Einheitensymbol	Historische Definition	Definition seit 2019
Masse	Kilogramm	kg	Masse eines Liters Wasser bzw. des Urkilogramms	Planck'sches Wirkungsquantum (h) als Referenzgröße
Länge	Meter	m	Zehnmillionstel der Strecke vom Äquator zum Nordpol auf dem Pariser Meridian	Lichtgeschwindigkeit (c) als Referenzgröße
Zeit	Sekunde	s	24·60·60-ster Teil einer Tageslänge	Übergangsfrequenz ($\Delta\nu_{Cs}$) zwischen den beiden Hyperfeinstrukturniveaus des Grundzustands des Nuklids Cs-133
Stromstärke	Ampere	A	Stromfluss, der pro Sekunde 1,118 mg Silber aus einer Silbernitratlösung abscheidet	Elektrische Elementarladung (e) als Referenzgröße
Temperatur	Kelvin	K	273,16-ter Teil der thermodynamischen Temperatur des Tripelpunkts von Wasser	Boltzmann-Konstante (k_B) als Referenzgröße
Stoffmenge	Mol	mol	Anzahl an Atomen in 0,012 kg des Nuklids C-12	Avogadro-Konstante (N_A) als Referenzgröße
Lichtstärke	Candela	cd	Lichtintensität, die von einer brennenden Standardkerze abgestrahlt wird	–

Abb. 1.3 Schautafeln um 1800 machten Händler mit den neuen Einheiten Liter (1), Kilogramm (2) und Meter (3) vertraut

das Urkilogramm für die 17 Gründungsstaaten, darunter USA, Russland, Türkei und das Deutsche Reich, als Basisgrößen festlegte.

Die Idee, physikalische Einheiten nur durch Multiplikation oder Division weniger Basisgrößen (Kilogramm, Meter, Sekunde, Ampere, Kelvin, Mol, Candela) abzuleiten, wurde 1960 mit der Einführung des Internationalen Einheitensystems SI (franz. für *système international d'unités*) auf der 26. Generalkonferenz für Maß und Gewicht entscheidend vorangetrieben.

Mit zunehmendem Fortschritt in den Bereichen Feinmechanik, Elektronik und Nanotechnologie stiegen die Anforderungen an die Messgenauigkeit. Basiseinheiten, die auf eine Eins-zu-eins-Beziehung zu Artefakten wie dem Urkilogramm (siehe Box „Urkilogramm hat Probleme") oder dem Urmeter basierten, konnten diesen Anforderungen nicht mehr gerecht werden. Zudem war ihre Reproduktion zu umständlich und aufwendig, weshalb sich ab 1960 die Idee durchsetzte Länge, Masse und Zeit auf unveränderliche Eigenschaften von Atomen zu beziehen. So definierte man beispielsweise den Meter auf das 1.650.763,73-Fache der Wellenlänge der Krypton-86-Strahlung.

Selbst die Bezugnahme von Basiseinheiten auf physikalische Zustände reichte nicht aus. So wurde beispielsweise bis 2019 die Temperatureinheit Kelvin mit den Tripelpunkt des Wassers verknüpft, das heißt mit dem Zustand, in dem alle drei Aggregatzustände (fest, flüssig, gasförmig) des Wassers miteinander im Gleichgewicht sind (▶ Abschn. 5.3). Obwohl solche physikalischen Zustände einen universellen Charakter aufweisen, variieren sie in Abhängigkeit von der Isotopenzusammensetzung und den Verunreinigungen des Wassers.

Der Durchbruch gelang 2019. Sämtliche Basiseinheiten des SI-Systems werden seither von Naturkonstanten abgeleitet. Naturkonstanten sind nicht an Materie gebunden und ihr Wert gilt überall und zu jeder Zeit. Sie sind die ideale Basis für ein konsistentes und exaktes Einheitensystem.

Urkilogramm hat Probleme das „Idealgewicht" zu halten

Das Urkilogramm und sechs offizielle Kopien, auch als „*Temoins*" (franz. für Zeugen) bezeichnet, wurden 1889 als Zylinder mit einem Durchmesser und einer Höhe von je 3,9 cm Durchmesser aus einer Platin-Iridium-Legierung (90:10) gegossen und in einem Tresor im „Internationalen Büro für Maß und Gewicht" (BIPM) in Sèvres bei Paris aufbewahrt (◘ Abb. 1.4). Diese Lokalität hat das Urkilogramm nie mehr verlassen, selbst nicht während des Zweiten Weltkriegs. Das Urkilogramm und die *Temoins* wurden bisher drei Mal (1889, 1946, 1989) aus dem Tresor geholt, um die an einzelne Nationen verteilten 84 Kilogrammprototypen zu überprüfen.

Nach dem Weltkrieg der Schock! Das Urkilogramm wurde zum zweiten Mal mit einer gepolsterten Zange aus dem Tresor geholt, gereinigt und mit den sechs „*Temoins*" auf einer höchst empfindlichen Komparatorwaage verglichen. Es stellte sich heraus, dass das Urkilogramm um 30 Mikrogramm (30-millionstel Gramm) leichter war als die *Temoins. Quelle catastrophe*!

1989 wurde das Urkilogramm zum dritten Mal aus dem Tresor geholt – eine komplizierte Prozedur. Schließlich müssen gleichzeitig der Direktor des BIBM, der Direktor des französischen Staatsarchivs und der Präsident des Internationalen Komitees für Maß und Gewicht (CIPM) physisch mit ihren Schlüsseln zugegen sein, um den Tresor öffnen und das Urkilogramm und

◘ Abb. 1.4 Urkilogramm, aufbewahrt unter drei Glasglocken (© Fotografie mit freundlicher Genehmigung des BIPM)

seine sechs Kopien entnehmen zu können. Das Urkilogramm war nochmals um ein Sandkorn leichter geworden. Mittlerweile machte der Unterschied bereits 50 Mikrogramm aus.

Es gibt keine einleuchtende Erklärung für die „Schwindsucht" des Urkilogramms. Die Vermutung, dass die *Temoins* an Gewicht zugelegt hätten, schließen Experten weitestgehend aus. Tiefergehende Analysen verbieten sich, da jede Materialentnahme das Urkilogramm oder die *Temoins* ein für alle Mal zerstören würde.

Für die Marktfrau am Münchner Viktualienmarkt ist dieser Befund eher zweitrangig, für Naturwissenschaftler, die Naturkonstanten auf zwölf Stellen bestimmen, eine Katastrophe, schließlich diente das Urkilogramm für alle metrologischen Institute der Welt als Kopiervorlage, sodass letztendlich ein Massennormal losgelöst von einem physischen Körper definiert wurde.

Durch Division und Multiplikation der SI-Basiseinheiten können sämtliche physikalische Größen dargestellt werden. Beispiele hierfür sind Geschwindigkeit (Weg/Zeit, Meter/Sekunde) oder Kraft (Masse · Beschleunigung, Kilogramm · Meter/Sekunde^2).

1.3 Naturkonstanten – Fundament der SI-Basisgrößen

Bekannte Naturkonstanten sind beispielsweise die Lichtgeschwindigkeit (c) als die größtmögliche Geschwindigkeit, das Planck'sche Wirkungsquantum (h) und der absolute Nullpunkt als tiefstmögliche Temperatur. Naturkonstanten zeichnen sich dadurch aus, dass ihre Zahlenwerte über alle Zeiten und an jedem Ort konstant sind. Somit sind Naturkonstanten das ideale Fundament, um die sieben Basiseinheiten des SI-Systems zu definieren (◘ Abb. 1.5).

Für Meter und Sekunde gibt es den Bezug zu Naturkonstanten schon länger. Bereits seit 1967 wird die Sekunde auf die Frequenz ($\Delta\nu_{Cs}$) des Hyperfeinstrukturübergangs des Grundzustands des Cäsiumnuklids 133 bezogen. Eine Sekunde entspricht der Zeitdauer von 9.192.631.770 Übergängen (◘ Tab. 1.2). Der Meter wird seit 1983 über die Lichtgeschwindigkeit definiert.

Alle anderen Basiseinheiten sind erst seit 2019 auf Naturkonstanten zurückgeführt worden. Dabei galt es, entsprechende definierende Naturkonstanten auszuwählen und diese exakt zu bestimmen und im Zahlenwert festzulegen.

Das Kilogramm ist als Basiseinheit von zentraler Bedeutung, schließlich sind wichtige physikalische Größen wie Kraft (Newton – kgm s^{-2}), Druck (Nm^{-2}), Energie (Nm) etc. darüber definiert. Als definierende Naturkonstante für das Kilogramm wählte man die Planck'sche Konstante (h) mit der Dimension Energie mal Zeit und der Einheit kg · m^2 · s^{-1}. Da Sekunde und Meter bereits über Naturkonstanten definiert waren, brauchte „nur" noch der exakte Zahlenwert des Planck'schen Wirkungsquantums bestimmt werden. Mit aufwendigen Messmethoden und internationalen Ringversuchen gelang es schließlich 2017, den Zahlenwert mit einer relativen Unsicherheit kleiner $2 \cdot 10^{-8}$ festzulegen, sodass der Neudefinition des Kilogramms nichts mehr im Wege stand.

Das Ampere wurde über die elektrische Elementarladung (e), das Kelvin über die Boltzmann-Konstante (k_B), das Mol über die Avogadro-Zahl (N_A) und die Candela (lat. für Kerze) als Basiseinheit der Lichtstärke über die Strahlstärke (K_{cd}) einer monochromatischen Strahlung der Frequenz $540 \cdot 10^{12}$ Hz definiert (◘ Abb. 1.5).

Seit dem Weltmetrologietag am 20. Mai 2019 sind alle sieben Basisgrößen des Internationalen Einheitensystems (SI) über sieben Naturkonstanten definiert.

Durch das Festlegen der definierenden Naturkonstanten auf feste Zahlenwerte hat man die Verhältnisse umgekehrt. Bis 2019 wurden die Naturkonstanten über die definierten Basiseinheiten ermittelt. Das

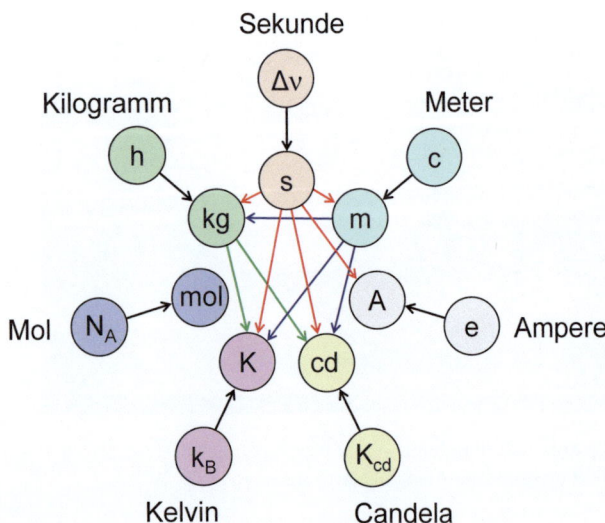

◘ Abb. 1.5 SI-System. Sämtliche Basiseinheiten (innerer Kreis) wurden über definierende Naturkonstanten (äußerer Kreis) festgelegt

Tab. 1.2 Die definierenden Naturkonstanten des SI-Systems mit den Definitionsgleichungen

SI-Basiseinheit	Einheitensymbol	Definierende Naturkonstante	Definitionsgleichung, 2019
Kilogramm	kg	$h = 6{,}626.070.15 \cdot 10^{-34}$ kgm^2 s^{-1}	1 kg $= 1{,}475.521 \cdot 10^{40} \cdot h \cdot \Delta\nu_{Cs} \cdot c^{-2}$
Meter	m	$c = 299{,}792.458$ ms^{-1}	1 m $= 30{,}663.32 \cdot c \cdot \Delta\nu_{Cs}^{-1}$
Sekunde	s	$\Delta\nu_{Cs} = 9{,}192.631.770$ s^{-1}	1 s $= 9{,}192.631.770 \cdot \Delta\nu_{Cs}^{-1}$
Ampere	A	$e = 1{,}602.176.634 \cdot 10^{-19}$ As	1 A $= 6{,}789.687 \cdot 10^{8} \cdot \Delta\nu_{Cs} \cdot e$
Kelvin	K	$k_B = 1{,}380.649 \cdot 10^{-23}$ kgm^2 s^{-2} K^{-1}	1 K $= 2{,}266.665 \cdot \Delta\nu_{Cs}^2 \cdot h \cdot k_B^{-1}$
Mol	mol	$N_A = 6{,}022.140.76 \cdot 10^{23}$ mol^{-1}	1 mol $= 6{,}022.140.76 \cdot 10^{23} \cdot N_A^{-1}$
Candela	cd	$K_{cd} = 683$ lmW^{-1}	1 cd $= 2{,}614.830 \cdot 10^{10} \cdot \Delta\nu_{Cs}^2 \cdot h \cdot K_{cd}$

führte zur absurden Situation, dass mit zunehmender Genauigkeit der Basiseinheiten die Naturkonstanten angepasst werden mussten, was ja ein Widerspruch in sich ist. Seit 2019 sind die definierenden Naturkonstanten fest und in Zukunft werden, falls nötig, die Basisgrößen angepasst.

Anschaulich ausgedrückt, wenn die Meterdefinition (Urmeter) sich änderte, musste zwangsläufig die Lichtgeschwindigkeit angepasst werden, da ja der Zahlenwert für die in einer Sekunde zurückgelegte Wegstrecke sich änderte. Seit 2019 ist die Lichtgeschwindigkeit fest und bei eventuellen Änderungen müssen die Zahlenwerte der Basiseinheiten so sein, dass der Zahlenwert der Lichtgeschwindigkeit von 299.792.458 ms^{-1} unverändert bleibt.

1.4 Dezimale Vielfache und Teile physikalischer Messgrößen

Um Zahlenwerte mit vielen Stellen zu vermeiden, werden diese entweder in Form von Zehnerpotenzen oder mit Präfixen angegeben. Das Präfix wird der Maßeinheit vorangesetzt und entspricht einem dezimalen Vielfachen oder Teil der physikalischen Einheit.

So entspricht beispielsweise das Präfix Mikro einem Millionstel; ein Mikrometer ist somit ein millionstel Meter. Die Vorsilbe Mega steht dagegen für eine Million; eine Megacity hat mindestens eine Million Einwohner. Die Präfixe basieren auf Zehnerpotenzen (Dezimalsystem) mit ganzzahligen Exponenten. Die Präfixsymbole sind international einheitlich (Tab. 1.3), während die Namen je nach Sprache variieren können.

Tab. 1.3 SI-Dezimalpräfixe für physikalische Einheiten

Name	Präfixname	Präfixsymbol	Wert	Potenz	Beispiel
Billiarde	Peta	P	1.000.000.000.000.000	10^{15}	Petaflop
Billion	Tera	T	1.000.000.000.000	10^{12}	Terabyte
Milliarde	Giga	G	1.000.000.000	10^{9}	Gigawatt
Million	Mega	M	1.000.000	10^{6}	Megacity
Tausend	Kilo	k	1000	10^{3}	Kilogramm
Hundert	Hekto	h	100	10^{2}	Hektoliter
Zehn	Deka	da	10	10^{1}	Dekagramm
Eins			1	10^{0}	Basis
Zehntel	Dezi	d	0,1	10^{-1}	Dezimeter
Hundertstel	Zenti	c	0,01	10^{-2}	Zentimeter
Tausendstel	Milli	m	0,001	10^{-3}	Milligramm
Millionstel	Mikro	µ	0,000.001	10^{-6}	Mikrogramm
Milliardstel	Nano	n	0,000.000.001	10^{-9}	Nanometer
Billionstel	Piko	p	0,000.000.000.001	10^{-12}	Pikosekunde
Billiardstel	Femto	f	0,000.000.000.000.001	10^{-15}	Femtosekunde

Atommodelle im Wandel der Zeit

Inhaltsverzeichnis

2.1 Teilchenmodell – Materie besteht aus kleinsten, unteilbaren Teilchen – 12

2.2 Atome – Kleinste Einheit von Elementen – 13
2.2.1 Dalton'sches Atommodell – Atome als kugelförmige, strukturlose Teilchen – 13
2.2.2 Thomson'sches Atommodell – Positive Teilchen mit eingebetteten Elektronen – 13
2.2.3 Rutherford'sches Atommodell – Elektronen kreisen um positive Atomkerne – 13

2.3 Elementarteilchen – Elektronen, Protonen und Neutronen als Grundbausteine von Atomen – 14
2.3.1 Das Elektron – Träger der negativen Elementarladung – 15
2.3.2 Das Proton – Positiv geladene Kernteilchen charakterisieren die Elemente – 19
2.3.3 Das Neutron – Neutral geladene Kernteilchen halten Atomkerne zusammen – 20

2.4 Isotope – Atome mit identischer Protonen-, aber unterschiedlicher Massenzahl – 20

2.5 Bohr'sches Atommodell – Elektronen kreisen auf diskreten Bahnen um den Atomkern – 23

2.6 Schrödingers Atommodell – Elektronen als stehende dreidimensionale Materiewellen – 26

2.7 Mehrelektronensysteme – Aufbauprinzip – Periodensystem – 36
2.7.1 Aufbauprinzip – Pauli-Prinzip und Hund'sche Regeln bestimmen die Elektronenkonfiguration – 38
2.7.2 Periodensystem – Protonenzahl, Gruppenzahl und Periodenzahl als Ordnungskriterien – 41

© Der/die Autor(en), exklusiv lizenziert an Springer-Verlag GmbH, DE, ein Teil von Springer Nature 2025
J. K. Felixberger, *Physikalische Chemie für Einsteiger*, https://doi.org/10.1007/978-3-662-69767-2_2

2.1 Teilchenmodell – Materie besteht aus kleinsten, unteilbaren Teilchen

Ein Modell ist eine vereinfachte Abstraktion der Realität, eine idealisierte Theorie, mit der Arbeitshypothesen aufgestellt und experimentelle Befunde erklärt werden können. So erklärt beispielsweise das Teilchenmodell physikalische Phänomene wie die Brown'sche Molekularbewegung, die Aggregatzustände von Materie, Temperatur usw.

Bereits der griechische Naturphilosoph Demokrit (460–370 v. Chr.) ging davon aus, dass Materie sich aus kleinsten, unteilbaren Teilchen, den Atomen (*atomos*, griech. für unteilbar), zusammensetzt.

Die wesentlichen Annahmen des Teilchenmodells sind:
- Materie besteht aus winzigen, kugelförmigen Teilchen.
- Die Teilchen unterschiedlicher Stoffe unterscheiden sich in Masse und Größe.
- Die Teilchen sind unteilbar und können weder vernichtet noch geschaffen werden.
- Zwischen den Teilchen ist leerer Raum.
- Die Teilchen bewegen sich unentwegt.
- Je höher die Temperatur, desto schneller bewegen sich die Teilchen.
- Zwischen den Teilchen wirken Anziehungs- bzw. Abstoßungskräfte.

Teilchen im heutigen Sinne kann als Sammelbegriff für Atome, Ionen und Moleküle verstanden werden.

Brown'sche Bewegung

Der englische Biologe Brown beobachtete 1827, dass Gräserpollen sich chaotisch in einem Wassertropfen bewegen. Erst 1905 konnte Albert Einstein eine schlüssige Erklärung des Phänomens geben. Wasser besteht aus zahllosen kleinen, unsichtbaren Teilchen (Wassermolekülen), die in ständiger, ungerichteter Bewegung sind. Dabei kollidieren sie nicht nur untereinander, sondern auch mit dem sichtbaren Pollenstaubkorn, das durch die Stöße ungeordnete Zitterbewegungen ausführt. Je höher die Temperatur, desto schneller die ungeordnete Bewegung der einzelnen Wassermoleküle und die Zitterbewegung (◘ Abb. 2.1) der Pollenkörner. Die Brown'sche Bewegung ist ein Nachweis für kleinste Teilchen wie Moleküle.

Die Brown'sche Molekularbewegung ist auch für Diffusionsvorgänge, d. h. das Durchmischen (Konzentrationsausgleich) zweier Gase oder Flüssigkeiten ohne äußere Einwirkung, ursächlich. Da die Brown'sche Molekularbewegung mit zunehmender Temperatur zunimmt, laufen auch Diffusionsvorgänge bei höherer Temperatur schneller ab.

◘ **Abb. 2.1** Die Brown'sche Molekularbewegung ist chaotisch und entsteht durch Kollisionen sich zufällig bewegender Teilchen

Aggregatzustände

Gasförmiger Zustand

Gase haben weder eine feste Form noch ein definiertes Volumen. In Gasen haben die Gasmoleküle (Teilchen) einen großen Abstand voneinander, sodass zwischen den Molekülen nur schwache Anziehungskräfte herrschen. Es finden relativ wenige Kollisionen zwischen den Gasteilchen statt. Die Gasteilchen bewegen sich schnell und ungerichtet und füllen den zur Verfügung stehenden Raum vollständig aus. Gase lassen sich durch Druck auf kleinere Volumina komprimieren, wobei der Abstand zwischen den Gasteilchen abnimmt.

Flüssiger Zustand

Flüssigkeiten haben ein definiertes Volumen, jedoch keine feste Form. Im Vergleich zu Gasen sind die Teilchen in Flüssigkeiten 1000-mal dichter gepackt. Die Teilchen üben zwar Kräfte untereinander aus, bleiben jedoch frei beweglich. Aufgrund der dichten Packung sind Flüssigkeiten im Gegensatz zu Gasen so gut wie nicht komprimierbar. Mit steigender Temperatur bewegen sich die Teilchen zunehmend schneller, bis ihre kinetische Energie die Anziehungskräfte zwischen ihnen übersteigt. Dadurch können sie die Flüssigkeitsoberfläche verlassen und in den gasförmigen Zustand übergehen.

Fester Zustand

Feststoffe haben eine feste Form und ein konstantes Volumen. In Feststoffen sind die Teilchen an einem bestimmten Ort fixiert und als regelmäßiges Gitter angeordnet. Obwohl die Teilchen ihre Position nicht verlassen können, schwingen sie um ihre Position. Die Anziehungskräfte zwischen den Teilchen sind so stark, dass Feststoffe nicht fließfähig sind. Durch Temperaturerhöhung nimmt die Bewegungsenergie der Teilchen zu, wodurch die meisten Feststoffe in den flüssigen Zustand übergehen.

2.2 Atome – Kleinste Einheit von Elementen

■ Temperatur

Mit steigender Temperatur eines Stoffes nimmt die ungeordnete Bewegung einzelner Teilchen und somit deren Bewegungsenergie zu. Mit der schnelleren Bewegung der Teilchen geht ein erhöhter Raumbedarf einher, wodurch sich Materie bei Temperaturerhöhung ausdehnt (Wärmeausdehnung). Da die Masse unverändert bleibt, nimmt die Dichte eines Stoffes bei Temperaturerhöhung ab.

2.2.1 Dalton'sches Atommodell – Atome als kugelförmige, strukturlose Teilchen

Das Teilchenmodell erlaubt auch einen leichten Einstieg in die moderne Atomtheorie. John Dalton publizierte 1808 in dem Buch „A New System of Chemical Philosophy" die Grundlagen der modernen Atomtheorie. Sein Modell (◘ Abb. 2.14) umfasst im Wesentlichen vier Postulate:
- Jedes Element besteht aus winzigen, kugelförmigen Teilchen, den unteilbaren Atomen.
- Alle Atome eines Elements sind identisch, unterscheiden sich jedoch von Atomen anderer Elemente bezüglich Masse und Größe.
- Atome sind unteilbar und können weder vernichtet noch geschaffen werden.
- Chemische Reaktionen führen zur Neuverknüpfung von Atomen, aber stets in einem definierten, ganzzahligen Verhältnis zueinander.

2.2.2 Thomson'sches Atommodell – Positive Teilchen mit eingebetteten Elektronen

Ein Jahrhundert später wurde jedoch Daltons Vorstellung von Atomen als homogene, unstrukturierte Teilchen durch Joseph John Thomson (englischer Physiker, 1856–1940, Nobelpreis 1906) widerlegt. Thomson führte zahlreiche Experimente mit einer Braun'schen Röhre durch und konnte zeigen, dass die aus der Glühkathode (◘ Abb. 2.5) austretende Strahlung aus einem Strom negativ geladener Teilchen, den Elektronen, besteht. Durch Ablenken dieser Elektronenstrahlen im Magnetfeld konnte er nachweisen, dass unterschiedliche Glühkathodenmaterialien identische Teilchen, d. h. Elektronen gleicher Masse und gleicher negativer Ladung, emittieren. Thomson kam zu folgenden Erkenntnissen:
- Atome sind elektrisch positiv geladene Kugeln, in die elektrisch negativ geladene Elektronen statistisch eingebettet sind, wie Rosinen in einem Kuchen (Rosinenkuchenmodell, ◘ Abb. 2.14).
- Elektronen sind kleiner und leichter als Atome.
- Da Atome elektrisch neutral sind, müssen die negativen Ladungen der Elektronen durch positive Ladungen im Atom neutralisiert werden.
- Atome können Elektronen aufnehmen und abgeben, wodurch geladene Atome, sogenannte Ionen, entstehen.

Thomsons Verdienst war, dass er als Erster subatomare Teilchen und Strukturen erkannte. Zwar konnte sein Modell das Masse-zu-Ladung-Verhältnis von Elektronen beschreiben, es lieferte aber keine Aussagen zu den positiven Ladungen und der räumlichen Verteilung der Elektronen im Atom, was erst Rutherford mit seinem berühmten Streuversuch gelang.

2.2.3 Rutherford'sches Atommodell – Elektronen kreisen um positive Atomkerne

Ein bahnbrechendes Experiment von Rutherfords Forschungsteam (neuseeländischer Physiker, 1871–1937, Nobelpreis 1908) trug erheblich zur Aufklärung der Feinstruktur von Atomen bei. Rutherford beschoss eine lediglich 0,5 μm dicke Goldfolie (ca. 1000 Atomdurchmesser) mit der gerade entdeckten α-Strahlung. Dafür platzierte er ein Radiumpräparat in einem Bleiwürfel (◘ Abb. 2.2a). Die vom Radium emittierte α-Strahlung trat aus einer kleinen Öffnung des Bleiwürfels aus und wurde auf eine Goldfolie gerichtet. Man kannte zwar nicht deren chemische Natur, wusste aber, dass α-Strahlung positiv geladene Teilchen sind. Zur Detektion der α-Teilchen wurde ein mit Zinksulfid beschichteter Szintillationsschirm kreisförmig um die Goldfolie angeordnet. Beim Auftreffen eines α-Teilchens auf dem Schirm erfolgt ein Lichtblitz.

Rutherford und seine Mitarbeiter erwarteten, dass die subatomaren α-Teilchen die dünne Goldfolie ohne Ablenkung passieren würden. Umso verblüffender waren die Beobachtungen. Zwar passierten die meisten α-Teilchen wie erwartet die Folie ohne abgelenkt zu werden, aber ein kleiner Teil wurde massiv aus der Strahlungsrichtung abgelenkt. Einige wenige α-Teilchen wurden zurückgestreut, wiesen also einen Streuwinkel von 180° auf (◘ Abb. 2.2b).

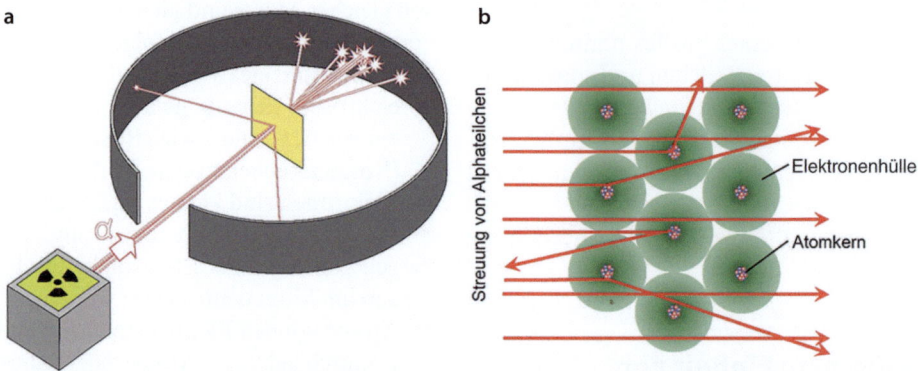

◘ Abb. 2.2 Der Rutherford'sche Streuversuch (**a**, © Sergey Merkulov/▶ Shutterstock.com) führte zum Kern-Hülle-Atommodell (**b**)

Rutherford wertete die Ergebnisse mit einer von ihm entwickelter Streuformel aus und schlussfolgerte, dass die positiven Ladungen nicht – wie Thomson dachte – homogen im Atom verteilt sind, sondern in massiven, aber winzigen Kernen der Goldfolie vorliegen müssen. Treffen die positiv geladenen α-Teilchen auf die schweren, positiv geladenen Goldkerne (◘ Abb. 2.2b), werden Erstere entweder aus ihrer Flugbahn abgelenkt oder bei direkter Kollision sogar zurückgestreut. Da die meisten α-Teilchen die Goldfolie geradlinig passieren, muss der Abstand zwischen den winzigen Atomkernen sehr groß sein. Aus dem Streumuster der α-Teilchen folgerte Rutherford, dass der Abstand zwischen den Kernen ungefähr 10.000-mal größer ist als der Durchmesser der Atomkerne.

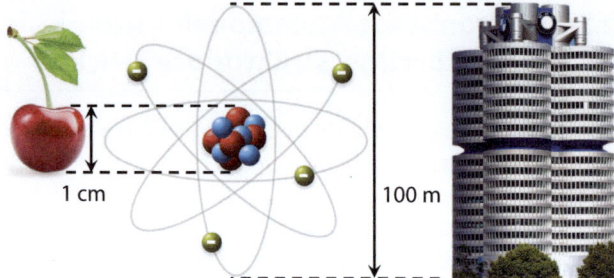

◘ Abb. 2.3 Größenverhältnis von Atomkern zu Atomhülle (Tim UR/▶ Shutterstock.com, Lookieplxle/▶ Shutterstock.com)

> **Rutherford'sches Atommodell**
> - Ein Atom besteht aus einem elektrisch positiv geladenen Kern im Zentrum und einer negativen Elektronenhülle.
> - Nahezu sämtliche Masse eines Atoms ist im winzigen Atomkern lokalisiert.
> - Die Elektronen kreisen in einer Kugelschale um den positiven Atomkern.
> - Die negativen Elektronen weisen kaum Masse auf.
> - Der Durchmesser des Atomkerns ist winzig im Vergleich zum mittleren Abstand der Atomkerne.
> - Die Elektronenhülle ist quasi ein leerer Raum, da die Elektronen wesentlich kleiner sind als der Atomkern.

Demnach ist der Durchmesser der Elektronenhülle etwa 10.000-mal größer als der des Atomkerns. Vergleicht man den Atomkern mit einer Kirsche von ca. 1 cm Größe, dann würden die Elektronen in einem Abstand von 50 m um die Kirsche kreisen (◘ Abb. 2.3).

Das Rutherford'sche Atommodell war ein bedeutender Schritt nach vorne, kann aber nicht erklären, warum die um den Atomkern kreisenden Elektronen nicht in den positiven Atomkern stürzen. Schließlich entspricht eine Kreisbewegung von Elektronen einer beschleunigten Bewegung, da sich deren Bewegungsrichtung permanent ändert. Gemäß den Gesetzen von Maxwell strahlen beschleunigte Ladungen jedoch elektromagnetische Strahlung ab, verlieren also kinetische Energie, wodurch das Elektron auf einer Spiralbahn in den Atomkern stürzen müsste, was nicht beobachtet wird.

Des Weiteren liefert das Rutherford'sche Atommodell keine Erklärung für das Auftreten mehrerer Spektrallinien wie z. B. für Wasserstoff, da alle Elektronen mit gleichem Radius um den Atomkern kreisen.

2.3 Elementarteilchen – Elektronen, Protonen und Neutronen als Grundbausteine von Atomen

Ende des 19. Jahrhunderts erkannte man, dass Atome keine homogenen Kugeln sind, sondern eine Unterstruktur aufweisen. So kreisen nach dem Rutherford'schen

Modell Elektronen (e) auf einer Kreisbahn um den positiv geladenen Atomkern. Der Atomkern setzt sich wiederum aus den positiv geladenen Protonen (p) und, nomen est omen, aus den elektrisch ungeladenen Neutronen (n) zusammen (◘ Abb. 2.4). Protonen und Neutronen werden übergeordnet als Nukleonen (Kernteilchen) bezeichnet. Lange dachte man, dass Elektronen, Protonen und Neutronen Elementarteilchen sind, also keine weitere Substruktur aufweisen. Für die Elektronen gilt dies bis heute uneingeschränkt; Protonen und Nukleonen weisen dagegen eine Feinstruktur, den sog. Quarks auf. Deshalb werden Protonen und Neutronen besser als subatomare Teilchen bezeichnet. Wesentliche Eigenschaften subatomarer Teilchen fasst ◘ Tab. 2.1 zusammen.

2.3.1 Das Elektron – Träger der negativen Elementarladung

▪ Entdeckung

1897 erkannte Joseph Thomson (1856–1940, Nobelpreis 1906), dass Atome keine homogenen Teilchen sind, sondern eine innere Struktur aufweisen. So stellte er fest, dass Glühkathodenstrahlung aus winzigen Partikeln besteht, die er Elektronen nannte. Heizt man eine Kathode (negativer Pol) aus Wolframdraht durch Stromdurchfluss auf 2000 °C auf und legt eine elektrische Spannung an, dann werden Elektronen thermisch „ausgedampft" und in Richtung der Anode (positiver Pol) beschleunigt (◘ Abb. 2.5).

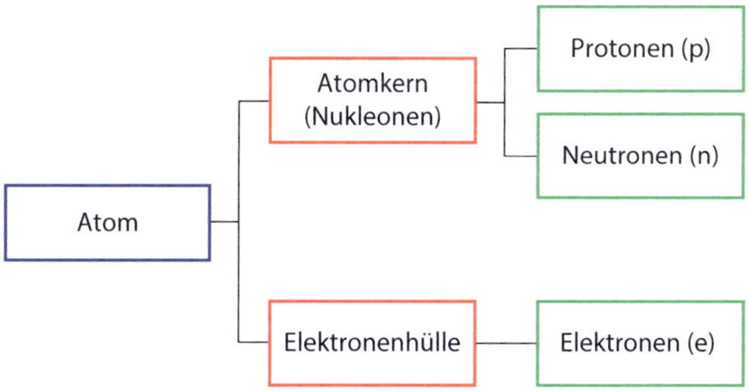

◘ **Abb. 2.4** Atomaufbau und Elementarteilchen

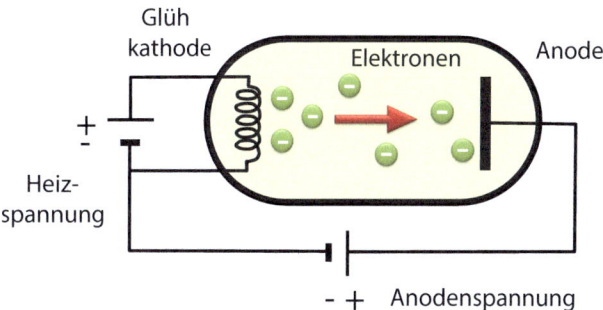

◘ **Abb. 2.5** Fluss ausgeheizter Elektronen von der Glühkathode in Richtung Anode

◘ **Tab. 2.1** Wesentliche Eigenschaften subatomarer Teilchen

Subatomares Teilchen	Elektron	Proton	Neutron
Lokalisation	Elektronenhülle	Atomkern	Atomkern
Abkürzung, Symbol	e, e⁻	p, p⁺	n
Ruhemasse, kg	$9{,}109 \cdot 10^{-31}$	$1{,}673 \cdot 10^{-27}$	$1{,}675 \cdot 10^{-27}$
Masse in Elektronenmassen, m_e	1	1836	1839
Masse in atomaren Masseneinheiten, u	0,000547	1,0073	1,0087
Ruheenergie, MeV	0,511	938,3	939,5
Durchmesser, m	$\sim 10^{-19}$	$\sim 10^{-15}$	$\sim 10^{-15}$
Absolute elektrische Ladung, As	$-1{,}602 \cdot 10^{-19}$	$+1{,}602 \cdot 10^{-19}$	neutral
Elektrische Ladung in Elementarladung, e	-1	$+1$	0
Spin, $\hbar$	1/2	1/2	1/2
Mittlere Lebensdauer, s	stabil	stabil	882
Entdeckung	1897, Thomson	1919, Rutherford	1932, Chadwick

Abb. 2.6 Der Millikan-Versuch ermöglicht die Bestimmung der elektrischen Elementarladung (e)

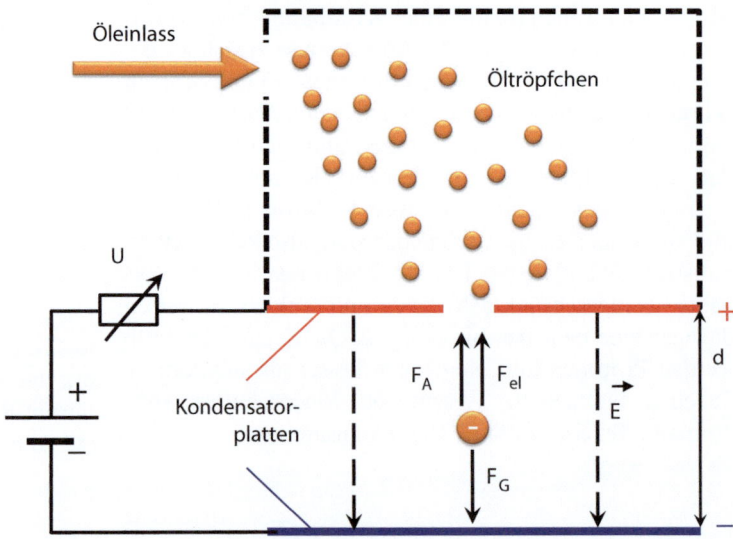

Elektronen sind elektrisch negativ geladen und werden üblicherweise mit e oder e⁻ symbolisiert. Elektronen sind stabil und weisen keine Unterstruktur auf.

- **Elementarladung**

Elektronen tragen die elektrische Elementarladung, die kleinste in der Natur frei existierende elektrische Ladungsmenge. Der Wert der Elementarladung wurde erstmals von Millikan (Nobelpreis 1923) mit dem nach ihm benannten Öltröpfchenexperiment bestimmt.

Der prinzipielle Aufbau des Millikan-Versuchs ist einfach. In einen horizontal liegenden Plattenkondensator mit dem Plattenabstand d werden winzige Öltröpfchen eingesprüht, wobei sich diese elektrostatisch aufladen (◘ Abb. 2.6). Aufgrund der Schwerkraft (F_G, Gl. 2.1) müssten die Öltröpfchen zu Boden sinken. Die Schwerkraft wird durch die Luftverdrängung der Öltröpfchen um die Auftriebskraft (F_A, Gl. 2.2) reduziert. Das Sedimentieren der Öltröpfchen wird verhindert, indem am Kondensator ein elektrisches Feld mit der Spannung U angelegt wird, sodass die obere Kondensatorplatte positiv und die untere negativ geladen ist. Dadurch wirkt eine elektrische Kraft (F_{el}, Gl. 2.3) entgegengesetzt zur Schwerkraft auf das Öltröpfchen mit der negativen elektrischen Ladung (q). Die Spannung des Kondensators wird so eingestellt, dass das Öltröpfchen zwischen den Kondensatorplatten schwebt.

$$F_G = m_{Öl} \cdot g = \rho_{Öl} \cdot V_{Öl} \cdot g = \rho_{Öl} \cdot \frac{4}{3}\pi \cdot r_{Öl}^3 \cdot g \quad (2.1)$$

$$F_A = m_{Luft} \cdot g = \rho_{Luft} \cdot V_{Öl} \cdot g = \rho_{Luft} \cdot \frac{4}{3}\pi \cdot r_{Öl}^3 \cdot g \quad (2.2)$$

$$F_{el} = q \cdot E = q \cdot \frac{U}{d} \quad (2.3)$$

F_G – Gravitationskraft, N
$m_{Öl}$ – Masse Öltröpfchen, kg
g – Erdbeschleunigung, ms^{-2}
$\rho_{Öl}$ – Dichte Öl, kgm^{-3}
$V_{Öl}$ – Volumen Öltröpfchen, m^3
$r_{Öl}$ – Radius Öltröpfchen, m
F_A – Auftriebskraft, N
m_{Luft} – Masse verdrängter Luft, kg
ρ_{Luft} – Luftdichte, kgm^{-3}
F_{el} – elektrische Kraft, N
q – elektrische Ladung Öltröpfchen, As
E – Elektrische Feldstärke, Nm^{-1}
U – Kondensatorspannung, V
d – Plattenabstand, m

Im Schwebezustand wirkt folgendes Kräftegleichgewicht.

$$F_G = F_A + F_{el} \quad (2.4)$$

Durch Einsetzen der Gleichungen für die einzelnen Kräfte (Gl. 2.1–2.3) in Gl. 2.4 ergibt sich für die elektrische Ladung (q) des Öltröpfchens im Schwebezustand:

$$\rho_{Öl} \cdot \frac{4}{3}\pi \cdot r_{Öl}^3 \cdot g = \rho_{Luft} \cdot \frac{4}{3}\pi \cdot r_{Öl}^3 \cdot g + q \cdot \frac{U}{d} \rightarrow q$$
$$= \frac{4 \cdot \pi \cdot r_{Öl}^3 \cdot g \cdot (\rho_{Öl} - \rho_{Luft}) \cdot d}{3 \cdot U} \quad (2.5)$$

Um die Ladung eines Öltröpfchens gemäß Gl. 2.5 berechnen zu können, müssen lediglich dessen Durchmesser und die Spannung U für den Schwebezustand gemessen werden. Alle anderen Faktoren sind stoffspezifische Größen oder Konstanten.

2.3 · Elementarteilchen – Elektronen, Protonen und Neutronen als Grundbausteine von Atomen

▶ **Beispiel**

$\rho_{Öl} = 875$ kgm^{-3}, $\rho_{Luft} = 1{,}3$ kgm^{-3}, $g = 9{,}81$ ms^{-2}, $d = 0{,}006$ m
$U = 168$ V, $r_{Öl} = 0{,}5$ µm

$$q = \frac{4 \cdot \pi \cdot (0{,}5 \cdot 10^{-6} m)^3 \cdot 9{,}81 m \cdot (875 - 1{,}3) kg \cdot 0{,}006 m}{3 \cdot 168 \, Vs^2 m^3}$$

$$= 1{,}60 \cdot 10^{-19} \, As$$

◀

Millikan und sein Team führten zahlreiche Messungen durch und haben für die Ladung q des Öltröpfchen stets ganzzahlige Vielfache N der sogenannten Elementarladung e ($q = N \cdot e$) ermittelt, je nachdem, ob das Öltröpfchen einfach oder mehrfach negativ geladen war.

Millikan schloss daraus, dass die elektrische Ladung eines Elektrons etwa $1{,}59$–$1{,}63 \cdot 10^{-19}$ As beträgt. Der aktuelle Wert für die Elementarladung wird mit $1{,}6022 \cdot 10^{-19}$ As angegeben.

Nachdem man die Ladung des Elektrons kannte, konnte durch Ablenkung von Elektronenstrahlen im magnetischen Feld nicht nur deren Teilchencharakter, sondern auch deren Ruhemasse (m_e) ermittelt werden (Box Massenspektrometer).

■ Wellencharakter

Analog zur Wellentheorie von Photonen (▶ Abschn. 8.1) stellte Louis de Broglie (● Abb. 2.7, Nobelpreis 1929) 1924 in seiner Dissertation die kühne Behauptung auf, dass subatomare Teilchen wie Elektronen, Protonen und Neutronen ebenfalls Wellencharakter aufweisen. Zur Herleitung verknüpfte er die Einstein'sche Energiegleichung mit der Planck'schen Quantengleichung. Die resultierende Gleichung für die Wellenlänge des Photons wandte de Broglie auf Masseteilchen wie das Elektron an (Gl. 2.6).

$$E = m \cdot c^2 = h \cdot \nu \xrightarrow{mit \ v=\frac{c}{\lambda}} m \cdot c^2 = \frac{h \cdot c}{\lambda} \rightarrow \lambda = \frac{h}{m \cdot c}$$

$$\rightarrow \lambda_e = \frac{h}{m_e \cdot v_e}$$

(2.6)

E – Energie, J
m – Masse, kg
c – Lichtgeschwindigkeit, ms^{-1}
h – Planck'sches Wirkungsquantum, Js
ν – Frequenz, s^{-1}
λ – Wellenlänge, m
m_e – Masse Elektron, kg
λ_e – De-Broglie-Wellenlänge Elektron, m
v_e – Geschwindigkeit Elektron, ms^{-1}

● **Abb. 2.7** De Broglie postulierte Materiewellen im Rahmen seiner Dissertation

Das heißt, je schwerer ein Masseteilchen und je größer dessen Geschwindigkeit, oder anders ausgedrückt, je größer sein Impuls (m·v), desto kleiner ist dessen De-Broglie-Wellenlänge. Letztendlich sagt die De-Broglie-Beziehung aus, dass das Elektron kein punktförmiges Gebilde ist, sondern Masse und Ladung wellenförmig im Raum verschmiert sind, wodurch dessen Ort nicht genau festgelegt werden kann.

Der experimentelle Nachweis des Wellencharakters von Elektronen erfolgte 1927 mit einem Beugungsversuch durch Davisson und Germer. Dazu wurden freie Elektronen mit einer Glühkathode erzeugt, in einem elektrischen Feld beschleunigt und nach dem Anodenloch auf einen Nickelkristall gelenkt. Die Elektronen werden durch das Atomgitter - einzelne Gitterebenen verhalten sich gegenüber Elektronen wie Spiegel - des Nickels gebeugt (● Abb. 2.8), wodurch auf einem Leuchtschirm kreisförmige Interferenzmuster (Maxima, Minima, ▶ Abschn. 8.1.3) entstehen. Da Interferenz als typisches Wellenphänomen gilt, wurde somit der direkte Beweis erbracht, dass Elektronen unter gewissen Umständen Wellencharakter aufweisen. Wird ein Magnet in der Nähe des Leuchtschirms platziert, wird das Interferenzmuster abgelenkt, sodass es sich um geladene Teilchen handeln muss. Photonen werden durch Magnetfelder nicht abgelenkt.

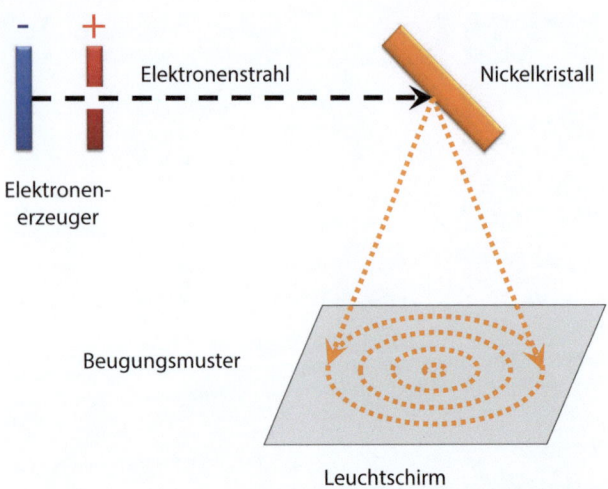

Abb. 2.8 Davisson-Germer-Versuchsaufbau für den experimentellen Nachweis des Wellencharakters von Elektronen

Der Abstand der Maxima respektive Minima des Interferenzmusters hängt u. a. von der Beschleunigungsspannung U ab, die die Elektronen durchlaufen haben, da dadurch die De-Broglie-Wellenlänge der Elektronen variiert und somit auch deren Interferenzmuster.

Die De-Broglie-Wellenlänge von im elektrischen Feld beschleunigten Elektronen ergibt sich gemäß Gl. 2.7 aus dem Produkt der Beschleunigungsspannung (U) und der elektrischen Elementarladung (e). Setzt man diesen Ausdruck mit der kinetischen Energie des Elektrons ($1/2\, mv^2$) gleich, so erhält man für die Geschwindigkeit des Elektrons (v_e):

$$E_{kin} = U \cdot e = \frac{1}{2} \cdot m_e \cdot v_e^2 \rightarrow v_e = \sqrt{\frac{2 \cdot U \cdot e}{m_e}} \quad (2.7)$$

Ersetzt man in Gl. 2.6 die Geschwindigkeit des Elektrons (v_e) durch Gl. 2.7, so wird für die De-Broglie-Wellenlänge des Elektrons als Funktion der Beschleunigungsspannung (Gl. 2.8) erhalten.

$$\lambda_e = \frac{h}{\sqrt{2 \cdot U \cdot e \cdot m_e}} = \frac{const.}{\sqrt{U}} \quad (2.8)$$

Das heißt, die De-Broglie-Wellenlänge des Elektrons wird mit zunehmender Beschleunigungsspannung kleiner.

▶ **Beispiel**

Berechnen Sie die De-Broglie-Wellenlänge eines Elektrons, das mit einer Spannung von 100 respektive 1000 V beschleunigt wurde.

$h = 6{,}63 \cdot 10^{-34}$ J·s, $e = 1{,}60 \cdot 10^{-19}$ A·s, $m_e = 9{,}11 \cdot 10^{-31}$ kg, $U = 100$ V

$$\lambda_e(100\,V) = \frac{6{,}63 \cdot 10^{-34}\,\text{J·s}}{\sqrt{2 \cdot 100\,V \cdot 1{,}60 \cdot 10^{-19}\,\text{A·s} \cdot 9{,}11 \cdot 10^{-31}\,kg}}$$
$$= 1{,}23 \cdot 10^{-10}\,m = 0{,}123\,nm$$

$$\lambda_e(1000\,V) = 0{,}39 \cdot 10^{-10}\,m = 0{,}039\,\text{nm} \quad ◀$$

■ **Elektronenspin**

Stern und Gerlach stellten 1921 fest, dass ein Strahl von Silberatomen durch ein stark inhomogenes Magnetfeld in zwei Teilstrahlen gleicher Intensität aufgespalten wird (◻ Abb. 2.9). Bei ausgeschaltetem Magnetfeld wird nur eine Bande beobachtet. Diese Beobachtung führte zum Elektronenspin.

Die Silberatome müssen ein magnetisches Moment besitzen das zwei mögliche Orientierungsrichtungen aufweist. Den Elektronen wurde ein sogenannter Spin zugeordnet (▶ Abschn. 6.4.4). Der Elektronenspin hat zwei Orientierungsmöglichkeiten Spin-up ($m_s = +1/2$) und Spin-down ($m_s = -1/2$), wodurch sich die einzelnen

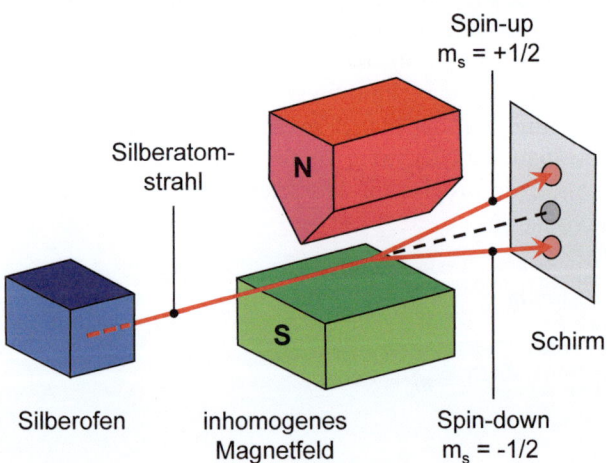

Abb. 2.9 Stern-Gerlach-Versuch. Ein Strahl neutraler Silberatome wird im inhomogenen Magnetfeld in zwei Teilstrahlen aufgespalten

Elektronen wie schwache Stabmagnete verhalten. Silber verfügt über 47 Elektronen darunter 24 mit Spin-up- und 23 mit Spin-down-Orientierung oder umgekehrt. Somit „neutralisieren" sich 23 Elektronenpaare und es bleibt pro Silberatom entweder ein Spin-up- oder ein Spin-down-Elektron übrig. Das ungepaarte Elektron befindet sich in einer s-Unterschale (▶ Abschn. 2.6) und hat keinen Bahndrehimpuls (l = 0), jedoch einen Eigendrehimpuls (Spin-up oder Spin-down) und ein entsprechendes magnetisches Moment. Aufgrund der großen Anzahl an Silberatomen ist die Wahrscheinlichkeit für die beiden Spinzustände 50:50, was die identische Intensität der beiden Spots im Stern-Gerlach-Versuch erklärt.

Somit resultieren zwei Arten von Silberatomen, deren magnetischen Momente zwar die gleiche Stärke, aber entgegengesetzte Richtungen aufweisen. Aufgrund dieser entgegengesetzten magnetischen Momente werden die Silberatome im magnetischen Feld in entgegengesetzte Richtungen abgelenkt.

In der klassischen Physik ist der Spin eine Drehbewegung eines Masseobjekts, weshalb der Elektronenspin häufig als Rotationsrichtung des Elektrons visualisiert wird. Dies ist zwar anschaulich, jedoch letztendlich physikalisch irreführend, da auch das masselose Photon einen Spin aufweist. Der Spin ist eine dem Elektron innewohnende Eigenschaft ähnlich wie die elektrische Ladung oder die Masse des Elektrons. Bei der elektrischen Ladung wissen wir ebenfalls nicht genau, was sie ist, wir haben uns nur so an den Begriff gewöhnt, dass wir ihn nicht mehr weiter hinterfragen. Letztendlich ist der Elektronenspin eine quantenmechanische Eigenschaft, für die es kein klassisches Analogon gibt.

2.3.2 Das Proton – Positiv geladene Kernteilchen charakterisieren die Elemente

Durch die Versuche von Thomson und Millikan hatte man um 1910 sehr konkrete Vorstellungen über die Natur des Elektrons. Es ist ein Teilchen mit der absoluten Masse von $9{,}11 \cdot 10^{-31}$ kg und der negativen Elementarladung von $-1{,}602 \cdot 10^{-19}$ As. Dagegen hatte man zu dieser Zeit nur sehr vage Vorstellungen über das Wesen der positiven Ladung. Thomson schlug das sogenannte Rosinenkuchenmodell vor. Danach besteht das Atom aus einer homogenen positiven Masse (Kuchen), in der die Elektronen wie Rosinen eingebettet sind (◘ Abb. 2.14). Erst durch den Rutherford'schen Streuversuch (◘ Abb. 2.2) konnte gezeigt werden, dass die positiven Ladungen ausschließlich im winzigen Atomkern lokalisiert sind.

Zudem stellte Rutherford 1917 fest, dass durch Beschuss von Stickstoffgas mit α-Teilchen Wasserstoffkerne freigesetzt werden. Daraus schloss er, dass im Atomkern des Stickstoffs Wasserstoffkerne enthalten sind. Er ging davon aus, dass die Atomkerne aller Elemente aus Wasserstoffkernen aufgebaut sind, und nannte deshalb den Wasserstoffkern Proton (*proton*, altgriech. für das Erste). Heute wissen wir, dass der Atomkern eines Wasserstoffatoms identisch mit einem Proton ist.

Protonen sind elektrisch positiv geladen und werden in der Literatur mit dem Symbol p oder p⁺ abgekürzt. Die positive Ladung entspricht betragsmäßig der elektrischen Elementarladung $+1{,}602 \cdot 10^{-19}$ As. Durch Beschleunigung von Protonen in einem elektrischen Feld mit anschließender Ablenkung im Magnetfeld konnte bestimmt werden, dass die Ruhemasse des Protons um den Faktor 1836 größer ist als die des Elektrons. Die Absolutmasse des Protons beträgt $1{,}6726 \cdot 10^{-27}$ kg.

Über die Einstein-Gleichung (E = m·c²) kann die Ruhemasse auch als Ruheenergie in Einheiten von Elektronenvolt (1 eV = $1{,}6022 \cdot 10^{-19}$ J) ausgedrückt werden.

$$E_0(eV) = \frac{m_0 \cdot c^2}{1{,}6022 \cdot 10^{-19}\, As}$$
$$= \frac{1{,}6726 \cdot 10^{-27}\, kg \cdot \left(2{,}9979 \cdot 10^8\, \frac{m}{s}\right)^2}{1{,}6022 \cdot 10^{-19}\, As} \quad (2.9)$$
$$= 9{,}3823 \cdot 10^8\, eV = 938{,}3\, MeV$$

Protonen sind stabile Teilchen mit unbegrenzter Lebensdauer und im Unterschied zu Elektronen keine Elementarteilchen. Protonen bestehen aus drei sogenannten Quarks und werden deshalb als subatomare Teilchen bezeichnet.

Protonen weisen wie Elektronen einen Spin auf (s. o.), dessen magnetisches Moment jedoch um den Faktor 1000 kleiner ist als das des Elektrons.

Die Anzahl (Z) der Protonen im Atomkern, auch als Ordnungszahl bezeichnet, bestimmt die chemischen Elemente. Alle Atomkerne beispielsweise des Elements Kohlenstoff (C) enthalten sechs Protonen (◘ Abb. 2.10,

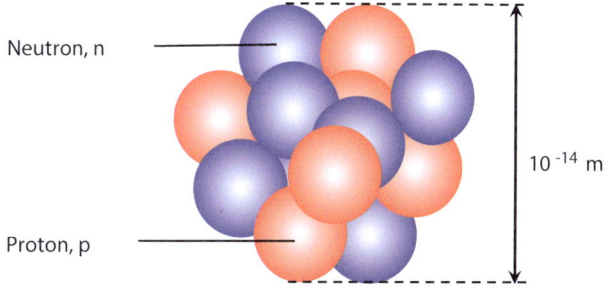

◘ **Abb. 2.10** Der Kern des Kohlenstoffatoms $^{12}_{6}$C besteht aus sechs Protonen und sechs Neutronen

rote Kugeln). Somit ist die Protonenzahl für Kohlenstoff Z = 6. Wasserstoff als einfachstes Atom weist lediglich ein Proton im Atomkern auf (Z = 1).

Im Periodensystem werden die Elemente nach zunehmender Protonenzahl angeordnet, sodass die Anzahl der Protonen in einem Atomkern auch als Ordnungszahl bezeichnet wird.

Um die Protonenzahl eines Atomkerns zu ändern, müssen Energiebeträge aufgebracht werden, die durch chemische Reaktionen nicht aufgebracht werden können. Das ist der tiefere Grund, warum Alchemisten selbst mit noch so ausgeklügelten Versuchsdesigns Quecksilber (Z = 80) nicht in Gold (Z = 79) umwandeln konnten.

2.3.3 Das Neutron – Neutral geladene Kernteilchen halten Atomkerne zusammen

Mit der Entdeckung des Protons und des Atomkerns war man der wahren Natur von Atomen sehr viel nähergekommen. Es war bekannt, dass sich fast sämtliche Masse im Atomkern befindet. Außerdem kannte man die Masse des Protons, die Protonenzahl und die Atommasse der einzelnen Elemente. Umso enttäuschender war die Erkenntnis, dass die Gesamtmasse der Protonen bei fast allen Elementen meist nur 50 % oder weniger der tatsächlichen Atommasse beträgt.

Deshalb schlug Rutherford vor, dass Atomkerne neben den Protonen noch Neutronen, elektrisch ungeladene Teilchen mit der Masse von Protonen, beinhalten. Werner Heisenberg (Nobelpreis 1932) sagte Neutronen 1932 theoretisch vorher und noch im selben Jahr konnte der Rutherford-Schüler James Chadwick (Nobelpreis 1935) Neutronen als Bestandteil des Atomkerns (◘ Abb. 2.10, blaue Kugeln) experimentell nachweisen.

Neutronen werden mit dem Symbol n abgekürzt. Freie Neutronen, d. h. Neutronen außerhalb des Atomkerns, sind instabil und weisen eine Halbwertszeit von 882 s auf. Im Atomkern dagegen sind Neutronen stabil.

Die Ruhemasse des Neutrons (m_n) ist um den Faktor 1839 größer als die des Elektrons (m_e) und beträgt absolut $1{,}675 \cdot 10^{-27}$ kg. Das Neutron hat somit eine geringfügig höhere Masse als das Proton (1836 m_e). Summa summarum bestehen die Atomkerne aus Protonen und Neutronen und beinhalten mehr als 99,95 % der Masse eines Atoms.

2.4 Isotope – Atome mit identischer Protonen-, aber unterschiedlicher Massenzahl

Die allgemeine Schreibweise für einen definierten Atomkern, ein Nuklid ist $^A_Z E$. Dabei steht Z für die Anzahl der Protonen im Atomkern (Protonenzahl). Die Massenzahl (A) entspricht der Summe an Neutronen (N) und Protonen (Z) im Kern (A = Z + N). A, Z und N sind **ganze** Zahlen, schließlich sind nur ganze Protonen und Neutronen im Kern vorhanden.

Ein Blick ins Periodensystem der Elemente ergibt, dass relative Atommassen (▶ Abschn. 4.1) jedoch nie ganzzahlig, sondern stets gebrochenzahlig sind. Beispielsweise hat Wasserstoff eine relative Atommasse von 1,008, Kohlenstoff von 12,011 und Stickstoff von 14,067. Die relative Atommasse gibt das Verhältnis der tatsächlichen Masse eines beliebigen Atoms zu der atomaren Masseneinheit (u) an. Die atomare Masseneinheit (u) ist definitionsgemäß ein Zwölftel der Masse des Kohlenstoffnuklids $^{12}_{6}C$ (Z = 6, N = 6). In absoluter Masse entspricht 1 u = $1{,}66054 \cdot 10^{-27}$ kg.

Der Hauptgrund, warum die **relative Atommasse nicht mit der stets ganzzahligen Massenzahl (A)** übereinstimmt, liegt darin, dass Atome mit gleicher Protonenzahl (Z) unterschiedliche Neutronenzahlen (N) und somit unterschiedliche Massenzahlen (A) aufweisen können. Atome mit identischer Protonenzahl (Z), aber unterschiedlicher Neutronenzahl nennt man Isotope (◘ Abb. 2.11). Da die meisten Elemente aus mehreren Isotopen bestehen, ergibt sich deren relative Atommasse als Summe aus den mit den natürlichen Häufigkeiten gewichteten Massenzahlen (A) der einzelnen Isotope.

◘ **Abb. 2.11** Die drei Isotope des Elements Wasserstoff (Z = 1)

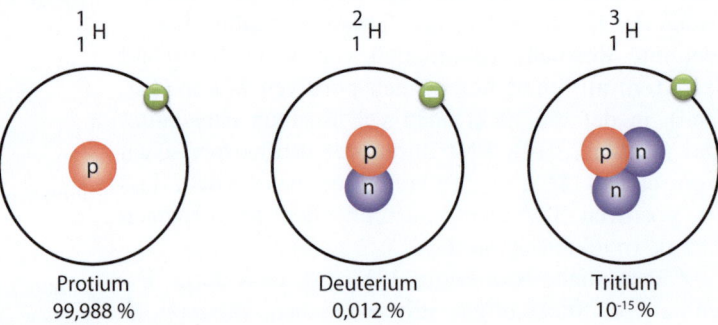

2.4 · Isotope – Atome mit identischer Protonen-, aber unterschiedlicher Massenzahl

Der Begriff Isotop (*iso*, griech. für gleich, und *topos*, griech. für Platz) wurde erstmals von Frederick Soddy (1877–1956, Nobelpreis 1921) in die wissenschaftliche Literatur eingeführt. Isotope eines Elements weisen die gleiche Ordnungszahl (Z) auf und befinden sich deshalb am gleichen Platz im Periodensystem. Deshalb zeigen Isotope auch das gleiche chemische Reaktionverhalten, schließlich sind Cl-35 und Cl-37 Chloratome. Cl-37 ist nur aufgrund zweier zusätzlicher Neutronen im Atomkern etwas schwerer als Cl-35.

Massenspektrometer – Präzise Waagen für Atome, Isotope und Moleküle

Massenspektrometrie ermöglicht die Bestimmung der absoluten Massen von Atomen und Molekülen. Die Grundlagen des Verfahrens wurden von dem englischen Wissenschaftler Thomson (Nobelpreis 1906) und dessen Schüler Aston (Nobelpreis 1922) gelegt. Aston gelang mithilfe eines Massenspektrometers der direkte Nachweis der Chlorisotope Cl-35 und Cl-37.

Ein Massenspektrometer besteht im Wesentlichen aus drei Hauptkomponenten: einem Ionisator, einem Magneten und einem Detektor (Abb. 2.12). Die zu analysierende Probe wird über eine Schleuse in das evakuierte Massenspektrometer eingeführt und im Ionisator in positive Ionen mit der Ladung q überführt. Die Ionisierung kann durch unterschiedliche Methoden wie Elektronenbeschuss, Erhitzen, Anlegen elektrischer Spannung usw. erfolgen. Die Wahl der Ionisierungsmethode hängt von der Empfindlichkeit der Moleküle ab und soll ein vorzeitiges Aufspalten ionisierter Moleküle vermeiden.

Anschließend werden die Kationen mit der Ladung q im elektrischen Feld mit der Spannung U beschleunigt, wobei sie kinetische Energie aufnehmen (Gl. 2.10). Die ionisierten Teilchen treten dann in ein homogenes magnetisches Feld der Flussdichte B ein, dessen Feldlinien senkrecht zur Bewegungsrichtung der geladenen Teilchen verlaufen. Aufgrund der Lorentzkraft F_L (Gl. 2.11) werden die Kationen auf eine Kreisbahn gezwungen, deren Radius (r) mit zunehmendem Masse-zu-Ladungs-Verhältnis (m/q) zunimmt, bis sich Lorentzkraft und Zentrifugalkraft (F_Z) die Waage halten.

Der Radius ist umso größer, je größer die Zentrifugalkraft (F_Z), d. h. die Trägheit der Ionen ist. Die Zentrifugalkraft der Ionen ist bei gleicher elektrischer Ladung (q = z·e) umso größer, je größer die Masse der Ionen (m) ist.

$$E_{kin} = \frac{m \cdot v^2}{2} = U \cdot q \;\rightarrow\; v = \sqrt{\frac{2 \cdot U \cdot q}{m}} \quad (2.10)$$

$$F_L = B \cdot q \cdot v = \frac{m \cdot v^2}{r} = F_Z \;\rightarrow$$
$$m = \frac{B \cdot q \cdot r}{v} \xrightarrow{v \text{ substituieren durch Gl. 2.10}}$$
$$m = \frac{B \cdot q \cdot r}{\sqrt{\frac{2 \cdot U \cdot q}{m}}} = \frac{B^2 \cdot q \cdot r^2}{2 \cdot U} \quad (2.11)$$

Das Maß der Ablenkung lässt Rückschlüsse auf die absolute Masse (m, Gl. 2.12) bzw. relative Atom-/Molmasse (M) zu. In unserem Beispiel wird das Isotop Mg-24 am stärksten abgelenkt und das Isotop Mg-26 am wenigsten, da für Letzteres das Verhältnis von Masse (26 u) zu Ladung (z = 2) größer ist. Neben der spezifischen Ladung (m/e·z) hängt die Aufspaltung der Magnesiumionen auch von der anfänglichen Beschleunigung (U) und der Stärke des Magnetfelds (B) ab.

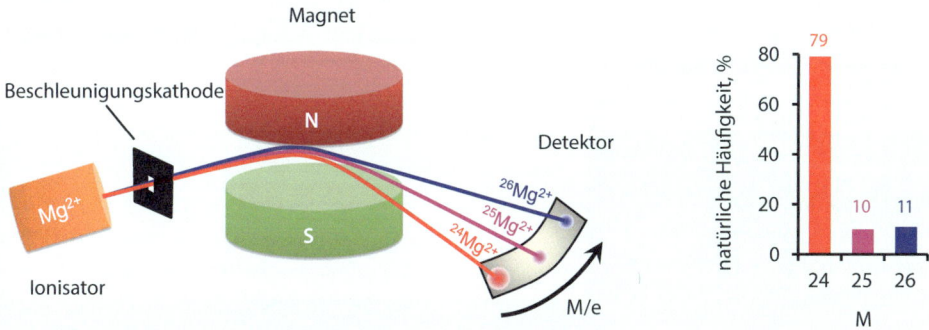

 Abb. 2.12 Auftrennung der drei Magnesiumisotope mit den Massenzahlen 24, 25 und 26 im Massenspektrometer

$$m = \frac{B^2 \cdot q \cdot r^2}{2 \cdot U} \xrightarrow{\text{mit } m = M \cdot u} M = \frac{B^2 \cdot q \cdot r^2}{2 \cdot U \cdot u} \xrightarrow{\text{mit } q = e \cdot z}$$

$$M = \frac{B^2 \cdot r^2 \cdot e \cdot z}{2 \cdot U \cdot u} \quad \rightarrow \quad r = \sqrt{\frac{2 \cdot M \cdot U \cdot u}{B^2 \cdot e \cdot z}} \quad (2.12)$$

m	Masse Teilchen, kg
B	magnetische Flussdichte, T oder Vs m^{-2}
q	elektrische Ladung, As
r	Radius der Teilchenbahn im Magnetfeld, m
U	Beschleunigungsspannung, V
M	relative Atom-/Molmasse
u	atomare Masseneinheit, kg
e	elektrische Elementarladung, As
z	Ladungszahl, Ionenwertigkeit
F_Z	Zentrifugalkraft, N
F_L	Lorentzkraft, N
v	Geschwindigkeit des Teilchens, ms^{-1}

Massenspektrometrie erfolgt im Hochvakuum (< 0,0001 Pa). Ansonsten würden die Ionen durch Kollision mit Luftmolekülen aus der Flugbahn abgelenkt, was zu unscharfen Signalen oder völligem Versagen der Methode führen würde.

In der Natur beträgt das Verhältnis der Chlorisotope
- 75,77 %, Isotop $^{35}_{17}Cl$ → 17 Protonen + 18 Neutronen
- 24,23 %, Isotop $^{37}_{17}Cl$ → 17 Protonen + 20 Neutronen.

Die relative Atommasse von Chlor ergibt sich aus der Summe der verschiedenen Massenzahlen (A) der Isotope unter Berücksichtigung ihrer natürlichen Häufigkeit. Somit ist die relative Atommasse von Chlor 0,7577·35 + 0,2423·37 = 35,485. Was sehr gut an die exakte relative Atommasse von 35,453 für Chlor heranreicht. Die Abweichung um ca. ein Promille nach oben rührt von den leicht unterschiedlichen Massen von Protonen (1,0073 u) und Neutronen (1,0087 u) und der Nichtberücksichtigung der starken Kernbindungsenergie her, die freigesetzt wird (E = Δmc^2, Massendefekt), wenn Nukleonen zu einem Atomkern verschmelzen.

Selbst vom leichtesten Element Wasserstoff gibt es drei natürlich vorkommende Isotope. Das häufigste Wasserstoffisotop weist ein Proton (Z = 1), aber kein Neutron (N = 0) auf, sodass dessen Massenzahl A = 1 + 0 = 1 beträgt. Dieses Nuklid wird auch als Protium bezeichnet. Ungefähr jedes 10.000ste Wasserstoffatom – auch Deuterium (deúteros, altgriech. für der Zweite) genannt – hat zusätzlich ein Neutron im Kern (N = 1), sodass sich eine Massenzahl von A = 1 + 1 = 2 ergibt. Das dritte Isotop des Wasserstoffs, Tritium (tritos, altgriech. für der Dritte) $^{3}_{1}H$, kommt in der Natur nur in winzigsten Spuren vor. Tritium hat zwei Neutronen (N = 2) und ein Proton (Z = 1) im Kern und somit die Massenzahl 3 (Abb. 2.11).

Die einzelnen Isotope verhalten sich chemisch gesehen praktisch gleich, da sie ja die gleiche Protonenzahl aufweisen, können sich aber in physikalischen Parametern wie Dichte, Siedepunkt, Molekülspektren etc. erheblich unterscheiden. Früher wurde davon ausgegangen, dass Isotopenverteilungen weltweit identisch sind. Mittlerweile hat man durch Massenspektroskopie (Abb. 2.12) festgestellt, dass Isotopenverhältnisse leicht variieren können. Diese Schwankungen können ausreichen, um die geographische Herkunft von Messproben über deren Isotopenverhältnis zu bestimmen. So kann beispielsweise die relative Atommasse von Wasserstoff abhängig vom Protium-zu-Deuterium-Verhältnis im Intervall 1,00784–1,00811 variieren, was auch als H [1,00784, 1,00811] geschrieben wird. Für den chemischen Alltag reicht es vollkommen aus, wenn mit dem gerundeten Wert 1,008 gerechnet wird.

Isotope, Zentrifugen, Weltpolitik

Isotope sind nicht nur von akademischem Interesse, sondern haben große Bedeutung bis hinein in die aktuelle Weltpolitik. So war am 30.08.2012, 08:21, in der ZEIT ONLINE folgende dpa-Meldung zu lesen:

» „Der Iran hat nach Angaben der Vereinten Nationen die Zahl seiner Uran-Zentrifugen in einem unterirdischen Atomkomplex mehr als verdoppelt. In der stark befestigten Fordo-Anlage sei die Zahl der entsprechenden Maschinen seit Mai von 1.064 auf 2.140 gestiegen, teilte die Internationale Atomenergie-Agentur (IAEA) mit. Außerdem habe die Islamische Republik seit 2010 189 Kilogramm höher **angereichertes Uran hergestellt**. Im Mai habe die Menge noch 145 Kilogramm betragen. Fordo liegt in einem Berg und ist damit stärker vor einem Militärschlag geschützt."

Was haben Uranzentrifugen und angereichertes Uran mit Isotopen und der Weltpolitik zu tun?
Natur-Uran besteht aus den Isotopen $^{235}_{92}U$ = U-235 (0,7 %) und $^{238}_{92}U$ = U-238 (99,3 %). Da für Atomreaktoren

U-235 in einer Konzentration von 4 % benötigt wird, um die Kernspaltungskettenreaktion aufrechtzuerhalten, muss das Isotop U-235 von 0,7 % auf 4 % und für Nuklearwaffen sogar auf über 90 % angereichert werden.

Die Anreicherung des U-235 erfolgt mit Gaszentrifugen. Dazu überführt man das metallische Uran in gasförmiges Uranhexafluorid (99,3 % $_{92}^{238}UF_6$ und 0,7 % $_{92}^{235}UF_6$) und speist das Gasisotopengemisch in eine senkrecht stehende, mit 70.000 Umdrehungen pro Minute rotierende Zentrifuge von 2 m Höhe und ca. 40 cm Durchmesser ein. Aufgrund der extrem hohen Zentrifugalkräfte reichert sich das schwerere $_{92}^{238}UF_6$ in der Nähe der Zentrifugenwand an, dagegen das um ca. 1 % leichtere $_{92}^{235}UF_6$ im Kernbereich der Zentrifuge. Da die Anreicherung aufgrund der geringen Massendifferenz gering ist, muss der Vorgang mehrfach wiederholt werden, wozu Gaszentrifugen zu Kaskaden in Serie geschaltet werden. Das mit $_{92}^{235}U$ angereicherte Gas des Kernbereichs der ersten Zentrifuge wird abgesaugt und in der nächsten Gaszentrifuge weiter angereichert. Dieser Vorgang wird so oft wiederholt, bis die gewünschte Konzentration an $_{92}^{235}UF_6$ erreicht ist.

Iran gibt offiziell zu, dass es Uran für die friedliche Nutzung der Kernenergie auf 4 % anreichert. Iran lässt allerdings seine Atomanlagen nicht durch die bei der UNO angehängte Internationale Atomenergie Organisation IAEO (International Atomic Energy Agency) überwachen. Entsprechende UN-Beschlüsse werden vom Iran nicht anerkannt und IAEO-Kontrolleure nicht ins Land gelassen. Deshalb wird vermutet, dass Iran die Anreicherung nicht nur bis 4 %, sondern über 90 % durchführt, um bombenfähiges $_{92}^{235}U$ zu gewinnen.

Schnellumlaufende Gaszentrifugen können weltweit nur von wenigen Firmen hergestellt werden. Nur beste Stahllegierungen oder Kohlefasercompounds halten den extremen Belastungen stand. Es ist verboten, solche Zentrifugen in Risikoländer zu exportieren.

2.5 Bohr'sches Atommodell – Elektronen kreisen auf diskreten Bahnen um den Atomkern

So anschaulich das Rutherford'sche Atommodell auch ist, es liefert keine Aussagen hinsichtlich der Struktur der Elektronenhülle. Rutherford nahm an, dass sich die Elektronen irgendwo in der Elektronenhülle aufhalten. Das Rutherford'sche Atommodell liefert auch keine Erklärungen, warum Elemente chemische Bindungen eingehen und warum Atome im Grundzustand Licht definierter Wellenlänge absorbieren bzw. im angeregten Zustand ein Linienspektrum emittieren (▶ Abschn. 19.2.2, ▶ Abb. 19.20). Darüber hinaus dürften Atome gemäß der Rutherford'schen Theorie überhaupt nicht beständig sein. James Clerk Maxwell hatte bereits in den 1860er-Jahren gezeigt, dass um den Atomkern kreisende Elektronen kontinuierlich Energie abstrahlen und auf einer Spiralbahn in den positiven Atomkern stürzen müssten. Welch ein Dilemma – real existierende Wasserstoffatome von definierter Größe und hoher Stabilität, die im krassen Widerspruch zur allseits anerkannten Theorie der klassischen Elektrodynamik stehen.

Niels Bohr (Nobelpreis 1922), führender Kernphysiker Anfang des 20. Jahrhunderts, erkannte, dass die klassische Physik dieses Problem nicht lösen kann. Als ihm 1913 ein Studienfreund mitteilte, dass energetisch angeregte Wasserstoffatome diskrete Spektrallinien emittieren (▶ Abb. 19.20) und ein Schweizer Gymnasiallehrer namens Johann Jakob Balmer einen einfachen mathematischen Zusammenhang (Gl. 2.13) für die Wellenlänge der emittierten Spektrallinien fand, kam Bohr die entscheidende Idee. Die Elektronen kreisen nicht auf einer einzelnen Bahn um den Atomkern, sondern auf mehreren „erlaubten" Bahnen mit unterschiedlichen Radien (◘ Abb. 2.13, 2.14). Wird ein Atom energetisch angeregt, dann springt das Elektron auf eine höhere, äußere Bahn mit größerem Energieinhalt. Fällt das Elektron von einer äußeren Bahn auf eine innere Bahn, dann wird die überschüssige Energie in Form eines Lichtquants definierter Wellenlänge freigesetzt (◘ Abb. 2.13).

Die Elektronenhülle eines Atoms untergliedert sich nach Bohr in einzelne Bahnen, auch als Schalen bezeichnet, mit diskreten Radien. Die einzelnen Bahnen werden von innen nach außen durchnummeriert. Die innerste Bahn erhält die Schalenzahl n = 1.

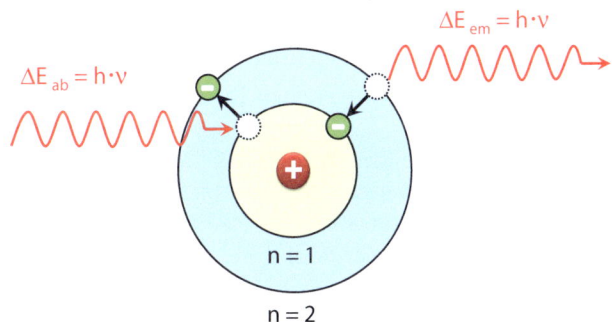

◘ **Abb. 2.13** Bohr'sches Atommodell des Wasserstoffatoms. Absorption: Das Elektron (grün) wird durch die Energie eines Lichtphotons (h·ν) auf die Bahn n = 2 gehievt. Emission: Das Elektron fällt vom angeregten Zustand (n = 2) unter Abgabe eines Lichtquants in den energetischen Grundzustand zurück (n = 1)

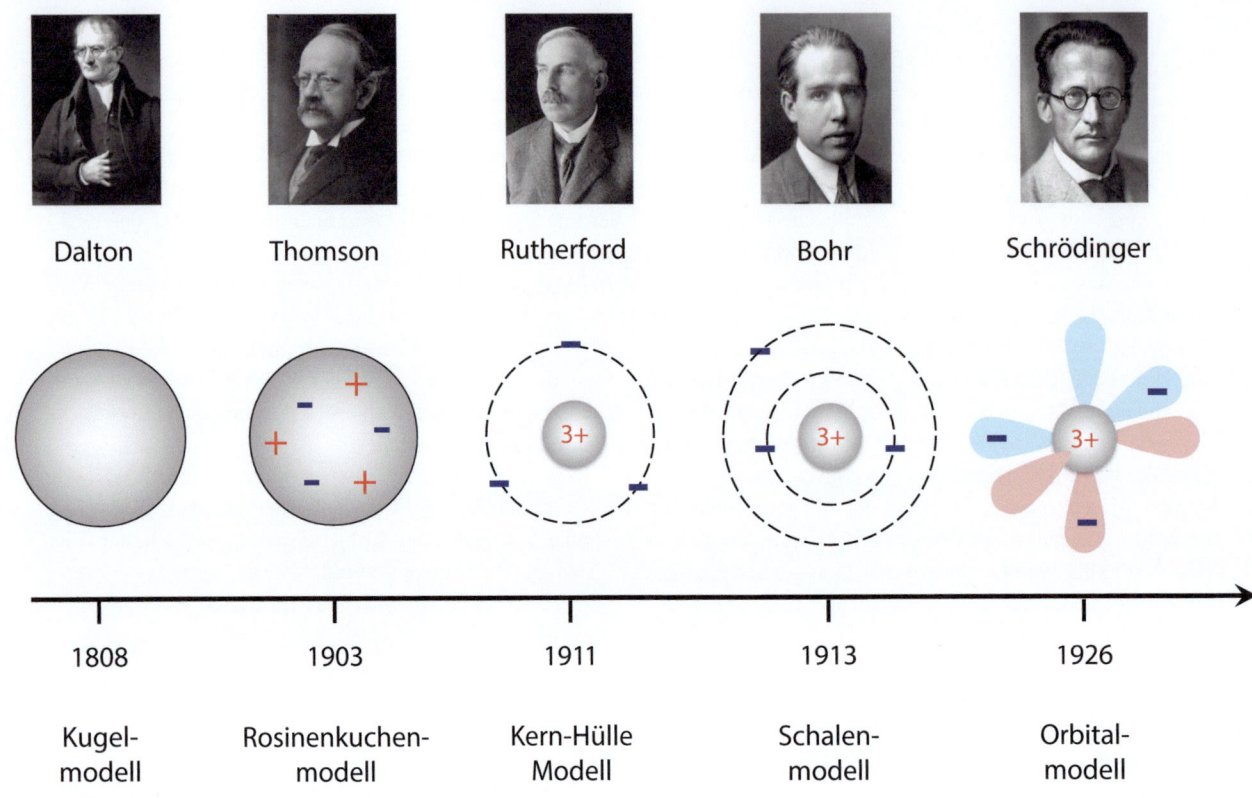

Abb. 2.14 Entwicklung des Atommodells im Laufe der Zeit

Balmer fand für die Wellenlänge der Spektrallinien im Emissions- und Absorptionsspektrum von Wasserstoff (Abb. 2.15) folgenden mathematischen Zusammenhang:

$$\lambda = \frac{91{,}14\,\text{nm}}{\frac{1}{n_1^2} - \frac{1}{n_2^2}} \quad \text{mit } n_2 > n_1 \quad \textit{Balmer-Formel} \quad (2.13)$$

λ – Wellenlänge Spektrallinie, nm
n – Schalenzahl
n_1 – Schalenzahl des energetischen Grundzustands
n_2 – Schalenzahl des angeregten Zustands

Die Balmer-Formel besagt, dass das Elektron nur Licht einer definierten Wellenlänge absorbieren oder emittieren kann, die exakt der Energiedifferenz (ΔE) der Energiezustände zweier Elektronenschalen entspricht (Abb. 2.13).

Aufbauend auf den Erkenntnissen von Planck, der die Quantelung der Energie (▶ Abschn. 8.3) postulierte, stellte Bohr die für die damalige Zeit revolutionären Postulate bzgl. der Quantelung der Elektronenenergie resp. Struktur der Elektronenhülle des Wasserstoffatoms auf:

1. Postulat (Quantisierungsbedingung)

Elektronen können nur auf diskreten Kugelschalen (n) mit definierten Radien respektive Energien (E_n) um den Atomkern kreisen. Dabei ist der Bahndrehimpuls (L) des Elektrons gequantelt:

$$L = n \cdot \frac{h}{2\pi} \quad (2.14)$$

L – Bahndrehimpuls Elektron, Js
n – Schalenzahl, Hauptquantenzahl
h – Planck'sches Wirkungsquantum, Naturkonstante, Js

Für diese stabilen Bahnen gelten die Gesetze der Elektrodynamik nicht, d. h., das Elektron verliert auf diesen Bahnen keine Energie. Da sich die Zentrifugalkraft des Elektrons und die elektrostatische Anziehung von Kern und Elektron die Waage halten, ist die Kreisbahn des Elektrons stabil.

2. Postulat (Frequenzbedingung)

Das Elektron kann ausschließlich durch einen sogenannten Quantensprung zwischen erlaubten Bahnen wechseln. Zustände bzw. Übergänge zwischen den Bahnen sind verboten. Für einen Quantensprung eines Elektrons z. B. von der ersten Schale (Energieniveau E_1) auf die zweite Schale (Energie-

2.5 · Bohr'sches Atommodell – Elektronen kreisen auf diskreten Bahnen um den Atomkern

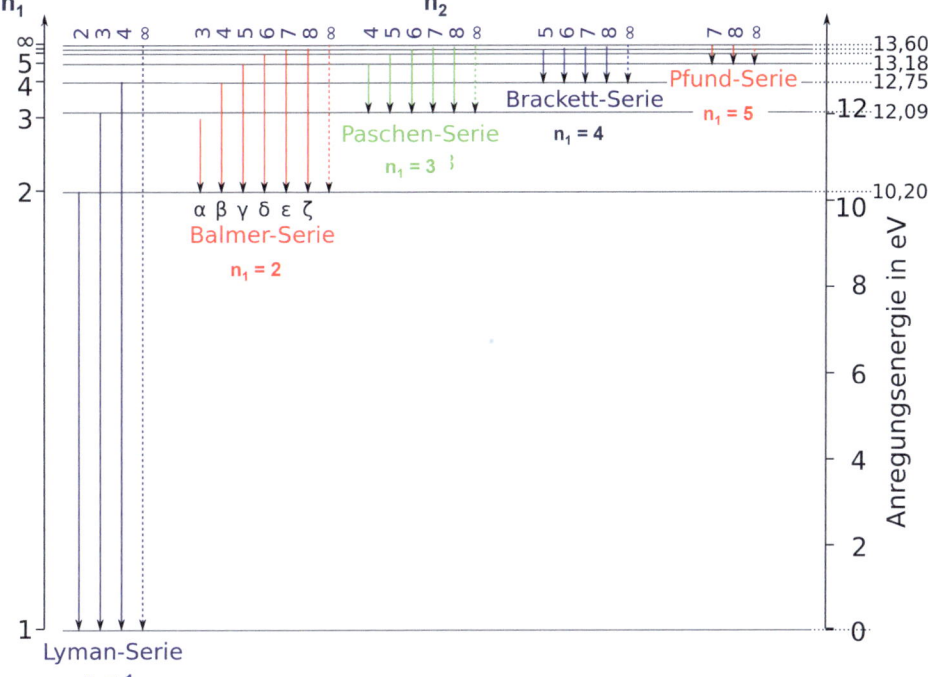

Abb. 2.15 Elektronenübergangsserien angeregter Wasserstoffatome (© Kiko2000, wikipedia-wasserstoff, CC BY-SA 3.0)

niveau E_2) muss die Energiedifferenz $\Delta E = E_2 - E_1 = h \cdot \nu$ aufgebracht werden. Fällt das so angeregte Elektron wieder auf die erste Schale zurück, wird der gleiche Energiebetrag ΔE in Form von elektromagnetischer Strahlung (Lichtquant, Photon) wieder emittiert (Abb. 2.13).

Abb. 2.15 zeigt anschaulich die Konsequenzen der Bohr'schen Postulate auf die Spektrallinienserien, die angeregte Wasserstoffatome emittieren. Die einzelnen Serien sind nach ihren Entdeckern benannt worden. Nur die Balmer-Serie ($n_{>2} \rightarrow n_2$) emittiert Licht im optischen Bereich (Anhang 21.1). Die Spektrallinien der Lyman-Serie ($n_{>1} \rightarrow n_1$) sind am energiereichsten, jedoch als Ultraviolettstrahlung (UV-Strahlung) für das menschliche Auge nicht erkennbar. Bei den Spektrallinien der Paschen-, Brackett- und Pfund-Serie handelt es sich um langwellige Wärmestrahlung, sogenannte Infrarotstrahlung (IR-Strahlung), die ebenfalls mit bloßem Auge nicht beobachtet werden kann.

Atomvorstellung zu Zeiten Bohrs
- Jedes Element ist eine eigene Atomsorte.
- Es gibt so viele unterschiedliche Atomsorten wie es Elemente gibt.
- Die einzelnen Atomsorten unterscheiden sich hinsichtlich Masse und Größe.
- Atome können nicht gespalten werden.

- 99,9 % der Masse befindet sich im positiv geladenen Atomkern.
- Atomkerne bestehen aus Protonen und Neutronen. Protonen als Ladungsträger wurden 1919 nachgewiesen, Neutronen als Neutralteilchen 1932.
- Negativ geladene Elektronen kreisen auf erlaubten Bahnen mit unterschiedlichen, aber streng definierten Radien um den Atomkern.
- Die Bewegung der Elektronen auf den erlaubten Kreisbahnen erfolgt entgegen den Gesetzen der Elektrodynamik strahlungsfrei.
- Quantensprünge von Elektronen sind nur zwischen den Elektronenbahnen unter Energieaufnahme (Absorptionsspektrum) bzw. Energieabgabe (Emissionsspektrum) möglich.
- Die Anzahl der positiven Protonen und negativen Elektronen sind in einem Atom identisch, da Atome nach außen elektrisch neutral sind.

Die mathematische Abhandlung des Bohr'schen Atommodells finden Sie in Anhang 21.1. Der Radius des Wasserstoffatoms, die Geschwindigkeit und Energie des Elektrons, die Energieunterschiede (Spektrallinien) zwischen den Elektronenschalen werden als Funktion von wenigen Naturkonstanten (Planck'sches Wirkungsquantum, Lichtgeschwindigkeit, elektrische Elementarladung, Masse des Elektrons, Dielektrizitätskonstante Vakuum) und der Hauptschalenzahl (n, Hauptquantenzahl) beschrieben.

Die große Leistung des Bohr'schen Atommodells bestand darin, dass es
- den Quantengedanken in die Atomtheorie einführte,
- Spektrallinien als sprunghafte Übergänge zwischen Schalen betrachtet, die der Planck'schen Quantenbedingung gehorchen,
- die exakte Berechnung der Spektrallinien des Wasserstoffatoms ermöglichte (Anhang 21.1),
- die empirische Formel von Balmer (Gl. 2.13) durch rein theoretische Überlegungen bestätigte (Anhang 21.1),
- die Berechnung des Atomradius des Wasserstoffatoms ermöglichte (Anhang 21.1),
- die Basis für die korrekte Anordnung der Elemente im Periodensystem nach der Protonenzahl war und
- eine anschauliche Vorstellung von Atomen lieferte.

Durch seine Anschaulichkeit und Verknüpfung von klassischen Gesetzmäßigkeiten (elektrostatische Anziehungskraft, Zentrifugalkraft) mit der Planck'schen Energiequantelung (E = h·ν) wurde das Bohr'sche Atommodell Bestandteil von Schulcurricula und bestimmt noch heute die Vorstellung der breiten Bevölkerung von der Struktur von Atomen.

Trotz der Verdienste des Modells musste man früh erkennen, dass damit nicht nur Gesetzmäßigkeiten der klassischen Physik verletzt werden, sondern auch fundamentale Phänomene nicht erklärt werden konnten.
- Die Bohr'schen Postulate sind nicht theoretisch ableitbar, sondern letztendlich intuitiv richtige Annahmen Bohrs.
- Einerseits wird postuliert, dass die Gesetze der Elektrodynamik für das Elektron auf diskreten Kreisbahnen nicht gelten, andererseits nutzt man sie (Zentrifugalkraft, Coulombkraft), um die Kreisbahnen zu berechnen.
- Es erklärt nicht, warum Atome stabil sind. Ein Elektron, das sich auf einer Kreisbahn bewegt, ist eine beschleunigte Ladung, da das Elektron ständig seine Richtung ändert. Beschleunigte Ladungen strahlen elektromagnetische Strahlung ab, sodass kreisende Elektronen kontinuierlich Energie und Geschwindigkeit verlieren und letztendlich spiralförmig in den Atomkern stürzen müssten.
- Das Bohr'sche Modell ist nur auf Einelektronensysteme wie das Wasserstoffatom quantitativ anwendbar. Mehrelektronensysteme mit multiplen Elektronenwechselwirkungen können damit nicht berechnet werden.
- Zwar kann das Modell präzise Energien und Wellenlängen der Spektrallinien eines Einelektronensystems wie Wasserstoff voraussagen, jedoch nicht deren Intensitäten.
- Unter dem Einfluss von Magnetfeldern spalten die Spektrallinien von Atomen in eine Feinstruktur (▶ Abschn. 19.2.1) auf. Diese Feinstruktur kann mit dem Bohr'schen Modell nicht erklärt werden.
- Bohr stellte sich Elektronen als winzige Kügelchen mit definiertem Ort und Geschwindigkeit vor, was nicht der quantenmechanischen Natur von Elektronen (Welle-Teilchen-Dualismus, Kap. ▶ 8) entspricht.
- Chemische Bindungen können mit dem Bohr'schen Modell nicht erklärt werden.

Letztendlich war das Bohr'sche Modell zwar anschaulich und verständlich, aber doch nur eine Brücke vom klassischen Denken hin zur quantenmechanischen Betrachtung. Es blieb dem Orbitalmodell vorbehalten, die Unzulänglichkeiten des Bohr'schen Atommodells zu überwinden. Allerdings ist das quantenmechanische Atommodell bei Weitem nicht so anschaulich wie das Bohr'sche Schalenmodell.

2.6 Schrödingers Atommodell – Elektronen als stehende dreidimensionale Materiewellen

Aus theoretischer Sicht wies das Bohr'sche Atommodell zwei elementare Schwächen auf. So müsste gemäß den Gesetzen der Maxwell'schen Elektrodynamik ein um den Atomkern kreisendes Elektron ständig Energie verlieren und schließlich in den Atomkern stürzen. Dieses Argument der klassischen Physik entkräftete Bohr, indem er postulierte, dass für definierte Elektronenbahnen die Gesetze der klassischen Physik nicht gelten. Diese List wurde Bohr verziehen, da sein Modell grundlegende Fragestellungen wie z. B. die Spektrallinien des Wasserstoffatoms beantwortete.

Nachdem de Broglie den Wellencharakter von subatomaren Teilchen wie Elektronen vorhersagte (Gl. 2.15), dauerte es nicht lange, bis dieser Gedanke in die Atomtheorie Einzug hielt. Setzt man die Werte für das Elektron der ersten Bahn (n = 1) ein, so wird eine Wellenlänge des Elektrons von 0,33 nm erhalten. Dies entspricht exakt dem Elektronenbahnumfang (U_e) der ersten Bahn nach Bohr.

2.6 · Schrödingers Atommodell – Elektronen als stehende dreidimensionale Materiewellen

$$\lambda_e = \frac{h}{m_e \cdot v_e} = \frac{6{,}626 \cdot 10^{-34}\,\text{Js}}{9{,}109 \cdot 10^{-31}\,\text{kg} \cdot 2{,}187 \cdot 10^6\,\frac{\text{m}}{\text{s}}} = 3{,}33 \cdot 10^{-10}\,\text{m} = 0{,}33\,\text{nm} = 2 \cdot \pi \cdot r_e = 2 \cdot \pi \cdot 0{,}0529\,nm = 0{,}33\,nm = U_e$$

(2.15)

λ_e – De-Broglie-Wellenlänge, m

h – Planck'sches Wirkungsquantum, Js

m_e – Ruhemasse des Elektrons, kg

v_e – Bahngeschwindigkeit Elektron (Wert, siehe Anhang 21.1), m·s^{-1}

r_e – Elektronenbahnradius nach Bohr, m

U_e – Elektronenbahnumfang nach Bohr, m

Da die De-Broglie-Wellenlänge des Elektrons exakt mit dem Umfang der Elektronenbahn übereinstimmt, bildet sich eine stehende Elektronenwelle aus. Stehende Wellen transportieren keine Energie, wodurch das Bohr'sche Postulat durch de Broglie eine physikalische Erklärung erhielt. Nur solche Bahnen sind für das Elektron möglich, auf denen der Umfang der Bahn einem ganzzahligen Vielfachen der De-Broglie-Wellenlänge des Elektrons entspricht ($U_e = 2 \cdot \pi \cdot r_e = n \cdot \lambda_e$). ◘ Abb. 2.16 zeigt die grafische Darstellung einer zweidimensionalen stehenden Welle der dritten Elektronenbahn (n = 3). Atome sind aber räumliche Gebilde, sodass die Materiewellen des Elektrons dreidimensionale stehende Wellen sind (◘ Abb. 2.23).

Eine weitere Schwäche des Bohr'schen Atommodells ist die Betrachtung von Elektronen als kleine, diskrete Massekugeln, die mit definierter Geschwindigkeit um den Atomkern kreisen, sodass sich Ort und Energie des Elektrons jederzeit bestimmen lassen. Heisenberg hat gezeigt, dass es unmöglich ist, für Elektronen gleichzeitig Ort und Energie anzugeben (Gl. 2.16). Er stellte einen mathematischen Zusammenhang zwischen der Unschärfe des Elektronenorts (Δx_e), der Unschärfe der Elektronengeschwindigkeit (Δv_e) und dem Planck'schen Wirkungsquantum (h) auf, was als Heisenberg'sche Unschärferelation in die Literatur einging. Während die Elektronenenergie relativ genau bestimmt werden kann, ist dagegen die Ortsangabe sehr diffus, d. h., eine klar definierte Elektronenbahn lässt sich nicht berechnen.

$$\Delta x_e \cdot m_e \cdot \Delta v_e = \frac{h}{4 \cdot \pi} \quad \rightarrow \quad \Delta x_e = \frac{h}{4 \cdot \pi \cdot m_e \cdot \Delta v_e} \quad \textit{Heisenberg'sche Unschärferelation}$$

(2.16)

Δx_e – Unschärfe im Ort, m

m_e – Masse Elektron, kg

Δv_e – Unschärfe in der Geschwindigkeit, ms^{-1}

h – Planck'sches Wirkungsquantum, Js

Durch Einsetzen relevanter Werte für das Elektron des Wasserstoffatoms im Grundzustand (n = 1) und unter der Annahme, dass die Elektronengeschwindigkeit mit einer Genauigkeit von 10 % bestimmt wurde, ergibt sich eine Unschärfe in der Ortsangabe des Elektrons von:

$$\Delta x_e = \frac{6{,}626 \cdot 10^{-34}\,\text{Js}}{4 \cdot \pi \cdot 9{,}109 \cdot 10^{-31}\,\text{kg} \cdot 0{,}1 \cdot 2{,}187 \cdot 10^6\,\frac{\text{m}}{\text{s}}}$$
$$= 2{,}66 \cdot 10^{-10}\,\text{m} = 0{,}266\,\text{nm}$$

Da der Umfang der ersten Elektronenbahn etwa 0,33 nm ist, aber die Ortsunschärfe des Elektrons

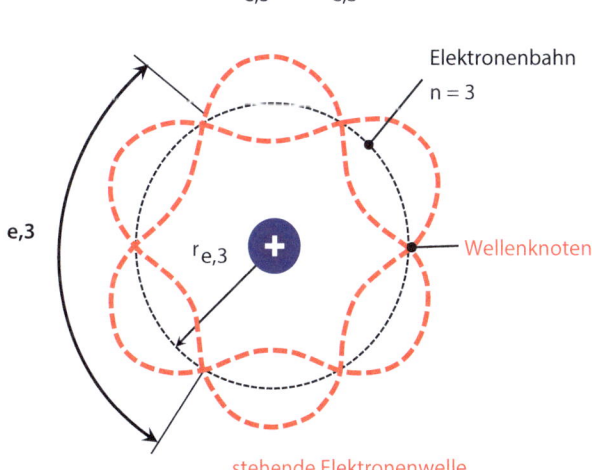

◘ **Abb. 2.16** Zweidimensionale stehende Materiewelle des Elektrons auf Bahn n = 3

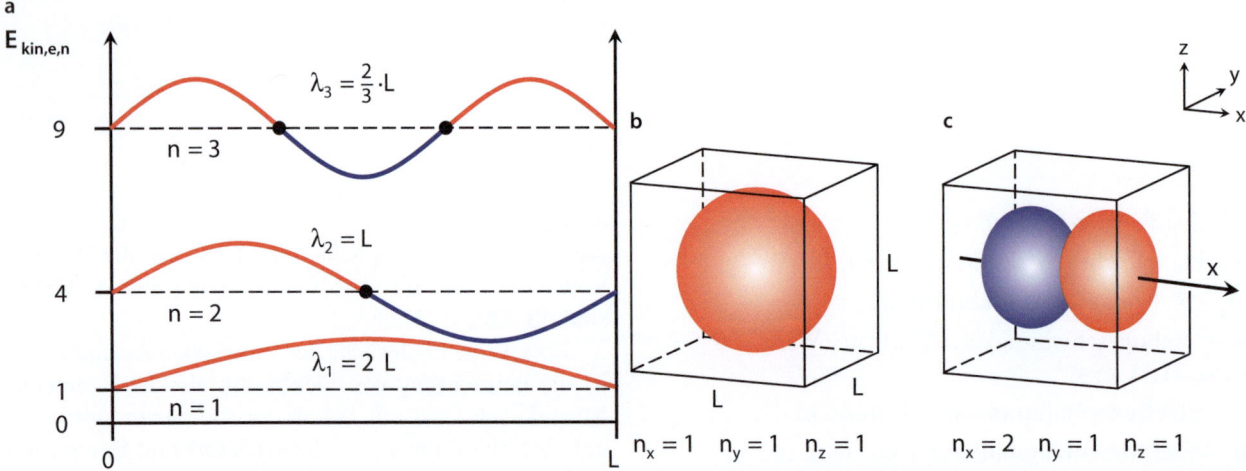

Abb. 2.17 Stehende Elektronenwellen im eindimensionalen Kasten (**a**) und im dreidimensionalen Kasten (**b** und **c**)

(Δx_e) im Rechenbeispiel 0,27 nm beträgt, kann das Elektron nicht lokalisiert werden und der Aufenthaltsort des Elektrons lässt sich besser als eine verschmierte Elektronenwolke anstatt einer Materiewelle (Abb. 2.17c) deuten, sodass der Aufenthaltsort des Elektrons nur mit einer gewissen statistischen Wahrscheinlichkeit angegeben werden kann.

Eindimensionaler Kasten

1927 griff der österreichische Physiker Schrödinger (Nobelpreis 1933) die Theorie der Materiewellen von de Broglie und die Heisenberg'sche Unschärferelation auf und wandte diese konsequent auf das Elektron des Wasserstoffatoms an. Zur Annäherung an das Problem betrachten wir die Energie von Elektronen in einem eindimensionalen und dreidimensionalen Kasten (Abb. 2.17).

In einem eindimensionalen Kasten der Länge L mit unendlich hohen Wänden bildet das Elektron eine eindimensionale stehende Welle aus (Abb. 2.17a). Analog zu einer schwingenden Gitarrensaite müssen sich an den Wänden Knotenpunkte befinden. Damit sich stehende Wellen des Elektrons ausbilden können, muss folgende Randbedingung erfüllt sein:

$$\lambda_n = \frac{2 \cdot L}{n}, \quad n = 1, 2, 3, \ldots \quad (2.17)$$

Aus der Wellenlänge lässt sich über die de-Broglie-Gleichung (Gl. 2.15) der Impuls (p = m·v) des Elektrons berechnen.

$$\lambda_e = \frac{h}{p_e} \rightarrow p_e = \frac{h}{\lambda_e} \xrightarrow{\text{mit Gl. 2.17, } \lambda_e = \frac{2 \cdot L}{n}} p_{e,n} = \frac{n \cdot h}{2 \cdot L} \quad (2.18)$$

Mithilfe des Impulses kann die kinetische Energie der Elektronen als Funktion der Elektronenbahn n berechnet werden.

$$E_{kin,e} = \frac{1}{2} m_e \cdot v_e^2 \xrightarrow{\text{mit } p_e = m_e \cdot v_e} E_{kin,e} = \frac{p_e^2}{2 \cdot m_e} \xrightarrow{\text{mit Gl. 2.18}} E_{kin,e,n} = \frac{h^2}{8 \cdot m_e \cdot L^2} \cdot n^2 \quad n = 1, 2, 3, \ldots \quad (2.19)$$

Mit zunehmender kinetischer Energie des Elektrons, d. h. zunehmender Schalenzahl n, wird die De-Broglie-Wellenlänge der stehenden Welle kürzer (Gl. 2.17) und die Anzahl der Knotenpunkte nimmt zu (Abb. 2.17a). Generell beträgt die Anzahl der inneren Knotenpunkte n − 1.

Dreidimensionaler Kasten

Atome sind allerdings dreidimensionale Gebilde, weshalb wir den eindimensionalen Kasten auf einen dreidimensionalen Würfel erweitern. Für die kinetische Energie einer dreidimensionalen stehenden Welle im Würfelkasten ($L = L_x = L_y = L_z$) gilt:

2.6 · Schrödingers Atommodell – Elektronen als stehende dreidimensionale Materiewellen

$$E_{kin,e} = \frac{h^2}{8 \cdot m_e \cdot L^2} \cdot \left(n_x^2 + n_y^2 + n_z^2\right) \text{ mit } n_{x/y/z} = 1, 2, 3, \ldots \quad (2.20)$$

$E_{kin,e}$ – kinetische Energie Elektron, J
h – Planck'sches Wirkungsquantum, Js
m_e – Ruhemasse des Elektrons, kg
L – Kastenlänge, m
n_x – Quantenzahl x-Koordinate
n_y – Quantenzahl y-Koordinate
n_z – Quantenzahl z-Koordinate

Die stehende Welle für $n_x = n_y = n_z = 1$ hat die Form einer Kugel und entspricht dem energieärmsten Zustand (Grundzustand), der keinen Knoten aufweist (◘ Abb. 2.17b). Erhöhen wir beispielsweise die Quantenzahl n_x von 1 auf 2 entsteht ein hantelförmiges Gebilde, das einen Knoten in x-Richtung aufweist (◘ Abb. 2.17c).

Analog erhält man stehende Wellen mit Knoten in y- und z-Richtung, wenn die entsprechende Quantenzahlen n_y respektive n_z auf 2 erhöht wird. Da für diese drei Elektronenzustände jeweils nur eine Quantenzahl auf 2 erhöht wird und die anderen Quantenzahlen jeweils den Wert 1 aufweisen, verfügen alle drei Elektronenzustände über die gleiche Energie (Gl. 2.20, $E_{kin,e} = \frac{6 \cdot h^2}{8 \cdot m_e \cdot L^2}$). Man sagt, diese Elektronenzustände sind energetisch entartet. Die Farben Rot und Blau stehen für positive respektive negative Auslenkung der stehenden Welle und keinesfalls für elektrische Ladungen.

■ Kugelsymmetrisches Potenzialfeld

Im realen Wasserstoffatom bewegt sich das Elektron nicht in einem dreidimensionalen Kasten, sondern in einem kugelsymmetrischen Potenzialfeld des positiven Atomkerns, und zudem hängt die Wechselwirkung zwischen negativem Elektron und positivem Atomkern von deren Abstand (r) ab. Die mathematische Beschreibung des Elektrons als stehende Welle (ψ, griechischer Buchstabe Psi, Symbol für mathematische Wellenfunktion) im Wasserstoffatom erfolgte durch Heisenberg (Nobelpreis 1932) und Schrödinger (Nobelpreis 1933) Mitte der 1920er-Jahre. Beide kamen mit völlig unterschiedlichen Ansätzen zum gleichen Ergebnis. Mit der Zeit hat sich der leichter zugängliche Ansatz von Schrödinger (Schrödingergleichung) durchgesetzt. Letztendlich beschreiben die Lösungsfunktionen (Ψ_{nlm}) der Schrödingergleichung dreidimensionale stehende Elektronenwellen mit definiertem Energieinhalt. Als Ergebnisse werden die Energieeigenwerte (Energiezustände, E_{nlm}) für die diversen Elektronenzustände und die geometrische Form (Orbitale) der zugehörigen Elektronenaufenthaltsräume erhalten. Allerdings sprengt die mathematische Lösung für das Wasserstoffatom bei Weitem den Rahmen dieses Buches, sodass wir uns hier nur mit den elementaren Formalismen, Annahmen sowie qualitativen Aussagen der Schrödingergleichung begnügen wollen.

Schrödinger beschrieb das Elektron des Wasserstoffatoms als de-Broglie-Materiewelle und ging davon aus, dass dreidimensionale stehende Materiewellen stabilen, stationären Elektronenzuständen entsprechen. Da bei stehenden Wellen die Wellenfunktion (Ψ) des Elektrons und das elektrische Feld des Atomkerns nur vom Ort und nicht von der Zeit abhängen, braucht „nur" die zeitunabhängige Schrödingergleichung gelöst werden.

Die Schrödingergleichung ist die Basis der quantenmechanischen Betrachtung und ermöglicht die Beschreibung von subatomaren und atomaren Teilchen. Allgemein gilt, dass sich die Gesamtenergie (E) eines Elektrons aus seinem kinetischen Anteil (E_{kin}, Geschwindigkeit des Elektrons) und einem potenziellen Anteil (E_{pot}, Abstand vom Proton) zusammensetzt.

$$E_{kin} + E_{pot} = E \quad \text{klassische Mechanik} \quad (2.21)$$

Durch Multiplikation mit der dreidimensionalen Wellenfunktion $\Psi(x,y,z)$ des Elektrons wird die Energiebetrachtung der klassischen Mechanik (Gl. 2.21) in die zeitunabhängige quantenmechanische Schrödingergleichung überführt.

$$E_{kin} \cdot \Psi(x,y,z) + E_{pot} \cdot \Psi(x,y,z) = E \cdot \Psi(x,y,z) \quad (2.22)$$

Die kinetische Energie (Bewegungsenergie) eines Teilchens in quantenmechanischer Betrachtung ist die zweite Ableitung der Wellenfunktion nach den Raumkoordinaten multipliziert mit dem Faktor $-h^2/(8\pi^2 m_e)$ (Gl. 2.23, linker Term). Die potenzielle Energie des Elektrons im kugelsymmetrischen Coulombfeld des Protons wird durch den Term $(-e^2/(4\cdot\pi\cdot\varepsilon_0\cdot r))\cdot\psi(x,y,z)$ beschrieben.

$$-\frac{h^2}{8\pi^2 m_e}\cdot\left(\frac{\partial^2}{\partial x^2}+\frac{\partial^2}{\partial y^2}+\frac{\partial^2}{\partial z^2}\right)\Psi(x,y,z)-\frac{e^2}{4\cdot\pi\cdot\varepsilon_0\cdot r}\cdot\Psi(x,y,z)=E\cdot\Psi(x,y,z) \quad (2.23)$$

Die nächsten Gleichungen zeigen Schreibweisen, die ebenfalls in der Literatur anzutreffen und inhaltlich identisch mit Gl. 2.23 sind. In Gl. 2.24 wird beispielsweise der Operator der zweifachen Ableitung nach den Raumrichtungen x,y,z durch den Nablaoperator (∇) ersetzt. Noch kürzer ist die Schreibweise mit dem Laplaceoperator ($\Delta = \nabla^2$, Gl. 2.25).

$$-\frac{h^2}{8\pi^2 m_e}\cdot\nabla^2\Psi(x,y,z)-\frac{e^2}{4\cdot\pi\cdot\varepsilon_0\cdot r}\cdot\Psi(x,y,z)=E\cdot\Psi(x,y,z) \quad \text{mit } \nabla^2=\left(\frac{\partial^2}{\partial x^2}+\frac{\partial^2}{\partial y^2}+\frac{\partial^2}{\partial z^2}\right) \quad (2.24)$$

$$-\frac{h^2}{8\pi^2 m_e}\cdot\Delta\Psi(x,y,z)-\frac{e^2}{4\cdot\pi\cdot\varepsilon_0\cdot r}\cdot\Psi(x,y,z)=E\cdot\Psi(x,y,z) \quad \text{mit } \Delta=\nabla^2=\left(\frac{\partial^2}{\partial x^2}+\frac{\partial^2}{\partial y^2}+\frac{\partial^2}{\partial z^2}\right) \quad (2.25)$$

Durch Ausklammern der Wellenfunktion $\Psi(x,y,z)$ in Gl. 2.23 erhält man Gl. 2.26 und es wird offensichtlich, warum der Hamiltonoperator (H, eckige Klammer) auch als Energieoperator bezeichnet wird.

$$\left[-\frac{h^2}{8\pi^2 m_e}\cdot\left(\frac{\partial^2}{\partial x^2}+\frac{\partial^2}{\partial y^2}+\frac{\partial^2}{\partial z^2}\right)-\frac{e^2}{4\cdot\pi\cdot\varepsilon_0\cdot r}\right]\Psi(x,y,z)=E\cdot\Psi(x,y,z) \rightarrow H\Psi(x,y,z)=E\cdot\Psi(x,y,z) \quad (2.26)$$

Der Hamiltonoperator H besteht aus Komponenten für die kinetische Energie und die potenzielle Coulombenergie des Elektrons im radialsymmetrischen Feld des Atomkerns. Die Anwendung des Hamiltonoperators auf die Wellenfunktion Ψ ergibt die Energieeigenwerte (Eigenzustände) des Elektrons (E). Um die Wellenfunktionen für das Wasserstoffatom zu erhalten, muss die Gl. 2.26 gelöst werden, was Techniken der höheren Mathematik (Transformation von kartesischen zu Kugelkoordinaten, Lösung partieller Differenzialgleichungen, Reihenentwicklungen) verlangt. Wir wollen hier nur die Lösungen der Schrödingergleichung, d. h. die Wellenfunktionen Ψ, betrachten.

> **Schrödingergleichung – Was bedeuten die einzelnen Symbole?**
> - Die Schrödingergleichung, die die Bewegung atomarer Teilchen beschreibt, ist nicht aus der klassischen Mechanik (Bewegung großer Objekte) allgemein ableitbar. Sie ist ein Postulat Schrödingers, das sich in der Empirie tausendfach bewahrheitet hat und somit für atomare Teilchen als maßgebend angesehen wird.
> - H ist ein Operator, d. h. eine Rechenvorschrift, die auf die Wellenfunktion Ψ angewandt wird.
> - H wird als Hamiltonoperator bezeichnet und beinhaltet die kinetische und potenzielle Energie des Elektrons. Die Anwendung des Energieoperators H auf die Eigenfunktion Ψ ergibt die Gesamtenergie, den Energieeigenwert E des Elektrons für einen stationären Zustand, d. h. stehende Elektronenwelle.
> - Ψ steht für eine mathematische Wellenfunktion (Eigenfunktion) des Elektrons, die von den Polarkoordinaten (r,θ,ϕ) abhängt (◘ Abb. 2.18). Die Wellenfunktionen Ψ sind die Unbekannten, die durch Lösung der Schrödingergleichung erhalten werden. Die Wellenfunktionen enthalten implizit Ort, Impuls und Energie des Elektrons. Die Bedeutung der Wellenfunktion Ψ wird immer noch diskutiert und ist Gegenstand tiefgehender philosophischer Überlegungen. Einig ist man sich darin, dass das Amplitudenquadrat der stehenden Welle $|\Psi(r)|^2 dV$ für jeden Ort die Wahrscheinlichkeit beschreibt, mit der sich ein Elektron in der Kugelschale $dV = 4\cdot\pi\cdot r^2\cdot dr$ aufhält (Aufenthaltswahrscheinlichkeit).
> - E ist eine Zahl (Eigenwert), die die Gesamtenergie des Elektrons (Energieeigenwert) für eine Wellenfunktion angibt und ortsunabhängig ist. So entspricht E_n im Wasserstoffatom dem Energielevel der n-ten Bohr'schen Bahn, d. h. der stehenden Welle der n-ten Bahn.
> - Neben der Wellenfunktion Ψ_{nlm} werden auch die zugehörigen Energiezustände/-eigenwerte E_{nlm} beim Lösen der Schrödingergleichung erhalten.

2.6 · Schrödingers Atommodell – Elektronen als stehende dreidimensionale Materiewellen

Da das elektrische Potenzialfeld des Protons Kugelsymmetrie aufweist, ist es einfacher, die Ortsangabe des Elektrons über den Abstand vom Ursprung (r) und die zwei Winkel θ (Polarwinkel) und ϕ (Azimutwinkel) anzugeben, als über die kartesischen Koordinaten (◘ Abb. 2.18), sodass die Wellenfunktionen als Funktion von Polarkoordinaten Ψ(r,θ,ϕ) erhalten werden. Die Wellenfunktionen (ψ) können schließlich in einen radialabhängigen Term $R_n(r)$ und zwei winkelabhängige Teilgleichungen zerlegt werden (Gl. 2.27).

$$\Psi(r,\Theta,\Phi) = R_n(r) \cdot P_l(\Theta) \cdot A_m(\Phi) \quad (2.27)$$

- Die Radialgleichung $R_n(r)$ zeigt, wie sich die Wellenfunktion Ψ mit der Entfernung (r) des Elektrons vom Proton ändert und liefert die Hauptquantenzahl n.
- Die Polargleichung $P_l(\theta)$ beschreibt, wie sich die Wellenfunktion ändert, wenn man in ◘ Abb. 2.18 dem grünen Pfad von der positiven z-Achse zur negativen z-Achse folgt, also den Polarwinkel (Breitenwinkel) θ schrittweise on 0° auf 180° variiert. Die Lösung der Gleichung liefert die Nebenquantenzahl l.
- Die Azimutalgleichung $A_m(\phi)$ gibt an, wie sich die Wellenfunktion entlang des Pfades des Azimutwinkels (Längenwinkel) ϕ ändert (◘ Abb. 2.18, blauer Pfeil). Die Lösung der Gleichung ergibt die magnetische Quantenzahl m.

Die dreidimensionalen geometrischen Formen der stehenden Elektronenwellen werden als Orbitale bezeichnet (◘ Abb. 2.23). Kam Bohr noch mit einer einzigen Quantenzahl n für die Elektronenbahnen aus, fordern die Lösungen der Schrödingergleichung drei Quantenzahlen – die Hauptquantenzahl n, die Nebenquantenzahl l und die magnetische Quantenzahl m –, um die einzelnen Aufenthaltsräume (Orbitale) respektive statischen Schwingungszustände der Elektronen zu beschreiben:

- **Hauptquantenzahl n**

Die Hauptquantenzahl n beschreibt die räumliche Ausdehnung, Größe, eines Orbitals. Sie nimmt positive ganzzahlige Werte 1, 2, 3, 4 etc. (früher: K, L, M, N …) an. Natürliche Elemente besetzen im Grundzustand maximal sieben Schalen mit Elektronen. Die Hauptquantenzahl n ist identisch mit der Bohr'schen Schalenzahl.

Der Energieinhalt der Orbitale ($E_n = -E_R/n^2$) nimmt mit zunehmender Hauptquantenzahl n zu (Negativzeichen!). Für n = 1 belegt das Elektron die K-Schale und befindet sich im energetischen Grundzustand ($E_1 = -E_R$). Je größer die Hauptquantenzahl, desto geringer ist die Bindung des Elektrons an den positiv geladenen Atomkern, desto höher ist dessen potenzielle Energie. Mit zunehmender Hauptquantenzahl n braucht man weniger Energie, um das Elektron vom Kern zu lösen. Das völlig vom Kern gelöste Elektron (n → ∞) hat per Definition eine potenzielle Energie von null.

- **Nebenquantenzahl l**

Eine Schale mit der Hauptquantenzahl n verfügt über n Unterschalen. Die einzelnen Unterschalen werden mit der Nebenquantenzahl l = 0, 1, 2, …, n − 1 charakterisiert. Die Nebenquantenzahl (l) definiert die geometrische Form der Orbitale (◘ Abb. 2.23). Geläufiger sind die Bezeichnungen s-Orbital (l = 0), p-Orbital (l = 1), d-Orbital (l = 2), f-Orbital (l = 3). Die Bezeichnungen s, p, d, f gehen auf Eigenschaften von Spektrallinien in Emissionsspektren zurück.

- **Magnetische Quantenzahl m**

Die magnetische Quantenzahl m steht für die räumliche Orientierung der Orbitale. Die magnetische Quantenzahl kann ganzzahlige Werte von −l bis +l annehmen. Orbitale könne somit 2·l+1 (◘ Tab. 2.2) räumliche Orientierungen in einem äußeren Magnetfeld einnehmen. Beispielsweise nimmt das p-Orbital (l = 1) drei Orientierungen im Raum (−1, 0, +1) ein, die wechselseitig senkrecht aufeinander stehen (◘ Abb. 2.23, zweite Reihe).

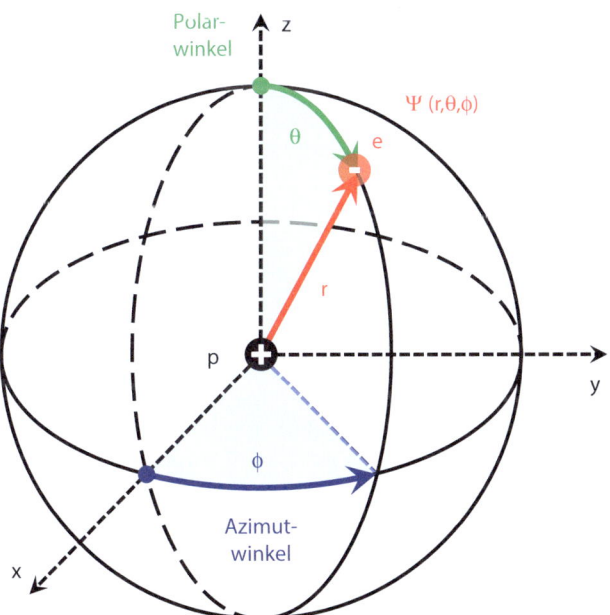

◘ **Abb. 2.18** Die Kugelkoordinaten (Radius r, Polarwinkel Θ, Azimutwinkel ϕ) des Wasserstoffatoms

Tab. 2.2 Orbitale sind durch drei Quantenzahlen eindeutig charakterisiert

Quantenzahl	Bezeichnung	Bedeutung	Werte Bezeichnung	Mögliche Zustände
n	Hauptquantenzahl	Hauptschale, Energiestufe, Orbitalgröße	n = 1, 2, 3, 4, … n = K, L, M, N, …	n
l	Nebenquantenzahl	Geometrische Form, Symmetrie der Orbitale, Schwingungszustand Elektron	l = 0, 1, 2, 3, …, n − 1 l = s, p, d, f, …	n
m	Magnetische Quantenzahl	Räumliche Orientierung von Orbitalen in einem externen Magnetfeld	m = −l, …, 0, …, +l	2·l+1

■ **Radiale Aufenthaltswahrscheinlichkeit [P(r)]**

Betrachten wir die räumliche Form der Orbitale genauer. Dazu unterscheiden wir zwischen der radialen Aufenthaltswahrscheinlichkeit [P(r)], d. h. der Wahrscheinlichkeit, mit der sich das Elektron mit variierendem Abstand r vom Kern aufhält, und der winkelabhängigen Aufenthaltswahrscheinlichkeit, d. h. der Wahrscheinlichkeit, mit der das Elektron bei gleichem Kernabstand, aber variierenden Azimut- und Polarwinkel (Gl. 2.27, ◘ Abb. 2.18), anzutreffen ist.

Wie schon erwähnt, ist das Amplitudenquadrat der Wellenfunktion [Ψ²(r,θ,ϕ)] ein Maß für die Wahrscheinlichkeitsdichte des Elektrons in einer infinitesimalen Volumeneinheit. Damit diese Aussage getroffen werden kann, muss Ψ²(r,θ,ϕ) normiert werden, d. h. die Nebenbedingung Gl. 2.28 erfüllen. Schließlich muss ja genau ein Elektron im Raum um den Wasserstoffatomkern vorhanden sein, nicht mehr und nicht weniger.

$$\iiint_{Raum} \Psi^2(r,\Theta,\Phi)\,dr = 1 \qquad (2.28)$$

Die radiale Aufenthaltswahrscheinlichkeit [P(r)] ergibt sich aus der Wahrscheinlichkeitsdichte (Ψ²) im Abstand r multipliziert mit dem Kugelschalenvolumen (4πr²dr) für infinitesimale, d. h. unendlich kleine Dicken von dr.

$$P(r) = |\Psi(r,\Theta,\phi)|^2 \cdot 4\pi r^2 dr \sim \Psi^2 \cdot r^2 dr \qquad (2.29)$$

P(r) – radiale Aufenthaltswahrscheinlichkeit, Wahrscheinlichkeit Elektron im Abstand r in einer Kugelschale der Dicke dr anzutreffen

Ψ(r,θ,ϕ) – normierte Wellenfunktion des Elektrons, kann positive und negative Werte annehmen

|Ψ(r,θ,ϕ)|² – Wahrscheinlichkeitsdichte, kann positive Werte zwischen 0 und 1 annehmen

4πr²dr – Kugelschalenvolumen mit infinitesimaler Dicke dr

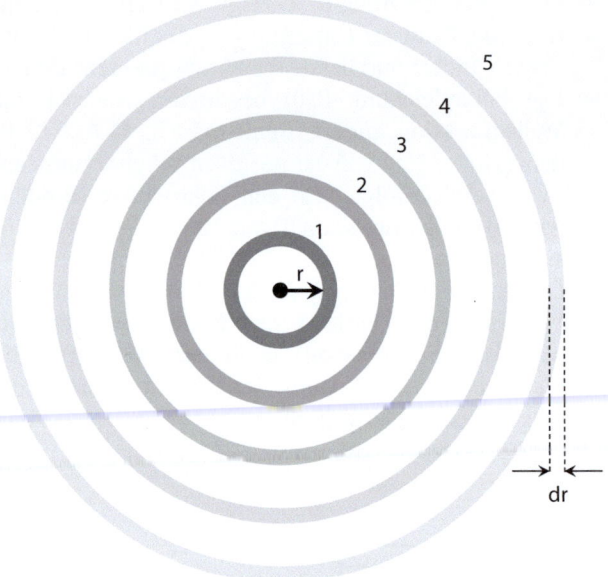

◘ **Abb. 2.19** Die benötigte Farbmenge (Ψ²·2πr dr) pro Kreisring ergibt sich aus Farbdichte (Ψ², Intensität der Farbe) und Ringfläche (2πr dr). Für den dritten Ring wird die größte Farbmenge benötigt (◘ Tab. 2.3)

Da die Wahrscheinlichkeitsdichte (Ψ²) und die radiale Aufenthaltswahrscheinlichkeit [P(r)] oft nicht verstanden werden, seien die Begriffe an einem anschaulichen, zweidimensionalen Beispiel erklärt. Es werden konzentrische Kreisringe mit dem Innenradius r und der Breite dr gezeichnet (◘ Abb. 2.19). Die aufgetragene Farbmenge pro Quadratzentimeter, d. h. die Farbdichte (Ψ²), soll gemäß ◘ Tab. 2.3 mit zunehmendem Radius abnehmen. Es soll die benötigte Farbmenge je Kreisring (radiale Farbmenge P(r) = Ψ²·2πr dr) mit zunehmendem Kreisringinnenradius (r) bestimmt werden.

Wie aus ◘ Tab. 2.3 ersichtlich, ist die benötigte radiale Farbmenge bei einem Ringradius von 30 cm maximal. Obwohl mit zunehmendem Radius die zu zu bemalende Ringfläche zunimmt, wird weniger Farbmenge benötigt, da die aufgetragene Farbdichte (Ψ²) kleiner wird. Andererseits wird bei Radien kleiner als 30 cm weniger Farbmenge

2.6 · Schrödingers Atommodell – Elektronen als stehende dreidimensionale Materiewellen

Tab. 2.3 Farbmenge als Produkt von Farbdichte und Ringfläche

Innenradius Ring r, cm	0	10	20	30	40	50	60	70	80	90	100
Ringbreite dr, cm	1	1	1	1	1	1	1	1	1	1	1
Ringfläche $2\pi(r+0{,}5\cdot dr)dr$, cm²	3,1	66,0	128,8	188,4	254,5	317,3	380,1	443,0	505,8	568,6	631,5
Farbdichte Ψ^2, g/cm²	1,00	0,80	0,65	0,50	0,35	0,25	0,20	0,15	0,10	0,05	0
Farbmenge $\Psi^2\cdot 2\pi\cdot(r+0{,}5\cdot dr)\cdot dr$, g	3,1	52,8	83,7	**95,8**	89,1	79,3	76,0	66,4	50,6	28,4	0

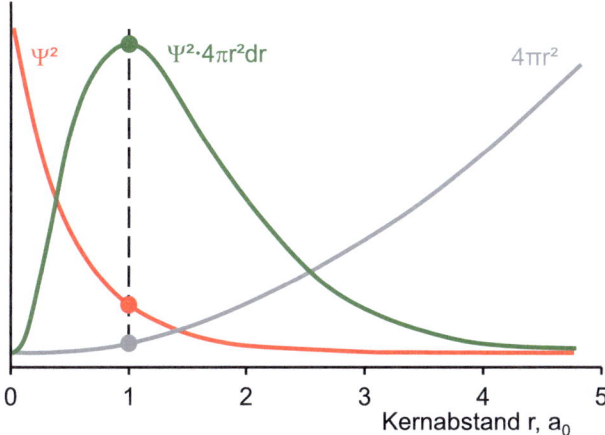

Abb. 2.20 Die radiale Aufenthaltswahrscheinlichkeit (grün) des 1s-Elektrons ergibt sich aus dem Produkt von Wahrscheinlichkeitsdichte (rot) und Kugeloberfläche (grau) und zeigt ein Maximum beim Bohr'schen Radius (a_0)

benötigt, obwohl die aufgetragene Farbmenge pro Quadratzentimeter größer wird, jedoch gleichzeitig die zu bestreichende Ringfläche überproportional abnimmt.

Analog zu den Farbkreisringen verhält es sich mit der Elektronendichte des Wasserstoffatoms, illustriert am 1s-Orbital (n = 1, l = 0, Abb. 2.20). Die Wahrscheinlichkeitsdichte des Elektrons $\Psi_{1,0}^2$ (Abb. 2.20, rote Linie) ist im Atomkern am höchsten und fällt mit zunehmender Entfernung r exponentiell ab. Andererseits kann sich im Abstand r das Elektron auf der ganzen Kugeloberfläche ($4\pi r^2$) bzw. in der Kugelschale ($4\pi r^2 dr$) aufhalten. Da der Kugelschaleninhalt ($4\pi r^2 dr$) mit zunehmendem Kernabstand r quadratisch zunimmt (Abb. 2.20, graue Linie), während die Wahrscheinlichkeitsdichte (ψ^2) exponentiell abfällt, weist die radiale Aufenthaltswahrscheinlichkeit (Abb. 2.20, grüne Linie), Produkt des Kugelschalenvolumens und der Wahrscheinlichkeitsdichte, bei einem bestimmten Abstand ein Maximum auf (grüner Punkt).

Es war für Schrödinger zutiefst befriedigend, dass der Kernabstand mit der höchsten radialen Aufenthaltswahrscheinlichkeit des Elektrons [P(r)] mit dem Bohr'schen Radius a_0 (Abb. 2.20) übereinstimmt.

Es sei jedoch nochmals ausdrücklich betont, dass Bohr davon ausging, dass das Elektron als massives Teilchen ausschließlich auf der Bahn mit dem Kernabstandsradius a_0 kreist. Schrödinger hingegen betrachtete das Elektron als eine verschmierte Ladungswolke und stehende Welle, deren Dichte bzw. Intensität bei a_0 am größten ist. Der wesentliche Unterschied zwischen den beiden Modellen liegt im Wellencharakter des Elektrons und der Heisenberg'sche. Unschärferelation.

Der dreidimensionale Aufenthaltsraum des Elektrons, sein Orbital, wird anschaulich durch die Kontur des kleinstmöglichen Volumens dargestellt, in dem das Elektron mit 90-prozentiger Wahrscheinlichkeit anzutreffen ist. Diese Kontur gibt die Form und Größe von Orbitalen wieder. Das Orbital des 1s-Elektrons besitzt wie alle s-Orbitale Kugelsymmetrie (Abb. 2.21a).

Die untere Reihe in Abb. 2.21 zeigt die Wellenfunktion (blau), die Wahrscheinlichkeitsdichte (rot), die radiale Aufenthaltswahrscheinlichkeit (grün) und das Orbital für das 2s-Elektron des Wasserstoffatoms. Man sieht, dass die Wellenfunktion die Nulllinie kreuzt. An diesem Knotenpunkt wechseln die Amplitudenwerte der Wellenfunktion das Vorzeichen. An der Nullstelle ist die Wahrscheinlichkeitsdichte und somit die radiale Aufenthaltswahrscheinlichkeit null. Das Elektron ist dort nicht anzutreffen. Es befindet sich dort eine Knotenebene, genauer eine Knotenkugelschale, was in der Orbitaldarstellung als weißer Ringraum (Abb. 2.21b) dargestellt ist. Somit besteht das 2s-Orbital aus einem 1s-Orbital, das in ein größeres 2s-Orbital eingebettet ist. Die beiden kugelförmigen Orbitale trennt eine Knotenkugelschale voneinander, d. h., die Orbitale wechseln von Plus für das 1s-Orbital (rote Kugel) zu Minus für das 2s-Orbital (blaue Kugel).

Wichtig! Das Vorzeichen des Orbitals hat nichts mit einer elektrischen Ladung zu tun, sondern ausschließlich mit positiver respektive negativer Amplitude der zugrunde liegenden Wellenfunktion (Ψ). Das Vorzeichen des Orbitals gewinnt erst an Bedeutung, wenn wir uns mit Bindungen zwischen Atomorbitalen beschäftigen (▶ Abschn. 3.3.5).

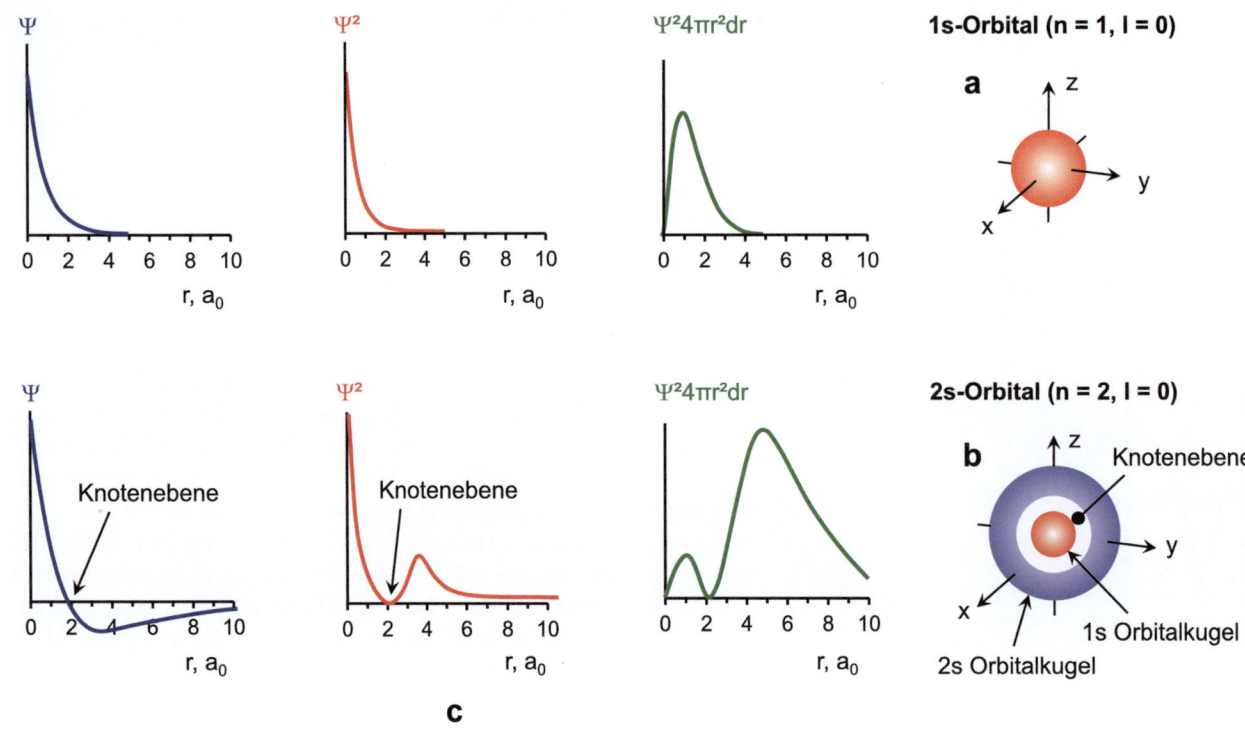

◼ **Abb. 2.21** Wellenfunktion (blau), Wahrscheinlichkeitsdichte (rot), radiale Aufenthaltswahrscheinlichkeit (grün) und Form für 1s- (**a**) und 2s-Orbital (**b**)

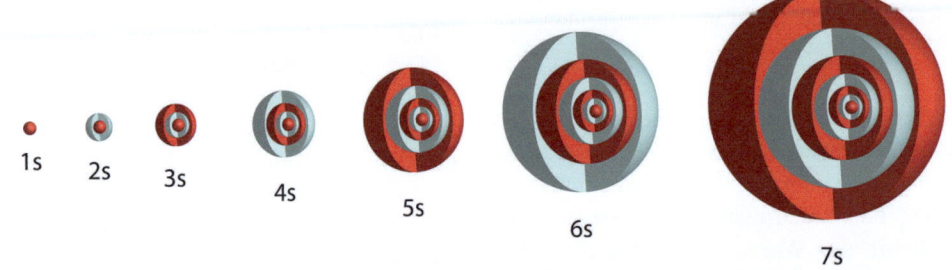

◼ **Abb. 2.22** Zwiebelartige Struktur der kugelsymmetrischen s-Orbitale mit zunehmender Hauptquantenzahl n (rot = positive Amplitude der Wellenfunktion Ψ, blaugrau = negative Amplitude). Die einzelnen Orbitale werden durch Kugelschalenknoten voneinander getrennt (© magnetix/▶ Shutterstock.com)

Durch den Vergleich der s-Orbitale in ◼ Abb. 2.22 ist erkennbar, dass die zunehmende Hauptquantenzahl n folgende Auswirkungen auf Orbitale hat:
- Die Orbitale werden größer, die radiale Aufenthaltswahrscheinlichkeit (grüne Kurve) des Elektrons entfernt sich vom Kern.
- Beim Wechsel der Hauptquantenzahl ergibt sich eine Knotenkugelschale zwischen den Orbitalen, generell beträgt die Anzahl radialer Knoten $n - 1$ (◼ Abb. 2.22). Der Grundzustand (1s-Orbital) weist keinen Knoten auf.

■ **Knoten**

Knoten sind Flächen, an denen sowohl die Amplitude der Wellenfunktion (Ψ) als auch die Wahrscheinlichkeitsdichte (Ψ²) und die radiale Aufenthaltswahrscheinlichkeit (Ψ²·4πr²dr) den Betrag Null aufweisen (◼ Abb. 2.21c) und das Vorzeichen der Wellenfunktion wechselt. Obwohl in die Wahrscheinlichkeitsdichte und die radiale Aufenthaltswahrscheinlichkeit das Quadrat der Wellenfunktion eingeht und diese Größen daher immer positive Werte haben, bleibt das Vorzeichen der Wellenfunktion dennoch erhalten. Das Phasenvorzeichen hat Bedeutung, wenn Atomorbitale zu Molekülorbitalen kombiniert werden, also bei der Bildung chemischer Bindungen (▶ Abschn. 3.3.5).

Prinzipiell wird zwischen radialen Knoten (Knotenkugelschalen bei Wechsel der Hauptquantenzahl n) und winkelabhängigen Knoten (Knotenebenen durch den Atomkern) unterschieden. Die Anzahl der Knoten errechnen sich allgemein wie folgt:

- Radiale Knoten: Anzahl = n – l – 1
- Winkelabhängige Knoten: Anzahl = l
- Knotensumme: Anzahl = n – 1

Winkelabhängige Aufenthaltswahrscheinlichkeit P(θ,ϕ)

Nachdem wir die radiale Aufenthaltswahrscheinlichkeit [P(r)], also die Wahrscheinlichkeit, ein Elektron mit zunehmendem Abstand (r) vom Atomkern anzutreffen, diskutiert haben, wollen wir uns nun mit der räumlichen Gestalt der Orbitale bei Variation des Polarwinkels (θ, ◘ Abb. 2.18) und des Azimutwinkels (ϕ) befassen. Die normierten Lösungen der Kugelflächenfunktionen (Polarwinkel-/Azimutwinkelanteil) sind für das Wasserstoffatom in Anhang 21.2 tabellarisch aufgelistet. Das Elektron befindet sich nur in bestimmten Raumsegmenten, die durch die Nebenquantenzahl (l) und die magnetische Quantenzahl (m) spezifiziert und als Orbitale bezeichnet werden.

s-Orbitale (l = 0, m = 0)

s-Orbitale verfügen über Kugelsymmetrie (l = 0), d. h., ihre Form ändert sich nur mit dem Abstand vom Atomkern und ist unabhängig von der Kugelfläche (Polarwinkel/Azimutwinkel). Die räumliche Form ist für alle s-Orbitale gleich, nur mit zunehmender Hauptquantenzahl n nimmt deren Größe zu (◘ Abb. 2.22). Ein 2s-Orbital ist in etwa viermal so groß wie ein 1s-Orbital (◘ Abb. 2.21b). Der energetische Grundzustand (n = 1) weist keine Knoten auf. Mit zunehmender Hauptquantenzahl errechnet sich die Anzahl der Knoten zu n – 1. Wegen der Kugelsymmetrie hat ein externes Magnetfeld keine Auswirkung (m = 0) auf die räumliche Ausrichtung von s-Orbitalen. Jedes s-Orbital kann zwei Elektronen aufnehmen, die sich allerdings in der Spinquantenzahl s unterscheiden müssen (Pauli-Verbot, ▶ Abschn. 2.7.1).

p-Orbitale (l = 1, m = –1, 0, +1)

p-Orbitale existieren erst ab der Hauptquantenzahl n = 2. Die Nebenquantenzahl (l) kann die Werte 0 (2s-Orbital) und 1 (2p-Orbitale) annehmen. p-Orbitale haben eine hantelförmige Form (◘ Abb. 2.23, zweite Reihe). Jedes p-Orbital weist eine Knotenebene (l = 1) senkrecht zu den Orbitallappen auf, die durch den Atomkern verläuft (z. B. xy-Ebene für p_0), d. h. im Atomkern ist die Elektronendichte null. Mit zunehmender Hauptquantenzahl (n) nimmt die Größe der p-Orbitale zu. Die drei p-Orbitale (2·l + 1 = 3 Schwingungszustände) richten sich im externen magnetischen Feld nach den drei Raumachsen x, y und z aus.

Die einzelnen Orbitallappen weisen unterschiedliche mathematische Vorzeichen, die mit den Vorzeichen der Amplitude der Wellenfunktion Ψ_{22m} korrelieren. In ◘ Abb. 2.23 verfügen die roten Orbitallappen der p-Orbitale über ein positives Vorzeichen und zeigen zum

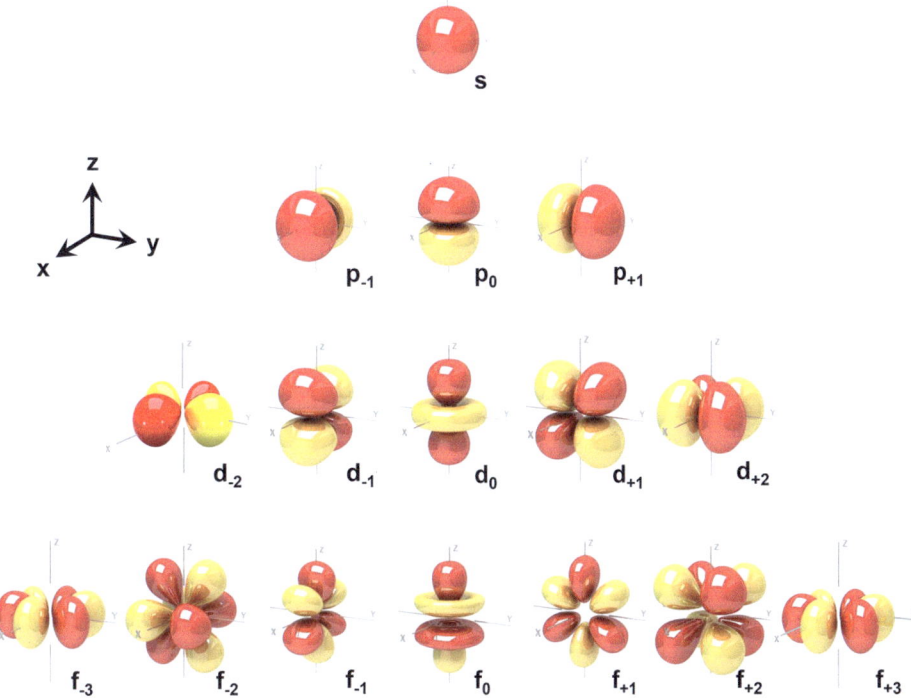

◘ **Abb. 2.23** Winkelabhängige Aufenthaltswahrscheinlichkeiten von s-, p-, d- und f-Orbitalen (© general-fmv/▶ Shutterstock.com)

jeweils positiven Ast der x,y,z-Achse. Die gelben Orbitallappen haben eine negative Phase und zeigen zum jeweils negativen Ast der Achsen. Insgesamt können die drei p-Orbitale bis zu sechs Elektronen aufnehmen.

d-Orbitale (l = 2, m = −2, −1,−0, +1, +2)

d-Orbitale existieren ab der Hauptquantenzahl n = 3, da erst dann die Nebenquantenzahl l den Wert 2 (n − 1) annehmen kann. Die geometrische Struktur der d-Orbitale ist komplexer als die der p-Orbitale. Vier von fünf d-Orbitalen verfügen mit vier Orbitallappen über eine kleeblattähnliche Struktur (Abb. 2.23, vorletzte Zeile). Das d_0-Orbital weicht von dieser Struktur ab und ähnelt dem p_0-Orbital mit einem „Reifen" um die Mitte, verfügt jedoch über die gleiche Energie wie die anderen vier d-Orbitale. d-Orbitale besitzen zwei senkrecht aufeinander stehende Knotenebenen. Mit zunehmender Hauptquantenzahl (n = 4, 5, 6, 7) nimmt die Größe der d-Orbitale zu. Im Magnetfeld zeigen die Schwingungszustände der d-Orbitale fünf Orientierungen (2·2 + 1 = 5, m = −2, −1, 0, +1, +2, Abb. 2.23). Jedes d-Orbital kann zwei Elektronen aufnehmen, sodass maximal zehn Elektronen in d-Orbitalen Platz finden.

f-Orbitale (l = 3, m = −3, −2, −1, 0, +1, +2, +3)

Ab der Hauptquantenzahl n = 4 gibt es neben den s- (l = 0), den p- (l = 1) und den d- (l = 2) auch f-Orbitale (l = 3). Da f-Orbitale drei winkelabhängige Knotenebenen aufweisen, ist deren Struktur noch komplexer als die der d-Orbitale (Abb. 2.23). Die Schwingungszustände der f Orbitale richten sich im magnetischen Feld in sieben Raumrichtungen (2·3 + 1 = 7, m = −3, −2, −1, 0, +1, +2, +3, Abb. 2.23, unterste Reihe) aus. Mit zunehmender Hauptquantenzahl (n = 5, 6, 7) werden die f-Orbitale größer und verfügen über einen zusätzlichen radialen Knoten bei jedem Wechsel der Hauptquantenzahl. In den insgesamt sieben f-Orbitalen können nach dem Pauli-Prinzip (▶ Abschn. 2.7.1) maximal 14 Elektronen untergebracht werden.

2.7 Mehrelektronensysteme – Aufbauprinzip – Periodensystem

Mit der Schrödingergleichung können Wellenfunktionen und somit Orbitale ausschließlich für Einelektronensysteme berechnet werden, wie zum Beispiel für das Wasserstoffatom (H), das Heliumkation (He$^+$) und das einfach positiv geladene Wasserstoffmolekül (H$_2^+$). Analog zum Bohr'schen Modell hängt die Energie des Elektrons in einem Einelektronensystem einzig und allein von der Hauptquantenzahl (n) ab (Abb. 2.24a). Das bedeutet, dass ein Elektron im 2s-Orbital die gleiche Energie hat wie ein Elektron in einem der drei p-Orbitale (p_x, p_y, p_z). Energiegleiche Orbitale der gleichen Nebenschale werden als entartet bezeichnet.

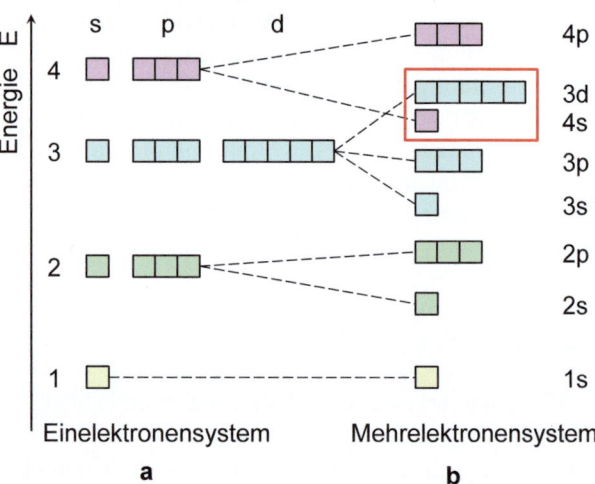

 Abb. 2.24 Die energetisch entarteten Orbitale des Wasserstoffatoms (**a**) spalten sich in einem Mehrelektronensystem aufgrund von Elektronen-Elektronen-Wechselwirkungen auf (**b**)

Eine exakte Lösung der Schrödingergleichung ist für Atome mit mehreren Elektronen (He, Li …) nicht möglich, da die Bewegung der Elektronen (Heisenberg'sche Unschärfe), deren Wechselwirkungen untereinander (Abstoßungskräfte) und mit dem positiven Atomkern (Anziehungskräfte) nicht geschlossen beschrieben werden können.

Prinzipiell lassen sich die Lösungen der Schrödingergleichung für das Wasserstoffatom wie die Form der Orbitale wenigstens qualitativ auf Mehrelektronensysteme übertragen. Die elektrostatische Abstoßung der Elektronen untereinander führt jedoch dazu, dass die im Wasserstoffatom entarteten Unterschalen (z. B. 3s, 3p, 3d) unterschiedliche Energieniveaus aufweisen (Abb. 2.24b).

Zusätzlich zeigt sich, dass bei Mehrelektronensystemen neben den drei Quantenzahlen n, l, m, die die Orbitalform beschreiben (Tab. 2.4), für die Spinorientierung des Elektrons noch die magnetische Spinquantenzahl m_s benötigt wird.

Der Elektronenspin kann als Spinquantenzahl m_s den Wert +1/2 oder −1/2 annehmen. Der Spin ist eine Eigenschaft des Elektrons wie seine Ladung und Masse (▶ Abschn. 6.4.4). In der Literatur gibt es mehrere Bezeichnungen für die beiden Spinzustände m_s = +1/2 (Spin-up, α-Spin, Pfeil nach oben ↑) bzw. für s = − 1/2 (Spin-down, β-Spin, Pfeil nach unten ↓).

Allgemein lässt sich für eine Hauptschale (n) feststellen, dass die Energie der Unterschalen mit steigender Nebenquantenzahl (l) zunimmt. Dabei haben d-Orbitale einen höheren Energieinhalt als p-Orbitale und diese wiederum einen höheren als s-Orbitale ($E_{n,d} > E_{n,p} > E_{n,s}$). Betrachtet man die Orbitale in Abb. 2.23, wird deutlich, dass die Bewegungsfreiheit eines Elektrons vom s- über das p- hin zum d-Orbital zunehmend be-

2.7 · Mehrelektronensysteme – Aufbauprinzip – Periodensystem

Tab. 2.4 Orbitale und deren Spezifikation durch die drei Quantenzahlen n, l, m

Hauptquantenzahl (Hauptschale) n	Nebenquantenzahl (Unterschale) l = 0, …, n − 1	Magnetische Quantenzahl (Raumorientierung) m = −l, …, +l	Bezeichnung Unterschale	Anzahl radialer Knoten n − l − 1	Anzahl winkelabhängiger Knoten l	Anzahl Orbitale pro Unterschale 2·l+1	Anzahl Orbitale pro Hauptschale n^2	Max. Zahl an Elektronen pro Hauptschale 2·n^2
1	0	0	1s	0	0	1	1	2
2	0	0	2s	1	0	1	4	8
	1	−1, 0, +1	2p	0	1	3		
3	0	0	3s	2	0	1	9	18
	1	−1, 0, +1	3p	1	1	3		
	2	−2, −1, 0, +1, +2	3d	0	2	5		
4	0	0	4s	3	0	1	16	32
	1	−1, 0, +1	4p	2	1	3		
	2	−2, −1, 0, +1, +2	4d	1	2	5		
	3	−3, −2, −1, 0, +1, +2, +3	4f	0	3	7		

grenzter wird. Dies führt dazu, dass die Wellenlänge der stehenden Elektronenwelle kleiner und die Wellenenergie ($E = h \cdot c/\lambda_e$) größer wird. Mit zunehmender Nebenquantenzahl l wandeln sich die Orbitale von einem diffusen Zustand (s-Orbital) in einen räumlich strukturierteren Zustand (d-Orbital) um.

2.7.1 Aufbauprinzip – Pauli-Prinzip und Hund'sche Regeln bestimmen die Elektronenkonfiguration

Die Anordnung der Elemente im Periodensystem ergibt sich aus deren Kernladungszahl und der Reihenfolge der Befüllung der Orbitale mit Elektronen. Die Verteilung der Elektronen in den einzelnen Orbitalen wird als Elektronenkonfiguration eines Elements bezeichnet. Die Elektronenkonfiguration ist entscheidend für das chemische Reaktionsverhalten der Elemente.

Ordnet man die Elemente gemäß ihrer Kernladungszahl nebeneinander an und beginnt eine neue Periode, sobald eine Hauptquantenzahl mit Elektronen voll besetzt ist (◘ Tab. 2.4, letzte Spalte), dann erhält man das PSE mit seinen 18 Gruppen und sieben Perioden (Kurzversion, ◘ Abb. 2.29/Langversion, ◘ Abb. 2.28).

Nach welchen Regeln erfolgt die Besetzung der einzelnen Orbitale mit Elektronen?

- **Grundregel**

Prinzipiell gilt, dass ein Elektron immer das energetisch niedrigstliegende Orbital belegt, da dies dem stabilsten Zustand entspricht. Folgende Aufbauregeln helfen, die Struktur des Periodensystems zu verstehen.

- **Regel 1 – In der Elektronenhülle müssen Z Elektronen untergebracht werden**

Im Kern eines Elements befinden sich Z Protonen, also Z positive Elementarladungen. Ein Elektron trägt genau eine negative Elementarladung. Da Atome nach außen elektrisch neutral sind, müssen sich in der Elektronenhülle Z Elektronen befinden, um die Ladungen der Z Protonen des Kerns zu neutralisieren.

- **Regel 2 – Die einzelnen Orbitale werden in der Reihenfolge ihrer Energieniveaus mit Elektronen besetzt**

Die Elektronenhülle gliedert sich nicht nur in Orbitale unterschiedlicher Hauptquantenzahlen (n), sondern die Hauptschalen teilen sich noch zusätzlich in Unterschalen auf (s-, p-, d-, f-Orbitale), spezifiziert durch die Nebenquantenzahl l. Die Festlegung der energetischen Reihenfolge der Orbitale für Mehrelektronensysteme erfolgt nach den sogenannten Madelung-Regeln (◘ Abb. 2.25):

- Die Befüllung der Orbitale erfolgt nach zunehmendem n + l-Wert.
  Zum Beispiel 3s-Orbital (n + l = 3 + 0 = 3) vor 3p-Orbital (n + l = 3 + 1 = 4)
- Falls die n + l-Werte für Orbitale gleich sind, erfolgt zuerst die Befüllung des Orbitals mit dem kleineren n-Wert.
  Zum Beispiel 3p- (n + l = 3 + 1 = 4) vor 4s-Orbital (n + l = 4 + 0 = 4).
- Gemäß dieser einfachen Regel werden die Orbitale in folgender Reihenfolge mit Elektronen befüllt:
  1s2s2p3s3p4s3d4p5s4d5p6s4f5d6p7s5f6d7p

Die Reihenfolge der Besetzung von Orbitalen lässt sich auch grafisch aus dem Madelung-Energieschema durch Folgen des roten Pfeilverlaufs ableiten (◘ Abb. 2.25).

- **Regel 3 – Ein Orbital kann maximal zwei Elektronen aufnehmen (Pauli-Prinzip)**

Der deutsche Physiker Pauli (Nobelpreis 1945) erkannte, dass sich zwei Elektronen eines Atoms mindestens in einer Quantenzahl unterscheiden müssen. Dies hat zur Folge, dass ein Orbital, das durch die drei Quantenzahlen n, l, m spezifiziert ist, maximal zwei Elektronen mit unterschiedlicher magnetischer Spinquantenzahl (m_s) aufnehmen kann. In die Literatur ist diese Regel als Pauli Prinzip respektive Pauli-Verbot eingegangen.

Zwei Elektronen im gleichen Orbital (◘ Abb. 2.26, Kästchen) müssen somit unterschiedlichen Spin aufweisen, was durch einen Pfeil nach oben ($m_s = +\frac{1}{2}$) und Pfeil nach unten ($m_s = -\frac{1}{2}$) indiziert wird.

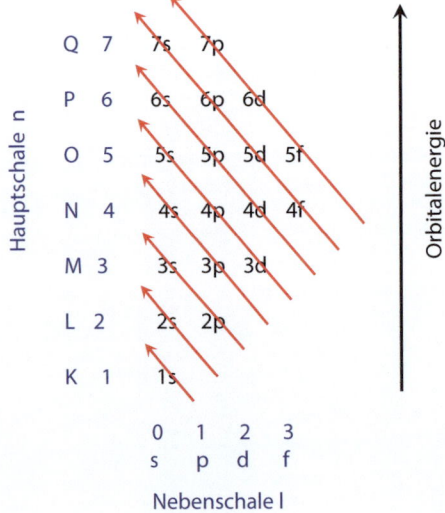

◘ **Abb. 2.25** Madelung-Energieschema zur Bestimmung der Reihenfolge der Orbitalenergieniveaus

2.7 · Mehrelektronensysteme – Aufbauprinzip – Periodensystem

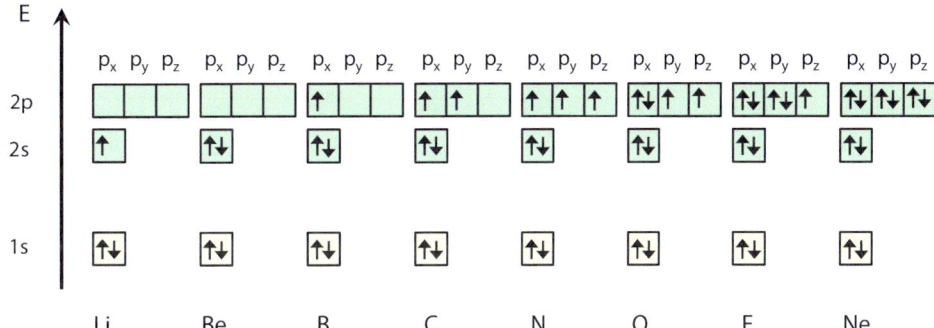

Abb. 2.26 Pauling-Schreibweise für die Elektronenkonfiguration der Elemente der zweiten Periode des PSE

Da die erste Schale (n = 1) lediglich ein Orbital, enthält und dieses maximal zwei Elektronen aufnehmen kann, umfasst die erste Periode des Periodensystems nur die zwei Elemente Wasserstoff und Helium (Abb. 2.28).

Die Elektronenhülle des Lithiums (Z = 3) enthält insgesamt drei Elektronen. Da im 1s-Orbital Platz für zwei Elektronen ist, muss das dritte Elektron im energetisch nächsthöheren 2s-Orbital untergebracht werden (Abb. 2.26). Die Elektronenkonfiguration von Lithium ist somit $1s^22s^1$. Beryllium (Z = 4) komplettiert das 2s-Orbital mit dem vierten Elektron. Ab Bor (Z = 5) werden die p-Orbitale der zweiten Schale besetzt, was zur Elektronenkonfiguration des Bors $1s^22s^22p^1$ führt.

- **Regel 4 – Energetisch entartete Orbitale werden so besetzt, dass die Anzahl ungepaarter Elektronen gleichen Spins maximal wird (Hund'sche Regel)**

Da p-Orbitale aus drei energiegleichen, entarteten Unterorbitalen p_x, p_y, p_z (Abb. 2.24, 2.26) bestehen, kann das 2p-Orbital bis zu sechs Elektronen aufnehmen. Somit besteht die zweite Periode (Abb. 2.26) aus acht Elementen: Li ($1s^22s^1$), Be ($1s^22s^2$), B ($1s^22s^22p^1$), C ($1s^22s^22p^2$), N ($1s^22s^22p^3$), O ($1s^22s^22p^4$), F ($1s^22s^22p^5$) und Ne ($1s^22s^22p^6$).

Bei der Besetzung der p-Orbitale des Bors wird erstmals ein p-Orbital mit einem Elektron besetzt. Kohlenstoff hat die Möglichkeit, das sechste Elektron im gleichen p-Orbital oder in einem der beiden anderen p-Orbitale zu platzieren. Aufgrund der Hund'schen Regel belegt das Kohlenstoffatom zwei verschiedene p-Orbitale mit je einem Elektron gleichen Spins. Würden beide Elektronen im gleichen p-Orbital untergebracht, wäre das energetisch gesehen wesentlich ungünstiger, da die elektrostatische Abstoßungskraft der Elektronen im gleichen Orbital überwunden werden müsste. Die auf Kohlenstoff folgenden Elemente der zweiten Periode füllen die p-Orbitale ebenfalls unter Berücksichtigung der Hund'schen Regel auf. Die Elektronenkonfiguration sämtlicher Elemente der zweiten Periode des PSE ist in Abb. 2.26 wiedergegeben.

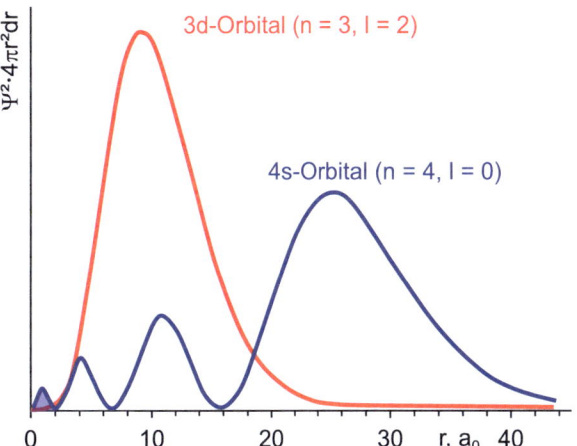

Abb. 2.27 Radiale Aufenthaltswahrscheinlichkeit für das 3d- (rot) und 4s-Orbital (blau). Das 4s-Orbital ist aufgrund seiner diffusen Struktur zugleich kernnäher und kernferner als das 3d-Orbital

Die Elektronenkonfigurationen der Elemente der dritten Periode (Na bis Ar) zeigen ein analoges Muster. Zuerst werden die 3s-Orbitale gefüllt, gefolgt von den 3p-orbitalen unter Berücksichtigung der Hund'schen Regel. Die energetisch darunterliegenden Orbitale $1s^22s^22p^6$ sind vollständig mit Elektronen besetzt.

Interessanter wird es in der vierten Periode (K bis Kr). Die energetische Reihenfolge der Orbitale lautet 1s2s2p3s3p4s3d4p. Nachdem in der dritten Periode alle Orbitale bis zum Neon ($1s^22s^22p^63s^23p^6$, Kurzschreibweise [Ne]), vollständig aufgefüllt wurden, beginnen Kalium (K) und Calcium (Ca) damit, anstelle des 3d-Orbitals zuerst das 4s-Orbital mit einem bzw. zwei Elektronen zu besetzen. Der Grund dafür ist, dass das 4s-Orbital (blau) eine radiale Aufenthaltswahrscheinlichkeit direkt am Kern aufweist (Abb. 2.27, blauschraffierter Buckel) und somit energieärmer ist. Generell reichen s-Orbitale näher an Atomkerne heran als p-, d- oder f-Orbitale, die allesamt am Atomkern Knoten aufweisen und somit dort über keine Aufenthaltswahrscheinlichkeit verfügen.

In Analogie zur zweiten und dritten Periode könnte man erwarten, dass das nächste Element, Scandium, mit der Besetzung der 4p-Orbitale beginnt. Ein Blick auf die Madelung-Reihenfolge zeigt jedoch, dass stattdessen die 3d-Orbitale als nächstes aufgefüllt werden. Daher hat Scandium (Sc) die Elektronenkonfiguration [Ne]4s²3d¹. Scandium ist das erste Element, das die formal zweitäußerste Hauptschale mit Elektronen belegt. Scandium gehört zur dritten Gruppe, da es zwei Elektronen im 4s-Orbital und eines im 3d-Orbital aufweist. Die Nebengruppenelemente der vierten Periode- Sc, Ti, V, Cr, Mn, Fe, Co, Ni, Cu und Zn- füllen mit zunehmender Ordnungszahl sukzessive die fünf 3d-Orbitale unter Beachtung der Hund'schen Regel und des Pauli-Verbots auf. Die Elektronenkonfiguration von Zink (Zn) lautet somit [Ne]4s²3d¹⁰. Anschließend kommen gemäß dem Madelung-Schema die 4p-Orbitale an die Reihe mit den Hauptgruppenelementen Gallium (Ga) bis Krypton (Kr). Krypton verfügt deshalb über die Elektronenkonfiguration [Ne]4s²3d¹⁰4p⁶, was mit [Kr] abgekürzt wird. Insgesamt umfasst die vierte Periode acht Hauptgruppen- und zehn Nebengruppenelemente.

Die Elektronenkonfigurationen der Elemente der fünften Periode (Rb bis Xe) ergeben sich auf analoge Weise. Es werden die Orbitale in der Reihenfolge 5s (zwei Hauptgruppenelemente), 4d (zehn Nebengruppenelemente) und 5p (sechs Hauptgruppenelemente) aufgefüllt. Das die fünfte Periode abschließende Element Xenon verfügt ausschließlich über voll besetzte Orbitale mit der Elektronenkonfiguration [Kr]5s²4d¹⁰5p⁶ = [Xe].

Interessanter wird es wieder in der sechsten Periode (Cs bis Rn). Wir bringen uns nochmals die energetische Reihenfolge der Orbitale in Erinnerung: 1s2s2p3s3p4s3d4p5s4d5p6s4f5d6p. Nachdem in der fünften Periode die Orbitale bis zur Elektronenkonfiguration 1s²2s²2p⁶3s²3p⁶4s²3d¹⁰4p⁶5s²4d¹⁰5p⁶ = [Xe] vollständig mit Elektronen besetzt sind, beginnen Cäsium (Cs) und Barium (Ba) damit, das 6s-Orbital mit einem Elektron bzw. zwei Elektronen zu belegen. Lanthan (La) besetzt ausnahmsweise zuerst das 5d-Orbital mit einem Elektron. Die folgenden Elemente Ce, Pr, Nd, …, Lu füllen dann sukzessive die 4f-Orbitale unter Beachtung der Hund'schen Regel und des Pauli-Verbots auf, da diese energetisch höher als das 6s-Orbital, aber niedriger als die 5d-Orbitale liegen. Daher hat Cer (Ce) die Elektronenkonfiguration [Xe]6s²5d¹4f¹. Cer ist das erste Element, das die formal drittäußerste Hauptschale mit Elektronen belegt. Auf Cer folgen 13 Elemente, die als Lanthanoide (lanthanähnlich) oder 4f-Block-Metalle bezeichnet werden. Die Elektronenkonfiguration von Lutetium (Lu) lautet [Xe]6s²4f¹⁴. Anschließend werden die fünf 5d-Orbitale von den Nebengruppenelementen Hafnium (Hf, Z = 72) bis Quecksilber (Hg, Z = 80) und schließlich die drei 6p-Orbitale von den Hauptgruppenelementen Thallium (Tl) bis Radon (Rn) mit Elektronen belegt. Radon hat die Elektronenkonfiguration [Xe]6s²4f¹⁴5d¹⁰6p⁶. Insgesamt umfasst die sechste Periode acht Hauptgruppen-, zehn Nebengruppen- und 14 f-Block-Elemente.

Die Elektronenkonfigurationen der Elemente der siebten Periode (Fr* bis Og*) ergeben sich auf analoge Weise. Es werden sukzessive die Orbitale in der Reihenfolge 7s (zwei Hauptgruppenelemente), 5f (14 Actinoide), 6d (zehn Nebengruppenelemente) und 7p (sechs Hauptgruppenelemente) aufgefüllt. Sämtliche darunterliegenden Orbitale [Xe]6s²4f¹⁴5d¹⁰6p⁶ = [Rn] sind voll besetzt.

- **Regel 5 – Halb und voll besetzte Unterschalen entsprechen einem stabilen, energiearmen Zustand**

Da der energetische Abstand zwischen 3d-Orbitalen und 4s-Orbital sehr klein ist und mit zunehmender Ordnungszahl variiert, können die bisher aufgeführten Regeln durchbrochen werden, wenn dadurch die Gesamtenergie des Atoms abgesenkt wird. Typische Beispiele hierfür sind halb oder voll besetzte Unterschalen. So müsste Chrom eine [Ar]3d⁴4s²- und Kupfer (Cu) eine [Ar]3d⁹4s²-Elektronenkonfiguration aufweisen. Spektrometrische Messungen ergeben jedoch, dass Chrom über eine [Ar]3d⁵4s¹- und Kupfer über eine [Ar]3d¹⁰4s¹-Konfiguration verfügen. Es ist für diese Elemente energetisch vorteilhafter, aus der „energieärmeren" 4s-Schale ein Elektron in die eigentlich energiereichere 3d-Schale hochzuhieven, da dadurch halb bzw. voll gefüllte 3d-Schalen entstehen, was unterm Strich einem energetisch günstigeren Zustand entspricht.

- **Warum lassen sich Elektronen leichter aus dem 4s-Orbital als aus dem energiereicheren 3d-Orbital abspalten?**

Obwohl gemäß dem Madelung-Schema Elektronen des 3d-Orbitals (n + l = 5) energiereicher sind als 4s-Elektronen (n + l = 4), erfolgt die Ionisation, also die Abspaltung eines Elektrons aus dem 4s-Orbital. Wie aus ◘ Abb. 2.27 ersichtlich ist, hält sich das Elektron des 4s-Orbitals auch entfernter vom Kern (rechter Buckel der blauen Linie) auf als das 3d-Orbital wodurch es leichter abgespalten werden kann.

Zusammenfassend lässt sich sagen, dass 4s-Elektronen sowohl näher am Kern (Befüllung des 4s- vor dem 3d-Orbital) als auch weiter entfernt vom Kern (Ionisation 4s vor 3d) als 3d-Elektronen anzutreffen sind.

2.7.2 Periodensystem – Protonenzahl, Gruppenzahl und Periodenzahl als Ordnungskriterien

Das Aufbauprinzip, das die Prinzipien des Energieminimums nach Madelung, die Einhaltung des Pauli-Prinzips und der Hund'schen Regeln umfasst, erklärt die Struktur des Periodensystems der Elemente (PSE).

- **Hauptgruppenelemente (s-Block-Elemente, p-Block-Elemente)**

Hauptgruppenelemente (◘ Abb. 2.28, hellgrau) besetzen entweder ein s-Orbital (Hauptgruppe 1 und 2) oder p-Orbitale (Hauptgruppe 13–18) der „äußersten" Hauptschale mit Elektronen. Deren allgemeine Elektronenkonfiguration ist $ns^{1-2}np^{1-6}$, sodass es acht Hauptgruppen gibt. Die Hauptgruppennummer (bei den Hauptgruppen 13–18 wird nur die letzte Ziffer, also 3–8, berücksichtigt) entspricht der Anzahl an Elektronen auf der äußersten Hauptschale, der sogenannten Valenzschale. Hauptgruppenelemente können bei Standardbedingung gasförmigen (H, N, O, F, He …), flüssigen (Br) oder festen (I, P, As, C, Si, Al, Be, Li, Na …) Aggregatzustand aufweisen. Darüber hinaus können Hauptgruppenelemente in Metalle (Na, K, Mg, Ca …), Halbmetalle (B, Si, As …) oder Nichtmetalle (H, Edelgase, F, Cl, S …) eingeteilt werden (◘ Abb. 2.31).

- **Nebengruppenelemente (d-Block-Metalle)**

Nebengruppenelemente (◘ Abb. 2.28, hellblau) weisen als typische Valenzelektronenkonfiguration $ns^2(n-1)d^{1-10}$ auf mit n = 4, 5, 6, 7. Somit füllen die d-Block-Elemente die d-Orbitale der zweitäußersten Hauptschale (n – 1) mit Elektronen auf. Da es fünf verschiedene d-Orbitale gibt, besteht der d-Block aus zehn Nebengruppen. Wenn ein halb oder voll gefülltes n – 1-d-Orbital erreicht werden kann, wechselt ein Elektron aus dem ns^2-Orbital in ein n – 1-d-Orbital, da dieser Zustand energieärmer ist. Die d-Block-Elemente sind sich untereinander viel ähnlicher als die Hauptgruppenelemente. Alle Nebengruppenelemente sind Metalle. Der metallische Charakter kann jedoch sehr unterschiedlich ausgeprägt sein. Beispiele hierfür sind Eisen (Fe), Kupfer (Cu), Quecksilber (Hg) und Gold (Au).

- **Lanthanoide und Actinoide (f-Block-Metalle)**

f-Block-Elemente (◘ Abb. 2.28, dunkelblau) verfügen über die Elektronenkonfiguration $ns^2(n-2)f^{1-14}$ mit n = 6 und 7. Somit füllen die f-Block-Elemente f-Orbitale der drittäußersten Hauptschale (n – 2) mit Elektronen auf. Da es sieben verschiedene f-Orbitale gibt, besteht der f-Block aus 14 Elementen pro Periode.

Chemiker wollen nicht ständig die Elektronenkonfiguration von Elementen nach dem Aufbauprinzip ermitteln. Es reicht aus, sich auf die Valenzelektronen (Elektronen der äußersten Schale, energiereichste Elektronen) des Elements zu beschränken, da nur diese durch chemische Reaktionen aktiviert werden und Bindungen eingehen können. Mithilfe der Gruppenzahl lässt sich eine einfache Aussage zur Anzahl der Valenzelektronen treffen.

- **Gruppenzahl**

Vertikale Anordnungen von Elementen im PSE werden als Gruppen bezeichnet. Neben den acht Hauptgruppen (◘ Abb. 2.28, grau) gibt es noch zehn Nebengruppen (hellblau). Die letzte Ziffer der Gruppenzahl gibt an, wie viele Elektronen sich auf der äußersten Schale befinden und als Valenzelektronen chemisch Bindungen eingehen können. Kohlenstoff hat z. B. vier Valenzelektronen, Chlor dagegen sieben. Titan (Nebengruppenelement)

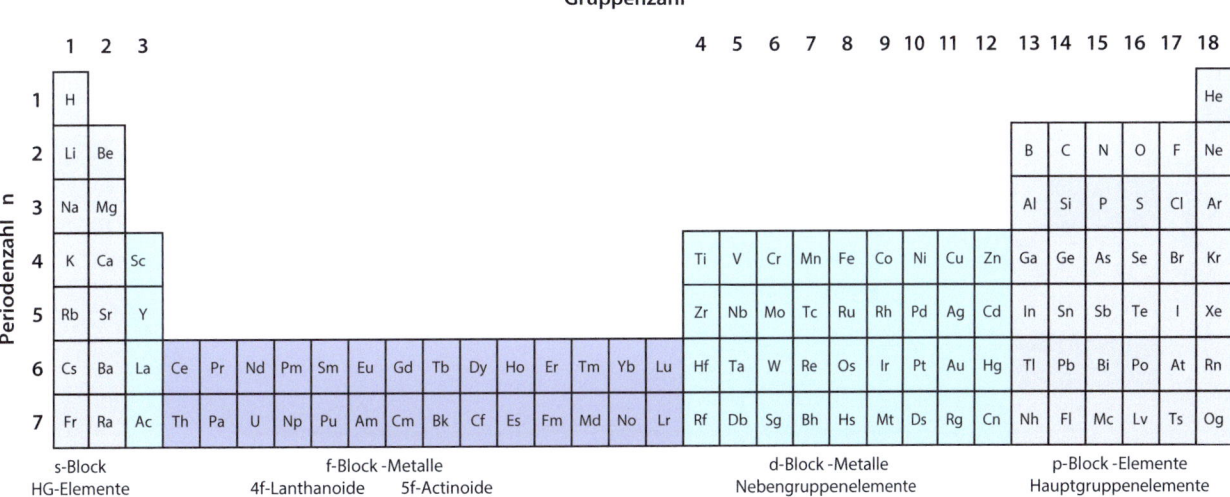

◘ **Abb. 2.28** Langversion des Periodensystems der Elemente (PSE)

weist ebenfalls vier Elektronen auf der äußersten Schale auf, während dem Zink nur zwei Elektronen zur Verfügung stehen. Die Gruppenzahl ist von den drei Ordnungskriterien die mit Abstand wichtigste Information für den Chemiker.

Neben der Gruppenzahl gibt es mit der Ordnungszahl und der Periodenzahl zwei weitere Ordnungskriterien für die Elemente des PSE.

- **Ordnungszahl**

Die Ordnungszahl ist identisch mit der Anzahl an Protonen (Z) im Atomkern. Die einzelnen Elemente sind nach aufsteigender Protonenzahl aufgereiht H (Z = 1), He (Z = 2), Li (Z = 3), Be (Z = 4) usw.

- **Periodenzahl**

Horizontale Anordnungen von Elementen im PSE werden als Perioden bezeichnet. Die erste Periode enthält lediglich zwei Elemente – Wasserstoff und Helium –, da gemäß dem Pauli-Prinzip das 1s-Orbital nur mit zwei Elektronen besetzt werden kann.

Die zweite Periode (Li, Be, B, C, N, O, F, Ne) besteht aus acht Elementen, da diese neben dem 2s- noch drei 2p-Orbitale mit Elektronen befüllen können.

Die Periodenzahl des PSE entspricht der Hauptquantenzahl n und gibt an, wie viele Hauptschalen mit Elektronen besetzt sind bzw. welche Schale die Valenzelektronen trägt.

- **Periodische Verläufe**

Abb. 2.29 und 2.30 geben periodische Verläufe wie Atomradius, Elektronegativität, Ionisierungsenergie und Metallcharakter der Elemente wieder.

- **Atomradius**

Die Atomgröße spielt eine entscheidende Rolle bei vielen physiologischen Vorgängen, wie beispielsweise der Muskelkontraktion, der Zellwanddurchlässigkeit sowie bei physikalischen Prozessen wie Kristallbildung, Osmose, usw. Da sich Elektronen gemäß Schrödinger in Orbitalen ohne scharfe Ränder aufhalten, ist die Angabe eines Atomradius bzw. der Atomgröße problema-

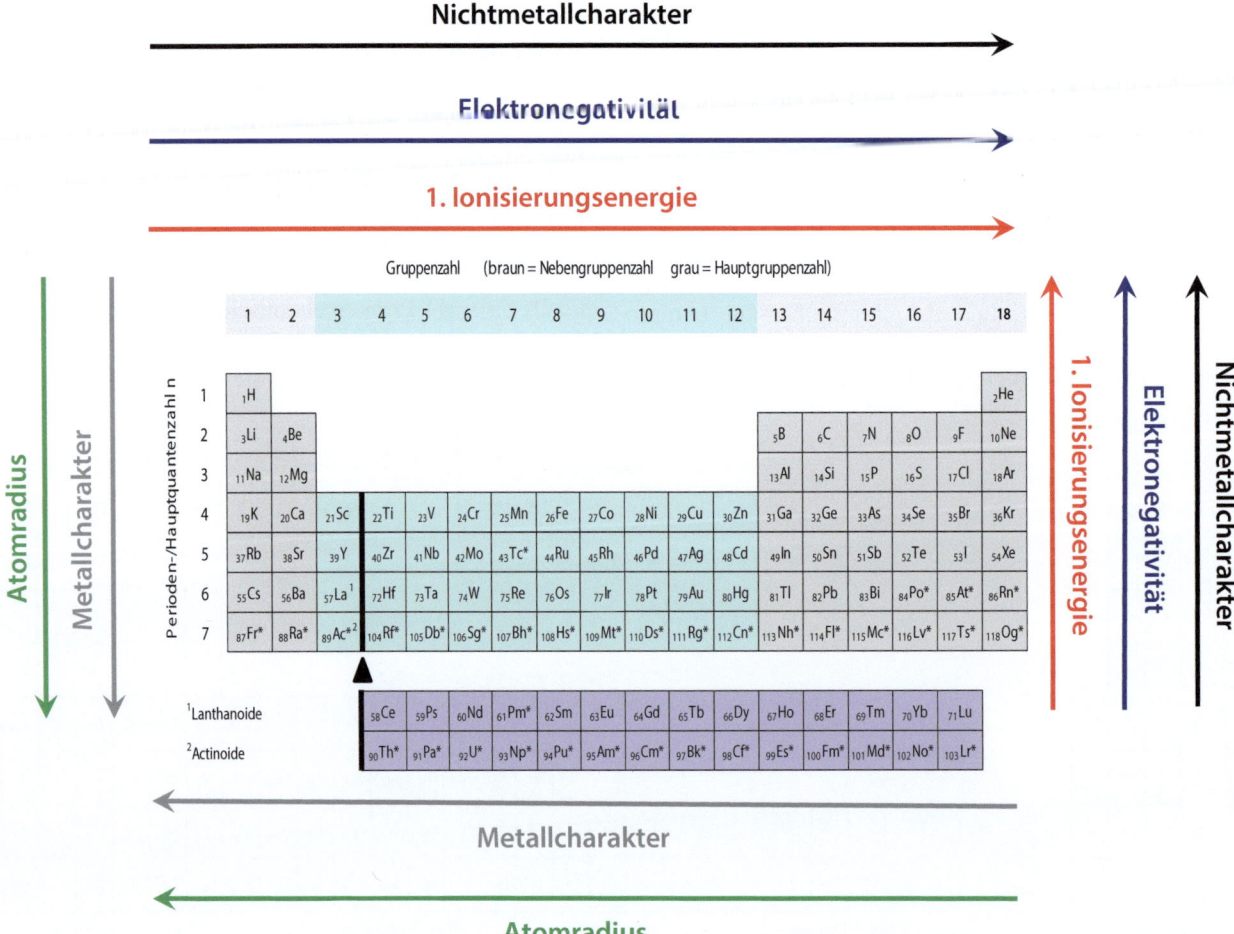

◻ Abb. 2.29 Periodensystem der Elemente (PSE) mit periodischen Verläufen physikalischer Eigenschaften

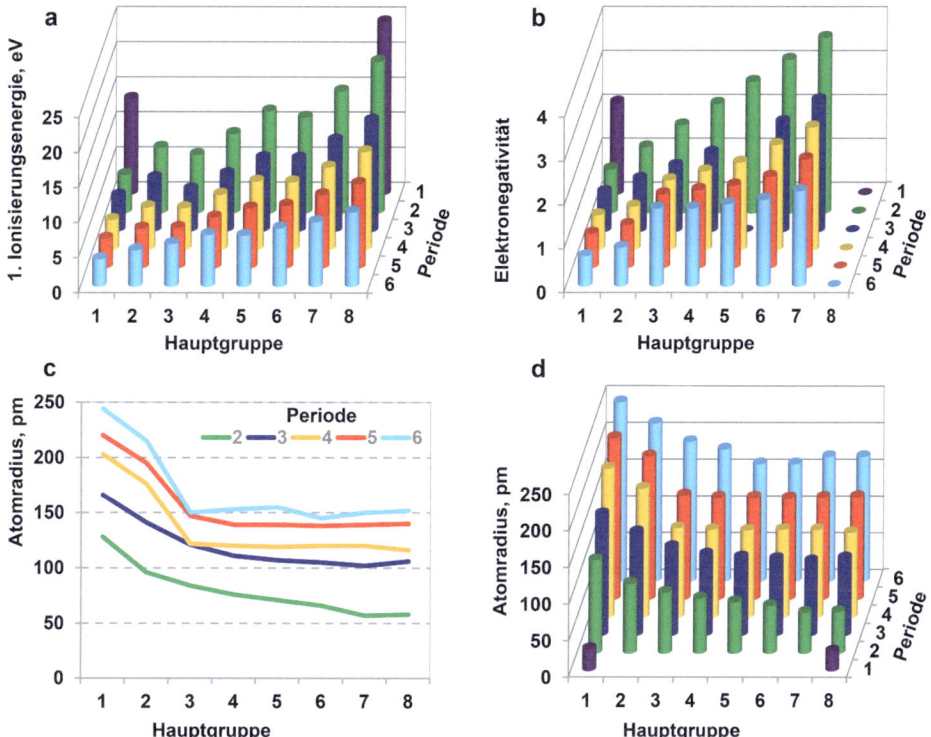

Abb. 2.30 Periodischer Verlauf der ersten Ionisierungsenergie (**a**), der Elektronegativität (**b**) und der Atomradien (**c, d**) von Hauptgruppenelementen

tisch. Typischerweise werden kovalente Elementradien angegeben, die durch Abstandsmessung zweier benachbarter Atome desselben Elements in einer Verbindung mittels Röntgenbeugung ermittelt werden. Der Atomradius wird in Picometer (1 pm = 10^{-12} m) angegeben.

Die Kurvenverläufe in ◘ Abb. 2.30c,d verdeutlichen, dass die Atomradien in allen acht Hauptgruppen mit größer werdender Periodenzahl, also innerhalb einer Hauptgruppe von oben nach unten, zunehmen. So steigt beispielsweise der Atomradius von Lithium über Natrium, Kalium und Rubidium bis hin zu Cäsium von 125 pm auf 240 pm an.

Innerhalb einer Periode nimmt der Atomradius von links nach rechts mit zunehmender Ordnungszahl ab. Der Hauptgrund dafür ist die steigende Anzahl an Protonen im Kern, die eine verstärkte Coulombanziehung auf die Valenzelektronen ausübt. Dieser Effekt erklärt auch, warum Zirkonium (5. Periode, 4. Nebengruppe) und Hafnium (6. Periode, 4. Nebengruppe) nahezu identische Atomradien aufweisen, obwohl Hafnium eine zusätzliche Hauptschale (6s) mit Elektronen besetzt. Im Gegensatz zu Zirkonium sind dem Hafnium noch 14 Lanthanoidenmetalle (4f-Metalle) vorgeschaltet (◘ Abb. 2.28). Da f-Orbitale eine zerklüftete Struktur aufweisen schirmen sie die zunehmende Kernladung nur unzureichend ab, wodurch mit zunehmender Ordnungszahl der Lanthanoide eine zunehmende Anziehungskraft auf die 6s-Elektronen einwirkt. Dadurch nimmt der Atomradius der Lanthanoide mit zunehmender Ordnungszahl stetig ab. Folglich ähnelt nicht nur der Radius, sondern auch das chemische Verhalten von Hafniums dem von Zirkonium. Die Lanthanoidenkontraktion erklärt, warum sich die Elemente der fünften und sechsten Periode ab der dritten Hauptgruppe wesentlich ähnlicher sind als jene der vierten und fünften Periode. Als Folge der Lanthanoidenkontraktion verlaufen in ◘ Abb. 2.30c Atomradien der Hauptgruppenelemente ab Indium (5. Periode, rote Linie) respektive Thallium (6. Periode, hellblaue Linie) fast deckungsgleich. Im Gegensatz dazu ist der Abstand zu Gallium (4. Periode, gelbe Kurve) erheblich.

Bei genauerer Betrachtung erkennt man, dass der Abstand zwischen den Verläufen der vierten Periode (gelb) und der dritten Periode (dunkelblau) geringer ist als der zwischen dritter Periode und zweiter Periode (grün, ◘ Abb. 2.30c). Der Grund hierfür ähnelt dem Prinzip der Lanthanoidenkontraktion. Gallium, einem Element der vierten Periode sind zehn d-Block-Metalle (Scandium bis Zink) vorgelagert. Auch d-Orbitale besitzen eine zerklüftete Struktur, wodurch die Abschirmung der Kernladung mit steigender Ordnungszahl weniger effektiv ist als bei kompakteren p-/s-Orbitalen. Dies führt zu einer zunehmenden Anziehungskraft auf die 4s-Elektronen wodurch der Atomradius innerhalb der zehn Nebengruppenelemente sukzessive abnimmt (d-Block-Kontraktion). Gallium weist deshalb nahezu den gleichen Atomradius auf wie Aluminium, obwohl letzteres eine Schale weniger mit Elektronen besetzt.

▪ Elektronegativität

Bei der Ausbildung chemischer Bindungen teilen sich meist verschiedene Elemente gemeinsame Elektronenpaare (Kap. ▶ 3). Allerdings erfolgt deren „Aufteilung" bei unterschiedlichen Elementen nicht gleichmäßig, sondern hängt davon ab, wie stark die einzelnen Elemente Elektronenpaare an sich ziehen können. Die relative Fähigkeit eines Elements, in einer chemischen Bindung gemeinsame Elektronenpaare anzuziehen, wird als Elektronegativität bezeichnet.

Es gibt unterschiedliche Ansätze, um die Elektronegativität eines Elements zu quantifizieren. Die meistverwendete EN-Skala stammt von Linus Pauling (Nobelpreise 1954 und 1962). Pauling beobachtete, dass die Dissoziationsenergie ($E_{DE,AB}$) einer polaren Bindung AB (A und B, Platzhalter für unterschiedliche Elemente) größer ist als das geometrische Mittel der Dissoziationsenergien der beiden unpolaren Moleküle A_2 und B_2 ($E_{DE,AA}$, $E_{DE,BB}$). Diese Differenz ist die Basis zur Berechnung der Elektronegativitätsdifferenz ($EN_A - EN_B$). Um für die einzelnen Elemente Elektronegativitätswerte berechnen zu können, definierte Pauling das elektronegativste Element Fluor als Referenzelement und wies diesem willkürlich den Wert $EN_F = 4{,}0$ zu. Dieser Wert wurde später auf 3,98 korrigiert.

$$\Delta EN_{AB} = EN_A - EN_B = \sqrt{\frac{E_{DE,AB} - \sqrt{E_{DE,AA} \cdot E_{DE,BB}}}{96{,}48\,kJmol^{-1}}}$$

(2.30)

ΔEN_{AB} – Elektronegativitätsdifferenz der Elemente A und B

EN_A – Elektronegativität Element A

EN_B – Elektronegativität Element B

$E_{DE,AB}$ – Dissoziationsenergie Verbindung AB, $kJmol^{-1}$

$E_{DE,AA}$ – Dissoziationsenergie Verbindung A_2, $kJmol^{-1}$

$E_{DE,BB}$ – Dissoziationsenergie Verbindung B_2, $kJmol^{-1}$

Da Edelgase keine Verbindungen – Ausnahmen bestätigen die Regel – mit anderen Elementen eingehen, kann ihnen per Definition keine Elektronegativität (EN) zugewiesen werden.

Im Allgemeinen gilt, dass die Elektronegativität von Hauptgruppenelementen mit zunehmender Periodenzahl kleiner wird, da die innenliegenden Elektronen die Kernladung zunehmend abschirmen. Somit haben Francium (1. Hauptgruppe, 7. Periode, EN = 0,7) und Cäsium (1. Hauptgruppe, 6. Periode, EN = 0,8) die niedrigste Elektronegativität. Innerhalb einer Periode nimmt die Elektronegativität für Hauptgruppenelemente von links nach rechts aufgrund der steigenden Protonenzahl zu. So steigt die EN von Natrium (Na, EN = 0,9) hin zum Chlor (Cl, EN = 3,2) stetig an.

Beim Element Fluor kommen eine hohe Protonenzahl und ein geringer Kernradius (n = 2) zusammen, weshalb es die höchste Elektronegativität (EN = 3,98) aufweist (◘ Abb. 2.30b).

▪ Ionisierungsenergie

Die erste Ionisierungsenergie entspricht der Energie, die aufgebracht werden muss, um einem neutralen Atom in der Gasphase das erste Elektron aus der Valenzschale zu entreißen. Dabei geht beispielsweise ein Natriumatom in ein einfach positiv geladenes Ion, ein sogenanntes Natriumkation über. Ionen sind elektrisch geladene Atome (◘ Abb. 2.33).

$$Na \xrightarrow{\text{1. Ionisierungsenergie}} Na^+ + e^-$$

Die Ionisierungsenergie ist eine elementspezifische Größe. Während Atomradien nur schwer exakt bestimmt werden können, lassen sich Ionisierungsenergien mithilfe spektroskopischer Methoden präzise ermitteln. Die erste Ionisierungsenergie der Hauptgruppenelemente ist in ◘ Abb. 2.30a grafisch dargestellt. Auf den ersten Blick fällt auf, dass die erste Ionisierungsenergie innerhalb einer Gruppe von oben nach unten abnimmt. Mit zunehmender Hauptquantenzahl (n) ist das Valenzelektron (Außenelektron) weiter vom Kern entfernt, wodurch die Anziehungskraft der Protonen abnimmt. Dadurch kann das Elektron mit weniger Energie abgespalten werden. Zudem führen die inneren Elektronenschalen zu einer zunehmenden Abschirmung der Kernladung, was den Effekt verstärkt.

Innerhalb einer Periode nimmt die erste Ionisierungsenergie tendenziell von links nach rechts mit zunehmender Protonenzahl zu. Da die positiven Ladungen im Kern stetig zunehmen, wird das Elektron stärker festgehalten, wodurch der Atomradius abnimmt. Infolgedessen wird mehr Energie benötigt, um das jeweilige Atom in ein Kation überzuführen.

Allerdings gibt es zwei Ausnahmen von diesem Trend. So weisen die Elemente der dritten Hauptgruppe (B, Al, Ga) geringere Ionisierungsenergien auf als die Elemente der zweiten Hauptgruppe (Be, Mg, Ca). Dies liegt daran, dass in der dritten Hauptgruppe erstmals ein p-Orbital mit einem Elektron besetzt wird. Da gemäß dem Madelung-Schema (◘ Abb. 2.25) dieses energetisch höher liegt als das vorausgehende s-Orbital, kann das Elektron leichter vom Kern entfernt werden.

Der nächste Bruch ist der Übergang von Stickstoff (15. Gruppe) zu Sauerstoff (16. Gruppe). Im Stickstoffatom ($2s^2 2p^3$) sind gemäß der Hund'schen Regel alle drei p-Orbitale einfach mit Elektronen besetzt. Im Sauerstoffatom ($2s^2 2p^4$) müssen sich erstmals zwei Elektronen ein p-Orbital teilen. Durch die abstoßende Wechselwirkung der beiden Elektronen im gleichen p-Orbital kann eines der beiden Elektronen leichter entfernt werden. Die Ionisierungsenergie des Sauerstoffs fällt deshalb geringer aus als erwartet.

Die kleinsten Ionisierungsenergien treten bei den Alkalimetallen Rubidium (Rb, n = 5) und Cäsium (Cs, n = 6) auf. Dies liegt am großen Abstand zwischen Valenzelektron und Atomkern sowie an der starken Abschirmung der Kernladung durch die zahlreichen inneren Elektronenschalen. Im Gegensatz dazu haben die Edelgase Helium (He, n = 1) und Neon (Ne, n = 2) die höchsten Ionisierungsenergien. Ihre voll besetzten und damit stabilen Schalen sowie ihre kleinen Elektronenbahnradien sind dafür verantwortlich.

Scheinbar gilt der Trend nicht mehr für Indium und Thallium. Allerdings ist zu beachten, dass in ◘ Abb. 2.30a die Übergangsmetalle nicht berücksichtigt sind. Indium (Z = 49) hat eine niedrigere Ionisierungsenergie als Strontium (Z = 38) und Thallium (Z = 81) eine niedrigere als Barium (Z = 56).

Zusammenfassend ist festzustellen, dass die Ionisierungsenergie generell
- in einer Periode mit zunehmender Kernladungszahl (Z) zunimmt,
- in einer Gruppe mit zunehmender Atomgröße (n) abnimmt und
- relativ groß ist, wenn Unterschalen halb oder voll gefüllt sind.

Metall – Halbmetall – Nichtmetall

Von den 92 natürlichen Elementen (bis Z = 92) sind 67 Metalle (◘ Abb. 2.31, blau hinterlegt), acht Halbmetalle (gelb hinterlegt) und 17 Nichtmetalle (grün hinterlegt). Metalle und Nichtmetalle unterscheiden sich in Merkmalen wie Glanz, Duktilität, Dichte und thermische Leitfähigkeit etc., die aber alle nicht eindeutig sind. So schwimmen Alkalimetalle auf Wasser (Explosionsgefahr!), haben also eine Dichte kleiner als 1 gcm^{-3}, Iod als Nichtmetall weist eine glänzende Oberfläche auf und Diamant ist ein hervorragender Wärmeleiter.

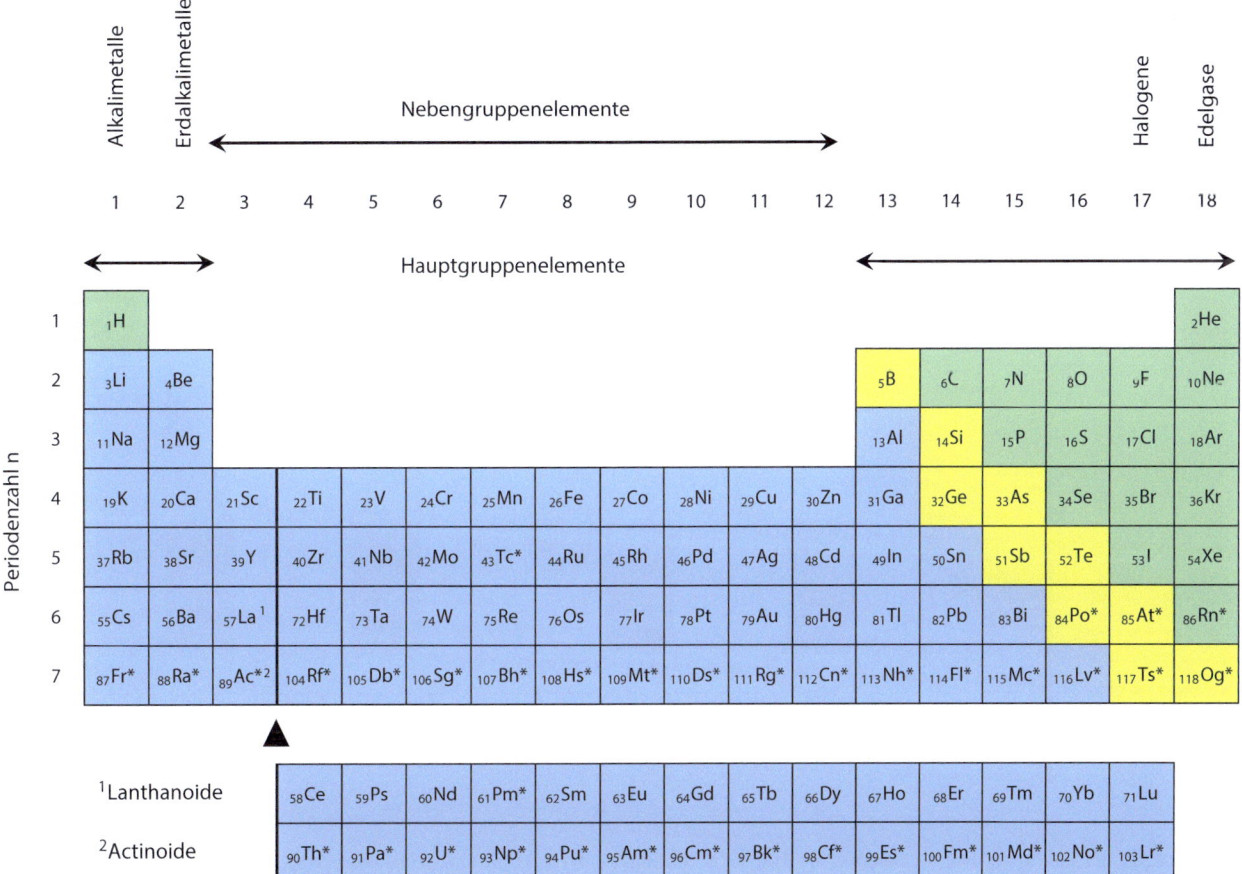

◘ **Abb. 2.31** Metalle (blau), Halbmetalle (gelb) und Nichtmetalle (grün)

Das beste Unterscheidungsmerkmal von Metallen und Nichtmetallen ist deren elektrische Leitfähigkeit. Typische Metalle wie Aluminium (Al) haben eine elektrische Leitfähigkeit in der Größenordnung von 10 Mio. Siemens pro Meter, Nichtmetalle wie Schwefel (S) und Phosphor (P) von weniger als 10^{-15} Sm^{-1}. Die Leitfähigkeit der Halbmetalle Germanium und Tellur liegt mit 0,001 mSm^{-1} im mittleren Bereich. Die elektrische Leitfähigkeit von Halbmetallen nimmt mit steigender Temperatur zu, die Leitfähigkeit von Metallen dagegen ab.

■ **Bändermodell**

Das Phänomen der elektrischen Leitfähigkeit von Metallen lässt sich mit dem Bändermodell erklären. In einem Metallgitter sind die Metallatome regelmäßig und dicht gepackt angeordnet, wodurch ihre Orbitale überlappen, beispielsweise die 3s-Orbitale von Natriumatomen. Aufgrund des Pauli-Verbots müssen sich die resultierenden „Metallorbitale" geringfügig in ihren Energiezuständen unterscheiden. Da in einem Metallgitter nahezu unendlich viele Atome miteinander wechselwirken, liegen die Energieabstände der einzelnen Molekülorbitale so dicht beieinander, dass ein kontinuierliches Valenzband entsteht (◘ Abb. 2.32a, rot). In diesem können sich die freien Elektronen innerhalb eines riesigen, das gesamte Metallgitter umfassenden Orbitalverbunds bewegen. Metalle sind aber nur dann leitfähig, wenn das Valenzband nicht vollständig mit Elektronen besetzt ist: Im Falle von Natrium (3s^1, ◘ Abb. 2.32a) ist das Valenzband nur zur Hälfte gefüllt, sodass sich Elektronen problemlos im Valenzband bewegen können.

Magnesium (3s^2) hingegen wäre theoretisch ein Isolator, weil das Valenzband vollständig besetzt ist und aufgrund des Pauli-Verbots Elektronen nicht fließen könnten. Allerdings überlappen die 3p-Orbitale des Magnesiums ebenfalls zu einem Band (◘ Abb. 2.32b, grün), das mit dem 3s-Valenzband überlappt. Dadurch können 3s-Elektronen ins leere 3p-Valenzband wechseln und sich im Kontinuum des 3p-Bandes über das gesamte Metallgitter frei bewegen (◘ Abb. 2.32b). Deshalb wird das 3p-Band als Leitungsband bezeichnet.

Ist zwischen Valenzband und Leitungsband eine Energielücke vorhanden und das Valenzband voll gefüllt, dann spricht man von einem elektrischen Isolator. Im Valenzband sind keine Orbitalplätze mehr frei und die verbotene Zone kann von den Elektronen nicht überwunden werden, sodass ein Stromfluss nicht gegeben ist (◘ Abb. 2.32d).

Bei Halbleitern geht der Abstand zwischen Valenz- und Leitungsband gegen null (◘ Abb. 2.32c), deshalb können Elektronen bereits am absoluten Nullpunkt vom Valenzband in das Leitungsband wechseln. Durch Erwärmen wechseln mehr Elektronen in das Leitungsband, weshalb bei Halbmetallen die elektrische Leitfähigkeit mit zunehmender Temperatur zunimmt. Dagegen nimmt die Leitfähigkeit von Metallen bei zunehmender Temperatur aufgrund der zunehmenden Eigenbewegung der Atomrümpfe um die Gitterplätze ab.

Der metallische Charakter nimmt in einer Gruppe von oben nach unten und in einer Periode von rechts nach links zu. Dadurch befinden sich die Metalle (hellblau hinterlegt) in ◘ Abb. 2.31 links von der Diagona-

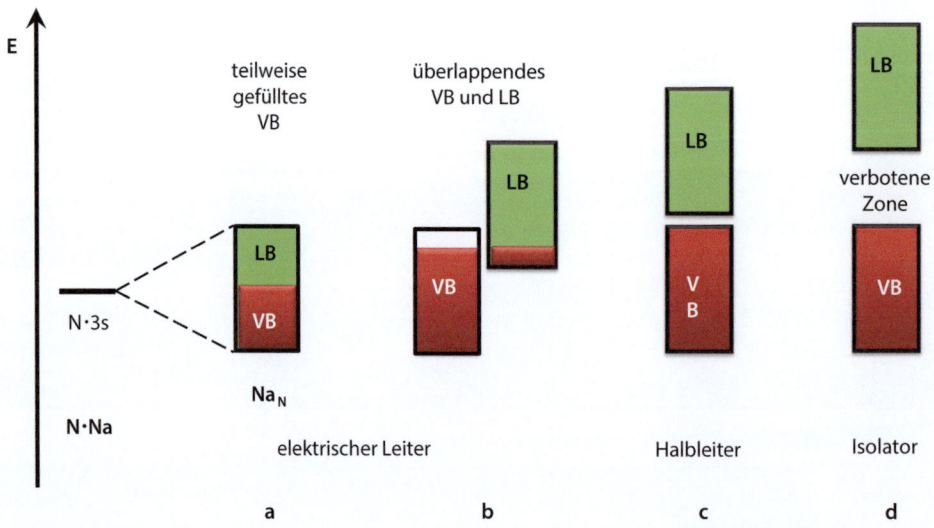

◘ **Abb. 2.32** Bändermodell (rot = Valenzband [VB], grün = Leitungsband [LB]) für elektrische Leiter (**a**, **b**), Halbleiter (**c**) und Isolatoren (**d**)

2.7 · Mehrelektronensysteme – Aufbauprinzip – Periodensystem

len der gelb hervorgehobenen Halbmetalle und der grün hinterlegten Nichtmetalle rechts davon.

Schreibweise von Atomen, Isotopen und Ionen

Im 19. Jahrhundert wurden für Elemente respektive Atome universelle Elementsymbole eingeführt. Ein Elementsymbol besteht aus einem einzigen Großbuchstaben, beispielsweise **C** für Kohlenstoff, oder einer Kombination aus einem Großbuchstaben und einem Kleinbuchstaben, beispielsweise **Cl** für Chlor.

Bei Elementen, die bereits in der Antike bekannt waren, leiten sich die Elementsymbole von ihren lateinischen Bezeichnungen ab, z. B. **Fe** für Eisen (lat. *ferrum*), **Ag** für Silber (lat. *argentum*), **Au** für Gold (lat. *aurum*). Dagegen basieren die Symbole der erst in der Neuzeit entdeckten Elemente meist auf den englischen Namen, z. B. **H** für Wasserstoff (engl. *hydrogen*) und **O** für Sauerstoff (engl. *oxygen*).

Ein spezifisches Nuklid, wie etwa das Magnesiumatom mit 24 Nukleonen, wird als Mg-24 oder ^{24}Mg geschrieben. Zusätzlich kann die Ordnungszahl (Z) tiefgestellt vor dem Elementsymbol angeben werden (◘ Abb. 2.33). Dies ist jedoch nicht zwingend erforderlich, da die Ordnungszahl bereits durch das Elementsymbol definiert ist.

In einem neutralen Atom ist die Anzahl der Protonen (Z) im Atomkern gleich der Anzahl der Elektronen in der Elektronenhülle. Da Protonen und Elektronen jeweils eine elektrische Elementarladung mit entgegengesetztem Vorzeichen tragen, sind Atome nach außen elektrisch neutral.

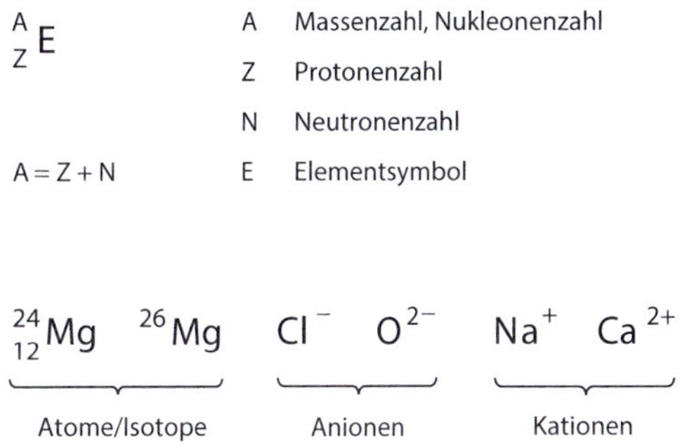

$$^{A}_{Z}E$$

A Massenzahl, Nukleonenzahl
Z Protonenzahl
N Neutronenzahl
A = Z + N
E Elementsymbol

$$^{24}_{12}Mg \quad ^{26}Mg \quad Cl^{-} \quad O^{2-} \quad Na^{+} \quad Ca^{2+}$$

Atome/Isotope   Anionen   Kationen

◘ **Abb. 2.33** Schreibweisen für Atome, Isotope und Ionen

Atome können während chemischer Reaktionen Elektronen aufnehmen oder abgeben, sodass negativ respektive positiv geladene Atome, sog. Ionen, resultieren. Ionen können mehrfach positiv oder negativ geladen sein. Positive Ionen wie Na$^+$, Ca^{2+}, Al^{3+} etc. werden als Kationen, negative Ionen wie Cl$^-$, O^{2-} etc. als Anionen bezeichnet (◘ Abb. 2.33). Die Ladung des Ions wird bei Kationen durch ein hochgestelltes Pluszeichen und bei Anionen durch ein hochgestelltes Minuszeichen indiziert. Die Anzahl der Ladungen eines Ions errechnet sich aus der Differenz der Anzahl seiner Protonen und der Anzahl seiner Elektronen und wird durch eine Ziffer vor dem hochgestellten Plus- respektive Minuszeichen (◘ Abb. 2.33) angegeben.

Chemische Bindung und Molekülstruktur

Inhaltsverzeichnis

3.1 Edelgaszustand – Atome verfügen über gesättigte Elektronenschalen – 50

3.2 Ionenbindung – Elektronenübergang von Metallatom auf Nichtmetallatom – 53

3.3 Atombindung – Nichtmetallatome teilen sich Elektronenpaare – 54

3.3.1 Ideale Atombindung – Zwei Atome eines Nichtmetalls gehen eine Bindung ein – 54

3.3.2 Polare Atombindungen – Zwei Atome verschiedener Nichtmetalle gehen eine Bindung ein – 54

3.3.3 VSEPR-Modell – Räumliche Molekülstruktur, abgeleitet von der Anzahl an Elektronenpaaren – 55

3.3.4 Valence-Bond-Theorie – Atom- bzw. Hybridorbitale überlappen zu chemischen Bindungen – 59

3.3.5 Molekülorbitaltheorie – Atomorbitale interagieren zu Molekülorbitalen – 64

3.4 Metallbindung – Freies Elektronengas stabilisiert Gitter aus Metallkationen – 73

3.4.1 Elektronengasmodell – Valenzelektronen bewegen sich frei durch das Metallgitter – 74

3.4.2 MO-Theorie – Zahllose Atomorbitale überlappen zu Energiebändern – 74

3.4.3 Elektrische Leiter – Halbleiter – Isolatoren – 74

3.4.4 Metallgitter – Metallatome bilden dichteste Kugelpackungen – 75

3.5 Komplexbindung – Liganden gruppieren sich um ein Zentralatom – 76

3.5.1 MO-Theorie – Orbitale der Liganden wechselwirken mit den Valenzorbitalen des Metalls – 77

3.5.2 Ligandenfeldtheorie – Entartung der d-Orbitale des Zentralatoms wird durch Liganden aufgehoben – 78

© Der/die Autor(en), exklusiv lizenziert an Springer-Verlag GmbH, DE, ein Teil von Springer Nature 2025
J. K. Felixberger, *Physikalische Chemie für Einsteiger*, https://doi.org/10.1007/978-3-662-69767-2_3

3.1 Edelgaszustand – Atome verfügen über gesättigte Elektronenschalen

Edelgase, die allesamt erst gegen Ende des 19. Jahrhunderts entdeckt wurden, gehen nahezu keine chemischen Verbindungen ein. Lediglich die schweren Edelgase Krypton, Xenon und Radon reagieren mit dem extrem reaktiven Fluor. Da chemische Reaktionen in der Sphäre der Valenzelektronen stattfinden, ist es sinnvoll, die Elektronenkonfiguration der Edelgase genauer zu betrachten. Alle Edelgase beitzen ausschließlich voll besetzte Elektronenschalen. Helium (Z = 2) hat zwei Elektronen im 1s-Orbital der ersten Hauptschale ($1s^2$), die zugleich die Außenschale ist und ist somit voll besetzt. Das nächste Edelgas Neon (Z = 10, n = 2) hat acht Elektronen in der Valenzschale ($2s^2 2p^6$), wodurch auch diese voll besetzt ist. Analog dazu weist Argon mit der Elektronenkonfiguration $1s^2 2s^2 2p^6 3s^2 3p^6$ ebenfalls nur voll besetzte Schalen (n = 3) auf.

▪ Abb. 3.1 zeigt drei gebräuchliche Schreibweisen für das Argonatom. Die linke Schreibweise gibt die vollständige Elektronenkonfiguration des Argonatoms wieder. Da diese Darstellung auf Dauer zu aufwendig ist und für chemische Reaktionen letztendlich nur die Valenzelektronen von Interesse sind, beschränkt man sich meist auf die äußerste Elektronenschale (Mitte, Lewis-Formel). Noch einfacher ist die „Elektronenpaar"-Schreibweise (rechts), bei der ein Strich für zwei Valenzelektronen, also ein Elektronenpaar steht. Die Schreibweisen verdeutlichen sehr gut das Elektronenoktett, die Achterschale des Argons. Alle weiteren Edelgase weisen ebenfalls voll besetzte Hauptschalen auf und die Valenzorbitale entsprechen einem Elektronenoktett ($ns^2 np^6$).

Zusammenfassend sind Edelgase so reaktionsträge, weil sie voll besetzte Elektronenschalen und eine Valenz-/Außenschale mit acht Elektronen besitzen. Eine Achterschale, auch als Elektronenoktett bezeichnet, als Valenzelektronenschale stellt für ein Atom einen sehr energiearmen Zustand dar, weshalb die erste Ionisierungsenergie für Edelgase so hoch ist (▪ Abb. 2.30a).

Alle anderen Elemente verfügen über kein äußeres Elektronenoktett und sind daher wesentlich energiereicher und reaktiver als Edelgase.

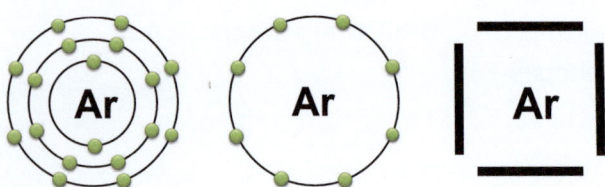

▪ Abb. 3.1 Elektronenhülle und Valenzelektronen des Argons

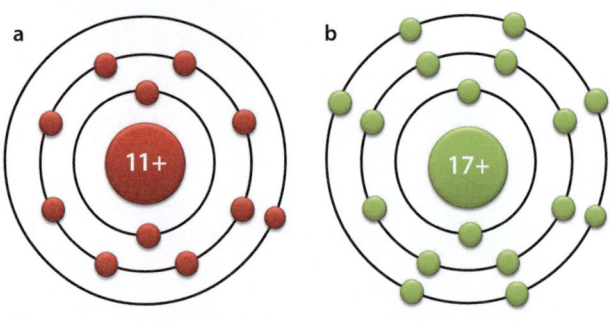

▪ Abb. 3.2 Elektronenkonfiguration von Natrium (a) und Chlor (b)

Beispielsweise fehlt dem Element Chlor (▪ Abb. 3.2b), einem Element der siebten Hauptgruppe, nur ein Elektron zum Elektronenoktett, während Natrium lediglich über ein einziges Valenzelektron verfügt (▪ Abb. 3.2a).

Hauptgruppenelemente streben durch chemische Reaktion ein Elektronenoktett als Valenzschale an. Um diesen Zustand zu erreichen, stehen den Elementen prinzipiell drei Optionen zur Verfügung: Ionenbindung, Kovalenzbindung und die metallische Bindung.

Lewis-Formeln, Valenzstrichformeln

Gilbert Lewis (1875–1946) beschäftigte sich als einer der Ersten mit den Valenzelektronen von Atomen und legte die Grundlagen für das Verständnis chemischer Bindungen. Er definierte 1916 die chemische Bindung als Wechselwirkung zweier Atome, die jeweils ein Elektron zur Ausbildung eines gemeinsamen Elektronenpaars einbringen. Elektronen, die von zwei Atomen gemeinsam genutzt werden, diese quasi überbrücken, werden als bindende Elektronenpaare bezeichnet. Elektronenpaare, die nur einem Atom zugeordnet sind, werden als freie oder nichtbindende Elektronenpaare bezeichnet. In Lewis-Formeln werden alle Elektronen als einzelne Punkte wiedergegeben. In Valenzstrichformeln werden Elektronenpaare (bindende und nichtbindende), die sich in einem Orbital aufhalten, als Strich wiedergegeben. Einzelne, ungepaarte Elektronen werden bei beiden Formeln als Punkt gezeichnet.

> **Aufstellen von Lewis-Formeln (▪ Tab. 3.1)**
> 1. Summenformel als Ausgangspunkt
> 2. Ermitteln der Gesamtvalenzelektronenzahl aller Atome der Summenformel
> 3. Falls Ionen vorliegen, muss die Anzahl der negativen bzw. positiven Ladungen zur Gesamtvalenzelektronenzahl addiert bzw. subtrahiert werden.
> 4. Die Anzahl der Elektronenpaare errechnet sich aus der Anzahl der Valenzelektronen dividiert durch 2.

3.1 · Edelgaszustand – Atome verfügen über gesättigte Elektronenschalen

5. Alle Atome streben ein Elektronenoktett (Ausnahme: Wasserstoff Duett) an.
6. Die Bindigkeit von Hauptgruppenelementen in neutralen Molekülen beträgt 8 – N (N = Hauptgruppenzahl).
7. Das Atom mit der größeren Bindigkeit (Wertigkeit) ist das Zentralatom.
8. Wasserstoffatome sind einbindig und stehen deshalb am „Rand" des Moleküls.
9. Bindende und freie Elektronenpaare werden so angeordnet, dass jedes Atom über ein Elektronenoktett (Ausnahme Wasserstoff, Elektronenduett) verfügt.
10. Sollten mehrere Strukturen möglich sein, ist die mit der kleinsten Formalladung zu wählen.
11. Besitzt ein Atom unbesetzte d-Orbitale, kann die Zahl von acht Elektronen überschritten werden.

Formalladung eines Hauptgruppenelements
1. Aufspalten der Elektronenpaare der Atombindungen zu gleichen Teilen zwischen den gebundenen Atomen (homolytische Spaltung), sodass jedem dieser Atome pro Bindung ein Elektron zugeordnet wird
2. Die Formalladung ergibt sich aus der Differenz der Hauptgruppennummer (N) eines Atoms minus der Anzahl der Elektronen am Atom nach der homolytischen Spaltung der Atombindungen.

In den nachfolgenden Ausführungen wird hauptsächlich die Valenzstrichformel verwendet, da sie einfacher und übersichtlicher ist als die Lewis-Punktschreibweise und außerdem mithilfe der VSEPR-Theorie (▶ Abschn. 3.3.3) Aussagen zur geometrischen Struktur von Molekülen ermöglicht.

Tab. 3.1 Beispiele für Lewis-Formeln

Wasserstoff (H_2)
- Summenformel: H_2
- Gesamtvalenzelektronenzahl: $2 \cdot 1 = 2$
- Ion: nein
- Anzahl der Elektronenpaare: $2:2 = 1$
- Bindigkeit/Wertigkeit Wasserstoff: $2 - 1 = 1$
- Zentralatom: irrelevant, da beide Atome äquivalent
- unbesetzte d-Orbitale: nein
- Formalladung Wasserstoff: $1 - 1 = 0$
- Lewis-Formel:

Chlor (Cl_2)
- Summenformel: Cl_2
- Gesamtvalenzelektronenzahl: $2 \cdot 7 = 14$
- Ion: nein
- Anzahl der Elektronenpaare: $14:2 = 7$
- Bindigkeit/Wertigkeit Chlor: $8 - 7 = 1$
- Zentralatom: nicht relevant, da beide Atome äquivalent
- unbesetzte d-Orbitale: ja, aber nicht relevant
- Formalladung Chlor: $7 - 7 = 0$
- Lewis-Formel:

Sauerstoff (O_2)
- Summenformel: O_2
- Gesamtvalenzelektronenzahl: $2 \cdot 6 = 12$
- Ion: nein
- Anzahl der Elektronenpaare: $12:2 = 6$
- Bindigkeit/Wertigkeit Sauerstoff: $8 - 6 = 2$
- Zentralatom: irrelevant, da beide Atome äquivalent
- unbesetzte d-Orbitale: nein
- Formalladung Sauerstoff: $6 - 6 = 0$
- Lewis-Formel:

Methan (CH_4)
- Summenformel: CH_4
- Gesamtvalenzelektronenzahl: $1 \cdot 4 + 4 \cdot 1 = 8$
- Ion: nein
- Anzahl der Elektronenpaare: $8:2 = 4$
- Bindigkeit/Wertigkeit Kohlenstoff: $8 - 4 = 4$
- Bindigkeit/Wertigkeit Wasserstoff: $2 - 1 = 1$
- Zentralatom: Kohlenstoff, da vierbindig
- unbesetzte d-Orbitale: nein
- Formalladungen: Kohlenstoff $4 - 4 = 0$
- Formalladung Wasserstoff: $1 - 1 = 0$
- Lewis-Formel:

(Fortsetzung)

■ **Tab. 3.1** (Fortsetzung)

Kohlenstoffdioxid (CO_2)
- Summenformel: CO_2
- Gesamtvalenzelektronenzahl: $1 \cdot 4 + 2 \cdot 6 = 16$
- Ion: nein
- Anzahl der Elektronenpaare: $16:2 = 8$
- Bindigkeit/Wertigkeit Kohlenstoff: $8 - 4 = 4$
- Bindigkeit/Wertigkeit Sauerstoff: $8 - 6 = 2$
- Zentralatom: Kohlenstoff, da vierbindig
- unbesetzte d-Orbitale: nein
- Formalladungen: siehe Valenzformeln
- mehrere Lewis-Formeln: ja

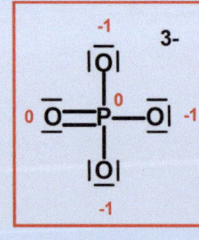

Ergebnis:
Die mittlere Formel ist die richtige, da sie keine Formalladungen aufweist. Die rechte Formel ist nicht möglich, da ein Sauerstoffatom positive Formalladung aufweist, obwohl es eine höhere Elektronegativität (EN = 3,44) hat als das Kohlenstoffatom (EN = 2,55).

Ammonium-Ion (NH_4^+)
- Summenformel: NH_4
- Gesamtvalenzelektronenzahl: $1 \cdot 5 + 4 \cdot 1 = 9$
- Ion: einfach positiv → Valenzelektronenzahl $= 9 - 1 = 8$
- Anzahl der Elektronenpaare: $8:2 = 4$
- Bindigkeit/Wertigkeit Stickstoff: $8 - 5 = 3$
- Bindigkeit/Wertigkeit Wasserstoff: $2 - 1 = 1$
- Zentralatom: Stickstoff, da dreibindig
- unbesetzte d-Orbitale: nein
- Formalladung Wasserstoff: $1 - 1 = 0$
- Formalladung Stickstoff: $5 - 4 = +1$
- Lewis-Formel:

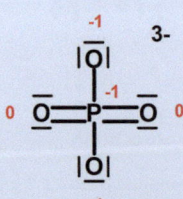

Phosphat (PO_4^{3-})
- Summenformel: PO_4^{3-}
- Gesamtvalenzelektronenzahl: $1 \cdot 5 + 4 \cdot 6 + 3 \cdot 1 = 32$
- Ion: ja, deshalb wurden drei Elektronen berücksichtigt
- Anzahl der Elektronenpaare: $32:2 = 16$
- Bindigkeit/Wertigkeit Phosphor: $8 - 5 = 3$
- Bindigkeit/Wertigkeit Sauerstoff: $8 - 6 = 2$
- Zentralatom: Phosphor
- unbesetzte d-Orbitale: Sauerstoff nein, Phosphor ja, weshalb zehn Elektronen am Phosphor möglich sind
- Formalladungen: siehe Valenzformeln
- Lewis-Formeln: mehrere Strukturen

- Ergebnis: Die rot umrandete Formel ist die wahrscheinlichste Formel, da sie weniger Formalladungen aufweist als die Formel links von ihr. Zwar weist die rechte Formel die gleiche Anzahl an Formalladungen auf, hat eine negative Formalladung am Phosphoratom, was nicht sein kann, da Phosphor (EN = 2,19) eine geringere Elektronegativität aufweist als die Sauerstoffatome (EN = 3,44).

3.2 Ionenbindung – Elektronenübergang von Metallatom auf Nichtmetallatom

Der Weg zum Elektronenoktett für die Atome ist bei der Reaktion von Natrium mit Chlor (◘ Abb. 3.3) offensichtlich, was durch den großen Elektronegativitätsunterschied der beiden Elemente (Natrium, EN = 0,93/ Chlor, EN = 3,16) erklärtwerden kann. Das Chloratom entzieht dem Natriumatom sein Valenzelektron vollständig. Dadurch erreichen beide Atome ein Elektronenoktett (◘ Abb. 3.3b).

Nach dem Elektronenübergang hat das Natriumatom (Z = 11) nur noch zehn Elektronen in der Elektronenhülle aber noch elf Protonen im Kern. Somit wird aus dem neutralen Natriumatom (◘ Abb. 3.3a) ein einfach positiv geladenes Natriumkation (◘ Abb. 3.3b).

Das Chloratom (Cl, Z = 17) verfügt nach dem Elektronenübergang über 18 Elektronen, aber nur 17 Protonen im Kern. Dadurch verfügt Chlor über einen negativen Ladungsüberschuss und wird zum Chloridanion.

Der Elektronegativitätsunterschied ist die wesentliche Triebfeder für die Ausbildung einer Ionenbindung (◘ Tab. 3.2). Je größer der Unterschied, desto ionischer ist das entstehende Salz. Als Faustregel gilt, dass ein vollständiger Elektronenübergang vom Metallatom auf das Nichtmetallatom erfolgt, wenn der Elektronegativitätsunterschied (ΔEN) größer als 1,7 ist.

Allgemein bezeichnet man elektrisch geladene Atome als Ionen. Ionen mit positiver Ladung werden als Kationen und solche mit negativer Ladung als Anionen bezeichnet.

Das Natriumkation ist nach dem Elektronenübergang deutlich kleiner (Ionenradius von 102 pm) als das ursprüngliche Natriumatom (Atomradius von 186 pm), da eine Hauptschale weniger mit Elektronen belegt ist.

◘ **Tab. 3.2** Überblick Ionenbindung

Parameter	Charakteristika von Ionenbindungen
Beteiligte Elemente	Metall und Nichtmetall
ΔEN	> 1,7 für typische Ionenbindung
Bindungsmechanismus	Elektronentransfer von Metallatom auf Nichtmetallatom
Bindungskräfte	Elektrostatische Coulombwechselwirkung zwischen Kationen und Anionen
Ergebnis	Ionengitter, Salze
Eigenschaften von Salzen	Hart, spröde, hohe Schmelz- und Siedepunkte, leiten in Lösung den elektrischen Strom

Im Gegensatz dazu ist das Chloridanion größer (Ionenradius von 181 pm) als das Chloratom (Atomradius von 99 pm), da durch das zusätzliche Elektron die effektiv wirksame Kernladung pro Valenzelektron abnimmt. Die Größenverhältnisse zwischen Natrium und Chlor kehren sich somit durch den Elektronentransfer um.

Da sich Kationen und Anionen aufgrund ihrer entgegengesetzten elektrischen Ladungen elektrostatisch anziehen, bilden sich Ionen- oder Kristallgitter aus. Die dabei frei werdende Energie wird als Gitterenergie bezeichnet. Die Gitterenergie ist umso größer, je enger sich die Ionen annähern können, d. h., je kleiner die Ionenradien und je größer die jeweiligen Ionenladungen sind. Da die elektrischen Felder der Ionen in alle Raumrichtungen gleich stark wirken, ergibt sich der Kristallaufbau gemäß den geometrischen Verhältnissen. Im Fall des Natriumkations und des Chloridanions ordnen sich die Ionen in den drei Raumrichtungen alternierend an. Letztendlich ist jedes Natriumkation von sechs Chloridanionen oktaedrisch umgeben und umgekehrt (◘ Abb. 3.4).

Ionenverbindungen weisen hohe Schmelz- und Siedepunkte auf, leiten in Lösung den elektrischen Strom, sind hart und spröde. Die Schmelz- und Siedepunkte sind umso höher, je kleiner die Ionenradien und je größer die elektrischen Ladungen der beteiligten Ionen sind.

Die Ionenbindung kann auch mithilfe der Molekülorbitaltheorie (MO-Theorie, ▶ Abschn. 3.3.5) beschrieben werden. Allerdings findet keine Überlappung der Orbitale statt, da aufgrund des hohen Elektronegativitätsunterschieds die Elektronen vollständig vom Metallatom zum Nichtmetallatom wechseln. Zudem ist der Energieunterschied zwischen den Atomorbitalen sehr groß. Folglich existieren ausschließlich lokalisierte Atomorbitale (AO) und keine delokalisierten Molekülorbitale (MO), die sich über die Gesamtheit der Ionenbindungen erstrecken.

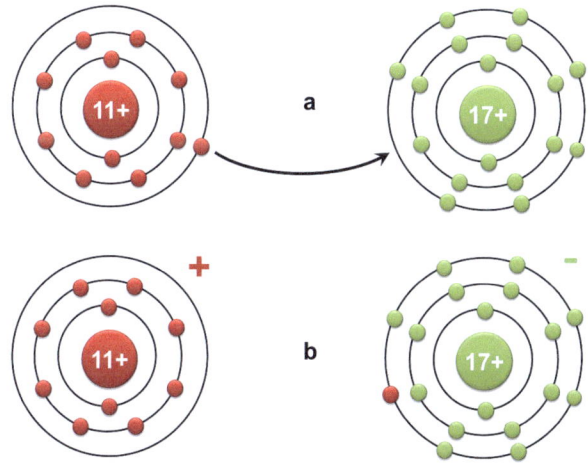

◘ **Abb. 3.3** Ausbildung einer Ionenbindung durch den Elektronenübergang von Natrium (**a**) auf Chlor (**b**)

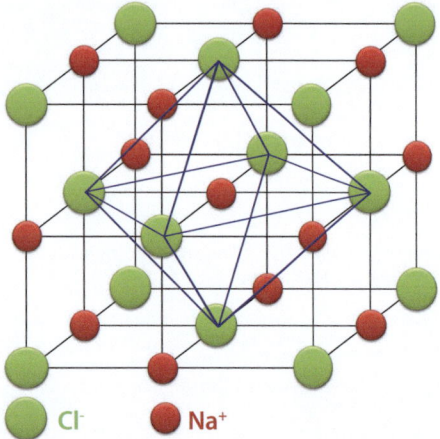

Abb. 3.4 Natriumchloridkristallgitter - Natriumkationen sind von sechs Chloridanionen umgeben (blauer Oktaeder) und umgekehrt

3.3 Atombindung – Nichtmetallatome teilen sich Elektronenpaare

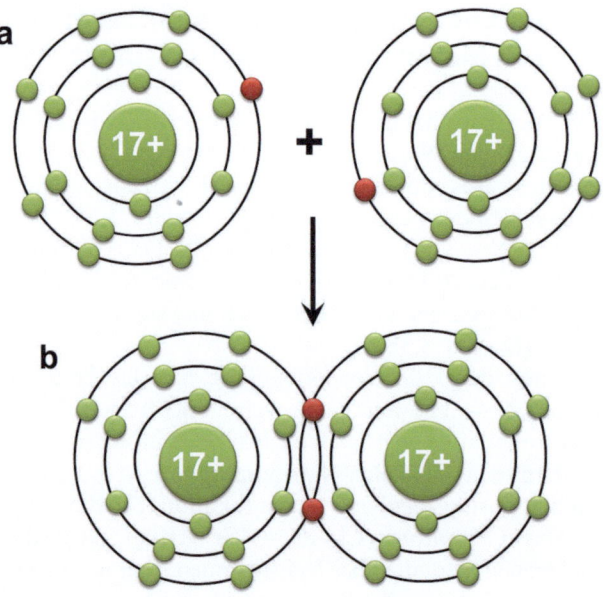

Abb. 3.5 Ausbildung einer Kovalenzbindung durch Überlagerung zweier Valenzschalen

3.3.1 Ideale Atombindung – Zwei Atome eines Nichtmetalls gehen eine Bindung ein

Wenn Chloratome (Nichtmetalle) unter sich bleiben (Abb. 3.5a), erreichen sie das energetisch vorteilhafte Elektronenoktett, indem sich die Valenzschalen von zwei Chloratomen überlagern (Abb. 3.5b) und ein Elektronpaar (rot) teilen. Die beiden „roten" Bindungselektronen befinden sich in einem gemeinsamen Orbital, das die beiden Chloratome miteinander verbindet. Zählt man nun die Elektronen in den Außenschalen der beiden Chloratome, ergibt sich jeweils eine Anzahl von acht Elektronen (Elektronenoktett). Diese Art der chemischen Bindung wird als Atombindung, Kovalenzbindung oder Elektronenpaarbindung bezeichnet, der resultierende neutrale Atomverbund Cl_2 als Molekül.

Die Valenzstrichformeln für Halogene (Fluor, Chlor, Brom, Iod) und Wasserstoff sind wie folgt:

$$H\bullet + \bullet H \longrightarrow H-H$$

$$|\overline{Cl}\bullet + \bullet\overline{Cl}| \longrightarrow |\overline{Cl}-\overline{Cl}|$$

Das heißt, die Elemente Fluor, Chlor, Brom, Iod und Wasserstoff liegen in elementarer Form nicht als einzelne Atome (F, Cl, Br, I, H) vor, sondern bilden zweiatomige Moleküle (F_2, Cl_2, Br_2, I_2, H_2). Das Elektronenpaar zwischen den beiden Chloratomen ist ein bindendes Elektronenpaar; die drei Elektronenpaare, die die Achterschale komplettieren, sind freie, nichtbindende Elektronenpaare.

Sauerstoff und Stickstoff verfügen über sechs bzw. fünf Valenzelektronen. Daher muss ein Sauerstoffatom zwei (Bindigkeit = 8 − 6) und ein Stickstoffatom drei (Bindigkeit = 8 − 5) Kovalenzbindungen eingehen, um zweiatomige Moleküle mit Elektronenoktetten an den Atomen auszubilden.

$$|\overline{\underline{O}}\colon + \colon\overline{\underline{O}}| \longrightarrow \overline{O}=\overline{O}$$

$$|\dot{N}\bullet + \bullet\dot{N}| \longrightarrow |N\equiv N|$$

3.3.2 Polare Atombindungen – Zwei Atome verschiedener Nichtmetalle gehen eine Bindung ein

Bisher haben wir nur ideale, unpolare Atombindungen zwischen zwei Nichtmetallatomen des gleichen Elements betrachtet. Es können aber auch Atome unterschiedlicher Nichtmetallelemente miteinander reagieren und chemische Bindungen eingehen.

Im Fall von Halogenwasserstoffen (H-Hal, Hal = F, Cl, Br, I) ist die Elektronegativität des Halogens wesentlich höher als die des Wasserstoffatoms. Dadurch verschiebt sich das gemeinsame Elektronenpaar in Richtung Halogenatom, wodurch sich dieses partiell negativ (symbolisiert durch δ⁻) und das Wasserstoffatom partiell positiv auflädt (δ⁺, ◘ Abb. 3.6a). Dadurch verfügt das Molekül über einen „Minuspol" und einen „Pluspol", weshalb solche Verbindungen als Dipole bezeichnet werden. Je größer der Elektronegativitätsunterschied zwischen den beiden Atomen ist, desto polarer ist das Molekül, desto weiter ist das Elektronenpaar in Richtung des elektronegativeren Elements verschoben.

Ein Maß für die Polarität eines Moleküls ist das Dipolmoment. Das Dipolmoment ist ein Vektor, der vom negativen zum positiven Pol zeigt. Liegen in einem mehratomigen Molekül mehrere Pole vor, so addieren sich die einzelnen Dipolmomente vektoriell zu einem einzigen Gesamtdipolmoment (◘ Abb. 3.6b, blauer Pfeil). Dies erklärt beispielsweise, warum Kohlenstoffdioxid kein extern wirksames Dipolmoment aufweist (◘ Abb. 3.6c), da sich die beiden Dipolmomentvektoren gegenseitig aufheben.

Zusammenfassend ist festzuhalten, dass Atombindungen zwischen Elementen hoher Elektronegativität, also Nichtmetallen, ausgebildet werden (◘ Tab. 3.3). Eine ideale Atombindung erfolgt zwischen Nichtmetallatomen des gleichen Elements (z. B. H_2, N_2, O_2, Hal_2). Dabei teilen sich zwei Nichtmetallatome je nach Bindigkeit ein oder mehrere Elektronenpaare, wodurch die beteiligten Atome Elektronenoktette erreichen. Im Gegensatz zu Ionenverbindungen, die große Kristallgitter ausbilden, handelt es sich bei kovalenten Verbindungen meist um diskrete, kleine Verbindungen. Zwar sind die intramolekularen Atombindungen sehr stark, aber die intermolekularen Wechselwirkungen zwischen den Molekülen aufgrund der fehlenden Polarität meist gering. Dies ist der Grund für die relativ niedrigen Siede- und Schmelzpunkte von kovalenten Verbindungen.

Verbinden sich zwei verschiedene Nichtmetalle, wird die Atombindung polar. Die Polarität und die zwischenmolekularen Wechselwirkungen der Moleküle nehmen mit steigendem Elektronegativitätsunterschied (ΔEN) der Atome zu.

3.3.3 VSEPR-Modell – Räumliche Molekülstruktur, abgeleitet von der Anzahl an Elektronenpaaren

Die räumliche Gestalt einer kovalenten Verbindung der allgemeinen Formel ZL_nE_m (Z = Zentralatom, L = Liganden, die mit dem Zentralatom verbunden sind, n = Anzahl der Liganden L, E = freie Elektronenpaare des Zentralatoms, m = Anzahl der freien Elektronenpaare E) lässt sich mit hoher Verlässlichkeit anhand der Valenzstrichformel voraussagen. In ◘ Tab. 3.4 sind das Zentralatom (Z) rot und die Liganden (L) blau kodiert. Ein schwarzer „Doppelpunkt" repräsentiert ein freies Elektronenpaar (E). Dieses Modell wurde von den englischen Chemikern Gillespie und Nyholm in den 1960er-Jahren entwickelt und ist als VSEPR-Modell oder Gillespie-Nyholm-Theorie in die wissenschaftliche Literatur eingegangen. VSEPR steht für *valence shell electron pair repulsion*, auf Deutsch Valenzschalen-Elektronenpaar-Abstoßungs-Modell.

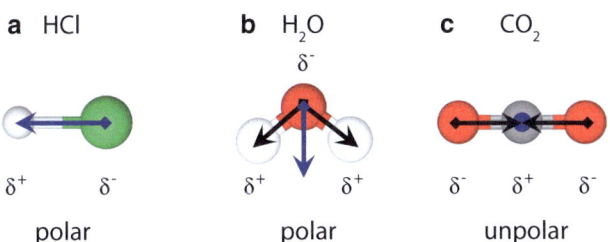

◘ **Abb. 3.6** Mehrere Dipolmomente (schwarze Pfeile) in polaren Molekülen addieren sich vektoriell zu einem Gesamtdipolmoment (blau)

> **Grundregeln des VSEPR-Modells**
> — Ausgangspunkt ist die Lewis-Formel respektive Valenzstrichformel für ein Molekül der Formel ZL_nE_m.
> — Liganden (L) und freie Elektronenpaare (E) belegen in Molekülverbindungen (ZL_nE_m) die Ecken eines regelmäßigen geometrischen Körpers (Grundstruktur).
> — Aus der Summe bindender und freier Elektronenpaare (n + m) am Zentralatom kann die Grundstruktur abgeleitet werden (◘ Tab. 3.4).
> — Freie Elektronenpaare benötigen mehr Platz als bindende Elektronenpaare, was zur Verzerrung

◘ **Tab. 3.3** Überblick Atombindung

Parameter	Charakteristika von Atombindungen
Beteiligte Elemente	Nichtmetall und Nichtmetall
ΔEN	0 für rein kovalente Atombindungen < 1,7 für polare Atombindungen
Bindungsmechanismus	Gemeinsame Nutzung von Bindungselektronenpaaren
Bindungskräfte	Elektrostatische Wechselwirkung zwischen Bindungselektronen und Atomkernen
Ergebnis	Moleküle, die intermolekular keine starken Anziehungskräfte ausüben
Eigenschaften von Molekülen	Meist niedrige Schmelz- und Siedepunkte, flüchtige Stoffe, oft flüssig oder gasförmig, leiten den elektrischen Strom nicht

der Grundstruktur führt (◻ Abb. 3.7a und b, ◻ Tab. 3.4).
- Element-Element-Mehrfachbindungen werden als ein Elektronenpaar betrachtet, nehmen aber mehr Platz ein als Element-Element-Einfachbindungen.
- Bindende und freie Elektronenpaare (Doppelpunkt, ◻ Abb. 3.7, ◻ Tab. 3.4) des Zentralatoms Z stoßen sich ab und nehmen deshalb den maximal möglichen räumlichen Abstand zueinander ein.
- Die Abstoßung der Elektronenpaare, d. h. der Raumbedarf nimmt in der Reihenfolge Einfachbindung < Doppelbindung < Dreifachbindung < freies Elektronenpaar zu.
- Die räumliche Realstruktur ergibt sich aus den Positionen des Zentralatoms Z (rot) und der Liganden L (blau), also ohne Berücksichtigung der freien Elektronenpaare.

◻ **Tab. 3.4** Strukturen kovalenter Moleküle der Formel ZL_nE_m gemäß dem VSEPR-Modell

Molekültyp ZL_nE_m	Valenzelektronenpaare			Räumliche Gestalt		Beispiel
	Summe (n + m)	Bindende (n)	Freie (m)	Grundstruktur Atome mit bindenden Elektronenpaaren	Realstruktur Atome ohne bindende Elektronenpaare	Gemessene Bindungswinkel
ZL_2E_0	2	2	0	∡LZL = 180°	linear	CO_2
ZL_3E_0	3	3	0	∡LZL = 120°	trigonal planar	BCl_3
ZL_2E_1	3	2	1	∡LZL < 120°	gewinkelt	SO_2 ∡OSO = 119°
ZL_4E_0	4	4	0	∡LZL = 109,5°	tetraedrisch	CH_4
ZL_3E_1	4	3	1	∡LZL < 109,5°	trigonal pyramidal	NH_3 ∡HNH = 107,8°

3.3 · Atombindung – Nichtmetallatome teilen sich Elektronenpaare

Tab. 3.4 (Fortsetzung)

Molekültyp ZL_nE_m	Valenzelektronenpaare			Räumliche Gestalt		Beispiel
	Summe (n + m)	Bindende (n)	Freie (m)	Grundstruktur Atome mit bindenden Elektronenpaaren	Realstruktur Atome ohne bindende Elektronenpaare	Gemessene Bindungswinkel
ZL_2E_2	4	2	2	∢LZL < 109,5°	gewinkelt	H_2O ∢HOH = 104,5°
ZL_1E_3	4	1	3	∢LZL = 180°	linear	HF
ZL_5E_0	5	5	0	∢LZL$_{äq}$ = 120° ∢LZL$_{ax}$ = 180°	trigonal bipyramidal	PCl_5
ZL_4E_1	5	4	1	∢LZL$_{äq}$ < 120° ∢LZL$_{ax}$ < 180°	Wippe	SF_4 ∢FSF$_{äq}$ = 110,6° ∢FSF$_{ax}$ = 173,1°
ZL_3E_2	5	3	2	∢LZL$_{ax}$ < 180°	T-förmig	ClF_3 ∢FClF = 175°
ZL_2E_3	5	2	3	∢LZL$_{ax}$ = 180°	linear	XeF_2

(Fortsetzung)

Tab. 3.4 (Fortsetzung)

Molekültyp ZL_nE_m	Valenzelektronenpaare			Räumliche Gestalt		Beispiel
	Summe (n + m)	Bindende (n)	Freie (m)	Grundstruktur Atome mit bindenden Elektronenpaaren	Realstruktur Atome ohne bindende Elektronenpaare	Gemessene Bindungswinkel
ZL_6E_0	6	6	0	∢LZL = 90°	oktaedrisch	SF_6
ZL_5E_1	6	5	1	∢EZL > 90°	quadratisch pyramidal	BrF_5 ∢EBrF = 93,2°
ZL_4E_2	6	4	2	∢LZL$_{äq}$ = 90°	quadratisch planar	XeF_4

Die Grundregen werden exemplarisch an der Molekülreihe Methan (CH_4), Ammoniak (NH_3), Wasser (H_2O) und Fluorwasserstoff (HF) erklärt (◘ Abb. 3.7). Im Fall von Methan (◘ Abb. 3.7a) geht das Zentralatom (Z = C) mit Wasserstoffatomen (L = H) vier Atombindungen (blaue Striche) ein, wodurch das Kohlenstoffatom und die Wasserstoffatome Edelgaszustand erreichen. Jede Atombindung (blaue Striche) präsentiert ein bindendes Elektronenpaar. Aufgrund der Coulombabstoßung zwischen den negativ geladenen Elektronenpaaren ordnen sich die vier Bindungen so an, dass die Wasserstoffatome den größtmöglichen räumlichen Abstand zueinander einnehmen. Dies führt dazu, dass die Wasserstoffatome (L) die Ecken eines Tetraeders (Grundstruktur) einnehmen und das Kohlenstoffatom (Z) im Zentrum des Tetraeders lokalisiert ist (◘ Abb. 3.7a). Die Wasserstoff-Kohlenstoff-Wasserstoff-Bindungswinkel betragen alle 109,5° (Tetraederwinkel).

Im Fall des Wassermoleküls (H_2O) benötigt das zentrale Sauerstoffatom (Z = O) lediglich zwei (8 − 6) Kovalenzbindungen, um den Edelgaszustand zu erreichen. Das heißt, zwei von den sechs Valenzelektronen des Sauerstoffatoms bilden bindende Elektronenpaare mit Wasserstoffatomen aus, die restlichen vier Valenzelektronen bilden zwei freie Elektronenpaare (Doppelpunkte in ◘ Abb. 3.7c). Da die beiden freien, ungerichteten Elektronenpaare einen größeren Raumbedarf haben als die zwei bindenden Elektronenpaare, drängen die freien Elektronenpaare die beiden Wasserstoffatome etwas zusammen. Dadurch ist der Wasserstoff-Sauerstoff-Wasserstoff-Winkel nicht mehr identisch mit dem Tetraederwinkel 109,5°, sondern mit 104,5° etwas kleiner. Die Realstruktur des Wassermoleküls ist somit gewinkelt und ein Dipol, da die negative Teilladung am Sauerstoffzentralatom und der Schwerpunkt der positiven Teilladungen der Wasserstoffatome räumlich nicht zusammenfallen.

In der Reihe CH_4, NH_3, H_2O nimmt der Bindungswinkel von 109,5° über 107,8° auf 104,5° ab. Fluorwasserstoff (HF) ist ein lineares Molekül, für das die Angabe eines analogen Bindungswinkels keinen Sinn hat (◘ Abb. 3.7d).

◘ Tab. 3.4 fasst für unterschiedliche ZL_nE_m-Verbindungen die nach dem VSEPR-Modell zu erwartenden Grundstrukturen, Realstrukturen und Molekülbeispiele mit experimentell bestimmten Bindungswinkeln zusammen.

3.3 · Atombindung – Nichtmetallatome teilen sich Elektronenpaare

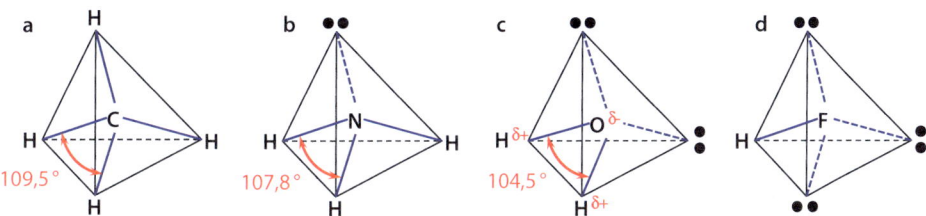

Abb. 3.7 Geometrische Struktur von kovalenten Wasserstoffverbindungen der zweiten Periode

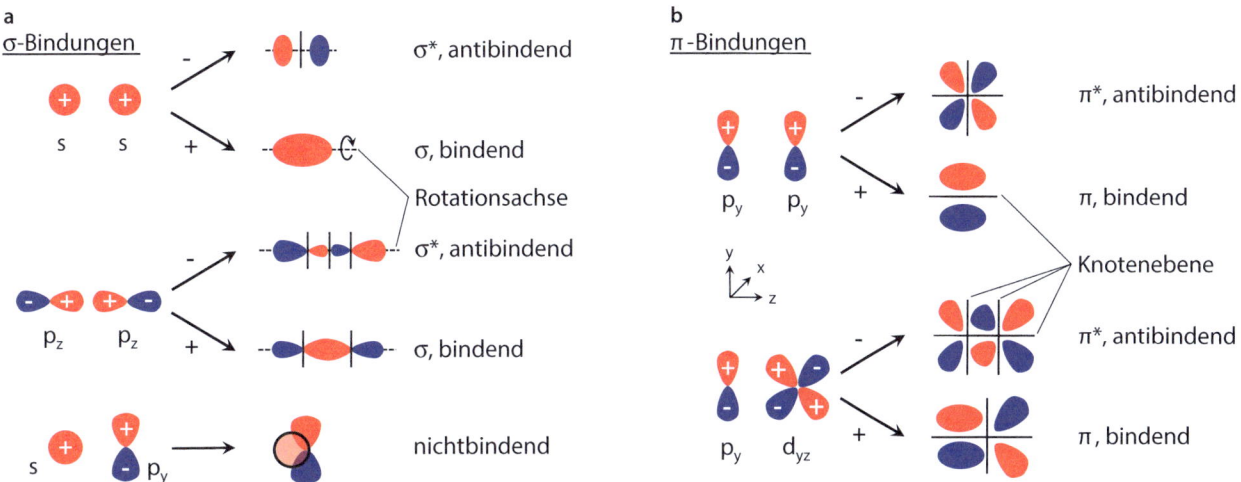

Abb. 3.8 Linearkombination von Atomorbitalen (LCAO) führen zu σ- (**a**) oder π-Bindungen (**b**)

3.3.4 Valence-Bond-Theorie – Atom- bzw. Hybridorbitale überlappen zu chemischen Bindungen

Während die VSEPR-Theorie die räumliche Gestalt von Molekülen anhand der wechselseitigen Abstoßung von Elektronenpaaren vorhersagt, erklärt die VB-Theorie (Valenzbindungstheorie, valence bond theory), wie chemische Bindungen zwischen Atomen durch die Überlappung von Atomorbitalen (▶ Abschn. 2.6) ausgebildet werden.

So überzeugend die VSEPR-Theorie auch war, so unerklärlicher war anfangs, wie s-, p-, d-Orbitale von Atomen Moleküle mit trigonaler, tetraedrischer, oktaedrischer Form ergeben. Linus Pauling (Nobelpreis 1954 und 1963) hatte die Idee, dass energetisch unterschiedliche Atomorbitale durch Linearkombination (LCAO, *linear combination of atomic orbitals*) zu energetisch gleichwertigen Hybridorbitalen mit gleicher Form und Symmetrie führen (◘ Abb. 3.8). Dabei entstehen bindende Hybridorbitale, wenn Atomorbitale mit gleichem Vorzeichen überlappen, während antibindende Hybridorbitale bei einer Überlappung mit entgegengesetztem Vorzeichen entstehen. Hybridorbitale, die rotationssymmetrisch um die Bindungsachse sind, werden als σ-Bindungen bezeichnet (◘ Abb. 3.8a). Hybridorbitale mit Knotenebenen (◘ Abb. 3.8b) hingegen werden als π-Bindungen bezeichnet. Die besetzten Hybridorbitale verhalten sich dann wie Elektronenpaare in der VSEPR-Theorie: Sie stoßen sich maximal ab und nehmen größtmöglichen Raum ein.

- **Hybridisierung von Alkanen**

Die Summenformel von Methan, dem einfachsten Vertreter der Gruppe der Alkane, lautet CH_4. Sowohl empirische Daten als auch die VSEPR-Theorie sagen für die vier Bindungselektronenpaare des Methans eine tetraedrische Molekülstruktur mit HCH-Bindungswinkeln von 109,5° voraus.

Die Elektronenkonfiguration des Kohlenstoffatoms im Grundzustand ist $1s^2 2s^2 2p^2$ (◘ Abb. 3.9a). Daher stehen nur zwei ungepaarte Elektronen (p_x, p_y) zur Verfügung, um Kohlenstoff-Wasserstoff-Bindungen zu bilden. Außerdem würde der HCH-Bindungswinkel 90° betragen, da p-Orbitale rechtwinklig zueinander angeordnet sind (◘ Abb. 3.9b).

Die Hybridisierung (hybrida, lat. für Mischling) des 2s-Orbitals mit den drei 2p-Orbitalen zu vier gleichwertigen sp³-Hybridorbitalen löst das Dilemma. Der Energieunterschied zwischen dem 2s- und den 2p-Orbitalen ist relativ gering, sodass durch einen geringen

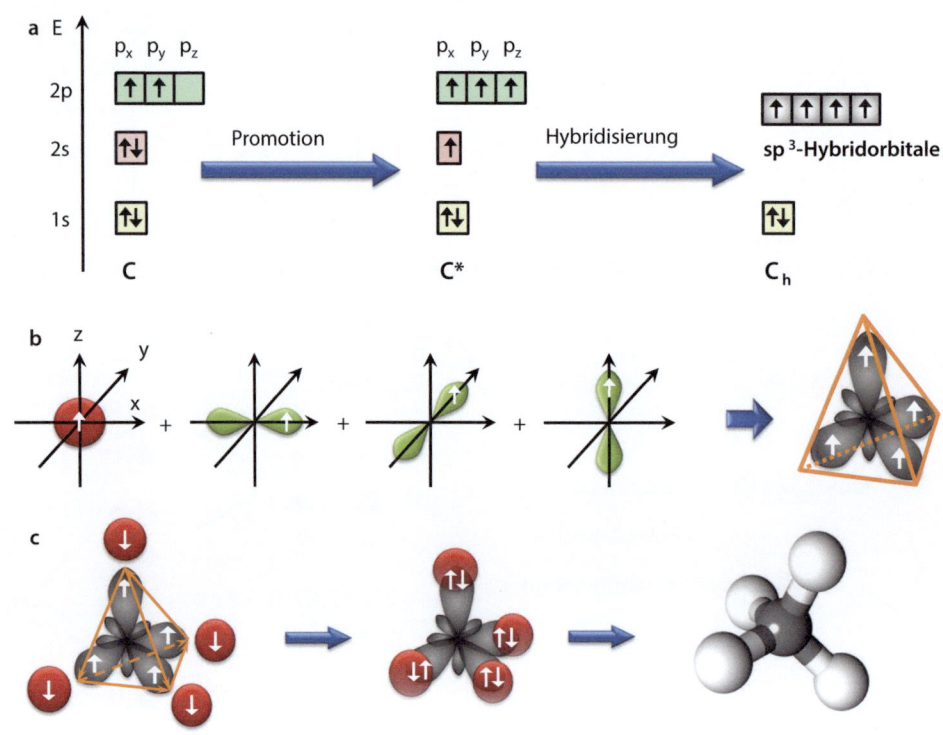

Abb. 3.9 Methan. Ein 2s-Orbital und drei 2p-Orbitale bilden vier Hybridorbitale

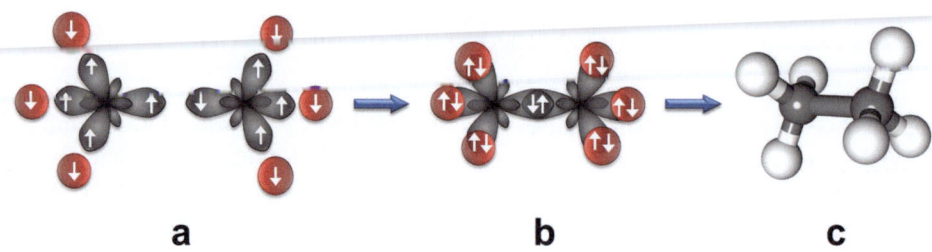

Abb. 3.10 Ethan. Ausbildung einer C–C-Einfachbindung durch Überlappung zweier sp³-Hybridorbitale

Energieaufwand ein Elektron aus dem 2s- in das leere 2p$_z$-Orbital promoviert (*promovere*, lat. für befördern) wird. Dadurch stehen vier ungepaarte Elektronenorbitale bereit (Abb. 3.9b), allerdings von unterschiedlicher Gestalt (s- und p-Orbitale). Im zweiten Schritt, der Hybridisierung, vermischen sich das kugelförmige s-Orbital (rot) und die drei hantelförmigen p-Orbitale (grün) zu vier sp³-Hybridorbitalen (grauschwarz). Die halbgefüllten Hybridorbitale, die jeweis ein Elektron enthalten, stoßen sich wechselseitig ab und nehmen den größtmöglichen Abstand zueinander ein. Die großen Orbitallappen zeigen dabei in die Ecken eines Tetraeders (Abb. 3.9b). Durch Überlappung und Paarung der vier halb gefüllten Hybridorbitale mit den halbgefüllten s-Orbitalen der Wasserstoffatome entstehen vier mit je zwei Elektronen besetzte Molekülorbitale bzw. Kovalenzbindungen (Abb. 3.9c). Methan hat daher eine Tetraederstruktur, bei der die vier Wasserstoffatome an den Ecken und das C-Atom im Zentrum (Schwerpunkt) des Tetraeders zu liegen kommen (Abb. 3.9c).

Der Energieaufwand für die Hybridisierung der Orbitale des Kohlenstoffs (C*) ist deutlich geringer als der Energiegewinn, der durch die Bildung von vier statt nur von zwei C–H-Kovalenzbindungen entsteht.

Im Ethan-Molekül (C_2H_6) überlappen jeweils ein sp³-Hybridorbital der beiden Kohlenstoffatome (Abb. 3.10a) zu einer Kohlenstoff-Kohlenstoff-Einfachbindung (Abb. 3.10b). Die übrigen drei sp³-Hybridorbitale jedes Kohlenstoffatoms überlappen mit den 1s-Orbitalen der insgesamt sechs Wasserstoffatome. Geometrisch betrachtet, verbinden sich zwei Tetraeder über je eine Ecke zu einem Ethanmolekül. Im resultierenden Ethanmolekül betragen alle C–H-Bindungslängen 109 pm und der Abstand zwischen den beiden Kohlenstoffatomen beträgt 154 pm. Jedes Kohlenstoffatom weist eine tetraedrische Geometrie auf (Abb. 3.10c).

Hybridisierung von Alkenen und Alkinen

Sämtliche Atome in Ethen (C_2H_4) liegen in einer Ebene. Die H–C–H-Bindungswinkel betragen 117,4°, die C=C–H-Winkel 121,3°.

3.3 · Atombindung – Nichtmetallatome teilen sich Elektronenpaare

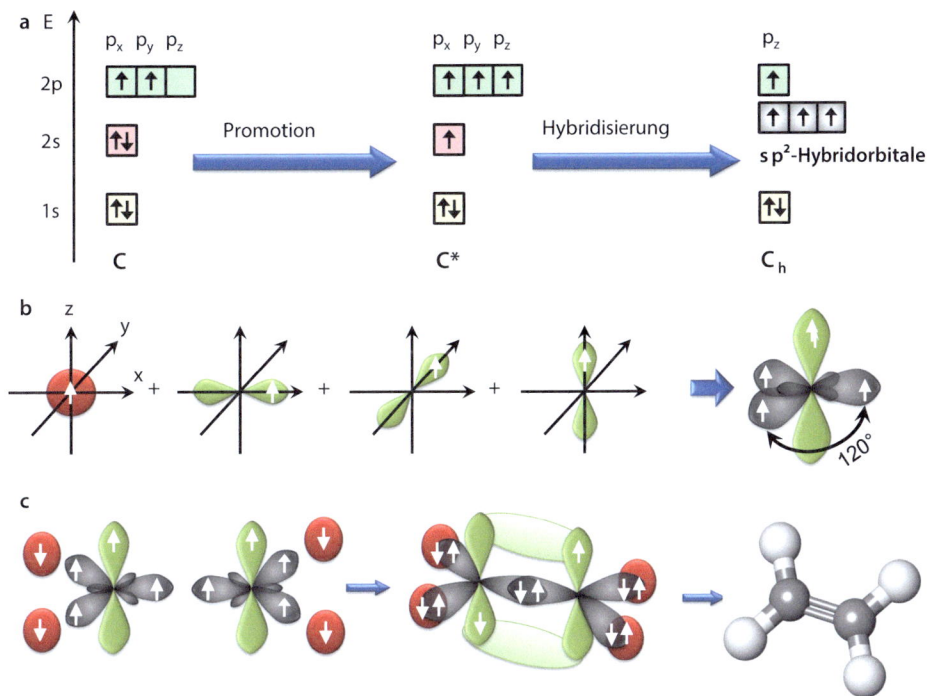

Abb. 3.11 Ethen. Doppelbindung durch Überlappung zweier nichthybridisierter p_z-Orbitale

Die beiden C-Atome der Alken-Doppelbindung sind sp²-hybridisiert. 2s-, $2p_x$- und $2p_y$-Orbital jedes C-Atoms verschmelzen zu drei gleichwertigen sp²-Hybridorbitalen (Abb. 3.11b). Das $2p_z$-Orbital (grün) beteiligt sich an der Hybridisierung nicht. In allen vier Orbitalen befindet sich jeweils ein ungepaartes Elektron (weißer Pfeil).

In Abb. 3.11c wird dargestellt, wie sich aus den zwei sp²-hybridsierten C-Atomen und vier H-Atomen das Ethenmolekül (C_2H_4) formt. Zwei sp²-Hybridorbitale der Kohlenstoffatome überlappen zu einer C−C-Einfachbindung. Diese Bindung ist entlang der Bindungsachse rotationssymmetrisch und wird deshalb als σ-Bindung bezeichnet. Zusätzlich überlappen je C-Atom zwei weitere sp²-Hybridorbitale mit den halbgefüllten 1s-Orbitalen der Wasserstoffatome, was insgesamt vier rotationssymmetrische C−H-σ-Bindungen ergibt. Dadurch liegen alle sechs Atome (vier H- und zwei C-Atome) in der xy-Ebene. Senkrecht zu dieser Ebene befinden sich noch die beiden halbgefüllten, nichthybridisierten p_z-Orbitale der C-Atome (Abb. 3.11c, grüne Orbitale). Die C−C-σ-Bindung zwingt die beiden p_z-Orbitale in räumliche Nähe zueinander, was zu einer seitlichen Überlappung und damit zu einer weiteren C−C-Bindung führt. Diese Bindung ist nicht rotationssymmetrisch und wird deshalb als π-Bindung bezeichnet. Die Ladungsdichten der beiden p_z-Orbitale verschmieren ober- und unterhalb der C−C-σ-Bindung. Somit setzt sich die C=C-Doppelbindung aus zwei verschiedenen C−C-Bindungen zusammen:

- Einer σ-Bindung, die durch Überlappen zweier sp²-Hybridorbitale der C-Atome entsteht
- Einer π-Bindung, die durch seitliches Überlappen zweier $2p_z$-Orbitale der C-Atome entsteht

Die Dissoziationsenergie der C=C-π-Bindung beträgt aufgrund der geringen seitlichen Überlappung lediglich 251 kJmol⁻¹, im Vergleich zu 347 kJmol⁻¹ für die stärker überlappende C−C-σ-Bindung und 413 kJmol⁻¹ für die σ-C−H-Einfachbindung. Dadurch lässt sich die π-Bindung leichter brechen als eine C−C-σ-Bindung, weshalb Alkene reaktionsfreudiger sind als Alkane.

Die Struktur der linearen Dreifachbindung in Alkinen (Abb. 3.12c) kann ebenfalls mithilfe der VB-Theorie erklären werden. Die beiden C-Atome der Alkin-Dreifachbindung sind sp-hybridisiert. Das 2s- und $2p_x$-Orbital der beiden C-Atome verschmelzen zu je zwei gleichwertigen sp-Hybridorbitalen (Abb. 3.12a). Die wechselseitige Abstoßung der sp-Orbitale erklärt die lineare Konfiguration der Alkine. Die $2p_x$- und $2p_z$-Orbitale sind nicht Teil der Hybridisierung. In allen vier Orbitalen befindet sich jeweils ein ungepaartes Elektron (Abb. 3.12c).

Die zwei sp-Hybridorbitale der beiden C-Atome überlappen zu einer C−C-Einfachbindung. Entlang der Bindungsachse ist diese rotationssymmetrisch und wird deshalb als σ-Bindung bezeichnet. Außerdem überlappen die restlichen zwei sp-Hybridorbitale und die s-Orbitale der beiden Wasserstoffatome zu zwei rotationssymmetrischen C−H-σ-Bindungen. Dadurch kommen

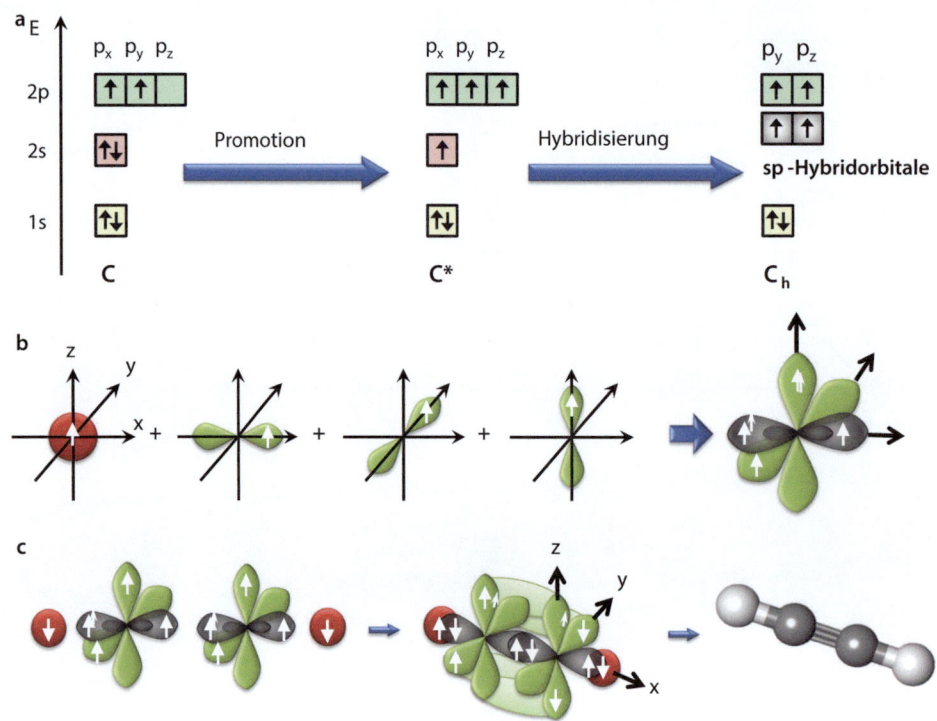

Abb. 3.12 Ethin. Zwei π-Bindungen durch seitliches Überlappen benachbarter p_y- und p_z-Orbitale (grün)

alle vier Atome des Ethins (C_2H_2) auf der x-Koordinate zu liegen. Je C-Atom sind noch die beiden nichthybridisierten, senkrecht aufeinander stehenden, halb besetzten p_y- und p_z-Orbitale vorhanden (Abb. 3.12c, grüne Orbitale). Da durch die C–C-σ-Bindung eine räumliche Nähe der p_y- und p_z-Orbitale der beiden C-Atome erzwungen wird, überlappen diese seitlich zu zwei C–C-π-Bindungen. Die beiden π-Bindungen „verschmelzen" letztendlich zu einer zylinderförmigen, rotationssymmetrischen Elektronenwolke um die C–C-σ-Bindungsachse. Trotz der rotationssymmetrischen π-Elektronen-Wolke ist die C≡C-Dreifachbindung nicht frei drehbar, da eine solche Drehung zur Verdrillung der drei Bindungen (1·σ + 2·π) führen würde.

Somit setzt sich die C≡C-Dreifachbindung aus zwei verschiedenen CC-Bindungstypen zusammen:
- Einer σ-Bindung, die durch Überlappen zweier sp-Hybridorbitale der C-Atome entsteht
- Zwei π-Bindungen, die durch Überlappen jeweils zweier $2p_y$- und $2p_z$-Orbitale benachbarter C-Atome entstehen und zu einer rotationssymmetrischen, zylinderförmigen Ladungsverteilung verschmieren.

Die Dissoziationsenergie der C≡C-Dreifachbindung beträgt insgesamt 811 kJmol^{-1} und ist damit stärker als die einer C–C-Einfach- (345 kJmol^{-1}) oder einer C=C-Doppelbindung (615 kJmol^{-1}). Allerdings ist der Zuwachs an Bindungsenergie von einer Doppel- zur Dreifachbindung mit 196 kJmol^{-1} geringer als die Zunahme der Bindungsstärke von einer Einfach- zur Doppelbindung (270 kJmol^{-1}). Somit lässt sich die erste π-Bindung eines Alkins leichter brechen als die π-Bindung eines Alkens oder eine C–C-σ-Bindung, warum Alkine generell reaktionsfreudiger sind als Alkene oder Alkane.

Hybridisierung von aromatischen Kohlenwasserstoffen

Benzen ist die Stammverbindung aller aromatischen Kohlenwasserstoffe. Die Strukturformel von Benzen (Summenformel C_6H_6) stellte lange Zeit ein Rätsel dar, bis Kekulé mit seiner ringförmigen Strukturformel (Abb. 3.13a) die Richtung vorgab. Alle spektroskopischen Beobachtungen und chemischen Reaktionsprodukte verifizieren, dass sämtliche Atome des Benzens in einer Ebene liegen und das ringförmige Kohlenstoffgerüst einem idealen Sechseck entspricht. Jedes Kohlenstoffatom ist sp^2-hybridisiert (Abb. 3.13b) und besitzt drei trigonal angeordnete sp^2-Orbitale (grau) und ein senkrecht dazu stehendes p_z-Orbital (Abb. 3.13c, grün), das nicht Teil der Hybridisierung ist.

Jedes der sechs Kohlenstoffatome bildet zwei C–C-σ-Bindungen zu den benachbarten Kohlenstoffatomen und eine σ-Bindung zu einem Wasserstoffatom aus. Aufgrund der ringförmigen und planaren Struktur des Benzens überlappen die p_z-Orbitale der sechs C-Atome mit den benachbarten p_z-Orbitalen zu einer

3.3 · Atombindung – Nichtmetallatome teilen sich Elektronenpaare

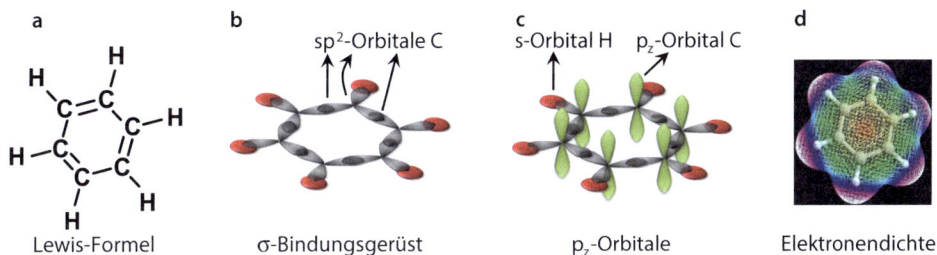

◘ **Abb. 3.13** Benzen. Lewis-Formel (**a**), sp²-Orbitale in grau, s-Orbitale H-Atom in rot (**b**), nichthybridisierte p_z-Orbitale in grün (**c**), hohe Elektronendichte am C-Ring – grüngelbe Region (**d**)

◘ **Tab. 3.5** Vergleich der Strukturelemente von Alkanen, Benzen, Alkenen und Alkinen

	Alkan C−C-Einfachbindung	Benzen	Alken C=C-Doppelbindung	Alkin C≡C-Dreifachbindung
Hybridisierung der C-Atome	sp³	sp²	sp²	sp
CC-Bindungsordnung	1	1,5	2	3
CC-Bindungslänge	154 pm	139 pm	134 pm	120 pm
CH-Bindungslänge	110 pm	109 pm	109 pm	106 pm
CC-Bindungsenergie	348 kJmol⁻¹	518 kJmol⁻¹	615 kJmol⁻¹	839 kJmol⁻¹
Bindungswinkel	∠C−C−H = 111° ∠H−C−H = 109°	∠C=C−H = 120°	∠C=C−H = 121° ∠H−C−H = 118°	∠C≡C−H = 180°
Drehbarkeit der CC-Bindung	frei drehbar	nicht frei drehbar	nicht frei drehbar	nicht frei drehbar
Anzahl Atome um C-Atom	4	3	3	2
Geometrie am C-Atom	tetraedrisch	trigonal-planar	trigonal-planar	linear

ringförmigen Elektronenwolke ober- und unterhalb der Ringebene des planaren Kohlenstoffgerüsts (◘ Abb. 3.13d, die grüngelbe Region weist eine hohe Elektronendichte auf).

Somit verschmelzen die senkrechten p_z-Orbitale der sechs C-Atome zu einem Molekülorbital, das sich über das gesamte Molekül erstreckt und in dem sich sechs Elektronen aufhalten. Elektronen, deren Aufenthaltsort nicht bestimmten Atomen zugeordnet werden kann, werden als delokalisierte Elektronen bezeichnet. Rein rechnerisch befindet sich zwischen zwei C-Atomen jeweils ein p_z-Elektron. Zusammen mit der C−C-σ-Bindung (zwei Elektronen) ergibt dies formal eine Eineinhalbbindung. Folgerichtig liegt die empirisch bestimmte Bindungslänge von aromatischen C-Atomen mit 139 pm zwischen den Werten einer C−C-Einfach- (154 pm) und einer C=C-Doppelbindung ◘ (Tab. 3.5, 134 pm).

Wesentliche Aspekte der Valenzbindungstheorie (VB-Theorie)

— Die VB-Theorie beschreibt kovalente Bindungen in kleinen Molekülen durch das Überlappen zweier halbgefüllter Atomorbitale, wodurch die Elektronendichte zwischen den beiden Atomkernen zunimmt.

— Die Elektronen verbleiben weiterhin in den Atomorbitalen, lediglich im Überlappungsbereich ist deren Aufenthaltswahrscheinlichkeit größer. Durch Wechselwirkung der positiven Kerne und dem negativen Elektronenpaar entsteht eine Atombindung.

— Je stärker die Atomorbitale überlappen, desto stärker ist die resultierende Bindung. Deshalb gilt es, Form und Vorzeichen der Orbitale zu berücksichtigen, um eine positive Überlappung zu erreichen.

- Unterschiedliche Atomorbitale können zu äquivalenten Hybridorbitalen in Bezug auf Energie und Symmetrie kombinieren. Diese Hybridorbitale können mit anderen Orbitalen überlappen und so kovalente Bindungen bilden. Die Anwendung der VSEPR-Theorie (▶ Abschn. 3.3.3) auf Hybridorbitale erklärt die geometrische Struktur solcher Moleküle.
- Während die VB-Theorie kovalente Bindungen als Elektronenpaare in überlappenden Atomorbitalen zwischen zwei Atomkernen beschreibt, geht die Molekülorbitaltheorie (MO-Theorie, ▶ Abschn. 3.3.5) davon aus, dass sich Elektronen in Molekülorbitalen aufhalten, die sich über das ganze Molekül erstrecken können.
- Die VB-Theorie eignet sich besonders gut, um Bindungsverhältnisse in kleinen Molekülen zu erklären, während die MO-Theorie auch bei größeren Molekülen von Nutzen ist.
- Wenn Chemiker Bindungsverhältnisse in Molekülen beschreiben (z. B. durch Lewis-Formeln, Valenzstrichformeln, lokalisierte Bindungen, Hybridorbitale oder Resonanzstrukturen), bedienen sie sich oft intuitiv der anschaulicheren VB-Theorie. In der MO-Theorie verlieren die Atomorbitale der kombinierenden Atome ihre Individualität und ergeben oft großflächige, delokalisierte Molekülorbitale mit einer völlig anderen.

3.3.5 Molekülorbitaltheorie – Atomorbitale interagieren zu Molekülorbitalen

Die VB-Theorie weist jedoch erhebliche Defizite auf. So wäre gemäß VB-Theorie Sauerstoff ein diamagnetisches Molekül (◻ Abb. 3.14a), während es in der Realität paramagnetisch ist.

Da die VB-Theorie Atombindungen als lokalisiert betrachtet (◻ Tab. 3.8), kann sie die Delokalisation von Elektronen über Molekülfragmente oder das ganze Molekül wie beispielsweise in Benzen (◻ Abb. 3.14b) nicht adäquat beschreiben. Mit dem Hilfskonstrukt der Mesomerie versucht man, mit zwei oder mehreren Lewis-Grenzstrukturen (Resonanzstrukturen) die Bindungsverhältnisse zu beschreiben. Durch Überlagerung dieser Lewis-Grenzstrukturen erhält man den mesomeren Zustand (◻ Abb. 3.14c), der den „wahren" Bindungsverhältnissen zwischen den Atomen wesentlich näherkommt, jedoch nicht durch eine einzige Lewis-Formel dargestellt werden kann. Während der mesomere Zustand über sechs äquivalente C–C-Bindungen verfügt, weisen die Grenzstrukturen zwei unterschiedliche Kohlenstoff-Kohlenstoff-Abstände (C=C und C–C) auf, was nicht den empirischen Beobachtungen entspricht.

Die meisten Defizite der VB-Theorie können durch die Molekülorbitaltheorie (MO-Theorie) behoben werden, die auf den Erkenntnissen der Quantenmechanik basiert. Die Grundannahmen der MO-Theorie (◻ Tab. 3.8) sind wie folgt:
- Molekülorbitale entstehen durch **L**inear**k**ombination, d. h. durch Addition oder Subtraktion von **A**tom**o**rbitalen (LCAO, ◻ Abb. 3.15a).
- Nur solche Atomorbitale (AO), die sich ausreichend nahe kommen und ähnliche Energie sowie passende Symmetrieorientierung (Vorzeichen der Wellenfunktion) aufweisen, können zu Molekülorbitalen (MO) kombinieren.
- Aus zwei Atomorbitalen entstehen stets ein bindendes und ein antibindendes Molekülorbital, sodass sich genauso viele Molekülorbitale bilden, wie Atomorbitale linear kombiniert werden.
- Die resultierenden Molekülorbitale werden mit den beteiligten Elektronen unter Berücksichtigung des Pauli-Prinzips (maximal zwei Elektronen pro Molekülorbital) und der Hund'schen Regel (maximale Spinmultiplizität) aufgefüllt.
- Ein wesentlicher Unterschied zur VB-Theorie besteht darin, dass letztere bindende Elektronenpaare auf die Region der Atomorbitalüberlappung zwischen zwei Atomen lokalisiert, während sich Molekülorbitale oft über das ganze Molekül er-

◻ **Abb. 3.14** Die VB-Theorie eignet sich nicht zur Darstellung von Resonanzstrukturen und zur Voraussage von magnetischen Moleküleigenschaften

a VB / realiter

b Lewis-Grenzformeln

c Mesomerie

3.3 · Atombindung – Nichtmetallatome teilen sich Elektronenpaare

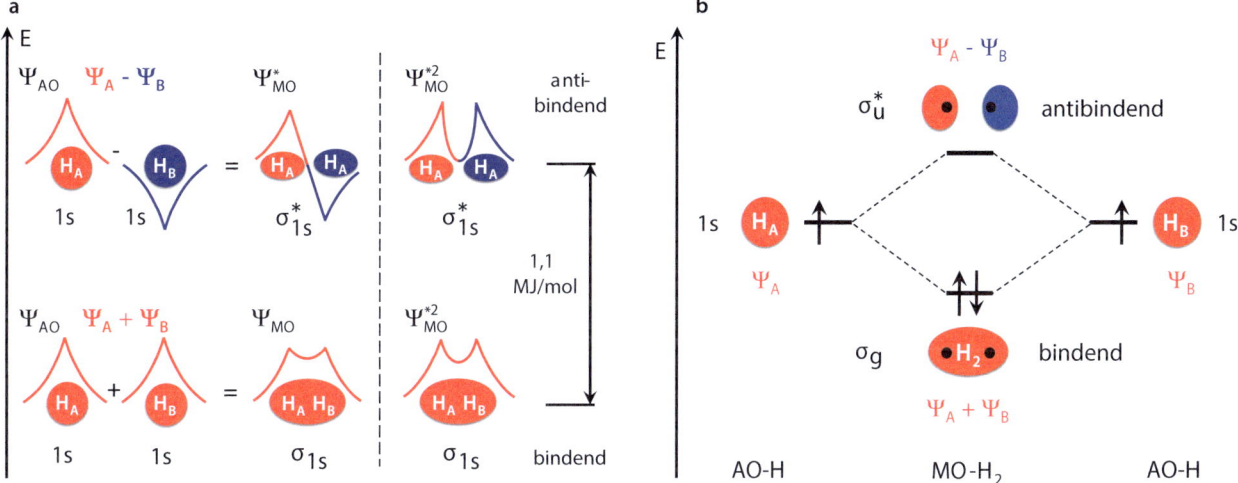

Abb. 3.15 Bindungsverhältnisse im Wasserstoffmolekül (rot/blau = positives respektive negatives Vorzeichen der Wellenfunktion)

strecken. Die Elektronen des Moleküls sind somit dem Molekül insgesamt zugeordnet und nicht spezifischen Atombindungen.

Notation von Molekülorbitalen (MO)

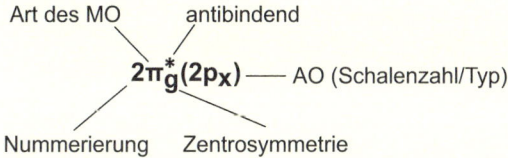

Art des MO
- σ, MO ist rotationssymmetrisch entlang der Bindungsachse
- π, MO weist eine Knotenebene auf, die die Bindungsachse enthält
- *Asterisk für antibindende MO

Zentrosymmetrie
- g-Subskript für MO, die hinsichtlich des Vorzeichens der Wellenfunktion Zentrosymmetrie aufweisen
- u-Subskript für MO, die hinsichtlich des Vorzeichens der Wellenfunktion keine Zentrosymmetrie aufweisen

Nummerierung
- MO des gleichen Typs (σ resp. π) werden fortlaufend durchnummeriert. Dem MO mit der niedrigsten Energie jeden Typs wird die Ziffer 1 zugewiesen.

■ **MO-Theorie homonuklearer, zweiatomiger, unpolarer Moleküle (H, He)**

Ein Wasserstoffmolekül besteht aus zwei Wasserstoffatomen. Die Zustandsfunktion (Ψ) und die Aufenthaltswahrscheinlichkeit (Ψ^2) des Elektrons der einzelnen Wasserstoffatome können durch die Schrödingergleichung (▶ Abschn. 2.6) beschrieben werden. Nähern sich zwei Wasserstoffatome an, überlappen schließlich ihre Atomorbitale zu Molekülorbitalen. Bei konstruktiver Überlappung, also der Addition von Wellenfunktionen mit gleichem Vorzeichen, entsteht ein bindendes Molekülorbital (Ψ_{MO}, ■ Abb. 3.15a, ■ Tab. 3.6). Bei destruktiver Überlappung, also der Substration von Wellenfunktionen mit ungleichem Vorzeichen, entsteht ein antibindendes Molekülorbital (Ψ^*_{MO}, ■ Abb. 3.15a, ■ Tab. 3.6). Im bindenden MO halten sich die Elektronen überwiegend im Bereich zwischen den beiden Wasserstoffkernen auf. Dies führt zu elektrostatischen Wechselwirkungen, die die beiden Kerne zusammenhalten. Das antibindende Molekülorbital weist einen Vorzeichenwechsel (Übergang von Rot nach Blau, ■ Abb. 3.15a, oben) entlang der Bindungsachse auf, wodurch eine sogenannte Knotenebene gegeben ist. Die Elektronen werden von der Bindungsachse hinter die Kerne verschoben, sodass sie die stabilisierende Wirkung zwischen den Atomkernen nicht mehr ausüben können. Stattdessen verstärken sie die Abstoßungskräfte zwischen den beiden Wasserstoffkernen. An der Knotenebene ist die Aufenthaltswahrscheinlichkeitsdichte von Elektronen null. Zusammengefasst entstehen durch die Interferenz der beiden Atomorbitale zwei Molekülorbitale, ein bindendes und ein antibindendes.

Bindende Molekülorbitale, Ψ_{MO}	**Antibindende Molekülorbitale, Ψ^*_{MO}**
$\Psi_{MO} = c_1 \cdot \Psi_{AO,1} + c_2 \cdot \Psi_{AO,2}$	$\Psi^*_{MO} = c_1 \cdot \Psi_{AO,1} - c_2 \cdot \Psi_{AO,2}$
Konstruktive Linearkombination phasengleicher Atomorbitale	Destruktive Linearkombination phasenungleicher Atomorbitale
Hohe Elektronendichte zwischen miteinander verbundenen Atomen	Geringe Elektronendichte zwischen miteinander verbundenen Atomen
Bindendes MO hat geringere Energie als die AO, aus denen es gebildet wird	Antibindendes MO weist höhere Energie auf als die AO, aus denen es hervorgeht
Stabilisierende Anziehungskräfte zwischen den positiven Atomkernen, da die Elektronendichte zwischen den benachbarten Atomkernen höher ist	Destabilisierende Abstoßungskräfte zwischen den positiven Atomkernen, da die Elektronendichte zwischen den benachbarten Atomkernen geringer ist

◼ Tab. 3.6 Vergleich von bindenden und antibindenden Molekülorbitalen

Mathematisch können die Molekülorbitale wie folgt beschrieben werden, wobei c1 und c2 die Gewichtung der Atomorbitale ψ_{HA} und ψ_{HB} entsprechen:

- bindendes MO: $\Psi_{MO} = c_1 \cdot \Psi_{HA} + c_2 \cdot \Psi_{HB}$
- antibindendes MO: $\Psi^*_{MO} = c_1 \cdot \Psi_{HA} + c_2 \cdot \Psi_{HB}$

Da sich jeweils symmetrische 1s-Wellenfunktionen überlagern, gilt: $c_1 = c_2 = c$. Da **zwei** Atomorbitale **ein** bindendes respektive ein antibindendes Molekülorbital ergeben, gilt außerdem:

$$c^2 \cdot \Psi_{HA}^2 + c^2 \cdot \Psi_{HB}^2 = 1 \cdot \Psi_{MO}^2 \rightarrow 2 \cdot c^2 = 1 \rightarrow c = c_1 = c_2 = \frac{1}{\sqrt{2}}$$

Somit ergeben sich für die Wellenfunktionen (Ψ) respektive Aufenthaltswahrscheinlichkeiten (Ψ^2) des bindenden und antibindenden Molekülorbitals des Wasserstoffmoleküls:

- bindendes MO: $\quad \Psi_{MO} = \frac{1}{\sqrt{2}} \cdot \Psi_{HA} + \frac{1}{\sqrt{2}} \cdot \Psi_{HB} \rightarrow \Psi_{MO}^2 = \frac{1}{2} \cdot \Psi_{HA}^2 + \Psi_{HA}\Psi_{HB} + \frac{1}{2} \cdot \Psi_{HB}^2$

- antibindendes MO: $\quad \Psi^*_{MO} = \frac{1}{\sqrt{2}} \cdot \Psi_{HA} - \frac{1}{\sqrt{2}} \cdot \Psi_{HB} \rightarrow \Psi_{MO}^{*2} = \frac{1}{2} \cdot \Psi_{HA}^2 - \Psi_{HA}\Psi_{HB} + \frac{1}{2} \cdot \Psi_{HB}^2$

Der Wechselwirkungsterm $\Psi_{HA}\Psi_{HB}$ erhöht (+) bzw. erniedrigt (−) die Elektronendichte zwischen den Wasserstoffatomen.

Das bindende MO σ_{1s} (◼ Abb. 3.15a) ist größer als die einzelnen AO, sodass den Elektronen im MO größere Bewegungsfreiheit zur Verfügung steht. Die stehenden Elektronenwellen im MO haben somit eine größere Wellenlänge und deshalb eine niedrigere Energie (E = h·c/λ) als in den einzelnen Atomorbitalen.

Die Lappen des antibindenden MO σ^*_{1s} (◼ Abb. 3.15a) sind dagegen kleiner als die einzelnen AO. Den Elektronen ist der Aufenthalt zwischen den Kernen aufgrund des Vorzeichenwechsels der Wellenfunktion (Knotenebene) unmöglich, sodass den Elektronen des MO nur das Raumvolumen eines einzelnen Orbitallappens zur Verfügung steht. Die resultierenden stehenden Elektronenwellen im MO haben eine kleinere Wellenlänge und somit eine höhere Energie als in den einzelnen Atomorbitalen. Antibindende Molekülorbitale werden üblicherweise mit einem Stern gekennzeichnet.

Die beiden Molekülorbitale der Wasserstoffatome sind entlang der Kernbindungsachse rotationssymmetrisch (◼ Abb. 3.15b) und werden deshalb in Analogie zu den s-Orbitalen von Atomen als σ-Molekülorbitale bezeichnet.

Da jedes Wasserstoffatom jeweils ein Elektron einbringt, wird lediglich das bindende MO mit zwei Elektronen besetzt, wodurch im Vergleich zu den Wasserstoffatomen ein niedrigerer Energiezustand des Wasserstoffmoleküls gegeben ist und somit das Wasserstoffmolekül stabilisiert wird (◼ Abb. 3.15b).

Die Bindungsordnung (BO), also die Anzahl der Bindungen zwischen zwei Atomen, ergibt sich aus der Differenz der Anzahl der Elektronen in den bindenden MO und der Anzahl der Elektronen in den antibindenden MO, geteilt durch zwei (Gl. 3.1).

$$BO = \frac{\textit{Anzahl bindender Elektronen} - \textit{Anzahl antibindender Elektronen}}{2} \tag{3.1}$$

Mit zunehmender BO nimmt die Stabilität eines Moleküls zu. Der Kern-Kern-Abstand nimmt mit steigender BO ab.

Im Fall des Wasserstoffmoleküls (◘ Abb. 3.15b) ergibt sich als Bindungsordnung [(2 − 0)/2 = 1] eins, somit liegt zwischen den beiden Wasserstoffatomen eine Einfachbindung vor.

Im Fall von Helium gilt qualitativ dasselbe MO-Diagramm wie für Wasserstoff (◘ Abb. 3.15b). Allerdings bringt jedes Heliumatom zwei Elektronen ein, sodass sowohl das bindende MO als auch das antibindende MO jeweils mit zwei Elektronen besetzt ist. Der Energiegewinn des bindenden MO wird durch die Destabilisierung des antibindenden MO aufgehoben, sodass Helium keine Stabilisierung durch chemische Bindung erfährt. Konsequenterweise ergibt sich für Helium eine Bindungsordnung von null [BO = (2 − 2)/2 = 0]. Heliumatome gehen keine Bindungen miteinander ein und kommen deshalb in der Natur atomar vor.

- **MO-Theorie für zweiatomige, unpolare Moleküle der 2. Periode des PSE**

Die $1s^2$-Elektronen tragen bei allen Elementen der zweiten Periode (Li, Be, B, C, N, O, F, Ne) netto nichts zur chemischen Bindung bei, da sie sowohl das bindende 1σ- als auch das antibindende $1\sigma^*$-Molekülorbital mit je zwei Elektronen besetzen (◘ Abb. 3.15b). Deshalb können die $1s^2$-Elektronen bei der Ermittlung der Bindungsordnung der Elemente der zweiten Periode unberücksichtigt bleiben.

◘ Abb. 3.16 zeigt sowohl die Form (◘ Abb. 3.16b) als auch die energetische Lage (◘ Abb. 3.16a, gelb hinterlegt) der bindenden und antibindenden Molekülorbitale, die durch Linearkombination der 2s- und 2p-Orbitale (p_x, p_y, p_z) der Elemente der zweiten Periode entstehen. MO mit Rotationssymmetrie entlang der Element-Element-Verbindungsachse (z-Achse) werden als σ-MO, während solche mit einer Knotenebene, die die Kernbindungsachse enthält, als π-MO bezeichnet werden. Antibindende MO* weisen mindestens eine Knotenebene **senkrecht** zur Kernverbindungsachse auf und werden mit einem Asterisk gekennzeichnet. Die Notation u (ungerade) bzw. g (gerade) gibt an, ob die Wellenfunktion des MO bei zentrosymmetrischer Spiegelung am Mittelpunkt des Kern-Kern-Abstands das Vorzeichen ändert (u) oder nicht (g).

Die Symmetrie der drei p-Orbitale erlaubt entweder eine intensive end-on-end- (p_z) oder eine schwächere seitliche Überlappung (p_x, p_y). Die Linearkombination der beiden $2p_z$-Orbitale ergibt somit ein bindendes (σ_g) und ein antibindendes (σ_u^*) Molekülorbital (◘ Abb. 3.16b). Dagegen ergibt die seitliche Kombination der beiden $2p_x$- bzw. $2p_y$-Atomorbitale jeweils zwei bindende (π_u) und zwei antibindende (π_g^*) Molekülorbitale. In ◘ Abb. 3.16b ist nur der Satz π_u/π_g^* für die überlappenden p_y-Atomorbitale dargestellt. Die Orbitalformen der überlappenden p_x-Orbitale sind von Form und Energie her identisch, jedoch um 90° um die z-Achse gedreht.

Für die Elemente der zweiten Periode kommen zwei unterschiedlich MO-Schemata zur Anwendung, die sich in der energetischen Reihenfolge der $\sigma_g(2p_z)$- (◘ Abb. 3.17, rot) und $\pi_u(2p_x/2p_y)$-Molekülorbitale (◘ Abb. 3.17, blau) unterscheiden.

Die Energiedifferenz zwischen den 2s- und $2p_z$-Atomorbitalen von Lithium bis Stickstoff ist gering, sodass diese teilweise hybridisieren. Dies führt zu einer energetischen Absenkung der $\sigma_g(2s)/\sigma_u^*(2s)$- und einer Anhebung der $\sigma_g(2p_z)/\sigma_u^*(2p_z)$-Molekülorbitale. Daher liegt für die Elemente Lithium bis Stickstoff das $\sigma_g(2p_z)$-MO (rot) energetisch über den $\pi_u(2p_x/2p_y)$-MO (blau).

Mit steigender Kernladungszahl in einer Periode werden Elektronen stärker vom Kern angezogen, wodurch die Größe und die Energie der Atomorbitale sukzessiv abnimmt. Da p-Elektronen stärker abgeschirmt werden als s-Elektronen (▶ Abschn. 2.7.2, Atomradius, Abschirmung), greift dieser Effekt für s-Elektronen stärker, wodurch die energetische Differenz zwischen 2s- und $2p_z$-Orbitalen zum Stickstoff hin sukzessive zunimmt und die 2s- und $2p_z$-Atomorbitale immer weniger hybridisieren. Ab dem Element Sauerstoff dreht sich deshalb die energetische Reihenfolge der $\sigma_g(2p_z)$- und $\pi_u(2p_x)/\pi_u(2p_y)$-Molekülorbitale um, und das $\sigma_g(2p_z)$-MO (rot) kommt energetisch unter den $\pi_u(2p_x)/\pi_u(2p_y)$-MOs (blau) zu liegen. Daher kreuzt die rote Linie in ◘ Abb. 3.17 die blaue Linie und liegt ab Sauerstoff unter der blauen Linie.

Die Molekülorbitale werden analog zu Atomorbitalen nach dem Aufbauprinzip (▶ Abschn. 2.7.1) mit Elektronen befüllt. Das bedeutet, dass die Orbitale beginnend mit dem energetisch niedrigsten Orbital unter

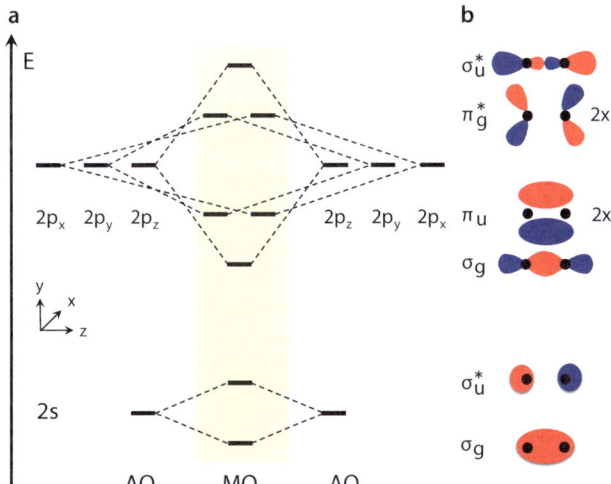

◘ **Abb. 3.16** MO-Schema für zweiatomige Moleküle der Elemente der zweiten Periode

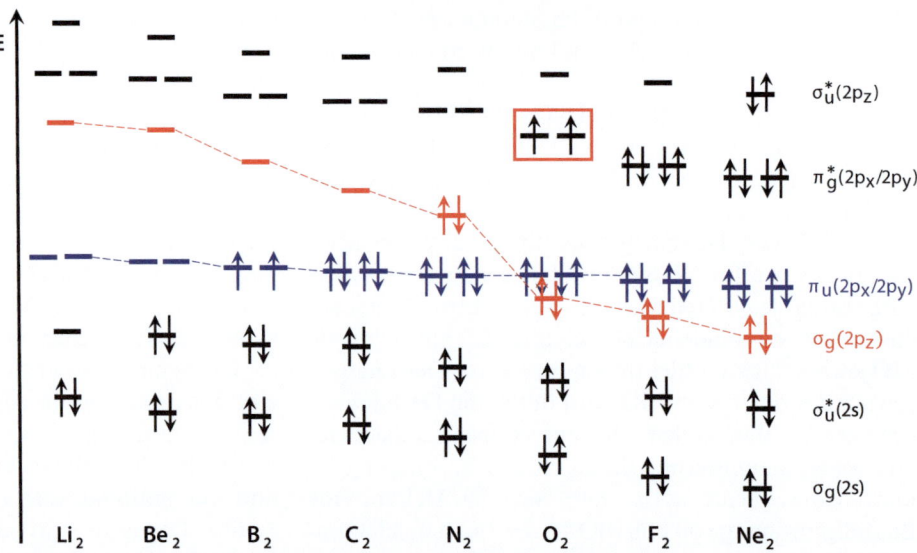

Abb. 3.17 Prinzipielle Energielevel von Molekülorbitalen homonuklearer, zweiatomiger Moleküle der zweiten Periode. Die MO, die sich aus den 1s-AO ableiten, bleiben unberücksichtigt, da diese gesättigt sind und somit nichts zur Bindungsordnung beitragen

Tab. 3.7 Die MO-Theorie erlaubt Aussagen hinsichtlich Existenz, Magnetismus und Bindungsverhalten zweiatomiger Moleküle der zweiten Periode

Molekül	Li_2	Be_2	B_2	C_2	N_2	O_2	F_2	Ne_2
Anzahl Valenzelektronen	2	4	6	8	10	12	14	16
Bindungsordnung	1	0	1	2	3	2	1	0
Stabile Verbindung	ja	nein	ja	ja	ja	ja	ja	nein
Bindungsabstand, pm	267	-	159	124	110	121	141	-
Bindungsenergie, kJmol^{-1}	102	-	297	607	945	498	158	-
Dia- oder paramagnetisch?	dia.	dia.	para.	dia.	dia.	para.	dia.	dia.

Berücksichtigung des Pauli-Prinzips (maximal zwei Elektronen pro MO mit entgegengesetztem Spin) und der Hund'schen Regel (maximaler Gesamtspin bei entarteten MO) besetzt werden.

Zur Demonstration der Leistungsfähigkeit der MO-Theorie werden exemplarisch die Moleküle Dilithium (Li_2) und Sauerstoff (O_2) betrachtet.

Das Element Lithium weist die Ordnungszahl 3 auf und verfügt somit über drei Elektronen in seiner Elektronenhülle. Da die erste Schale maximal zwei Elektronen ($1s^2$) aufnehmen kann, besetzten Lithiumatome das energetisch nächstgelegene 2s-Atomorbital mit einem Elektron, sodass Lithiumatome die Elektronenkonfiguration $1s^2 2s^1$ bzw. $[He]2s^1$ aufweisen. Verbinden sich zwei Lithiumatome zu einem Li_2-Molekül, dann befinden sich die zwei Valenzelektronen im bindenden $\sigma_g(2s)$-MO (Abb. 3.17), sodass die Bindungsordnung BO = (2 − 0)/2 = 1 beträgt.

Dies ist eine der großen Stärken der MO-Theorie. Sie kann Aussagen zur prinzipiellen Existenz von Molekülen treffen. Dilithium ist in der Gasphase spektroskopisch nachweisbar. Die spektroskopischen Daten ergeben einen Bindungsabstand von 267 pm und eine Bindungsenergie von 102 kJmol^{-1}. Tab. 3.7 zeigt den Einfluss der Bindungsordnung auf physikalische Größen wie Bindungsabstand, Bindungsenergie, Stabilität und Magnetismus. In Abb. 3.18 erkennt man, dass die Bindungsordnung einen entscheidenden Einfluss auf den Bindungsabstand zweiatomiger Moleküle hat. So nimmt der Bindungsabstand aufgrund der zunehmenden Bindungsordnung (BO) von B_2 zu N_2 ab, um dann in Richtung F_2 wieder zuzunehmen, aufgrund der wieder abnehmenden BO.

Besonders aufschlussreich ist das MO-Diagramm von Sauerstoff (O_2). Sauerstoffatome haben in ihrer Valenzschale die Elektronenkonfiguration $2s^2 2p^4$. In den drei 2p-Orbitalen eines Sauerstoffatoms befinden sich somit vier Elektronen. Bei der Bildung des Moleküls aus zwei Sauerstoffatomen müssen insgesamt zwölf Valenzelektronen gemäß dem Aufbauprinzip in das MO-Schema von Abb. 3.16a bzw. 3.17 eingetragen werden. Die 2s-Elektronen der Sauerstoffatome besetzen sowohl

3.3 · Atombindung – Nichtmetallatome teilen sich Elektronenpaare

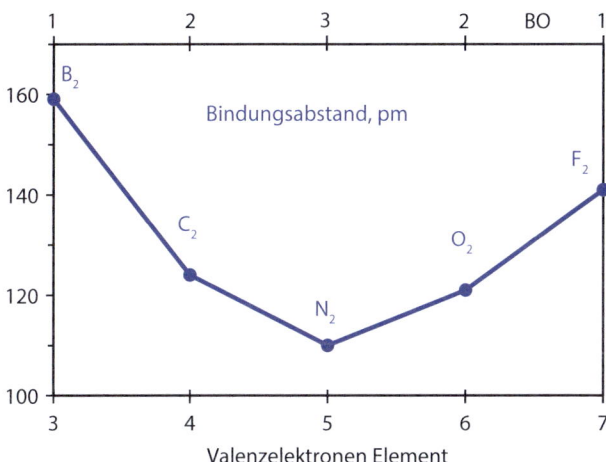

Abb. 3.18 Empirisch ermittelte Bindungsabstände zweiatomiger Moleküle korrelieren mit der MO-Bindungsordnung

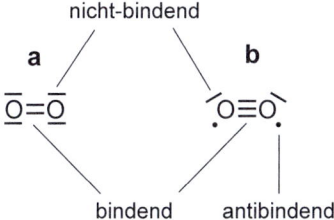

Abb. 3.19 Valenzstrichformel nach Lewis (**a**) prognostiziert nicht den paramagnetischen Charakter von Sauerstoffmolekülen (**b**)

das bindende $\sigma_g(2s)$- als auch das antibindende $\sigma_u^*(2s)$-MO mit jeweils zwei Elektronen, sodass die 2s-Elektronen keinen Beitrag zur Bindungsordnung leisten.

Als Nächstes werden das bindende MO $\sigma_g(2p_z)$ mit zwei Elektronen und die beiden bindenden, entarteten MO $\pi_u(2p_x)$ und $\pi_u(2p_y)$ mit jeweils zwei Elektronen besetzt. Die erbleibenden zwei Valenzelektronen verteilen sich gemäß der Hund'schen Regel auf die beiden entarteten, antibindenden MO $\pi_g^*(2p_x)$ und $\pi_g^*(2p_y)$. Diese beiden ungepaarten Elektronen (▫ Abb. 3.17, roter Kasten) mit gleich gerichtetem Elektronenspin erklären das paramagnetische Verhalten (▶ Abschn. 6.4.4) von Sauerstoffmolekülen.

Während das Lewis-Modell (▫ Abb. 3.19a) und die VB-Theorie Sauerstoff als diamagnetisches Molekül beschreiben, macht die MO-Theorie den paramagnetischen Charakter des Sauerstoffs deutlich (▫ Abb. 3.17, roter Kasten). Dies steht im Einklang mit der Beobachtung, dass flüssiger Sauerstoff in Richtung starker magnetischer Feldstärken „wandert". Gießt man beispielsweise flüssigen Sauerstoff über die Pole eines starken Magneten, so überbrückt eine flüssige Sauerstoffbrücke bis sie verdampft horizontale Magnetpole auch gegen die Schwerkraft. Wendet man die durch die MO-Theorie gewonnenen Erkenntnisse auf die Lewis-Schreibweise an, dann ergibt sich für diese ▫ Abb. 3.19b als Lewis-Formel.

■ MO-Theorie heteronuklearer, zweiatomiger Moleküle

Bisher haben wir ausschließlich zweiatomige, unpolare Moleküle mit gleichmäßiger Elektronenverteilung zwischen zwei gleichen Atomen betrachtet.

Die MO-Theorie eignet sich jedoch auch zur Beschreibung der Bindungsverhältnisse in polaren Molekülen wie Kohlenstoffmonoxid (CO). Dabei muss berücksichtigt werden, dass die Atomorbitale der Heteroatome unterschiedliche Energiezustände aufweisen und daher nicht so intensiv überlappen wie die Atomorbitale gleichartiger Atome. Die einzelnen Atome polarer Moleküle leisten unterschiedliche Beiträge ($c_1 \neq c_2$) bei der Molekülorbitalbildung, was Auswirkungen auf die Form und Energie der Molekülorbitale hat. Je größer der Energieunterschied der Atomorbitale, desto geringer ist ihre Wechselwirkung. Generell gilt, dass die AO des elektronegativeren Elements energetisch tiefer liegen und somit einen stärkeren Anteil an den bindenden MO haben. Im Gegensatz dazu befinden sich die AO des weniger elektronegativen Atoms energetisch höher und haben deshalb einen größeren Anteil am antibindenden MO. Dies führt zu einer polaren Bindung, bei der sich die Elektronen im bindenden MO bevorzugt in der Nähe des elektronegativeren Atoms aufhalten (negative Polarisierung).

Da Kohlenstoffmonoxid (CO) ein wichtiger Synthesebaustein in der organischen Chemie und ein häufiger Ligand in metallorganischen Verbindungen ist, betrachten wir das MO-Diagramm von CO stellvertretend für zweiatomige, heteronukleare Moleküle.

Die Ausgangssituation ist wie folgt:
- Beide Atome (C, O) enthalten Valenzelektronen in den 2s- und 2p-Atomorbitalen.
- Die Elektronenkonfiguration von C ist $1s^2 2s^2 2p^2$, die von O $1s^2 2s^2 2p^4$.
- Kohlenmonoxid (CO) verfügt über insgesamt zehn Valenzelektronen (VE).
- Sauerstoff (EN = 3,44) ist elektronegativer als Kohlenstoff (EN = 2,55).

Die 2s- und 2p-AO des Sauerstoffatoms liegen aufgrund der höheren Ordnungszahl und Elektronegativität des Sauerstoffs energetisch tiefer als die des Kohlenstoffatoms (▫ Abb. 3.20). Der Charakter der bindenden MO wird durch ihre energetische Nähe zu den AO des Sauerstoffs stärker von diesen geprägt, während die antibindenden MO von den AO des Kohlenstoffs dominiert werden.

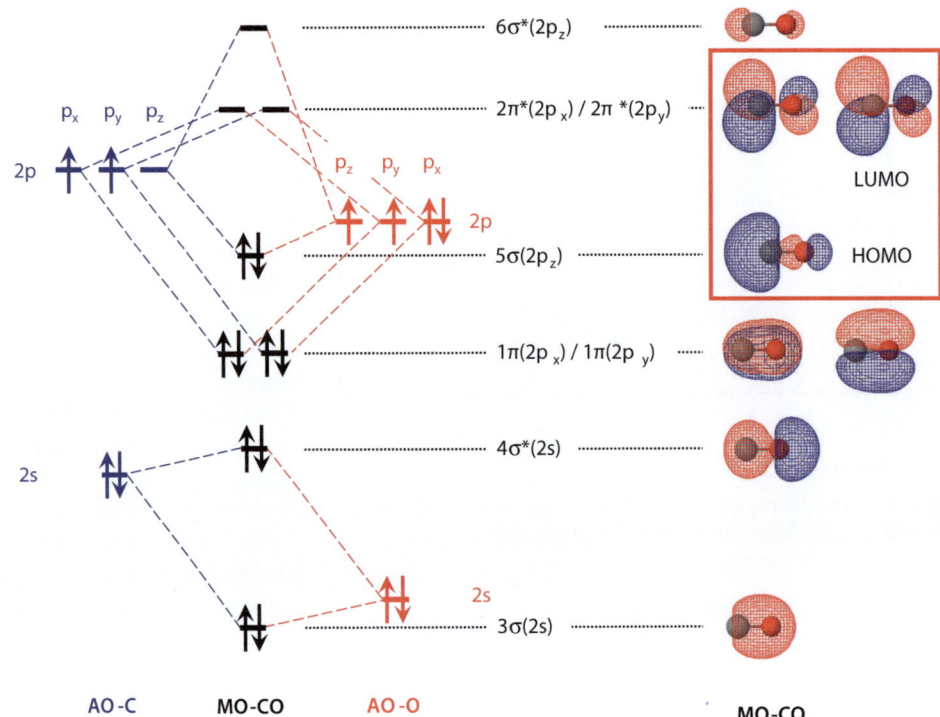

Abb. 3.20 MO-Diagramm von Kohlenstoffmonoxid (CO) mit Konturdiagrammen der Molekülorbitale (© 3D-Orbitale ChiralJon, CC BY 4.0)

Die 1s-AO von C und O sind nicht abgebildet, da sie nicht zu den Valenzelektronen gehören und - ebenso wie die 2s-AO - keinen Beitrag zur Bindungsordnung (BO) leisten.

Die 2s-AO bilden sowohl ein bindendes MO [$3\sigma(2s)$] als auch ein antibindendes MO [$4\sigma^*(2s)$], die jeweils mit zwei Elektronen besetzt sind und somit keinen Beitrag zur Bindungsordnung leisten [BO(2s) = $0{,}5 \cdot (2 - 2) = 0$].

Interessanter sind die Wechselwirkungen zwischen den 2p-AO des Kohlenstoffs und Sauerstoffs. Durch Linearkombination der drei p-AO beider Elemente entstehen insgesamt sechs MO, davon drei bindende MO [$1\pi(2p_x)$, $1\pi(2p_y)$, $5\sigma(2p_z)$] und drei antibindende MO [$2\pi^*(2p_x)$, $2\pi^*(2p_y)$, $6\sigma^*(2p_z)$].

Die Wechselwirkung der beiden $2p_z$-Orbitale weist Rotationssymmetrie (5σ, $6\sigma^*$) um die Kernbindungsachse auf; während die anderen vier MO jeweils eine Knotenebene aufweisen, die die Bindungsachse enthält (1π, $2\pi^*$).

Aufgrund der abstoßenden Wechselwirkung zwischen dem besetzten $5\sigma(2p_z)$-MO und dem besetzten 2s-AO des Kohlenstoffs wird das bindende 5σ-MO energetisch angehoben und liegt damit über den beiden bindenden $1\pi(2px/2py)$-MO, während das antibindende $4\sigma^*$-MO auf einem energetisch tieferen Niveau zu liegen kommt.

Die Molekülorbitale werden gemäß dem Aufbauprinzip mit den zehn Valenzelektronen (vier von C, sechs von O) besetzt, wodurch acht Valenzelektronen in vier bindenden MO und zwei in einem antibindenden MO ($4\sigma^*$) untergebracht werden. Als BO ergibt sich somit BO = $0{,}5 \cdot (8 - 2) = 3$. Dies steht im Einklang mit der Lewis-Struktur für Kohlenstoffmonoxid (|C≡O|) und der sehr kurzen Kohlenstoff-Sauerstoff-Bindungslänge von 113 pm. Zum Vergleich beträgt der Bindungsabstand der C=O-Doppelbindung in Formaldehyd 120 pm.

Kohlenstoffmonoxid ist ein hochreaktives Molekül, dessen chemisches Reaktionsverhalten insbesondere von den Grenzorbitalen beeinflusst wird. Das energetisch höchste mit Elektronen besetzte MO (HOMO, *highest occupied molecular orbital*, 5σ) fungiert als Elektronendonator, während die beiden energetisch tiefstliegenden unbesetzten MO (LUMO, *lowest unoccupied molecular orbital*, $2\pi^*$) als Elektronenakzeptoren agieren können.

Der große blaue Orbitallappen des HOMO (5σ) am Kohlenstoffatom resultiert aus der Wechselwirkung des 2s-AO und $2p_z$-AO des Kohlenstoffatoms mit dem $2p_z$-AO des Sauerstoffatoms (◘ Abb. 3.21b). Symmetrie- und energiebedingt kann das 2s-AO mit dem $2p_z$-AO wechselwirken, was zu dem großen Orbitallappen am Kohlenstoffatom führt. Da sich deshalb die Elektronen des 5σ-MO bevorzugt am C-Atom aufhalten, ist das C-Atom trotz der geringeren Elektronegativität negativ polarisiert.

Die Form der beiden LUMO ergibt sich aus der Wechselwirkung des $C(2p_x)$-AO mit dem $O(2p_x)$-AO respektive des $C(2p_y)$-AO mit dem $O(2p_y)$-AO, wobei der Anteil (ca. 70 %) des Kohlenstoffatoms wegen der energetischen Nähe zu den $2\pi^*$-MO größer ist als der des Sauerstoffatoms (◘ Abb. 3.21a). Dies erklärt die größeren Orbitallappen am C-Atom.

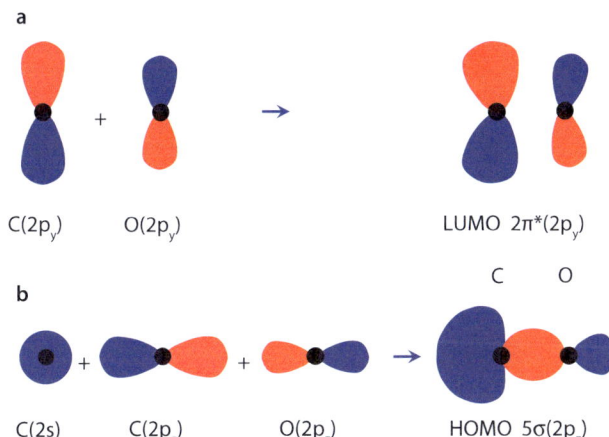

Abb. 3.21 Grenzorbitale (HOMO (b), LUMO (a)) des Kohlenstoffmonoxidmoleküls

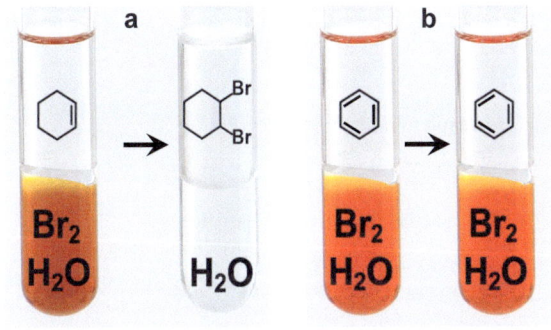

Abb. 3.22 Benzen reagiert nicht auf den Doppelbindungsnachweis mit Brom

■ **MO-Theorie aromatischer Moleküle am Beispiel Benzen**

Benzen (C_6H_6) - Stammverbindung aller aromatischen Verbindungen - ist eine farblose, wohlriechende Flüssigkeit mit einem Siedepunkt von 80 °C. Benzen ist ein ringförmiges Kohlenwasserstoffmolekül, das in der Valenzstrichschreibweise drei alternierende, sogenannte konjugierende Doppelbindungen aufweist (■ Abb. 3.14b).

Alkene, d. h. organische Verbindungen mit Doppelbindungen, entfärben braunes Bromwasser via Additionsreaktion (■ Abb. 3.22a). Da Benzen Bromwasser nicht entfärbt (■ Abb. 3.22b), gab es schon früh Hinweise darauf, dass Benzen keine klassischen Doppelbindungen enthalten kann. Da durch zahlreiche empirische Erkenntnisse (Substitutionsreaktionen, Spektroskopie) belegt ist, dass alle sechs Kohlenstoffbindungen gleichwertig sind, hat man angenommen, dass die Doppelbindungen beliebig schnell fluktuieren (■ Abb. 3.14b). Das Phänomen, dass Moleküle nur mit mehreren Lewis-Valenzstrichformeln beschrieben werden können, ist als Mesomerie respektive Resonanz in die wissenschaftliche Literatur eingegangen.

Die MO-Theorie bietet auch im Fall des Benzens einen tieferen Einblick in die Bindungsverhältnisse des Moleküls. Wie bereits im ▶ Abschn 3.3.4 (■ Abb. 3.13, Benzen - Lewis-Formel) festgestellt, gilt für die Bindungsverhältnisse des Benzens folgendes:

— Jedes Kohlenstoffatom ist sp^2-hybridisiert und besitzt drei trigonal angeordnete sp^2-Orbitale.
— Jedes Kohlenstoffatom verfügt zusätzlich noch über ein p_z-Orbital, das nicht Teil der Hybridisierung ist.
— Die drei sp^2-Hybridorbitale des Kohlenstoffs bilden zwei C−C-σ-Bindungen zu den benachbarten Kohlenstoffatomen sowie eine σ-Bindung zu einem Wasserstoffatom aus, wodurch ein stabiles σ-Bindungsgerüst entsteht.
— Aufgrund der ringförmigen und planaren Struktur des Benzens überlappen die sechs p_z-Orbitale seitlich mit den benachbarten p_z-Orbitalen zu einer kreisförmigen Elektronenwolke ober- und unterhalb der Ringebene des σ-Gerüsts.
— Letztendlich verschmelzen die senkrechten p_z-Orbitale zu einer sich über das ganze Molekül erstreckenden Elektronenwolke, in der sich sechs Elektronen befinden. Diese Elektronen, deren Aufenthaltsort nicht konkreten Atomen zugeordnet werden kann, werden als delokalisierte Elektronen bezeichnet.

Die Überlappung der sechs p_z-Atomorbitale der Kohlenstoffatome zu sechs MO des Benzens mit einhergehender „Verschmierung" der sechs π-Elektronen kann mithilfe der MO-Theorie beschrieben werden.

Im energetisch tiefst liegenden MO (Ψ_1, ■ Abb. 3.23) des Benzens sind alle sechs p_z-AO in Phase. Dieses MO weist keine Knotenebene auf. In den bindenden MO Ψ_2 und Ψ_3 sind nur noch die Hälfte der MO in gleicher Phase, was zu einer Knotenebene führt, sodass diese MOs energetisch angehoben werden. Diese Systematik setzt sich bis zum energetisch höchst angesiedelten, antibindenden MO (Ψ_6) fort, das drei Knotenebenen aufweist.

Die Energieeigenwerte der einzelnen MO des Benzens E(MO) errechnen sich gemäß Hückel zu:

$$E(MO) = \alpha + 2 \cdot \beta \cdot cos\left(\frac{2\pi}{6} \cdot N\right) \quad \text{Hückel – Gleichung}$$

(3.2)

E(MO) – Energieeigenwert, Gesamtenergie eines MO in Benzen, J

α – Referenzenergie eines Elektrons in einem lokalisierten $2p_z$-AO, J

β – Energieabsenkung durch Übergang eines lokalisierten $2p_z$-AO in ein delokalisiertes, bindendes π-MO, J

N – Anzahl der Knotenebenen des MO

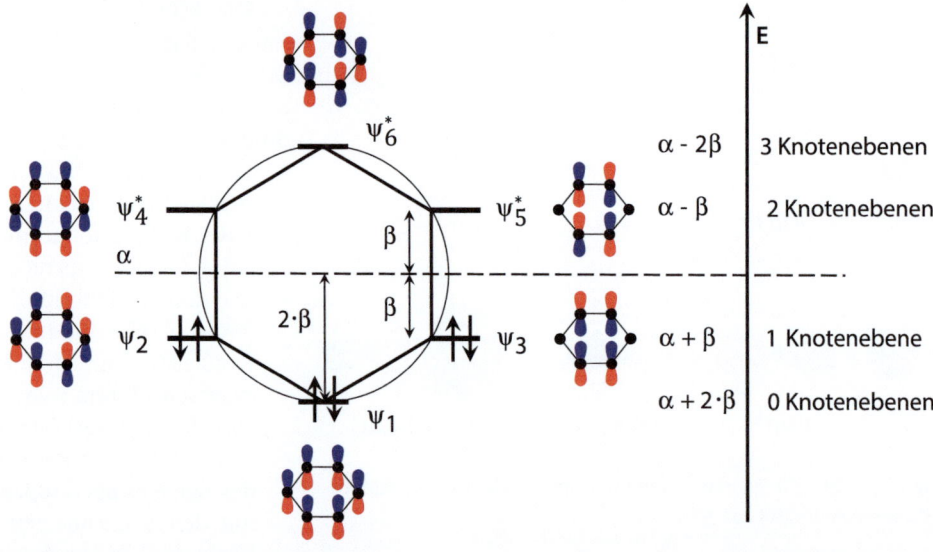

Abb. 3.23 Frost'scher Kreis für die sechs MO des Benzens, die sich aus den sechs p_z-Elektronen der Kohlenstoffatome ergeben

Tab. 3.8 Vergleich von VB- und MO-Theorie

	Valence-Bond-Theorie (VB-Theorie)	Molekülorbitaltheorie (MO-Theorie)
Jahr der Publikation	1927	1929/1932
Protagonisten	Heitler, London, Pauling	Hund, Mulliken, Slater, Lennard-Jones
Basis	Atomorbitale (AO) verschmelzen zu entarteten Hybridorbitalen	Schrödingergleichung Elektronen als stehende Materiewellen
Bindungen	Überlappung von Atom- und/oder Hybridorbitalen zwischen zwei Atomen zu lokalisierten Einfach-/Zweifach-/Dreifachbindungen	Atom- und/oder Molekülorbitale kombinieren zu Molekülorbitalen, die sich über das ganze Molekül erstrecken können. Bindungsordnung statt Mehrfachbindung
Lage von Bindungen	Elektronenpaare sind zwischen zwei Atomen lokalisiert	Bindungselektronen sind über das ganze Molekül delokalisiert
Art der Bindungen	σ-Bindungen: rotationssymmetrisch um Kernbindungsachse π-Bindungen: Knotenebene beinhaltet Kernbindungsachse	Bindende, nichtbindende und antibindende Molekülorbitale von oft komplexer Gestalt
Mesomerie	Mehrere Lewis-Formeln sind nötig, um Mesomerie (Resonanz) zu beschreiben	Integrativer Bestandteil der Theorie

Die energetische Lage der sechs MO des Benzens lässt sich anschaulich mithilfe des Frost'schen Kreises (Abb. 3.23) darstellen. Dazu wird ein gleichmäßiges Sechseck mit einer nach unten zeigenden Ecke und seinem Umkreis gezeichnet. Die Berührungspunkte des Sechsecks mit dem Umkreis geben die relative energetische Lage der sechs Molekülorbitale zur Referenzlinie α an. Diese Linie α entspricht der Energie eines Elektrons in einem $2p_z$-Orbital relativ zu einem freien, ungebundenen Elektron. Der Wert für α beträgt −1086 kJmol^{-1}. In der Regel wird der Wert der „Referenzlinie" α jedoch auf null gesetzt, da die Resonanzstabilisierungsenergie (β) von delokalisierten π-Elektronen relativ zur α-Linie (lokalisiertes Elektron) von Interesse ist.

Der Radius des Umkreises beträgt 2β, wobei β der Resonanzstabilisierungsenergie (Absenkungsenergie) entspricht, die frei wird, wenn ein lokalisiertes 2p-AO in ein π-MO übergeht, das durch seitliche Überlagerung zweier benachbarter 2p-AO entsteht. Der Wert von β beträgt für Benzen ca. −75 kJmol^{-1}.

Die Energieeigenwerte der MO des Benzens ergeben sich gemäß dem Frost'schen Kreis und der Hückel-Gleichung (Gl. 3.2) zu:

$$E(\psi_1) = \alpha + 2\beta \quad E(\psi_2) = \alpha + \beta \quad E(\psi_3) = \alpha + \beta \quad E(\psi_4^*) = \alpha - \beta \quad E(\psi_5^*) = \alpha - \beta \quad E(\psi_6^*) = \alpha - 2\beta$$
(3.3)

Da die sechs p_z-AO der Kohlenstoffatome jeweils ein Elektron einbringen, sind insgesamt sechs Elektronen nach dem Aufbauprinzip auf die MO des Benzens zu verteilen. Die sechs Elektronen besetzen die drei bindenden MO des Benzens Ψ_1, Ψ_2, und Ψ_3. Die Gesamtenergie der sechs Elektronen des Benzens errechnet sich zu:

$$E_{ges} = 2(\alpha + 2\beta) + 2(\alpha + \beta) + 2(\alpha + \beta) = 6\alpha + 8\beta$$
(3.4)

Im Vergleich dazu weist Ethen für zwei π-Elektronen eine Absenkungsenergie von $2\alpha + 2\beta$ auf. Ein hypothetisches Cyclohexa-1,3,5-trien hätte somit eine Stabilisierungsenergie von $6\alpha + 6\beta$. Durch die Überlappung der sechs $2p_z$-AO ist Benzen somit um 2β stabiler. Dies erklärt, warum Benzen kein Brom addiert. Die Bromaddition würde zwei sp^2-C-Atome des Benzens in zwei sp^3-Atome überführen und somit die Überlappung zerstören, wodurch die Elektronen nicht mehr über das ganze Benzenmolekül delokalisiert wären.

Der Energieunterschied zwischen den LUMO (Ψ_4^*, Ψ_5^*) und den HOMO (Ψ_2, Ψ_3) beträgt:

$$\Delta E(LUMO - HOMO) = \alpha - \beta - (\alpha + \beta) = -2 \cdot \beta \quad (3.5)$$

Da β negativ ist, wird bei der Delokalisation des Elektrons Energie frei. Daher ist es auch nur folgerichtig, dass für den HOMO-LUMO-Übergang die Anregungsenergie ΔE ein positives Vorzeichen aufweist, da für eine solche Anregung Energie aufgebracht werden muss ($\Delta \cdot E = -2 \cdot (-75$ kJmol$^{-1}) = +150$ kJmol^{-1}.

Die Bindungsordnung für die π-Elektronen errechnet sich zu $BO(\pi) = 0{,}5 \cdot (6 - 0) = 3$. Da die sechs π-Elektronen gleichmäßig über den Kohlenstoffsechsring verschmiert sind, ergibt sich unter Berücksichtigung der σ-Bindungen zwischen jeweils zwei Kohlenstoffatomen eine Bindungsordnung von $BO = 1 + 3/6 = 1{,}5$.

Die Bindungsordnung von 1,5 zwischen den Kohlenstoffatomen erklärt nicht nur die Reaktionsträgheit des Benzens, sondern auch die Bindungslängen zwischen den Kohlenstoffatomen von 139 pm, was zwischen der Bindungslänge einer Kohlenstoff-Kohlenstoff-Einfachbindung (154 pm) und einer Kohlenstoff-Kohlenstoff-Zweifachbindung (134 pm) liegt.

3.4 Metallbindung – Freies Elektronengas stabilisiert Gitter aus Metallkationen

Nachdem wir die chemische Bindung von Metallen mit Nichtmetallen (Ionenbindung) sowie Nichtmetallen mit Nichtmetallen (Atombindung) betrachtet haben, bleibt noch die Möglichkeit, dass Metalle unter sich wechselwirken (Tab. 3.9).

Ein Natriumatom kann aufgrund seiner Elektronenkonfiguration maximal ein Valenzelektron mit einem anderen Natriumatom teilen und erreicht daher niemals ein Elektronenoktett. Zudem ist es nicht möglich, dass ein einzelnes Natriumatom Elektronen von sieben anderen Natriumatomen aufnimmt, da sich dann sieben negative elektrische Ladungen an einem Atom anhäufen würden. Abgesehen davon, dass es mit zunehmender negativer Ladung für jedes weitere Elektron immer schwieriger würde, in die Valenzschale zu gelangen, würde es dort nicht lange bleiben, da die abstoßenden Coulombkräfte zu groß wären.

Tab. 3.9 Überblick Metallbindung

Parameter	Metallbindung
Beteiligte Elemente	Metall und Metall
ΔEN	0, für elementare Metalle < 0,8 für Legierungen, unterschiedliche Metalle
Bindungsmechanismus	Abgabe der Valenzelektronen in den freien Raum des Metallgitters, bewegliches Elektronengas, Metallkationen formen Metallgitter aus
Bindungskräfte	Elektrostatische Coulombwechselwirkung zwischen Elektronengas und kationischem Metallgitter
Ergebnis	Metallgitter wird durch das delokalisierte Elektronengas stabilisiert
Eigenschaften	Duktil, verformbar, glänzend, leiten elektrischen Strom und Wärme sehr gut, Feststoffe mit Ausnahme Quecksilber

3.4.1 Elektronengasmodell – Valenzelektronen bewegen sich frei durch das Metallgitter

Natriumatome (EN = 0,93) geben ihre schwach gebundenen Valenzelektronen ab. Die entstehenden Natriumkationen bilden ein dichtest gepacktes Metallgitter, das von den freien Elektronen „umschwirrt" und zusammengehalten wird. Das Elektronengas ist im Metallgitter frei beweglich und nicht mehr einzelnen Natriumatomen zuordenbar. Es trägt zur hervorragenden thermischen und elektrischen Leitfähigkeit sowie zum metallischen Glanz von Metallen bei.

Wird elektrische Spannung an ein Werkstück aus Metall angelegt, dann wandern die freien Elektronen zur positiven Elektrode (Anode). Die elektrische Leitfähigkeit (▶ Abschn. 15.1.6) nimmt mit steigender Temperatur ab, da die Metallrumpfkationen (◘ Abb. 3.24) mit zunehmender Temperatur stärker schwingen, was den freien Elektronenfluss behindert.

3.4.2 MO-Theorie – Zahllose Atomorbitale überlappen zu Energiebändern

Einen tieferen Einblick in die Bindungsverhältnisse von Metallen ermöglicht erneut die Molekülorbitaltheorie. Bisher haben wir die MO-Theorie auf die Kombination von Atomorbitalen zweier Atome zu Molekülorbitalen beschränkt und das Ergebnis in einem Energiediagramm dargestellt. In einem Metallgitter sind die einzelnen Metallatome so eng gepackt, dass die Atomorbitale der einzelnen Metallatome überlappen und „Molekülorbitale" bilden, die sich über das ganze Metallgitter erstrecken. Die Elektronen sind somit delokalisiert und können sich frei über das Gitter bewegen.

Im Fall von Natrium überlappen beispielsweise N 3s-Valenzorbitale und bilden N/2 3σ-bindende MO und N/2 3σ*-antibindende MO, sodass insgesamt N Molekülorbitale entstehen. Aufgrund des Pauli-Verbots müssen sich alle N MO in ihrem Energieniveau unterscheiden.

Da nahezu unendlich viele Metallatome miteinander wechselwirken, wird die Energiedifferenz zwischen den MO unendlich klein. Außerdem ist der Energiezustand eines MO nicht absolut scharf, sodass die N MO letztendlich ein kontinuierliches 3s-Energieband bilden (◘ Abb. 3.25a). Das energetisch höchst liegende Band, das mit Elektronen belegt ist (Analogie zu HOMO), wird als Valenzband (VB) bezeichnet. Das energetisch tiefstliegende Band, das keine Elektronen aufweist (Analogie zu LUMO), wird als Leitungsband (LB) bezeichnet (◘ Abb. 3.25). Teilweise mit Elektronen gefüllte Bänder sind gleichzeitig Valenz- und Leitungsbänder (◘ Abb. 3.25a). Dadurch können sich die freien Elektronen in einem Kontinuum aus sehr großen Elektronenorbitalen, die sich über das ganze Metallgitter erstrecken, bewegen. Die Elektronen sind aber nur mobil, wenn das Valenzband nicht vollständig mit Elektronen besetzt ist.

3.4.3 Elektrische Leiter – Halbleiter – Isolatoren

Im Fall der Alkalimetalle ist das s-Valenzband nur zur Hälfte (N/2 Energieniveaus) mit Elektronen besetzt (◘ Abb. 3.25a). Durch Wechsel in die energetisch kaum höher liegenden, unbesetzten Energieniveaus (MO) können sich Elektronen sehr leicht via Valenzband durch das Gitter aus Natriumatomen bewegen. **Elektrische Leitfähigkeit** ist charakteristisch für Metalle und auf teilweise gefüllte Bänder zurückzuführen (◘ Abb. 3.25a).

Magnesium ($3s^2$) wäre eigentlich ein Isolator, weil alle Energieniveaus (MO) des Valenzbands komplett besetzt sind. Aufgrund des Pauli-Prinzips können keine Elektronen angeregt werden, um zu fließen. Da die 3p-Orbitale des Magnesiums ebenfalls ein Band (LB) ausbilden, das mit dem 3s-Valenzband energetisch überlappt (◘ Abb. 3.25b), können Elektronen ins leere 3p-Band wechseln und sich im Kontinuum des 3p-Bandes über das gesamte Metallgitter frei bewegen. Daher wird das 3p-Band des Magnesiums als Leitungsband bezeichnet.

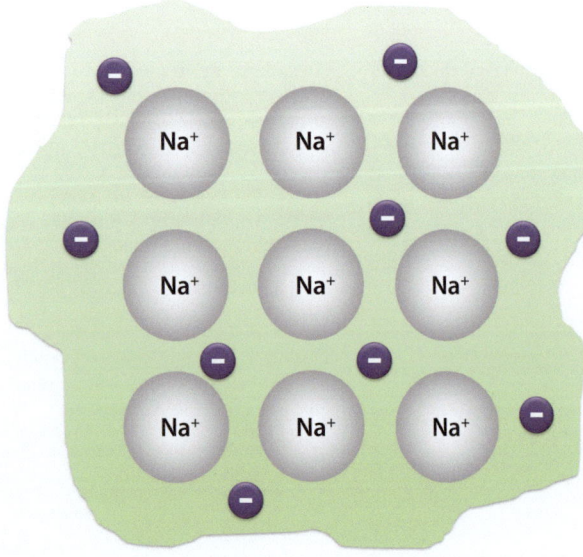

◘ **Abb. 3.24** Elektronengasmodell. Elektronen bewegen sich frei durch das Metallrumpfgitter

3.4 · Metallbindung – Freies Elektronengas stabilisiert Gitter aus Metallkationen

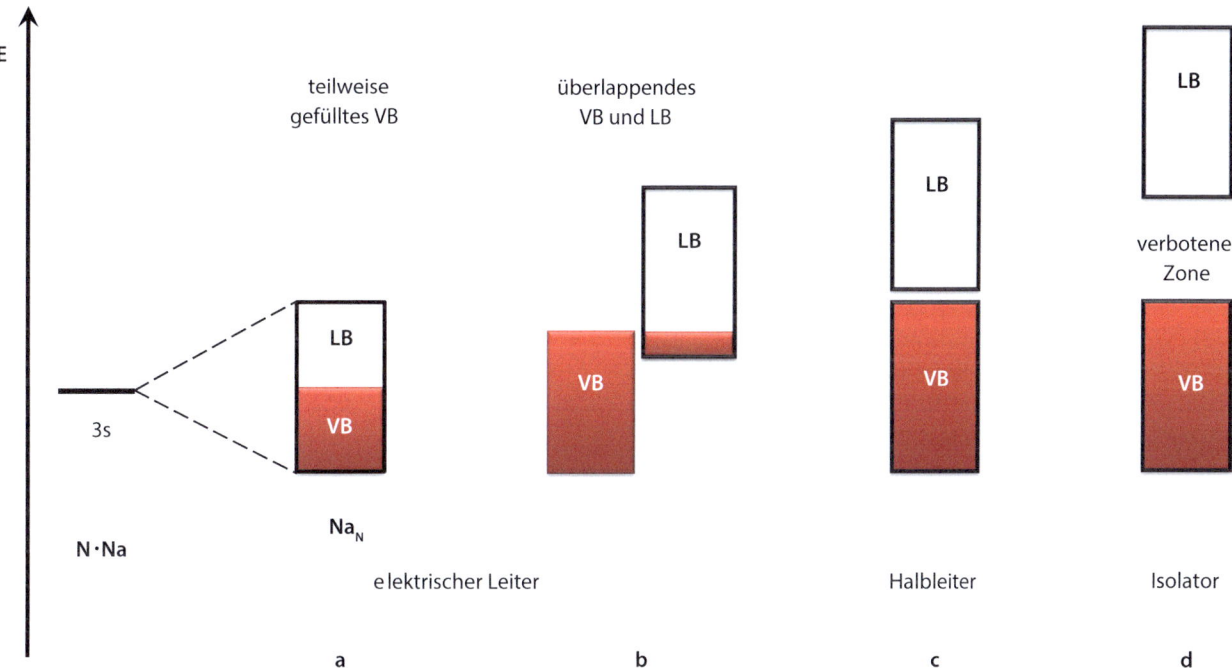

Abb. 3.25 Bändermodell für elektrische Leiter, Halbleiter und Isolatoren

Abb. 3.26 Hexagonal-dichteste Kugelschicht (**a**), hexagonal-dichteste (**b**) und kubisch-dichteste Kugelpackung (**c**)

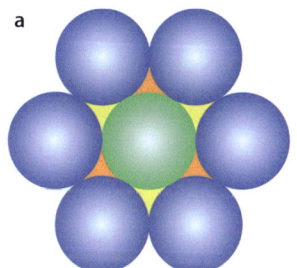 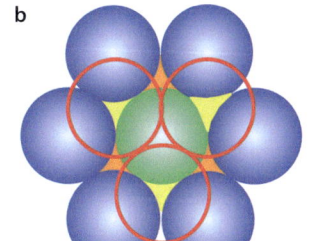 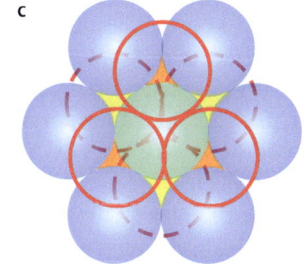

Ist eine größere Energielücke - eine sogenannte verbotene Zone - zwischen Valenzband und Leitungsband vorhanden und ist das Valenzband vollständig mit 2·N Elektronen besetzt, liegt ein **elektrischer Isolator** vor. Im Valenzband sind keine Energieniveaus frei und die verbotene Zone kann durch die Elektronen nicht überwunden werden, wodurch die Elektronen unbeweglich sind (Abb. 3.25d).

In Halbleitern wie Silizium und Germanium ist dagegen die verbotene Zone, also der Abstand zwischen Valenz- und Leitungsband, so klein, dass Elektronen durch Energiezufuhr vom Valenzband in das Leitungsband wechseln können. Bereits durch Erwärmen kann dieser Übergang angeregt werden (Abb. 3.25c), was erklärt, warum für **elektrische Halbleitern** mit zunehmender Temperatur die elektrische Leitfähigkeit zunimmt.

3.4.4 Metallgitter – Metallatome bilden dichteste Kugelpackungen

Metallgitter werden durch elektrostatische Wechselwirkungen zwischen dem Elektronengas und den Metallkationen zusammengehalten. Die einzelnen Metallkationen schwingen um ihre Gleichgewichtslage, bleiben jedoch auf festen Positionen im Gitter. Die metallische Bindung wirkt gleichmäßig in alle Raumrichtungen. Die meisten Metallgitter bilden eine hexagonal-dichtest, kubisch-dichtest oder kubisch raumzentrierte Kugelpackung.

Werden die Metallkationen durch Kugeln repräsentiert und möglichst dicht in einer Ebene gepackt, berührt jede Kugel (z. B. die grüne Kugel) in dieser Ebene sechs benachbarte blaue Kugeln und bildet eine hexagonal-dichteste Kugelschicht (Abb. 3.26a).

Zwischen den Kugeln entstehen zwei unterschiedliche Tetraederlücken: eine mit der Spitze nach oben (orangefarben markiert) und eine mit der Spitze nach unten (gelb markiert). Wird unterhalb und oberhalb der blauen Kugelschicht jeweils eine weitere hexagonal-dichteste Kugelschicht (rote Kugeln) platziert (Abb. 3.26b), sodass die roten Kugeln in den Tetraederlücken mit der Spitze nach unten (gelb markiert) zu liegen kommen, ergibt sich eine dichteste Kugelpackung. Die grüne Kugel steht dann im direkten Kontakt mit sechs blauen Nachbarkugeln in der Ebene sowie mit je drei roten Kugeln der unteren und der oberen Schicht. Die grüne Kugel weist somit eine Koordinationszahl von zwölf auf (KZ = 12).

Die Struktur wird als hexagonal-dichteste Kugelpackung bezeichnet (Abb. 3.26b). Magnesium kristallisiert typischerweise in dieser ABAB-Folge aus (A: rote Kugelschicht, B: blaue Kugelschicht), weshalb diese Struktur auch als Mg-Typ bezeichnet wird. Die Raumfüllung einer hexagonal-dichtesten Kugelpackung beträgt 74 % und die Koordinationszahl ist 12.

Kupfer kristallisiert hingegen in der Schichtenfolge ABCABC. Das bedeutet, die unterhalb der blauen hexagonal-dichtesten Kugelschicht liegende rote Kugelschicht (rot gestrichelt) liegt in den Lücken der Zwickelräume mit den gelben Dreiecken (Abb. 3.26c). Dagegen kommt die oberhalb der blauen Ebene liegende Kugelschicht (rote Kreise) in den Lücken mit den orangefarbenen Dreiecken zu liegen. Somit ist die obere Kugelschicht zur unteren um eine Lücke verschoben, wodurch sich eine ABCABC-Schichtenfolge ergibt. Nur jede vierte Kugelschicht ist deckungsgleich. Diese kubisch-dichteste Kugelpackung (Cu-Typ) hat ebenfalls eine Raumfüllung von 74 % und eine Koordinationszahl von zwölf (Abb. 3.26c).

Die dritte wichtige Metallgitterstruktur ist die kubisch raumzentrierte (innenzentrierte) Kugelpackung. In dieser Struktur besetzen die Metallkationen die Ecken eines Würfels und in der Würfelmitte befindet sich ebenfalls ein Metallkation (Abb. 3.27, rote Kugel). So ist jedes Metallkation von acht benachbarten Metallkationen umgeben. Wolfram und die Alkalimetalle kristallisieren in diesem Gittertyp (W-Typ). Die Raumfüllung dieser Struktur ist mit 68 % etwas geringer als bei den dichtesten Kugelpackungen. Die Koordinationszahl jedes Metallkations beträgt acht.

3.5 Komplexbindung – Liganden gruppieren sich um ein Zentralatom

Ein vierter Bindungstyp (ZL_n), die Komplexbindung, besteht aus einem Zentralatom (Z), das von mindestens zwei Liganden (L) umgeben wird. Diese Liganden sind über deren freie Elektronenpaare an das Zentralatom gebunden, d. h., die Liganden stellen dem Zentralatom (Z) ganze Elektronenpaare zum Erreichen der Edelgaskonfiguration zur Verfügung. Die Anzahl (n) an Liganden, die das Zentralatom umgeben, entspricht der Koordinationszahl, die meist zwei, vier oder sechs beträgt. Die Bindung der Liganden an das Zentralatom ist so fest, dass charakteristische Nachweisreaktionen des Zentralatoms oft nicht ansprechen.

> ▶ **Beispiel - Hexacarbonylchrom, $Cr(CO)_6$**
> Das Zentralatom (Z) Chrom (Cr) ist von sechs Molekülen Kohlenstoffmonoxid (CO) umgeben (Abb. 3.28). Die Koordinationszahl beträgt somit sechs. Die sechs Liganden sind symmetrisch um das Zentralatom angeordnet, was zu einer oktaedrischen Koordinationssphäre führt (Abb. 3.28). ◀

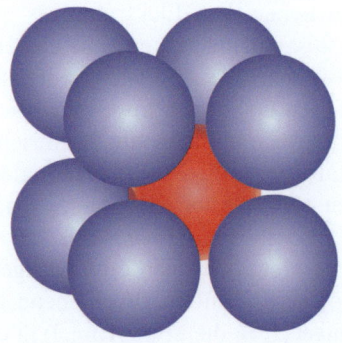

 Abb. 3.27 Metallgitter mit kubischer Raumzentrierung

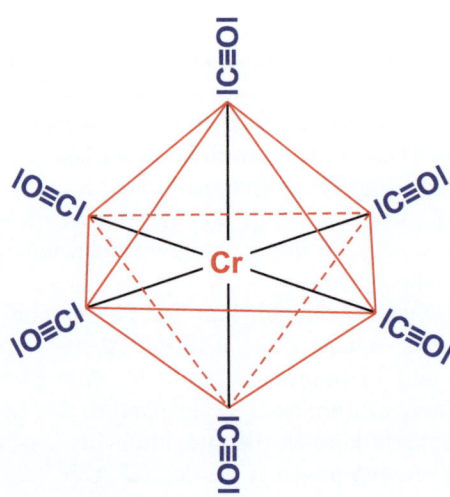

 Abb. 3.28 Oktaedrischer Hexacarbonylchromkomplex, Z = Cr, L = CO, n = 6

Chrom gehört zur sechsten Nebengruppe, weist die Elektronenkonfiguration [Ar]3d⁵4s¹ auf und verfügt somit über sechs Valenzelektronen.

Nebengruppenmetalle erreichen mit 18 Valenzelektronen Edelgaskonfiguration ($d^{10}s^2p^6$). Somit fehlen Cr zwölf Elektronen, um die Edelgaskonfiguration des Kryptons [Ar]3d¹⁰4s²4p⁶ = [Kr] zu erreichen.

Die fehlenden zwölf Elektronen werden von den sechs CO-Liganden dem Chromatom zur Verfügung gestellt.

Die Kohlenstoffmonoxid-Chrom-Bindungen bestehen aus je einer σ-Hinbindung der CO-Liganden zum Chromatom und je einer π-Rückbindung des Chromatoms zu den einzelnen CO-Liganden (◘ Abb. 3.30).

3.5.1 MO-Theorie – Orbitale der Liganden wechselwirken mit den Valenzorbitalen des Metalls

■ Grundlagen

◘ Abb. 3.29 zeigt das vereinfachte MO-Diagramm von Hexacarbonylchrom [Cr(CO)₆]. Es werden lediglich die Wechselwirkungen der neun Valenzorbitale des Chroms (3d⁵, 4s¹, 4p⁰) mit den Grenzorbitalen (HOMO, LUMO) der sechs CO-Liganden betrachtet, da nur diese zur Bildung von HOMO und LUMO des Cr(CO)₆-Komplexes beitragen.

Mulliken-System

Die MO des Komplexes sind gemäß dem Mulliken-System bezeichnet. Dabei steht der erste Buchstabe für den Entartungsgrad des Orbitals (a für nicht entartet, e für zweifach entartet, t für dreifach entartet). Eine folgende tiefgestellte Ziffer gibt das spiegelsymmetrische Verhalten des Orbitals an (1 für spiegelsymmetrisch, 2 für nicht spiegelsymmetrisch). Die nachfolgenden tiefgestellten Buchstaben g und u geben den zentrosymmetrischen Charakter des Orbitals (g für zentrosymmetrisch, u für nicht zentrosymmetrisch) an. $t_{2g}*$ bedeutet somit, dass es sich um ein antibindendes MO (*) handelt, das dreifach entartet ist (t) und keine Spiegelsymmetrie (2) aber Zentrosymmetrie (g) aufweist.

Die in ◘ Abb. 3.29 aus Platzgründen „gestapelten" Orbitale sind in Wirklichkeit entartet und müssten eigentlich nebeneinander auf gleicher Höhe dargestellt werden.

Um die Bindungsverhältnisse des Komplexes möglichst einfach zu beschreiben, wird das Chromatom in die Mitte eines kartesischen Koordinatensystems gesetzt und die sechs CO-Liganden auf die drei Raumachsen positioniert. Da die Orbitale der Liganden energetisch tiefer liegen, haben die bindenden MO des Komplexes mehr Ligandencharakter, während die antibindenden MO mehr Metallcharakter aufweisen.

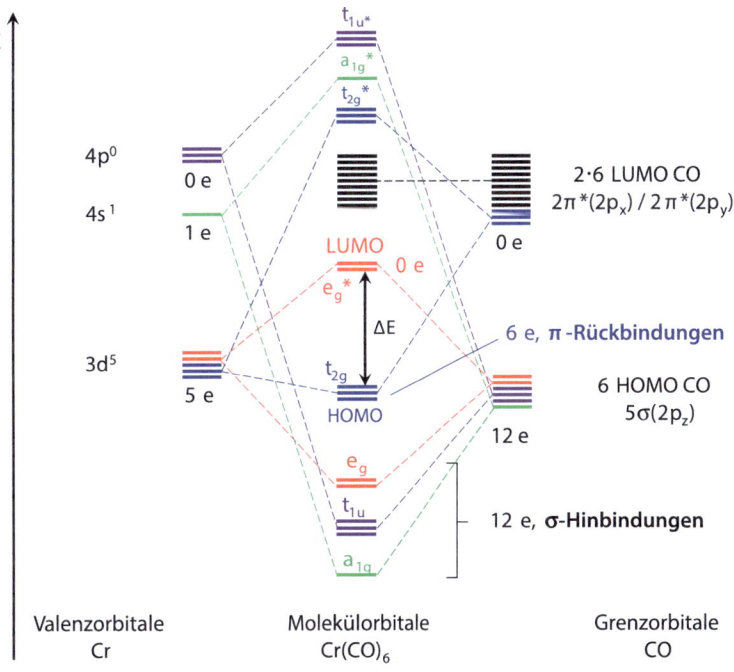

◘ **Abb. 3.29** MO-Diagramm von Hexacarbonylchrom, Cr(CO)₆

σ-Hinbindungen (M←L)

Betrachten wir zunächst das σ-Bindungsgerüst (ohne Knotenebene **entlang** der M−C≡O-Bindungsachsen) des Komplexes. Die sechs HOMO (5σ, Abb. 3.20) des CO ergeben folgende rotationssymmetrische Linearkombinationen mit den AO des Chroms:

- Ein bindendes (a_{1g}) und antibindendes (a_{1g}^*) MO mit dem 4s-AO des Chroms (grüne Linien, Abb. 3.29).
- Drei entartete bindende (t_{1u}) und antibindende (t_{1u}^*) MO mit den $4p_x$-, $4p_y$- und $4p_z$-AO des Chroms entlang der Koordinatenachsen (violette Linien).
- Zwei entartete bindende (e_g) und antibindende (e_g^*) MO mit den $3d_{z^2}$- und $3d_{x^2-y^2}$-AO entlang der Koordinatenachsen (rote Linien, Abb. 3.29). Die antibindende Linearkombination entspricht dem LUMO des Komplexes.

π-Rückbindungen (M→L)

Darüber hinaus bilden sich noch π-Bindungen (eine Knotenebene, die die M−C≡O-Bindungsachsen enthält) zwischen dem Chromatom und den LUMO ($2\pi^*$) der CO-Liganden. Die restlichen 3d-AO (d_{xy}, d_{xz}, d_{yz}), deren Orbitallappen zwischen den Koordinatenachsen liegen, kommen durch die σ-Bindungsfixierung der CO-Liganden den $2\pi^*$-LUMO der CO-Liganden (Abb. 3.30a) so nahe, dass sie mit diesen zu drei nichtbindenden (t_{2g}) und drei antibindenden (t_{2g}^*) MO überlappen (Abb. 3.29, blaue Linien). Die Linearkombination (t_{2g}) entspricht dem HOMO der Komplexverbindung.

Verteilt man nun die 18 Elektronen (6·2 von den sechs CO-Liganden und sechs Elektronen des zentralen Chromatoms) nach dem Aufbauprinzip, dann besetzen 18 Elektronen die bindenden MO des Komplexes. Somit ergibt sich als Bindungsordnung zwischen dem Cr-Zentralatom und dem jeweiligen CO-Liganden BO = 18/(6·2) = 1,5, d. h. je Ligand eine σ-Hinbindung und eine halbe π-Rückbindung.

Zusammengefasst sind die einzelnen σ-Hinbindungen das Ergebnis der Linearkombination des mit zwei Elektronen besetzten großen Orbitallappens des HOMO (5σ, $2p_z$) der CO-Liganden mit einem leeren Atomorbital des Chroms geeigneter Symmetrie, z. B. 4s, 4p, 3d (Abb. 3.30b). Durch diese koordinative σ-Hinbindungen erhöht sich die Elektronendichte am Cr-Zentralatom, was einem energetisch ungünstigen Zustand entspricht.

Über drei weitere entartete 3d-AO des Chroms (d_{xy}, d_{xz}, d_{yz}) wird durch Überlappung Elektronendichte auf die entarteten LUMO [$2\pi^*(2p_y)$, $2\pi^*(2p_x)$] der CO-Liganden zurückgegeben (Rückbindung), wodurch die Elektronendichte am Chromatom verringert wird. Dies führt zu drei entarteten π-Bindungen (t_{2g}) zwischen dem Chromatom und den Kohlenstoffatomen der CO-Liganden (Abb. 3.30a), was die BO = (6 + 3)/6 = 1,5 erklärt.

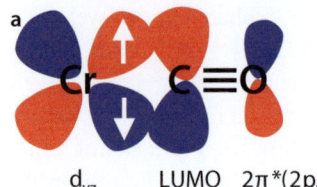

π-Rückbindung
CO-LUMO als Elektronenakzeptor

d_{yz} LUMO $2\pi^*(2p_y)$

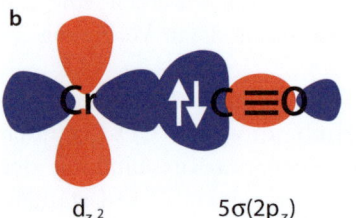

σ-Hinbindung
CO-HOMO als Elektronendonator

d_{z^2} $5\sigma(2p_z)$

Abb. 3.30 Die Kombination aus koordinativer Hinbindung (Cr←|C≡O|, (**a**) und π-Rückbindung (Cr→|C≡O|, (**b**) stabilisiert den $Cr(CO)_6$-Komplex

3.5.2 Ligandenfeldtheorie – Entartung der d-Orbitale des Zentralatoms wird durch Liganden aufgehoben

Die MO-Theorie behandelt die Bindungen in Komplexverbindungen als Linearkombinationen von Orbitalen des Zentralatoms und der Liganden. Obwohl die MO-Theorie sehr aussagekräftig ist, ist sie für den alltäglichen Gebrauch zu aufwendig.

Im Gegensatz dazu betrachtet die Ligandenfeldtheorie die Liganden nicht quantenmechanisch als Orbitale, sondern als elektrostatische Punktladungen, deren elektrischen Felder (Ligandenfeld) mit den fünf entarteten d-Atomorbitalen des Zentralatoms wechselwirken. Im Unterschied zur MO-Theorie wird somit nur das Zentralatom (z. B. Cr) quantenmechanisch behandelt. Als Ergebnis liefert die Ligandenfeldtheorie die energetische Aufspaltung der fünf entarteten d-Atomorbitale des Metallzentralatoms abhängig von der Geometrie (Abb. 3.31) und Stärke des Ligandenfelds.

Im Vergleich zur MO-Theorie (Abb. 3.29) fokussiert die Ligandenfeldtheorie ausschließlich auf die für das chemische Reaktionsverhalten und die physikalischen Eigenschaften von Komplexverbindungen (Z. B. Farbe, Magnetismus) entscheidenden Grenzorbitale (HOMO, LUMO).

3.5 · Komplexbindung – Liganden gruppieren sich um ein Zentralatom

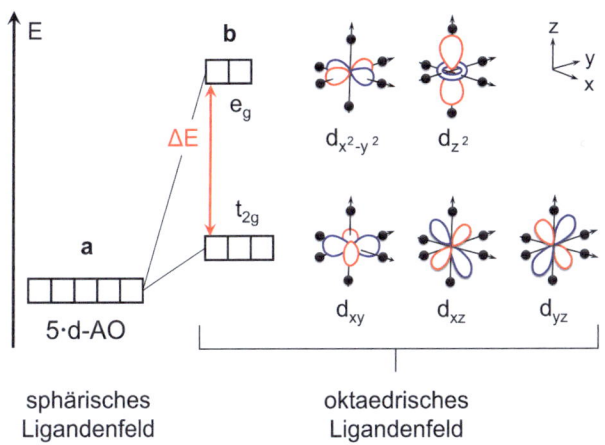

■ **Abb. 3.31** Aufspaltung der fünf entarteten d-Orbitale (a) in einem oktaedrischen Ligandenfeld (b)

Ohne den Einfluss von Liganden, d. h. bei fehlender Einwirkung eines Ligandenfelds, sind die fünf d-Valenzorbitale von Übergangsmetallen entartet, verfügen also über den gleichen Energiezustand (■ Abb. 3.31a).

In Übergangsmetallkomplexen gruppieren sich Liganden (■ Abb. 3.31, schwarze Punkte) um das zentrale Übergangsmetallatom. Je nach Anzahl der Liganden weist der Komplex unterschiedliche Geometrie auf. Die meisten Übergangsmetallkomplexe besitzen eine oktaedrische (ML_6) oder tetraedrische (ML_4) Ligandenumgebung.

Durch **unterschiedliche** elektrostatische Wechselwirkungen, die von der räumlichen Annäherung der Liganden an die Orbitale des Metallzentralatoms resultieren, wird die energetische Entartung der fünf d-Valenzorbitale aufgehoben, sodass diese Orbitale unterschiedliche Energiezustände einnehmen.

Am Beispiel Hexacarbonylchrom, $Cr(CO)_6$ wird dies exemplarisch für ein oktaedrisches Ligandenfeld verdeutlicht:

— Das Chromatom befindet sich im Ursprung eines kartesischen Koordinatensystems und hat fünf entartete d-Orbitale (■ Abb. 3.31a).
— Je nach räumlicher Orientierung der d-Orbital-Lappen werden die einzelnen Orbitale als d_{xy}, d_{yz}, d_{xz}, $d_{x^2-y^2}$, d_{z^2} bezeichnet. Beim $d_{x^2-y^2}$- und d_{z^2}-Orbital liegen die Orbitallappen direkt auf den entsprechenden Achsen. Im Fall des d_{xy}-Orbitals liegen alle vier Orbitallappen zwischen den Achsen in der xy-Ebene. Für das d_{yz}- und das d_{xz}-Orbital gelten die analogen Aussagen.
— Durch Annäherung der sechs CO-Liganden auf den Raumachsen x, y, z spaltet der fünffach entartete Zustand der d-Orbitale des Chromatoms in einen dreifach (t_{2g}) und zweifach (e_g) entarteten Zustand auf (■ Abb. 3.31b).
— Die e_g-Orbitale $d_{x^2-y^2}$ und d_{z^2} werden energetisch angehoben, da deren Orbitallappen direkt auf den kartesischen Achsen liegen und somit eine intensive elektrostatische Abstoßung durch den negativen Pol der sich annähernden CO-Liganden erfahren.
— Die t_{2g}-Orbitale d_{xy}, d_{yz}, d_{xz} werden energetisch weniger stark angehoben, da ihre Orbitallappen zwischen den kartesischen Achsen liegen und nicht direkt den CO-Liganden zugewandt sind. Daher fällt die elektrostatische Wechselwirkung mit dem negativen Pol der CO-Liganden schwächer aus.
— Der energetische Unterschied zwischen den d_{xy}, d_{yz}, d_{xz} und $d_{x^2-y^2}$, d_{z^2}-Orbitalen wird als Ligandenfeldaufspaltungsenergie ΔE bezeichnet (■ Abb. 3.31, roter Pfeil). Diese Aufspaltung und die entsprechenden Elektronenübergänge erklären nach der Belegung der Grenzorbitale mit den d-Elektronen des metallischen Zentrums u. a. die Farbigkeit und magnetischen Eigenschaften vieler Übergangsmetallkomplexe.
— Die Grenzorbitale (HOMO = t_{2g}, LUMO = e_g) des Ligandenfeldmodells (■ Abb. 3.31) entsprechen den Grenzorbitalen der MO-Theorie (■ Abb. 3.29).
— Die Größe der Aufspaltung nimmt mit der positiven Ladung des Zentralmetalls zu, da eine höhere positive Ladung des Metalls die Liganden stärker anzieht. Dies führt zu einer intensiveren Wechselwirkung zwischen den d-Orbitalen des Metalls und den Liganden. Zudem wird ΔE erheblich vom Ligandentyp beeinflusst. ΔE nimmt gemäß der empirisch bestimmten spektrochemischen Reihe zu: $I^- < Br^- < Cl^-, F^- < OH^- < H_2O < NH_3 < CN^- < CO$.

Die Leistungsfähigkeit der Ligandenfeldtheorie kann am unterschiedlichen magnetischen Verhalten der beiden Eisen(II)-Komplexe $[Fe(H_2O)_6]Cl_2$ und $K_4[Fe(CN)_6]$ verdeutlicht werden. Eisen ist ein Element der achten Gruppe, somit befinden sich bei zweiwertigen Eisenkationen sechs (8 − 2 = 6) Elektronen in den fünf d-Orbitalen. Während die H_2O-Liganden in $[Fe(H_2O)_6]^{2+}$ eine Ligandenfeldaufspaltung von lediglich 125 kJmol^{-1} (ΔE) ergeben, verursachen die CN^--Liganden in $[Fe(CN)_6]^{4-}$ eine Ligandenfeldaufspaltung von 395 kJmol^{-1} (ΔE).

Wie in ■ Abb. 3.32a dargestellt, werden die sechs Elektronen der Fe(II)-Ionen bei geringer Ligandenfeld-

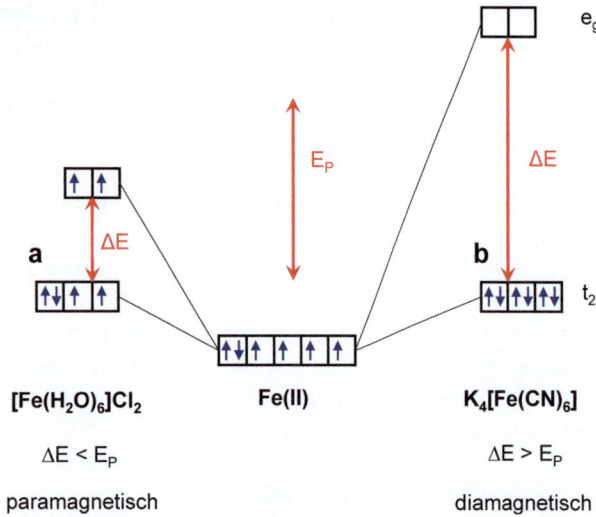

Abb. 3.32 Eisen(II)-Komplexe. High-Spin-Komplex (**a**) und Low-Spin-Komplex (**b**)

aufspaltung entsprechend der Hund'schen Regel gleichmäßig auf die fünf d-Orbitale verteilt, was zu einem High-Spin-Komplex führt (◘ Abb. 3.32a). Bei der stärkeren Ligandenfeldaufspaltung in $[Fe(CN)_6]^{4-}$ hingegen paaren sich die sechs Elektronen in den drei tiefer liegenden d-Orbitalen, wodurch ein Low-Spin-Komplex entsteht (◘ Abb. 3.32b).

$[Fe(H_2O)_6]Cl_2$ weist daher vier ungepaarte Elektronen auf und ist stark paramagnetisch, während $K_4[Fe(CN)_6]$ über keine ungepaarten Elektronen verfügt und sich deshalb diamagnetisch verhält.

Somit liegt ein High-Spin-Komplex immer dann vor, wenn die Ligandenfeldaufspaltungsenergie (ΔE) kleiner ist als die Energie ($E_P \approx 300$ kJmol^{-1}), die benötigt wird, um zwei Elektronen in ein gemeinsames Orbital zu zwingen ($\Delta E < E_P$). Ein Low-Spin-Komplexe bildet sich, wenn die Ligandenfeldaufspaltungsenergie größer ist als die Elektronenpaarbildungsenergie ($\Delta E > E_P$).

Stöchiometrie – Das Zahlengerüst der Chemie

Inhaltsverzeichnis

4.1 Absolute und relative Atommasse/Molekülmasse – 82

4.2 Stoffmenge Mol – Anzahl der Teilchen als Kriterium – 83

4.3 Molare Masse und molares Volumen – 84

4.4 Molarität – Die wichtigste Konzentrationseinheit der Chemie – 86

4.5 Chemische Formeln – Kompakte Darstellung mit hoher Aussagekraft – 87

4.6 Elementare Zusammensetzung von Verbindungen – 88

4.7 Summenformel – Herleitung aus der Elementarzusammensetzung – 89

4.8 Chemische Reaktionsgleichungen – Art und Anzahl der Atome ändern sich nicht – 90

Die Stöchiometrie (*stocheion*, griech. für Grundstoff, und *metron*, griech. für Maß) ist das mathematische Grundgerüst zur Berechnung quantitativer Beziehungen basierend auf chemischen Reaktionsgleichungen. Sie befasst sich mit der mengenmäßigen Zusammensetzung chemischer Verbindungen und den Stoffmengenverhältnissen von Ausgangsstoffen (Edukten) und Produkten chemischer Reaktionen. Ausgangsstoffe im stöchiometrischen Verhältnis einzusetzen, bedeutet, sie gemäß der zugrunde liegenden chemischen Reaktionsgleichung im exakt richtigen Stoffmengenverhältnis zur Reaktion zu bringen.

4.1 Absolute und relative Atommasse/Molekülmasse

■ Absolute Atommasse ($m_{A,a}$)

Die absolute Masse eines Atoms ($m_{A,a}$) ist unvorstellbar klein und wird in Kilogramm (kg) oder atomaren Masseneinheiten (u) angegeben.

So hat Wasserstoff als leichtestes Element eine absolute Masse von lediglich $1{,}674 \cdot 10^{-27}$ kg, Uran als schwerstes natürliches Element eine von $3{,}952 \cdot 10^{-25}$ kg. Die Masse so leichter Teilchen lässt sich mit keiner klassischen Waage messen, jedoch mit einem Massenspektrometer (▶ Abb. 2.12) bestimmen.

■ Atomare Masseneinheit (u)

Um nicht ständig mit den unhandlichen absoluten Massen hantieren zu müssen, wird die absolute Atommasse relativ zur atomaren Masseneinheit angegeben. Die atomare Masseneinheit (u) beträgt definitionsgemäß ein Zwölftel der absoluten Masse des Kohlenstoffisotops C-12.

$$1\,u = \frac{m_{C-12,a}}{12} = 1{,}6605 \cdot 10^{-27}\,kg \qquad (4.1)$$

■ Relative Atommasse ($m_{A,r}$)

Die relative Atommasse ($m_{A,r}$) gibt an, wie viel Mal größer die absolute Atommasse im Vergleich zur atomaren Masseneinheit (u) ist. So hat Sauerstoff die relative Atommasse von 15,9996, ist also ca. 16-mal schwerer als Wasserstoff, der eine relative Atommasse von 1,008 aufweist (◻ Abb. 4.1). Die relativen Atommassen können direkt aus dem Periodensystem der Elemente abgelesen werden. Als Verhältniszahl hat die relative Atommasse keine Einheit.

$$m_{A,r} = \frac{m_{A,a}}{\frac{m_{C-12,a}}{12}} = \frac{m_{A,a}}{1\,u} \qquad (4.2)$$

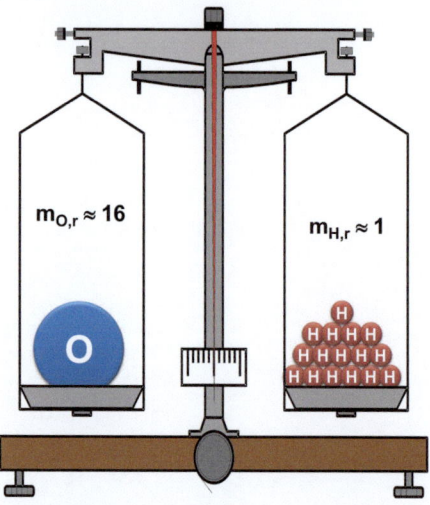

◻ **Abb. 4.1** Die relative Atommasse eines Sauerstoffatoms ist ca. 16-mal größer als die eines Wasserstoffatoms

$m_{A,r}$ – relative Atommasse

$m_{A,a}$ – absolute Atommasse, kg

$m_{C-12,a}$ – absolute Atommasse des Kohlenstoffisotops C-12, kg

u – atomare Masseneinheit, kg

Ein Blick ins Periodensystem zeigt, dass die relativen Atommassen der Elemente gebrochenzahlig sind. Die Abweichung von ganzen Zahlen ist für Elemente wie Wasserstoff (1,008) oder Kohlenstoff (12,01) gering, dagegen für Chlor (35,45) erheblich. Für die Abweichung der relativen Atommassen von ganzen Zahlen gibt es im Wesentlichen drei Gründe:

— Neutronen und Protonen haben leicht unterschiedliche Massen.
— Wenn Neutronen und Protonen zu einem Atomkern fusionieren, dann wird ein Teil der Masse als Energie freigesetzt ($E = \Delta m \cdot c^2$). Dieses Phänomen ist als Massendefekt in die chemische Literatur eingegangen.
— Die meisten Elemente sind keine Reinelemente, sondern Mischelemente, d. h., sie bestehen aus mehreren Isotopen (▶ Abschn. 2.4). Reinelemente wie Fluor, Natrium, Gold etc. zeichnet aus, dass sie aus nur einem Isotop bestehen.

Die relative Atommasse ($m_{A,r}$) eines Mischelements errechnet sich als Summe (Σ) der relativen Atommassen der einzelnen Isotope ($m_{A,r,i}$), gewichtet mit der prozentualen Häufigkeit (c_i) des jeweiligen Isotops.

$$m_{A,r} = \sum_i \frac{c_i}{100\%} \cdot m_{A,r,i} \quad i = \text{Isotop } i \qquad (4.3)$$

> **Beispiel**
>
> Das Mischelement Uran besteht aus den drei Isotopen U-238 mit 99,27 %, U-235 mit 0,72 % und U-234 mit 0,006 % relativer Häufigkeit. Die relative Atommasse von Uran errechnet sich in erster Näherung zu:
>
> $$m_{U,r} = (238 \cdot 0{,}9927) + (235 \cdot 0{,}0072) + (234 \cdot 0{,}00006)$$
> $$= 237{,}97$$
>
> Die exakte relative Atommasse von Uran beträgt 238,03. Die relativen Atommassen werden von der IUPAC (International Union of Pure and Applied Chemistry) festgelegt und verwaltet. Die IUPAC ist eine Vereinigung von Chemikern und wurde 1919 mit der Absicht gegründet, die weltweite Kommunikation in der Chemie zu fördern und zu standardisieren. ◄

■ **Massenzahl (A)**

Die Massenzahl (A) gibt die Anzahl der Nukleonen (Protonen, Neutronen) eines Isotops an und entspricht somit der Summe (A = Z + N) aus Ordnungszahl (Z) und Neutronenzahl (N). Im Unterschied zur relativen Atommasse ist die Massenzahl stets ganzzahlig.

Die Massenzahl wird meist dazu verwendet, um ein bestimmtes Isotop wie C-12 oder C-13 zu spezifizieren. In Formeln wie Uranhexafluorid wird die Massenzahl links oben vor dem Isotopenelement platziert, z. B. $^{235}UF_6$ oder $^{238}UF_6$.

■ **Relative molare Masse ($m_{M,r}$)**

Für Moleküle errechnet sich die relative molare Masse ($m_{M,r}$) als Summe (Σ) der relativen Atommassen ($m_{A,r,i}$) der einzelnen Elemente (i) unter Berücksichtigung der jeweiligen stöchiometrischen Anzahl (ν_i) an Atomen im Molekül. Die relative molare Masse gibt an, wie viel Mal schwerer ein Molekül ist als die atomare Masseneinheit (u).

$$m_{M,r} = \sum_i \nu_i \cdot m_{A,r,i} \qquad (4.4)$$

$M_{M,r}$ – relative molare Masse
ν_i – stöchiometrischer Faktor des Elements i
$m_{A,r,i}$ – relative Atommasse des Elements i

> **Beispiel**
>
> Die relative molare Masse für Phosphorsäure (H_3PO_4) ergibt sich wie folgt:
> - Phosphorsäure besteht aus den Elementen Wasserstoff (H), Phosphor (P) und Sauerstoff (O).
> - Ein Molekül Phosphorsäure enthält drei Atome Wasserstoff (ν_H = 3), ein Atom Phosphor (ν_P = 1) und vier Atome Sauerstoff (ν_O = 4). Die relative Atommasse beträgt für Wasserstoff 1,008, für Phosphor 30,974 und für Sauerstoff 15,999.
> - $m_{H3PO4,r} = 3 \cdot 1{,}008 + 1 \cdot 30{,}974 + 4 \cdot 15{,}999 = 97{,}994$. ◄

4.2 Stoffmenge Mol – Anzahl der Teilchen als Kriterium

Reaktionsgleichungen beschreiben den Anfangs- (Edukte) und den Endzustand (Produkte) einer chemischen Reaktion. Reaktionsgleichungen geben an, wie viele Moleküle eines Ausgangsstoffs mit wie vielen Molekülen eines weiteren Ausgangsstoffs reagieren und wie viele Produktmoleküle dabei entstehen. Beim Aufstellen von Reaktionsgleichungen sind Stoffmengen in Gramm oder Kilogramm primär nicht zielführend, da Moleküle unterschiedlicher Masse miteinander reagieren.

$$2\,H_2 \quad + \quad O_2 \quad \rightarrow \quad 2\,H_2O$$
$$2 \cdot 2{,}02\,g \quad + \quad 32{,}00\,g \quad \rightarrow \quad 2 \cdot 18{,}02\,g$$

Wenn beispielsweise Wasserstoff (H_2) mit Sauerstoff (O_2) reagiert, muss genau ein Molekül Sauerstoff mit zwei Molekülen Wasserstoff reagieren, damit eine vollständige Umsetzung beider Ausgangsstoffe erfolgt. Da Sauerstoffmoleküle ($m_{O2,r}$ = 32,00) ca. 16-mal schwerer sind als Wasserstoffmoleküle ($m_{H2,r}$ = 2,02), müssen 32,00 g Sauerstoff mit 4,04 g Wasserstoff vermischt werden, damit auf jedes Molekül Sauerstoff (O_2) zwei Moleküle Wasserstoff (H_2) treffen. Würde man beispielsweise 32 g Sauerstoff mit nur 2 g Wasserstoff zur Reaktion bringen, dann liefe die Reaktion zu Wasser (H_2O) nicht vollständig ab. Die Hälfte der Sauerstoffmoleküle würde keinen Wasserstoff als Reaktionspartner antreffen und den entstehenden Wasserdampf verunreinigen.

Deshalb steht beim Aufstellen von Reaktionsgleichungen die Anzahl (Stöchiometrie) der miteinander reagierenden Moleküle im Vordergrund. Der Chemiker stellt sich zuerst die Frage, in welchem stöchiometrischen, d. h. ganzzahligen Verhältnis die Moleküle der Ausgangsstoffe miteinander reagieren müssen, damit diese vollständig in Produktmoleküle überführt werden. Im obigen Beispiel ergeben **zwei** Moleküle Wasserstoff und **ein** Molekül Sauerstoff **zwei** Moleküle Wasser.

Definition der Stoffmenge Mol

Da die absoluten Massen von Molekülen für die Praxis viel zu klein sind, wird in der Chemie die Stoffmenge Mol verwendet. Die Stoffmenge Mol enthält stets $6,022 \cdot 10^{23}$ Teilchen (Atome, Ionen oder Moleküle). So enthält 1 mol Argon (Ar) $6,022 \cdot 10^{23}$ Atome, 1 mol Wasserstoff (H_2) und 1 mol Chlor (Cl_2) je $6,022 \cdot 10^{23}$ Moleküle. Diese immense Anzahl an Teilchen wird als Avogadro-Konstante (N_A) bezeichnet. Die Einheit der Avogadro-Konstante ist mol^{-1}.

$$1\,mol = 6,022 \cdot 10^{23}\,\text{Teilchen}\,(\text{Atome, Ionen oder Moleküle})$$

Illustration der Stoffmenge Mol

Für Einsteiger ist die Stoffmenge Mol schwer verständlich. Erhellend ist der Vergleich des Mols mit der Angabe „Dutzend". Während ein Dutzend aus zwölf gleichen Teilen besteht, verfügt ein Mol über $6,022 \cdot 10^{23}$ gleiche Teilchen (Abb. 4.2). Das Mol ist quasi ein sehr großes Dutzend.

Die Stoffmenge (n) gibt an, wie viele Mol (wie viele „Dutzend") eines Stoffes vorliegen. Befinden sich n(NaOH) = 2,5 mol Natriumhydroxid in einem Erlenmeyerkolben, ist das äquivalent zu $2,5 \cdot 6,022 \cdot 10^{23} = 15,055 \cdot 10^{23}$ Molekülen Natriumhydroxid. Übrigens: Mol großgeschrieben steht für die Stoffmenge, mol kleingeschrieben steht für die physikalische Einheit der Stoffmenge Mol. Das Mol gehört im internationalen SI-Einheitensystem zu den sieben Basisgrößen (▶ Abschn. 1.2).

4.3 Molare Masse und molares Volumen

Um im Laboralltag und im chemischen Betrieb arbeiten zu können, muss die Stoffmenge Mol in Gramm überführt werden, damit durch Wägung Stoffe dosiert werden können. Der Brückenschlag von Stoffmenge (n) in Mol zu praktisch handhabbaren Massen (m) erfolgt mit der molaren Masse (M, Abb. 4.4).

$$M = N_A \cdot m_{A,a} \quad n = \frac{m}{M} \rightarrow M = \frac{m}{n} \qquad (4.5)$$

M – molare Masse, $gmol^{-1}$

N_A – Avogadro-Konstante, mol^{-1}

$m_{A,a}$ – absolute Masse eines Atoms, g

m – Stoffmenge, g

n – Stoffmenge, mol

Die molare Masse (M) entspricht der relativen Atommasse bzw. Molekülmasse eines Stoffes in Gramm pro Mol und gibt an, wie viel 1 mol, d. h. $6,022 \cdot 10^{23}$ Moleküle, eines Stoffes in Gramm wiegt (Abb. 4.2). Da Moleküle verschiedener Stoffe unterschiedliche Zusammensetzungen und Massen aufweisen, variieren auch ihre molaren Massen. So beträgt beispielsweise die molare Masse von Wasserstoff (H_2) 2,02 $gmol^{-1}$, von Sauerstoff (O_2) 32,00 $gmol^{-1}$ und von Wasser (H_2O) 18,02 $gmol^{-1}$.

	$2\,H_2 + O_2 \rightarrow 2\,H_2O$		
Molare Masse, $gmol^{-1}$	2,02	32,00	18,02

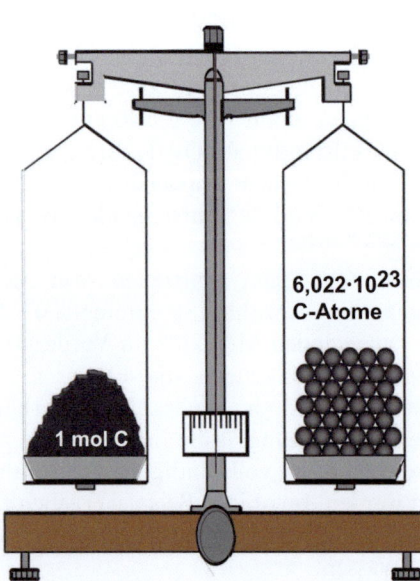

 Abb. 4.2 1 mol Kohlenstoff beinhaltet $6,022 \cdot 10^{23}$ Kohlenstoffatome

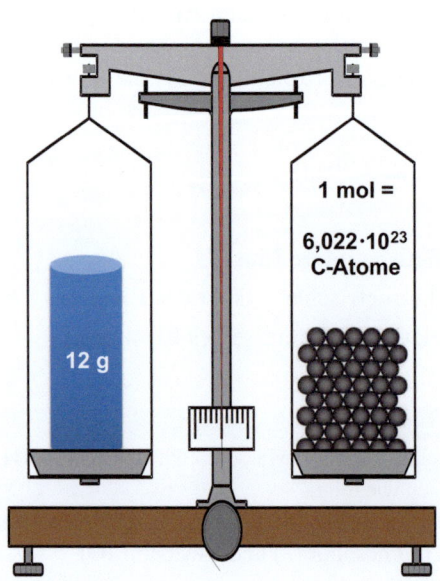

 Abb. 4.3 1 mol Kohlenstoffatome wiegen 12 g

4.3 · Molare Masse und molares Volumen

Werden 4,04 g Wasserstoff mit 32,00 g Sauerstoff vermengt, dann finden jeweils zwei Wasserstoffmoleküle ein Sauerstoffmolekül und es bilden sich 36,04 g ($2 \cdot 6{,}022 \cdot 10^{23}$) Wassermoleküle.

▶ **Beispiel 1**

Wie viel Gramm entspricht der Stoffmenge 1,50 mol Schwefelsäure (H_2SO_4)?

$$M_{H_2SO_4} = (2 \cdot 1{,}008 + 1 \cdot 32{,}065 + 4 \cdot 16{,}000)\,\text{gmol}^{-1}$$
$$= 98{,}08\,\text{gmol}^{-1}$$

$$n = \frac{m}{M} \rightarrow m = n \cdot M = 1{,}50\,\text{mol} \cdot 98{,}08\,\frac{g}{mol} = 147{,}12\,g \quad \triangleleft$$

▶ **Beispiel 2**

Wie viele Mol sind 3,646 g Chlorwasserstoff (HCl)?

$$m_{HCl} = 3{,}646\,g \quad M_{HCl} = (1{,}008 + 35{,}45)\,\text{gmol}^{-1}$$
$$= 36{,}46\,\text{gmol}^{-1}$$

$$n = \frac{m}{M} \rightarrow n = \frac{3{,}646\,g}{36{,}46\,\frac{g}{mol}} = 0{,}100\,\text{mol} \quad \triangleleft$$

▶ **Beispiel 3**

Die Hydrierung (H_2) von Ethin (C_2H_2) zu Ethan (C_2H_6) verläuft gemäß folgender Reaktionsgleichung.

$$C_2H_2 + 2\,H_2 \rightarrow C_2H_6$$

Wie viel Ethin und Wasserstoff werden benötigt, um 100 t Ethan herzustellen?
- Es werden zwei Moleküle (2 mol) Wasserstoff und ein Molekül (1 mol) Ethin benötigt, um ein Molekül (1 mol) Ethan (C_2H_6) herzustellen.
- Die molare Masse von Ethin beträgt 26,04 gmol⁻¹, die von Wasserstoff 2,02 gmol⁻¹.
- Somit müssen Ethin und Wasserstoff im Verhältnis 26,04 g (n = 1 mol) zu 4,04 g (n = 2 mol) eingesetzt werden, um 30,08 g (n = 1 mol) Ethan zu erhalten.
- Wenn 26,04 g Ethin für 30,08 g Ethan benötigt werden, dann werden zur Herstellung von 100 t Ethan.

$$m_{Ethin} = \frac{26{,}04\,g \cdot 100\,t}{30{,}08\,g} = 86{,}6\,t\,\text{Ethin und}$$

$$m_{Wasserstoff} = \frac{4{,}04\,g \cdot 100\,t}{30{,}08\,g} = 13{,}4\,t\,\text{Wasserstoff benötigt.} \quad \triangleleft$$

■ Molares Volumen (V_M)

An der Hydrierungsreaktion von Ethin zu Ethan sind ausschließlich Gase beteiligt. Gasmengen werden bequemerweise über ihr Volumen, z. B. mittels Durchflusszähler quantifiziert und dosiert. Dabei hilft uns der Umstand, dass 1 mol eines idealen Gases bei Normalbedingungen (0 °C, 1,013 bar) stets 22,414 l einnimmt (Avogadro-Gesetz, ▶ Abschn. 5.2.1).

Das molare Volumen (V_M) eines idealen Gases enthält 1 mol des Gases und somit $6{,}022 \cdot 10^{23}$ Atome bzw. Moleküle.

Bei Normalbedingungen entsprechen somit 22,414 l Ethin 26,04 g, Wasserstoff 2,02 g und Ethan 30,08 g.

Es gelten folgende mathematische Beziehungen:

$$n = \frac{V}{V_M} \rightarrow V_M = \frac{V}{n} \xrightarrow{\text{mit } n = \frac{m}{M}} V_M$$
$$= \frac{V \cdot M}{m} \xrightarrow{\text{mit } \rho = \frac{m}{V}} V_M = \frac{M}{\rho} \quad (4.6)$$

n – Stoffmenge, mol
V – Gasvolumen, m³
V_M – molares Volumen, m³mol⁻¹
m – absolute Gasmenge, kg
M – molare Masse, kgmol⁻¹
ρ – Gasdichte, kgm⁻³

Für die Hydrierung von Ethin müssen somit die Ausgangsstoffe Ethin (n = 1 mol) und Wasserstoff (n = 2 mol) im Volumenverhältnis eins (22,414 l) zu zwei (2 · 22,414 l) eingesetzt werden, damit vollständiger Umsatz zu Ethan gewährleistet ist, d. h. zwei Moleküle Wasserstoff auf ein Molekül Ethin treffen.

▶ **Beispiel 4**

Wie viele Kubikmeter der Ausgangsstoffe Ethin und Wasserstoff müssen in den Reaktor bei Normalbedingungen strömen, damit 100 t Ethan erhalten werden?

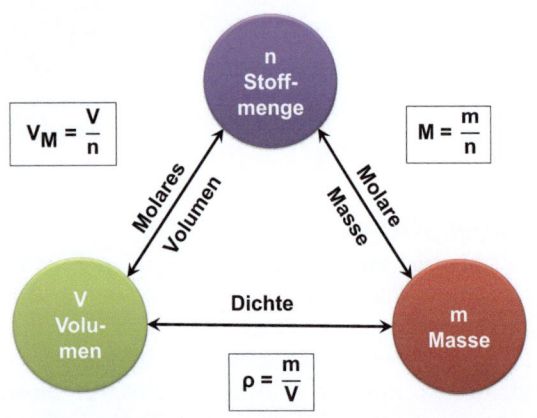

Abb. 4.4 Zusammenhang zwischen Stoffmenge, Masse und Volumen eines Stoffes

Um 100 t Ethan zu erhalten, müssen bei Normalbedingungen 74.500 m³ Ethin und 149.000 m³ Wasserstoff umgesetzt werden (Gl. 4.7).

Wir wissen bereits, dass 86,6 t Ethin und 13,4 t Wasserstoff benötigt werden (Beispiel 3). Wir müssen die Massen nur noch in Volumina umrechnen. Eine Tonne entspricht 1000 kg respektive 1 Mio. g.

$$n = \frac{V}{V_M} \rightarrow V = V_M \cdot n \xrightarrow{mit\ n=\frac{m}{M}} V = \frac{V_M \cdot m}{M} \quad (4.7)$$

$$V_{Ethin} = \frac{22{,}414\,\frac{l}{mol} \cdot 86{,}6 \cdot 10^6\,g}{26{,}04\,\frac{g}{mol}} = 74{,}5 \cdot 10^6\,l$$
$$= 74.500\,m^3\ Ethin$$

$$V_{Wasserstoff} = \frac{22{,}414\,\frac{l}{mol} \cdot 13{,}4 \cdot 10^6\,g}{2{,}016\,\frac{g}{mol}} = 149 \cdot 10^6\,l$$
$$= 149.000\,m^3\ Wasserstoff \quad \blacktriangleleft$$

4.4 Molarität – Die wichtigste Konzentrationseinheit der Chemie

Wozu eine neue Konzentrationseinheit?

Um chemische Reaktionen zu ermöglichen, müssen sich die Moleküle der Ausgangsstoffe auf molekularer Ebene annähern. Nur in gelöster Form können beispielsweise ein Molekül Natriumhydroxid (NaOH) und ein Molekül Salpetersäure (HNO₃) sich so weit annähern, dass sie schließlich zu einem Molekül Natriumnitrat (NaNO₃) und einem Molekül Wasser (H₂O) reagieren.

	NaOH + HNO₃ → NaNO₃ + H₂O			
Molare Masse, g·mol⁻¹	40,0	63,0	85,0	18,0

Welche Konzentrationen müssen die Lösungen von Natronlauge und Salpetersäure aufweisen, damit diese im richtigen stöchiometrischen Stoffmengenverhältnis vorliegen, d. h. stets ein Molekül NaOH auf ein Molekül HNO₃ trifft und die Reaktion vollständig abläuft?

Die Konzentrationseinheit Prozent ist für Chemikalien unpraktisch, da diese nicht die unterschiedlichen Massen der Moleküle berücksichtigt. Verrührt man 1 Liter 4 %ige Natronlauge und 1 Liter 4 %ige Salpetersäure, dann gelangen 40 g NaOH und 40 g HNO₃ zur Reaktion. Für eine vollständige Neutralisation sind jedoch 63,0 g HNO₃ nötig.

Für die Laborpraxis und den chemischen Betrieb sind molare Lösungen wesentlich praktischer, da molare Lösungen die Teilchenzahlen aufeinander abstimmen.

Die Stoffmengenkonzentration Molarität (c_M) entspricht dem Quotienten aus der Stoffmenge (n) eines gelösten Stoffes in Mol und dem Volumen (V) der Lösung in Liter. Die Konzentrationseinheit Molarität (c_M) beschreibt somit, wie viele Mol eines Stoffes in einem Liter Lösung gelöst sind.

$$c_M = \frac{n}{V} \xrightarrow{n=m/M} c_M = \frac{m}{M \cdot V} \quad (4.8)$$

c_M – molares Volumen, mol·m⁻³
n – Stoffmenge, mol
V – Volumen, m³
m – Stoffmenge, kg
M – molare Masse, kg·mol⁻¹

Eine einmolare Natriumhydroxidlösung enthält 40,0 g NaOH (m) in 1 l Lösung (V). Eine einmolare Salpetersäurelösung enthält 63,0 g HNO₃ pro Liter Lösung. Für eine komplette Neutralisation müssen dann nur noch gleiche Volumina, z. B. je 1 l einmolare Salpetersäure und einmolare Natronlauge, vermischt werden.

In der Literatur werden molare Konzentrationen mit runden Klammern angegeben, z. B. c(NaOH) = 0,1 mol·l⁻¹. Eine ältere Schreibweise verwendet eckige Klammern [NaOH] = 0,1 mol·l⁻¹.

Übersicht

Avogadro-Konstante N_A (mol^{-1})

Die Avogadro-Konstante (Avogadro-Zahl) besagt, dass in einer Stoffmenge von einem Mol $6{,}022 \cdot 10^{23}$ Teilchen enthalten sind.

Stoffmenge n (mol)

Die Stoffmenge Mol bezieht sich auf die Anzahl von Teilchen. Ein Mol eines Stoffes enthält stets $6{,}022 \cdot 10^{23}$ Teilchen, unabhängig von der chemischen Verbindung. Teilchen können Atome, Ionen oder Moleküle sein. Die Stoffmenge Mol ist quasi ein sehr, sehr großes Dutzend und entspricht derjenigen Stoffmenge in Gramm, die zahlenmäßig der relativen Atommasse oder relativen molaren Masse entspricht.

Molare Masse M (gmol^{-1})

Die Masse der Stoffmenge 1 mol ($6{,}022 \cdot 10^{23}$ Teilchen) in Gramm wird als die molare Masse eines Stoffes bezeichnet. Der Zahlenwert entspricht auch der relativen Atommasse bzw. molaren Masse der Verbindung. Die molare Masse ist selbstredend stoffspezifisch. So beträgt die molare Masse von Wasser (H_2O) 18,02 gmol^{-1} und die von Chlor (Cl_2) 70,90 gmol^{-1}.

Molares Volumen V_M (lmol^{-1})

Die Stoffmenge 1 mol eines idealen Gases nimmt bei Normalbedingungen (1013 hPa, 0 °C) ein Volumen von 22,414 l ein. Da die molare Masse (M) verschiedener Gase unterschiedlich ist, variiert auch deren Dichte.

Molarität (moll^{-1})

Die Molarität ist eine Stoffmengenkonzentration und entspricht dem Quotient aus gelöster Stoffmenge in Mol (n) einer Verbindung und dem Volumen (V) der Lösung. Eine 0,1-molare Lösung Natriumhydroxid enthält beispielsweise die Stoffmenge von 0,1 mol NaOH (4,00 g) pro Liter Lösung. Die Molarität ist die bevorzugte Konzentrationseinheit in der chemischen Praxis.

4.5 Chemische Formeln – Kompakte Darstellung mit hoher Aussagekraft

Chemikalien werden durch chemische Formeln spezifiziert. Um chemische Formeln für Moleküle aufstellen zu können, ist es erforderlich zu wissen, aus welchen Elementen ein Molekül besteht und wie viele der jeweiligen Atome vorhanden sind. Eine chemische Formel enthält somit stets eine qualitative und quantitative Information. Generell werden chemische Formeln wie folgt geschrieben:

- Die Elementsymbole der im Molekül vorhandenen Elemente werden ohne Lücke hintereinandergeschrieben, z. B. $C_6H_{12}O_6$ für Glucose.
- Direkt hinter dem Elementsymbol geben tiefgestellte Indexzahlen die Anzahl der Atome dieses Elements im Molekül an. Die Indexzahlen hinter Kohlenstoff (C), Wasserstoff (H) und Sauerstoff (O) in Glucose ($C_6H_{12}O_6$) besagen, dass sechs Atome Kohlenstoff, zwölf Atome Wasserstoff und sechs Atome Sauerstoff zu einem Molekül Glucose verknüpft sind.

Hill-Summenformel

Hill systematisierte die Schreibweise von Summenformeln, was die Tabellierung und Wiederauffindbarkeit von Verbindungen wesentlich erleichterte. Nach Hill werden bei organischen Verbindungen die Elemente in der Reihenfolge Kohlenstoff (C), Wasserstoff (H) und anschließend alle weiteren Elemente in alphabetischer Reihenfolge aufgeführt. So wird die Summenformel für Methan als CH_4, für Glucose als $C_6H_{12}O_6$ und für Natriummethanolat als CH_3NaO angegeben.

Die Elemente in anorganischen Verbindungen werden nach Hill streng alphabetisch tabelliert, z. B. ClNa für Natriumchlorid (NaCl) oder Br_2Ca für Calciumbromid ($CaBr_2$).

Verhältnisformel

Die Verhältnisformel (◘ Tab. 4.1) oder empirische Formel gibt an, in welchem kleinsten ganzzahligen Verhältnis die Atome der einzelnen Elemente in einem Molekül vorhanden sind. Zum Beispiel ist die Verhältnisformel von Benzen (C_6H_6) C_1H_1 = CH und von Natriumchlorid (NaCl) Na_1Cl_1 = NaCl. Eine tiefgestellte 1 wird nicht geschrieben. Die Verhältnisformel von Ethan (C_2H_6) ist CH_3 und von Glucose ($C_6H_{12}O_6$) CH_2O.

Summenformel

Die Summenformel gibt die tatsächliche Anzahl der Atome der einzelnen Elemente in einem Molekül an. Die Summenformel von Glucose lautet $C_6H_{12}O_6$. Das bedeutet, dass in einem Molekül Glucose sechs Kohlenstoffatome, zwölf Wasserstoffatome und sechs Sauerstoffatome zu einem Molekül verknüpft sind. Um die Summenformel bestimmen zu können, müssen die Verhältnisformel und die molare Masse der Verbindung bekannt sein. Die Summenformeln von Salzen sind identisch mit ihren Verhältnisformeln, da sich im Salzkristall diese Einheit regelmäßig wiederholt.

Konstitutionsformel

Die Konstitutionsformel (◘ Tab. 4.1) bildet ab, welche Atome direkt miteinander verknüpft sind, sagt aber nichts über die räumliche Anordnung der Atome zueinander aus. Die Konstitutionsformel ist der Übergang von der Summenformel zur Strukturformel. So ist die Konstitutionsformel für Ethan CH_3–CH_3.

Tab. 4.1 Zusammenstellung verschiedener Formelschreibweisen für Ethan

Verhältnisformel	Summenformel	Konstitutionsformel	Valenzstrichformel Lewis-Formel	Keilstrichformel
CH_3	C_2H_6	$H_3C\text{—}CH_3$	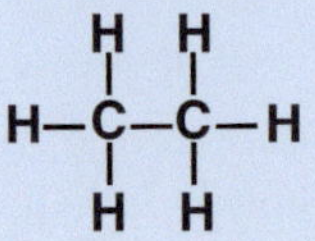 (Lewis-Struktur)	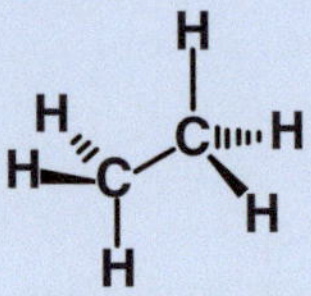 (Keilstrich-Struktur)

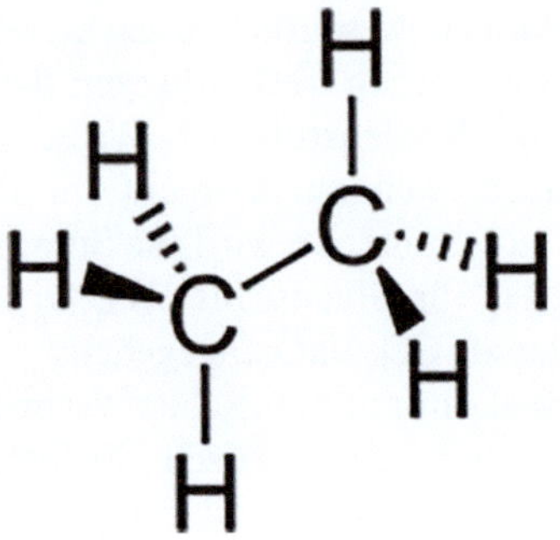

Abb. 4.5 Die Strukturformel von Ethan bildet dessen dreidimensionale Struktur ab

Valenzstrichformel

Kovalente Bindungen (Atombindungen) werden durch Valenzstrichformeln dargestellt, auch als Lewis-Formeln bezeichnet. In diesen Formeln werden ausschließlich die Elektronen der äußersten Schale, die sogenannten Valenzelektronen, berücksichtigt. Ein Punkt steht für ein einzelnes Elektron, während ein Strich ein Elektronenpaar symbolisiert. Gebundene Elektronenpaare verbinden zwei Atome miteinander, während freie Elektronenpaare einem einzelnen Atom zugeordnet sind. Hauptgruppenelemente haben im Einklang mit der Oktettregel vier Valenzstriche (▸ Abschn. 3.1). Wasserstoff, als Element der ersten Periode, verfügt lediglich über ein s-Orbital und kann deshalb lediglich zwei Elektronen aufnehmen, was durch einen Valenzstrich symbolisiert wird.

Keilstrichformel

Die Keilstrich- resp. Strukturformel gibt an, welche Atome zu einem Molekül verkettet und wie diese räumlich zueinander angeordnet sind. So zeigt die Strukturformel von Ethan (● Abb. 4.5), dass die zwei Kohlenstoffatome zum einen über eine Kohlenstoff-Kohlenstoff-Einfachbindung miteinander verknüpft sind und zum anderen mit je drei Wasserstoffatomen Bindungen eingehen. Gefüllte Keilstriche symbolisieren, dass die Wasserstoffatome vor der Papierebene, gestrichelte Keilstriche, dass die Wasserstoffatome hinter der Papierebene liegen. Einfache Striche repräsentieren Bindungen und Atome in der Papierebene. Jeder Strich und jeder Keil entspricht einem Elektronenpaar, also einer kovalenten Bindung.

Von der Strukturformel kann eindeutig die Summen- und Verhältnisformel abgeleitet werden. Eine Summenformel kann dagegen mit mehreren Strukturformeln übereinstimmen.

4.6 Elementare Zusammensetzung von Verbindungen

Die prozentuale elementare Zusammensetzung einer Verbindung lässt sich aus deren Summenformel ableiten. Die wesentlichen Schritte dabei sind:

— Bestimmen der molaren Masse (M_V) der Verbindung.
— Die molare Masse (M_V) der Verbindung wird als gesamte Masse (m) der Verbindung betrachtet, also 100 %.
— Die Massenanteile der einzelnen Elemente (m_E) können mit der molaren Masse der Elemente (M_E) multipliziert mit deren Indexzahl (ν_E) ermittelt werden.
— Der prozentuale Massenanteil eines Elements (c_E) ergibt sich, indem der Massenanteil eines Elements ($m_E = \nu_E \cdot M_E$) ins Verhältnis zur molaren Masse der Verbindung (M_V) gesetzt wird.

Es gilt somit folgender mathematischer Zusammenhang:

$$c_E = \frac{\nu_E \cdot M_E \cdot 100\%}{M_V} \qquad (4.9)$$

c_E – prozentualer Massenanteil des Elements E, %
ν_E – Indexzahl Element
M_E – molare Masse Element, gmol^{-1}
M_V – molare Masse Verbindung, gmol^{-1}

▶ Beispiel – Prozentuale Zusammensetzung von Glucose ($C_6H_{12}O_6$)

Die Summenformel von Glucose ist $C_6H_{12}O_6$. Die molare Masse errechnet sich aus den molaren Massen der Elemente unter Berücksichtigung der Anzahl der Atome in der Verbindung zu:

$$M_{Glucose} = 6 \cdot 12{,}01\,\text{gmol}^{-1} + 12 \cdot 1{,}008\,\text{gmol}^{-1} + 6 \cdot 16{,}00\,\text{gmol}^{-1} = 180{,}16\,\text{gmol}^{-1}$$

Mit Gl. 4.9 können dann die Massenanteile der einzelnen Elemente ermittelt werden:

$$c_C = \frac{6 \cdot 12{,}01\,\text{gmol}^{-1} \cdot 100\%}{180{,}16\,\text{gmol}^{-1}} = 40{,}00\%$$

$$c_H = \frac{12 \cdot 1{,}008\,\text{gmol}^{-1} \cdot 100\%}{180{,}16\,\text{gmol}^{-1}} = 6{,}71\%$$

$$c_O = \frac{6 \cdot 16{,}00\,\text{gmol}^{-1} \cdot 100\%}{180{,}16\,\text{gmol}^{-1}} = 53{,}29\%$$

Glucose besteht somit aus 40,0 % Kohlenstoff, 6,7 % Wasserstoff und 53,3 % Sauerstoff. ◄

4.7 Summenformel – Herleitung aus der Elementarzusammensetzung

Die Summenformel einer Verbindung lässt sich ermitteln, wenn die prozentualen Anteile der einzelnen Elemente bekannt sind und deren Summe 100 % beträgt. Die Vorgehensweise sei am Beispiel des Farbstoffs Indigo (◘ Abb. 4.6, Tab. 4.2) erläutert.

■ **Schritt 1 – Elementaranalyse von Indigo**

Eine quantitative Elementaranalyse für Indigo ergab folgende Zusammensetzung:

$$c_C = 73{,}5\%,\, c_H = 3{,}8\%,\, c_N = 10{,}6\%,\, c_O = 12{,}1\%$$

Wie lautet die Summenformel von Indigo?

■ **Schritt 2 – Prozentuale Stoffmenge der einzelnen Elemente (m_E) in Indigo**

Gemäß der quantitativen Analyse bestehen 100 g Indigo aus 73,5 g Kohlenstoff, 3,8 g Wasserstoff, 10,6 g Stickstoff und 12,1 g Sauerstoff.

■ **Schritt 3 – Stoffmenge in Mol der einzelnen Elemente (n_E) in Indigo**

Die Stoffmenge der einzelnen Elemente (n_E) in Mol errechnet sich durch Division der Stoffmenge in Gramm (m_E) durch die molare Masse des jeweiligen Elements (M_E). Da die Werte der Elementaranalyse auf ± 0,3 % genau sind, reicht es aus, die molaren Massen der Elemente mit drei Stellen Genauigkeit anzugeben.

$$n_E = \frac{m_E}{M_E} \rightarrow n_C = \frac{73{,}5\,\text{g}}{12{,}0\,\frac{\text{g}}{\text{mol}}} = 6{,}13\,\text{mol, analog}$$

$$n_H = 3{,}77\,\text{mol},\, n_N = 0{,}753\,\text{mol},\, n_O = 0{,}756\,\text{mol} \quad (4.10)$$

■ **Schritt 4 – Ermittlung der Verhältnisformel von Indigo**

Im vierten Schritt werden die einzelnen Stoffmengen (n_E) mit der kleinsten Stoffmenge eines Elements (n_{min}) normiert. Im Fall von Indigo weist das Element Stickstoff mit $n_N = 0{,}75$ mol die kleinste Stoffmenge auf, d. h., alle Elementstoffmengen werden durch 0,75 mol dividiert.

$$C : \frac{6{,}13\,\text{mol}}{0{,}75\,\text{mol}} = 8{,}2 \quad H : \frac{3{,}77\,\text{mol}}{0{,}75\,\text{mol}} = 5{,}0$$

$$N : \frac{0{,}75\,\text{mol}}{0{,}75\,\text{mol}} = 1{,}0 \quad O : \frac{0{,}76\,\text{mol}}{0{,}75\,\text{mol}} = 1{,}0$$

Die Verhältniszahlen geben an, wie viel Mal häufiger die einzelnen Elemente C, H, O als das Element Stickstoff in Indigo enthalten sind. Da ein Molekül nur aus ganzen Atomen besteht, lautet die Verhältnisformel: **C_8H_5NO**.

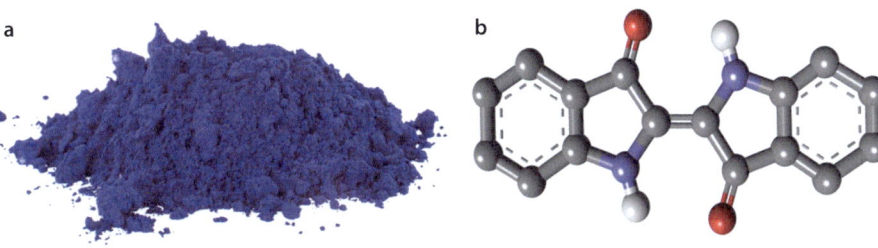

◘ **Abb. 4.6** Indigo ist ein tiefblauer Farbstoff, der z. B. zum Einfärben von Jeans verwendet wird (**a**, © liliya Vantsura/► Shutterstock.com), Strukturformel Indigo (**b**, C, anthrazit; H, weiß; N, blau; O, rot)

- **Schritt 5 – Die Summenformel ergibt sich durch den Vergleich der Verhältnisformel mit der molaren Masse von Indigo**

Die molare Masse von Indigo wurde mit der Methode der Gefrierpunktserniedrigung (▶ Abschn. 7.5.3) zu 262,3 mol^{-1} bestimmt. Die molare Masse der Verhältnisformel C_8H_5NO beträgt 131,2 gmol^{-1}, also lediglich die Hälfte der molaren Masse. Somit müssen alle Indizes der Verhältnisformel mit dem Faktor 2 multipliziert werden, um die tatsächliche Summenformel von Indigo ($C_{16}H_{10}N_2O_2$) zu erhalten.

4.8 Chemische Reaktionsgleichungen – Art und Anzahl der Atome ändern sich nicht

Chemische Gleichungen dienen zur Beschreibung chemischer Reaktionen. Dabei gelten folgende Randbedingungen:

- **Massenerhaltung**

Lavosier erkannte 1785, dass die Gesamtmasse der Ausgangsstoffe und die Gesamtmasse der Reaktionsprodukte identisch sind. Bei einer chemischen Reaktion geht weder Masse verloren noch wird welche erzeugt. Diese Erkenntnis ist als Massenerhaltungssatz in die Chemieliteratur eingegangen.

Anders ausgedrückt, alle Atome bleiben erhalten, das bedeutet, dass durch chemische Reaktionen weder neue Atome geschaffen werden noch Atome im Nichts verschwinden (◘ Abb. 4.7). Die Anzahl der Atome Eisen und Schwefel auf der linken Waage entsprechen der Anzahl an Atomen dieser Elemente auf der rechten Waagschale. Allerdings verbinden sich durch die chemische Reaktion die elementaren Ausgangsstoffe Eisen (Fe) und Schwefel (S) zur Verbindung Eisensulfid (FeS).

- **Gesetz der konstanten Proportionen**

1797 stellte Joseph-Louis Proust das Gesetz der konstanten Proportionen auf. Es besagt, dass in einer chemischen Verbindung alle Moleküle das gleiche Verhältnis der einzelnen Elemente aufweisen. Zum Beispiel ist das Atomverhältnis der Elemente C, H, N, O in allen Molekülen Indigo stets 16:10:2:2 (◘ Tab. 4.2).

- **Chemische Reaktionsgleichungen**

Damit die benötigte Menge an Ausgangsstoffen für großtechnische Prozesse bereitgestellt werden kann, ist eine chemische Reaktionsgleichung erforderlich, die beschreibt, welche Ausgangsstoffe (Edukte) sich im welchen Verhältnis zu welchen Produktmengen verbinden. Um chemische Reaktionsgleichungen aufstellen zu können, müssen die Summenformeln der Ausgangsstoffe und Produkte bekannt sein. Chemische Gleichungen beschreiben, welche und wie viele Eduktmoleküle miteinander reagieren und welche und wie viele Produktmoleküle gebildet werden. Eine chemische Reaktionsgleichung liefert keine Aussagen hinsichtlich optimaler verfahrenstechnischer Parameter wie Druck, Temperatur, Katalysator, Verweilzeit etc.

Am Beispiel der Oxidation (ugs. Verbrennung) von Hexan – Hexan reagiert mit Sauerstoff zu Kohlenstoffdioxid und Wasser – sei das Aufstellen einfacher chemischer Gleichungen erklärt.

1. **Summenformeln der Edukte und Produkte festlegen**

Hexan, Edukt – C_6H_{14}
Sauerstoff, Edukt – O_2
Kohlenstoffdioxid, Produkt – CO_2
Wasser, Produkt – H_2O

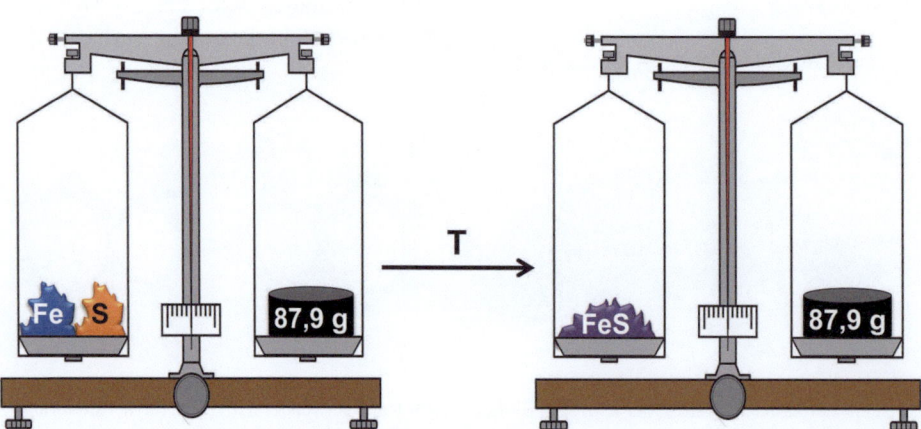

◘ Abb. 4.7 Die Masse der Stoffe vor und nach einer chemischen Reaktion ist konstant

Tab. 4.2 Schematische Vorgehensweise zur Bestimmung der Summenformel von Indigo

Element	Element Gehalt c_E (%)	Element Stoffmenge m_E (g)	Element Stoffmenge n_E (mol)	Elementverhältnis	Verhältnisformel	Summenformel
Schritt	1	2	3	4	4	5
	qualitative Elementaranalyse	quantitative Elementaranalyse c_E	Gramm Element in 100 g Verbindung $m_E = c_E$	Umrechnung von Gramm in Mol $n_E = m_E/M_E$	Division durch die kleinste Stoffmenge $n_E/n_{E,min}$	Runden auf ganze Zahlen	Abgleich Verhältnisformel mit Molmasse M_V
C	73,5 %	73,5 g	6,13 mol	8,2	8	16
H	3,8 %	3,8 g	3,77 mol	5,0	5	10
N	10,6 %	10,6 g	0,75 mol	1,0	1	2
O	12,1 %	12,1 g	0,76 mol	1,0	1	2

2. **Edukte werden links, Produkte rechts vom Reaktionspfeil geschrieben**

Gibt es mehrere Edukte und/oder mehrere Produkte, so werden diese mit einem Pluszeichen verbunden. Es werden nur Stoffe aufgeführt, die auch tatsächlich miteinander reagieren bzw. gebildet werden. Lösungsmittel, Reaktionsbedingungen oder Katalysatoren werden gelegentlich informativ über den Reaktionspfeil geschrieben.

$$C_6H_{14} + O_2 \rightarrow CO_2 + H_2O$$

3. **Atomausgleich durch stöchiometrische Faktoren**

Mithilfe stöchiometrischer Faktoren wird die Anzahl der Atome auf beiden Seiten ausgeglichen. Bei obiger Gleichung liegt rechts des Reaktionspfeils nur ein Kohlenstoffatom (CO_2) vor, links dagegen sechs Kohlenstoffatome (C_6H_{14}). Wir gleichen die Anzahl der Kohlenstoffatome mit dem stöchiometrischen Faktor 6 vor dem Kohlenstoffdioxidmolekül aus.

$$C_6H_{14} + O_2 \rightarrow 6\,CO_2 + H_2O$$

Jetzt stimmt die Anzahl der Kohlenstoffatome links und rechts des Reaktionspfeils überein. Allerdings ist die Anzahl der Wasserstoffatome im Ungleichgewicht: links 14 (C_6H_{14}) und rechts zwei H-Atome (H_2O). Die Anzahl der Wasserstoffatome wird mit dem stöchiometrischen Faktor 7 vor dem Wassermolekül ausgeglichen.

$$C_6H_{14} + O_2 \rightarrow 6\,CO_2 + 7\,H_2O$$

Jetzt sind die Kohlenstoff- und Wasserstoffatome im Gleichgewicht, jedoch nicht die Anzahl der Sauerstoffatome. Links des Reaktionspfeils stehen lediglich zwei Sauerstoffatome (O_2), während sich rechts des Reaktionspfeils 19 Sauerstoffatome befinden (6 CO_2 + 7 H_2O). Somit multiplizieren wir das Sauerstoffmolekül mit dem Faktor 9,5.

$$C_6H_{14} + 9,5\,O_2 \rightarrow 6\,CO_2 + 7\,H_2O$$

Puristen mögen einwenden, dass die Reaktionsgleichung mathematisch stimmt, aber halbe Sauerstoffmoleküle nicht existieren. Es steht uns frei, beide Seiten der Reaktionsgleichung mit dem Faktor 2 zu multiplizieren.

$$2\,C_6H_{14} + 19\,O_2 \rightarrow 12\,CO_2 + 14\,H_2O$$

Die Atombilanz der Reaktionsgleichung ist jetzt ausgeglichen (links: 12 C, 28 H, 38 O/rechts: 12 C, 28 H, 38 O).

Die chemische Reaktionsgleichung kann unterschiedlich gelesen werden:
- Zwei Moleküle Hexan und 19 Moleküle Sauerstoff reagieren zu zwölf Molekülen Kohlenstoffdioxid und 14 Molekülen Wasser.
- Damit die Stoffmenge von 2 mol Hexan (2 mol · 86,15 gmol^{-1} = 172,3 g) sauber verbrennt, werden 19 mol Sauerstoff (19 mol · 32,0 g/mol = 608,0 g) benötigt. Dabei entstehen 12 mol Kohlenstoffdioxid (528,1 g) und 14 mol Wasser (252,2 g).

5 Stoffe – Zwischenmolekulare Wechselwirkungen, ursächlich für Aggregatzustände

Inhaltsverzeichnis

5.1 Zwischenmolekulare Wechselwirkungen sorgen für inneren Zusammenhalt – 94

5.2 Gasförmig, flüssig, fest – Die drei klassischen Aggregatzustände – 98

5.2.1 Gase – Stoffe von variabler Form und variablem Volumen – 98
5.2.2 Flüssigkeiten – Stoffe mit variabler Form und definiertem Volumen – 105
5.2.3 Feststoffe – Stoffe mit definierter Form und definiertem Volumen – 114

5.3 Phasenübergänge – Druck und Temperatur entscheiden über den Aggregatzustand – 117

Der Stoffbegriff im chemischen Sinne findet im Alltag breite Verwendung. So sind beispielsweise Elemente wie Wasserstoff, Kohlenstoff, Sauerstoff und Stickstoff Grundbausteine der uns umgebenden Materie einschließlich der belebten Natur. Kunststoffe, Treibstoffe, Arzneistoffe, Rohstoffe, Farbstoffe usw. finden vielfältige Anwendungen und sind schlichtweg aus unserem Alltag nicht mehr wegzudenken. Als Stoffwechsel bezeichnet man die Gesamtheit aller biochemischen Abläufe in lebendigen Organismen.

Die Chemie als Naturwissenschaft untersucht den Aufbau, die Herstellung und die Eigenschaften von Stoffen. Stoffe verfügen über Masse und nehmen Raum ein.

5.1 Zwischenmolekulare Wechselwirkungen sorgen für inneren Zusammenhalt

Damit Moleküle zu Flüssigkeiten oder Feststoffen kondensieren, müssen sie sich räumlich sehr nahekommen, um Kräfte aufeinander ausüben zu können. Im Gegensatz zu Kovalenzbindungen, die innerhalb eines Moleküls (intramolekular) Kräfte ausüben, wirken zwischenmolekulare Wechselwirkungen – nomen est omen – zwischen Teilchen (Moleküle, Atome, Ionen). Zwischenmolekulare Kräfte sind entscheidend für Eigenschaften wie Oberflächenspannung und Viskosität von Flüssigkeiten und beeinflussen maßgeblich die Aggregatzustände von Stoffen. So wird beispielsweise beim Schmelzen eines Feststoffs durch Wärmeeintrag ein Teil der zwischenmolekularen Kräfte gelockert, während beim Sieden alle Kräfte überwunden werden. Sind die intermolekularen Kräfte stärker als die intramolekularen Bindungen, dann zersetzen sich Moleküle beim Erwärmen bevor sie schmelzen oder sieden.

Zwischenmolekulare Wechselwirkungen werden als Van-der-Waals-Wechselwirkungen bzw. Van-der-Waals-Kräfte bezeichnet. Van-der-Waals-Kräfte nehmen mit der sechsten Potenz des Teilchenabstandes (r^{-6}) ab. Van-der-Waals-Kräfte können aus folgenden drei Komponenten bestehen (◘ Tab. 5.1):

— Keesom-Kräfte: Wechselwirkung zwischen permanenten Dipolteilchen (Orientierungskräfte)
— Debye-Kräfte: Wechselwirkung zwischen permanentem Dipolmolekül und polarisierbarem Teilchen (Induktionskräfte)
— London-Kräfte: Wechselwirkung zwischen polarisierbaren Molekülen und/oder Atomen (Dispersionskräfte)

Wechselwirkung zwischen permanenten Dipolmolekülen (Keesom-Kraft)

Moleküle mit polarer Atombindung weisen ein permanentes elektrisches Dipolmoment ($\mu = q \cdot r$) auf, da entgegengesetzte Ladungen (q) durch einen Abstand (r) voneinander getrennt sind. So ist beispielsweise die Ladungsverteilung in Chlorwasserstoff (HCl, ◘ Abb. 5.1) wegen des großen Elektronegativitätsunterschieds der beteiligten Elemente Chlor ($E_{Cl} = 3{,}2$) und Wasserstoff ($E_H = 2{,}2$)

◘ Tab. 5.1 Inter-/Intramolekulare Wechselwirkungen

Bezeichnung		Bindungsstärke (kJmol^{-1})	Wechselwirkende Teilchen	Reichweite	Richtungsabhängigkeit
Ionenbindung	–	400–2500	Kationen mit Anionen	$\frac{1}{r^2}$	ungerichtet
Kovalenzbindung	intramolekular	150–500 (Einfachbindungen)	Nichtmetallatom mit Nichtmetallatom	–	gerichtet
Metallbindung	–	50–1000	Metallkationen mit Elektronengas	$-1/r$	ungerichtet
Dipol-Dipol-WW / Keesom-WW	intermolekular	5–25	Permanente Dipole mit permanenten Dipolen	$\frac{1}{r^4}$	gerichtet
Wasserstoffbrückenbindung	intermolekular	10–40	Wasserstoff mit elektronegativen Atomen (O, N, Hal)	$\frac{1}{r^6}$	gerichtet
Van-der-Waals-WW/ London-WW	intermolekular	0,1–5	Induzierte Dipole mit induzierten Dipolen	$\frac{1}{r^6}$	gerichtet

unsymmetrisch. Dadurch ist die Elektronendichte am Chloratom größer als am Wasserstoffatom, sodass das Chloratom partiell negativ (δ⁻) und das Wasserstoffatom partiell positiv (δ⁺) geladen ist. Wenn Chlorwasserstoffmoleküle sich räumlich nahekommen, richten sie sich wechselseitig so aus, dass der negative Pol des eines Moleküls (Cl) der positiven Teilladung des anderen Moleküls (H) zugewandt ist und vice versa (◘ Abb. 5.1). Polare Moleküle üben somit elektrostatische Kräfte aufeinander aus. Je stärker der Dipolcharakter von Molekülen, desto stärker die Dipol-Dipol-Wechselwirkung. Da Atome keinen permanenten Dipol aufweisen, wirken keine Keesom-Kräfte zwischen Atomen.

In Chlorwasserstoff hat die intramolekulare Chlor-Wasserstoff-Bindung eine Bindungsstärke von 431 kJmol⁻¹, während die intermolekulare Keesom-Wechselwirkung ca. 20 kJmol⁻¹ beträgt.

Wasserstoffbrückenbindung

Da Wasserstoffbrückenbindungen in der Natur bei der Proteinfaltung, beim Gefrieren von Gewässern, bei der Löslichkeit von Stoffen in Wasser usw. eine entscheidende Rolle spielen, werden sie separat betrachtet, obwohl sie letztendlich auch auf Dipol-Dipol-Wechselwirkungen zurückzuführen sind. Wasserstoffatome, die mit stark elektronegativen Elementen (O, N, F) verknüpft sind, weisen eine permanente, positive Partialladung auf, während das elektronegative Atom partiell negativ geladen ist.

Analog zu Chlorwasserstoff (◘ Abb. 5.1) ist Wasser wegen des hohen Elektronegativitätsunterschieds von Sauerstoff (EN = 3,4) und Wasserstoff (EN = 2,2) ein Dipol (◘ Abb. 5.2a). Wassermoleküle orientieren sich deshalb wechselseitig so, dass Sauerstoffatome mit negativer Partialladung (δ = −0,64 e) mit positiven Wasserstoffatomen (δ = +0,32 e) wechselwirken (◘ Abb. 5.2b und 5.3b).

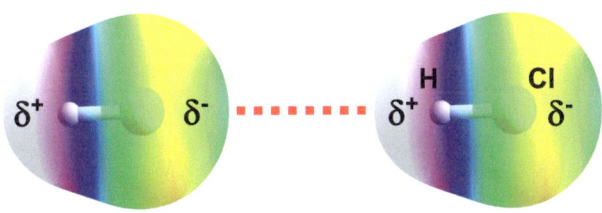

◘ **Abb. 5.1** Permanente Dipole wie Chlorwasserstoff (HCl; H, weiß; Cl, grün) üben wechselseitig Kräfte aus

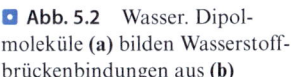

◘ **Abb. 5.2** Wasser. Dipolmoleküle (a) bilden Wasserstoffbrückenbindungen aus (b)

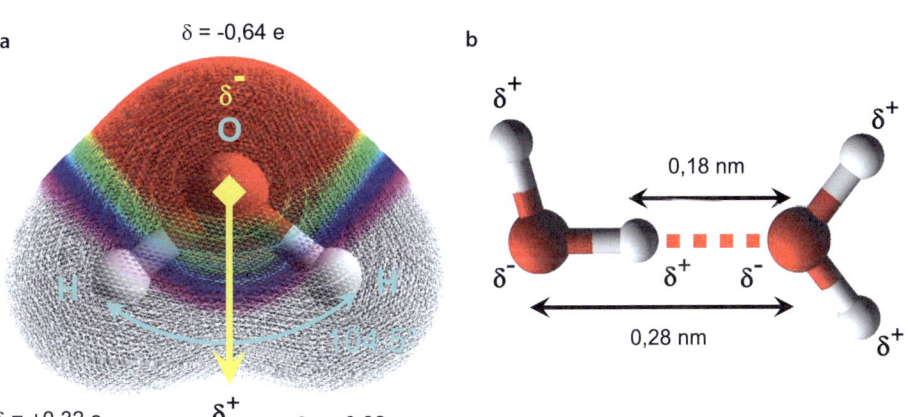

◘ **Abb. 5.3** Wasserstoffbrückenbindungen erhöhen den Siedepunkt von Wasser um 220 °C

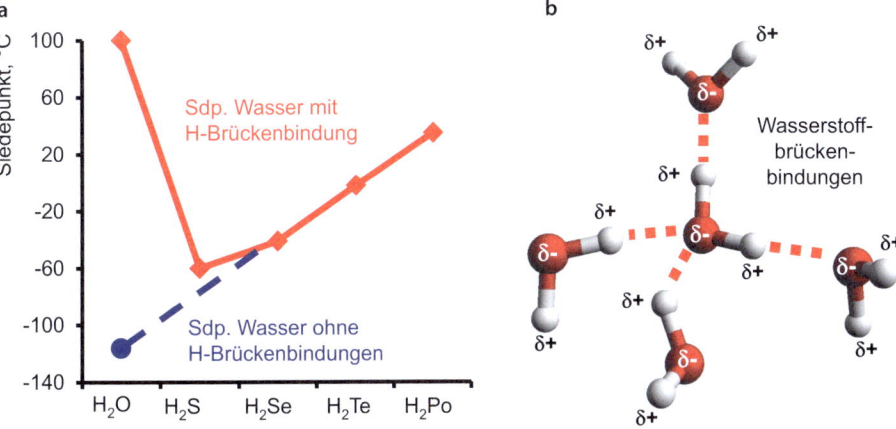

Je nach Temperatur gruppieren sich in flüssigem Wasser zwei, vier oder acht Wassermoleküle zusammen. Durch die Brown'sche Molekularbewegung (▶ Abschn. 2.1) werden die Brückenbindungen immer wieder gelöst und neu gebildet. In Wasserdampf ist die kinetische Energie der einzelnen Moleküle so hoch, dass diese separat vorliegen. Dafür müssen sämtliche Wasserstoffbrückenbindungen gelöst werden, wozu 40,8 kJmol^{-1} Verdampfungsenthalpie aufgebracht werden muss.

Wasserstoffbrückenbindungen bedingen beispielsweise den unerwartet hohen Siedepunkt des Wassers von 100 °C, obwohl dessen molare Masse lediglich 18 gmol^{-1} beträgt (◘ Abb. 5.3a). Da sich im Gegensatz zu Sauerstoff (EN = 3,4) die Elektronegativitäten von Schwefel (EN = 2,6), Selen (EN = 2,5), Tellur (EN = 2,1) und Polonium (EN = 2,0) nur geringfügig von der Elektronegativität des Wasserstoffs (EN = 2,2) unterscheiden, sind Schwefelwasserstoff, Selenwasserstoff, Tellurwasserstoff und Poloniumwasserstoff nahezu unpolar, sodass sie kaum Wasserstoffbrückenbindungen eingehen und auch im flüssigen Zustand als separate Moleküle vorliegen.

Durch die zunehmende Masse von Schwefel zu Polonium nehmen die Van-der-Waals-Kräfte zu, sodass der Siedepunkt sukzessive von −60 °C (H$_2$S) über −41 °C (H$_2$Se), −2 °C (H$_2$Te) auf +35 °C (H$_2$Po) ansteigt (◘ Abb. 5.3a). Die Extrapolation der Siedepunkte (blaue Linie) ergibt, dass Wasser ohne den Effekt der Wasserstoffbrückenbindung bei −120 °C sieden würde und somit bei Atmosphärendruck ein Gas wäre.

- **Wechselwirkung zwischen permanentem Dipolmolekül und polarisierbarem Molekül (Debye-Wechselwirkung)**

Nach Debye induzieren Moleküle mit permanentem Dipol in benachbarten, polarisierbaren Molekülen elektrische Ladungsverschiebungen und somit elektrische Dipolmomente. Beispielsweise verschiebt die negative Teilladung des Sauerstoffatoms von Propan-2-on (permanenter Dipol) die Elektronen in Pentan (◘ Abb. 5.4), sodass eine induzierte Ladungsverschiebung mit

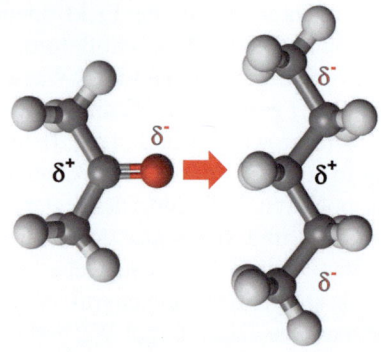

◘ **Abb. 5.4** Das elektronegative Sauerstoffatom (rot) des permanenten Dipolmoleküls Propan-2-on (links) verschiebt die elektronische Ladungsdichte im unpolaren Molekül Pentan, wodurch Ladungsinhomogenitäten induziert werden

entsprechender Wechselwirkung entsteht. Definitionsgemäß können Debye-Wechselwirkungen nicht zwischen Atomen auftreten, da Atome über kein permanentes Dipolmoment verfügen. Debye-Wechselwirkungen und Keesom-Wechselwirkungen sind polarer Natur.

- **Wechselwirkung zwischen unpolaren polarisierbaren Molekülen und/oder Atomen (London-Wechselwirkung)**

London-Dispersionskräfte treten zwischen allen Molekülen und Atomen auf. Sie erklären auch, warum Gase am absoluten Nullpunkt (T = 0 K = −273,15 °C) entgegen der idealen Gasgleichung (p · V = n · R · T) ein Restvolumen aufweisen und nicht verschwinden. Selbst Edelgase, die atomar vorliegen, zeigen solches Verhalten. Dies ist auf die stetige Bewegung der Elektronen und der damit einhergehenden, zufälligen Fluktuation der Elektronendichte (unsymmetrische Ladungsverteilung) in der Elektronenhülle zurückzuführen (◘ Abb. 5.5). Dadurch sind selbst Edelgasatome zeitweilig polarisierte Teilchen, die wiederum Ladungsverschiebungen in Nachbaratomen induzieren (◘ Abb. 5.5).

Letztendlich treten zwischen dem temporären und dem induzierten Dipol elektrostatische Wechsel-

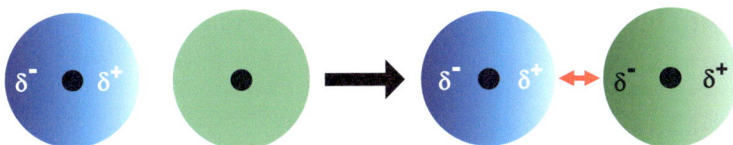

• **Abb. 5.5** London-Kräfte. Fluktuierende Elektronenwolken (blau) induzieren eine asymmetrische Ladungsverteilung in anderen Atomen oder Molekülen (grün, rechts), sodass induzierte Dipol-Dipol-Kräfte (roter Pfeil) auftreten

wirkungen auf, wodurch sich asymmetrische Ladungen synchronisieren. Da die Elektronenwolken aller Atome und Moleküle polarisierbar sind, tritt die London-Wechselwirkung universell auf.

Da die unsymmetrische Ladungsverteilung der Elektronenhüllen nur von geringer Intensität und kurzer Dauer ist und die räumliche Orientierung wechselt, sind London-Kräfte schwach und betragen lediglich wenige Kilojoule pro Mol.

Je größer eine Atom- bzw. Moleküloberfläche, umso einfacher ist deren Elektronenwolke polarisierbar und desto mehr Ladungsfluktuationen treten auf. Das kann dazu führen, dass große Moleküle sich beim Erwärmen nicht verflüssigen, sondern zersetzen, weil die intermolekularen London-Kräfte größer sind als die intramolekularen Kovalenzkräfte. Bei großen Polymermolekülen ist die London-Wechselwirkung die dominierende Van-der-Waals-Komponente.

Da London-Wechselwirkungen mit zunehmendem Abstand in der sechsten Potenz abnehmen (r^{-6}), müssen sich Atome bzw. Moleküle auf wenige Nanometer annähern, damit diese wirken. London-Wechselwirkungen werden als Van-der-Waals-Wechselwirkungen im engeren Sinne bezeichnet.

Geckos nutzen Van-der-Waals-Kräfte

Geckos sind nicht nur in der Lage senkrechte Glaswände hochzuklettern (• Abb. 5.6), sondern können sogar kopfüber an Raumdecken laufen. Um zu verstehen, was den Gecko dazu befähigt, haben Wissenschaftler dessen Füße unter die Lupe genommen. Elektronenmikroskopische Aufnahmen zeigen, dass die Unterseite ihrer Zehen mit winzigen Härchen bedeckt ist. Diese Härchen verzweigen sich wie die Äste eines Baumes und enden in kleinsten, napfartigen Spatulae (Saugnäpfen) von 200 nm (0,2 µm) Durchmesser. Diese winzigen Näpfe ermöglichen einen engen Kontakt zum Untergrund, wodurch sich Van-der-Waals-Kräfte zwischen den Spatulae und dem Untergrund aufbauen. Wenn alle Spatulae Kontakt haben, haftet der Gecko mit 100 N am Untergrund. Um die Verbindung zum Untergrund zu lösen, rollt der Gecko seine Zehen auf, wodurch die Spatulae durch kleine Kippbewegung, ähnlich wie bei einem Klebeband, abgeschält werden. Für den nächsten Schritt stellt er die Spatulae wieder im idealen Winkel auf den Untergrund, sodass sich wieder Van-der-Waals-Kräfte ausbilden können.

• **Abb. 5.6** Geckos klettern mithilfe von Van-der-Waals-Kontakten selbst senkrechte Glasscheiben hoch (© nico99/ ▶ Shutterstock.com)

5.2 Gasförmig, flüssig, fest – Die drei klassischen Aggregatzustände

Stoffe treten abhängig von Temperatur und Druck in drei Aggregatzuständen auf: fest, flüssig oder gasförmig (◘ Tab. 5.5). So gefriert Wasser beispielsweise bei Normaldruck unter 0 °C zu Eis und geht bei 100 °C in den gasförmigen Zustand über.

5.2.1 Gase – Stoffe von variabler Form und variablem Volumen

Die Bewegungsgeschwindigkeit von Gasteilchen bei Raumtemperatur beträgt ca. 500 ms^{-1} (▶ Abschn. 10.3.1). Da die kinetische Energie (Bewegungsenergie) der Gasteilchen wesentlich größer ist als deren Wechselwirkungskräfte, verhalten sich diese unabhängig voneinander und bewegen sich völlig zufällig.

Gase passen sich dadurch jeglicher beliebiger Behälterform an und weisen weder eine feste Form noch ein festes Volumen auf. Die Abstände zwischen den einzelnen Gasteilchen sind relativ groß (ca. 70 nm), was die geringe Dichte von Gasen erklärt. Durch Druck lassen sich Gase komprimieren, wobei der durchschnittliche Abstand zwischen den Gasteilchen abnimmt.

- **Ideale Gase – Gasteilchen üben keine Kräfte untereinander aus**

Die Teilchen (Moleküle oder Atome) eines idealen Gases weisen folgende Eigenschaften auf:

– Die Gasmoleküle sind kleine, harte Kugeln.
– Die Größe der Gasmoleküle ist vernachlässigbar klein.
– Der Abstand zwischen den Molekülen (70 nm) ist viel größer als die Größe der Moleküle (<1 nm).
– Die Gasmoleküle bewegen sich zufällig und unregelmäßig.
– Die Gasmoleküle üben untereinander keine Kräfte aus, mit Ausnahme der Kollisionen.
– Kollisionen zwischen den Gasmolekülen sowie mit der Gefäßwand erfolgen völlig elastisch.

- **Gesetz von Boyle-Mariotte (n und T konstant, V ~ 1/p)**

Boyle und Mariotte erkannten, dass bei isothermen Verhältnissen (T = const.) das Produkt aus Druck und Volumen für ein Mol eines idealen Gases konstant bleibt (◘ Abb. 5.7). Gasvolumen und Druck verhalten sich somit indirekt proportional. Im V-p-Diagramm entspricht dies einer Kurve mit hyperbolischem Verlauf. Bei 1 bar ist das Volumen doppelt so groß wie bei 2 bar und viermal so groß wie bei 4 bar.

Es gilt somit $p \cdot V = \text{const}^1$ bzw. $V = \dfrac{\text{const}^1}{p}$.

Das Boyle-Mariotte-Gesetz findet Anwendung bei der Tiefenänderung von U-Booten, Höhenänderung von Ballons jeglicher Art, Luftpumpen usw.

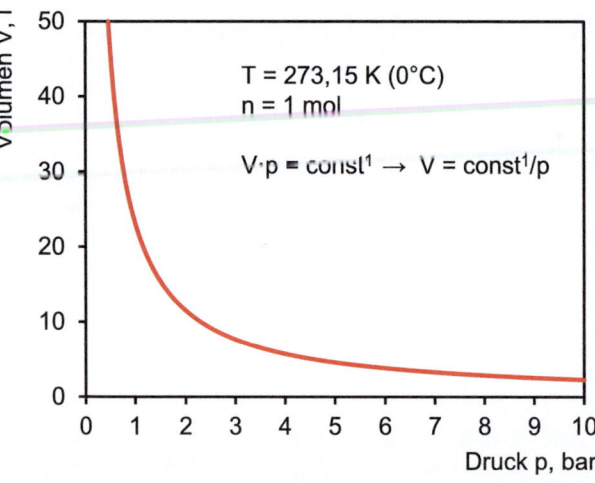

◘ Abb. 5.7 Gesetz von Boyle-Mariotte. Das Volumen eines idealen Gases steht im reziproken Verhältnis zum Druck

Gasgesetz von Boyle-Mariotte und der Tauchsport – Niemals beim Auftauchen die Luft anhalten!

Beim Tauchen mit Druckluftflasche (engl. Scuba-Diving) ist die wichtigste Regel, beim Auftauchen kontinuierlich weiterzuatmen und niemals die Luft anzuhalten. Andernfalls kann es im schlimmsten Fall zu einem Lungenriss kommen. Wie geschieht das?

In 20 Metern Meerestiefe herrscht ein Druck von 3 bar, hervorgerufen von 20 Meter Wassersäule und 1 bar Luftdruck. Wenn ein Taucher in dieser Tiefe seine Lunge mit einem Volumen von 5 Liter mit Luft füllt, beträgt der Lungeninnendruck ebenfalls 3 bar. Taucht der Taucher mit angehaltenem Atem auf, dehnt sich das Gas in der Lunge von 5 auf 15 Liter aus, da an der Wasseroberfläche nur noch der Luftdruck von 1 bar auf die Lunge wirkt (Abb. 5.8). Da bei geschlossenem Mund kein Luft- und Druckaustausch zwischen Lunge und Umgebung stattfindet, kann es dadurch zur Überdehnung des Lungengewebes bis hin zu einem Lungenriss kommen.

Warum ist insbesondere das Auftauchen aus 10 Metern Wassertiefe riskant? Der Druckgradient ist in den ersten 10 Metern Wassertiefe am größten. Wenn ein Taucher 10 Metern Wassertiefe mit einem Gesamtdruck von 2 bar (1 bar Wasserdruck + 1 bar Luftdruck) zur Wasseroberfläche aufsteigt, halbiert sich der Druck und das Volumen des Gases in der Lunge nimmt um 100 % zu. Im Gegensatz dazu fällt der Druck beim Aufsteigen von 20 auf 10 Metern Wassertiefe nur von 3 auf 2 bar ab, sodass das Lungenvolumen bei gleicher Tiefendifferenz lediglich um 50 % zunimmt.

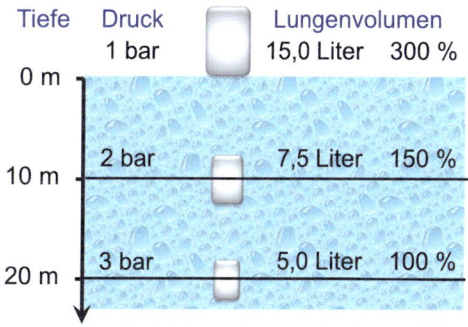

Abb. 5.8 Beim Auftauchen aus 20 m Tiefe und angehaltenem Atem würde das Gasvolumen in der Lunge von 5 auf 15 l zunehmen (© Dudarev Mikhail/▶ Shutterstock.com)

Gesetz von Gay-Lussac (n und p konstant, V ~ T)

Gay-Lussac stellte fest, dass bei isobaren Verhältnissen (p = const.) ein proportionaler Zusammenhang zwischen Gasvolumen und der absoluten Gastemperatur (V ~ T) besteht. Verdoppelt sich die absolute Temperatur, dann verdoppelt sich auch das Gasvolumen. Kühlt sich ein Gas ab, verkleinert sich bei gleichem Druck das Gasvolumen. Das Verhältnis von Volumen zu Temperatur (V/T) ist somit eine Konstante und entspricht der Steigung der Gerade in Abb. 5.9a.

Die Gay-Lussac-Relation ermöglicht die Bestimmung des absoluten Nullpunkts der Temperatur (T = 0 K, −273,15 °C) durch Extrapolation des Gasvolumens bei verschiedenen Temperaturen.

Das Gay-Lussac-Gesetz impliziert, dass ein ideales Gas „verschwindet", d. h. das Volumen gegen null gehen müsste, wenn es auf den absoluten Nullpunkt abgekühlt wird. Dies widerspricht der Alltagserfahrung, da sich kein Gas vollständig ideal verhält.

Auf dem Gay-Lussac-Gesetz basieren beispielsweise Gasthermometer.

Gesetz von Amontons (n und V konstant, p ~ T)

Gay-Guillaume Amontons wies nach, dass bei gleichbleibendem Volumen (isochorer Zustand) und gleichbleibender Stoffmenge der Druck eines idealen Gases im direkt proportionalen Verhältnis zur Temperatur steht (Abb. 5.9b, p ~ T). Das heißt, mit zunehmender Temperatur nimmt der Druck zu, mit abnehmender Temperatur fällt er.

Das Amontons-Gesetz beschreibt Druckzustände als Funktion der Temperatur in Behältern wie Autoreifen, Gasflaschen, Spraydosen etc.

Gesetz von Avogadro (p, T konstant, V ~ n)

Avogadro stellte eine Beziehung zwischen Volumen und der Menge eines idealen Gases auf (Abb. 5.10). Er postulierte, dass bei gleichem Druck und gleicher Temperatur gleiche Volumina idealer Gase die gleiche Anzahl von Teilchen (Moleküle) enthalten. Anders ausgedrückt, das Volumen eines idealen Gases ist bei konstantem Druck und Temperatur direkt proportional zur Stoffmenge (V ~ n).

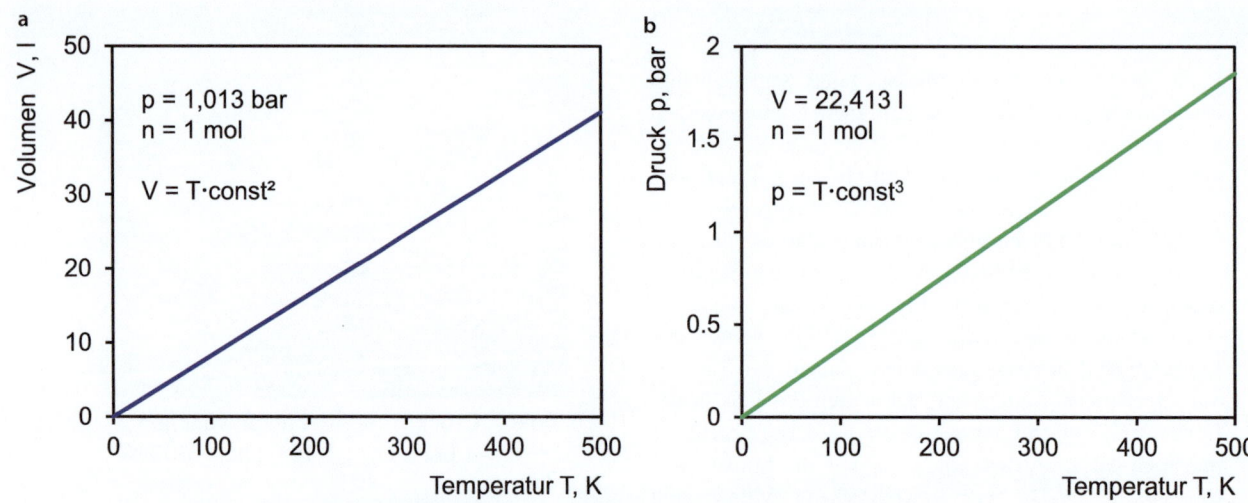

☐ **Abb. 5.9** Gasgesetz von Gay-Lussac: Das Gasvolumen (V) nimmt mit zunehmender Temperatur linear zu (**a**). Gasgesetz von Amontons: Der Gasdruck (p) ist direkt proportional zur Temperatur (**b**)

Messungen ergaben, dass 1 mol eines idealen Gases unter Normalbedingungen (0 °C, 1,013 bar) ein Volumen von 22,414 l, das molare Volumen, einnimmt.

Als Referenz an Avogadro wird die Anzahl der Teilchen in einer Stoffmenge von 1 mol ($6,022 \cdot 10^{23}$) als Avogadro-Zahl respektive Avogadro-Konstante bezeichnet.

Das Gasgesetz von Avogadro nutzte Dumas, um die molaren Massen zahlreicher Gase zu bestimmen (Gl. 5.1).

- **Ideales Gasgesetz – Der Gaszustand wird durch die Zustandsvariablen Druck, Temperatur, Volumen beschrieben**

Die Gesetze von Boyle-Mariotte (V = $const^1 \cdot 1/p$), Gay-Lussac (V = $const^2 \cdot T$), Amontons (p = $const^3 \cdot T$) und Avogadro (V = $const^4 \cdot n$) zeigen, dass das Volumen eines Gases von den Zustandsgrößen Druck, Temperatur und Stoffmenge abhängt. Die einzelnen Gesetze lassen sich zum idealen Gasgesetz (V = $const \cdot n \cdot T/p$) zusammenfassen.

Einsetzen des molaren Gasvolumens (V = 22,414 l = 0,022414 m³) unter Normalbedingungen (T = 273,15 K, p = 1,013 bar = $1,013 \cdot 10^5$ Nm⁻², n = 1 mol) ergibt den Wert 8,314 J · mol⁻¹ · K⁻¹ für die Proportionalitätskonstante const, die als allgemeine oder universelle Gaskonstante (R) bezeichnet wird. Die Zustandsgleichung für das ideale Gasgesetz lautet somit:

$$p \cdot V = n \cdot R \cdot T \quad \text{mit} \quad n = \frac{m}{M} \tag{5.1}$$

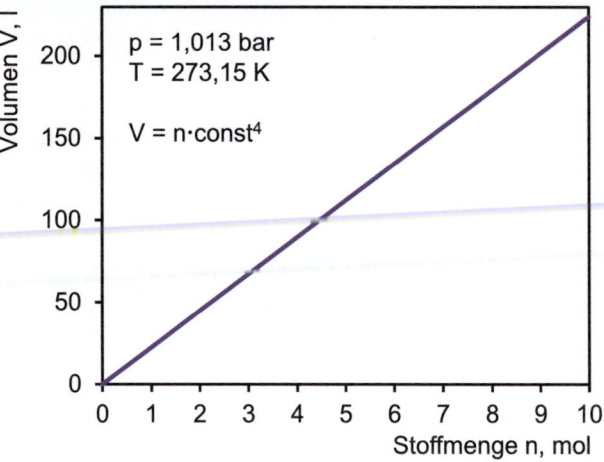

☐ **Abb. 5.10** Gasgesetz von Avogadro. Das Gasvolumen ist direkt proportional zur Stoffmenge (n)

p – Gasdruck, Nm⁻² = Pa
V – Gasvolumen, m³
n – Stoffmenge, mol
R – universelle Gaskonstante, J mol⁻¹ K⁻¹
T – absolute Temperatur, K
m – Stoffmenge, g
M – molare Masse, gmol⁻¹

☐ Abb. 5.11 gibt das p-V-T-Diagramm eines idealen Gases wieder. Alle Gleichgewichtszustände für Druck (p), Volumen (V) und Temperatur (T) liegen auf einer dreidimensionalen Hyperfläche (hellgrau) des Graphen im Zentrum.

5.2 · Gasförmig, flüssig, fest – Die drei klassischen Aggregatzustände

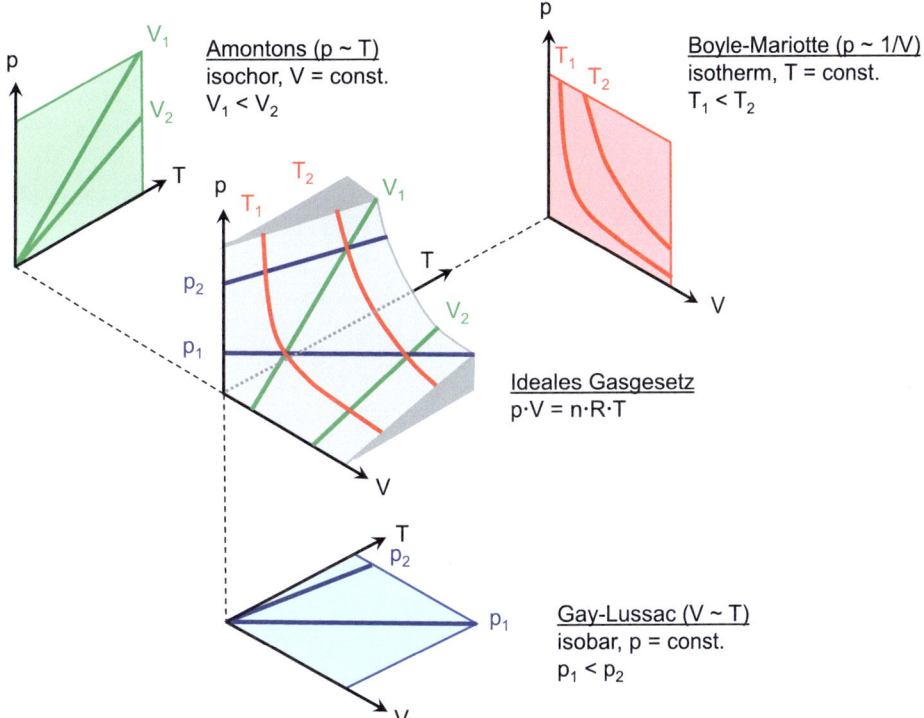

● **Abb. 5.11** p-V-T-Diagramm (Mitte) eines idealen Gases mit isochoren, isobaren und isothermen Zustandsfunktionen

Wird eine der drei Zustandsgrößen p, V, T konstant gehalten, werden als Grenzfälle des idealen Gasgesetzes erhalten:
- Isotherme Zustandsänderungen (rote Kurven) – Projektion entlang der T-Achse
- Isochore Zustandsänderungen (grüne Geraden) – Projektion entlang der V-Achse
- Isobare Zustandsänderungen (blaue Geraden) – Projektion entlang der p-Achse

> ▶ **Heißluftballons und das allgemeine Gasgesetz**
>
> Ein Heißluftballon (● Abb. 5.12) hat mit Nylonhülle, Korb, Brenner, Gasflaschen, Funkgerät sowie Radarerfassungsgerät eine Masse von 350 kg. Maximal können Passagiere (inkl. Ballonfahrer) mit einer Masse von 700 kg zusteigen, sodass die maximale Masse des bemannten Ballons 1050 kg beträgt. Mittels eines Brenners wird die Füllluft des Ballons erwärmt. Gemäß dem Gesetz von Gay-Lussac dehnt sich dadurch die Luft des Ballons aus und weist somit eine geringere Dichte auf als die Außenluft, was dem Ballon Auftrieb verleiht.
>
> Ein typischer Heißluftballon hat ein Volumen (V) von 4000 m³. Wie stark muss die Luft erwärmt werden, damit der Ballon samt Passagieren von der Erde abhebt?

Luft hat eine molare Masse (M) von 0,0289 kgmol⁻¹. Dadurch errechnet sich bei 20 °C (T) und 1,013 bar Luftdruck (p) für die 4000 m³ Gasinhalt des Ballons eine Masse (m) von:

$$p \cdot V = n \cdot R \cdot T \xrightarrow{\text{mit } n = m/M} p \cdot V = \frac{m}{M} \cdot R \cdot T \rightarrow$$

$$m = \frac{p \cdot V \cdot M}{R \cdot T} = \frac{1{,}013 \cdot 10^5 \frac{N}{m^2} \cdot 4000\,m^3 \cdot 0{,}0289 \frac{kg}{mol}}{8{,}314 \frac{N \cdot m}{K \cdot mol} \cdot 293{,}15\,K} = \mathbf{4804\,kg}$$

(5.2)

Damit der Ballon von der Erde abheben kann, muss die Ballonluft so stark erwärmt werden, dass diese lediglich eine Masse von 4804 kg − 700 kg − 350 kg = 3754 kg aufweist. Auf welche Temperatur muss die Ballonluft erwärmt werden? Wir lösen das ideale Gasgesetz nach der Temperatur (T) auf und setzen für die Masse (m) 3754 kg ein.

$$p \cdot V = \frac{m}{M} \cdot R \cdot T \rightarrow T = \frac{p \cdot V \cdot M}{R \cdot m}$$

$$= \frac{1{,}013 \cdot 10^5 \frac{N}{m^2} \cdot 4000\,m^3 \cdot 0{,}0289 \frac{kg}{mol}}{8{,}314 \frac{N \cdot m}{K \cdot mol} \cdot 3754\,kg} = 375\,K = \mathbf{102\,°C}$$

(5.3) ◀

◘ Abb. 5.12 Allgemeines Gasgesetz in Aktion (© Petr Bonek/▸ Shutterstock.com)

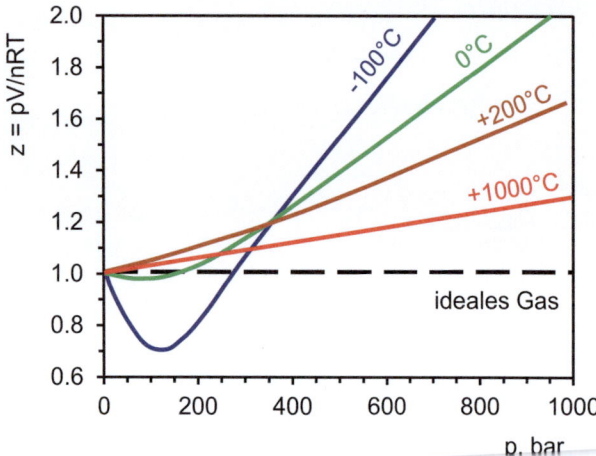

◘ Abb. 5.13 Reale Gase (hier Stickstoff) weichen insbesondere bei tiefen Temperaturen (blaue Linie) und hohen Drücken vom idealen Gasverhalten ab

■ Reale Gase – Gase weichen bei tiefen Temperaturen und hohen Drücken vom Idealverhalten ab

Unter Normalbedingungen verhalten sich viele Gase nahezu ideal, d. h., sie können über die Zustandsgleichung $p \cdot V = n \cdot R \cdot T$ beschrieben werden.

Bei tiefer Temperatur und/oder hohem Druck weichen reale Gaszustände oft erheblich vom idealen Gasgesetz ab. Diese Abweichung wird durch den Kompressionsfaktor z, d. h. dem Verhältnis von pV zu nRT quantifiziert (◘ Abb. 5.13). Je größer die Abweichung eines realen Gases vom Idealverhalten ist, desto stärker weicht der Kompressionsfaktor von 1 ab.

Die Kurvenverläufe resultieren aus den anziehenden Van-der-Waals-Kräften der Gasmoleküle sowie den abstoßenden Wechselwirkungen der Elektronenhüllen der Teilchen.

Wird der Gasdruck bei tiefer Temperatur erhöht, überwiegen zuerst die Anziehungskräfte der eng benachbarten Teilchen. Mit zunehmendem Gasdruck nähern sich die Gasmoleküle immer stärker an, sodass letztendlich die abstoßenden elektrostatischen Kräfte der Elektronenhüllen überwiegen.

Mit zunehmender Temperatur nimmt dagegen die kinetische Energie der Gasmoleküle zu, wodurch der Einfluß der Van-der-Waals-Kräfte stetig abnimmt und das reale Gas sich mehr und mehr dem idealen Gas annähert.

Der holländische Physiker van der Waals (Nobelpreis 1910) erkannte während seiner Dissertationsarbeit, dass für reale Gase zwei Korrekturglieder in der idealen Gasgleichung zu berücksichtigen sind:

- Die Gasmoleküle weisen ein Eigenvolumen (b) auf, sodass den Gasteilchen lediglich das Volumen $V - n \cdot b$ zur Verfügung steht, wodurch der Druck eines realen Gases höher ist als der eines idealen Gases.
- Gleichzeitig üben die Moleküle elektrische Dipolkräfte (Van-der-Waals-Kräfte) aufeinander aus, was zu einer Abnahme der kinetischen Energie der Gasmoleküle führt. Dadurch ist der reale Gasdruck um den Betrag $a \cdot n^2/V^2$ kleiner ist als der Druck eines idealen Gases, dessen Teilchen keine Kräfte aufeinander ausüben.
- Welcher Effekt überwiegt, hängt von den Van-der-Waals-Konstanten a und b des Gases sowie von Temperatur und Druck ab.
- Die Van-der-Waals-Konstanten a und b sind gasspezifisch und müssen empirisch ermittelt werden (◘ Tab. 5.2).

Korrigiert man das ideale Volumen und den idealen Druck in der allgemeinen Gasgleichung durch die Van-der-Waals'schen Korrekturglieder, erhält man die nach van der Waals benannte Zustandsgleichung für reale Gase.

$$\left(p + a \cdot \frac{n^2}{V^2}\right) \cdot (V - n \cdot b) = n \cdot R \cdot T \quad \text{Van-der-Waals-Zustandsgleichung für reale Gase}$$

(5.4)

5.2 · Gasförmig, flüssig, fest – Die drei klassischen Aggregatzustände

Tab. 5.2 Kohäsionsdruck und Eigenvolumen realer Gase

Gas	Kohäsionsdruck a (Pa · m⁶ mol⁻²)	Eigenvolumen b (m³ mol⁻¹)
Ideales Gas	0	0
Helium (He)	0,00347	$2{,}38 \cdot 10^{-5}$
Wasserstoff (H_2)	0,0246	$2{,}67 \cdot 10^{-5}$
Stickstoff (N_2)	0,137	$3{,}86 \cdot 10^{-5}$
Methan (CH_4)	0,230	$4{,}31 \cdot 10^{-5}$
Kohlenstoffdioxid (CO_2)	0,366	$4{,}28 \cdot 10^{-5}$
Acetylen (C_2H_2)	0,452	$5{,}22 \cdot 10^{-5}$
Wasserdampf (H_2O)	0,554	$3{,}05 \cdot 10^{-5}$

p – real messbarer Gasdruck, $Nm^{-2} = Pa$
a – Kohäsionsdruck Moleküle, $Pa \cdot m^6 \cdot mol^{-2}$
V – real messbares Gasvolumen, m^3
n – Stoffmenge, mol
b – Eigenvolumen Moleküle, $m^3 mol^{-1}$
R – allgemeine Gaskonstante, $J \cdot mol^{-1} \cdot K^{-1}$
T – absolute Temperatur, K

▶ **Beispiel**

Eine 50-l-Stahlflasche enthält 1 kg Wasserstoff. Welcher Druck ergibt sich nach dem idealen und nach dem realen Gasgesetz bei einer Temperatur von 27 °C? Die Angaben für den Kohäsionsdruck a und das Eigenvolumen der Wasserstoffmoleküle b können der ◻ Tab. 5.2 entnommen werden.

Ideales Gasgesetz

$$p \cdot V = n \cdot R \cdot T \xrightarrow{\text{mit } n = m/M} p \cdot V = \frac{m}{M} \cdot R \cdot T \rightarrow p = \frac{m \cdot R \cdot T}{M \cdot V} = \frac{1\,\text{kg} \cdot 8{,}314 \frac{N \cdot m}{K \cdot mol} \cdot 300\,K}{0{,}002 \frac{kg}{mol} \cdot 0{,}05\,m^3} = 24.942.000\,\frac{N}{m^2} \approx \mathbf{249\,bar} \quad (5.5)$$

Van-der-Waals-Gesetz

$$\left(p + \frac{0{,}0246 \cdot \frac{N \cdot m^6}{m^2 \cdot mol^2} \cdot (1\,kg)^2}{\left(0{,}002\frac{kg}{mol}\right)^2 \cdot (0{,}05\,m^3)^2}\right) \cdot \left(0{,}05\,m^3 - \frac{1\,kg \cdot 2{,}67 \cdot 10^{-5}\frac{m^3}{mol}}{0{,}002\frac{kg}{mol}}\right) = \frac{1\,kg \cdot 8{,}314\frac{N \cdot m}{K \cdot mol} \cdot 300\,K}{0{,}002\frac{kg}{mol}} \rightarrow p = \mathbf{316\,bar} \quad (5.6)$$

Auflösen der Gleichung nach p ergibt einen Gasdruck von 316 bar, der um 67 bar höher ist als der nach dem idealen Gasgesetz errechnete. ◀

■ Kritischer Punkt

Wie schon erwähnt, wird der gasförmige Zustand bei hohen Temperaturen durch das ideale Gasgesetz sehr gut beschrieben (◻ Abb. 5.14, Isotherme für CO_2 bei T = 70 °C). Bei tiefen Temperaturen und hohen Drücken nähern sich die Moleküle an, sodass Wechselwirkungen zwischen den Molekülen bis hin zur Gasverflüssigung auftreten. Die Gaszustände können nicht mehr durch das ideale Gasgesetz erfasst werden.

Erfreulicherweise können in diesem Bereich die Isotherme des flüssigen und gasförmigen Zustands in guter Näherung durch die Van-der-Waals-Zustandsgleichung (Gl. 5.4) beschrieben werden.

Bezieht man die Van-der-Waals-Gleichung nur auf 1 mol (n = 1) eines Gases, dann vereinfacht sich Gl. 5.4 zu:

$$\left(p + \frac{a}{V_m^2}\right) \cdot (V_m - b) = R \cdot T \quad \text{Van-der-Waals-Zustandsgleichung für n = 1 mol mit } V_m = \frac{V}{n} \tag{5.7}$$

V_m – molares Volumen eines idealen Gases, m³

Um die Isothermen der Van-der-Waals-Gleichung im p-V-Diagramm zu erhalten, stellen wir Gl. 5.7 nach dem Druck (p) als Funktion der Temperatur (T) um:

$$p = \frac{R \cdot T}{V_m - b} - \frac{a}{V_m^2} \quad \text{Isotherme der Van-der-Waals-Zustandsgleichung für n = 1 mol mit } V_m = \frac{V}{n} \tag{5.8}$$

Das p-V-Diagramm für Kohlenstoffdioxid (CO₂, ◘ Abb. 5.14) gibt Isotherme für fünf unterschiedliche Temperaturen wieder, die allesamt mit der Van-der-Waals-Zustandsgleichung (Gl. 5.8) berechnet wurden.

Bei hoher Temperatur (T = 70 °C) zeigt die Isotherme den klassischen hyperbolischen Verlauf gemäß dem Boyle-Mariotte-Gesetz, sodass sich diese Zustände auch mit dem idealen Gasgesetz berechnen lassen.

Interessanter ist jedoch der Kurvenverlauf bei 10 °C. Die Van-der-Waals-Zustandsgleichung weist hier ein Minimum (M, ◘ Abb. 5.14) auf. Dies würde bedeuten, dass bei einer Volumenzunahme (M → B) der Druck ansteigen würde, was im Widerspruch zum Boyle-Mariotte-Gesetz steht. Der schottische Physiker Maxwell löste dieses Dilemma, indem er die Punkte A und C mit einer horizontalen Gerade verband, die er aus Gründen des Energieerhaltungssatzes so platzierte, dass der Flächeninhalt zwischen A und B - also zwischen der Van-der-Waals-Kurve (blau gestrichelt) und der Maxwell-Geraden (blau durchgezogen) - identisch ist mit der analogen Fläche zwischen B und C. Die physikalische Bedeutung wird beispielhaft an der blauen Isotherme erklärt. Komprimiert man Kohlenstoffdioxid bei 10 °C, setzt am Punkt A (◘ Abb. 5.14) Verflüssigung ein. Verringert man das Volumen weiter (A → C), bleibt der Druck konstant, wobei zusätzliches Kohlenstoffdioxidgas in flüssiges Kohlenstoffdioxid übergeht. Dies bedeutet, dass die Maxwell-Gerade einen Koexistenzzustand von gasförmigem und flüssigem Kohlenstoffdioxid beschreibt. Im Koexistenzbereich ändert sich der Druck nicht, und es herrscht der Sättigungsdampfdruck von CO₂ bei 10 °C. Wenn Punkt C erreicht ist, ist sämtliches Gas verflüssigt und der Druck steigt stark an, da Flüssigkeiten sich kaum komprimieren lassen. Die Van-der-Waals-Kurven nähern sich im flüssigen Bereich (grün) bei zunehmender Volumenreduktion dem Eigenvolumen der CO₂-Moleküle an.

Für die Isotherme bei 20 °C (◘ Abb. 5.14, grüne Kurve) gelten analoge Betrachtungen. Aufgrund der höheren Temperatur ist jedoch der Dampfdruck höher und der Koexistenzbereich (A → C) ist deshalb kleiner als bei 10 °C.

Erhöht man die Temperatur weiter, fallen bei 31 °C (rote Linie) die Punkte A und C im kritischen Punkt (K) zusammen. Die „kritische" Isotherme verläuft am kritischen Punkt horizontal und weist dort einen Wendepunkt auf.

Am kritischen Punkt (◘ Abb. 5.14 und 5.32) kann aufgrund der gleichen Dichte von Dampf und Flüssigkeit nicht mehr zwischen Gas- und Flüssigkeitsphase unterschieden werden. Die Phasengrenze, wie sie im Koexistenzbereich beobachtet wird, verschwindet.

Die kritische Temperatur ist die höchste Temperatur, bei der ein Gas noch durch Druck verflüssigt werden kann. Bei Temperaturen über der kritischen Temperatur ist die kinetische Energie der Gasmoleküle so hoch, dass eine Verflüssigung des Gases selbst bei noch so hohen Drücken nicht mehr möglich ist. Der kritische Druck ist der Mindestdruck, der bei der kritischen Temperatur angewendet werden muss, um ein Gas zu verflüssigen.

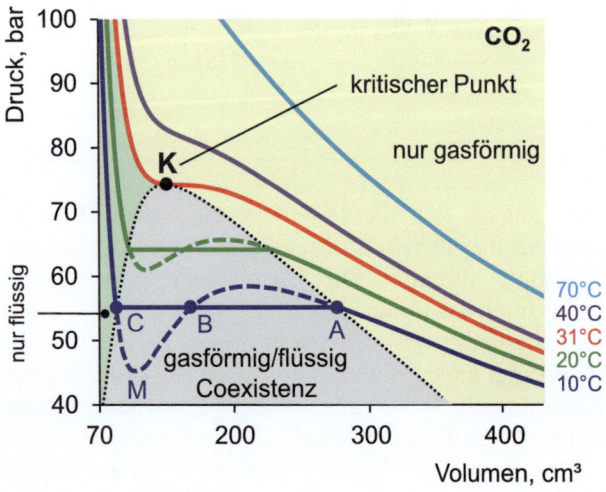

◘ **Abb. 5.14** Isotherme des Kohlenstoffdioxids (CO₂) berechnet mit der Van-der-Waals-Zustandsgleichung

5.2 · Gasförmig, flüssig, fest – Die drei klassischen Aggregatzustände

Zusammenfassend lässt sich feststellen, dass die Van-der-Waals-Gleichung sowohl den gasförmigen als auch den flüssigen Zustand beschreibt. Für den Koexistenzbereich (◘ Abb. 5.14, A → C) von Flüssigkeit und Gas liefert die Van-der-Waals-Gleichung jedoch Werte, die nicht mit den empirischen Ergebnissen übereinstimmen. Durch Einführen der Maxwell-Gerade konnte diese Schwäche der Van-der-Waals-Gleichung geheilt werden.

5.2.2 Flüssigkeiten – Stoffe mit variabler Form und definiertem Volumen

Kühlt man Gase ab und/oder komprimiert sie unterhalb der kritischen Temperatur, nähern sich die Moleküle immer mehr an und es treten Wechselwirkungskräfte in der Größenordnung der kinetischen Energie der Gesamtmoleküle auf, wodurch der Phasenübergang vom gasförmigen zum flüssigen Zustand erfolgt.

Es ist Alltagserfahrung, dass Flüssigkeiten zwar ein definiertes Volumen aufweisen, aber keine feste Form. Sie passen sich der Behälterform an, füllen aber im Unterschied zu Gasen nicht das ganze Volumen eines Behälters aus.

Obwohl die Dichte von Flüssigkeiten etwa um den Faktor 1000 größer ist als die von Gasen, nehmen Flüssigkeitsmoleküle keine festen Plätze ein, sondern sind frei beweglich und in ständiger Bewegung. Im Gegensatz zu Gasen sind Flüssigkeiten aufgrund der dichten Molekülpackung praktisch nicht komprimierbar.

Im Folgenden werden typische Eigenschaften von Flüssigkeiten, wie Dichte, Dampfdruck und Siedepunkt, näher betrachtet.

■ Dichte

Die Dichte (ρ) ist definitionsgemäß der Quotient von Masse (m) und Volumen (V). Übliche physikalische Einheiten für die Dichte von Flüssigkeiten sind Gramm pro Milliliter (gml^{-1}) oder Kilogramm pro Kubikmeter (kgm^{-3}, SI-Einheit). Da das Volumen von Flüssigkeiten temperaturabhängig ist, beziehen sich Dichteangaben stets auf die Messtemperatur (meist 20 °C).

$$\rho = \frac{m}{V} \tag{5.9}$$

ρ – Dichte, gml^{-1}, kgl^{-1}, kgm^{-3}
m – Masse, g, kg
V – Volumen, ml, l, m^3

Die Dichte von Flüssigkeiten kann schnell mithilfe eines 100-ml-Messzylinders bestimmt werden. Der leere Messzylinder wird auf eine Waage gestellt, auf null tariert und mit Flüssigkeit bis zur 100-ml-Marke befüllt.

◘ Abb. 5.15 Kalibriertes 25-ml-Pyknometer (© Ichwarsnur, wikimedia, CC BY-SA 4.0)

Die Dichte der Flüssigkeit in gml^{-1} ergibt sich aus der Flüssigkeitsmasse dividiert durch 100. Die Methode ist schnell, aber nur auf zwei Nachkommastellen genau.

Um die Dichte mit höherer Präzision zu bestimmen, gelangen Pyknometer (◘ Abb. 5.15) zum Einsatz. Das leere, saubere und trockene Pyknometer wird auf einer Analysenwaage gewogen (m_P). Anschließend wird das Pyknometer mit Flüssigkeit blasenfrei befüllt und im Wasserbad bei 20 °C temperiert. Beim Aufsetzen des Schliffstopfens muss Flüssigkeit aus der Kapillare des Schliffstopfens austreten. Überschüssige Flüssigkeit auf dem Stopfen wird sorgfältig mit einem Filterpapier entfernt. Fehlende Flüssigkeit wird nachgefüllt. Nach Temperierung bei 20 °C wird das voll gefüllte Pyknometer aus dem Wasserbad entnommen, sorgfältig abgetrocknet und gewogen (m_{P+Fl}). Die Massendifferenz zwischen gefülltem und leerem Pyknometer dividiert durch das Volumen des Pyknometers (V_P) ergibt die Dichte der Flüssigkeit (ρ_{Fl}) mit hoher Genauigkeit.

$$\rho_{Fl} = \frac{m_{P+Fl} - m_P}{V_P} \tag{5.10}$$

ρ_{Fl} – Flüssigkeitsdichte, gml^{-1}
m_{P+Fl} – Masse des Pyknometers mit Flüssigkeit, g
m_P – Masse des Pyknometers ohne Flüssigkeit, g
V_P – Volumen Pyknometer, ml

Abb. 5.16 Eine Büroklammer schwimmt auf einer Wasseroberfläche (© Valentyn Volkov/▶ Shutterstock.com)

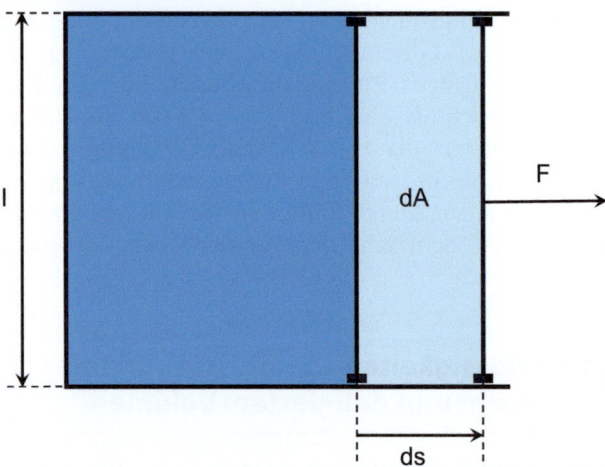

Abb. 5.17 Die Oberflächenspannung einer Flüssigkeit „widersetzt" sich einer Flächenvergrößerung

Oberflächenspannung

Das Phänomen der Oberflächenspannung ermöglicht beispielsweise, dass eine Sicherheitsnadel auf einer Wasseroberfläche schwimmt (Abb. 5.16), obwohl deren Dichte (7,8 gml^{-1}) wesentlich höher ist als die des Wassers (1 gml^{-1}). Ein weiteres Beispiel sind Wasserläufer (Insekten), die mühelos über die Oberfläche von Gewässern laufen und dabei die Wasseroberfläche eindellen.

Was ist die Ursache der Oberflächenspannung von Flüssigkeiten? Während Moleküle im Inneren einer Flüssigkeit nach allen Richtungen Wechselwirkungen zu anderen Molekülen eingehen, sind Moleküle an der Flüssigkeitsoberfläche nur Anziehungskräften ins Innere ausgesetzt. Deshalb haben Flüssigkeiten die Tendenz ihre Oberfläche zu verkleinern und Kugel- oder Tropfenform anzunehmen. Soll die Oberfläche einer Flüssigkeit vergrößert werden, müssen Moleküle aus dem Flüssigkeitsinneren an die Grenzfläche gezogen werden. Wird die Oberfläche vergrößert, indem eine Seite mit der Länge l um die Strecke ds verschoben wird, muss hierfür die Arbeit dW = F · ds aufgebracht werden (Abb. 5.17). Die für die Oberflächenvergrößerung (dA) erforderliche Energie (dW) dividiert durch die geschaffene Fläche (dA) wird als Oberflächenspannung (σ) definiert (Gl. 5.11). Da für unterschiedliche Flüssigkeiten die Wechselwirkungen der Moleküle variieren, ist die Oberflächenspannung eine flüssigkeitsspezifische Größe.

$$\sigma = \frac{dW}{dA} = \frac{F \cdot ds}{l \cdot ds} = \frac{F}{l} \qquad (5.11)$$

σ – Oberflächenspannung, Nm^{-1}

dW – aufzuwendende Arbeit, Energie, J = Nm

dA – Oberflächenvergrößerung, m^2

F – aufzuwendende Kraft für die Oberflächenvergrößerung dA, N

ds – Verschiebung der Kante l, m

l – Kantenlänge der Fläche, m

So weist Wasser eine Oberflächenspannung von 0,0725 Nm^{-1}, Aceton von 0,0233 Nm^{-1} und n-Hexan von 0,0184 Nm^{-1} auf. Das bedeutet, dass für Wasser 0,0725 J Arbeit (W = σ · dA) erforderlich ist, um die Oberfläche um einen Quadratmeter zu vergrößern.

Die allgemeine Tendenz zeigt, dass mit zunehmenden Van-der-Waals-Kontakten (▶ Abschn. 5.1) und höherer Polarität die Oberflächenspannung von Flüssigkeiten ansteigt, da die Moleküle verstärkt elektrostatische Anziehungskräfte aufeinander ausüben.

Kapillarkräfte

Taucht man eine Kapillare, d. h. ein Glasrohr mit sehr kleinem Durchmesser, in gefärbtes Wasser, so steigt das Wasser in der Kapillare gegen die Schwerkraft nach oben. Je dünner die Kapillare, desto höher ist die Steighöhe des Wassers (Abb. 5.18). Das Phänomen wird als Kapillareffekt bezeichnet.

Für Wasser ist die Kohäsionskraft, d. h. der Zusammenhalt zwischen den Flüssigkeitsteilchen (Oberflächenspannung), kleiner als die Wechselwirkung der Flüssigkeit mit der Kapillarwand (Adhäsionskraft). Deshalb bildet sich in der Kapillare eine konkave Oberflächenwölbung aus und die Flüssigkeit steigt entgegen der Schwerkraft in der Kapillare nach oben (Kapillar-

5.2 · Gasförmig, flüssig, fest – Die drei klassischen Aggregatzustände

$$F_G = \rho_{Fl} \cdot V_{Fl} \cdot g \xrightarrow{mit\, V_{Fl}=r^2\cdot\pi\cdot h} F_G = \rho_{Fl} \cdot r^2 \cdot \pi \cdot h \cdot g \tag{5.13}$$

r – Kapillarradius, m

h – Steighöhe Flüssigkeitssäule in der Kapillare, m

Die Kapillarkraft (F_K), die der Gewichtskraft (F_G) entgegenwirkt, ergibt sich gemäß Definition aus der Oberflächenspannung, die entlang des Kapillarumfangs (l = 2π · r) wirkt.

$$F_K = 2\pi \cdot r \cdot \sigma \tag{5.14}$$

F_K – Kapillarkraft, N

σ – Oberflächenspannung Flüssigkeit, Nm^{-2}

Im Gleichgewicht halten sich Kapillarkraft und Gewichtskraft die Waage, sodass für die kapillare Steighöhe (h) folgender Zusammenhang gilt:

$$\begin{aligned}F_G = F_K &\to \rho_{Fl} \cdot r^2 \cdot \pi \cdot h \cdot g = 2\pi \cdot r \cdot \sigma \to \rho_{Fl} \cdot r \cdot h \cdot g \\ &= 2 \cdot \sigma \to h = \frac{2 \cdot \sigma}{\rho_{Fl} \cdot g \cdot r}\end{aligned} \tag{5.15}$$

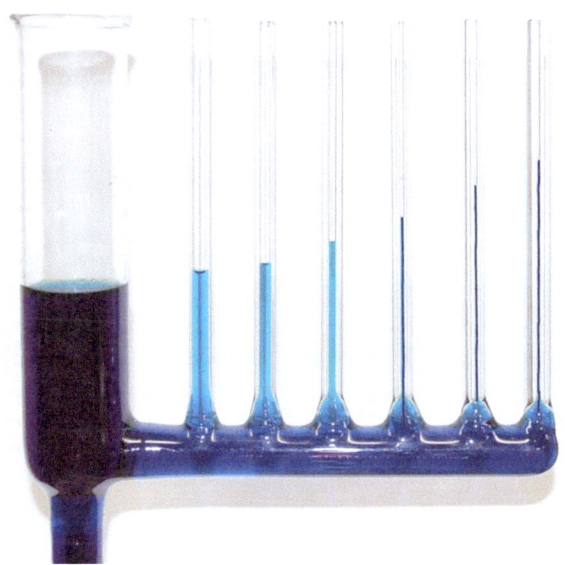

Abb. 5.18 Die Steighöhe von Flüssigkeitssäulen steht im reziproken Verhältnis zum Kapillardurchmesser

aszension), sodass das Niveau der Flüssigkeitssäule höher liegt als der Pegel der umgebenden Flüssigkeit (Abb. 5.18).

Bei einer nichtbenetzenden Flüssigkeit wie Quecksilber ist die Oberflächenspannung der Flüssigkeit größer als die Adhäsionskraft zwischen Flüssigkeit und Kapillarwand. Dadurch bildet sich eine Kapillardepression aus, sodass die konvexe Flüssigkeitsoberfläche in der Kapillare unter dem Pegel der umgebenden Flüssigkeit zu liegen kommt.

Zur Ableitung der Steighöhe der in der Kapillare stehenden Flüssigkeitssäule setzen wir ein Kräftegleichgewicht zwischen der Gewichtskraft F_G der Flüssigkeitssäule und der von der Oberflächenspannung der Flüssigkeit herrührenden Kapillarkraft F_K an.

$$\begin{aligned}F_G = m_{Fl} \cdot g \quad \rho_{Fl} &= \frac{m_{Fl}}{V_{Fl}} \to m_{Fl} = \rho_{Fl} \cdot V_{Fl} \to \\ F_G &= \rho_{Fl} \cdot V_{Fl} \cdot g\end{aligned} \tag{5.12}$$

F_G – Gewichtskraft der Flüssigkeitssäule, N

m_{Fl} – Masse Flüssigkeitssäule, kg

g – Erdbeschleunigung, ms^{-2}

ρ_{Fl} – Dichte Flüssigkeit, kgm^{-3}

V_{Fl} – Volumen Flüssigkeitssäule, m^3

Das Volumen der Flüssigkeitssäule ergibt sich aus der Grundfläche (π · r^2) und der Steighöhe der Säule (h). Durch Einsetzen folgt:

Für einen definierten Stoff hängt die Steighöhe also nur von dem Radius des Röhrchens ab. Je kleiner der Radius (r), desto höher die Steighöhe (h) in der Kapillare.

Kapillareffekte sind ausschlaggebend für den Flüssigkeitstransport in Pflanzen, Lebewesen und im porösen Gestein. So saugen beispielsweise Bäume Wasser von den Wurzeln zu Blättern bis in 100 Metern Höhe. Der Kapillareffekt trägt dazu entscheidend bei.

■ Dampfdruck

Flüssigkeitsmoleküle sind zwar nicht so mobil wie Gasmoleküle, dennoch können sie sich innerhalb der flüssigen Phase relativ frei bewegen, sodass sie miteinander kollidieren und eine Geschwindigkeitsverteilung gemäß Boltzmann (▶ Abschn. 10.3.1) aufweisen. Die mittlere Geschwindigkeit ist flüssigkeitsspezifisch und temperaturabhängig.

Einige Moleküle nehmen durch Kollisionen so viel kinetische Energie auf, dass sie die intermolekularen Wechselwirkungskräfte überwinden und in die Gasphase übertreten. Je höher die Temperatur, desto größer ist die mittlere Geschwindigkeit der Flüssigkeitsmoleküle und desto mehr Moleküle verdampfen.

Im Gasraum gibt es wiederum Moleküle mit so geringer Bewegungsenergie, dass sie von der Flüssigkeit wieder eingefangen werden.

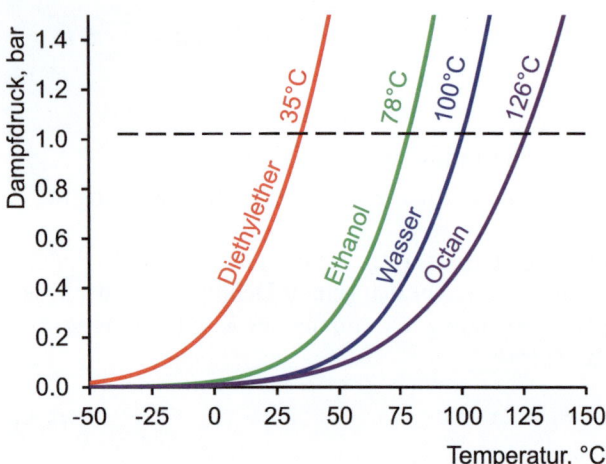

Abb. 5.19 Der Dampfdruck von Flüssigkeiten ist temperatur- und stoffspezifisch

In einem geschlossenen Gefäß verlassen mit der Zeit pro Zeiteinheit genauso viele Moleküle die Flüssigkeit, wie von der Gasphase in die Flüssigkeit übertreten. Es stellt sich daher ein temperaturabhängiges, dynamisches Gleichgewicht ein. Da die Dampfphase keine zusätzlichen Flüssigkeitsmoleküle aufnehmen kann, wird der Dampf als gesättigt und der korrelierende Druck im geschlossenen Behälter als Sättigungsdampfdruck bezeichnet. Der Wert des Sättigungsdampfdrucks hängt sowohl von der Flüssigkeit als auch von der Temperatur ab (Abb. 5.19). Mit steigender Temperatur verdampft mehr Flüssigkeit und der Dampfdruck nimmt zu. Bei sinkender Temperatur kondensiert ein Teil der Gasphase und der Dampfdruck nimmt entsprechend ab.

Mathematisch lassen sich Dampfdruckkurven, d. h. die Phasengrenze zwischen flüssigem und gasförmigem Zustand im p-T-Diagramm (Abb. 5.32, Phasengrenze zwischen Tripelpunkt und kritischem Punkt), mit der Clausius-Clapeyron-Gleichung berechnen (Gl. 5.16).

Um den mathematischen Aufwand in Grenzen zu halten, wird dabei
- die Temperaturabhängigkeit der molaren Verdampfungswärme $\Delta_{VE}H_m$ vernachlässigt und
- die gesättigte Gasphase als ideales Gas angesehen.

Löst man Gl. 5.16 nach p_2 auf, so wird offensichtlich, dass der Sättigungsdampfdruck exponentiell von der reziproken Temperatur abhängt.

$$\ln \frac{p_2}{p_1} = \frac{\Delta_{VE}H_m}{R} \cdot \left(\frac{1}{T_1} - \frac{1}{T_2}\right) \rightarrow p_2 = p_1 \cdot e^{\left[\frac{\Delta_{VE}H_m}{R} \cdot \left(\frac{1}{T_1} - \frac{1}{T_2}\right)\right]}$$

(5.16)

p_1 – Dampfdruck bei der absoluten Temperatur T_1, Nm^{-2}

p_2 – Dampfdruck bei der absoluten Temperatur T_2, Nm^{-2}

$\Delta_{VE}H_m$ – molare Verdampfungswärme, Jmol^{-1}

R – allgemeine Gaskonstante, J · K^{-1} · mol^{-1}

T – absolute Temperatur, K

▶ **Beispiel**

Der Dampfdruck von Wasser beträgt bei 100 °C 1,013 bar. Berechnen Sie den Dampfdruck von Wasser bei 60, 80 und 120 °C. Die molare Verdampfungswärme von Wasser ist näherungsweise 40,7 kJmol^{-1} für alle drei Temperaturen

geg.: p(100 °C) = 1 bar = 10^5Nm^{-2}, T_1 = 100 °C = 373,15 K, $\Delta_{VE}H_m$ = 40,7 kJ · mol^{-1}

ges.: p(60 °C), p(80 °C), p(120 °C)

Lösung

$$p_2 = p_1 \cdot e^{\left[\frac{\Delta_{VE}H_m}{R} \cdot \left(\frac{1}{T_1} - \frac{1}{T_2}\right)\right]}$$

$$p(60°C) = p(100°C) \cdot e^{\left[\frac{40.700\,J \cdot mol \cdot K}{8,314\,J \cdot mol} \cdot \left(\frac{1}{T_{100}} - \frac{1}{T_{60}}\right)\right]} \rightarrow$$

$$p(60°C) = 1,013 \cdot 10^5 N \cdot m^{-2} \cdot e^{\left[\frac{40.700\,J \cdot mol \cdot K}{8,314\,J \cdot mol} \cdot \left(\frac{1}{373,15\,K} - \frac{1}{333,15\,K}\right)\right]}$$

$$= 0,21 \cdot 10^5\,Nm^{-2} = 0,21\,bar$$

analog

$p_{80} = 0,48 \cdot 10^5\,Nm^{-2} = 0,48\,bar; p_{120} = 1,97 \cdot 10^5\,Nm^{-2} = 1,97\,bar$

◀

■ **Siedepunkt**

Am Siedepunkt (Sdp.) entspricht der Dampfdruck einer Flüssigkeit dem Atmosphärendruck. Es bilden sich Gasblasen in der Flüssigkeit, die nach oben steigen und in die Gasphase übergehen. Der Siedepunkt ist somit die Temperatur, bei der der Dampfdruck der Flüssigkeit identisch ist mit dem Umgebungsdruck. Am Siedepunkt verändert sich trotz Wärmezufuhr die Temperatur nicht, solange Flüssigkeit vorhanden ist. Da der Siedepunkt vom Atmosphärendruck abhängt, muss die Angabe des Siedepunkts mit einer Druckangabe einhergehen. Üblicherweise beziehen sich Literaturangaben für Siedepunkte auf den Atmosphärendruck auf Meereshöhe (1,013 bar). Beispielsweise betragen die Siedetemperaturen bei 1,013 bar für Wasser 100 °C, für Ethanol 78 °C und für Ether 35 °C (Abb. 5.19).

Alpinisten wissen, dass mit zunehmender Höhe der Luftdruck (Abb. 5.20) und damit die Sauerstoffversor-

5.2 · Gasförmig, flüssig, fest – Die drei klassischen Aggregatzustände

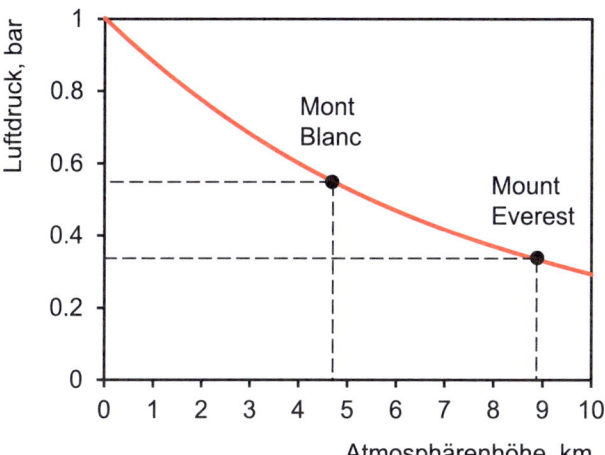

Abb. 5.20 Der Luftdruck nimmt mit zunehmender Atmosphärenhöhe ab

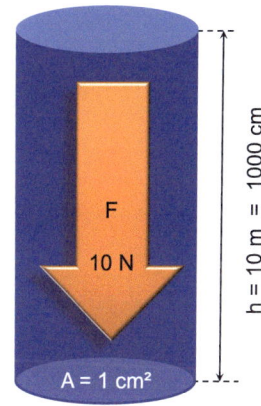

Abb. 5.21 Der hydrostatische Druck von 1 bar (p) entspricht der Gewichtskraft einer 10 Meter hohen Wassersäule (h), die auf einer Fläche (A) von einem Quadratzentimeter lastet

gung abnehmen. Auf Europas höchstem Berg, dem Mont Blanc (4810 m), beträgt der Luftdruck lediglich 0,58 bar, während auf dem höchsten Berg der Wlt, dem Mount Everest (8848 m), nur noch ein Luftdruck von 0,38 bar herrscht. Dadurch siedet Wasser auf dem Mont Blanc bei 83 °C und auf dem Mount Everest bereits bei 70 °C. Der Luftdruck als Funktion der Höhenlage (p_h) lässt sich mit der sogenannten barometrischen Höhenformel berechnen (Gl. 5.17, Herleitung siehe Anhang 21.4).

$$p_h = p_0 \cdot e^{-\frac{M \cdot g \cdot (h-h_0)}{R \cdot T}} \quad \text{barometrische Höhenformel} \quad (5.17)$$

p_h – Luftdruck in Höhe h, $Nm^{-2} = Pa$

p_0 – Ausgangsluftdruck auf Ausgangshöhe h_0, z. B. auf Meereshöhe ($p_0 = 1{,}013 \cdot 10^5\ Nm^{-2}$), $Nm^{-2} = Pa$

h – Höhe, m

h_0 – Ausgangshöhe, z. B. Meereshöhe ($h_0 = 0$ m), m

- **Hydrostatischer Druck**

Der Druck (p) ist physikalisch gesehen eine Kraft (F), die senkrecht (normal) auf eine definierte Fläche (A) einwirkt (Gl. 5.18). Die physikalische Einheit des Drucks ist Nm^{-2} oder Pascal (1 Pa = 1 Nm^{-2}) oder bar (1 bar = 100.000 Pa).

$$p = \frac{F}{A} = \frac{10\ N}{0{,}0001\ m^2} = 10^5\ N \cdot m^{-2} \approx 1\ bar \quad (5.18)$$

p – Druck, $Nm^{-2} = Pa$

F – Kraft, N

A – Fläche, m^2

Der hydrostatische Druck (p) entspricht der Gewichtskraft (F) einer Flüssigkeitssäule, die auf einer Fläche A lastet (Abb. 5.21). Mit zunehmender Höhe (h) der Flüssigkeitssäule nimmt der hydrostatische Druck zu. Je größer die Dichte (ρ) der Flüssigkeit, umso größer der hydrostatische Druck bei gleicher Höhe der Flüssigkeitssäule.

Betrachten wir die Flüssigkeitssäule als Zylinder, dann errechnet sich die Kraft (F), mit der die Flüssigkeitssäule auf die Fläche (A) drückt, aus der Masse der Flüssigkeitssäule (m) multipliziert mit der Erdbeschleunigung (g). Die Erdbeschleunigung ist die Proportionalitätskonstante, mit der die Masse der Flüssigkeit in die äquivalente Kraft (F) überführt wird (Gl. 5.19). Die Masse der Flüssigkeitssäule (m) ergibt sich aus deren Volumen (V) und der Flüssigkeitsdichte (ρ).

$$F = m \cdot g \xrightarrow{\text{mit } m = \rho \cdot V} F = \rho \cdot V \cdot g \quad (5.19)$$

F – Gewichtskraft der Flüssigkeitssäule, N

m – Masse der Flüssigkeitssäule, kg

g – Gravitationsbeschleunigung, ms^{-2}

ρ – Dichte der Flüssigkeit, kgm^{-3}

V – Volumen der Flüssigkeitssäule, m^3

Das Volumen der zylindrischen Flüssigkeitssäule errechnet sich als Produkt aus der Fläche (A) und der Höhe der Flüssigkeitssäule (h):

$$V = A \cdot h \xrightarrow{\text{eingesetzt in Gl. 5.19}} F = \rho \cdot A \cdot h \cdot g \quad (5.20)$$

Einsetzen von Gl. 5.20 in Gl. 5.18 ergibt für den hydrostatischen Druck:

$$p = \frac{F}{A} = \frac{\rho \cdot A \cdot h \cdot g}{A} \rightarrow p = \rho \cdot g \cdot h \quad (5.21)$$

Gl. 5.21 gibt den hydrostatischen Druck in einer bestimmten Flüssigkeitstiefe (h) an. Da Flüssigkeiten praktisch nicht komprimierbar sind, nimmt der hydrostatische Druck mit zunehmender Tiefe linear zu. Es ist zu berücksichtigen, dass in einer bestimmten Tiefe nicht nur der hydrostatische Druck wirkt, sondern auch noch der auf dem Gewässer lastende Luftdruck (p_L). Somit ist der Gesamtdruck in 30 m Wassertiefe:

$$p = p_L + p_h = p_L + \rho \cdot g \cdot h = 10^5\,N \cdot m^{-2}$$
$$+ 1000\,kg \cdot m^{-3} \cdot 9{,}81\,m \cdot s^{-2} \cdot 30\,m$$
$$= 3{,}94 \cdot 10^5\,N \cdot m^{-2} = 3{,}94\,bar \qquad (5.22)$$

- **Hydrostatisches Paradoxon – Kommunizierende Röhren**

Es erscheint logisch, dass große Mengen Wasser einen größeren Druck ausüben als kleinere Wassermengen. Tatsächlich kürzt sich in Gl. 5.21 die Fläche (A) heraus, sodass der hydrostatische Druck einzig und allein von der Höhe der Flüssigkeitssäule und der Dichte der Flüssigkeit abhängt, aber eben nicht vom Volumen.

Die theoretische Erkenntnis wird in der Praxis bestätigt, wenn man Wasser in kommunizierende Gefäße gießt (Abb. 5.22). Die miteinander verbundenen Röhren weisen zwar unterschiedliche Formen, Größen und Volumina auf, trotzdem stellt sich in allen Röhren die gleiche Füllhöhe (h) ein. Das heißt, weder Größe noch Form des Gefäßes noch Flüssigkeitsvolumen haben Einfluss auf die Füllhöhe und somit auf den hydrostatischen Druck.

Abb. 5.22 Hydrostatisches Paradoxon: Der hydrostatische Druck einer bestimmten Flüssigkeit ist unabhängig von der Gefäßform und hängt ausschließlich von der Höhe der Flüssigkeitssäule (h) ab

Dieses Phänomen, d. h. der Widerspruch zwischen Erwartung und tatsächlicher Beobachtung, ist als hydrostatisches Paradoxon (paradoxos, altgriech. für wider die herrschende Meinung) bekannt.

- **Pascal'sches Prinzip**

Blaise Pascal (1621–1662) erkannte, dass bei Ausübung von externem Druck auf eine blasenfrei eingeschlossene Flüssigkeit dieser Druck allseitig mit dem gleichen Betrag auf die Flüssigkeit und senkrecht auf die Gefäßwände übertragen wird.

Pascal'scher Fassversuch

Pascal behauptete, dass er ein mit Wasser gefülltes Weinfass (Höhe 1 m, durchschnittlicher innerer Umfang 1,5 m, 220 Liter Inhalt) mit wenigen Gläsern Wein zum Bersten bringen könne. *No way*, keiner glaubte ihm. Also bohrte Pascal ein Loch in den Deckel des Fasses und steckte ein 20 m langes Rohr mit einem Querschnitt von A = 0,5 cm² hinein. Als das Rohr 12 m hoch gefüllt war, barst das Fass tatsächlich. Berechnen Sie das Volumen an Wein (ρ = 1000 kg/m³), das benötigt wurde, um das Fass zum Bersten zu bringen. Unter welchem Druck stand das Fass und welche Kräfte wirkten auf die Innenfläche des Fasses?

Das Volumen an benötigtem Wein errechnet sich aus dem Querschnitt des Rohres und der Füllhöhe.

V = A · h = 0,5 cm² · 1200 cm = 600 cm³ = 0,6 l. Somit reichten zwei Schoppen Wein, um das Fass zu zerstören.

Der beim Bersten wirkende Druck ergibt sich aus der Formel für den hydrostatischen Druck. Die Flüssigkeitshöhe entspricht der halben Fasshöhe und der Füllhöhe des Rohres.

$$p = \rho \cdot g \cdot h = 1000\,kg \cdot m^{-3} \cdot 9{,}81\,m \cdot s^{-2} \cdot (12\,m + 0{,}5\,m)$$
$$= 122.625\,Pa \approx 1{,}2\,bar$$

Die auf der Innenseite des Fasses wirkende Kraft kann über die Druckdefinition (p = F/A) berechnet werden. Zur Berechnung der inneren Fläche des Fasses gehen wir von einem zylinderförmigen Fass (Höhe h = 1 m, Umfang U = 1,5 m) aus.

$$F = p \cdot A \quad p = 122.625\,N \cdot m^2 \quad \text{und} \quad A = U \cdot h + 2 \cdot \pi \cdot r^2$$
$$A = U \cdot h + 2 \cdot \pi \cdot U^2 / (4 \cdot \pi^2) \rightarrow A = 1{,}5\,m \cdot 1\,m$$
$$+ 2 \cdot \pi \cdot (1{,}5\,m)^2 / (4 \cdot \pi^2) = 1{,}858\,m^2$$

$$F = 122.625\,N \cdot m^2 \cdot 1{,}858\,m^2 = 227.837\,N$$

Das bedeutet, dass bereits durch zwei Schoppen Wein in einem dünnen Rohr eine Kraft von ca. 228 kN auf das Fass ausgeübt wird, was das Fass zum Bersten bringt.

Hydraulische Hebebühne

Das Prinzip von Pascal findet praktische Anwendung in verschiedensten hydraulischen Anlagen wie Hebebühnen, Pressen, Bremssystemen, Teleskopmasten, Kippvorrichtungen etc.

Beispielsweise besteht eine hydraulische Hebebühne, wie sie in Autowerkstätten zum Einsatz kommt, aus zwei unterschiedlich großen Kolben, die über eine Hydraulikflüssigkeit miteinander kommunizieren (◘ Abb. 5.23).

Durch Einfahren des kleineren Druckkolbens (A_D) wird auf das Hydrauliköl ein Druck in Höhe von p_D ausgeübt. Gemäß dem Pascal'schen Gesetz ($p_D = p_H$) wirkt dieser Druck sofort in der ganzen Hydraulikflüssigkeit und somit auch am größeren Hubkolben (A_H). Da die Fläche des Hubkolbens um den Faktor 20 größer ist als die des Druckkolbens, ist auch die Kraft (F_H) des Hubkolbens um den Faktor 20 größer als die Kraft (F_D) am Druckkolben. Das heißt, eine kleine Kraft am Druckkolben bewirkt eine Vervielfachung der Kraft am Hubkolben. Der Vollständigkeit halber sei angemerkt, dass die Goldene Regel der Mechanik auch bei hydraulischen Kraftverstärkern greift. Was an Kraft gespart wird, muss als Weg aufgebracht werden. Soll das Auto in ◘ Abb. 5.23 um 2 m angehoben werden, müsste der Druckkolben um 40 m einfahren. Da so lange Kolbenhübe in der Praxis kaum zu realisieren und außerdem kompakte Bauweisen gewünscht sind, wird in modernen Systemen der Druckkolben durch elektrisch betriebene Hydraulikpumpen ersetzt, die aus einem Vorratsbehälter Hydraulikflüssigkeit in das System pumpen und dadurch den Druck (p_D) aufbauen.

Rheologie

Die Rheologie (*rhei*, griech. für fließen, und *logos*, griech. für Lehre) befasst sich mit dem Fließen von Flüssigkeiten und der Verformung von Festkörpern.

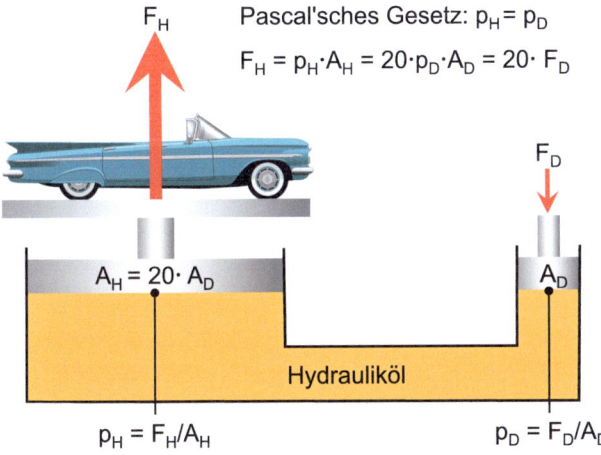

◘ **Abb. 5.23** Hydraulische Systeme sind Kraftverstärker, die Kräfte über Flüssigkeiten übertragen (Cadillac, © Serg-Bush/▶ Shutterstock.com)

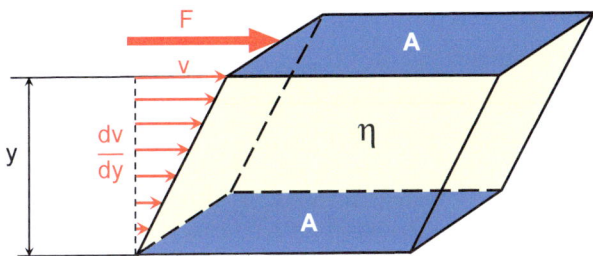

◘ **Abb. 5.24** Die Viskosität (η) einer Flüssigkeit (gelb) setzt der parallelen Verscherung zweier Platten (blau) einen Widerstand gegenüber

Aufgrund intermolekularer Wechselwirkungen (▶ Abschn. 5.1) setzen Flüssigkeiten einer Formänderung durch z. B. Rühren einen Widerstand entgegen. Ein Maß für den inneren Reibungswiderstand, den inneren Zusammenhalt (Kohäsion) von Flüssigkeiten ist deren Viskosität (η).

Zum besseren Verständnis dient das Zwei-Platten-Modell (◘ Abb. 5.24). Zwischen zwei Platten der Fläche A (blau) befindet sich eine Flüssigkeit (gelb) mit der Viskosität η. Wirkt auf die obere mobile Platte die Kraft F ein, dann bewegt sich diese mit der Geschwindigkeit v relativ zur unteren stationären Platte.

Während die obere mobile Platte die anhaftende Flüssigkeit mit der Geschwindigkeit v mitschleppt, ruht der Grenzfilm an der unteren stationären Platte (v = 0). Dies führt zu einer Scherung der Flüssigkeit über den Abstand (y) der Platten. Anders ausgedrückt, es baut sich eine Schergeschwindigkeit zwischen den beiden Platten auf. Die Schergeschwindigkeit ($\dot{\gamma} = dv/dy$) wird auch als Schergradient bzw. Scherrate bezeichnet. Sie ist ein Maß für die Relativbewegung (dv) zweier benachbarter Flüssigkeitsschichten mit dem Abstand dy. Je höher die Viskosität (η), desto größer ist die Kraft (F), die erforderlich ist, um die obere Platte zu verschieben, und die Flüssigkeit mit einer definierten Geschwindigkeit (v) zu scheren. Die Scherspannung (Syn. Schubspannung, τ) ist die tangential wirkende Querkraft (F) pro Flächeneinheit (A), die aufgebracht werden muss, um die Scherung mit einer Geschwindigkeit (v) aufrechtzuerhalten. Die materialspezifische Proportionalitätskonstante wird als dynamische Viskosität (η) bezeichnet. Die mathematische Definiton der Scherspannung beschreibt folgende Gleichung:

$$\tau = \frac{F}{A} = \eta \cdot \frac{dv}{dy} = \eta \cdot \dot{\gamma} \rightarrow \eta = \frac{\tau}{\dot{\gamma}} \quad (5.23)$$

τ – Scherspannung, Nm^{-2} = Pa
F – Kraft, die parallel zur oberen Platte wirkt, N
η – dynamische Viskosität, Nsm^{-2} oder Pas
A – Plattenfläche, m^2

v – Relativgeschwindigkeit der beiden Platten, ms^{-1}

y – Plattenabstand, m

dv/dy – Schergeschwindigkeit, ms^{-1}

$\dot{\gamma}$ – Schergeschwindigkeit, ms^{-1}

Die Viskosität (η) wird meist in Millipascalsekunden (mPas) oder Centipoise (1 cP = 1 mPas) angegeben. Da die Viskosität mit zunehmender Temperatur stark abfällt, ist bei einer Viskositätsbestimmung zwingend die Messtemperatur anzugeben.

Je dickflüssiger eine Flüssigkeit ist, desto höher ist deren dynamische Viskosität. Beispielsweise ist Honig viskoser als Wasser (Tab. 5.3).

Rotationsrheometer sind eine weit verbreitete Methode zur Messung der Viskosität von Flüssigkeiten. Dabei wird eine rotierende Spindel (A) in die zu untersuchende Flüssigkeit eingetaucht. Die Kraft (F) bzw. Scherspannung (τ), die erforderlich ist, um die Spindeldrehzahl bzw. die Schergeschwindigkeit ($\dot{\gamma}$) konstant zu halten, dient als Maß für die Viskosität (η) der Flüssigkeit (Abb. 5.25).

- **Fließkurven**

Trägt man die Scherspannung (τ) gegen die Schergeschwindigkeit ($\dot{\gamma}$) ab, so wird eine sogenannte Fließkurve erhalten. Die Fließkurve gibt das Fließverhalten von Flüssigkeiten bei unterschiedlichen Belastungszuständen (Schergeschwindigkeiten $\dot{\gamma}$) wieder (Abb. 5.26b).

- **Scherabhängiges Fließverhalten**

Newton'sche Flüssigkeiten (Syn. Newton'sche Fluide)

Ist die Scherspannung proportional zur Schergeschwindigkeit, so handelt es sich um eine ideale Newton'sche Flüssigkeit. Die lineare Fließkurve, deren Steigung der dynamischen Viskosität (η) entspricht, verläuft durch den Koordinatenursprung, weist also keine Fließgrenze auf (Abb. 5.26a, blaue Gerade). Trägt man die

Abb. 5.25 Rheologie regt den Appetit an (© M. Unal Ozmen/► Shutterstock.com)

dynamische Viskosität gegen den Schergradienten auf, so erhält man für Newton'sche Flüssigkeiten eine Gerade parallel zur Schergeschwindigkeitskoordinate (Abb. 5.26b, blaue Gerade). Beispiele für Newton'sche Flüssigkeiten sind Wasser, Ethanol, Aceton etc.

Nicht-Newton'sche Flüssigkeiten (Syn. Nicht-Newton'sche Fluide)

Nicht-Newton'sche Flüssigkeiten zeigen keinen linearen Zusammenhang zwischen Scherspannung und Schergeschwindigkeit. Während bei Newton'schen Fluiden über den ganzen Scherbereich das Verhältnis von Scherspannung und Schergeschwindigkeit, d. h. die dynamische Viskosität (η), konstant ist (Abb. 5.26b, blaue Linie), ändert sich dieses Verhältnis für nicht-Newton'sche Flüssigkeiten fortlaufend für jede Schergeschwindigkeit. Das von der Schergeschwindigkeit abhängige Verhältnis ($\eta/\dot{\gamma}$) wird als scheinbare Viskosität bezeichnet. Die zeitliche Dauer der Scherung hat keinen Einfluss auf die Fließkurven. Prinzipiell lassen sich nicht-Newton'sche Flüssigkeiten in drei Gruppen unterteilen:

– *Strukturviskose Flüssigkeiten*

Die Scherspannung steigt zwar mit zunehmender Schergeschwindigkeit an, allerdings wird dieser Anstieg mit zunehmender Schergeschwindigkeit kleiner (Abb. 5.26a, rote Kurve), wodurch sich eine konvexe (bauchige) Krümmung des Kurvenverlaufs ergibt. Da mit zunehmender Schergeschwindigkeit die scheinbare Viskosität abnimmt (Abb. 5.26b, rote Linie) wird dieses Verhalten auch als scherverdünnend (engl. shear-thinning) bezeichnet. Polymerlösungen und nichttropfende Wandfarben sind Beispiele für strukturviskose Flüssigkeiten. Im Ruhezu-

Tab. 5.3 Viskosität (η) Newton'scher Flüssigkeiten bei 20 °C	
Benzin	0,4 mPas
Wasser	1,0 mPas
Ethanol	1,2 mPas
Kaffeesahne	10 mPas
Olivenöl	100 mPas
Maschinenöl	600 mPas
Glycerin	1500 mPas
Honig	10.000 mPas
Teer	100.000 mPas
Druckfarben	10.000.000 mPas

5.2 · Gasförmig, flüssig, fest – Die drei klassischen Aggregatzustände

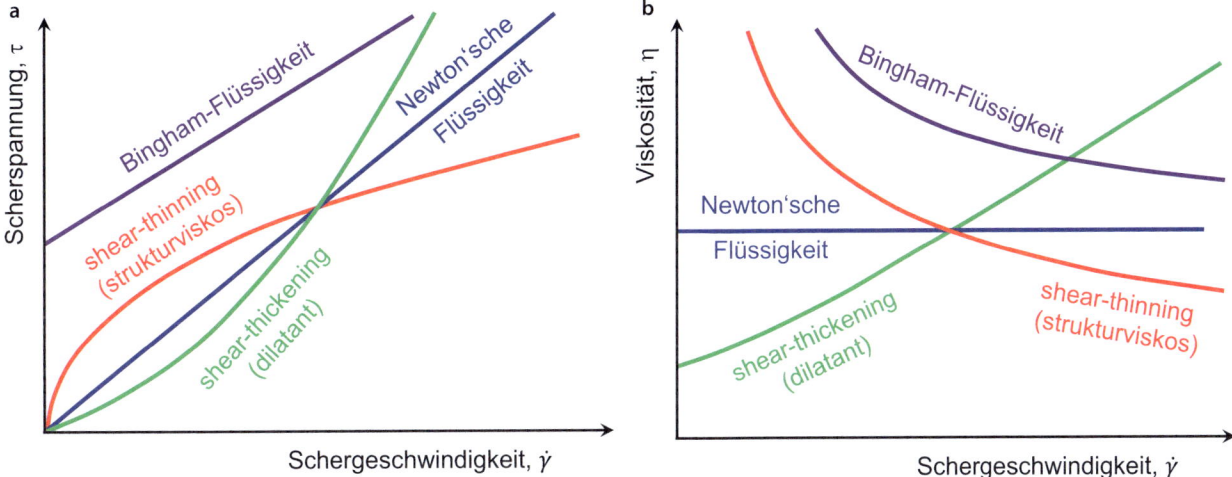

● **Abb. 5.26** Fließkurven, d. h. Scherspannung (a) respektive Viskosität (b) vs. Schergeschwindigkeit ($\dot{\gamma}$) für unterschiedliche Flüssigkeitsklassen

stand ($\dot{\gamma} = 0$) sind die Polymerketten ineinander verhakt. Mit einsetzender Scherung lösen sich die Polymerketten und richten sich mit zunehmender Schergeschwindigkeit in Fließrichtung aus. Statt strukturviskos wird in der Literatur oft auch der Begriff pseudoplastisch verwendet.

– *Dilatante Flüssigkeiten*
Die Scherspannung nimmt mit zunehmender Schergeschwindigkeit progressiv zu, d. h., der Anstieg der Scherspannung wird mit zunehmender Schergeschwindigkeit größer (● Abb. 5.26a, grüne Kurve), wodurch sich eine konkave (schüsselförmige) Krümmung des Kurvenverlaufs ergibt. Das Verhalten der Flüssigkeit wird auch als scherverdickend (engl. shear-thickening) bezeichnet, da mit steigender Schergeschwindigkeit die scheinbare Viskosität zunimmt (● Abb. 5.26b, grüne Kurve). Dilatantes Fließverhalten spielt in der Technik eine untergeordnete Rolle. Stärkebrei beispielsweise zeigt scherverdickende Eigenschaften.

– *Bingham-Flüssigkeiten*
Bingham-Flüssigkeiten weisen eine Fließgrenze auf und verhalten sich ab der Fließgrenze wie eine Newton'sche Flüssigkeit, unter der Fließgrenze wie ein Feststoff. Das heißt, es muss eine Mindestkraft respektive Mindestscherspannung (τ_0) aufgebracht werden, damit die „Flüssigkeit" zu fließen beginnt (● Abb. 5.26a, violette Kurve). Die Mindestscherspannung wird benötigt, um die innere Struktur des Fluids aufzubrechen. Bekannte Beispiele für Bingham-Fluide sind Ketchup und Zahnpasta, die erst durch Schütteln oder Drücken fließfähig werden.

■ **Zeitabhängiges Fließverhalten**
Bisher haben wir Flüssigkeiten (Syn. Fluide) betrachtet, deren Fließverhalten ausschließlich von der Scher-

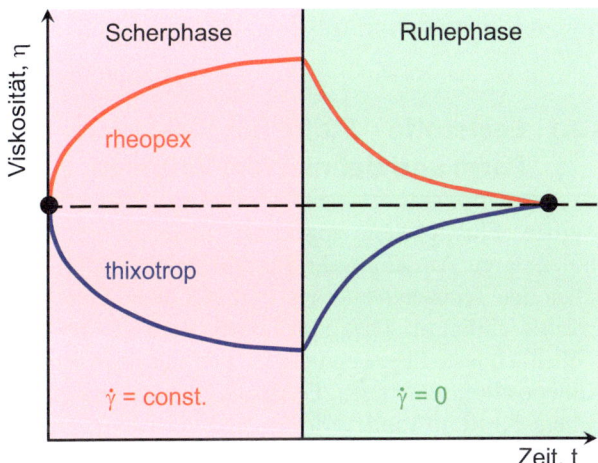

● **Abb. 5.27** Die Viskosität thixotroper Stoffe nimmt bei konstanter Scherbelastung über die Zeit ab, die von rheopexen Flüssigkeiten dagegen zu. Ohne Scherbelastung kehren beide Stoffe wieder zur Ausgangsviskosität zurück

geschwindigkeit abhängt, jedoch nicht von der Dauer der einwirkenden Schergeschwindigkeit.

In der Praxis zeigt sich, dass einige Fluide ein zeitabhängiges Fließverhalten aufweisen. Für technische Anwendungen ist die Viskositätsentwicklung sowohl während einer konstanten Scherbelastung (Scherphase) als auch in der anschließenden Ruhephase von Bedeutung (● Abb. 5.27).

Thixotropes Fließverhalten
Thixotropie beschreibt die Abnahme des Fließwiderstands unter konstanter Scherbelastung ($\dot{\gamma} = const.$) sowie die vollständige Erholung der Viskosität während der anschließenden Ruhephase ($\dot{\gamma} = 0$; ● Abb. 5.27, blaue Kurve). Am Ende der Ruhephase entspricht der

Betrag der Viskosität der Ausgangsviskosität vor der Scherbelastung (schwarzer Punkt). Solches rheologisches Verhalten zeigen beispielsweise Betonitsuspensionen, Treibsand und Dispersionsfarben.

Rheopexes Fließverhalten

Rheopexie stellt das gegenteilige Fließverhalten zur Thixotropie dar (Abb. 5.27, rote Kurve). Bei andauernder Schergeschwindigkeit nimmt die Viskosität der Flüssigkeit zu. Während der anschließenden Ruhephase verringert sich die aufgebaute Viskosität wieder, bis die Ausgangsviskosität wieder erreicht ist. Rheopexes Verhalten ist relativ selten anzutreffen, da während der Scherung Strukturen aufgebaut werden müssen. Normalerweise werden Strukturen durch Schereinwirkung zerstört. Ein bekanntes Beispiel ist das Mischen von einem Teil Wasser mit zwei Teilen Stärkemehl. Durch Umrühren erhöht sich die Viskosität so stark, dass der Löffel stecken bleibt. Ein weiteres Beispiel ist Springknete: Liegt Springknete auf dem Tisch ($\dot{\gamma} = 0$), verfließt sie wie Honig. Wird sie jedoch auf den Boden geworfen ($\dot{\gamma}$ *ist groß*), springt sie wie ein Gummiball.

5.2.3 Feststoffe – Stoffe mit definierter Form und definiertem Volumen

Werden Flüssigkeiten abgekühlt, nehmen die intermolekularen Anziehungskräfte (Kohäsionskräfte) zwischen den Teilchen weiter zu, während deren kinetische Energie abnimmt. Dies führt dazu, dass die Teilchen schließlich feste Plätze einnehmen und nur noch um ihre Ruheposition schwingen. Feststoffe sind nur mit erheblichem Kraftaufwand verform- und zerteilbar. Da die Teilchen sehr dicht gepackt sind, lassen sich Feststoffe nicht komprimieren.

■ **Kristalline Feststoffe**

Je nach Abkühlgeschwindigkeit und Materialeigenschaften verfestigen sich Flüssigkeiten kristallin oder amorph. Wenn der Abkühlvorgang langsam erfolgt, bilden sich kristalline Feststoffe mit einem regelmäßig angeordneten, dreidimensionalem Raumgitter. Die Teilchen nehmen dabei die energetisch günstigste Position ein, wodurch sie ein Minimum an potenzieller Energie aufweisen und temperaturabhängig um ihren Ruhezustand oszillieren.

Je nach Art des Raumgitters - ob es aus Ionen, Metallatomen oder Molekülverbindungen besteht - unterscheidet man zwischen Ionen-, Metall- oder Molekülkristallen (Tab. 5.4).

■ **Amorphe Feststoffe**

Erfolgt das Abkühlen einer Flüssigkeit sehr schnell, haben die Teilchen nicht genug Zeit, die energetisch günstigste Kristallposition einzunehmen. Es entstehen amorphe, also nicht-kristalline Feststoffe. Amorphe Feststoffe besitzen keine erkennbare regelmäßige Anordnung auf Teilchenebene und bilden daher kein Kristallgitter. Glas - eine unterkühlte Schmelze - ist das Paradebeispiel für einen amorphen Feststoff. Amorphe Feststoffe haben keinen definierten Schmelz- und Siedepunkt, sondern einen Phasenübergangsbereich.

■ **Charakterisierung von Feststoffen**

Feststoffe und ihre Anwendungen sind so vielfältig und heterogen, dass eine vollständige Aufzählung nicht möglich ist. Je nach Verwendungszweck eines Stoffes sind unterschiedlichste physikalische Parameter wie Form, Farbe, Oberflächenbeschaffenheit, Dichte, Verformbarkeit, Härte, Sprödigkeit, Druckfestigkeit, Elastizitätsmodul, elektrische und thermische Leitfähigkeit, Transparenz, Porosität usw. von Bedeutung.

Der Zugversuch ist eines der wichtigsten Prüfverfahren zur Bestimmung mechanischer Werkstoffeigenschaften wie Zugfestigkeit, Bruchdehnung und Elastizitätsmodul. Diese Kennzahlen ermöglichen beispielsweise Rückschlüsse auf die Dimensionierung statisch beanspruchter Konstruktionen wie Brücken.

Tab. 5.4 Kristalline Feststoffe als Ionen-, Metall- und Molekülkristalle

Ionenkristalle (Ionenbindung)	Metallkristalle	Molekülkristalle
Salze bestehen aus positiven Kationen und negativen Anionen (▶ Abschn. 3.2), die durch elektrostatische Wechselwirkungen (Coulombkräfte) ein dreidimensionales Ionengitter aufbauen (Abb. 5.28a). Da Coulombkräfte sehr stark sind, weisen Salze hohe Schmelz- und Siedepunkte auf. Ionenverbindungen sind zudem hart, spröde und leiten im gelösten Zustand den elektrischen Strom.	Metalle wie Bismut (Abb. 5.28b) bestehen aus Metallrumpfkationen, die feste Plätze einnehmen, und einem freien Elektronengas (▶ Abschn. 3.4). Das Elektronengas hält das Gitter der Metallkationen durch elektrostatische Kräfte zusammen. Die Elektronen sind zudem frei beweglich, weshalb Metalle Wärme und Strom gut leiten. Da alle Metallrumpfkationen identisch sind, sind Metalle relativ leicht verformbar.	Der Zusammenhalt von Molekülen erfolgt ausschließlich über Van-der-Waals-Kräfte (▶ Abschn. 5.1), die sehr viel kleiner sind als elektrostatische Wechselwirkungen. Deshalb weisen Molekülkristalle wie Schwefel (Abb. 5.28c) verhältnismäßig niedrige Schmelz- und Siedepunkte auf, sind weich und leicht verformbar. Molekülverbindungen leiten auch im gelösten Zustand den elektrischen Strom nicht, da keine Ionen vorliegen.

☐ **Abb. 5.28** (**a**) Natriumchloridkristallgitter (© Benjah-bmm27), (**b**) Bismutkristalle (© MarcelClemens/▶ Shutterstock.com), (**c**) Schwefelkristalle (© PNSJ88/▶ Shutterstock.com)

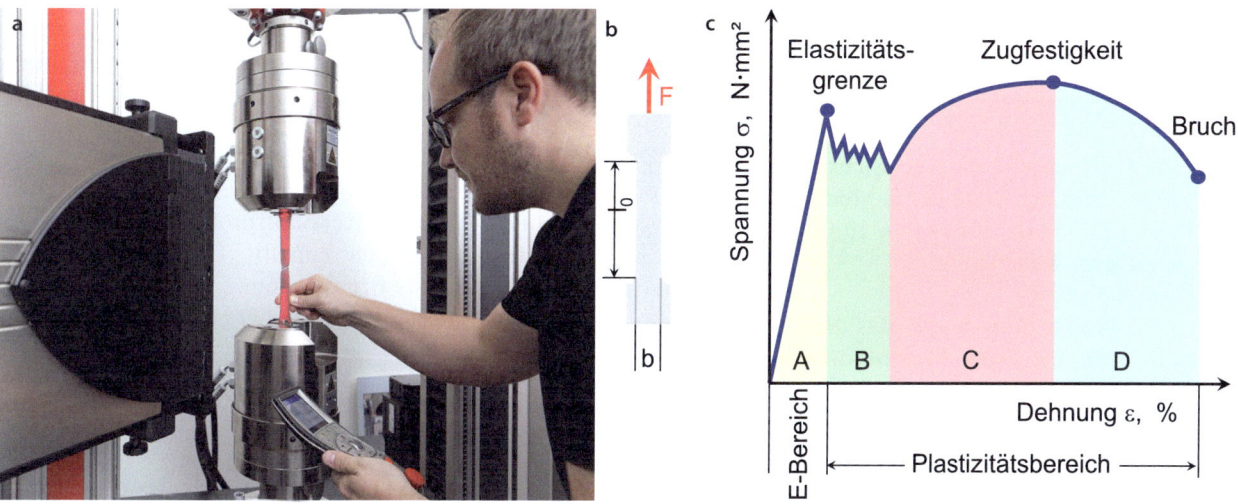

☐ **Abb. 5.29** Zugversuch (**a**, © ZwickRoell), Prüfling (**b**) und idealtypisches Spannungs-Dehnungs-Diagramm (**c**)

Im Zugversuch wird eine Werkstoffprobe (☐ Abb. 5.29a) in eine Zugprüfmaschine eingespannt und anschließend so lange gestreckt, bis Bruch der Probe eintritt. Dabei werden kontinuierlich die Längenänderung der Probe und der dafür benötigte Kraftaufwand gemessen, in Dehnung und Spannung umgerechnet und letztendlich in einem Spannungs-Dehnungs-Diagramm aufgezeichnet (☐ Abb. 5.29c). Bei gleicher Probengeometrie und gleichen Zugbedingungen hängt der Verlauf des Spannungs-Dehnungs-Diagramms ausschließlich vom Probenmaterial ab.

Die Spannung (σ) resultiert aus der Kraft (F), die durch die Zugmaschine senkrecht auf den Querschnitt (A) des Prüflings ausgeübt wird (☐ Abb. 5.29b). Der Querschnitt errechnet sich aus der Breite der Probe (b) multipliziert mit der Probendicke (d). Die Probendehnung (ε), die durch die Spannung hervorgerufen wird, ergibt sich aus der Längenänderung (l − l$_0$) relativ zur Ausgangslänge der Probe (l$_0$).

$$Zugspannung : \sigma = \frac{F}{A} = \frac{F}{b \cdot d} \quad Dehnung : \varepsilon = \frac{\Delta l}{l_0} = \frac{l - l_0}{l_0}$$

(5.24)

σ – Spannung, Nmm^{-2}
F – Zugkraft, N
A – Probenquerschnitt, mm^2
b – Probenbreite, mm
d – Probendicke, mm
ε – Dehnung der Probe
Δl – Längenänderung, mm
l – Probenlänge nach erfolgter Dehnung, mm
l$_0$ – Probenlänge vor erfolgter Dehnung, mm

In vielen Fällen kann das Zugverhalten von Werkstoffen in vier Bereiche unterteilt werden.

- *Elastizitätsbereich (A, ◨ Abb. 5.29c)*
  Im Elastizitätsbereich nimmt die Spannung proportional zur Dehnung zu (Hooke'scher Bereich). Die Steigung der Gerade entspricht dem Elastizitätsmodul (E, Gl. 5.25). Im Hooke'schen Bereich ist die Dehnung reversibel, d. h., die gedehnte Probe kehrt wieder vollständig zur Ausgangslänge (l_0) zurück, wenn die Kraft (F) nicht mehr wirkt. Je steiler die Gerade, desto größer das E-Modul, umso steifer ist der Werkstoff.

$$E = \frac{\sigma}{\varepsilon} \qquad (5.25)$$

E – Elastizitätsmodul, Nmm^{-2} = Pa

σ – Spannung, Nmm^{-2} = Pa

ε – Dehnung der Probe, dimensionslos

Das Elastizitätsmodul ist eine wichtige Materialkenngröße. Orientierungswerte für E-Module sind 210 GPa für Baustahl, 30 GPa für Beton, 10 GPa für Holz und 0,1–10 GPa für Kunststoffe.

- *Fließzone (B)*
  In diesem Bereich gilt das Hooke'sche Gesetz nicht mehr, die Probe beginnt zu „fließen" und die Verformung erfolgt plastisch (irreversibel), ohne dass die Spannung weiter ansteigt. Die Probe verformt sich irreparabel und kehrt nach Wegfall der Zugkraft nicht mehr in ihre Ausgangslänge (l_0) zurück.
  Je höher dieses Plateau liegt, desto steifer ist das Material, was beispielsweise für statische Anwendungen von Bedeutung ist. Je niedriger das Plateau und das E-Modul, desto leichter lässt sich der Werkstoff verformen.

- *Bereich der Kaltverfestigung (C)*
  In diesem Bereich erfolgt die plastische Verformung über die ganze Werkstoffprobe. Die Spannung nimmt mit zunehmender Dehnung zu, was auf die sogenannte Verformungsverfestigung zurückzuführen ist. Die höchste Spannung, die auftritt, wird als Zugfestigkeit bezeichnet. Die Zugfestigkeit gibt Auskunft darüber, wie stark ein Werkstoff maximal belastet werden kann, ohne dass eine Einschnürung erfolgt.

- *Bereich der Einschnürung (D)*
  Bei weiterer Dehnung verjüngt sich der Querschnitt (A) der Werkstoffprobe zunehmend, bis letztendlich Bruch eintritt. Die Dehnung beim Bruch wird als Bruchdehnung bezeichnet. Je spröder ein Material, desto kleiner ist die Bruchdehnung.

◨ **Tab. 5.5** Charakteristische Eigenschaften von Gasen, Flüssigkeiten und Feststoffen

	Gase	Flüssigkeiten	Feststoffe
Form und Volumen	Kein festes Volumen, füllen zur Verfügung stehenden Raum homogen aus	Festes Volumen, passen sich einer äußeren Form an, füllen diese aber nicht aus	Festes Volumen und definierte Form, passen sich einer äußeren Form nicht an
Teilchenabstand	Groß	Sehr viel kleiner als bei Gasen, jedoch größer als bei Feststoffen	Teilchen weisen oft eine dichte Kugelpackung auf
Beweglichkeit der Moleküle	Frei beweglich	Nicht ortsgebunden, tauschen Positionen aus	Ortsgebunden, schwingen um ihren Ruhepunkt
Kinetische Energie	Hoch, 450 ms^{-1}	Mittel	Klein
Zwischenmolekulare Anziehungskräfte	Gering	Mittel	Stark
Dichte	0,001–0,01 kgl^{-1}	0,5–3 kgl^{-1} Ausnahme Hg = 13,5 kgl^{-1}	0,5–22 kgl^{-1}
Pumpbarkeit	Ja	Ja	Nein
Komprimierbarkeit	Volumen nimmt mit zunehmendem Druck ab (Boyle-Mariotte-Gesetz)	Geringfügig, nur mit großem Kraftaufwand	Praktisch nicht komprimierbar
Verformbarkeit	Sehr leicht verformbar und teilbar	Leicht verformbar und teilbar	Nur mit hohem Kraftaufwand form- und teilbar

5.3 Phasenübergänge – Druck und Temperatur entscheiden über den Aggregatzustand

In der physikalischen Chemie bezeichnet man eine Phase als einen Bereich, in dem sowohl die chemische Zusammensetzung als auch die physikalischen Materialeigenschaften homogen sind. Ein klassisches Beispiel für unterschiedliche Phasen sind die Aggregatzustände fest, flüssig und gasförmig. Im Fall von Wasser (Abb. 5.30) werden die einzelnen Phasen sogar mit eigenen Namen bezeichnet: Eis, Wasser und Dampf. Die Grenzfläche zwischen zwei Phasen wird als Phasengrenze bezeichnet. An Phasengrenzen treten sprunghafte Änderungen in den physikalischen Eigenschaften wie Dichte oder Brechungsindex auf.

Der Übergang von einem Aggregatzustand in einen anderen wird als Phasenübergang bezeichnet. Wird beispielsweise Eis von −20 °C erwärmt, so steigt dessen Temperatur kontinuierlich und die einzelnen H_2O-Moleküle oszillieren mit zunehmender Amplitude um ihre Ruhelage (Abb. 5.31, ①). Bei 0 °C ist die kinetische Energie der H_2O-Moleküle so hoch, dass sie die intermolekularen Anziehungskräfte überwinden, wodurch die Moleküle ihre Positionen tauschen können (Abb. 5.31, ②). Als Folge davon schmilzt das Eis, es geht in den flüssigen Aggregatzustand über. Solange Eis vorhanden ist, verharrt trotz weiterer Wärmezufuhr die Temperatur bei 0 °C. Um 1 kg Eis von 0 °C in Wasser von 0 °C zu überführen, sind 333 kJ Wärmeenergie erforderlich. Bei weiterem Erwärmen des Wassers nimmt die Beweglichkeit, d. h. die kinetische Energie der Wassermoleküle weiter zu und die Temperatur des Wassers steigt kontinuierlich an, bis der Siedepunkt von 100

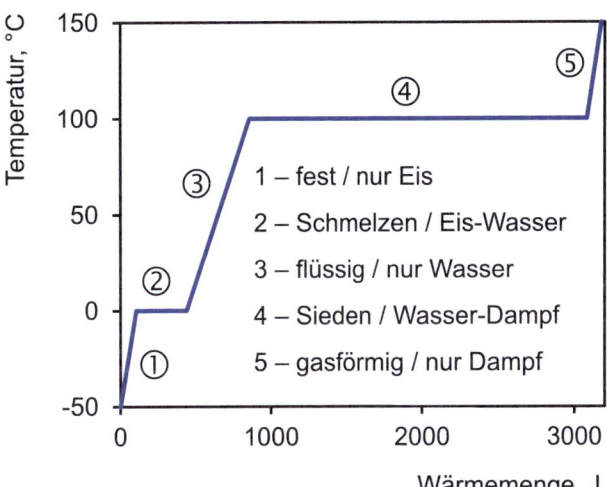

Abb. 5.31 Temperaturanstieg beim Erwärmen von 1 kg Eis. Während der Phasenübergänge ② und ④ erfolgt trotz Wärmezufuhr kein Temperaturanstieg

°C erreicht wird (Abb. 5.31, ③). Bei weiterer Wärmezufuhr nimmt die kinetische Energie der Wassermoleküle noch weiter zu, während die intermolekularen Wechselwirkungskräfte schwinden, sodass das Wasser schließlich siedet und in den gasförmigen Zustand übergeht (Abb. 5.31, ④). Solange flüssiges Wasser vorhanden ist, steigt die Temperatur trotz weiterer Wärmezufuhr nicht an. Um 1 kg Wasser bei 100 °C vollständig in Dampf zu überführen, müssen 2257 kJ Verdampfungswärme zugeführt werden. Erst wenn das gesamte Wasser verdampft ist, nimmt die Temperatur des Wasserdampfs weiter zu (Abb. 5.31, ⑤).

Wird Wasserdampf abgekühlt, d. h. Wärmeenergie entzogen, so kondensiert der Dampf bei 100 °C zu flüssigem Wasser. Bei der Kondensation werden pro Kilogramm Wasserdampf 2257 kJ Kondensationsenergie frei. Weiteres Abkühlen auf 0 °C führt schließlich zum Erstarren des Wassers zu Eis. Die Wechselwirkungskräfte der H_2O-Moleküle untereinander sind dann größer als deren kinetische Energie, sodass die H_2O-Moleküle feste Positionen einnehmen und pro Kilogramm Wasser 333 kJ Kristallisationsenergie freisetzen.

Die Abhängigkeit des Aggregatzustands (Phase) von den Zustandsvariablen Druck und Temperatur wird in einem Phasen- oder Zustandsdiagramm (p-T-Diagramm) dargestellt. Beispielsweise beschreibt der gelbe Bereich des Phasendiagramms (Abb. 5.32, A) Druck-Temperatur-Kombinationen, in denen Wasser ausschließlich als Dampf vorkommt. Im grünen Bereich (B) liegt es nur flüssig und im hellblauen Bereich (C) ausschließlich eisförmig vor.

Von besonderem Interesse sind die Phasengrenzlinien und deren Kreuzungspunkte. Die Phasengrenzlinien entsprechen den Übergängen zwischen fest und

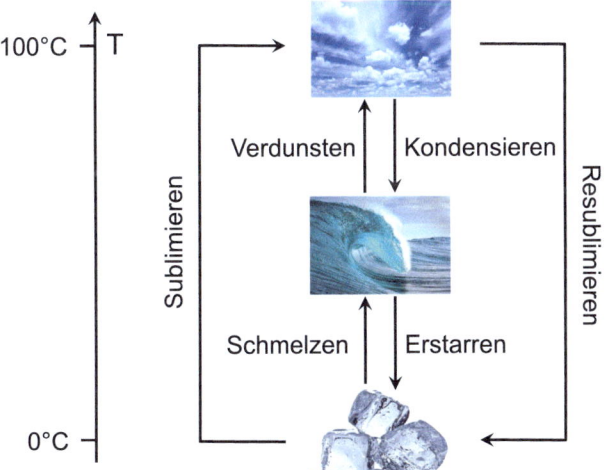

Abb. 5.30 Die drei Phasen des Wassers und deren Übergänge (© Bilder: Valentyn Volkov, scott bauer photo, Sunny Forest/ ▶ Shutterstock.com)

flüssig (Schmelzkurve, blaue Linie), flüssig und gasförmig (Siedekurve, rote Linie) und fest und gasförmig (Sublimationskurve, grüne Linie). Für einen Phasenübergang muss Energie aufgebracht werden (z. B. für das Schmelzen) oder es wird Energie frei (z. B. beim Erstarren). Die Temperatur ändert sich nicht, solange zwei Phasen (z. B. Eis, Wasser) im Gleichgewicht sind.

An den Phasengrenzlinien – also definierten Druck-Temperatur-Kombinationen – liegen stets zwei Aggregatzustände, beispielsweise Eis und Wasser (Schmelzkurve) nebeneinander vor. Da Gase wesentlich leichter komprimierbar sind als Flüssigkeiten und Feststoffe, verlaufen die Siede- und die Sublimationskurve wesentlich flacher als die Schmelzkurve (fest/flüssig), die steil nach oben geht.

Die Siedekurve, d. h. die Phasengrenzlinie zwischen Tripelpunkt (T) und kritischem Punkt (K), kann mit der Clausius-Clapeyron-Gleichung (▶ Abschn. 5.2.2, Gl. 5.16) berechnet werden.

Am Tripelpunkt (T) kreuzen sich die drei Phasengrenzlinien, sodass im Fall von Wasser die drei Aggregatzustände Eis, Wasser und Dampf im Gleichgewicht miteinander stehen, nebeneinander existieren. Alle Phasenübergänge – Erstarren, Schmelzen, Sieden, Kondensieren, Sublimieren und Resublimieren – laufen an diesem Punkt gleichzeitig ab. Der Tripelpunkt von Wasser liegt bei 0,01 °C und 6 mbar.

Von Interesse ist noch der überkritische Bereich D (◘ Abb. 5.32, graue Fläche), der durch den kritischen Punkt (K) definiert ist. Ab einer kritischen Temperatur und einem kritischen Druck lässt sich aufgrund der gleichen Dichte von Dampf und Flüssigkeit nicht mehr zwischen Gas- und Flüssigkeitsphase unterscheiden. Eine Phasengrenze ist nicht mehr beobachtbar, es gibt nur noch eine sogenannte überkritische Phase. Im überkritischen Bereich sind Verdampfen und Kondensieren nicht mehr möglich. Für Wasser beträgt die kritische Temperatur 374 °C und der kritische Druck 220,6 bar. Die kritische Temperatur ist die höchste Temperatur, bei der ein Gas noch durch Druck verflüssigt werden kann. Der kritische Druck entspricht dem Mindestdruck, der bei der kritischen Temperatur angewendet werden muss, um ein Gas noch zu verflüssigen.

Trockeneis sublimiert bei Normaldruck

Kohlenstoffdioxid (CO_2) ist bei Normalbedingungen gasförmig. Durch Abkühlen und komprimieren kann festes Kohlenstoffdioxid, sogenanntes Trockeneis, mit einer Dichte von 1,5 kgl^{-1} erhalten werden (◘ Abb. 5.33). Da der Tripelpunkt von Kohlenstoffdioxid bei −56,6 °C und 5,2 bar liegt, kann Kohlenstoffdioxid bei 1 bar nur den festen oder gasförmigen Zustand einnehmen. Bei Atmosphärendruck sublimiert deshalb Trockeneis bei − 78 °C.

Trockeneis findet breite Anwendung: in der Bühnentechnik für Nebeleffekte, in der Medizin für den Sensibilitätstest von Zähnen und das „Verbrennen" von Warzen, in der Industrie für das Fügen von Metallen und temporäre Verpfropfen von Rohrleitungen und im Labor als Kältemischung zum intensiven Kühlen von chemischen Ansätzen.

Vorsicht!

Intensiver Hautkontakt mit Trockeneis kann zu Kälteverbrennungen führen. Bei der Verwendung von Trockeneis in geschlossenen Räumen muss auf gute Lüftung geachtet werden, da 1 kg Trockeneis ca. 500 l Kohlenstoffdioxidgas freisetzt. Aufgrund seines im Vergleich zu Luft höheren Gewichts reichert es sich im Bodenbereich an, was zur Bewusstlosigkeit und Tod durch Ersticken führen kann.

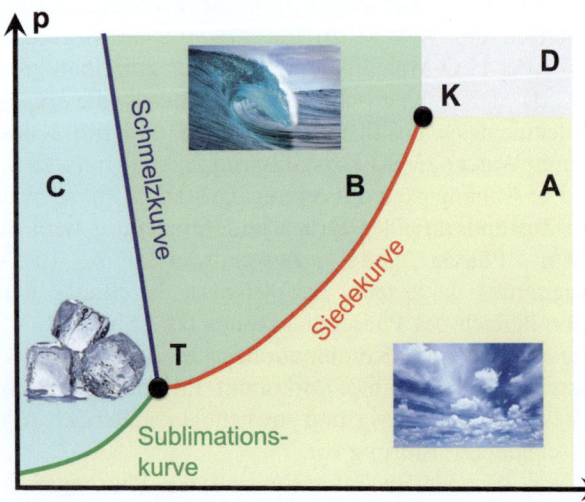

◘ Abb. 5.32 p-T-Phasendiagramm von Wasser

◘ Abb. 5.33 Sublimation. Trockeneis geht bei Normalbedingungen direkt vom festen in den gasförmigen Zustand über (© CornelPutan/▶ Shutterstock.com)

Magnetismus

Inhaltsverzeichnis

6.1 Permanentmagneten und Elektromagneten – 120

6.2 Magnetfeld der Erde – Deklination und Inklination – 122

6.3 Magnetische Feldstärke – Magnetische Flussdichte – Lorentzkraft – 124

6.4 Ferromagnetismus – Diamagnetismus – Paramagnetismus – 125

6.4.1 Magnetische Suszeptibilität und Permeabilität – 125
6.4.2 Bohr'sches Magneton – Magnetisches Moment eines Elektrons – 125
6.4.3 Diamagnetismus – Diamagnetische Stoffe schwächen Magnetfelder – 126
6.4.4 Paramagnetismus – Paramagnetische Stoffe verstärken Magnetfelder – 128
6.4.5 Ferromagnetismus – Ferromagnetische Stoffe als Permanentmagneten – 129

Die frühen Seefahrer verstanden sich auf die Kunst der astronomischen Navigation. Mithilfe eines Sextanten und der Gestirne bestimmten sie ihre Position. Ein gravierender Nachteil der astronomischen Navigation ist, dass sie nur bei freier Sicht oder wenigstens teilweise freiem Himmel möglich ist. Als arabische Seefahrer im 12. Jahrhundert die Kompassnadel (◘ Abb. 6.1) aus China nach Europa brachten, stellte dies eine große Erleichterung für die Seefahrt dar. Eine frei drehbar gelagerte Magnetnadel richtet sich im Erdmagnetfeld stets in Nord-Süd-Richtung aus. Dadurch kann man unabhängig vom Wetter seinen Standort bestimmen. Erst im 21. Jahrhundert wurde der Kompass teilweise durch die satellitenbasierte GPS-Technologie abgelöst.

Magneten sind heute aus dem Alltag nicht mehr wegzudenken. Lautsprecher, Kopfhörer, Handys, Mikrofone, Transformatoren, Lasthebemagneten, Stromgeneratoren, Windturbinen, Computerfestplatten, Magnetresonanztomographie etc. würde es ohne Magneten nicht geben.

- Kernaussagen
— Magneten weisen einen magnetischen Nord- und einen Südpol auf.
— Teilt man Permanentmagneten, entstehen kleinere Permanentmagneten. Die magnetischen Pole können nicht isoliert werden.
— Unterschiedliche Magnetpole ziehen sich an, gleiche stoßen sich ab.
— Magneten sind von einem magnetischen Feld umgeben, das durch Feldlinien visualisiert wird.
— Außerhalb von Magneten verlaufen die Feldlinien von Nord nach Süd, innerhalb von Süd nach Nord.
— Die Dichte der Feldlinien wird als magnetische Flussdichte (B) bezeichnet.
— Je dichter die Feldlinien, desto größer die magnetische Flussdichte.
— Die kleinsten unteilbaren Magneten nennt man Elementarmagneten.
— In Atomen und Molekülen ist der Magnetismus insbesondere auf den Eigendrehimpuls (Spin) und den Bahndrehimpuls von Elektronen zurückzuführen.
— Wenn sich mehrere Magneten in die gleiche Richtung ausrichten, entsteht ein stärkeres Gesamtmagnetfeld.
— Je nach ihrem Verhalten im Magnetfeld unterscheidet man zwischen diamagnetischen, paramagnetischen und ferromagnetischen Stoffen.
— Ferromagnetische Materialien (Eisen, Cobalt, Nickel) bewahren nach erfolgter Magnetisierung einen permanenten Restmagnetismus (Remanenz), im Gegensatz zu dia- und paramagnetischen Substanzen.
— Magnetfelder lassen sich durch dünne Eisenplatten/-folien abschirmen, nichtmagnetisierbare Materialien werden von Magnetfeldern ohne Abschwächung durchdrungen.

6.1 Permanentmagneten und Elektromagneten

Es gibt zwei Möglichkeiten Magnetfelder zu erzeugen: entweder mit Permanentmagneten oder mithilfe von stromdurchflossenen Spulen.

- Permanentmagneten

Permanentmagneten oder Dauermagneten werden durch ein äußeres Magnetfeld magnetisiert (▶ Abschn. 6.4.5, ◘ Abb. 6.11b). Permanentmagneten üben kontinuierlich magnetische Kräfte auf ferromagnetische Materialien aus. Permanentmagneten bestehen selbst aus ferromagnetischen Stoffen (Eisen, Cobalt, Nickel).

Alle Permanentmagneten verfügen über einen magnetischen Nordpol (N) und einen magnetischen Südpol (S, ◘ Abb. 6.2a). Das magnetische Feld ist der Wirkungsbereich eines Magneten und wird durch Feldlinien illustriert (◘ Abb. 6.2, blaue Linien).

Gemäß internationaler Konvention verlaufen die Feldlinien außerhalb des Magneten vom Nordpol (Quelle) zum Südpol (Senke). Magnetische Feldlinien sind geschlossene Linien, sodass sie im Stabmagneten vom Süd- zum Nordpol verlaufen. Geschlossene Feldlinien werden als Wirbel bezeichnet, sodass Magneten von einem dreidimensionalen Wirbelfeld umgeben sind.

Kompassnadeln richten sich nach den Feldlinien aus, wodurch der Verlauf von magnetischen Feldlinien

◘ Abb. 6.1 Eine Kompassnadel richtet sich bei allen klimatischen Verhältnissen stets in Nord-Süd-Richtung aus, was die Navigation auf den Weltmeeren wesentlich erleichterte (© MR Gao/▶ Shutterstock.com)

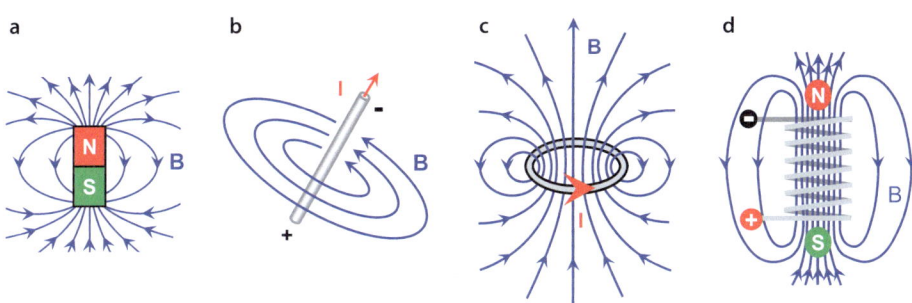

■ **Abb. 6.2** Generell wird zwischen Permanentmagneten (**a**) und Elektromagneten, z. B. gerader Leiter (**b**), Leiterschleife (**c**) und Spule (**d**) unterschieden

bestimmt werden kann. Die Dichte der Magnetfeldlinien spiegelt die Stärke eines Magnetfeldes wider.

Gleiche Magnetpole (N↔N und S↔S) stoßen sich ab, während ungleiche Magnetpole (N↔S, S↔N) sich anziehen. Um die Pole schnell zu identifizieren, ist der S**ü**dpol in der Regel gr**ü**n und der N**o**rdpol **ro**t markiert.

■ Elektromagneten

Der Däne Hans-Christian Ørstedt entdeckte 1820, dass sich eine Magnetnadel unter einem stromdurchflossenen Leiter senkrecht zum Leiter orientiert. Des Weiteren stellte er fest, dass sich ein Magnetfeld aus konzentrischen Kreisen um den elektrischen Leiter aufbaut (■ Abb. 6.2b). Das Magnetfeld eines geradlinigen elektrischen Leiters hat keine Quellen und Senken und besitzt keine Pole. Allgemein kann man festhalten, dass fließende Ladungsträger Magnetfelder erzeugen.

Früher wurde angenommen, dass elektrischer Strom vom Pluspol zum Minuspol fließt (technische Stromrichtung). Mittlerweile weiß man, dass Elektronen die Ladungsträger des elektrischen Stroms sind und diese vom Minuspol zum Pluspol fließen (physikalische Stromrichtung). Da sich die technische Stromrichtung im Alltag bereits breit etabliert hatte, hat man in der Elektrotechnik bis heute die technische Stromrichtung beibehalten. Wir werden bei den weiteren Ausführungen ebenfalls die Definition der technischen Stromrichtung nutzen.

Der Verlauf von magnetischen Feldlinien für einen geraden elektrischen Leiter ergibt sich bei der technischen Stromrichtung nach der Rechte-Faust-Regel (■ Abb. 6.8a). Wenn der abgespreizte Daumen in die technische Stromrichtung (+ → −) deutet, so zeigen die anderen Finger in Richtung der gegen den Uhrzeiger verlaufenden magnetischen Feldlinien (■ Abb. 6.2b).

Biegt man den geraden Leiter zu einem Kreis, erhält man eine ringförmige stromdurchflossene Leiterschleife (■ Abb. 6.2c). Wenn der Strom in der Schleife technisch gegen den Uhrzeigersinn kreist, resultiert im Inneren der Leiterschleife durch Überlagerung ein magnetisches Feld, dessen Feldlinien von unten nach oben fließen. Im Prinzip verhält sich die Leiterschleife wie ein dipoliger Stabmagnet (■ Abb. 6.2a). Am Nordpol (oben) treten die Feldlinien aus und am Südpol (unten) wieder ein.

Wickelt man den elektrischen Leiter zu einer zylinderförmigen Spule aus N Leiterschleifen und schickt durch die Spule Strom, dann addieren sich die Magnetfelder der einzelnen Spulenschleifen zu einem homogenen Magnetfeld innerhalb der Spule (■ Abb. 6d). Das Magnetfeld ist umso homogener, je länger die Spule ist. Das Magnetfeld ähnelt dem Feld eines Stabmagneten. Die Lage des Nordpols (oben) ergibt sich nach der Rechte-Faust-Regel. Nimmt man die Spule so in die rechte Hand, dass die Finger in die technische Stromrichtung zeigen, dann zeigt der Daumen in Richtung Nordpol. Die magnetische Polung einer Leiterschleife und einer magnetischen Spule kann durch Umkehrung der Stromrichtung umgedreht werden.

■ Elementarmagneten

Teilt man einen Stabmagneten in der Mitte, erhält man zwei kleinere Stabmagneten, jeder mit Nord- und Südpol. Man kann das quasi beliebig oft wiederholen, es entstehen immer kleinere Stabmagneten bis irgendwann eine Teilung nicht mehr möglich ist. Die kleinsten unteilbaren Magneten nennt man Elementarmagneten. Elementarmagneten entsprechen der kleinsten magnetischen Einheit. Das Modell der Elementarmagneten geht auf André-Marie Ampère zurück. Heute werden Atome als kleinste magnetische Einheit angesehen. Die magnetischen Eigenschaften von Materie sind auf die Elektronenbewegung (Spinmoment, Bahndrehmoment) auf atomarer Ebene zurückzuführen, wodurch ein magnetisches Moment entsteht (▶ Abschn. 6.4.3, ■ Abb. 6.9).

Das Modell des Elementarmagneten bietet eine anschauliche Erklärung für die Magnetisierung ferromagnetischer Materialien. Solange ein Eisenstab nicht magnetisiert wird, sind die Elementarmagneten völlig ungeordnet, wodurch sich ihre magnetische Wirkung wechselseitig auslöscht und der Eisenstab über keine magnetische Wirkung verfügt (■ Abb. 6.3a).

Kapitel 6 · Magnetismus

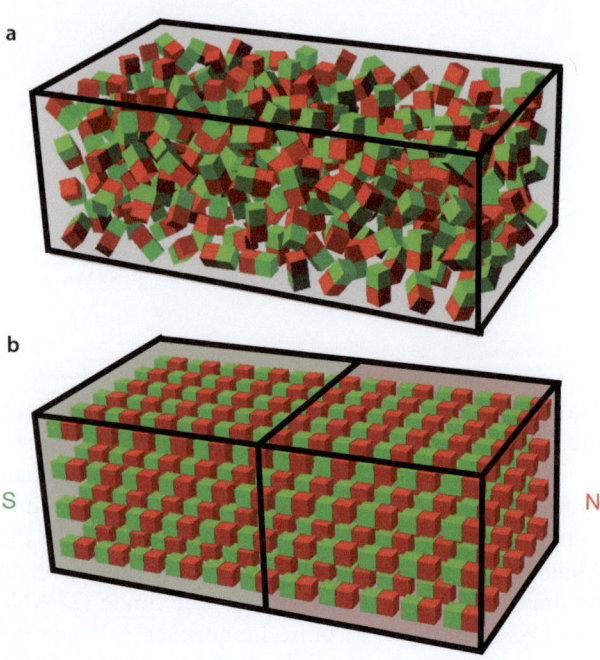

◘ **Abb. 6.3** Ein Eisenstab (**a**) wird durch Ausrichten der Elementarmagneten zu einem Stabmagneten (**b**) (© MikeRun, wikimedia – CC BY-SA 4.0)

Bringt man den Eisenstab in ein magnetisches Feld, richten sich die Elementarmagneten in eine Richtung aus und die magnetischen Dipole verstärken sich wechselseitig, sodass der Eisenstab magnetisiert ist und ein permanentes Magnetfeld aufweist (◘ Abb. 6.3b).

Wie lange die Orientierung der Elementarmagneten nach Entfernung des äußeren Magnetfelds bestehen bleibt, hängt vom jeweiligen magnetisierten Material und der Umgebungstemperatur ab. Hält die Magnetisierung wie beispielsweise bei Stahl dauerhaft an, dann spricht man von Permanent- oder Hartmagneten. Im Gegensatz dazu spricht man von Weichmagneten, wenn die Magnetisierung, wie bei reinem Eisen, nur vorübergehend ist.

6.2 Magnetfeld der Erde – Deklination und Inklination

Kompasse funktionieren, weil die Erde über ein eigenes Magnetfeld verfügt (◘ Abb. 6.4). Was verursacht das Magnetfeld der Erde? Da der innere, feste Erdkern aus ferromagnetischem Eisen besteht, könnte er die Quelle für das Magnetfeld sein. Allerdings herrschen im Erdinneren Temperaturen über 5000 °C – wesentlich höher als die Curie-Temperatur für Eisen von 768 °C –, sodass der Erdkern als Dauermagnet ausscheidet.

Der feste, innere Erdkern (Radius ~2500 km) ist vom flüssigen, äußeren Erdkern (Dicke ~2200 km) umgeben. Der äußere Erdkern besteht aus einer ferromagnetischen Eisen-Nickel-Schmelze. Durch die Erdrotation und thermische Konvektion haben sich selbsterhaltende Strömungen der Schmelze im äußeren Erdkern aufgebaut. Dadurch fließen elektrische Ladungen, woraus letztendlich das Erdmagnetfeld resultiert (Dynamotheorie).

■ **Magnetische Pole**

Obwohl die Erde quasi ein Elektromagnet ist, kann das Erdmagnetfeld näherungsweise als Magnetfeld eines Stabmagneten (Dipolfeld) beschrieben werden. Die Feldlinien des Erdmagnetfelds treten am magnetischen Südpol vertikal aus der Erde aus, verlaufen außerhalb der Erde zum magnetischen Nordpol, wo sie wieder senkrecht in die Erde eintreten.

Historisch wurde der Teil der Kompassnadel, der in Richtung Norden zeigt, als Nordpol der Nadel bezeichnet. Dadurch befindet sich der magnetische Nordpol dort, wohin der Nordpol einer frei drehbaren, magnetischen Kompassnadel zeigt. Erst Jahrhunderte später erkannte man, dass sich Nord- und Südpol von Magneten anziehen, sodass physikalisch gesehen der magnetische Nordpol ein magnetischer Südpol ist, was an der Orientierung des Stabmagneten in ◘ Abb. 6.4 erkennbar ist. Physiker bezeichnen heute den magnetischen Pol im Norden als magnetischen Südpol, Geographen und Navigatoren weiterhin als magnetischen Nordpol.

Um Verwirrungen möglichst zu vermeiden, bezeichnen wir hier den im Norden liegenden magnetischen Pol weiterhin als magnetischen Nordpol und den im Süden liegenden magnetischen Pol als magnetischen Südpol (◘ Abb. 6.4).

■ **Geographische Pole**

Der geographische Nordpol ist der nördlichste Punkt der Erde und entspricht per Definition dem Schnittpunkt der Erdachse mit der Erdoberfläche der nördlichen Halbkugel. Er hat eine feste Position und befindet sich bei 90° nördlicher Breite inmitten des Arktischen Ozeans.

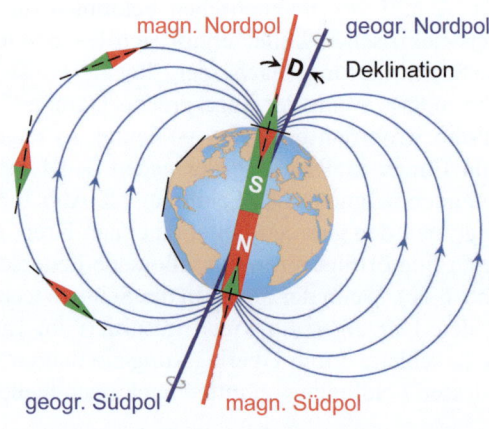

◘ **Abb. 6.4** Das Erdmagnetfeld gleicht dem magnetischen Feld eines Stabmagneten (© OSweetNature/► Shutterstock.com)

6.2 · Magnetfeld der Erde – Deklination und Inklination

Auf der gegenüberliegenden Seite der Erde tritt die Erdachse bei 90° südlicher Breite aus. Der Punkt wird als geographischer Südpol bezeichnet.

Die magnetische Achse (◨ Abb. 6.4, rot) und die geographische Erdachse (blau) sind nicht deckungsgleich. Während die geographischen Pole (blaue Achse) ihre Positionen nicht ändern, wandern die magnetischen Pole erheblich. Zurzeit bewegt sich der magnetische Nordpol um jährlich 40 km in Richtung Sibirien, während der magnetische Südpol nur um 20 km pro Jahr wandert, was auf die komplexen Strömungsverhältnisse im äußeren Erdkern (Dynamomodell) zurückzuführen ist.

Da sich Kompasse an den magnetischen Polen orientieren, müssen wegen der magnetischen Polwanderung Kompassnavigationskarten nach mehreren Jahren korrigiert werden.

■ **Deklination und Inklination**

Die räumliche Orientierung der Feldlinien des Erdmagnetfelds, hängt vom Breiten- und Längengrad ab, sodass das magnetische Feld eine vorzügliche Basis für die Standortbestimmung und Navigation darstellt. Die Verlaufsrichtung der Feldlinien kann durch zwei Winkel (◨ Abb. 6.5, Deklination, Inklination) eindeutig beschrieben werden.

Der Inklinationswinkel (Neigungswinkel) der magnetischen Feldlinien beträgt in München +64,3° (◨ Abb. 6.5b)

Die Deklination (D), auch als Missweisung bezeichnet, beschreibt den Winkel, der von der Rotationsachse der Erde (◨ Abb. 6.4 und 6.5a, blaue Nord-Süd-Achse) und von der magnetischen Nord-Süd-Achse (◨ Abb. 6.4 und 6.5a, rot) eingeschlossen wird. Die Richtung des magnetischen Nordpols kann mit einem gewöhnlichen Kompass, d. h. mit einer um die Vertikalachse frei drehbaren Kompassnadel, bestimmt werden.

Wegen der magnetischen Polwanderung ändert sich der Deklinationswinkel mit der Zeit. Weicht am Beobachtungsort die Magnetnadel im Vergleich zum geographischen Nordpol nach Osten ab, erhalten die Deklinationswinkel ein positives Vorzeichen, bei Abweichung der Magnetnadel nach Westen ein negatives.

Die Inklination (I) oder magnetische Neigung der Feldlinien ist der Winkel, mit dem das Magnetfeld relativ zur Erdoberfläche geneigt ist. Physikalisch ausgedrückt ist die Inklination der Winkel, der zwischen der Richtung der Horizontalkomponente des Magnetfelds am Standort (◨ Abb. 6.5b) und der lokalen Feldlinie des Erdmagnetfelds, dessen Richtung mit einer horizontal frei drehbaren Magnetnadel gemessen wird, eingeschlossen wird. Da am Äquator die Feldlinien des Erdmagnetfelds parallel zur Erdoberfläche verlaufen, somit keine vertikale Komponente aufweisen, beträgt der Inklinationswinkel der Feldlinien am Äquator 0°. Am magnetischen Nordpol treten die Feldlinien dagegen senkrecht in die Erdoberfläche ein und am magnetischen Südpol senkrecht aus, sodass der Inklinationswinkel +90° respektive −90° beträgt (◨ Abb. 6.4). Die Feldlinien in München haben im Vergleich dazu einen Inklinationswinkel von +64,3°.

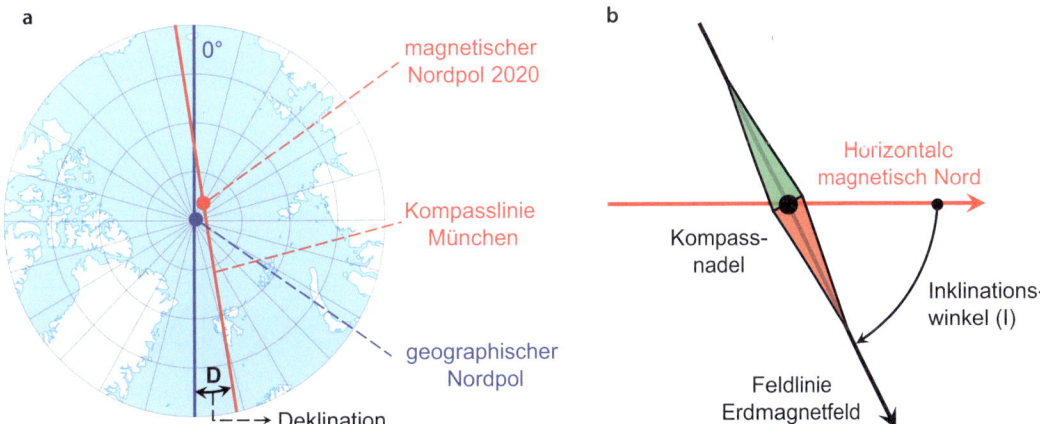

◨ **Abb. 6.5** Der Deklinationswinkel für München, D = +3,9° März 2022) ist positiv, da der magnetische Nordpol östlich vom geographischen Nordpol liegt (**a** ©Tentotwo, wikimedia – CC BY-SA 3.0). Die Inklination (**b**) wird mit einer horizontal gelagerten Magnetnadel gemessen

6.3 Magnetische Feldstärke – Magnetische Flussdichte – Lorentzkraft

Die magnetische Feldstärke (H) drückt die Kraftwirkung eines Magnetfelds aus. Die magnetische Feldstärke ist eine vektorielle Größe (▶ Abschn. 9.1), d. h., sie macht Aussagen sowohl über die Stärke (Vektorbetrag) und die Richtung (Vektororientierung) des Magnetfelds an jedem Raumpunkt.

Bei einem geraden Leiter (◻ Abb. 6.2b) ist die magnetische Feldstärke umso größer, je stärker die fließende Stromstärke (I) ist, und umso kleiner, je größer der Abstand (r) vom Leiter ist.

$$H_{Leiterbahn} = \frac{I}{2 \cdot \pi \cdot r} \tag{6.1}$$

H – magnetische Feldstärke Leiterbahn, Am^{-1}
I – elektrische Stromstärke, A
r – Abstand von der Leiterbahn, m

Im Mittelpunkt einer einzelnen Leiterschleife (◻ Abb. 6.2c) beträgt die magnetische Feldstärke:

$$H_{Leiterschleife} = \frac{I}{2 \cdot r} \tag{6.2}$$

r – Radius der Leiterschleife, m

Eine Spule der Länge l mit N Leiterschleifen erzeugt eine magnetische Feldstärke gemäß Gl. 6.3. Falls die Leiterspule wesentlich länger (l) ist als der Durchmesser der Leiterspule (2·r), vereinfacht sich der Ausdruck.

$$H_{Spule} = \frac{I \cdot N}{\sqrt{(l^2 + (2r)^2)}} \xrightarrow{mit\, l \gg 2r} H_{Spule} \approx \frac{I \cdot N}{l} \tag{6.3}$$

l – Spulenlänge, m
r – Spulenradius, m
N – Anzahl der Windungen

Neben der magnetischen Feldstärke (H), die die Kraftwirkung eines magnetischen Feldes auf andere Gegenstände beschreibt, wird die magnetische Flussdichte (B) zur Beschreibung von magnetischen Feldern herangezogen. Die magnetische Flussdichte beschreibt die Anzahl der Feldlinien, die durch eine Flächeneinheit (A) fließen. Zwischen der magnetischen Flussdichte und der magnetischen Feldstärke besteht folgender Zusammenhang:

$$B = \mu_0 \cdot H \tag{6.4}$$

B – magnetische Flussdichte, Vs m^{-2} bzw Tesla T
μ_0 – magnetische Permeabilität des Vakuums, Naturkonstante, Vs A^{-1} m^{-1}
H – magnetische Feldstärke, Am^{-1}

Die Einheit für die magnetische Flussdichte ist das Tesla (T). Extrem starke Magneten verfügen über Magnetfelder mit einer Flussdichte von 20 T. Im Vergleich dazu beträgt die Stärke des Erdmagnetfelds am Äquator lediglich 30 µT und an den Polen etwa 60 µT.

■ **Lorentzkraft**

Magnetfelder üben eine Kraft (F_L) auf bewegte elektrische Ladungen (q) aus. Diese nach ihrem Entdecker benannte Lorentzkraft ist umso größer, je größer die Ladung (q) und je stärker die magnetische Flussdichte (B) und die Geschwindigkeit (v) ist, mit der sich die Ladung durch das Magnetfeld bewegt. Die Lorentzkraft hängt weiterhin vom Winkel (α) ab, den die magnetischen Feldlinien (B) und die Bewegungsrichtung der elektrischen Ladung (q) einschließen, und ist am größten, wenn der Winkel 90° beträgt.

Die Richtung der Lorentzkraft (F_L, ◻ Abb. 6.6) ergibt sich nach der Rechte-Hand-Regel (◻ Abb. 6.8b). Der Daumen zeigt in die Bewegungsrichtung der elektrischen Ladung (technische Stromrichtung + → −), während der Zeigefinger im rechten Winkel zum Daumen in Richtung der Feldlinien des Magnetfelds (B) zeigt.

Der Mittelfinger wird ebenfalls im rechten Winkel zu Daumen und Zeigefinger abgespreizt und gibt die Richtung der Lorentzkraft (◻ Abb. 6.6) an.

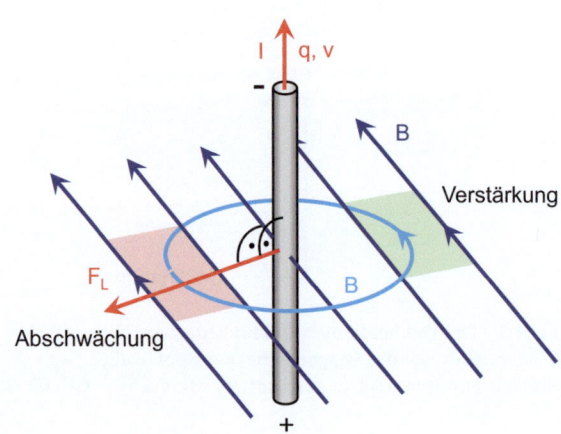

◻ **Abb. 6.6** Lorentzkraft - Bewegen sich elektrische Ladungen (I, q) durch ein Magnetfeld, wirkt eine Kraft auf die Ladung

$$F_L = B \cdot q \cdot v \cdot \sin(\alpha) \qquad (6.5)$$

F$_L$ – Lorentzkraft, N
B – magnetische Flussdichte, Vs m^{-2} oder Tesla (T)
q – elektrische Ladung, As
v – Geschwindigkeit der elektrischen Ladung, ms^{-1}
α – Winkel zwischen Feldlinien des Magnetfelds und Bewegungsrichtung der elektrischen Ladung, °

Betrachten wir ◘ Abb. 6.6, dann erkennen wir, dass im grünen Bereich die Feldlinien des Magnetfelds (dunkelblau) und die Feldlinien des elektrischen Leiters (hellblau) parallel verlaufen und sich damit verstärken. Im roten Bereich sind die Feldlinien der beiden Magnetfelder gegenläufig, schwächen sich also. Das stärkere Magnetfeld drückt den elektrischen Leiter in Richtung des schwächeren Magnetfelds, wodurch sich die Lorentzkraft und deren Richtung ergeben.

6.4 Ferromagnetismus – Diamagnetismus – Paramagnetismus

6.4.1 Magnetische Suszeptibilität und Permeabilität

Bringt man Materie in Magnetfelder, dann wechselwirkt diese mit dem externen Magnetfeld (H). Die Elementarmagneten (atomare Dipole) der Probe richten sich im externen Magnetfeld aus, wodurch die Probe magnetisiert wird (◘ Abb. 6.3b). Die Magnetisierung (M) ist für kleine magnetische Feldstärken proportional zur externen magnetischen Feldstärke (H). Die Proportionalitätskonstante zwischen der Magnetisierung (M) der Materie und der externen Feldstärke (H) wird als magnetische Suszeptibilität (χ) bezeichnet.

$$M = \chi \cdot H \qquad (6.6)$$

M – Magnetisierung, Am^{-1}
χ – magnetische Suszeptibilität, dimensionslos
H – magnetische Feldstärke, Am^{-1}

Die magnetische Suszeptibilität (susceptibilitas, lat. für Empfänglichkeit, Aufnahme) ist eine dimensionslose Zahl und gibt an, in welchem Ausmaß sich eine Materialprobe magnetisieren lässt.

Die magnetische Suszeptibilität des Vakuums ist null, da ja keine Materie vorhanden ist, die magnetisierbar wäre. Prinzipiell wird je nach magnetischer Suszeptibilität zwischen diamagnetischen (χ < 0), para-

magnetischen (χ > 0) und ferromagnetischen Stoffen (χ >> 0) unterschieden.

Da Materie durch ein externes magnetisches Feld (H) zusätzlich magnetisiert wird (M), verändert sich die magnetische Flussdichte (B) in der Materie gegenüber deren magnetischen Flussdichte im Vakuum (B$_0$, Gl. 6.7).

$$B = \mu_0 \cdot (H + M) \xrightarrow{mit\,Gl.\,6.6} B = \mu_0 \cdot (H + \chi \cdot H)$$
$$= \mu_0 \cdot (1+\chi) \cdot H \xrightarrow{mit\,\mu_r = 1+\chi} B_0 = \mu_r \cdot \mu_0 \cdot H \xrightarrow{mit\,Gl.\,6.4} B = \mu_r \cdot B_0$$
$$(6.7)$$

B – magnetische Flussdichte innerhalb eines Stoffes, T
B$_0$ – magnetische Flussdichte im Vakuum, T
μ_0 – magnetische Permeabilität des Vakuums, Vs A^{-1} m^{-1}
μ_r – relative magnetische Permeabilität, dimensionslos

Die Proportionalitätskonstante der magnetischen Permeabilität (permeare, lat. für durchlassen) μ_0 stellt den Zusammenhang zwischen Feldliniendichte (B$_0$) und magnetischer Feldstärke (H) im Vakuum her (◘ Abb. 6.6e). Die relative magnetische Permeabilität (μ_r) ist ein Maß für die Durchlässigkeit der Materie für magnetische Feldlinien relativ zum Vakuum (μ_r = 1).

Gibt man Materie ins Magnetfeld, so verstärken paramagnetische Stoffe die magnetische Flussdichte (B$_0$, μ_r > 1, B > B$_0$). Ferromagnetische Materialien verstärken die magnetische Flussdichte extrem (μ_r >> 1, B >> B$_0$). Diamagnetische Materialien dagegen schwächen die Flussdichte (0 < μ_r < 1, B < B$_0$).

Die relative magnetische Permeabilität und die magnetische Suszeptibilität (χ) unterscheiden sich nur um 1.

$$\mu_r = \chi + 1 \rightarrow \chi = \mu_r - 1 \qquad (6.8)$$

Physikalisch interpretiert beschreibt der Faktor χ die Änderung (Zunahme, Abnahme) der magnetischen Flussdichte in der Materie relativ zum Vakuum (B$_0$), während μ_r die Gesamtheit der magnetischen Flussdichte [B = $\mu_r \cdot$B$_0$ = (χ+ 1) $\cdot$ B$_0$] im Stoff angibt.

6.4.2 Bohr'sches Magneton – Magnetisches Moment eines Elektrons

Magnetismus ist letztendlich auf die Bewegung von Elektronen und somit auf die Struktur von Atomen und Molekülen zurückzuführen. Bewegt sich ein Elektron mit konstanter Geschwindigkeit (v) auf einer Kreisbahn mit dem Radius r, entspricht das einem Stromfluss. Das magnetische Moment (μ; ◘ Abb. 6.8, gelber Pfeil) eines solchen Ringstroms errechnet sich aus der fließenden

Stromstärke (I) und der vom Strom eingeschriebenen Kreisfläche (A).

$$\mu = I \cdot A \quad (6.9)$$

μ – magnetisches Moment, Am^2
I – Stromstärke, A
A – Kreisfläche, m^2

Das Bohr'sche Magneton (μ_B, Gl. 6.10) ist in der Atomphysik die elementare Einheit für ein magnetisches Dipolmoment (μ). Es entspricht dem magnetischen Moment, das ein kreisendes Elektron (e, m$_e$) auf der ersten Bahn (n = 1, ▶ Abschn. 2.5) des Wasserstoffatoms erzeugt. Für das Bohr'sche Magneton gilt in Analogie zur klassischen Formel für das magnetische Moment (Gl. 6.10):

$$\mu_B = I_e \cdot A_{e,1} \quad (6.10)$$

μ_B – Bohr'sches Magneton, Am^2
I_e – Stromstärke, hervorgerufen durch das kreisende Elektron auf Bahn n = 1, A
$A_{e,1}$ – Kreisfläche des kreisenden Elektrons auf der Bahn n = 1, m^2

Die Fläche $A_{e,1}$ wird über die Hauptquantenzahl n = 1 definiert und ergibt sich aus dem Bahnradius des Elektrons (r_e) auf der ersten Bahn. Die Stromstärke ergibt sich aus der Ladungsmenge, die pro Zeiteinheit fließt.

$$A_{e,1} = \pi \cdot r_{e,1}^2 \qquad I_e = \frac{e}{t} \xrightarrow{\text{mit } v=\frac{s}{t} \to t=\frac{s}{v}}$$

$$I_e = \frac{e \cdot v_{e,1}}{s_{e,1}} \xrightarrow{\text{mit } s_{e,1}=2\pi \cdot r_{e,1}} I_e = \frac{e \cdot v_{e,1}}{2 \cdot \pi \cdot r_{e,1}} \quad (6.11)$$

$r_{e,1}$ – Elektronenbahnradius für die Hauptquantenzahl n = 1, m
e – Elementarladung Elektron, As
$v_{e,1}$ – Geschwindigkeit des Elektrons auf der Elektronenbahn der Hauptquantenzahl n = 1, ms^{-1}
$s_{e,1}$ – Kreisumfang der Elektronenbahn für die Hauptquantenzahl n = 1, m

Setzt man die Funktionen für A und I der Gl. 6.11 in Gl. 6.10 ein, erhält man für das Bohr'sche Magneton:

$$\mu_B = \frac{e \cdot v_{e,1}}{2 \cdot \pi \cdot r_{e,1}} \cdot \pi \cdot r_{e,1}^2 = \frac{e \cdot v_{e,1} \cdot r_{e,1}}{2} \quad (6.12)$$

Substitution des Elektronenbahnradius ($r_{e,1}$) und der Elektronengeschwindigkeit ($v_{e,1}$) durch ▶ Gl. 21.8 und ▶ Gl. 21.10 aus Anhang 21.1 (Bohr'sches Atommodell) ergibt:

$$\mu_B = \frac{e \cdot e^2 \cdot \varepsilon_0 \cdot h^2}{2 \cdot 2 \cdot \varepsilon_0 \cdot h \cdot \pi \cdot m_e \cdot e^2} = \frac{e \cdot h}{4 \cdot \pi \cdot m_e} \quad (6.13)$$

m$_e$ – Masse Elektron, kg
h – Planck'sches Wirkungsquantum, Js

6.4.3 Diamagnetismus – Diamagnetische Stoffe schwächen Magnetfelder

Diamagnetische Stoffe schwächen externe Magnetfelder, d. h., die magnetische Flussdichte (B) in diamagnetischen Stoffen ist kleiner als das externe Magnetfeld (B$_0$, ◘ Abb. 6.7a) und somit die relative Permeabilität kleiner als 1 (μ_r < 1, B = $\mu_r \cdot B_0$). Diamagnetische Stoffe werden aus Magnetfeldern hinausgedrängt, d. h., es muss Kraft aufgebracht werden, um diamagnetische Werkstoffe in ein Magnetfeld einzubringen.

Diamagnetismus wird durch voll besetzte Elektronenbahnen verursacht, kann somit in „Reinform" nur bei Atomen und Molekülen mit gerader Elektronenzahl und gepaarten Spinzuständen auftreten. Falls ungepaarte Elektronen vorliegen, wird der bei allen Stoffen vorhandene schwache diamagnetische Effekt durch den stärkeren Paramagnetismus oder Ferromagnetismus überlagert.

Um das Verhalten von Elektronen in Magnetfeldern zu verstehen, gehen wir von folgenden Erkenntnissen aus:

— Die technische Stromrichtung (I$_t$) verläuft entgegengesetzt zur Elektronenbewegung (v).
— Magnetfeldlinien (B) verlaufen vom magnetischen Nordpol (Pfeilschaft) zum magnetischen Südpol (Pfeilspitze).
— Ein kreisendes Elektron (Bahn oder Spin) erzeugt ein magnetisches Moment (μ).
— Bei der „**Rechte-Faust-Regel**" umfasst man mit den Fingern der rechten Hand die Kreislaufbahn des Elektrons in Bewegungsrichtung des Elektrons (v), dann zeigt der abgespreizte Daumen in Richtung des Drehimpulsvektors (◘ Abb. 6.8a, violetter Pfeil, L).
— Krümmt man dagegen die Finger der rechten Hand entlang der technischen Stromrichtung (I$_t$) dann zeigt der abgespreizte Daumen in Richtung des magnetischen Moments (μ; ◘ Abb. 6.9a, gelbbrauner Pfeil).

6.4 · Ferromagnetismus – Diamagnetismus – Paramagnetismus

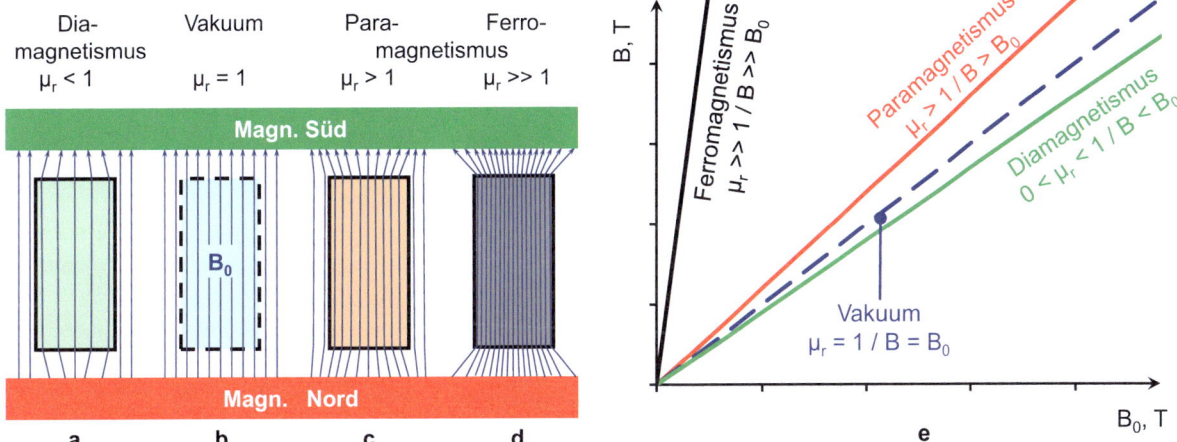

Abb. 6.7 Diamagnetische Stoffe (**a**) schwächen ein externes Magnetfeld relativ zum Vakuum (**b, e**), während paramagnetische (**c**) und insbesondere ferromagnetische Stoffe (**d**) die Feldlinien verdichten (**e**)

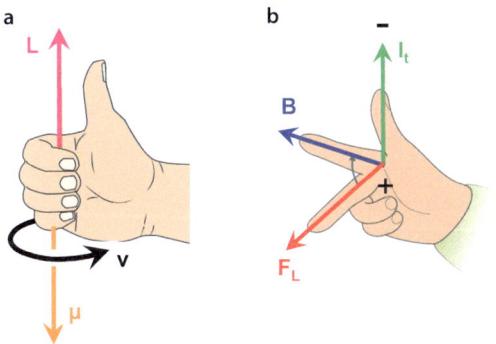

Abb. 6.8 Rechte-Faust-Regel (**a**, © KenAge/► Shutterstock.com) und Rechte-Hand-Regel (**b**, © Canarris, wikimedia – CC BY-SA 3.0)

— Mit der „**Rechte-Hand-Regel**" wird die Orientierung der Lorentzkraft (F_L), die auf ein sich bewegendes Elektron im Magnetfeld wirkt, bestimmt. Der abgespreizte Daumen zeigt in Richtung der technischen Stromrichtung (I_t), der um 90° abgespreizte Zeigefinger in Richtung der magnetischen Feldlinien (B, N → S), dann zeigt der um 90° abgewinkelte Mittelfinger in Richtung Lorentzkraft (◘ Abb. 6.8b und ◘ Abb. 6.9b, roter Pfeil).

Gemäß der klassischen Physik entspricht ein um den Atomkern kreisendes Elektron einem Ringstrom in einer Leiterschleife, was ein magnetisches Moment (µ, gelbbrauner Pfeil) zur Folge hat. Gemäß der **Rechte-Faust-Regel** zeigt das magnetische Moment (gelb-

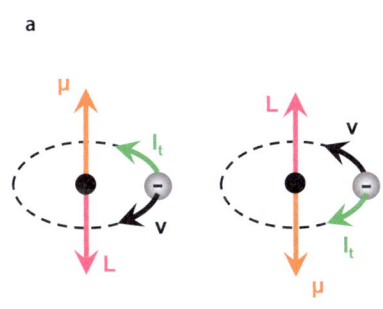 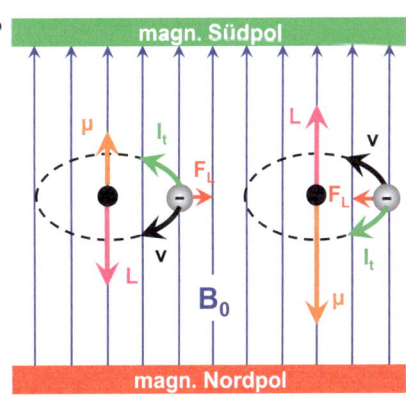

Abb. 6.9 Diamagnetische Atome ohne Magnetfeld (**a**) und im Magnetfeld (B_0, **b**)

brauner Pfeil) für ein in **Uhrzeigerrichtung** kreisendes Elektron nach oben und für ein gegenläufig kreisendes Elektron nach unten (◘ Abb. 6.9a). Solange kein äußeres Magnetfeld (B_0) anliegt, sind die magnetischen Momente (gelbbraune Pfeile) gleich groß und zufällig im Raum orientiert, sodass sie sich wechselseitig kompensieren und kein diamagnetisches Nettomoment (μ) erzeugen.

Wird eine diamagnetische Probe in ein externes Magnetfeld (B_0) gebracht, werden die kreisenden Elektronen je nach Bewegungsrichtung unterschiedlich stark beeinflusst, wodurch unterschiedlich große magnetische Momente (μ, gelbbraune Pfeile) resultieren (◘ Abb. 6.9b). Wie ist das qualitativ zu verstehen?

- Generell halten sich bei einem kreisenden Elektron die Coulombanziehungskraft (F_C) zwischen Kern und Elektron und die Zentrifugalkraft (F_Z) des Elektrons die Waage ($F_C = F_Z$).
- Wird ein Magnetfeld (B_0) zugeschaltet, dann wirkt auf das im Uhrzeigersinn kreisende Elektron zusätzlich die Lorentzkraft (F_L) zentrifugal nach außen (◘ Abb. 6.9b, roter Pfeil; Rechte-Hand-Regel). Das heißt, ein Teil der Coulombkraft wird bereits durch die Lorentzkraft kompensiert ($F_C = F_Z + F_L$). Somit muss das Elektron weniger Zentrifugalkraft aufbringen als ohne externes Magnetfeld (B_0). Dadurch reicht es aus, wenn das Elektron langsamer um den Atomkern kreist. Durch die langsamere Elektronengeschwindigkeit ist analog Gl. 6.12 auch das resultierende magnetische Moment (μ) kleiner.
- Die analogen Überlegungen gelten für das gegen den Uhrzeigersinn kreisende Elektron (◘ Abb. 6.9b), nur dass jetzt die Lorentzkraft radial nach innen, also gegen die Zentrifugalkraft, wirkt ($F_C = F_Z - F_L$). Deshalb müssen die Elektronen schneller kreisen, um die Coulombkraft plus Lorentzkraft zu kompensieren, wodurch ein größeres magnetisches Moment (gelbbrauner Pfeil) entsteht.
- Letztendlich entsteht ein magnetisches Nettomoment (μ), dessen Vektor antiparallel zu den externen Feldlinien (B_0) verläuft, wodurch diamagnetische Stoffe das externe Magnetfeld (B_0) schwächen.

Da alle Atome und Moleküle über abgepaarte Elektronen verfügen, weisen alle Stoffe diamagnetische Eigenschaften auf. Der Diamagnetismus kommt nur dann zur Wirkung, wenn solche Materie in ein Magnetfeld gerät. Ansonsten sind solche Materialien nicht magnetisch.

6.4.4 Paramagnetismus – Paramagnetische Stoffe verstärken Magnetfelder

Elektronen, die sich in einer s-Schale ($l = 0$) aufhalten, weisen keinen Bahndrehimpuls auf und somit auch kein magnetisches Moment, das auf einen Bahndrehimpuls zurückzuführen wäre.

Allerdings zeigt der Stern-Gerlach-Versuch, dass auch diese Elektronen ein magnetisches Moment aufweisen (▶ Abschn. 2.3.1).

Neben der Kreisbewegung eines **ungepaarten** Elektrons um den Atomkern (◘ Abb. 6.9a), trägt die Rotation (Spin, Drall) des Elektrons um die eigene Achse (◘ Abb. 6.10a) zum Paramagnetismus bei. Durch den Spin weist das Elektron einen Eigendrehimpuls oder Spinvektor (L) auf. Der Spinvektor ist gemäß der „Rechte-Faust-Regel" (◘ Abb. 6.8a) beim Spin im Uhrzeigersinn nach unten und bei Drehung gegen den Uhrzeigersinn nach oben gerichtet (◘ Abb. 6.10c, violette Pfeile).

Elektronen sind negativ geladen, sodass durch den Elektronenspin auch ein magnetisches Moment (μ, ◘ Abb. 6.10, gelbbraune Pfeile) parallel zur Spinachse, aber entgegengerichtet zum Spinvektor (L) entsteht. Im Magnetfeld orientieren sich die magnetischen Momente der ungepaarten Elektronen (μ) aus energetischen Gründen bevorzugt parallel zum externen Magnetfeldvektor (B_0), sodass sie das Magnetfeld verstärken, weshalb die magnetische Flussdichte in einem paramagnetischen Stoff zunimmt (◘ Abb. 6.10c).

Der energetisch stabilere Zustand des Elektrons im Magnetfeld wird als β- oder Spin-down-Zustand, bezeichnet, da der Eigendrehimpulsvektor (Spinvektor) antiparallel zur Richtung der externen Magnetfeldlinien zu liegen kommt. Der energetisch ungünstigere Zustand ist der α- oder Spin-up-Zustand mit paralleler Ausrichtung des Spinvektors zum externen Magnetfeld.

Die magnetische Flussdichte (B) ist in paramagnetischen Stoffen größer als das externe Magnetfeld (B_0, ◘ Abb. 6.7c) und somit die relative Permeabilität größer als 1 ($\mu_r \sim 1{,}00001$). Paramagnetische Materialien verstärken externe Magnetfelder nur leicht.

Radikale, Übergangsmetallkationen oder Lanthanoidkationen weisen zum Teil ungepaarte Elektronen und somit ein permanentes magnetisches Dipolmoment auf. Da jedoch die einzelnen Atome in einer Probe zufällig orientiert sind, verfügt diese über kein makroskopisches magnetisches Dipolmoment. Durch Anlegen eines ex-

6.4 · Ferromagnetismus – Diamagnetismus – Paramagnetismus

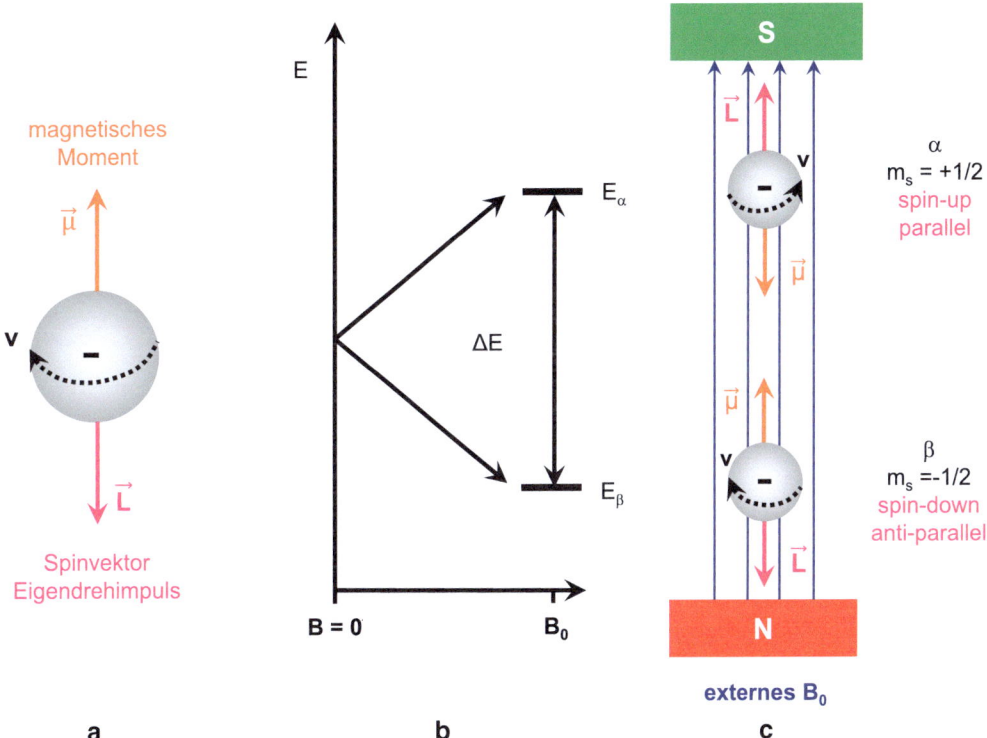

Abb. 6.10 Elektronen richten sich aufgrund ihres magnetischen Moments (a) parallel oder antiparallel (c) in einem externen Magnetfeld aus. Dabei weisen die Zustände unterschiedliche Energieeigenwerte auf (b)

ternen Magnetfelds richten sich erst die magnetischen Momente (μ) der Atome aus, wodurch ein magnetisches Dipolmoment der Probe in Richtung des externen Feldes generiert wird (○ Abb. 6.10c, β-Zustand). Die Spinausrichtung geht nach Abschalten des externen Magnetfelds (B_0) durch die thermische Bewegung der Elementarmagnete (Atome) wieder in eine ungeordnete Spinstruktur ohne magnetisches Nettomoment über.

■ **Hinweis**
Die Darstellung des Elektrons als rotierende Kugel erklärt anschaulich die magnetischen Eigenschaften von Elektronen. Allerdings wurde dem Elektron bislang keine klare räumliche Ausdehnung zugeordnet. Zudem würde der Spin des Elektrons allein keinen Stromfluss und damit kein magnetisches Moment erzeugen, da auf einer spinnenden Kugeloberfläche keine Relativbewegung von Ladungen stattfindet.

Der Elektronenspin ist letztlich eine quantenmechanische Größe (▶ Abschn. 2.3.1), für die es kein klassisches Analogon gibt. Heute geht man davon aus, dass Elektronen besser durch dreidimensionale, wabernde Ladungsdichtevariationen in den Elektronenorbitalen, wodurch lokale elektrische Partialladungen entstehen, beschrieben werden. Aufgrund ihres temporären Charakters gehen diese Schwingungen mit einem magnetischen Moment einher. Das magnetische und elektrische Verhalten von Elektronen bleibt jedoch weiterhin ein zentrales Thema der Grundlagenforschung.

6.4.5 Ferromagnetismus – Ferromagnetische Stoffe als Permanentmagneten

Eisen, Cobalt, Nickel und Legierungen dieser Elemente zeigen ferromagnetische Eigenschaften (○ Abb. 6d, 6e) und werden deshalb von Magneten stark angezogen. Diese Materialien besitzen ungepaarte Elektronenspins, die sich in einem äußeren Magnetfeld ausrichten. Sobald diese Spins ausgerichtet sind, stabilisieren sich benachbarte Spins durch Austauschwechselwirkungskräfte, sodass deren Orientierung auch nach Abschalten des äußeren Magnetfelds bestehen bleibt. Im Vergleich zu paramagnetischen Materialien wird die magnetische Flussdichte 10.000-fach verstärkt. Eisen hat beispielsweise eine relative Permeabilität (μ_r) von etwa 10.000.

Ferromagnetismus beruht auf der kollektiven Spinorientierung innerhalb sogenannter Weiß'scher Bezirke (○ Abb. 6.11a). Weiß'sche Bezirke oder Domänen sind typischerweise etwa 0,1 mm große magnetische Regio-

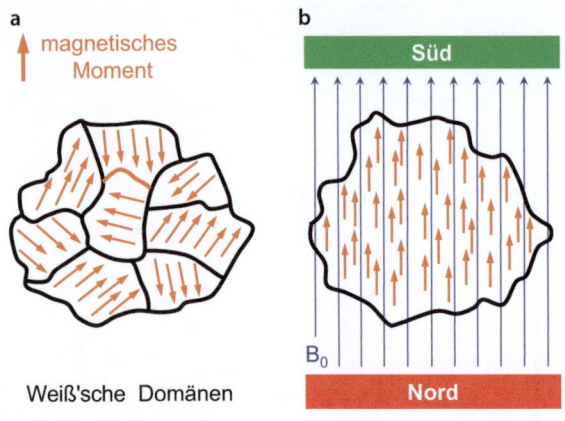

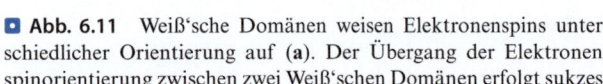

Abb. 6.11 Weiß'sche Domänen weisen Elektronenspins unterschiedlicher Orientierung auf (**a**). Der Übergang der Elektronenspinorientierung zwischen zwei Weiß'schen Domänen erfolgt sukzessive in sogenannten Bloch-Wänden (**c**). Im externen Magnetfeld richten sich alle magnetischen Momente der Weiß'schen Domänen parallel aus (**b**)

nen mit einheitlicher Ausrichtung der magnetischen Momente der Elementarmagneten. Prinzipiell ist jeder Weiß'sche Bezirk magnetisch, allerdings ist im nichtmagnetisierten Zustand die Orientierung der magnetischen Momente der einzelnen Weiß'schen Domänen statistisch verteilt (Abb. 6.11a), sodass sich die magnetischen Eigenschaften der Domänen wechselseitig neutralisieren.

Die Phasengrenzen zwischen benachbarten Weiß'schen Bezirken werden als Bloch-Wände bezeichnet. Die Dicke der Bloch-Wände beträgt etwa 50 nm, was in der Größenordnung von wenigen Hundert Atomdurchmessern liegt. Innerhalb der Bloch-Wände erfolgt der Wechsel der Spinorientierung benachbarter Weiß'scher Domänen mit geringem Energieaufwand durch sukzessives Drehen der einzelnen Spins von Atomen um jeweils einen kleinen Winkel (Abb. 6.11c).

Wird ein ferromagnetischer Stoff in ein externes Magnetfeld gebracht, genügen bereits geringe magnetische Feldstärken bzw. Flussdichten, um die Bloch-Wände zu verschieben, wodurch einzelne Weiß'sche Domänen größer werden. Im Extremfall der magnetischen Sättigung besteht die Probe aus einer einzigen großen magnetischen Domäne, in der alle magnetischen Momente gleich ausgerichtet sind (Abb. 6.11b). Dadurch wird die magnetische Flussdichte im Ferromagnetikum im Vergleich zum externen Magnetfeld um Größenordnungen verstärkt.

Wenn ferromagnetische Stoffe in ein magnetisches Erregerfeld der Stärke (H) gebracht werden, erfolgt deren Magnetisierung nicht linear.

- Abb. 6.12 zeigt, dass bei der ersten Magnetisierung (Neukurve, rote Linie) die Magnetisierung des ferromagnetischen Stoffes bis zur magnetischen Sättigung (B_s) zunimmt. Alle Weiß'schen Bezirke sind parallel ausgerichtet und bilden einen großen Weiß'schen Bezirk.
- Wird anschließend die Stärke des Erregerfelds (H) auf null reduziert (blaue Linie), bleibt in ferromagnetischen Stoffen eine Restmagnetisierung, die sogenannte Remanenz (B_r), erhalten.
- Wird das Erregerfeld umgepolt und hochgefahren, dann schneidet die blaue Linie die x-Achse, d. h., die Magnetisierung des ferromagnetischen Materials ist völlig ausgelöscht. Das zugehörige Magnetfeld (H_c) wird als Koerzitivfeldstärke bezeichnet.
- Wird die Stärke des umgepolten Erregerfelds (H) weiter erhöht, richten sich die Weiß'schen Bezirke entgegengesetzt aus und es stellt sich die magnetische Sättigung bei umgekehrter Polung ein.

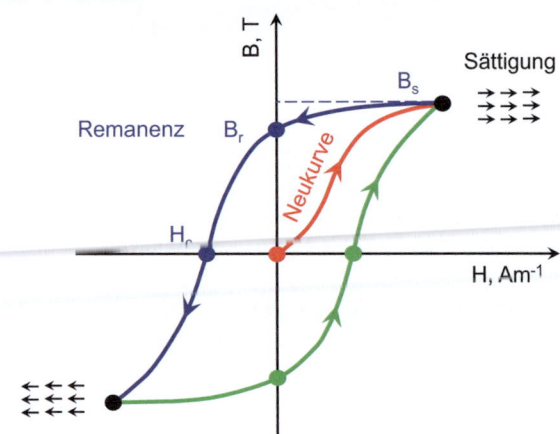

Abb. 6.12 Hysteresezyklus- Die Magnetisierung eines Ferromagneten hängt sowohl vom externen Magnetfeld (H) als auch von der magnetischen Vorgeschichte des Magneten ab

- Reduziert man die Stärke des umgepolten Magnetfelds (grüne Linie), dann werden nacheinander wieder die Punkte für Restmagnetisierung und Auslöschung durchlaufen.

Die nach der Magnetisierung verbleibende Restmagnetisierung (Remanenz) eines ferromagnetischen Werkstoffs bleibt über einen langen Zeitraum erhalten und macht ihn zu einem Permanentmagneten. Allerdings kann die Restorientierung der Weiß'schen Bezirke durch Energiezufuhr zerstört werden, wodurch der Magnet seine magnetischen Eigenschaften verliert. Die Entmagnetisierung kann durch Erhitzen über die materialspezifische Curie-Temperatur (768 °C für Eisen), durch Anlegen eines externen Feldes in Größe der Koerzitivfeldstärke (H_c) oder durch mechanischen Stoß erfolgen.

▶ **Experimentelle Bestimmung der magnetischen Suszeptibilität (χ)**

Die magnetische Volumensuszeptibilität kann mit einer sogenannten Guoy-Waage bestimmt werden. Dazu wird eine zylinderförmige Probe der zu vermessenden Substanz nur zum Teil zwischen den Polen eines starken Elektromagneten platziert.

Die Probe ist am Arm einer Analysenwaage befestigt. Es wird die Masse der Probe bei ausgeschaltetem (m_0, ◘ Abb. 6.13a) und bei eingeschaltetem Magnetfeld (m_B, ◘ Abb. 6.13b) bestimmt. Die Änderung der Schwerkraft, die durch die scheinbare Massendifferenz ($\Delta m = m_B - m_0$) hervorgerufen wird, hängt von den magnetischen Eigenschaften der Probe (χ_P) ab, wodurch auf deren magnetische Suszeptibilität geschlossen werden kann. Eine ferro- oder paramagnetische Probe wird in das Magnetfeld gezogen ($\chi_P > 0$), was zu einer positiven Massendifferenz (Δm)

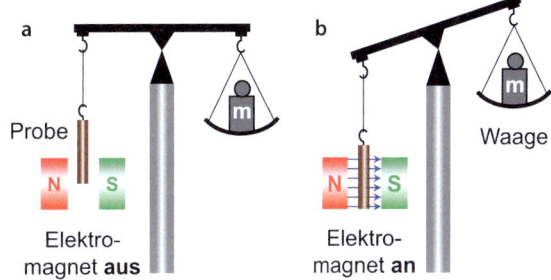

◘ **Abb. 6.13** Eine paramagnetische Probe (**a**) wird in das zugeschaltete Magnetfeld (**b**) gezogen

führt. Im Gegensatz dazu wird eine diamagnetische Probe aus dem Magnetfeld gedrängt ($\chi_P < 0$), wodurch Δm leicht negativ wird.

Die magnetische Volumensuszeptibilität (◘ Tab. 6.1) berechnet sich gemäß folgender Gleichung.

$$F = (m_B - m_0) \cdot g = \frac{1}{2} \cdot \chi_P \cdot \mu_0 \cdot A \cdot H^2 \;\rightarrow\; \chi_P = \frac{2 \cdot (m_B - m_0) \cdot g}{\mu_0 \cdot A \cdot H^2}$$
(6.14)

F – Kraft, N

m_B – Masse der Probe im Magnetfeld, kg

m_0 – Masse der Probe ohne Magnetfeld, kg

g – Gravitationsbeschleunigung, ms^{-2}

χ_P – magnetische Volumensuszeptibilität der Probe, dimensionslos

μ_0 – magnetische Permeabilitätskonstante des Vakuums, NA^{-2}

A – Fläche des Probenrohrs, m^2

H – Feldstärke des angelegten Magnetfelds, Am^{-1} ◀

◘ **Tab. 6.1** Volumensuszeptibilität unterschiedlicher Stoffe

Material	Volumensuszeptibilität ($\chi = \mu_r - 1$)	Magnetismus
Bismut	$-166 \cdot 10^{-6}$	diamagnetisch
Graphit	$-85 \cdot 10^{-6}$	diamagnetisch
Diamant	$-22 \cdot 10^{-6}$	diamagnetisch
Wasser	$-9 \cdot 10^{-6}$	diamagnetisch
Helium	$-0,001 \cdot 10^{-6}$	diamagnetisch
Vakuum	0	nichtmagnetisch
Sauerstoffgas	$+1,9 \cdot 10^{-6}$	paramagnetisch
Aluminium	$+22 \cdot 10^{-6}$	paramagnetisch
Platin	$+257 \cdot 10^{-6}$	paramagnetisch
Mangan	$+883 \cdot 10^{-6}$	paramagnetisch
Eisen	$+200.000$	ferromagnetisch

Reinstoffe und Stoffgemische

Inhaltsverzeichnis

7.1 Gehaltsangaben – Anteile und Konzentrationen einzelner Komponenten – 135

7.2 Einstoffsysteme – 138
7.2.1 Dampfdruckkurven – Gleichgewicht zwischen Flüssigkeits- und Dampfphase – 138
7.2.2 Phasendiagramme – Druck und Temperatur entscheiden über den Aggregatzustand – 139

7.3 Zweistoffsysteme – Ideale Lösungen – 140
7.3.1 Dampfdruck idealer binärer Lösungen – 141
7.3.2 Dampfdruckdiagramme – Dampfdruck als Funktion des Stoffmengenanteils – 141
7.3.3 Siedediagramme – Siedepunkt als Funktion des Stoffmengenanteils – 143
7.3.4 Gleichgewichtsdiagramme – Korrelation von Dampf- und Flüssigkeitsphasenzusammensetzung – 144

7.4 Zweistoffsysteme – Reale Lösungen aus Lösungsmittel und gelöstem Stoff – 146

7.5 Zweistoffgemische – Kolligative Eigenschaften hängen ausschließlich von der Teilchenzahl ab – 148
7.5.1 Dampfdruckerniedrigung – Verringerung des Dampfdrucks – 148
7.5.2 Siedepunktserhöhung – Zunahme des Siedepunkts – 148
7.5.3 Gefrierpunktserniedrigung – Abnahme des Schmelzpunkts – 151
7.5.4 Osmotischer Druck – Semipermeable Membran trennt Lösungen unterschiedlicher Konzentration – 152

Chemiker beschäftigen sich mit chemischen Stoffen. Synonyme Begriffe sind Substanzen und Materie. Grundsätzlich wird zwischen Reinstoffen und Stoffgemischen unterschieden (◘ Abb. 7.1).

Reinstoffe sind homogen zusammengesetzt und bestehen entweder aus identischen Atomen wie zum Beispiel Edelgase und Metalle, oder aus Molekülverbindungen (Wasserstoff, Wasser, Ethanol und Zucker) oder Ionenverbindungen (z. B. Natriumchlorid). Reinstoffe bilden eine einheitliche Phase d. h. jede räumliche Region eines Reinstoffs weist die gleichen Eigenschaften auf. Reinstoffe können deshalb durch physikalische Parameter wie Schmelzpunkt, Siedepunkt, Dichte und Brechungsindex eindeutig charakterisiert und spezifiziert werden.

Stoffgemische hingegen bestehen aus zwei oder mehreren Reinstoffen. Wenn das Stoffgemisch eine einheitliche Phase bildet, so wird es als homogen bezeichnet. Die Einzelkomponenten eines homogenen Stoffgemisches, wie z. B. Mineralwasser, sind selbst bei größter Vergrößerung nicht erkennbar. Erst das Flaschenetikett informiert uns darüber, dass Mineralwasser neben Wasser auch Mineralien wie Natrium, Kalium, Magnesium, Chlorid, Sulfat etc. enthält. Homogene gasförmige und flüssige Gemische (z. B. Wodka, ◘ Tab. 7.1) sind klar und transparent.

Im Gegensatz dazu bestehen heterogene Gemische aus mehreren Phasen, die oft bereits mit bloßem Auge (wie bei Granit) oder unter dem Mikroskop (wie bei einer Polymersuspension) erkennbar sind. Heterogene Gas- und Flüssigkeitsgemische, wie z. B. naturtrübes Hefeweizenbier, sind trüb und undurchsichtig.

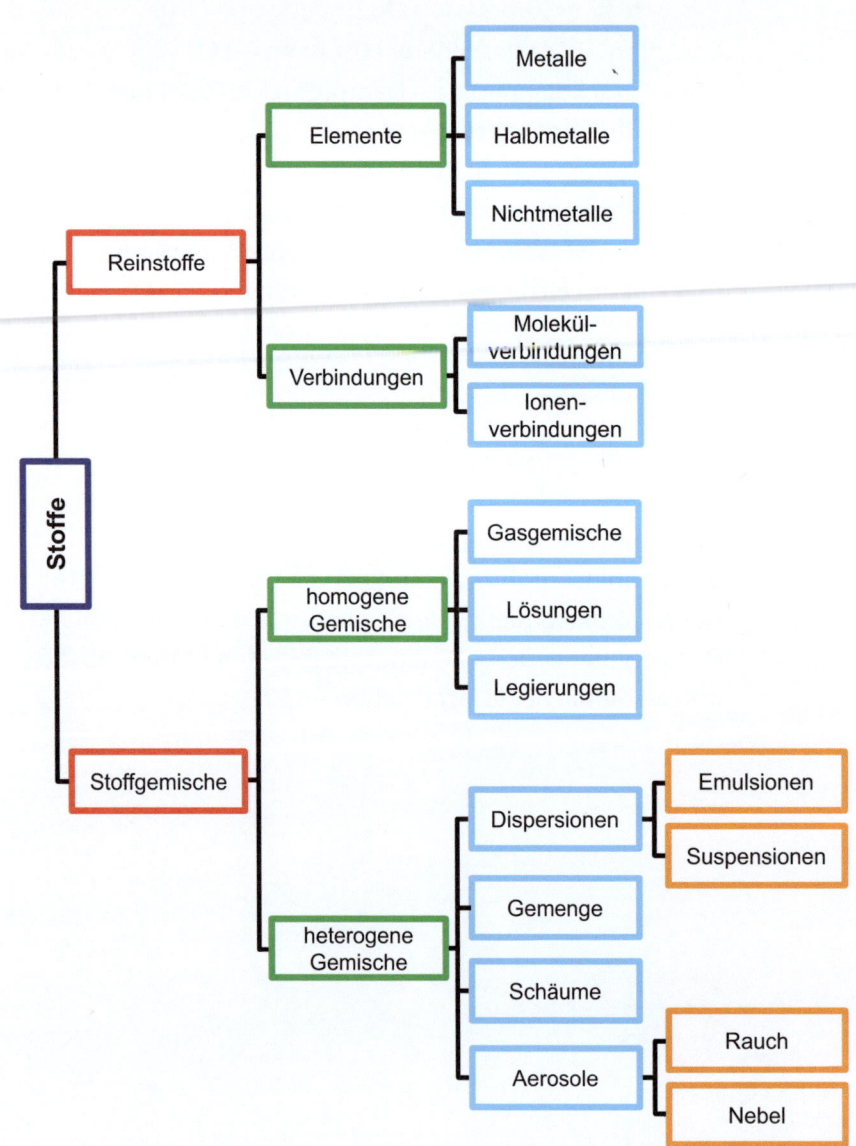

◘ **Abb. 7.1** Reinstoffe und Stoffgemische

Tab. 7.1 Homogene und heterogene Stoffgemische

Basiskomponente		Feinverteilte (dispergere, lat. für zerstreuen) Komponente		
		Gas	Flüssigkeit	Feststoff
Basiskomponente	Gas	Gasgemisch (ho) z. B. Luft, Wasserdampf	Nebel (he) z. B. Wassernebel	Rauch (he) z. B. Zigarettenqualm
	Flüssigkeit	Lösung (ho) z. B. Mineralwasser Schaum (he) Badeschaum, Seifenblasen	Lösung (ho) z. B. Wodka, Apfelsaft, Wein Emulsion (he) z. B. Milch, Kunststofflatex	Lösung (ho) z. B. Natronlauge Suspension (he) z. B. Blut, Hefeweizen
	Feststoff	Hartschaum (he) z. B. Hartschaumplatten	Gel (he) z. B. vollgesaugte Windel	Legierung (ho) z. B. Bronze, Messing Gemenge (he) z. B. Granit, Beton, Kies

(*ho*, homogen; *he*, heterogen)

Stoffgemische haben abhängig vom Anteil und Aggregatzustand der beteiligten Komponenten unterschiedliche Bezeichnungen.

Emulsion – Ein heterogenes Gemisch aus zwei nicht ineinander löslichen Flüssigkeiten wird als Emulsion bezeichnet. Emulgatoren stabilisieren Emulsionen, sodass sich diese nicht entmischen.

Ein Beispiel ist Milch, in der etwa 4 % Fett fein in Wasser verteilt sind. Der Durchmesser der Milchfetttröpfchen beträgt nur wenige Mikrometer. In Milch fungiert Lecithin als natürlicher Emulgator. Ein weiteres Beispiel sind Kunststoffemulsionen, die aus Wasser und darin fein dispergierten Polymertröpfchen bestehen.

Gasgemische – Homogenes Gemisch mindestens zweier Gase.

Ein bekanntes Gasgemisch ist Atmosphärenluft (78 Vol.-% Stickstoff, 21 Vol.-% Sauerstoff, 1 Vol.-% Argon, 0,04 Vol-% Kohlenstoffdioxid).

Gemenge – Heterogenes Gemisch mehrerer Feststoffe.

Beispielsweise besteht Granit aus den Mineralien Feldspat, Quarz und Glimmer, die mit bloßem Auge als Mineralienbestand erkennbar sind.

Legierung – Homogene metallische Werkstoffe, die aus mehreren Metallkomponenten bestehen.

Bekannte Legierungen sind Bronze (Kupfer, Zinn), Messing (Kupfer, Zink) und Stahl (Eisen, Kohlenstoff, weitere metallische Zuschläge).

Lösungen – Homogene Stoffgemische, die aus einem flüssigen Lösungsmittel (Solvens) und einem darin gelösten Feststoff, Gas oder Flüssigkeit bestehen.

Spirituosen und isotonische Natriumchloridlösung sind typische Beispiele hierfür.

Nebel – Heterogenes Gemisch von fein verteilten Flüssigkeitströpfchen in Luft

Rauch – Heterogenes Gemisch von fein verteilten Feststoffteilchen in Luft.

Schaum – Feinverteilte Gasblasen, die von flüssigen oder festen Wänden eingeschlossen sind.

Beispiele hierfür sind Seifenblasen und Styrodur®-Hartschaumplatten

Suspension – Heterogenes Gemisch aus einer Flüssigkeitsmatrix und einem fein verteilten Feststoff.

Hefeweizenbier ist beispielsweise eine Suspension von fein verteilter Hefe in Bier.

7.1 Gehaltsangaben – Anteile und Konzentrationen einzelner Komponenten

Die wichtigsten Gehaltsangaben in der Chemie sind Anteile und Konzentrationen (Tab. 7.2).

Der Anteil einer Komponente beschreibt das Verhältnis der Masse, des Volumens oder der Stoffmenge einer einzelnen Komponente zur Gesamtmasse, zum Gesamtvolumen oder zur Gesamstoffmenge (Mol) aller Komponenten des Gemisches. Anteile sind dimensionslos und liegen im Bereich von 0 bis 1 bzw. 0 bis 100 %.

Die Konzentration einer Komponente bezieht die Masse, das Volumen oder die Stoffmenge (Mol) einer einzelnen Komponente auf das Gesamtvolumen der Mischlösung.

- **Massenanteil**

Massenanteile (Massenprozente, Gewichtsprozente) $\omega(A)$ geben den prozentualen Massenanteil einer Komponente $m(A)$ an der Gesamtmasse $m(G)$ eines Stoffgemischs an.

Tab. 7.2 Die einzelnen Gehaltsangaben in der Zusammenschau (A - Komponente A, G - Gemisch)

	Gehaltsangabe					
	Anteile			Konzentrationen		
	Masse	Volumen	Stoffmenge	Masse	Volumen	Stoffmenge
Symbol	ω(A)	φ(A)	x(A)	β(A)	φ(A)	c(A)
Zähler	m(A)	V(A)	n(A)	m(A)	V(A)	n(A)
Nenner	m(G)	V(G)	n(G)	V(G)	V(G)	V(G)
Einheit	g/g, kg/kg	ml/ml, l/l	mol/mol	g/l, kg/m³	ml/ml, l/l	mol/l
Temperaturabhängigkeit	nein	ja	nein	ja	ja	ja

Abb. 7.2 Ein Camembert mit 45 % Fett in Trockenmasse enthält 20,7 % Fett absolut (© Käserei Champignon Hofmeister GmbH & Co.KG)

$$\omega(A) = \frac{m(A)}{m(G)} \cdot 100\% \tag{7.1}$$

■ **Beispiel – Fettanteil**

Ein Camembert (◘ Abb. 7.2) besteht aus 46 % Trockenmasse und 54 % Wasser. Der Fettgehalt der Trockenmasse ist 45 %. Wie hoch ist der Fettanteil des Camemberts?

$$\omega(\text{Fettanteil}) = \frac{0{,}45 \cdot 46\,g}{46\,g + 54\,g} \cdot 100\% = 20{,}7\%.$$

■ **Volumenanteil**

Volumenanteile (Volumenkonzentrationen, Volumenprozente) φ(A) geben den prozentualen Volumenanteil einer Komponente V(A) am Gesamtvolumen V(G) einer Lösung an.

Abb. 7.3 Spätburgunder aus der Pfalz mit 14,5 Vol.-% Alkoholanteil (© Weingut Karl Lingenfelder)

$$\varphi(A) = \frac{V(A)}{V(G)} \cdot 100\% \tag{7.2}$$

■ **Beispiel**

Ein Spätburgunder (◘ Abb. 7.3) weist einen Alkoholgehalt φ(A) von 14,5 Vol.-% auf. Wie viel reinen Alkohol enthält eine 0,75-l-Flasche dieses Weines?

$$\varphi(\text{Alkohol}) = \frac{V(\text{Alkohol})}{V(\text{Wein})} \;\rightarrow\; V(\text{Alkohol})$$
$$= \varphi(\text{Alkohol}) \cdot V(\text{Wein})$$
$$= 0{,}145 \cdot 0{,}75\,l = 0{,}10875\,l = 109\,ml$$

▶ **Prozent (%), Promille (‰), parts per million (ppm), parts per billion (ppb)**

Durch Multiplikation des Anteils mit den Faktoren 100, 1000, 1.000.000 bzw. 1.000.000.000 können Anteile auch in %, ‰, ppm bzw. ppb ausgedrückt werden.

Insbesondere in der Spurenanalytik werden sehr kleine Anteile von Stoffen wie Umweltgifte, Dotierungsmaterialien, Verunreinigungen etc. in einer Matrix bestimmt. Oft liegt das Verhältnis des Spurenmaterials zur

7.1 · Gehaltsangaben – Anteile und Konzentrationen einzelner Komponenten

Matrix im Bereich von eins zu einer Million (ppm, engl. für *parts per million*) oder eins zu einer Milliarde (ppb, engl. für *parts per billion*, im Deutschen Milliarde für *billion*).

Beispiel
- Masse Kreuzfahrtschiff: 100.000 t = 100.000.000 kg
- Masse Passagiere, 1250 Personen à 80 kg: 100 t = 1 ‰ des Schiffs
- Masse Kapitän: 100 kg = 1 ppm des Schiffs → Masse Schiff = $10^6 \cdot$ Masse Kapitän
- Masse einer Tafel Schokolade: 100 g = 1 ppb des Schiffs ◄

■ Stoffmengenanteil

Der Stoffmengenanteil (Molenbruch, Molprozent) x(A) gibt das Verhältnis der gelösten Stoffmenge einer Komponente n(A) zur Gesamtstoffmenge aller Komponenten n(G) an. Die Summe der Stoffmengenanteile aller Komponenten ergibt 1.

$$x(A) = \frac{n(A)}{n(G)} \tag{7.3}$$

x(A) – Stoffmengenanteil Komponente A
n(A) – Stoffmenge Komponente A, mol
n(G) – Summe der Stoffmengen aller Komponenten, mol

■ Beispiel

Berechnen Sie die Stoffmengenanteile von Benzen, Toluol und Xylol einer BTX-Lösung, bestehend aus 6 mol Benzen (B), 3 mol Toluol (T) und 1 mol Xylol (X).

$$x(B) = \frac{6\,\text{mol}}{6\,\text{mol} + 3\,\text{mol} + 1\,\text{mol}} = 0{,}6$$

$$x(T) = \frac{3\,\text{mol}}{6\,\text{mol} + 3\,\text{mol} + 1\,\text{mol}} = 0{,}3$$

$$x(X) = \frac{1\,\text{mol}}{6\,\text{mol} + 3\,\text{mol} + 1\,\text{mol}} = 0{,}1$$

Werden die Stoffmengenanteile mit 100 % multipliziert, dann werden die Stoffmengenprozente oder Molprozente der jeweiligen Komponente erhalten. In unserem Beispiel beträgt der prozentuale Stoffmengenanteil für Benzen 60 Mol-%, Toluol 30 Mol-% und Xylol 10 Mol-%.

■ Massenkonzentration

Die Massenkonzentration (Massenvolumen) β(A) bezieht die Masse einer Komponente m(A) auf das Volumen einer Lösung V(G).

$$\beta(A) = \frac{m(A)}{V(G)}, \text{g l}^{-1} \tag{7.4}$$

■ Beispiel – Meersalzanteil

Im Wellnessbereich eines Hotels gibt es ein Meerwasserbecken sowie ein kreisförmiges Süßwasserbecken von 8 m Durchmesser und 1,35 m Wassertiefe. Ein Besucher nimmt ein Bad im Meerwasserbecken und begibt sich dann ohne abzutrocknen direkt in das Süßwasserbecken. Wie stark steigt der Salzgehalt des Süßwasserbeckens durch den Eintrag des auf der Haut verbliebenen Meerwassers?

■ Annahmen

Für eine Abschätzung müssen wir Annahmen treffen:
- Salzgehalt Meerwasser: c(Salz) = 3,5 %
- Hautoberfläche Körper: A = 2 m²
- Wasserfilmdicke auf der Haut: d = 0,1 mm = 0,0001 m

■ Lösung

- 1 l Meerwasser enthält eine Salzkonzentration von β(Salz) = 3,5 %, d. h. 35 g Salz pro Liter Meerwasser, da die Dichte von Meerwasser nahezu 1 kg l⁻¹ beträgt.
- Auf der Haut verbleiben ca. V = A · d = 2 m² · 0,0001 m = 0,0002 m³ Meerwasser. Da 1 m³ gleich 1000 l entspricht, sind das V(Meerwasser) = 0,2 l.
- Mit der Salzkonzentration des ersten Spiegelpunkts, befinden sich somit m(Salz) = β(Salz)·V(Meerwasser) = 35 g l⁻¹ · 0,2 l = 7 g Salz auf der Haut.
- Diese 7 g Salz lösen sich im Süßwasserbecken. Das Volumen des Süßwasserbeckens beträgt V(Wasser) = π·r²·h = π·(4 m)² · 1,35 m ≈ 67,9 m³ = 67.900 l.
- Somit nimmt die Salzkonzentration des Süßwasserbeckens um β(NaCl) = (7 g/67.900 l) = 0,000103 g l⁻¹ = 1,03·10⁻⁷ kg l⁻¹ ≈ 0,1 ppm NaCl/kg Wasser zu. Diese Konzentration entspricht 0,1 mg NaCl pro Liter Wasser
- Zur Einordnung dieses Wertes seien die Grenzwerte nach der Deutschen Trinkwasserverordnung für Natrium von 200 mg l⁻¹ und Chlor von 250 mg l⁻¹ in Trinkwasser erwähnt.

■ Stoffmengenkonzentration – Molarität und Molalität

Die Stoffmengenkonzentration c(A), auch als Molarität oder molare Konzentration bezeichnet, bezieht die gelöste Stoffmenge einer Komponente in Mol [n(A)] auf das Volumen der Lösung [V(G)] (◘ Abb. 7.4). Als Kurzschreibweise wurden für diese Konzentrationsangabe früher eckige Klammern verwendet. [NaOH] entspricht somit der molaren Konzentration an Natronlauge.

$$c(A) = \frac{n(A)}{V(G)} \xrightarrow{\text{mit } n = \frac{m}{M}} c(A) = \frac{m(A)}{M_A \cdot V(G)} \quad \text{mol·l}^{-1}$$
$$\tag{7.5}$$

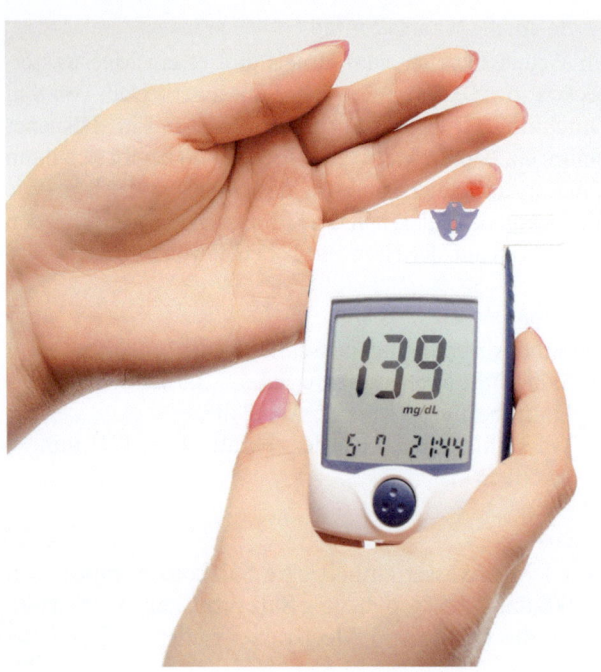

Abb. 7.4 Ein Blutzuckerspiegel von 139 mg pro Deziliter (dl) ist im nüchternen Zustand zu hoch (©Turhan/▶ Shutterstock.com)

ω(A) – Massenanteil der Komponente A, kg/kg
m(A) – Stoffmenge der Komponente A, kg
m(G) – gesamte Stoffmenge des Gemischs G, kg
φ(A) – Volumenanteil der Komponente A, m³/m³
V(A) – Volumen der Komponente A, m³
V(G) – gesamtes Volumen des Gemischs G, m³
x(A) – Stoffmengenanteil der Komponente A, mol
n(A) – Stoffmenge der Komponente A, mol
n(G) – gesamte Stoffmenge des Gemischs G, mol
β(A) – Massenkonzentration der Komponente A, kg/m³
φ(A) – Volumenkonzentration der Komponente A, m³/m³
c(A) – Stoffmengenkonzentration der Komponente A, mol/l

Molalität b(A) bezieht die gelöste Stoffmenge A in Mol [n(A)] auf 1 kg Lösungsmittel [m(LM)]. Da ausschließlich Massen ins Verhältnis gesetzt werden, ist diese Konzentrationsangabe temperaturunabhängig.

$$b(A) = \frac{n(A)}{m(LM)}$$
$$= \frac{m(A)}{M_A \cdot m(LM)} \quad \text{molkg}^{-1} \text{ oder molal(alt)} \quad (7.6)$$

7.2 Einstoffsysteme

7.2.1 Dampfdruckkurven – Gleichgewicht zwischen Flüssigkeits- und Dampfphase

Wie bereits im ▶ Abschn. 5.2.2 erörtert, besteht in einem teilweise mit Flüssigkeit gefüllten Behälter ein dynamisches Gleichgewicht zwischen der Dampfphase und der flüssigen Phase. In diesem Gleichgewicht verdampfen ebenso viele Moleküle aus der Flüssigkeit in die Gasphase, wie Moleküle aus der Gasphase in die Flüssigkeit wechseln. Das Gleichgewicht ist temperaturabhängig (Gl. 7.7, ◘ Abb. 7.5). Mit steigender Temperatur bewegen sich immer mehr Moleküle mit höherer Geschwindigkeit und stoßen gegen die Behälterwände. Der

■ **Beispiele**

Werden 10 g Natronlauge in 1 l Ethanol gelöst, dann wird eine 0,25-molare Lösung erhalten.

$$c(NaOH) = \frac{10\,g}{40\,\frac{g}{mol} \cdot 1,0\,l}$$
$$= 0,25\,\frac{mol}{l} = 0,25\,\text{molar} = 0,25\,M$$

Da 1 l Ethanol nur eine Masse von 0,79 kg aufweist, beträgt die Molalität der Lösung:

$$b(NaOH) = \frac{10\,g}{40\,\frac{g}{mol} \cdot 0,79\,kg} = 0,32\,\frac{mol}{kg} = 0,32\,\text{molal}$$

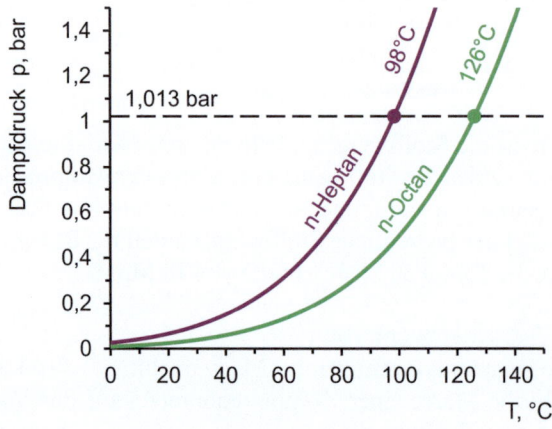

◘ **Abb. 7.5** Dampfdruckkurven von Hexan und Octan mit Siedetemperaturen bei einem Umgebungsdruck von 1,013 bar

resultierende Gleichgewichtsdruck wird als Sättigungsdampfdruck bezeichnet.

Mathematisch lassen sich Dampfdruckkurven, wie für n-Hexan und n-Octan (◘ Abb. 7.5) dargestellt, d. h. die Phasengrenze zwischen flüssigem und gasförmigem Zustand im p-T-Diagramm, mit der Clausius-Clapeyron-Gleichung berechnen (Gl. 7.7). Links von der Dampfdruckkurve ist der Stoff für alle p,T-Kombinationen flüssig, rechts davon gasförmig.

$$\ln \frac{p_2}{p_1} = \frac{\Delta_{VE} H_m^\varnothing}{R} \cdot \left(\frac{1}{T_1} - \frac{1}{T_2}\right) \rightarrow p_2$$

$$= p_1 \cdot e^{\left[\frac{\Delta_{VE} H_m^\varnothing}{R}\left(\frac{1}{T_1} - \frac{1}{T_2}\right)\right]} \quad (7.7)$$

p_1 – Dampfdruck bei der absoluten Temperatur T_1, Nm^{-2}

p_2 – Dampfdruck bei der absoluten Temperatur T_2, Nm^{-2}

$\Delta_{VE} H_m^\varnothing$ – molare Verdampfungswärme, $Jmol^{-1}$

R – allgemeine Gaskonstante, $J\,K^{-1}\,mol^{-1}$

T – absolute Temperatur, K

7.2.2 Phasendiagramme – Druck und Temperatur entscheiden über den Aggregatzustand

Phasendiagramme, auch Zustandsdiagramme oder p-T-Diagramme genannt, geben den Aggregatzustand (fest, flüssig, gasförmig) eines Stoffes für einer bestimmten Temperatur-Druck-Kombination an. In ▶ Abschn. 5.2.2 wurde bereits die Abhängigkeit des Aggregatzustands (Phase) von den Zustandsgrößen Druck und Temperatur in einem Druck-Temperatur-Diagramm beschrieben. ◘ Abb. 7.6 veranschaulicht das Phasendiagramm für Wasser. Der gelbe Bereich (A) beschreibt Druck-Temperatur-Kombinationen, in denen Wasser ausschließlich als trockenes Gas vorliegt. Im grünen Bereich (B) liegt Wasser nur flüssig und im hellblauen Bereich (C) ausschließlich als Eis vor.

Die Gleichgewichtszustände zwischen zwei Aggregatzuständen werden durch Phasengrenzlinien und deren Kreuzungspunkte beschrieben. Der Übergang zwischen fest und flüssig wird als Schmelzkurve (blaue Linie), zwischen flüssig und gasförmig als Siedekurve (rote Linie) und zwischen fest und gasförmig als Sublimationskurve (grüne Linie) bezeichnet.

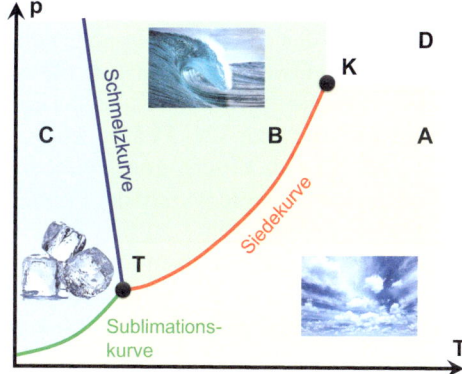

◘ **Abb. 7.6** Druck-Temperatur-Diagramm (Phasendiagramm) von Wasser (© Bilder – Valentyn Volkov, scott bauer photo, Sunny Forest/▶ Shutterstock.com)

Für einen Phasenübergang (z. B. Sieden) muss Energie zugeführt werden oder es wird Energie freigesetzt (z. B. beim Kondensieren). Die Temperatur ändert sich dabei nicht, solange zwei Phasen (z. B. Wasser und Dampf) im Gleichgewicht stehen. Da Gase wesentlich leichter komprimierbar sind als Flüssigkeiten und Feststoffe, verlaufen die Siede- und Sublimationskurven wesentlich flacher als die Schmelzkurve (fest/flüssig, blau), die steil nach oben ansteigt. Im Fall von Wasser ist die Schmelzkurve sogar nach links geneigt, da Wasser beim Erstarren eine Volumenzunahme erfährt.

■ **Gibbs'sche Phasenregel**

Die Phasenregel von Gibbs gilt für im Gleichgewicht befindliche Phasen und Aggregatzustände. Nach Gibbs besteht für ein System im Gleichgewicht zwischen der Anzahl an Komponenten (K), der Anzahl an Phasen (P) und der Anzahl an Freiheitsgraden (F) folgender Zusammenhang.

$$F + P = K + 2 \rightarrow F = K - P + 2 \quad (7.8)$$

F – Anzahl physikalischer Freiheitsgrade, wie z. B Temperatur (T) und Druck (p), die ein System definieren

P – Anzahl Phasen, wie Gasphase, Flüssigphase, Festphase, die durch Phasengrenzen voneinander abgegrenzt werden

K – Anzahl der Komponenten, d. h. Anzahl chemischer Verbindungen

Zum besseren Verständnis wenden wir die Gibbs'sche Phasenregel auf das p,T-Phasendiagramm von Wasser (K = 1, ◘ Abb. 7.6) an.

- Einphasengebiete (P = 1 → F = 2 → Fläche im p,T-Diagramm) In den drei Einphasengebieten liegt Wasser (K = 1) entweder als Feststoff (◻ Abb. 7.6, blau), als Flüssigkeit (grün) oder als Gas (gelb) vor. Somit gilt für jedes der drei Phasengebiete P = 1, weshalb man diese als Einphasengebiete bezeichnet. Deshalb errechnet sich die Anzahl der Freiheitsgrade (F) in den Einphasengebieten zu F = 1 − 1 + 2 = 2. Das heißt, die Zustandsvariablen Druck und Temperatur können im Gebiet der Einphasengebiete unabhängig voneinander in bestimmten Grenzen variiert werden.
- Zweiphasenlinien (P = 2 → F = 1 → Linie im p,T-Diagramm) An den Zweiphasen- oder Coexistenzlinien stehen zwei Phasen im Gleichgewicht. Gasförmig und fest im Fall der Sublimationskurve, flüssig und fest im Fall der Schmelzkurve und flüssig und gasförmig im Fall der Siedekurve. Somit ist für die Zweiphasengrenzlinien P = 2 die Anzahl der Freiheitsgrade F = 1 − 2 + 2 = 1. Deshalb kann entlang dieser Kurven entweder die Temperatur oder der Druck frei variiert werden. Jede Änderung der Temperatur erzwingt eine abhängige Änderung des Druckes und vice versa. Würde bei einer Temperaturänderung auch der Druck unabhängig variiert werden, würde man die Zweiphasenlinie verlassen und in eines der Einphasengebiete gelangen.
- Tripelpunkt (P = 3 → F = 0 → Punkt im p,T-Diagramm) Am Tripelpunkt (T) kreuzen sich die drei Phasengrenzlinien, sodass im Fall von Wasser die drei Aggregatzustände Eis, Wasser und Dampf im Gleichgewicht miteinander stehen (P = 3). Somit gibt es für diesen Zustand keinen Freiheitsgrad (F = 1 − 3 + 2 = 0). Das heißt, der Tripelpunkt ist durch eine eindeutige Temperatur und einen eindeutigen Druck gekennzeichnet. Sobald Druck oder Temperatur verändert werden, verlässt man den Tripelpunkt. Der Tripelpunkt von Wasser liegt bei 0,01 °C und 6 mbar.

7.3 Zweistoffsysteme – Ideale Lösungen

In diesem Abschnitt betrachten wir den Dampfdruck und das Siedeverhalten von zweikomponentigen, idealen Lösungen, die aus einem Lösungsmittel A (Solvens) und einem gelösten Stoff B (Gas, Flüssigkeit, Feststoff) bestehen. Ideale Lösungen sind Flüssigkeitsgemische, bei denen die intermolekularen Wechselwirkungen (A mit A, B mit B, A mit B) identisch sind. Die Moleküle A und B besitzen kein Eigenvolumen und keine Mischungswärme.

Gemäß der Gibbs'schen Phasenregel weist eine Phase (P = 1) einer binären Lösung (K = 2) drei unabhängige Freiheitsgrade (F = 2 − 1 + 2 = 3) auf. Die drei Freiheitsgrade (Zustandsvariablen) einer zweikomponentigen Lösung sind Druck (p), Temperatur (T) und die Zusammensetzung der Lösung, d. h. die Stoffmengenanteile der beiden Komponenten [x(A) und x(B)].

Um alle Zustände darstellen zu können, ist ein dreidimensionales (F = 3) Diagramm erforderlich, mit den unabhängigen Achsen Druck, Temperatur und Zusammensetzung der Lösung (◻ Abb. 7.7). Für die vertrauteren zweidimensionalen Darstellungen wird die Anzahl der Freiheitsgrade auf zwei reduziert, indem entweder die Temperatur (T) oder der Druck konstant gehalten wird. Isotherme Zustandsänderungen werden in Druckdiagrammen (◻ Abb. 7.8, 7.9), isobare

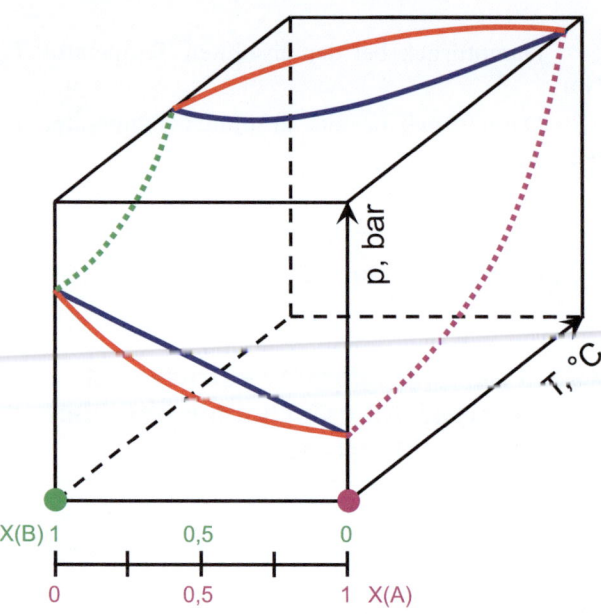

◻ Abb. 7.7 Dreidimensionales Zustandsdiagramm eines binären Lösungsgemischs mit Siedekurven (blau), Kondensationskurven (rot) und Dampfdruckkurven von A (violett) und B (grün)

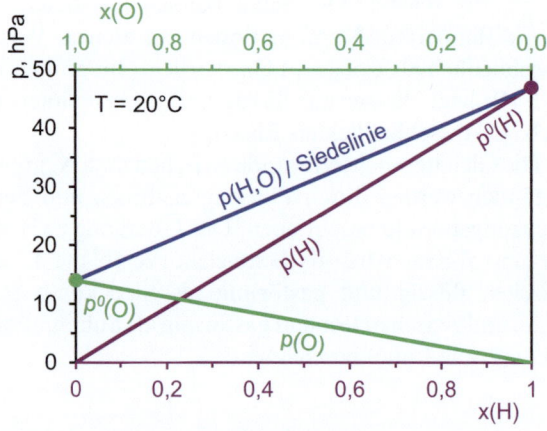

◻ Abb. 7.8 Heptan (H) und Octan (O) ergeben eine ideale Lösung, d. h., die Partialdampfdruckkurven verlaufen linear

7.3 · Zweistoffsysteme – Ideale Lösungen

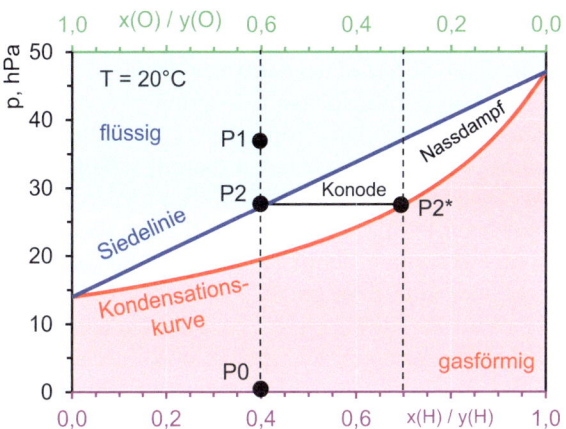

○ **Abb. 7.9** Druckdiagramm (p,x) für das binäre Lösungsmittelsystem Heptan (H) und Octan (O)

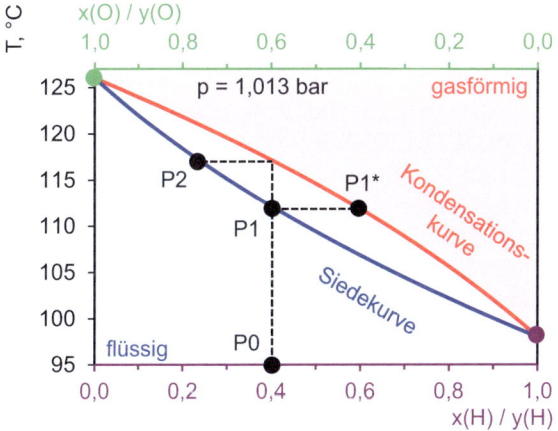

○ **Abb. 7.10** Siedediagramm (T,x) für das binäre Gemisch aus Heptan (H) und Octan (O) bei Normaldruck

Zustandsänderungen in Siedediagrammen (○ Abb. 7.10) dargestellt.

Die Diagramme in ▶ Abschn. 7.3 wurden exemplarisch für Heptan (H) und Octan (O) erstellt. In den Formeln wird A und B verwendet, um deren Allgemeingültigkeit zu verdeutlichen.

7.3.1 Dampfdruck idealer binärer Lösungen

- **Dalton'sches Gesetz** – Der Dampfdruck einer Lösung ist gleich der Summe der Partialdrücke

Wir betrachten eine ideale Lösung aus zwei Komponenten (A und B), also ein binäres System. Die Stoffmengenanteile (x) der beiden Komponenten in der Flüssigphase errechnen sich zu:

$$x(A) = \frac{n(A)}{n(A)+n(B)}$$
$$x(B) = \frac{n(B)}{n(A)+n(B)} \quad \rightarrow \quad x(A)+x(B)=1 \qquad (7.9)$$

x(A) – Stoffmengenanteil Komponente A in der Flüssigphase, mol/mol

x(B) – Stoffmengenanteil Komponente B in der Flüssigphase, mol/mol

n(A) – Stoffmenge Komponente A, mol

n(B) – Stoffmenge Komponente B, mol

Die beiden Komponenten der Flüssigphase stehen im Gleichgewicht mit der Dampfphase. Der Gesamtdampfdruck über der Lösung p(A,B) setzt sich gemäß dem Gesetz von Dalton additiv aus den Partialdampfdrücken der Komponente A und der Komponente B zusammen.

$$p(A,B) = p(A)+p(B) \quad \textit{Daltonsches Gesetz} \qquad (7.10)$$

p(A,B) – Gesamtdampfdruck über der Lösung, bar

p(A) – Partialdampfdruck Komponente A, bar

p(B) – Partialdampfdruck Komponente B, bar

7.3.2 Dampfdruckdiagramme – Dampfdruck als Funktion des Stoffmengenanteils

Im Gleichgewichtszustand zwischen Lösung und Dampf gilt das Raoult'sche Gesetz. Die Partialdampfdrücke der einzelnen Komponenten (○ Abb. 7.8) entsprechen dem Produkt aus ihren Stoffmengenanteilen (x) und den jeweiligen Sättigungsdampfdrücken (p^S).

$$p(A) = x(A) \cdot p^S(A)$$
$$p(B) = x(B) \cdot p^S(B)$$
$$\textit{Raoult'sches Gesetz} \qquad (7.11)$$

p^S(A) – Sättigungsdampfdruck der Komponente A, bar

p^S(B) – Sättigungsdampfdruck der Komponente B, bar

Da die Summe der Stoffmengenanteile der Komponente A und der Komponente B stets 1 ergibt (Gl. 7.9), kann der Gesamtdampfdruck (Siedelinie) als Funktion des Stoffmengenanteils der Komponente A, x(A) dargestellt werden.

$$p(A,B) = x(A) \cdot p^S(A) + [1-x(A)] \cdot p^S(B)$$
$$= x(A) \cdot [p^S(A) - p^S(B)] + p^S(B)$$
Siedelinie (7.12)

p(A,B) – Dampfdruck über der binären Lösung, bar
x(A) – Stoffmengenanteil Komponente A, dimensionslos
$p^S(A)$ – Sättigungsdampfdruck der reinen Komponente A, bar
$p^S(B)$ – Sättigungsdampfdruck der reinen Komponente B, bar

Die beiden Partialdampfdruckkurven beginnen im Koordinatenursprung (x = 0, p^S = 0) und enden beim Sättigungsdampfdruck der jeweiligen reinen Komponente (x = 1). Da der Sättigungsdampfdruck von Heptan (47 hPa) größer ist als der von Octan (14 hPa), verläuft die violette Gerade steiler als die grüne (● Abb. 7.8).

- **Siedelinie im Druckdiagramm (T = const.)**

Unter Berücksichtigung des Dalton'schen Gesetzes (Gl. 7.10) ergibt sich für den Gesamtdampfdruck [p(A,B)] über einem Zweistoffgemisch (● Abb. 7.8, blaue Linie) für unterschiedliche Lösungszusammensetzungen (Gl. 7.13):

$$p(A,B) = x(A) \cdot p^S(A) + x(B) \cdot p^S(B)$$
$$\text{und} \quad x(A) + x(B) = 1 \;\rightarrow\; x(B) = 1 - x(A) \quad (7.13)$$

Der Gesamtdampfdruck p(A,B) einer binären, d. h. zweikomponentigen Lösung nimmt linear mit dem Stoffmengenanteil der Komponente x(A) zu (Gl. 7.12). Im Zustandsbereich (Druck, Flüssigkeitszusammensetzung) oberhalb der blauen Linie (● Abb. 7.9, z. B. P1) liegen die Komponenten (A, B) flüssig vor. Wird bei gleicher Zusammensetzung der Lösung und bei gleicher Temperatur der Umgebungsdruck abgesenkt (P1→P2), fängt die Flüssigkeit unterhalb der blauen Linie (P2) zu sieden an. Die Gesamtdampfdruckkurve p(A,B) grenzt somit Bereiche von flüssigen und gasförmigen Zuständen ab, weshalb sie auch als Siedelinie bezeichnet wird.

- **Kondensationskurve im Druckdiagramm (T = const.)**

Verringert man den Druck der Lösung mit der Zusammensetzung von P1 (● Abb. 7.9), so bewegt man sich in Richtung P2. Beim Erreichen der Siedelinie (P2) fängt die Lösung zu sieden an. Da Komponente A [Heptan (H)] (● Abb. 7.8) eine höhere Flüchtigkeit, d. h. einen höheren Sättigungsdampfdruck [$p^S(A)$], aufweist als Komponente B [Octan (O)] (● Abb. 7.8), reichert sich beim Verdampfen der Lösung Komponente A in der Gasphase an. Somit ist der Stoffmengenanteil der Komponente A in der Gasphase y(A) größer als in der Lösung x(A). Die mit der Zusammensetzung der flüssigen Phase am P2 [x(Hexan) = 0,4, x(Octan) = 0,6] korrelierende Dampfphase hat dann die Zusammensetzung von P2* [x(Hexan) = 0,7, x(Octan) = 0,3]. Eine sog. Konode verbindet für einen definierten Druck die im Gleichgewicht stehende flüssige (P2) und gasförmige Phase (P2*). Wird die gasförmige Phase durch Kühlen verflüssigt, dann hat sich Komponente A durch einfache Destillation (20 °C, 27,5 hPa) von x(A) = 0,4 auf 0,7 Stoffanteile angereichert.

Analog zur Berechnung der Gesamtdampfdrucklinie für das Flüssigkeits-Dampf-Gleichgewicht als Funktion der Zusammensetzung der flüssigen Phase [p = f(x(A)), Siedelinie] (Gl. 7.12), kann der Gesamtdampfdruck auch als Funktion der Zusammensetzung der Dampfphase [p = f(y(A)), Kondensationskurve] angegeben werden.

Um die „rote" Kondensationskurve zu berechnen, muss in Gl. 7.12 der Stoffmengenanteil der Komponente A in der Flüssigphase durch den Stoffmengenanteil der Komponente A in der Dampfphase [x(A) = f(y(A))] ausgedrückt werden.

Für den Partialdampfdruck der Komponente A gilt gemäß dem Raoult'schen Gesetz:

$$p(A) = x(A) \cdot p^S(A) \;\rightarrow\; x(A) = \frac{p(A)}{p^S(A)} \quad (7.14)$$

Für den Stoffmengenanteil der Komponente A in der Dampfphase gilt:

$$y(A) = \frac{p(A)}{p(A,B)} \;\rightarrow\; p(A) = y(A) \cdot p(A,B) \quad (7.15)$$

Einsetzen von Gl. 7.15 in Gl. 7.14 ergibt die gewünschte Funktion x(A) = f(y(A)).

$$x(A) = \frac{y(A) \cdot p(A,B)}{p^S(A)} \quad (7.16)$$

Substitution von x(A) in Gl. 7.12 durch Gl. 7.16 ergibt schließlich die Gleichung für die Kondensationskurve.

$$p(A,B) = \frac{y(A) \cdot p(A,B) \cdot [p^S(A) - p^S(B)]}{p^S(A)} + p^S(B)$$
(7.17)

7.3 · Zweistoffsysteme – Ideale Lösungen

Um nach p(A,B) aufzulösen, dividieren wir im ersten Schritt durch p(A,B) und stellen die Gleichung um.

$$1 = \frac{y(A) \cdot \left[p^S(A) - p^S(B)\right]}{p^S(A)} + \frac{p^S(B)}{p(A,B)} \rightarrow \frac{p^S(B)}{p(A,B)}$$

$$= 1 - \frac{y(A) \cdot \left[p^S(A) - p^S(B)\right]}{p^S(A)}$$

(7.18)

Im nächsten Schritt bringen wir die rechte Seite auf einen gemeinsamen Nenner.

$$\frac{p^S(B)}{p(A,B)} = \frac{p^S(A) - y(A) \cdot \left[p^S(A) - p^S(B)\right]}{p^S(A)} \quad (7.19)$$

Division durch $p^S(B)$ und Kehrwertbildung ergibt letztendlich die Gleichung der Kondensationskurve (◻ Abb. 7.9, rote Linie) als Funktion des Stoffmengenanteils der Komponente A in der Dampfphase [y(A)].

$$\frac{1}{p(A,B)} = \frac{p^S(A) - y(A) \cdot \left[p^S(A) - p^S(B)\right]}{p^S(A) \cdot p^S(B)} \xrightarrow{\textit{Kehrwertbildung}} p(A,B) = \frac{p^S(A) \cdot p^S(B)}{p^S(A) - y(A) \cdot \left[p^S(A) - p^S(B)\right]} \quad (7.20)$$

Das Endergebnis lautet:

$$p(A,B) = \frac{p^S(A) \cdot p^S(B)}{p^S(A) - y(A) \cdot \left[p^S(A) - p^S(B)\right]} \quad (7.21)$$

Kondensationskurve

p(A,B) – Dampfdruck über der binären Lösung, bar

y(A) – Stoffmengenanteil Komponente A in der Gasphase, dimensionslos

x(B) – Stoffmengenanteil Komponente B in der Flüssigphase, dimensionslos

$p^S(A)$ – Sättigungsdampfdruck der reinen Komponente A, bar

$p^S(B)$ – Sättigungsdampfdruck der reinen Komponente B, bar

Die Kondensationskurve beschreibt alle Zustände eines binären Systems, bei denen die gasförmigen Komponenten im Gleichgewicht mit der Flüssigphase stehen.

Zusammenfassend lässt sich sagen, dass die Siedelinie die Zusammensetzung der Flüssigphase [x(A), x(B)] und die Kondensationskurve die Zusammensetzung der Dampfphase [y(A), y(B)] widerspiegelt.

Bei erhöhtem Druck, d. h. oberhalb der Siedelinie (◻ Abb. 7.9, blauer Bereich), liegen beide Komponenten flüssig, bei niedrigem Druck (roter Bereich) dagegen gasförmig vor (Trockendampf). Zwischen Siedelinie und Kondensationskurve (weißer Bereich) liegen beide Komponenten sowohl in gasförmiger als auch in flüssiger Form (Nassdampf) vor.

7.3.3 Siedediagramme – Siedepunkt als Funktion des Stoffmengenanteils

Industrielle Verfahren laufen oft bei konstantem Druck (isobar) ab. Daher ist es anwendungsfreundlicher, den Phasenübergang zwischen flüssig und gasförmig als Funktion der Gleichgewichtstemperatur darzustellen (◻ Abb. 7.10).

Die weitverbreiteten Siedediagramme binärer Gemische können für ideale Lösungen aus den Dampfdruckkurven (▶ Abschn. 7.3.1) der beiden Komponenten abgeleitet werden.

- **Siedekurve (p = const.)**

Die Siedekurve (◻ Abb. 7.10, blaue Linie) gibt die Siedetemperatur als Funktion der Zusammensetzung der Flüssigphase [x(A), x(B)] z. B. bei Umgebungsdruck [p(U)] wieder, während die Kondensationskurve die Dampfzusammensetzung [y(A), y(B)] beschreibt.

Beim Siedevorgang gelten für den Gleichgewichtszustand zwischen Lösung und Dampf über der Lösung wieder das Dalton'sche und das Raoult'sche Gesetz. Gemäß Dalton errechnet sich der Gesamtdampfdruck [p(A,B)] als Summe der Partialdampfdrücke [p(A) respektive p(B)] der einzelnen Komponenten (Gl. 7.10, 7.12). Beim Sieden sind Umgebungsdruck [p(U)] und Gesamtdampfdruck [p(A,B)] identisch.

$$p(A,B) = x(A) \cdot p^S(A) + \left[1 - x(A)\right] \cdot p^S(B)$$
$$= x(A) \cdot \left[p^S(A) - p^S(B)\right] + p^S(B) = p(U)$$

(7.22)

Umstellen und Auflösen von Gl. 7.22 nach dem Stoffmengenanteil x(A) ergibt:

$$x(A) = \frac{p(A,B) - p^S(B)}{p^S(A) - p^S(B)} \quad (7.23)$$

Um die Abhängigkeit zwischen Lösungszusammensetzung [x(A)] und Siedetemperatur (T_S) herzustellen, werden die Partialdampfdrücke p(A) und p(B) mithilfe der Clausius-Clapeyron-Gleichung (Gl. 7.7, 7.24) beim Umgebungsdruck ausgedrückt.

$$p^S(A) = p(A,B) \cdot e^{\frac{\Delta_{VE}H_m^\varnothing(A) \cdot \left(\frac{1}{T_S(A)} - \frac{1}{T_S}\right)}{R}}$$

$$p^S(B) = p(A,B) \cdot e^{\frac{\Delta_{VE}H_m^\varnothing(B) \cdot \left(\frac{1}{T_S(B)} - \frac{1}{T_S}\right)}{R}} \quad (7.24)$$

Einsetzen der beiden Partialdruckgleichungen in Gl. 7.23 und Kürzen des Umgebungsdrucks [p(U) = p(A,B)] ergibt für den Stoffmengenanteil x(A) der Komponente A der Siedekurve:

$$x(A) = \frac{p(A,B) - p(A,B) \cdot e^{\frac{\Delta_{VE}H_m^\varnothing(B) \cdot \left(\frac{1}{T_S(B)} - \frac{1}{T_S}\right)}{R}}}{p(A,B) \cdot e^{\frac{\Delta_{VE}H_m^\varnothing(A) \cdot \left(\frac{1}{T_S(A)} - \frac{1}{T_S}\right)}{R}} - p(A,B) \cdot e^{\frac{\Delta_{VE}H_m^\varnothing(B) \cdot \left(\frac{1}{T_S(B)} - \frac{1}{T_S}\right)}{R}}} = \frac{1 - e^{\frac{\Delta_{VE}H_m^\varnothing(B) \cdot \left(\frac{1}{T_S(B)} - \frac{1}{T_S}\right)}{R}}}{e^{\frac{\Delta_{VE}H_m^\varnothing(A) \cdot \left(\frac{1}{T_S(A)} - \frac{1}{T_S}\right)}{R}} - e^{\frac{\Delta_{VE}H_m^\varnothing(B) \cdot \left(\frac{1}{T_S(B)} - \frac{1}{T_S}\right)}{R}}} \quad (7.25)$$

Variiert man die Siedetemperatur (T_S) im Temperaturbereich, der durch die Siedetemperaturen der Komponente A [$T_S(A)$] und der Komponente B [$T_S(B)$] eingegrenzt wird, erhält man für jede Siedetemperatur T_S den zugehörigen Stoffmengenanteil x(A) der Flüssigphase und somit die Siedekurve der binären Lösung (Abb. 7.10, blaue Linie). Die Siedekurve beginnt bei der Siedetemperatur von reinem Octan [x(H) = 0, $T_S(O)$ = 126 °C] und endet mit zunehmendem Heptananteil bei der Siedetemperatur von reinem Heptan [x(H) = 1, $T_S(H)$ = 98 °C]. Die Kurve fällt monoton, weist somit kein Minimum auf.

- **Kondensationskurve (p = const.)**

Die Zusammensetzung des Dampfes [y(A)] respektive die Kondensationskurve (Abb. 7.10, rote Linie) ergibt sich bei Berücksichtigung des Raoult'schen Gesetzes:

$$y(A) = \frac{p(A)}{p(A,B)} \xrightarrow{mit\,Gl.\,7.11} y(A) = \frac{x(A) \cdot p^S(A)}{p(A,B)}$$

(7.26)

Einsetzen der Gl. 7.25 für x(A) und der Clausius-Clapeyron-Gleichung für $p^S(A)$ ergibt für die Dampfanteile [y(A)] entlang der Kondensationskurve als Funktion der Siedetemperatur [$T_S(A) < T_S < T_S(B)$].

$$y(A) = \frac{\left[1 - e^{\frac{\Delta_{VE}H_m^\varnothing(B) \cdot \left(\frac{1}{T_S(B)} - \frac{1}{T_S}\right)}{R}}\right] \cdot e^{\frac{\Delta_{VE}H_m^\varnothing(A) \cdot \left(\frac{1}{T_S(A)} - \frac{1}{T_S}\right)}{R}}}{e^{\frac{\Delta_{VE}H_m^\varnothing(A) \cdot \left(\frac{1}{T_S(A)} - \frac{1}{T_S}\right)}{R}} - e^{\frac{\Delta_{VE}H_m^\varnothing(B) \cdot \left(\frac{1}{T_S(B)} - \frac{1}{T_S}\right)}{R}}}$$

(7.27)

7.3.4 Gleichgewichtsdiagramme – Korrelation von Dampf- und Flüssigkeitsphasenzusammensetzung

Wie in den vorhergehenden Abschnitten bereits erwähnt, reichert sich beim Verdampfen einer binären Lösung die leichter flüchtige Komponente A in der Dampfphase an (Abb. 7.10, P1→P1*).

- **Gleichgewichtskurve**

Dies ist der Grund, warum in Gleichgewichtsdiagrammen (Abb. 7.11) der Kurvenverlauf monoton konkav ist. Der Stoffmengenanteil des Heptans in der Dampfphase [y(H), y-Achse] ist stets größer als der

7.3 · Zweistoffsysteme – Ideale Lösungen

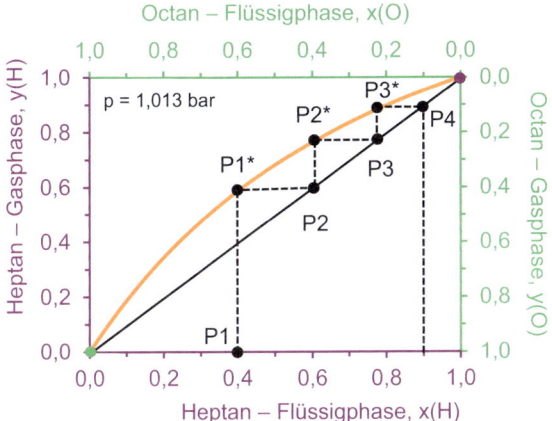

Abb. 7.11 Gleichgewichtsdiagramm (McCabe-Thiele-Diagramm) für das Gemisch Heptan/Octan

Stoffmengenanteil des Heptans in der Flüssigphase [x(H), x-Achse]. Beispielsweise ergeben sich die Koordinaten des Punktes P1* des Gleichgewichtsdiagramms (Abb. 7.11) aus dem x(H)-Wert des Punktes P1 (Abb. 7.10) und dem y(H)-Wert (P1*, Abb. 7.10). Der Kurvenverlauf der Gleichgewichtskurve (Abb. 7.11, goldfarben) ergibt sich letztendlich durch Übertragen aller Dupelwerte der Konoden aus Abb. 7.10. Mathematisch können die Dupelwerte [x(A)/y(A)] durch die Gleichungen 7.25 und 7.27 für die einzelnen Siedetemperaturen (T_S) berechnet werden. Die Gleichgewichtskurve erlaubt auf einen Blick die Angabe des Stoffanteils der Komponenten in der Dampfphase (y) für eine bestimmte Zusammensetzung der Flüssigphase (x). Beispielsweise reichert sich beim Verdampfen bei Normaldruck der Heptananteil von x(H) = 0,4 Stoffmengenanteilen in der Flüssigphase eines Heptan-Octan-Gemischs auf y(H) = 0,6 Stoffanteile im Dampf an (Abb. 7.11, P1→P1*). Der Stoffmengenanteil des schwerer flüchtigen Octans nimmt dagegen von x(O) = 0,6 Stoffmengenanteilen auf y(O) = 0,4 ab (P1*→P2).

▪ Destillation

Um den Destillationsprozess besser zu verstehen, betrachten wir nochmal Abb. 7.10. Wenn wir eine Lösung mit der Zusammensetzung P0 erhitzten, bewegen wir uns in Richtung P1. Das bedeutet, die Zusammensetzung [x(H) = 0,4, x(O) = 0,6] bleibt konstant, während die Temperatur auf 112 °C ansteigt. Bei 112 °C (P1) beginnt die Lösung zu sieden und der Dampf hat die Zusammensetzung P1* [y(H) = 0,6, y(O) = 0,4]. Bei der Destillation wird die Dampfphase kondensiert und der Lösung entzogen, wodurch diese an der leichter flüchtigen Komponente verarmt. Das binäre Lösungssystem bewegt sich dabei entlang der Siedelinie in Richtung Punkt 2, wodurch der Siedepunkt der Lösung steigt. Erst wenn der Punkt für reines Octan (grüner Punkt) erreicht wird, bleibt die Temperatur konstant (Siedepunkt von Octan).

Folgende Punkte gilt es zu beachten:
- Solange die Siedetemperatur der Lösung unterhalb des Siedepunkts von Octan liegt, enthält die Flüssigphase Heptan.
- Durch einfache Destillation wird die höchste Anreicherung an Heptan für die gegebene Ausgangslösung (P0) durch Punkt P1* beschrieben. Dies gilt jedoch nur zu Beginn der Destillation, da durch die Entnahme an Destillat die Flüssigphase und somit auch die Dampfphase respektive das Destillat an Heptan verarmt.
- Möchte man die leichter flüchtige Komponente (Heptan) anreichern, muss die Destillation bei einer gewählten Temperatur abgebrochen werden. Andernfalls nimmt mit zunehmender Destillatentnahme der Stoffmengenanteil an Heptan immer weiter ab, während der Anteil des schwerer flüchtigen Octans steigt. Würde man die gesamte binäre Lösung überdestillieren und in einer Vorlage wieder auskondensieren, ändert sich die Zusammensetzung der binären Ausgangslösung nicht.

▪ Rektifikation

Während eine einfache Destillation bei gegebener Zusammensetzung (P1, Abb. 7.11) nur eine teilweise Anreicherung (P1→P1*→P2) der leichter flüchtigen Komponente gemäß des McCabe-Thiele-Diagramms ermöglicht, erlaubt eine Rektifikation, auch als fraktionierte Destillation oder Gegenstromdestillation bezeichnet, durch mehrfaches Wiederholen des Destillationsvorgangs eine wesentlich höhere Anreicherung der leichter flüchtigen Komponente. Das durch Destillation erhaltene Kondensat (P2, Abb. 7.11/Boden 1, Abb. 7.12) wird wieder verdampft, sodass sich erneut Heptan anreichert (P2*). Das durch Abkühlen des Dampfes (P2*) resultierende, „zweite" Kondensat (P3, Boden 2) weist in der Flüssigphase einen Stoffmengenanteil von 0,77 Heptan auf. Nach der dritten Destillation ist der Heptananteil bereits bei 90 % (P4).

Verfahrenstechnisch wird die Rektifikation in einer turmähnlichen Kolonne durchgeführt (Abb. 7.12). Die Kolonne ist in einzelne Segmente unterteilt, die durch sogenannte Glockenböden voneinander getrennt sind. Die Komponenten des Lösungsgemischs verdampfen und steigen gasförmig in Richtung Kolonnenkopf. Beim Aufwärtsströmen der Dämpfe passieren diese die Glockenböden (Abb. 7.12, rote Pfeile), wobei der Dampf mit zunehmender Höhe abkühlt.

Wird durch das Abkühlen der Siedepunkt einzelner Komponente unterschritten, verbleiben diese als Kon-

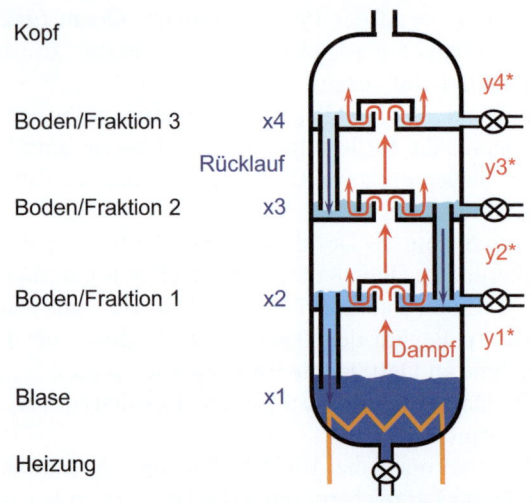

■ Abb. 7.12   Rektifikationskolonne mit Glockenböden

densat (blau) auf dem jeweiligen Glockenboden. Durch die Glockenkonstruktion muss der Dampf das bereits angesammelte Kondensat an jedem Boden passieren, wodurch ein intensiver Wärme- und Stoffaustausch zwischen den aufsteigenden leichtsiedenden Gaskomponenten und den rückfließenden höhersiedenden Flüssigkomponenten erzwungen wird (Gegenstromverfahren). Je niedriger der Siedepunkt der Komponente, desto höher in der Kolonne wird ihr Kondensat abgelagert. Je schwerer flüchtig eine Komponente ist, desto schneller verflüssigt sie sich, wodurch sich ihr Kondensat auf den unteren Glockenböden anreichert.

Experimentell lässt sich die theoretische Bodenzahl einer Laborkolonne durch die Bestimmung der Zusammensetzung der Fraktion am Kolonnenkopf für eine definierte Ausgangslösung ermitteln. Dazu zählt man im Gleichgewichtsdiagramm die benötigten Treppenstufen, um von der Ausgangskonzentration zur Zusammensetzung der Fraktion am Kolonnenkopf zu gelangen.

Großtechnische Anwendungsbeispiele für die Rektifikation sind das Fraktionieren von Erdöl in Flüssiggas, Benzin, Kerosin, Diesel, Schweröl usw. in Raffinerien und die Zerlegung verflüssigter Luft in Stickstoff, Sauerstoff und Argon nach dem Linde-Verfahren.

7.4 Zweistoffsysteme – Reale Lösungen aus Lösungsmittel und gelöstem Stoff

Bisher haben wir nur ideale Lösungen betrachtet, deren Komponenten miteinander und untereinander gleich wechselwirken, sodass deren Dampfdrücke durch das Raoult'sche Gesetz beschrieben werden können.

■ **Azeotrope mit Siedepunktmaximum**

In der Praxis begegnet man jedoch Lösungen wie dem Gemisch Wasser und Ethanol, bei denen die Moleküle stärker miteinander (A-B) wechselwirken als die reinen Komponenten (A-A, B-B) untereinander. Dies stabilisiert die Flüssigphase und erschwert das Entweichen der Moleküle in den gasförmigen Zustand. Beim Mischen dieser Stoffe kommt es meist zu einer Volumenkontraktion. Die Dampfdrücke der Komponenten sind geringer als im Idealfall, was zu einer negativen Abweichung vom Raoult'schen Gesetz führt (■ Abb. 7.13a, graue Linien). Infolgedessen weist der Gesamtdampfdruck, d. h. die Siedekurve im Druckdiagramm ein Taukurvenminimum auf. Die Kondensationskurve liegt unter der Siedekurve, berührt jedoch am sogenannten azeotropen Punkt (■ Abb. 7.13a, schwarzer Punkt) die Siedekurve. Das Siedediagramm (■ Abb. 7.13c) zeigt bei azeotroper Zusammensetzung ein Siedepunktmaximum. Schließlich muss die negative Abweichung vom Raoult'schen Gesamtdampfdruck durch Temperaturerhöhung ausgeglichen werden, damit der Umgebungsdruck erreicht wird und die Lösung zu sieden anfängt. Am azeotropen Punkt sind Flüssigphase und Gasphase in ihrer Zusammensetzung identisch, weshalb Destillationen schließlich immer bei der azeotropen Zusammensetzung enden. Eine weitere Trennung des azeotropen Gemischs ist durch einfache Destillation nicht möglich.

Ein typisches Beispiel für ein Azeotrop ist das Gemisch Aceton (Sdp. 56 °C) und Chloroform (Sdp. 61 °C). Am azeotropen Punkt hat das Gemisch einen Stoffmengenanteil von $x = 0{,}34$ Aceton und siedet bei 64 °C, also um 3 °C höher als Chloroform.

■ **Azeotrope mit Siedepunktminimum**

Es gibt auch azeotrope Gemische, die ein Siedepunktminimum aufweisen (■ Abb. 7.13d). Dies ist dann der Fall, wenn sich die beiden Komponenten des Lösungsgemischs nicht „vertragen", also schwächer wechselwirken (A-B) als die beiden reinen Komponenten (A-A, B-B) untereinander. Dadurch wird den Komponenten der Übergang in die Dampfphase erleichtert, da die Moleküle dort einen größeren Abstand haben und sich „aus dem Weg gehen" können.

Die Partialdampfdrücke der beiden Komponenten weichen dann positiv von den Raoult'schen Dampfdrücken auf (■ Abb. 7.13b, graue Linien). Dies führt zu einem Gesamtdampfdruckmaximum im Dampfdruckdiagramm, das über der Raoult'schen Gesamtdruckkurve liegt. Dadurch wird der Umgebungsdruck bereits bei geringerer Temperatur erreicht, was zu einem Siedepunktminimum im Siedediagramm für die azeotrope Zusammensetzung führt (■ Abb. 7.13d).

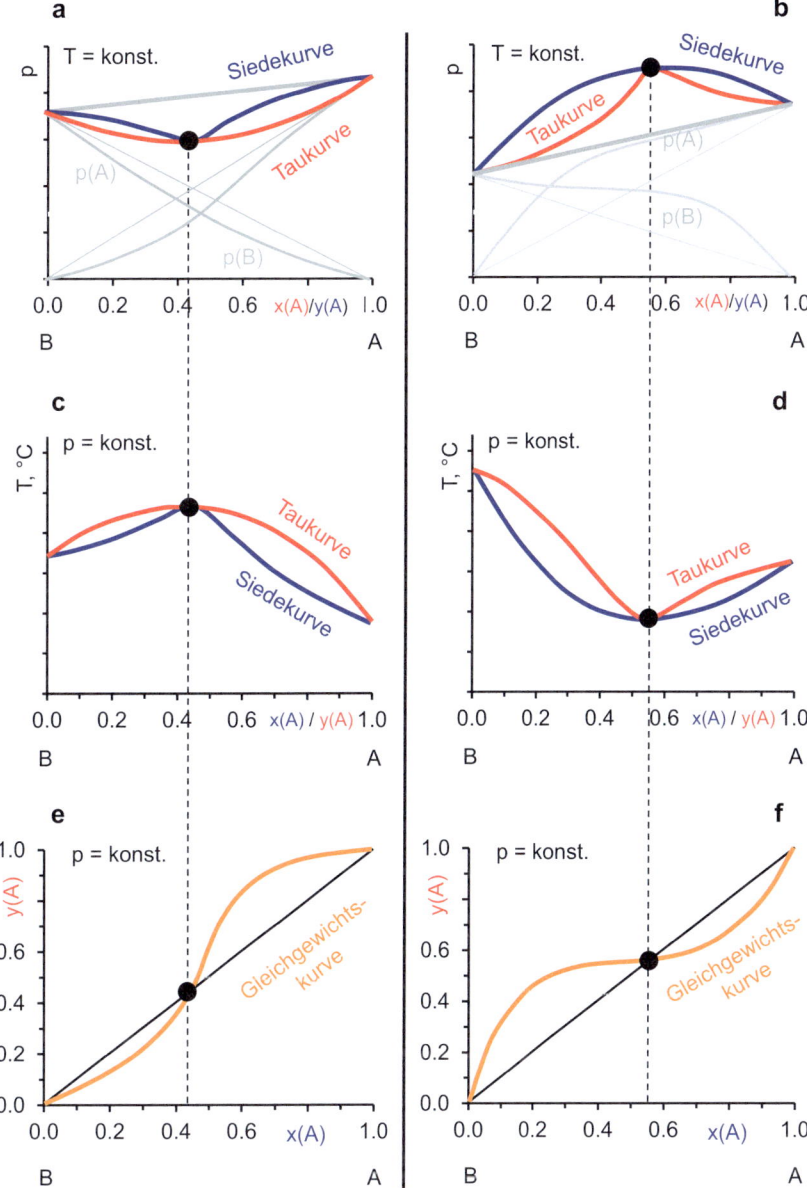

• **Abb. 7.13** Qualitative Druck- (**a**, **b**), Siede- (**c**, **d**) und Gleichgewichtsdiagramme (**e**, **f**) azeotroper Gemische mit Siedepunktmaximum (linke Diagramme) und Siedepunktminimum (rechte Diagramme)

Wie bereits beschrieben, ist eine weitere Auftrennung durch Destillation nicht mehr möglich, sobald die Lösung die azeotrope Zusammensetzung erreicht hat. Am azeotropen Punkt sind die Zusammensetzungen der Flüssigphase und der Dampfphase identisch, was auch den Kreuzungspunkt zwischen Gleichgewichtskurve und der Diagonalen in den Gleichgewichtsdiagrammen erklärt (• Abb. 7.13e, f).

Ein Beispiel für ein Azeotrop mit Siedepunktminimum ist das Gemisch aus Ethanol (Sdp. 78 °C) und Benzen (Sdp. 81 °C). Das azeotrope Gemisch mit einem Stoffmengenanteil von x = 0,45 Ethanol siedet bei 68 °C, also um 10 °C niedriger als reines Ethanol.

■ **Auftrennen azeotroper Gemische**

Durch einfache Destillation können azeotrope Gemische nicht aufgetrennt werden. Durch Variation des Destillationsdrucks (Zweidruckverfahren, Druckwechselrektifikation) ist eine Auftrennung möglich.

Eine weitere nichtdestillative Möglichkeit ist das Auskristallisieren eine Komponente oder falls Wasser ein Bestandteil ist, kann dieses mit Trocknungsmittel oder Molekularsieb entfernt werden.

7.5 Zweistoffgemische – Kolligative Eigenschaften hängen ausschließlich von der Teilchenzahl ab

Bisher haben wir binäre Gemische betrachtet, bei denen beide Komponenten (A, B) sowohl in der Flüssig- als auch in der Dampfphase präsent sind. Ganz anders sind die Verhältnisse, wenn beispielsweise Saccharose (Haushaltszucker) oder Natriumchlorid (Tafelsalz) in Wasser gelöst werden. In diesem Fall sind Saccharose und Natriumchlorid in der flüssigen Phase präsent, jedoch nicht in der Gasphase, da Feststoffe praktisch keinen Dampfdruck aufweisen.

7.5.1 Dampfdruckerniedrigung – Verringerung des Dampfdrucks

Das Dalton'sche und das Raoult'sche Gesetz gelten auch für Lösungen nichtflüchtiger Komponenten. Gemäß dem Dalton'schen Gesetz setzt sich der Gesamtdampfdruck p(A,B) aus dem Dampfdruck des Lösungsmittels p(A) und dem Dampfdruck der nichtflüchtigen Komponente p(B) zusammen.

$$p(A,B) = p(A) + p(B) \quad \text{Dalton'sches Gesetz} \quad (7.28)$$

Die Dampfdrücke der einzelnen Komponenten sind bei einer definierten Temperatur nach Raoult proportional zu deren Stoffmengenanteilen (x) und Sättigungsdampfdrücken (p^S).

$$p(A) = x(A) \cdot p^S(A)$$
$$p(B) = x(B) \cdot p^S(B)$$
$$\text{Raoult'sches Gesetz} \quad (7.29)$$

Da aber der Sättigungsdampfdruck der gelösten Feststoffkomponente B praktisch null ist [$p^S(B) \approx 0$], bestimmt einzig und allein der Dampfdruck des Lösungsmittels p(A) den Gesamtdampfdruck:

$$p(A,B) = p(A) = x(A) \cdot p^S(A) \quad (7.30)$$

Die Stoffmengenanteile (x) der beiden Komponenten A und B addieren sich per Definition zu eins.

$$x(A) + x(B) = 1 \rightarrow x(A) = 1 - x(B) \quad (7.31)$$

Der Gesamtdampfdruck p(A,B) kann daher als Funktion der gelösten Feststoffkomponente B ausgedrückt werden:

$$p(A,B) = [1 - x(B)] \cdot p^S(A) \quad (7.32)$$

Ausmultiplizieren von Gl. 7.32 ergibt:

$$p(A,B) = p^S(A) - x(B) \cdot p^S(A) = p^S(A) - \Delta p \quad (7.33)$$

p(A,B) – Dampfdruck der binären Lösung, bar
$p^S(A)$ – Sättigungsdampfdruck der reinen Lösungsmittelkomponente A, bar
x(B) – Stoffmengenanteil der Lösungskomponente B, dimensionslos
Δp – Dampfdruckerniedrigung, bar

Die Lösung der beiden Komponenten A und B weist einen um Δp niedrigeren Dampfdruck auf als das reine Lösungsmittel A. Die Dampfdruckerniedrigung (Δp) steht in linearer Beziehung zum Stoffmengenanteil der gelösten, nichtflüchtigen Komponente B (Gl. 7.34).

$$\Delta p = x(B) \cdot p^S(A) \quad (7.34)$$

Die Dampfdruckerniedrigung (Δp) ist somit ausschließlich von der Stoffmenge, also der **Anzahl** der gelösten Teilchen der nichtflüchtigen Komponente B abhängig und nicht von deren chemischer Zusammensetzung. Eigenschaften, die ausschließlich von der Teilchenzahl abhängen, werden als kolligative Eigenschaften bezeichnet. Beispiele hierfür sind neben der Dampfdruckerniedrigung, die Siedepunktserhöhung, die Gefrierpunktserniedrigung und der osmotische Druck.

7.5.2 Siedepunktserhöhung – Zunahme des Siedepunkts

Berücksichtigt man die Dampfdruckerniedrigung im p,T-Phasendiagramm, erhält man eine Siedekurve für die Lösung (gestrichelte rote Linie), die um die Dampfdruckerniedrigung Δp parallel zur Siedekurve des reinen Lösungsmittels (Abb. 7.14, rote durchgezogene Linie) verschoben ist.

In Abb. 7.14 ist direkt ablesbar, dass bei einer Dampfdruckerniedrigung um Δp der Siedepunkt der Lösung [$T_S(L)$] um die Differenz ΔT_S höher liegt als der Siedepunkt des reinen Lösungsmittels [$T_S(A)$]. Da der Dampfdruck der Lösung [$p^S(L)$] um Δp kleiner ist als der des reinen Lösungsmittels [$p^S(A)$], muss eine um ΔT_S höhere Temperatur aufgebracht werden, damit der Dampfdruck der Lösung dem Atmosphärendruck von 1,013 bar entspricht und die Lösung siedet.

Aus der Dampfdruckerniedrigung resultiert eine Siedepunktserhöhung, die nur vom Stoffmengenanteil des gelösten Stoffes abhängt.

$$\Delta p = x(B) \cdot p^S(A) \quad (7.35)$$

7.5 · Zweistoffgemische – Kolligative Eigenschaften hängen ausschließlich von der Teilchenzahl ab

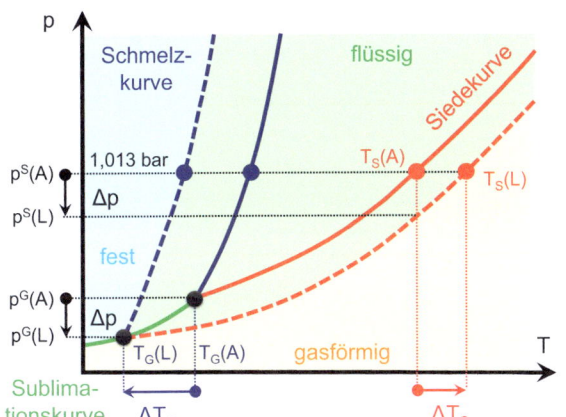

Abb. 7.14 Eine Dampfdruckerniedrigung um Δp resultiert in einer Siedepunktserhöhung (ΔT$_S$) und in einer Gefrierpunktserniedrigung (ΔT$_G$) der Lösung (L)

Δp – Dampfdruckerniedrigung Lösung, bar

B – gelöste, nichtflüchtige Komponente

A – Lösungsmittel

x(B) – Stoffmengenanteil des gelösten, nichtflüchtigen Stoffes, dimensionslos

p^S(A) – Sättigungsdampfdruck des Lösungsmittels, bar

Mit der Clausius-Clapeyron-Gleichung (Gl. 7.7) kann die Temperaturabhängigkeit des Dampfdrucks einer Lösung, d. h. die Phasengrenze zwischen flüssiger und gasförmiger Phase, berechnet werden.

$$\ln \frac{p^S(L)}{p^S(A)} = \frac{\Delta_{VE} H_m^\varnothing (A)}{R} \cdot \left[\frac{1}{T_S(L)} - \frac{1}{T_S(A)} \right] \; mit \; p^S(L)$$
$$= p^S(A) - \Delta p \; folgt$$
(7.36)

$$\ln \frac{p^S(A) - \Delta p}{p^S(A)} = \ln \left[1 - \frac{\Delta p}{p^S(A)} \right]$$
$$= \frac{\Delta_{VE} H_m^\varnothing (A)}{R} \cdot \left[\frac{1}{T_S(L)} - \frac{1}{T_S(A)} \right] \quad (7.37)$$

p^S(L) – Sättigungsdampfdruck der Lösung, bar

Δ$_{VE}$H$_m^\varnothing$(A) – molare Verdampfungsenthalpie des Lösungsmittels, Jmol^{-1}

T$_S$(A) – Siedepunkt des Lösungsmittels, K

T$_S$(L) – Siedepunkt der Lösung, K

Für verdünnte Lösungen ist das Verhältnis Δp/p^S(A) sehr klein, sodass der Klammerausdruck des natürlichen Logarithmuses der Gl. 7.37 in guter Näherung durch −Δp/p^S(A) ausgedrückt werden kann [ln(1 − x) ≈ −x]. Bringt man zudem den Klammerausdruck der Temperaturen auf einen gemeinsamen Nenner, erhält man:

$$-\frac{\Delta p}{p^S(A)} = \frac{\Delta_{VE} H_m^\varnothing (A)}{R} \cdot \left[\frac{T_S(A) - T_S(L)}{T_S(L) \cdot T_S(A)} \right] \quad (7.38)$$

Setzt man nun für die Dampfdruckerniedrigung (Δp) die Gl. 7.35 ein und berücksichtigt, dass die Siedepunktserhöhung der Differenz aus dem Siedepunkt der Lösung und dem Siedepunkt des Lösungsmittels [ΔT$_S$ = T$_S$(L) − T$_S$(A)] entspricht, ergibt sich:

$$x(B) = \frac{\Delta_{VE} H_m^\varnothing (A)}{R} \cdot \left[\frac{\Delta T_S}{T_S(L) \cdot T_S(A)} \right] \quad (7.39)$$

Da für verdünnte Lösungen der Siedepunkt der Lösung sich nur unwesentlich vom Siedepunkt des Lösungsmittels unterscheidet [T$_S$(L) ≈ T$_S$(A)], wird nach Umstellen von Gl. 7.39 für die Siedepunktserhöhung ΔT$_S$ Gl. 7.40 erhalten.

$$\Delta T_S = \frac{R \cdot T_S^2(A)}{\Delta_{VE} H_m^\varnothing (A)} \cdot x(B) \quad (7.40)$$

Wie bereits erwähnt, hängen kolligative Eigenschaften von der Konzentration der nichtflüchtigen Komponente (B) pro Volumeneinheit Lösungsmittel ab. Da das Volumen des Lösungsmittels temperaturabhängig ist, verwendet man als Konzentrationsmaß für die nichtflüchtige Komponente deren Molalität [b(B)]. Die Molalität gibt die Stoffmenge von B pro Kilogramm Lösungsmittel A an, sodass kein Temperatureinfluss gegeben ist.

Um den Stoffmengenanteil x(B) in Molalität n(B) auszudrücken, erinnern wir uns an die Definitionen von x(B) und n(B).

Definitionsgemäß ist der Stoffmengenanteil der nichtflüchtigen Komponente x(B) das Verhältnis von Stoffmenge n(B) zur Gesamtstoffmenge [n(A) + n(B)] (Gl. 7.41). Da jedoch die Stoffmenge der gelösten, nichtflüchtigen Komponente n(B) sehr viel kleiner ist als die Stoffmenge des Lösungsmittels n(A), vereinfacht sich der Ausdruck für den Stoffmengenanteil x(B).

$$x(B) = \frac{n(B)}{n(A) + n(B)} \approx \frac{n(B)}{n(A)} \; mit \; n(B) \ll n(A) \quad (7.41)$$

x(B) – Stoffmengenanteil der nichtflüchtigen Komponente B

n(A) – Stoffmenge des Lösungsmittels A, mol

n(B) – Stoffmenge der gelösten, nichtflüchtigen Komponente B, mol

Tab. 7.3 Beispiele ebullioskopischer und kryoskopischer Konstanten

Lösungsmittel (A)	Ebullioskopische Konstante $K_{eb}(A)$, K kg mol^{-1}	$T_S(A)$ °C/K	Kryoskopische Konstante $K_{kr}(A)$, K kg mol^{-1}	$T_G(A)$ °C/K
Benzen	+2,64	+80,1/353,2	−5,07	+5,5/278,6
Campher	+6,09	+209/482,1	−39,8	+179/452,1
Chloroform	+3,80	+61/334,1	−4,90	−63/210,1
Cyclohexan	+2,75	+81/354,1	−20,2	+6,7/279,8
Ethanol	+1,04	+78,3/351,4	−1,99	−114,5/158,6
Wasser	+0,52	+100,0/373,1	−1,86	0,0/273,1

Unter Berücksichtigung der Definitionen der Stoffmengen ergibt sich für den Stoffmengenanteil der nichtflüchtigen Komponente B:

$$x(B) \approx \frac{n(B)}{n(A)} \xrightarrow{mit\; n=\frac{m}{M}} x(B) \approx \frac{m(B) \cdot M(A)}{M(B) \cdot m(A)}$$

$$= b(B) \cdot M(A) \quad mit \quad b(B) = \frac{m(B)}{M(B) \cdot m(A)} \quad (7.42)$$

b(B) – Molalität, Stoffmengenkonzentration der Komponente B, molkg^{-1}

m(A) – absolute Masse des Lösungsmittels A, kg

m(B) – absolute Masse der nichtflüchtigen Komponente B, kg

M(A) – molare Masse des Lösungsmittels A, kgmol^{-1}

M(B) – molare Masse der nichtflüchtigen Komponente B, kgmol^{-1}

Einsetzen von Gl. 7.42 in 7.40 ergibt schließlich für die Formel der Siedepunktserhöhung:

$$\Delta T_S = \frac{R \cdot T_S^2(A) \cdot M(A)}{\Delta_{VE} H_m^\emptyset(A)} \cdot b(B) \quad Siedepunktserhöhung \quad (7.43)$$

ΔT_S – Siedepunktserhöhung, K

R – allgemeine Gaskonstante, J K^{-1} mol^{-1}

$T_S(A)$ – Siedepunkt Lösungsmittel, K

M(A) – molare Masse des Lösungsmittels A, kgmol^{-1}

$\Delta_{VE} H_m^\emptyset(A)$ – molare Verdampfungsenthalpie des Lösungsmittels am Siedepunkt, Jmol^{-1}

b(B) – Molalität, Stoffmengenkonzentration der Komponente B, molkg^{-1}

Alle Faktoren des Bruches sind entweder Naturkonstanten oder physikalische Parameter des Lösungsmittels, wie der Siedepunkt (T_S), die molare Masse [M(A)] und die molare Verdampfungsenthalpie [$\Delta_{VE} H_m^\emptyset(A)$]. Diese Konstanten werden üblicherweise zur sogenannten ebullioskopischen Konstante des Lösungsmittels [$K_{eb}(A)$] zusammengefasst.

Die ebullioskopische Konstante gibt an, um wie viel Kelvin sich die Siedetemperatur von 1 kg Lösungsmittel A erhöht, wenn ein Mol der nichtflüchtigen Komponente B darin gelöst ist. In Tab. 7.3 sind für einige Lösungsmittel die Zahlenwerte der ebullioskopischen Konstanten (K_{eb}) aufgeführt.

$$\Delta T_S = K_{eb}(A) \cdot b(B) \quad mit \quad K_{eb}(A) = \frac{R \cdot T_S^2(A) \cdot M(A)}{\Delta_{VE} H_m^\emptyset(A)} \quad (7.44)$$

$K_{eb}(A)$ – ebullioskopische Konstante des Lösungsmittels A, K kgmol^{-1}

Mithilfe der Siedepunktserhöhung kann die molare Masse einer unbekannten Komponente B bestimmt werden. Dazu muss die Molalität [b(B)] von Gl. 7.42 in Gl. 7.44 eingesetzt und die Gleichung nach der molaren Masse der gelösten Komponente [M(B)] umgestellt werden.

$$b(B) = \frac{m(B)}{M(B) \cdot m(A)} \to \Delta T_S$$

$$= \frac{K_{eb}(A) \cdot m(B)}{M(B) \cdot m(A)} \to M(B)$$

$$= \frac{K_{eb}(A) \cdot m(B)}{\Delta T_S \cdot m(A)} \quad (7.45)$$

In der Praxis erfolgt die Bestimmung der molaren Masse bevorzugt mittels Gefrierpunktserniedrigung, da beispielsweise die kryoskopische Konstante von Cyclohexan um den Faktor 8 größer ist als dessen ebullioskopische Konstante (Tab. 7.3). Die Gefrierpunktserniedrigung fällt entsprechend größer aus als die Siedepunktserhöhung, was die Messgenauigkeit erhöht.

7.5.3 Gefrierpunktserniedrigung – Abnahme des Schmelzpunkts

Analog zu der in ▶ Abschn. 7.5.2 diskutierten Siedepunktserhöhung lässt sich die Gefrierpunktserniedrigung (ΔT_G) einer Lösung durch die Dampfdruckerniedrigung (Δp) der Siedekurve erklären.

Am Gefrierpunkt kristallisiert nur das reine Lösungsmittel aus, während die nichtflüchtige Komponente in der flüssigen Phase verbleibt. Daher bleibt der Verlauf der Sublimationskurve (grün) unverändert. Allerdings schneidet die Siedekurve der Lösung (Abb. 7.14, rot gestrichelt) die grüne Sublimationskurve bei einer niedrigeren Temperatur als die Siedekurve des reinen Lösungsmittels (rot durchgezogen). Dadurch verschiebt sich der Tripelpunkt des Lösungsmittels $T_G(A)$ zu einer niedrigeren Temperatur $T_G(L)$ für die Lösung. Die Temperaturdifferenz zwischen den beiden Tripelpunkten entspricht der Gefrierpunktserniedrigung ΔT_G.

In der Praxis wird die Messung der Gefrierpunktserniedrigung jedoch bei Normaldruck durchgeführt (Abb. 7.14, blaue Punkte). Da die Schmelzkurven für das Lösungsmittel (blau durchgezogen) und für die Lösung (blau gestrichelt) praktisch parallel verlaufen, stellt die Messung bei Normaldruck eine gute Näherung dar.

Da die Siedekurve am Gefrierpunkt flacher verläuft als am Siedepunkt, ist die Gefrierpunktserniedrigung (ΔT_G) bei gleicher Dampfdruckerniedrigung (Δp) größer als die Siedepunktserhöhung (ΔT_S), erkennbar an der unterschiedlichen Länge der Pfeile in Abb. 7.14. Zudem nimmt der Gefrierpunkt ab, während der Siedepunkt ansteigt, was aus den entgegengesetzten Pfeilrichtungen ersichtlich ist.

Zur Klarstellung: Am Gefrierpunkt der Lösung kristallisiert das reine Lösungsmittel aus, ebenso wie am Siedepunkt der Lösung das reine Lösungsmittel verdampft und nicht die Lösung selbst. Mit fortschreitendem Gefriervorgang reichert sich die Komponente B im verbleibenden, noch flüssigen Lösungsmittel A an.

Für die Herleitung der Gefrierpunktserniedrigung wird die Clausius-Clapeyron-Gleichung (Gl. 7.7) für die Sublimationskurve von der Clausius-Clapeyron-Gleichung für die Siedekurve subtrahiert. Dabei wird berücksichtigt, dass für verdünnte Lösungen $T_{G,A} \approx T_{G,L}$ gilt, und es wird das Raoult'sche Gesetz für die Dampfdruckerniedrigung (Δp) angewendet. Die Konzentration der nichtflüchtigen Komponente B wird wieder in Molalität b(B) ausgedrückt, sodass schließlich für die Gefrierpunktserniedrigung die Gl. 7.46 resultiert.

$$\Delta T_G = \frac{R \cdot T_G^2(A) \cdot M(A)}{\Delta_{Sm} H_m^\varnothing(A)} \cdot b(B) = K_{kr}(A) \cdot b(B) \quad \text{mit} \quad K_{kr}(A) = \frac{R \cdot T_G^2(A) \cdot M(A)}{\Delta_{Sm} H_m^\varnothing(A)} \quad \text{und} \quad b(B) = \frac{m(B)}{M(B) \cdot m(A)}$$

(7.46)

ΔT_G – Gefrierpunktserniedrigung, K

R – allgemeine Gaskonstante, J K^{-1} mol^{-1}

$T_G(A)$ – Gefrierpunkt des Lösungsmittels A, K

M(A) – molare Masse des Lösungsmittels A, kgmol^{-1}

$\Delta_{Sm} H_m^\varnothing(A)$ – molare Schmelzenthalpie des Lösungsmittels A, Jmol^{-1}

b(B) – Molalität, Stoffmengenkonzentration der gelösten Komponente B, molkg^{-1}

$K_{kr}(A)$ – kryoskopische Konstante des Lösungsmittels A, K kg mol^{-1}

M(B) – molare Masse der gelösten Komponente B, kgmol^{-1}

m(A) – absolute Masse des Lösungsmittels A, kg

m(B) – absolute Masse der gelösten Komponente B, kg

Das Prinzip der Gefrierpunktserniedrigung wird beispielsweise beim Einsatz von Auftausalzen im Winterdienst (▶ Abb. 12.29) genutzt. Durch Ausstreuen von Natriumchlorid bleibt das Wasser auf der Straße bis −10 °C flüssig. Eine weitere Anwendung ist die Zugabe von Frostschutzmittel zur Kühlerflüssigkeit von Automotoren (Abb. 7.15).

▶ **Beispiel – Frostschutzmittel**

Ethylenglycol wird als Frostschutzmittel für Autokühler verwendet.

Wie viel Ethylenglycol muss zu 5 Liter Wasser hinzugefügt werden, damit die Kühlerflüssigkeit bis −10 °C flüssig bleibt?

Angaben

Wasser als Lösungsmittel A
Ethylenglycol als gelöste Komponente B
$\Delta T_G = 10$ K, $R = 8{,}314$ J·K^{-1}mol^{-1}, $T_G(A) = 0$ °C = 273 K, $M(A) = 18{,}02$ gmol^{-1}, $\Delta_{FuE}H_m(A) = 6{,}0$ kJmol^{-1}, $m(A) = 5$ kg, $M(B) = 62{,}07$ gmol^{-1}

Lösung

Gesucht ist die Menge an Ethylenglycol m(B), die 5 kg Wasser zugegeben werden muss, damit eine Gefrierpunktserniedrigung (ΔT_G) um 10 °C eintritt. Dazu lösen wir Gl. 7.46 nach m(B) auf. (Gl. 7.47)

$$\Delta T_G = \frac{R \cdot T_G^2(A) \cdot M(A)}{\Delta_{FuE}H_m^\varnothing(A)} \cdot \frac{m(B)}{M(B) \cdot m(A)} \rightarrow m(B)$$

$$= \frac{\Delta T_G \cdot \Delta_{FuE}H_m^\varnothing(A) \cdot M(B) \cdot m(A)}{R \cdot T_G^2(A) \cdot M(A)}$$

$$m(B) = \frac{10\,K \cdot 6000 \cdot J \cdot K \cdot mol \cdot 62{,}07\,g \cdot 5\,kg \cdot mol}{mol \cdot 8{,}314\,J \cdot (273\,K)^2 \cdot mol \cdot 18{,}02\,g} = 1{,}67\,kg$$

5 kg Wasser mussen mit 1,67 kg Ethylenglycol vermischt werden. Die Lösung weist somit eine Konzentration von 25 % Ethylenglycol (100 % · 1,67/6,67) auf.

Beispiel – Kryoskopische Bestimmung molarer Massen (M)

Seit den 1960er-Jahren erlaubt die Massenspektrometrie (▶ Abschn. 2.4) die schnelle und einfache Bestimmung der molaren Masse unbekannter Verbindungen. Vorher wurden molare Massen meist durch Gefrierpunktserniedrigung (Kryoskopie) ermittelt.

Aufgabe

70,6 mg einer organischen Verbindung werden in 8,04 g Campher gelöst. Die Lösung schmilzt um 1,53 °C niedriger als reiner Campher. Wie groß ist die molare Masse der unbekannten Substanz?

Angaben

Campher als Lösungsmittel A
Unbekannte Verbindung als gelöste Komponente B
K_{kr}(Campher) = −39,8 K kgmol^{-1}, $m(B) = 0{,}0706$ g, $\Delta T_G = -1{,}53$ K, $m(A) = 8{,}04$ g

Lösung

Umstellen von Gl. 7.46 nach der molaren Masse der nichtflüchtigen Komponente B ergibt:

$$M(B) = \frac{K_{kr}(\text{Campher})}{\Delta T_G} \cdot \frac{m(B)}{m(A)} = \frac{-39{,}8\,K \cdot kg}{mol \cdot (-1{,}53\,K)} \cdot \frac{0{,}0706\,g}{8{,}04\,g}$$
$$= 0{,}228\,kgmol^{-1} = 228\,gmol^{-1}$$

Somit beträgt die molare Masse der organischen Verbindung 228 Dalton. ◀

7.5.4 Osmotischer Druck – Semipermeable Membran trennt Lösungen unterschiedlicher Konzentration

Osmotische Phänomene sind von elementarer Bedeutung, beispielsweise bei der Regulierung des Wasserhaushalts von Pflanzen, der dialytischen Blutreinigung, der Lebensmittelkonservierung und der Trinkwasseraufbereitung aus Meerwasser.

Der osmotische Druck stellt eine weitere kolligative Eigenschaft dar, die - ähnlich wie die Siedepunktserhöhung und die Gefrierpunktserniedrigung - in Beziehung zur Dampfdruckerniedrigung eines Lösungsmittels (A) durch Auflösen einer nichtflüchtigen Komponente (B) steht. Die detaillierte Herleitung des osmotischen Drucks findet sich in Anhang 21.5.

◘ Abb. 7.16 veranschaulicht das Prinzip der Osmose. Eine semipermeable (halbdurchlässige) Membran

◘ **Abb. 7.15** Frostschutzmittel erniedrigen den Gefrierpunkt von Kühlerflüssigkeiten, sodass Automotoren auch im Winter reibungslos funktionieren (© Setta Sornnoi/▶ Shutterstock.com)

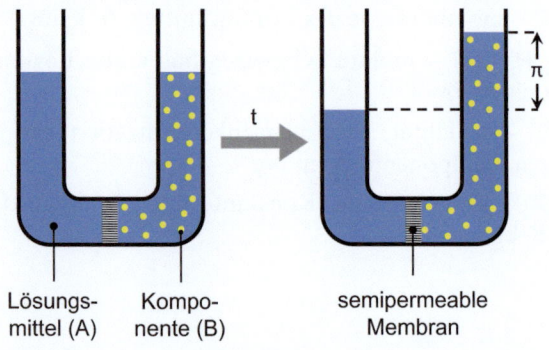

◘ **Abb. 7.16** Osmose. Wasser passiert eine semipermeable Membran in Richtung der konzentrierteren Lösung

7.5 · Zweistoffgemische – Kolligative Eigenschaften hängen ausschließlich von der Teilchenzahl ab

trennt zwei Lösungen mit unterschiedlichem Gehalt an der nichtflüchtigen Komponente B. Die semipermeable Membran (z. B. die Wand einer Pflanzenzelle) lässt nur die Moleküle des Lösungsmittels A passieren, nicht jedoch die Teilchen der Komponente B, da diese entweder zu groß oder elektrisch geladen sind.

Durch die Brown'sche Molekularbewegung stoßen die Wassermoleküle (◘ Abb. 7.16, blau) ständig an beide Seiten der Membran und passieren diese. Auf der rechten Seite interagieren die Wassermoleküle jedoch mit den Teilchen der Komponente B (Ionen, Proteine, Kohlenhydrate …), wodurch die Anzahl an frei beweglichen Wassermolekülen auf dieser Seite geringer ist als auf der linken Seite der Membran. Dies führt dazu, dass der Dampfdruck des reinen Lösungsmittels (linke Seite) höher ist als der der Lösung (rechte Seite), sodass die treibende Kraft der Osmose die Dampfdruckerniedrigung (Δp, ▸ Abschn. 7.3.1) ist. Obwohl kontinuierlich Wassermoleküle in beide Richtungen strömen, ergibt sich über die Zeit ein Nettostrom von Wasser von der linken zur rechten Seite. Dieser Strom hält so lange an, bis der hydrostatische Druck der überstehenden Lösungssäule (◘ Abb. 7.16) dem osmotischen Druck (π) der ursprünglichen Lösung entspricht. Im Gleichgewichtszustand strömen dann genauso viele Wassermoleküle von links nach rechts wie umgekehrt, sodass kein Nettotransport an Lösungsmittel mehr stattfindet.

Der niederländische Chemiker van 't Hoff (Nobelpreis Chemie 1901) untersuchte dieses Phänomen und erkannte, dass der osmotische Druck (π) proportional zur absoluten Temperatur und zur molaren Konzentration der gelösten Komponente B ist. Er stellte zudem fest, dass die chemische Natur der Komponente B keinen Einfluss auf den osmotischen Druck hat.

Van 't Hoff erkannte die Analogie des osmotischen Drucks zum allgemeinen Gasgesetz und fasste deshalb seine Erkenntnisse im nach ihm benannten Gesetz (Gl. 7.48) zusammen:

$$\pi = c(B) \cdot R \cdot T \cdot i \quad mit\ c(B) = \frac{n(B)}{V_L}\ und\ n(B) = \frac{m(B)}{M(B)} \quad \textit{Osmotischer Druck nach van't Hoff}$$

(7.48)

π – osmotischer Druck Lösung, $Nm^{-2} = Pa$

V_L – Volumen Lösung, m^3

$n(B)$ – Stoffmenge gelöste Komponente B, mol

R – allgemeine Gaskonstante, $J\ K^{-1}\ mol^{-1}$

T – absolute Temperatur, K

i – Van-'t-Hoff-Faktor, dimensionslos

Der Van-'t-Hoff-Faktor (i) gibt die tatsächliche Anzahl der in Lösung vorhandenen Mole an, die beim Auflösen pro Mol der hinzugefügten Komponente B entstehen. Glucose löst sich molekular (i = 1), dagegen zerfällt 1 mol NaCl beim Auflösen in Wasser in 1 mol Natriumkationen und 1 mol Chloridanionen ($NaCl \rightarrow Na^+ + Cl^-$, i = 2), sodass letztlich 2 mol Ionen vorliegen. $CaCl_2$ dissoziiert sogar in drei Ionen ($CaCl_2 \rightarrow Ca^{2+} + 2\ Cl^-$, i = 3). Da bei kolligativen Eigenschaften die Anzahl der Teilchen entscheidend ist, muss dieser Faktor berücksichtigt werden.

Gleichung 7.48 gilt streng genommen für Lösungen mit einem Stoffmengenanteil der Komponente B von weniger als 0,1 $moll^{-1}$, da dann die Teilchen der Komponente B genügend Abstand voneinander haben, nicht miteinander wechselwirken und sich unabhängig voneinander im Lösungsmittel bewegen.

> ▸ **Beispiel**

Weißwürste (◘ Abb. 7.17) werden ca. 15 min in 70 °C warmem Wasser zubereitet. Die Haut der Weißwürste (Naturdarm) wirkt dabei als semipermeable Membran. Sie ist für Wasser durchlässig, aber nicht für Salze. Da eine Weißwurst ca. 2 g Natriumchlorid enthält, diffundiert Wasser aus dem Zubereitungswasser in die Wurst, wodurch diese warm und knackig wird. Erwärmt man die Weißwürste zu lange oder gibt sie in zu heißes Wasser, dann platzen sie auf und sind ungenießbar.

Erfahrene Köche wissen, dass Zugabe von Kochsalz (NaCl) zum Wasser ein Aufplatzen der Würste verhindert.

Aufgabe

Wie viel Kochsalz ($m_z(NaCl)$) muss einem Liter Wasser zugegeben werden, damit der osmotische Druck des Zubereitungswassers und der Weißwurst sich die Waage halten. Der Durchmesser einer typischen Weißwurst beträgt 3 cm, deren Länge 10 cm.

Welcher osmotische Druck wirkt in der Wurst und im Zubereitungswasser?

Angaben

◘ **Abb. 7.17** Dank Osmose wird die Weißwurst zum prallen Gaumengenuss (© Bernd Juergens/▸ Shutterstock.com)

Durchmesser Wurst – d_W = 3 cm

Wurstlänge – l_W = 10 cm

Volumen Zubereitungswasser – V_Z = 1000 cm³

Stoffmenge NaCl pro Wurst – $m_W(NaCl)$ = 2 g

Lösung

Der osmotische Druck in der Wurst (π_W) soll identisch sein mit dem osmotischen Druck des Kochwassers (π_Z). Allgemein gilt für den osmotischen Druck.

$$\pi = c(B) \cdot R \cdot T \cdot i \quad \text{mit } c(B) = \frac{n(B)}{V_L} \text{ und } n(B)$$
$$= \frac{m(B)}{M(B)} \quad \text{folgt } \pi = \frac{m(B) \cdot R \cdot T \cdot i}{M(B) \cdot V_L} \tag{7.49}$$

Gleichsetzen des osmotischen Drucks der Wurst mit dem osmotischen Druck des Zubereitungswassers ergibt:

$$\pi_W = \frac{m_W(NaCl) \cdot R \cdot T_W \cdot i_W}{M(NaCl) \cdot V_W} = \frac{m_Z(NaCl) \cdot R \cdot T_Z \cdot i_Z}{M(NaCl) \cdot V_Z} = \pi_Z$$

mit $T_W = T_Z$ und $i_W = i_Z$ folgt:
$$\tag{7.50}$$

Da die Temperatur der Wurst mit der Zeit identisch ist mit der Temperatur des Zubereitungswassers und die Van-'t-Hoff-Faktoren für das Natriumchlorid in der Wurst und im Zubereitungswasser identisch sind, vereinfacht sich die Gleichung erheblich.

$$\frac{m_W(NaCl)}{V_W} = \frac{m_Z(NaCl)}{V_Z} \rightarrow m_Z(NaCl)$$
$$= \frac{m_W(NaCl) \cdot V_Z}{V_W} \xrightarrow{\text{mit } V_W = \pi \left(\frac{d_W}{2}\right)^2 \cdot l_W}$$
$$m_Z(NaCl) = \frac{m_W(NaCl) \cdot V_Z}{\pi \cdot \left(\frac{d_W}{2}\right)^2 \cdot l_W} \tag{7.51}$$

Einsetzen der Werte ergibt, dass pro Liter Zubereitungswasser 28,3 g Kochsalz zugegeben werden müssen, um den osmotischen Druck der Weißwürste zu kompensieren. Die Weißwürste werden dann zwar warm, aber nicht mehr so prall, da kein Nettofluss an Wasser in die Wurst erfolgt.

$$m_Z(NaCl) = \frac{2\,g \cdot 1000\,cm^3}{\pi \cdot 1{,}5^2\,cm^2 \cdot 10\,cm} = 28{,}3\,g$$

Elektromagnetische Strahlung – Welle-Teilchen-Dualismus

Inhaltsverzeichnis

8.1 Elektromagnetische Strahlung als Wellen – Interferenz und Polarisation – 156
8.1.1 Dipolschwingung – Erzeugung elektromagnetischer Wellen – 157
8.1.2 Ausbreitungsgeschwindigkeit elektromagnetischer Wellen – 157
8.1.3 Interferenz – Verstärkung und Auslöschung elektromagnetischer Wellen – 159
8.1.4 Polarisation elektromagnetischer Wellen – 160
8.1.5 Brechungsindex – Lichtgeschwindigkeit als Funktion des Mediums – 160

8.2 Elektromagnetische Strahlung als Teilchen – Photoelektrischer Effekt – 161

8.3 Elektromagnetische Strahlung – Energietransport ist nicht an das Medium gebunden – 163

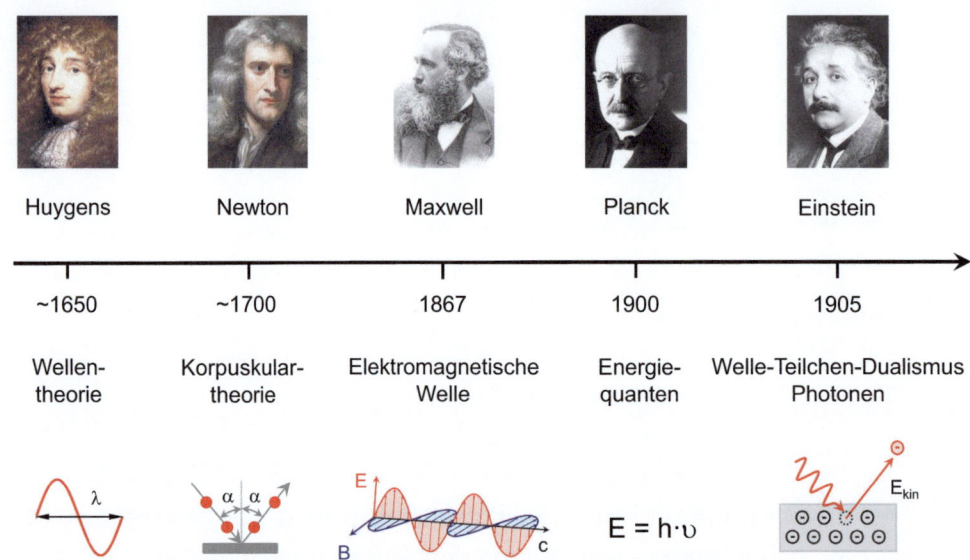

◘ Abb. 8.1 Historische Entwicklung der Lichttheorie (© Bild Einstein, Bundesarchiv 183-19000-1918)

Bereits im 17. Jahrhundert entbrannte ein grundlegender Streit über die Natur des Lichts. Huygens (1629–1695) sprach Licht Wellencharakter zu, während Newton Licht als einen Strom schnell fliegender Teilchen betrachtete. Letztendlich setzte sich Newton aufgrund seiner wissenschaftlichen Autorität durch. Doch im Laufe der Zeit häuften sich empirische Phänomene wie Beugung, Polarisation und Interferenz, die sich nur mit einem Wellencharakter des Lichts erklären lassen. Andererseits entdeckten Planck und Einstein zu Beginn des 20. Jahrhunderts Phänomene wie den photoelektrischen Effekt, die nur mit einem Teilchencharakter des Lichts verständlich sind. Es war Planck und Einstein vorbehalten, den dualen Charakter des Lichts zu erkennen (◘ Abb. 8.1).

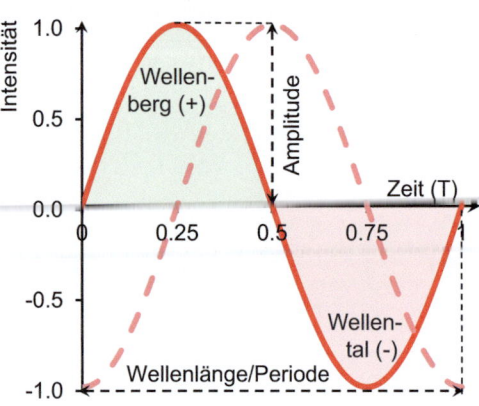

◘ Abb. 8.2 Charakterisierung einer Sinuswelle und Andeutung ihres zeitlichen Verlaufs

8.1 Elektromagnetische Strahlung als Wellen – Interferenz und Polarisation

Bei Wellen denken die meisten von uns zunächst an Wasserwellen. Diese entstehen, wenn eine Störung, wie etwa ein geworfener Stein eine Auf-und-Ab-Bewegung der Wassermoleküle anregt. Wasserwellen bestehen aus Wellenbergen und Wellentälern und können mathematisch durch eine Sinusfunktion beschrieben werden (◘ Abb. 8.2).

Grundlegende Merkmale elektromagnetischer Wellen
– Die maximale Auslenkung von Wellen aus der Ruhelage wird als Amplitude bezeichnet.
– Eine Periode entspricht einem vollständigen Hin- und Hergang einer Welle.
– Die Wellenlänge (λ) gibt die Länge einer Welle nach einer vollständigen Periode an (◘ Abb. 8.2).
– Die Periodendauer respektive Schwingungsdauer (T) ist die Zeit, die für eine Periode, also für einen Hin- und Hergang der Welle, verstreicht.

- Die Frequenz (ν) entspricht der Anzahl an Perioden gleichbedeutend mit Schwingungen, die pro Sekunde durchlaufen werden, und ergibt sich aus dem Kehrwert der Schwingungsdauer (ν = 1/T).
- Die Ausbreitungsgeschwindigkeit entspricht dem Produkt aus Wellenlänge (λ) und Frequenz (ν).

Wasserwellen sind in erster Näherung Transversalwellen, das bedeutet, die Wassermoleküle schwingen an ihrer Position senkrecht (z-Richtung) zur Ausbreitungsrichtung der Welle (xy-Ebene) auf und ab. Deshalb rollen im Meer die Wellen über einen hinweg, während man selbst sich lediglich auf- und abbewegt und an der gleichen Stelle verbleibt.

Die Energieübertragung durch Wellen erfolgt durch innere Reibung (Viskosität, ▶ Abb. 5.24) zwischen benachbarten, parallel vertikal schwingenden Wassermolekülen. Durch diese Anregung beginnen benachbarte Wassermoleküle zeitversetzt zu schwingen, wodurch sich die Wellenfront in Ausbreitungsrichtung bewegt, was durch die gestrichelte Linie in ◘ Abb. 8.2 angedeutet wird. Auf diese Weise breitet sich bei transversalen Wellen die Energie in Ausbreitungsrichtung aus, ohne dass Wasser (Masse) entlang der Energieausbreitung transportiert wird.

8.1.1 Dipolschwingung – Erzeugung elektromagnetischer Wellen

In Analogie zu Wasserwellen werden elektromagnetische Wellen durch schwingende elektrische Ladungen hervorgerufen. Für schwingende Ladungen können Atome, Moleküle oder Sendeantennen als „Träger" dienen. Beispielsweise werden in einer Dipolantenne - Metallstab definierter Länge - mithilfe eines elektrischen Schwingkreises Ladungen (Elektronen) in oszillierende Schwingungen versetzt, woraus eine elektromagnetische Welle resultiert.

Zum besseren Verständnis der Erzeugung elektromagnetischer Wellen betrachten wir die Schwingungsphasen einer Dipolschwingung zu unterschiedlichen Zeitpunkten (◘ Abb. 8.3).

Summa summarum erzeugt die Hertz'sche Dipolantenne abwechselnd ein elektrisches und magnetisches Feld (◘ Abb. 8.3). Die Phasenverschiebung der beiden rechtwinklig aufeinanderstehenden Felder beträgt im Nahfeld der Antenne (Antennenabstand < λ) eine Viertel Schwingungsdauer (0,25·T). Die Intensität des elektromagnetischen Feldes der Dipolantenne ist maximal äquatorial zum Antennenstab (xy-Ebene) und minimal in Antennenorientierung (z-Richtung).

Nachdem sich das elektrische und das magnetische Feld von der Antenne gelöst haben (Fernfeld, Antennenabstand > λ), schwingen beide Felder gleichphasig. Jedes zeitlich sich verändernde elektrische Feld erzeugt ein magnetisches Feld und umgekehrt (◘ Abb. 8.3). Die Ausbreitung der Welle und damit auch der Energie erfolgt senkrecht zu den schwingenden Feldern mit der Lichtgeschwindigkeit c (◘ Abb. 8.4).

8.1.2 Ausbreitungsgeschwindigkeit elektromagnetischer Wellen

Die Ausbreitungsgeschwindigkeit (c) einer elektromagnetischen Welle ist unabhängig von deren Frequenz und Wellenlänge und wird ausschließlich durch das Medium, in dem sich die Strahlung ausbreitet, beeinflusst.

Während Wasser-, Schall- und Seilwellen an ein Medium gebunden sind, können sich elektromagnetische Wellen auch im Vakuum und somit im Weltraum ausbreiten. Elektromagnetische Wellen, gleich welcher Art (Radiowellen, Licht, Röntgenstrahlung usw.), breiten sich im Vakuum mit Lichtgeschwindigkeit (c) aus, d. h. mit 299.792 Kilometer pro Sekunde. Vakuum hat eine definierte elektrische Durchlässigkeit (Permittivität) für elektrische Felder, die durch die elektrische Feldkonstante (ε_0) ausgedrückt wird. Die Durchlässigkeit des Vakuums für magnetische Felder wird durch die magnetische Feldkonstante (μ_0) beschrieben. Die Lichtgeschwindigkeit (c) ergibt sich aus der Quadratwurzel des Kehrwerts des Produkts der elektrischen und magnetischen Feldkonstante.

$$c = \sqrt{\frac{1}{\varepsilon_0 \cdot \mu_0}} \tag{8.1}$$

c – Lichtgeschwindigkeit, ms^{-1}

ε_0 – elektrische Feldkonstante, Permittivität, Dielektrizitätskonstante im Vakuum, $A\,s\,V^{-1}\,m^{-1}$

μ_0 – magnetische Feldkonstante, Permeabilität, Induktionskonstante im Vakuum, NA^{-2}

158 Kapitel 8 · Elektromagnetische Strahlung – Welle-Teilchen-Dualismus

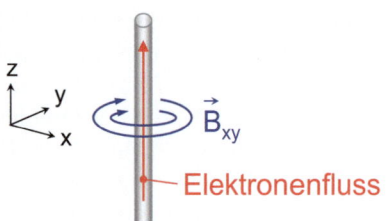

Beginn, t = 0
In der Ausgangssituation sind die elektrischen Ladungen (Elektronen) gleichmäßig über die Dipolantenne (grauer Stab) verteilt.
Durch einen von außen einwirkenden Schwingkreis wird in der Antenne ein Stromfluss (roter Pfeil) mit dem zugehörigen Magnetfeld (blaue Kreise) erzeugt.

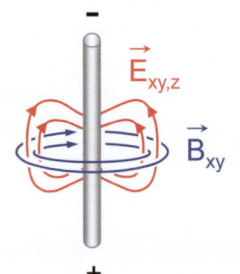

Viertel Schwingungsperiode, t = 0,25·T
Nach einer Viertel Periodendauer T ist die Antenne vollständig polarisiert, d. h. der obere Pol ist maximal negativ geladen und der untere Pol maximal positiv. Es herrscht maximale elektrische Spannung zwischen den Polen. Ein elektrisches Feld (rote Feldlinien) formt sich mit maximaler Feldstärke.
Zu diesem Zeitpunkt fließt kein Strom, sodass kein neues Magnetfeld entsteht.

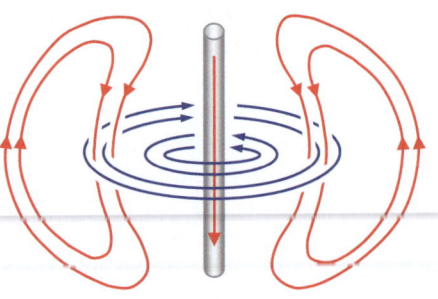

Halbe Schwingungsperiode, t = 0,50·T
Nach einer halben Periodendauer T fließt elektrischer Strom mit maximaler Stärke in umgekehrte Richtung. Der fließende Strom generiert erneut ein ringförmiges Magnetfeld um die Antenne mit maximaler magnetischer Feldstärke, das allerdings gegenläufig zum Magnetfeld t = 0 ist.
Da homogene Ladungsverteilung gegeben und somit die Antenne spannungsfrei ist, ist die elektrische Feldstärke zu diesem Zeitpunkt null.
Das zum Zeitpunkt t = 0,25·T gebildete elektrische Feld löst sich als nierenförmiger Wirbel von der Antenne und breitet sich mit Lichtgeschwindigkeit dreidimensional im Raum aus (xz-Ebene).

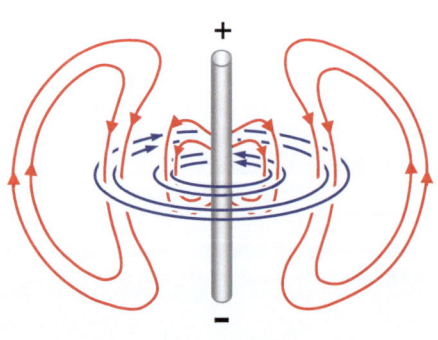

Dreiviertel Schwingungsdauer, t = 0,75·T
Die Elektronen befinden sich jetzt am unteren Pol der Antenne, sodass wieder maximale elektrische Spannung zwischen den Polen vorliegt, wenn auch mit entgegengesetzter Polung als zum Zeitpunkt t = 0,25·T. Es baut sich wieder ein elektrisches Feld maximaler Feldstärke auf.
Da kein Stromfluss erfolgt, bildet sich zu diesem Zeitpunkt kein weiteres magnetisches Feld. Die zum Zeitpunkt 0 und 0,5·T gebildeten Magnetfelder lösen sich ringförmig vom Dipol und breiten sich mit Lichtgeschwindigkeit in der xy-Ebene der Antenne im Raum aus.

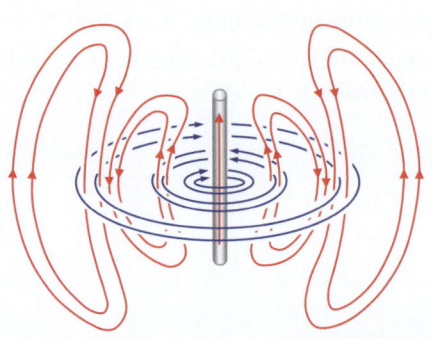

Volle Schwingungsdauer, t = T
Der elektrische Strom fließt jetzt wieder mit maximaler Stromstärke vom negativen zum positiven Pol, wodurch wieder ein ringförmiges Magnetfeld (blau) generiert wird, allerdings gegenläufig zum Feld nach einer halben Periode.
Die Antenne ist wieder spannungslos, sodass die elektrische Feldstärke zu diesem Zeitpunkt wieder null ist. Die zum Zeitpunkt t = 0,25·T und 0,75·T gebildeten elektrischen Feldlinien breiten sich als nierenförmige Wirbel dreidimensional im Raum aus.

Abb. 8.3 Schwingungsphasen einer Hertz'schen Dipolantenne

8.1 · Elektromagnetische Strahlung als Wellen – Interferenz und Polarisation

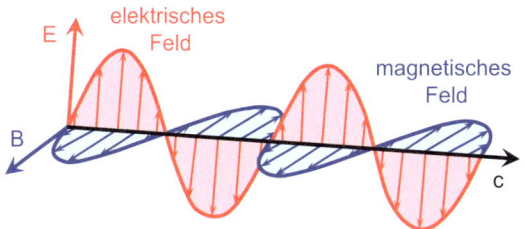

◘ **Abb. 8.4** Elektrisches (rot) und magnetisches Feld (blau) als gleichphasige und senkrecht zueinander schwingende Transversalwellen

8.1.3 Interferenz – Verstärkung und Auslöschung elektromagnetischer Wellen

Zu Beginn des 19. Jahrhunderts lieferte Thomas Young mit dem sogenannten Doppelspaltexperiment den entscheidenden Beweis für den Wellencharakter von Licht. Young wusste, dass Wasserwellen an einem Spalt gebeugt werden und sich hinter diesem kreisförmig ausbreiten. Zwei sich überlagernde, aus benachbarten Spalten stammende Wasserwellen verstärken sich an bestimmten Stellen (konstruktive Interferenz) oder löschen (destruktive Interferenz) sich aus.

Im modernen Doppelspaltexperiment wird ein Laser als Lichtquelle verwendet, da dieser monochromatisches (einfarbiges), paralleles Licht abstrahlt. Das intensive Laserlicht führt zu deutlich klareren Ergebnissen als das von Young verwendete Sonnenlicht. Der Laserstrahl wird auf eine Blende mit zwei parallelen Spalten (S1 und S2) gerichtet (◘ Abb. 8.5). Auf dem Schirm, der hinter den Spalten positioniert ist, entsteht ein Interferenzmuster, d. h. eine Abfolge von hellen Streifen (Maxima) und dunklen Streifen (Minima). Hätte das Licht reinen Teilchencharakter, würde man auf dem Schirm lediglich zwei Streifen direkt hinter den Spalten erkennen. Das beobachtbare Interferenzmuster war jedoch mit der Korpuskulartheorie von Newton nicht vereinbar und stellte somit einen eindeutigen Beweis für den Wellencharakter des Lichts dar.

Wie lässt sich das Interferenzmuster erklären? Sobald das Laserlicht auf die engen Spalten trifft, entstehen an jedem Spalt punktförmige Lichtquellen, die dreidimensionale, kugelförmige Elementarwellen emittieren. ◘ Abb. 8.5 zeigt einen zweidimensionalen Schnitt durch diese Kugelwellen. Die beiden Kugelwellen interferieren (überlagern) hinter dem Doppelspalt. An den Stellen, an denen Wellentäler (◘ Abb. 8.5, blaue Linien) auf Wellentäler und Wellenberge (◘ Abb. 8.5, grüne Linien) auf Wellenberge treffen, verstärken sich die Amplituden der Wellen, was zu Interferenzmaxima auf dem Schirm

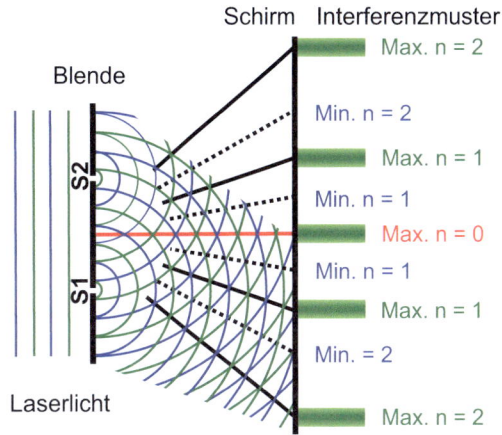

◘ **Abb. 8.5** Laserlicht (Wellenberg = grün, Wellental = blau) erzeugt nach der Beugung an zwei Spalten ein Interferenzmuster

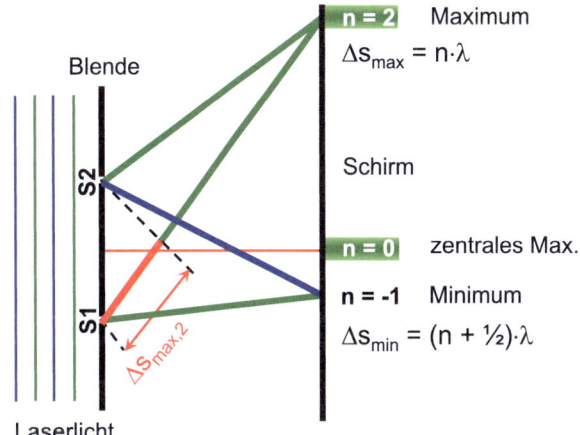

◘ **Abb. 8.6** Die Wegdifferenz zweier überlagernder Wellen (Δs) entscheidet, ob ein Interferenzmaximum oder -minimum resultiert

führt (konstruktive Interferenz, durchgezogene schwarze Linien).

An den Stellen wo Wellenberge (grüne Linien) und Wellentäler (blaue Linien) sich überlagern, löschen sich die Wellen wechselseitig aus und es trifft kein Licht auf den Schirm, sodass dort Interferenzminima beobachtet werden (destruktive Interferenz, gestrichelte schwarze Linien).

Die Bedingungen für die Wegdifferenz der beiden Wellen (Δs) für Interferenzmaxima bzw. -minima (◘ Abb. 8.6) lauten:

$$\Delta s_{max} = n \cdot \lambda \qquad n = 0, \pm 1, \pm 2, \pm 3, \ldots \qquad \text{Maxima} \quad (8.2)$$

$$\Delta s_{min} = \left(n + \frac{1}{2}\right) \cdot \lambda \qquad n = 0, \pm 1, \pm 2, \pm 3, \ldots \qquad \text{Minima}$$
$$(8.3)$$

Δs – Gangunterschied zweier Wellen nach dem Doppelspalt, m

λ – Wellenlänge Laserlicht, m

n – Nummer Maximum bzw. Minimum, n = 0 für zentrales Maximum

8.1.4 Polarisation elektromagnetischer Wellen

Ein weiterer Beleg für den Wellencharakter elektromagnetischer Strahlen ist deren Polarisierbarkeit, also die Orientierung der Schwingungsebene. Die Polarisation ist definitionsgemäß die Ebene, die durch den Lichtstrahl (x-Achse) und den elektrischen Feldvektor aufgespannt wird. Bei unpolarisierten Wellen ändert sich die Schwingungsebene des elektrischen Feldes ständig und zufällig in Raum und Zeit. Sonnenlicht und Licht einer Glühlampe sind unpolarisiert, da gleichzeitig viele Atome unkoordiniert elektromagnetische Wellen mit unterschiedlichsten Schwingungsebenen des elektrischen Feldes emittieren.

Bei linear polarisiertem Licht ist die Schwingungsebene des elektrischen Feldes konstant. Alle Wellen schwingen parallel zu einer Richtungsebene. Der Nachweis hierfür kann mit einer Sender- und einer dazu parallelen Empfängerantenne geführt werden. Die Senderantenne strahlt sinusförmige, linear polarisierte Strahlung ab (◘ Abb. 8.7). Die Schwingungsebene des elektrischen Feldes liegt in der xz-Ebene. Zur Vereinfachung wurde der magnetische Anteil, der senkrecht zum elektrischen Feld schwingt, weggelassen. Solange Sender- und Empfängerantenne parallel in z-Richtung ausgerichtet sind (α = 0°), kommt das Signal maximal an der Empfängerantenne an. Wird die Empfängerantenne um die Abstandslinie gedreht, wird das Signal zunehmend schwächer, bis bei orthogonaler Ausrichtung (α = 90°) überhaupt kein Empfangssignal mehr ankommt. Der Grund dafür ist einfach: Das in der xz-Ebene schwingende elektrische Feld hat keine Komponente in der xy-Ebene, die parallel zur Empfängerantenne (α = 90°, xy-Ebene) ausgerichtet ist und kann daher keine Oszillation in der Empfängerantenne induzieren.

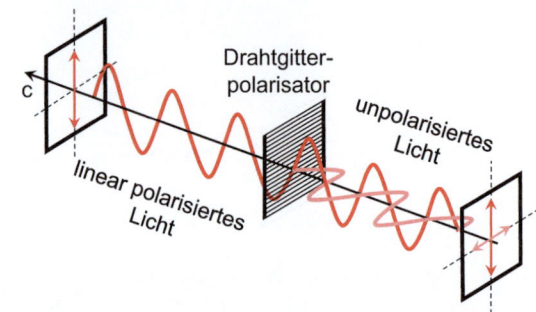

◘ **Abb. 8.8** Polarisationsfilter lassen nur Licht einer definierten Schwingungsebene durch (angelehnt an Wire-grid-polarizer, wikimedia, CC BY-SA 3.0)

Linear polarisiertes Licht kann nicht nur mit Senderantennen erzeugt werden, sondern auch aus unpolarisiertem Licht durch den Einsatz von Polarisationsfiltern. Drahtgitterpolarisatoren, die aus parallelen, dünnen Metalldrähten bestehen, lassen nur Licht mit einer definierten Schwingungsebene des elektrischen Feldes durch (◘ Abb. 8.8). Nur der Teil des unpolarisierten Lichts, dessen elektrische Schwingungsebene orthogonal (rechtwinklig) zum Drahtgitter des Filters verläuft, kann den Polarisationsfilter passieren. Je mehr die Schwingungsebene des Lichts von dieser Ausrichtung abweicht (pinke Schwingung, ◘ Abb. 8.8), desto stärker tritt das elektrische Feld der elektromagnetischen Welle in Wechselwirkung mit den Drähten und wird letztlich herausgefiltert.

Strahlt man mit einer Glühlampe unpolarisiertes Licht auf einen Polarisationsfilter, wird nach dem Filter linear polarisiertes Licht erhalten (◘ Abb. 8.8).

8.1.5 Brechungsindex – Lichtgeschwindigkeit als Funktion des Mediums

Tritt ein Lichtstrahl in eine Flüssigkeit ein, dann ändern sich dessen Ausbreitungrichtung und Ausbreitungsgeschwindigkeit. Der Brechungsindex (n) ist ein Maß für die Ablenkung des Lichtstrahls beim Übergang vom Vakuum in eine Flüssigkeit (◘ Abb. 8.9) und für die Abschwächung der Ausbreitgeschwindigkeit. Der Brechungsindex für Vakuum ist definitionsgemäß 1,000, für Luft 1,0003. Für optisch dichtere Medien als Vakuum ist der Brechungsindex > 1. So ist der Brechungsindex für Wasser 1,33 und für Ethanol 1,364. Die Messung des Brechungsindexes ermöglicht beispielsweise eine schnelle Qualitätsprüfung von Flüssigkeiten.

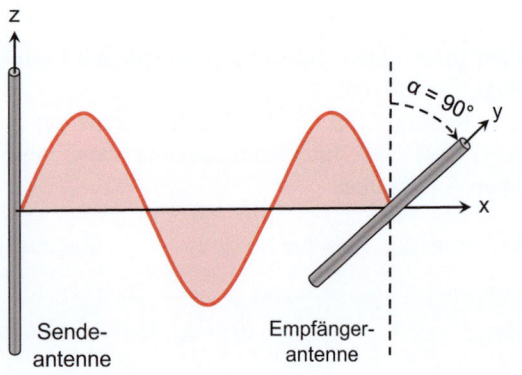

◘ **Abb. 8.7** Die Schwingungsebene polarisierter elektromagnetischer Strahlung kann durch Drehen einer Empfängerantenne bestimmt werden

$$n_{Fl} = n_L \cdot \frac{\sin\alpha}{\sin\beta} \qquad \text{Snellius'scher Brechungsindex}$$
(8.4)

n_{Fl} – Brechungsindex Flüssigkeit
n_L – Brechungsindex Luft, $n_L = 1{,}0003$
α – Einfallswinkel Luft, °
β – Ausfallswinkel Flüssigkeit, °

8.2 Elektromagnetische Strahlung als Teilchen – Photoelektrischer Effekt

Obwohl bereits Isaac Newton Licht als Teilchenstrom beschrieb, konnte sich diese Theorie nur bis zum Young'schen Interferenzexperiment von 1802 behaupten. Der durch den Interferenzversuch belegte Wellencharakter des Lichts erklärte nicht nur Interferenz-, sondern auch Beugungs- und Polarisationsphänomene elektromagnetischer Strahlung. Im 19. Jahrhundert wurde daher elektromagnetische Strahlung als Welle behandelt.

■ Photoelektrischer Effekt

Zu Beginn des 20. Jahrhunderts war bekannt, dass Licht Elektronen aus Metalloberflächen freisetzen kann. Dieses Phänomen wird als photoelektrischer Effekt und die freigesetzten Elektronen als Photoelektronen bezeichnet. Die Geschwindigkeit der Photoelektronen hängt ausschließlich von der Farbe des Lichts ab (◘ Abb. 8.10). Energiereiches, violettes Licht erzeugt schnelle Photoelektronen, während energiearmes, rotes Licht keine Photoelektronen freisetzt, sondern lediglich das Metall erwärmt. Die Intensität der Lichtquelle beeinflusst nicht die Geschwindigkeit bzw. Energie der Photoelektronen, sondern nur die Anzahl der Photoelektronen, die pro Zeiteinheit freigesetzt werden. Irgendwie muss die Energie des Lichts mit den Elektronen des Metalls wechselwirken.

Kein Geringerer als Albert Einstein (1879–1955, Nobelpreis 1921) verstand als erster den physikalischen Hintergrund des photoelektrischen Effekts. Angesichts der Planck'schen Erkenntnis, dass Energie gequantelt ist, postulierte er, dass Licht ebenfalls ein Strom von Energiequanten (Photonen) ist. Einem einzelnen Photon schrieb er folgende Energie (Gl. 8.5) zu:

$$E = h \cdot \nu \xrightarrow{mit\, c=\lambda\cdot\nu} E = \frac{h \cdot c}{\lambda} \qquad \text{Planck – Einstein – Gleichung}$$
(8.5)

E – Energie, J = Nm
h – Planck'sches Wirkungsquantum, Js
ν – Frequenz, $1/s = s^{-1}$
c – Lichtgeschwindigkeit, ms^{-1}
λ – Wellenlänge, m

Beim Auftreffen eines Lichtquants z. B. auf eine Kaliumoberfläche (◘ Abb. 8.10) kollidiert es mit einem Elektron und überträgt seine ganze Energie ($E_{Ph} = h \cdot c/\lambda$) auf dieses Elektron - vergleichbar einem elastischen Stoß zweier Billardkugeln. Je kürzer die Wellenlänge (λ) des Lichts ist, desto energiereicher ist das Photon (E_{Ph}). Ist die Wellenlänge des Photons zu gross (◘ Abb. 8.10, rotes Licht), reicht die Energie des Photons nicht aus, um die Austrittsarbeit (E_A) des Elektrons aufzubringen und das Elektron aus dem Metallverband zu lösen. In diesem Fall führt die eingestrahlte Energie nur zu einer Erwärmung des Kaliummetalls.

Bei intensiverer Einstrahlung von beispielsweise violettem Licht werden zwar mehr Elektronen pro Zeiteinheit aus dem Metallverbund freigesetzt, die Geschwindigkeit (Energie) der Photoelektronen jedoch nicht beeinflusst. Die Energie der Photoelektronen wird ausschließlich durch die Energie des einfallenden Lichts, also durch dessen Wellenlänge bzw. Frequenz, bestimmt (Gl. 8.5). Dies stellt einen klaren Bruch mit der klassischen Wellentheorie dar, nach der Energie einer klassischen Welle von deren Amplitude (Intensität) abhängt.

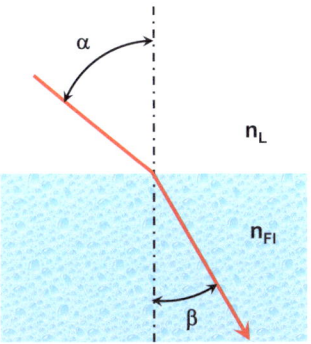

◘ **Abb. 8.9** Der Brechungsindex hängt von der Dichte des Ausbreitmediums ab

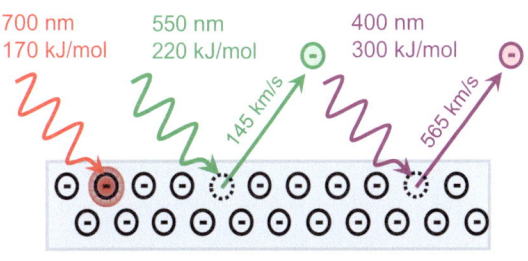

Kalium, E_A = 212 kJ/mol, Austrittsarbeit

◘ **Abb. 8.10** Photoelektrischer Effekt. Kurzwelliges Licht setzt Elektronen aus Metalloberflächen frei

Mathematisch lässt sich die Energie bzw. die Geschwindigkeit (v) der Photoelektronen leicht berechnen. Die Differenz zwischen der Photonenenergie (E_{Ph}) und der Austrittsarbeit (E_A) ergibt die kinetische Energie der Photoelektronen ($E_{kin,e}$, Gl. 8.6). Durch Einsetzen der kinetischen Energie und der Planck'schen Photonenenergie lässt sich die Geschwindigkeit der Photoelektronen bestimmen.

$$E_{kin,e} = E_{Ph} - E_A \rightarrow \frac{m_e \cdot v^2}{2} = h \cdot \nu - E_A \rightarrow v = \sqrt{\frac{2 \cdot (h \cdot \nu - E_A)}{m_e}} \xrightarrow{\text{mit } \nu = \frac{c}{\lambda}} v = \sqrt{\frac{2 \cdot \left(h \cdot \frac{c}{\lambda} - E_A\right)}{m_e}} \quad (8.6)$$

$E_{kin,e}$ – kinetische Energie Photoelektronen, Nm = J
E_{Ph} – Energie eingestrahlter Photonen, Nm = J
E_A – Austrittsarbeit Photoelektronen, Nm = J
m_e – Ruhemasse Elektron, kg
v – Geschwindigkeit Photoelektronen, ms^{-1}
h – Planck'sches Wirkungsquantum, Js
ν – Frequenz Lichtphotonen, s^{-1}
c – Lichtgeschwindigkeit, ms^{-1}
λ – Wellenlänge Licht, m

Robert Millikan (1868–1953, Nobelpreis 1923) konnte die theoretischen Ausführungen Einsteins 1915 empirisch belegen. Seine Ergebnisse belegten weiterhin, dass die differenzielle Zunahme der kinetischen Energie (ΔE_{kin}) der Photoelektronen in Abhängigkeit von der Frequenz der einfallenden Lichtstrahlung ($\Delta \nu$) mit dem Planck'schen Wirkungsquantum (h) übereinstimmt (Steigung rote Gerade in ◘ Abb. 8.11).

■ **Photonen**

Wie Einstein mit seinen Arbeiten zum Photoeffekt zeigen konnte, ist Licht gequantelt, es handelt sich also nicht um einen kontinuierlichen Strahl, sondern um einen Strom diskreter „Lichtteilchen", den sogenannten Photonen oder Lichtquanten. Der Begriff Photon wurde erstmals 1926 vom Chemiker Lewis in die wissenschaftliche Literatur eingeführt.

Die Energie eines Photons entspricht dem Produkt aus dem Planck'schen Wirkungsquantum und der Frequenz des Photons ($E = h \cdot \nu$, *Planck – Einstein – Gleichung*). Aus dieser Gleichung ergibt sich direkt die Lichtquantelung in Portionen des Planck'schen Wirkungsquantums.

Das Photon besitzt keine Ruhemasse, was nach Einsteins Relativitätstheorie eine Grundvoraussetzung dafür ist, dass es sich mit Lichtgeschwindigkeit ausbreiten kann. Photonen haben einen Spin von 1 (S = 1) und für sie gilt nicht das Pauli-Prinzip (▶ Abschn. 2.7.1), wodurch beliebig viele Photonen den gleichen Energiezustand einnehmen können. Photonen sind elektrisch neutral und weisen keine Feinstruktur auf. Albert Einstein schrieb in den Annalen der Physik „… *es scheint mir nun in der Tat, daß … gewisse Effekte … besser verständlich erscheinen unter der Annahme, daß die Energie des Lichtes diskontinuierlich im Raume verteilt sei. … es besteht aus einer endlichen Zahl von in Raumpunkten lokalisierten Energiequanten, welche sich bewegen ohne sich zu teilen und nur als Ganze absorbiert und erzeugt werden können.*"

Einstein erhielt 1921 für seine theoretischen Arbeiten zum photoelektrischen Effekt und den Beweis des Teilchencharakters von Licht den Nobelpreis für Physik - nicht etwa für die in der Öffentlichkeit wesentlich bekanntere Relativitätstheorie.

> **Eigenschaften elektromagnetischer Wellen**
> – Elektromagnetische Wellen sind Transversalwellen, wobei das elektrische und das magnetische Feld senkrecht zur Ausbreitungsrichtung schwingen.
> – Elektromagnetische Wellen verlaufen harmonisch, d. h., die sinusförmigen elektrischen und magnetischen Felder schwingen gleichphasig senkrecht zueinander.
> – Elektromagnetische Wellen breiten sich im Vakuum mit Lichtgeschwindigkeit (c), also mit ca. 299.792 kms^{-1} aus.

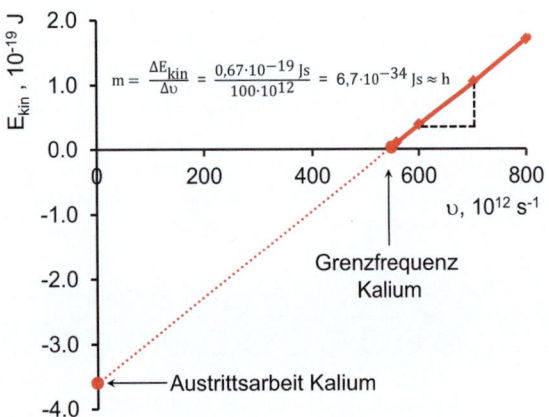

◘ **Abb. 8.11** Der photoelektrische Effekt ermöglicht die empirische Bestimmung des Planck'schen Wirkungsquantums

- Elektromagnetische Wellen können über ihre Energie, Wellenlänge oder Frequenz charakterisiert werden.
- Elektromagnetische Wellen können sich im Vakuum ausbreiten und sind somit im Gegensatz zu Seil-, Wasser- und Schallwellen an kein materielles Medium gebunden.
- Elektromagnetische Wellen haben sowohl Welleneigenschaften (Reflexion, Brechung, Beugung, Interferenz) als auch Teilcheneigenschaften (Photon, Energiequanten, Photoeffekt).
- Elektromagnetische Wellen transportieren Energie aber keine Materie.

8.3 Elektromagnetische Strahlung – Energietransport ist nicht an das Medium gebunden

Ob Moleküle mit elektromagnetischen Wellen wechselwirken, hängt vom Energieinhalt der Wellen ab. Je nach Energie können unterschiedliche molekulare Phänomene wie Rotationen, Schwingungen, Elektronenübergänge etc. angeregt werden (◘ Tab. 8.1, ▶ Abschn. 19.2.1).

In der Spektroskopie werden für die Energie elektromagnetischer Wellen unterschiedliche Einheiten verwendet. Generell lässt sich sagen, dass bei spektroskopischen Methoden mit niederenergetischen Wellen (z. B. IR, UV-VIS) bevorzugt die Wellenlänge verwendet wird, während bei höherenergetischen Methoden die Frequenz zur Anwendung kommt. Bei den hochenergetischen Strahlen, die in der Röntgenspektroskopie eingesetzt werden, wird das Elektronenvolt als Energieeinheit genutzt.

- **Hinweise zur Energieangabe elektromagnetischer Strahlung in unterschiedlichen Einheiten**
- Die Energie eines einzelnen Photons errechnet sich nach der Planck-Einstein-Gleichung ($E_{Ph} = h \cdot \nu$). Die Einheit für die Energie ist Joule.
- Da man nicht mit einzelnen Photonen respektive Molekülen hantieren kann, bezieht man den Energieeinsatz üblicherweise auf ein Mol Stoffmenge (▶ Abschn. 4.2). Ein Mol eines Stoffes enthält stets $6{,}022 \cdot 10^{23}$ Teilchen (Atome, Ionen, Moleküle). Analog kann auch die Photonenenergie auf ein Mol Photonen bezogen werden. Durch Multiplikation der Energie eines Photons mit der Avogadro-Konstante ($N_A = 6{,}022 \cdot 10^{23}$ mol^{-1}) wird die Energie pro Mol Photonen erhalten ($E_{Ph,mol} = N_A \cdot h \cdot \nu$, Jmol^{-1}).
- Da das Planck'sche Wirkungsquantum eine Naturkonstante ist, steht die Energie eines Photons in direkter, linearer Beziehung zur Schwingungsfrequenz (ν) des korrelierenden elektromagnetischen Feldes. Je größer die Energie eines Photons, desto höher ist seine Schwingungsfrequenz ($\nu = \dfrac{E_{Ph}}{h}$, s^{-1}).
- Die Energie elektromagnetischer Strahlung kann auch über deren Wellenlänge definiert werden, da die Wellenlänge über die Lichtgeschwindigkeit mit der Frequenz verknüpft ist, sodass beide Größen leicht ineinander umgerechnet werden können ($c = \lambda \cdot \nu \rightarrow \lambda = \dfrac{c}{\nu} \rightarrow \lambda = \dfrac{c \cdot h}{E_{Ph}}$).

◘ **Tab. 8.1** Wellenlänge, Frequenz, Wellenzahl und Energie von elektromagnetischer Wellen

Energie	Radiowellen	Mikrowellen	Infrarotstrahlung	Sichtbares Licht	Ultraviolettstrahlung	Röntgenstrahlung	Gammastrahlung
Wellenlänge	1 m–10 km	1 mm–1 m	780 nm–1 mm	380–780 nm	10–380 nm	0,01–10 nm	< 0,01 nm
Frequenz, s^{-1}	$3 \cdot 10^4$–$3 \cdot 10^8$	$3 \cdot 10^8$–$3 \cdot 10^{11}$	$3 \cdot 10^{11}$–$3{,}8 \cdot 10^{14}$	$3{,}8 \cdot 10^{14}$–$7{,}9 \cdot 10^{14}$	$7{,}9 \cdot 10^{14}$–$3 \cdot 10^{16}$	$3 \cdot 10^{16}$–$3 \cdot 10^{19}$	$> 3 \cdot 10^{19}$
Wellenzahl, cm^{-1}	0,01–10^{-6}	0,01–10	10–12.666	12,7–26,3·10^3	26,3·10^3–10^6	10^6–10^9	> 10^9
Photonenenergie, J	$2 \cdot 10^{-29}$–$2 \cdot 10^{-25}$	$2 \cdot 10^{-25}$–$2 \cdot 10^{-22}$	$2 \cdot 10^{-22}$–$2{,}5 \cdot 10^{-19}$	$2{,}5$–$5{,}2 \cdot 10^{-19}$	$5{,}2 \cdot 10^{-19}$–$2 \cdot 10^{-17}$	$2 \cdot 10^{-17}$–$2 \cdot 10^{-14}$	$> 2 \cdot 10^{-14}$
Photonenenergie, kJmol^{-1}	$1{,}2 \cdot 10^{-8}$–$1{,}2 \cdot 10^{-4}$	0,00012–0,12	0,12–150	150–315	315–12.000	$1{,}2 \cdot 10^4$–$1{,}2 \cdot 10^7$	$> 1{,}2 \cdot 10^7$
Photonenenergie, eV	$1{,}24 \cdot 10^{-10}$–$1{,}24 \cdot 10^{-6}$	$1{,}24 \cdot 10^{-6}$–$1{,}24 \cdot 10^{-3}$	0,00124–1,57	1,57–3,26	3,26–12–4	124–124.000	> 124.000

- In der Infrarotspektroskopie wird die Wellenzahl (ṽ) als Energieeinheit verwendet. Die Wellenzahl entspricht per Definition der Anzahl an Schwingungen pro Zentimeter. Je größer die Wellenzahl, desto energiereicher die Strahlung (ṽ = 1/λ, λ in cm, ṽ in cm^{-1}).

- Des Öfteren wird auch die Einheit Elektronenvolt (eV) als Energieeinheit für elektromagnetische Strahlungen verwendet. Die Einheit Elektronenvolt entspricht der kinetischen Energie eines Elektrons nach Durchlaufen einer Beschleunigungsspannung von 1 V ($E_{eV} = e \cdot U = 1{,}602 \cdot 10^{-19} As \cdot 1\ V = 1{,}602 \cdot 10^{-19}\ J$).

Max Planck – Vater der Quantenphysik wider Willen

Ende des 19. Jahrhunderts wurde die spektrale Energieverteilung (Wärmestrahlung), die von einem glühenden Körper wie beispielsweise der Sonne oder glühendem Eisen abgestrahlt wird, empirisch bestimmt. Diese Strahlungsverteilung, d. h. die Energieabgabe als Funktion der Wellenlänge (◘ Abb. 8.12), kann durch das Konzept der Schwarzkörperstrahlung simuliert werden. Ein schwarzer Körper, auch als schwarzer Strahler bezeichnet, ist ein Objekt, das sämtliche ankommende Strahlung absorbiert und die gleiche Energiemenge wieder abstrahlt. Intensität und Spektralverteilung der abgestrahlten elektromagnetischen Wellen hängen ausschließlich von der Temperatur des schwarzen Strahlers ab. Das Rayleigh-Jeans-Gesetz, das nur für große Wellenlängen (> 10 µm) gültig war, und insbesondere das Wien'sche Strahlungsgesetz beschrieben den Verlauf der Spektralkurve hinreichend gut. Mit der Verbesserung der Messmethoden stellte man jedoch um 1900 fest, dass das Wien'sche Strahlungsgesetz für den langwelligen Bereich (> 10 µm) systematisch zu niedrige Werte lieferte. Als Max Planck, ursprünglich ein Befürworter des Wien'schen Strahlungsgesetzes, am 7. Oktober 1900 die experimentellen Abweichungen durch Heinrich Rubens eindeutig belegt wurden, machte sich Planck noch am gleichen Abend an die Arbeit. Durch Ausprobieren fand er die richtige Formel (Gl. 8.7), die mit den experimentellen Daten von Rubens über den gesamten Wellenbereich übereinstimmte.

Das Planck'sche Strahlungsgesetz beschreibt korrekt, dass mit zunehmender Temperatur die Fläche unter der Kurve, die der abgestrahlten Energiemenge entspricht (◘ Abb. 8.12), zunimmt. Es stimmt zudem mit dem Wien'schen Verschiebungsgesetz (gestrichelte Linie, λ_{max} = 2898 µm/T) überein, das die Verschiebung des Energiemaximums mit zunehmender Temperatur zu kürzeren Wellenlängen beschreibt.

$$E(\lambda, T) = \frac{2\pi \cdot h \cdot c^2}{\lambda^5} \cdot \frac{1}{e^{\frac{h \cdot c}{\lambda \cdot k \cdot T}} - 1} \qquad (8.7)$$

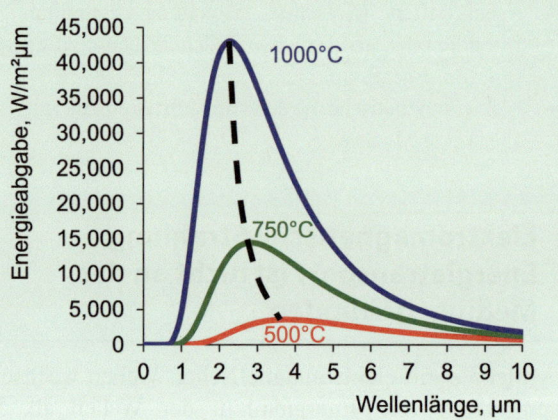

◘ Abb. 8.12 Spektrale Energieverteilung der Schwarzkörperstrahlung für verschiedene Temperaturen

$E(\lambda, T)$ – spektrale Energiedichte als Funktion der Temperatur, Wm^{-3}

h – Planck'sches Wirkungsquantum, Js

c – Lichtgeschwindigkeit, ms^{-1}

λ – Wellenlänge Strahlung, m

k – Boltzmann-Konstante, JK^{-1}

T – absolute Temperatur, K

Natürlich freute sich Planck, dass er als Erster ein universelles Strahlungsgesetz für den schwarzen Strahler gefunden hatte. Andererseits betrachtete er seine Lösung als von begrenztem Wert, da er keine physikalische, theoretische Herleitung des Gesetzes anbieten konnte.

„Aber eine theoretische Deutung musste um jeden Preis gefunden werden, und wäre er noch so hoch. … Die beiden Hauptsätze der Wärmetheorie (Anmerkung Autor: Energieerhaltungssatz, Entropiesatz, ▶ Kap. 11 und 12) erschienen mir als das einzige, was unter allen Umständen festgehalten werden muß. Im Übrigen war ich zu jedem Opfer an meinen *bisherigen physikalischen Überzeugungen bereit." (Brief, Planck an R. W. Wood, 7. Oktober 1931).*

Ab 19. Oktober 1900, dem Tag, an dem Planck seine Strahlungsformel der Berliner Physikalischen Gesellschaft vorstellte, setzte er alles daran, diese Formel mit einer theoretischen Herleitung zu untermauern.

Schließlich leitete er die Formel für die spektrale Intensitätsverteilung der Wärmestrahlung mit dem Konzept des schwarzen Strahlers ab. Ein würfelförmiger Metallkasten mit innen schwarz gefärbten, rauen Wänden und einem kleinen Loch ist eine gute experimentelle Annäherung an einen schwarzen Strahler. Die einfallende Strahlung wird im Hohlraum so oft reflektiert und teilweise absorbiert, dass sie mit den Wänden des Kastens im thermischen Gleichgewicht steht. Die durch das Loch austretende Strahlung ist somit charakteristisch für die Temperatur der Hohlraumwände.

Die Grundannahme von Planck bestand darin, dass sich beim Erhitzen des Metallkastens auf eine definierte Temperatur ein thermisches Gleichgewicht zwischen den Metallwänden und den elektromagnetischen Wellen im Inneren des Metallkastens einstellen muss, wobei sich stehende Wellen ausbilden. Diese stehenden Wellen haben verschiedene diskrete Wellenlängen und somit leicht unterschiedliche Energieniveaus. Als zwingende Konsequenz muss der Energieunterschied zwischen den Energieniveaus ein ganzzahliges Vielfaches des kleinsten Energiepakets, dem sogenannten Planck'schen Wirkungsquantum (h), sein. Da die Wellenlängen der stehenden Wellen im Vergleich zu den Dimensionen des Hohlraums wesentlich kleiner sind, entstehen nahezu unendlich viele stehende Wellen. Trotz der Energiequantelung weist die Strahlung eines schwarzen Strahlers daher quasi ein kontinuierliches Spektrum auf (◻ Abb. 8.12).

Diese Erkenntnis stand im klaren Gegensatz zum grundlegenden Postulat der klassischen Physik *„natura non facit saltus"* (lat. für „Die Natur macht keine Sprünge"). Planck – als leidenschaftlicher Verfechter der klassischen Physik – fiel es zunächst schwer, sich mit seiner eigenen Jahrhundertentdeckung, der Quantelung der Energie, anzufreunden.

Die theoretische Herleitung stellte Planck am 14. Dezember 1900 der Berliner Physikalischen Gesellschaft vor. Dieser Tag gilt heute als Geburtstunde der Quantenphysik. Anfangs wurde die Energiequantelung nach Planck von der Fachwelt nur zögerlich aufgenommen. Erst als Einstein 1905 den Teilchencharakter des Lichts anhand des photoelektrischen Effekts (▶ Abschn. 8.2) nachwies und daraus folgerte, dass Licht Energie diskontinuierlich in Form von einzelnen Energiepaketen (Quanten, Photonen) überträgt, war der Durchbruch für die Quantenphysik geschafft.

Mathematische Grundlagen

Inhaltsverzeichnis

9.1 Vektoren – Richtung, Orientierung und Länge als Charakteristika – 168

9.2 Differenzialrechnung – Steigungsverhalten von Funktionen – 172

9.3 Integralrechnung – Berechnung von krummlinig begrenzten „Flächeninhalten" – 175

9.4 Ableitungen höherer Ordnung – 180

9.5 Integrale höherer Ordnung – 181

9.6 Partielle Differenziale – Funktionsänderung bei der Variation einer von mehreren Variablen – 181

9.7 Totale Differenziale – Funktionsänderung bei Variation aller Variablen – 181

9.1 Vektoren – Richtung, Orientierung und Länge als Charakteristika

Physikalische Größen kann man in Skalare und Vektoren einteilen. Skalare Größen wie beispielsweise die molare Masse von Molekülen, die elektrische Ladung von Ionen, die innere Energie eines thermodynamischen Systems, ... sind ungerichtet, haben keine räumliche Vorzugsrichtung und können einzig und allein durch einen Zahlenwert meist kombiniert mit einer Maßeinheit beschrieben werden (▶ Abschn. 1.1).

- **Definition Vektor**

Vektoren dagegen weisen neben einem Zahlenwert, der für die Vektorlänge (Betrag) steht, noch eine Richtungsangabe auf (◘ Abb. 9.1). Mit Vektoren lassen sich Kräfte, Geschwindigkeit und Bewegung von Teilchen, räumliche Strukturen von Molekülen usw. beschreiben.

Vektoren ($\overrightarrow{OA}$) sind Verbindungsstrecken zwischen zwei Punkten (z. B. O und A) und sind durch
- Betrag (Länge),
- Richtung (O-A) und
- Orientierung (O→A oder A→O) charakterisiert.

Die Vektoren $\overrightarrow{OA}$ und $\overrightarrow{OB}$ in ◘ Abb. 9.1 sind Ortsvektoren, da sie ihren Anfangspunkt im Ursprung (O) des Koordinatensystems haben. Der Ortsvektor $\overrightarrow{OA} = (4,1)$ gibt an, dass man vom Ursprung aus vier Einheiten in Richtung der x-Achse und dann eine Einheit in Richtung der y-Achse gehen muss. Dadurch sind Länge (Betrag) und die Richtung des Vektors eindeutig bestimmt. Vektoren im zweidimensionalen Raum sind durch x- und y-Komponente eindeutig beschrieben; im dreidimensionalen Raum ist zusätzlich der z-Wert als dritte Komponente erforderlich.

Die Länge der Verbindungsstrecke zwischen dem Ursprung O und dem Endpunkt A des Vektors wird als dessen Betrag (Länge) bezeichnet und mit $|\overrightarrow{OA}|$ abgekürzt.

- **Notation**

Übliche Schreibweisen für Vektoren sind die Angabe des Vektorursprungs (O) und des Vektorendes (A) mit einem Pfeil darüber oder die Verwendung eines Buchstabens mit Pfeil darüber (Gl. 9.1). Im Textfluss werden die Pfeile oft auch weggelassen und dafür die Vektorensymbole, z. B. **OA**, **a** etc. fett gedruckt.

$$\overrightarrow{OA} = (4,1) \quad \text{Zeilenvektor} \qquad \overrightarrow{OA} = \mathbf{OA} = \begin{pmatrix} 4 \\ 1 \end{pmatrix} \quad \text{Spaltenvektor, allgemein: } \vec{a} = \mathbf{a} = \begin{pmatrix} x \\ y \\ z \end{pmatrix} \text{ oder } \vec{a} = \begin{pmatrix} a_1 \\ a_2 \\ a_3 \end{pmatrix} \tag{9.1}$$

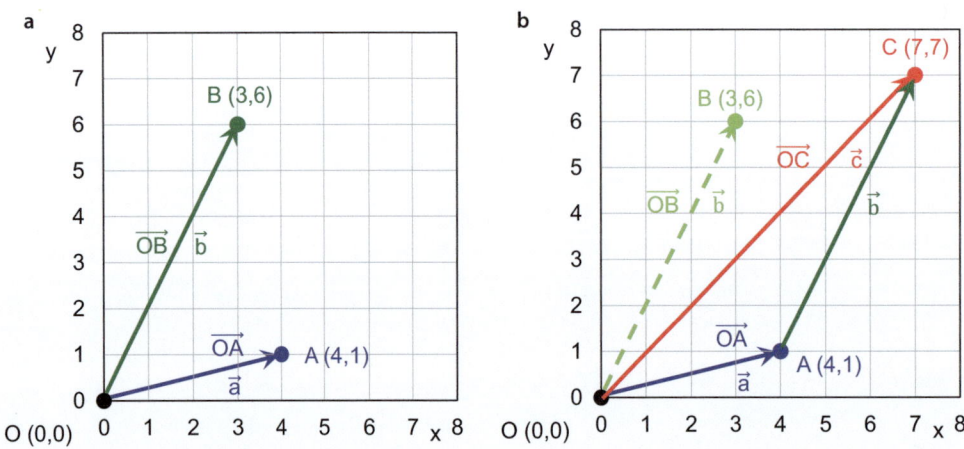

◘ **Abb. 9.1** Ortsvektoren im zweidimensionalen Raum (**a**) und deren Addition (**b**)

9.1 · Vektoren – Richtung, Orientierung und Länge als Charakteristika

■ Betrag eines Vektors

Die Länge eines Vektors entspricht dessen Betrag. Den Betrag eines Vektors |a| berechnet man als Wurzel der Summe der Quadrate der einzelnen Vektorenkomponenten (Gl. 9.2).

$$\vec{a} = \mathbf{a} = \begin{pmatrix} x \\ y \\ z \end{pmatrix} \rightarrow |\vec{a}| = |\mathbf{a}| = \sqrt{x^2 + y^2 + z^2} \quad oder \quad \vec{a} = \begin{pmatrix} a_1 \\ a_2 \\ a_3 \end{pmatrix} \rightarrow |\vec{a}| = |\mathbf{a}| = \sqrt{a_1^2 + a_2^2 + a_3^2} \quad (9.2)$$

■ Beispiel zweidimensionaler Vektor

$$\overrightarrow{OA} = \begin{pmatrix} 4 \\ 1 \end{pmatrix} \rightarrow |\overrightarrow{OA}| = \sqrt{4^2 + 1^2} = \sqrt{17} \approx 4{,}12 \qquad \overrightarrow{OB} = \begin{pmatrix} 3 \\ 6 \end{pmatrix} \rightarrow |\overrightarrow{OB}| = \sqrt{3^2 + 6^2} = \sqrt{45} \approx 6{,}71$$

Der Betrag eines Vektors ist ein Zahlenwert (Skalar). Die Länge des blauen Vektors in ◘ Abb. 9.1 beträgt 4,12, die des grünen Vektors 6,71 Längeneinheiten, was mit der optischen Wahrnehmung übereinstimmt.

■ Addition und Subtraktion von Vektoren

Angenommen, im Ursprung O(0,0) des Koordinatensystems steht ein morscher Baum, der entfernt werden soll. Zwei Männer (A und B) ziehen mit Seilen an dem Baum, um ihn zu entwurzeln. Person A übt eine Kraft von 4,12 Krafteinheiten (KE), während die kräftigere Person B eine Kraft von 6,71 KE auf den Baum ausübt. Ideal wäre es, wenn beide Männer genau in die gleiche Richtung ziehen würden, weil sich dann ihre Kräfte zum Maximalwert von 10,83 KE addieren würden.

Wegen der topologischen Eigenschaften des Geländes, können die beiden Männer lediglich in den Richtungen der Vektoren in ◘ Abb. 9.1a ziehen. Welche Kraft wirkt insgesamt auf den Baum?

Zur Lösung verschieben wir den grünen Vektor zum Pfeilende des blauen Vektors (◘ Abb. 9.1b), wodurch die Spitze des grünen Vektors in Punkt (7,7) endet. Anders ausgedrückt, die beiden Vektoren **OA** und **OB** können durch einen einzigen Vektor **OC** (rot) ersetzt werden. Dazu werden die jeweiligen Vektorkomponenten addiert (4 + 3 und 1 + 6).

$$\overrightarrow{OC} = \overrightarrow{OA} + \overrightarrow{OB} = \begin{pmatrix} 4 \\ 1 \end{pmatrix} + \begin{pmatrix} 3 \\ 6 \end{pmatrix} = \begin{pmatrix} 7 \\ 7 \end{pmatrix} \rightarrow |\overrightarrow{OC}| = \sqrt{7^2 + 7^2} = \sqrt{98} \approx 9{,}90 \qquad allgemein: \begin{pmatrix} x_1 \\ y_1 \\ z_1 \end{pmatrix} \pm \begin{pmatrix} x_2 \\ y_2 \\ z_2 \end{pmatrix} = \begin{pmatrix} x_1 \pm x_2 \\ y_1 \pm y_2 \\ z_1 \pm z_2 \end{pmatrix} \quad (9.3)$$

Dadurch, dass die beiden Männer nicht in die gleiche Richtung ziehen, erreichen sie nicht die maximale Kraft von 10,88 KE, sondern lediglich 9,90 KE. Die beiden Männer könnten durch eine Person ersetzt werden, die mit 9,90 KE in Richtung des roten Vektors zieht.

■ Richtungsvektoren oder Verbindungsvektoren

Richtungsvektoren sind keine Ortsvektoren, da sie nicht im Koordinatenursprung beginnen, sondern in einem beliebigen Punkt im Koordinatensystem. Ein Beispiel ist der Vektor **CA** = **−b** (◘ Abb. 9.1b). Er verbindet Punkt C (7,7) mit Punkt A (4,1). Der Richtungsvektor **CA** berechnet sich durch Subtraktion des Ortsvektors **OA** von Ortsvektor **OC**.

$$\overrightarrow{CA} = \overrightarrow{OC} - \overrightarrow{OA} = \begin{pmatrix} 4 \\ 1 \end{pmatrix} - \begin{pmatrix} 7 \\ 7 \end{pmatrix} = \begin{pmatrix} -3 \\ -6 \end{pmatrix} \quad (9.4)$$

Probe: Wir starten von Anfangspunkt (7,7) und müssen dann 3 x-Einheiten nach links und 6 y-Einheiten nach unten gehen, wodurch wir wie geplant im Zielpunkt (4,1) landen.

Die allgemeine Regel zur Bestimmung von Richtungsvektoren lautet: Subtrahiere den Ortsvektor des Zielpunkts vom Ortsvektor des Startpunkts.

■ Skalarmultiplikation

Die Skalarmultiplikation bezeichnet die Multiplikation eines Vektors mit einer Zahl (Skalar). Das Ergebnis der Multiplikation (n·**a**) ist wieder ein Vektor, der entweder gestaucht (0 < n < 1) oder gestreckt (n > 1, ◘ Abb. 9.2) wird, oder in entgegengesetzter Richtung (n < 0) zeigt. ◘ Abb. 9.2 zeigt, dass die Skalarmultiplikation des Ortsvektors (2,2) mit dem Faktor n = 3 den Vektor im Endpunkt E(6,6) enden lässt.

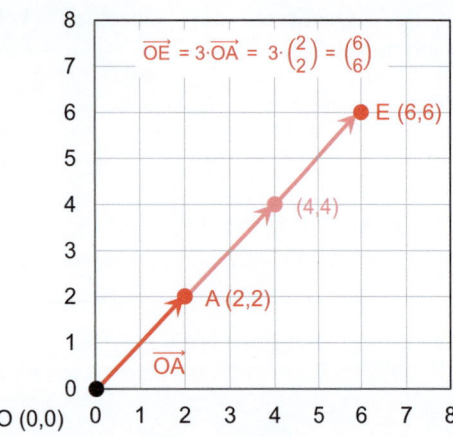

- **Skalarprodukt – Das Skalarprodukt zweier Vektoren ergibt eine Zahl**

Das Skalarprodukt verknüpft zwei Vektoren zu einer Zahl (Skalar). Dies ist nur möglich, wenn die beiden Vektoren die gleiche Anzahl an Komponenten aufweisen.

Per Definition berechnet sich das Skalarprodukt durch komponentenweise Multiplikation der gleichzeiligen Komponenten mit anschließender Addition der Zahlenwerte, wodurch eine Zahl (Skalar) erhalten wird (Gl. 9.5).

◻ **Abb. 9.2** Skalarmultiplikation des Ortsvektors **OA** mit der Zahl 3 streckt den Vektor bis zum Endpunkt (6,6)

$$\boldsymbol{a} \circ \boldsymbol{b} = \begin{pmatrix} a_1 \\ a_2 \\ a_3 \end{pmatrix} \circ \begin{pmatrix} b_1 \\ b_2 \\ b_3 \end{pmatrix} = a_1 \cdot b_1 + a_2 \cdot b_2 + a_3 \cdot b_3 \quad z.B. \begin{pmatrix} 6 \\ 0 \\ 1 \end{pmatrix} \circ \begin{pmatrix} 5 \\ 2 \\ 3 \end{pmatrix} = 6 \cdot 5 + 0 \cdot 2 + 1 \cdot 3 = 30 + 0 + 3 = 33 \tag{9.5}$$

Mithilfe des Skalarprodukts kann der Winkel zwischen Vektoren berechnet werden (◻ Abb. 9.3a). Es gilt folgender Zusammenhang.

$$\boldsymbol{a} \circ \boldsymbol{b} = |\boldsymbol{a}| \cdot |\boldsymbol{b}| \cdot \cos(\alpha) \;\rightarrow\; \cos(\alpha) = \frac{\boldsymbol{a} \circ \boldsymbol{b}}{|\boldsymbol{a}| \cdot |\boldsymbol{b}|} \;\rightarrow\; \alpha = \arccos\left(\frac{\boldsymbol{a} \circ \boldsymbol{b}}{|\boldsymbol{a}| \cdot |\boldsymbol{b}|}\right) \tag{9.6}$$

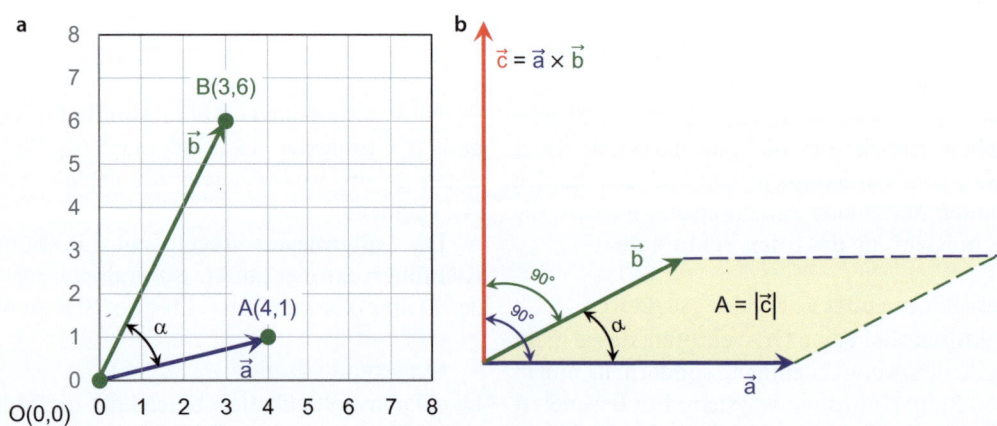

◻ **Abb. 9.3** Skalarprodukt (**a**) und Vektorprodukt (**b**) der Vektoren **a** und **b**

9.1 · Vektoren – Richtung, Orientierung und Länge als Charakteristika

Das heißt, um den Winkel zwischen zwei Vektoren bestimmen zu können, müssen wir deren Skalarprodukt berechnen und dieses durch die Beträge der einzelnen Vektoren teilen. Der resultierende Zahlenwert ergibt dann mit der Umkehrfunktion des Cosinus (arccos) den zugehörigen Winkel (α).

Stehen Vektoren senkrecht aufeinander, ist das Skalarprodukt null [cos(90°) = 0]. Das Skalarprodukt ist maximal [|**a**| · |**b**|], wenn die beiden Vektoren parallel verlaufen [cos(0°) = 1].

■ **Beispiel**
Berechnen wir den Winkel zwischen den Seilen der beiden Männer, die an dem morschen Baum gezogen haben (◘ Abb. 9.1a, 9.3a).

$$\alpha = arc\,cos\left(\frac{\begin{pmatrix}3\\6\end{pmatrix}\circ\begin{pmatrix}4\\1\end{pmatrix}}{\left|\begin{pmatrix}3\\6\end{pmatrix}\right|\cdot\left|\begin{pmatrix}4\\1\end{pmatrix}\right|}\right) = arc\,cos\left(\frac{3\cdot 4 + 6\cdot 1}{\sqrt{3^2+6^2}\cdot\sqrt{4^2+1^2}}\right) = arc\,cos\left(\frac{18}{\sqrt{45}\cdot\sqrt{17}}\right) = 49,4°$$

Nachmessen des Winkels in ◘ Abb. 9.1 mit dem Geodreieck zeigt völlige Übereinstimmung mit dem Ergebnis.

■ **Beispiel**
Die Röntgenbeugungsanalyse erlaubt die Lagebestimmung von Atomen in Einkristallen. Die Röntgenstrahlen werden an der Gitterstruktur (Atome) des Einkristalls gebeugt, wodurch ein Beugungsmuster erhalten wird. Lage und Intensität der einzelnen Reflexe des Beugungsmusters lassen Rückschlüsse auf die Lage der Atome im Kristallgitter zu.

◘ Abb. 9.4 veranschaulicht das Ergebnis einer Röntgenbeugungsanalyse von Nickeltetracarbonyl [Ni(CO)$_4$]. Das Nickelatom wurde in den Ursprung (0,0,0) eines kartesischen Koordinatensystems gelegt. Die Positionen (x,y,z) der Carbonylkohlenstoffatome im kartesischen Koordinatensystem sind als Abstände vom Ursprung in Pikometer (pm) angegeben.

Es soll die Bindungslänge zwischen Nickelzentralatom und den Kohlenstoffatomen berechnet werden sowie der Winkel, der durch die Atome C-Ni-C eingeschrieben wird.

■ **Lösung**
Die Bindungslänge entspricht dem Betrag (Gl. 9.2) der Ortsvektoren, z. B. **NiC**$_3$

$$\left|\overrightarrow{NiC_3}\right| = |\mathbf{NiC_3}| = \sqrt{(-104\,pm)^2 + (-104\,pm)^2 + (104\,pm)^2}$$
$$= \sqrt{3\cdot(104\,pm)^2} = \sqrt{3}\cdot 104\,pm = 180\,pm$$

Die Bindungslänge des Nickels zu den vier Kohlenstoffatomen beträgt jeweils 180 pm.

Der Bindungswinkel α (C$_3$-Ni-C$_1$) kann mithilfe des Skalarprodukts berechnet werden.

$$\cos(\alpha) = \frac{\begin{pmatrix}-104\\-104\\104\end{pmatrix}\circ\begin{pmatrix}104\\-104\\-104\end{pmatrix}}{\left|\begin{pmatrix}-104\\-104\\104\end{pmatrix}\right|\cdot\left|\begin{pmatrix}104\\-104\\-104\end{pmatrix}\right|}$$
$$= \left(\frac{(-104)\cdot(104)+(-104)\cdot(-104)+(104)\cdot(-104)}{\sqrt{3}\cdot 104\cdot\sqrt{3}\cdot 104}\right)$$
$$= \frac{-(104^2)}{3\cdot 104^2} = -\frac{1}{3}$$

Somit beträgt der Winkel α = arccos(−1/3) = 109,47°. Dieser Winkel entspricht dem Tetraederwinkel. Somit liegen die vier Kohlenstoffatome des Nickeltetracarbonyls in den Ecken eines Tetraeders. Nickeltetracarbonyl hat eine tetraedrische Struktur.

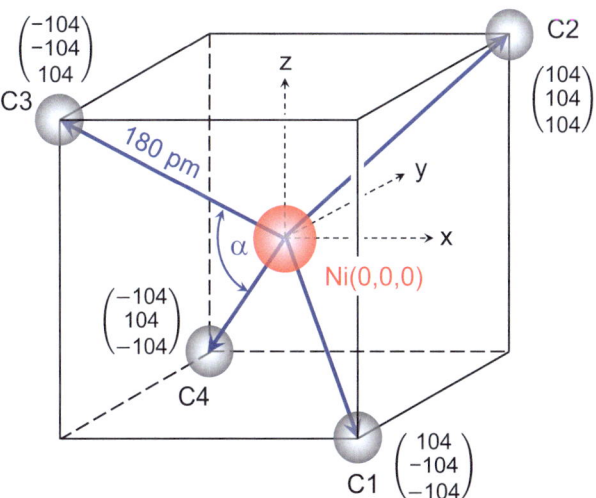

◘ **Abb. 9.4** Struktur von Nickeltetracarbonyl [Ni(CO)$_4$] mit den vier Ortsvektoren **NiC**. Die Sauerstoffatome sind nicht dargestellt

■ **Vektorprodukt – Das Kreuzprodukt zweier Vektoren ergibt einen Vektor**

In ► Abschn. 6.4.3 „Diamagnetismus" haben wir die Lorentzkraft kennen gelernt. Wenn ein Elektron mit der Geschwindigkeit (**v**, Vektor) senkrecht die Feldlinien eines Magnetfelds (**B**, Vektor) durchfliegt, dann wirkt die Lorentzkraft (**F**$_L$, Vektor) auf das Elektron ein. Die Richtung der Lorentzkraft haben wir mit der Rechte-Hand-Regel abgeleitet (► Abb. 6.8 und 6.9).

Dass zwei Vektoren (◘ Abb. 9.3a, **a** und **b**) einen dritten Vektor (**c**) hervorrufen, der senkrecht auf die durch die beiden Vektoren aufgespannte Fläche (◘ Abb. 9.3b, gelb) steht, ist bei elektromagnetischen Phänomenen oft anzutreffen.

Mathematisch lässt sich der dritte Vektor (**c**) als Vektorprodukt, auch als Kreuzprodukt bezeichnet, der beiden Vektoren **a** und **b** berechnen. Das Vektorprodukt errechnet sich wie folgt:

$$\boldsymbol{a} \times \boldsymbol{b} = \begin{pmatrix} a_1 \\ a_2 \\ a_3 \end{pmatrix} \times \begin{pmatrix} b_1 \\ b_2 \\ b_3 \end{pmatrix} = \begin{pmatrix} a_2 \cdot b_3 - a_3 \cdot b_2 \\ a_3 \cdot b_1 - a_1 \cdot b_3 \\ a_1 \cdot b_2 - a_2 \cdot b_1 \end{pmatrix} \quad (9.7)$$

Wer sich den Algorithmus nicht merken kann, kann sich folgender Eselsbrücke bedienen. Man schreibt die Komponenten der oberen zwei Zeilen unter die Vektoren und multipliziert dann kreuzweise (Kreuzprodukt) (◘ Abb. 9.5).

- Das Ergebnis des Vektorprodukts ist – nomen est omen – wieder ein Vektor.
- Das Vektorprodukt kann nur von zwei Vektoren mit gleicher Anzahl an Komponenten (hier 3 × 3) gebildet werden.
- Der resultierende Vektor steht senkrecht auf den beiden Vektoren (**a**, **b**), die zur Berechnung herangezogen wurden.

■ **Beispiel**
Berechnen Sie den Vektor **c**, der auf den beiden Vektoren **a** (6,0,1) und **b** (5,2,3) senkrecht steht.

$$\boldsymbol{a} \times \boldsymbol{b} = \begin{pmatrix} 6 \\ 0 \\ 1 \end{pmatrix} \times \begin{pmatrix} 5 \\ 2 \\ 3 \end{pmatrix} = \begin{pmatrix} 0 \cdot 3 - 1 \cdot 2 \\ 1 \cdot 5 - 6 \cdot 3 \\ 6 \cdot 2 - 0 \cdot 5 \end{pmatrix} = \begin{pmatrix} -2 \\ -13 \\ +12 \end{pmatrix} = \boldsymbol{c}$$

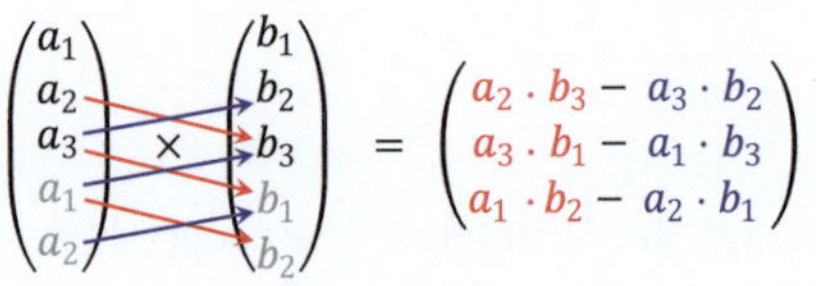

◘ **Abb. 9.5** Eselsbrücke zur Berechnung des Vektorprodukts zweier Vektoren

Da der Ergebnisvektor (**c**) senkrecht auf den beiden Vektoren **a** und **b** steht, müssen die Skalarprodukte **a·c** und **b·c** jeweils null sein.

$$\boldsymbol{a} \circ \boldsymbol{c} = \begin{pmatrix} 6 \\ 0 \\ 1 \end{pmatrix} \circ \begin{pmatrix} -2 \\ -13 \\ 12 \end{pmatrix} = -6 \cdot (-2) + 0 \cdot (-13) + 1 \cdot 12 = 0$$

$$\boldsymbol{b} \circ \boldsymbol{c} = \begin{pmatrix} 5 \\ 2 \\ 3 \end{pmatrix} \circ \begin{pmatrix} -2 \\ -13 \\ 12 \end{pmatrix} = 5 \cdot (-2) + 2 \cdot (-13) + 3 \cdot 12 = 0$$

Um den Kreis mit der Lorentzkraft zu schließen, repräsentiert bei der Rechte-Hand-Regel in ► Abb. 6.9b der abgespreizte Daumen den Vektor **a** (technische Stromrichtung, I$_t$, grün), der ausgestreckte Zeigefinger den Vektor **b** (Feldlinien Magnetfeld, **B**; blau) und der abgewinkelte Mittelfinger den resultierenden orthogonalen Vektor **c** (Lorentzkraft, **F**$_L$; rot).

9.2 Differenzialrechnung – Steigungsverhalten von Funktionen

Es sei von Anfang an darauf hingewiesen, dass Differenzieren ($\frac{d}{dx}$) und Integrieren ($\int dx$) nichts anderes sind als mathematische Operatoren, d. h. Vorschriften, die auf eine mathematische Funktion f(x) anzuwenden sind, um z. B. die Steigung (Differenzieren) einer Funktion bzw. die Fläche (Integrieren) unter einer Funktion zu bestimmen. Für andere mathematische Operatoren wie Summieren (+), Multiplizieren (·) usw. sind uns die Regeln so geläufig, dass wir diese Algorithmen ohne weiteres Nachdenken anwenden.

Die Regeln des Differenzierens und Integrierens sind den meisten von uns weniger vertraut. Nachfolgend werden die grundlegenden Regeln am Beispiel eines Weg-Zeit-Diagramms erklärt, schließlich sind uns Begriffe wie Maximalgeschwindigkeit, Durchschnittsgeschwindigkeit, momentane Geschwindigkeit (Tachoanzeige!) und Wegstrecke aus dem Alltag wohlbekannt.

■ **Beispiel**
Ein Schüler ermittelt im Rahmen einer Hausarbeit den Weg-Zeit-Verlauf (◘ Abb. 9.6, rote Linie) des Pkw seines Vaters. Nach Auswerten der Messdaten gelingt es ihm, die zurückgelegte Wegstrecke (s) als Funktion der Variablen Zeit (t) auszudrücken:

$$f(t) = s(t) = 4 \cdot t^2 - \frac{t^3}{6} \quad (9.8)$$

9.2 · Differenzialrechnung – Steigungsverhalten von Funktionen

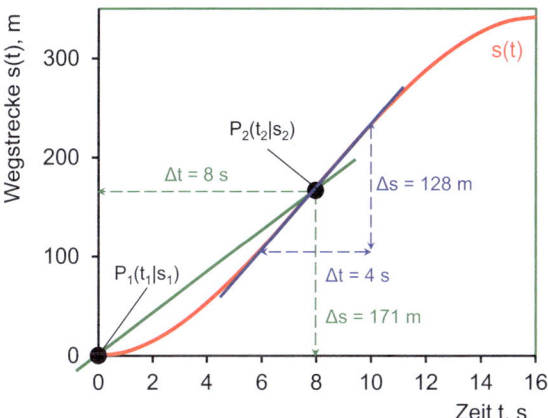

◘ **Abb. 9.6** Weg-Zeit-Diagramm s(t) eines Pkw (rote Kurve) mit Durchschnittsgeschwindigkeit (grüne Sekante) und aktueller Geschwindigkeit (blaue Tangente)

t – verstrichene Zeit nach Anfahren des Autos, s

f – allgemeines Symbol für eine mathematische Funktion

s(t) – zurückgelegte Wegstrecke zum Zeitpunkt t, m

Die Arbeit überzeugte, sodass die Benotung entsprechend gut ausfiel. Die Stimmung trübte sich ein, als wenige Wochen später ein Bußgeldbescheid wegen Geschwindigkeitsüberschreitung ins Haus flatterte. Gemäß einer Radarmessung sei der Vater 115 kmh^{-1} auf der Landstraße gefahren.

Es stellte sich die Frage, ob diese Geschwindigkeit während der Messreihe tatsächlich erreicht wurde. Da der Weg-Zeit-Verlauf mathematisch beschrieben ist (Gl. 9.8), sollte es möglich sein, die Geschwindigkeit zu jedem beliebigen Zeitpunkt zu berechnen.

■ **Differenzenquotient (Δ) – Mittlere Änderungsrate**

Die mittlere Geschwindigkeit (v) des Pkw ergibt sich aus der Wegdifferenz (Δs), die in einer Zeitdifferenz (Δt) zurückgelegt wurde.

$$v = \frac{\Delta s}{\Delta t} = \frac{s_2 - s_1}{t_2 - t_1} \ ms^{-1} \qquad (9.9)$$

In ◘ Abb. 9.6 entspricht dies der Steigung der grünen durchgezogenen Sekante für den Abschnitt $P_1(t_1,s_1)$ und $P_2(t_2,s_2)$. Die Steigung der Sekante ist über das sogenannte Steigungsdreieck (grün gestrichelte Linien) definiert. Im speziellen Fall beträgt die Durchschnittsgeschwindigkeit in den ersten acht Sekunden 171 m dividiert durch 8 s gleich 21,4 ms^{-1}, äquivalent zu 77,0 kmh^{-1}. Alle atmen auf, scheinbar entbehrt der Bußgeldbescheid jeglicher Grundlage, oder doch nicht?

Allgemein formuliert, beschreibt der Differenzenquotient (Δ) die Steigung (m) der Sekante, die durch zwei Punkte, z. B. $P_1[x_1|f(x_1)]$ und $P_2[x_2|f(x_2)]$, einer Funktion verläuft (◘ Abb. 9.6).

$$m = \frac{\Delta f}{\Delta x} = \frac{f(x_2) - f(x_1)}{x_2 - x_1} = \frac{\Delta y}{\Delta x} \qquad (9.10)$$

■ **Differenzialquotient – Punktuelle Änderungsrate**

Will man nicht die Durchschnittsgeschwindigkeit, sondern die momentane Geschwindigkeit (Tachometeranzeige) zu einem definierten Zeitpunkt (t) wissen, muss man die Steigung der Tangente (◘ Abb. 9.6, blaue Gerade) in einem Kurvenpunkt wie z. B. P_2 ermitteln. Dazu rücken wir den Punkt P_1 immer näher an Punkt P_2 an, wodurch die Zeitdifferenz ($t_2 - t_1$) und die Sekante stetig kürzer werden. Dadurch nimmt die Steigung der Sekante stetig zu. Wenn P_1 deckungsgleich mit P_2 ist, wird aus der Sekante eine Tangente (blaue Linie), die die Weg-Zeit-Kurve nur noch im Punkt P_2 berührt.

Die Steigung der Tangente entspricht somit der Geschwindigkeit des Pkw zum Zeitpunkt P_2, hier $t_2 = 8$ s. Da die blaue Tangente steiler verläuft als die grüne Sekante, muss die Geschwindigkeit bei exakt 8 s größer sein als die durchschnittliche Geschwindigkeit im Zeitraum von 0 bis 8 s.

Die Geschwindigkeit zum Zeitpunkt t = 8 s beträgt gemäß dem blauen Steigungsdreieck v(8) = 128 m/4 s = 32 ms^{-1}, was 115,2 kmh^{-1} entspricht. Das bedeutet, der Bußgeldbescheid muss doch akzeptiert werden. Geometrisch ausgedrückt entspricht der Differenzialquotient der Steigung der Tangente, die einen Funktionsgraphen nur in einem Punkt, z. B. $P_2[x_2|f(x_2)]$, berührt. Mathematisch betrachtet, ist der Differenzialquotient der Grenzwert (Limes) des Differenzenquotienten.

Der Limes einer Funktion entspricht demjenigen Funktionswert, dem sich die Funktion annähert, wenn der Differenzenquotient $x_2 - x_1$ gegen null strebt.

$$m = \lim_{x_1 \to x_2} \frac{f(x_2) - f(x_1)}{x_2 - x_1} = \frac{df(x)}{dx} = f'(x) \qquad (9.11)$$

Allgemein gibt der Differenzialquotient an, um welchen infinitesimalen (unendlich klein, aber größer als null) Betrag d sich eine Funktion f(x) ändert, wenn die Variable x um den infinitesimalen Betrag x ± dx variiert wird.

■ **Differenzieren – Ableitungsfunktion**

Aus dem Kurvenverlauf s(t) in ◘ Abb. 9.6 ergibt sich, dass die Tangentensteigungen (Geschwindigkeit) und somit die Differenzialquotienten zu jedem Zeitpunkt t unterschiedlich sind. Die Steigung jedes einzelnen Punkts könnte mit der Tangentenmethode ermittelt werden, was jedoch sehr aufwendig wäre.

Die Ableitungsfunktion f'(x) gibt für jeden Punkt x einer Funktion f(x) deren Steigung (Ableitung) an.

Mithilfe der h-Methode kann die Ableitungsfunktion f'(x) einer Funktion f(x) bestimmt werden. Dazu wird der Differenzquotient $x_2 - x_1$ durch h (h = $x_2 - x_1 \rightarrow x_2 = x_1 + h$) ersetzt. Eingesetzt in Gl. 9.11 ergibt sich für den Differenzialquotienten:

$$m = f'(x_1) = \lim_{x_1 \rightarrow x_2} \frac{f(x_2) - f(x_1)}{x_2 - x_1} = \lim_{h \rightarrow 0} \frac{f(x_1 + h) - f(x_1)}{x_1 + h - x_1} = \lim_{h \rightarrow 0} \frac{f(x_1 + h) - f(x_1)}{h} \qquad (9.12)$$

Da ja nur noch x_1 als Variable vorhanden ist, können wir für die Variable allgemein x schreiben.

$$f'(x) = \lim_{h \rightarrow 0} \frac{f(x+h) - f(x)}{h} \qquad (9.13)$$

Wir wenden Gl. 9.13 exemplarisch auf die Funktion f(x) = x^2 an, um deren Ableitungsfunktion f'(x) zu bestimmen:

$$f'(x) = \lim_{h \rightarrow 0} \left[\frac{(x+h)^2 - x^2}{h}\right] = \lim_{h \rightarrow 0} \left(\frac{x^2 + 2 \cdot x \cdot h + h^2 - x^2}{h}\right) = \lim_{h \rightarrow 0} \left(\frac{2 \cdot x \cdot h + h^2}{h}\right) = \lim_{h \rightarrow 0} (2 \cdot x + h) = 2 \cdot x \qquad (9.14)$$

Das heißt, die Parabelfunktion f(x) = x^2 weist an jedem einzelnen Punkt x die Steigung f'(x) = 2·x auf. Am Scheitelpunkt (0,0) der Parabel beträgt die Steigung somit f'(0) = 2·0 = 0. Mit zunehmendem x nimmt die Steigung der Tangente an der Parabel stetig zu, z. B. x = −1 → f'(−1) = −2, x = 1 → f'(1) = +2 oder x = 5 → f'(5) = +10.

In ◻ Tab. 9.1 sind Ableitungsfunktionen f'(x) für grundlegende Ausgangsfunktionen f(x) zusammengestellt. Gemäß ◻ Tab. 9.1, Regel 3.1, erhält man die Ableitungsfunktion f'(x) einer allgemeinen Polynomfunktion f(x) = a·x^n dadurch, indem man den Exponent n um −1 reduziert und die Funktion mit dem Exponenten n multipliziert [f'(x) = a·n·x^{n-1}].

▶ **Beispiel**
Bestimme die Ableitungsfunktion der Ausgangsfunktion f(x) = 5·x^3 + 2·x^2 − 9·x + 5.
Lösung: f'(x) = 5·3·x^{3-1} + 2·2·x^{2-1} − 9·x^{1-1} = 15·x^2 + 4·x − 9 ◀

■ **Ableitungsfunktion – Nutzen?**
Dazu betrachten wir nochmals das Beispiel des Weg-Zeit-Diagramms (◻ Abb. 9.6). Aufgrund des Bußgeldbescheids ist die Geschwindigkeit (v) zu jedem Zeitpunkt t von Interesse. Geschwindigkeit ist die zurückgelegte Strecke pro Zeiteinheit und entspricht somit der ersten Ableitung (d/dt) des Weges (s) nach der Zeit (t).

Übrigens: d/dt ist ein Operator, eine Rechenvorschrift analog zur Multiplikation oder Subtraktion. Der Operator d/dt besagt, dass die Funktion s(t) (Gl. 9.8 und 9.15) nach der Variablen t gemäß der Regel 3.1, ◻ Tab. 9.1 abgeleitet werden muss, um die Geschwindigkeit v(t) zu erhalten.

$$s(t) = 4 \cdot t^2 - \frac{t^3}{6} \qquad (9.15)$$

$$v(t) = \frac{d}{dt} s(t) = s'(t) = 4 \cdot 2 \cdot t^{2-1} - \frac{3 \cdot t^{3-1}}{6} = 8 \cdot t - \frac{1}{2} \cdot t^2 \qquad (9.16)$$

Die resultierende Ableitungsfunktion s'(t) ermöglicht die Geschwindigkeit [v(t)] des Pkw für jeden Zeitpunkt (t) zu berechnen. Die grafische Darstellung der Geschwindigkeit-Zeit-Funktion (Gl. 9.16) gibt ◻ Abb. 9.7 wieder.

Wir wollen jetzt den Zeitpunkt t* ermitteln (◻ Abb. 9.7), an dem der Pkw mit maximaler Geschwindigkeit (v_{max}) fuhr. Das bedeutet, der Pkw bewegte sich vor und nach t* mit geringerer Geschwindigkeit. Die Geschwindigkeitskurve weist somit zum Zeitpunkt t* ein Maximum auf, was einem Extrempunkt des Funktionsgraphen v(t) entspricht. Die Tangente hat somit bei der Maximalgeschwindigkeit eine Steigung von null (◻ Abb. 9.7, blaue Linie). Um den Zeitpunkt t* zu ermitteln, müssen wir die Steigung, d. h. die erste Ab-

9.3 · Integralrechnung – Berechnung von krummlinig begrenzten „Flächeninhalten"

Tab. 9.1 Ableitungsfunktionen f'(x) und Stammfunktionen F(x) grundlegender Funktionen f(x)

Regel	Funktion	Ableitungsfunktion f'(x) = df/dx	Funktion f(x)	Stammfunktion F(x) = ∫f(x)dx
1	Konstante Funktion	$f'(x) = 0$	$f(x) = a$	$F(x) = a \cdot x + C$
2	Geradengleichung	$f'(x) = a$	$f(x) = a \cdot x + b$	$F(x) = \frac{a}{2} \cdot x^2 + b \cdot x + C$
3.1	Polynomfunktion $n \neq -1$	$f'(x) = a \cdot n \cdot x^{n-1}$	$f(x) = a \cdot x^n$	$F(x) = \frac{a}{n+1} \cdot x^{n+1} + C$
3.2	Polynomfunktion $n = -1$	$f'(x) = -a \cdot x^{-2}$	$f(x) = a \cdot x^{-1}$	$F(x) = a \cdot \ln|x|$
3.3		---	$f(x) = \frac{dx}{x}$	$F(x) = \ln(x) + C$
4	Exponentialfunktion	$f'(x) = a \cdot e^{a \cdot x}$	$f(x) = e^{a \cdot x}$	$F(x) = \frac{1}{a} \cdot e^{ax} + C$
5	Logarithmusfunktion	$f'(x) = 1/x$	$f(x) = \ln(x)$	$F(x) = x \cdot \ln(x) - x + C$
6	Sinusfunktion	$f'(x) = \cos(x)$	$f(x) = \sin(x)$	$F(x) = -\cos(x) + C$
7	Cosinusfunktion	$f'(x) = -\sin(x)$	$f(x) = \cos(x)$	$F(x) = \sin(x) + C$
8	Produktregel	$f'(x) = u'(x) \cdot v(x) + u(x) \cdot v'(x)$	$f(x) = u(x) \cdot v(x)$	---

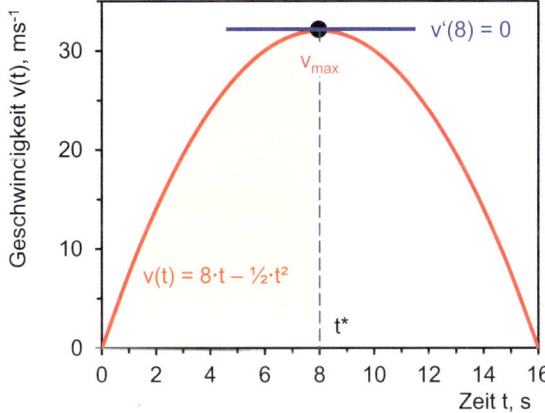

Abb. 9.7 Die Geschwindigkeit-Zeit-Funktion weist bei t* = 8 s ein Maximum auf, d. h., der Pkw hat zu diesem Zeitpunkt die maximale Geschwindigkeit (v_{max})

leitung der Geschwindigkeitsfunktion v(t) bestimmen, diese null setzen und nach t auflösen.

$$v'(t) = \frac{d}{dt}v(t) = 8 - \frac{1}{2} \cdot 2 \cdot t = 8 - t = 0 \quad \rightarrow \quad t^* = 8\,s \tag{9.17}$$

Das bedeutet, die maximale Geschwindigkeit erreicht der Pkw zum Zeitpunkt t* = 8 s. Einsetzen in Gl. 9.16 ergibt für die Maximalgeschwindigkeit:

$$v_{max} = v(8) = 8 \cdot 8 - \frac{1}{2} \cdot 8^2 = 32\,\frac{m}{s} = 115\,\frac{km}{h}$$

Übrigens: Die zeitliche Ableitung der Geschwindigkeit v(t) ist physikalisch betrachtet die Beschleunigung a(t) (Abb. 9.11a). Bis zum Zeitpunkt t* beschleunigt der Wagen, danach verzögert er. Zum Zeitpunkt t* fährt er mit konstanter Geschwindigkeit [a(t) = v'(t) = d/dt v(t) = 0] und weist somit keine Beschleunigung auf.

- **Ableitungen – Regeln**

Siehe Tab. 9.1

9.3 Integralrechnung – Berechnung von krummlinig begrenzten „Flächeninhalten"

Neben der Differenzialrechnung ist die Integralrechnung das zweite wesentliche Werkzeug zur Analyse mathematischer Funktionen (Kurvendiskussion). Plakativ ausgedrückt befasst sich die Differenzialrechnung mit der Bestimmung des Steigungsverlaufs (Abb. 9.6) mathematischer Funktionen, während die Integralrechnung die Berechnung von Flächen zwischen dem Funktionsgraphen f(x) und der x-Achse in den Grenzen x = a und x = b (Abb. 9.8) ermöglicht.

Was sich akademisch anhört, hat einen außerordentlich praktischen Nutzen. So lässt sich beispielsweise mit Hilfe der Differenzialrechnung der Geschwindigkeitsverlauf chemischer Reaktionen und durch die Integralrechnung die zeitabhängig entstehende Menge an Produkt berechnen.

Mithilfe der Integralrechnung kann z. B. die gelbe Fläche (A) unter der Geschwindigkeitsfunktion (◘ Abb. 9.7) berechnet werden. Diese Fläche entspricht der Wegstrecke, die der Pkw im Zeitraum von 0 bis 8 s zurückgelegt hat. Da sich die Geschwindigkeit [v(t)] in diesem Zeitraum stetig ändert, ist die Berechnung der Wegstrecke durch einfache Multiplikation (v·t) nicht möglich, stattdessen muss sie durch Integration $\int v(t)dt$ bestimmt werden.

Das Integralzeichen $\int$ geht übrigens auf den deutschen Mathematiker Leibniz (1646–1716) zurück und ist eine grafische Variante des Buchstabens S, der für Summe steht. Das Integralzeichen ist ein mathematischer Operator (Rechenvorschrift), der anweist, den Bereich des Funktionsgraphen f(x) zwischen den Integrationsgrenzen a und b in Streifen der Breite dx mit der Höhe f(x) zu unterteilen, die Flächen der einzelnen Streifen aufzusummieren, wodurch die Gesamtfläche A erhalten wird (◘ Abb. 9.8).

- **Rechteckmethode – Annäherung an Integralflächen**

Für die Beispielfunktion $f(x) = x^2$ und die Integrationsgrenzen $a = 0$ und $b = 3$ wollen wir uns der Integration $\int_a^b x^2 dx$, d. h. der Berechnung von Integralen, annähern. Das Integral $\int_0^3 x^2 dx$ entspricht der Fläche zwischen der Funktion $f(x) = x^2$ und der x-Achse in den Grenzen $0 \leq x \leq 3$. Um die Fläche zu berechnen, zerlegen wir diese im ersten Schritt in drei Rechtecke, $\Delta x = 1$ (◘ Abb. 9.9).

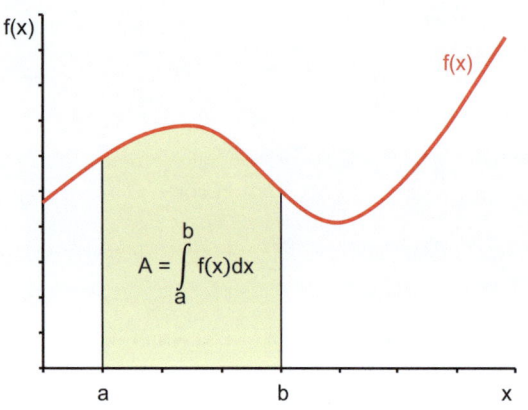

◘ **Abb. 9.8** Bestimmte Integrale beschreiben den Flächeninhalt A, der durch die Funktion f(x) und die x-Achse in den Grenzen a und b eingeschrieben wird

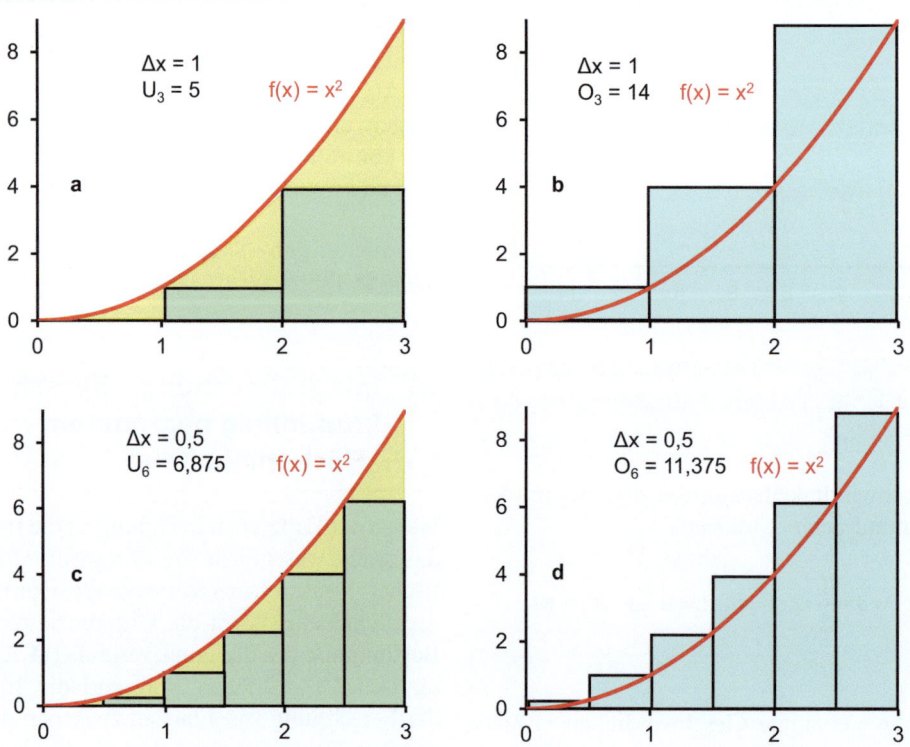

◘ **Abb. 9.9** Annähern an das bestimmte Integral $\int_0^3 x^2 dx$ mit der Rechteckmethode als Untersumme (**a**, **c**) und Obersumme (**b**, **d**)

Die Rechtecke können dabei komplett unterhalb des Funktionsgraphen zu liegen kommen (◘ Abb. 9.9a). Dann ist die aufsummierte Fläche der drei Rechtecke kleiner als das gesuchte Integral (grüne + gelbe Flächen) und wird als Untersumme bezeichnet. Die Rechtecke können aber auch komplett oberhalb des Funktionsgraphen eingezeichnet werden (◘ Abb. 9.9b). Die aufsummierten blauen Rechteckflächen entsprechen der Obersumme, die größer ist als das gesuchte Integral. Im konkreten Fall beträgt die Untersumme fünf Flächeneinheiten (FE) und die Obersumme 14 Flächeneinheiten. Der Mittelwert von Ober- und Untersumme beträgt 9,5 FE.

Jetzt halbieren wir die Streifenbreite auf Δx = 0,5, wodurch sich die Rechtecke dem Funktionsgraphen [f(x) = x²] besser annähern, da schmäler. In diesem Fall beträgt die Untersumme 6,875 FE (◘ Abb. 9.9c) und die Obersumme 11,375 FE (◘ Abb. 9.9d) und der Mittelwert 9,125 FE.

Der wahre Wert des Integrals $A = \int_0^3 x^2 dx$ beträgt 9 FE (Beispiel 1, s. u.). Wir erkennen, dass Unter- und Obersumme gegen den wahren Wert konvergieren, wenn die Rechteckbreiten sich der infinitesimalen Breite dx→0 annähern, d. h. das Intervall [0,3] immer feiner unterteilt wird.

Die Methode der konvergierenden Ober- und Untersummen führt zur Lösung, ist aber umständlich und aufwendig, insbesondere da Δx möglichst klein gewählt werden muss.

- **Unbestimmte Integrale und Stammfunktionen**

Unbestimmte Integrale haben im Unterschied zu bestimmten Integralen keine Integrationsgrenzen a und b auf (◘ Abb. 9.8). Unbestimmte Integrale sind mathematische Funktionen, sogenannte Stammfunktionen F(x), die allgemein die Fläche zwischen der Funktion f(x) und der x-Achse beschreiben. Bestimmte Integrale hingegen ergeben einen Zahlenwert, der für die Fläche unter der Funktion f(x) innerhalb der vorgegebenen Grenzen a und b steht.

Ein unbestimmtes Integral wird durch die Stammfunktion F(x) einer Funktion f(x) definiert. Die allgemeine Schreibweise lautet wie folgt:

$$\int f(x) dx = F(x) + C \tag{9.18}$$

F(x) – Stammfunktion von Funktion f(x)
∫ – Integralzeichen, Operator mit der „Anweisung" die Funktion f(x) zu integrieren
f(x) – Funktion, die es zu integrieren gilt
x – Integrationsvariable, über die integriert wird
dx – Differenzial, infinitesimale, d. h. beliebig kleine Änderung der Variable x
C – Integrationskonstante, Zahl

Eine Stammfunktion F(x) ist dann eine Stammfunktion zur Ausgangsfunktion f(x), wenn die Ableitung der Stammfunktion für alle x der Ausgangsfunktion entspricht.

$$F'(x) = f(x) \tag{9.19}$$

Das Aufsuchen der Stammfunktion F(x) wird als Integrieren bezeichnet. Wenn F(x) eine Stammfunktion zu f(x) ist, dann sind die Funktionen F(x) + C ebenfalls Stammfunktionen zu f(x), da die Ableitung der Integrationskonstante C null (Regel 1, ◘ Tab. 9.1) ergibt.

$$\frac{d}{dx}[F(x) + C] = \frac{d}{dx}F(x) + 0 = F'(x) = f(x) \tag{9.20}$$

- **Integrationskonstante C**

Wenn wir beispielsweise die Funktion f(x) = x integrieren, erhalten wir gemäß ◘ Tab. 9.1, Regel 3.1, (a = 1, n = 1) als Stammfunktion F(x):

$$F(x) = \int x \, dx = \frac{1}{2} \cdot x^2 + C \tag{9.21}$$

Das Ergebnis eines unbestimmten Integrals ist die Stammfunktion F(x), die bis auf die Integrationskonstante C definiert ist. C ist ein Zahlenwert des reellen Zahlenraums, wodurch unbestimmte Integrale einer unendlichen Menge von Stammfunktionen entsprechen. Die Integrationskonstante C stellt eine Verschiebung der Stammfunktion F(x) entlang der y-Achse dar.

Nehmen wir an, die Stammfunktionen der Funktion f(x) = x ergeben sich zu F(x) = 0,5·x² + 4 mit C = 4, F(x) = 0,5·x² + 3 mit C = 3 und F(x) = 0,5·x² + 2 mit C = 2. Generell gilt, dass die Ableitung einer Stammfunktion wieder die Ausgangsfunktion ergeben muss (Gl. 9.19). Da Konstanten wie C bei der Ableitung null werden, entsprechen alle drei Stammfunktionen nach dem Ableiten $\frac{d}{dx}F(x) = F'(x) = \frac{d}{dx}(0,5 \cdot x^2 + C) = x$ der Ausgangsfunktion f(x) = x.

- **Stammfunktionen – Aufleitungsregeln**

Integrieren ist die Inversoperation zum Differenzieren („Ableiten") und wird umgangssprachlich als „Aufleiten" bezeichnet. Das Ergebnis des Aufleitens einer Ausgangsfunktion f(x) ist die Stammfunktion F(x). Die Stammfunktion ist diejenige Funktion, deren Ableitung die Ausgangsfunktion f(x) ergibt (Gl. 9.19).

Das systematische Herleiten von Stammfunktionen F(x) ist wesentlich komplexer als das von Ableitungsfunktionen f'(x) und würde den Rahmen dieses Buches sprengen. Deshalb sind in ◘ Tab. 9.1 Stammfunktionen elementarer Ausgangsfunktionen f(x) ohne Herleitung aufgelistet.

■ **Bestimmte Integrale – Zahlenwert für eine eingegrenzte Fläche**

Der zentrale Unterschied zwischen einem bestimmten und einem unbestimmten Integral liegt in den vorhandenen bzw. fehlenden Integrationsgrenzen a und b.

Ein bestimmtes Integral ermöglicht die Berechnung der Fläche (A) zwischen einer Funktion f(x) und der x-Achse innerhalb der unteren Integrationsgrenze a und der oberen Integrationsgrenze b (◘ Abb. 9.8). Die allgemeine Schreibweise ist wie folgt:

$$\int_a^b f(x)\,dx = \left[F(x)\right]_a^b = F(b) - F(a) = A \quad \text{Hauptsatz der Differential- und Integralrechnung} \tag{9.22}$$

b – obere Integrationsgrenze, Obergrenze

a – untere Integrationsgrenze, Untergrenze

F(b) – Zahlenwert der Stammfunktion für x = b, Obergrenze

F(a) – Zahlenwert der Stammfunktion für x = a, Untergrenze

A – Zahlenwert für den Flächeninhalt

Der Zahlenwert eines bestimmten Integrals, gleichbedeutend mit der „Fläche" zwischen der Ausgangsfunktion f(x) und der x-Achse in den Grenzen a und b, errechnet sich aus der Differenz der Stammfunktionen an der Integrationsobergrenze F(b) und der Integrationsuntergrenze F(a). Das Ergebnis eines bestimmten Integrals ist ein konkreter Zahlenwert für die einbeschriebene Fläche ohne physikalische Einheit.

Es ist wichtig zu erwähnen, dass die durch Integration ermittelten Integrale nicht Flächen im geometrischen Sinne sein müssen. Vielmehr stellen sie eine Maßzahl für physikalische Größen dar, wie z. B. die zurückgelegte Strecke eines Pkw (◘ Abb. 9.7) oder die erforderliche Energie, um eine Rakete ins All zu katapultieren (Beispiel 4, s. u.).

▶ **Beispiel 1 – Fläche unter einem Funktionsgraphen**

Bei der Hinführung zur Integration haben wir die Rechteckmethode angewandt (◘ Abb. 9.9). Es sollte das Integral der Funktion $f(x) = x^2$ mit der Untergrenze a = 0 und der Obergrenze b = 3 berechnet werden. Mit Rechtecken haben wir versucht, uns dem Integral anzunähern, was mühsam ist, da die Rechteckstreifen möglichst schmal sein sollen, somit sehr viele Rechteckflächen berechnet und aufsummiert werden müssen.

Mit der Stammfunktion und der Definition des bestimmten Integrals können wir das Integral $\int_0^3 x^2\,dx$ schnell und exakt berechnen.

- Ausgangsfunktion: $f(x) = x^2$
- Stammfunktion: $F(x) = \int f(x)\,dx = \int x^2\,dx = \frac{1}{3} \cdot x^3 + C$
- Die Stammfunktion ergibt sich gemäß der allgemeinen Formel für die Polynomfunktion (◘ Tab. 9.1, Regel 3.1, a = 1, n = 2).
- Bestimmtes Integral: $\int_0^3 f(x)\,dx = \left[F(x)\right]_0^3 = F(3) - F(0) = \frac{1}{3} \cdot 3^3 - \frac{1}{3} \cdot 0^3 = 9$

Die Fläche zwischen der Funktion $f(x) = x^2$ und der x-Achse beträgt in den Grenzen $0 \leq x \leq 3$ somit neun Flächeneinheiten. ◀

▶ **Beispiel 2 – Fläche zwischen zwei Funktionen**

Berechnen Sie die Fläche, die von den beiden Funktionen $g(x) = \sqrt{x}$ und $f(x) = x^2$ eingeschlossen wird (◘ Abb. 9.10). Die beiden Kurven schneiden sich in den Punkten x = 0 und x = 1, was durch Gleichsetzen g(x) = f(x) einfach gezeigt werden kann.

Der Lösungsansatz ist einfach. Man berechnet das bestimmte Integral für die beiden Funktionen in den Grenzen 0 und 1 und subtrahiert das Integral für f(x) vom Integral für g(x). Die Differenz entspricht der gelben Fläche in ◘ Abb. 9.10.

$$A = \int_0^1 \left[g(x) - f(x)\right]dx = \int_0^1 \left[x^{1/2} - x^2\right]dx$$

$$= \left[\frac{2 \cdot x^{3/2}}{3} - \frac{x^3}{3}\right]_0^1 = \frac{2 \cdot 1^{3/2}}{3} - \frac{1^3}{3} - \left(\frac{2 \cdot 0^{3/2}}{3} - \frac{0^3}{3}\right) = \frac{2 \cdot 1 - 1}{3} = \frac{1}{3}$$

(9.23)
◀

▶ **Beispiel 3 – Arbeit einer mechanischen Feder**

Eine mechanische Feder soll um 10 cm gestaucht werden. Wie viel Arbeit (W) muss dafür aufgebracht werden, wenn die Federkonstante $D = 1000\ \text{Nm}^{-1}$ beträgt.

Die Kraft (F), die aufgebracht werden muss, um die Feder zu stauchen, ist proportional zur Stauchstrecke x und zur Federkonstante D und kann über das Hook'sche-Gesetz ausgedrückt werden: $F = D \cdot x$.

Arbeit (W) ist allgemein definiert als das Produkt aus Kraft (F) mal Weg (x). Da die Kraft sich mit zunehmender Stauchung der Feder ändert, muss das Integral für die Kraftkurve im Wegbereich von 0 bis 0,1 m berechnet werden.

$$W = \int_0^{0,1} D \cdot x\, dx = D \cdot \left[\frac{x^2}{2}\right]_0^{0,1}$$
$$= 1000\, \frac{N}{m} \cdot \left[\frac{(0,1\,m)^2}{2} - \frac{(0\,m)^2}{2}\right] = 5\,Nm = 5\,J \qquad (9.24)$$

◂

▶ Beispiel 4 – Gravitationsfeld der Erde

Eine Rakete soll von der Erdoberfläche ins All geschossen werden, d. h. das Gravitationsfeld der Erde verlassen. Wie viel Energie muss dafür aufgebracht werden?

Masse Erde – m_E = 5,972·10^{24} kg

Masse Rakete – m_R = 2,938·10^6 kg

Radius Erdoberfläche – r_E = 6,371·10^6 m

Gravitationskonstante Erde – G_E = 6,674·10^{-11} m^3 kg^{-1} s^{-2}

Aus der klassischen Physik wissen wir, dass Massen Kräfte aufeinander ausüben. Die Gleichung für die Gravitationskraft (F_G) lautet:

$$F_G = \frac{G \cdot m_E \cdot m_R}{r^2} \qquad (9.25)$$

Der Wert der Gravitationskonstante (G_E) gilt nur auf der Erdoberfläche (r_E). Mit zunehmendem Abstand r der Rakete von der Erdoberfläche nimmt die Gravitationskonstante (G) ab, wodurch die Anziehungskraft schwächer wird. Mit zunehmender Höhe muss weniger Energie aufgebracht werden, um die Rakete dem Gravitationsfeld der Erde zu entziehen. Die aufzubringende Energie ergibt sich aus der Kraft multipliziert mit dem zurückgelegten Weg. Da die Gravitationskraft mit der Höhe stetig abnimmt, können wir die Gravitationskraft nicht einfach mit der Höhe multiplizieren. Stattdessen müssen wir die Gravitationskraft (F_G) entlang der zunehmenden Höhe (r) integrieren, um die erforderliche potentielle Energie (E_P) zu berechnen.

$$E_P = \int_{r_E}^{r_h} F_G\, dr = \int_{r_E}^{r_h} \frac{G \cdot m_E \cdot m_R}{r^2}\, dr = G \cdot m_E \cdot m_R \cdot \int_{r_E}^{r_h} r^{-2}\, dr$$
$$= -G \cdot m_E \cdot m_R \left[r^{-1}\right]_{r_E}^{r_h} = -G \cdot m_E \cdot m_R \cdot \left(\frac{1}{r_h} - \frac{1}{r_E}\right) \qquad (9.26)$$

Da die Rakete sich dem Gravitationsfeld der Erde völlig entziehen soll, muss für $r_h = \infty$ angesetzt werden, sodass sich für die erforderliche Energie Gl. 9.27 ergibt.

$$E_P = \frac{G \cdot m_E \cdot m_R}{r_E} \qquad (9.27)$$

Setzt man die Werte ein, erhält man für die erforderliche potenzielle Energie, um die Rakete ins All zu befördern:

$$E_P = \frac{6,674 \cdot 10^{-11}\, m^3 \cdot 5,972 \cdot 10^{24}\, kg \cdot 2,938 \cdot 10^6\, kg}{kg \cdot s^2 \cdot 6,371 \cdot 10^6\, m} = 183,8 \cdot 10^6\, MJ$$

Damit die Rakete das Gravitationsfeld „verlassen" kann, muss die Energie als kinetische Energie (E_{kin}) zur Verfügung gestellt werden. Welche Geschwindigkeit muss die Rakete aufweisen, um das Gravitationsfeld der Erde verlassen zu können?

$$E_{kin} = E_p \rightarrow \frac{1}{2} m_R \cdot v^2 = \frac{G \cdot m_E \cdot m_R}{r_E} \rightarrow v = \sqrt{\frac{2 \cdot G \cdot m_E}{r_E}} \qquad (9.28)$$

$$v = \sqrt{\frac{2 \cdot 6,674 \cdot 10^{-11}\, m^3 \cdot 5,972 \cdot 10^{24}\, kg}{6,371 \cdot 10^6\, m \cdot kg \cdot s^2}} = 11.186\, \frac{m}{s} \approx 11,2\, \frac{km}{s}$$

Für die Fluchtgeschwindigkeit spielt die Masse der Rakete keine Rolle mehr, da sich diese beim Gleichsetzen von kinetischer Energie und potenzieller Energie herauskürzt (Gl. 9.28). ◂

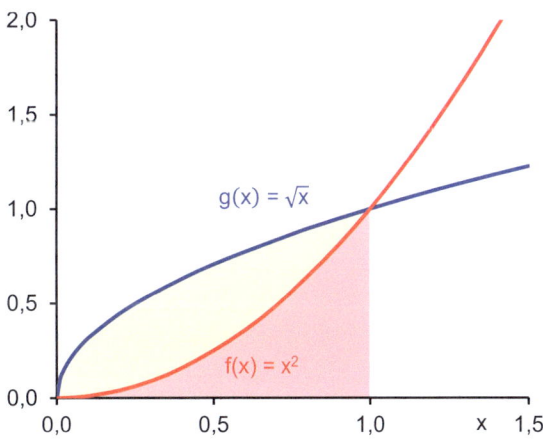

■ **Abb. 9.10** Die beiden Funktionen g(x) und f(x) schließen eine Fläche der Größe A = 1/3 ein

9.4 Ableitungen höherer Ordnung

Bisher haben wir uns mit einfachen Ableitungen f'(x), also der ersten Ableitung (d/dx) einer Funktion f(x), beschäftigt. Es gibt jedoch auch Ableitungen höherer Ordnung, die durch wiederholtes Differenzieren von f(x) nach der Variablen x erhalten werden. Ein weiteres Differenzieren der ersten Ableitung f'(x) nach x ergibt die zweite Ableitung f''(x). Nochmaliges Ableiten ergibt dann die dritte Ableitung f'''(x), und so weiter.

Aber wofür sind Ableitungen höherer Ordnung nützlich? Wie wir bereits wissen, entspricht die erste Ableitung der Wegstrecke (s) nach der Zeit (t) der Geschwindigkeit [v(t)] (◻ Abb. 9.11b). Geometrisch betrachtet ist v(t) die Tangentensteigung der Kurve s(t) zu jedem Zeitpunkt t.

$$v(t) = \frac{d}{dt}s(t) = s'(t) \qquad (9.29)$$

Durch Ableiten der Funktion v(t) nach der Zeit erhalten wir die Steigung der Geschwindigkeitsfunktion, was nichts anderes als die Beschleunigung a(t) ist (◻ Abb. 9.11a).

$$a(t) = \frac{d}{dt}v(t) = \frac{d^2}{dt^2}s(t) = s''(t) \qquad (9.30)$$

Mathematisch betrachtet ist die Beschleunigung a(t) die erste Ableitung der Geschwindigkeit v(t) bzw. die zweite Ableitung der Wegstrecke s(t) nach der Zeit (t).

In ◻ Abb. 9.11 erkennt man an der linearen Steigung der Geschwindigkeitsfunktion v(t), dass die Geschwindigkeit über die Zeit linear zunimmt. Die Beschleunigung a(t) ist dagegen konstant, somit nicht von t abhängig. Daher ist die Steigung der Beschleunigungsfunktion a(t) null und der Funktionsgraph verläuft parallel zur t-Achse (◻ Abb. 9.11a). Die Beschleunigung a(t), also die zweite Ableitung der Wegstrecke s(t) nach der Zeit (t), entspricht der Krümmung des Kurvenverlaufs der Wegstreckenfunktion s(t). Im Beispiel ◻ Abb. 9.11c ist die Wegstreckenverlauf linksgekrümmt, weshalb die zweite Ableitung a(t) = 2 positiv ist.

■ **Kurvendiskussion – Bestimmung von Extrempunkten einer Funktion f(x)**

Mit Ableitungen höherer Ordnungen können Extrempunkte von Funktionsgraphen bestimmt werden. Extrempunkte (Minima, Maxima) eines Funktionsgraphen sind dann gegeben, wenn folgende Bedingungen erfüllt werden:

- f'(x) = 0, notwendige Bedingung → Nullstellen von f'(x) in die zweite Ableitung einsetzen
- f''(x) ≠ 0, hinreichende Bedingung
  - falls f''(x) > 0 → Tiefpunkt, Minimum, da linksgekrümmter Kurvenverlauf
  - falls f''(x) < 0 → Hochpunkt, Maximum, da rechtsgekrümmter Kurvenverlauf

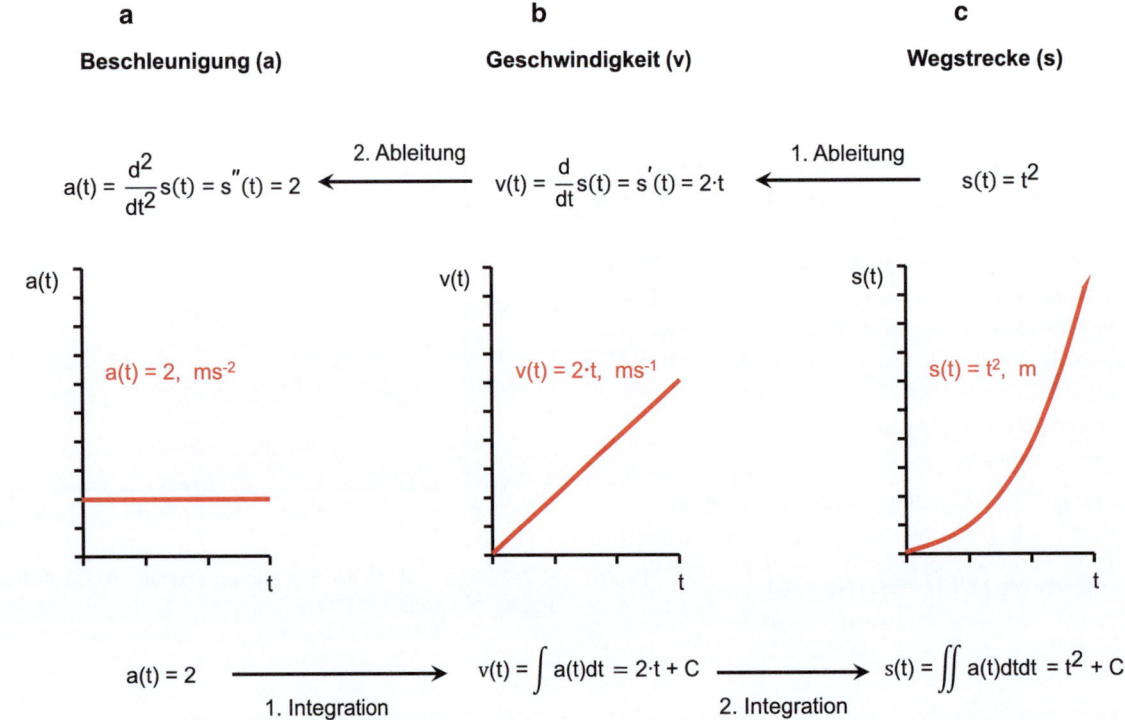

◻ **Abb. 9.11** Beschleunigung-/Geschwindigkeit-/Weg-Zeit-Diagramme und deren Überführung durch Differenzieren respektive Integrieren

9.7 · Totale Differenziale – Funktionsänderung bei Variation aller Variablen

▶ Beispiel

Betrachten wir nochmals den Funktionsgraphen für v(t) in ◘ Abb. 9.7.

Die Gleichung für den Funktionsgraphen lautet:

$$v(t) = 8 \cdot t - \frac{1}{2} \cdot t^2 \tag{9.31}$$

Wir wissen, dass der Graph ein Maximum aufweist. Daher bestimmen wir den Zeitpunkt t, an dem die Ableitung v'(t) = 0 ist.

$$v'(t) = 8 - \frac{1}{2} \cdot 2 \cdot t = 8 - t = 0 \rightarrow t = 8$$

An der Stelle t = 8 weist die Funktion eine Extremstelle auf.

Um zu unterscheiden, ob es sich bei der Extremstelle um ein Maximum oder Minimum handelt, wird die zweite Ableitung von v(t) gebildet und an der Stelle t = 8 berechnet.

$$v'(t) = 8 - t \rightarrow v''(t) = -1 < 0$$

Da die zweite Ableitung negativ (rechtsgekrümmt) ist, handelt es sich um ein Maximum, was aus dem Kurvenverlauf in ◘ Abb. 9.7 hervor geht. ◀

9.5 Integrale höherer Ordnung

Analog zu Ableitungen höherer Ordnung gibt es auch Integrale höherer Ordnung. So zeigt ◘ Abb. 9.11b exemplarisch, dass durch die Integration der Beschleunigung a(t) über die Zeit t die Geschwindigkeit v(t) erhalten wird. Durch wiederholte Integration, also die doppelte Integration ($\iint a(t)dtdt$) der Beschleunigung a(t) nach der Zeitvariable t, wird schließlich die zurückgelegte Wegstrecke s(t) erhalten.

$$s(t) = \int v(t)dt = \iint a(t)dtdt \tag{9.32}$$

9.6 Partielle Differenziale – Funktionsänderung bei der Variation einer von mehreren Variablen

Ausgangspunkt ist eine Funktion mit mehreren unabhängigen Variablen x und y.

$$f(x,y) = 2 \cdot x^2 + 3 \cdot y \tag{9.33}$$

■ Partielles Differenzial

Wir möchten wissen, wie sich der Funktionswert (df) ändert, wenn die Variable x marginal (dx) variiert wird, während die zweite Variable y konstant gehalten wird.

Da es eine zweite Variable y gibt, die jedoch konstant bleibt und nur nach der Variablen x differenziert wird, spricht man von einer partiellen Ableitung oder einem partiellen Differenzial. Partielle Differenziale werden als (∂/∂x) bzw. (∂/∂y) geschrieben. Die konstant gehaltene Variable wird als Subskript hinter der Klammer angegeben, beispielsweise ()$_y$.

$$\left(\frac{\partial}{\partial x} f(x,y)\right)_y = \left(\frac{\partial}{\partial x}(2 \cdot x^2 + 3 \cdot y)\right)_y = 4 \cdot x \tag{9.34}$$

Das partielle Differenzial nach der Variablen y bei konstantgehaltenem x lautet:

$$\left(\frac{\partial}{\partial y} f(x,y)\right)_x = \left(\frac{\partial}{\partial y}(2 \cdot x^2 + 3 \cdot y)\right)_x = 3 \tag{9.35}$$

9.7 Totale Differenziale – Funktionsänderung bei Variation aller Variablen

Jetzt interessiert uns, wie sich der Funktionswert ändert, wenn sich beide Variablen x und y infinitesimal ändern. Wir leiten dazu die Funktion f(x,y) nacheinander nach den beiden Variablen x und y ab. Totale Differenziale (df) werden analog Gl. 9.36 geschrieben.

$$df(x,y) = \frac{\partial}{\partial x} f(x,y)dx + \frac{\partial}{\partial y} f(x,y)dy \tag{9.36}$$

Das totale Differenzial, also die quantitative Änderung (df) einer Funktion f(x,y) bei infinitesimaler Änderung beider Variablen, ergibt sich aus der Summe (Pluszeichen in Gl. 9.36) der Produkte der partiellen Ableitungen (∂f/∂x respektive ∂f/∂y) und den zugehörigen Differenzialen (dx respektive dy).

Somit entspricht das totale Differenzial der Summe der partiellen Differenziale:

$$\begin{aligned} df(x,y) &= \frac{\partial(2 \cdot x^2 + 3 \cdot y)}{\partial x}dx + \frac{\partial(2 \cdot x^2 + 3 \cdot y)}{\partial y}dy \\ &= 4xdx + 3dy \end{aligned} \tag{9.37}$$

Geometrisch betrachtet, entspricht das totale Differenzial der Tangentialebene, die im Punkt x,y eine zweidimensionale Funktionsfläche f(x,y) tangiert.

- **Anwendung auf eine thermodynamische Zustandsgleichung**

Die Zustandsgleichung des allgemeinen Gasgesetzes lautet p·V = R·T (▶ Abschn. 5.2.1). Der Gasdruck ist somit eine Funktion von Temperatur und Volumen. Die allgemeine Gaskonstante (R) – nomen est omen – ist eine Konstante.

$$p(T,V) = \frac{R \cdot T}{V} \tag{9.38}$$

- **Partielle Ableitung nach der Temperatur bei konstantem Volumen**

Im ersten Schritt wollen wir untersuchen, wie sich der Gasdruck bei einer Temperaturänderung verhält, wenn das Volumen konstantgehalten wird.

Dazu bilden wir die partielle Ableitung von p(T,V) nach der Temperatur bei konstantem Volumen. Die Variable, nach der abgeleitet (variiert) wird, befindet sich unter dem Bruchstrich ($\partial/\partial T$). Die zweite Variable V, die konstant bleibt, wird außerhalb der Klammer tiefgestellt.

$$\left(\frac{\partial}{\partial T}p\right)_V = \left(\frac{\partial}{\partial T}\left(\frac{R \cdot T}{V}\right)\right)_V \xrightarrow{\text{Tab. 9.1, Regel 3.1}} \left(\frac{\partial}{\partial T}p\right)_V = \frac{R}{V} \tag{9.39}$$

In ◘ Abb. 9.12 wird dies durch das Gasgesetz von Amontons veranschaulicht, das die Änderung des Gasdrucks als Funktion der Temperatur (grüne Linien) darstellt. In der Abbildung sind die partiellen Differentiale für zwei konstante Volumina (V_1, V_2) eingezeichnet. Die beiden Geraden entsprechen parallelen Schnitten mit den Abständen V_1 und V_2 zur p-T-Ebene, die durch den Koordinatensystemursprung (0,0,0) verläuft.

- **Partielle Ableitung nach dem Volumen bei konstantem Druck**

Im zweiten Schritt wollen wir wissen, wie sich der Gasdruck bei Volumenvariation ändert, wenn die Temperatur konstantgehalten wird.

$$\left(\frac{\partial}{\partial V}p\right)_T = \left(\frac{\partial}{\partial V}\left(\frac{R \cdot T}{V}\right)\right)_T = \left(\frac{\partial}{\partial V}\left(R \cdot T \cdot V^{-1}\right)\right)_T \xrightarrow{\text{Tab. 9.1, Regel 3.1}} \left(\frac{\partial}{\partial V}p\right)_T = -R \cdot T \cdot V^{-2} = -\frac{R \cdot T}{V^2} \tag{9.40}$$

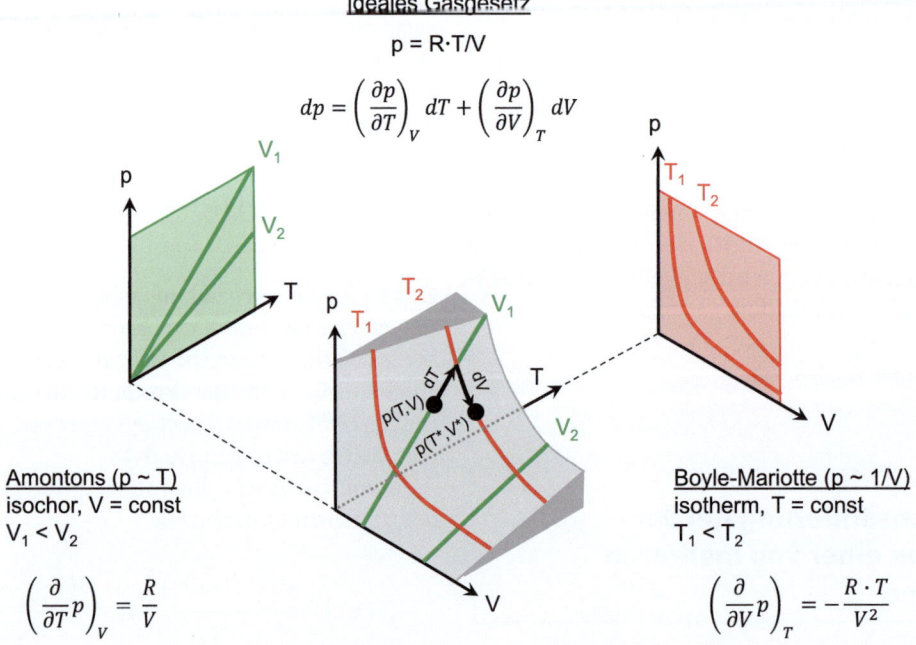

◘ **Abb. 9.12** Das ideale Gasgesetz mit seinen partiellen Ableitungen

9.7 · Totale Differenziale – Funktionsänderung bei Variation aller Variablen

Das Gasgesetz von Boyle-Mariotte, also die Änderung des Gasdrucks als Funktion des Volumens (◘ Abb. 9.12, rote Hyperbeln), entspricht der partiellen Ableitung des Drucks nach dem Volumen bei konstanter Temperatur. In ◘ Abb. 9.12 wurden für zwei konstante Temperaturen (T_1, T_2) die partiellen Differenziale eingetragen. Der hyperbolische Verlauf (rote Linien) steht im Einklang mit dem mathematischen Ausdruck ($-R \cdot T/V^2$).

Die zwei Kurven entsprechen parallelen Schnitten mit den Abständen T_1 und T_2 zur p-V-Ebene, die durch den Koordinatensystemursprung (0,0,0) verläuft.

▪ Totales Differenzial – Ableitung nach Temperatur und Volumen

Jetzt wollen wir wissen, wie sich der Gasdruck ändert, wenn wir die beiden Variablen (T, V) gleichzeitig variieren. Die Zustandsänderung dp des Druckes wird über das totale Differenzial ausgedrückt. Es entspricht der Summe der partiellen Ableitungen nach Temperatur und Volumen, multipliziert mit der jeweiligen differenziellen Änderung dT respektive dV.

$$dp = \left(\frac{\partial p}{\partial T}\right)_V dT + \left(\frac{\partial p}{\partial V}\right)_T dV = \frac{R}{V} dT - \frac{R \cdot T}{V^2} dV \quad (9.41)$$

Die partiellen Ableitungen geben die Druckänderung (dp) mit zunehmender Temperatur (dT) respektive Volumen (dV) am Punkt T,V wieder. Die differenziellen Änderungen dT und dV beschreiben, wie weit man sich vom Ausgangspunkt T und V wegbewegt. Diese Bewegungen erfolgen auf der grauen Hyperfläche (Abb. 9.12). Der Endpunkt der Variation erfolgt durch vektorielle Addition der beiden differenziellen Änderungen. Das heißt, zuerst geht man vom Ausgangspunkt p(T,V) in T-Richtung um dT, um dann von diesem Punkt aus in V-Richtung um dV zu gehen. Letztendlich landet man bei dem Punkt p(T*,V*) = p(T+dT,V+dV).

Thermodynamik

Inhaltsverzeichnis

Kapitel 10 Thermodynamik – Wärmelehre – 187

Kapitel 11 Erster Hauptsatz der Thermodynamik – Energieerhaltungssatz – 207

Kapitel 12 Zweiter Hauptsatz der Thermodynamik – Entropiemaximierung führt zur Energieentwertung – 249

Thermodynamik – Wärmelehre

Inhaltsverzeichnis

10.1 Thermodynamik – Lehre von Energiezuständen und Energieumwandlungen – 189
10.1.1 System – Abgegrenztes Volumen, das durch Zustandsgrößen eindeutig definiert ist – 189
10.1.2 Zustand – Zustandsgrößen (p, V, T, n) charakterisieren einen thermodynamischen Zustand – 190
10.1.3 Zustandsfunktionen – Quantitative Beschreibung von Zuständen durch Zustandsgrößen – 191
10.1.4 Zustandsänderung – Isotherm, isobar, isochor, adiabatisch – 191
10.1.5 Makroskopische vs. mikroskopische Betrachtung – 191

10.2 Thermodynamik – Grundlegende Größen – 192
10.2.1 Temperatur – Maß für die mittlere kinetische Energie von Teilchen – 192
10.2.2 Energie – Fähigkeit eines Systems, Arbeit zu verrichten und/oder Wärme auszutauschen – 192
10.2.3 Wärmeenergie – Kinetische Energie ungeordneter Teilchenbewegung – 193
10.2.4 Innere Energie – Gesamtenergie eines Systems, die für Zustandsänderungen zur Verfügung steht – 193
10.2.5 Volumenarbeit – Volumenänderung eines Systems ist mit Arbeit verbunden – 193
10.2.6 Enthalpie – Adäquate Größe für die Änderung der inneren Energie bei konstantem Druck – 194
10.2.7 Entropie – Innere Energie präferiert möglichst viele energetisch gleichwertige Mikrozustände – 194

10.3 Kinetische Gastheorie – Charakterisierung idealer Gase auf Teilchenebene – 196
10.3.1 Geschwindigkeit – Einzelne Gasteilchen bewegen sich unterschiedlich schnell – 196
10.3.2 Kinetische Energie – Grundgleichung der kinetischen Gastheorie – 200
10.3.3 Innere Energie – Zunahme mit Temperatur und inneren Freiheitsgraden – 201
10.3.4 Gasdruck – Kollisionen von Gasteilchen mit Gefäßwänden erzeugt Druck – 202

- 10.3.5 Temperatur – Maß für die mittlere kinetische Energie von Teilchen – 203
- 10.3.6 Mittlere freie Weglänge – Durchschnittliche Fluglänge eines Gasteilchens ohne Teilchenkollision – 203
- 10.3.7 Stoßfrequenz – Anzahl von Teilchenkollisionen pro Zeiteinheit – 204

10.4 Hauptsätze der Thermodynamik – Fundament der Wärmelehre – 205

- 10.4.1 Nullter Hauptsatz – Thermisches Gleichgewicht; Temperaturen von Systemen gleichen sich an – 205
- 10.4.2 Erster Hauptsatz – Energieerhaltungssatz; Energie kann weder erzeugt noch vernichtet werden – 205
- 10.4.3 Zweiter Hauptsatz – Entropiesatz; die Entropie eines geschlossenen Systems nimmt niemals ab – 205
- 10.4.4 Dritter Hauptsatz – Nernst'sches Theorem; der absolute Temperaturnullpunkt ist unerreichbar – 206

10.1 Thermodynamik – Lehre von Energiezuständen und Energieumwandlungen

Die chemische Thermodynamik (Wärmelehre) beschäftigt sich mit den Gesetzmäßigkeiten der Energieumwandlung bei chemischen Reaktionen. Da bei chemischen Reaktionen die Reaktionswärme eine entscheidende Rolle spielt, ist es das vorrangige Ziel der chemischen Thermodynamik, quantitative Zusammenhänge zwischen Stoff- und Wärmeumsatz herzustellen.

In der Chemie fungiert die Thermodynamik als wichtige „Hilfswissenschaft", die es ermöglicht, vorherzusagen, ob chemische Reaktionen spontan ablaufen. Allerdings lassen sich aus thermodynamischen Größen keine Rückschlüsse auf die Geschwindigkeit chemischer Reaktionen ziehen. Zeitliche Abläufe chemischer Reaktionen werden in der Reaktionskinetik (▶ Kap. 13) behandelt.

Die Grundlagen der Thermodynamik wurden zwischen 1820 und 1890 von bedeutenden Naturwissenschaftlern wie Carnot, Mayer, Joule, Clausius, Maxwell, Gibbs, Boltzmann und Nernst gelegt. Sie stellten grundlegende thermodynamische Größen wie Temperatur, Wärme, Energie und Entropie auf eine wissenschaftlich fundierte Basis und ersetzten unklare Begriffe wie kalorische Substanz, Vitalismus und Perpetuum Mobile durch präzise Modelle der kinetischen Gastheorie, des mechanischen Wärmeäquivalents und das Konzept der Energieerhaltung.

10.1.1 System – Abgegrenztes Volumen, das durch Zustandsgrößen eindeutig definiert ist

Die Thermodynamik beschreibt energetische Systeme. Bei chemischen Reaktionen besteht ein System aus dem Reaktionsgefäß und der Reaktionslösung (Ausgangsstoffe, Lösungsmittel, Reaktionsprodukte, Katalysator etc.). Alles andere ist die Umgebung des Systems. System und Umgebung sind durch eine Systemgrenze, z. B. die Reaktorwand, voneinander räumlich getrennt.

Der Zustand eines Systems wird mit makroskopischen Zustandsgrößen wie Volumen, Stoffmenge, Druck und Temperatur beschrieben.

Interaktionen zwischen System und Umgebung werden mit Prozessgrößen wie Wärme und Arbeit erfasst.

Für die grundlegende Wechselwirkung eines chemischen Systems mit der Umgebung sind drei Szenarien vorstellbar (◘ Abb. 10.1, ◘ Tab. 10.1).

- **Offenes System**

Ein offenes System erlaubt sowohl Stoff- (m) und Energieaustausch (E) mit der Umgebung. So ist beispielsweise der menschliche Körper ein offenes thermodynamisches System. Nur indem er täglich Nahrung (Energie) aufnimmt und Stoffwechselprodukte wie Kohlenstoffdioxid, Wasser etc. ausscheidet, kann die komplexe Struktur des Körpersystems aufrechterhalten werden.

- **Geschlossenes System**

Ein geschlossenes System kann mit der Umgebung Energie in Form von Wärme oder mechanischer Arbeit austauschen, ist aber undurchlässig für Materie. Polymerisationsreaktionen im Autoklav (gasdichter, verschließbarer Druckbehälter) mit Kühl-/Heizmantel entsprechen einem geschlossenen System.

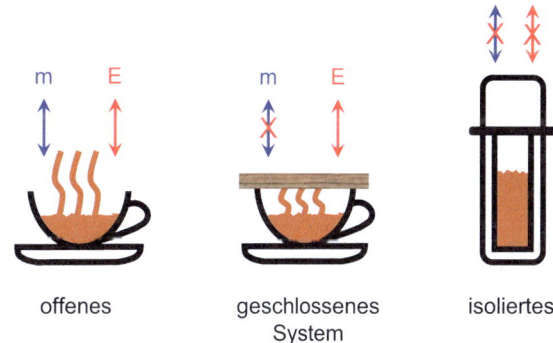

◘ **Abb. 10.1** Kaffeetasse, Kaffeetasse mit Verschluss und Thermoskanne als Beispiele für ein offenes, ein geschlossenes und ein isoliertes System

◘ **Tab. 10.1** Thermodynamische Systeme in der Übersicht

System	Austausch mit der Umgebung		Beispiele chemischer Systeme
	Stoffe/Materie	Energie/Arbeit	
Isoliertes	nein	nein	Chemische Reaktionen im Dewargefäß
Geschlossenes	nein	ja	Polymerisationsreaktionen in Autoklaven
Offenes	ja	ja	Herstellung von Roheisen im Hochofen

■ **Isoliertes System**

Bei einem isolierten System erfolgt kein Materie- und Energieaustausch zwischen System und Umgebung. Ein solcher Zustand liegt vor, wenn z. B. in einem Dewargefäß (verspiegeltes, doppelwandiges, evakuiertes Glas- oder Edelstahlgefäß, vergleichbar mit einer Thermosflasche) Calciumchlorid ($CaCl_2$) in Wasser gelöst wird.

10.1.2 Zustand – Zustandsgrößen (p, V, T, n) charakterisieren einen thermodynamischen Zustand

Ein chemisches Reaktionssystem umfasst Chemikalien, Lösungsmittel usw., deren aktueller Zustand durch messbare, variable, makroskopische Größen wie Druck (p), Temperatur (T), Volumen (V) und Stoffmenge (n) beschrieben wird.

Diese Größen charkterisieren den Zustand des Systems, unabhängig davon, wie dieser erreicht wurde, und werden daher als Zustandsgrößen oder Zustandsvariablen bezeichnet. Grundsätzlich wird zwischen extensiven und intensiven Zustandsgrößen unterschieden.

■ **Extensive Zustandsgrößen**

Extensive Zustandsgrößen – auch als mengenartige Größen bezeichnet – sind abhängig von der Teilchenzahl und der Stoffmenge des Systems. Eine Änderung der Systemgröße (Stoffmenge) führt zu einer Veränderung von extensiven Zustandsgrößen wie Volumen und Masse (◘ Abb. 10.2). Extensive Zustandsgrößen verhalten sich proportional zur Stoffmenge und können auf die Masse bezogen werden, was spezifische Zustandsgrößen ergibt. So kann beispielsweise das Volumen oder der Heizwert eines Stoffes pro Kilogramm angegeben werden.

Typische extensive Zustandsgrößen sind Masse (m), Stoffmenge (n), Volumen (V), innere Energie (U), Reaktionsenthalpie (H), freie Enthalpie (G) und Entropie (S).

■ **Intensive Zustandsgrößen**

Intensive Zustandsgrößen sind unabhängig von der Teilchenzahl des Systems. Sie verändern sich nicht, wenn das System vergrößert oder verkleinert wird. Beispiele hierfür sind Druck und Temperatur (◘ Abb. 10.2). Intensive Zustandsgrößen werden nicht von der Stoffmenge beeinflusst, weshalb eine Temperatur- oder Druckangabe pro Kilogramm Substanz keinen Sinn ergibt.

Typische intensive Zustandsgrößen sind Temperatur (T), Druck (p), chemische Potential (μ) und Konzentrationen (c).

■ **Beispiel**

Zwei Kaffeekannen enthalten jeweils 0,5 l Kaffee mit einer Temperatur von 45 °C. Gießen wir beide Kaffeemengen zusammen, erhalten wir 1 l Kaffee mit unveränderter Temperatur von 45 °C. Deshalb ist die Temperatur eine intensive Größe, während sich das Volumen (extensive Größe) verdoppelt.

■ **Spezifische und molare Zustandsgrößen**

Der **Quotient** zweier extensiver Größen ergibt eine intensive Zustandsgröße. Dividiert man beispielsweise die Masse eines Körpers (extensive Größe) durch dessen Volumen (extensive Größe), so wird die Dichte (intensive Größe) des Körpers erhalten. Angaben extensiver Größen pro Masseneinheit werden als spezifische Größen bezeichnet und sind intensive Zustandsgrößen. So ist die spezifische Wärmekapazität, d. h. die Wärmeenergie, die benötigt wird, um 1 kg Wasser um 1 K zu erwärmen, unabhängig davon, ob man 1 kg oder einen ganzen See betrachtet.

Alle spezifischen und molaren Größen, wie die Reaktionswärme pro Mol, sind intensive Größen, da eine mengenartige Größe (Reaktionswärme in J) durch eine mengenartige Größe (Stoffmenge in Mol) geteilt wird.

Das **Produkt** aus einer extensiven Zustandsgröße (Volumen) und einer intensiven Größe ergibt wieder eine extensive Größe. So ergibt beispielsweise das Produkt aus Volumen (extensiv) und Druck (intensiv) den Energieinhalt (extensiv) eines Gases.

Durch das Einführen molarer Größen können thermodynamische Zustände unabhängig von der Systemgröße beschrieben werden.

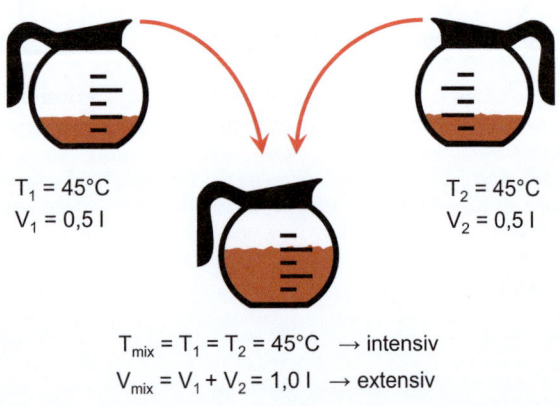

◘ **Abb. 10.2** Extensive Zustandsgrößen wie das Volumen sind eine Funktion der Stoffmenge, intensive Zustandsgrößen wie die Temperatur sind mengenunabhängig

10.1 · Thermodynamik – Lehre von Energiezuständen und Energieumwandlungen

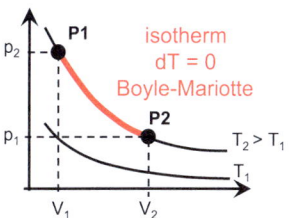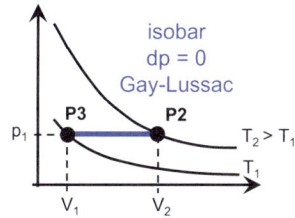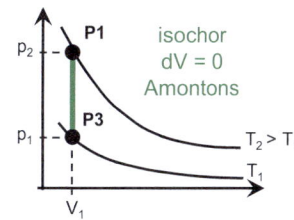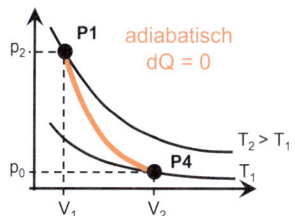

Abb. 10.3 Isotherme, isobare, isochore und adiabatische Zustandsänderung eines idealen Gases im p-V-Diagramm

■ **Prozessgrößen**

Physikalische Größen, die einen Vorgang beschreiben, werden als Prozessgrößen bezeichnet. Beispiele hierfür sind übertragene Wärme (Q) und geleistete Arbeit (W).

Wärme fließt, wenn ein Temperaturunterschied zwischen System und Umgebung vorhanden ist. Prozesse, bei denen Wärme vom System an die Umgebung abgegeben wird, werden als exotherme Prozesse bezeichnet. Bei endothermen Prozessen nimmt das System Wärme von der Umgebung auf.

10.1.3 Zustandsfunktionen – Quantitative Beschreibung von Zuständen durch Zustandsgrößen

Zustandsgleichungen respektive Zustandsfunktionen stellen das mathematische Beziehungsgeflecht zwischen den verschiedenen thermodynamischen Zustandsgrößen dar, die die Eigenschaften (Zustand) eines thermodynamischen Systems, wie Gase oder Flüssigkeiten, beschreiben. Zustandsgleichungen werden in der Regel empirisch abgeleitet.

Ein Beispiel für eine thermische Zustandsgleichung ist die allgemeine Gasgleichung (p, V, T), die die leicht messbaren Zustandsgrößen Volumen (V), Temperatur (T) und Druck (p) für ein ideales Gas miteinander verknüpft [p = f(T,V)].

Je nach Fragestellung wird eine Zustandsgröße als Zustandsfunktion ausgewählt, während die anderen Zustandsgrößen als Zustandsvariablen fungieren. In Gl. 10.1 ist der Zustand des Gasdrucks (p) in Abhängigkeit von den thermischen Zustandsvariablen Temperatur (T) und Volumen (V) beschrieben, wobei die allgemeine Gaskonstante (R) als Proportionalitätskonstante dient.

$$p(T,V) = \frac{R \cdot T}{V} \tag{10.1}$$

p – Gasdruck, Nm^{-2}
T – absolute Temperatur, K
V – Gasvolumen, m^3
R – allgemeine Gaskonstante, $JK^{-1} mol^{-1}$

10.1.4 Zustandsänderung – Isotherm, isobar, isochor, adiabatisch

Bei thermodynamischen Zustandsänderungen oder Prozessen geht ein thermodynamisches System von einem Anfangszustand in einen Endzustand über (◘ Abb. 10.3). Bei der Zustandsgleichung für ein ideales Gas können sich die drei Zustandsvariablen V, p und T ändern (▶ Abschn. 5.2.1). Fixiert man eine der drei Zustandsvariablen, dann werden spezielle Zustandsgleichungen erhalten. Abhängig davon welche Zustandsvariable konstantgehalten wird, spricht man von

- isothermen Zustandsänderungen (p · V = const., T = const., dT = 0, Gesetz von Boyle-Mariotte, ◘ Abb. 10.3 P1 ↔ P2),
- isobaren Zustandsänderungen (V/T = const., p = const., dp = 0, Gesetz von Gay-Lussac, ◘ Abb. 10.3 P2 ↔ P3),
- isochoren Zustandsänderungen (p/T = const., V = const., dV = 0, Gesetz von Amontons, ◘ Abb. 10.3 P1 ↔ P3),
- adiabatischen Zustandsänderungen (Q = const., dQ = 0, ◘ Abb. 10.3 P1 ↔ P4).

Diese speziellen Zustandsänderungen werden für ein allgemeines Gas im p-V-Diagramm dargestellt (◘ Abb. 10.3).

10.1.5 Makroskopische vs. mikroskopische Betrachtung

■ **Phänomenologische Thermodynamik – Zustandsbeschreibung durch direkt beobachtbare Größen**

Die Grundkenntnisse der Thermodynamik stammen aus der Mitte des 19. Jahrhunderts, als die atomare Struktur der Materie noch nicht im Detail bekannt war. Daher wurden thermodynamische Zustände über makroskopisch messbare Zustandsgrößen wie Volumen, Temperatur, Druck und Stoffmenge beschrieben. Die Zustandsgleichungen, die die Beziehungen zwischen den einzelnen Zustandsgrößen beschreiben, wurden empirisch ermittelt. Diese Herangehensweise ermöglichte zwar keine Einsicht in die innere Struktur der makroskopischen Systeme, war jedoch für die damalige Zeit ausreichend.

■ **Statistische Thermodynamik – Zustandsbeschreibung auf Teilchenebene**

Maxwell und Boltzmann beschrieben die Zustände thermodynamischer Systeme anhand des Verhaltens einzelner Teilchen (Atome, Moleküle, Ionen). Thermische Zustandsgrößen wie Energie, Temperatur und Entropie können mikroskopisch hergeleitet werden, was tiefere Einblicke in thermodynamische Systeme ermöglicht als eine rein makroskopische Betrachtung. Da es jedoch nicht möglich ist Raumkoordinaten, Masse, Geschwindigkeit und den inneren energetischen Zustand aller einzelnen Teilchen (> 10^{22} Teilchen pro Liter Gas) explizit zu beschreiben, konzentrieren sie sich auf statistische Mittelwerte wie die mittlere Geschwindigkeit oder die mittlere Energie von Gasteilchen. Die zugrunde liegende Theorie wird als statistische Mechanik bezeichnet und bildet das Bindeglied zwischen der klassischer Physik des 19. Jahrhunderts und der Quantenmechanik des 20. Jahrhunderts (► Abschn. 10.3).

10.2 Thermodynamik – Grundlegende Größen

Bevor wir tiefer in thermodynamische Gesetzmäßigkeiten eintauchen, wollen wir uns mit einigen wichtigen Begriffen der Thermodynamik vertraut machen.

10.2.1 Temperatur – Maß für die mittlere kinetische Energie von Teilchen

Die Temperatur gibt die spontane Strömungsrichtung von Wärmeenergie von heiß nach kalt vor. Temperaturen messen wir mit Thermometern. Hohe Temperaturen empfinden wir als heiß, niedrige Temperaturen als kalt. Es gibt verschiedene Skalen zum Messen der Temperatur. In Europa verwendet man die Celsius-Skala mit dem Gefrierpunkt des Wassers von 0 °C und dessen Siedepunkt von 100 °C als Referenzpunkte. Die absolute Temperaturskala (Kelvin-Skala) hat ihren Nullpunkt am absoluten Nullpunkt von −273,15 °C. Dem absoluten Nullpunkt der Temperatur wird der Wert 0 K (Kelvin) zugeordnet. Als weiterer Referenzpunkt der Kelvin-Skala dient der Tripelpunkt des Wassers bei 0,01 °C (◘ Abb. 10.4).

Die Temperatur ist eine intensive, also mengenunabhängige Zustandsgröße (◘ Abb. 10.2), die den aktuellen, thermischen Zustand eines Systems beschreibt. Atome und Moleküle bewegen sich umso schneller, je höher die Temperatur ist, sodass die Temperatur ein Maß für die mittlere kinetische Energie der ungeordneten Teilchenbewegung eines Systems ist.

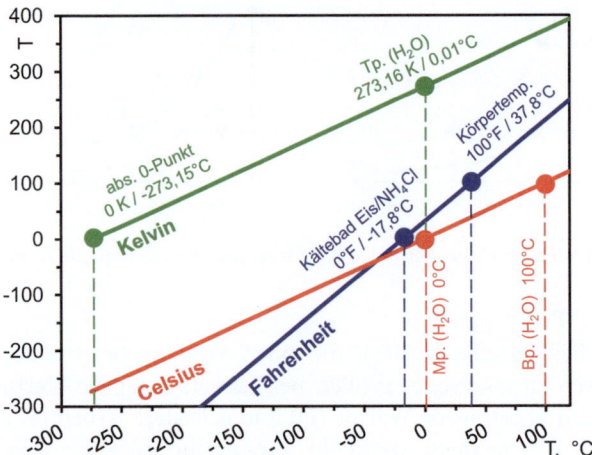

◘ **Abb. 10.4** Temperaturskalen benötigen mindestens zwei Referenzpunkte

10.2.2 Energie – Fähigkeit eines Systems, Arbeit zu verrichten und/oder Wärme auszutauschen

Energie ist die Fähigkeit eines Systems Arbeit zu verrichten, Wärme zu erzeugen oder elektromagnetische Strahlung zu emittieren. Die wichtigsten Energieformen sind

— mechanische Energie, wobei zwischen potenzieller Energie (Lageenergie) und kinetischer Energie (Bewegungsenergie) unterschieden wird,
— Wärmeenergie, auch als thermische Energie bezeichnet,
— chemische Energie,
— elektrische Energie,
— Kernenergie und
— Strahlungsenergie.

Energie (E) kann nach dem Energieerhaltungssatz (► Kap. 11) weder erzeugt noch vernichtet, sondern lediglich in eine andere Form umgewandelt werden. Energie ist somit eine Erhaltungsgröße. Der umgangssprachliche Ausdruck Energieverbrauch ist somit unglücklich, besser wäre Energieentwertung, da hochqualitative Energie wie elektrische Energie beispielsweise in Abwärme umgewandelt wird.

Ein klassisches Beispiel für Energieumwandlung ist der Antrieb von Fahrzeugen. Im Motor verbrennt Benzin, wodurch sich chemische Energie des Benzins in Wärmeenergie umwandelt, die letztendlich in kinetische Energie des Autos transformiert wird.

Die SI-Einheit, die für alle Energieformen verwendet werden kann, ist das Joule (J), das nach dem englischen Physiker James Prescott Joule (1818–1889) benannt wurde. Ein Joule entspricht der Energie, die aufgewandt werden muss, um eine Tafel Schokolade (0,1 kg entspricht 1 N Gewichtskraft) 1 m anzuheben (1 J = 1 Nm).

10.2.3 Wärmeenergie – Kinetische Energie ungeordneter Teilchenbewegung

Wärmeenergie ist die Energie, die von einem heißen auf einen kalten Körper ohne Massefluss übertragen wird.

Wärmeenergie entspricht der kinetischen Energie der **ungeordneten Molekülbewegung** eines Systems. Während die Temperatur den Zustand eines thermodynamischen Systems beschreibt, ist die Wärmeenergie eine Prozessgröße, die beim Übergang von einem zum anderen Zustand freigesetzt wird oder aufgewendet werden muss.

Wenn zwei Systeme unterschiedlicher Temperatur vorliegen, können diese ohne Massefluss untereinander Wärmeenergie (thermische Energie) austauschen. Je größer die Temperaturdifferenz, umso höher ist die ausgetauschte Wärmeenergie.

Wärme entspricht einer zufälligen, regellosen Bewegung von Molekülen oder Atomen, während Arbeit einer gerichteten Bewegung von Teilchen entspricht. So bewegen sich beispielsweise alle Metallatome eines Motorkolbens in eine Richtung.

■ **Wärme versus Temperatur**

Erst seit Mitte des 19. Jahrhunderts wird in der Wissenschaft zwischen Wärme und Temperatur unterschieden. Noch heute werden die beiden Begriffe im Alltag oft synonym verwendet.

Dabei ist eine Unterscheidung relativ einfach. Jeder von uns war wahrscheinlich schon einmal in einer Trockensauna bei 100 °C. Niemand würde jedoch auf die Idee kommen, in ein Wasserbad mit 100 °C zu steigen, da dies lebensgefährliche Verbrennungen zur Folge hätte. Obwohl Sauna und Wasserbad die gleiche Temperatur haben, verfügt das Wasserbad aufgrund seiner wesentlich höheren Dichte über etwa 1000-mal mehr Wärmeenergie, die letztendlich zu den Verbrennungen führen würde.

Ein weiteres Beispiel ist die Erwärmung von 1 l Wasser im Vergleich zu 1 m^3 Wasser von Raumtemperatur auf 50 °C. Auch hier zeigt die Alltagserfahrung, dass für den Kubikmeter (1000 l) das Tausendfache an Wärmeenergie benötigt wird, obwohl beide Mengen im Endzustand die identische Temperatur von 50 °C erreichen.

10.2.4 Innere Energie – Gesamtenergie eines Systems, die für Zustandsänderungen zur Verfügung steht

Die innere Energie (U) ist eine extensive Zustandsgröße, also eine Systemeigenschaft. Sie entspricht der Gesamtenergie aller Energieformen der Teilchen (Moleküle, Atome, Ionen) eines thermodynamischen Systems und setzt sich aus folgenden Komponenten zusammen:
- der intramolekularen chemischen Energie (Bindungsenergie zwischen Atomen)
- den intermolekularen Wechselwirkungen zwischen Molekülen (potenzielle Energie)
- der thermischen Energie (Translation, Vibration, Rotation), d. h. der Wärmeenergie, sowie
- der Kernenergie (Bindungsenergie zwischen den Nukleonen)

Bei chemischen Reaktionen ändern sich die Verknüpfungen (Bindungen) der Atome jedoch nicht die beteiligten Elemente (Atomkerne) als solche, weshalb die Kernenergie in diesem Kontext vernachlässigt werden kann.

Da der Nullpunkt der inneren Energie nicht eindeutig festgelegt werden kann, ist es nicht möglich, einen Absolutwert für die innere Energie anzugeben. In der Praxis ist jedoch nur der Unterschied der inneren Energie (ΔU) zwischen zwei thermodynamischen Zuständen von Bedeutung, vergleichbar mit der Strömung eines Flusses, für die auch nur der Höhenunterschied relevant ist und nicht die absolute Höhe des Flusses über dem Meeresspiegel.

Üblicherweise wird die innere Energie des Ausgangszustands auf null gesetzt und die innere Energie anderer Systemzustände relativ zu diesem Nullpunkt betrachtet.

10.2.5 Volumenarbeit – Volumenänderung eines Systems ist mit Arbeit verbunden

Ändert sich das Volumen eines Systems, ohne dass sich die Wärmemenge oder die Teilchenzahl verändert, wird Volumenarbeit (geordnete Teilchenbewegung) geleistet. Vergrößert sich das Systemvolumen, wie in ◘ Abb. 10.5 dargestellt, verdrängt das entstehende Kohlenstoffdioxid Luft, wofür das System Arbeit gegen den äußeren

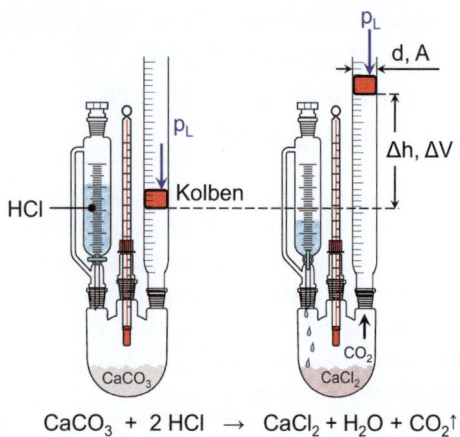

Abb. 10.5 Bei der chemischen Reaktion von Kalkstein mit Salzsäure muss das System Volumenarbeit an der Umgebung leisten (W < 0)

Umgebungsdruck (p_L) leisten muss. Die zu leistende Volumenarbeit (W < 0) ergibt sich aus dem Querschnitt (A) der Gassäule, multipliziert mit der Höhenänderung (h) des frei beweglichen Kolbens, multipliziert mit dem Umgebungsluftdruck (p_L), W = −A · h · p_L. Wenn das Gasvolumen durch Druckausübung auf den Kolben verkleinert wird, wird dem System durch die Umgebung Volumenarbeit zugeführt (W > 0).

10.2.6 Enthalpie – Adäquate Größe für die Änderung der inneren Energie bei konstantem Druck

Da die meisten chemischen Reaktionen in offenen Reaktionssystemen und somit isobar (Abb. 10.3, p = const., Δp = 0) ablaufen, wurde neben der inneren Energie (U) die Enthalpie (H) als zusätzliche Zustandsgröße eingeführt.

Die Enthalpieänderung (ΔH) einer chemischen Reaktion entspricht bei isobarer Zustandsänderung der Reaktionswärme, wobei eventuell geleistete (ΔW < 0) oder zugeführte (ΔW > 0) Volumenarbeit berücksichtigt wird (ΔH = ΔU + ΔW).

Bei einer exothermen chemischen Reaktion gibt das System Reaktionswärme an die Umgebung ab (ΔH < 0), während bei einer endothermen Reaktion dem System Wärmeenergie zugeführt werden muss (ΔH > 0).

10.2.7 Entropie – Innere Energie präferiert möglichst viele energetisch gleichwertige Mikrozustände

Neben Temperatur und Wärmeenergie ist Entropie (▶ Abschn. 12.2) der mit Abstand wichtigste Begriff in der Thermodynamik und zentraler Bestandteil des zweiten Hauptsatzes der Thermodynamik, der nicht umsonst als Entropiesatz bezeichnet wird. Während Temperatur und Wärme mehr oder weniger vertraute Begriffe sind, ist das Konzept der Entropie vielen unbekannt, da es weder in der Schule unterrichtet noch im Alltag erwähnt wird.

Entropie – Eine thermodynamische, makroskopische Annäherung

Bereits in den 1820er-Jahren stellte Carnot fest, dass eine Wärmekraftmaschine nur dann funktioniert, wenn Wärmeenergie von einem heißen zu einem kalten Reservoir fließt. Dabei wird die strömende Wärmeenergie jedoch nur teilweise in nutzbare mechanische Energie überführt, da ein Teil der Wärmeenergie ins kältere Reservoir abfließt und deshalb keine Arbeit leistet.

Wärmeenergie kann also nur dann nutzbare Arbeit leisten, wenn ein Wärmefluss vorhanden ist und ein Teil der Wärmeenergie unwiederbringlich verloren geht. Falls beide Wärmereservoirs die gleiche Temperatur aufweisen, erfolgt kein Wärmefluss und es kann keine Arbeit geleistet werden, vergleichbar mit einem Heizkörper von 30 °C, der keine Wärmeenergie abgibt, wenn die Raumtemperatur ebenfalls 30 °C beträgt.

Letztlich ist Entropie ein Maß für den Anteil an nicht nutzbarer Energie (δQ = T · ΔS), die irreversibel verloren geht. Die mathematische Definition der Entropie stammt von Clausius und besagt, dass bei Wärmeübertragung stets ein Entropietransfer erfolgt, der dem Quotienten aus der reversibel übertragenen Wärmemenge (δQ) und der dabei herrschenden Temperatur entspricht.

$$dS = \frac{\delta Q}{T} \quad Clausius-Definition \qquad (10.2)$$

dS – Entropieänderung, JK^{-1}
δQ – reversibler Wärmeenergietransfer, J
T – absolute Temperatur, K

Gemäß den Erkenntnissen von Clausius, hat Entropie folgende Eigenschaften:
- Entropie (J/K) ist keine Energie (J), sondern ein Maß für die Energieentwertung oder Energiequalität.
- In einem isolierten System nimmt die Entropie niemals ab, sondern entweder zu oder bleibt konstant, dS ≥ 0.
- Ein isoliertes System strebt einen Zustand maximaler Gesamtentropie an.
- Entropie ist im Gegensatz zur inneren Energie (U) keine Erhaltungsgröße.
- Wird einem System Wärmeenergie (ΔQ) bei der Temperatur T zugeführt, erhöht sich dessen Entropie (ΔS) um den Betrag ΔQ/T.

10.2 · Thermodynamik – Grundlegende Größen

Entropie – Eine statistische, mikroskopische Annäherung

Seit Anfang des 19. Jahrhunderts existierte zwar das Atommodell nach Dalton (▶ Abschn. 2.2.1), allerdings war dieses nicht aussagekräftig genug, sodass Clausius keine physikalisch fundierte Erklärung der Entropie auf Teilchenebene liefern konnte.

Erst Ludwig Boltzmann, ein überzeugter Verfechter des Atomismus, interpretierte die Entropie als ein Maß für die Verteilungsmöglichkeiten von Energie auf einzelne Energiezustände (Translationen, Schwingungen, Rotationen) von Molekülen, den sogenannten Mikrozuständen. Makrozustände, also Moleküle mit unterschiedlichen Energieniveaus, können diese Energieniveaus durch unterschiedliche, aber energetisch gleichwertige Mikrozustände realisieren. Der Makrozustand mit der größten Anzahl an energetisch gleichwertigen Mikrozuständen - das heißt, der mit dem größten statistischen Gewicht (W) - nimmt die meiste innere Energie auf, da er der wahrscheinlichste Zustand ist.

Boltzmann postulierte, dass die Entropie eines isolierten Systems proportional zum natürlichen Logarithmus der Anzahl seiner Mikrozustände ist (S ~ lnW). Nach der Boltzmann-Definition wäre die Entropie dimensionslos. Um die Vergleichbarkeit mit der Clausius-Definition (dS = δQ/T) herzustellen, führte Planck als Proportionalitätsfaktor die Boltzmann-Konstante mit der Einheit Joule pro Kelvin ein.

$$S = k_B \cdot \ln(W) \quad Boltzmann-Planck-Gleichung \quad (10.3)$$

S – Entropie eines Makrozustands, JK^{-1}

k_B – Boltzmann-Konstante, JK^{-1}

W – Anzahl (engl. *weight*) an energetisch gleichwertigen Mikrozuständen eines Makrozustands, dimensionslos

Eine Entropiezunahme bedeutet, dass die innere Energie eines Moleküls sich auf einen Makrozustand mit größerer Anzahl an Mikrozuständen verteilt. Die Boltzmann-Formel stellt einen Brückenschlag zwischen den energetischen Mikrozuständen der Moleküle (Ort, Geschwindigkeit, Bewegungsrichtung, Rotation, Vibration) und der makroskopischen Zustandsvariable Entropie her.

Entropie – Maß für den Informationsverlust eines Systems

Entropie wird oft als Maß für die Unordnung eines thermodynamischen Systems verwendet. Um diese Aussage besser zu verstehen, betrachten wir eine streng alphabetisch geordnete Bibliothek (◘ Abb. 10.6b) mit 26 Büchern. Der maximal geordnete Makrozustand mit geringstmöglicher Entropie – „alphabetisch geordnet" – weist ein statistisches Gewicht von W = 1 auf, da er nur über eine einzige Anordnung (Mikrozustand) der Bücher realisiert werden kann [S = $k_B \cdot \ln(1)$ = 0].

Ein Student entnimmt nun das Buch „J" und stellt es aus Bequemlichkeit (Ordnung zu halten bedarf Energieaufwand) beliebig in die Bibliothek zurück (◘ Abb. 10.6a). Es gibt 26 Möglichkeiten, das Buch zurückzustellen), sodass ein ungeordneter Zustand viel häufiger realisiert wird als der geordnete Zustand, bei dem das Buch zufällig wieder an den richtigen Platz zurückgestellt wird. Bei einer Anzahl von allgemein N Büchern gibt es W = N! Möglichkeiten der Buchanordnungen (minimale Ordnung, maximale Unordnung). Im vorliegenden Fall ergeben sich somit W = 26! = 4,033 · 10^{26} Variationen. Die Entropie beträgt somit S = k_B · ln(26!) = 61,26 · k_B.

Der Begriff Unordnung ist jedoch unpräzise. Ob ein kristalliner Feststoff oder eine Lösung des Feststoffs mit homogen verteilten Teilchen ordentlicher ist, ist letztlich eine Frage der Perspektive. Treffender ist es, hohe Entropie mit Informationsverlust gleichzusetzen.

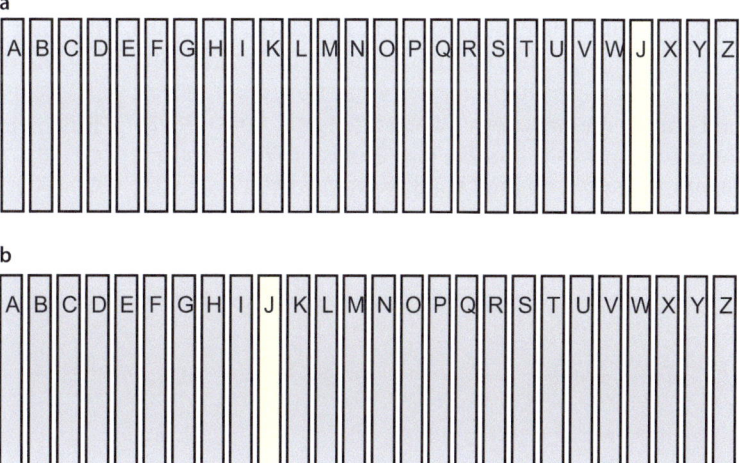

◘ Abb. 10.6 Bibliothek im geordneten Zustand (b). Ein falsch eingeordnetes Buch (a) führt zur Entropiezunahme und damit zum Informationsverlust

Im alphabetischen Zustand (maximale Ordnung, S = 0) weiß man genau, wo sich ein bestimmtes Buch befindet. Mit zunehmend falscher Einordnung von Büchern (Informationsverlust, zunehmende Entropie) wird die Bibliothek für den Leser zunehmend weniger wertvoll, unbrauchbarer, weniger nutzbar.

Nur durch externen Energieaufwand (Bibliothekar) kann die Entropie der Bibliothek verringert und deren Ordnung und Nutzbarkeit wiederhergestellt werden.

■ **Entropie in der Chemie**

Chemische Reaktionen gehen fast immer mit Energie- und Entropieänderungen einher. Hinweise für Entropieänderungen von chemischen Reaktionssystemen sind beispielsweise:

- Ausgangsstoffe ergeben mehrere Produktmoleküle (Entropiezunahme, $\Delta S > 0$) oder zahlreiche Monomere verknüpfen sich zu einem Polymermolekül (Entropieabnahme, $\Delta S < 0$).
- Reaktionsgase werden freigesetzt, wie beispielsweise Kohlenstoffdioxid bei der Calcinierung von Kalkstein ($CaCO_3 \rightarrow CaO + CO_2$, Entropiezunahme).
- Der Bewegungsraum von Molekülen vergrößert sich durch Diffusion, Auflösen, Verdünnen etc. (Entropiezunahme) oder nimmt durch Kompression ab (Entropieabnahme).
- Eine Reaktionslösung wird erwärmt (Entropiezunahme) oder abgekühlt (Entropieabnahme).
- Die Beweglichkeit von Molekülen nimmt durch Phasenübergänge zu (Schmelzen, Verdampfen, Sublimieren → Entropiezunahme) bzw. ab (Kristallisieren, Kondensieren, Resublimieren → Entropieabnahme).

10.3 Kinetische Gastheorie – Charakterisierung idealer Gase auf Teilchenebene

In ▶ Abschn. 5.2.1 wurden ideale Gase durch die makroskopischen Zustandsgrößen Druck (p), Volumen (V), Stoffmenge (n) und Temperatur (T) beschrieben. Die Zustandsgleichung idealer Gase (Gl. 10.4) basiert auf den empirischen Beobachtungen von Boyle-Mariotte ($p \cdot V = $ const.), Gay-Lussac ($V/T = $ const.), Amontons ($p/T = $ const.) und Avogadro ($V/n = $ const.). Als Proportionalitätskonstante wurde die universelle Gaskonstante (R) eingeführt.

$$p \cdot V = n \cdot R \cdot T \quad \text{Zustandsgleichung idealer Gase} \quad (10.4)$$

Die kinetische Gastheorie beschreibt die makroskopischen Eigenschaften eines idealen Gases aus molekularer Sicht. Ausgehend von den Teilchengeschwindigkeiten werden Zustandsgrößen wie Druck, Temperatur, innere Energie etc. hergeleitet.

Die kinetische Gastheorie basiert auf folgenden Annahmen:

- Ein Gas besteht aus vielen Teilchen, die sich ständig chaotisch bewegen.
- Das Eigenvolumen der Teilchen (Massenpunkte) ist im Vergleich zum Gasvolumen (V) vernachlässigbar klein.
- Die Teilchen üben nur dann Kräfte aufeinander aus, wenn sie miteinander kollidieren.
- Die Teilchen bewegen sich regellos, aber in gleichförmiger, geradliniger Bewegung und ändern ihre Bewegungsrichtung nur durch Kollisionen mit anderen Teilchen oder den Gefäßwänden.
- Analog zu Billardkugeln erfolgen Kollisionen elastisch, d. h. durch Stöße geht keine kinetische Energie verloren.

10.3.1 Geschwindigkeit – Einzelne Gasteilchen bewegen sich unterschiedlich schnell

■ **Geschwindigkeitsverteilung**

Gasmoleküle in einem Volumen (V) bewegen sich völlig regellos und kollidieren ständig miteinander, wodurch sie ihre Geschwindigkeit (v) und Richtung fortwährend ändern. Mit der Zeit stellt sich eine charakteristische Geschwindigkeitsverteilung der Moleküle ein. Maxwell und Boltzmann konnten durch fundamentale statistische Betrachtungen die Verteilungsfunktion mathematisch ableiten und zeigen, dass die molare Masse (M) der Moleküle und die Gastemperatur (T) ausschlaggebenden Einfluss auf die Geschwindigkeitsverteilung f(v) haben.

Da die mathematische Herleitung herausfordernd ist, fokussieren wir hier auf das Ergebnis. Die Maxwell-Boltzmann-Geschwindigkeitsverteilungsfunktion [f(v), Gl. 10.5] beschreibt für eine Temperatur T die Wahrscheinlichkeit bzw. den Anteil der Moleküle, deren Geschwindigkeit im Geschwindigkeitsintervall v und v + dv liegt.

$$f(v)dv = 4 \cdot \pi \cdot \left(\frac{M}{2 \cdot \pi \cdot R \cdot T}\right)^{1,5} \cdot v^2 \cdot e^{-\frac{M \cdot v^2}{2 \cdot R \cdot T}} dv \quad \textit{Maxwell – Boltzmann – Geschwindigkeitsverteilung} \quad (10.5)$$

f(v) – Geschwindigkeitsverteilungsfunktion – Wahrscheinlichkeit, dass Moleküle die Geschwindigkeit zwischen v bis v+dv aufweisen, sm⁻¹

v – Geschwindigkeit einzelner Gasmoleküle, ms⁻¹

M – molare Masse der Gasmoleküle, kgmol⁻¹

R – allgemeine Gaskonstante, JK⁻¹ mol⁻¹

T – absolute Temperatur, K

dv – Geschwindigkeitsintervall, ms⁻¹

Gleichung 10.5 gilt für ein Mol Gasmoleküle. Soll sich die Verteilungsfunktion auf einzelne Moleküle beziehen, muss die allgemeine Gaskonstante (R) durch die Boltzmann-Konstante (k_B, $k_B = R/N_A$) und die molare Masse (M) durch die absolute Masse (m) des Gasmoleküls ersetzt werden.

Gleichung 10.5 und ◘ Abb. 10.8a zeigen, dass mit zunehmender Temperatur der Anteil der Moleküle mit hoher Geschwindigkeit zunimmt.

Die kinetische Energieverteilung lässt sich aus Gl. 10.5 ohne größeren Aufwand ableiten. Generell gilt, dass die Integralwerte, d. h. die Flächen unter den Verteilungsfunktionen, 100 % der Moleküle erfassen und daher auf 1 normiert sind, sodass die Funktionen der Energieverteilung und Geschwindigkeitsverteilung gleichgesetzt werden können.

$$f(E_{kin})dE_{kin} = f(v)dv \rightarrow f(E_{kin})dE_{kin}$$
$$= 4 \cdot \pi \cdot \left(\frac{M}{2 \cdot \pi \cdot R \cdot T}\right)^{1,5} \cdot v^2 \cdot e^{-\frac{M \cdot v^2}{2 \cdot R \cdot T}} dv \quad (10.6)$$

Um die Verteilung der kinetischen Energie (E_{kin}) zu erhalten, substituieren wir $0,5 \cdot M \cdot v^2$ durch die kinetische Energie E_{kin} sowohl im Boltzmann-Exponenten als auch im Vorfaktor, wodurch folgende Gleichung erhalten wird:

$$f(E_{kin})dE_{kin} = 4 \cdot \pi \cdot 2 \cdot \frac{1}{2} \cdot M \cdot v^2 \cdot \sqrt{M} \cdot \left(\frac{1}{2 \cdot \pi \cdot R \cdot T}\right)^{1,5} \cdot e^{-\frac{M \cdot v^2}{2 \cdot R \cdot T}} dv$$
$$= 8 \cdot \pi \cdot E_{kin} \cdot \sqrt{M} \cdot \left(\frac{1}{2 \cdot \pi \cdot R \cdot T}\right)^{1,5} \cdot e^{-\frac{E_{kin}}{R \cdot T}} dv$$

(10.7)

Jetzt muss nur noch die Integrationsvariable dv durch dE_{kin} ersetzt werden. Dazu wird die kinetische Energie nach der Geschwindigkeit v abgeleitet (▶ Tab. 9.1, Regel 3.1, Polynomfunktion).

$$\frac{dE_{kin}}{dv} = \frac{d}{dv}\left(\frac{1}{2} \cdot M \cdot v^2\right) = M \cdot v \rightarrow dv = \frac{dE_{kin}}{M \cdot v} \quad (10.8)$$

Abschließend wird in Gl. 10.8 noch die Geschwindigkeit durch die kinetische Energie ausgedrückt.

$$\frac{1}{2} \cdot M \cdot v^2 = E_{kin} \rightarrow v = \sqrt{\frac{2 \cdot E_{kin}}{M}} \xrightarrow{mit\,Gl.\,10.8}$$
$$dv = \frac{1}{\sqrt{2 \cdot E_{kin} \cdot M}} dE_{kin} \quad (10.9)$$

Einsetzen von ▶ Gl. 10.9 in ▶ Gl. 10.7 ergibt für die Verteilungsfunktion der kinetischen Energie der Gasmoleküle:

$$S = \frac{Q_{rev}}{T} \qquad v^* = \sqrt{\frac{2 \cdot R \cdot T}{M}} \qquad S \sim \ln(W)$$

◘ **Abb. 10.7** Rudolf Clausius (**a**; zweiter Hauptsatz der Thermodynamik), James Clerk Maxwell (**b**; kinetische Gastheorie) und Ludwig Boltzmann (**c**; statistische Thermodynamik) legten das Fundament der modernen Thermodynamik

$$f(E_{kin})dE_{kin} = 8 \cdot \pi \cdot E_{kin} \cdot \sqrt{M} \cdot \left(\frac{1}{2 \cdot \pi \cdot R \cdot T}\right)^{1,5} \cdot e^{-\frac{E_{kin}}{R \cdot T}} \cdot \frac{1}{\sqrt{2 \cdot E_{kin} \cdot M}} dE_{kin} \quad (10.10)$$

Kürzen ergibt schließlich den Ausdruck für die kinetische Energieverteilung nach Maxwell und Boltzmann.

$$f(E_{kin})dE_{kin} = \frac{2}{\sqrt{\pi}} \cdot \left(\frac{1}{R \cdot T}\right)^{1,5} \cdot \sqrt{E_{kin}} \cdot e^{-\frac{E_{kin}}{R \cdot T}} dE_{kin} \quad \text{Maxwell – Boltzmann – Energieverteilung} \quad (10.11)$$

$f(E_{kin})dE_{kin}$ – Energieverteilungsfunktion – Wahrscheinlichkeit, dass Moleküle eine kinetische Energie zwischen E_{kin} und $E_{kin}+dE_{kin}$ aufweisen, $molJ^{-1}$

E_{kin} – kinetische Energie der Gasmoleküle, $Jmol^{-1}$

dE_{kin} – Energieintervall, $Jmol^{-1}$

■ Abb. 10.8b zeigt, dass bei ansonsten gleichen Bedingungen die Verteilungen aufgrund des Geschwindigkeitsquadrat mit zunehmender Temperatur breiter werden und sich die Maxima der Kurven zu höherer Energie verschieben. Der Boltzmann-Faktor $\exp(-E_{kin}/R \cdot T)$ nimmt mit zunehmender Energie exponentiell ab (Minuszeichen), sodass die Häufigkeit bzw. Wahrscheinlichkeit der Zustände rechts von den Maxima ebenfalls exponentiell abfällt.

■ **Wahrscheinlichste Geschwindigkeit**

Das Maximum der Geschwindigkeitsverteilung, d. h. die wahrscheinlichste Geschwindigkeit (v*), ergibt sich durch Differenzieren (d/dv) der Geschwindigkeitsverteilung [f(v)] nach der Geschwindigkeit. Da die Tangente am Maximum parallel zur Geschwindigkeitsachse (x-Achse) verläuft und dadurch keine Steigung aufweist, muss dort der Steigungswert der Tangente null sein. Für die Ableitung der Geschwindigkeitsdichtefunktion gilt:

$$\frac{d}{dv}f(v) = 4 \cdot \pi \cdot \left(\frac{M}{2 \cdot \pi \cdot R \cdot T}\right)^{1,5} \cdot \frac{d}{dv}\left[v^2 \cdot e^{-\frac{M \cdot v^2}{2 \cdot R \cdot T}}\right] = 0$$
(10.12)

Der Faktor vor der eckigen Klammer muss nicht abgeleitet werden, da er nicht von der Geschwindigkeit (v) abhängt und kann auch sofort gekürzt werden, da die Ableitung null gesetzt wird. In der eckigen Klammer steht ein Produkt, dessen Faktoren jeweils von v abhängen. Die Ableitung erfolgt nach der sogenannten Produktregel (▶ Tab. 9.1, Regel 8), f(v) = u(v) · g(v) → f'(v) = u'(v) · g(v) + u(v) · g'(v).

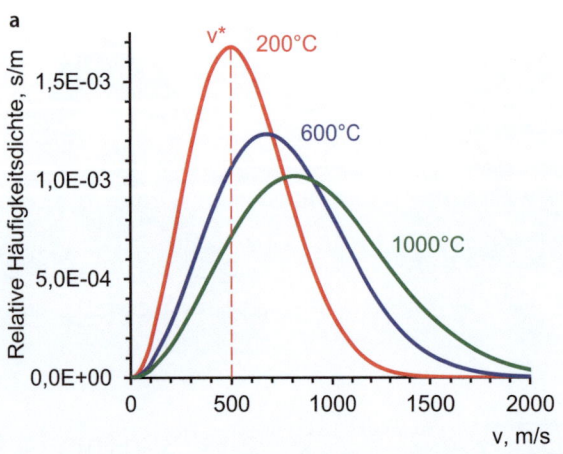
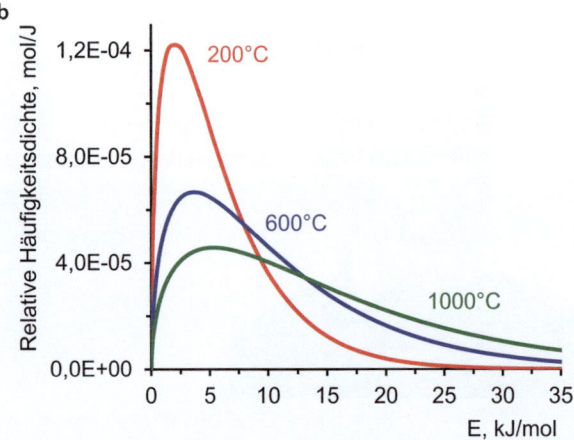

■ **Abb. 10.8** Geschwindigkeits- (**a**) und Energieverteilung (**b**) für Sauerstoffmoleküle bei 200, 600 und 1000 °C

$$\frac{d}{dv}f(v) = f'(v) = \frac{d}{dv}\left[v^2 \cdot e^{-\frac{M \cdot v^2}{2 \cdot R \cdot T}}\right]$$

$$= \left(2v \cdot e^{-\frac{M \cdot v^2}{2 \cdot R \cdot T}} - v^2 \cdot \frac{2 \cdot v \cdot M}{2 \cdot R \cdot T} \cdot e^{-\frac{M \cdot v^2}{2 \cdot R \cdot T}}\right)$$

$$= v \cdot e^{-\frac{M \cdot v^2}{2 \cdot R \cdot T}} \cdot \left(2 - v^2 \cdot \frac{M}{R \cdot T}\right) = 0 \quad (10.13)$$

Die Gleichung kann durch v und den e-Term dividiert werden.

$$\left(2 - v^2 \cdot \frac{M}{R \cdot T}\right) = 0 \quad (10.14)$$

Auflösen der Gleichung nach v^2 und Wurzelziehen ergibt für die wahrscheinlichste Geschwindigkeit (v*) der Gasmoleküle den Ausdruck:

$$v^* = \sqrt{\frac{2 \cdot R \cdot T}{M}} \quad (10.15)$$

v* – wahrscheinlichste Geschwindigkeit, ms^{-1}
R – allgemeine Gaskonstante, JK^{-1}mol^{-1}
T – absolute Temperatur, K
M – molare Masse, kgmol^{-1}

Die wahrscheinlichste Geschwindigkeit (v*) nimmt erwartungsgemäß mit zunehmender Temperatur größere Werte an (Abb. 10.8a). Mit zunehmender molarer Masse (M, in Gl. 10.15 im Nenner) wird bei konstanter Temperatur die wahrscheinlichste Geschwindigkeit (v*) kleiner.

■ **Mittlere Geschwindigkeit**

Die mittlere Geschwindigkeit ($\bar{v}$) der Gasteilchen entspricht dem arithmetischen Mittel der einzelnen Teilchengeschwindigkeiten. Sie muss größer sein als die wahrscheinlichste Geschwindigkeit, da gemäß Abb. 10.8a, die Fläche unter der Verteilungskurve links von der wahrscheinlichsten Geschwindigkeit (v*, rot gestrichelte Linie) kleiner ist als die Fläche rechts davon. Das bedeutet, dass mehr Gasteilchen eine höhere als eine kleinere Geschwindigkeit haben im Vergleich zur wahrscheinlichsten Geschwindigkeit. Mathematisch berechnet sich die mittlere Geschwindigkeit ($\bar{v}$) durch Einsetzen von Gl. 10.5 in Gl. 10.16. Anschließende Durchführung der anspruchsvollen Integration ergibt für die mittlere Geschwindigkeit ($\bar{v}$):

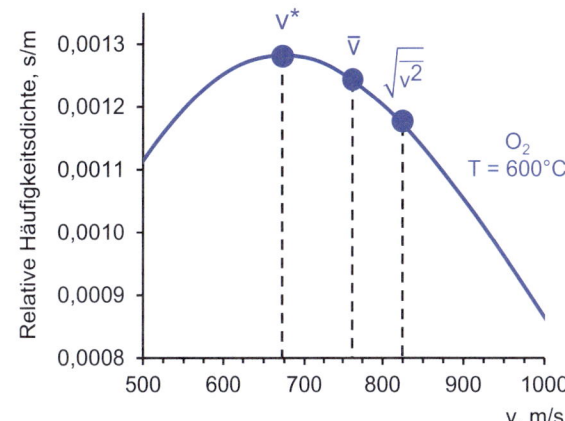

 Abb. 10.9 Wahrscheinlichste (v*), mittlere ($\bar{v}$) und quadratisch gemittelte Geschwindigkeit $\left(\sqrt{\overline{v^2}}\right)$ für Sauerstoff bei 600 °C

$$\bar{v} = \frac{v_1 + v_2 + \ldots + v_N}{N} = \int_0^\infty v \cdot f(v) dv \to\to\to \bar{v} = \sqrt{\frac{8 \cdot R \cdot T}{\pi \cdot M}}$$
$$(10.16)$$

Das Ergebnis entspricht den qualitativen Überlegungen. Die mittlere Geschwindigkeit ($\bar{v}$) ist um ca. 12,8 % größer als die wahrscheinlichste Geschwindigkeit (v*, Abb. 10.9).

$$\bar{v} = \sqrt{\frac{8 \cdot R \cdot T}{\pi \cdot M}} > \sqrt{\frac{2 \cdot R \cdot T}{M}} = v^* \quad (10.17)$$

■ **Quadratisch gemittelte Geschwindigkeit**

Die kinetische Energie eines Gasteilchens nimmt mit dem Quadrat der Geschwindigkeit zu. Dadurch haben höhere Geschwindigkeiten einen größeren Einfluss auf die kinetische Energie (E_{kin}) als kleinere Geschwindigkeiten. Um die mittlere kinetische Energie eines Gases zu berechnen, wird der Mittelwert des Geschwindigkeitsquadrats $\left(\sqrt{\overline{v^2}}\right)$ benötigt. Der arithmetische Mittelwert der Geschwindigkeitsquadrate ergibt sich durch Aufsummieren der Geschwindigkeitsquadrate der einzelnen Moleküle und Division durch die Anzahl der Moleküle.

$$\overline{v^2} = \frac{v_1^2 + v_2^2 + \ldots + v_N^2}{N} = \int_0^\infty v^2 \cdot f(v) dv \to\to\to \overline{v^2}$$
$$= \frac{3 \cdot R \cdot T}{M} \to \sqrt{\overline{v^2}} = \sqrt{\frac{3 \cdot R \cdot T}{M}} \quad (10.18)$$

Vergleich der verschiedenen Geschwindigkeiten und Normieren auf die wahrscheinlichste Geschwindigkeit (v*) ergibt:

$$\frac{\sqrt{\frac{3\cdot R\cdot T}{M}}}{\sqrt{\frac{2\cdot R\cdot T}{M}}} > \frac{\sqrt{\frac{8\cdot R\cdot T}{\pi\cdot M}}}{\sqrt{\frac{2\cdot R\cdot T}{M}}} > \frac{\sqrt{\frac{2\cdot R\cdot T}{M}}}{\sqrt{\frac{2\cdot R\cdot T}{M}}} = \sqrt{\frac{3}{2}} > \sqrt{\frac{4}{\pi}} > 1 \approx 1{,}225 > 1{,}128 > 1 \quad (10.19)$$

Somit ist die quadratisch gemittelte Geschwindigkeit um 22,5 % und die mittlere Geschwindigkeit um 12,8 % größer als die wahrscheinlichste Geschwindigkeit (v*).

10.3.2 Kinetische Energie – Grundgleichung der kinetischen Gastheorie

Da sich die einzelnen Gasteilchen unabhängig voneinander bewegen und miteinander kollidieren, weisen alle N Teilchen unterschiedliche Geschwindigkeiten in x-Richtung auf. Für die kinetische Energie ($E_{kin} = m \cdot v^2$) ist allerdings nicht das mittlere Geschwindigkeitsquadrat, sondern das quadratisch gemittelte Geschwindigkeitsquadrat ($E_{kin} \sim \overline{v^2}$) ausschlaggebend.

Das gemittelte Geschwindigkeitsquadrat der Teilchen in x-Richtung entspricht dem arithmetischen Mittel der Geschwindigkeitsquadrate über alle Teilchen N.

$$\overline{v_x^2} = \frac{\sum_{i=1}^{N} v_{x,i}^2}{N} \quad (10.20)$$

Einsetzen des Drucks (Gl. 10.32) in die allgemeine Gasgleichung unter Abstraktion auf ein ideales Gas ($m_{He} = m$) und unter Berücksichtigung der Teilchenzahl N ergibt:

$$p \cdot V = n \cdot R \cdot T \xrightarrow{\text{mit Gl. 10.32 für } p} N \cdot \frac{m \cdot \overline{v_x^2} \cdot V}{V} = n \cdot R \cdot T$$

$$(10.21)$$

Da die Bewegung der Gasteilchen im Volumen (V) chaotisch ist, also völlig regellos erfolgt und isotrop ist, bewegen sich im zeitlichen Mittel gleich viele Moleküle in alle drei Raumrichtungen mit der gleichen quadratisch gemittelten Geschwindigkeit, sodass gilt:

$$\overline{v^2} = \overline{v_x^2} + \overline{v_y^2} + \overline{v_z^2} \xrightarrow{\text{mit } \overline{v_x^2} = \overline{v_y^2} = \overline{v_z^2}} \overline{v^2} = 3 \cdot \overline{v_x^2} \to \overline{v_x^2} = \frac{1}{3} \cdot \overline{v^2}$$

$$(10.22)$$

Substituieren von $\overline{v_x^2}$ in Gl. 10.21 durch Gl. 10.22 und Einführen der kinetischen Energie $\left(\overline{E}_{kin} = 1/2 \cdot m \cdot v^2\right)$ ergibt:

$$\frac{1}{3} \cdot N \cdot m \cdot \overline{v^2} = \frac{1}{3} \cdot N \cdot 2 \cdot \frac{1}{2} \cdot m \cdot \overline{v^2}$$
$$= \frac{1}{3} \cdot N \cdot 2 \cdot \overline{E_{kin}}$$
$$= \frac{2}{3} \cdot N \cdot \overline{E_{kin}} = n \cdot R \cdot T \quad (10.23)$$

Auflösen nach der kinetischen Energie und Substituieren der Stoffmenge n durch das Verhältnis der gesamten Teilchenzahl (N) dividiert durch die Avogadrozahl (N_A) ergibt:

$$\overline{E_{kin}} = \frac{3}{2} \cdot \frac{n}{N} \cdot R \cdot T \xrightarrow{\text{mit } n = \frac{N}{N_A}}$$
$$\overline{E_{kin}} = \frac{3}{2} \frac{R}{N_A} \cdot T \xrightarrow{\text{mit } k_B = \frac{R}{N_A}}$$
$$\overline{E_{kin}} = \frac{3}{2} k_B \cdot T \quad (10.24)$$

▶ Gl. 10.25 ist die Grundgleichung der kinetischen Gastheorie. Sie besagt, dass die mittlere kinetische Energie ($\overline{E}_{kin}$) eines Gases nicht von der Teilchenmasse, sondern ausschließlich von der Temperatur (T) und der Stoffmenge (n) abhängt.

$$\overline{E_{kin}} = \frac{3}{2} k_B \cdot T \text{ resp.} \overline{E_{kin}}$$
$$= \frac{3}{2} n \cdot R \cdot T \text{ Grundgleichung kinetische Gastheorie}$$

$$(10.25)$$

▶ Gl. 10.25 beschreibt die mittlere kinetische Energie atomarer Gase (Edelgase), da Atome lediglich drei Translationsfreiheitsgrade (x-, y-, z-Richtung), aber keine Schwingungs- und Rotationsfreiheitsgrade bei Raumtemperatur aufweisen. Somit trägt jeder Translationsfreiheitsgrad eines einatomigen Gases $k_B \cdot T/2$ respektive $R \cdot T/2$ zur kinetischen Energie bei bzw. nimmt 1/3 der inneren Energie auf.

10.3.3 Innere Energie – Zunahme mit Temperatur und inneren Freiheitsgraden

Ein System kann sowohl äußere als auch innere Energien aufweisen. Zur äußeren Energie zählt beispielsweise die kinetische Energie, die durch die Erdrotation auf ein System ausgeübt wird. Ein weiteres Beispiel ist die potenzielle Lageenergie, die von der Lage über Normalnull (Labor auf Meereshöhe oder auf einem Berg) abhängt. Da diese externen Energiebeiträge zeitlich konstant sind, müssen sie nicht weiter berücksichtigt werden.

Anders verhält es sich mit der inneren Energie, die den physikalischen Zustand eines Systems beschreibt und durch die Zustandsgrößen Temperatur, Druck und Volumen definiert wird.

Innere Energie bezieht sich ausschließlich auf die Energieformen, die im System selbst enthalten sind, da nur diese durch Arbeit oder Wärme beeinflusst werden können. Wärmeenergie und Arbeit sind für ein System gleichwertige Energieformen, sodass im Nachhinein nicht festgestellt werden kann ob die Veränderung der inneren Energie eines Systems auf mechanische Arbeit (W) oder Wärmeenergie (Q) zurückzuführen ist. Innere Energie (U) hat somit kein „Gedächtnis".

Generell entspricht die innere Energie (U) eines chemischen Systems der Summe der kinetischen Energie (ungeordnete Teilchenbewegung, z. B. Rotationen, Vibrationen und Translationen) aller Teilchen und der Summe an potenzieller Energie (z. B. chemische Bindungen, Van-der-Waals-Wechselwirkungen).

Da einatomige Edelgase nahezu keine Wechselwirkungen aufweisen, ist die innere Energie (U) eines einatomigen Gases identisch mit seiner kinetischen Energie. Neben den drei Translationsfreiheitsgraden (x-, y-, z-Richtung, ◘ Abb. 10.10a) existieren keine weiteren Freiheitsgrade wie Rotation oder Schwingungen. Wir ersetzen deshalb in Gl. 10.25 den Ausdruck für die mittlere kinetische Energie durch die innere Energie (U):

$$U = \frac{f}{2} \cdot n \cdot R \cdot T \quad (10.26)$$

U – innere Energie, J
f – Anzahl Freiheitsgrade, dimensionslos
n – Stoffmenge, mol
R – allgemeine Gaskonstante, J K^{-1} mol^{-1}
T – absolute Temperatur, K

Für ein einatomiges Gas wie Helium gilt f = 3, da solche Teilchen vollständig durch die drei Raumkoordinaten beschrieben werden und die drei Raumkoordinaten voneinander unabhängig sind. Zwar könnte das Atom theoretisch um die drei Raumachsen rotieren, jedoch trägt diese Rotation nicht zur inneren Energie bei, da das Trägheitsmoment ($\mu \cdot r^2$) eines Atomkerns aufgrund des extrem kleinen Atomkerndurchmessers (~10^{-15} m) sehr klein ist, was die Rotationsenergie sehr hoch macht. Eine Anregung (Aktivierung) der Atomrotation ist deshalb durch die Temperatur ($R \cdot T \sim 2{,}5$ kJmol^{-1}) nicht möglich (► Abschn. 11.2.3, ► Tab. 11.3).

▪ Freiheitsgrade (f)

Freiheitsgrade beschreiben die räumliche Anordnung der Atome eines Moleküls. Man unterscheidet zwischen äußeren und inneren Freiheitsgraden. Die äußeren Freiheitsgrade beschreiben die Lage eines Moleküls im Raum. Änderungen in den äußeren Freiheitsgraden (Translation, Rotation) beeinflussen nur die Position eines Moleküls, nicht jedoch dessen Bindungslängen und -winkel. Molekülschwingungen führen hingegen zu Änderungen der Molekülgeometrie und werden als innere Freiheitsgrade bezeichnet.

▪ Gleichverteilungssatz

Die innere Energie (U) eines Moleküls verteilt sich gleichmäßig auf alle Freiheitsgrade (f) eines Moleküls. Wie aus der Gl. 10.26 hervorgeht, verteilt sich die innere Energie (U) gleichmäßig auf die einzelnen Freiheitsgrade (Translation, Rotation, Schwingung) eines Gases, wobei jeder Freiheitsgrad einen Betrag von $k_B \cdot T/2$ bzw. $R \cdot T/2$ an innerer Energie aufnimmt. Die innere Energie steigt linear mit der absoluten Temperatur des Gases.

Da jedes Atom eindeutig durch x-, y- und z-Koordinaten beschrieben werden kann, hat ein Molekül mit N-Atomen maximal $3 \cdot N$ Freiheitsgrade. Diese $3 \cdot N$ Freiheitsgrade teilen sich auf in sechs äußere Freiheitsgrade – drei Freiheitsgrade für die Position im Raum (Translation) und drei Rotationsfreiheitsgrade. Die restlichen $3 \cdot N - 6$ inneren Freiheitsgrade beschreiben Molekülschwingungen.

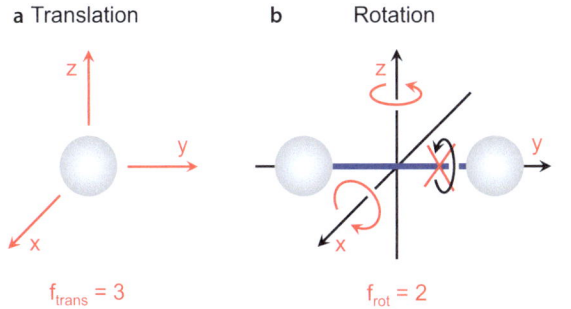

◘ **Abb. 10.10** Translatorische Freiheitsgrade eines Atoms (**a**) und rotatorische Freiheitsgrade eines zweiatomigen Moleküls (**b**)

10.3.4 Gasdruck – Kollisionen von Gasteilchen mit Gefäßwänden erzeugt Druck

Der Gasdruck (p) resultiert aus elastischen Stößen der Gasteilchen an die Gefäßwände, wodurch auf diese Kraft (F) und damit Druck (p = F/A) ausgeübt wird.

Am Beispiel Helium, das die Bedingungen der kinetischen Gastheorie nahezu ideal erfüllt, soll der resultierende Druck hergeleitet werden. Angenommen, ein Heliumatom mit der Masse m_{He} und der Geschwindigkeit v_x bewegt sich in x-Richtung in einem Gasvolumen V (◘ Abb. 10.11a, b). Der Impuls, den das Heliumatom bei Kollision auf die Gefäßwand (A) ausübt, entspricht dem Produkt aus Teilchenmasse und -geschwindigkeit ($m_{He} \cdot v_x$). Da die Kollisionen vollkommen elastisch sind, d. h. keine kinetische Energie durch die Kollision verloren geht, reflektiert die Gefäßwand (A) das Heliumatom mit entgegengesetztem Impuls ($-m_{He} \cdot v_x$, (◘ Abb. 10.11b). Die Impulsänderung des Heliumatoms beträgt somit:

$$\Delta(m_{He} \cdot v_x) = m_{He} \cdot v_x - (-m_{He} \cdot v_x)$$
$$= 2 \cdot m_{He} \cdot v_x \text{ Impulsänderung durch Kollision}$$
(10.27)

Da Impulsänderungen nur durch Krafteinwirkung erfolgen, wirkt extrem kurzfristig eine Kraft (F) auf die Gefäßwand (A) ein. Die durchschnittliche Kraft, die kontinuierlich auf die Wand (A) wirkt, ergibt sich aus dem kurzfristig einwirkenden Impuls dividiert durch das Zeitintervall (Δt) zwischen zwei Kollisionen.

$$F = \frac{\Delta(m_{He} \cdot v_x)}{\Delta t}$$
(10.28)

Das Zeitintervall (Δt) errechnet sich aus der Weglänge dividiert durch die Bewegungsgeschwindigkeit des Heliumatoms (v_x). Die Weglänge (Δs), die das Heliumatom von Wand (A) zu Wand (B) und zurück durchlaufen muss, um erneut gegen die Wand (A) zu prallen, entspricht der doppelten Kantenlänge des Würfels (2 · a, ◘ Abb. 10.11b).

$$v = \frac{\Delta s}{\Delta t} \rightarrow \Delta t = \frac{2 \cdot a}{v_x}$$
(10.29)

Einsetzen von Gl. 10.27 und 10.29 in Gl. 10.28 ergibt für die kontinuierliche Kraft (F), die durch die Heliumstöße auf die Gefäßwand (A) einwirkt:

$$F = \frac{2 \cdot m_{He} \cdot v_x}{\frac{2 \cdot a}{v_x}} = \frac{m_{He} \cdot v_x^2}{a}$$
(10.30)

Physikalisch ist Druck (p) als senkrecht einwirkende Kraft (F) auf eine Fläche (A) definiert. Außerdem muss noch berücksichtigt werden, dass für alle Atome v_x^2 durch die quadratisch gemittelte Geschwindigkeit in x-Richtung ersetzt werden muss, sodass sich für den Druck ergibt.

$$p = \frac{F}{A} = \frac{m_{He} \cdot \overline{v_x^2}}{A \cdot a} \xrightarrow{mit V = A \cdot a} p = \frac{m_{He} \cdot \overline{v_x^2}}{V}$$
(10.31)

Abstraktion auf ein allgemeines Gas (m) und unter Berücksichtigung von Gl. 10.22 für die Bewegung der Gasteilchen in x-Richtung $\left(\overline{v_x^2} = \frac{1}{3} \cdot \overline{v^2}\right)$ ergibt:

$$p = \frac{1}{3} \cdot \frac{m \cdot \overline{v^2}}{V}$$
(10.32)

p – Gasdruck, Nm^{-2}
m – Masse Gasteilchen, kg
$\overline{v^2}$ – mittleres Geschwindigkeitsquadrat, m^{2}s^{-2}
V – Gasvolumen, m^3

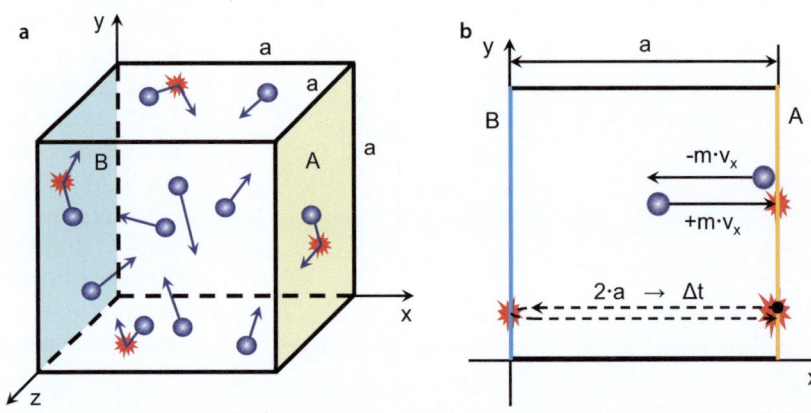

◘ **Abb. 10.11** Teilchen bewegen sich regellos in einem Gasvolumen (**a**); Stöße an Gefäßwänden erfolgen elastisch, also ohne Energie- und Impulsverlust (**b**)

10.3.5 Temperatur – Maß für die mittlere kinetische Energie von Teilchen

In ▶ Abschn. 10.2.1 haben wir die Temperatur als Maß für die mittlere kinetische Energie der ungeordneten Teilchenbewegung eines Gases definiert. Auflösen von Gl. 10.25 nach der Temperatur (T) ergibt, dass die Temperatur eines idealen Gases in linearer Beziehung zur kinetischen Energie steht.

$$\overline{E_{kin}} = \frac{3}{2}k_B \cdot T \rightarrow T = \frac{2}{3} \cdot \frac{\overline{E_{kin}}}{k_B} \xrightarrow{mit\ \overline{E_{kin}} = \frac{1}{2} \cdot m \cdot \overline{v^2}} T = \frac{1}{3} \cdot \frac{m \cdot \overline{v^2}}{k_B} \quad (10.33)$$

$\overline{E_{kin}}$ – kinetische Energie, J
k_B – Boltzmann-Konstante, JK^{-1}
T – absolute Temperatur, K
m – Masse Teilchen, kg
v – Geschwindigkeit Teilchen, ms^{-1}
$\overline{v^2}$ – mittleres Geschwindigkeitsquadrat, m^{2}s^{-2}

Je schneller sich die Teilchen im Mittel bewegen, desto größer ist deren mittlere kinetische Energie (E_{kin}) und desto höher ist die absolute Temperatur des Gases. Somit ist bei energetischen Betrachtungen nicht das arithmetische Geschwindigkeitsmittel ($\overline{v}$), sondern das quadratische Geschwindigkeitsmittel ($E_{kin} \sim \overline{v^2}$) von Relevanz.

10.3.6 Mittlere freie Weglänge – Durchschnittliche Fluglänge eines Gasteilchens ohne Teilchenkollision

Die mittlere freie Weglänge ist die durchschnittliche Distanz, die ein Gasteilchen ohne Kollision zurücklegen kann. Zur Herleitung stellen wir uns die Gasteilchen als Kugeln mit einem Radius (r) bzw. Durchmesser (d = 2 · r) vor (◘ Abb. 10.12). Zwei Teilchen kollidieren, wenn sich die Oberflächen der kugelförmigen Teilchen berühren (◘ Abb. 10.12). Anders ausgedrückt, Kollisionen erfolgen, wenn der Abstand der Schwerpunkte zweier Teilchen kleiner ist als der doppelte Teilchenradius. In einem Zylinder mit dem Stoßquerschnitt $\pi \cdot (2r)^2 = \pi \cdot d_K^2$ und der Länge (λ) darf sich nur ein Teilchen befinden, andernfalls kommt es zu einer Kollision. Die Länge des Kollisionszylinders entspricht der mittleren freien Weglänge (λ).

Das Volumen des Kollisionszylinders (◘ Abb. 10.12, grau + blau), in dem sich nur der Schwerpunkt eines Gasteilchens befinden darf, beträgt:

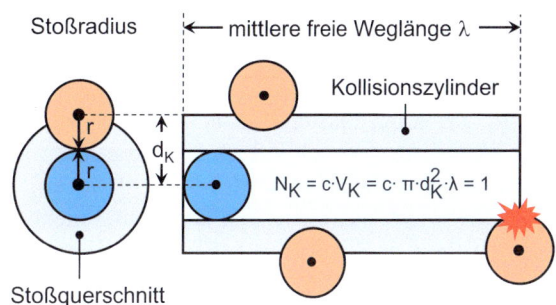

◘ **Abb. 10.12** Flugbahn eines Gasteilchens (blau). Solange sich der Schwerpunkt anderer Gasteilchen (rot) außerhalb des Kollisionszylinders (grau) befindet, erfolgt keine Kollision

$$V_K = \pi \cdot d^2 \cdot \lambda \quad (10.34)$$

Allgemein entspricht die Teilchendichte (c) dem Verhältnis der Teilchenzahl (N) pro Volumeneinheit (V) eines Gases.

$$c = \frac{N}{V} \quad (10.35)$$

Multiplikation der Teilchendichte (c) mit dem Volumen des Kollisionszylinders (V_K) ergibt die Anzahl der Teilchen (N_K) im Kollisionszylinder. Da sich im Kollisionszylinder nur ein Teilchen befinden darf, um die freie Weglänge (λ) bestimmen zu können, gilt:

$$N_K = c \cdot V_K = \frac{N}{V} \cdot \pi \cdot d^2 \cdot \lambda = 1 \rightarrow \lambda = \frac{V}{N \cdot \pi \cdot d^2} \quad (10.36)$$

N_k – Anzahl der Teilchen im Kollisionszylinder, dimensionslos
c – Teilchendichte, m^{-3}
V_k – Volumen des Kollisionszylinders, m^3
N – Teilchenanzahl, dimensionslos
V – Gasvolumen, m^3
d – Teilchendurchmesser, m
λ – mittlere freie Weglänge, m

Die mittlere freie Weglänge eines Gasteilchens ist umgekehrt proportional zur Teilchendichte (c) und zum Stoßquerschnitt ($\pi \cdot d^2$), was plausibel ist.

Messungen ergaben, dass die tatsächliche freie Weglänge um den Faktor $\sqrt{2}$ kleiner ist als nach Gl. 10.36 berechnet.

$$\lambda = \frac{V}{\sqrt{2} \cdot N \cdot \pi \cdot d^2} \quad (10.37)$$

Wie ist dieser Faktor $1/\sqrt{2}$ zu erklären? Bei der Herleitung der freien Weglänge gingen wir gemäß ◘ Abb. 10.12 davon aus, dass sich nur das blaue Gasteilchen bewegt und die roten Gasteilchen in Ruhe verharren. In Wirklichkeit bewegen sich jedoch auch die roten Gasteilchen genauso regellos wie das blaue Teilchen. Dadurch nähern sich das blaue und die roten Teilchen im dreidimensionalen Raum um den Faktor $\sqrt{2}$ schneller an, als wenn die roten Teilchen bewegungslos verharren. Mathematisch lässt sich das durch vektorielle Addition der einzelnen Geschwindigkeitsvektoren und der Bestimmung der Relativgeschwindigkeit der Teilchen zueinander zeigen, worauf hier verzichtet wird.

Setzt man das Volumen mit Hilfe des idealen Gasgesetzes ($p \cdot V = N \cdot k_B \cdot T \rightarrow V = N \cdot k_B \cdot T/p$) und den Stoßquerschnitt $\pi \cdot d^2$ durch den allgemeinen Stoßquerschnitt σ an, ergibt sich:

$$\lambda = \frac{k_B \cdot T}{\sqrt{2} \cdot \sigma \cdot p} \quad mit\ \sigma = \pi \cdot d^2 \qquad (10.38)$$

λ – freie Weglänge, m
k_B – Boltzmann-Konstante, JK^{-1}
T – absolute Temperatur, K
σ – Stoßquerschnitt, m^2
p – Gasdruck, Nm^{-2}

Die freie Weglänge eines Gasteilchens nimmt mit steigender Temperatur linear zu und steht im reziproken Verhältnis zum Gasdruck, gleichbedeutend mit der Teilchendichte des Gases.

10.3.7 Stoßfrequenz – Anzahl von Teilchenkollisionen pro Zeiteinheit

Die Stoßfrequenz (f) gibt an, wie viele Kollisionen ein Gasteilchen pro Sekunde erleidet. Nachdem die mittlere Geschwindigkeit der Gasteilchen ($\bar{v}$, Gl. 10.16) und die mittlere freie Weglänge (λ, Gl. 10.38) bekannt sind, lässt sich die Zeitdauer (Δt) zwischen zwei Stößen und somit die Stoßfrequenz (f) berechnen.

$$f = \frac{1}{\Delta t} \xrightarrow{mit\ \bar{v}=\frac{\lambda}{\Delta t} \rightarrow \Delta t = \frac{\lambda}{\bar{v}}} f = \frac{\bar{v}}{\lambda} = \frac{\sqrt{\frac{8 \cdot k_B \cdot T}{\pi \cdot m}}}{\frac{k_B \cdot T}{\sqrt{2} \cdot \sigma \cdot p}} \qquad (10.39)$$

$$= \frac{\sqrt{8 \cdot k_B \cdot T} \cdot \sqrt{2} \cdot \sigma \cdot p}{\sqrt{\pi \cdot m} \cdot k_B \cdot T} = \frac{4 \cdot \sigma \cdot p}{\sqrt{\pi \cdot m \cdot k_B \cdot T}}$$

f – Stoßfrequenz, s^{-1}
σ – Stoßquerschnitt, m^2
p – Gasdruck, Nm^{-2}
m – Masse Gasteilchen, kg
k_B – Boltzmann-Konstante, JK^{-1}
T – absolute Temperatur, K

> ▶ **Beispiel**
> Berechnen Sie für Sauerstoff bei 27 °C und 1 bar Druck die wahrscheinlichste Geschwindigkeit, die mittlere Geschwindigkeit, die quadratisch gemittelte Geschwindigkeit, die freie Weglänge und die Stoßfrequenz.
>
> *Angaben*
> Temperatur T = 27 °C = 300 K
> Druck p = 1 bar = $10^5\ Nm^{-2}$
> Molare Masse Sauerstoff M = 0,032 $kgmol^{-1}$
> Absolute Masse Sauerstoff m = $5{,}34 \cdot 10^{-26}$ kg
> Allgemeine Gaskonstante R = 8,314 $J\ K^{-1}\ mol^{-1}$
> Boltzmann-Konstante k_B = $1{,}38 \cdot 10^{-23}\ JK^{-1}$
> Stoßquerschnitt Sauerstoff σ = $0{,}40 \cdot 10^{-18}\ m^2$
>
> *Lösung*
>
> $$v^* = \sqrt{\frac{2 \cdot R \cdot T}{M}} = \sqrt{\frac{2 \cdot 8{,}314\ J \cdot 300\ K \cdot mol}{0{,}032\ kg \cdot K \cdot mol}}$$
>
> $= 395\ \frac{m}{s}$ wahrscheinlichste Geschwindigkeit
>
> $$\bar{v} = \sqrt{\frac{8 \cdot R \cdot T}{\pi \cdot M}} = \sqrt{\frac{8 \cdot 8{,}314\ J \cdot 300\ K \cdot mol}{\pi \cdot 0{,}032\ kg \cdot K \cdot mol}}$$
>
> $= 446\ \frac{m}{s}$ mittlere Geschwindigkeit
>
> $$\sqrt{\overline{v^2}} = \sqrt{\frac{3 \cdot R \cdot T}{M}} = \sqrt{\frac{3 \cdot 8{,}314\ J \cdot 300\ K \cdot mol}{0{,}032\ kg \cdot K \cdot mol}}$$
>
> $= 484\ \frac{m}{s}$ quadratisch gemittelte Geschwindigkeit
>
> $$\lambda = \frac{k_B \cdot T}{\sqrt{2} \cdot \sigma \cdot p} = \frac{1{,}38 \cdot 10^{-23}\ J \cdot 300\ K \cdot m^2}{\sqrt{2} \cdot 0{,}40 \cdot 10^{-18}\ m^2 \cdot 10^5\ N \cdot K}$$
>
> $= 731 \cdot 10^{-10}\ m = 73$ nm freie Weglänge
>
> $$f = \frac{4 \cdot \sigma \cdot p}{\sqrt{\pi \cdot m \cdot k_B \cdot T}} = \frac{4 \cdot 0{,}40 \cdot 10^{-18}\ m^2 \cdot 10^5\ N \cdot \sqrt{K}}{\sqrt{\pi \cdot 5{,}34 \cdot 10^{-26}\ kg \cdot 1{,}38 \cdot 10^{-23}\ J \cdot 300\ K \cdot m^2}}$$
>
> $= 6{,}07 \cdot 10^9\ \frac{1}{s}$ Stoßfrequenz
>
> Sauerstoffmoleküle bewegen sich mit ca. 400 ms^{-1} (ca. 1400 kmh^{-1}) bei 27 °C. Allerdings beträgt die freie Weglänge bis zur Kollision mit einem weiteren Sauerstoffmolekül lediglich 73 nm. In einer Sekunde erleidet ein Sauerstoffmolekül ca. 6 Mrd. Zusammenstöße mit anderen Molekülen. ◀

10.4 Hauptsätze der Thermodynamik – Fundament der Wärmelehre

Die Thermodynamik lässt sich auf vier grundlegende Prinzipien zurückführen, die sogenannten Hauptsätze. Diese sind Erfahrungssätze, die aus empirischen Beobachtungen und Messungen abgeleitet wurden. Als Erfahrungssätze können sie nicht bewiesen, jedoch experimentell bestätigt oder widerlegt werden. Die einzelnen Hauptsätze bauen aufeinander auf, wobei die Nummerierung mit dem Nullten Hauptsatz beginnt. Das liegt daran, dass der Nullte Hauptsatz zwar als letzter formuliert wurde, jedoch die anderen drei Hauptsätze auf dem Nullten Hauptsatz aufbauen.

Die vier Hauptsätze der Thermodynamik nehmen eine zentrale Stellung in der Physik ein, vergleichbar nur mit den Newton'schen Axiomen der klassischen Mechanik, den Maxwell-Gleichungen der Elektrodynamik und der Schrödingergleichung in der Quantenmechanik.

10.4.1 Nullter Hauptsatz – Thermisches Gleichgewicht; Temperaturen von Systemen gleichen sich an

Befinden sich zwei Systeme A und B von unterschiedlicher Temperatur ($T_A > T_B$) miteinander in Kontakt, so streben sie einen thermischen Gleichgewichtszustand (Wärmegleichgewicht) mit der Temperatur T_{AB} an. Es ist plausibel, dass die Gleichgewichtstemperatur zwischen T_A und T_B liegt ($T_A > T_{AB} > T_B$). Im thermischen Gleichgewicht erfolgt kein Wärmefluss mehr zwischen den Systemen A und B.

Befindet sich System B außerdem mit einem weiteren System C im thermischen Gleichgewicht, kann gefolgert werden, dass sich System C auch mit System A im thermischen Gleichgewicht befindet und alle drei Systeme die gleiche Gleichgewichtstemperatur T_{ABC} aufweisen.

Klassische Temperaturmessungen via Thermometer basieren auf dem Nullten Hauptsatz der Thermodynamik.

10.4.2 Erster Hauptsatz – Energieerhaltungssatz; Energie kann weder erzeugt noch vernichtet werden

Die innere Energie (U) eines isolierten Systems bleibt konstant. Energie kann weder erzeugt noch vernichtet werden, sondern nur in andere Energieformen umgewandelt werden (Energieerhaltungssatz).

Eine Änderung der inneren Energie (ΔU) eines Systems ergibt sich durch Zufuhr oder Abgabe von Arbeit (ΔW) oder Wärmeenergie (ΔQ) aus der oder an die Umgebung.

$$\Delta U = \Delta W + \Delta Q \qquad (10.40)$$

Ein System hat kein „Gedächtnis" dafür, ob die aktuelle Änderung seiner inneren Energie (ΔU) durch Wärmeenergie (ΔQ) oder Arbeit (ΔW) herbeigeführt wurde. Arbeit und Wärme sind für ein System gleichwertige Energieformen, die in thermische Systemenergie (Translation, Rotation, Vibration) umgewandelt werden.

10.4.3 Zweiter Hauptsatz – Entropiesatz; die Entropie eines geschlossenen Systems nimmt niemals ab

Wärmeenergie kann spontan nur von einem wärmeren auf ein kälteres System übergehen, niemals umgekehrt. Die treibende Kraft für den Wärmefluss (ΔQ) ist die zunehmende Entropie (ΔS) des Gesamtsystems. Im thermodynamischen Gleichgewicht weist ein System möglichst große Entropie auf.

$$\Delta S \geq \frac{\Delta Q}{T} \qquad (10.41)$$

Generell gilt, dass die Entropie eines isolierten Systems mit der Zeit zunimmt oder konstant bleibt.

Da die Entropie eines Systems mit der Zeit zunimmt, gibt die Entropie eine Richtung für die Zeit vor und kann somit als Zeitpfeil betrachtet werden.

10.4.4 Dritter Hauptsatz – Nernst'sches Theorem; der absolute Temperaturnullpunkt ist unerreichbar

Es ist nicht möglich, den absoluten Nullpunkt (0 K, −273,15 °C) zu erreichen. Am absoluten Nullpunkt ist die Entropie gleich null.

Im Idealfall liegen bei 0 K Stoffe mit perfekter Gitterstruktur vor, die nur durch eine einzige Anordnung der Teilchen realisiert werden kann (W = 1), sodass die Entropie des Feststoffs null [ln(1) = 0] ist. Da ein absolut perfekter Kristall nicht realisierbar ist, kann man sich dem absoluten Nullpunkt nur auf wenige Nanokelvin annähern.

$$\lim_{T \to 0} \Delta S = 0 \tag{10.42}$$

Chemische Reaktionen gehen einher mit Änderungen der inneren Energie und der Entropie. Aus diesem Grund werden wir uns in den nächsten Kapiteln intensiver mit dem 1. Hauptsatz (Energieerhaltung) und dem 2. Hauptsatz (Entropiesatz) befassen (◘ Abb. 10.13).

◘ **Abb. 10.13** Die Hauptsätze der Thermodynamik in Aktion (© oluuuka/► Shutterstock.com)

Erster Hauptsatz der Thermodynamik – Energieerhaltungssatz

Inhaltsverzeichnis

11.1 Energieerhaltung – Energie kann nicht erzeugt, sondern nur umgewandelt werden – 208
11.1.1 Energiearten und Energieumwandlung – 209
11.1.2 Erster Hauptsatz der Thermodynamik – Energieerhaltungssatz – 210
11.1.3 Reversible (umkehrbare) und irreversible Zustandsänderungen – 211

11.2 Innere Energie eines idealen Gases – 212
11.2.1 Volumenarbeit – Expansion und Kompression von Gasen – 212
11.2.2 Wärmeenergie – Energieaustausch durch ungeordnete Teilchenbewegung ohne Massefluss – 217
11.2.3 Wärmekapazität – Moleküle speichern Energie als innere Energie – 217
11.2.4 Phasenübergänge – Latente Wärme, keine Temperaturänderung trotz Wärmefluss – 226
11.2.5 Joule-Thomson Effekt – Temperaturänderung realer Gase bei Expansion – 228

11.3 Wärmekraftmaschinen – Umwandlung von Wärmeenergie in mechanische Energie – 231
11.3.1 Carnot-Kreisprozess – Idealvorstellung einer Wärmekraftmaschine – 232
11.3.2 Wärmepumpen – Wärme aus der Umwelt für die Gebäudeheizung – 235

11.4 Thermochemie – Wärmeumsatz chemischer Reaktionen – 236
11.4.1 Enthalpie – Reaktionswärme bei konstantem Druck – 236
11.4.2 Molare Reaktionsenthalpie und Standardreaktionsenthalpie – 239
11.4.3 Bildungsenthalpie – Wärmetönung bei der Bildung von Verbindungen aus den Elementen – 241
11.4.4 Hess'scher Wärmesatz – Berechnung von Reaktionsenthalpien in Reaktionsfolgen – 242
11.4.5 Born-Haber-Kreisprozess – Bestimmung von Kristallgitterenergien – 243
11.4.6 Kirchhoff'sches Gesetz – Temperaturabhängigkeit von Reaktionsenthalpien – 245

© Der/die Autor(en), exklusiv lizenziert an Springer-Verlag GmbH, DE, ein Teil von Springer Nature 2025
J. K. Felixberger, *Physikalische Chemie für Einsteiger*, https://doi.org/10.1007/978-3-662-69767-2_11

Der Energieerhaltungssatz besagt, dass Energie weder vernichtet noch erzeugt, sondern nur in andere Formen umgewandelt werden kann. Energieumwandlung erfolgt unter der Bedingung der Energieerhaltung (▶ Kap. 11, 1. Hauptsatz der Thermodynamik) und geht einher mit einer zunehmenden Verteilung der Energie, was als Entropie bezeichnet wird (▶ Kap. 12, 2. Hauptsatz der Thermodynamik). Obwohl dieses grundlegende Prinzip der Physik nach einigem Nachdenken einleuchtet, etablierte sich der Energieerhaltungssatz erst Mitte des 19. Jahrhunderts.

Diese fundamentale Erkenntnis kann nicht hoch genug geschätzt werden. Zu Beginn des 19. Jahrhunderts waren Begrifflichkeiten der Wärmelehre (Thermodynamik) noch nicht einheitlich oder präzise genug definiert. Der Begriff Energie setzte sich erst um 1850 in der Fachliteratur durch. Bis zu diesem Zeitpunkt wurden Ausdrücke wie lebendige Kraft, Arbeit, Spannkraft und Fallkraft verwendet, um verschiedene Formen von Energie zu beschreiben.

Wärme wurde lange Zeit als eine Art Substanz betrachtet und erst 1842 von Mayer als eigenständige Energieform erkannt. Zudem wurde nicht konsequent zwischen Temperatur und Wärme unterschieden. Joseph Black war der Erste, der erkannte, dass Eis beim Schmelzen zwar Wärme aufnimmt, jedoch seine Temperatur nicht ändert. Er schloss daraus, dass zwischen Temperatur und Wärme zu differenzieren ist. Während Temperatur eine intensive Größe darstellt, ist die Wärmemenge massenabhängig.

Auch das Atomkonzept, das die Grundlage für die Beschreibung von Temperatur als kinetische Energie (▶ Abschn. 10.3.5, ▶ Gl. 10.33) von Teilchen ist, setzte sich erst in der zweiten Hälfte des 19. Jahrhunderts durch.

Meilensteine der Thermodynamik
- 1712 – Thomas Newcomen erfindet die Dampfmaschine.
- 1714 – Daniel Fahrenheit erfindet das Quecksilberthermometer; Temperatur erstmals messbar.
- 1762 – Joseph Black führt die Begriffe Wärmekapazität und latente Wärme ein.
- 1776 – James Watt verbessert die Dampfmaschine erheblich und leitet damit die industrielle Revolution 1.0 ein.
- 1787 – Antoine de Lavoisier beschreibt Wärme als elastischen, viskosen Stoff, den er als „Caloricum" bezeichnet.
- 1798 – Benjamin Thompson (später Graf Rumford) erkennt beim Kanonenrohrbohren, dass Wärme eine „Art Bewegung" ist.
- 1824 – Sadi Carnot, „Vater der Thermodynamik", stellt eine umfassende Theorie zu Wärmekraftmaschinen auf.
- 1842 – Julius Robert Mayer postuliert, dass Wärme eine eigenständige Energieform ist.
- 1847 – Mayer, Joule und von Helmholtz stellen den 1. Hauptsatz der Thermodynamik (Energieerhaltungssatz) auf.
- 1848 – William Thomson (später Lord Kelvin) führt die absolute Temperaturskala ein.
- 1850 – James Prescott Joule bestimmt das mechanische Wärmeäquivalent.
- 1854 – Robert Clausius sieht in der Entropie die Ursache für die unvollständige Transformation von Wärmeenergie in mechanische Energie (2. Hauptsatz der Thermodynamik).
- 1866 – James Clerk Maxwell, Lord Kelvin und Ludwig Boltzmann entwickeln das Modell der kinetischen Gastheorie.
- 1877 – Boltzmann verknüpft Entropie mit der Wahrscheinlichkeit von Mikrozuständen (statistische Thermodynamik).
- 1906 – Walther Nernst stellt fest, dass die Entropie am absoluten Nullpunkt gegen null geht (dritter Hauptsatz der Thermodynamik).

11.1 Energieerhaltung – Energie kann nicht erzeugt, sondern nur umgewandelt werden

Der Arzt Julius Robert Mayer erkannte als erster, dass Wärme eine eigenständige Energieform darstellt. Diese Erkenntnis gewann er 1840 während seiner Tätigkeit als Schiffsarzt auf einer Handelsschifffahrt nach Java. So berichtete ihm ein erfahrener Steuermann, dass das durch heftigen Sturm aufgewühlte Meer wärmer sei als im ruhigen Zustand. Außerdem fiel Mayer auf, dass das venöse Blut im warmen Klima von Java eine intensivere Rotfärbung aufwies als im kühleren Heimatsort Heilbronn. Damals war bekannt, dass die Rotfärbung des Venenbluts umso intensiver ist, je mehr Sauerstoff es auf dem Rückweg zum Herzen noch enthält. Dies deutete darauf hin, dass die Einwohner Javas weniger Sauerstoff zur Energieerzeugung durch Nahrungsverbrennung in den Körperzellen verbrauchten. Mayer schlussfolgerte, dass die Wärme, die im Körper durch Verbrennung erzeugt wird, gleichwertig ist mit der Summe des Wärmeverlusts des menschlichen Körpers an die Umgebung und der Energie, die für das Aufrechterhalten der „Körperarbeit" benötigt wird. Da es auf Java wärmer ist als in Heilbronn, gibt der menschliche Körper dort weniger Wärme an die Umwelt ab. Dies bedeutet, dass weniger **Wärmeenergie** aus Nahrungsverbrennung erforderlich ist, um die Körpertemperatur und andere physiologische Funktionen aufrechtzuerhalten. Mayer schlussfolgerte, dass Wärme äquivalent zu Arbeit ist und somit eine eigenständige Energieform darstellt. Eine Bestätigung seiner Theorie fand er in der Beobachtung, dass intensives Schütteln (mechanische Arbeit) die Temperatur von Wasser (thermische Energie) ansteigen lässt.

Mayer publizierte seine Erkenntnisse am 31. Mai 1842 in Justus Liebigs Annalen der Chemie, Vol. 42, S. 233ff unter dem Titel „Bemerkungen über die Kräfte (heute: Energie) der unbelebten Natur". Es war jedoch dem deutschen Physiker Hermann von Helmholtz vorbehalten, den 1. Hauptsatz der Thermodynamik (Energieerhaltungssatz) in seiner 1847 erschienenen Publikation „Über die Erhaltung der Kraft" konkret auszuformulieren.

Mayers Erkenntnisse wurden anfänglich von der wissenschaftlichen Gemeinschaft weitgehend abgelehnt oder als obskure Theorie eines Arztes abgetan. Hinzu kam, dass Mayer in einen heftigen Prioritätenstreit mit dem „übermächtigen" britischen Physiker Joule verwickelt war. Er fühlte sich missverstanden, isoliert und in seiner wissenschaftlichen Arbeit nicht ausreichend gewürdigt. Diese negativen Erfahrungen führten 1850 zu einem Suizidversuch und einem Aufenthalt in einer psychiatrischen Klinik. Ab den 1860er-Jahren erkannte die wissenschaftliche Welt zunehmend die Bedeutung von Mayers Arbeiten, sodass die führenden Physiker seiner Zeit (Rudolf Clausius, Herrmann von Helmholtz, John Tyndall) ihm letztendlich die gebührende wissenschaftliche Würdigung erbrachten.

11.1.1 Energiearten und Energieumwandlung

Da mechanische Arbeit in Kilopondmeter (heute Newtonmeter oder Joule) und Wärme in Kalorien gemessen wurde, interessierte sich James Prescott Joule dafür, wie viele Kalorien einem Newtonmeter (damals: Kilopondmeter) entsprechen. Dieser Umrechnungsfaktor wurde später als mechanisches Wärmeäquivalent bekannt.

Joule konnte mit einer einfachen Apparatur (◻ Abb. 11.1) nachweisen, dass die erzeugte Wärme proportional zur aufgewendeten Arbeit ist. Durch eine frei fallende Masse wird ein Rührer in Rotation versetzt und dadurch potenzielle Energie in kinetische Energie des Rührers und schließlich in Wärmeenergie des Wassers überführt. Mit einem Präzisionsthermometer konnte Joule die Temperaturzunahme des Wassers auf ein Hundertstel Kelvin genau bestimmen. Das Experiment wiederholte er zigfach, um eine signifikante Temperaturerhöhung des Wassers zu erhalten.

In seiner Originalpublikation erklärte Joule, dass der freie Fall einer Masse von 772 Pfund (0,454 kg) über eine Strecke von einem Fuß (0,305 m) ein Pfund Wasser um ein Grad Fahrenheit (0,556 °C) erwärmt.

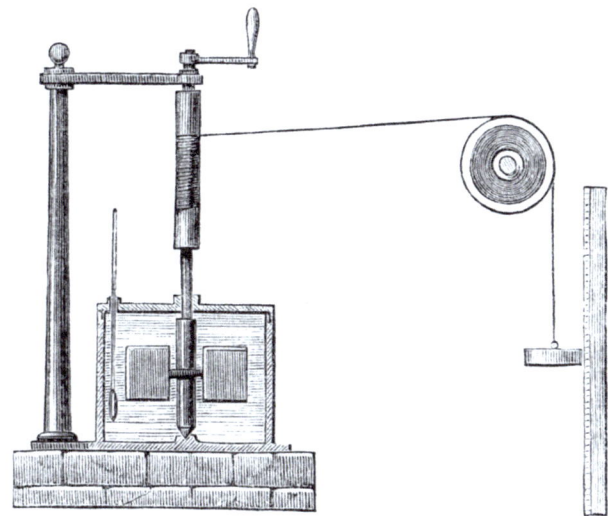

◻ **Abb. 11.1** Apparatur zur Bestimmung des Wärmeäquivalents nach Joule

- Die durch den freien Fall zugeführte mechanische Energie errechnet sich zu:

$$W = m \cdot g \cdot \Delta h = 772 \cdot 0{,}454\,\text{kg} \cdot 9{,}81\,\text{m} \cdot \text{s}^{-2} \cdot 0{,}305\,\text{m}$$
$$= 1049\,\text{Nm} = 1049\,\text{J}$$

- Die gemessene Wärmeenergie beträgt
  $Q = m \cdot c \cdot \Delta T = 0{,}454\,\text{kg} \cdot 1000\,\text{cal} \cdot \text{kg}^{-1} \cdot °\text{C}^{-1} \cdot 0{,}556\,°\text{C} = 252{,}4\,\text{cal}$, wobei c die spezifische Wärmekapazität des Wassers (c = 1000 cal kg^{-1}) ist.

Aus diesen Messungen ergab sich für das mechanische Wärmeäquivalent - der Umrechnungsfaktor zwischen Wärmemenge (Kalorie) und mechanischer Arbeit (Joule) - der Faktor 4,16, was sehr gut mit dem heute bekannten Wert von 4,185 übereinstimmt. Da heutzutage für alle Energiearten die Einheit Joule verwendet wird, sind solche spezifische Energieäquivalente nicht mehr erforderlich.

Prinzipiell unterscheidet man zwischen folgenden Energieformen:
- Mechanische Energie:
  - Bewegungsenergie (kinetische Energie, z. B. fahrendes Auto)
  - Lageenergie (potenzielle Energie, z. B. komprimiertes Gas oder Pumpspeicherkraftwerk)
- Chemische Energie (Bindungsenergie, z. B. Reaktionswärme)
- Wärmeenergie (thermische Energie, z. B. heißer Wasserdampf)
- Elektrische Energie (z. B. galvanische Elemente)
- Kernenergie (z. B. Kernspaltung)
- Strahlungsenergie (elektromagnetische Wellen, z. B. Sonnenlicht)

11.1.2 Erster Hauptsatz der Thermodynamik – Energieerhaltungssatz

Der 1. Hauptsatz der Thermodynamik ist die Anwendung des allgemeinen Energieerhaltungssatzes auf chemische Reaktionssysteme. Der erste Hauptsatz der Thermodynamik beschreibt die innere Energie (U) als eine Zustandsfunktion, deren Betrag nur vom Zustand des Systems abhängt, aber nicht von der Art und Weise, wie es zu diesem Zustand kam.

Die innere Energie eines geschlossenen Systems wird nur durch Wärmezufuhr (δQ) oder Arbeit (δW) verändert.

$$dU = \delta Q + \delta W \quad \text{erster } \textit{Hauptsatz der Thermodynamik} \tag{11.1}$$

dU – Änderung innere Energie, J
δQ – Änderung thermische Energie, J
δW – Änderung mechanische Energie, J

> **Wofür stehen Δ, d, oder δ in thermodynamischen Gleichungen?**
>
> - Δ – entspricht einer experimentell messbaren Differenz einer Größe wie ΔQ, ΔT, Δp etc.
> - d – steht für eine beliebig kleine Differenz einer wegunabhängigen Zustandsvariablen wie z. B. dU und für ein totales, d. h. wegunabhängiges Differenzial.
> - δ – steht für eine beliebig kleine Differenz einer wegabhängigen Prozessvariablen wie δQ und δW und für ein wegabhängiges Differenzial.
>
> **Beispiel: $dU = \delta Q + \delta W$**
>
> Die Differenz der inneren Energie ($dU = U_E - U_A$) ist wegunabhängig (◉ Abb. 11.3) und hängt ausschließlich vom Endzustand (U_E) und Anfangszustand (U_A) ab. Für eine Zustandsgröße, die wegunabhängig und somit total differenzierbar ist, wird für eine infinitesimale Änderung dU geschrieben.
>
> Dagegen sind die Prozessvariablen W und Q wegabhängig. Zur Unterscheidung verwendet man deshalb für infinitesimal kleine Änderungen von Prozessgrößen δ statt d.

Es ist wichtig zu betonen, dass Wärme und Arbeit zwei verschiedene Energieformen sind. Damit ein System Wärmeenergie mit seiner Umgebung austauschen kann, muss ein Temperaturunterschied zwischen dem System und der Umgebung bestehen. Im Gegensatz dazu erfolgt der Austausch von Arbeit mechanisch durch Krafteinwirkung, zum Beispiel über einen Kolben (◉ Abb. 11.2).

- **Vorzeichenkonvention**
- $\delta Q > 0$: Dem System wird Wärmeenergie aus der Umgebung zugeführt.
- $\delta Q < 0$: Das System gibt Wärmeenergie an die Umgebung ab.
- $\delta W > 0$: Dem System wird mechanische Energie aus der Umgebung zugeführt.
- $\delta W < 0$: Das System gibt mechanische Energie an die Umgebung ab.

Generell erhalten Energiemengen, die einem System zugeführt werden, ein positives Vorzeichen, während Energiemengen, die vom System abgegeben werden, ein negatives Vorzeichen.

Für ein isoliertes System (▶ Abschn. 10.1.1) gilt definitionsgemäß, dass die innere Energie bei beliebigen Zustandsänderungen konstant (U = const., dU = 0) bleibt. Somit sind Perpetuum Mobiles, d. h. Maschinen, die ohne äußere Energie endlos Energie erzeugen (dU > 0), nicht realisierbar.

Offene chemische Reaktionssysteme können mit ihrer Umgebung sowohl Reaktionswärme (Q) als auch Volumenarbeit (W) austauschen. Die Änderung der inneren Energie (dU) ergibt sich aus der mit der Umgebung ausgetauschten thermischen Energie (δQ, bedingt durch chaotische Teilchenbewegung) und/oder Volumenarbeit (δW, bedingt durch koordinierte Teilchenbewegung).

Gemäß dem 1. Hauptsatz der Thermodynamik können wir keine Absolutwerte der inneren Energie (U) angeben, sondern lediglich deren Änderung (dU). Da die innere Energie eine Zustandsgröße ist, hängt die Energieänderung nur vom End- und Anfangszustand des Systems ab ($dU = U_E - U_A$), jedoch nicht vom Weg, den das System zur Errreichung des Endzustandes eingeschlagen hat (◉ Abb. 11.3).

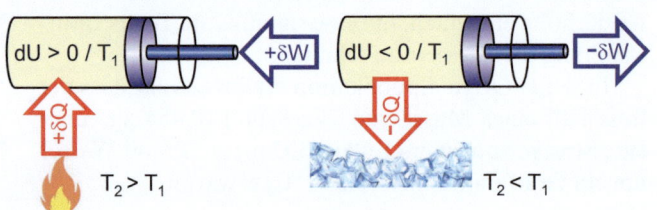

◉ **Abb. 11.2** Positives Vorzeichen, dem System wird Energie zugeführt; negatives Vorzeichen, das System verliert Energie

11.1 · Energieerhaltung – Energie kann nicht erzeugt, sondern nur umgewandelt werden

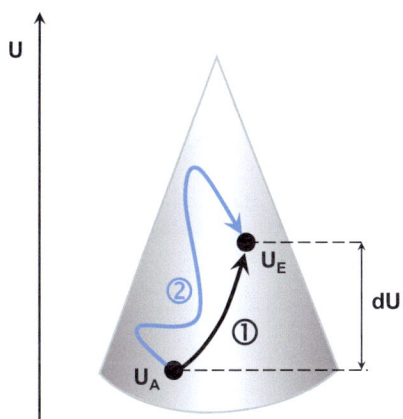

Abb. 11.3 Zustandsgrößen (U) und deren Änderungen (dU) sind wegunabhängig

11.1.3 Reversible (umkehrbare) und irreversible Zustandsänderungen

In der Thermodynamik wird zwischen reversiblen (umkehrbaren) und irreversiblen (nicht umkehrbaren) Zustandsänderungen unterschieden.

Reversible Zustandsänderungen sind solche, bei denen das System in der Lage ist, den Anfangszustand wieder einzunehmen, ohne dass dabei Veränderungen in der Umgebung zurückbleiben. Das bedeutet, dass Anfangs- und Endzustand nicht unterscheidbar sind.

Im Gegensatz dazu sind irreversible Prozesse nicht umkehrbar, der Anfangszustand kann nur durch externe Energiezufuhr wieder erreicht werden, wodurch die Umgebung verändert wird.

Reversible Vorgänge liegen dann vor, wenn Zustandsänderungen unendlich langsam und reibungsfrei verlaufen und während der gesamten Zustandsänderung Gleichgewichtszustände herrschen. Dies erfordert eine Aneinanderreihung zahlreicher infinitesimaler Zustandsänderungen. Sobald jedoch Energieverluste – meist durch Reibung – auftreten, handelt es sich um einen irreversiblen Prozess.

Ein wesentlicher Vorteil reversibler Prozesse ist die Möglichkeit, die stets definierten Zustandsgrößen durch Integration zu erfassen, was bei irreversiblen Prozessen nicht möglich ist.

Ein klassisches Beispiel für einen reversiblen Prozess ist ein im Vakuum schwingendes Fadenpendel. Als ideales Pendel bleiben dessen mechanische Energie, also die Summe aus kinetischer und potenzieller Energie und somit der Amplitudenausschlag des Pendels konstant. Würde man eine Videoaufnahme des Pendelvorgangs aufzeichnen, könnte man nicht unterscheiden, ob diese vorwärts oder rückwärts abgespielt wird, da der Amplitudenausschlag konstant bleibt.

Ein reales Pendel dagegen verliert Energie aufgrund von Reibungsverlusten, was zu einer Abnahme der Schwingungsamplitude mit der Zeit führt. Es ist für jedermann erkennbar, ob die Videoaufzeichnung vorwärts oder rückwärts läuft.

Alle natürlichen Prozesse sind irreversible Zustandsänderungen, da stets ein Teil der Energie als Abwärme unwiederbringlich an die Umgebung verloren geht. Auch alle spontan ablaufenden Prozesse sind irreversibel. So wurde noch nie beobachtet, dass die Splitter einer zu Boden gefallenen Kaffeetasse sich wieder zu einer Tasse vereinen und sich die Tasse wieder auf dem Tisch platziert, obwohl ein solcher Vorgang prinzipiell mit dem 1. Hauptsatz der Thermodynamik (Energieerhaltung) im Einklang wäre.

Ob eine Zustandsänderung reversibel oder irreversibel abläuft, kann mit dem 2. Hauptsatz der Thermodynamik (Entropie, ▶ Kap. 12) entschieden werden. Während bei reversiblen Zustandsänderungen keine Entropieänderung (S = const., dS = 0) erfolgt, nimmt bei irreversiblen Zustandsänderungen die Entropie zu (dS > 0). Diese Entropiezunahme kann als Verlust von Nutzenergie interpretiert werden, die als nicht mehr nutzbare Abwärme ($\delta Q = T \cdot \Delta S$) an die Umgebung abgegeben wird. Irreversibilität ergibt sich aus der wesentlich höheren Wahrscheinlichkeit des Endzustands und folgt daher einem Zeitpfeil (▶ Abschn. 12.4.1).

■ Reversible und irreversible Expansion idealer Gase

Ein ideales Gas befindet sich in einem Zylinder, der mit einem reibungsfrei beweglichen Kolben verschlossen ist (◻ Abb. 11.5b). Da sich der Zylinderinhalt und die Umgebung im thermischen Gleichgewicht befinden, entspricht der Umgebungsdruck (p_U) dem Gasdruck im Zylinder (p_G).

Bei der isothermen, reversiblen Ausdehnung des Gases (▶ Abschn. 10.1.4, dT = 0) wird der Kolben unendlich langsam herausgezogen, wodurch die Abnahme des Umgebungsdrucks und die Volumenzunahme ($\Delta V > 0$) ebenfalls unendlich langsam erfolgen. Während des Prozesses bleibt der Gasdruck im Zylinder stets im Gleichgewicht mit dem abnehmenden Umgebungsdruck. Isotherme Zustandsänderungen verlaufen definitionsgemäß bei konstanter Temperatur (dT = 0), sodass die innere Energie eines idealen Gases konstant bleibt (Gl. 11.4). Deshalb muss die an der Umgebungsatmosphäre geleistete Volumenarbeit ($\delta W = -\int p_G \cdot dV$) in gleicher Menge der Umgebung als Wärmeenergie (δQ) entzogen werden, damit die Gastemperatur während der Expansion konstant bleibt.

Die Kompensation des Energieverlusts durch Volumenarbeit durch die gleichzeitige Aufnahme von Wärmeenergie aus der Umgebung ist bei unendlich langsamer Umgebungsdruckänderung zu jedem Zeitpunkt des Prozesses gegeben. Zu Beginn der Expansion beträgt der Gasdruck des Systems $p_{G,A}$ und fällt während der Expansion auf $p_{G,E}$ ab. Die vom Gas an der Umgebung geleistete Volumenarbeit ($\delta W < 0$) entspricht der gelben Fläche unter der Isotherme (◻ Abb. 11.4a).

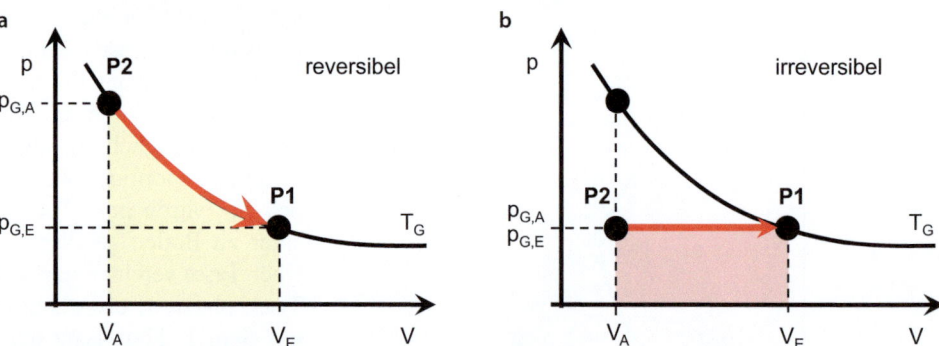

◘ **Abb. 11.4** Reversible (**a**) und irreversible Volumenarbeit (**b**) eines idealen Gases

Im Gegensatz dazu wird beim irreversiblen Fall der Kolben ruckartig aus dem Zylinder in die Endposition gezogen, wodurch der Umgebungsdruck gleich zu Beginn schlagartig auf den Endwert $p_{G,E}$ absinkt. Somit herrscht während der gesamten Expansionsphase der Gasdruck $p_{G,E}$. Infolgedessen muss das System weniger Volumenarbeit (◘ Abb. 11.4b, rote Fläche) an der Umgebung leisten als im irreversiblen Fall.

Da wir uns in Kap. 11 mit dem Energieerhaltungssatz (erster Hauptsatz der Thermodynamik) auseinandersetzen, betrachten wir in den folgenden Ausführungen ausschließlich reversible Zustandsänderungen.

11.2 Innere Energie eines idealen Gases

Ein System kann verschiedene Energieformen aufweisen. Wenn ein Reaktionsbehälter (System) auf das Dach eines Wolkenkratzers transportiert wird, hat er eine erhöhte potenzielle Energie. Wird der Reaktionsbehälter in einem Auto transportiert, weist er kinetische Energie auf. In der Thermodynamik blenden wir solche äußeren Energieformen aus, da sie keinen Einfluss auf den inneren Zustand des Systems als solches haben.

Die innere Energie eines Systems, wie beispielsweise eines Gasgemisches in einem Reaktor, wird durch die Zustandsgrößen Temperatur, Druck, Volumen und die Stoffmengen der Komponenten beschrieben.

$$p \cdot V = n \cdot R \cdot T \text{ bzw. } p \cdot V_m = R \cdot T \text{ universelle Gasgleichung} \tag{11.2}$$

p – Gasdruck, $Nm^{-2} = Pa$
V – Gasvolumen, m^3
V_m – molares Gasvolumen, m^3
n – Gasmenge, mol
R – allgemeine Gaskonstante, $JKmol^{-1}$
T – absolute Temperatur, K

Die Grundprinzipien der Thermodynamik, wie beispielsweise das Energieerhaltungsgesetz, resultieren aus dem Studium von Wärmekraftmaschinen. Die Untersuchungen erfolgten an Wasserdampf, der zur Vereinfachung als ideales Gas betrachtet wurde. Die innere Energie eines idealen Gases wird ausschließlich durch die Bewegungsenergie (kinetische Energie) der Teilchen beschrieben, da ideale Gasteilchen definitionsgemäß keine intermolekularen Kräfte (potenzielle Energie) ausüben und daher auch keine chemischen Reaktionen eingehen. Die innere Energie eines idealen Gases kann sich daher nur durch den Austausch von Wärmeenergie (δQ) und/oder Volumenarbeit (δW) mit der Umgebung ändern.

$$dU = \delta Q + \delta W \tag{11.3}$$

In ▶ Abschn. 10.3.2, Gl. 10.25 wurde gezeigt, dass die innere Energie (U) eines idealen Gases identisch ist mit der Summe der kinetischen Energie der einzelnen Gasteilchen in den drei Raumrichtungen ($U = 3 \cdot ½ \cdot n \cdot R \cdot T$).

Somit ist die Änderung der inneren Energie (dU) idealer Gase bei einer Zustandsänderung ausschließlich von der Temperaturdifferenz (dT) zwischen dem Endzustands (T_2) und dem Ausgangszustand (T_1) abhängig.

$$dU = \delta Q + \delta W = \frac{3}{2} \cdot n \cdot R \cdot dT \xrightarrow{mit\, dT = T_2 - T_1} dU = \frac{3}{2} \cdot n \cdot R \cdot (T_2 - T_1) \tag{11.4}$$

11.2.1 Volumenarbeit – Expansion und Kompression von Gasen

Bei der Variation des Gasvolumens verrichtet entweder die Umgebung Arbeit am Gas ($\delta W > 0$, ◘ Abb. 11.5c, Kompression) oder das Gas leistet Arbeit an der Umgebung gegen den äußeren Druck ($\delta W < 0$, ◘ Abb. 11.5a, Expansion).

Im ersten Fall nimmt die innere Energie des Gases zu (dU > 0), während bei der Expansion des Gases Energie

11.2 · Innere Energie eines idealen Gases

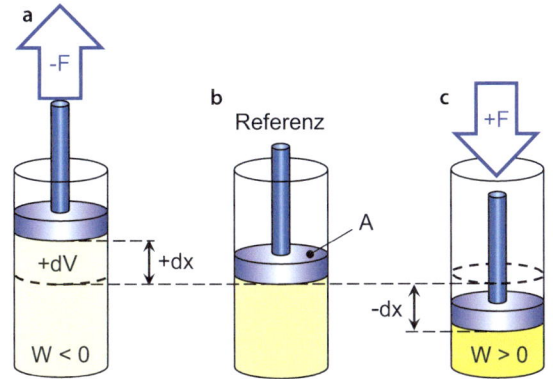

Abb. 11.5 Bei Expansion (**a**) leistet das System Volumenarbeit an der Umgebung ($\delta W < 0$) im Vergleich zur Referenz (**b**), bei Kompression verrichtet die Umgebung Volumenarbeit am System ($\delta W > 0$, **c**)

an die Umgebung verloren geht, sodass die innere Energie des Gases abnimmt ($dU < 0$).

Ausgangspunkt ist ein gasgefüllter Zylinder, der mit einem beweglichen Kolben verschlossen ist (◘ Abb. 11.5b). Das Gasvolumen hängt von der auf den Kolben ausgeübten Kraft (F) ab, die bei konstantem Kolbenquerschnitt (A) durch den Druck ($p = F/A$) bestimmt wird, dem das Gas durch den Kolben ausgesetzt ist.

Üben wir doppelten Druck aus (◘ Abb. 11.5c), halbiert sich das Gasvolumen und die zur Volumenverdichtung aufgebrachte Arbeit wird dem Gas zugeführt ($\delta W > 0$).

Der Betrag der mechanischen Arbeit (δW, Gl. 11.5) ergibt sich aus dem Produkt aus Kraft (F) und der Änderung des Weges (dx), vorausgesetzt dass Kraftvektor und Wegvektor parallel verlaufen.

$$\delta W = F \cdot dx \qquad (11.5)$$

Da die Kraft (F) senkrecht auf den Kolben (A) wirkt, übt dieser auf das Gas folgenden Druck (p) aus:

$$p = \frac{F}{A} \rightarrow F = p \cdot A \qquad (11.6)$$

Für die Volumenarbeit ergibt sich daher folgende Gleichung:

$$\delta W = p \cdot A \cdot dx \qquad (11.7)$$

δW – Volumenarbeit, Nm = J
p – Gasdruck, Nm^{-2} = Pa
A – Zylinder-/Kolbenquerschnitt, m^2
dx – Kolbenweg, m

Da der Gasdruck im Zylinder mit zunehmender Kompression steigt, muss auf den Kolben immer mehr äußere Kraft bzw. Druck ausgeübt werden. Zur Bestimmung der Volumenarbeit reicht deshalb eine einfache Multiplikation nicht aus, sondern es muss der sich stetig ändernde Druck über Integration entlang der Kompressionsstrecke (dx) berücksichtigt werden.

$$\delta W = \int_{x_1}^{x_2} p \cdot A \cdot dx \qquad (11.8)$$

Das Produkt aus Kolbenquerschnitt (A) und Kolbenweg (dx) entspricht der Volumenänderung (dV) des Gases bei der Volumenarbeit.

$$A \cdot dx = dV \qquad (11.9)$$

Wir setzen Gl. 11.9 in Gl. 11.8 ein und erhalten als allgemeine Formel für die Volumenarbeit:

$$\delta W = -\int_{V_1}^{V_2} p \cdot dV \quad \textit{allgemeine Formel für Volumenarbeit}$$

$$(11.10)$$

δW – Volumenarbeit, Nm = J
p – Gasdruck im Zylinder, Nm^{-2} = Pa
dV – Volumenänderung, m^3
V_1 – Gasvolumen vor der Volumenarbeit, m^3
V_2 – Gasvolumen nach Volumenarbeit, m^3

Da bei der Kompression des Gases Volumenarbeit geleistet wird, ist der Beitrag zur inneren Energie des Gases positiv und somit der Beitrag der Volumenarbeit ($dW > 0$) positiv. Da dabei das Volumen abnimmt ($V_1 > V_2 \rightarrow dV < 0$), erklärt sich das negative Vorzeichen in Gl. 11.10.

Zieht man den Kolben aus dem Zylinder, vergrößert sich das Volumen des Gases ($V_1 < V_2 \rightarrow dV > 0$), weshalb das Gas Volumenarbeit gegen den externen Umgebungsdruck leisten muss ($dW < 0$). Dadurch geht ein Teil der inneren Energie des Gases verloren ($dU < 0$).

■ **Zustandsänderungen**

Der Zustand idealer Gase wird durch die Zustandsgrößen Druck (p), Volumen (V) und Temperatur (T) eindeutig beschrieben, weshalb Zustandsänderungen idealer Gase oft in sogenannten p-V-Diagrammen (z. B. ◘ Abb. 11.6) dargestellt werden.

In der Literatur wird üblicherweise zwischen isochoren, isobaren, isothermen und adiabatischen Zustandsänderungen unterschieden (▶ Abb. 10.3). Je nach Art der Zustandsänderung tauscht ein Gas unterschiedliche Mengen an Arbeit und Wärme mit der Umgebung aus (◘ Tab. 11.1).

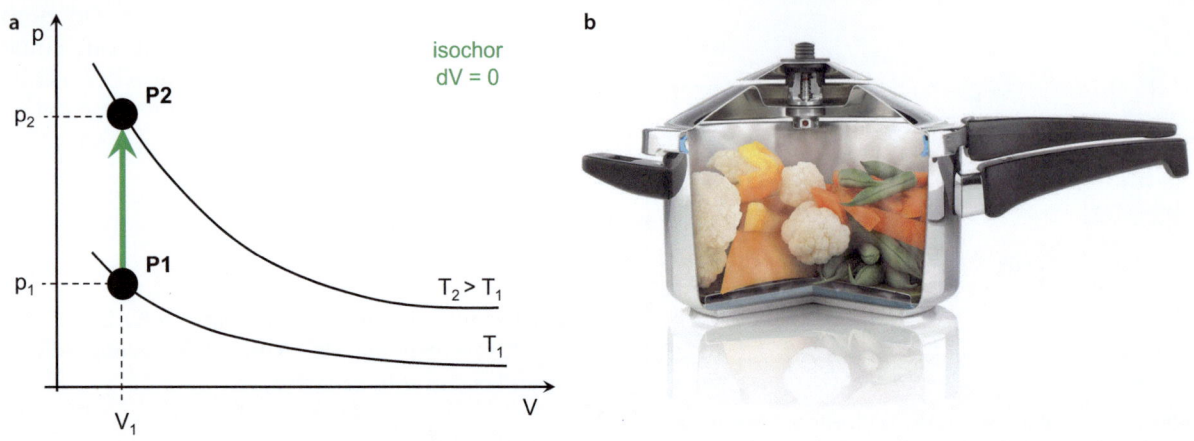

◻ **Abb. 11.6** Isochore Druck-Temperatur-Erhöhung im p-V-Diagramm (**a**) und in der praktischen Anwendung im Schnellkochtopf (**b**, © Kuhn Rikon AG)

◻ **Tab. 11.1** Zustandsänderungen idealer Gase bei unterschiedlichen Prozessführungen

Zustandsänderung	Isochor	Isobar	Isotherm	Adiabatisch
Definition	V = const. $dV = 0$	p = const. $dp = 0$	T = const. $dT = 0$	Q = const. $\delta Q = 0$
Gasgleichung	p/T = const., Amontons-Gleichung $n \cdot R \cdot dT = dp \cdot V$	V/T = const. Gay-Lussac-Gleichung $n \cdot R \cdot dT = p \cdot dV$	$p \cdot V$ = const. Boyle-Mariotte-Gesetz $n \cdot R \cdot T = dp \cdot dV$	
1. Hauptsatz der Thermodynamik	$dU = \delta Q$	$dU = \delta Q + \delta W$	$dU = \delta Q + \delta W = 0$	$dU = \delta W$
Wärmeenergie, δQ	$\delta Q = 3/2 \cdot V \cdot (p_2 - p_1)$ $\delta Q = 3/2 \cdot n \cdot R \cdot (T_2 - T_1)$	$\delta Q = 5/2 \cdot p \cdot (V_2 - V_1)$ $\delta Q = 5/2 \cdot n \cdot R \cdot (T_2 - T_1)$	$\delta Q = n \cdot R \cdot T \cdot \ln(V_2/V_1)$	$\delta Q = 0$
Volumenarbeit, δW	$\delta W = 0$	$\delta W = -p \cdot (V_2 - V_1)$ $\delta W = -n \cdot R \cdot (T_2 - T_1)$	$\delta W = -n \cdot R \cdot T \cdot \ln(V_2/V_1)$	$\delta W = 3/2 \cdot n \cdot R \cdot (T_2 - T_1)$
Innere Energie, dU	$dU = 3/2 \cdot n \cdot R \cdot (T_2 - T_1)$	$dU = 3/2 \cdot n \cdot R \cdot (T_2 - T_1)$	$dU = 0$	$dU = 3/2 \cdot n \cdot R \cdot (T_2 - T_1)$

■ **Isochore Volumenarbeit (V = const., dV = 0)**

Ein Schnellkochtopf mit einem Gasdruck von p_1 steht auf einer Herdplatte, wobei ihm Wärmeenergie (δQ) zugeführt wird. Die Gastemperatur steigt von T_1 auf T_2 und der Gasdruck erhöht sich gemäß dem Gesetz von Amontons von p_1 auf p_2 (▶ Abschn. 5.2.1, ◻ Abb. 11.6a).

Da sich das Volumen des Schnellkochtopfs praktisch nicht ändert, spricht man von einer isochoren Zustandsänderung. Es wird keine Volumenarbeit ($\delta W = -pdV$) geleistet, da $dV = 0$ ist.

$$\delta W = -\int_{V_1}^{V_2} p \cdot dV = -[p]_{V_1}^{V_2} = -(p \cdot V_2 - p \cdot V_1)$$
$$= -p \cdot (V_2 - V_1) \; \text{mit} \; dV = V_2 - V_1 = 0 \; \textit{folgt} \; \delta W = 0 \quad (11.11)$$

Dadurch vereinfacht sich der 1. Hauptsatz der Thermodynamik zu:

$$dU = \delta Q \quad (11.12)$$

Eine isochore Zustandsänderung führt zu einem Wärmetransfer. Die für die Zustandsänderung eines idealen Gases erforderliche Wärmeenergie ergibt sich unter Berücksichtigung von Gl. 11.4 zu:

$$\delta Q = dU = \frac{3}{2} \cdot n \cdot R \cdot dT = \frac{3}{2} \cdot n \cdot R \cdot (T_2 - T_1) \quad (11.13)$$

Ersetzt man gemäß dem allgemeinen Gasgesetz (Gl. 11.2) $n \cdot R \cdot T$ durch $p \cdot V$, ergibt sich:

11.2 · Innere Energie eines idealen Gases

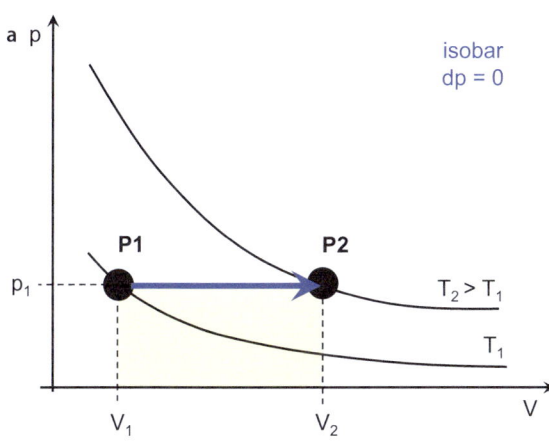

• **Abb. 11.7** Isobare Zustandsänderung im p-V-Diagramm (**a**) und im Heißluftballon (**b**) (© takepicsforfun/▶ Shutterstock.com)

$$\delta Q = dU = \frac{3}{2} \cdot (p_2 \cdot V_2 - p_1 \cdot V_1) \xrightarrow{mit\, V_2 = V_1} \delta Q = \frac{3}{2} \cdot V_1 \cdot (p_2 - p_1)$$
(11.14)

■ **Isobare Volumenarbeit (p = const., dp = 0)**

Wird ein Heißluftballon befeuert, nimmt die Temperatur des Füllgases von T_1 auf T_2 zu (• Abb. 11.7a). Das Gasvolumen vergrößert sich von V_1 auf V_2. Da der Ballon an der Mündung geöffnet ist, entweicht überschüssiges Volumen, sodass der Gasdruck im Ballon konstant (p_1) bleibt (• Abb. 11.7a, waagrechte blaue Linie). Eine solche Zustandsänderung wird als isobar (p = const., dp = 0) bezeichnet. Dabei nimmt die Gasdichte im Ballon ab, was den gewünschten Auftrieb erzeugt.

Im Gegensatz zur isochoren Zustandsänderung (dV = 0) wird bei der isobaren Expansion Volumenarbeit (gelbe Fläche) an der Umgebung geleistet, da V_2 größer als V_1 ist (dV > 0 → dW < 0).

$$\delta W = -\int_{V_1}^{V_2} p \cdot dV \xrightarrow{mit\, p = p_1 = const.} \delta = -p_1 \cdot \int_{V_1}^{V_2} dV$$
$$= -[p_1 \cdot V]_{V_1}^{V_2} = -p_1 \cdot (V_2 - V_1) = -n \cdot R \cdot (T_2 - T_1) \quad (11.15)$$

Die Volumenänderung erfolgt durch Erwärmen ($T_2 > T_1$) des Gases, also durch Zufuhr von Wärmeenergie (δQ).

Die zugeführte Wärmeenergie errechnet sich unter Berücksichtigung der inneren Energie eines idealen Gases (Gl. 11.4) zu:

$$dU = \delta Q + \delta W \rightarrow \delta Q = dU - \delta W = \frac{3}{2} \cdot n \cdot R \cdot (T_2 - T_1)$$
$$-(-)n \cdot R \cdot (T_2 - T_1) = \frac{5}{2} \cdot n \cdot R \cdot (T_2 - T_1)$$
(11.16)

■ **Isotherme Volumenarbeit (T = const., dT = 0)**

Bei der reversiblen isothermen Kompression ($p_1 \rightarrow p_2$, • Abb. 11.8) eines Gases wird dem Gas exakt so viel Energie durch Volumenarbeit (δW) zugeführt, wie an die Umgebung in Form von Wärmeenergie (δQ) verloren geht. Dadurch bleibt die Temperatur (T_2) konstant. Da sich die Temperatur nicht ändert (dT = 0), ändert sich auch die innere Energie des Gases (Gl. 11.4, dU = 3/2 · n · R · dT = 0) nicht. Eine solche Zustandsänderung wird als isotherm bezeichnet. Das Verhältnis von Volumen zu Druck des Gases wird durch das Boyle-Mariotte-Gesetz beschrieben.

Die durch die Kompression geleistete Volumenarbeit ergibt sich gemäß der allgemeinen Formel für die Volumenarbeit.

$$\delta W = -\int_{V_1}^{V_2} p \cdot dV$$
(11.17)

Da der Gasdruck eine Funktion des Gasvolumens ist, das während der Kompression von V_1 (P1) nach V_2 (P2) (• Abb. 11.8) stetig abnimmt, muss der stetig ansteigende Gasdruck als Funktion des Volumens (V) über die universelle Gasgleichung (Gl. 11.2) ausgedrückt werden.

$$p \cdot V = n \cdot R \cdot T \rightarrow p = \frac{n \cdot R \cdot T}{V}$$
(11.18)

Einsetzen von Gl. 11.18 in Gl. 11.17 für die Volumenarbeit und Integration (▶ Tab. 9.1, Regel 3.3) nach dem Volumen ergibt für die Volumenarbeit bei isothermer Kompression:

$$\delta W = -n \cdot R \cdot T \cdot \int_{V_1}^{V_2} \frac{dV}{V} = -n \cdot R \cdot T \cdot [\ln(V)]_{V_1}^{V_2}$$
$$= -n \cdot R \cdot T \cdot [\ln(V_2) - \ln(V_1)] = -n \cdot R \cdot T \cdot \ln\left(\frac{V_2}{V_1}\right) \quad (11.19)$$

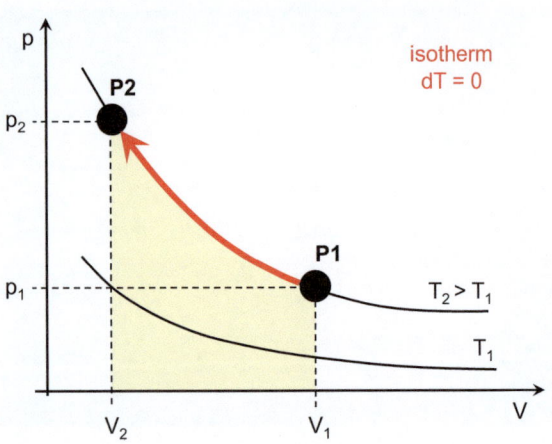

● **Abb. 11.8** Isotherme Zustandsänderung (Kompression) im p-V-Diagramm

Da sich bei der isothermen Volumenkompression die innere Energie des idealen Gases (dU = 0, ▶ Gl. 10.4) nicht ändert, entspricht der Verlust an Wärmeenergie (δQ), die an die Umgebung abgegeben wird, exakt der Volumenarbeit (δW), die dem Gas durch Kompression zugeführt wird:

$$dU = \delta Q + \delta W = 0 \rightarrow \delta Q = -\delta W = n \cdot R \cdot T \cdot \ln\left(\frac{V_2}{V_1}\right) \quad (11.20)$$

Beispiele für isotherme Prozesse sind Phasenübergänge wie siedendes Wasser oder schmelzendes Eis (▶ Abschn. 11.2.4).

■ **Adiabatische Volumenarbeit (δQ = 0)**

Bei adiabatischen Zustandsänderungen wird per Definition keine Wärme mit der Umgebung ausgetauscht (δQ = 0), d. h., die Systemgrenzen sind wärmeisoliert. Somit verbleibt die bei einer Kompression erzeugte Wärme im System, wodurch der Druck nicht nur auf p_2 (isotherme Kompression), sondern durch die zusätzliche Temperaturausdehnung auf p_3 ansteigt (● Abb. 11.9a). Dadurch wird zusätzliche Volumenarbeit (blaue Fläche zwischen brauner und roter Linie) im Vergleich zur isothermen Kompression (● Abb. 11.9a, gelbe Fläche) geleistet.

Für adiabatische Zustandsänderungen (δQ = 0) vereinfacht sich der 1. Hauptsatz der Thermodynamik zu:

$$dU = \delta W = \frac{3}{2} \cdot n \cdot R \cdot dT = -pdV \quad (11.21)$$

Somit ergibt sich für die adiabatische Volumenarbeit nach Substitution des Drucks durch die allgemeine Gasgleichung (p = n · R · T/V):

$$\delta W = \frac{3}{2} \cdot n \cdot R \cdot dT = -\frac{n \cdot R \cdot T}{V} \cdot dV \quad (11.22)$$

Dividieren beider Seiten durch n · R · T und Überführen der differenziellen in die integrale Form ergibt:

$$\frac{3}{2} \cdot \frac{1}{T} dT = -\frac{1}{V} \cdot dV \rightarrow \frac{3}{2} \cdot \int_{T_2}^{T_3} \frac{dT}{T} = -\int_{V_1}^{V_2} \frac{dV}{V} \quad (11.23)$$

Durch Integration (▶ Tab. 9.1, Regel 3.3) von Gl. 11.23 und nach einigen elementaren Umformungen erhält man:

$$\frac{3}{2} \cdot \left[\ln(T)\right]_{T_2}^{T_3} = -\left[\ln(V)\right]_{V_1}^{V_2} \rightarrow \frac{3}{2} \cdot \ln\left(\frac{T_3}{T_2}\right) = -\ln\left(\frac{V_2}{V_1}\right)$$

$$\rightarrow \ln\left(\frac{T_3}{T_2}\right) = -\frac{2}{3} \cdot \ln\left(\frac{V_2}{V_1}\right) = \frac{2}{3} \cdot \ln\left(\frac{V_1}{V_2}\right) = \ln\left(\frac{V_1}{V_2}\right)^{\frac{2}{3}}$$

(11.24)

Eliminieren des natürlichen Logarithmus durch Anwendung der e-Funktion auf beiden Seiten ergibt die sogenannte Adiabatengleichung:

$$\ln\left(\frac{T_3}{T_2}\right) = \ln\left(\frac{V_1}{V_2}\right)^{\frac{2}{3}} \rightarrow \frac{T_3}{T_2} = \left(\frac{V_1}{V_2}\right)^{\frac{2}{3}} \quad Adiabatengleichung$$

(11.25)

Da Zustandsänderungen in p-V-Diagrammen abgebildet werden (● Abb. 11.9), müssen die Temperaturen mithilfe der allgemeinen Gasgleichung (Gl. 11.2) in Drücke umgeformt werden.

$$p \cdot V = n \cdot R \cdot T \rightarrow T_2 = \frac{p_1 \cdot V_1}{n \cdot R} \; resp. \; T_3 = \frac{p_3 \cdot V_2}{n \cdot R} \quad (11.26)$$

T_2 und T_3 werden in die linke Seite der Gl. 11.25 eingesetzt, wodurch sich das Verhältnis p_3/p_1 ergibt.

$$\frac{T_3}{T_2} = \frac{p_3 \cdot V_2}{p_1 \cdot V_1} = \left(\frac{V_1}{V_2}\right)^{\frac{2}{3}} \rightarrow \frac{p_3}{p_1} = \left(\frac{V_1}{V_2}\right)^{\frac{2}{3}} \cdot \left(\frac{V_1}{V_2}\right)$$

$$= \left(\frac{V_1}{V_2}\right)^{\frac{5}{3}} \; Adiabatengleichung \quad (11.27)$$

Im Fall einer isothermen Kompression von Zustand P1 zu Zustand P2 (● Abb. 11.9, rote Linie) gilt für das Druckverhältnis p_2/p_1 nach Boyle-Mariotte:

$$\frac{p_2}{p_1} = \frac{V_1}{V_2} < \left(\frac{V_1}{V_2}\right)^{\frac{5}{3}} = \frac{p_3}{p_1} \quad mit \; V_1 > V_2 \quad (11.28)$$

Somit verläuft die adiabatische Zustandsänderungskurve (● Abb. 11.9, braune Linie) steiler als die isotherme (rote Linie). In der Praxis treten nahezu adiaba-

11.2 · Innere Energie eines idealen Gases

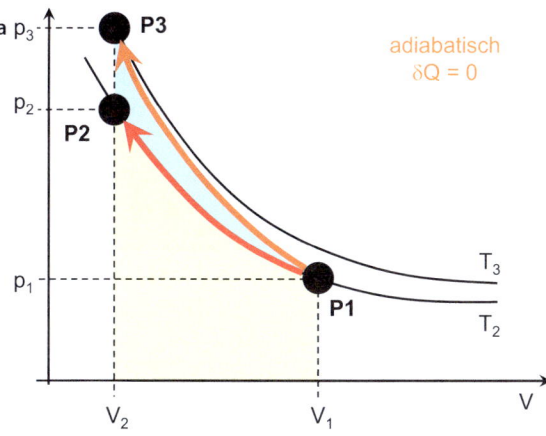

Abb. 11.9 Adiabatische Zustandsänderung im p-V-Diagramm. Kondensierender Wasserdampf durch rapide adiabatische Expansion mit einhergehender Abkühlung am Heck eines Düsenjets (© ▶ SVSimagery/▶ Shutterstock.com)

tische Prozesse dann auf, wenn der Prozess sehr schnell abläuft, sodass die Volumen- und Druckänderung bereits abgeschlossen ist, bevor ein nennenswerter Wärmeaustausch mit der Umgebung erfolgt.

Ein spektakuläres Beispiel hierfür ist die Wolkenscheibe (Mach-Disk), die am Heck von Düsenjets entsteht, wenn diese die Schallmauer durchbrechen (◘ Abb. 11.9b). Hinter der Stoßwelle (Knall) fällt der Druck rapide ab, wodurch die Luft stark abkühlt, sodass Luftfeuchtigkeit auskondensiert und eine sichtbare Nebelwolke entsteht.

Die adiabatische Entspannung von Gasen, auch als Joule-Thomson-Effekt bekannt, spielt eine zentrale Rolle bei der industriellen Luftverflüssigung nach dem Linde-Verfahren (▶ Abschn. 11.2.5).

11.2.2 Wärmeenergie – Energieaustausch durch ungeordnete Teilchenbewegung ohne Massefluss

Energie kann nicht nur durch Arbeit auf ein System übertragen werden, sondern auch durch Wärmeaustausch, also durch den Kontakt eines Systems mit einem zweiten System, dessen Temperatur vom ersten System abweicht. Während bei der Volumenarbeit die Energieübertragung durch koordinierte Teilchenbewegung (Kolbenbewegung) erfolgt, erfolgt der Wärmeaustausch durch ungeordnete Teilchenbewegung ohne Massefluss. Wärme fließt dabei stets vom wärmeren zum kälteren Körper. Der Wärmeaustausch zwischen zwei Systemen
– kann eine Temperaturänderung bewirken (▶ Abschn. 11.2.3). Das Ausmaß der Temperaturänderung (ΔT) bei einem gegebenem Wärmeaustausch (ΔQ) hängt von der Wärmekapazität des Systems ab (Gl. 11.29).
– verläuft bei Phasenübergängen ohne Temperaturänderung (▶ Abschn. 11.2.4). Wird Eis erwärmt, beginnt es zu schmelzen, ändert aber seine Temperatur nicht, solange Eis und Wasser im thermischen Gleichgewicht sind. Erst nachdem das gesamte Eis geschmolzen ist, führt eine weitere Wärmezufuhr zu einer Erhöhung der Wassertemperatur.

11.2.3 Wärmekapazität – Moleküle speichern Energie als innere Energie

Wenn die Temperatur eines Systems zunimmt, erhöht sich auch dessen innere Energie. Diese Energie wird von den Molekülen des Systems auf verschiedene Freiheitsgrade verteilt: translatorische (geradlinige Bewegungen), rotatorische (Drehbewegungen) und manchmal auch vibratorische (oszillierende Schwingungen) Bewegungen.

Wenn einem Körper eine definierte Wärmeenergie (ΔQ) zugeführt wird, steigen sowohl seine innere Energie (ΔU) als auch dessen Temperatur um einen bestimmten Betrag (ΔT).

$$\Delta Q = C \cdot \Delta T \rightarrow C = \frac{\Delta Q}{\Delta T} \qquad (11.29)$$

ΔQ – Wärmeenergie, J
C – Wärmekapazität System, JK^{-1}
ΔT – Temperaturänderung, K

Die Wärmekapazität (C) hat die Einheit Joule pro Kelvin und gibt an, wie viel Wärmeenergie benötigt wird, um einen definierten Körper um 1 K zu erwärmen. Die Wärmekapazität ist eine extensive Größe, weshalb für die doppelte Stoffmenge die doppelte Wärmemenge benötigt wird, um die gleiche Temperaturänderung (ΔT) zu erreichen. Außerdem ist die Wärmekapazität eine stoffspezifische Größe (◘ Abb. 11.10).

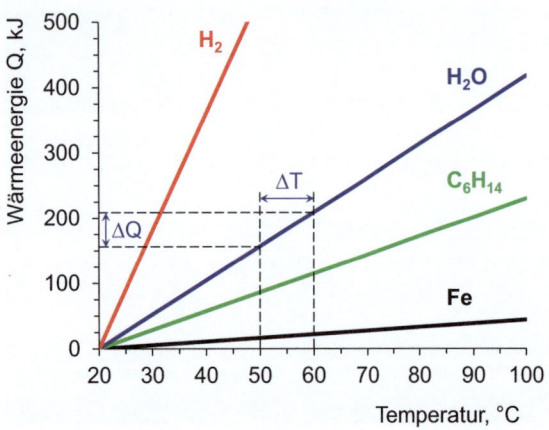

Abb. 11.10 Es werden unterschiedliche Wärmemengen (ΔQ) benötigt, um 1 kg verschiedener Stoffe um 1 K zu erwärmen. Die Geradensteigung entspricht der spezifischen Wärmekapazität c des Stoffes.

Um masseunabhängige Materialvergleiche anstellen zu können, wurden die spezifische Wärmekapazität (c) und die molare Wärmekapazität (c_m) als intensive Größen eingeführt.

$$c = \frac{C}{m} \xrightarrow{mit\, Gl.\,11.29\, für\, C} c = \frac{\Delta Q}{m \cdot \Delta T} \qquad (11.30)$$

c – spezifische Wärmekapazität, $JK^{-1}kg^{-1}$

C – Wärmekapazität System, JK^{-1}

m – Masse, kg

Da die Wärmekapazität Rückschlüsse auf die Molekülstruktur (s. u.) zulässt, bevorzugen Naturwissenschaftler die molare Wärmekapazität (c_m), da diese sich auf eine definierte Teilchenzahl (1 mol = $6{,}022 \cdot 10^{23}$ Teilchen) bezieht und somit direkte Molekülstrukturvergleiche zulässt. Die molare Wärmekapazität (c_m) gibt an, wie viel Wärmeenergie mit der Umgebung ausgetauscht wird, wenn 1 mol eines Stoffes die Temperatur um 1 K ändert (▶ Gl. 11.31).

$$c_m = \frac{C}{n} \xrightarrow{mit\, Gl.\,11.29\, für\, C} c_m = \frac{\Delta Q}{n \cdot \Delta T} \qquad (11.31)$$

c_m – molare Wärmekapazität, $JK^{-1}mol^{-1}$

C – Wärmekapazität System, JK^{-1}

n – Stoffmenge, mol

Die molare Wärmekapazität von Gasen hängt entscheidend davon ab, ob die Messung bei konstantem Volumen ($c_{m,V}$) oder konstantem Druck ($c_{m,p}$) erfolgt. Generell gilt, dass die molare Wärmekapazität bei konstantem Druck ($c_{m,p}$) größer ist als bei konstantem Volumen ($c_{m,V}$).

Bei konstantem Volumen wird die zugeführte Wärmeenergie vollständig zur Erwärmung des Gases verwendet, während bei konstantem Druck ein Teil der zugeführten Wärmeenergie Volumenarbeit leistet und deshalb nicht zur Erwärmung des Gases beiträgt. Somit ist bei gleicher Wärmezufuhr (ΔQ) die Temperaturänderung $\Delta T_V > \Delta T_p$. Da in Gl. 11.32 die Temperaturänderung im Nenner steht, ist folgerichtig $c_{m,p} > c_{m,V}$.

$$c_{m,p} = \left(\frac{\Delta Q}{n \cdot \Delta T}\right)_P \text{ und } c_{m,V} = \left(\frac{\Delta Q}{n \cdot \Delta T}\right)_V \qquad (11.32)$$

$c_{m,p}$ – molare Wärmekapazität bei konstantem Druck, $JK^{-1}mol^{-1}$

ΔQ – Änderung Wärmeenergie, J

$c_{m,V}$ – molare Wärmekapazität bei konstantem Volumen, $JK^{-1}mol^{-1}$

n – Stoffmenge, mol

ΔT – Temperaturänderung, K

Thermodynamische Definition

Die Definition der Wärmekapazität für konstantes Volumen ($c_{m,V}$) lässt sich direkt aus dem ersten Hauptsatz der Thermodynamik ableiten.

$$U = Q + W \qquad (11.33)$$

Zufuhr oder Verlust von Wärme (δQ) und Arbeit (δW) ändert die innere Energie (dU) eines idealen Gases. Da der Arbeitsbeitrag von der Volumenarbeit ($\delta W = -p \cdot dV$, Gl. 11.10) herrührt, gilt:

$$dU = \delta Q + \delta W = \delta Q - p \cdot dV \qquad (11.34)$$

Der Beitrag der Volumenarbeit bei konstantem Volumen (dV = 0) ist null, woraus folgt:

$$dU = \delta Q \qquad (11.35)$$

Um die Wärmeänderung bei Temperaturänderung zu erhalten, wird Gl. 11.35 nach der Temperatur (Operator −∂/∂T) abgeleitet. Das Symbol ∂ besagt, dass die innere Energie (U) **nur partiell** nach der Zustandsvariablen Temperatur (T) abgeleitet wird und **nicht** auch nach der Zustandsvariablen Volumen (V). Die Zustandsvariable Volumen wird konstantgehalten, was durch die Tiefstellung von V neben der schließenden Klammer ausgedrückt wird.

11.2 · Innere Energie eines idealen Gases

$$\left(\frac{\partial U}{\partial T}\right)_V = \left(\frac{\partial Q}{\partial T}\right)_V = c_{m,V} \quad \begin{array}{l}\text{Definition Wärmekapazität}\\ \text{bei konstantem Volumen}\end{array}$$

(11.36)

$c_{m,V}$ – molare Wärmekapazität bei konstantem Volumen, JK^{-1}mol^{-1}

$(...)_V$ – konstantes Volumen

Die Wärmekapazität bei konstantem Volumen entspricht somit der Ableitung (Steigung) der inneren Energie nach der Temperatur und gibt an, wie viel Wärmeenergie (∂Q) pro Mol und Kelvin Temperaturänderung (∂T) erforderlich ist bzw. freigesetzt wird.

Die Wärmekapazität bei konstantem Druck kann völlig analog von der Zustandsfunktion Enthalpie (H, Gl. 11.37) abgeleitet werden.

$$H = U + p \cdot V \quad \begin{array}{l}\text{Definition der Zustandsfunktion}\\ \text{für die Enthalpie}(H)\end{array}$$

(11.37)

H – Enthalpie, J
U – innere Energie, J
p – Druck, Nm^{-2}
V – Volumen, m^3

$$dH = dU + d(p \cdot V) = dU + p \cdot dV + V \cdot dp \xrightarrow{p=const., dp=0} dH = dU + p \cdot dV \xrightarrow{dU=\delta Q - pdV} dH = dQ \quad (11.38)$$

dH – Änderung der Enthalpie, J
dU – Änderung der inneren Energie, J

Partielles Ableiten der Enthalpie nach der Temperatur bei konstantem Druck ergibt:

$$\left(\frac{\partial H}{\partial T}\right)_P = \left(\frac{\partial Q}{\partial T}\right)_P = c_{m,P} \quad \begin{array}{l}\text{Definition der Wärmekapazität}\\ \text{bei konstantem Druck}\end{array}$$

(11.39)

$c_{m,p}$ – molare Wärmekapazität bei konstantem Druck, J K^{-1} mol^{-1}

$(...)_p$ – konstanter Druck

Da das Volumen von Flüssigkeiten und Feststoffen nur geringfügig mit der Temperatur variiert und Volumenkonstanz nur durch extreme Drücke realisiert werden kann, werden die Wärmekapazitäten von Flüssigkeiten und Feststoffen in der Regel bei konstantem Druck bestimmt und bei Bedarf auf konstantes Volumen umgerechnet. Bei Gasen hingegen spielt die Art der Prozessführung eine entscheidende Rolle. Allgemein gilt, dass die Wärmekapazität bei konstantem Druck (c_p) um den Betrag der allgemeinen Gaskonstante (R) größer ist als die Wärmekapazität bei konstantem Volumen (c_V). Die Beziehung zwischen c_p und c_V lässt sich mit dem 1. Hauptsatz der Thermodynamik ableiten.

Aus der Definition der inneren Energie (U) ergibt sich das totale Differenzial für infinitesimale Änderungen. Die infinitesimale Änderung der Arbeit (δW) entspricht der Volumenarbeit des Systems ($-pdV$).

$$dU = \delta Q_V + \delta W = \delta Q_V - pdV \quad (11.40)$$

δQ_V – Wärmeänderung bei konstantem Volumen, J

Da wir die Betrachtung bei isochoren Verhältnissen (dV = 0) durchführen, entfällt die Volumenarbeit und mit der Definition der molaren Wärmekapazität bei konstantem Volumen ($c_{m,V}$, Gl. 11.36) ergibt sich:

$$dU = \delta Q_V = n \cdot c_{m,V} \cdot dT \quad (11.41)$$

Analog lässt sich bei isobaren Verhältnissen (dp = 0) von der Zustandsfunktion Enthalpie (H) der Zusammenhang für die molare Wärmekapazität bei konstantem ($c_{m,p}$) Druck ableiten.

$$dH = dU + d(p \cdot V) = dU + dp \cdot V + p \cdot dV \xrightarrow{isobar, dp=0} dH = dU + pdV \quad (11.42)$$

Einsetzen von Gl. 11.34 ergibt:

$$dH = \delta Q_P \xrightarrow{Gleichsetzen\,mit\,Gl.\,11.42} dU + pdV = \delta Q_P \rightarrow$$
$$dU = \delta Q_P - pdV$$
(11.43)

Substituieren von δQ_P durch die Definition der Wärmekapazität $n \cdot c_{m,p} \cdot dT$ (Gl. 11.39) und von $p \cdot dV$ durch $n \cdot R \cdot dT$ (Gl. 11.2) ergibt:

$$dU = n \cdot c_{m,p} \cdot dT - n \cdot R \cdot dT \quad (11.44)$$

Gleichsetzen von Gl. 11.41 mit Gl. 11.44 ergibt:

$$n \cdot c_{m,V} \cdot dT = n \cdot c_{m,p} \cdot dT - n \cdot R \cdot dT \quad (11.45)$$

Kürzen der Stoffmenge n und des Temperaturdifferenzials dT ergibt:

$$c_{m,V} = c_{m,p} - R \rightarrow c_{m,p} = c_{m,V} + R \quad \text{Mayer'sche Beziehung}$$
(11.46)

Gemäß der Mayer'schen Beziehung gilt allgemein, dass die molare Wärmekapazität bei konstantem Druck ($c_{m,p}$) um den Betrag der allgemeinen Gaskonstante R größer ist als die molare Wärmekapazität bei konstantem Volumen ($c_{m,V}$).

■ **Wärmekapazität und Freiheitsgrade**

◘ Tab. 11.2 zeigt, dass die Wärmekapazität von der Molekülstruktur abhängt. Wenn Atome oder Moleküle Energie aufnehmen, kann sich diese prinzipiell in Form von kinetischer Energie (translatorische, geradlinige Bewegung in alle drei Raumrichtungen), Rotationsenergie (Drehbewegung um alle drei Molekülachsen) und Schwingungsenergie (oszillierende Bewegung zwischen Atomen) manifestieren (◘ Abb. 11.11).

Alle diese Bewegungen sind unabhängig voneinander und werden daher als Freiheitsgrade bezeichnet. Je mehr Freiheitsgrade einem Molekül zur Verfügung stehen, desto mehr Wärme kann es bei gleicher Temperaturänderung speichern, desto größer ist dessen Wärmekapazität.

◘ **Tab. 11.2** Beispiele für Wärmekapazitäten bei 25 °C und 1,013 bar

Verbindung	$c_{m,p}$ $JK^{-1}mol^{-1}$	$c_{m,V}$ $JK^{-1}mol^{-1}$	$c_{m,p} - c_{m,V}$ $JK^{-1}mol^{-1}$	$c_{m,V}/R$	Bemerkung
He(g)	20,8	12,5	8,3	1,50	Einatomige, ideale Gase
Ne(g)	20,8	12,7	8,1	1,50	
H_2(g)	28,8	20,4	8,4	2,45	Zweiatomige, ideale Gase
O_2(g)	29,4	21,0	8,4	2,54	
CO(g)	29,3	21,0	8,3	2,53	
Br_2(g)	36,5	28,2	8,3	3,39	
CO_2(g)	37,0	28,5	8,5	3,42	Mehratomige Gase
H_2O(g)	33,4	25,1	8,3	3,02	
CH_4(g)	35,5	27,1	8,3	3,27	
C_2H_6(g)	52,5	43,6	8,3	5,25	
C_3H_8(g)	73,6	65,6	8,0	8,85	
H_2O(l)	75,2	74,5	0,7	8,96	Flüssigkeiten
Pentan(l)	167,2	–	–		
Be(s)	16,4	–	–	1,97	Metalle Feststoffe
Al(s)	24,2	–	–	2,91	
Fe(s)	25,1	–	–	3,02	
Pb(s)	26,4	–	–	3,17	
Ag(s)	24,9	–	–	2,99	

11.2 · Innere Energie eines idealen Gases

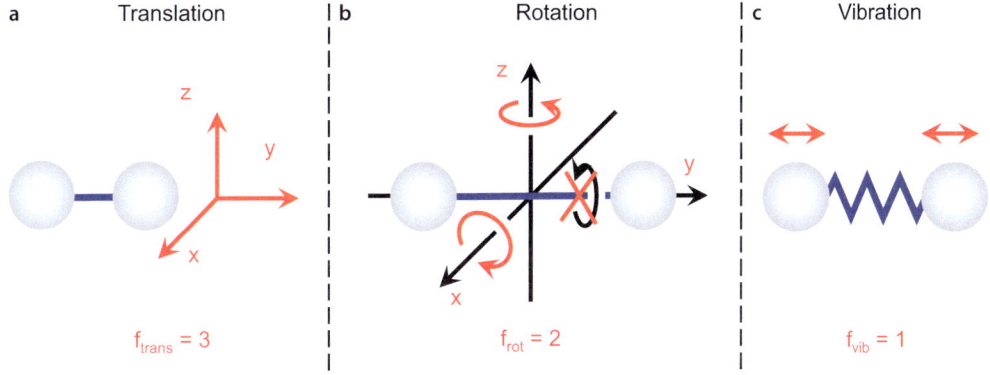

Abb. 11.11 Moleküle können Energie als Translations- (**a**), Rotations- (**b**) und Vibrationsbewegungen (**c**) speichern

Prinzipiell bewegt sich jedes Atom eines Moleküls in drei Raumrichtungen. Ein Molekül mit N Atomen verfügt daher über $3 \cdot N$ Freiheitsgrade ($f = 3 \cdot N$). Diese $3 \cdot N$ Freiheitsgrade beinhalten drei translatorische ($f_{trans} = 3$) und drei rotatorische Freiheitsgrade ($f_{rot} = 3$), wobei sich alle Atome des Moleküls gleichgerichtet bewegen. Die restlichen Freiheitsgrade ($f_{vib} = 3 \cdot N - 6$) entsprechen oszillatorischen Bewegungen (Schwingungen) zwischen den Atomen des Moleküls. Mit zunehmender Anzahl (N) von Atomen nimmt die Zahl der Schwingungsfreiheitsgrade eines Moleküls erheblich zu.

$$f = f_{trans} + f_{rot} + 2 \cdot f_{vib} \tag{11.47}$$

f – Gesamtanzahl an Freiheitsgraden
f_{trans} – Translationsfreiheitsgrade
f_{rot} – Rotationsfreiheitsgrade
f_{vib} – Schwingungsfreiheitsgrade

In ▶ Abschn. 10.3.2 haben wir mithilfe der kinetischen Gastheorie hergeleitet, dass ein Molekül pro Freiheitsgrad $0{,}5 \cdot k_B \cdot T$ (k_B = Boltzmann-Konstante) bzw. pro Mol $0{,}5 \cdot R \cdot T$ (R = allgemeine Gaskonstante) Energie aufnehmen kann (▶ Gl. 10.26). Da die Betrachtungen der kinetischen Gastheorie bei konstantem Volumen erfolgen, ergibt sich für die Wärmekapazität bei konstantem Volumen (c_V):

$$c_V = \frac{f}{2} \cdot k_B \; pro \; Molekül \; bzw \cdot c_{m,V} = \frac{f}{2} \cdot R \; pro \; Mol \; Gas \tag{11.48}$$

c_V – Wärmekapazität bei konstantem Volumen, JK^{-1}
k_B – Boltzmann-Konstante, JK^{-1}
$c_{m,V}$ – molare Wärmekapazität bei konstantem Volumen, $JK^{-1}mol^{-1}$
R – universelle Gaskonstante, $JK^{-1}mol^{-1}$

Jeder translatorische und rotatorische Freiheitsgrad trägt $\frac{1}{2} \cdot R$ zur molaren Wärmekapazität bei, während Schwingungsfreiheitsgrade das Doppelte, also $2 \cdot \frac{1}{2} \cdot R$, zur Wärmekapazität beisteuern. Eine Streckschwingung kann man sich wie eine an der Decke befestigte Stahlfeder vorstellen. Wird die Stahlfeder aus ihrer Ruhelage gebracht, schwingt sie auf und ab, wobei sich abwechselnd potenzielle in kinetische Energie und kinetische Energie ($\frac{1}{2} \cdot R \cdot T$) in potenzielle Energie umwandelt ($\frac{1}{2} \cdot R \cdot T$, ▶ Abschn. 20.2.2, ▶ Abb. 20.20).

Streckschwingungen zwischen Atomen verhalten sich analog, sodass pro Schwingungsfreiheitsgrad ein Betrag von $2 \cdot \frac{1}{2} \cdot R$ zur Wärmekapazität angesetzt werden muss.

Da Translationen, Rotationen und Vibrationen auf atomarer Ebene stattfinden, wird Wärmeenergie nicht stufenlos auf Moleküle übertragen, sondern in definierten Energiepaketen (Quanten). Schwingungen, Rotationen und Translationen können nur durch definierte Energiepakete (Quanten) angeregt werden (▶ Gl. 20.25 und 20.29). Wenn die thermische Energie, d. h. die der Temperatur entsprechende Energie ($k_B \cdot T$), dem Betrag nach **nicht** diesen Energiequanten entspricht, wird der entsprechende Freiheitsgrad nicht aktiviert und bleibt eingefroren. Dieser Freiheitsgrad kann dann keine Wärmeenergie aufnehmen und nichts zur Wärmekapazität des Stoffes beitragen.

- **Ideale Gase – Atome**

Edelgase bestehen aus einzelnen Atomen und kommen idealen Gasen (▶ Abschn. 5.2.1) am nächsten.

Die Atome eines Edelgases können sich in alle drei Raumrichtungen frei bewegen ($f_{trans} = 3$). In ▶ Abschn. 2.6 haben wir die kinetische Energie eines Teilchens im Kasten hergeleitet. Da die Energie von Atomen nur quantisierte Werte annehmen kann, müssen die Energiequanten der translatorischen Bewegung (Gl. 11.49) mit der thermischen Energie ($k_B \cdot T$) bei Raumtemperatur ($k_B \cdot 298 \; K = 4{,}14 \cdot 10^{-21} \; J$) übereinstimmen. Wenn

E_{kin} wesentlich kleiner als die thermische Energie ist, spielt die Quantelung keine Rolle und die Energie kann sich auf sämtliche Freiheitsgrade verteilen. Die translatorische Energie ($E_{kin,n}$) in Bezug auf die Hauptquantenzahl lässt sich durch folgende Formel ausdrücken:

$$E_{kin,n} = \frac{h^2}{8 \cdot m \cdot L^2} \cdot n^2 \quad (11.49)$$

$E_{kin,n}$ – Translationsenergie als Funktion der Hauptquantenzahl, J

n – Hauptquantenzahl

h – Planck'sches Wirkungsquantum, Js

m – Masse, kg

L – Behälterlänge, m

> ▶ **Beispiel – Translation, Energiequantelung für Neonatome**
> Schätzen Sie das Energiequantum für eine Anregung (n: 1 → 2) der translatorischen Bewegung eines Neonatoms ab.
>
> $$\Delta E_{kin} = \Delta E_{kin,2} - \Delta E_{kin,1} = \frac{\left(6{,}63 \cdot 10^{-34} J \cdot s\right)^2 \cdot \left(2^2 - 1^2\right)}{8 \cdot 20{,}18 \cdot 1{,}66 \cdot 10^{-27} kg \cdot (0{,}05\, m)^2}$$
> $$= 19{,}68 \cdot 10^{-40}\, J$$
>
> Vergleich mit der thermischen Energie ergibt als Anregungstemperatur:
>
> $$\Delta E_{kin} = k_B \cdot T \rightarrow T = \frac{19{,}68 \cdot 10^{-40}\, J}{1{,}38 \cdot 10^{-23}\, J \cdot K^{-1}} = 1{,}42 \cdot 10^{-16}\, K \quad \blacktriangleleft$$

Die translatorischen Freiheitsgrade sind immer energetisch zugänglich, da die Größe des Behälters, z. B. 5 cm, mit der thermischen De-Broglie-Wellenlänge (λ) gleichgesetzt werden kann. Da die Energiepakete extrem klein sind, kann die translatorische Energie als Quasikontinuum betrachtet werden, d. h., alle translatorischen Bewegungen sind aktiviert und tragen pro Freiheitsgrad und Molekül ½ · k_B · T zur Wärmekapazität bei. Somit sind bei Temperaturen über −273 °C alle translatorischen Bewegungen der Moleküle aktiviert.

Da Edelgasatome miteinander keine chemischen Bindungen eingehen, können Edelgase keine Energie in Form von Schwingungsenergie (f_{vib} = 0) speichern.

Rein theoretisch könnten Atome um ihre Atomachsen rotieren. Da nahezu die gesamte Masse eines Atoms im Kern konzentriert ist, muss der sehr kleine Atomkernradius, der lediglich wenige Femtometer beträgt, zur Berechnung der Rotationsenergie herangezogen werden. Das resultierende Trägheitsmoment (μ · r²), das einem Widerstand gegen die Drehbewegung entspricht, ist daher äußerst gering. Infolgedessen würden Atomkerne extrem schnell rotieren und eine sehr hohe Rotationsenergie (E_{rot}) besitzen.

$$E_{rot,J} = \frac{h^2}{8 \cdot \pi^2 \cdot \mu \cdot r^2} \cdot J \cdot (J+1) \; mit \; \mu = \frac{m_1 \cdot m_2}{m_1 + m_2} \quad (11.50)$$

$E_{rot,J}$ – Rotationsenergie als Funktion der Rotationsquantenzahl J, J

h – Planck'sches Wirkungsquantum, Js

μ – reduzierte Masse, kg

m_1 – absolute Masse Atom 1, kg

m_2 – absolute Masse Atom 2, kg

r – Rotationsradius, m

J – Rotationsquantenzahl

Zusammengefasst können einatomige Gase thermische Energie ausschließlich als Bewegungsenergie (f = f_{trans} = 3) speichern. Die Wärmekapazität für einatomige Gase beträgt gemäß Gl. 11.48 $c_{m,V}$ = 3 · ½ · 8,314 JK^{-1}mol^{-1} = 12,5 JK^{-1}mol^{-1}, was perfekt mit den empirischen Werten der ▯ Tab. 11.2 übereinstimmt.

> ▶ **Beispiel – Rotation, Energiequantelung von Atomkernen**
> Schätzen Sie das Energiequantum für eine Anregung (J: 0 → 1) der Rotationsbewegung eines Neonatomkerns ($r_{K,Ne}$ = 3 · 10^{-15} m) ab.
>
> $$\Delta E_{rot} = \Delta E_{rot,1} - \Delta E_{rot,0} = \frac{\left(6{,}63 \cdot 10^{-34}\, J \cdot s\right)^2 \cdot (2-0)}{8 \cdot \pi^2 \cdot \frac{(20{,}18 \cdot 1{,}66 \cdot 10^{-27}\, kg)^2}{2 \cdot 20{,}18 \cdot 1{,}66 \cdot 10^{-27}\, kg} \cdot (3 \cdot 10^{-15}\, m)^2}$$
> $$= \frac{88{,}0 \cdot 10^{-68}\, J^2 \cdot s^2}{1{,}19 \cdot 10^{-53}\, kg \cdot m^2} = 73{,}9 \cdot 10^{-15}\, J$$
>
> Die thermische Energie errechnet sich gemäß der Formel E = k_B · T. Um einen Neonkern zur Rotation anzuregen, müsste dieser einer Temperatur von T = E/k_B gleich 5,35 Mrd. Kelvin aufweisen.
>
> $$T = \frac{73{,}9 \cdot 10^{-15}\, J}{1{,}38 \cdot 10^{-23}\, J \cdot K^{-1}} = 5{,}35 \cdot 10^9\, K$$
>
> Die Energiequantelung der Kernrotation ist extrem groß, sodass thermische Energie bei Weitem nicht ausreicht, um solche Rotationen anzuregen. Die Rotationsfreiheitsgrade der Atomkerne sind quasi „eingefroren" (f_{rot} = 0), können keine thermische Energie aufnehmen und tragen nicht zur Wärmekapazität eines einatomigen Gases bei. ◀

■ **Ideale Gase – Zweiatomige Moleküle**

Bei zweiatomigen Gasen wie Wasserstoff (H_2), Sauerstoff (O_2), Kohlenstoffmonoxid (CO) nehmen die gemessenen Wärmekapazitäten (c_V) stufenartig auf 21 JK^{-1}mol^{-1} zu (▯ Tab. 11.2). Generell gilt wieder:

$$c_{m,V} = \frac{f}{2} \cdot R \quad mit\, f = f_{trans} + f_{rot} + 2 \cdot f_{vib} \quad (11.51)$$

11.2 · Innere Energie eines idealen Gases

Tab. 11.3 Aktivierungsenergien für die unterschiedlichen Freiheitsgrade von Molekülen

	Orientierung (Abb. 11.11)	Aktivierungs-energie, ΔE	Thermische Aktivierung	Eingefroren bei 25 °C	Mathematische Formel
Translationsenergie	Alle drei Raumrichtungen	~ 10^{-15} Jmol^{-1}	> 1 K	nein	$E_{kin,n} = \dfrac{h^2}{8 \cdot m \cdot L^2} \cdot n^2$
Rotationenergie linearer Moleküle	x/z-Achse y-Achse	~ 0,1 kJmol^{-1} ~ 10^7 kJmol^{-1}	> 10 K > $2 \cdot 10^9$ K	nein ja	$E_{rot,J} = \dfrac{h^2}{8\pi^2 \mu r^2} \cdot J(J+1)$
Schwingungsenergie	y-Achse	~ 10 kJmol^{-1}	> 500 K	ja	$E_{vib,v} = \dfrac{h}{2\pi} \cdot \sqrt{\dfrac{k}{\mu}} \cdot \left(v + \dfrac{1}{2}\right)$
Thermische Energie	–	~ 2,5 kJmol^{-1}	25 °C	Referenz	$k_B \cdot T$ bzw. $R \cdot T$

Wie viele Freiheitsgrade (f) hat ein zweiatomiges Molekül? In zweiatomigen Molekülen kann sich die Wärmeenergie wieder auf die drei Translationsfreiheitsgrade verteilen (f_{trans} = 3, ◘ Abb. 11.11a, ◘ Tab. 11.3).

Zusätzlich stehen einem zweiatomigen Molekül drei Rotationsfreiheitsgrade (◘ Abb. 11.11b) zur Verfügung. Dies bedeutet jedoch nicht, dass bei Raumtemperatur ($R \cdot T$ ~ 2,5 kJ · mol^{-1}) alle drei Rotationsfreiheitsgrade gemäß Gl. 11.51 zur Wärmekapazität, d. h. zur Aufnahme von innerer Energie, beitragen. Da die einzelnen Rotationsfreiheitsgrade durch verschiedene Energieniveaus aktiviert werden, können bestimmte Freiheitsgrade erst bei wesentlich höheren Temperaturen zugänglich sein. Freiheitsgrade, die bei Raumtemperatur nicht aktiv sind, also keine Energie aufnehmen, bezeichnet man als „eingefroren".

Ein Beispiel hierfür ist der Rotationsfreiheitsgrad entlang der Bindungsachse (◘ Abb. 11.11b, y-Achse). Dieser bleibt bei Raumtemperatur eingefroren, da der Rotationsradius dem Atomkernradius entspricht. Die Rotationsfrequenz und -energie sind aufgrund des kleinen Trägheitsmoments erheblich größer als die thermische Energie, die bei Raumtemperatur verfügbar ist (s. Beispiel – Rotation, Energiequantelung von Atomkernen).

Anders verhält es sich bei den beiden Rotationsachsen, die senkrecht zur Bindungsachse stehen (◘ Abb. 11.11b). Als Rotationsradius der zweiatomigen Hantel ist hier der halbe Bindungsabstand anzusetzen. So ergibt sich beispielsweise für die Anregung der Rotationen (J = 0 → J = 1) des Sauerstoffmoleküls ein Energiebedarf von $1{,}57 \cdot 10^{-22}$ J pro Molekül. Dies ist eine Zehnerpotenz kleiner als die thermische Energie bei Raumtemperatur von $4{,}14 \cdot 10^{-21}$ J.

Daher können Sauerstoffmoleküle durch Kollisionen mit anderen Sauerstoffmolekülen zur Rotation angeregt werden. Die Molekülrotationen um die beiden senkrecht zur Bindungsachse stehenden Rotationsachsen „tauen" bei ca. 11,4 K, d. h. bei –262 °C auf und tragen somit zur Wärmekapazität des Moleküls bei (f_{rot} = 2, ◘ Abb. 11.12).

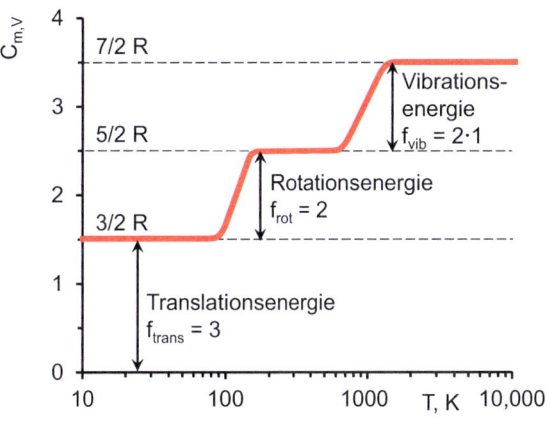

◘ **Abb. 11.12** Auftauen der einzelnen Freiheitsgrade des Wasserstoffmoleküls (H$_2$) mit zunehmender Temperatur

▶ **Beispiel – Rotation, Energiequantelung von zweiatomigen Molekülen**

Schätzen Sie das Energiequantum für die Anregung (J = 0 zu J = 1) der Rotationsbewegung von Sauerstoffmolekülen (r_{O_2} = 73 · 10^{-12} m) mit Gl. 11.50 ab.

$$\Delta E_{rot} = \Delta E_{rot,1} - \Delta E_{rot,0} = \frac{(6{,}63 \cdot 10^{-34} J \cdot s)^2 \cdot (2-0)}{8 \cdot \pi^2 \cdot \dfrac{(16{,}0 \cdot 1{,}66 \cdot 10^{-27} kg)^2}{2 \cdot 16{,}0 \cdot 1{,}66 \cdot 10^{-27} kg} \cdot (73 \cdot 10^{-12} m)^2}$$

$$= \frac{88{,}0 \cdot 10^{-68} \, J^2 \cdot s^2}{5{,}59 \cdot 10^{-45} \, kg \cdot m^2} = 1{,}57 \cdot 10^{-22} \, J$$

Gleichsetzen mit der thermischen Energie ($k_B \cdot T$) ergibt als Anregungstemperatur:

$$\Delta E_{rot} = k_B \cdot T \rightarrow T = \frac{1{,}57 \cdot 10^{-22} J}{1{,}38 \cdot 10^{-23} J \cdot K^{-1}} = 11{,}4 \, K \quad ◀$$

Rein theoretisch könnte thermische Energie auch als Schwingungsenergie (Streckschwingung) zwischen den beiden Sauerstoffatomen gespeichert werden (◘ Abb. 11.11c). Allerdings muss auch hier geprüft werden, ob solche Schwingungen bei den üblichen Temperaturen aktiv sind. Zur Abschätzung verwenden wir die Gleichung für die Schwingungsenergie eines harmonischen Oszillators (▶ Abschn. 20.2.2):

$$E_{vib,v} = \frac{h}{2\pi} \cdot \sqrt{\frac{k}{\mu}} \cdot \left(v + \frac{1}{2}\right) \quad mit\ \mu = \frac{m_1 \cdot m_2}{m_1 + m_2} \quad (11.52)$$

E_{vib} – Schwingungsenergie, J
k – Kraftkonstante Bindung, Js
µ – reduzierte Masse, kg
m_1 – absolute Masse Atom 1, kg
m_2 – absolute Masse Atom 2, kg
υ – Schwingungsquantenzahl

▶ **Beispiel – Schwingungsenergie Sauerstoffmolekül**

Schätzen Sie das Energiequantum für die Anregung (υ: 0 → 1) der Streckschwingung eines Sauerstoffmoleküls (k = 1180 Nm⁻¹) ab.

$$\Delta E_{vib} = \Delta E_{vib,1} - \Delta E_{vib,0} = \frac{6{,}626 \cdot 10^{-34} J \cdot s \cdot \left(\frac{3}{2} - \frac{1}{2}\right)}{2\pi}$$

$$\cdot \sqrt{\frac{1180\ N \cdot (16{,}0 + 16{,}0)}{16{,}0 \cdot 16{,}0 \cdot 1{,}66 \cdot 10^{-27} kg \cdot m}} = 3{,}14 \cdot 10^{-20}\ J$$

Gleichsetzen mit der thermischen Energie ($k_B \cdot T$) ergibt als Anregungstemperatur:

$$\Delta E_{vib} = k_B \cdot T \rightarrow T = \frac{3{,}14 \cdot 10^{-20} J}{1{,}38 \cdot 10^{-23} J \cdot K^{-1}} = 2275\ K \quad \blacktriangleleft$$

Die Energiequanten der Schwingungen des Sauerstoffmoleküls betragen $3{,}14 \cdot 10^{-20}$ J, was eine Zehnerpotenz größer ist als die thermische Energie bei Raumtemperatur von $4{,}14 \cdot 10^{-21}$ J. Daher bleiben die Schwingungen bei Raumtemperatur eingefroren und tragen nicht zur Wärmekapazität bei ($f_{vib} = 0$).

☐ Tab. 11.4 gibt eine Übersicht über die Schwingungsenergien und die zugehörigen Aktivierungstemperaturen verschiedener zweiatomiger Moleküle. Es zeigt sich, dass mit zunehmender atomarer Masse und mit abnehmender Kraftkonstante (k) die Schwingungsenergie sinkt, sodass zunehmend niedrigere Temperaturen ausreichen, um die Streckschwingung anzuregen.

Moleküle wie Wasserstoff, Sauerstoff, Stickstoff werden bei gewöhnlichen Temperaturen nicht zum Schwingen angeregt ($f_{vib} = 0$). Schwere Gase wie Brom hingegen haben eine geringe Kraftkonstante bei gleichzeitig hoher Masse, sodass deren Streckschwingungen bereits mit relativ geringen Energien angeregt werden (Gl. 11.52). Die kinetische Energie (Boltzmann-Verteilung, ▶ Abschn. 10.3.1) bei Raumtemperatur reicht dann aus, um durch Kollision die Streckschwingung einiger Brommoleküle anzuregen. Die Wärmekapazität von Brom ist somit fast 7/2 · R (☐ Tab. 11.2).

Zusammengefasst verfügt ein zweiatomiges Molekül bei Raumtemperatur üblicherweise über fünf aktive Freiheitsgrade (f = 5) und speichert deshalb pro Mol 5/2 · R · T innere Energie (U). Die molare Wärmekapazität beträgt 5/2 · R.

$$f = f_{trans} + f_{rot} + 2 \cdot f_{vib} = 3 + 2 + 2 \cdot 0 = 5$$

■ **Ideale Gase – Mehratomige Moleküle**

Mehratomige Moleküle bestehen aus N Atomen. Die Moleküle können eine lineare oder gewinkelte Struktur aufweisen. Allgemein verfügt ein Molekül mit N Atomen über 3 · N Freiheitsgrade. Für die Bewegung des Moleküls im Raum müssen drei Translationsfreiheitsgrade (f_{trans}) angerechnet werden, für die Rotation (f_{rot}) zwei Rotationsfreiheitsgrade für lineare und drei für nichtlineare Moleküle.

☐ **Tab. 11.4** Schwingungsenergie und Anregungstemperatur zweiatomiger Moleküle

	$A_1 = A_2$	k	E_{Vib}		T	
	u	Nm⁻¹	J	kJmol⁻¹	K	°C
H_2	1,008	576	$8{,}71 \cdot 10^{-20}$	52,5	6309	6037
O_2	16,0	1180	$3{,}14 \cdot 10^{-20}$	18,9	2267	1994
Cl_2	35,45	323	$1{,}10 \cdot 10^{-20}$	6,62	797	523
Br_2	79,9	240	$0{,}632 \cdot 10^{-20}$	3,80	457	184

11.2 · Innere Energie eines idealen Gases

Die Anzahl der Schwingungsfreiheitsgrade (f_{vib}) ergibt sich somit für ein Molekül mit N Atomen (Tab. 11.5) zu:

- $f_{vib} = f - f_{trans} - f_{rot} = 3 \cdot N - 3 - 2 = 3 \cdot N - 5$ für lineare Moleküle und
- $f_{vib} = f - f_{trans} - f_{rot} = 3 \cdot N - 3 - 3 = 3 \cdot N - 6$ für nichtlineare Moleküle.

Schwingungsfreiheitsgrade müssen bei der Berechnung der Wärmekapazität doppelt gezählt werden (Gl. 11.51), da Schwingungen sowohl kinetische als auch potenzielle Energie von je $½ \cdot R \cdot T$ speichern können (▶ Abschn. 20.2.2).

Die Anzahl der Schwingungsfreiheitsgrade für das nicht-lineare Wassermolekül (H_2O, N = 3) ergibt sich zu $f_{vib} = 3 \cdot 3 - 3 - 3 = 3$, also drei Schwingungsfreiheitsgrade (Abb. 11.13).

Die Gesamtzahl der Freiheitsgrade für das Wassermolekül beträgt daher $f = 3 + 3 + 2 \cdot 3 = 12$ (Gl. 11.51). Die theoretische molare Wärmekapazität bei konstantem Volumen ($c_{m,V}$) ergibt sich somit zu $(12/2) \cdot R = 6 \cdot R$ (Gl. 11.48).

Empirisch wird jedoch für die molare Wärmekapazität von gasförmigem Wasser nur 25,2 JK^{-1} ($3 \cdot R$) gemessen, was daran liegt, dass die Schwingungsfreiheitsgrade eingefroren sind und erst bei über 2000 bzw. 5000°C auftauen (Abb. 11.12), sodass lediglich die drei Rotations- und die drei Translationsfreiheitsgrade zur Wärmekapazität ($6 \cdot ½ \cdot R \cdot T = 3 \cdot R \cdot T$) beitragen. Dieses Ergebnis stimmt mit den experimentellen Werten (Tab. 11.2) für gasförmiges Wasser überein.

■ Flüssigkeiten

Im gasförmigen Zustand tragen nur intramolekulare Freiheitsgrade zur Wärmekapazität bei. Im flüssigen Zustand kommen sich die Moleküle deutlich näher, wodurch auch intermolekulare Wechselwirkungen zur Wärmekapazität beitragen können.

Während die molare Wärmekapazität von gasförmigen Wasser ca. 25 JK^{-1}mol^{-1} beträgt, benötigt man 75 Jmol^{-1}, um ein Mol flüssiges Wasser um 1 K zu erwärmen.

Neben den intramolekularen Translations- und Rotationsbewegungen können die polaren Wassermoleküle auch intermolekulare Wasserstoffbrückenbindungen eingehen (Abb. 11.14) und auf diese Weise zusätzlich Wärme in Form von zwischenmolekularer potenzieller Energie speichern.

Beim Erwärmen von Wasser muss zunächst Wärmeenergie aufgebracht werden, um die zwischenmolekularen

Tab. 11.5 Wärmekapazitäten idealer Gase bei Raumtemperatur

	Freiheitsgrade (f)		
	Atom bei 25 °C	Lineares Molekül bei 25 °C	Nichtlineares Molekül, z. B H_2O bei 25 °C
Translation, f_{trans}	3	3	3
Rotation, f_{rot}	eingefroren	2 eine eingefrorene Rotation	3
Vibration, f_{vib}	nicht möglich, da keine Bindung vorhanden	Schwingungen sind bei $R \cdot T$ eingefroren → $f_{vib} = 0$	
$f = f_{trans} + f_{rot} + f_{vib}$	3	5	6
$c_{m,V} = ½ \cdot f \cdot R$	$3 \cdot ½ \cdot R$	$5 \cdot ½ \cdot R$	$6 \cdot ½ \cdot R$

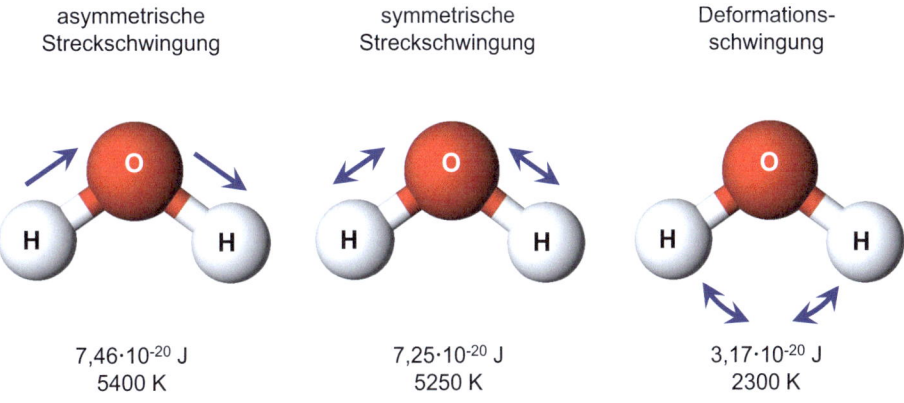

Abb. 11.13 Die drei Schwingungsfreiheitsgrade des Wassermoleküls mit Anregungsenergien und -temperaturen

asymmetrische Streckschwingung — $7{,}46 \cdot 10^{-20}$ J — 5400 K

symmetrische Streckschwingung — $7{,}25 \cdot 10^{-20}$ J — 5250 K

Deformationsschwingung — $3{,}17 \cdot 10^{-20}$ J — 2300 K

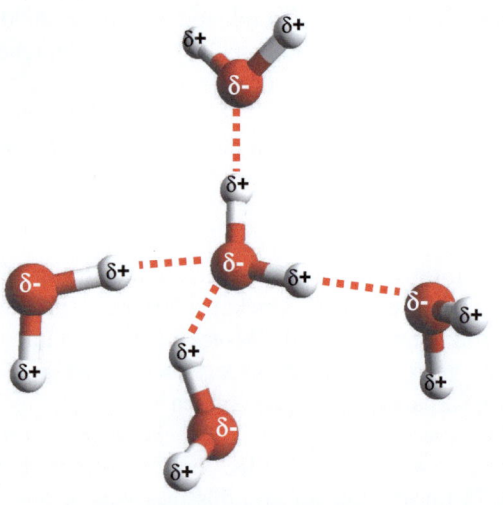

□ **Abb. 11.14** Die Polarisierung des Wassermoleküls (O, rot; H, weiß) bedingt Wasserstoffbrückenbindungen

Bindungen aufzubrechen, ohne dass es zu einem Temperaturanstieg kommt, da die kinetische Energie der Moleküle dabei nicht zunimmt. Erst wenn die Wasserstoffbrückenbindungen gelöst sind, nimmt die kinetische Energie der Moleküle zu, was zu einem Temperaturanstieg (ΔT) der Wassermoleküle führt. Daher muss im Fall von Wasser pro Kelvin Temperaturerwärmung mehr Wärmeenergie (ΔQ) aufgebracht werden als bei unpolaren Molekülen, die entweder keine oder nur sehr geringe zwischenmolekulare Wechselwirkungen aufweisen. Da die Wärmekapazität als Verhältnis der zugeführten Wärmeenergie (ΔQ) zur korrespondierenden Temperaturänderung (ΔT) definiert ist, weisen polare Flüssigkeiten höhere Wärmekapazitäten auf als unpolare.

Im gasförmigen Zustand ist der Abstand der einzelnen Wassermoleküle zu groß, um Wasserstoffbrückenbindungen auszubilden, weshalb sich die Wärmekapazität ($c_{m,V} = 6 \cdot \frac{1}{2} \cdot R$) nur aus den intramolekularen Freiheitsgraden (translatorische Bewegungen, Drehbewegungen des Moleküls) ergibt.

- **Feststoffe – Dulong-Petit-Gesetz**

Dulong und Petit beobachteten 1819, dass die molare Wärmekapazität kristalliner Feststoffe, wie etwa Metalle, etwa 25 JK^{-1}mol^{-1} beträgt (□ Tab. 11.2).

Metalle besitzen ein Metallgitter, das aus Metallkationenrümpfen besteht (▶ Abschn. 3.4.4). Die Metallkationen befinden sich an festen Gitterplätzen und verfügen somit über keine Translations- und Rotationsfreiheitsgrade ($f_{trans} = 0$, $f_{rot} = 0$). Temperaturabhängig schwingen die Atome in alle drei Raumrichtungen um ihre Gleichgewichtslage ($f_{vib} = 3$). Diese Schwingungen, die als Phononen bezeichnet werden, folgen den Gesetzmäßigkeiten eines harmonischen Oszillators (▶ Abb. 20.20), bei dem potenzielle in kinetische Energie und umgekehrt umgewandelt wird. Deshalb müssen bei Vibrationen sowohl kinetische Energie als auch potenzielle Energie ($E_{kin} = E_{pot}$) als zwei unabhängige Freiheitsgrade berücksichtigt werden.

Die Gesamtzahl der Freiheitsgrade für ein Metallgitter ergibt sich in Summe zu $f_{ges} = 0 + 0 + 2 \cdot 3 = 6$. Die molare Wärmekapazität berechnet sich daher zu $c_{m,V} = 6 \cdot \frac{1}{2} \cdot R = 3 \cdot R = 3 \cdot 8{,}314$ JK^{-1}mol^{-1} = 24,9 JK^{-1}mol^{-1}, was ausgezeichnet mit den empirischen Werten für Metalle wie Aluminium, Eisen und Blei (□ Tab. 11.2) übereinstimmt.

Das Dulong-Petit-Gesetz gilt insbesondere bei hohen Temperaturen und für Feststoffe mit schweren Elementatomen an den Gitterplätzen. Bei niedrigen Temperaturen oder für Feststoffe mit leichten Atomen wie Beryllium oder Diamant beträgt die Wärmekapazität weniger als $3 \cdot R$, da ein Teil der Phononenschwingungen einfriert.

11.2.4 Phasenübergänge – Latente Wärme, keine Temperaturänderung trotz Wärmefluss

Bisher haben wir ausschließlich Zustandsänderungen betrachtet, die mit Temperaturänderungen einhergehen, wenn das System mit der Umgebung Wärmeenergie austauscht. Es gibt jedoch auch Prozesse, wie das Schmelzen von Eis, bei denen keine Temperaturänderung erfolgt, obwohl dem System aus der Umgebung Wärmeenergie (ΔQ) zugeführt wird.

Da beim Schmelzen, Sieden, Kristallisieren und Kondensieren von Wasser (□ Abb. 11.15a) sich die Temperatur nicht ändert, obwohl Wärme (ΔQ) fließt, spricht man von latenter (latens, lat. für verborgen sein) Wärme.

Um den Begriff besser zu verstehen, betrachten wir die Vorgänge, bei dem einem Mol Eis bei −40 °C so lange Wärmeenergie zugeführt wird, bis Wasserdampf von 130 °C erhalten wird (□ Abb. 11.15b).

- **Eisphase (schwarze Linie)**

Das Wasser ist gefroren, also im festen Zustand. Bei Wärmezufuhr erwärmt sich das Eis bis zum Schmelzpunkt von 0 °C. Die Steigung der schwarzen Gerade entspricht der molaren Wärmekapazität des Eises ($c_{m,p}$) von 37,7 JK^{-1}mol^{-1}. Das bedeutet, es müssen 37,7 J aufgewandt werden, um 1 mol (18,02 g) Eis um 1 K – gleichbedeutend mit 1 °C – zu erwärmen. Insgesamt sind 1,5 kJ erforderlich, um 1 mol Eis von −40 auf 0 °C zu erwärmen.

Eis ist ein kristalliner Festkörper. Die polaren Wassermoleküle bilden via Wasserstoffbrückenbindungen (□ Abb. 11.14) ein regelmäßiges Gitter. Die Moleküle befinden sich auf definierten Positionen und können sich weder frei bewegen noch rotieren. Die Moleküle können jedoch um ihre Ruhelage schwingen. Die Amplitude der Schwingung nimmt beim Erwärmen zu und erreicht ein Maximum bei 0 °C.

11.2 · Innere Energie eines idealen Gases

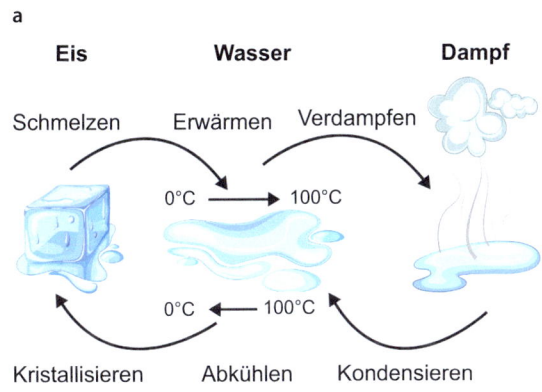
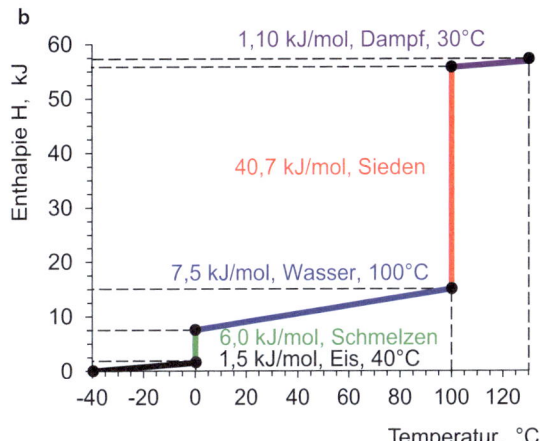

Abb. 11.15 Phasenübergänge des Wassers (**a**, © Vecton/▶ Shutterstock.com) mit den dazugehörigen Wärmeflüssen (**b**)

Schmelzvorgang (grüne Linie)

Wie wir ◻ Abb. 11.15b entnehmen können, nimmt die Temperatur bei 0 °C trotz Wärmezufuhr (grüne Linie, latente Wärme) von 6 kJmol^{-1} nicht weiter zu, sondern verharrt bei 0 °C. Makroskopisch betrachtet schmilzt das Eis bei dieser Temperatur durch die Wärmezufuhr. Während des Schmelzprozesses liegen Eis und Wasser nebeneinander vor. Es ändert sich zwar das Verhältnis von Eis- zu Wassermenge, nicht aber die Temperatur der Mischphase. Die Temperatur bleibt bei 0 °C, solange noch Eis vorhanden ist. Die Schmelzenthalpie ($\Delta_{Sm}H_m$), die aufgebracht werden muss, um sämtliches Eis zu schmelzen, beträgt +6 kJmol^{-1} und ist somit erheblich.

Mikroskopisch betrachtet schwingen die einzelnen Wassermoleküle durch die vermehrte Wärmezufuhr so stark, dass sie aus ihrer festen Gitterposition im Eis ausbrechen und sich in der entstehenden Flüssigphase frei bewegen können.

Die Umkehrung des Schmelzvorgangs wird als Kristallisation bezeichnet (◻ Abb. 11.15a). Beim Gefriervorgang wird die latente Wärme als sogenannte Kristallisationsenthalpie ($\Delta_{KrE}H_m$) von −6 kJmol^{-1} wieder freigesetzt.

Wasserphase (blaue Linie)

Nachdem alles Eis geschmolzen ist, nimmt bei weiterer Wärmezufuhr die Temperatur des Wassers zu. Die Steigung der blauen Gerade entspricht der molaren Wärmekapazität von Wasser ($c_{m,p}$) von 75,0 JK^{-1}mol^{-1}. Das bedeutet, dass 75 J erforderlich sind, um 1 mol (18,02 g) Wasser um 1 K zu erwärmen. Insgesamt sind 7,5 kJ nötig, um 1 mol Wasser von 0 auf 100 °C zu erwärmen.

Auf mikroskopischer Ebene üben die Wasserdipolmoleküle elektrostatische Kräfte aufeinander aus. Die temporär gebildeten Wasserstoffbrückenbindungen werden durch Kollisionen mit anderen Molekülen schnell wieder aufgelöst. Je mehr Wärme zugeführt wird, desto schneller bewegen sich die Wassermoleküle und desto instabiler und kurzlebiger werden die intermolekularen Strukturen.

Siedevorgang (rote Linie)

Bei 100 °C treffen wir auf einen weiteren Fall von latenter Wärme (◻ Abb. 11.15b, rote Linie). Trotz weiterer Wärmezufuhr verändert sich die Temperatur des Wassers nicht, sondern verharrt bei 100 °C. Makroskopisch betrachtet, beginnt das Wasser bei dieser Temperatur zu sieden und geht in die Dampfphase über. Während des Siedevorgangs liegen Wasser- und Dampfphase gleichzeitig nebeneinander vor. Mit zunehmender Wärmezufuhr nimmt jedoch das Verhältnis von Dampf- zu Wassermenge zu. Die Temperatur bleibt so lange bei 100 °C, bis kein flüssiges Wasser mehr vorhanden ist. Die Verdampfungsenthalpie (ΔH_{VE}), die aufgebracht werden muss, um 1 mol Wasser zu verdampfen, ist mit +40,7 kJ · mol^{-1} enorm.

> **Kilojoule – Energiemenge, die eine 100-kg-Person aufbringen muss, um 1 m hoch zu springen**
>
> Um die Energiemenge von 40,7 kJ besser einordnen zu können, erinnern wir uns, dass ein Joule einem Newtonmeter (1 J = 1 Nm) entspricht und 1 N die Kraft ist, mit der eine Tafel Schokolade (100 g) von der Erde angezogen wird. Es muss also die Energie von 1 J aufgebracht werden, um eine Tafel Schokolade um 1 m anzuheben. Somit muss eine Person von 100 kg die Energie von 1 kJ (1000 J) aufbringen, um auf einer Leiter 1 m Höhenunterschied zu überwinden. Folgerichtig entspricht die molare Verdampfungsenthalpie für Wasser von 40,7 kJmol^{-1} der Energiemenge, die eine 100-kg-Person aufbringen muss, um einen Höhenunterschied von 40,7 m (ca. 13 Stockwerke) zu überwinden.

Mikroskopisch betrachtet haben am Siedepunkt die Wassermoleküle eine so hohe kinetische Energie, dass sie die flüssige Phase verlassen können. Die Bewegungsenergie der Moleküle ist größer als die elektrostatischen Wechselwirkungskräfte der Wasserdipolmoleküle in der flüssigen Phase.

Während 1 mol flüssiges Wasser in etwa ein Volumen von 18 cm^3 aufweist, nimmt 1 mol Wasserdampf bei 100 °C ca. 27.800 cm^3 ein. Das bedeutet, dass jedes Wasserdampfmolekül im gasförmigen Zustand ca. 1500-mal mehr Raum zur Verfügung hat als im flüssigen Zustand. Daher ist der Abstand zwischen den Molekülen im gasförmigen Zustand etwa 11,5-mal größer als im flüssigen Zustand, sodass keine intermolekularen Kräfte mehr die Bewegung der Moleküle einschränken.

Die Umkehrung des Verdampfens ist das Kondensieren, also der Übergang vom gasförmigen in den flüssigen Zustand (◘ Abb. 11.15a). Die bei der Kondensation von 1 mol Wasserdampf frei werdende Kondensationsenthalpie ($\Delta_{KE}H_m = -40{,}7$ kJ·mol^{-1}) entspricht betragsmäßig der molaren Verdampfungsenthalpie, hat jedoch das entgegengesetzte Vorzeichen.

■ **Dampfphase (violette Linie)**

Erst nachdem sämtliches Wasser in den dampfförmigen Zustand überführt wurde, nimmt bei weiterer Wärmezufuhr die Temperatur des Dampfes weiter zu. Die Steigung der violetten Gerade entspricht der molaren Wärmekapazität des Wasserdampfs ($c_{m,p}$) von 33,7 JK^{-1}mol^{-1}. Die molare Wärmekapazität sagt aus, dass 33,7 J erforderlich sind, um 1 mol Wasserdampf um 1 °C zu erwärmen.

Mit zunehmender Wärmezufuhr steigt die durchschnittliche Geschwindigkeit der Wassermoleküle, was zu einem Anstieg der Temperatur der Dampfphase führt.

11.2.5 Joule-Thomson Effekt – Temperaturänderung realer Gase bei Expansion

Mitte des 19. Jahrhunderts beobachten James Prescott Joule und William Thomson (später Lord Kelvin), dass Gase abkühlen, wenn sie adiabatisch (ohne Wärmeübertragung, $\delta Q = 0$) durch eine Verengung, Drossel oder poröse Membran eines wärmeisolierten Rohres expandieren (◘ Abb. 11.16, $p_2 < p_1$).

Beim Entspannen eines Gases nimmt dessen Volumen ($V_2 > V_1$), der mittlere Teilchenabstand der Teilchen und somit deren potenzielle Energie zu. Da reale Gasmoleküle untereinander wechselwirken, muss Arbeit gegen diese Wechselwirkungskräfte geleistet werden. Die hierfür er-

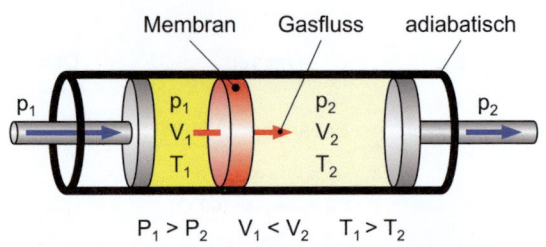

◘ **Abb. 11.16** Schema des Joule-Thomson-Expansionsexperimentes

forderliche Energie kann jedoch nicht aus der Umgebung zugeführt werden, da das Rohr wärmeisoliert (adiabatisch, $\delta Q = 0$) ist. Deshalb wird die für die Volumenarbeit erforderliche Energie der kinetischen Energie der Gasmoleküle entnommen. Die kinetische Energie der Gasmoleküle nimmt ab, was dazu führt, dass die Gasteilchen langsamer werden und die Gastemperatur sinkt ($T_2 < T_1$, ▶ Abschn. 10.3.5, ▶ Gl. 10.33).

Einige wenige Gase wie Wasserstoff und Helium dagegen erwärmen sich bei Expansion. In diesem Fall stoßen sich die einzelnen Gasmoleküle wechselseitig ab, sodass beim Verdichten zusätzliche Energie aufgebracht werden muss. Bei der Expansion wird diese Energie wieder frei, wodurch die Teilchengeschwindigkeit zunimmt und sich das Gas erwärmt.

Der Joule-Thomson-Koeffizient (μ_{JT}) gibt an, wie stark und in welche Richtung sich die Temperatur (∂T) eines Gases bei isenthalpischer (H = const., $dH = 0$) Entspannung (∂p) ändert. Ob ein Gas bei Expansion abkühlt oder sich erwärmt, hängt vom Gas selbst, der Ausgangstemperatur und dem Ausgangsdruck ab.

$$\mu_{JT} = \left(\frac{\partial T}{\partial p}\right)_H \quad \textit{Definition Joule-Thomson-Koeffizient}$$

(11.53)

μ_{JT} – Joule-Thomson-Koeffizient, Kbar^{-1}

$\partial T/\partial p$ – Temperaturänderung durch Druckänderung, Kbar^{-1}

( )$_H$ – konstante Enthalpie, $dH = 0$

Zu Beginn des Joule-Thomson-Versuchs (◘ Abb. 11.16) wird der Kolben auf der Hochdruckseite in Richtung Membran gedrückt, wodurch die Hochdruckseite die Temperatur T_1, den Druck p_1 und das Volumen V_1 aufweist.

Auf der rechten Seite gibt es zu Beginn keine Gasmoleküle; weshalb das Volumen V_2 dort null ist. Durch den Druckunterschied ($p_1 > p_2$) strömen Gasmoleküle von links nach rechts durch die Membran. Auf der rechten Seite resultiert dadurch das Volumen V_2. Der Kolben auf der rechten Seite wird mit einer Geschwindig-

11.2 · Innere Energie eines idealen Gases

keit nach außen gezogen, dass der Druck bei p_2 verharrt. Am Ende des Versuchs ist das Volumen V_1 gleich null und die geleistete Volumenarbeit (δW) wird durch folgende Gleichung beschrieben:

$$\delta W = \delta W_2 + \delta W_1 \xrightarrow{mit\ \delta W = -pdV} \delta W =$$
$$-p_2 \cdot (V_2 - 0) + (-p_1) \cdot (0 - V_1) = -p_2 \cdot V_2 + p_1 \cdot V_1 \quad (11.54)$$

Dem System wurde $p_1 \cdot V_1$ Volumenarbeit zugeführt. Da die Expansion adiabatisch ($\delta Q = 0$) abläuft, entspricht die geleistete Volumenarbeit (δW) der Änderung der inneren Energie (dU) des Gases:

$$dU = U_2 - U_1 = \delta W = -p_2 \cdot V_2 + p_1 \cdot V_1 \quad (11.55)$$

Somit ist die Enthalpie auf der Hochdruckseite (H_1) gleich der Enthalpie auf der Niederdruckseite (H_2).

$$U_1 + p_1 \cdot V_1 = U_2 + p_2 \cdot V_2 \rightarrow H_1 = H_2 \rightarrow dH$$
$$= H_2 - H_1 = 0\ isenthalpischer\ Prozess \quad (11.56)$$

Die Expansion ist isenthalpisch, das bedeutet $dH = 0$. Dennoch ändert sich die Temperatur des Gases aufgrund des Druckabfalls, was experimentell gemessen werden kann. Die Temperaturänderung (∂T) als Funktion der Druckänderung (∂p) bei konstanter Enthalpie (H) wird durch den Joule-Thomson-Koeffizient (μ_{JT}, Gl. 11.53) beschrieben.

Ideale Gase haben einen Joule-Thomson-Koeffizienten von null, das bedeutet ihre Temperatur ändert sich bei einer Expansion nicht, da die Gasteilchen nicht miteinander wechselwirken.

Wendet man die Definition des Joule-Thomson-Koeffizienten (Gl. 11.53) auf ein reales Gas an, das durch die Van-der-Waals-Zustandsgleichung beschrieben wird

$$\left(p + \frac{n^2 \cdot a}{V^2}\right) \cdot (V - n \cdot b) = n \cdot R \cdot T \quad Van-der-Waals$$
$$-\ Zustandsfunktion\ realer\ Gase$$
$$(11.57)$$

p – Gasdruck, Nm^{-2}

n – Stoffmenge, mol

a – Kohäsionsdruck, $Jm^3 mol^{-2}$

V – Gasvolumen, m^3

b – Eigenvolumen Gasteilchen, $m^3 mol^{-1}$

R – universelle Gaskonstante, $JK^{-1} mol^{-1}$

T – absolute Temperatur, K

so erhält man für den Joule-Thomson-Koeffizienten folgende Gleichung (Herleitung siehe Anhang 21.6):

$$\mu_{JT} = \left(\frac{\partial T}{\partial p}\right)_H = \frac{\frac{2 \cdot a}{R \cdot T} - b}{c_{m,p}} \quad (11.58)$$

μ_{JT} – Joule-Thomson-Koeffizient, $K\,bar^{-1}$

$c_{m,p}$ – molare Wärmekapazität bei konstantem Druck, $JK^{-1} mol^{-1}$

In der Regel sind Joule-Thomson-Koeffizienten positiv (◘ Tab. 11.6). Das bedeutet, dass bei Gasexpansion nicht nur der Druck, sondern auch die Temperatur abnimmt. Das Gas kühlt bei Expansion ab ($\partial T < 0$, wenn $\mu_{JT} > 0$, da ∂p stets < 0, Expansion).

Einige wenige Gase, wie Wasserstoff und Helium, weisen bei Raumtemperatur einen negativen Joule-Thomson-Koeffizienten auf, weshalb sich diese Gase bei Expansion erwärmen ($\partial T > 0$, wenn $\mu_{JT} < 0$, da ∂p stets < 0, Expansion).

◘ **Tab. 11.6** Van-der-Waals-Konstante, Inversionstemperatur und Joule-Thomson-Koeffizient von einigen Gasen ($T_{Ref} = 298$ K)

Gas	Van-der-Waals-Konstante		Inversionstemperatur		Wärmekapazität	Joule-Thomson-Koeffizient
	a, $Nm^4 mol^{-2}$	b, $m^3 mol^{-1}$	T_{inv}, K	T_{inv}, °C	$c_{m,p}$, $JK^{-1} mol^{-1}$	μ_{JT}, $K\,bar^{-1}$
He	$3{,}47 \cdot 10^{-3}$	$23{,}8 \cdot 10^{-6}$	35	**−238**	20,8	**−0,101**
Ar	$135 \cdot 10^{-3}$	$32{,}0 \cdot 10^{-6}$	1018	745	20,8	+0,38
H_2	$24{,}6 \cdot 10^{-3}$	$26{,}7 \cdot 10^{-6}$	222	**−51**	28,8	**−0,024**
N_2	$137 \cdot 10^{-3}$	$38{,}6 \cdot 10^{-6}$	852	579	29,1	+0,25
O_2	$138 \cdot 10^{-3}$	$31{,}9 \cdot 10^{-6}$	1043	770	29,4	+0,28
CO_2	$366 \cdot 10^{-3}$	$42{,}8 \cdot 10^{-6}$	2053	1780	37,1	+0,68

Die anziehenden intermolekularen Kräfte (Parameter a der Van-der-Waals-Gleichung) und das Eigenvolumen der Gasteilchen (Parameter b der Van-der-Waals-Gleichung) haben entgegengesetzte Auswirkungen auf den Joule-Thomson-Koeffizienten.

Betrachtet man den Quotienten in Gl. 11.58, so stellt man fest, dass der Nenner ($c_{m,p}$) immer positiv ist, während der Zähler nur bei niedrigen Temperaturen positiv ist ($T < 2 \cdot a/b \cdot R \rightarrow \mu_{JT} > 0 \rightarrow$ Abkühlung) und bei hohen Temperaturen ($T > 2 \cdot a/b \cdot R \rightarrow \mu_{JT} < 0 \rightarrow$ Erwärmung) negativ. Daraus folgt, dass unterhalb der sogenannten Inversionstemperatur (T_{inv}) das Vorzeichen des Joule-Thomson-Koeffizienten positiv ist und ein Gas bei Expansion abkühlt. Oberhalb der Inversionstemperatur ist das Vorzeichen negativ, somit erwärmt sich ein Gas beim Expandieren ($\partial p < 0 \wedge \mu_{JT} < 0 \rightarrow \partial T > 0$). Die Inversionstemperatur ergibt sich durch Nullstellen des Zählers von Gl. 11.58.

$$\frac{2 \cdot a}{R \cdot T_{inv}} - b = 0 \rightarrow b \cdot R \cdot T_{inv} = 2 \cdot a \rightarrow T_{inv} = \frac{2 \cdot a}{R \cdot b} \quad (11.59)$$

T_{inv} – Temperatur, bei der der Joule-Thomson-Koeffizient das Vorzeichen wechselt, K

Kühles Bier dank Joule-Thomson-Effekt

Da untergäriges Bier (Lager, Pilsener, Helles, Märzen) bei Temperaturen von ca. 7 °C gegoren wird, konnten Brauereien vor 1865 nur in den Wintermonaten brauen. Welche Erleichterung stellte da der sich ausweitende Eishandel dar, der das Bierbrauen zu jeder Jahreszeit ermöglichte. Die 20 cm dicken Eisdecken zugefrorener Gewässer wurden mit speziellen Eissägen in große Blöcke zerteilt, die mit Zangen und Haken an Land gezogen, dort zerkleinert und schließlich mit Pferdefuhrwerken zu den oft weit entfernten Bierkellern transportiert wurden. Ein mit Eis voll gepackter Bierkeller konnte dann mit etwas Glück die Sommermonate überbrücken. Das Eissägen war nicht nur mühsam, sondern auch von den klimatischen Verhältnissen abhängig.

Den großen Durchbruch schaffte schließlich Carl von Linde (1842–1934). Linde war ein begnadeter Physiker und Geschäftsmann. Er entwickelte eine Kältemaschine auf Basis des Joule-Thomson-Effekts. Als Bayer erkannte er zielsicher, dass Bierbrauer einen latenten Bedarf an solchen Kältemaschinen haben. Gabriel Sedlmayr, der Chef der Münchner Spatenbrauerei, leistete Pionierarbeit, indem er von Linde einen Prototyp für seine Brauerei orderte. Die Kältemaschine wurde in Augsburg bei MAN gefertigt und 1873 aufgestellt. Durch Kompression und Wasserkühlung wurde zuerst das Kältemittel Methylether abgekühlt. Danach wurde es entspannt, sodass es verdampfte und dadurch noch weiter abkühlte. Über einen Wärmetauscher wurde schließlich eine Salzlösung gekühlt und dann via Leitungsrohre in den zu kühlenden Brau- bzw. Lagerraum gepumpt.

Der kapitalstarke Sedlmayr, der den Prototyp mitfinanziert hatte und sich im Gegenzug einen Teil der Patentrechte sicherte, verhalf damit Linde und der Spatenbrauerei zum wirtschaftlichen Erfolg.

Der Joule-Thomson-Effekt hat zahlreiche technische Anwendungen gefunden (◘ Abb. 11.17), z. B. in Kühlschränken, Wärmepumpen (▶ Abschn. 11.3) und Linde-Kältemaschinen (▶ Abb. 11.18).

Linde-Kältemaschinen zur Luftverflüssigung (◘ Abb. 11.18) verdichten die angesaugte Luft (T = 25 °C) auf 200 bar, wobei sich diese um 45 °C erwärmt (T = 70 °C).

Im nachgeschalteten Wasserkühler wird dem Gas die Kompressionswärme wieder entzogen (T = 25 °C). Das Gas wird dann an einer Drossel auf 20 bar entspannt, wobei die Luft um ca. 45 °C abkühlt.

Die resultierende Kaltluft (T = −20 °C) wird über einen Gegenstromwärmetauscher zum Vorkühlen der komprimierten Luft wieder dem Kompressor zugeführt. Der Kreislauf beginnt von Neuem, aber jetzt mit bereits auf −20 °C vorgekühlter Luft.

Nach mehreren Kreisläufen ist die Luft soweit abgekühlt, dass sie als Flüssigkeit in den Vorlagekolben tropft. Die verflüssigte Luft wird letztendlich durch fraktionierte Destillation (▶ Abschn. 7.3.4) in die Komponenten Stickstoff (Sdp. −196 °C) und Sauerstoff (Sdp. −183 °C) zerlegt.

◘ Abb. 11.17 Der Joule-Thomson-Effekt ermöglicht einen Schluck kalten Biers auch zur warmen Jahreszeit (© r.classen/► Shutterstock.com)

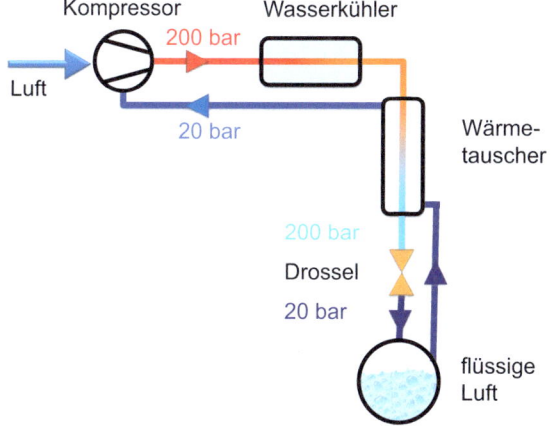

◘ Abb. 11.18 Linde-Kältemaschinen. Anwendung des Joule-Thomson-Effekts zur Luftverflüssigung

11.3 Wärmekraftmaschinen – Umwandlung von Wärmeenergie in mechanische Energie

Wärmekraftmaschinen wandeln – nomen est omen – die bei einer Verbrennung entstehende Wärmeenergie in nutzbare mechanische Energie (früher: Kraft) um. Typische Beispiele für Wärmekraftmaschinen sind Dampfmaschinen, Dampfturbinen und Verbrennungsmotoren.

Das Grundprinzip einer Wärmekraftmaschine (◘ Abb. 11.19) ist wie folgt:

- Heißer Wasserdampf (T_H) wird durch Verbrennen fossiler Brennstoffe (Kohle, Erdöl, Erdgas) erzeugt (Zufuhr von Wärmeenergie Q_{AB}) und über ein Einlassventil (EV) in einen Zylinder geleitet.
- Der expandierende Wasserdampf setzt einen Kolben (K) in Bewegung und verrichtet dabei Volumenarbeit (W).

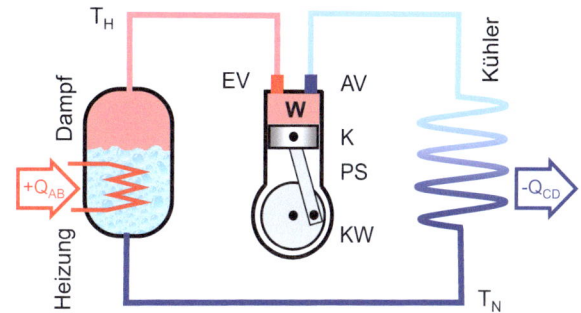

◘ Abb. 11.19 Prinzipieller Aufbau einer Kolbendampfmaschine

- Während der Expansion kühlt der Wasserdampf ab.
- Da der Kolben mit einer Pleuelstange (PS) und einer drehenden Kurbelwelle (KW) verbunden ist, läuft der Kolben wieder zurück und pumpt den abgekühlten Wasserdampf über das Auslassventil (AV) in Richtung Dampfgenerator.
- Die bei der Kompression (Verflüssigung) des Wasserdampfs freigesetzte Abwärme (Q_{CD}) kann mechanisch nicht genutzt werden und wird vom Kühler abgeführt, wobei das Wasser auf die Temperatur T_N abgekühlt wird.
- Die nutzbare Arbeit ergibt sich aus der Differenz der zugeführten Wärme und der Abwärme ($W = Q_{AB} - Q_{CD}$).
- Der Wirkungsgrad (η) der Wärmekraftmaschine entspricht dem Verhältnis von nutzbarer Arbeit zur zugeführten Wärme ($\eta = Q_{AB}/W$).

Dampfmaschinen entlasteten den Menschen im 19. Jahrhundert von schweren körperlichen Arbeiten. Sie trieben anfänglich Wasserpumpen, Webstühle und Mühlen und später auch Lokomotiven an. Die hohen Kosten der Wärmeerzeugung bei kleinem Wirkungsgrad waren der große Nachteil der ersten Dampfmaschinen. Der Franzose Nicolas Sadi Carnot (1796–1832), der als „Vater" der Thermodynamik gilt, erkannte, dass der Wirkungsgrad von Dampfmaschinen erheblich schwankte. Carnot untersuchte das physikalische Prinzip von Dampfmaschinen und stellte fest, dass der Wirkungsgrad (η) einer Dampfmaschine umso höher ist, je größer die Differenz zwischen der Kolbeneingangstemperatur (T_H) und der Kolbenausgangstemperatur (T_N) ist. Als „Nebenprodukt" seiner Studien formulierte Carnot den zweiten Hauptsatz der Thermodynamik.

Carnot formulierte einen reversiblen Kreisprozess (◘ Abb. 11.20a), den er in vier Teilprozesse (◘ Abb. 11.20b) gliederte.

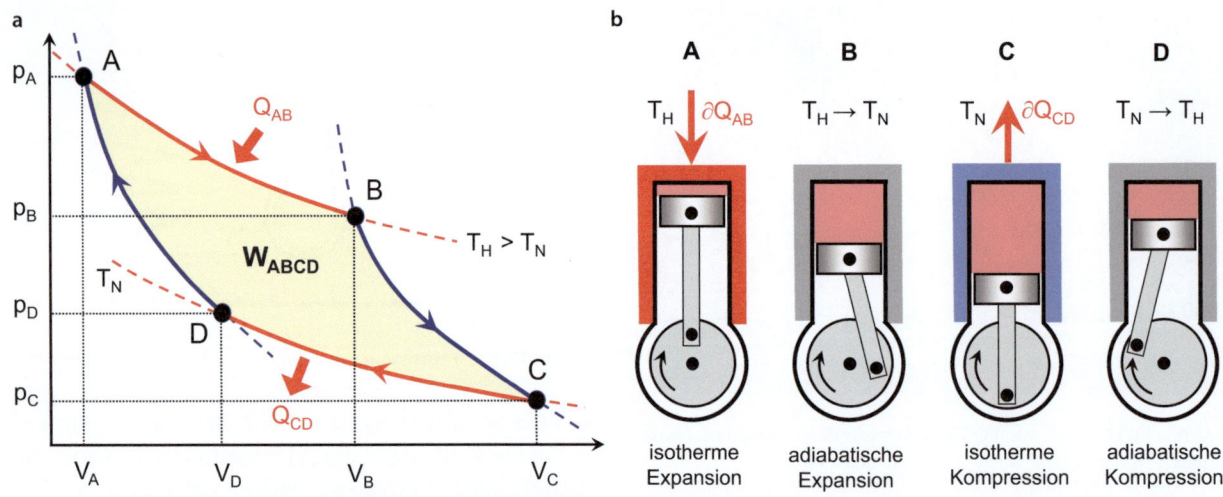

■ **Abb. 11.20** Carnot-Kreisprozess (**a**) als Idealmodell für eine reversible Wärmekraftmaschine (**b**)

11.3.1 Carnot-Kreisprozess – Idealvorstellung einer Wärmekraftmaschine

Die vier Teilprozesse des Carnot-Prozesses (■ Abb. 11.20) sind:

- Reversible isotherme Expansion **A → B** p_A, V_A, T_H → p_B, V_B, T_H
- Reversible adiabatische Expansion **B → C** p_B, V_B, T_H → p_C, V_C, T_N
- Reversible isotherme Kompression **C → D** p_C, V_C, T_N → p_D, V_D, T_N
- Reversible adiabatische Kompression **D → A** p_D, V_D, T_N → p_A, V_A, T_H

■ **Isotherme Expansion (A → B, dT = 0, T_H)**

Arbeitsgas nimmt externe Wärmeenergie auf und leistet Volumenarbeit an der Umgebung

Das Arbeitsgas wird durch eine externe Wärmequelle (Öl, Gas, Kohle, Strom) auf T_H erwärmt. Das Gasvolumen expandiert dabei von V_A nach V_B, wodurch sich der Kolben nach unten bewegt und Volumenarbeit an der Umgebung (W_{AB}) geleistet wird. Obwohl Wärmeenergie (Q_{AB}) zugeführt wird, verändert sich die Temperatur nicht (dT = 0), da die zugeführte Wärmeenergie vollständig in mechanische Arbeit umgewandelt wird. Die innere Energie des Gases [$U(T_H)$] bleibt dadurch konstant.

$$dU_{AB} = \delta Q_{AB} + \delta W_{AB} = 0 \tag{11.60}$$

Umstellen und Berücksichtigen von Gl. 11.19 ergibt:

$$\delta W_{AB} = -\delta Q_{AB} = -n \cdot R \cdot T_H \cdot \ln\left(\frac{V_B}{V_A}\right) \tag{11.61}$$

■ **Adiabatische Expansion (B → C, δQ = 0, T_H → T_N)**

Arbeitsgas nimmt keine externe Wärme mehr auf, expandiert aber unter Abkühlung weiter

Ab dem Zustandspunkt B ist die zugeführte Wärmeenergie (Q_{AB}) vollständig in mechanische Arbeit (W_{AB}) transformiert, jedoch expandiert das Arbeitsgas aufgrund der vorwärtstreibenden Kolbenbewegung weiter ($V_B \to V_C$). Da keine externe Energie mehr zugeführt wird, wird die für diese zusätzliche Volumenarbeit (W_{BC}) erforderliche Energie der inneren Energie (dU) des Arbeitsgases entzogen, wodurch dessen Temperatur von T_H auf T_N abfällt. Im adiabatischen Teilprozess wird keine Wärmeenergie mit der Umgebung ausgetauscht ($Q_{BC} = 0$). Unter Berücksichtigung der inneren Energie eines idealen Gases (Gl. 11.4) beträgt die Volumenarbeit bei Übergang von Zustand B zu Zustand C:

$$\delta W_{BC} = dU_{BC} = U(T_N) - U(T_H) = \frac{3}{2} \cdot n \cdot R \cdot (T_N - T_H) \tag{11.62}$$

■ **Isotherme Kompression (C → D, dT = 0, T_N)**

Kolben leistet Volumenarbeit am Arbeitsgas und gibt resultierende Wärmeenergie an Umgebung ab

Am Punkt C wird der Kolben durch die Pleuelstange wieder in eine Aufwärtsbewegung umgelenkt, wodurch das abgekühlte Gas von p_C auf p_D komprimiert wird. Die durch den Kolben geleistete Volumenarbeit (δW_{CD}) generiert Wärmeenergie (δQ_{CD}), die über die Motorkühlung abgeführt wird, sodass der Vorgang isotherm mit der Temperatur T_N abläuft. Die innere Energie des Gases [$U(T_N)$] bleibt dadurch konstant (dU = 0). Das heißt, die zugeführte Volumenarbeit geht unwiederbringlich als Wärmeenergie an das kalte Wärmereservoir (Q_{CD}, Umwelt) verloren.

11.3 · Wärmekraftmaschinen – Umwandlung von Wärmeenergie in mechanische Energie

$$dU_{CD} = \delta Q_{CD} + \delta W_{CD} = 0 \quad (11.63)$$

In Analogie zur isothermen Expansion ergibt sich:

$$\delta W_{CD} = -\delta Q_{CD} = -n \cdot R \cdot T_N \cdot \ln\left(\frac{V_D}{V_C}\right) \quad (11.64)$$

- **Adiabatische Kompression (D → A, δQ = 0, T_N → T_H)**

Arbeitsgas gibt keine Wärmeenergie mehr ab, wird aber weiter komprimiert

Von Punkt C an ist die Umgebung so warm, dass das Arbeitsgas keine Wärme mehr an die Umgebung abgeben kann, sodass die durch Verdichtung geleistete Volumenarbeit (W_{DA}) eine Erwärmung des Arbeitsgases von T_N auf T_H bewirkt. Dadurch wird der Ausgangszustand A wieder erreicht, der Kreisprozess geschlossen und der Zyklus kann von Neuem beginnen. Die innere Energie des idealen Arbeitsgases nimmt zu (◘ Tab. 11.7).

$$\delta W_{DA} = dU_{DA} = U(T_H) - U(T_N) = \frac{3}{2} \cdot n \cdot R \cdot (T_H - T_N) \quad (11.65)$$

- **Wirkungsgrad (η)**

Zusammenfassend kann festgehalten werden, dass Wärmekraftmaschinen externe Wärmeenergie (Q_{AB}) zugeführt wird. Ein Teil dieser Energie wird in mechanische Arbeit (W_{ABCD}; ◘ Abb. 11.20, gelbe Fläche) umgewandelt, während der andere Teil als Wärmeenergie (Q_{CD}) an die Umwelt verloren geht. Der Anteil der Wärmeenergie (Exergie), der in mechanische Arbeit (W_{ABCD}) umgewandelt werden kann, entspricht der Differenz zwischen der zugeführten Wärmeenergie (Q_{AB}) und der an die Umwelt verlorenen Wärmeenergie (Q_{CD}, Anergie).

Die im Carnot-Kreisprozess generierte Arbeit (W_{ABCD}) entspricht der Summe an Teilarbeiten, die in den vier beschriebenen Teilprozessen des Zyklus erzeugt werden. Nach dem 1. Hauptsatz der Thermodynamik muss die nutzbare mechanische Arbeit der Differenz zwischen der zugeführten Wärmeenergie (Q_{AB}) und der an die Umwelt verlorenen Wärmeenergie (Q_{CD}, Anergie) entsprechen (Gl. 11.66).

Der Wirkungsgrad ist somit das Verhältnis der Exergie ($Q_{AB} - Q_{CD}$) zur zugeführten gesamten Wärmeenergie (Q_{AB}). Die Betragszeichen in Gl. 11.66 berücksichtigen die unterschiedlichen Vorzeichen des Wärme- und Arbeitsflusses. Während die Wärmeenergie (Q_{AB}) dem Gas zufließt, geht die Volumenarbeit (W_{ABCD}) dem System verloren.

$$\eta = \frac{Q_{AB} - Q_{CD}}{Q_{AB}} = \left|\frac{W_{ABCD}}{Q_{AB}}\right| \quad (11.66)$$

η – Wirkungsgrad Carnot-Wärmekraftmaschine
Q_{AB} – extern zugeführte Wärmeenergie (Ofen), J
Q_{CD} – nicht nutzbarer Anteil der Wärmeenergie (Kühlung), J
W_{ABCD} – nutzbarer Anteil der Wärmeenergie (Arbeit), J

$$W_{ABCD} = \delta W_{AB} + \delta W_{BC} + \delta W_{CD} + \delta W_{DA} \quad (11.67)$$

◘ **Tab. 11.7** Energieflüsse des Carnot-Prozesses

Teilprozess	Prozessphase	Wärmearbeit (δQ)	Volumenarbeit (δW)	Innere Energie (dU)
Isotherme Expansion	A → B dT = 0	$+n \cdot R \cdot T_H \cdot \ln\left(\frac{V_B}{V_A}\right)$	$-n \cdot R \cdot T_H \cdot \ln\left(\frac{V_B}{V_A}\right)$	0
Adiabatische Expansion	B → C δQ = 0	0	$-\frac{3}{2} \cdot n \cdot R \cdot (T_H - T_N)$	$-\frac{3}{2} \cdot n \cdot R \cdot (T_H - T_N)$
Isotherme Kompression	C → D dT = 0	$-n \cdot R \cdot T_N \cdot \ln\left(\frac{V_D}{V_C}\right)$	$+n \cdot R \cdot T_N \cdot \ln\left(\frac{V_D}{V_C}\right)$	0
Adiabatische Kompression	D → A δQ = 0	0	$+\frac{3}{2} \cdot n \cdot R \cdot (T_H - T_N)$	$+\frac{3}{2} \cdot n \cdot R \cdot (T_H - T_N)$
Σ	A → B → C → D → A	$+n \cdot R \cdot (T_H - T_N) \cdot \ln\left(\frac{V_B}{V_A}\right)$	$-n \cdot R \cdot (T_H - T_N) \cdot \ln\left(\frac{V_B}{V_A}\right)$	0

Einsetzen von Gl. 11.61, 11.62, 11.64 und 11.65 in Gl. 11.67 ergibt für die generierte Arbeit (W_{ABCD}):

$$W_{ABCD} = -n \cdot R \cdot T_H \cdot \ln\left(\frac{V_B}{V_A}\right) + \frac{3}{2} \cdot n \cdot R \cdot (T_N - T_H)$$

$$= -n \cdot R \cdot T_N \cdot \ln\left(\frac{V_D}{V_C}\right) + \frac{3}{2} \cdot n \cdot R \cdot (T_H - T_N) \quad (11.68)$$

Da bei der adiabatischen Expansion (B → C) und Kompression (D → A) die Volumenarbeit der Änderung der inneren Energie (dU) entspricht und diese für ein ideales Gas ausschließlich von der Temperaturänderung (dT) beeinflusst wird (Gl. 11.4), egalisieren sich die Beiträge der adiabatischen Volumenarbeiten W_{BC} (dT = $T_N - T_H$) und W_{DA} (dT = $T_H - T_N$).

$$W_{ABCD} = -n \cdot R \cdot T_H \cdot \ln\left(\frac{V_B}{V_A}\right) - n \cdot R \cdot T_N \cdot \ln\left(\frac{V_D}{V_C}\right) \quad (11.69)$$

Um die Gleichung weiter zu vereinfachen, überführen wir in Analogie zur Adiabatengleichung (Gl. 11.27) den Quotienten V_D/V_C in V_B/V_A.

$$\frac{T_3}{T_2} = \left(\frac{V_1}{V_2}\right)^{\frac{2}{3}} \to \frac{T_H}{T_N} = \left(\frac{V_C}{V_B}\right)^{\frac{2}{3}} \text{ und } \frac{T_H}{T_N} = \left(\frac{V_D}{V_A}\right)^{\frac{2}{3}}$$

$$\to \frac{V_C}{V_B} = \frac{V_D}{V_A} \to \frac{V_D}{V_C} = \frac{V_A}{V_B} \quad (11.70)$$

Somit können wir in Gl. 11.69 den Quotienten V_D/V_C durch V_A/V_B ersetzen.

$$W_{ABCD} = -n \cdot R \cdot T_H \cdot \ln\left(\frac{V_B}{V_A}\right) - n \cdot R \cdot T_N \cdot \ln\left(\frac{V_A}{V_B}\right)$$

$$= -n \cdot R \cdot T_H \cdot \ln\left(\frac{V_B}{V_A}\right) + n \cdot R \cdot T_N \cdot \ln\left(\frac{V_B}{V_A}\right) \quad (11.71)$$

Ausklammern des Ausdrucks $-n \cdot R \cdot \ln(V_B/V_A)$ ergibt für die geleistete Arbeit pro Zyklus:

$$W_{ABCD} = \left[-n \cdot R \cdot \ln\left(\frac{V_B}{V_A}\right)\right] \cdot (T_H - T_N) \quad (11.72)$$

Einsetzen von Gl. 11.72 und 11.61 in Gl. 11.66 ergibt für den Wirkungsgrad einer Carnot-Maschine:

$$\eta = \left|\frac{W_{ABCD}}{Q_{AB}}\right| = \left|\frac{-n \cdot R \cdot \ln\left(\frac{V_B}{V_A}\right) \cdot (T_H - T_N)}{+n \cdot R \cdot \ln\left(\frac{V_B}{V_A}\right) \cdot T_H}\right| = \frac{T_H - T_N}{T_H} = 1 - \frac{T_N}{T_H}$$

$$(11.73)$$

η – maximaler Wirkungsgrad einer Carnot-Wärmekraftmaschine

W_{ABCD} – überführbarer Anteil der Wärmeenergie in Arbeit, J

Q_{AB} – extern zugeführte Wärmeenergie, J

T_H – höhere Gastemperatur nach Erwärmung durch externe Heizung, K

T_N – niedrigere Gastemperatur nach Kühlung durch externe Kühlung, K

Der Carnot-Kreisprozess stellt einen idealisierten Prozess dar, bei dem alle vier Teilprozesse reversibel ablaufen, sodass keine Reibungsverluste auftreten. Aus dem Carnot-Prozess resultiert deshalb der maximal erreichbare Wirkungsgrad einer Wärmekraftmaschine (η). Der Wirkungsgrad ist stets < 1 respektive 100 % (◘ Abb. 11.21, Gl. 11.73), da nur ein Teil der zugeführten Wärmemenge (Q_{AB}) in nutzbare mechanische Energie (W_{ABCD}) umgewandelt wird. Der verbleibende Teil der zugeführten Wärmeenergie (Q_{CD}), die sogenannte Anergie, wird als Abwärme an die Umwelt abgegeben.

Gl. 11.73 und ◘ Abb. 11.21 zeigen, dass der Wirkungsgrad umso höher ist, je größer die Heiztemperatur (T_H) und je kleiner die Kühltemperatur (T_N) sind. Außerdem erklärt Gl. 11.73, warum eine Wärmekraftmaschine (Dampflock, Dampfmaschine, Dampfturbine etc.) nur dann arbeiten kann, wenn ein Temperaturunterschied zwischen Heizung und Kühlung besteht. Andernfalls kann keine Wärmeenergie (Q_{AB}) in das System einströmen und in Volumarbeit (W_{ABCD}) umgewandelt werden. Die besten Wärmekraftmaschinen erreichen einen Wirkungsgrad von etwa 60 %.

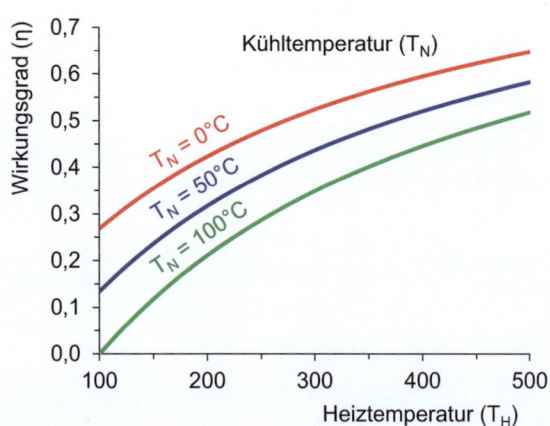

◘ **Abb. 11.21** Der Wirkungsgrad von Wärmekraftmaschinen nimmt mit zunehmender Heiztemperatur (T_H) und intensiverer Kühlung (T_N) zu

11.3 · Wärmekraftmaschinen – Umwandlung von Wärmeenergie in mechanische Energie

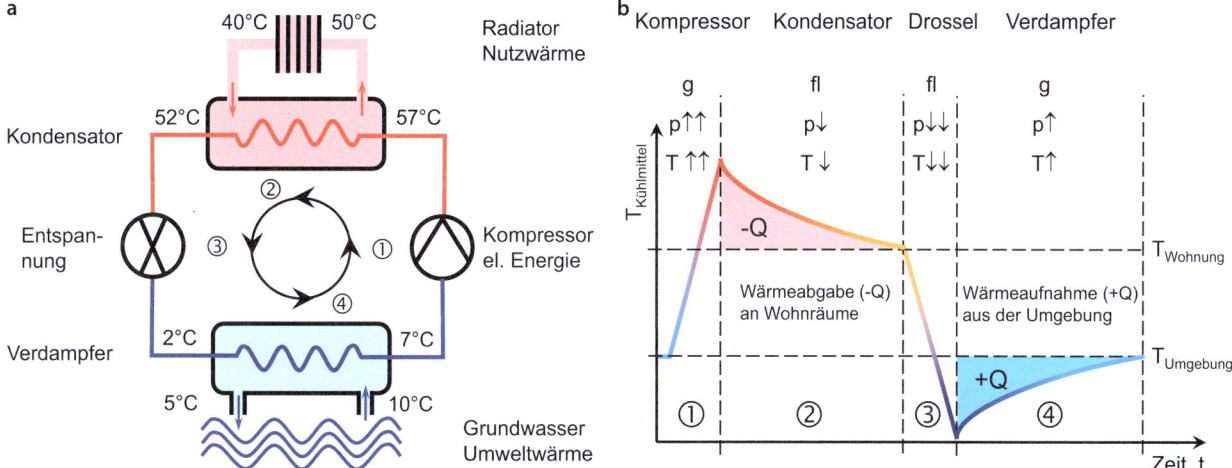

Abb. 11.22 Prinzip einer Wärmepumpe (**a**), Temperaturverlauf des Kältemittels im Wärmepumpenzyklus (**b**)

11.3.2 Wärmepumpen – Wärme aus der Umwelt für die Gebäudeheizung

Wärmepumpen entziehen der Umwelt (Luft, Erde, Grundwasser …) Wärmeenergie und transportieren diese mithilfe eines Kältemittels (Arbeitsmittel) ins Gebäudeinnere. Die Umweltwärme wird im Verdampfer (◻ Abb. 11.22a, Verdampfer) vom Kältemittel aufgenommen, mithilfe eines Kompressors auf ein höheres Temperaturlevel gebracht und im Kondensator (zweiter Wärmetauscher) an die Gebäudeheizung abgegeben. Physikalisch betrachtet entspricht eine Wärmepumpe einem rückwärtslaufenden Carnot-Prozess (◻ Abb. 11.20a).

■ **Adiabatische Kompression des Arbeitsmittels**
Das gasförmige (g) Kältemittel wird mit einem elektrisch betriebenen Kompressor verdichtet, wodurch der Druck stark ansteigt. Da dieser Vorgang adiabatisch erfolgt, nimmt die Temperatur des Kältemittels stark zu. Der Kompressionsdruck wird so gewählt, dass die Temperatur des Kältemittels über der Vorlauftemperatur der Gebäudeheizung zu liegen kommt.

■ **Isotherme Kondensation des Arbeitsmittels**
Das komprimierte und stark erhitzte Kältemittel gelangt in den Kondensator, wo es die aus der Umwelt entnommene Wärmeenergie an die kühlere Gebäudeheizung abgibt (◻ Abb. 11.22b, rote Fläche, −Q). Dabei kühlt das Arbeitsmittel ab und der Druck fällt ebenfalls ab. Die vom Kältemittel abgegebene Wärme beheizt das Gebäude.

■ **Adiabatische Expansion des Arbeitsmittels**
Über ein Entspannungsventil wird das unter Druck stehende Kältemittel entspannt, wodurch Druck und Temperatur stark sinken und sich das Kältemittel verflüssigt. Die Temperatur des Kältemittels fällt dabei unter die Umgebungstemperatur.

■ **Isotherme Verdampfung des Arbeitsmittels**
Da das flüssige Kältemittel kälter als die Umgebungstemperatur ist, nimmt es Wärmeenergie aus der Umgebung (Grundwasser, Erde oder Luft, ◻ Abb. 11.22b, blaue Fläche, +Q) auf und wird dabei in den gasförmigen Zustand überführt.

Das Kältemittel zeichnet sich durch eine niedrige Siedetemperatur aus, sodass die Grundwassertemperatur ausreicht, um es zu verdampfen. Durch das Verdampfen nimmt das Kältemittel wesentlich mehr Wärmeenergie (latente Wärme) aus der Umgebung auf, als es durch bloße Erwärmung der Flüssigkeit der Fall wäre. Typische Kältemittel sind teilfluorierte Kohlenwasserstoffe, die allerdings ein hohes Treibhauspotenzial aufweisen und zunehmend durch umweltfreundlicheres Propan, Ammoniak oder Kohlenstoffdioxid ersetzt werden.

■ **Coefficient of performance (COP)**
Die Leistungsfähigkeit einer Wärmepumpe wird durch den Coefficient of Performance (COP) angegeben. Der COP entspricht dem Verhältnis von erzeugter, abgegebener Nutzwärmeenergie (−Q) zur für die Kompression des Arbeitsmittels zugeführten elektrischen Leistung (Gl. 11.74). Da bei der Kompression und dem Wärmeaustausch Energieverluste auftreten, muss ein Verlustfaktor (VF) in die Berechnung des COP einfließen. Typische COP-Werte sind in der Größenordnung von 4, was bedeutet, dass aus 1 kWh Strominput 4 kWh Nutzwärmeoutput resultiert.

Der COP nimmt mit abnehmender Temperaturdifferenz zwischen der Kondensatoreingangstemperatur (T_{Kon}) und der Verdampferausgangstemperatur (T_{Ver}) zu (◻ Abb. 11.23, Gl. 11.74). Daher eignen sich Wärme-

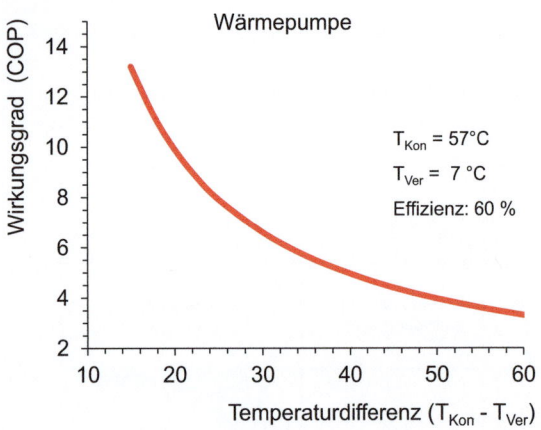

◻ **Abb. 11.23** Der COP nimmt mit abnehmender Temperaturdifferenz von Kondensator und Verdampfer zu

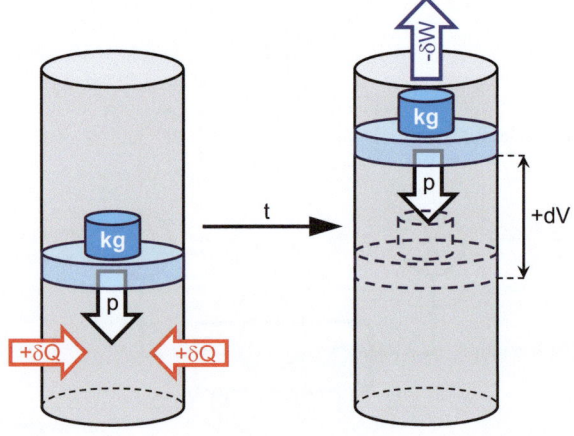

◻ **Abb. 11.24** Volumenänderungen von chemischen Reaktionen bei isobaren Bedingungen können durch die Zustandsfunktion der Enthalpie (H) erfasst werden

pumpen besonders für Fußbodenheizungen mit Vorlauftemperaturen von 35 °C.

$$COP = \frac{abgegebene\ Nutzwärmeenergie \cdot Verlustfaktor}{elektrische\ Energieaufnahme\ Kompressor}$$
$$= \frac{T_{Kon} \cdot VF}{T_{Kon} - T_{Ver}} = \frac{330K \cdot 0{,}60}{330K - 280K} = 4{,}0$$

(11.74)

COP – *coefficient of performance*
VF – Verlustfaktor
T_{Kon} – Kondensatortemperatur, K
T_{Ver} – Verdampfertemperatur, K

Es sei darauf hingewiesen, dass Wärmepumpen kein Perpetuum Mobile sind. Sie erzeugen keine Energie aus dem Nichts. Ein COP von über 1 bedeutet lediglich, dass mehr Wärme an das Gebäude abgegeben wird, als elektrische Energie für die Kompressorpumpe benötigt wird. In der Bilanz wird die Umweltwärme (Luft, Erde oder Grundwasser), die von der Wärmepumpe aufgenommen wird, nicht berücksichtigt, da diese als unerschöpflich angesehen wird.

11.4 Thermochemie – Wärmeumsatz chemischer Reaktionen

Thermochemie ist die Anwendung der thermodynamischen Prinzipien auf chemische Reaktionen und Phasenänderungen von Stoffen. Thermochemie betrachtet insbesondere Energieänderungen chemischer Reaktionen, um Aussagen über deren Verlauf, Effizienz und Selektivität treffen zu können.

11.4.1 Enthalpie – Reaktionswärme bei konstantem Druck

Jedes chemische Reaktionssystem hat einen definierten inneren Energiezustand. Die innere Energie (U) verteilt sich auf die verschiedenen Bewegungsarten der Moleküle wie Rotationen, Schwingungen, Translationen und den chemischen Bindungen.

Da chemische Reaktionen häufig mit Wärmeabgabe oder -aufnahme (δQ) sowie Volumenänderung (dV) einhergehen (◻ Abb. 11.24), ändert sich auch die innere Energie (dU) des Reaktionssystems. Selbstverständlich gilt auch für chemische Reaktionen der 1. Hauptsatz der Thermodynamik, der die Energieerhaltung beschreibt.

$$dU = \delta Q + \delta W \qquad (11.75)$$

dU – Änderung innere Energie, J
δQ – Änderung Wärmeenergie, J
δW – Änderung mechanische Energie, Volumenarbeit, J

Weil die meisten chemischen Reaktionen in offenen Systemen bei konstantem Druck (isobar, p = const., dp = 0) ablaufen, reduziert sich die mechanische Arbeit auf die Volumenarbeit ($\delta W = -p \cdot dV$):

$$\delta W = -d(p \cdot V) = -V \cdot dp - p \cdot dV \xrightarrow{mit\ dp=0} \delta W = -p \cdot dV$$

(11.76)

Einsetzen in Gl. 11.75 ergibt für die Änderung der inneren Energie (dU):

$$dU = \delta Q - p \cdot dV \rightarrow \delta Q = dU + pdV \qquad (11.77)$$

11.4 · Thermochemie – Wärmeumsatz chemischer Reaktionen

Um den Term pdV nicht ständig explizit erwähnen zu müssen, wurde für Gasreaktionen eine neue Energiegröße, die Enthalpie (enthalpein, altgriech. für darin erwärmen) eingeführt. Die Enthalpie (H) entspricht der inneren Energie (U), modifiziert um die Volumenarbeit (p · dV).

$$H = U + p \cdot V \quad \text{Definition der Zustandsfunktion Enthalpie} \tag{11.78}$$

Da die Enthalpie (H) eine Funktion ausschließlich von Zustandsvariablen (U, p, V) ist, ist sie selbst eine Zustandsgröße.

Die Enthalpie kann wie die innere Energie nicht direkt gemessen werden, jedoch sind Enthalpieänderungen (dH) experimentell zugänglich. In einem geschlossenen System entspricht jede kleine Änderung des Drucks (dp) und der Temperatur (dT) einer proportionalen Änderung der Enthalpie (dH).

Für die Enthalpieänderung (dH) einer chemischen Reaktion greift somit das totale Differenzial der Enthalpie (Variation nach beiden Variablen, Gl. 11.81).

■ Abb. 11.25 zeigt drei Wege, die vom Enthalpiezustand H_{11} zum Enthalpiezustand H_{22} führen.

Der Unterschied $\Delta H = H_{22} - H_{11}$ ist für alle drei Wegoptionen identisch, also wegunabhängig, da die Enthalpie eine Zustandsfunktion ist.

Die Enthalpieänderung hängt ausschlielich vom Endzustand und Ausgangszustand der Enthalpie ab und wird als totales bzw. exaktes Differenzial bezeichnet. Exakte Differenziale werden mit einem kleinen d gekennzeichnet, z. B. dH. Dagegen sind Volumenarbeit (δW) und Wärmeenergie (δQ) vom eingeschlagenen Weg (Prozessfunktionen) abhängig. Daher sind sie nicht eindeutig definiert und werden deshalb als inexakte Differenziale bezeichnet, die mit einem δ indiziert werden.

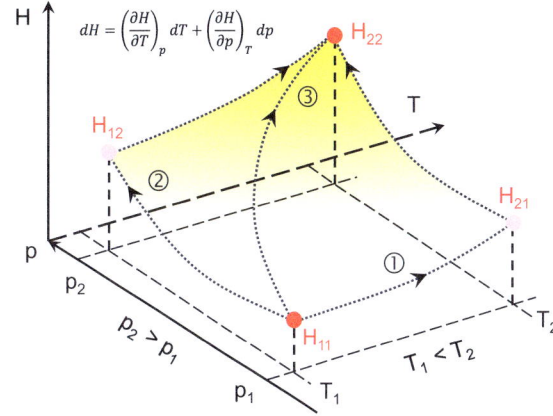

■ Abb. 11.25 Zustandsfunktion und Wegefunktionen am Beispiel der Enthalpie (H)

■ **Wegoption ①**

Wir können den Enthalpiezustand H_{22} erreichen, indem wir vom Ausgangspunkt H_{11} (p_1, T_1) starten und das Gas bei konstantem Druck p_1 von T_1 auf T_2 erwärmen (dH = $H_{21} - H_{11}$, Wärmebeitrag). Anschließend komprimieren wir bei konstanter Temperatur T_2 das Volumen von p_1 auf p_2 (Volumenarbeit), bis wir den Endpunkt H_{22} (p_2, T_2) erreichen.

Mathematisch ausgedrückt nimmt bei konstantem Druck p_1 die Enthalpie durch Erwärmen von H_{11} auf H_{21} zu. Wir addieren die Enthalpieänderung, die durch Erwärmung eintritt, zum Enthalpiezustand H_{11}. Da die Enthalpieänderung temperaturabhängig ist, müssen wir die Enthalpie über die Temperatur integrieren.

$$H_{21} = H_{11} + \int_{T1}^{T2} \left(\frac{\partial H}{\partial T}\right)_{p1} dT \tag{11.79}$$

Anschließend nimmt die Enthalpie durch Kompression bei konstanter Temperatur T_2 von H_{21} auf H_{22} zu:

$$H_{22} = H_{21} + \int_{p1}^{p2} \left(\frac{\partial H}{\partial p}\right)_{T2} dp \xrightarrow{\text{Substitution von } H_{21} \text{ durch Gl. 11.79}} dH = H_{22} - H_{11} = \int_{T1}^{T2} \left(\frac{\partial H}{\partial T}\right)_{p} dT + \int_{p1}^{p2} \left(\frac{\partial H}{\partial p}\right)_{T} dp \tag{11.80}$$

■ **Wegoption ②**

Übrigens: Exakt das gleiche Ergebnis wird erhalten, wenn wir den Weg ② beschreiten. Im Unterschied zu Wegoption 1 wird zuerst das Gas komprimiert ($H_{11} \to H_{12}$) und dann erwärmt ($H_{12} \to H_{22}$). Das totale Differenzial in differenzieller Form lautet:

$$dH = \left(\frac{\partial H}{\partial T}\right)_{T} dp + \left(\frac{\partial H}{\partial p}\right)_{p} dT \tag{11.81}$$

dH – infinitesimale (unendlich kleine) Enthalpieänderung, J

dT – infinitesimale Änderung der Temperatur, K

dp – infinitesimale Änderung des Drucks, bar

∂H/∂T – Änderung der Enthalpie bei minimaler Temperaturänderung, JK^{-1}

∂H/∂p – Änderung der Enthalpie bei minimaler Druckänderung, Jbar^{-1}

■ Wegoption ③

Für die gleichzeitige Variation von p und T müssen lediglich Gl. 11.79 und 11.80 addiert werden, was zu folgender Gleichung führt

$$dH = H_{22} - H_{11} = \int_{T1}^{T2} \left(\frac{\partial H}{\partial T}\right)_p dT + \int_{p1}^{p2} \left(\frac{\partial H}{\partial p}\right)_T dp \quad (11.82)$$

Das totale Differenzial beschreibt somit die Enthalpieänderung (dH), wenn sich die Zustandsgrößen Temperatur und Druck minimal und reversibel ändern. Es ist festzustellen, dass die drei Wegoptionen das gleiche Ergebnis liefern, was in übereinstimmenden Ausgangs- (H_{11}) und Endzuständen (H_{22}) begründet ist.

Bei konstantem Druck verrichtet ein chemisches Reaktionssystem Volumenarbeit gegen den Umgebungsdruck. Daher kann für isobare Reaktionen die Enthalpieänderung (dH) über die ausgetauschte Reaktionswärme (δQ) bestimmt werden.

$$dH = dU + p \cdot dV + V \cdot dp \xrightarrow{mit\ dp=0} dH$$
$$= dU + p \cdot dV \xrightarrow{mit\ dU = \delta Q - pdV} dH = \delta Q \quad (11.83)$$

Der Unterschied zwischen Enthalpie (H, p – const.) und Energie (U, V = const.) spielt eine wichtige Rolle bei Gasreaktionen. Bei reinen Flüssigkeits- oder Feststoffreaktionen hingegen ist dieser Unterschied aufgrund der geringen Kompressibilität und Wärmeausdehnung meist vernachlässigbar.

Je nach Art der chemischen Reaktion wird die Reaktionsenthalpie auch als Neutralisationsenthalpie, Verbrennungsenthalpie, Hydrierungsenthalpie usw. bezeichnet.

■ Exotherme und endotherme Reaktionen

Wärmetönungen isobarer Reaktionen ($\Delta_{RE} Q_p$) werden als Reaktionsenthalpien ($\Delta_{RE} H$) bezeichnet. Je nachdem, ob bei einer chemischen Reaktion Reaktionsenthalpie (Wärme) freigesetzt oder von der Umgebung zugeführt wird, handelt es sich um eine exotherme ($\Delta_{RE} H_m < 0$) respektive endotherme ($\Delta_{RE} H_m > 0$) Reaktion (◘ Abb. 11.26). Bei exothermen Reaktionen wird chemische Energie (Bindungsenergie) in Wärme umgewandelt, während bei endothermen Reaktionen Wärmeenergie in chemische Bindungsenergie umgewandelt wird.

Ein Beispiel für eine stark exotherme Reaktion ist die Knallgasreaktion (◘ Abb. 11.26a), bei der pro Mol entstehendem Wasser 285 kJ freigesetzt ($\Delta_{RE} H_m = -285$ kJmol^{-1}) werden. Die Bindungen zwischen den Wasserstoff- und Sauerstoffatomen in den Wassermolekülen sind wesentlich stabiler und energieärmer, als die Bindungen zwischen den Wasserstoff- respektive Sauerstoffatomen in den jeweiligen Ausgangsmolekülen. Weitere Beispiele für exotherme Reaktionen sind: die Oxidation von Kohlenwasserstoffen, Neutralisationsreaktionen zwischen Säuren und Basen und die Oxidation von Glucose bei der Zellatmung.

Ein Beispiel für eine endotherme Reaktion ist die Reaktion von Kohlenstoffdioxid mit Kohlenstoff zu Kohlenstoffmonoxid (◘ Abb. 11.26b). Hierbei muss zur Bildung von 1 mol Kohlenstoffmonoxid 86 kJ aus der Umgebung dem Reaktionssystem zugeführt werden.

Auch die Verknüpfung der energiearmen Moleküle Kohlenstoffdioxid (CO_2) und Wasser (H_2O) zu energiereichen Glucosemolekülen ($C_6H_{12}O_6$) während des photosynthetischen Prozesses verläuft ebenfalls endotherm und benötigt deshalb Sonnenenergie (▶ Abschn. 12.4.2).

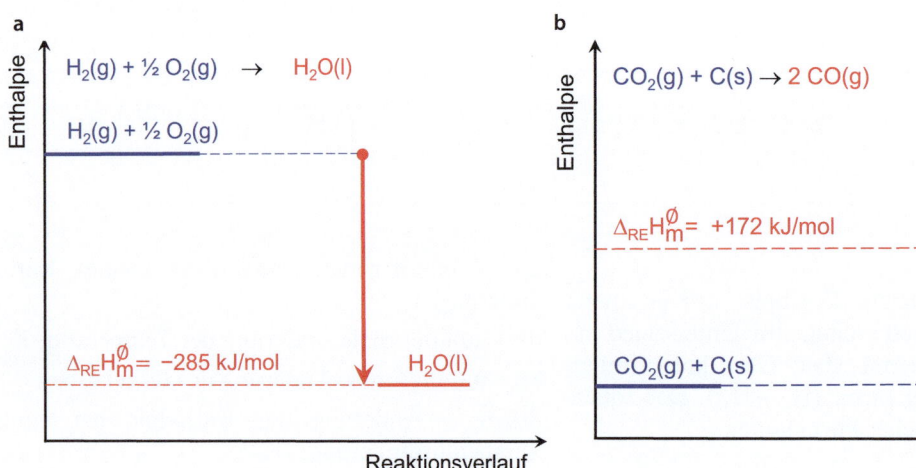

◘ **Abb. 11.26** Exotherme Reaktionen geben Reaktionswärme an die Umgebung ab (a, $\Delta_{RE} H_m < 0$), bei endothermen Reaktionen muss Energie aus der Umgebung dem Reaktionssystem zugeführt werden (b, $\Delta_{RE} H_m > 0$)

11.4.2 Molare Reaktionsenthalpie und Standardreaktionsenthalpie

Da 2 l Benzin beim Verbrennen doppelt so viel Reaktionsenthalpie ($\Delta_{RE}H$) freisetzen wie 1 l Benzin, ist es wichtig, neben der Reaktionsenthalpie auch die umgesetzte Substratmenge anzugeben.

Daher werden Reaktionsenthalpien (extensive Größe) als molare Reaktionsenthalpien ($\Delta_{RE}H_m$, intensive Größe) angeben, die auf ein Mol Stoffmenge bezogen sind. Um eine noch bessere Vergleichbarkeit zu erzielen, werden molare Reaktionsenthalpien unter Standardbedingungen (25 °C, 1,013 bar) als molare Standardreaktionsenthalpien $\left(\Delta_{RE}H_m^{\varnothing}\right)$ tabelliert.

■ **Messen von Reaktionsenthalpien**

Das Messen von Reaktionsenthalpien erfolgt mit Kalorimetern (*calor*, lat. für Wärme). Der Reaktionsbehälter, in dem die chemische Reaktion stattfindet, befindet sich in einem Wasserbad, das die freigesetzte Reaktionswärme ($\Delta_{RE}H^{\varnothing} = \Delta_{RE}Q$) aufnimmt bzw. dem die benötigte Reaktionswärme entzogen wird. Durch Messung der Temperaturänderung (ΔT) des Wasserbads kann auf die Reaktionsenthalpie ($\Delta_{RE}H^{\varnothing}$) geschlossen werden. Adiabatische Kalorimeter weisen einen guten Wärmeübergang zwischen Reaktionsbehälter und Wasserbad auf und verhindern durch thermische Isolation einen Wärmeaustausch mit der „Außenwelt".

Kalorimeter (◘ Abb. 11.27) mit geschlossenem Reaktionsbehälter werden als Bombenkalorimeter bezeichnet. Diese werden zur Bestimmung von Verbrennungswärmen von Stoffen bei konstantem Volumen eingesetzt. Der Reaktionsbehälter wird mit dem Substrat und Sauerstoff gefüllt und die Verbrennung über elektrische Zünddrähte gestartet.

Die Temperaturänderung des Wasserbads steht in linearer Beziehung zur Verbrennungswärme, sodass man durch die Messung der Temperaturänderung (ΔT) des Wasserbads die Verbrennungswärmemenge ($\Delta_{RE}Q$) und die Änderung der inneren Energie ($\Delta_{RE}U$) berechnen kann. Da der Reaktionsbehälter (Bombe) ein konstantes Volumen aufweist, kann mit einem Bombenkalorimeter lediglich die Änderung der inneren Energie gemessen werden, die anschließend in die Enthalpieänderung ($\Delta_{RE}H$) umgerechnet werden muss.

Da neben dem Wasserbad auch Einbauten wie Rührer und Thermometer sowie die Wände des Kalorimeters Wärmeenergie aufnehmen, kann nicht einfach die Wärmekapazität des Wassers zur Berechnung verwendet werden. Stattdessen muss im ersten Schritt die Wärmekapazität (C_{Kal}) des Bombenkalorimeters bestimmt werden.

Dazu wird eine definierte Menge einer Referenzsubstanz (m_{Ref}), deren molare Verbrennungswärme

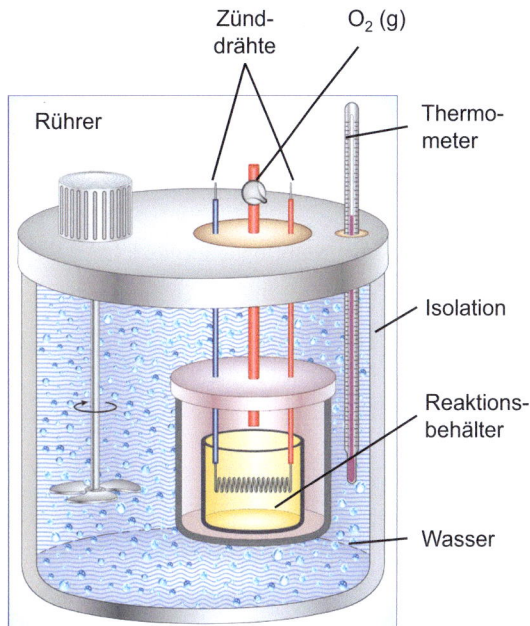

◘ **Abb. 11.27** Bombenkalorimeter zur Messung von Verbrennungswärme bei konstantem Volumen (© Fouad A. Saad/▶ Shutterstock.com)

($Q_{m,Ref}$) bekannt ist, verbrannt und die resultierende Temperaturänderung des Wasserbads (ΔT_{Kal}) gemessen, sodass die Wärmekapazität des Kalorimeters gemäß Gl. 11.84 bestimmt werden kann.

$$C_{Kal} = -\frac{\frac{m_{Ref}}{M_{Ref}} \cdot Q_{m,Ref}}{\Delta T} \quad (11.84)$$

C_{Kal} – Wärmekapazität Kalorimeter, JK^{-1}
m_{Ref} – Masse Referenzsubstanz, g
M_{Ref} – molare Masse Referenzsubstanz, $gmol^{-1}$
$Q_{m,Ref}$ – molare Verbrennungswärme Referenzsubstanz, $Jmol^{-1}$
ΔT – Temperaturänderung Kalorimeter, K

Die Wärmekapazität C_{Kal} gibt an, wie viel Wärmeenergie benötigt wird, um das Kalorimeter samt Wasserbad um 1 °C zu erwärmen.

■ **Molare Verbrennungsenthalpie**

Die molare Verbrennungsenergie einer Substanz entspricht der Wärmeenergie, die freigesetzt wird, wenn 1 mol der Substanz vollständig mit Sauerstoff bei konstantem Volumen abreagiert.

Um die molare Verbrennungsenergie ($\Delta_{RE}U_{m,V}$) einer Substanz (S) im Bombenkalorimeter zu ermitteln, muss lediglich eine definierte Menge dieser Substanz (m_S) im kalibrierten Kalorimeter verbrannt und die Temperaturerhöhung (ΔT) des Wasserbades gemessen werden.

$$\Delta_{RE}U_{m,V} = \Delta_{RE}Q_{m,V} = -\frac{C_{Kal} \cdot \Delta T}{\dfrac{m_S}{M_S}} \qquad (11.85)$$

$\Delta_{RE}U_{m,V}$ – molare Verbrennungsenergie, kJmol^{-1}

$\Delta_{RE}Q_{m,V}$ – molare Verbrennungswärme, kJmol^{-1}

m_S – Masse Substrat, g

M_S – molare Masse Substrat, gmol^{-1}

ΔT – Temperaturänderung Wasserbad, K

▶ **Beispiel – Bestimmung der Verbrennungsenthalpie von Anthracen**

Kalibrierung des Kalorimeters mit Benzoesäure

Zur Kalibrierung eines Kalorimeters wurde 1,00 g Benzoesäure als Referenzsubstanz verbrannt, wobei die Temperatur des Kalorimeters um 6,90 °C anstieg. Die molare Standardverbrennungswärme von Benzoesäure beträgt −3230 kJ, die molare Masse 122,1 g.

Die Wärmekapazität des Kalorimeters (C_{Kal}) wird anhand der Daten für Benzoesäure gemäß Gl. 11.84 berechnet:

$$C_{Kal} = -\frac{\dfrac{1,00\,g \cdot mol}{122,1\,g} \cdot (-3230\,kJ)}{6,90\,K\,mol} = \frac{1,00 \cdot 3230\,kJ}{122,1 \cdot 6,90\,K} = 3,83\,\frac{kJ}{K}$$

Molare Verbrennungsenergie von Anthracen

Anschließend wurden 0,80 g Anthracen ($C_{14}H_{10}$) mit einer molaren Masse von 178,2 g verbrannt, wobei die Temperatur des Kalorimeters um 8,25 °C anstieg. Die Verbrennungsenergie dieser Substanz kann mit Gl. 11.85 ermittelt werden.

$$\Delta_{RE}U_{m,V} = -\frac{3,83\,kJ \cdot 8,25\,K}{\dfrac{0,80\,g \cdot mol \cdot K}{178,2\,g}} = -\frac{178,2 \cdot 3,83 \cdot 8,25\,kJ}{0,80\,mol}$$

$$= -7038\,\frac{kJ}{mol}$$

Molare Verbrennungsenthalpie von Anthracen

Um die molare Verbrennungsenthalpie ($\Delta_{RE}H_{m,p}$) aus der molaren Verbrennungsenergie ($\Delta_{RE}U_{m,V}$) zu erhalten, muss noch die durch das Bombenkalorimeter (V = const.) unterdrückte Volumenarbeit berücksichtigt werden.

Definitionsgemäß ergibt sich die Enthalpie (H) aus der inneren Energie (U), korrigiert um die Druck-Volumen-Arbeit ($p \cdot \Delta V$).

$$\Delta_{RE}H_{m,p} = \Delta_{RE}U_{m,V} + p \cdot \Delta V \qquad (11.86)$$

Die Volumenarbeit ($p \cdot \Delta V$) lässt sich über das allgemeine Gasgesetz mit der Änderung der molaren Gasmenge (Δn) verknüpfen:

$$\Delta_{RE}H_{m,p} = \Delta_{RE}U_{m,V} + p \cdot \Delta V \xrightarrow{\text{mit } p \cdot \Delta V = \Delta n \cdot R \cdot T} \Delta_{RE}H_{m,p} = \Delta_{RE}U_{m,V} + \Delta n \cdot R \cdot T \qquad (11.87)$$

$\Delta_{RE}H_{m,p}$ – molare Verbrennungsenthalpie bei konstantem Druck, kJmol^{-1}

$\Delta_{RE}U_{m,V}$ – molare Verbrennungsenergie bei konstantem Volumen, kJmol^{-1}

p – Reaktionsdruck, Nm^{-2}

V – Reaktionsvolumen, m^3

Δn – Änderung der molaren Gasmenge, dimensionslos

R – universelle Gaskonstante, JK^{-1}mol^{-1}

T – absolute Temperatur, K

Die Reaktionsgleichung für die stöchiometrische Verbrennung von Anthracen lautet:

$$C_{10}H_{14}(s) + 13,5\,O_2(g) \rightarrow 10\,CO_2(g) + 7\,H_2O(l) \qquad (11.88)$$

Das bei der Verbrennung entstehende Wasser muss nicht berücksichtigt werden, da es bei Raumtemperatur flüssig vorliegt und somit kaum Einfluss auf das Reaktionsvolumen hat.

Das Gasvolumen verringert sich entsprechend der Änderung der Anzahl der Mole Gas, was im vorliegenden Fall Δn_g = 10 mol − 13,5 mol = −3,5 mol ergibt. Die molare Verbrennungsenthalpie von Anthracen ergibt sich daher unter Berücksichtigung der Reaktionsvolumenänderung nach Gl. 11.87 zu:

$$\Delta_{RE}H_{m,V} = -7038\,\frac{kJ}{mol} + (-3,5) \cdot 8,314\,\frac{J}{K \cdot mol} \cdot 298\,K$$

$$= -7047\,\frac{kJ}{mol}$$

Da das Volumen durch die Verbrennung abnimmt, wird Volumenarbeit am System geleistet. Daher ist die molare Standardverbrennungsenthalpie (p = const.) etwas größer als die Verbrennungsenergie (V = const.), wobei der Unterschied lediglich im Bereich eines Promille liegt. ◀

11.4.3 Bildungsenthalpie – Wärmetönung bei der Bildung von Verbindungen aus den Elementen

Die Standardbildungsenthalpie $\left(\Delta_{BE}H_m^{\varnothing}\right)$ entspricht der Wärmeenergie, die bei der Bildung einer Verbindung aus ihren Elementen unter thermodynamischen Standardbedingungen (25 °C, 1,013 bar) freigesetzt wird oder aufzuwenden ist.

Als Referenz dienen dabei die stabilsten Formen der Elemente bei 1,013 bar Druck und der gegebenen Temperatur, beispielsweise $O_2(g)$ für Sauerstoff, $Br_2(l)$ für Brom und Graphit (s) für Kohlenstoff.

Die molare Standardbildungsenthalpie $\left(\Delta_{BE}H_m^{\varnothing}\right)$ der Elemente im Referenzzustand ist definitionsgemäß null, unabhängig von der Temperatur. Die Standardbildungsenthalpie einer Verbindung entspricht somit ihrer energetischen Lage relativ zu den Elementen.

Am Beispiel von Kohlenstoffdioxid und Methan soll gezeigt werden, wie Standardbildungsenthalpien ermittelt werden.

$$C(s) + O_2(g) \rightarrow CO_2(g) \quad \Delta_{BE}H_m^{\varnothing} = \Delta_{RE}H_m^{\varnothing} = -394 \text{ kJ/mol}. \quad (11.89)$$

Für Kohlenstoffdioxid ist dies einfach, da die Edukte Kohlenstoff und Sauerstoff zu Kohlenstoffdioxid verbrennen. Da die Elemente Kohlenstoff und Sauerstoff definitionsgemäß die Standardbildungsenthalpie null aufweisen, muss lediglich die Verbrennungsenthalpie bei 1,013 bar Druck und 25 °C gemessen werden. Die Standardreaktionsenthalpie von -394 kJmol^{-1} Kohlenstoffdioxid entspricht somit der molaren Standardbildungsenthalpie von Kohlenstoffdioxid aus den Elementen Kohlenstoff und Sauerstoff.

Da viele Verbindungen nur hypothetisch, aber nicht experimentell aus den Elementen hergestellt werden können, lassen sich deren Standardreaktionsenthalpien respektive Standardbildungsenthalpien nicht empirisch ermitteln.

So kann beispielsweise Methan nicht direkt aus Graphit und Wasserstoff synthetisiert werden.

$$C(s) + 2H_2(g) \rightarrow CH_4(g) \quad \Delta_{BE}H_m^{\varnothing} = ? \quad (11.90)$$

Gemäß dem Wärmesatz von Hess (▶ Abschn. 11.4.4) lässt sich die Reaktion als Kombination folgender Reaktionen (Gl. 11.90 = I + II + III) mit einfach zu bestimmenden Standardreaktionsenthalpien (Verbrennungswärmen) formulieren.

(I)	$C(s) + O_2(g) \rightarrow CO_2(g)$		$\Delta_{BE}H_m^{\varnothing} = -393,5 \text{ kJ/mol}^{-1} \text{ CO}_2$
(II)	$2H_2(g) + O_2(g) \rightarrow 2H_2O(l)$		$\Delta_{BE}H_m^{\varnothing} = -285,9 \text{ kJ/mol}^{-1} \text{ H}_2\text{O}$
(III)	$CO_2(g) + 2H_2O(l) \rightarrow CH_4(g) + 2O_2(g)$		$\Delta_{RE}H_m^{\varnothing} = +890 \text{ kJ/mol}^{-1} \text{ CH}_4$
(I + II + III)	$C(s) + 2H_2(g) \rightarrow CH_4(g)$		$\Delta_{BE}H_m^{\varnothing} = (-393,5 - 2 \cdot 285,9 + 890) \text{ kJ/mol}^{-1} = -75,3 \text{ kJ/mol}^{-1}$

Die Reaktionsenthalpien der Oxidationsreaktionen (I, II, III) können bombenkalorimetrisch (▶ Abschn. 11.4.2) bestimmt werden. Damit die Gleichung stöchiometrisch aufgeht, muss die Oxidationsreaktion (III) so umgeschrieben werden, dass Methan als Produkt auftritt (endotherme Reaktion). Außerdem muss die Reaktionsenthalpie von Reaktion (II) mit dem Faktor 2 multipliziert werden, da im Gleichungssystem (II, III) 2 mol Wasser auftreten, während die Verbrennungswärme von $-285,9 \text{ kJmol}^{-1}$ nur für 1 mol Wasser gilt.

Daher beträgt die molare Standardbildungsenthalpie für die Herstellung von Methan: $\Delta_{BE}H_m^o = -75,3 \text{ kJmol}^{-1}$ (exotherme Reaktion).

Durch kalorimetrische Messung der Standardreaktionsenthalpien und geschickte Anwendung des Hess'schen Satzes wurden die Standardbildungsenthalpien zahlreicher Verbindungen ermittelt und in Tabellen zusammengefasst (◘ Tab. 11.8).

Da für viele Edukte und Produkte die Standardbildungsenthalpien tabellarisiert sind, kann man die Standardreaktionsenthalpie chemischer Reaktionen $\left(\Delta_{RE}H_m^{\varnothing}\right)$ abschätzen. Dazu subtrahiert man die Summe der Standardbildungsenthalpien der Edukte $\left(\Delta_{BE}H_{m,Ed}^{\varnothing}\right)$ von der Summe der Standardbildungsenthalpien der Produkte $\left(\Delta_{BE}H_{m,Pr}^{\varnothing}\right)$ unter Berücksichtigung der stöchiometrischen Faktoren.

$$\Delta_{RE}H_m^{\varnothing} = \sum_{Pr} \upsilon_{Pr} \cdot \Delta_{BE}H_{m,Pr}^{\varnothing} - \sum_{Ed} \upsilon_{Ed} \cdot \Delta_{BE}H_{m,Ed}^{\varnothing} \quad (11.91)$$

$\Delta_{RE}H_m^{\varnothing}$ – molare Standardreaktionsenthalpie, kJmol^{-1}

$\Delta_{BE}H_{m,Pr}^{\varnothing}$ – molare Bindungsenthalpie Produkte, kJmol^{-1}

υ_{Pr} – stöchiometrische Faktoren Produkte

$\Delta_{RE}H_{m,Ed}^{\varnothing}$ – molare Bindungsenthalpie Edukte, kJmol^{-1}

υ_{Ed} – stöchiometrische Faktoren Edukte

▶ **Beispiel**

Ethanol verbrennt mit Sauerstoff unter starker Wärmeabgabe. Gesucht wird die Standardverbrennungsenthalpie.

$$C_2H_5OH(g) + 3\,O_2(g) \rightarrow 2\,CO_2(g) + 3\,H_2O(g) \quad \Delta_{RE}H^{\varnothing}_{m,Pr} = ?$$
(11.92)

Mithilfe von Gl. 11.91, den Standardbildungsenthalpien aus ◘ Tab. 11.8 und der stöchiometrischen Gleichung kann die molare Standardverbrennungsenthalpie abgeschätzt werden.

$$\Delta_{RE}H^{\varnothing}_{m,Pr} = \left[2\cdot(-393{,}5) + 3\cdot(-241{,}8)\right]\frac{kJ}{mol}$$
$$- \left[-277{,}6 + 3\cdot 0\right]\frac{kJ}{mol} = -1234{,}8\,\frac{kJ}{mol}$$

Somit werden bei der Verbrennung von Ethanol pro Mol ca. 1235 kJ frei. Dieser Wert stimmt gut überein mit empirisch gemessenen Werten. ◂

11.4.4 Hess'scher Wärmesatz – Berechnung von Reaktionsenthalpien in Reaktionsfolgen

Eine weitere Methode zur Bestimmung von Reaktionsenthalpien nutzt die Tatsache, dass Reaktionsenthalpien Zustandsgrößen sind. Das bedeutet, dass die Reaktionsenthalpie ($\Delta_{RE}H$) ausschließlich vom energetischen Ausgangs- (H_{Ed}) und Endzustand (H_{Pr}) einer chemischen Reaktion abhängt. Die Standardreaktionsenthalpie entspricht der Summe der Standardenthalpien der Teilreaktionen, in die eine Gesamtreaktion zerlegt werden kann.

$$\Delta_{RE}H_m = \sum_{Pr} \nu_{Pr} \cdot \Delta_{RE}H_{m,Pr} - \sum_{Ed} \nu_{Pr} \cdot \Delta_{RE}H_{m,Ed} \quad \text{Hess'scher Wärmesatz}$$
(11.93)

$\Delta_{RE}H_m$ – molare Enthalpieänderung resp. molare Reaktionsenthalpie, kJmol^{-1}

$\Delta_{RE}H_{m,Pr}$ – molare Enthalpie Produkte, kJmol^{-1}

ν_{Pr} – stöchiometrische Faktoren Produkte

$\Delta_{RE}H_{m,Ed}$ – molare Enthalpie Edukte, kJmol^{-1}

ν_{Ed} – stöchiometrische Faktoren Edukte

Es spielt bei der Zerlegung der Gesamtreaktion keine Rolle, welcher Reaktionsweg eingeschlagen wurde, d. h. welche Zwischenprodukte gebildet werden und wie viele Schritte die Reaktion umfasst. Entscheidend für die Reaktionsenthalpie sind allein die Enthalpielevel der Endprodukte und der Ausgangsstoffe. Der Satz von Hess ist die direkte Anwendung des ersten Hauptsatzes der Thermodynamik (Energieerhaltungssatz) auf chemische Reaktionsfolgen.

Dank des Hess'schen Satzes können Reaktionsenthalpien berechnet werden, die experimentell nur schwer oder gar nicht messbar sind.

So lässt sich beispielsweise die Reaktionsenthalpie von Kohlenstoffmonoxid (CO) experimentell nicht bestimmen, da bei der Verbrennung von Graphit (C) Kohlenstoffdioxid (CO_2) und Kohlenstoffmonoxid (CO) im Gleichgewicht mit Graphit stehen (Boudouard-Gleichgewicht). Da jedoch die Verbrennungsenthalpien von Kohlenstoff und Kohlenstoffmonoxid zu Kohlenstoffdioxid bekannt sind, lässt sich mithilfe des

◘ **Tab. 11.8** Standardbildungsenthalpien $\left(\Delta_{BE}H^{\varnothing}_m\right)$ einiger Verbindungen bei 1,013 bar und 25 °C

HF −269,0 kJ/mol	H-Atom(g) +218,1 kJ/mol	CH_4(g) −75,3 kJ/mol
HCl −92,3 kJ/mol	Cl-Atom(g) +121,8 kJ/mol	C_2H_6(g) −84,7 kJ/mol
HBr −36,2 kJ/mol	O-Atom(g) +249,3 kJ/mol	C_2H_4(g) +52,3 kJ/mol
H_2O(l) −285,9 kJ/mol	N-Atom(g) +473,0 kJ/mol	C_2H_2(g) +226,7 kJ/mol
H_2O(g) −241,8 kJ/mol	NaCl(s) −411,0 kJ/mol	C_6H_6(l) +49,0 kJ/mol
CO(g) −110,5 kJ/mol	CaO(s) −635,5 kJ/mol	CH_3OH(g) −201,2 kJ/mol
CO_2(g) −393,5 kJ/mol	SiO_2(s) −911,6 kJ/mol	C_2H_5OH(g) −277,6 kJ/mol

11.4 · Thermochemie – Wärmeumsatz chemischer Reaktionen

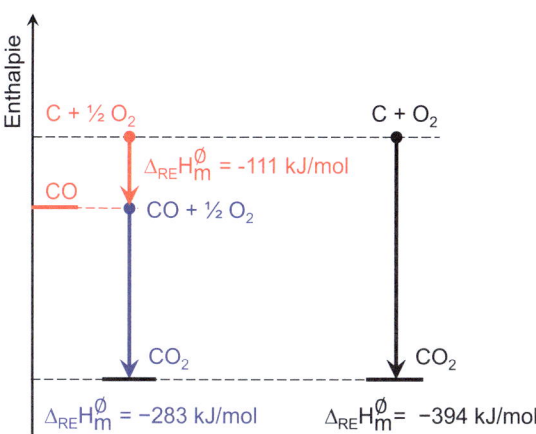

• **Abb. 11.28** Berechnung der molaren Standardreaktionsenthalpie für die Reaktion von Kohlenstoff und Sauerstoff zu Kohlenstoffmonoxid (roter Pfeil) mithilfe des Hess'schen Wärmesatzes

Hess'schen Satzes die molare Reaktionsenthalpie für die partielle Oxidation von Kohlenstoff zu Kohlenstoffmonoxid berechnen (• Abb. 11.28).

▶ **Beispiel 1 – Berechnung der Reaktionsenthalpie für die Bildung von Kohlenstoffmonoxid aus Graphit**

(I) Graphit wird mit Sauerstoff (O_2) komplett zu Kohlenstoffdioxid verbrannt und die resultierende Standardreaktionsenthalpie im Kalorimeter ermittelt.
$$C(s) + O_2(g) \rightarrow CO_2(g) \quad \Delta_{RE}H_m^\varnothing = -394 \text{ kJ/mol}.$$

(II) Kohlenstoffmonoxid kann von Kohlenstoffdioxid separiert werden. Reines Kohlenstoffmonoxid reagiert mit Sauerstoff zu Kohlenstoffdioxid [$CO(g) + 1/2\, O_2(g) \rightarrow CO_2(g)$], wobei als Standardreaktionsenthalpie $\Delta_{RE}H_m^\varnothing = -283$ kJ/mol gemessen wird.

(III) Gemäß dem Hess'schen Wärmesatz (Gl. 11.93) kann aus der Differenz der Totaloxidation des Graphits zu Kohlenstoffdioxid und der Teiloxidation von Kohlenstoffmonoxid zu Kohlenstoffdioxid die molare Standardbildungsenthalpie für die Oxidation von Graphit zu Kohlenstoffmonoxid berechnet werden: $\Delta_{RE}H_m^\varnothing = -394 \text{ kJ/mol} - (-283 \text{ kJ/mol})$ ◀
$= -111 \text{ kJ/mol}.$

▶ **Beispiel 2 – Enthalpiedifferenz von cis/trans-Isomeren**

Der Enthalpieunterschied zwischen cis-Decalin und trans-Decalin lässt sich ebenfalls nur mithilfe des Hess'schen Wärmesatzes bestimmen. Trans-Decalin muss thermodynamisch stabiler sein als cis-Decalin, da an den ringverknüpften Kohlenstoffatomen des trans-Decalins beide Wasserstoffatome axialständig sind, was zu einer geringeren sterischen Wechselwirkung führt als bei den cis-ständigen äquatorialen H-Atome in cis-Decalin (• Abb. 11.29).

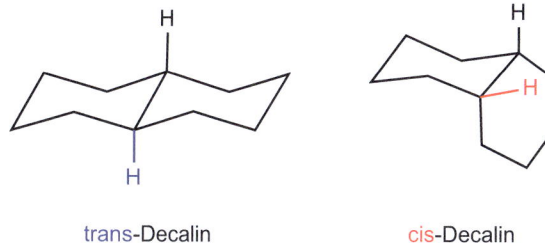

• **Abb. 11.29** trans-Decalin ist pro Mol etwa 11 kJ stabiler als cis-Decalin, da die beiden Brückenwasserstoffatome in trans-Stellung weiter voneinander entfernt sind als im cis-Decalin

Durch die Bestimmung der Verbrennungsenthalpien beider Isomere können wir den Enthalpieunterschied zwischen den beiden Decalin-Isomeren berechnen.

(I) cis-$C_{10}H_{18}$(l) + 14,5 O_2(g) → 10 CO_2(g) + 9 H_2O(l) cis-$\Delta_{RE}H_m = -6288$ kJmol^{-1}

(II) trans-$C_{10}H_{18}$(l) + 14,5 O_2(g) → 10 CO_2(g) + 9 H_2O(l) trans-$\Delta_{RE}H_m = -6277$ kJmol^{-1}

Subtrahieren von Gleichung (I) von Gleichung (II) ergibt:
(II) − (I) [trans-$C_{10}H_{18}$(l) + 14,5 O_2(g)] − cis-$C_{10}H_{18}$(l) + 14,5 O_2(g)] → [10 CO_2(g) + 9H_2O(l) − 6277 kJ/mol] − [10 CO_2(g) + 9 H_2O(l) − 6288 kJ/mol]

Durch Kürzen der Wasser- und Kohlenstoffdioxidmoleküle erhalten wir für den Enthalpieunterschied von trans- und cis-Decalin:
(II) − (I) $\Delta_{RE}H_{m,\text{trans}}$(l) − $\Delta_{RE}H_{m,\text{cis}}$(l) = −6277 kJmol^{-1} − (−6288 kJmol^{-1}) = +11 kJmol^{-1}

Somit ist – wie erwartet – trans-Decalin um 11 kJmol^{-1} stabiler (energieärmer) als cis-Decalin, weshalb es weniger Verbrennungswärme freisetzt. ◀

11.4.5 Born-Haber-Kreisprozess – Bestimmung von Kristallgitterenergien

Der Satz von Hess besagt, dass die bei einer Reaktion umgesetzte Reaktionsenthalpie unabhängig vom Reaktionspfad ist, vorausgesetzt, dass die Edukte und Produkte hinsichtlich ihrer Art und Menge bei den einzelnen Reaktionswegoptionen identisch sind.

Der Born-Haber-Kreisprozess ist eine konsequente Anwendung des Hess'schen Satzes auf chemische Kreisprozesse. Der Born-Haber-Kreisprozess eignet sich insbesondere zur Berechnung von Gitterenthalpien von Ionenverbindungen, die experimentell nicht direkt bestimmt werden können. Die Gitterenthalpie ist die Enthalpiemenge ($\Delta_{GE}H$), die freigesetzt wird, wenn sich ein Mol einer ionischen Verbindung aus den entsprechenden Ionen im gasförmigen Zustand bildet (• Abb. 11.30, roter Pfeil).

Die Gitterenergie lässt sich berechnen, da alle anderen Standardreaktionsenthalpien (◘ Abb. 11.30, ◘ Tab. 11.9, Schritt 1–4) zur Bildung eines Ionengitters empirisch bestimmt werden können und die Summe für die Zustandsgröße Enthalpie in einem Kreisprozess null ist.

◘ Abb. 11.30 gibt die Einzelschritte des Kreisprozesses für das Beispiel Natriumchlorid (NaCl) wieder.

- ① Ausgangspunkt des Kreisprozesses ist die feste (s) Ionenverbindung Na^+Cl^-. Durch Zufuhr der Standardbildungsenthalpie $\left(\Delta_{BE}H_m^\varnothing\right)$ in Höhe von 411 kJmol^{-1} entstehen die Elemente – atomares Natrium (Na) und molekulares Chlor (½ Cl_2).
- ② Das feste Natrium wird in gasförmige Natriumatome überführt, wofür 107 kJmol^{-1} Sublimationsenergie $\left(\Delta_{SE}H_m^\varnothing\right)$ nötig sind.
- ③ Weitere 122 kJ müssen aufgebracht werden, um zweiatomige Chlormoleküle in 1 mol einatomige Chlorradikale (½ Cl_2 → $Cl^\bullet$) aufzuspalten; Dissoziationsenergie, $\left(\Delta_{DE}H_m^\varnothing\right)$.
- ④ Die Ionisierungsenergie $\left(\Delta_{IE}H_m^\varnothing\right)$ von +498 kJmol^{-1} wird benötigt, um dem neutralen Natriumatom ein Elektron zu entreißen, wodurch ein Natriumkation (Na^+) entsteht.
- ⑤ Das Chloratom nimmt das vom Natrium freigesetzte Elektron auf. Das Ergebnis ist ein Chloridanion (Cl^-), wodurch Chlor ein Elektronenoktett (► Abschn. 3.1) aufweist. Da eine komplette Valenzschale einem sehr energiearmen Zustand entspricht, werden dabei pro Mol Chloridanionen 351 kJ frei. Diese Energieabgabe entspricht der Elektronenaffinität des Chloratoms $\left(\Delta_{EA}H_m^\varnothing\right)$.
- ⑥ Die gasförmigen (g) Natriumkationen und Chloridanionen verbinden sich exotherm zu festem Natriumchlorid. Dabei werden pro Mol NaCl 787 kJ Gitterenergie $\left(\Delta_{GE}H_m^\varnothing\right)$ freigesetzt, sodass man wieder auf dem Ausgangsniveau [①, Na^+Cl^-(s)] angekommen ist.

Addiert man die einzelnen Enthalpiebeträge (Gl. 11.94), so muss die Summe null ergeben, da bei einem Kreisprozess End- und Anfangszustand der Zustandsgröße Enthalpie (◘ Abb. 11.30, Na^+Cl^-(s)) energetisch identisch sind.

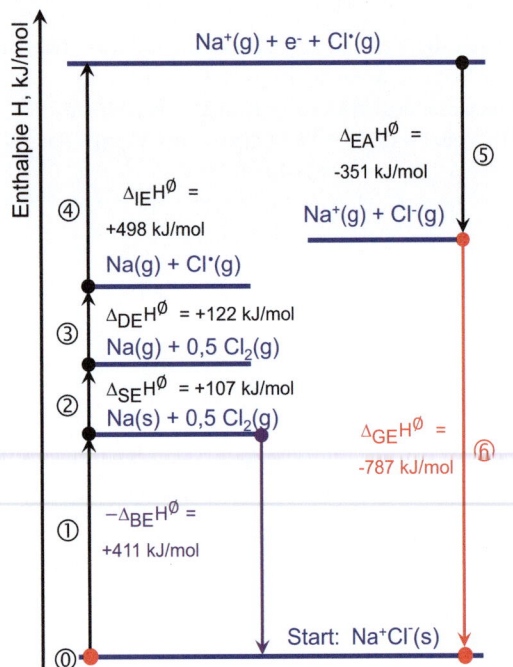

◘ **Abb. 11.30** Born-Haber-Kreisprozess – Bestimmung der Gitterbildungsenthalpie (roter Pfeil)

◘ **Tab. 11.9** Zusammenfassung der Teilprozesse des Born-Haber-Kreisprozesses für Natriumchlorid (NaCl)

Nr.	Teilprozess	Reaktionsgleichung	Standardbildungsenthalpie
①	Ausgangspunkt (25 °C, 1 bar)	Na^+Cl^-(s) → Na(s) + 0,5 Cl_2(g)	$\Delta_{BE}H_m^\varnothing$ = +411 kJmol^{-1}
②	Sublimation Natrium	Na(s) → Na(g)	$\Delta_{SE}H_m^\varnothing$ = +107 kJmol^{-1}
③	Dissoziation Chlormoleküle	0,5 Cl_2(g) → $Cl^\bullet$(g)	$\Delta_{DE}H_m^\varnothing$ = +122 kJmol^{-1}
④	Ionisierung Natrium	Na(s) → Na^+(g) + e^-	$\Delta_{IE}H_m^\varnothing$ = +498 kJmol^{-1}
⑤	Bildung von Chloridanionen	$Cl^\bullet$(g) + e → Cl^-(g)	$\Delta_{EA}H_m^\varnothing$ = −351 kJmol^{-1}
⑥	Gitterbildung aus den Ionen	Na^+(g) + Cl^-(g) → Na^+Cl^-(s)	$\Delta_{GE}H_m^\varnothing$ = −787 kJmol^{-1}

11.4 · Thermochemie – Wärmeumsatz chemischer Reaktionen

$$-\Delta_{BE}H_m^\varnothing + \Delta_{SE}H_m^\varnothing + \Delta_{DE}H_m^\varnothing + \Delta_{IE}H_m^\varnothing + \Delta_{EA}H_m^\varnothing + \Delta_{GE}H_m^\varnothing = 0 \quad (11.94)$$

$\Delta_{BE}H_m^\varnothing$ – Standardbildungsenthalpie, J
$\Delta_{SE}H_m^\varnothing$ – Standardsublimationsenthalpie, J
$\Delta_{DE}H_m^\varnothing$ – Standarddissoziationsenthalpie, J
$\Delta_{IE}H_m^\varnothing$ – Standardionisierungsenthalpie, J
$\Delta_{EA}H_m^\varnothing$ – Standardelektronenaffinität, J
$\Delta_{GE}H_m^\varnothing$ – Standardgitterenergie, J

Da alle Energiebeiträge des Kreisprozesses (Tab. 11.9) bis auf die Standardgitterbildungsenthalpie ($\Delta_{GE}H_m^\varnothing$) bekannt sind, muss lediglich nach der Gitterbildungsenthalpie aufgelöst werden.

$$\Delta_{GE}H_m^\varnothing = +\Delta_{BE}H_m^\varnothing - \Delta_{SE}H_m^\varnothing - \Delta_{DE}H_m^\varnothing - \Delta_{IE}H_m^\varnothing - \Delta_{EA}H_m^\varnothing \quad (11.95)$$

Einsetzen der Werte ergibt für Natriumchlorid eine Standardgitterbildungsenthalpie von $-787\,\text{kJmol}^{-1}$.

$$\Delta_{GE}H_m^\varnothing = +(-411)\frac{kJ}{mol} - (+107)\frac{kJ}{mol} - (+122)\frac{kJ}{mol} - (+498)\frac{kJ}{mol} - (-351)\frac{kJ}{mol} = \mathbf{-787\,\frac{kJ}{mol}}$$

Im Vergleich zur Standardbildungsenthalpie $\left(\Delta_{BE}H_m^\varnothing = -411\,\text{kJmol}^{-1},\text{violetter Pfeil}\right)$ ist die Standardgitterbildungsenthalpie ($\Delta_{GE}H_m^\varnothing = -787\,\text{Jmol}^{-1}$, roter Pfeil) wesentlich größer, da sich das Ionengitter direkt aus den Ionen bilden kann. Bei der Bildung des Ionengitters aus den Elementen (Abb. 11.31) müssen die Elemente erst atomisiert und anschließend ionisiert werden, was energieaufwendig (Teilprozess 3 und 4 Tab. 11.9, Abb. 11.31) ist.

11.4.6 Kirchhoff'sches Gesetz – Temperaturabhängigkeit von Reaktionsenthalpien

Die Standardreaktionsenthalpie wird in der Regel für 25 °C tabellarisch angegeben. In der Praxis jedoch finden chemische Reaktionen oft bei Temperaturen statt, die von 25 °C abweichen. Im Allgemeinen steigt die Enthalpie (H) von Stoffen mit zunehmender Temperatur.

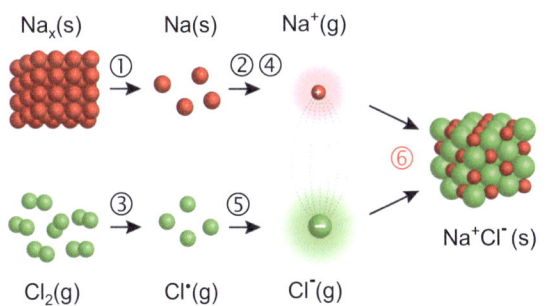

Abb. 11.31 Bildung eines NaCl-Ionenkristalls aus den Elementen (Na, rot; Cl, grün) (© magnetix/▶ Shutterstock.com)

Da diese Temperaturabhängigkeit für Produkte und Edukte unterschiedlich ist, variiert auch die Reaktionsenthalpie mit der Temperatur. Die Abhängigkeit der Reaktionsenthalpie von der Reaktionstemperatur wird durch das Kirchhoff'sche Gesetz beschrieben (Gl. 11.98).

Die partielle Ableitung der molaren Reaktionsenthalpie ($\Delta_{RE}H_m$) nach der Temperatur ($\partial/\partial T$) bei konstantem Druck (tiefgestelltes p nach der Klammer) entspricht per Definition der molaren Reaktionswärmekapazität ($\Delta_{RE}c_m$).

$$\left(\frac{\partial}{\partial T}\Delta_{RE}H_m\right)_p = \Delta_{RE}c_m(T) = \sum_{Pr}\nu_{Pr}\cdot c_{m,Pr} - \sum_{Ed}\nu_{Ed}\cdot c_{m,Ed} \quad (11.96)$$

$\Delta_{RE}H_m$ – molare Reaktionsenthalpie bei konstantem Druck (p), kJmol^{-1}

$\Delta_{RE}c_m$ – molare Reaktionswärmekapazität bei konstantem Druck, kJmol^{-1}

ν_{Pr} – stöchiometrische Faktoren Produkte

$c_{m,Pr}$ – molare Wärmekapazität Produkte bei konstantem Druck, kJmol^{-1}

ν_{Ed} – stöchiometrische Faktoren Edukte

$c_{m,Ed}$ – molare Wärmekapazität Edukte bei konstantem Druck, kJmol^{-1}

Die molare Reaktionswärmekapazität ($\Delta_{RE}c_m$) entspricht der Differenz zwischen der Summe der molaren Wärmekapazitäten der Produkte ($\Sigma c_{m,Pr}$) und der Summe der molaren Wärmekapazitäten der Edukte ($\Sigma_{m,Ed}$) unter Berücksichtigung der jeweiligen stöchiometrischen Faktoren (Gl. 11.96).

Das Kirchhoff'sche Gesetz, das die Reaktionsenthalpie ($\Delta_{RE}H_m$) als Funktion der Temperatur beschreibt, wird durch Integration der Gl. 11.96 über die Temperatur erhalten.

$$\int_{T_1}^{T_2}\left(\frac{d}{dT}\Delta_{RE}H_m(T)\right)_p dT = \int_{T_1}^{T_2}\Delta_{RE}c_m(T)dT = \left[\Delta_{RE}H_m(T)\right]_{T_1}^{T_2} = \Delta_{RE}H_m(T_2) - \Delta_{RE}H_m(T_1) = \int_{T_1}^{T_2}\Delta_{RE}c_m(T)dT \quad (11.97)$$

Für $T_1 = 298\ K = 25\ °C$ entspricht $\Delta_{RE}H_m(298\ K)$ der Standardbildungsenthalpie $\Delta_{RE}H_m^{\varnothing}$, sodass das Kirchhoff'sche Gesetz wie folgt formuliert werden kann:

$$\Delta_{RE}H_m(T_2) = \Delta_{RE}H_m^{\varnothing} + \int_{298}^{T_2}\Delta_{RE}c_m(T)dT \quad \text{mit} \quad \Delta_{RE}c_m = \sum_{Pr}\nu_{Pr}\cdot c_{m,Pr} - \sum_{Ed}\nu_{Ed}\cdot c_{m,Ed} \quad \textit{Kirchhoff'sches Gesetz} \quad (11.98)$$

$\Delta_{RE}H_m(T)$ – molare Reaktionsenthalpie, $kJmol^{-1}$
$\Delta_{RE}H_m^{\varnothing}$ – molare Standardreaktionsenthalpie, $kJmol^{-1}$
$\Delta_{RE}c_m$ – molare Reaktionswärmekapazität, $kJmol^{-1}$
ν_{Pr} – stöchiometrische Faktoren Produkte
$c_{m,Pr}$ – molare Wärmekapazität Produkte, $kJmol^{-1}$
ν_{Ed} – stöchiometrische Faktoren Edukte
$c_{m,Ed}$ – molare Wärmekapazität Edukte, $kJmol^{-1}$

Mithilfe von Gl. 11.98 kann die molare Reaktionsenthalpie für eine Temperatur T_2 ausgehend von der molaren Standardreaktionsenthalpie berechnet werden, indem bei $T_2 > 25\ °C$ die Änderung der molaren Reaktionsenthalpie (Integralausdruck) addiert oder bei $T_2 < 25\ °C$ subtrahiert wird. Natürlich ist auch die Berechnung der molaren Standardreaktionsenthalpie ($T = 25\ °C$) aus molaren Reaktionsenthalpien anderer Temperaturen $\Delta_{RE}H_m(T_2)$ möglich.

Für kleinere Temperaturänderungen ($|T_2 - 298\ K| < 100\ K$) kann die Reaktionswärmekapazität als konstant angesehen werden, wodurch sich der Integralausdruck zum Produkt aus Reaktionswärmekapazität und Temperaturdifferenz vereinfacht:

$$\Delta_{RE}H_m(T_2) = \Delta_{RE}H_m^{\varnothing} + \Delta_{RE}c_m\cdot(T_2 - 298\ K) \quad (11.99)$$

▶ **Beispiel – Verbrennungsenthalpie von Ethanol**

Alkoholische Getränke (◘ Abb. 11.32) weisen einen hohen Energieinhalt auf. Bestimmen Sie die molare Standardreaktionsenthalpie für die Verbrennung von Ethanol und dessen Reaktionsenthalpie bei 100 °C. Die dafür erforderlichen thermodynamischen Daten sind ◘ Tab. 11.10 zu entnehmen.

1. *Aufstellung der Reaktionsgleichung*

$$C_2H_5OH(g) + 3\,O_2(g) \rightarrow 2\,CO_2(g) + 3\,H_2O(g) \quad (11.100)$$

2. *Bestimmung der Standardreaktionsenthalpie*
Die Standardreaktionsenthalpie für die Verbrennung von ein Mol Ethanol wurde bereits in ▶ Abschn. 11.4.3 mit Gl. 11.91 bestimmt. Sie beträgt für ein Mol Ethanol $-1234{,}8\ kJmol^{-1}$.

3. *Berechnung der Reaktionsenthalpie bei 100 °C*
Allgemein können Reaktionsenthalpien für Temperaturen, die von der Standardtemperatur abweichen, mit Hilfe des Kirchhoff-Gesetzes (Gl. 11.98) bestimmt werden. Da im vorliegenden Fall die Temperaturabweichung vom Standardzustand nur 75 K beträgt, kann die molare Wärmekapazität als temperaturunabhängig betrachtet werden, sodass Gl. 11.99 verwendet werden kann.

11.4 · Thermochemie – Wärmeumsatz chemischer Reaktionen

$$\Delta_{RE}H_m(373\,K) = \Delta H^\varnothing_{RE,m}(298\,K) + \Delta_{RE}c_m \cdot (373\,K - 298\,K) = -1234{,}8\,\frac{kJ}{mol} + 75\,K \cdot \Delta_{RE}c_m$$

Die molare Reaktionswärmekapazität ergibt sich aus der Differenz zwischen der Summe der molaren Wärmekapazitäten der Produkte und der Summe der molaren Wärmekapazitäten der Edukte unter Berücksichtigung der jeweiligen stöchiometrischen Faktoren, Gl. 11.98:

$$\Delta_{RE}c_m = +\left(2\cdot 36{,}9\,\frac{J}{K\cdot mol} + 3\cdot 37{,}5\,\frac{J}{K\cdot mol}\right) - \left(1\cdot 112{,}0\,\frac{J}{K\cdot mol} + 3\cdot 29{,}4\,\frac{J}{K\cdot mol}\right) = -13{,}9\,\frac{J}{K\cdot mol}$$

Somit errechnet sich die Reaktionsenthalpie bei 100 °C (373 K) zu:

$$\Delta_{RE}H_m(100°C) = -1234{,}8\,\frac{kJ}{mol} + 75\,K\cdot(-0{,}0139)\,\frac{kJ}{K\cdot mol} = -1235{,}8\,\frac{kJ}{K\cdot mol} \approx \Delta H^\varnothing_{RE,m} \quad\blacktriangleleft$$

● **Abb. 11.32** Alkoholische Getränke sind kalorienreich. Ein Gramm Ethanol liefert 5 kcal bzw. 25 kJ Energie (© Alen-Kadr/▶ Shutterstock.com)

● **Tab. 11.10** Standardreaktionsenthalpien und Wärmekapazitäten für Edukte und Produkte der Ethanolverbrennung

Verbindung	$C_2H_5OH(g)$	$O_2(g)$	$CO_2(g)$	$H_2O(g)$
$\Delta_{RE}H^\varnothing_m$, kJmol^{-1}	−277,6	0	−393,5	−241,8
$c_{m,p}$, JK^{-1}mol^{-1}	112,0	29,4	36,9	37,5

Zweiter Hauptsatz der Thermodynamik – Entropiemaximierung führt zur Energieentwertung

Inhaltsverzeichnis

12.1 Spontane Prozesse – Zweiter Hauptsatz der Thermodynamik gibt die Richtung vor – 251

12.1.1 Zweiter Hauptsatz – Carnot, Clausius, Kelvin und Boltzmann legten die Fundamente – 252

12.1.2 Spontane chemische Reaktionen – Gibbs-Energie als Entscheidungskriterium – 253

12.2 Entropie – Maß für Energieverteilung und -entwertung – 254

12.2.1 Exergie und Anergie – Verwertbare und nutzlose Energie – 255

12.2.2 Clausius-Theorem – Kriterium für reversible resp. irreversible Prozesse – 255

12.2.3 Thermodynamische Definition von Entropie – Wärme- und Entropieübergang sind gekoppelt – 255

12.2.4 Statistische Definition von Entropie – Energie verteilt sich auf möglichst viele Mikrozustände – 257

12.2.5 Absolute Entropie – Ideale Reinstoffe am absoluten Nullpunkt als Referenzpunkt – 262

12.3 Entropie – Energieumwandlungsprozesse weisen eine Richtung auf – 265

12.3.1 Gibbs-Energie – Entscheidungskriterium für die Spontaneität chemischer Reaktionen – 267

12.3.2 Chemisches Gleichgewicht – Gibbs-Energie weist ein Minimum auf – 272

12.3.3 Maxwell-Relationen – Substitution experimentell schwer zugänglicher thermodynamischer Größen – 280

12.3.4 Chemisches Potential – Maß für die Umwandlungsneigung chemischer Stoffe – 286

© Der/die Autor(en), exklusiv lizenziert an Springer-Verlag GmbH, DE, ein Teil von Springer Nature 2025
J. K. Felixberger, *Physikalische Chemie für Einsteiger*, https://doi.org/10.1007/978-3-662-69767-2_12

12.4 Entropie – Philosophische Betrachtungen zu Zeit, Leben, Chaos und Verfall – 298

12.4.1 Zeitpfeil – Entropie zwingt Prozessen eine zeitliche Richtung auf – 298

12.4.2 Leben – Entropieexport ermöglicht komplexe biologische Strukturen – 299

12.4.3 Universum – Die Entropie nimmt stetig zu. Endet der Kosmos im Wärmetod? – 302

Energie kann weder erzeugt noch vernichtet werden. Dennoch setzt der Stromversorger den „verbrauchten" Strom in Rechnung. Ein Beispiel, wenn wir mit einem elektrischen Radiator einen Raum beheizen, geht zwar keine Energie verloren, aber elektrische Energie wird in Wärmeenergie umgewandelt, die den Raum, die Wände und die Bewohner erwärmt. Die Wärmeenergie verteilt sich gleichmäßig in der Umgebung, sodass dieser Teil der Energie nicht mehr für weitere Umwandlungen genutzt werden kann.

Generell gilt, wenn wir Energie nutzen, wird sie qualitativ „schlechter", da ein Teil der Enegie sich als Abwärme in der Umwelt verteilt und nicht mehr für Arbeit genutzt werden kann. Eine Kennzahl, die diese Entwertung quantifiziert, ist die Entropie. Dieser Begriff bereitet im Gegensatz zu anderen Größen wie Energie, Temperatur, Masse usw. Verständnisprobleme, da er im schulischen Unterricht nicht behandelt wird und in der Alltagssprache kaum verwendet wird. Nichtsdestotrotz ist Entropie neben Temperatur und Wärme einer der zentralen Begriffe der Thermodynamik, insbesondere des zweiten Hauptsatzes der Thermodynamik, der auch als Entropiesatz bezeichnet wird.

12.1 Spontane Prozesse – Zweiter Hauptsatz der Thermodynamik gibt die Richtung vor

Gemäß dem ersten Hauptsatz kann Energie weder erzeugt noch vernichtet, sondern nur von einer Form in eine andere umgewandelt werden. Der Energieerhaltungssatz macht jedoch keine Aussage darüber, ob ein Prozess tatsächlich abläuft und welcher Reaktionsweg eingeschlagen wird.

Es ist Alltagserfahrung, dass eine heiße Bratpfanne solange Wärmeenergie an das Spülwasser abgibt, bis der Temperaturausgleich zwischen Pfanne und Wasser erreicht ist. Die Wärmeenergie, die die heiße Pfanne abgibt, entspricht genau der Wärmeenergie, die das Spülwasser aufnimmt. Somit bleibt die Wärmeenergie vor und nach dem Eintauchen der Pfanne in das Wasser konstant, was im Einklang mit dem 1. Hauptsatz der Thermodynamik (Energieerhaltungssatz) steht.

Gemäß dem 1. Hauptsatz der Thermodynamik wäre es theoretisch möglich, dass Wärme vom Spülwasser auf eine darin befindliche Pfanne übergeht. In diesem Fall würde das Wasserbad abkühlen, während die Pfanne sich erwärmt. Da die Wärmeenergie, die die Pfanne aufnimmt, der Wärmemenge entspricht, die das Wasser abgibt, wäre auch dieser Vorgang im Einklang mit dem Energieerhaltungssatz.

Allerdings wurde eine spontane Wärmeübertragung zwischen zwei im Kontakt und im thermischen Gleichgewicht befindlichen Objekten, bei der der eine Körper abkühlt und der andere sich erwärmt, bisher nie beobachtet.

Weitere Beispiele, die mit dem ersten Hauptsatz der Thermodynamik im Einklang wären, aber im realen Leben noch nie beobachtet wurden:

— Zwei verschiedene Gase mit gleicher Dichte befinden sich in getrennten Kammern (◘ Abb. 12.1a). Wenn der Schieber entfernt wird, vermischen sich die beiden Gase durch Diffusion, bis der Gasraum eine homogene Zusammensetzung aufweist (◘ Abb. 12.1a).

  Eine spontane Entmischung eines solchen Gasgemischs (◘ Abb. 12.1b) wurde hingegen noch nie beobachtet.

— Ein Trinkglas fällt vom Tisch zu Boden und zersplittert in zig Teile, wobei sich sowohl Glasfragmente und Aufschlagstelle erwärmen. Es ist noch nie vorgekommen, dass Glasfragmente sich unter Abkühlen spontan wieder zusammensetzen und das wiederhergestellte Trinkglas zurück auf den Tisch fliegt.

— Ein See mit einer Wassertemperatur von 20 °C verfügt über riesige Mengen an Wärmeenergie. Es sollte möglich sein, angesaugtem Seewasser Wärmeenergie für den Antrieb eines Schiffes zu entnehmen und das resultierende kühlere Wasser wieder in den See einzuleiten. Da die Wärmemenge für den Schiffsantrieb identisch wäre mit der dem Wasser entzogenen Wärmemenge, würde der erste Hauptsatz der Thermodynamik nicht verletzt. Trotzdem ist es bisher nicht gelungen, einen solchen Antrieb praktisch umzusetzen.

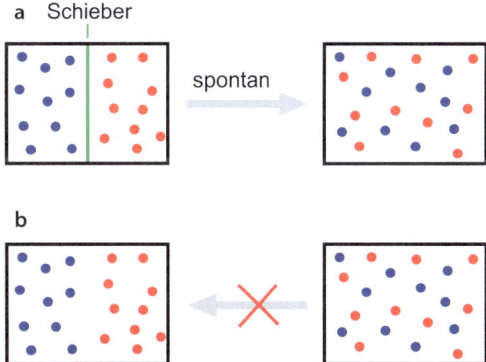

◘ **Abb. 12.1** Nach Entfernen des Schiebers (grün) vermischen sich die beiden Gase spontan und homogen (**a**), dagegen wurde ein spontanes Entmischen eines homogenen Gasgemisches noch nie beobachtet (**b**)

Um diese Phänomene zu verstehen, bedarf es eines weiteren Axioms (axioma, griech. für allgemein gewürdigter Grundsatz), das aus den gemäß Energieerhaltungssatz möglichen Prozessen diejenigen selektiert, die auch spontan möglich und somit beobachtbar sind. Dieses Axiom wird als 2. Hauptsatz der Thermodynamik (Entropiesatz) bezeichnet und liefert Informationen über Richtung und Spontaneität von Prozessen.

Tatsächlich schränkt der 2. Hauptsatz die Energieumwandlung des 1. Hauptsatzes ein, da er spontane Wärmeübertragungen nur von heißen auf kalte Objekte zulässt, weil dabei die Entropie (▶ Abschn. 12.2) zunimmt. Prozesse verlaufen nur spontan, wenn die Entropie des Systems zunimmt.

Mit dem 2. Hauptsatz der Thermodynamik (Entropiesatz) wird Entropie (S) als zentraler Begriff eingeführt. Sich selbst überlassene isolierte Systeme streben eine Energieverteilung mit maximaler Entropie an.

Wir können die Energie von Makrozuständen (p, V, T) messen, wobei die Energie eines Makrozustands der Summe der Energie der einzelnen Teilchen (Translation, Rotation, Vibration) entspricht, den sogenannten Mikrozuständen. Energetisch gleichwertige Makrozustände können durch verschiedene Mikrozustände realisiert werden. Die innere Energie eines Systems tendiert zu dem Makrozustand mit der höchsten Anzahl an Mikrozuständen. Dies ermöglicht eine gleichmäßige Verteilung der Energie auf eine maximale Anzahl an Mikrozuständen (Freiheitsgraden), sodass die Energie auf mikroskopischer Ebene am wenigsten konzentriert ist.

Anders ausgedrückt, Wärmeenergie hat eine natürliche Neigung zu dissipieren (dissipare, lat. für zerstreuen, verschwenden), also zu verteilen und zu verdünnen, wodurch ein Zustand der Gleichheit entsteht. Ihr Nutzen nimmt dadurch ab, da mit zunehmender Verteilung kein Energiegefälle mehr vorhanden ist, das in der Lage wäre, Arbeit zu verrichten. Entropie ist somit ein Maß für die Nicht-Nutzbarkeit von Wärmeenergie.

Der 2. Hauptsatz der Thermodynamik ist wie der Energieerhaltungssatz ein empirischer Erfahrungssatz, der nicht theoretisch bewiesen werden kann, jedoch bislang durch kein einziges Experiment widerlegt werden konnte.

12.1.1 Zweiter Hauptsatz – Carnot, Clausius, Kelvin und Boltzmann legten die Fundamente

Die Grundlagen des 2. Hauptsatzes der Thermodynamik wurden 1824 von dem französischen Physiker Nicolas Sadi Carnot (◘ Abb. 12.2) in seiner Publikation

◘ Abb. 12.2 Nicolas Léonard Sadi Carnot (1796–1832), der als „Vater" der Thermodynamik bezeichnet wird

„Réflexions sur la puissance motrice du feu et sur les machines propres à développer cette puissance", auf Deutsch „Betrachtungen über die bewegende Kraft des Feuers und die zur Entwickelung dieser Kraft geeigneten Maschinen", gelegt.

Carnot versuchte, den Wirkungsgrad von Dampfmaschinen zu verbessern. Er erkannte, dass mechanische Arbeit nur dann geleistet werden kann, wenn ein Temperaturunterschied zwischen zwei Wärmereservoirs besteht, sodass Wärmefluss vom warmen zum kalten Reservoir erfolgt. Carnot stellte fest, dass eine Wärmekraftmaschine umso leistungsfähiger ist, je größer die Temperaturdifferenz zwischen den beiden Wärmereservoirs ist. Da ein Teil der zugeführten Wärmeenergie an das kältere Reservoir verloren geht und nicht in mechanische Kraft umgewandelt wird, kann der Wirkungsgrad einer Wärmekraftmaschine niemals 100 % betragen.

Die Wärme, die an das kalte Wärmereservoir abgegeben wird, verteilt sich schließlich als Abwärme in der Umgebung und kann nicht mehr für die Erzeugung mechanischer Arbeit genutzt werden. Später führte Clausius den Begriff der Entropie (S) als quantitatives Maß für den Anteil an nicht nutzbarer Wärmeenergie ein.

Der 2. Hauptsatz der Thermodynamik, der von Rudolf Clausius und Lord Kelvin um 1850 formuliert wurde, besagt, dass Wärmeenergie nur von warm nach kalt fließen kann. In einem isolierten System nimmt dessen Energie die gleichmäßigste Verteilung an, wodurch die Entropie des Systems zunimmt.

Da jede Energienutzung zwangsläufig Abwärme (Anergie) erzeugt, strebt die Entropie in einem isolierten System einem Maximum zu. Der Zustand maximaler Entropie entspricht dem thermodynamischen Gleichgewicht des Systems. In diesem Zustand bestehen keine Wärmegradienten mehr und das System kann keine mechanische Arbeit mehr leisten. Die zentrale Aussage des 2. Hauptsatzes der Thermodynamik nach Clausius lautet, dass die Entropie in einem isolierten System niemals abnimmt, sondern entweder gleich bleibt (reversible Prozesse) oder zunimmt ($\Delta S \geq 0$).

Clausius selbst verstand die physikalische Grundlage der Entropie nicht vollständig, die erst durch Ludwig Boltzmanns statistische Betrachtungen der mikroskopischen Zustände des thermodynamischen Gleichgewichts klarer wurden. Boltzmann postulierte, dass ein isoliertes System seine innere Energie spontan auf die Makrozustände (p, V, T) mit den meisten Mikrozuständen (Translation, Rotation, Vibration) verteilt. Dies führt zu einer gleichmäßigen Verteilung der Energie auf eine maximale Anzahl an Mikrozuständen (Freiheitsgraden). Eine gleichmäßige Verteilung der innereren Energie auf viele Mikrozustände entspricht einer hohen Entropie, während eine Konzentration der Energie auf wenige Mikrozustände niedriger Entropie entspricht.

12.1.2 Spontane chemische Reaktionen – Gibbs-Energie als Entscheidungskriterium

Im Allgemeinen laufen chemische Reaktionen mit simultanem Stoff- und Energieumsatz ab. Viele dieser Reaktionen erfolgen bei Umgebungsdruck, sodass die Wärmetönung der Reaktionsenthalpie ($\Delta_{RE}H$) entspricht (▶ Abschn. 11.4.1). Spontane chemische Reaktionen geschehen - abgesehen von einer notwendigen Aktivierungsenergie - ohne Zufuhr externer Energie.

Im 19. Jahrhundert ging man davon aus, dass chemische Reaktionen ein Minimum an Enthalpie anstreben. Laut dem Thomsen-Berthelot-Prinzip sind Reaktionen umso spontaner (freiwilliger), je exothermer sie sind, also je mehr Reaktionsenthalpie sie freisetzen ($\Delta H < 0$). Viele exotherme Reaktionen, wie die Knallgasreaktion ($2\,H_2 + O_2 \rightarrow 2\,H_2O$, $\Delta H = -286$ kJ/mol H_2O), verlaufen in der Tat spontan.

Es gibt jedoch auch spontan ablaufende endotherme Prozesse ($\Delta H > 0$) wie das Trocknen von Wäsche im Winter, das Schmelzen von Eis oder das Abkühlen von Wasser beim Lösen von Salzen wie Ammoniumnitrat oder Natriumchlorid. Diese Beispiele widersprechen dem Thomsen-Berthelot-Prinzip.

$$NH_4NO_3(s) + H_2O(l) \rightarrow NH_4^+(aq) + NO_3^-(aq) \quad \Delta H = +29\,\frac{kJ}{mol} \quad \Delta G = -4\,\frac{kJ}{mol} \tag{12.1}$$

Somit können auch endotherme chemische Reaktionen spontan ablaufen. Ein bekanntes Beispiel hierfür ist die Reaktion von festem Bariumhydroxid-Octahydrat mit festem Ammoniumthiocyanat, wobei schnelle Temperaturabsenkung eintritt (endotherme Reaktion, $\Delta_{RE}H = +171$ kJmol^{-1}) und eine nach Ammoniak riechende Flüssigkeit entsteht.

$$Ba(OH)_2 \cdot 8H_2O(s) + 2NH_4SCN(s) \rightarrow Ba^{2+}(aq) + 2SCN^-(aq) + 2NH_3(aq) + 10H_2O(l) \quad \Delta G = -36\,\frac{kJ}{mol} \tag{12.2}$$

Daraus folgt, dass die Enthalpieänderung (ΔH) allein keine ausreichende Aussagekraft hinsichtlich der Spontaneität chemischer Reaktionen hat. Da auch endotherme Reaktionen spontan ablaufen können, muss es zusätzlich zur Enthalpieänderung noch eine weitere Triebkraft geben.

In der Gleichung Gl. 12.2 werden aus zwei kristallinen, hochgeordneten Feststoffen (drei Eduktmoleküle) 15 Produktmoleküle gebildet, die zudem in Lösung vorliegen. Die Entropie des Systems nimmt dadurch deutlich zu ($\Delta S > 0$).

Der amerikanische Physikochemiker Josiah Gibbs (1839–1903) erkannte, dass sowohl die Enthalpie (H) als auch die Entropie (S) zusammen darüber entscheiden, ob chemische Reaktionen freiwillig ablaufen. Die nach ihm benannte Gibbs-Energie (G) oder freie Enthalpie verknüpft den 1. Hauptsatz (Energieerhaltung) mit dem 2. Hauptsatz der Thermodynamik (Entropiemaximierung).

$$G = H - T \cdot S \text{ bzw. in differenzieller Form } dG = dH - TdS \qquad \text{Gibbs – Helmholtz – Gleichung} \qquad (12.3)$$

G – Gibbs-Energie oder freie Enthalpie, J
H – Enthalpie, J
T – absolute Temperatur, K
S – Entropie, JK^{-1}
dG – infinitesimale Änderung der Gibbs-Energie, J
dH – infinitesimale Änderung der Enthalpie, J
dS – infinitesimale Änderung der Entropie, JK^{-1}

Die Gibbs-Energie ist ein direktes Maß für die treibende Kraft einer chemischen Reaktion. Ob eine chemische Reaktion bei einer Temperatur T freiwillig abläuft, ergibt sich aus dem Vorzeichen der Gibbs-Energie:

- $\Delta G < 0$: exergonische Reaktion, läuft spontan ab
- $\Delta G = 0$: Reaktion im Gleichgewicht, kein makroskopischer Stoffumsatz
- $\Delta G > 0$: endergonische Reaktion, läuft nicht spontan ab

Eine tiefer gehende Diskussion der Zusammenhänge erfolgt in ▶ Abschn. 12.3.1.

12.2 Entropie – Maß für Energieverteilung und -entwertung

Ob eine Reaktion spontan abläuft, kann nicht allein anhand der Enthalpieänderung entschieden werden. Selbst endotherme Vorgänge, bei denen Energie aus der Umgebung aufgenommen wird ($\Delta H > 0$), können spontan erfolgen. Das bedeutet, dass neben der Enthalpie noch eine zweite Triebkraft existiert, die die Richtung von Reaktionen vorgibt, die Entropie (S).

Entropie wird als Maß für die Irreversibilität eines Prozesses angesehen. Allgemein gilt: Hochgeordnete Zustände besitzen eine niedrige Entropie, während ungeordnete Zustände eine hohe Entropie aufweisen. Ohne Zufuhr äußerer Energie nimmt die Entropie eines Systems stets zu. Dies bedeutet, dass es eine Triebkraft gibt, die das System von geordneten Zuständen in Richtung größer Unordnung treibt (chaotischer Zustand eines Kinderzimmers!).

Entropie und Energie sind zwei Seiten derselben Medaille. Energie steht für Nutzung und Erhaltung, Entropie für Triebkraft und Entwertung. Ein Teil der Wärmeenergie muss als Entropie „geopfert" werden, damit der andere Teil der Wärmeenergie beispielsweise als mechanische Energie genutzt werden kann.

■ **Beispiel – Kältekompressen**

Kältepacks (◘ Abb. 12.3), die zum schnellen Kühlen von Sportverletzungen eingesetzt werden, bestehen aus zwei getrennten Beuteln. Einer enthält Wasser, der andere Harnstoff mit positiver Löseenthalpie ($\Delta H_m = +15$ kJ/mol, endotherm). Bei Bedarf wird das Kältepack zusammengedrückt, wodurch sich Harnstoff und Wasser unter Abkühlen vermischen.

Im Ausgangszustand liegen die Harnstoffmoleküle als kristalliner Feststoff in einem hochgeordneten Zustand vor. Zum Auflösen der Harnstoffkristalle in einzelne Harnstoffmoleküle muss die Gitterenergie des Harnstoffs überwunden werden. Durch den Übergang von Kristall zu gelösten Einzelmolekülen und die Zunahme des Bewegungsvolumens nehmen die Freiheits-

◘ Abb. 12.3 Sofort-Kältekompressen nutzen den Entropieeffekt aus (© WERO GmbH & Co. KG)

grade des Harnstoffs erheblich zu, wodurch die Entropie des Systems größer wird. Diese Zunahme an Entropie bewirkt, dass die Reaktion trotz positiver Löseenthalpie (ΔH_m = +15 kJ/mol) spontan unter Abkühlung der Mischung abläuft (ΔG_m < 0).

12.2.1 Exergie und Anergie – Verwertbare und nutzlose Energie

Energie ist nicht nur nach ihrer Menge zu beurteilen, sondern weist auch unterschiedliche Qualitäten auf. Die Qualität einer Energieform ist umso höher, je leichter sie sich in andere Energieformen umwandeln lässt und je mehr Arbeit sie leisten kann. Elektrische Energie und Lageenergie (potentielle Energie) sind die Energieformen mit der höchsten Qualität, da sie sich vollständig in kinetische Energie oder mechanische Arbeit umwandeln lassen. Wärmeenergie bei Raumtemperatur kann zwar zum Heizen von Gebäuden verwendet werden, aber das war's dann auch; für eine weiterführende Nutzung eignet sie sich nicht mehr. Daher hat Wärmeenergie bei Raumtemperatur eine niedrige Qualität.

Bei allen Energieumwandlungsprozessen entsteht Abwärme, die einer chaotischen Teilchenbewegung entspricht und daher keine Arbeit mehr leisten kann.

Den Anteil der Energie, der Arbeit verrichten kann, wird als Exergie bezeichnet. Der Anteil an nutzloser Abwärme, der bestenfalls für Heizwecke taugt, wird als Anergie bezeichnet.

Entropie ist ein Maß für die Anergie, also die Entwertung von Energie. Je höher die Entropie, desto größer ist der Anteil an Anergie und desto weniger Arbeit kann ein System leisten. Abwärme enthält die bei der Energieumwandlung anfallende Entropie und muss deswegen durch Kühlung (z. B. mit Luft oder Wasser) aus dem System entfernt werden, damit Motoren, Computer, Kraftwerke etc. störungsfrei funktionieren.

12.2.2 Clausius-Theorem – Kriterium für reversible resp. irreversible Prozesse

Clausius hat als Erster den Begriff Entropie in die wissenschaftliche Literatur eingeführt. Gemäß dem Clausius-Theorem ist die Entropieänderung eines beliebigen Prozesses definiert als

$$dS \geq \frac{\delta Q}{T} \quad Clausius-Theorem \quad (12.4)$$

dS – totales Differenzial der Zustandsgröße Entropie, JK^{-1}

δQ – differenzielle, pfadabhängige Änderung reversibel ausgetauschter Wärme, J

T – absolute Temperatur, bei der der Wärmeaustausch erfolgt, K

Entropie ist per Definition der Quotient aus der ausgetauschten Wärmemenge (δQ) und der Temperatur (T), die beim Wärmeübertrag vorherrscht. Somit geht mit einer ausgetauschten Wärmemenge stets eine Entropieänderung (dS) einher.

Das Clausius-Theorem erlaubt Aussagen hinsichtlich der Reversibilität und Spontaneität (▶ Abschn. 11.1.3 und ▶ Abschn. 12.3.1) von Prozessen zu treffen. Es sind drei Szenarien möglich:

- $dS < \dfrac{\delta Q}{T}$

  Wenn die erzeugte Entropie kleiner ist als die ausgetauschte Wärmemenge dividiert durch die Austauschtemperatur, verläuft der Prozess nicht spontan und irreversibel.

- $dS = \dfrac{\delta Q}{T}$

  Wenn die erzeugte Entropie genau der ausgetauschten Wärmemenge dividiert durch die Austauschtemperatur entspricht, handelt es sich um einen reversiblen Prozess.

- $dS > \dfrac{\delta Q}{T}$

  Wenn die erzeugte Entropie größer ist als die ausgetauschte Wärmemenge dividiert durch die Austauschtemperatur, verläuft der Prozess spontan und irreversibel.

12.2.3 Thermodynamische Definition von Entropie – Wärme- und Entropieübergang sind gekoppelt

Das Konzept der Entropie (S) wurde Mitte des 19. Jahrhunderts von Carnot und Clausius im Rahmen ihrer Studien zum Wirkungsgrad von Dampfmaschinen entwickelt, nachdem kurz vorher J. R. Mayer erkannt hatte, dass Wärme eine eigenständige Form der Energie darstellt.

In einer Dampfmaschine fließt Wärmeenergie von einem Zustand hoher Temperatur zu einem Zustand niedriger Temperatur. Die dabei transferierte Wärmeenergie wird teilweise in mechanische, nutzbare Energie überführt. Da die Wärmemenge im kälteren Zustand keine Arbeit mehr verrichten kann, geht dieser Wärmeanteil für die mechanische Nutzung verloren (▶ Abschn. 11.3.1).

Die Wärmerestmenge, die nicht mehr in nutzbare Energie umgewandelt werden kann und irreversibel verloren geht, wird durch die Zustandsgröße Entropie mit dem Formelzeichen S quantifiziert.

> **R. Clausius in Poggendorffs Annalen 93, 481 (1854)**
>
> „In allen Fällen wo eine Wärmemenge in Arbeit verwandelt wird, und der diese Verwandlung vermittelnde Körper sich schließlich wieder in seinem Anfangszustande befindet, muss zugleich eine andere Wärmemenge aus einem wärmeren in einen kälteren Körper übergehen, und die Größe der letzteren Wärmemenge im Verhältnis zur ersteren ist nur von den Temperaturen der beiden Körper, zwischen denen sie übergeht abhängig, und nicht von der Art des vermittelnden Körpers abhängig."

Entropie weist folgende Eigenschaften auf:
- Wird einem System Wärmeenergie (ΔQ) zugeführt, dann erhöht sich die Entropie (ΔS) um den Betrag $\Delta Q/T$.
- Entropie (J/K) ist keine Energie (J), sondern ein Maß für die Entwertung von Energie.
- In einem isolierten System nimmt die Entropie niemals ab, sondern zu oder bleibt konstant, d. h. $\Delta S \geq 0$.
- Ein isoliertes System strebt den Zustand maximaler Gesamtentropie an.
- Entropie ist keine Erhaltungsgröße, sondern eine Richtungsgröße (◻ Abb. 12.4).

$$\Delta S \geq \frac{\Delta Q}{T} \quad \textit{Definition der Entropie nach Clausius}$$

(12.5)

ΔS – Entropieänderung, JK^{-1}
ΔQ – Änderung Wärmeenergie, J
T – absolute Temperatur, K

> **▶ Beispiel – Zunehmende Entropie**
>
> Ein isoliertes System besteht aus den Untersystemen 1 und 2. Wärmeenergie (ΔQ) fließt spontan vom wärmeren Untersystem 1 (T_1, E_1, S_1) zum kälteren Untersystem 2 (T_2, E_2, S_2). Zeigen Sie, dass die Entropie des Gesamtsystems (1 + 2) durch den Wärmeübergang zunimmt.
>
> *Lösung*
>
> | | |
> |---|---|
> | Temperatur zu Beginn | $T_1 > T_2$ |
> | Gesamtenergie zu Beginn: | $E_{12,A} = E_1 + E_2$ |
> | Gesamtenergie nach erfolgtem Wärmeübergang: | $E_{12,E} = E_1 - \Delta Q + E_2 + \Delta Q = E_{12,A}$ (Energieerhaltung) |
> | Definition Entropieänderung: | $\Delta S = \Delta Q/T$ |
> | Gesamtentropie zu Beginn: | $\Delta S_{12,A} = S_1 + S_2$ |
> | Gesamtentropie nach erfolgtem Wärmeübergang: | $\Delta S_{12,E} = S_1 - \Delta Q/T_1 + S_2 + \Delta Q/T_2 = S_{12,A} + \Delta Q \cdot (1/T_2 - 1/T_1)$ |

Während des Wärmeenergietransfers bleibt die Gesamtenergie des isolierten Systems (E_{12}) konstant (Energieerhaltungssatz). Dagegen nimmt die Entropie des Gesamtsystems um den Betrag $\Delta Q \cdot (1/T_2 - 1/T_1)$ zu, da T_1 größer als T_2 ist und der Klammerausdruck daher positiv ist.

Die Entropiezunahme des Zustands 2 durch den Zufluss der Wärmemenge (ΔQ) ist größer (Gl. 12.5) als die Entropieabnahme des Zustands 1 durch den Abfluss der selben Wärmemenge (ΔQ). Das bedeutet, die Differenz $\Delta Q/T_2 - \Delta Q/T_1$ ist positiv, sodass die Gesamtentropie (S_{12}) des Systems zunimmt. Die Entropiezunahme entspricht der Irreversibilität des Prozesses. Die Entropiezunahme ist die treibende Kraft, dass Wärmeenergie fließt und teilweise genutzt werden kann. Anders aus-

◻ **Abb. 12.4** Entropie nimmt mit der Zeit zu, Verstöße dagegen werden sofort erkannt. Die Gläser können ohne Hintergrundwissen problemlos in die richtige zeitliche Abfolge gebracht werden (© NARUDON ATSAWALARPSAKUN/▶ Shutterstock.com)

12.2.4 Statistische Definition von Entropie – Energie verteilt sich auf möglichst viele Mikrozustände

Während Carnot und Clausius sich der Entropie phänomenologisch näherten, d. h., sie beschrieben die makroskopisch beobachtbaren thermodynamischen Größen einer Dampfmaschine wie Druck, Temperatur, Volumen und innere Energie, interpretierte Boltzmann makroskopische Prozesse mithilfe der Wahrscheinlichkeit von energetischen Zuständen auf molekularer Basis.

Nach Boltzmann verteilt sich die Wärmeenergie auf die einzelnen Energiezustände (Translationsenergie, Schwingungsenergie, Rotationsenergie) der Moleküle, die sogenannten Mikrozustände. Die einzelnen energetischen Makrozustände (Moleküle mit identischem Energieniveau) weisen jedoch eine unterschiedliche Mannigfaltigkeit an Mikrozuständen auf. Der Makrozustand mit der größten Anzahl, dem größten statistischen Gewicht (W) an Mikrozuständen (◘ Abb. 12.5 und 12.6), wird von den meisten Molekülen eingenommen, da dieser schlicht und einfach der wahrscheinlichste Zustand des Systems ist. Boltzmann interpretierte die Entropie als ein Maß für die Anzahl der möglichen Anordnungen bzw. Zerstreuungen eines Systems.

gedrückt: Entropie, bzw. Energieentwertung, ist notwendig, um Wärmeenergie überhaupt mechanisch nutzen zu können. ◄

► **Beispiel 1 – Würfel**

Die statistische Betrachtung lässt sich anschaulich mit zwei Würfeln erklären. Die Augenzahl (AZ), die mit zwei Würfeln erzielt wird, variiert zwischen 2 (2·1) und 12 (2·6). Mit zwei Würfeln können somit elf verschiedene Makrozustände (2, 3, 4, ..., 12) erhalten werden (◘ Abb. 12.5).

Welche Augenzahl tritt bei zwei Würfeln am wahrscheinlichsten auf? Oder anders formuliert: Welcher Makrozustand beinhaltet die meisten Mikrozustände und hat damit das größte statistische Gewicht W (W, engl. für *weight*)? Um dies zu klären, betrachten wir alle möglichen 36 Mikrozustände (6·6) und gruppieren sie nach den Augenzahlen (Makrozustand).

Wir stellen fest, dass der Makrozustand mit der Augenzahl (AZ) 7 die meisten Mikrozustände aufweist und somit das höchste statistische Gewicht (W = 6) hat. Im Gegensatz dazu bestehen die Makrozustände mit den Augenzahlen 2 und 12 jeweils nur aus einem Mikrozustand (W = 1). Deshalb ist es sechs Mal wahrscheinlicher, mit zwei Würfeln die Augenzahl 7 statt 2 oder 12 zu würfeln. ◄

► **Beispiel 2 – Verteilung von Gasmolekülen**

Stellen wir uns vor, wir hätten eine Kammer, die durch einen Schieber in zwei Hälften unterteilt ist. In der linken Hälfte befindet sich ein Molekül (rot) eines gasförmigen Stoffes. Wir entfernen den Schieber und warten eine Weile, sodass das Molekül im gesamten Volumen diffundieren kann. Dann beträgt die Wahrscheinlichkeit, dass das „rote" Molekül in der linken Hälfte anzutreffen ist, bei 50 % bzw. 0,5 (◘ Abb. 12.6a).

Die Aufenthaltswahrscheinlichkeit jedes weiteren Moleküls ist ebenfalls 0,5 für die linke und für die rechte Hälfte, unabhängig von den anderen Molekülen.

Bei zwei ununterscheidbaren Molekülen (N = 2, die Farben in ◘ Abb. 12.6 dienen lediglich der besseren Illustration) gibt es insgesamt vier mögliche Verteilungen (2^2). Entweder befinden sich beide Moleküle in der linken oder rechten Hälfte oder das rote Molekül befindet sich in der rechten Hälfte und das blaue Molekül in der linken Hälfte bzw. umgekehrt (◘ Abb. 12.6b). ◄

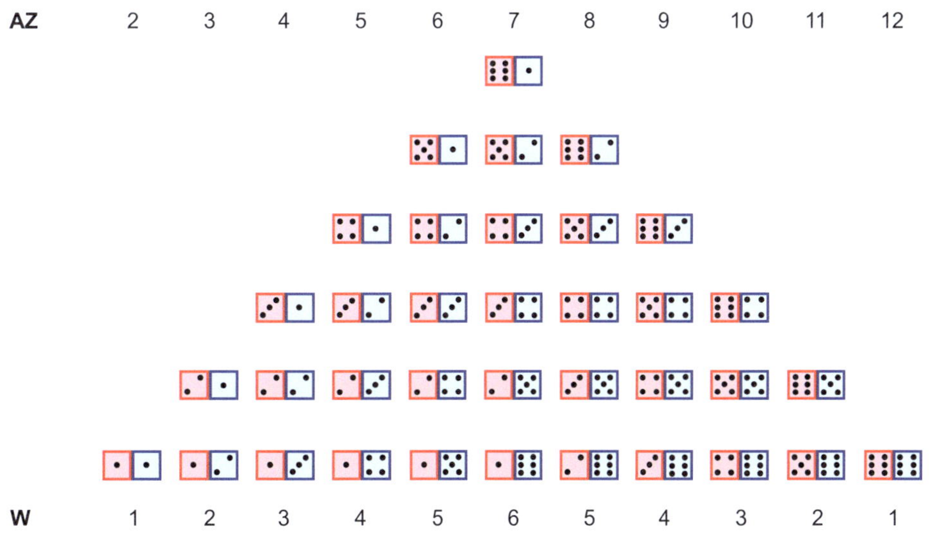

◘ **Abb. 12.5** Zwei Würfel. Der wahrscheinlichste Makrozustand (AZ = 7) weist die meisten Mikrozustände auf (W = 6)

AZ	2	3	4	5	6	7	8	9	10	11	12
W	1	2	3	4	5	6	5	4	3	2	1

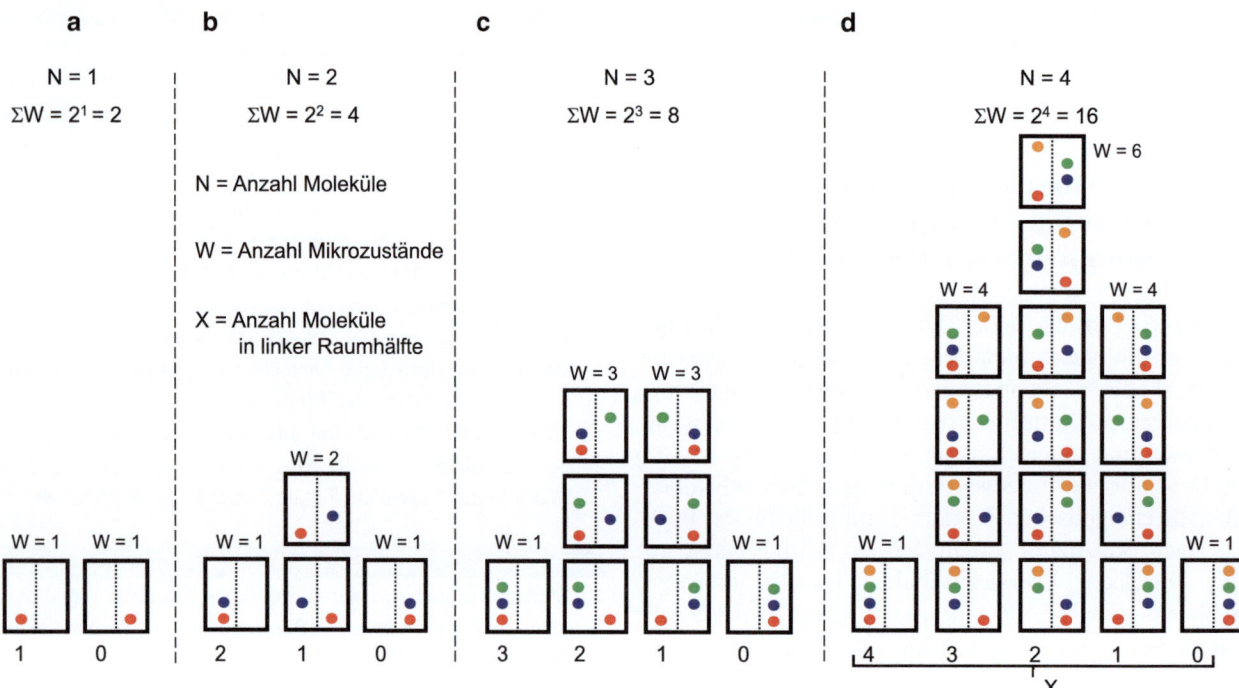

□ **Abb. 12.6** Mikro- und Makrozustände für N Moleküle (N = 1, 2, 3, 4). Die Zufallsvariable X steht für die Anzahl an Molekülen in der linken Kammer. Im Fall von vier Gasmolekülen gibt es fünf Makrozustände (X = 4, 3, 2, 1, 0), wobei der Makrozustand mit gleichmäßiger Verteilung der Moleküle (X = 2) auf die linke und rechte Raumhälfte die meisten Mikrozustände (W = 6) aufweist.

■ *Anzahl Mikrozustände*

Die mathematische Lösung für die Anzahl der Verteilungsmöglichkeiten (W) mit X von N Molekülen in der linken Kammer ergibt sich nach der Binomialfunktion:

$$W(N,X) = \binom{N}{X} = \frac{N!}{X! \cdot (N-X)!} \quad (12.6)$$

W(N,X) – Anzahl Verteilungsmöglichkeiten (Mikrozustände), bei denen sich X von N Molekülen in der linken Hälfte befinden

N – Anzahl Moleküle insgesamt, Makrozustand

X – Anzahl Moleküle in der linken Hälfte

Aus thermodynamischer Sicht besteht ein Makrozustand aus Mikrozuständen, die dieselbe Anzahl an Gasmolekülen in einer Raumhälfte aufweisen. So verfügt ein System mit vier Gasmolekülen (N = 4) über fünf mögliche Makrozustände (N + 1), die über einen, vier, sechs, vier und einem Mikrozustand verfügen (□ Abb. 12.6d). Alle Mikrozustände eines Makrozustands besitzen dieselben makroskopischen Eigenschaften (p, V, T, S).

Insgesamt beträgt die Anzahl der Verteilungsmöglichkeiten bzw. Mikrozustände für vier Gasmoleküle (N = 4): W(4,X) = 1 + 4 + 6 + 4 + 1 = 16.

■ *Anzahl Makrozustände und Mikrozustände für N = 4*

Vier Moleküle (N = 4) können sich in der linken oder rechten Hälfte einer Kammer aufhalten (□ Abb. 12.6d). Berechnen Sie die jeweiligen Verteilungsmöglichkeiten, wenn sich x = 4, 3, 2, 1, 0 Moleküle in der linken Kammer aufhalten.

- N = 4; x = 4 $\quad W(4,4) = \frac{4!}{4! \cdot (4-4)!} = \frac{4!}{4! \cdot 0!} = 1,$
  da $0!$ *definitionsgemäß* 1 *ist*

- N = 4; x = 3 $\quad W(4,3) = \frac{4!}{3! \cdot (4-3)!} = \frac{4!}{3! \cdot 1!} = 4$

- N = 4; x = 2 $\quad W(4,2) = \frac{4!}{2! \cdot (4-2)!} = \frac{4!}{2! \cdot 2!} = 6$

- N = 4; x = 1 $\quad W(4,1) = \frac{4!}{1! \cdot (4-1)!} = \frac{4!}{1! \cdot 3!} = 4$

- N = 4; x = 0 $\quad W(4,0) = \frac{4!}{0! \cdot (4-0)!} = \frac{4!}{0! \cdot 4!} = 1$

12.2 · Entropie – Maß für Energieverteilung und -entwertung

Betrachten wir exemplarisch N = 4 Moleküle. Da Mikrozustände mit zwei Molekülen auf der linken Seite (X = 2) auf sechs verschiedene Weisen verwirklicht werden können, tritt dieser Makrozustand sechsmal häufiger auf als beispielsweise der Makrozustand, bei dem sich alle vier Molekülen in der linken Hälfte (X = 4) aufhalten.

- *Wahrscheinlichkeit P (P, engl. probability) von Mikrozuständen*

Die Wahrscheinlichkeit P(N,X) für einen Makrozustand (N) mit X Molekülen in der linken Hälfte errechnet sich als Quotient der Anzahl der möglichen Mikrozustände W(N,X) und der Summe aller Mikrozustände W(N,X = 0, 1, 2, …, N) eines Makrozustands. Für das binäre Beispiel der Gasmoleküle (linke oder rechte Hälfte) vereinfacht sich die Summe aller Mikrozustände auf 2^N.

P(N,X) – Wahrscheinlichkeit eines Makrozustands N mit X Molekülen in der linken Hälfte

N – Anzahl der Moleküle eines Makrozustands insgesamt, d. h. in der linken und rechten Raumhälfte

X – Anzahl der Moleküle in der linken Raumhälfte, Zufallsvariable

W(N,X) – Anzahl der Mikrozustände mit X Molekülen in der linken Raumhälfte bei insgesamt N Molekülen

Für obiges Beispiel mit N = 4 Molekülen errechnen sich die Wahrscheinlichkeiten der einzelnen Makrozustände abhängig von der Zufallsvariable X, d. h. der Anzahl der Moleküle in der linken Kammerhälfte, zu:

$$P(N,X) = \frac{W(N,X)}{\sum W(N,X)} = \frac{\binom{N}{X}}{\sum_{x=0}^{N}\binom{N}{X}} = \frac{\frac{N!}{X!\cdot(N-X)!}}{2^N}$$

(12.7)

$$W(4,4) = \frac{\frac{4!}{4!\cdot(4-4)!}}{\frac{4!}{4!\cdot(4-4)!}+\frac{4!}{3!\cdot(4-3)!}+\frac{4!}{2!\cdot(4-2)!}+\frac{4!}{1!\cdot(4-1)!}+\frac{4!}{0!\cdot(4-0)!}} = \frac{1}{1+4+6+4+1} = \frac{1}{2^4} = \frac{1}{16} = 0{,}0625$$

$$W(4,3) = \frac{\frac{4!}{3!\cdot(4-3)!}}{16} = \frac{4}{16} = 0{,}25$$

$$W(4,2) = \frac{\frac{4!}{2!\cdot(4-2)!}}{16} = \frac{6}{16} = 0{,}375$$

$$W(4,1) = \frac{\frac{4!}{1!\cdot(4-1)!}}{16} = \frac{4}{16} = 0{,}25$$

$$W(4,0) = \frac{\frac{4!}{0!\cdot(4-0)!}}{16} = \frac{1}{16} = 0{,}0625$$

- **Normalverteilung**

In der Praxis betrachten wir jedoch nicht nur einige wenige Moleküle, sondern typischerweise eine Größenordnung von N = 10^{23} Molekülen. Da Binomialkoeffizienten für solch große Zahlen (Fakultäten!) selbst mit modernen Computer aufwändig zu berechnen sind, versuchte man bereits im 18. Jahrhundert, die Binomialverteilung mit einfacheren mathematischen Funktionen zu approximieren. Einen durchschlagenden Erfolg erzielte Carl Friedrich Gauß im Jahr 1809 mit seiner Funktion der Normalverteilung, auch als Gauß'sche Verteilungsdichtefunktion bekannt.

Betrachten wir ein Gas mit N Molekülen. Diese Moleküle bewegen sich unabhängig voneinander und völlig chaotisch (Brown'sche Molekularbewegung, ▶ Abschn. 2.1), sodass die Gasmoleküle den zur Verfügung stehenden Raum vollständig ausfüllen. Somit würde man erwarten (Erwartungswert μ), dass sich N/2 der Moleküle in der linken Hälfte des Gasraums aufhalten. Aufgrund der chaotischen Bewegung der Gasmoleküle mit den damit einhergehenden Kollisionen stellt man jedoch beim genauen Zählen fest, dass die Anzahl X der Moleküle in der linken Hälfte um den Erwartungswert μ = ½·N streut.

Da diese Schwankungen zufälliger Natur sind, folgt die Anzahl X der Moleküle in der linken Raumhälfte einer Normalverteilung und kann über die Gauß'sche Wahrscheinlichkeitsdichtefunktion [f(x)] (Gl. 12.8, ◘ Abb. 12.7) statistisch beschrieben werden.

■ **Abb. 12.7** Gauß'sche Normalverteilung mit Erwartungswert μ = 0 und Standardabweichung σ = 1

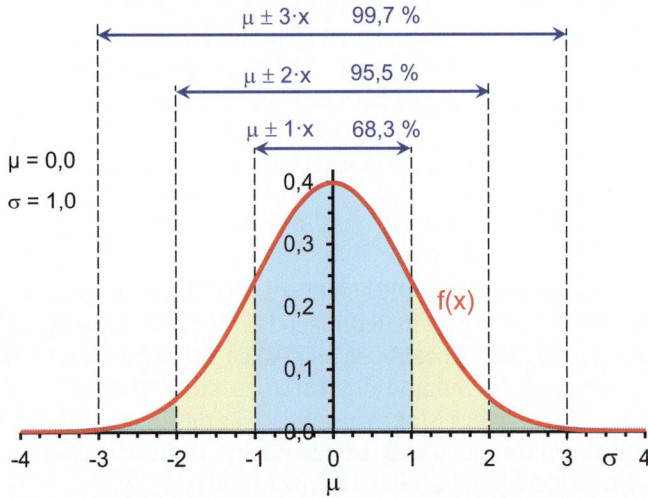

$$f(x) = \frac{1}{\sigma \cdot \sqrt{2\pi}} \cdot e^{-\frac{1}{2}\left(\frac{x-\mu}{\sigma}\right)^2} \quad (12.8)$$

f(x) – Wahrscheinlichkeitsdichte am Punkt x
x – Zufallsvariable
μ – Erwartungswert, häufigster Wert, Lageparameter
σ – Standardabweichung, Maß für die Kurvenbreite

Die Normalverteilung (Glockenkurve) ist symmetrisch und weist eine Streuung um den Erwartungswert (μ) auf. Die Wahrscheinlichkeitsdichte ist am Erwartungswert maximal (■ Abb. 12.7). Die Breite der Glockenkurve wird durch die Standardabweichung (σ) definiert.

Bei jeder Normalverteilung liegen innerhalb einer Standardabweichung des Erwartungswertes (μ ± σ) ca. 68,3 %, innerhalb von zwei Standardabweichungen (μ ± 2σ) ungefähr 95,4 % und innnerhalb von drei Standardabweichungen (μ ± 3σ) in etwa 99,7 % der Messwerte (x). Die Standardabweichung einer Normalverteilung berechnet sich zu:

$$\sigma = \sqrt{n \cdot p \cdot (1-p)} \quad (12.9)$$

n – Anzahl der zufälligen Ereignisse
p – Wahrscheinlichkeit, das ein Ereignis eintritt, z. B. Gasmolekül in der linken Hälfte
1 − p – Wahrscheinlichkeit, das ein Ereignis nicht eintritt, z. B. Gasmolekül in der rechten Hälfte

Für binäre Ereignisse wie den Aufenthalt von Gasmolekülen entweder in der linken oder rechten Hälfte einer Kammer gilt bei Normalverteilung:

- Die Wahrscheinlichkeit, ein einzelnes Molekül in der linken Hälfte anzutreffen, beträgt 50 %, d. h. p = 0,5.
- n = N entspricht der Gesamtzahl an Molekülen, die sich in der linken **und** rechten Hälfte aufhalten.
- Die Zufallsvariable X entspricht der Anzahl an Molekülen, die sich ausschließlich in der linken Hälfte befinden.
- Der Erwartungswert für N Moleküle beträgt

$$\mu = p \cdot N \xrightarrow{mit\, p=\frac{1}{2}} \mu = \frac{1}{2} \cdot N \quad (12.10)$$

- Die Standardabweichung errechnet sich zu:

$$\sigma = \sqrt{n \cdot p \cdot (1-p)} \xrightarrow{mit\, n=N\, und\, p=\frac{1}{2}} \sigma = \frac{1}{2} \cdot \sqrt{N} \quad (12.11)$$

- Die maximale Wahrscheinlichkeit $f_{max}(x) = P_{max}(\mu)$ am Erwartungswert beträgt gemäß Gl. 12.8:

$$P_{max}(\mu) = P\left(\frac{N}{2}\right) = \frac{1}{\sigma \cdot \sqrt{2\pi}} \cdot e^{-\frac{1}{2}\left(\frac{X-\mu}{\sigma}\right)^2} \xrightarrow{mit\, X=\mu\, und\, \sigma=\frac{1}{2}\cdot\sqrt{N}} P_{max}(\mu) = \sqrt{\frac{2}{\pi \cdot N}} \quad (12.12)$$

- Einsetzen der Parameter und Variablen für das binäre Ereignis in die allgemeine Gleichung der Normalverteilung (Gl. 12.8) ergibt für den Fall der Gasmoleküle in der Kammer:

$$P(N,X) = \sqrt{\frac{2}{\pi \cdot N}} \cdot e^{-\frac{2 \cdot \left(X-\frac{N}{2}\right)^2}{N}} \quad mit\; 0 \le X \le N \wedge X \in \mathbb{N} \quad (12.13)$$

12.2 · Entropie – Maß für Energieverteilung und -entwertung

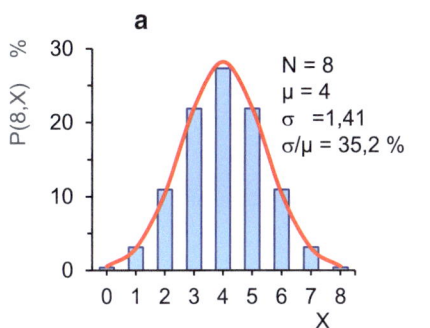
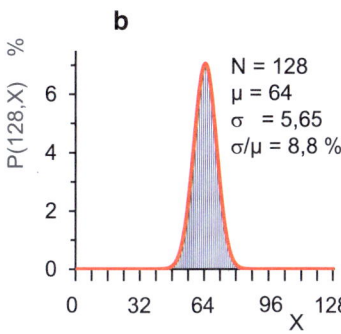
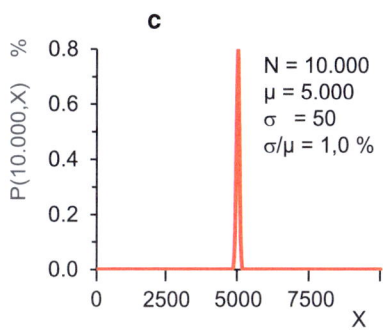

Abb. 12.8 Mit zunehmender Molekülzahl (N) schmiegt sich der Kurvenverlauf immer mehr dem Erwartungswert (μ) an

P(N,X) – Wahrscheinlichkeit X von N Molekülen in der linken Hälfte anzutreffen

X – Anzahl Moleküle, die sich nur in der linken Hälfte aufhalten

N – Anzahl Gasmoleküle insgesamt

In Abb. 12.8 sind drei Normalverteilungen (rote Kurvenverläufe) für 8, 128 und 10.000 Moleküle simuliert. Abb. 12.8a zeigt, dass bereits für eine relativ kleine Anzahl an Molekülen die Normalverteilung (rote Linie) mit der Binomialverteilung (blaue Säulen) gut übereinstimmt und bereits bei 128 Molekülen (Abb. 12.8b) kein Unterschied mehr erkennbar ist.

Mit zunehmender Molekülzahl wird der Kurvenverlauf der Normalverteilung immer schlanker, was mit dem abnehmenden Verhältnis von Standardabweichung zu Erwartungswert von 0,352 für N = 8 Moleküle über 0,088 für N = 128 Moleküle bis hin zu 0,01 für N = 10.000 Moleküle korreliert. Mit 95 % Wahrscheinlichkeit (μ ± 2·σ) halten sich von N = 8 Molekülen 1–7 Moleküle, von N = 128 Molekülen 52–76 Moleküle und von N = 10.000 Molekülen 4900–5100 Moleküle in der linken Hälfte auf. Man könnte annehmen, dass eine schmalere Verteilung für Gasmoleküle ungünstiger ist, da sich die Moleküle auf weniger Makrozustände verteilen können. Allerdings ist die Anzahl der Mikrozustände für diese Makrozustände erheblich höher, sodass insgesamt deutlich mehr Verteilungsmöglichkeiten bestehen als bei einer breiten Streuung um den Erwartungswert (μ).

Im Fall von $N = 2 \cdot 10^{23}$ Molekülen beträgt der Erwartungswert für die Anzahl der Moleküle in der linken Raumhälfte $\mu = N/2 = 10^{23}$ Moleküle. Die Standardabweichung berechnet sich zu $\sigma = 1{,}58 \cdot 10^{11}$ Molekülen. Das Intervall $10^{23} \pm 6 \cdot 1{,}58 \cdot 10^{11} \approx 10^{23} \pm 10^{12}$ umfasst bis auf 3,4 ppm alle Verteilungen. Das bedeutet, dass sich $10^{23} \pm 10^{12}$ Moleküle in der linken Kammerhälfte befinden. Da 10^{23} um den Faktor 10^{11} (100 Mrd.) größer ist als das Intervall der Standardabweichung, ist in der Praxis für ein Gas bei Normaldruck die Streuung um den theoretischen Erwartungswert μ vernachlässigbar. Das liegt daran, dass die Anzahl an Verteilungsmöglichkeiten am Erwartungswert wesentlich höher und somit wahrscheinlicher ist als für Werte (X), die vom Erwartungswert abweichen.

Was haben diese Beispiele mit Entropie zu tun? Die innere Energie verteilt sich bevorzugt auf die Makrozustände mit den meisten Mikrozuständen, was bei den obigen Beispielen dem Erwartungswert entspricht. Dieser Zustand stellt sich von selbst ein, da er der stochastisch wahrscheinlichste Zustand (die meisten Mikrozustände, Abb. 12.6d) ist, der zugleich auch der energetisch bevorzugte Zustand ist. In diesem Zustand ist die Energie maximal dissipiert (dissipare, lat. für zerstreuen) oder anders ausgedrückt, dieser Zustand weist die höchste Entropie auf.

- **Entropie – Maß für die Anordnungsmöglichkeiten eines Makrozustands**

Boltzmann postulierte, dass die Entropie eines isolierten Systems sich proportional zum natürlichen Logarithmus des statistischen Gewichts seiner Mikrozustände verhält [S ~ ln(W)]. Da alle Mikrozustände gleichwahrscheinlich sind, ist die Entropie auch ein Maß für die Wahrscheinlichkeit eines Makrozustands.

Nach der Boltzmann-Definition wäre die Entropie dimensionslos. Um jedoch die Vergleichbarkeit mit der thermodynamischen Definition nach Clausius (S ≥ ΔQ/T) herzustellen, führte Planck die Boltzmann-Konstante (k_B) als Proportionalitätsfaktor ein. Für ein Mol eines Stoffes wird die universelle Gaskonstante ($R = N_A \cdot k_B$) verwendet. Die Boltzmann-Definition verknüpft somit die nur statistisch zu erfassenden Myriaden möglicher Energieverteilungsmöglichkeiten in den Molekülen (W) mit dem makroskopischen Messwert der Entropie (S).

$$S = k_B \cdot \ln(W) \quad \frac{J}{K} \qquad \text{Definition der \textit{Entropie nach Boltzmann und Planck}} \qquad (12.14)$$

S – Entropie eines Makrozustands, JK^{-1}

k_B – Boltzmann-Konstante, JK^{-1}

W – statistisches Gewicht, Anzahl der Mikrozustände eines Makrozustands, dimensionslos

Je mehr Wärmeenergie (ΔQ) ein Mol eines Stoffes bei einer bestimmten Temperatur speichern kann, desto größer ist die Anzahl der vergleichbaren Energiemikrozustände (W), über die sich die Wärmemenge in den Molekülen verteilen (zerstreuen) kann, desto größer ist die Entropie (S) eines Stoffes.

Im Verlauf der Zeit strebt ein isoliertes System dem thermischen Gleichgewicht zu. Da im thermischen Gleichgewicht alle thermisch erreichbaren Mikrozustände gleichwahrscheinlich sind, nimmt das System schließlich den Makrozustand mit der größten Anzahl an Mikrozuständen (W) und damit der höchsten Entropie (gleichmäßige Verteilung) ein.

Thermodynamische Systeme tendieren umso stärker zu einem Zustand, je größer das statistische Gewicht des neuen Makrozustands (W_2) im Vergleich zum vorherigen Zustand (W_1) ist. Daher kann die Entropie auch als Kennzahl für die Triebkraft eines Prozesses bzw. die Stabilität eines thermodynamischen Zustands verstanden werden.

$$\Delta S = S_2 - S_1 = k_B \cdot \ln(W_2) - k_B \cdot \ln(W_1) = k_B \cdot \ln\left(\frac{W_2}{W_1}\right) \quad (12.15)$$

■ **Entropie – Maß für die Unordnung eines Systems**

Entropie wird auch als Maß für die Unordnung eines thermodynamischen Systems beschrieben. Kühlt man beispielsweise einen Feststoff auf den absoluten Nullpunkt (T = 0 K) ab, so verfügt der ideale Kristall über keine Wärmeenergie (Q = 0) mehr und es existiert nur ein einziger Mikrozustand (W = 1), der zur Bildung eines idealen Kristalls führt. Die Entropie dieses Zustands ist deshalb S = k·ln(1) = 0, das bedeutet, dass ein kristalliner, hochgeordneter Feststoff keine Entropie aufweist. Wird der Feststoff erwärmt oder in einem Lösungsmittel gelöst, können sich die Teilchen viel freier bewegen als im festen Zustand. Den einzelnen Molekülen steht mehr Raum zur Verfügung und sie können wesentlich mehr Mikrozustände (W) einnehmen. Das System wird dadurch ungeordneter, was zu einer Zunahme der Entropie des Systems führt.

> **Entropie (S) - Eine Übersicht**
> - Entropie ist eine extensive Zustandsgröße, d. h., sie nimmt proportional mit der Teilchenzahl, und damit mit der Stoffmenge zu.
> - Energieentwertung (Entropie) ist Voraussetzung dafür, dass Wärmeenergie in mechanische Arbeit umgewandelt werden kann.
> - Ein spontaner Wärmeübergang (ΔQ) ist stets mit Entropiezunahme (ΔS) verbunden; ΔS = ΔQ/T.
> - Entropie ist keine Erhaltungsgröße wie die Energie, sondern eine Richtungsgröße.
> - Entropie ist ein Maß für die Irreversibilität eines Prozesses und die Energieentwertung (T·ΔS) durch Wärmeverlust.
> - Entropie ist ein Maß für die Wahrscheinlichkeit des statistischen Gewichts (W) eines Makrozustands; S = k_B·ln(W).
> - Die Entropie eines idealen Feststoffs ist am absoluten Nullpunkt null; T= 0 K; 3. Hauptsatz der Thermodynamik.
> - Die Entropie eines isolierten Systems nimmt stets zu bzw. bleibt bei reversiblen Prozessen konstant; ΔS ≥ 0.
> - Ein isoliertes System strebt den Zustand maximaler Gesamtentropie zu.
> - S(Feststoff) << S(Flüssigkeit) << S(Gas), da zunehmend mehr Freiheitsgrade (Mikrozustände) für die Moleküle einnehmbar sind.
> - Die Entropie nimmt mit der Molekülgröße zu, da mehr Freiheitsgrade zur Energieverteilung vorhanden sind.

12.2.5 Absolute Entropie – Ideale Reinstoffe am absoluten Nullpunkt als Referenzpunkt

Entropieänderungen können unter Verwendung des 2. Hauptsatzes der Thermodynamik berechnet werden. Die reversibel ausgetauschte Wärmemenge lässt sich durch die Wärmekapazität bei konstantem Druck ausdrücken.

$$dS = \frac{\delta Q_{rev}}{T} \xrightarrow{\delta Q_{rev} = n \cdot c_p \cdot dT} dS = \frac{n \cdot c_p \cdot dT}{T} \quad (12.16)$$

dS – Entropieänderung, JK^{-1}

δQ$_{rev}$ – reversibel ausgetauschte Wärmeenergie, J

T – absolute Temperatur, K

dT – Temperaturänderung, K

n – Stoffmenge, mol

c$_p$ – molare isobare Wärmekapazität, JK^{-1}mol^{-1}

Die Entropie ist eine Zustandsgröße, ähnlich wie Temperatur, Druck oder Energie, sodass meistens nur deren Änderung von Interesse ist. Um die absolute Entropie berechnen, benötigt man einen Bezugspunkt, vergleichbar zum absoluten Nullpunkt (−273,15 °C) für die absolute Temperaturskala.

Dieser Referenzpunkt wird definiert durch den dritten Hauptsatz der Thermodynamik (Nernst'sches Wärmetheorem). Am absoluten Nullpunkt weisen Teilchen perfekter Kristalle keine Schwingungen mehr auf.

$$\lim_{T \to 0} \frac{\delta Q}{T} = 0 \quad \text{3. Hauptsatz der Thermodynamik nach Nernst} \tag{12.17}$$

Max Planck schlug 1912 vor, die Entropie für kristalline Reinstoffe am absoluten Nullpunkt auf null zu setzen. Für einen idealen Kristall gibt es nur eine Möglichkeit (W = 1) der Anordnung der Teilchen, sodass auch nach Boltzmann [S = k$_B$·ln(W) = k$_B$·ln(1) = 0] alles dafür spricht, die Entropie eines idealen Kristalls als null zu definieren.

Mit diesem Referenzpunkt (S = 0 bei T = 0 K) können nun absolute Entropien für höhere Temperaturen berechnet werden, wenn die Wärmekapazitäten für die festen, flüssigen und gasförmigen Phasen eines Stoffes bekannt sind. Es müssen ausgehend vom absoluten Nullpunkt lediglich die reversiblen Wärmeenergien in möglichst kleinen Temperaturschritten bis zur angestrebten Temperatur addiert werden. Da Wärmekapazitäten temperaturabhängig sind, kann die Berechnung nicht einfach durch Multiplikation mit der Temperaturdifferenz erfolgen, vielmehr muss über die Temperatur integriert werden.

$$S(T) = S(0K) + n \cdot \int_0^T \frac{c_{m,p}(T) \cdot dT}{T} \tag{12.18}$$

S(T) – absolute Entropie eines Reinstoffs bei der Temperatur T, JK^{-1}

S(0 K) – absolute Entropie eines Reinstoffs am absoluten Nullpunkt, K^{-1}

n – Stoffmenge, mol

T – absolute Temperatur, K

c$_{m,p}$ – molare Wärmekapazität bei konstantem Druck, JK^{-1}mol^{-1}

Da S(0 K) gemäß der Definition null ist und die Wärmekapazitäten mit der Temperatur variieren, ergibt sich die absolute Entropie eines Reinstoffes bei Erwärmung vom absoluten Nullpunkt bis zur Temperatur T durch Integration über diesen Temperaturbereich.

$$S(T) = n \cdot \int_0^T \frac{c_{m,p}(T)}{T} dT \tag{12.19}$$

Je nach Temperaturbereich können Phasenänderungen (Schmelzen, Sieden etc.) auftreten, bei denen sich die Entropie abrupt ändert (Abb. 12.9). Diese Phasenänderungen müssen ebenfalls berücksichtigt werden.

$$S(T) = n \cdot \int_0^T \frac{c_{m,p}(T)}{T} dT + n \cdot \sum_{PU} \left(\frac{\Delta_{PU} H_m}{T_{PU}} \right) = n \cdot \left[\int_0^T \frac{c_{m,p}(T)}{T} dT + \sum_{PU} \left(\frac{\Delta_{PU} H_m}{T_{PU}} \right) \right] \tag{12.20}$$

PU – Phasenumwandlungen, die im Temperaturintervall von 0 bis T auftreten

$\Delta_{PU} H_m$ – molare Phasenumwandlungsenthalpie, Jmol^{-1}

T$_{PU}$ – absolute Phasenumwandlungstemperatur (z. B. Schmelzpunkt, Siedepunkt), K

Da alle Werte für die einzelnen Größen in Gl. 12.20 positiv sind, nimmt die absolute Entropie immer positive Werte an. Abb. 12.9 zeigt ein idealisiertes Entropie-Temperatur-Diagramm für Wasser. Dieses Diagramm ist idealisiert, da die Wärmekapazitäten als

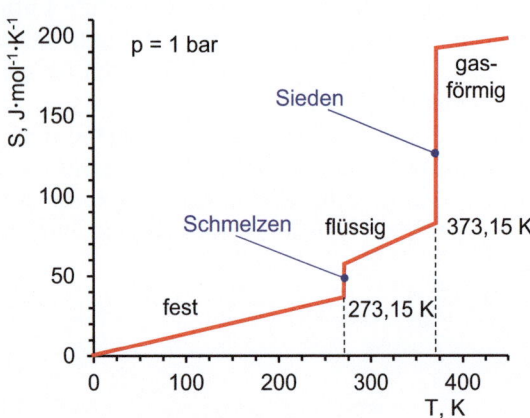

Abb. 12.9 Zunahme der absoluten molaren Entropie von Wasser mit zunehmender Temperatur

solute Entropie S einen stufenartigen Anstieg zeigt. Während dieser Phasenübergänge wird Eis zu Wasser (Schmelzpunkt) bzw. Wasser zu Dampf (Siedepunkt) und die Temperatur bleibt konstant (▶ Abschn. 11.2.4).

> ▶ **Übungsbeispiel**
> Berechnen Sie die absolute molare Entropie für Wasserdampf bei 1 bar und 177 °C (450 K). Eis weist bei 40 K eine absolute molare Entropie von $S_m^\varnothing(40\,K) = 3{,}5$ J $K^{-1}mol^{-1}$ auf. Folgende Werte sind gegeben.

Temperatur, K	$c_{m,p}$ bzw. H
0–273	$c_{m,p} = 18$ Jmol^{-1}K^{-1}
273	$\Delta_{Sm}H = 6000$ Jmol^{-1}
273–373	$c_{m,p} = 75{,}5$ Jmol^{-1}K^{-1}
373	$\Delta_{VE}H = 40.700$ Jmol^{-1}
> 373	$c_{m,p} = 36{,}2$ Jmol^{-1}K^{-1}

temperaturunabhängig angenommen wurden, was am linearen Anstieg der absoluten Entropie mit der Temperatur erkennbar ist. Besonders bei sehr niedrigen Temperaturen weicht die Wärmekapazität jedoch erheblich davon ab.

Es ist zu erkennen, dass am Schmelzpunkt (T = 273,15 K) und am Siedepunkt (T = 373,15 K) die ab-

Wir setzen die entsprechenden molaren Größen für die Wärmekapazitäten und Phasenübergänge in die Gl. 12.20 ein.

$$S_m(T) = S_m(40\,K) + c_{m,p}(s) \cdot \int_0^{T_{Sm}} \frac{dT}{T} + \frac{\Delta_{Sm}H}{T_{Sm}} + c_{m,p}(l) \cdot \int_{T_{Sm}}^{T_{Sd}} \frac{dT}{T} + \frac{\Delta_{VE}H}{T_{Sd}} + c_{m,p}(g) \cdot \int_{T_{Sd}}^{T_{Gas}} \frac{dT}{T}$$

$$S_m(1\,bar, 450\,K) = 3{,}5 \frac{J}{K \cdot mol} + 18 \frac{J}{K \cdot mol} \cdot \int_{40}^{273{,}15} \frac{dT}{T} + \frac{6000\,J}{273{,}15\,K \cdot mol} + 75{,}5 \frac{J}{K \cdot mol} \cdot \int_{273{,}15}^{373{,}15} \frac{dT}{T} + \frac{40.700\,J}{373{,}15\,K \cdot mol} + 36{,}2 \frac{J}{K \cdot mol} \int_{373{,}15}^{450} \frac{dT}{T}$$

Lösen der Integrale $\int dT/T$ in den Temperaturgrenzen von a nach b ergibt nach Regel 3.3 (▶ Tab. 9.1) $\ln T(b) - \ln T(a) = \ln[T(b)/T(a)])$

$$S(1\,bar, 450\,K) = 3{,}5 \frac{J}{K \cdot mol} + 18 \frac{J}{K \cdot mol} \cdot \ln\left(\frac{273{,}15}{40}\right) + 22{,}0 \frac{J}{K \cdot mol} + 75{,}5 \frac{J}{K \cdot mol} \cdot \ln\left(\frac{373{,}15}{273{,}15}\right)$$
$$+ 109{,}1 \frac{J}{K \cdot mol} + 36{,}2 \cdot \frac{J}{K \cdot mol} \cdot \ln\left(\frac{450}{373{,}15}\right) = (3{,}5 + 34{,}5 + 22{,}0 + 23{,}5 + 109{,}1 + 6{,}8) \frac{J}{K \cdot mol} = 199{,}4 \frac{J}{K \cdot mol}$$

Die Rechnung liefert nur eine Größenordnung für die absolute Entropie, da die Wärmekapazitäten für den flüssigen, gasförmigen und insbesondere den festen Zustand des Wassers temperaturabhängig sind und hier lediglich Durchschnittswerte angesetzt wurden. ◀

Molare Standardentropie ($S^{\varnothing}$)

Die Entropie eines Stoffes hängt von Temperatur, Druck und Stoffmenge ab. Zur Vereinfachung der Kommunikation und Diskussion hat man sich auf sogenannte molare Standardentropien ($S_m^{\varnothing}$) verständigt, die sich auf den Standardzustand (25 °C, 1013 hPa) und eine Stoffmenge von einem Mol beziehen. Die Einheit von $S_m^{\varnothing}$ ist $JK^{-1}mol^{-1}$.

Molare Standardentropien sind Absolutwerte mit dem Referenzpunkt $S^{\varnothing} = 0$ am absoluten Nullpunkt für einen perfekten Kristall eines Reinstoffs ohne Fehlstellen. Da ein perfekter Kristall nur eine einzige Anordnung (W = 1) aufweist, ergibt sich aus der statistischen Boltzmann-Betrachtung $S(-273\ K) = k_B \cdot \ln(1) = 0$.

Molare Standardentropien werden gemäß Gl. 12.20 berechnet, indem man bis zur Temperatur T = 298,15 K integriert und die Phasenübergänge berücksichtigt, die bis zu dieser Temperatur stattfinden.

$$S_m^{\varnothing} = \int_0^T \frac{c_{m,p}(T)}{T} dT + \sum_{PU} \left(\frac{H_{m,PU}^{\varnothing}}{T_{PU}} \right) \quad (12.21)$$

Generell weisen Gase eine höhere molare Standardentropie auf als Flüssigkeiten und Flüssigkeiten eine höhere als Feststoffe.

Molare Standardreaktionsentropie ($\Delta_{RE} S_m^{\varnothing}$)

Bei jeder chemischen Reaktion ändert sich die Anordnung der Atome und dadurch auch die Entropie eines chemischen Reaktionssystems. Die molare Standardreaktionsentropie ($\Delta_{RE} S_m^{\varnothing}$) einer chemischen Reaktion ergibt sich aus der Differenz zwischen der Summe der molaren Standardentropien der Produktmoleküle ($S_{m,Pr}^{\varnothing}$) und der Summe der molaren Standardentropien der Eduktmoleküle ($S_{m,Ed}^{\varnothing}$) unter Berücksichtigung der jeweiligen stöchiometrischen Koeffizienten. Molare Standardentropien sind für viele Stoffe in Tabellen verzeichnet.

$$\Delta_{RE} S_m^{\varnothing} = \sum_{Pr} \nu_{Pr} \cdot S_{m,Pr}^{\varnothing} - \sum_{Ed} \nu_{Ed} \cdot S_{m,Ed}^{\varnothing} \quad (12.22)$$

$\Delta_{RE} S_m^{\varnothing}$ – molare Standardreaktionsentropie, $Jmol^{-1}K^{-1}$
ν_{Pr} – stöchiometrischer Koeffizient Produkt
$S_{m,Pr}^{\varnothing}$ – absolute molare Entropie Produkt, $Jmol^{-1}K^{-1}$
ν_{Pr} – stöchiometrischer Koeffizient Edukt
$S_{m,Ed}^{\varnothing}$ – absolute molare Entropie Edukt, $Jmol^{-1}K^{-1}$

▶ **Beispiel**

Bei der katalytischen Verbrennung von Ammoniak (NH_3) nach dem Ostwald-Verfahren entsteht Stickstoffmonoxid (NO) und Wasser (H_2O). Berechnen Sie die molare Standardreaktionsentropie.

Reaktionsgleichung

$$4NH_3(g) + 5O_2(g) \xrightarrow{Pt-Kat.} 4NO(g) + 6H_2O(g) \qquad \Delta_{RE}H = -906\ kJ/mol \quad (12.23)$$

Absolute molare Entropien für Edukte und Produkte:
$S_{m,NH3}^{\varnothing} = 192{,}5\ Jmol^{-1}K^{-1}$, $S_{m,O2}^{\varnothing} = 205{,}2\ Jmol^{-1}K^{-1}$,
$S_{m,NO}^{\varnothing} = 210{,}8\ Jmol^{-1}K^{-1}$, $S_{m,H2O}^{\varnothing} = 188{,}8\ Jmol^{-1}K^{-1}$

Mit den Angaben für die absoluten molaren Standardentropien der Produkte und Edukte, der Reaktionsgleichung (Gl. 12.23) und der Definition der molaren Standardreaktionsentropie (Gl. 12.22) ergibt sich:

$$\Delta_{RE} S_m^{\varnothing} = \left(4 \cdot 210{,}8 \frac{J}{mol \cdot K} + 6 \cdot 188{,}8 \frac{J}{mol \cdot K} \right) - \left(4 \cdot 192{,}5 \frac{J}{mol \cdot K} + 5 \cdot 205{,}2 \frac{J}{mol \cdot K} \right) = +180 \frac{J}{mol \cdot K}$$

Gemäß Reaktionsgleichung werden aus neun gasförmigen Eduktmolekülen zehn gasförmige Produktmoleküle, d. h., die Anzahl an Molekülen nimmt zu, was im Einklang mit dem Ergebnis für die molare Standardreaktionsentropie ist, die um +180 $Jmol^{-1}K^{-1}$ zunimmt.

Somit verläuft die katalytische Oxidation von Ammoniak (NH_3) zu Stickstoffmonoxid (NO) exotherm ($\Delta_{RE}H < 0$) und unter Entropiezunahme ($\Delta_{RE}S > 0$). ◄

12.3 Entropie – Energieumwandlungsprozesse weisen eine Richtung auf

Der 1. Hauptsatz der Thermodynamik (Energieerhaltungssatz) besagt, dass Energie weder erschaffen noch vernichtet, sondern nur in andere Formen umgewandelt werden kann. Folglich muss sich die innere

Energie (dU) eines geschlossenen Systems (ohne Stoffaustausch) ändern, wenn Wärme (δQ, chaotische Teilchenbewegung) oder Arbeit (δW, gerichtete Teilchenbewegung) mit der Umgebung ausgetauscht wird.

$$dU = \delta Q + \delta W \quad \text{erster Hauptsatz der Thermodynamik} \tag{12.24}$$

dU – Änderung innere Energie, J
δQ – Änderung Wärmeenergie, J
δW – Änderung mechanische Energie, Volumenarbeit, J

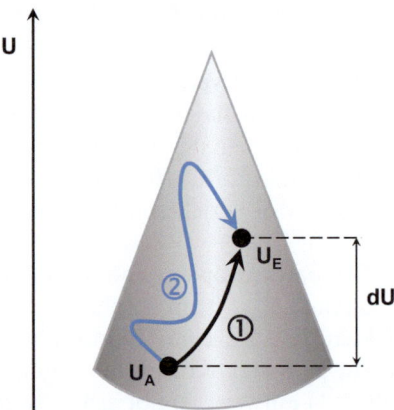

Abb. 12.10 Die innere Energie (U) ist eine Zustandsgröße, weshalb die Differenz zwischen zwei inneren Energien (dU) wegunabhängig ist. Weg 2 erfordert mehr Energie als Weg 1, führt jedoch zum gleichen Ziel (U_E)

Da dU eine Zustandsänderung eines Systems beschreibt, ist die innere Energie eine wegunabhängige Zustandsgröße, erkennbar am kleingeschriebenen d für infinitesimale Änderungen.

Im Gegensatz dazu sind die mit der Umgebung ausgetauschte Wärmeenergie (δQ) und Arbeit (δW) Prozessgrößen, die sehr wohl vom eingeschlagenen Weg beeinflusst werden, um einen bestimmten Zustand zu erreichen (■ Abb. 12.10). Zur Unterscheidung von Zustandsgrößen werden Änderungen von Prozessgrößen mit δ bezeichnet.

Zum besseren Verständnis sei ein mechanisches Analogon angeführt. Die Änderung der Zustandsgröße potenzielle Energie (Lageenergie) zwischen einem Basislager und einem Höhenlager hängt einzig und allein von der Höhendifferenz (Endhöhe – Ausgangshöhe) ab. Dagegen ist die Mühe (Prozessgröße Arbeit), um das Höhenlager zu erreichen, vom eingeschlagenen Weg abhängig.

Der 2. Hauptsatz der Thermodynamik (Entropiesatz) in der Formulierung nach Clausius besagt, dass die Entropie (S) eines isolierten Systems stetig zunimmt und mit der Zeit einen Maximalwert erreicht. Die Entropie zwingt dadurch Energieumwandlungsprozesse eine Richtung auf (▶ Abschn. 12.4.1).

$$dS \geq \frac{\delta Q}{T} \quad \text{zweiter Hauptsatz der Thermodynamik nach Clausius} \tag{12.25}$$

Für reversible Prozesse können wir den ersten und den zweiten Hauptsatz der Thermodynamik kombinieren. Dazu wird in Gl. 12.24 die mit der Umgebung ausgetauschte Wärmeenergie δQ durch +T·dS (Gl. 12.25) und die geleistete Volumenarbeit δW durch –p·dV (▶ Gl. 11.10) ersetzt.

$$dU = TdS - pdV \quad \text{Fundamentalgleichung der Thermodynamik} \tag{12.26}$$

Gl. 12.26 wird als Fundamentalgleichung der Thermodynamik bezeichnet. Sie beschreibt, dass die innere Energie eines Systems on den natürlichen Variablen Entropie (S) und Volumen (V) abhängt. Da die Gleichung keine Prozessvariablen (Q, W), sondern ausschließlich wegunabhängige Zustandsvariablen (U, T, S, p, V) enthält, gilt sie für alle Prozesse, unabhängig davon ob diese reversibel oder irreversibel sind.

Chemische Reaktionen werden meist bei konstantem Druck (p) und konstanter Temperatur (T) durchgeführt. Wird durch eine chemische Reaktion Gas freigesetzt, nimmt das Reaktionsvolumen zu und das Reaktionssystem muss Volumenarbeit (δW, ▶ Abschn. 10.2.5 und 11.2.1) gegen den Umgebungsdruck leisten. Da die erforderliche Arbeit für die Zunahme des Reaktionsvolumens der Reaktionsenergie verloren geht (δW = -p·dV < 0, da dV > 0), ergibt sich für die Reaktionswärme bei konstantem Druck $Q_p = \Delta_{RE}H = \Delta_{RE}U + p \cdot \Delta V$. Während bei isochoren Prozessen (V = const.) die gesamte Reaktionsenergie in Wärmeenergie (Q_V) umgewandelt wird, geht bei isobaren Prozessen (p = const.) ein Teil der Reaktionsenergie als Volumenarbeit verloren. Daher wird bei einer Reaktion unter konstantem Druck weniger Reaktionswärme freigesetzt als bei einer Reaktion unter konstantem Volumen. Somit gilt betragsmäßig: $|Q_p| < |Q_V|$.

Im Fall der Addition von Wasserstoff an Alkene (Alken + H_2 → Alkan) verringert sich das Reaktionsvolumen, so-

12.3 · Entropie – Energieumwandlungsprozesse weisen eine Richtung auf

dass der Umgebungsdruck das Volumen des gasförmigen Reaktionssystems komprimiert. In diesem Fall wird dem Reaktionssystem Energie in Form von Volumenarbeit zugeführt (δW = −p·dV > 0, da dV < 0). Generell ergibt sich für die Enthalpie als Zustandsfunktion:

$$H = U + p \cdot V \qquad (12.27)$$

H – Enthalpie, J
U – innere Energie, J
p – Druck, Nm^{-2}
V – Volumen, m^3

Da absolute Enthalpien (H) nicht gemessen werden können, jedoch Enthalpieänderungen (dH) über kalorimetrische Messungen bei isobaren Verhältnissen zugänglich sind (▶ Abschn. 11.4.2), wird die differenzielle Form der Zustandsfunktion H bevorzugt.

$$dH = dU + d(p \cdot V) = dU + V \cdot dp + p \cdot dV \qquad (12.28)$$

Einsetzen von Gl. 12.26 in Gl. 12.28 ergibt die Fundamentalgleichung der Enthalpie.

$$dH = T \cdot dS - p \cdot dV + V \cdot dp + p \cdot dV = TdS + Vdp \quad \text{Fundamentalgleichung Enthalpie} \qquad (12.29)$$

Somit variiert die Enthalpie eines Systems mit den natürlichen Variablen Entropie (S) und Druck (p). Wenn die natürlichen Variablen konstantgehalten werden (dS = 0, dp = 0), ändert sich die Enthalpie des Reaktionssystems nicht.

12.3.1 Gibbs-Energie – Entscheidungskriterium für die Spontaneität chemischer Reaktionen

Viele chemische Reaktionen verlaufen spontan, ohne dass eine äußere Energiezufuhr erforderlich ist. Nicht spontane Reaktionen dagegen benötigen ständige Energiezufuhr. Der Begriff spontan sagt jedoch nichts über die Reaktionsgeschwindigkeit (Kinetik) aus. Spontane Reaktionen können schnell (z. B. Knallgasreaktion) oder langsam (z. B. Korrosion) verlaufen.

In ▶ Abschn. 12.1.1 wurde bereits erläutert, dass die Reaktionswärme allein nicht ausreicht, um Aussagen zum spontanen Verlauf von Reaktionen treffen zu können. Auch Prozesse wie das Lösen von Salzen, die häufig unter Abkühlen, also endotherm ($\Delta_{RE}H > 0$) verlaufen, können spontan erfolgen. Neben der Reaktionsenthalpie entscheidet als zweiter Faktor die Entropie (S), ob eine Reaktion spontan verläuft oder nicht (◘ Abb. 12.11).

■ **Definition der Gibbs-Energie**
Der amerikanische Physiker Josiah Willard Gibbs (1839–1903) verknüpfte 1873 erstmals Reaktionsenthalpie und -entropie zur Zustandsfunktion der freien Enthalpie, die auch als Gibbs-Energie bezeichnet wird.

$$G = H - T \cdot S \qquad \text{Gibbs – Energie, freie Enthalpie} \qquad (12.30)$$

G – freie Enthalpie oder Gibbs-Energie, J
H – Enthalpie, J
T – Temperatur, K
S – Entropie, JK^{-1}

Absolutwerte der freien Enthalpie (G) können nicht bestimmt werden, was jedoch nicht problematisch ist, da bei chemischen Reaktionen ausschließlich die Zustandsänderungen (dG) zwischen Edukten und Produkten von Bedeutung sind. Einsetzen der Fundamentalgleichung für die Enthalpie (Gl. 12.29) in die differenzielle Form der Enthalpie (Gl. 12.31) ergibt die Fundamentalgleichung der freien Enthalpie.

$$dG = dH - d(T \cdot S) = TdS + Vdp - SdT - TdS = Vdp - SdT \qquad (12.31)$$

$$dG = Vdp - SdT \quad \text{Fundamentalgleichung freie Enthalpie} \qquad (12.32)$$

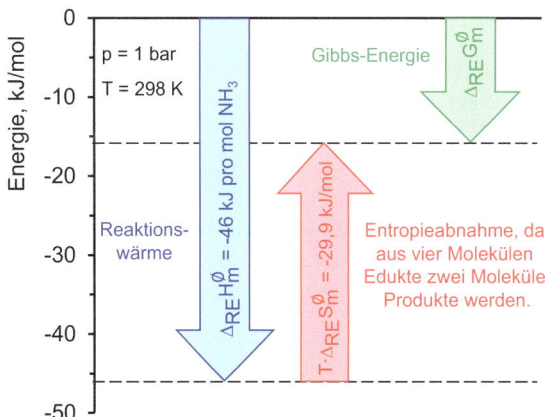

◘ **Abb. 12.11** Ammoniaksynthese. Die Entropieabnahme wird bei Raumtemperatur durch die Reaktionswärme überkompensiert, sodass die freie Enthalpie (Gibbs-Energie) negativ ist und die Reaktion spontan abläuft

Bei chemischen Reaktionen betrachten wir keine infinitesimalen Änderungen (d), sondern messbare Unterschiede (Δ), sodass die Fundamentalgleichung auch wie folgt formuliert werden kann.

$$\Delta_{RE}G = \Delta_{RE}H - T \cdot \Delta_{RE}S \quad \text{Gibbs – Helmholtz – Gleichung} \tag{12.33}$$

$\Delta_{RE}G$ – Änderung der Gibbs-Energie (freie Enthalpie), J
$\Delta_{RE}H$ – Reaktionsenthalpie, J
$T \cdot \Delta_{RE}S$ – Energieaufwand für die Entropieänderung, J

Verwendet man die molaren Größen bei Standardbedingungen, dann lautet die Gleichung für die molare Standardreaktionsenthalpie:

$$\Delta_{RE}G_m^\varnothing = \Delta_{RE}H_m^\varnothing - T \cdot \Delta_{RE}S_m^\varnothing \tag{12.34}$$

$\Delta_{RE}G_m^\varnothing$ – molare, freie Standardreaktionsenthalpie, $Jmol^{-1}$
$\Delta_{RE}H_m^\varnothing$ – molare Standardreaktionsenthalpie, $Jmol^{-1}$
$\Delta_{RE}S_m^\varnothing$ – molare Standardreaktionsentropie, $Jmol^{-1}K^{-1}$

Zum besseren Verständnis der Gibbs-Helmholtz-Gleichung sei daran erinnert, dass bei einer exothermen Reaktion mit Entropieabnahme ($\Delta_{RE}S < 0$) nur ein Teil der Reaktionsenthalpie ($\Delta_{RE}H$) in nutzbare Energie umgewandelt werden kann, während der andere Teil ($T \cdot \Delta_{RE}S$) der Energiemenge entspricht, die keine Wärmetönung erzeugt, sondern für die Entropieabnahme, z. B. für das Knüpfen neuer chemischer Bindungen, aufgewendet werden muss (◘ Abb. 12.11). Die Definition von Gibbs (Gl. 12.33) liefert somit die maximale Energie ($\Delta_{RE}G$) reversibler Prozesse, die bei konstanter Temperatur und konstantem Druck in andere Energieformen (elektrische Energie etc.) umgewandelt werden kann (◘ Abb. 12.11).

- **Spontaneität chemischer Reaktionen**

Die Division der Gibbs-Helmholtz-Gleichung (Gl. 12.33) durch die Reaktionstemperatur (T) und anschließende Multiplikation mit −1 tranformiert die Energiegleichung 12.33 quasi in eine Entropiegleichung (Gl. 12.35).

Damit eine chemische Reaktion spontan abläuft, muss deren Gesamtentropie zunehmen ($\Delta_{RE}G < 0 \rightarrow -\Delta_{RE}G/T > 0$).

$$-\frac{\Delta_{RE}G}{T} = -\frac{\Delta_{RE}H}{T} + \Delta_{RE}S \rightarrow S_{Ges} = S_{Umg} + \Delta_{RE}S \tag{12.35}$$

Hierbei entspricht $\Delta_{RE}S$ der Entropieänderung des Reaktionssystems, $-\Delta_{RE}H/T$ der Entropieänderung in der Umgebung, hervorgerufen durch die Reaktionswärme ($\Delta_{RE}H$), und $-\Delta_{RE}G/T$ der Gesamtentropie. Es ist offensichtlich, dass eine exotherme Reaktion ($\Delta_{RE}H < 0 \rightarrow -\Delta_{RE}H/T > 0$) in Verbindung mit einer zunehmenden Reaktionsentropie ($\Delta_{RE}S > 0$) zu einer positiven Gesamtentropie führt, was bedeutet, dass eine solche Reaktion spontan ablaufen kann.

Die maximal leistbare Arbeit entspricht dem Entropiezuwachs des Gesamtsystems, da die an die Umgebung abgegebene Reaktionsenthalpie in nicht mehr weiter nutzbare Wärme respektive Entropie umgewandelt wird. Je größer die Entropiezunahme des Gesamtsystems, desto ausgeprägter ist die Spontaneität der Reaktion.

Die molare freie Standardreaktionsenthalpie ($\Delta_{RE}G_m^\varnothing$) einer chemischen Reaktion entspricht der Änderung der Gibbs-Energie, wenn Ausgangsstoffe im Standardzustand (1 bar, 25 °C) zu Produkten im Standardzustand reagieren. In Gl. 12.36 wird dies wie folgt abgebildet:

$$\Delta_{RE}G_m^\varnothing = \sum_{Pr} \nu_{Pr} \cdot G_{m,Pr}^\varnothing - \sum_{Ed} \nu_{Ed} \cdot G_{m,Ed}^\varnothing \tag{12.36}$$

$\Delta_{RE}G_m^\varnothing$ – molare Standard-Gibbs-Energie, $Jmol^{-1}$
ν_{Pr} – stöchiometrischer Faktor Produkt, dimensionslos
$G_{m,Pr}^\varnothing$ – molare Standard-Gibbs-Energie Produkt, $Jmol^{-1}$
ν_{Ed} – stöchiometrischer Faktor Edukt, dimensionslos
$G_{m,Ed}^\varnothing$ – molare Standard-Gibbs-Energie Edukt, $Jmol^{-1}$

Ob eine chemische Reaktion spontan verläuft, ergibt sich – im Einklang mit den vorherigen Überlegungen – aus dem Vorzeichen der freien Standard-Gibbs-Energie (◘ Abb. 12.11, ◘ Tab. 12.1).

$\Delta_{RE}G_m^\varnothing < 0$ Exergonische Reaktion – spontaner Verlauf; das Reaktionsgleichgewicht liegt auf der Produktseite.

$\Delta_{RE}G_m^\varnothing = 0$ Reaktion befindet sich im Gleichgewicht.

$\Delta_{RE}G_m^\varnothing > 0$ Endergonische Reaktion – kein spontaner Verlauf; das Gleichgewicht liegt auf der Eduktseite.

Das Vorliegen eines Potenzialgefälles ($\Delta_{RE}G_m^\varnothing < 0$) ist eine notwendige Bedingung für den spontanen Verlauf einer chemischen Reaktion. Es bedeutet jedoch nicht zwangsläufig, dass die Reaktion auch tatsächlich erfolgt. Viele Reaktionen sind kinetisch gehemmt, d. h., sie müssen einen energetischen Aktivierungsberg überwinden (▶ Abschn. 13.1, ◘ Abb. 13.2). Nur aus diesem Grund können sich in der Erdatmosphäre komplexe organische Strukturen wie Pflanzen, Tiere und Menschen entwickeln, ohne dass diese sofort mit dem Luftsauerstoff zu Kohlenstoffdioxid und Wasser reagieren.

12.3 · Entropie – Energieumwandlungsprozesse weisen eine Richtung auf

Tab. 12.1 Reaktionsenthalpie, Reaktionsentropie und Temperatur entscheiden darüber, ob chemische Reaktionen spontan ablaufen oder nicht

$\Delta_{RE}G^\varnothing = \Delta_{RE}H^\varnothing - T \cdot \Delta_{RE}S^\varnothing$

Reaktionsenthalpie $\Delta_{RE}H^\varnothing$	Reaktionsentropie $\Delta_{RE}S^\varnothing$	absolute Temperatur T	Freie Reaktionsenthalpie $\Delta_{RE}G^\varnothing$	Reaktionsverlauf	Beispiel
< 0, exotherm	> 0, Zunahme	Für alle T	< 0, exergonisch	Spontan	Oxidation von Kohlenwasserstoffen
< 0, exotherm	< 0, Abnahme	< T_C	< 0, exergonisch	Spontan	Polymerisationsreaktionen
< 0, exotherm	< 0, Abnahme	> T_C	> 0, endergonisch	Nicht spontan	Polymerisationsreaktionen
> 0, endotherm	< 0, Abnahme	Für alle T	> 0, endergonisch	Nicht spontan	$3\,O_2(g) \to 2\,O_3(g)$
> 0, endotherm	> 0, Zunahme	< T_F	> 0, endergonisch	Nicht spontan	$2\,HgO(s) \to 2\,Hg(l) + O_2(g)$
> 0, endotherm	> 0, Zunahme	> T_F	< 0, exergonisch	Spontan	Auflösen von Salzen

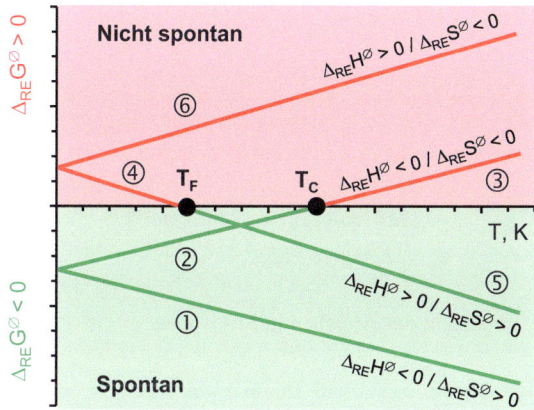

Abb. 12.12 Freie Standardreaktionsenthalpie als Funktion der Standardreaktionsenthalpie, der Standardreaktionsentropie und der Reaktionstemperatur

Da sowohl exotherme ($\Delta_{RE}H < 0$) als auch endotherme Reaktionen ($\Delta_{RE}H > 0$) unter Entropiezunahme ($\Delta_{RE}S > 0$) oder Entropieabnahme ($\Delta_{RE}S < 0$) erfolgen können, ergeben sich unter Berücksichtigung der absoluten Temperatur (T) als dritte Variable (Gl. 12.33) sechs verschiedene Szenarien für die Gibbs-Energie (Tab. 12.1, Abb. 12.12).

Sehr anschaulich gibt Abb. 12.12 den Sachverhalt wieder.

- Reaktionen, die exotherm ($\Delta_{RE}H < 0$) und unter Entropiezunahme ($\Delta_{RE}S > 0$) ablaufen, zeigen für alle Temperaturen einen spontanen Reaktionsverlauf ($\Delta_{RE}G < 0$, Szenario ①).
- Reaktionen, die endotherm ($\Delta_{RE}H > 0$) und unter Entropieabnahme ($\Delta_{RE}S < 0$) ablaufen, sind im gesamten Temperaturbereich nicht spontan ($\Delta_{RE}G > 0$, Szenario ⑥).
- Exotherme Reaktionen ($\Delta_{RE}H < 0$) mit abnehmender Entropie ($\Delta_{RE}S < 0$) erfolgen bis zu einer Ceiling-Temperatur (T_C) spontan ($\Delta_{RE}G < 0$, Szenario ②) und bei Temperaturen über der Ceiling-Temperatur (T_C) nicht spontan ($\Delta_{RE}G > 0$, Szenario ③).
- Endotherme Reaktionen ($\Delta_{RE}H > 0$) mit zunehmender Entropie ($\Delta_{RE}S > 0$) sind unter einer Floor-Temperatur nicht spontan ($\Delta_{RE}G > 0$, Szenario ④) und bei Temperaturen über der Floor-Temperatur (T_F) spontan ($\Delta_{RE}G < 0$, Szenario ⑤).

■ **Gibbs-Energie – Druckabhängigkeit**

Um die Druckabhängigkeit der freien Enthalpie zu berechnen, differenzieren wir die Fundamentalgleichung der freien Enthalpie (Gl. 12.32) bei konstanter Temperatur nach dem Druck.

$$\left(\frac{\partial G}{\partial p}\right)_T = \frac{\partial}{\partial p}(Vdp - SdT) = V - 0 = V \quad (12.37)$$

Die freie Enthalpie nimmt somit mit zunehmendem Druck zu, da das Volumen stets positiv ist. Für eine Druckänderung von p_a zu p_e integrieren wir Gl. 12.37. So erhalten wir für die freie Enthalpie als Funktion des Drucks.

$$\int_{p_a}^{p_e} dG = \int_{p_a}^{p_e} Vdp \;\to\; [G(p)]_{p_a}^{p_e} = \int_{p_a}^{p_e} Vdp \;\to\; G(p_e) - G(p_a) = \int_{p_a}^{p_e} Vdp \;\to\; G(p_e) = G(p_a) + \int_{p_a}^{p_e} Vdp \quad (12.38)$$

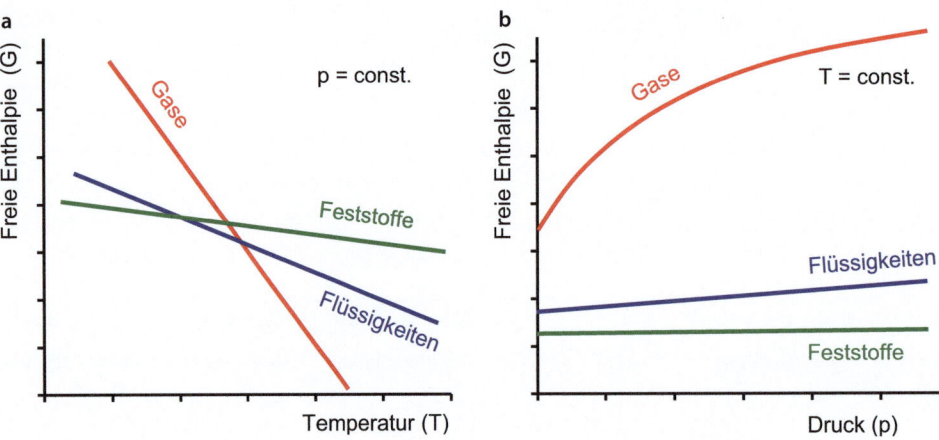

Abb. 12.13 Einfluss der Temperatur (a) und des Drucks (b) auf die freie Enthalpie von Stoffen

p_e – Enddruck, Nm^{-2}
p_a – Ausgangsdruck, Nm^{-2}
$G(p_e)$ – freie Enthalpie im Endzustand, J
$G(p_a)$ – freie Enthalpie im Ausgangszustand, J
V – Volumen, m^3
dp – infinitesimale Druckänderung, Nm^{-2}

Feststoffe und Flüssigkeiten

Da sich das Volumen von Flüssigkeiten und Feststoffen bei Druckeinwirkung kaum ändert, können wir das Volumen als konstant ansehen [$V(p_e) \approx V(p_a)$], sodass das Integral dem Produkt aus Volumen und Druckunterschied entspricht.

Da das Produkt aus Volumen und Druckdifferenz meist sehr klein ist, kann es vernachlässigt werden, sodass die freie Enthalpie für Flüssigkeiten und Feststoffe so gut wie nicht vom Druck abhängt (Abb. 12.13b).

$$G(p_e) = G(p_a) + V \cdot (p_e - p_a)$$
$$G(p_e) \approx G(p_a) + 0 \quad \to \quad G(p_e) \approx G(p_a) \quad (12.39)$$

▶ **Beispiel – Flüssiges Wasser**

Berechnen Sie die Änderung der freien Enthalpie, wenn 1 mol Wasser mit 25 bar Druck beaufschlagt wird.

$$G^{\varnothing}_{m,1bar} = -273\,kJ \cdot mol^{-1}, V_m = 18\,cm^3 \cdot mol^{-1}$$
$$p_a = 1\,bar, p_e = 25\,bar$$

Umrechnen der Angaben in SI-Größen:

$$V_m = 18\,cm^3 \cdot mol^{-1} = 18 \cdot 10^{-6}\,m^3 \cdot mol^{-1}$$
$$p_a = 1\,bar = 10^5 \frac{N}{m^2}$$
$$p_e = 25\,bar = 25 \cdot 10^5 \frac{N}{m^2}$$

Einsetzen der Angaben in Gl. 12.39 ergibt:

$$G^{\varnothing}_{m,25bar} = -273.000 \frac{J}{mol} + 18 \cdot 10^{-6} \frac{m^3}{mol} \cdot \left(25 \cdot 10^5 \frac{N}{m^2} - 1 \cdot 10^5 \frac{N}{m^2}\right) = -272.957 \frac{J}{mol} = -272{,}96 \frac{kJ}{mol} \approx G^{\varnothing}_{m,1bar}$$

Das Beispiel zeigt sehr anschaulich, dass die freie Enthalpie von Flüssigkeiten praktisch druckunabhängig ist (Abb. 12.13b). ◀

Gase

Während man bei Flüssigkeiten und Feststoffen Druckunabhängigkeit des Volumens ansetzen kann, gilt dies für Gase nicht. Deshalb muss in Gl. 12.38 das Volumenintegral durch Integration berechnet werden. Dazu wird das Volumen durch das ideale Gasgesetz ($V = n \cdot R \cdot T / p$) ausgedrückt.

12.3 · Entropie – Energieumwandlungsprozesse weisen eine Richtung auf

$$G(p_e) = G(p_a) + \int_{p_a}^{p_e} V dp \xrightarrow{mit\ V = \frac{n \cdot R \cdot T}{p}} G(p_e) = G(p_a) + \int_{p_a}^{p_e} \frac{n \cdot R \cdot T}{p} dp = G(p_a) + n \cdot R \cdot T \int_{p_a}^{p_e} \frac{dp}{p} \quad (12.40)$$

$$= G(p_a) + n \cdot R \cdot T \cdot \left[\ln(p)\right]_{p_a}^{p_e} = G(p_a) + n \cdot R \cdot T \cdot \left[\ln(p_e) - \ln(p_a)\right] = G(p_a) + n \cdot R \cdot T \cdot \ln\left(\frac{p_e}{p_a}\right)$$

Das heißt, für Gase nimmt die freie Enthalpie mit zunehmendem Druck logarithmisch zu (◻ Abb. 12.13b, rote Linie).

$$G(p_e) = G(p_a) + n \cdot R \cdot T \cdot \ln\left(\frac{p_e}{p_a}\right) \quad (12.41)$$

G(p_e) – freie Enthalpie eines idealen Gases beim Enddruck, Pa

G(p_a) – freie Enthalpie eines idealen Gases beim Ausgangsdruck, Pa

n – Stoffmenge, mol

R – allgemeine Gaskonstante, JK^{-1}mol^{-1}

T – absolute Temperatur, K

▶ **Beispiel – Ideales Gas**

$p_a = 1\ bar,\ p_e = 25\ bar,\ T = 25°C$,
$R = 8{,}314\ J \cdot K^{-1} \cdot mol^{-1},\ n = 1\ mol$

Lösung - Einsetzen der Angaben in Gl. 12.41 ergibt:

$$G^{\varnothing}_{m,25bar} = G^{\varnothing}_{m,1bar} + 8{,}314 \frac{J}{K \cdot mol} \cdot 298\ K \cdot \ln\left(\frac{25\ bar}{1\ bar}\right)$$

$$= G^{\varnothing}_{m,25bar} + 8 \frac{kJ}{mol}$$
◀

Während bei Flüssigkeiten die Änderung der freien Enthalpie bei 25 bar Druckerhöhung lediglich 0,04 kJmol^{-1} beträgt, nimmt die freie Enthalpie bei idealen Gasen bei gleicher Druckänderung um ca. 8 kJmol^{-1} zu.

■ **Gibbs-Energie – Temperaturabhängigkeit**

Aus der Definitionsgleichung der Gibbs-Energie G = H – T·S ergibt sich, dass die freie Enthalpie G stark temperaturabhängig ist, da die Temperatur als lineare Zustandsvariable in die Gleichung eingeht, während die Zustandsgrößen Enthalpie (H) und Entropie (S) nur moderate Temperaturabhängigkeit aufweisen.

Mathematisch lässt sich die Temperaturabhängigkeit der freien Enthalpie (G) durch partielle Ableitung der Fundamentalgleichung für die Gibbs-Energie (Gl. 12.32) nach der Temperatur (∂/∂T) bei konstantem Druck (p, tiefgestellter Index nach der Klammer) bestimmen. Sie entspricht der negativen Entropie (−S).

$$\left(\frac{\partial G}{\partial T}\right)_p = \frac{\partial}{\partial T}(Vdp - SdT) = 0 - S = -S \quad (12.42)$$

Da die Entropiewerte von Feststoffen über Flüssigkeiten zu Gasen stark zunehmen und positiv sind, nimmt mit zunehmender Entropie die freie Enthalpie (G) von Feststoffen über Flüssigkeiten zu Gasen entsprechend ab (−S!). In ◻ Abb. 12.13a zeigt sich dies durch zunehmende negative Steigung der Geradenverläufe. Generell nimmt die freie Enthalpie mit zunehmender Temperatur ab.

Die Temperaturabhängigkeit der freien Enthalpie (G) kann auch über die Enthalpie (H) ausgedrückt werden (Gl. 12.30), wofür mehr tabellarische Daten vorliegen als für die Entropie. Durch Umformen der Definitionsgleichung für die freie Enthalpie erhalten wir für die Entropie:

$$G(T) = H - T \cdot S \quad \rightarrow \quad -S = \frac{G(T)}{T} - \frac{H}{T} \quad (12.43)$$

Einsetzen in Gl. 12.42 ergibt:

$$\left(\frac{\partial G(T)}{\partial T}\right)_p = \frac{G(T)}{T} - \frac{H}{T} \rightarrow \left(\frac{\partial G(T)}{\partial T}\right)_p - \frac{G(T)}{T} = -\frac{H}{T}$$
(12.44)

Differenzieren von G/T nach der Temperatur unter Anwendung der Produktregel (▶ Tab. 9.1, Regel 8; f = u·v → f' = u'·v + u·v') und der Ableitungsregel für d/dT(1/T) = −1/T^2 (▶ Tab. 9.1, Regel 3.2), Ausklammern von 1/T und Substitution der vorletzten eckigen Klammer durch Gl. 12.44 ergibt letztendlich die Van-'t-Hoff-Gleichung.

$$\left[\frac{\partial}{\partial T}\left(\frac{G(T)}{T}\right)\right]_p = \left[\frac{\partial}{\partial T}\left(\frac{1}{T}\cdot G(T)\right)\right]_p = -\frac{1}{T^2}\cdot G(T) + \frac{1}{T}\cdot\left(\frac{\partial G(T)}{\partial T}\right)_p = \frac{1}{T}\cdot\left[\left(\frac{\partial G(T)}{\partial T}\right)_p - \frac{G(T)}{T}\right] = \frac{1}{T}\cdot\left[-\frac{H}{T}\right] = -\frac{H}{T^2}$$

(12.45)

Für eine chemische Reaktion bei Standardbedingungen gilt demnach.

$$\left[\frac{\partial}{\partial T}\left(\frac{\Delta_{RE}G^{\varnothing}}{T}\right)\right]_p = -\frac{\Delta_{RE}H^{\varnothing}}{T^2} \quad Van\text{-}'t\text{-}Hoff\text{-}Gleichung$$

(12.46)

Für eine exotherme Reaktion ($\Delta_{RE}H^{\varnothing} < 0$) nimmt die Änderung der Gibbs-Reaktionsenergie mit zunehmender Temperatur zu. Die Zunahme wird jedoch mit zunehmender Temperatur kleiner (T^2 im Zähler!), bleibt aber positiv.

Die Van-'t-Hoff-Gleichung hat große Bedeutung für die Chemie, da sie die Reaktionsenthalpie ($\Delta_{RE}H$) und den Temperatureinfluss auf die Gleichgewichtslage ($\Delta_{RE}G$) chemischer Reaktionen miteinander verknüpft.

12.3.2 Chemisches Gleichgewicht – Gibbs-Energie weist ein Minimum auf

Viele chemische Reaktionen verlaufen nicht vollständig, sondern erreichen einen Zustand, in dem sowohl die Ausgangsstoffe als auch die Produktmoleküle nebeneinander vorliegen, ohne dass eine weitere Reaktion stattfindet. Dies setzt vorraus, dass die Reaktion in beide Richtungen ablaufen kann. Gleichgewichtsreaktionen werden durch einen Doppelpfeil dargestellt (◘ Abb. 12.14).

Ein Beispiel für eine Gleichgewichtsreaktion ist die Synthese des Lösungsmittels Essigsäureethylester aus den Edukten Essigsäure und Ethanol in Gegenwart einer katalytischen Menge Säure (◘ Abb. 12.14).

■ **Hinreaktion**

Für die Reaktion von 1 mol Essigsäure und 1 mol Ethanol zu Essigsäureethylester zeigt die rote Kurve in ◘ Abb. 12.15a den zeitlich zunehmenden Anteil an Essigsäureethylester und Wasser. Nach einer Reaktionszeit von etwa 1,6 h hat sich ein Gleichgewicht von 0,666 mol Ester/Wasser und 0,333 mol Essigsäure/Ethanol eingestellt (◘ Abb. 12.15b). Auch nach längeren Reaktionszeiten erändert sich die Zusammensetzung der Reaktionslösung nicht mehr.

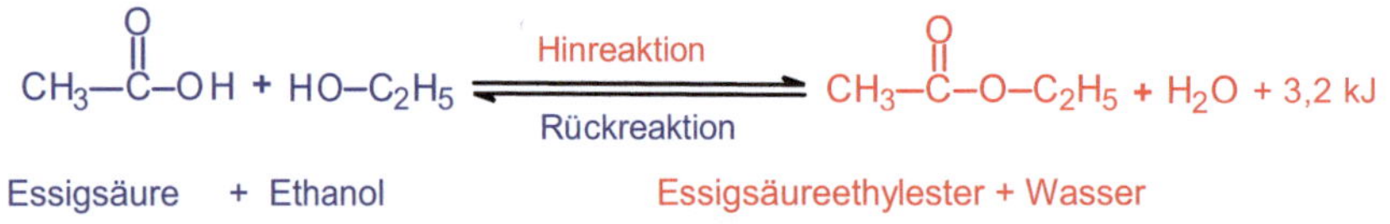

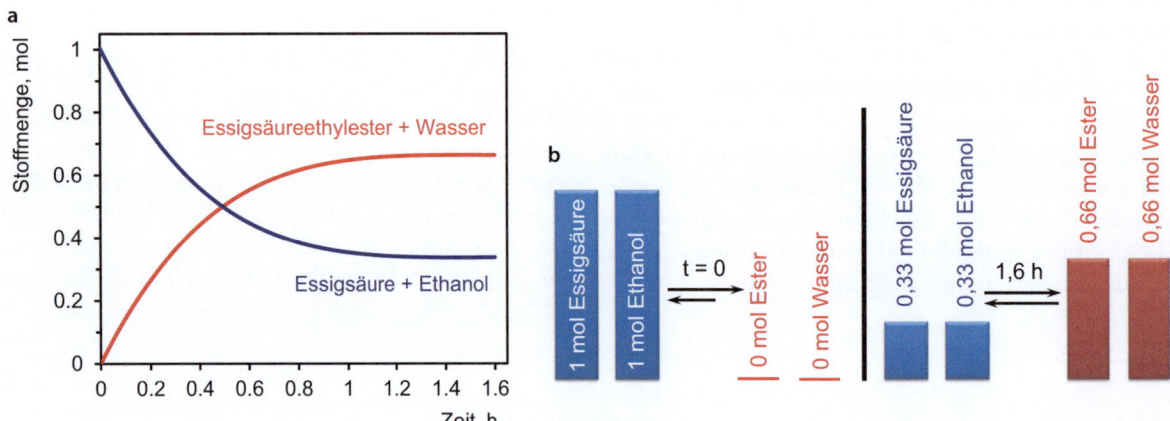

◘ **Abb. 12.14** Die Veresterung von Essigsäure mit Ethanol zu Essigsäureethylester ist eine Gleichgewichtsreaktion

◘ **Abb. 12.15** Konzentrationsverläufe bei der Veresterung von Essigsäure mit Ethanol (**a**) und Konzentrationsverhältnisse zu Beginn der Reaktion und nach Erreichen des Gleichgewichtszustands (**b**)

12.3 · Entropie – Energieumwandlungsprozesse weisen eine Richtung auf

Rückreaktion

Wird 1 mol reiner Essigsäureethylester mit 1 mol Wasser und einer katalytischen Menge Säure verrührt, dann zerfällt der Ester allmählich in seine Ausgangsstoffe Essigsäure und Ethanol. Diese sogenannte Verseifungsreaktion (Rückreaktion) schreitet so lange fort, bis sich erneut das Gleichgewicht mit 0,666 mol Essigsäureethylester/Wasser und 0,333 mol Essigsäure/Ethanol eingestellt hat.

Warum Gleichgewicht?

Zu Beginn reagieren nur Essigsäure- und Ethanolmoleküle zu Ester und Wasser (Hinreaktion). Mit fortschreitender Reaktion nehmen die Stoffmengen an Ethanol und Essigsäure immer weiter ab (◘ Abb. 12.15a, blaue Linie), während die Mengen an Ester und Wasser kontinuierlich zunehmen (◘ Abb. 12.15a, rote Linie). Mit der Zeit steigt die Wahrscheinlichkeit, dass Ester- und Wassermoleküle kollidieren und zu den Ausgangsstoffen Essigsäure und Ethanol „verseifen" (Rückreaktion). Ab einem bestimmten Zeitpunkt verlaufen Hin- und Rückreaktion mit der gleichen Geschwindigkeit, sodass die Anzahl der sich bildenden Estermoleküle (Hinreaktion) und die der zerfallenden Estermoleküle (Rückreaktion) im Gleichgewicht sind. In diesem Zustand ändert sich das Verhältnis der Stoffmengen von Reaktionsprodukten zu Edukten nicht mehr.

Obwohl die Reaktion äußerlich zum Stillstand gekommen zu sein scheint, zerfallen weiterhin genauso viele Estermoleküle wie neue entstehen. Es liegt ein dynamisches Gleichgewicht vor. Dieses Gleichgewicht stellt sich unabhängig davon ein, ob die Annäherung an das Gleichgewicht über die Hinreaktion (Edukte → Essigsäureester) oder die Rückreaktion (Essigsäureester → Edukte) erfolgt.

Das Gleichgewicht liegt auf Seite des Esters (K > 1), da die Esterbildung (Hinreaktion) schneller verläuft als die Verseifung des Esters zu Ethanol und Essigsäure (Rückreaktion).

Die Lage eines Gleichgewichts ist immer reaktionsspezifisch und wird zusätzlich von den Reaktionsbedingungen wie Temperatur, Druck und der Zusammensetzung des Reaktionsgemisches beeinflusst.

Apfelkrieg – Beispiel für ein dynamisches Gleichgewicht

Der sogenannte Apfelkrieg, beschrieben von Dickerson und Geis in „Chemie – eine lebendige und anschauliche Einführung", dient zur Veranschaulichung der Lage eines dynamischen Gleichgewichts. Ein Apfelbaum steht genau auf der Grundstücksgrenze zwischen zwei Gärten. Im Herbst fallen je 20 wurmstichige Äpfel in die beiden Gärten (◘ Abb. 12.16a). Der rechte Garten gehört einem 25-jährigen Sportler, der linke einem 75-jährigen Senior. Beide möchten die faulen Äpfel loswerden und werfen diese in den Garten des Nachbarn. Da der junge Sportler deutlich flinker ist als der Senior, nimmt die Anzahl der Äpfel im Garten des Seniors mit der Zeit zu. Nach einiger Zeit stellt sich jedoch ein Gleichgewicht von 32 Äpfel im linken Garten des Seniors und acht Äpfeln im rechten Garten des Sportlers (◘ Abb. 12.16b) ein, obwohl die beiden Männer nach wie vor Äpfel in den jeweiligen Garten des Nachbarn werfen. Dies liegt daran, dass die Wege für den flinkeren Sportler aufgrund der geringeren Anzahl an Äpfeln länger werden, während sie für den langsameren Senior kürzer werden. Im Gleichgewicht wirft deshalb der Senior genauso

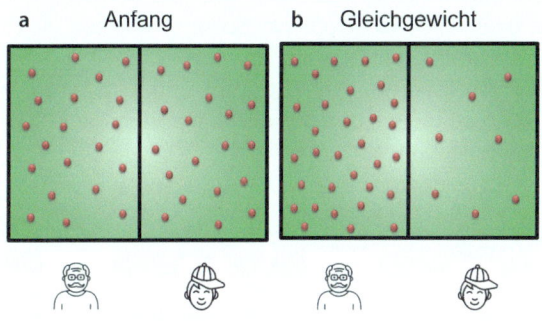

◘ Abb. 12.16 Apfelkrieg. Die Anzahl der Äpfel ist im Gleichgewichtszustand (b) im Garten des Sportlers kleiner als im Garten des Seniors (Avatare: © Toxa2x2, Turac Novruzova/▶ Shutterstock.com)

viele Äpfel pro Zeiteinheit über den Zaun wie der Sportler. Die Anzahl der Äpfel in den einzelnen Gärten ändert sich nicht mehr. Die Gleichgewichtskonstante der Äpfel beträgt K = Äpfel Senior/Äpfel Sportler = 32/8 = 4.

- **Massenwirkungsgesetz und Gleichgewichtskonstante**

Die Lage chemischer Gleichgewichte kann mit dem Massenwirkungsgesetz (MWG) beschrieben werden. Dabei werden die Konzentrationen der Reaktionsprodukte unter Berücksichtigung der stöchiometrischen Faktoren (υ) als Produkt im Zähler und die Konzentrationen der Ausgangsstoffe als Produkt im Nenner geschrieben (Gl. 12.47).

Die Konzentrationen flüssiger Ausgangsstoffe und Reaktionsprodukte werden in mol/l angegeben, während die Konzentrationen gasförmiger Stoffe in bar eingesetzt werden. Für eine gegebene Temperatur ist das MWG eine konstante Größe. Dieses konstante Verhältnis wird auch als Gleichgewichtskonstante (K) bezeichnet.

Somit berechnet sich für eine allgemeine chemische Reaktion mit den Ausgangsstoffen A und B und den Reaktionsprodukten C und D die Gleichgewichtskonstante wie folgt:

$$aA + bB \rightleftarrows cC + dD \rightarrow K = \frac{[C]^c \cdot [D]^d}{[A]^a \cdot [B]^b} \quad (12.47)$$

Für K > 1 überwiegen die Reaktionsprodukte, während für K < 1 das Gleichgewicht auf der Seite der Ausgangsstoffe liegt, also lediglich ein geringer Umsatz zu Reaktionsprodukten stattgefunden hat.

Für die Reaktion von Ethanol und Essigsäure zu Essigsäureethylester und Wasser ergibt sich die Gleichgewichtskonstante K (a = b = c = d = 1) wie folgt:

$$K = \frac{[Ester] \cdot [Wasser]}{[Essigsäure] \cdot [Ethanol]} \quad (12.48)$$

Da Edukte und Produkte im gleichen Reaktionsvolumen gelöst sind, reicht es aus, statt der Konzentrationen (c) die Stoffmengen (n) im Gleichgewicht (◘ Abb. 12.15b) in das MWG einzusetzen, um die Gleichgewichtskonstante K zu erhalten:

$$K = \frac{0{,}666\,mol \cdot 0{,}666\,mol}{0{,}333\,mol \cdot 0{,}333\,mol} = 4$$

Sowohl die Veresterungs- als auch die Verseifungsreaktion verlaufen spontan, d. h. unter Freisetzung von Gibbs-Energie ($\Delta_{RE}G < 0$, ◘ Abb. 12.17). Die Gibbs-Energie erreicht für die Hin- und Rückreaktion im Gleichgewichtszustand ein Minimum ($\Delta_{RE}G = 0$, Gl. 12.52). Da bei der Veresterungsreaktion mehr Energie freigesetzt wird als bei der Verseifungsreaktion, liegt das Gleichgewicht auf Seite des Esters (66,66 % Umsatz, ◘ Abb. 12.17).

Insgesamt wird im Gleichgewicht die molare Standard-Gibbs-Energie von $\Delta_{RE}G_m^\varnothing = \Delta_{RE}G_{m,Ester}^\varnothing - \Delta_R G_{m,Verseifung}^\varnothing = -3{,}2\,kJ/mol$ freigesetzt.

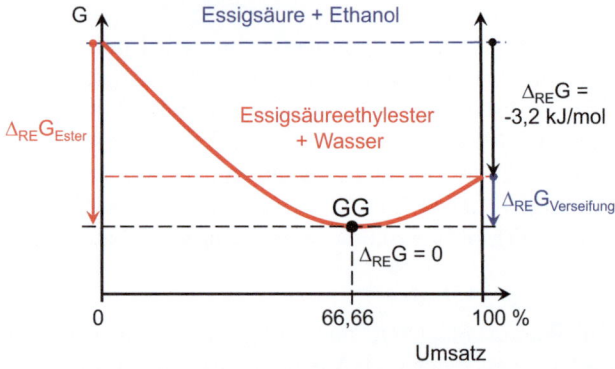

◘ **Abb. 12.17** Die Gibbs-Energie weist im Gleichgewichtszustand (GG) ein Minimum auf

Zwischen der molaren Standard-Gibbs-Energie und der Gleichgewichtskonstante gilt folgender Zusammenhang:

$$\Delta_{RE}G_m^\varnothing = -R \cdot T \cdot ln(K) \quad (12.49)$$

$\Delta_{RE}G_m^\varnothing$ – molare Standard-Gibbs-Energie, Jmol^{-1}
R – allgemeine Gaskonstante, Jmol^{-1}K^{-1}
T – absolute Temperatur, K
K – Gleichgewichtskonstante chemische Reaktion

Gl. 12.49 ergibt ebenfalls die molare Standard-Gibbs-Energie für die Veresterungsreaktion.

$$\Delta_{RE}G_m^\varnothing = -8{,}3145\,\frac{J}{K \cdot mol} \cdot 273{,}15\,K \cdot ln(4)$$
$$= -3148\,J/Kmol = -3{,}2\,kJ/mol$$

Umgekehrt lässt sich für eine gegebene Standard-Gibbs-Energie die Lage des Reaktionsgleichgewichts berechnen.

$$\Delta_{RE}G^\varnothing = -R \cdot T \cdot ln(K) \rightarrow ln(K) = \frac{\Delta_{RE}G^\varnothing}{-R \cdot T}$$
$$\rightarrow K = e^{-\frac{\Delta_{RE}G^\varnothing}{R \cdot T}} \quad (12.50)$$

- **Beispiel**

Berechnung der Gleichgewichtskonstante als Funktion der Standard-Gibbs-Energie bei Raumtemperatur.

$$K = e^{\frac{\Delta_{RE}G^\varnothing \cdot K \cdot mol}{8{,}314 \cdot J \cdot 298\,K}}$$

◘ Abb. 12.18 gibt die Gleichgewichtskonstante K als Funktion der molaren Gibbs-Energie wieder, bei logarithmischer Skala für die Gleichgewichtskonstante

12.3 · Entropie – Energieumwandlungsprozesse weisen eine Richtung auf

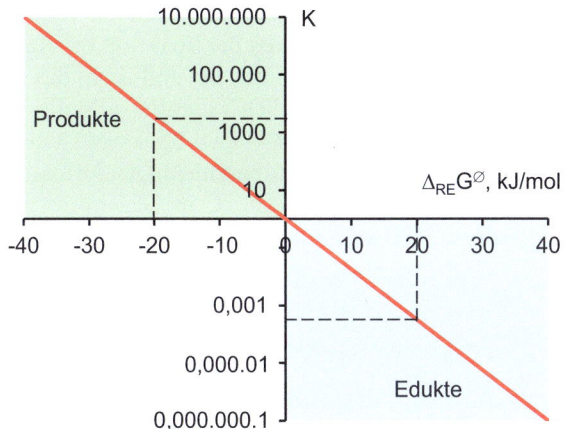

◘ Abb. 12.18 Die Gleichgewichtskonstante K als Funktion der Gibbs-Energie

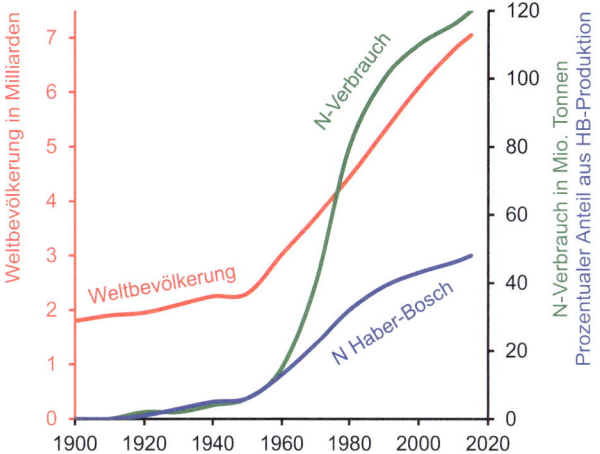

◘ Abb. 12.19 Die Hälfte des Stickstoffs der globalen Stickstoffdüngerproduktion stammt aus Haber-Bosch-Reaktoren

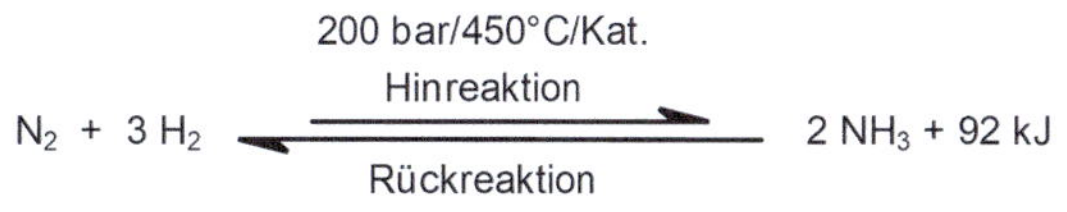

$$N_2 + 3H_2 \xrightleftharpoons[\text{Rückreaktion}]{\text{200 bar/450°C/Kat. Hinreaktion}} 2NH_3 + 92\,kJ$$

◘ Abb. 12.20 Industrielle Herstellung von Ammoniak aus Stickstoff und Wasserstoff nach dem Haber-Bosch-Verfahren

Bei einer Gibbs-Energie von −20 kJ/mol weist die Gleichgewichtskonstante einen Wert von mehr als 1000 auf, sodass die exergonische Reaktion praktisch vollständig in Richtung Produkte abläuft.

Dagegen hat die Gleichgewichtskonstante bei einer freien Gibbs-Energie von +20 kJ/mol den Wert von unter 0,001, sodass kein Produkt gebildet wird.

Weist die freie Gibbs-Energie einen Wert zwischen −20 und +20 kJ/mol auf, dann läuft die Reaktion unvollständig ab. Für negative Gibbs-Energien ist das Gleichgewicht produktlastig (grüner Bereich, ◘ Abb. 12.18; exergonische Reaktion) für positive Gibbs-Energien eduktlastig (blauer Bereich, ◘ Abb. 12.18; endergonische Reaktion).

■ Beispiel – Ammoniaksynthese

Zu Beginn des 20. Jahrhunderts wurde dem deutschen Kaiserreich im Vorfeld des sich anbahnenden Weltkriegs der Zugang zu natürlich vorkommendem Chilesalpeter durch die britische Marine verwehrt. Chilesalpeter war ein wichtiger Rohstoff nicht nur für die Herstellung von Kunstdünger, sondern auch für Sprengstoffe.

Umso spektakulärer war deshalb die industrielle Herstellung von Ammoniak aus Stickstoff und Wasserstoff (◘ Abb. 12.20). Ammoniak dient als Ausgangsstoff für die großtechnische Herstellung von Salpetersäure und Harnstoff. Diese beide Basischemikalien ermöglichen die Produktion von Kunstdüngern, wodurch die Ernährung der explodierenden Weltbevölkerung zu Beginn des 20. Jahrhunderts gesichert werden konnte (◘ Abb. 12.19).

Die Hinreaktion verläuft unter Standardbedingungen exotherm ($\Delta_{RE}H^{\varnothing}$ = −92 kJ) und unter Entropieabnahme, da aus vier Eduktmolekülen lediglich zwei Produktmoleküle entstehen ($\Delta_{RE}S^{\varnothing}$ = −201 JK^{-1}).

Bezieht man die thermodynamischen Daten auf 1 mol Ammoniak, so ergibt sich für die molare Standardreaktionsenthalpie $\Delta_{RE}H_m^{\varnothing}$ ein Wert von −46 kJmol^{-1} und für die Standardreaktionsentropie $\Delta_{RE}S_m^{\varnothing}$ ein Wert von −100,5 JK^{-1}mol^{-1}.

■ Industrielle Ammoniakherstellung nach Haber-Bosch

Berechnen Sie für die Haber-Bosch-Reaktion bei einem Druck von 1 bar die molare Gibbs-Energie bei 25 °C sowie die zugehörige Gleichgewichtskonstante. Bei welcher Temperatur befindet sich die Hin- und Rückreaktion im Gleichgewicht?

$$\Delta_{RE}G_m^{\varnothing} = \Delta_{RE}H_m^{\varnothing} - T \cdot \Delta_{RE}S_m^{\varnothing} \quad (12.51)$$

$$\Delta_{RE}G_m^{\varnothing}(1\,bar, 25°C) = -46\frac{kJ}{mol} - 298\,K \cdot (-100,5)\frac{J}{K \cdot mol} = -46\frac{kJ}{mol} + 29,9\frac{kJ}{mol} = -16,1\frac{kJ}{mol} \quad exergonisch$$

Gemäß Gl. 12.49 berechnet sich die Gleichgewichtskonstante bei 1 bar Reaktionsdruck zu:

$$K = e^{-\frac{\Delta_{RE}G_m^\varnothing}{R \cdot T}} = e^{\frac{(-16.100 J) \cdot K \cdot mol}{8,314 J \cdot 298 K \cdot mol}} = 664$$

Die Reaktion ist bei Raumtemperatur stark exotherm ($\Delta_{RE}H < 0$) und verläuft spontan ($\Delta_{RE}G < 0$), wodurch das Gleichgewicht auf der Produktseite liegt ($K > 1$, ◘ Abb. 12.18).

Allerdings beträgt die Aktivierungsenergie etwa 220 kJ pro Mol Ammoniak, sodass die Reaktion bei Raumtemperatur kinetisch gehemmt ist und sich das Reaktionsgleichgewicht unendlich langsam einstellt. Um die Aktivierung des reaktionsträgen Stickstoffs und die Gleichgewichtseinstellung zu beschleunigen, erfolgt der großtechnische Prozess bei 450 °C in Gegenwart eines Katalysators, auch als Kontakt bezeichnet.

$$\Delta_{RE}G_m^\varnothing(1\,bar, 450°C) = -46\frac{kJ}{mol} - 723\,K \cdot (-100,5)\frac{J}{K \cdot mol} = -46\frac{kJ}{mol} + 72,7\frac{kJ}{mol} = +26,7\frac{kJ}{mol} \quad \text{endergonisch}$$

$$K = e^{-\frac{(+26.700J) \cdot K \cdot mol}{8,314 J \cdot 723 K \cdot mol}} = 0,0118$$

Die Haber-Bosch-Reaktion ist bei einer Temperatur von 450 °C und einem Druck von 1 bar entropiegetrieben. Dabei dominiert der Entropiebeitrag ($T \cdot \Delta_R S$), da aus vier Molekülen Edukten zwei Moleküle Produkte entstehen. Dies führt dazu, dass die Reaktion endergonisch verläuft ($\Delta_{RE}G > 0$) und das Gleichgewicht sich zur Seite der Edukte verschiebt ($K < 1$).

■ Ceiling-Temperatur

Bei welcher Temperatur (Ceiling-Temperatur) verlaufen Hin- und Rückreaktion mit der gleichen Geschwindigkeit, d. h. bei welcher Temperatur sind Enthalpie- und Entropieanteil im Gleichgewicht? Da Hin- und Rückreaktion gleich schnell sind, beträgt die Gleichgewichtskonstante $K = 1$ und der Betrag für die freie Reaktionsenthalpie $\Delta_{RE}G_m^\varnothing = 0$.

$$K = \frac{v_{Hinreaktion}}{v_{Rückreaktion}} = 1 \rightarrow \Delta_{RE}G_m^\varnothing = -R \cdot T \cdot ln(1) = 0 \tag{12.52}$$

Einsetzen in Gl. 12.51 und Umstellen nach der Ceiling-Temperatur (T_C) ergibt:

$$\Delta_{RE}G_m^\varnothing = \Delta_{RE}H_m^\varnothing - T_C \cdot \Delta_R S_m^\varnothing = 0 \rightarrow T_C = \frac{\Delta_{RE}H_m^\varnothing}{\Delta_{RE}S_m^\varnothing} \rightarrow T_C = \frac{-46.000\,J \cdot K \cdot mol}{-100,5\,J \cdot mol} = 458\,K \equiv 185°C \tag{12.53}$$

Bei 185 °C halten sich die energetisch begünstigte Bildung des Ammoniaks (Hinreaktion) und der entropisch begünstigte Zerfall der Ammoniakmoleküle (Rückreaktion) bei Standarddruck die Waage ($\Delta_{RE}G_m^\varnothing = 0$, $K = 1$).

Für die großtechnische Ammoniaksynthese (◘ Abb. 12.21) gelten somit folgende Randbedingungen:
— Bei tiefen Temperaturen liegt das thermodynamische Gleichgewicht auf Seite des Ammoniaks (exotherme Reaktion).
— Bei tiefen Temperaturen ist die Reaktion kinetisch gehemmt, wegen der hohen Aktivierungsenergie der Stickstoff-Stickstoff-Dreifachbindung, weshalb praktisch kein Ammoniak entsteht.
— Um eine rein thermische Aktivierung des Stickstoffs zu erreichen, müsste die Reaktion bei Temperaturen von 1000 °C durchgeführt werden.

◘ Abb. 12.21 Errichten eines Haber-Bosch-Kontaktofens auf dem Werksgelände der BASF im Jahr 1923 (© BASF)

12.3 · Entropie – Energieumwandlungsprozesse weisen eine Richtung auf

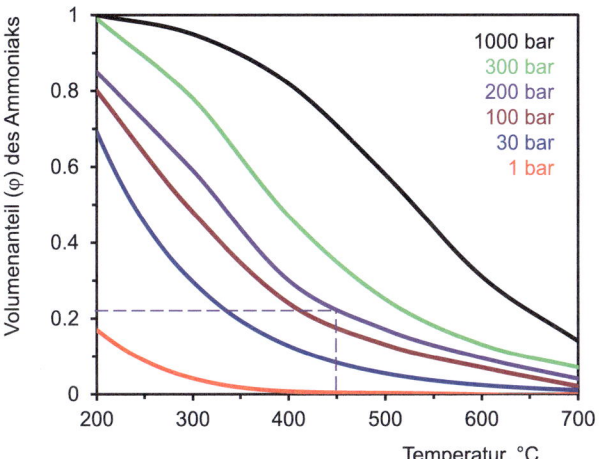

Abb. 12.22 Volumenanteil von Ammoniak (φ) als Funktion von Druck und Temperatur im Haber-Bosch-Prozess

- Bei so hohen Temperaturen zerfällt allerdings der gebildete Ammoniak sofort wieder in die Ausgangsstoffe. Da die Aktivierungsenergie der Rückreaktion kleiner ist als die der Hinreaktion, verschiebt sich das Gleichgewicht in Richtung der Edukte.
- Durch den Einsatz von Katalysatoren kann die Reaktion bei 450 °C durchgeführt werden, was einen guten Kompromiss zwischen Bildungs- und Zerfallsgeschwindigkeit des Ammoniaks darstellt.
- Aber auch bei 450 °C wäre die Ausbeute zu gering, weshalb die großtechnische Synthese bei Drücken von 200–300 bar durchgeführt wird, wodurch das Gleichgewicht in Richtung des kleineren Volumens, also zur Produktseite, verschoben wird, was die Ausbeute an Ammoniak wesentlich erhöht (Abb. 12.22, gestrichelte Linien).
- Noch vorteilhafter wären Drücke von 1000 bar, allerdings wäre der technische Aufwand dafür überproportional hoch.

■ **Einfluss der Temperatur auf das Gleichgewicht**
Qualitative Betrachtung – Prinzip des kleinsten Zwanges

Das Prinzip des kleinsten Zwanges nach Le Chatelier und das Massenwirkungsgesetz lassen qualitative respektive quantitative Aussagen zur Lage des Gleichgewichts zu.

Die Hinreaktion der Ammoniaksynthese verläuft exotherm (Abb. 12.20). Temperaturerhöhungen begünstigen die endotherme Reaktion (Rückreaktion), da dadurch Wärme in Entropie umgewandelt wird und somit das Reaktionssystem dem äußeren Zwang der Temperaturerhöhung ausweicht. Dieses „Ausweichen" erfolgt so lange, bis sich ein neues Gleichgewicht eingestellt hat. Beispielsweise nimmt bei Temperaturerhöhung bei 200 bar Druck (Abb. 12.22, violette Kurve) der Volumenanteil (φ) an Ammoniak im Gleichgewicht ab.

■ *Quantitative Betrachtung*

Die Temperaturabhängigkeit von Gleichgewichtskonstanten bei konstantem Druck ergibt sich durch Gleichsetzen von Gl. 12.49 und 12.51.

$$-R \cdot T \cdot \ln(K) = \Delta_{RE} H_m^\varnothing - T \cdot \Delta_{RE} S_m^\varnothing \rightarrow$$
$$\ln(K) = \frac{-\Delta_{RE} H_m^\varnothing}{R \cdot T} + \frac{\Delta_{RE} S_m^\varnothing}{R} \quad (12.54)$$

Betrachtet man Gleichgewichte bei zwei verschiedenen Temperaturen T_2 und T_1, dann erhält man nach Einsetzen in Gl. 12.54 folgende Gleichungen:

$$\ln[K(T_2)] = \frac{-\Delta_{RE} H_m^\varnothing}{R \cdot T_2} + \frac{\Delta_{RE} S_m^\varnothing}{R} \quad und$$
$$\ln[K(T_1)] = \frac{-\Delta_{RE} H_m^\varnothing}{R \cdot T_1} + \frac{\Delta_{RE} S_m^\varnothing}{R} \quad (12.55)$$

Subtrahiert man die beiden Gleichungen, kürzen sich die Entropieterme heraus:

$$\ln[K(T_2)] - \ln[K(T_1)] = \frac{-\Delta_{RE} H_m^\varnothing}{R \cdot T_2} + \frac{\Delta_{RE} S_m^\varnothing}{R} - \left(\frac{-\Delta_{RE} H_m^\varnothing}{R \cdot T_1} + \frac{\Delta_{RE} S_m^\varnothing}{R}\right) = \frac{-\Delta_{RE} H_m^\varnothing}{R \cdot T_2} + \frac{\Delta_{RE} H_m^\varnothing}{R \cdot T_1} \quad (12.56)$$

Umformen (allgemein gilt: $\ln(a) - \ln(b) = \ln(a/b)$) und Ausklammern des Ausdrucks $\Delta_{RE} H_m / R$ ergibt:

$$\ln\left[\frac{K(T_2)}{K(T_1)}\right] = \frac{\Delta_{RE} H_m^\varnothing}{R} \cdot \left(\frac{1}{T_1} - \frac{1}{T_2}\right) \quad (12.57)$$

Anwenden des Operators e^x auf beide Seiten und Auflösen nach $K(T_2)$ liefert schließlich für die Temperaturabhängigkeit von Gleichgewichtskonstanten:

$$K(T_2) = K(T_1) \cdot e^{\frac{\Delta_{RE} H_m^\varnothing}{R} \cdot \left(\frac{1}{T_1} - \frac{1}{T_2}\right)} \quad (12.58)$$

> **Beispiel**
>
> Die Gleichgewichtskonstante des Haber-Bosch-Verfahrens beträgt bei 200 bar und 25 °C 8,65·10⁴. Wie groß ist sie bei 450 °C? Da die Ammoniaksynthese eine exotherme Reaktion ist, sollte gemäß den qualitativen Überlegungen von Le Chatelier das Gleichgewicht in Richtung der Edukte Wasserstoff und Stickstoff verschoben werden. Daher wird erwartet, dass die Gleichgewichtskonstante bei höherer Temperaturen kleiner wird.
>
> $T_1 = 25\,°C = 298\,K \quad T_2 = 723\,K \quad \Delta_{RE}H_m = -92.000\,J/mol$
>
> Wir setzen die Werte in Gl. 12.58 ein
>
> $$K(723\,K) = 8,65 \cdot 10^4 \cdot e^{\frac{-92.000\,J\cdot mol\cdot K}{8,314\,J\cdot mol}\left(\frac{1}{298\,K} - \frac{1}{723\,K}\right)}$$
>
> $$= 8,65 \cdot 10^4 \cdot e^{-21,82} = 2,87 \cdot 10^{-5}$$

◼ **Einfluss des Drucks auf das Gleichgewicht**

Qualitative Betrachtung – Prinzip des kleinsten Zwanges

Da die Ammoniaksynthese mit einer Volumenabnahme einhergeht – aus vier Molekülen Ausgangsstoffe ($N_2 + 3\,H_2 \rightarrow 2\,NH_3$) entstehen zwei Moleküle Ammoniak – verschiebt sich das Gleichgewicht bei einer Druckerhöhung in Richtung Produktseite. Der Volumenanteil des Ammoniaks (φ) nimmt bei konstanter Temperatur durch eine Druckerhöhung zu (Abb. 12.22).

◼ *Quantitative Betrachtung*

Das Massenwirkungsgesetz für das Ammoniakgleichgewicht lautet allgemein:

$$K_p = \frac{p^2(NH_3)}{p(N_2) \cdot p^3(H_2)} \tag{12.59}$$

p(NH₃) – Partialdruck Ammoniak im Gleichgewicht, bar

p(N₂) – Partialdruck Stickstoff im Gleichgewicht, bar

p(H₂) – Partialdruck Wasserstoff im Gleichgewicht, bar

Das stöchiometrische Verhältnis der Ausgangsstoffe Stickstoff zu Wasserstoff beträgt 1 zu 3 (Abb. 12.20). Da beide Ausgangsstoffe gasförmig sind, gilt dieses Verhältnis sowohl für ihre Stoffmengen, Volumina als auch Partialdrücke.

Zu Reaktionsbeginn liegen 3 mol Wasserstoff (n_{H2} = 3 mol) und 1 mol Stickstoff (n_{N2} = 1 mol) vor. Im Gleichgewicht wird eine Stoffmenge von α mol Stickstoff in Ammoniak überführt. Aufgrund der stöchiometrischen Gleichung (Abb. 12.20) liegen somit im Gleichgewicht 1 – α mol Stickstoff, 3 – 3·α mol Wasserstoff und 2·α mol Ammoniak vor.

Die Summe der Stoffmengenanteile der Gase im Gleichgewicht beträgt somit:

$$n_{Ges} = 1 - \alpha + 3 - 3\cdot\alpha + 2\cdot\alpha = 4 - 2\cdot\alpha \tag{12.60}$$

n_{Ges} – Summe der Stoffmengenanteile im Gleichgewicht, mol

α – Stoffmengenanteil Stickstoff, der zu Ammoniak reagiert hat

Die Partialdrücke der einzelnen Komponenten im Gleichgewicht entsprechen den Stoffmengenanteilen der Gase [x(Gas)] multipliziert mit dem Gesamtdruck der Reaktion (p_{Ges}).

$$p(Gas) = x(Gas) \cdot p_{Ges} \xrightarrow{mit\ x = \frac{n(Gas)}{n_{Ges}}} p = \frac{n(Gas)}{n_{Ges}} \cdot p_{Ges} \tag{12.61}$$

Somit ergibt sich für die Partialdrücke der beteiligten Gase:

$$p(N_2) = \frac{1-\alpha}{4-2\cdot\alpha}\cdot p_{Ges} \quad p(H_2) = \frac{3-3\cdot\alpha}{4-2\cdot\alpha}\cdot p_{Ges} \quad p(NH_3) = \frac{2\cdot\alpha}{4-2\cdot\alpha}\cdot p_{Ges} \tag{12.62}$$

Einsetzen der Partialdrücke in Gl. 12.59 ergibt:

$$K_p = \frac{\left(\frac{2\cdot\alpha}{4-2\cdot\alpha}\cdot p_{Ges}\right)^2}{\left(\frac{1-\alpha}{4-2\cdot\alpha}\cdot p_{Ges}\right)\cdot\left(\frac{3-3\cdot\alpha}{4-2\cdot\alpha}\cdot p_{Ges}\right)^3} = \frac{\left(\frac{2\cdot\alpha}{4-2\cdot\alpha}\cdot p_{Ges}\right)^2}{\left(\frac{1-\alpha}{4-2\cdot\alpha}\cdot p_{Ges}\right)\left[\frac{3\cdot(1-\alpha)}{4-2\cdot\alpha}\cdot p_{Ges}\right]^3} = \frac{\frac{4\cdot\alpha^2}{(4-2\cdot\alpha)^2}\cdot p_{Ges}^2}{\frac{27\cdot(1-\alpha)^4}{(4-2\cdot\alpha)^4}\cdot p_{Ges}^4} \tag{12.63}$$

$$K_p = \frac{4 \cdot \alpha^2 \cdot (4 - 2 \cdot \alpha)^2}{27 \cdot (1-\alpha)^4 \cdot p_{Ges}^2} \tag{12.64}$$

K_p – Gleichgewichtskonstante, bar^{-2}

α – Stoffmengenanteil Stickstoff, der zu Ammoniak abreagiert hat, dimensionslos

p_{Ges} – Gesamtdruck, Summe aller Partialdrücke im Gleichgewicht, bar

Der Anteil 2·α des Ammoniaks ist uns indirekt als prozentualer Volumenanteil (φ) des Ammoniaks im Gleichgewicht (◘ Abb. 12.22) bekannt und entspricht dem Quotienten aus Partialdruck Ammoniak zu Gesamtdruck des Reaktionsgemischs.

$$\varphi = \frac{p(NH_3)}{p(N_2) + p(H_2) + p(NH_3)} = \frac{\frac{2 \cdot \alpha}{4 - 2 \cdot \alpha} \cdot p_{Ges}}{p_{Ges}} = \frac{2 \cdot \alpha}{4 - 2 \cdot \alpha} \tag{12.65}$$

φ – Volumenanteil Ammoniak am Reaktionsvolumen, dimensionslos

α – Stoffmengenanteil Stickstoff, der zu Ammoniak abreagiert hat, dimensionslos

Wir lösen Gl. 12.65 nach den Stoffmengenanteil des Ammoniaks (α) im Gleichgewicht auf.

$$\varphi = \frac{2 \cdot \alpha}{4 - 2 \cdot \alpha} \rightarrow \varphi \cdot (4 - 2 \cdot \alpha) = 2 \cdot \alpha \rightarrow 4 \cdot \varphi - 2 \cdot \alpha \cdot \varphi = 2 \cdot \alpha \rightarrow 4 \cdot \varphi = 2 \cdot \alpha + 2 \cdot \alpha \cdot \varphi \rightarrow \tag{12.66}$$

$$4 \cdot \varphi = 2 \cdot \alpha \cdot (1 + \varphi) \rightarrow \alpha = \frac{2 \cdot \varphi}{1 + \varphi}$$

Das Ergebnis für den Stoffmengenanteil α wird in Gl. 12.64 eingesetzt, wodurch die Gleichgewichtskonstante K als Funktion des Ammoniakvolumenanteils (φ) am Gleichgewicht erhalten wird.

$$K_p = \frac{4 \cdot \left(\frac{2 \cdot \varphi}{1+\varphi}\right)^2 \cdot \left(4 - \frac{4 \cdot \varphi}{1+\varphi}\right)^2}{27 \cdot \left(1 - \frac{2 \cdot \varphi}{1+\varphi}\right)^4 \cdot p_{Ges}^2} = \frac{4 \cdot \left(\frac{2 \cdot \varphi}{1+\varphi}\right)^2 \cdot \left(\frac{4}{1+\varphi}\right)^2}{27 \cdot \left(\frac{1-\varphi}{1+\varphi}\right)^4 \cdot p_{Ges}^2} = \frac{256 \cdot \varphi^2 \cdot \left(\frac{1}{1+\varphi}\right)^2 \cdot \left(\frac{1}{1+\varphi}\right)^2 \cdot (1+\varphi)^4}{27 \cdot (1-\varphi)^4 \cdot p_{Ges}^2} \tag{12.67}$$

$$K_p = \frac{256 \cdot \varphi^2}{27 \cdot (1-\varphi)^4 \cdot p_{Ges}^2} \quad \text{Gleichgewichtskonstante Ammoniaksynthese als Funktion des Drucks} \tag{12.68}$$

K_p – Gleichgewichtskonstante, bar^{-2}

φ – Volumenanteil Ammoniak am Reaktionsvolumen im Gleichgewicht

p_{Ges} – Gesamtdruck, Summe aller Partialdrücke im Gleichgewicht, bar

Um den konkreten Zahlenwert der Gleichgewichtskonstante K_p bei 200 bar und 450 °C zu berechnen, lesen wir aus ◘ Abb. 12.22 (gestrichelte Linien) den prozentualen Volumenanteil (φ = 0,215) für Ammoniak ab und setzen diesen in Gl. 12.68 ein.

$$K_p(200\,bar, 450°C) = \frac{256 \cdot 0,215^2}{27 \cdot (1-0,215)^4 \cdot (200\,bar)^2}$$
$$= 2,87 \cdot 10^{-5}\,bar^{-2}$$

12.3.3 Maxwell-Relationen – Substitution experimentell schwer zugänglicher thermodynamischer Größen

Die sogenannten Maxwell-Relationen lassen sich direkt aus den Definitionen der thermodynamischen Potenziale ableiten. Sie ermöglichen, experimentell schwer messbare thermodynamische Größen durch messtechnisch einfach zu bestimmende Größen zu ersetzen. Des Weiteren können thermodynamische Funktionsgleichungen durch geschickte Anwendung der Maxwell-Relationen wesentlich vereinfacht und/oder in physikalisch besser verständliche Formen überführt werden.

■ Thermodynamische Potentiale – Das Fundament

In der klassischen Mechanik befindet sich ein System im stabilen Gleichgewicht, wenn seine potenzielle Energie minimal ist. Ähnlich wie die potenzielle Energie in der klassischen Mechanik, sind die thermodynamischen Potenziale in der Thermodynamik zu verstehen. Thermodynamische Prozesse befinden sich im Gleichgewicht, wenn das relevante thermodynamische Potential ein Minimum aufweist.

Die vier wesentlichen thermodynamischen Potentiale für geschlossene Systeme (kein Stoffaustausch mit der Umgebung!) sind wie folgt **definiert**:

$$U \equiv Q + W \qquad innere\ Energie \tag{12.69}$$

Die Zustandsgleichung der inneren Energie (U) beschreibt die kinetische Energie, die in den Schwingungen, Rotationen und der Geschwindigkeit der einzelnen Teilchen eines Systems steckt. Außerdem erfasst die innere Energie auch noch die elektrostatischen Wechselwirkungsenergien zwischen den Teilchen (potenzielle Energie). Externe Energien, die durch äußere Kräfte auf ein System wirken, beeinflussen die innere Energie nicht.

$$H \equiv U + p \cdot V \qquad Enthalpie \tag{12.70}$$

Die Zustandsgleichung der Enthalpie (H) wird häufig verwendet, um den Energieverlauf chemischer Reaktionen zu beschreiben. Chemische Reaktionen finden meist bei konstantem Druck statt, sodass die Reaktionswärme mit der Enthalpie übereinstimmt (H = Q + W + pV mit W = −pV folgt H = Q). Die Enthalpie gibt an, ob eine chemische Reaktion unter Wärmeabgabe (exotherm, $\Delta H < 0$) oder Wärmeaufnahme (endotherm, $\Delta H > 0$) erfolgt.

$$G \equiv H - T \cdot S \qquad freie\ Enthalpie, Gibbs - Energie \tag{12.71}$$

Die freie Enthalpie oder Gibbs-Energie (G) ist ebenfalls für chemische Reaktionen on Bedeutung, da diese häufig bei konstanter Temperatur und konstantem Druck ablaufen. Die freie Enthalpie ist ein Maß für die maximale Arbeit (deshalb die Bezeichnung frei), die chemische Reaktionen, z. B. in Batterien, leisten können. Das Vorzeichen der freien Enthalpie zeigt an, ob eine chemische Reaktion spontan (exergonisch, $\Delta G < 0$), nicht spontan (endergonisch, $\Delta G > 0$) verläuft oder sich im Gleichgewicht befindet ($\Delta G = 0$).

$$A \equiv U - T \cdot S \qquad freie\ Energie,\ Helmholtz - Energie \tag{12.72}$$

Die freie Energie oder Helmholtz-Energie (A) wird vor allem in der Feststoffchemie verwendet, da bei Feststoffreaktionen die Temperatur konstant gehalten wird und das Volumen nahezu unverändert bleibt. Die freie Energie ist ein Maß für die maximale Arbeit, die Feststoffreaktionen leisten können. Die freie Energie zeigt an, ob eine Feststoffreaktion spontan ($\Delta A < 0$) oder nicht spontan ($\Delta A > 0$) verläuft.

■ Fundamentalgleichungen der Thermodynamik

Die Fundamentalgleichung der inneren Energie (Gl. 12.26) leitet sich vom 1. und 2. Hauptsatz der Thermodynamik ab. Die ausgetauschte reversible Wärmeenergie (δQ_{rev}) ergibt sich aus dem 2. Hauptsatz (Clausius-Theorem) zu $\delta Q_{rev} = T \cdot dS$. Die Volumenarbeit ($\delta W$) entspricht dem Produkt aus Volumenänderung und Druck ($-p \cdot dV$). Einsetzen der beiden Ausdrücke in Gl. 12.73 ergibt die Fundamentalgleichung der inneren Energie.

$$dU = \delta Q + \delta W = TdS - pdV$$
$$Fundamentalgleichung\ der\ inneren\ Energie \tag{12.73}$$

Die Fundamentalgleichung der Enthalpie wird durch totale Differentiation des thermodynamischen Potentials der Enthalpie (Gl. 12.70) erhalten. Dabei muss auf das Differenzial der Volumenarbeit d(p·V) die Produktregel (▶ Tab. 9.1, Regel 8) [d(p·V) = dp·V +p·dV] angewandt werden. Schließlich wird noch dU durch die Fundamentalgleichung der inneren Energie (Gl. 12.73) ersetzt.

$$dH = dU + d(p \cdot V) = TdS - pdV + dpV + pdV = TdS + Vdp \tag{12.74}$$

Analog werden die Fundamentalgleichungen für die freie Enthalpie (Gl. 12.71) und die freie Energie (Gl. 12.72) abgeleitet.

$$dG = dH - d(T \cdot S) = TdS + Vdp - dT \cdot S - TdS = Vdp - SdT \tag{12.75}$$

$$dA = dU - d(T \cdot S) = TdS - pdV - dT \cdot S - T \cdot dS = -pdV - SdT$$
(12.76)

- **Die Fundamentalgleichungen respektive charakteristischen Funktionen im Überblick**

$$dU = TdS - pdV \tag{12.77}$$

$$dH = TdS + Vdp \tag{12.78}$$

$$dG = Vdp - SdT \tag{12.79}$$

$$dA = -pdV - SdT \tag{12.80}$$

Die Fundamentalgleichungen, auch als charakteristische Funktionen bezeichnet, beschreiben die thermodynamischen Zustandsgrößen (U, H, G, A) als Funktion ihrer natürlichen Variablen (p, V, T, S), die experimentell bestimmt werden können. Die Fundamentalgleichungen entsprechen den totalen Differenzialen der thermodynamischen Potentiale.

- **Natürliche Variablen**

Natürliche Variablen sind unabhängige Größen, die ein thermodynamisches System vollständig beschreiben. Thermodynamische Potentiale sind konstant, wenn die natürlichen Variablen nicht variieren. Wenn wir beispielsweise in Gl. 12.77 dessen Zustandsvariablen S und V nicht ändern, gleichbedeutend mit dS = 0 und dV = 0, dann ändert sich auch die innere Energie des Systems nicht (dU = T·0 – p·0 = 0).

Die natürlichen Variablen der thermodynamischen Potentiale [U(S,V), H(S,p), G(p,T), A(V,T)] können aus den Fundamentalgleichungen als deren Differenziale (dS, dV etc.) entnommen werden.

- **Totale Differenziale der thermodynamischen Potentiale**

Die thermodynamischen Potentiale sind Funktionen der natürlichen Variablen. Durch Ableiten der thermodynamischen Potentiale nach den natürlichen Variablen werden die totalen Differenziale der jeweiligen Potentiale erhalten. Beispielsweise ergibt sich das totale Differenzial für die Enthalpie (H) durch partielles Ableiten nach Entropie (∂/∂S) und Druck (∂/∂p).

$$dH = \left(\frac{\partial H}{\partial S}\right)_p dS + \left(\frac{\partial H}{\partial p}\right)_S dp \tag{12.81}$$

Wie ist Gl. 12.81 physikalisch zu interpretieren?
- Die Zustandsgröße Enthalpie (H) ist eine Funktion [H(S,p)] der natürlichen Zustandsvariablen Entropie (S) und Druck (p).
- Das totale Differenzial (total, das bedeutet beide Variablen werden gleichzeitig variiert) oder auch vollständige Differenzial der Enthalpie (dH, d indiziert, dass es sich um ein totales Differenzial handelt) beschreibt die Gesamtänderung (d) der Zustandsgröße Enthalpie (H), wenn beide Zustandsvariablen Entropie (dS) und Druck (dp) um einen infinitesimalen Betrag variiert werden.
- Die Änderung (dH) für einen bestimmten Enthalpiezustand H*(S*,p*) ergibt sich als Summe (Pluszeichen in Gl. 12.81) der Produkte der Differenziale der Variablen Entropie (dS) und Druck (dp) mit den zugehörigen partiellen Ableitungen $(\partial H/\partial S)_p$ resp. $(\partial H/\partial p)_S$ am Punkt H*.
- Die partiellen Ableitungen $(\partial H/\partial S)_p$ (◼ Abb. 12.23, rot) respektive $(\partial H/\partial p)_S$ (◼ Abb. 12.23, grün) entsprechen Ableitungen nach *einer Variablen* (Entropie resp. Druck), während die zweite Variable (tiefgestellter Index nach der Klammer) *konstant gehalten* wird.
- Die Bezeichnung partielles (teilweises) Differenzial bedeutet, dass nur nach einer Variable abgeleitet wird.
- Geometrisch entspricht eine partielle Ableitung einer Tangente (Steigung) an den Punkt H*. Wird die Funktion H(S,p) in einem kartesischen Koordinatensystem dargestellt, so schneiden sich die beiden Tangenten der partiellen Ableitungen $(\partial H^*/\partial S)_p$ (◼ Abb. 12.23, rot gestrichelte Linie) respektive $(\partial H^*/\partial p)_S$ (grün gestrichelte Linie) im Punkt H* im rechten Winkel und spannen eine Tangentialebene (blaue Fläche) auf, die das totale Differenzial $(\partial^2 H^*/\partial S \partial p)$ repräsentiert.
- Das totale Differenzial dH = H^E – H* (Gl. 12.81) entspricht dem schwarzen Pfeil in der Abbildung, der die Gesamtänderung der Enthalpie als Summe der Änderungen durch Druckvariation (◼ Abb. 12.23, grüner Pfeil) und Entropievariation (roter Pfeil) abbildet.
- Da die Enthalpie H(S,p) eine Zustandsfunktion ist, spielt die Reihenfolge der partiellen Ableitungen keine Rolle. Das heißt, es macht keinen Unterschied, ob zuerst der Druck und dann die Entropie variiert wird oder umgekehrt, man landet stets beim Endpunkt H^E.

Die Ableitung der restlichen Fundamentalgleichungen nach den natürlichen Variablen ergibt folgende totale Differenziale:

$$dU = \left(\frac{\partial U}{\partial S}\right)_V dS + \left(\frac{\partial U}{\partial V}\right)_S dV \tag{12.82}$$

$$dG = \left(\frac{\partial G}{\partial p}\right)_T dp + \left(\frac{\partial G}{\partial T}\right)_p dT \tag{12.83}$$

$$dA = \left(\frac{\partial A}{\partial V}\right)_T dV + \left(\frac{\partial A}{\partial T}\right)_V dT \tag{12.84}$$

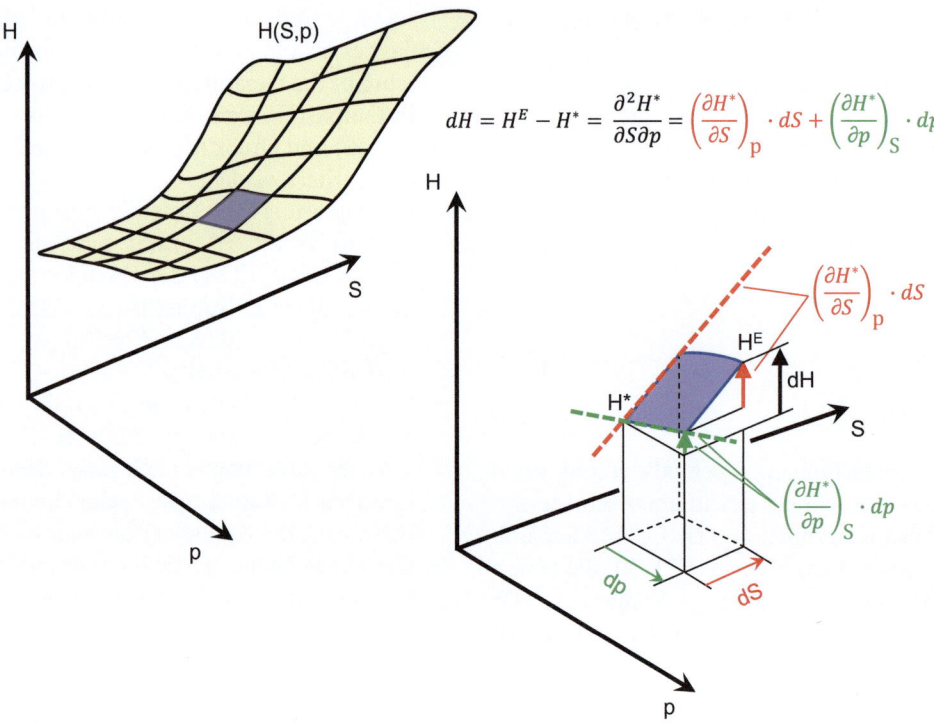

☐ **Abb. 12.23** Illustration des totalen Differenzials der Enthalpie (dH)

▪ Partielle Differenziale – Koeffizientenvergleich der Fundamentalgleichungen und totalen Differenziale

Durch Gleichsetzen der Fundamentalgleichungen mit den totalen Differenzialen erhalten wir durch Koeffizientenvergleich interessante erste Ableitungen, sogenannte partielle Differenziale.

Partielle Differenziale beschreiben die Änderung einer Größe, z. B. der inneren Energie (U) als Ableitung einer Variable z. B. $\partial/\partial V$, wobei die zweite Variable S konstant gehalten wird. Die konstant gehaltene Variable wird als tiefgestellter Index neben der schließenden Klammer angegeben.

$$dU = TdS - pdV = \left(\frac{\partial U}{\partial S}\right)_V dS + \left(\frac{\partial U}{\partial V}\right)_S dV \rightarrow T = \left(\frac{\partial U}{\partial S}\right)_V \quad \text{und} \quad p = -\left(\frac{\partial U}{\partial V}\right)_S \tag{12.85}$$

$$dH = TdS + Vdp = \left(\frac{\partial H}{\partial S}\right)_p dS + \left(\frac{\partial H}{\partial p}\right)_S dp \rightarrow T = \left(\frac{\partial H}{\partial S}\right)_p \quad \text{und} \quad V = \left(\frac{\partial H}{\partial p}\right)_S \tag{12.86}$$

$$dG = Vdp - SdT = \left(\frac{\partial G}{\partial p}\right)_T dp + \left(\frac{\partial G}{\partial T}\right)_p dT \rightarrow V = \left(\frac{\partial G}{\partial p}\right)_T \quad \text{und} \quad S = -\left(\frac{\partial G}{\partial T}\right)_p \tag{12.87}$$

$$dA = -pdV - SdT = \left(\frac{\partial A}{\partial V}\right)_T dV + \left(\frac{\partial A}{\partial T}\right)_V dT \rightarrow p = -\left(\frac{\partial A}{\partial V}\right)_T \quad \text{und} \quad S = -\left(\frac{\partial A}{\partial T}\right)_V \tag{12.88}$$

▪ Maxwell-Relationen

Die Maxwell-Beziehungen können durch Ableiten der partiellen Differenziale (s. o.) nach der zweiten natürlichen Variablen der entsprechenden Fundamentalgleichung hergeleitet werden.

▪ *Berechnen der Maxwell-Relation der inneren Energie (U)*

Schritt 1 – Ermitteln der partiellen Differenziale (Gl. 12.85ff) durch Koeffizientenvergleich

$$\left(\frac{\partial U}{\partial S}\right)_V = T \quad \text{und} \quad \left(\frac{\partial U}{\partial V}\right)_S = -p$$

12.3 · Entropie – Energieumwandlungsprozesse weisen eine Richtung auf

Schritt 2 – Berechnen der gemischten Differenziale

Das erste partielle Differenzial wird nach der zweiten natürlichen Variablen, dem Volumen (δ/δV), bei konstanter Entropie (S) abgeleitet. Genauso leiten wir das zweite partielle Differenzial nach der ersten natürlichen Variablen, der Entropie (δ/δS), bei konstantem Volumen (V) ab.

$$\frac{\partial}{\partial V}\left[\left(\frac{\partial U}{\partial S}\right)_V\right]_S = \left(\frac{\partial T}{\partial V}\right)_S \qquad \frac{\partial}{\partial S}\left[\left(\frac{\partial U}{\partial V}\right)_S\right]_V = -\left(\frac{\partial p}{\partial S}\right)_V$$

(12.89)

Schritt 3 – Gleichsetzen der Ergebnisse der gemischten Differenziale

Thermodynamische Potentiale sind Zustandsgleichungen, bei denen die Reihenfolge der partiellen Ableitungen keine Rolle spielt. Egal ob zuerst nach der Entropie und dann nach dem Volumen oder zuerst nach dem Volumen und dann nach der Entropie (Gl. 12.89) differenziert wird, man landet beim selben Zustand.

Diese Eigenschaft führt dazu, dass die rechten Seiten der Gl. 12.89 identisch sind und gleichgesetzt werden können.

$$\left(\frac{\partial T}{\partial V}\right)_S = -\left(\frac{\partial p}{\partial S}\right)_V \quad bzw.\,für\,die\,Kehrwerte \quad \left(\frac{\partial V}{\partial T}\right)_S = -\left(\frac{\partial S}{\partial p}\right)_V \quad Maxwell-Relation\,für\,die\,innere\,Energie\,(U) \qquad (12.90)$$

- **Maxwell-Relation der Enthalpie (H)**

Schritt 1 – Partielle Differenziale (Gl. 12.86)

$$\left(\frac{\partial H}{\partial S}\right)_p = T \quad und \quad \left(\frac{\partial H}{\partial p}\right)_S = V$$

Schritt 2 – Gemischte Differenziale

$$\frac{\partial}{\partial p}\left[\left(\frac{\partial H}{\partial S}\right)_p\right]_S = \left(\frac{\partial T}{\partial p}\right)_S \qquad \frac{\partial}{\partial S}\left[\left(\frac{\partial H}{\partial p}\right)_S\right]_p = \left(\frac{\partial V}{\partial S}\right)_p$$

(12.91)

Schritt 3 – Gleichsetzen der Ergebnisse der gemischten Differenziale

$$\left(\frac{\partial T}{\partial p}\right)_S = \left(\frac{\partial V}{\partial S}\right)_p \quad bzw.\,für\,die\,Kehrwerte \quad \left(\frac{\partial p}{\partial T}\right)_S = \left(\frac{\partial S}{\partial V}\right)_p \quad Maxwell-Relation\,für\,die\,Enthalpie\,(H) \qquad (12.92)$$

- **Maxwell-Relation der freien Enthalpie, Gibbs-Energie (G)**

Schritt 1 – Partielle Differenziale (Gl. 12.87)

$$\left(\frac{\partial G}{\partial p}\right)_T = V \quad und \quad \left(\frac{\partial G}{\partial T}\right)_p = -S$$

Schritt 2 – Gemischte Differenziale

$$\frac{\partial}{\partial T}\left[\left(\frac{\partial G}{\partial p}\right)_T\right]_p = \left(\frac{\partial V}{\partial T}\right)_p \qquad \frac{\partial}{\partial p}\left[\left(\frac{\partial G}{\partial T}\right)_p\right]_T = -\left(\frac{\partial S}{\partial p}\right)_T$$

(12.93)

Schritt 3 – Gleichsetzen der Ergebnisse der gemischten Differenziale

$$\left(\frac{\partial V}{\partial T}\right)_p = -\left(\frac{\partial S}{\partial p}\right)_T \quad bzw.\,für\,die\,Kehrwerte \quad \left(\frac{\partial T}{\partial V}\right)_p = -\left(\frac{\partial p}{\partial S}\right)_T \quad Maxwell-Relation\,für\,die\,Gibbs-Energie\,(G) \qquad (12.94)$$

Maxwell-Relation der freien Energie, Helmholtz-Energie (A)

Schritt 1 – Partielle Differenziale (Gl. 12.88)

$$\left(\frac{\partial A}{\partial V}\right)_T = -p \quad und \quad \left(\frac{\partial A}{\partial T}\right)_V = -S$$

Schritt 2 – Gemischte Differenziale

$$\frac{\partial}{\partial T}\left[\left(\frac{\partial A}{\partial V}\right)_T\right]_V = -\left(\frac{\partial p}{\partial T}\right)_V \quad \frac{\partial}{\partial V}\left[\left(\frac{\partial A}{\partial T}\right)_V\right]_T = -\left(\frac{\partial S}{\partial V}\right)_T \quad (12.95)$$

Schritt 3 – Gleichsetzen der Ergebnisse der gemischten Differenziale (Tab. 12.2)

$$\left(\frac{\partial p}{\partial T}\right)_V = \left(\frac{\partial S}{\partial V}\right)_T \quad bzw.\ für\ die\ Kehrwerte \left(\frac{\partial T}{\partial p}\right)_V = \left(\frac{\partial V}{\partial S}\right)_T \quad Maxwell-Relation\ für\ die\ Helmholtz-Energie\ (A) \quad (12.96)$$

Bedeutung der Maxwell-Relationen

Maxwell-Relationen ermöglichen es, experimentell schwer bestimmbaren Größen durch solche zu ersetzen, die einfacher zu messen sind. Ein Beispiel dafür ist die Entropieänderung eines Systems bei variierendem Volumen und konstanter Temperatur $(\partial S/\partial V)_T$, die experimentell nur mit erheblichem Aufwand zugänglich ist.

Dazu wird ein zylindrischer Behälter benötigt, der über einen Kolben reibungsfreie Volumenvariationen zulässt. Der Behälter wird mit einer definierten Menge Gas befüllt und in einem Wärmereservoir konstanter Temperatur (T) platziert. Das Gas im Behälter wird (unendlich) langsam erwärmt, sodass die zugeführte Wärmemenge (ΔQ) und die Wärmebadtemperatur (T) verwendet werden können, um die Entropieänderung ($\Delta S = \Delta Q/T$) zu berechnen. Beim Erwärmen nimmt das Gasvolumen (ΔV) zu, sodass sich der Kolben nach außen bewegt. Die Division von ΔS durch ΔV ergibt schließlich die partielle Ableitung der Entropie nach dem Volumen bei konstanter Temperatur $(\partial S/\partial V)_T$.

$$\left(\frac{\partial S}{\partial V}\right)_T = \left(\frac{\partial p}{\partial T}\right)_V \quad (12.97)$$

Experimentell wesentlich einfacher ist es, die Gasmenge in einem Autoklav definierten Volumens (V = const.) zu platzieren und Änderungen des Gasdrucks (Δp) sowie dessen Temperatur (ΔT) während des Erwärmens des Autoklaven zu messen. Die zugeführte Wärmemenge spielt dabei keine Rolle und muss nicht aufgezeichnet werden. Die Division der Druckänderung durch die Temperaturänderung ($\Delta p/\Delta T$) ergibt die identische Aussage wie das erste, wesentlich aufwendigere Experiment.

Somit kann durch Anwendung der Maxwell-Relation für die Helmholtz-Energie das experimentelle Design wesentlich vereinfacht werden.

Ein weiteres Beispiel für die Nützlichkeit von Maxwell-Relationen ist die theoretische Herleitung des Joule-Thomson-Effekts (Anhang 21.6). Der Joule-Thomson-Effekt beschreibt die Temperaturabsenkung eines komprimierten Gases, wenn dieses über eine Drossel entspannt wird.

Bei der Herleitung des Joule-Thomson-Effekts wird Gl. 12.98 erhalten.

$$\left(\frac{\partial H}{\partial p}\right)_T = T \cdot \left(\frac{\partial S}{\partial p}\right)_T + V \quad siehe\ Gleichung\ 21.81,\ Anhang\ A.21.6 \quad (12.98)$$

Die Ableitung der Entropie nach dem Druck, kann mithilfe der Maxwell-Relation für die Gibbs Energie (Tab. 12.2) durch einen Term der thermischen Volumenänderung bei konstantem Druck ersetzt werden (Gl. 12.99).

$$\left(\frac{\partial S}{\partial p}\right)_T = -\left(\frac{\partial V}{\partial T}\right)_p \quad (12.99)$$

Dadurch wird Gl. 12.100 erhalten, aus der dann die thermodynamische Definition des Joule-Thomson-Effekts folgt (Anhang 21.6).

$$\left(\frac{\partial H}{\partial p}\right)_T = -T \cdot \left(\frac{\partial V}{\partial T}\right)_p + V \rightarrow \mu_{JT} = \frac{1}{c_p}\left[T \cdot \left(\frac{\partial V}{\partial T}\right)_p - V\right] \quad (12.100)$$

12.3 · Entropie – Energieumwandlungsprozesse weisen eine Richtung auf

Tab. 12.2 Zusammenfassung der zentralen Definitionen und Gleichungen der Thermodynamik

	Innere Energie U	Enthalpie H	Gibbs-Energie G	Helmholtz-Energie A
Definition	$U \equiv Q + W$	$H \equiv U + p \cdot V$	$G \equiv H - T \cdot S$	$A \equiv U - T \cdot S$
Fundamentalgleichung	$dU = TdS - pdV$	$dH = TdS + Vdp$	$dG = Vdp - SdT$	$dA = -pdV - SdT$
Natürliche Variablen	$S, V \to U(S,V)$	$S, p \to H(S,p)$	$p, T \to G(p,T)$	$V, T \to A(V,T)$
Totales Differenzial	$dU = \left(\dfrac{\partial U}{\partial S}\right)_V dS + \left(\dfrac{\partial U}{\partial V}\right)_S dV$	$dH = \left(\dfrac{\partial H}{\partial S}\right)_p dS + \left(\dfrac{\partial H}{\partial p}\right)_S dp$	$dG = \left(\dfrac{\partial G}{\partial p}\right)_T dp + \left(\dfrac{\partial G}{\partial T}\right)_p dT$	$dA = \left(\dfrac{\partial A}{\partial V}\right)_T dV + \left(\dfrac{\partial A}{\partial T}\right)_V dT$
Koeffizientenvergleich	$T = \left(\dfrac{\partial U}{\partial S}\right)_V \quad p = -\left(\dfrac{\partial U}{\partial V}\right)_S$	$T = \left(\dfrac{\partial H}{\partial S}\right)_p \quad V = \left(\dfrac{\partial H}{\partial p}\right)_S$	$V = \left(\dfrac{\partial G}{\partial p}\right)_T \quad S = -\left(\dfrac{\partial G}{\partial T}\right)_p$	$p = -\left(\dfrac{\partial A}{\partial V}\right)_T \quad S = -\left(\dfrac{\partial A}{\partial T}\right)_V$
Maxwell-Relation	$\left(\dfrac{\partial T}{\partial V}\right)_S = -\left(\dfrac{\partial p}{\partial S}\right)_V$	$\left(\dfrac{\partial T}{\partial p}\right)_S = \left(\dfrac{\partial V}{\partial S}\right)_p$	$\left(\dfrac{\partial V}{\partial T}\right)_p = -\left(\dfrac{\partial S}{\partial p}\right)_T$	$\left(\dfrac{\partial p}{\partial T}\right)_V = \left(\dfrac{\partial S}{\partial V}\right)_T$

12.3.4 Chemisches Potential – Maß für die Umwandlungsneigung chemischer Stoffe

Das chemische Potential (μ) gibt Aufschluss über die Spontaneität chemischer Reaktionen, die Stabilität von Substanzen, Diffusionsvorgänge und Phasengleichgewichte.

Trotz seiner hohen Aussagekraft wird das Konzept des chemischen Potentials in der Lehre oft vernachlässigt und begnügt sich mit der einfacher zugänglichen molaren Gibbs-Energie ($G_m^{\varnothing}$). Zwar hat die molare Gibbs-Energie die gleiche Einheit (Jmol^{-1}) wie das chemische Potential, aber eine andere physikalische Bedeutung. Um die Verschiedenheit des chemischen Potentials hervorzuheben, verwenden einige Lehrbücher für das chemische Potential die Einheit Gibbs (G = Jmol^{-1}).

■ **Definition – Potentiale**

Potentiale sind intensive Größen die Aussagen über die Energiedichte eines Systems machen, während die zugehörigen potenziellen Energien extensive Größe sind.

Beispielsweise kann Druck (p) als mechanisches Potential der pro Kubikmeter Gasvolumen (V) gespeicherten Energiemenge (p·V) verstanden werden. Je größer dieses Potential ist, umso stärker ist die Tendenz des Gases, sich räumlich auszubreiten.

$$p = \frac{E_{pot}}{V} = \frac{R \cdot T}{V} \quad (12.101)$$

p – Druck, Pa oder Nm^{-2}
E$_{pot}$ – potenzielle Energie, Nm
V – Volumen, m^3
R – allgemeine Gaskonstante, Jmol^{-1}K^{-1}
T – absolute Temperatur, K

In völliger Analogie dazu entspricht das chemische Potential (μ) der chemischen Energie (G), die in einem Mol eines Stoffes gespeichert ist.

$$\mu = \frac{G}{n} = G_m \quad (12.102)$$

μ – chemisches Potential, Jmol^{-1}
G – freie Enthalpie oder Gibbs-Energie, J
n – Stoffmenge, mol

Das chemische Potential hat zwar die gleiche Einheit wie die molare Gibbs-Energie (G_m), aber unterschiedliche physikalische Bedeutung. Das chemische Potential ist ein Maß für den Drang eines Stoffes, sich
- mit einer anderen Chemikalie zu verbinden,
- in einen anderen Zustand umzuwandeln,
- räumlich umzuverteilen.

Je größer das chemische Potential eines Stoffes, desto reaktiver ist er. Chemische Potentiale können sich auf Moleküle, Stoffe, Ionen, Elektronen usw. beziehen.

Das Maß des Umbildungsbestrebens ist stoffspezifisch und wird von den Umgebungsbedingungen wie Druck, Temperatur, Lösungsmittel und Konzentration beeinflusst. Reaktionspartner und die entstehenden Produkte haben jedoch keinen Einfluss auf das Umbildungsbestreben.

Überschichtet man beispielsweise braunes Iodwasser mit Hexan und schüttelt kräftig, geht sämtliches Iod in die Hexanphase über, sodass sich die Wasserphase entfärbt und die Hexanphase eine violette Farbe annimmt (◘ Abb. 12.24). Offensichtlich bevorzugt Iod die Umgebung des Hexans und ist in dieser „stabiler", was sich im geringeren chemischen Potential zeigt.

Das Umbildungsbestreben kann nur realisiert werden, wenn das chemische Potential des Ausgangszustands größer ist als das des Endzustands, also ein Potenzialgefälle vorliegt.

Dies ist vergleichbar mit dem mechanischen Potential des Drucks. Liegt eine Druckdifferenz vor, dann strömt beispielsweise Luftmasse von einem Hochdruckgebiet zu einem Tiefdruckgebiet. In ähnlicher Weise diffundiert bei einer Differenz im chemischen Potential ein chemischer Stoff von Bereichen hoher zu Bereichen niedriger chemischer Potentiale.

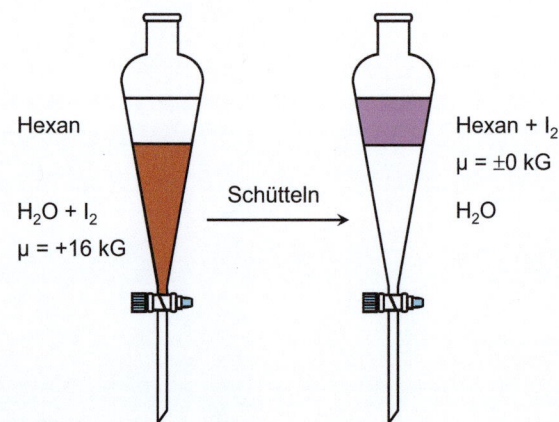

◘ **Abb. 12.24** Iod löst sich besser im unpolaren organischen Lösungsmittel Hexan als im polaren Wasser

12.3 · Entropie – Energieumwandlungsprozesse weisen eine Richtung auf

Eine weitere Interpretation des chemischen Potentials hebt auf die Abhängigkeit der extensiven thermodynamischen Potentiale wie der inneren Energie (U), der Enthalpie (H), freie Enthalpie (G) und der freien Energie (A) von der Stoffmenge (n) ab. Bislang haben wir uns fast ausschließlich mit isolierten und geschlossenen Systemen beschäftigt, die keine Masse mit der Umgebung austauschen. Die im System vorhandene Masse wurde als ein Mol angenommen.

Chemische Reaktionen sind aber oft offene Systeme mit Edukteintrag und Produktaustrag. Es ist daher offensichtlich, dass Reaktionsenthalpie, Reaktionsentropie und somit die freie Reaktionsenthalpie (Gibbs-Energie) von der Ansatzgröße beeinflusst werden. Gibbs hat daher die Fundamentalgleichung der freien Enthalpie (G) um einen Term für den Stofffluss (n) erweitert.

$$dG = -SdT + Vdp + \sum_i \mu_i dn_i \quad (12.103)$$

μ_i – chemisches Potential der Systemkomponente i, Jmol^{-1}

dn_i – Änderung der Stoffmenge der Systemkomponente i, mol

Partielles Differenzieren von Gl. 12.103 nach der Stoffmenge n_i unter gleichzeitigem Konstanthalten von Druck (dp = 0), Temperatur (dT = 0) und den Stoffmengen aller anderen Komponenten ($dn_j = 0$, $n_j \neq n_i$) ergibt nach Alleinstellung des chemischen Potentials:

$$\left(\frac{dG}{dn_i}\right)_{p,T,n_{j\neq i}} = 0 + 0 + \mu_i \rightarrow \mu_i = \left(\frac{dG}{dn_i}\right)_{p,T,n_{j\neq i}}$$
$$(12.104)$$

Somit entspricht das chemische Potential (μ_i) der Änderung der freien Enthalpie eines Reaktionssystems, wenn sich die Stoffmenge der Komponente i um ein Mol ändert.

In einem Einkomponentensystem sind das chemische Potential und die molare Gibbs-Energie der Komponente i identisch. Der Index i entfällt, da das System nur aus einer Komponente besteht, sodass sich Gl. 12.104 vereinfacht zu:

$$\mu = \left(\frac{dG}{dn}\right)_{p,T} = G_m \quad (12.105)$$

Aus der Definition des chemischen Potentials (Gl. 12.104, Gl. 12.105) folgt, dass die Gibbs-Energie dem Produkt aus chemischen Potential und Stoffmenge entspricht.

$$G = \mu \cdot n \quad (12.106)$$

G – Gibbs-Energie, J

μ – chemisches Potential, Jmol^{-1} oder Gibbs (G)

Für ein mehrkomponentiges System ergeben sich folgende Gesetzmäßigkeiten:

$$\mu = \sum_i \mu_i \quad und \quad n = \sum_i n_i \quad (12.107)$$

μ – chemisches Potential des mehrkomponentigen Systems, Jmol^{-1} resp. G

i – Index für die jeweilige Einzelkomponente

μ_i – chemisches Potential einer Einzelkomponente, Jmol^{-1} resp. G

n_i – Stoffmenge einer Einzelkomponente, mol

n – gesamte Stoffmenge eines mehrkomponentigen Systems, mol

Somit ergibt sich als totale Gibbs-Energie für ein mehrkomponentiges System.

$$G = \mu \cdot n = \sum_i \mu_i \cdot n_i = \mu_1 \cdot n_1 + \mu_2 \cdot n_2 + \mu_3 \cdot n_3 + \dots$$
$$(12.108)$$

Normiert man Gl. 12.108 durch Division mit der gesamten Stoffmenge n auf 1 mol System, dann ergibt sich für das chemische Potential eines Mehrkomponentensystems:

$$\mu = \sum_i \mu_i \cdot \frac{n_i}{n} = \mu_1 \cdot \frac{n_1}{n} + \mu_2 \cdot \frac{n_2}{n} + \mu_3 \cdot \frac{n_3}{n} + \dots \quad (12.109)$$

Die Quotienten n_i/n entsprechen den Stoffmengenanteilen x_i der einzelnen Systemkomponenten.

$$\mu = \sum_i \mu_i \cdot x_i = \mu_1 \cdot x_1 + \mu_2 \cdot x_2 + \mu_3 \cdot x_3 + \dots \quad mit \sum_i x_i = 1$$
$$(12.110)$$

Somit ergibt sich für ein zweikomponentiges System:

$$\mu_{12} = \mu_1 \cdot x_1 + \mu_2 \cdot x_2 \quad mit \quad x_1 + x_2 = 1 \quad (12.111)$$

μ_{12} – chemisches Potential eines zweikomponentigen Systems, G

μ_1 – chemisches Potential Komponente 1, G

μ_2 – chemisches Potential Komponente 2, G

x_1 – Stoffmengenanteil Komponente 1

x_2 – Stoffmengenanteil Komponente 2

■ **Nullniveau**

Für das chemische Potential (μ) gilt dasselbe wie für die Zustandsgrößen U, H oder G: Es lässt sich nicht absolut bestimmen, kann jedoch relativ zu einer Referenzgröße angegeben werden.

Wie bei geografischen Höhenangaben, bei denen der mittlere Meeresspiegel anstelle des Erdmittelpunkts als Bezugsgröße dient, wird das chemische Potenzial relativ zu Elementen als Nullniveau angegeben.

Als Nullniveau dienen die stabilsten Modifikationen der einzelnen Elemente unter Standardbedingungen.

$$\mu^{\varnothing}(Elemente) = 0! \tag{12.112}$$

$\mu^{\varnothing}$ – chemisches Potenzial bei Standardbedingungen, Jmol^{-1}

■ Werte des chemischen Potenzials

Tab. 12.3 listet chemische Potenziale verschiedener Stoffe auf. Da die chemischen Potenziale vom Aggregatzustand abhängen, wird dieser mit angegeben. Die chemischen Potenziale von Reinstoffen beziehen sich auf Standardbedingungen (25 °C, 1 bar), bei Lösungen auf Standardbedingungen und eine Konzentration von 1 mol des Stoffes pro Liter Lösung.

■ Chemisches Potenzial einer Gasphase

Das totale Differenzial des chemischen Potenzials einer Reinkomponente wird durch die Fundamentalgleichung für die freie Enthalpie beschrieben (Gl. 12.32). Division der freien Enthalpie (G) durch die Stoffmenge (n) ergibt das chemische Potenzial (μ) mit den natürlichen Variablen Druck und Temperatur.

$$dG = Vdp - SdT \xrightarrow{\frac{1}{n}} \frac{dG}{n} = \frac{V}{n}dp - \frac{S}{n}dT \rightarrow d\mu = V_m dp - S_m dT \tag{12.113}$$

■ Druckabhängigkeit des chemischen Potenzials (μ)

Partielles Ableiten der Fundamentalgleichung des chemischen Potenzials (μ) nach dem Druck ($\partial/\partial p$) bei konstanter Temperatur (Tiefstellung nach schließender Klammer) ergibt das molare Volumen (V_m).

$$\left(\frac{\partial \mu}{\partial p}\right)_T = \frac{\partial}{\partial p}(V_m \cdot dp - S_m \cdot dT) = V_m - 0 = V_m \tag{12.114}$$

Das chemische Potenzial eines idealen Gases erhält man nach Substitution des molaren Gasvolumens durch das ideale Gasgesetz ($V_m = R \cdot T/p$) und durch Integration in den Grenzen des Standarddrucks ($p^{\varnothing}$) und des Umgebungsdrucks (p).

Tab. 12.3 Chemische Standardpotenziale unter Normalbedingungen

Substanz	$\mu^{\varnothing}$, kG
H_2(g)	0
C(s, Graphit)	0
C(s, Diamant)	+2,9
O_2(g)	0
Cl_2(g)	0
Fe(s)	0
Au_2O_3(s)	+78
C_2H_2(g)	+210
CO_2(g)	−394
Cl^-(w)	−131
Fe_2O_3(s)	−741
H(g)	+203
H^+(w)	0
H_2O(s)	−236,6
H_2O(l)	−237,1
H_2O(g)	−228,6
Na^+(w)	−262
NI_3(s)	+300
NO_2(g)	+52
O_3(g)	+163
OH^-(w)	−157

Anmerkungen
- Die Einheit für das chemische Potenzial ist Gibbs (J/mol), die Werte der Tabelle sind in Kilogibbs (kG) angegeben.
- Es werden chemische Standardpotenziale $\mu^{\varnothing}$ aufgelistet (25 °C, 1 bar und für Lösungen bei einer Konzentration von 1 mol/l).
- Da die chemischen Standardpotenziale $\mu^{\varnothing}$ vom Aggregatzustand abhängen, muss dieser angegeben werden. Dabei steht s für *solid* (fest), l für *liquid* (flüssig), g für gasförmig und w für wässrige Lösung.
- Alle Elemente weisen definitionsgemäß ein chemisches Standardpotenzial von Null auf.
- Stoffe mit negativem chemischem Standardpotenzial wie Kohlenstoffdioxid können spontan aus den Elementen entstehen und sind stabil (C + O_2 → CO_2).
- Stoffe mit positivem chemischen Standardpotenzial wie Ozon neigen zum Zerfall in die Elemente (2 O_3 → 3 O_2).

12.3 · Entropie – Energieumwandlungsprozesse weisen eine Richtung auf

$$[\mu]_{p^\varnothing}^p = \int_{p^\varnothing}^p V_m\, dp = \int_{p^\varnothing}^p \frac{R\cdot T}{p}\, dp \;\to\; [\mu]_{p^\varnothing}^p = R\cdot T\cdot \int_{p^\varnothing}^p \frac{dp}{p} \xrightarrow{Regel\,3.3} [\mu]_{p^\varnothing}^p = R\cdot T\cdot \left[\ln(p)\right]_{p^\varnothing}^p \quad (12.115)$$

Einsetzen der Integrationsgrenzen und Umstellen ergibt die Druckabhängigkeit des chemischen Potentials einer idealen Gasphase.

$$\mu(p) - \mu(p^\varnothing) = R\cdot T\cdot \left[\ln(p) - \ln(p^\varnothing)\right] = R\cdot T\cdot \ln\left(\frac{p}{p^\varnothing}\right) \;\to\; \mu(p) = \mu(p^\varnothing) + R\cdot T\cdot \ln\left(\frac{p}{p^\varnothing}\right) \quad (12.116)$$

Als Endergebnis erhalten wir für die Druckabhängigkeit des chemischen Potentials eines idealen Gases:

$$\mu = \mu^\varnothing + R\cdot T\cdot \ln\left(\frac{p}{p^\varnothing}\right) \quad (12.117)$$

μ – chemisches Potential des Gases, Jmol^{-1}

$\mu^\varnothing$ – chemisches Potential des Gases unter Standardbedingungen, Jmol^{-1}

R – allgemeine Gaskonstante, JK^{-1}mol^{-1}

T – absolute Temperatur, K

p – Gasdruck, bar

$p^\varnothing$ – Standarddruck, bar

Das chemische Potential eines Gases nimmt somit mit steigendem Druck logarithmisch zu (◘ Abb. 12.13b).

Mithilfe des chemischen Potentials kann die Spontaneität und Reaktionsrichtung chemischer Reaktionen beurteilt, Phasengleichgewichte beschrieben und kolligative Eigenschaften von Lösungen quantifiziert werden.

■ Anwendung – Chemische Reaktionen

Da das chemische Potential gemäß Gl. 12.102 als molare Gibbs-Energie definiert ist, enthält es die gleichen Informationen über chemische Reaktionen. Somit lassen sich mit dem chemischen Potential Aussagen zu Spontaneität und zum Gleichgewicht chemischer Reaktionen treffen (◘ Abb. 12.25).

Eine chemische Reaktion verläuft spontan, wenn die Summe der chemischen Potentiale der Edukte größer ist als die Summe der chemischen Potentiale der Produkte. Anders ausgedrückt, wenn ein chemisches Potentialgefälle von den Edukten zu den Produkten vorliegt, verlaufen chemische Reaktionen spontan.

$$\textit{Chemischer Antrieb} = \sum_{Ed} \nu_{Ed}\cdot \mu_{m,Ed}^\varnothing - \sum_{Pr} \nu_{Pr}\cdot \mu_{m,Pr}^\varnothing > 0$$

$$\textit{Kriterium spontaner Reaktionen} \quad (12.118)$$

ν_{Ed} – stöchiometrischer Faktor Edukte

$\mu_{m,Ed}^\varnothing$ – molares chemisches Potential Edukt bei Standardbedingungen, G

ν_{Pr} – stöchiometrischer Faktor Produkte

$\mu_{m,Pr}^\varnothing$ – molares chemisches Potential Produkt bei Standardbedingungen, G

Diese Differenz wird gelegentlich auch als chemischer Antrieb (international: Affinität) bezeichnet. In Analogie zum elektrischen Potential (▶ Abschn. 15.1.4) wäre für die chemische Potentialdifferenz auch der Terminus „chemische Spannung" treffend.

◘ **Abb. 12.25** Kohlenwasserstoffe weisen ein hohes chemisches Potential auf, weshalb sie heftig und spontan verbrennen (© Ph.by-Sian/▶ Shutterstock.com)

Es sei nochmals erwähnt, dass Reaktionen mit positivem chemischen Antrieb freiwillig ablaufen können, aber nicht müssen, da sie meist einen energetischen Aktivierungsberg (▶ Abschn. 13.1) überwinden müssen und deshalb kinetisch gehemmt sind.

■ *Beispiel – Verbrennung von Octan*
Die Verbrennung von Kohlenwasserstoffen ist exotherm, sodass der chemische Antrieb positiv sein muss.

$$C_8H_{18}(g) + 12{,}5\,O_2(g) \rightarrow 8\,CO_2(g) + 9\,H_2O(g) \tag{12.119}$$

$$C_8H_{18}(g), \mu_m^\varnothing = +16\,kG \quad O_2(g), \mu_m^\varnothing = 0\,kG \quad CO_2(g), \mu_m^\varnothing = -394\,kG \quad H_2O(g), \mu_m^\varnothing = -229\,kG$$

Für die Verbrennung von Octan ergibt sich ein stark positiver chemischer Antrieb, sodass die Reaktion freiwillig abläuft.

$$\text{Chemischer Antrieb} = 1 \cdot 16\,kG + 12{,}5 \cdot 0\,kG - [8 \cdot (-394\,kG) + 9 \cdot (-229\,kG)] = 5229\,kG$$

■ *Beispiel – Synthese von Ethin*
Damit nicht der falsche Eindruck entsteht, dass nur Edukte mit positivem chemischen Potential spontan reagieren können, betrachten wir die Synthese von Ethin (C_2H_2) aus Calciumcarbid (CaC_2, ◻ Abb. 12.26a).

$$CaC_2(s) + 2\,H_2O(l) \rightarrow Ca(OH)_2(s) + C_2H_2(g) \tag{12.120}$$

$$CaC_2(s): \mu_m^\varnothing = -65\,kG \quad H_2O(l): \mu_m^\varnothing = -237\,kG$$
$$Ca(OH)_2(s): \mu_m^\varnothing = -897\,kG \quad C_2H_2(g): \mu_m^\varnothing = +210\,kG$$

$$\text{Chemischer Antrieb} = 1 \cdot (-65)\,kG + 2 \cdot (-237)\,kG - [1 \cdot (-897\,kG) + 1 \cdot (+210\,kG)] = +148\,kG$$

Dieses Beispiel verdeutlicht, dass auch Produkte mit positivem chemischen Potential aus Edukten mit negativen chemischen Potentialen synthetisiert werden können, wenn dabei zusätzlich ein Nebenprodukt (hier $Ca(OH)_2$) mit stark negativem chemischen Potential entsteht.

Das Reaktionsprinzip wurde in Carbidlampen zur Beleuchtung von Gebäuden, Bergbaugruben und Straßen und als Fahrzeug- und Signallampen ab der Jahrhundertwende eingesetzt (◻ Abb. 12.26b). Im Laufe der Zeit wurde die Carbidbeleuchtung jedoch durch elektrische Lampen und heutzutage durch LED-Leuchten ersetzt.

■ *Anwendung – Phasengleichgewichte*
Im ▶ Abschn. 7.3.3 haben wir bereits erläutert, dass die Phasengrenzlinien von Phasendiagrammen mit der Clausius-Clapeyron-Gleichung berechnet werden können. In einem System mit zwei unterschiedlichen Phasen A und B (fest-flüssig, flüssig-gasförmig, fest-gasförmig), die sich im **Gleichgewicht** befinden, ist das chemische Potential (μ) bei konstanter Temperatur und konstantem Volumen in beiden Phasen gleich. Andernfalls würde kein Gleichgewicht vorliegen.

$$\mu_A = \mu_B \quad \textit{Gleichgewichtszustand} \tag{12.121}$$

Um die Phasengrenzlinien in einem p-T-Diagramm (◻ Abb. 12.27) zu quantifizieren, müssen wir die Druckänderung als Funktion der Temperaturänderung (dp/dT) bestimmen. Dazu wird der Gleichgewichtszustand verlassen, indem die chemischen Potentiale der Phasen infinitesimal variiert und die resultierenden Druck- und Temperaturänderungen beobachtet werden.

$$d\mu_A = d\mu_B \tag{12.122}$$

Für einkomponentige Systeme kann die Fundamentalgleichung (Gl. 12.79) für die molare Gibbs-Energie angesetzt werden.

$$d\mu = V_m\,dp - S_m\,dT \tag{12.123}$$

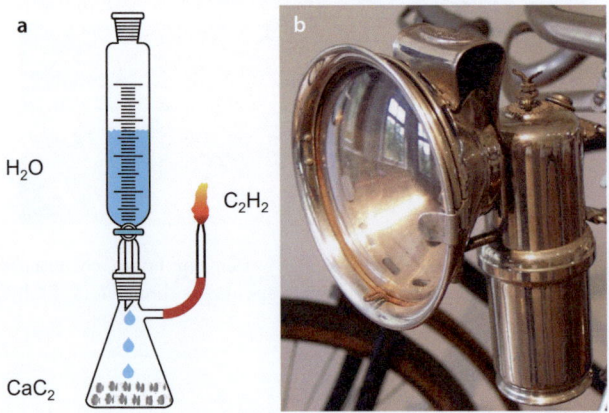

◻ **Abb. 12.26** Calciumcarbid reagiert mit Wasser zu brennbarem Ethin (**a**); Fahrradcarbidlampe (**b**)

12.3 · Entropie – Energieumwandlungsprozesse weisen eine Richtung auf

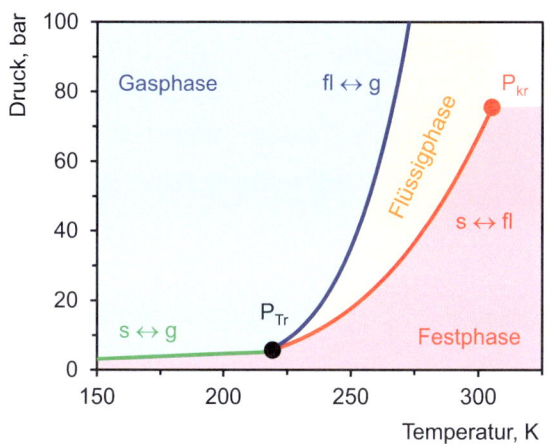

Abb. 12.27 Phasendiagramm von Kohlenstoffdioxid mit Tripelpunkt (P_{Tr}) und kritischem Punkt (P_{kr})

Einsetzen in Gl. 12.122 und Umformen ergibt für das zweiphasige System A,B:

$$V_{m,A}dp - S_{m,A}dT = V_{m,B}dp - S_{m,B}dT \rightarrow$$
$$(V_{m,B} - V_{m,A})dp = (S_{m,B} - S_{m,A})dT \quad (12.124)$$

Weiteres Umformen ergibt schließlich die Clapeyron-Gleichung.

$$\frac{dp}{dT} = \frac{S_{m,B} - S_{m,A}}{V_{m,B} - V_{m,A}} = \frac{\Delta_{PU}S_m}{\Delta_{PU}V_m} \quad \text{Clapeyron-Gleichung}$$
$$(12.125)$$

dp – infinitesimale Druckänderung, Pa
dT – infinitesimale Temperaturänderung, K
$S_{m,B}$ – molare Entropie der Phase B, JK^{-1}mol^{-1}
$S_{m,A}$ – molare Entropie der Phase A, JK^{-1}mol^{-1}
$V_{m,B}$ – molares Volumen der Phase B, m^3
$V_{m,A}$ – molares Volumen der Phase A, m^3
$\Delta_{PU}S_m$ – Änderung der molaren Entropie beim Phasenübergang von A nach B, JK^{-1}mol^{-1}
$\Delta_{PU}V_m$ – Änderung des molaren Volumens beim Phasenübergang von A nach B, m^3

■ *Phasengrenzlinie flüssig/gasförmig*

Die molare Entropieänderung ($\Delta_{PU}S_m$) beim Übergang vom flüssigen in den gasförmigen Aggregatzustand entspricht dem Quotienten von molarer Verdampfungsenthalpie (VE) und Phasenumwandlungstemperatur ($\Delta_{PU}S_m = \Delta_{VE}H_m/T$).

$$\frac{dp}{dT} = \frac{\Delta_{VE}H_m}{T \cdot \Delta_{PU}V_m} \quad (12.126)$$

Es werden folgende Annahmen gemacht
– Das molare Gasvolumen ($V_{m,G}$) ist um den Faktor 1000 größer als das Flüssigkeitsvolumen ($V_{m,Fl}$), sodass Letzteres vernachlässigt werden kann und $\Delta_{PU}V_m$ zu $V_{m,G}$ wird.
– Das molare Gasvolumen wird über die ideale Gasgleichung ausgedrückt: $\Delta_{PU}V_m = R \cdot T/p$.

Unter diesen Annahmen erhalten wir die Clausius-Clapeyron-Gleichung für die Phasengrenzlinie flüssig/gasförmig:

$$\frac{dp}{dT} \approx \frac{p \cdot \Delta_{VE}H_m}{R \cdot T^2} \rightarrow \frac{d}{dT}\frac{dp}{p} \approx \frac{\Delta_{VE}H_m}{R \cdot T^2}$$
$$\rightarrow \frac{d\ln(p)}{dT} \approx \frac{\Delta_{VE}H_m}{R \cdot T^2} \quad (12.127)$$

$$\frac{d\ln(p)}{dT} \approx \frac{\Delta_{VE}H_m}{R \cdot T^2} \quad \textit{Clausius-Clapeyron-Gleichung,}$$
$$\textit{differenzielle Form}$$
$$(12.128)$$

p – Druck, Pa
$\Delta_{VE}H_m$ – Änderung der molaren Enthalpie beim Phasenübergang flüssig zu gasförmig, JK^{-1}mol^{-1}
R – universelle Gaskonstante, JK^{-1}mol^{-1}
T – absolute Temperatur, K

Integrieren der differenziellen Form ergibt die Clausius-Clapeyron-Gleichung in integraler Form.

$$\int_{p_1}^{p_2} d\ln(p) \approx \frac{\Delta_{VE}H_m}{R} \cdot \int_{T_1}^{T_2} \frac{1}{T^2} dT \xrightarrow{\text{Tab. 9.1, Regel 3.1}} [\ln(p)]_{p_1}^{p_2} \approx \frac{\Delta_{VE}H_m}{R} \cdot \left[-\frac{1}{T}\right]_{T_1}^{T_2} \rightarrow \quad (12.129)$$

$$\ln(p_2) - \ln(p_1) \approx \frac{\Delta_{VE}H_m}{R} \cdot \left[-\frac{1}{T_2} - \left(-\frac{1}{T_1}\right)\right]$$

Mit $\ln(p_2) - \ln(p_1) = \ln(p_2/p_1)$ folgt:

$$\ln\left(\frac{p_2}{p_1}\right) \approx -\frac{\Delta_{VE}H_m}{R} \cdot \left[\frac{1}{T_2} - \frac{1}{T_1}\right] \quad (12.130)$$

Anwenden der Exponentialfunktion (e^x) auf beiden Seiten der Gleichung ergibt als integrale Form der Gleichung:

$$p_2 \approx p_1 \cdot e^{-\frac{\Delta_{VE}H_m}{R}\left[\frac{1}{T_2} - \frac{1}{T_1}\right]} \quad \text{mit } T_2 > T_1 \; \text{Clausius–Clapeyron–Gleichung, integrale Form} \quad (12.131)$$

p – Druck, Pa

$\Delta_{VE}H_m$ – Änderung der molaren Enthalpie beim Phasenübergang flüssig zu gasförmig, JK^{-1}mol^{-1}

R – universelle Gaskonstante, JK^{-1}mol^{-1}

T – absolute Temperatur, K

Gl. 12.131 beschreibt die Phasengrenzlinie für den Übergang von Flüssigkeit zu Dampf vom Tripelpunkt (P_{Tr}) bis zum kritischen Punkt (P_{kr}, ◘ Abb. 12.27).

■ *Phasengrenzlinie fest/gasförmig*

Die Phasengrenzlinie für den direkten Übergang vom festen in den gasförmigen Zustand (Sublimation) wird völlig analog berechnet wie die Phasengrenze flüssig und gasförmig (Gl. 12.126, 12.127, 12.128, 12.129, 12.130 und 12.131). Es werden die gleichen Vereinfachungen getroffen. Es muss lediglich statt der molaren Verdampfungsenthalpie ($\Delta_{VE}H_m$) die molare Sublimationsenthalpie ($\Delta_{SE}H_m$) angesetzt werden.

Somit ergeben sich für den Übergang fest/gasförmig folgende Gleichungen:

$$\frac{d\ln(p)}{dT} \approx \frac{\Delta_{SE}H_m}{R \cdot T^2} \quad \text{Clausius–Clapeyron–Gleichung, differenzielle Form} \quad (12.132)$$

$$p_2 \approx p_1 \cdot e^{-\frac{\Delta_{SE}H_m}{R}\left[\frac{1}{T_2} - \frac{1}{T_1}\right]} \quad \text{mit } T_2 > T_1 \; \text{integrale Form} \quad (12.133)$$

p – Druck, Pa

$\Delta_{SE}H_m$ – Änderung der molaren Enthalpie beim Phasenübergang fest zu gasförmig, JK^{-1}mol^{-1}

R – universelle Gaskonstante, JK^{-1}mol^{-1}

T – absolute Temperatur, K

■ *Phasengrenzlinie fest/flüssig*

Ausgangspunkt ist wieder die Clapeyron-Gleichung (Gl. 12.126). Substitution der Verdampfungsenthalpie durch die molare Schmelzenthalpie ($\Delta_{Sm}H_m$) und die Änderung des molaren Volumens beim Übergang vom festen in den flüssigen Zustand ($\Delta_{Sm}V_m$) ergeben:

$$\frac{dp}{dT} = \frac{\Delta_{Sm}H_m}{T \cdot \Delta_{Sm}V_m} \quad \text{Clapeyron–Gleichung} \quad (12.134)$$

Unter der Annahme, dass die molare Schmelzenthalpie ($\Delta_{Sm}H_m$) und die Änderung des molaren Volumens ($\Delta_{Sm}V_m$) beim Phasenübergang kaum temperaturabhängig sind, kann Gl. 12.134 wie folgt integriert werden.

$$\int_{p_1}^{p_2} d(p) \approx \frac{\Delta_{Sm}H_m}{\Delta_{Sm}V_m} \cdot \int_{T_1}^{T_2} \frac{1}{T} dT \rightarrow [p]_{p_1}^{p_2} \approx \frac{\Delta_{Sm}H_m}{\Delta_{Sm}V_m} \cdot [\ln(T)]_{T_1}^{T_2} \rightarrow p_2 - p_1 \approx \frac{\Delta_{Sm}H_m}{\Delta_{Sm}V_m} \cdot [\ln(T_2) - \ln(T_1)] \quad (12.135)$$

$$p_2 \approx p_1 + \frac{\Delta_{Sm}H_m}{\Delta_{Sm}V_m} \cdot \ln\left(\frac{T_2}{T_1}\right) \quad \text{mit } T_2 > T_1 \quad (12.136)$$

p – Druck, Pa

$\Delta_{Sm}H_m$ – Änderung der molaren Entropie beim Phasenübergang fest zu flüssig, JK^{-1}mol^{-1}

$\Delta_{Sm}V_m$ – Änderung des molaren Volumens beim Phasenübergang fest zu flüssig, m^3

R – universelle Gaskonstante, JK^{-1}mol^{-1}

T – absolute Temperatur, K

■ *Beispiel – Phasendiagramm von Kohlenstoffdioxid*

◘ Abb. 12.27 zeigt das p-T-Phasendiagramm von Kohlenstoffdioxid (CO_2). Die Phasengrenzlinien wurden mit den hergeleiteten Gleichungen unter Berücksichtigung des kritischen Punkts (P_{kr}) und des Tripelpunkts (P_{Tr}) von Kohlenstoffdioxid berechnet.

- Siede-/Kondensationskurve (blaue Linie) mit Gl. 12.131
- Sublimations-/Resublimationskurve (grüne Linie) mit Gl. 12.133
- Schmelz-/Erstarrungskurve (rote Linie) mit Gl. 12.136

12.3 · Entropie – Energieumwandlungsprozesse weisen eine Richtung auf

Das Diagramm zeigt, dass Schmelz- und Siedetemperatur mit zunehmendem Druck ansteigen. Da der Tripelpunkt über 1 bar liegt, existiert eine Flüssigphase (gelbe Region) nur bei Drücken über 5,2 bar.

Bei Normaldruck sublimiert festes Kohlenstoffdioxid, d. h., es geht direkt vom festen in den gasförmigen Zustand über.

Kohlenstoffdioxid kann in Druckgasflaschen bezogen werden. Bei Raumtemperatur weist es einen Dampfdruck von 68 bar auf, sodass es im Lieferzustand flüssig vorliegt. Beim Öffnen des Ventils strömt gasförmiges CO_2 aus und kühlt aufgrund des Joule-Thomson-Effekts (▶ Abschn. 11.2.5) so stark ab, dass Kohlenstoffdioxid als weißes Feststoffpulver anfällt, das als Trockeneis bezeichnet wird.

■ Anwendung – Kolligative Eigenschaften

Lösungen bestehen aus einem gelöstem Stoff (St) und einem Lösungsmittel (Lm). Sie weisen Eigenschaften auf, die vom reinen Lösungsmittel abweichen. Wenn diese Abweichungen ausschließlich auf die Anzahl der gelösten Teilchen und damit auf die Stoffmenge (n) zurückzuführen sind, wobei sie unabhängig von der chemischen Natur des gelösten Stoffes sind, spricht man von kolligativen Eigenschaften (▶ Abschn. 7.5). Typische Beispiele hierfür sind die Gefrierpunktserniedrigung, die Siedepunktserhöhung und der osmotische Druck.

■ Grundlagen

In ▶ Abschn. 12.3.1 haben wir die Temperaturabhängigkeit $(\partial/\partial T)$ der freien Enthalpie (G) bei konstantem Druck bestimmt (Gl. 12.42):

$$\left(\frac{\partial G}{\partial T}\right)_p = \frac{\partial}{\partial T}(Vdp - SdT) = 0 - S = -S \quad (12.137)$$

Differenzieren der Gl. 12.137 nach der Stoffmenge (n) und Gleichsetzen mit Gl. 12.113 führt zu einer analogen Betrachtung des chemischen Potentials. Dies bedeutet, dass die Steigung des chemischen Potentials (μ) mit zunehmender Temperatur (T) um den Betrag der negativen molaren Entropie (S_m) abnimmt.

$$\frac{\partial}{\partial n}\left(\frac{\partial G}{\partial T}\right)_p = \left(\frac{\partial G_m}{\partial T}\right)_p = \left(\frac{\partial \mu}{\partial T}\right)_p = \frac{\partial}{\partial T}\left(-S_m dT + V_m dp + \sum_i \mu_i dn_i\right) = [-S_m + 0 + 0] \rightarrow \left(\frac{\partial \mu}{\partial T}\right)_p = -S_m \quad (12.138)$$

- n – Stoffmenge, mol
- G – freie Enthalpie, J
- G_m – molare freie Enthalpie, $Jmol^{-1}$
- T – Temperatur, K
- p – Druck, Pa
- μ – chemisches Potential, $Jmol^{-1}$
- S – Entropie, JK^{-1}
- S_m – molare Entropie, $JK^{-1}mol^{-1}$

Dies bedeutet, dass die Steigung des chemischen Potentials bei konstantem Druck (Index p in Gl. 12.138) mit zunehmender Temperatur vom festen über den flüssigen zum gasförmigen Aggregatzustand steiler abfällt (◘ Abb. 12.28), schließlich gilt: $S_m(s) < S_m(l) < S_m(g)$. Dies liegt daran, dass die Anzahl der verfügbaren Mikrozustände mit dem Phasenübergang vom festen über den flüssigen zum gasförmigen Zustand erheblich zunimmt. Daher ist die Temperaturabhängigkeit des chemischen Potentials in der gasförmigen Phase am ausgeprägtesten.

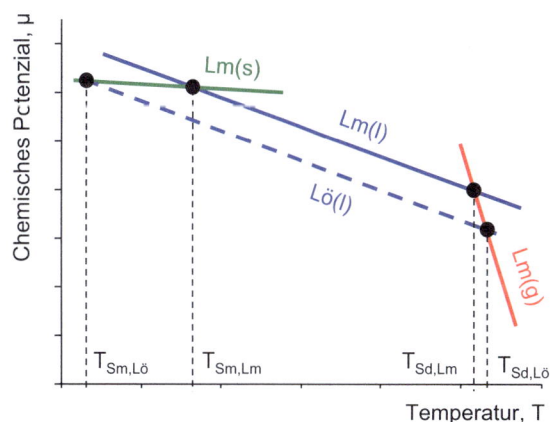

◘ **Abb. 12.28** Lösungen (Lö) weisen niedrigere Schmelzpunkte (T_{Sm}) und höhere Siedepunkte (T_{Sd}) auf als das reine Lösungsmittel (Lm)

■ Gefrierpunktserniedrigung und Siedepunktserhöhung

Qualitative Betrachtung

Wird in einem Lösungsmittel (Lm) ein Stoff (St) gelöst, dann sinkt das chemische Potential der Lösung (Lö) ab, da $x_{Lm} < 1$ und somit $\ln(x_{Lm})$ negativ ist.

$$\mu_{Lö} = \mu_{Lm} + R \cdot T \cdot \ln(x_{Lm}) \quad mit \quad x_{Lm} = \frac{n_{Lm}}{n_{Lm} + n_{St}} \tag{12.139}$$

$\mu_{Lö}$ – chemisches Potential der Lösung, Gibbs (G)

μ_{Lm} – chemisches Potential des reinen Lösungsmittels, G

R – allgemeine Gaskonstante, $JK^{-1}mol^{-1}$

T – absolute Temperatur, K

x_{Lm} – Stoffmengenanteil des Lösungsmittels, dimensionslos

n_{Lm} – Stoffmenge Lösungsmittel, mol

n_{St} – Stoffmenge gelöster Stoff, mol

■ Abb. 12.29 Der Winterdienst nutzt die Gefrierpunktserniedrigung von Wasser durch Streusalz zum Enteisen von Straßen, (Krasula/► Shutterstock.com)

■ Abb. 12.28 zeigt qualitativ den Verlauf der chemischen Potentiale des reinen Lösungsmittels (Lm) im festen (s, grün), flüssigen (l, blau) und gasförmigen (g, rot) Aggregatzustand.

Angenommen, der gelöste Stoff geht nicht in den gasförmigen und den festen Zustand über, so entsprechen die Verläufe der chemischen Potentiale der festen und gasförmigen Lösung (Lö) denen des reinen Lösungsmittels (Lm).

Im Gegensatz dazu liegt das chemische Potential (μ) der Lösung gemäß Gl. 12.139 unterhalb (gestrichelte blaue Linie) des chemischen Potentials des reinen Lösungsmittels (durchgezogene blaue Linie), was sich in einer Parallelverschiebung der blauen Linie ausdrückt.

Die Schnittpunkte der Geraden der chemischen Potentiale (■ Abb. 12.28, schwarze Punkte) entsprechen den Phasenübergängen. Da die Linie der Lösung tiefer liegt als die des reinen Lösungsmittels führt dies für die Lösung zu einer Gefrierpunktserniedrigung ($T_{Sm,Lö} < T_{Sm,Lm}$) und einer Siedepunktserhöhung ($T_{Sd,Lö} > T_{Sd,Lm}$).

Der Graph zeigt außerdem, dass die Gefrierpunktserniedrigung ($T_{Sm,Lm} - T_{Sm,Lö}$) betragsmäßig größer ausfällt als die Siedepunktserhöhung ($T_{Sd,Lö} - T_{Sd,Lm}$), da der Verlauf des chemischen Potentials des Lösungsmittels im dampfförmigen Zustand [Lm(g)] steiler ist als im festen Zustand [Lm(s)].

■ Quantitative Betrachtung

Für die quantitative Berechnung der Gefrierpunktserniedrigung (■ Abb. 12.29) setzen wir das chemische Potential des Lösungsmittels im festen Aggregatszustand [$\mu_{Lm}(s)$] und das chemische Potential der flüssigen Lösung [$\mu_{Lö}(l)$] gleich und ersetzen das chemische Potential der Lösung gemäß Gl. 12.139.

$$\mu_{Lm}(s) = \mu_{Lö}(l) \xrightarrow{mit\,Gl.\,12.139} \mu_{Lm}(s) = \mu_{Lm}(l) + R \cdot T_{Sm,Lö} \cdot \ln(x_{Lm}) \quad mit \quad x_{Lm} = \frac{n_{Lm}}{n_{Lm} + n_{St}} \tag{12.140}$$

Generell gilt für eine Lösung, dass die Summe der Stoffmengenanteile des gelösten Stoffes (St) und des Lösungsmittels (Lm) gleich eins ist.

$$x_{Lm} + x_{St} = 1 \quad \rightarrow \quad x_{Lm} = 1 - x_{St} \tag{12.141}$$

Somit kann in Gl. 12.140 der Stoffmengenanteil des Lösungsmittels (x_{Lm}) durch den einfacher zu bestimmenden Stoffmengenanteil des gelösten Stoffes (x_{St}) ausgedrückt werden. Einsetzen in Gl. 12.140 und Substitution der Differenz der chemischen Potentiale des Lösungsmittels im festen und flüssigen Aggregatzustand durch die molare freie Schmelzenthalpie ($\Delta_{Sm}G_{m,Lm}$) mit anschließendem Auflösen nach dem Logarithmus ergibt:

$$\ln(1 - x_{St}) = \frac{\mu_{Lm}(s) - \mu_{Lm}(l)}{R \cdot T_{Sm,Lö}} = \frac{\Delta_{Sm}G_{m,Lm}}{R \cdot T_{Sm,Lö}} \tag{12.142}$$

x_{St} – Stoffmengenanteil des gelösten Stoffes, dimensionslos

$\mu_{Lm}(s)$ – chemisches Potential des reinen Lösungsmittels im festen Zustand, G

$\mu_{Lm}(l)$ – chemisches Potential des reinen Lösungsmittels im flüssigen Zustand, G

$T_{Sm,Lö}$ – Schmelzpunkt der Lösung, K

n_{St} – Stoffmenge des gelösten Stoffes, mol

$\Delta_{Sm}G_{m,Lm}$ – molare freie Schmelzenthalpie des reinen Lösungsmittels, $Jmol^{-1}$

12.3 · Entropie – Energieumwandlungsprozesse weisen eine Richtung auf

Die molare Schmelzenthalpie kann über die Definition der molaren Enthalpie ($G_m = H_m - T \cdot S_m$) ausgedrückt werden.

$$\Delta_{Sm} G_{m,Lm} = \Delta_{Sm} H_{m,Lm} - T_{Sm,Lö} \cdot \Delta_{Sm} S_{m,Lm} \quad (12.143)$$

$\Delta_{Sm}G_{m,Lm}$ – molare freie Schmelzenthalpie des Lösungsmittels, $Jmol^{-1}$

$\Delta_{Sm}H_{m,Lm}$ – molare Schmelzenthalpie des Lösungsmittels, $Jmol^{-1}$

$T_{Sm,Lö}$ – Schmelzpunkt der Lösung, K

$\Delta_{Sm}S_{m,Lm}$ – molare Schmelzentropie des Lösungsmittels, $JK^{-1}mol^{-1}$

Einsetzen von Gl. 12.143 in Gl. 12.142 ergibt:

$$\ln(1 - x_{St}) = \frac{\Delta_{Sm} H_{m,Lm} - T_{Sm,Lö} \cdot \Delta_{Sm} S_{m,Lm}}{R \cdot T_{Sm,Lö}}$$

$$= \frac{\Delta_{Sm} H_{m,Lm}}{R \cdot T_{Sm,Lö}} - \frac{\Delta_{Sm} S_{m,Lm}}{R} \quad (12.144)$$

Zur weiteren Vereinfachung formulieren wir Gl. 12.144 für das reine Lösungsmittel (Lm, $x_{St} = 0$)

$$\ln(1) = \frac{\Delta_{Sm} H_{m,Lm}}{R \cdot T_{Sm,Lm}} - \frac{\Delta_{Sm} S_{m,Lm}}{R} \quad (12.145)$$

und subtrahieren Gl. 12.145 von Gl. 12.144.

$$\ln(1 - x_{St}) - \ln(1) = \frac{\Delta_{Sm} H_{m,Lm}}{R \cdot T_{Sm,Lö}} - \frac{\Delta_{Sm} S_{m,Lm}}{R}$$
$$- \left(\frac{\Delta_{Sm} H_{m,Lm}}{R \cdot T_{Sm,Lm}} - \frac{\Delta_{Sm} S_{m,Lm}}{R} \right) \quad (12.146)$$

Dadurch können wir die Entropieterme kürzen. Durch Ausklammern und unter Berücksichtigung, dass für geringe Konzentrationen des gelösten Stoffes in guter Näherung $\ln(1 - x_{St}) \approx -x_{St}$ entspricht, ergibt sich:

$$\ln(1-x_{St}) = \frac{\Delta_{Sm} H_{m,Lm}}{R} \cdot \left(\frac{1}{T_{Sm,Lö}} - \frac{1}{T_{Sm,Lm}} \right) \xrightarrow{mit\ \ln(1-x) \approx -x} x_{St} \approx -\frac{\Delta_{Sm} H_{m,Lm}}{R} \cdot \left(\frac{1}{T_{Sm,Lö}} - \frac{1}{T_{Sm,Lm}} \right) \quad (12.147)$$

Bringt man den Klammerausdruck auf einen Nenner und berücksichtigt, dass die Gefrierpunktserniedrigung nicht zu groß ist ($T_{Sm,Lm} \cdot T_{Sm,Lö} \approx T^2_{Sm,Lm}$), ergibt sich:

$$x_{St} \approx -\frac{\Delta_{Sm} H_{m,Lm}}{R} \cdot \left(\frac{T_{Sm,Lm} - T_{Sm,Lö}}{T_{Sm,Lö} \cdot T_{Sm,Lm}} \right)$$

$$\approx -\frac{\Delta_{Sm} H_{m,Lm}}{R} \cdot \frac{\Delta_{Sm} T}{T^2_{Sm,Lm}} \quad (12.148)$$

Nach Umstellen ergibt sich für die Gefrierpunktserniedrigung ($\Delta_{Sm}T$):

$$\Delta_{Sm}T \approx -\frac{R \cdot T^2_{Sm,Lm}}{\Delta_{Sm} H_{m,Lm}} \cdot x_{St} \quad \text{mit} \quad \Delta_{Sm}T = T_{Sm,Lm} - T_{Sm,Lö}$$

Gefrierpunktserniedrigung

$$(12.149)$$

Aus Gleichung Gl. 12.149 geht hervor, dass der Betrag der Gefrierpunktserniedrigung ($\Delta_{Sm}T$) proportional zur Konzentration des gelösten Stoffes (x_{St}) ist.

> ▶ **Beispiel – Berechnung der molaren Masse aus der Gefrierpunktserniedrigung**
>
> Berechne die molare Masse für eine unbekannte Substanz. Es werden 0,7440 g in 44,67 g Cyclohexan gelöst, dadurch sinkt der Gefrierpunkt des Cyclohexans um 2,18 °C ab. Die molare Schmelzenthalpie von Cyclohexan beträgt 2732 J/mol und dessen molare Masse 84,16 g/mol. Der Schmelzpunkt von Cyclohexan beträgt 6,72 °C.

$$\Delta_{Sm}T = -\frac{R \cdot T^2_{Sm,Lm}}{\Delta_{Sm} H_{m,Lm}} \cdot x_{St} = -\frac{8{,}314\,J \cdot mol \cdot 279{,}87^2 \cdot K^2}{K \cdot mol \cdot 2732\,J} \cdot \frac{\dfrac{0{,}744\,g}{M}}{\dfrac{44{,}67\,g \cdot mol}{84{,}16\,g} + \dfrac{0{,}744\,g}{M}} = -2{,}18\,K$$

Multiplizieren und anschließendes dividieren durch −2,18 und Auflösen des Bruches führt zu:

$$-\frac{8{,}314 \cdot 279{,}87^2}{2732} \cdot \frac{\dfrac{0{,}744\,g}{M}}{\dfrac{44{,}67\,g\cdot mol}{84{,}16\,g}+\dfrac{0{,}744\,g}{M}} = -2{,}18 \;\rightarrow\; 109{,}34 \cdot \frac{0{,}744\,g}{M} = 0{,}53077\,mol + \frac{0{,}744\,g}{M}$$

Multiplizieren mit der molaren Masse (M) und Auflösen nach dieser liefert als molare Masse für die unbekannte Substanz 151,9 gmol⁻¹.

$$80{,}60\,g = 0{,}53077\,mol \cdot M \;\rightarrow\; M = 151{,}9\,\frac{g}{mol} \;\blacktriangleleft$$

■ Siedepunktserhöhung

Für die Siedepunktserhöhung einer Lösung ($\Delta_{Sd}T$) im Vergleich zum reinen Lösungsmittel müssen die chemischen Potentiale des Lösungsmittels im Dampfzustand [$\mu_{Lm}(g)$] und der flüssigen Elektrolytlösung [$\mu_{Lö}(l)$] gleichgesetzt werden.

Ansonsten verläuft die Herleitung völlig analog zur Herleitung der Gefrierpunktserniedrigung. Anstelle der molaren Schmelzenthalpie ist die molare Verdampfungsenthalpie des Lösungsmittels ($\Delta_{VE}H_{m,Lm}$) einzusetzen. Letztendlich ergibt sich für die Siedepunktserhöhung:

$$\Delta_{Sd}T \approx \frac{R \cdot T_{Sd,Lm}^2}{\Delta_{VE}H_{m,Lm}} \cdot x_{St} \quad mit \quad \Delta_{Sd}T = T_{Sm,Lö} - T_{Sm,Lm}$$

(12.150)

$\Delta_{Sd}T$ – Siedepunktserhöhung, K

R – allgemeine Gaskonstante, JK⁻¹mol⁻¹

$T_{Sd,Lö}$ – Siedepunkt der Elektrolytlösung, K

$T_{Sd,Lm}$ – Siedepunkt des reinen Lösungsmittels, K

$\Delta_{VE}H_{m,Lm}$ – molare Verdampfungsenthalpie des reinen Lösungsmittels, Jmol⁻¹

x_{St} – Stoffmengenanteil des gelösten Stoffes, dimensionslos

■ Osmotischer Druck

Das Prinzip der Osmose findet sowohl in der Natur als auch in der Industrie vielfältige Anwendung. So nutzen beispielsweise Bäume das Prinzip der Osmose, um Wasser von den Wurzeln bis in die Baumwipfel zu befördern.

Das Phänomen der Osmose wurde bereits in ▶ Abschn. 7.5.4 erläutert. Reines Lösungsmittel (Lm), z. B. Wasser, und eine Lösung (Lö), etwa eine Zuckerlösung, sind durch eine semipermeable Wand voneinander getrennt (◘ Abb. 12.30). Die Poren der semipermeablen Wand sind groß genug, um Wassermoleküle passieren zu lassen, jedoch zu klein, um die größeren Zuckermoleküle durchzulassen.

Da die Konzentration von Wasser im reinen Wasser (◘ Abb. 12.30, linker Schenkel) höher ist als in der Zuckerlösung, passieren mehr Wassermoleküle die semipermeable Membran in Richtung Zuckerlösung als von der Zuckerlösung (rechter Schenkel) zum reinen Wasser.

Die treibende Kraft der Osmose ist jedoch die Differenz der chemischen Potentiale. Das chemische Potential des Wassers ist im reinen Zustand (linker Schenkel) größer als das der Zuckerlösung (rechter Schenkel). Der Flüssigkeitspegel in der Zuckerlösung steigt so lange, bis das größere chemische Potential des Wassers durch den zusätzlichen hydrostatischen Druck (p_{os}) im rechten Schenkel ausgeglichen wird. Der im Gleichgewicht vorliegende Druckunterschied (p_{os}) wird als osmotischer Druck bezeichnet.

Sobald das System sich im Gleichgewicht befindet (◘ Abb. 12.30, rechts), sind die chemischen Potential in beiden Flüssigkeiten gleich groß und es findet kein makroskopischer Wasserfluss mehr statt.

$$\mu_{Lm} = \mu_{Lö} + p_{os}$$

(12.151)

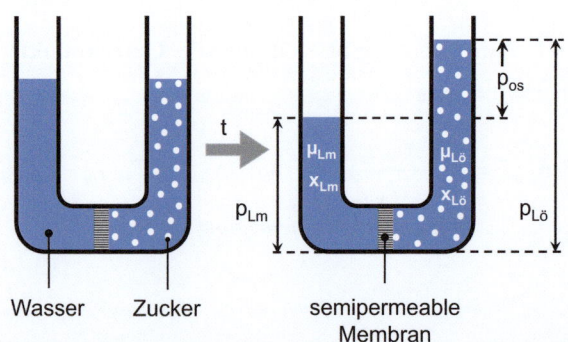

◘ Abb. 12.30 Osmotischer Druck bildet sich an einer semipermeablen Membran, die eine Lösung und ein reines Lösungsmittel voneinander trennt, aus

12.3 · Entropie – Energieumwandlungsprozesse weisen eine Richtung auf

Das chemische Potential des Wassers (linker Schenkel) entspricht dem chemischen Standardpotenzial des Wassers. Das chemische Potential der Lösung (rechter Schenkel) leitet sich vom chemischen Standardpotenzial des Wassers unter Berücksichtigung des Stoffmengenanteils des Wassers und des osmotischen Drucks ab.

$$\mu_{H2O}^{\varnothing} = \mu_{H2O}^{\varnothing} + R \cdot T \cdot \ln(x_{H2O}) + \int_{p^{\varnothing}}^{p^{\varnothing}+p_{os}} \left(\frac{\partial \mu}{\partial p}\right)_T dp \quad (12.152)$$

Durch Substraktion des chemischen Standardpotenzials des Wassers auf beiden Seiten und Umstellen nach dem Term für den osmotischen Druck ergibt sich:

$$\int_{p^{\varnothing}}^{p^{\varnothing}+p_{os}} \left(\frac{\partial \mu}{\partial p}\right)_T dp = -R \cdot T \cdot \ln(x_{H2O}) \quad (12.153)$$

Die Druckabhängigkeit des chemischen Potentials nach Gl. 12.154 entspricht der Druckabhängigkeit der molaren Gibbs-Energie (Gl. 12.114) und somit dem molaren Volumen des Wassers.

$$\left(\frac{\partial \mu}{\partial p}\right)_T = \left(\frac{\partial G_{m,H2O}}{\partial p}\right)_T = \frac{\partial}{\partial p}(V_{m,H2O}dp - T \cdot S_{m,H2O}) = V_{m,H2O} \quad (12.154)$$

Einsetzen von Gl. 12.154 in Gl. 12.153 und unter Berücksichtigung, dass Flüssigkeiten annähernd inkompressibel sind, kann das molare Volumen des Wassers vor das Integral gezogen werden.

$$\int_{p^{\varnothing}}^{p^{\varnothing}+p_{os}} V_{m,H2O}dp = -R \cdot T \cdot \ln(x_{H2O}) \rightarrow V_{m,H2O} \cdot \int_{p^{\varnothing}}^{p^{\varnothing}+p_{os}} dp = -R \cdot T \cdot \ln(x_{H2O}) \quad (12.155)$$

Integrieren nach Regel 1 (▶ Tab. 9.1) und Auflösen der Gleichung nach dem osmotischen Druck (p_{os}) ergibt:

$$V_{m,H2O} \cdot [p]_{p^{\varnothing}}^{p^{\varnothing}+p_{os}} = -R \cdot T \cdot \ln(x_{H2O}) \rightarrow V_{m,H2O}\left(p^{\varnothing}+p_{os}-p^{\varnothing}\right) = -R \cdot T \cdot \ln(x_{H2O}) \rightarrow p_{os} = -\frac{R \cdot T}{V_{m,H2O}} \ln(x_{H2O}) \quad (12.156)$$

Für eine binäre Lösung ist die Summe der Stoffmengenanteile des Lösungsmittels (Wasser) und des gelösten Stoffes (Zucker) stets eins. Somit kann der Stoffmengenanteil des Wassers (x_{H2O}) durch den wesentlich einfacher zu bestimmenden Stoffmengenanteil des Zuckers (x_{Zu}) ersetzt werden.

$$x_{H2O} + x_{Zu} = 1 \quad \rightarrow \quad x_{H2O} = 1 - x_{Zu} \quad (12.157)$$

Da für große Verdünnungen ($x_{Zu} < 0{,}1$) mit guter Näherung $\ln(1-x_{Zu}) \approx -x_{Zu}$ gilt, wird aus Gl. 12.156:

$$p_{os} = -\frac{R \cdot T}{V_{m,H2O}} \ln(1-x_{Zu}) \xrightarrow{\ln(1-x_{Zu}) \approx -x_{Zu}}$$

$$p_{os} \approx \frac{R \cdot T}{V_{m,H2O}} \cdot x_{Zu} \quad (12.158)$$

Gleichung 12.158 allgemein formuliert:

$$p_{os} = \frac{R \cdot T}{V_{m,Lm}} \cdot x_{St} \quad \text{Van-'t-Hoff-Gleichung für den osmotischen Druck} \quad (12.159)$$

p_{os} – osmotischer Druck, Pa

R – allgemeine Gaskonstante, JK^{-1}mol^{-1}

T – absolute Temperatur, K

$V_{m,Lm}$ – molares Volumen des reinen Lösungsmittels, m^{3}mol^{-1}

x_{St} – Stoffmengenanteil des gelösten Stoffes

■ **Beispiel – Umkehrosmose**

Bei der Meerwasserumkehrosmose (◘ Abb. 12.31) oder Meerwasserentsalzung wird mithilfe einer semi-

Abb. 12.31 Membranfilter einer Meerwasserentsalzungsanlage nach dem Umkehrosmoseprinzip (© NavinTar/► Shutterstock.com)

permeablen Membran das Salz aus dem Meerwasser quasi herausgefiltert, um Trinkwasser zu erhalten. Dazu wird das Meerwasser mit seinem osmotischen Druck beaufschlagt, sodass reines Wasser durch eine semipermeable Wand gedrückt wird.

► **Beispiel**

Berechnen Sie den erforderlichen Mindestdruck für eine Meerwasserumkehrosmose, wenn der Salzgehalt des Meerwassers 3,5 % beträgt. Die Dichte von Meerwasser ist in der Größenordnung von 1,03 g/ml.

Lösung

Die Stoffmenge Natriumchlorid (n_{NaCl}) in 1 l Meerwasser beträgt somit:

$$n_{NaCl} = \frac{m_{NaCl}}{M_{NaCl}} = \frac{0{,}035 \cdot 1030 \, g \cdot mol}{58{,}44 \, g} = \frac{36{,}05 \, g \cdot mol}{58{,}44 \, g} = 0{,}617 \, mol$$
(12.160)

Aufgrund der Dichte wissen wir, dass 1 l Meerwasser 1030 g Masse aufweist und somit aus 36,05 g NaCl und 993,85 g Wasser besteht. Die Stoffmenge Wasser in 1 l Meerwasser errechnet sich zu:

$$n_{H2O} = \frac{m_{H2O}}{M_{H2O}} = \frac{993{,}85 \, g \cdot mol}{18{,}02 \, g} = 55{,}15 \, mol$$
(12.161)

Der Stoffmengenanteil für Natriumchlorid (x_{NaCl}) ergibt sich somit zu:

$$x_{NaCl} = \frac{n_{NaCl}}{n_{H2O} + n_{NaCl}} = \frac{0{,}617 \, mol}{55{,}15 \, mol + 0{,}617 \, mol} = 0{,}0111$$
(12.162)

Da jedoch Natriumchlorid in Wasser in zwei Ionenteilchen zerfällt (NaCl → Na^+ + Cl^-), übt es den doppelten osmotischen Druck aus ($x_{St} = 2 \cdot x_{NaCl}$).

$$p_{os} = \frac{8{,}314 \, J \cdot 298 \cdot K \cdot mol}{K \cdot mol \cdot 0{,}000018 \, m^3} \cdot 0{,}0111 \cdot 2 = 3{,}045 \cdot 10^6 \, Pa \approx 30{,}5 \, bar$$

Das heißt, zur Trinkwassergewinnung aus Meerwasser muss ein Druck von mindestens 30,5 bar aufgewandt werden. ◄

12.4 Entropie – Philosophische Betrachtungen zu Zeit, Leben, Chaos und Verfall

Die Energie des Universums ist konstant; die Entropie des Universums strebt einem Maximum zu (Clausius, 1854).

12.4.1 Zeitpfeil – Entropie zwingt Prozessen eine zeitliche Richtung auf

Menschen unterscheiden zwischen Vergangenheit, Gegenwart und Zukunft. Neurologische Messungen zeigen, dass unser Gehirn einen Zeitraum von etwa drei Sekunden als Gegenwart wahrnimmt.

Die Vergangenheit betrachten wir als abgeschlossen, unveränderlich und endgültig, während wir die Zukunft als gestaltbar ansehen.

Die grundlegenden Gesetze der Physik, wie die Newton'schen Gesetze der Mechanik, die Maxwell-Gleichungen der Elektrodynamik und die Schrödingergleichung der Quantenmechanik sind zeitunabhängig. Das bedeutet, dass wir, wenn wir die Zeitvariable t durch −t ersetzen - also den Prozess rückwärts betrachten - ebenfalls plausible Lösungen erhalten. Folglich können wir nicht unterscheiden, ob Filmsequenzen von Planetenbewegungen im Universum vorwärts oder rückwärts abgespielt werden. Wir haben jedoch ein untrügerisches Gespür dafür, ob thermodynamische Vorgänge in der richtigen zeitlichen Reihenfolge ablaufen (◘ Abb. 12.32).

Beispiele:
- Wenn wir eine Filmsequenz eines Trinkglases betrachten, das vom Tisch fällt und in viele Teile zersplittert, erkennen wir sofort, ob die Videosequenz vorwärts oder rückwärts abgespielt wird. Der rückwärtslaufende Film widerspricht unserer Alltagserfahrung.
- Jeder weiß, dass eine Zigarette zuerst angezündet wird, dann abbrennt und schließlich in Rauch aufgeht. Der umgekehrte Prozess wurde nie beobachtet und würde sofort als unmöglich erkannt.
- Auch das Break (Anstoß) beim Billard ist allgemein bekannt. Man schießt mit einer weißen Kugel kraftvoll auf fünfzehn, in einem Dreieck angeordnete, farbige Kugeln, wodurch diese in alle Richtungen auseinanderstieben. Dass sich zerstreute Kugeln spontan zu einem Dreieck vereinen, widerspricht jeglicher Erfahrung und wird somit als unnatürlich angesehen.

12.4 · Entropie – Philosophische Betrachtungen zu Zeit, Leben, Chaos und Verfall

Abb. 12.32 Verstöße gegen den Entropiesatz fallen sofort als „unlogisch" auf. Ei Nr. 6 gehört an das Ende des Zeitpfeils (© Tartila/► Shutterstock.com)

In der makroskopischen Welt der Thermodynamik scheint es eine klare Zeitrichtung zu geben. Einen sogenannten Zeitpfeil, der von der Vergangenheit in die Zukunft zeigt, von der Ursache zur Wirkung, der thermodynamische Vorgänge irreversibel macht.

Was aber ist Zeit? Der 2. Hauptsatz der Thermodynamik weist als einziges fundamentales physikalisches Gesetz eine klare Zeitrichtung auf, den sogenannten thermodynamischen Zeitpfeil. Die zentrale Aussage des 2. Hauptsatzes (Entropiesatz) lautet, dass die Entropie eines isolierten Systems mit der Zeit zunimmt. Ein System entwickelt sich dabei von einem Zustand niedriger Entropie (wenige Verteilungsmöglichkeiten, geringe Wahrscheinlichkeit) zu einem Zustand hoher Entropie (viele Verteilungsmöglichkeiten, große Wahrscheinlichkeit), was mit einer Abnahme an Gibbs-Energie einhergeht.

12.4.2 Leben – Entropieexport ermöglicht komplexe biologische Strukturen

Die Erde ist kein isoliertes System, daher gilt der 2. Hauptsatz der Thermodynamik nicht für das System Erde. Sonnenlicht ist die Hauptenergiequelle der Erde. Gezeitenenergie, die durch die Gravitationskräfte von Mond und Sonne erzeugt wird, spielt hingegen eine vernachlässigbare Rolle.

Die Sonne strahlt Energiequanten, sogenannte Photonen, in Form von UV-Strahlen und sichtbarem Licht auf die Erde. Dennoch erwärmt sich die Erde durch die Sonneneinstrahlung nicht, da die Erde (−18 °C) an den Weltraum (−270 °C) genauso viel Energie abgibt, wie sie von der Sonne (Oberflächentemperatur 5500 °C) empfängt (■ Abb. 12.33).

Mithilfe der Oberflächen- bzw. Strahlungstemperatur lässt sich die Wellenlänge der jeweiligen Strahlung nach dem Wien'schen Verschiebungsgesetz berechnen.

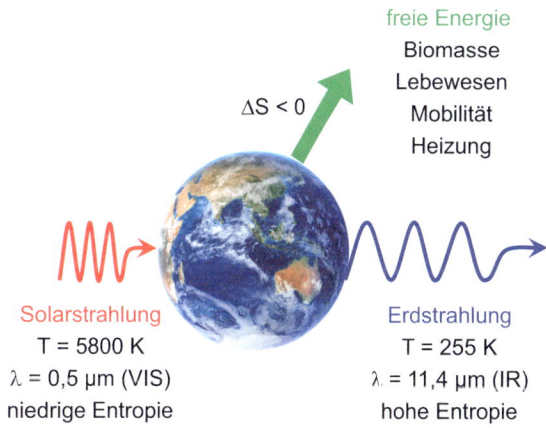

Abb. 12.33 Die Sonne versorgt die Erde mit Energie niedriger Entropie, die Erde dagegen strahlt Energie hoher Entropie ab. Die resultierende Entropieabnahme stellt der Biosphäre freie Energie zur Ausbildung komplexer Strukturen zur Verfügung (© Photoongraphy/► Shutterstock.com)

$$\lambda_{max} = \frac{2897{,}8\,\mu m}{T} \quad \text{Wien'sches Verschiebungsgesetz}$$

(12.163)

λ_{max} – Wellenlänge mit maximaler Strahlungsintensität, μm

T – absolute Temperatur, K

Somit weisen die einstrahlenden Sonnenphotonen eine Wellenlänge von ca. 0,5 μm (sichtbares Licht) auf, während die Erde Infrarotstrahlung mit einer Wellenlänge von ca. 11,4 μm an den Weltraum abstrahlt. Da die einstrahlenden Sonnenphotonen ca. 23-mal mehr Energie aufweisen als die von der Erde abgegebenen IR-Photonen, müssen pro Sonnenphoton 23 IR-Photonen an den Weltraum abgegeben werden, damit die Oberflächentemperatur der Erde konstant bei 15 °C verharrt. Übrigens: Die Differenz zwischen globaler Oberflächentemperatur (15 °C) und Strahlungstemperatur (−18 °C) der Erde ist dem Treibhauseffekt geschuldet und die Energiequelle für Zirkulationen in der Atmosphäre und den Meeren.

$$E = \frac{h \cdot c}{\lambda} \quad \text{Planck − Einstein − Gleichung} \quad E(0,5\,\mu m) = 39,78 \cdot 10^{-20}\,J \quad E(11,2\,\mu m) = 1,74 \cdot 10^{-20}\,J \quad (12.164)$$

E – Energie, J
h – Planck'sches Wirkungsquantum, Js
c – Lichtgeschwindigkeit, ms^{-1}
λ – Wellenlänge, m

Insgesamt ist die Energiebilanz der Erde ausgeglichen, da die einfallende Sonnenenergie und die an das All abgegebene Energie sich die Waage halten (◘ Abb. 12.33).

Anders verhält es sich jedoch mit der Entropie. Die einfallende UV/VIS-Strahlung weist eine wesentlich geringere Entropie auf als die abgegebene IR-Strahlung. Dies ermöglicht der Erde, als System weit entfernt vom thermodynamischen Gleichgewicht und im Widerspruch zum 2. Hauptsatz der Thermodynamik, komplexe Strukturen wie Lebewesen, menschliche Aktivitäten, Winde, usw. zu bilden und zu erhalten.

$$\Delta S = \frac{E_{Sonne}}{T_{Sonne}} - \frac{E_{Erde}}{T_{Erde}} \xrightarrow{E_{Erde} = E_{Sonne}} \Delta S = E_{Sonne} \cdot \left(\frac{1}{T_{Sonne}} - \frac{1}{T_{Erde}}\right) \xrightarrow{Gl.\,12.164} \Delta S = \frac{h \cdot c}{\lambda_{Sonne}} \cdot \left(\frac{1}{T_{Sonne}} - \frac{1}{T_{Erde}}\right) \quad (12.165)$$

Einsetzen der Werte führt zu:

$$\Delta S = \frac{6,626 \cdot 10^{-34}\,J \cdot s \cdot 3 \cdot 10^{8}\,m}{0,5 \cdot 10^{-6}\,m \cdot s} \cdot \left(\frac{1}{5800\,K} - \frac{1}{255\,K}\right) = 3,976 \cdot 10^{-19}\,J \cdot (-0,00375\,K^{-1}) = -1,49 \cdot 10^{-21}\,J \cdot K^{-1}$$

Pro einfallendes Sonnenphoton nimmt die Entropie der Erde um −1,49·10^{-21} J/K ab. Diese „negative" Entropie (S < 0) wird genutzt, um komplexe Strukturen wie Lebewesen (DNA, Proteine, Membranen, Zellen, Organe etc.) zu bilden und aufrechtzuerhalten. Da die Sonneneinstrahlung eine geringere Entropie (wenige Quanten, räumlich geordnet) aufweist als die terrestrische IR-Strahlung (viele Quanten, diffuse Abstrahlung in alle Raumrichtungen), wird überschüssige Entropie in den Weltraum entsorgt wodurch sich komplexe Ordnungen und Strukturen (Lebewesen, Pflanzen, Städte, geologische Formen etc.) auf der Erde etablieren können.

Der 2. Hauptsatz der Thermodynamik ist ein universelles Prinzip und gilt deshalb auch für Lebewesen. Menschen, Tiere und Pflanzen sind hochgeordnete Strukturen niedriger Entropie. Komplexe Biomoleküle und -strukturen wie Proteine, Kohlenhydrate, Lipide, Membranen, Zellen, Organe etc., sind notwendig, um das Leben am „Laufen" zu halten. Diese niedrige Entropie muss während der ganzen Lebensspanne aufrechterhalten werden. Dies scheint im Widerspruch zur zentralen Aussage des 2. Hauptsatzes zu stehen, dass die Entropie eines isolierten Systems mit der Zeit zunimmt.

Lebewesen sind jedoch keine isolierten Systeme, sie entnehmen Energie aus ihrer Umgebung und geben Entropie an diese ab.

So kann der Mensch als offenes System seinen Zustand hoher Ordnung bzw. geringer Entropie nur durch tägliche Energiezufuhr von etwa 10.000 kJ aufrechterhalten. Diese Energie stammt aus energiereicher, aber entropiearmer Nahrung wie komplexen Kohlenhydraten, die in der Zellatmung unter Energiefreisetzung ($\Delta G < 0$) in zahlreiche energiearme Moleküle Kohlenstoffdioxid und Wasser verstoffwechselt ($\Delta S > 0$) werden. Die in den Zellen freigesetzte Energie wird für körperliche Aktivität, Gehirnleistung sowie für den Aufbau und Erhalt von Zell- und Muskelstrukturen etc. benötigt. Die entropiereichen Abfallprodukte Kohlenstoffdioxid und Wasser werden über den Blutkreislauf und den Gasaustausch in der Lunge an die Umwelt abgegeben, wodurch die Entropie des Körpers auf niedrigem Level gehalten wird, jedoch in der Umgebung ansteigt.

Zusammengefasst kann der Mensch als hochgeordnetes Wesen nur aufgrund regelmäßiger Energiezufuhr (Nahrung) aus der Umwelt und Entropieabgabe (Ausatmen von Kohlendioxid und Wasser) an die Umwelt existieren. Leben basiert grundsätzlich auf Energie niedriger Entropie (Sonnenlicht, Nahrungsmittel), wodurch - fernab vom thermodynamischen Gleichgewicht - geordnete, lokale Strukturen niedriger Entropie entstehen, bei gleichzeitiger „Verschmutzung" der Umgebung mit großen Mengen an Entropie (Abwärme, Kohlenstoffdioxid, Wasser).

Ein weiteres Beispiel, das scheinbar dem 2. Hauptsatz widerspricht, ist die Photosynthese, bei der energiereiche Glucose aus energiearmem Kohlenstoffdioxid und Wasser gebildet wird (◻ Abb. 12.34).

$$6\,CO_2 + 6\,H_2O \xrightarrow{Chlorophyll,\ h\cdot\nu} C_6H_{12}O_6 + 6\,O_2 \tag{12.166}$$

Da aus zwölf Ausgangsmolekülen sieben Produktmoleküle entstehen, erfolgt die endergonische Reaktion ($\Delta G = +2872$ kJ/mol Glucose) unter Entropieabnahme ($\Delta S < 0$). Diese Reaktion ist nur möglich, weil Sonnenenergie von sehr niedriger Entropie in chemische Energie (Glucose) umgewandelt wird.

Die Menschheit verbraucht enorme Mengen an Energie, die kurzfristig durch Photosynthese als Nahrungsmittel bereitgestellt wird bzw. vor langer Zeit als fossile Brennstoffe (Öl, Gas, Kohle) entstanden ist.

Bis 2000 hat umgangssprachlich gesprochen die Menschheit nur Energie verbraucht, aber keine neue Energie „erzeugt", ein Umstand, der zu den heutigen Problemen der Nachhaltigkeit und des Klimawandels beiträgt. Ein Lösungsansatz ist die intensive Nutzung von Photovoltaik, die Solarenergie direkt in elektrische Energie umwandelt. Diese Technologie hat einen hohen Wirkungsgrad von etwa 20 % (Photosynthese ca. 2 %) und liefert Energie von höchster Qualität, mit nahezu keiner Entropie. Diese Energie kann im Alltag für landwirtschaftliche Bewässerung, für die Elektrifizierung des Verkehrs, zum Betreiben von Wärmepumpen oder zur Herstellung von grünem Wasserstoff genutzt werden.

Zusammengefasst: Das universelle Bestreben der Energiedissipation (Entropiemaximierung) steht nicht im Widerspruch zu lokal hochgeordneten, komplexen Strukturen, wie sie Lebewesen ausbilden. Allerdings for-

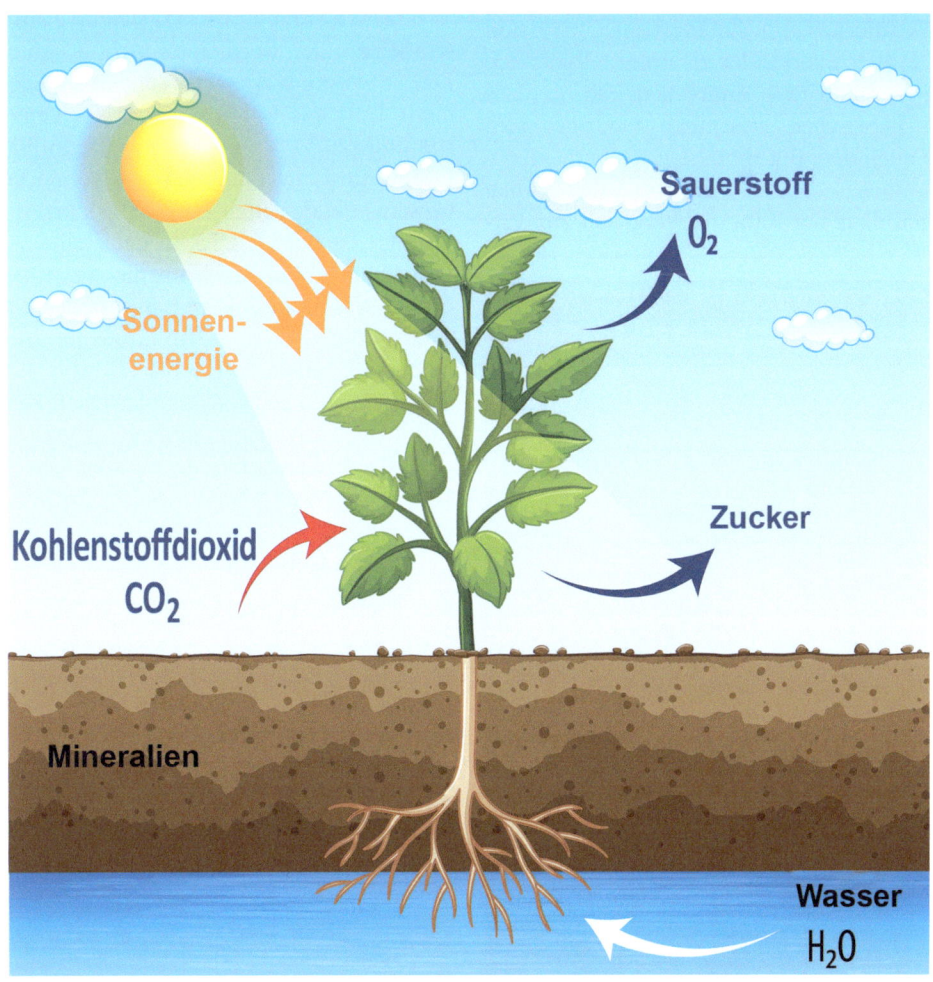

◻ Abb. 12.34 Photosynthese. Synthese von Glucose aus Kohlenstoffdioxid und Wasser mithilfe des Sonnenlichts (© ▶ GraphicsRF.com/▶ Shutterstock.com)

dert der 2. Hauptsatz der Thermodynamik, das im Gesamtsystem irgendwo anders die Rechnung in Form von Entropiezunahme bezahlt wird. Insgesamt muss die Entropiebilanz im Gesamtsystem Universum positiv sein ($\Delta S > 0$).

12.4.3 Universum – Die Entropie nimmt stetig zu. Endet der Kosmos im Wärmetod?

Der von Clausius formulierte 2. Hauptsatz der Thermodynamik gilt auch - oder gerade - für das Universum, da dieses als Ganzes einem isolierten System entspricht.

Direkt nach dem „Big Bang" (engl. für Urknall) vor etwa 13,7 Mrd. Jahren bestand das Universum aus einem extrem heißen, hochenergetischen Plasma aus Photonen, Quarks, Gluonen, Neutrinos etc., das eine sehr hohe Entropie aufweisen sollte.

Betrachtet man das derzeitige Universum (◘ Abb. 12.35), erkennt man eine Vielzahl von Planeten, Sternen, Sonnensystemen und Galaxien. Alles scheint geordnet und strukturiert zu sein. Zuem ist das Universum heute ungleich größer und kühler als unmittelbar nach dem Big Bang, weshalb man annehmen könnte, dass seine Entropie inzwischen wesentlich niedriger sein sollte als direkt nach dem Big Bang.

Beide Annahmen - die hohe Entropie des frühen Universums nach dem Big Bang im Vergleich zur vermeintlich geringeren Entropie des heutigen Universums stehen jedoch im Widerspruch zum Clausius-Postulat, das besagt, dass mit fortschreitenden Zeitverlauf die Entropie eines isolierten Systems, wie dem Universum, zunehmen sollte.

Umso verblüffender sind Berechnungen der Entropie des Universums in der Größenordnung von 10^{65} J/K zur Zeit des Big Bangs und von 10^{80} J/K für den derzeitigen Zustand, was wiederum im Einklang mit dem Clausius-Postulat ist.

Die Berechnungen ergaben außerdem, dass der Entropiebeitrag der wohlgeordneten Strukturen wie Galaxien, Sonnensysteme und Planeten im Vergleich zum extrem hohen Entropiebeitrag von schwarzen Löchern vernachlässigbar ist.

Schwarze Löcher entstehen am Ende des Lebenszyklus massereicher Sterne durch Gravitationskollaps, da der der Gravitation entgegenwirkende Strahlungsdruck des Wasserstoffbrennens wegfällt. Schwarze Löcher weisen eine so hohe Dichte auf, dass in ihrer unmittelbaren Umgebung die Gravitationskräfte so stark sind, dass nicht einmal Licht entweichen kann.

Das schwarze Loch, das sich im Zentrum der Milchstraße befindet, weist eine Entropie von ca. 10^{68} J/K auf. Damit weist ein einzelnes schwarzes Loch Tausendfach mehr Entropie auf als das Universum in seiner Entstehungsphase. Es existieren Abermilliarden schwarze Löcher im Universum, was die hohe Entropie des Universums im aktuellen Zustand erklärt.

Jetzt ist wieder alles in der Reihe. Am Anfang des Universums war die Entropie wesentlich geringer als heute, was im Einklang mit dem 2. Hauptsatz der Thermodynamik steht. Im Laufe der Jahrmilliarden bildeten sich schwarze Löcher (◘ Abb. 12.36) hoher Entropie, was zu einer kontinuierlichen Zunahme der Entropie des Universums führte.

Astronomen gehen davon aus, dass in den nächsten 10^{20} Jahren weiterhin schwarze Löcher entstehen wer-

◘ Abb. 12.35 Das Weltall besteht aus über 200 Mrd. Galaxien. Jede Galaxie beinhaltet wiederum mehr als 100 Mrd. Sterne

◘ Abb. 12.36 Das schwarze Loch im Zentrum einer Galaxie absorbiert Materie und weist extrem hohe Entropie auf (© Elena11/► Shutterstock.com)

12.4 · Entropie – Philosophische Betrachtungen zu Zeit, Leben, Chaos und Verfall

den, sodass die Entropie des Universums auf „absehbare" Zeit weiter zunehmen wird.

Allerdings gibt es auch erhebliche Zweifel an der Annahme, dass die Entropie des Universums mit der Zeit stetig wächst. Die Gültigkeit des 2. Hauptsatzes der Thermodynamik für das gesamte Universum wird von einigen Wissenschaftlern generell infrage gestellt. Die Tatsache, dass die Entropie in einem kontrollierten Laborexperiment in einem isolierten System zunimmt, lässt nach deren Meinung keine Rückschlüsse auf das Verhalten des gesamten Universums zu.

Folgende Grundannahmen werden hinterfragt:
- Ist das beobachtbare Universum ein abgeschlossenes System oder kommuniziert es mit Paralleluniversen?
- Ist unser Universum einschließlich seiner Masse und Energie, endlich oder unendlich? Entropie ist eine extensive Zustandsfunktion. Da wir aber das Universum in seiner Gänze nicht durch thermodynamische Parameter beschreiben können, lässt sich das Konzept der Entropie nicht auf das gesamte Universum anwenden.
- Da die Entropie des Universums nicht definiert ist, kann sie weder für den Big Bang noch für den aktuellen Zustand des Universums berechnet werden!
- Sind und waren die Gesetze der Physik überall und zu jeder Zeit im Kosmos überhaupt gültig?

Das Resümee der Zweifler lautet, dass der Satz „Die Entropie des Universums nimmt über den Zeitpfeil zu" zwar auf dem ersten Blick plausibel erscheint, aber letztlich auf Annahmen basiert und nicht ohne Weiteres haltbar ist. Hier schließt sich der Kreis. Auch die Hauptsätze der Thermodynamik sind Axiome, die nicht beweisbar sind. Dennoch haben diese Hauptsätze bisher jeder empirischen Überprüfung standgehalten, sodass sie in der Praxis nach wie vor wertvolle Dienste leisten.

Reaktionskinetik

Inhaltsverzeichnis

Kapitel 13 Grundlagen und Kinetik einfacher Reaktionen – 307

Kapitel 14 Kinetik komplexer Reaktionen und Reaktionsgeschwindigkeit – 325

Grundlagen und Kinetik einfacher Reaktionen

Inhaltsverzeichnis

13.1 Reaktionskinetik – Die Grundlagen – 308

13.2 Geschwindigkeitsgesetze – Mathematische Beschreibung der Reaktionskinetik – 310

13.3 Reaktionsgeschwindigkeit – Einfluss der Eduktkonzentration – 312

13.3.1 Reaktion 0. Ordnung – Die Eduktkonzentration hat keinen Einfluss auf die Reaktionsgeschwindigkeit – 313

13.3.2 Reaktion 1. Ordnung – Die Reaktionsgeschwindigkeit ist proportional zur Eduktkonzentration – 316

13.3.3 Reaktion zweiter Ordnung – Die Reaktionsgeschwindigkeit nimmt mit dem Quadrat der Eduktkonzentration zu – 319

13.3.4 Reaktionsordnung (RO) und Geschwindigkeitskonstante (k) – 321

© Der/die Autor(en), exklusiv lizenziert an Springer-Verlag GmbH, DE, ein Teil von Springer Nature 2025
J. K. Felixberger, *Physikalische Chemie für Einsteiger*, https://doi.org/10.1007/978-3-662-69767-2_13

Es ist Alltagserfahrung, dass chemische Reaktionen mit unterschiedlichen Geschwindigkeiten ablaufen. Während manche Nahrungsmittel über Tage oder Wochen hinweg gelagert werden können, erfolgt beispielsweise die Verbrennung von Benzin in extrem kurzer Zeit (Abb. 13.1). Zudem ist allgemein bekannt, dass chemische Reaktionen bei niedrigeren Temperaturen langsamer verlaufen. Aus gutem Grund lagern wir Milch und Fleisch in Kühlschränken bzw. Gefriertruhen.

Chemische Kinetik (kinesis, altgriech. für Bewegung, Geschwindigkeit) beschäftigt sich mit der Geschwindigkeit und den Elementarschritten chemischer Reaktionen auf molekularer Basis. Reaktionskinetische Daten sind unerlässlich, um Reaktoren, Kühlaggregate, Filterkammern und andere Komponenten für großindustrielle Anlagen berechnen und konstruieren zu können.

13.1 Reaktionskinetik – Die Grundlagen

Mithilfe der Reaktionskinetik kann die Geschwindigkeit chemischer Reaktionen quantitativ erfasst werden. Wesentliche Aspekte der Reaktionskinetik sind:
- die Reaktionsgeschwindigkeit, d. h. der zeitliche Ablauf chemischer Reaktionen,
- der Einfluss von Eduktkonzentrationen auf die Reaktionsgeschwindigkeit,
- das Aufstellen von Geschwindigkeitsgesetzen,
- der Einfluss der Temperatur auf die Reaktionsgeschwindigkeit,
- die Beschleunigung der Reaktionsgeschwindigkeit mithilfe von Katalysatoren und
- die Entschlüsselung von Elementarreaktionen und Reaktionsmechanismen.

■ **Reaktionsprofil – Energiediagramme beschreiben den energetischen Ablauf chemischer Reaktionen**

Der energetische Verlauf chemischer Reaktionen kann durch Energiediagramme veranschaulicht werden (Abb. 13.2). Die Ordinate gibt dabei die freie Enthalpie (G) des Reaktionssystems wieder. Im illustrierten Fall handelt es sich um eine exergonische Reaktion (▶ Abschn. 12.1.2), was bedeutet, dass das Niveau der freien Enthalpie der Edukte (A + BC) höher liegt als das der Produkte (AB + C). Es wird Reaktionsenergie ($\Delta_{RE}G$) freigesetzt.

■ **Reaktionskoordinate – Energetisch günstigster Pfad von Edukt zu Produkt**

Chemische Reaktionen erfordern räumliche Umorganisationen von Atomen und Elektronen, wobei neue kovalente Bindungen entstehen. Die Reaktions-

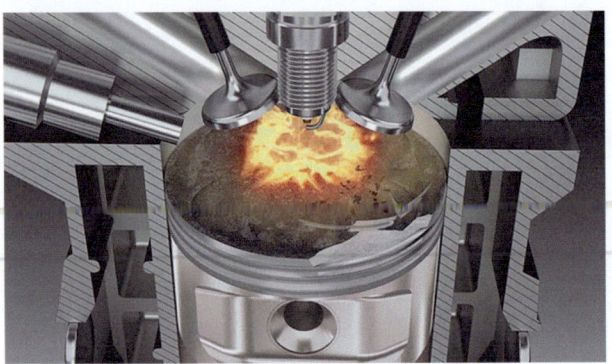

● **Abb. 13.1** Zündkerzenfunke entzündet das Luft-Benzin-Gemisch am oberen Totpunkt des Kolbens (© TUNAP GmbH & Co. KG, Animation: m-frame digital)

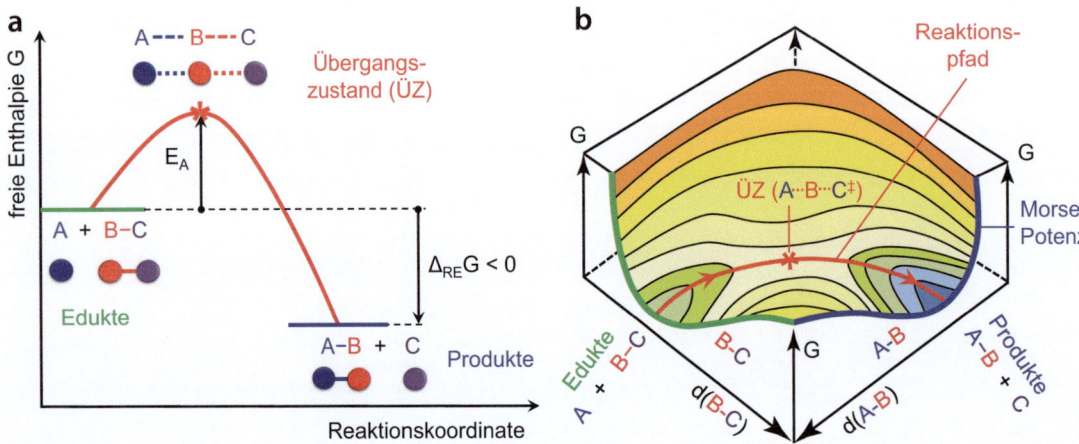

● **Abb. 13.2** Zweidimensionales (a) und dreidimensionales (b) Reaktionsprofil und Energiediagramm der exergonischen Reaktion A + B–C → A–B + C

koordinate beschreibt den energetisch günstigsten Pfad (◘ Abb. 13.2b, rote Linie), den die Edukte auf dem Weg zur Bildung der Produkte im Tal der freien Enthalpie durchlaufen. Auf diesem Weg ändern sich ständig Strukturparameter wie Bindungslängen, Bindungswinkel und Bindungsordnung, was zu Veränderungen der freien Enthalpie führt. Um die Aktivierung der Eduktmoleküle zu ermöglichen, muss ein Energieberg, der Übergangszustand (ÜZ) überwunden werden, wofür die sogenannte Aktivierungsenergie (E_A) aufgebracht werden muss.

- **Aktivierungsenergie – Mindestenergie für die Transformation von Edukt- zu Produktmolekülen**

Wie die Thermodynamik zeigt, können exergonische Reaktionen ($\Delta_{RE}G < 0$, d. h., Energie wird durch die chemische Reaktion freigesetzt) spontan ablaufen. Je mehr Reaktionsenergie freigesetzt wird, je negativer die freie Reaktionsenthalpie ($\Delta_{RE}G$) ist, desto weiter ist ein System vom Gleichgewicht entfernt und desto heftiger kann eine Reaktion ablaufen.

- **Übergangszustand – Kurzlebige Molekülstruktur maximaler Energie**

Wie bereits erwähnt, müssen Eduktmoleküle entlang der Reaktionskoordinate ihre Strukturparameter wie Bindungswinkel und Bindungslängen ändern, damit daraus Produktmoleküle entstehen. Die Molekülstruktur maximaler Energie entlang der Reaktionskoordinate wird als Übergangszustand (ÜZ, ◘ Abb. 13.2a) bezeichnet.

Damit die Eduktmoleküle (A + BC) miteinander reagieren können, müssen diese durch externe Energie, meist in Form von Wärme, aktiviert werden. Dadurch nimmt die kinetische Energie der Eduktmoleküle zu, was häufigere und intensivere Kollisionen mit einhergehendem Energieaustausch zur Folge hat. (▶ Abschn. 10.3).

Durch diese Aktivierung nähern sich die Moleküle an, wodurch bestehende Bindungen (B–C) aufgebrochen und neue Bindungen (A–B) gebildet werden. Das Lösen bestehender und die Bildung neuer Bindungen erfolgen über einen energiereichen, instabilen Übergangszustand (ÜZ, A–B–C‡, ◘ Abb. 13.2b), der schließlich in die energieärmeren Reaktionsmoleküle (AB + C) zerfällt. Dabei wird sowohl die aufzubringende Aktivierungsenergie (E_A) als auch die freie Reaktionsenthalpie ($\Delta_{RE}G$) auf das Reaktionssystem übertragen. Übergangszustände haben eine extrem kurze Lebensdauer, sind nicht isolierbar und stellen kein Intermediat (Zwischenprodukt) einer chemischen Reaktion dar.

Die Aktivierungsenergie (E_A) entspricht der Differenz zwischen der freien Enthalpie der Eduktmoleküle und der des Übergangszustands (ÜZ). Die freie Reaktionsenthalpie ($\Delta_{RE}G$) ist hingegen der Unterschied zwischen der freien Enthalpie der Eduktmoleküle und der der Produktmoleküle. Häufig reicht die freigesetzte Reaktionsenthalpie aus, um weiteren Ausgangsmolekülen über den „Aktivierungsberg" zu helfen. So muss beispielsweise das Feuer eines Ofens nur einmal entfacht werden.

◘ Abb. 13.2b zeigt eine dreidimensionale Darstellung der Energiehyperfläche für die Reaktion A + BC → A–B + C. Energiehyperflächen beschreiben die **potenzielle Energie** eines Molekülsystems als Funktion der Abstände der einzelnen Atome zueinander. Da Energiehyperflächen mehratomiger Moleküle nicht anschaulich darstellbar sind, beschränken wir uns auf die Reaktion des Atoms A mit dem Molekül BC. Um die Darstellung weiter zu vereinfachen, wird davon ausgegangen, dass der Übergangszustand (ÜZ, A–B–C‡) kollineare Geometrie aufweist, d. h., das Atom A kollidiert mit dem Atom B des Moleküls B–C entlang der Bindungsachse von BC. Dadurch verbleiben als Freiheitsgrade nur der Atomabstand d(B–C) im Eduktmolekül und d(A–B) im Produktmolekül, sodass eine dreidimensionale Darstellung der potenziellen Energie in Abhängigkeit der variablen Atomabstände möglich ist. Die Energiekonturlinien ergeben sich durch stetige Variation der beiden Atomabstände und können in einem dreidimensionalen Diagramm (◘ Abb. 13.2b) übersichtlich dargestellt werden. Übrigens: Der Energiebeitrag, resultierend aus der Wechselwirkung zwischen Atom A und Atom C, kann vernachlässigt werden, da der Abstand zu groß ist, um signifikante Coulombkräfte zwischen A und C zu erzeugen.

Zu Beginn der Reaktion weist das Eduktmolekül BC minimale potenzielle Energie auf. Der Abstand zwischen den Atomen B und C entspricht dem Minimum der grünen Morse-Potenzialkurve, sodass die rote Reaktionskoordinate dort beginnt.

Der Pfad vom Energietal der Edukte zum energetisch noch tiefer liegenden Tal der Produkte führt über den Übergangszustand ABC‡, der dem höchsten Energiezustand (◘ Abb. 13.2, Stern) der Reaktionskoordinate entspricht. Mit fortschreitender Reaktionskoordinate nähert sich Atom A dem Atom B des BC-Eduktmoleküls immer mehr an, wodurch der Atomabstand d(A–B) kontinuierlich kleiner wird und die potenzielle Energie stetig zunimmt, da sich die Elektronenwolken von A und BC zunehmend stärker abstoßen. Beim Erreichen des Übergangszustands (ÜZ, A–B–C‡) treten jedoch auch anziehende Kräfte zwischen den Atomen A und B auf, hervorgerufen durch die Wechselwirkungen der Elektronenwolken mit den beiden Atomkernen, wodurch sich eine chemische Bindung anbahnt. Andererseits wird durch die zunehmende Elektronendichte am Atom B Atom C immer mehr abgestoßen, sodass sich die Bindung zwischen B und C lockert und der Atomabstand BC zunimmt. Da die Bindung AB eine höhere Bindungsenthalpie aufweist als die Bindung BC wird der Abstand AB mit fortschreitendem Reaktionspfad immer kleiner, bis sich die Bindungsenergie und Coulombabstoßung die Waage halten und sich die Bindungslänge AB auf den Gleichgewichtszustand der blauen Morse-Kurve eingeschwungen hat. Dagegen nimmt der Abstand BC immer mehr zu, bis die Bindung BC sich vollständig löst, sodass der „rote" Reaktionspfad in der Talsohle der Morse-Potentialkurve (A–B, blau) endet.

- **Reaktionsgeschwindigkeit – Die Aktivierungsenergie hat einen maßgeblichen Einfluss**

Die Aktivierungsenergie (E_A) hat einen entscheidenden Einfluss auf die Reaktionsgeschwindigkeit einer chemischen Reaktion. Je größer die Aktivierungsenergie, desto langsamer verläuft eine chemische Reaktion, da nur wenige Eduktmoleküle genügend Energie besitzen, um den Aktivierungsberg überwinden zu können.

Im Gegensatz dazu verlaufen chemische Reaktionen mit niedriger Aktivierungsenergie schneller, da bei gleicher Temperatur mehr Eduktmoleküle über ausreichend Energie verfügen, um den Aktivierungsberg zu überwinden.

- **Thermodynamik (Gleichgewichtszustand, GG) vs. Kinetik (Geschwindigkeit der Einstellung eines GG)**

Die Thermodynamik liefert Informationen darüber, ob Reaktionen spontan ablaufen können ($\Delta_{RE}G < 0$) und über deren Gleichgewichte (▶ Abschn. 12.3.2). Die freie Enthalpie (G, Gibbs-Energie) ist dabei die zentrale Zustandsgröße eines Reaktionssystems. Sie hängt ausschließlich vom Zustand des Systems (Art der Verbindung, Temperatur, Druck) ab, jedoch nicht vom Reaktionsweg, der zu diesem Zustand führt. Deshalb können thermodynamische Größen wie die Gibbs-Energie (G) keine Aussagen darüber treffen, auf welchem Reaktionsweg ein Gleichgewicht erreicht wird und wie lange es dauert, bis sich der Gleichgewichtszustand einstellt.

Die Reaktionskinetik hingegen hat keinen Einfluss auf die Gleichgewichtslage, also auf die potenzielle Energie einer chemischen Reaktion. Sie ermöglicht jedoch Aussagen darüber, wie schnell chemische Reaktionen ablaufen und wie schnell sich chemische Gleichgewichte einstellen. Wie bereits erwähnt, hängt die Geschwindigkeit einer chemischen Reaktion vom Aktivierungsberg und damit vom Reaktionspfad ab. Deshalb können mithilfe kinetischer Daten auch Rückschlüsse auf den Reaktionsmechanismus gezogen werden. Während die Thermodynamik Aussagen über Zustände im Gleichgewicht erlaubt, ermöglicht die Kinetik die Beschreibung chemischer Reaktionen im Nichtgleichgewicht.

13.2 Geschwindigkeitsgesetze – Mathematische Beschreibung der Reaktionskinetik

Die Reaktionsgeschwindigkeit $v(t)$ einer chemischen Reaktion ist eine zentrale Größe in der Kinetik und beschreibt die Stoffmengenänderung (dn) pro Zeitintervall (dt). Sie ist ein Maß für das „Tempo", mit dem Reaktanten dem chemischen Gleichgewicht zustreben. Da chemische Reaktionen häufig in flüssiger Phase bei konstantem Volumen ablaufen, kann statt der Stoffmengenänderung auch die Konzentrationsänderung (dc = dn/V) eines Edukts oder Produkts pro Zeiteinheit verwendet werden, um die Reaktionsgeschwindigkeit zu quantifizieren.

◘ Abb. 13.3 zeigt exemplarisch die Konzentrationsverläufe für die Reaktion A → P. Durch Vergleich der Steigungen der schwarzen Tangenten zu verschiedenen Zeitpunkten (t) erkennt man, dass anfänglich die Konzentrationsänderung pro Zeitabschnitt schneller erfolgt als gegen Ende der Reaktion.

So steigt die rote Kurve des Produkts P anfänglich steil an, was einer großen Konzentrationsänderung pro Zeiteinheit entspricht, und nähert sich gegen Ende der Reaktion asymptotisch der Zeitachse an. Am Anfang, als noch eine hohe Konzentration des Edukts A vorhanden war, war die Reaktionsgeschwindigkeit $v(P,t)$ größer als am Ende, wenn die Konzentration des Edukts gering ist. Das bedeutet, dass die momentane Reaktionsgeschwindigkeit (ähnlich einer „Tachoanzeige"), die Bildungsrate des Produktes P von der momentanen Eduktkonzentration $c(A,t)$ abhängt.

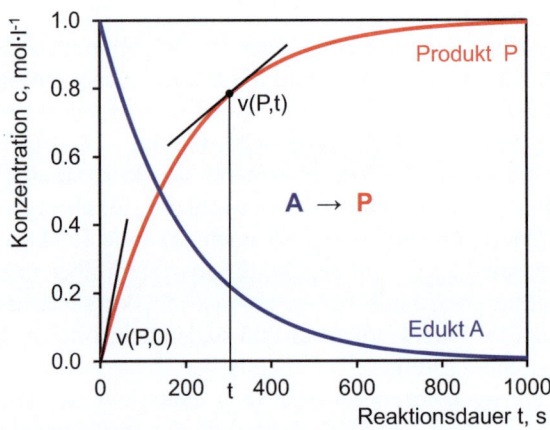

◘ **Abb. 13.3** Konzentrationsverläufe als Funktion der Zeit für die chemische Reaktion A → P

13.2 · Geschwindigkeitsgesetze – Mathematische Beschreibung der Reaktionskinetik

■ **Geschwindigkeitsgesetze**

Da sich die Konzentration c(A,t) zu jedem Zeitpunkt t ändert, lässt sich der Konzentrationsverlauf mathematisch durch eine Differenzialgleichung beschreiben (Gl. 13.1). Das Lösen von Differenzialgleichungen ist zwar Bestandteil des Curriculums der gymnasialen Oberstufe, jedoch für kinetische Fragestellungen unverzichtbar. Aus diesem Grund werden im ▶ Kap. 9 die Grundlagen der Differenzial- und Integralrechnung behandelt.

Die Momentangeschwindigkeit v(t) für die in ◘ Abb. 13.3 dargestellte Umwandlung des Edukts A in das Produkt P (A → P) entspricht zu jedem Zeitpunkt t der Ableitung (also der Steigung) des Konzentrationsverlaufs des Eduktes A bzw. des Produkts P nach der Zeit dt. Dabei wird das Edukt A verbraucht [-dc(A,t), Minuszeichen!] und das Produkt P gebildet [+dc(P,t), Pluszeichen!]. Das differenzielle Geschwindigkeitsgesetz lautet daher:

$$v(t) = -\frac{d}{dt}c(A,t) = +\frac{d}{dt}c(P,t) = k \cdot c(A,t) \quad \textit{differenzielles Geschwindigkeitsgesetz} \tag{13.1}$$

v(t) – Momentangeschwindigkeit zur Reaktionszeit t, $moll^{-1}s^{-1}$

dc/dt – differenzielle (minimale) Änderung der Konzentration bei Änderung der Zeit um den differenziellen Betrag dt

c(A,t) – Konzentration des Edukts A zum Zeitpunkt t (Minuszeichen, da A verbraucht wird), $moll^{-1}$

c(P,t) – Konzentration des Produkts P zum Zeitpunkt t (Pluszeichen, da P generiert wird), $moll^{-1}$

k – Geschwindigkeitskonstante, s^{-1}

t – Reaktionsdauer, s

Während das differenzielle Geschwindigkeitsgesetz die momentane Konzentrationsänderung, also die Reaktionsgeschwindigkeit einer chemischen Reaktion, beschreibt, sind die zeitabhängigen Konzentrationsverläufe der beteiligten Stoffe, wie zum Beispiel die Produktkonzentration c(P,t) nach einer bestimmten Reaktionsdauer t, meist von größerem Interesse. Da die Bildungsrate dc(P,t)/dt mit zunehmender Zeit abnimmt (◘ Abb. 13.3), kann die Produktkonzentration nicht einfach zu einem beliebigen Zeitpunkt gemessen und dann per Dreisatz auf die Reaktionszeit t extrapoliert werden. Stattdessen muss die differenzielle Geschwindigkeitsgleichung (Gl. 13.1) integriert werden, um die Konzentrationsverläufe wie die Produktkonzentration c(P,t) für beliebige Zeitpunkte t berechnen und prognostizieren zu können.

$$c(A,t) = c(A,0) \cdot e^{-k \cdot t} \quad \textit{integriertes Geschwindigkeitsgesetz für das Edukt A} \tag{13.2}$$

c(A,0) – Konzentration des Edukts A zu Reaktionsbeginn (t = 0), $moll^{-1}$

Integrierte Geschwindigkeitsgesetze beschreiben die Zeitabhängigkeit der Edukt- respektive Produktkonzentrationen. Deren Herleitung werden im Detail in ▶ Abschn. 13.3 besprochen.

■ **Halbwertszeit – Zeitdauer, bei der sich die Stoffmenge des Edukts halbiert**

Eine weitere wichtige kinetische Kenngröße ist die sogenannte Halbwertszeit ($t_{0,5}$). Nach Ablauf der Halbwertszeit ist genau die Hälfte der Ausgangskonzentration des Eduktes c(A,0) aufgebraucht, also in Produkt umgewandelt. Halbwertszeiten können aus den Geschwindigkeitsgesetzen berechnet werden. So ergibt sich beispielsweise durch Einsetzen von c(A,t) = c(A,$t_{0,5}$) = 0,5·c(A,0) in Gl. 13.2 für die Halbwertszeit der Reaktion A → P folgender Ausdruck:

$$c(A,t_{0,5}) = 0{,}5 \cdot c(A,0) = c(A,0) \cdot e^{-k \cdot t_{0,5}} \rightarrow \frac{1}{2} = e^{-k \cdot t_{0,5}} \xrightarrow{\textit{Delogarithmieren}} ln\left(\frac{1}{2}\right) = -k \cdot t_{0,5} \rightarrow t_{0,5} = \frac{ln(2)}{k} \tag{13.3}$$

$c(A, t_{0,5})$ – Konzentration des Edukts zur Halbwertszeit, moll^{-1}

$t_{0,5}$ – Halbwertszeit, s

k – Geschwindigkeitskonstante, s^{-1}

Der Allgemeinheit ist die Halbwertszeit in Zusammenhang mit „Brennstäben" von Kernreaktoren bekannt. So haben abgebrannte Brennstäbe Halbwertszeiten von Zehntausenden Jahren und länger. Das bedeutet, dass sich die Intensität der radioaktiven Strahlung alle Zehntausende Jahre halbiert, was die Suche nach einem Endlager so schwierig gestaltet.

13.3 Reaktionsgeschwindigkeit – Einfluss der Eduktkonzentration

Die Reaktionsgeschwindigkeit hängt von der Konzentration der Ausgangsstoffe (Edukte, Reaktanten) ab. Mit zunehmender Konzentration steigt die Anzahl der wirksamen Kollisionen zwischen den Eduktmolekülen, was zu einer höheren Produktbldung führt.

◘ Abb. 13.4 zeigt beispielhaft den Einfluss der Salzsäurekonzentration auf die Bildungsrate von Kohlenstoffdioxid (CO_2) bei der Reaktion von Calciumcarbonat ($CaCO_3$) mit Salzsäure (HCl) zu Calciumchlorid ($CaCl_2$).

$$CaCO_3 + 2\,HCl \rightarrow CaCl_2 + H_2O + CO_2 \uparrow \qquad (13.4)$$

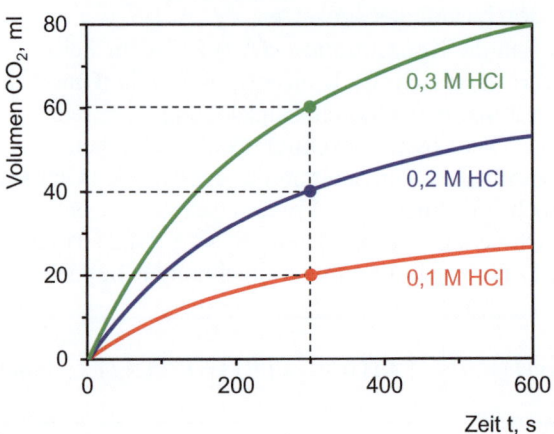

◘ Abb. 13.4 Je höher die Salzsäurekonzentration, desto schneller die Kohlenstoffdioxidbildung

Das freigesetzte Volumen an Kohlenstoffdioxid dient als Indikator für den Reaktionsfortschritt. Die Reaktionsgeschwindigkeit steht in direkter Relation zur Salzsäurekonzentration: Verdoppelt sich die Säurekonzentration, ist auch das freigesetzte CO_2-Volumen doppelt so hoch.

Allgemein lässt sich für eine irreversible chemische Reaktion mit den Ausgangsstoffen A, B, C, … empirisch das folgende Geschwindigkeitsgesetz formulieren:

Reaktionsgleichung $A + B + C + \ldots \rightarrow P$

$$v(P,t) = k \cdot c^a(A,t) \cdot c^b(B,t) \cdot c^c(C,t) \cdot \ldots \qquad \text{empirisches Geschwindigkeitsgesetz} \qquad (13.5)$$

A, B, C – Edukte

P – Produkt

$v(P,t)$ – Reaktions-/Bildungsgeschwindigkeit des Produkts P als Funktion der Reaktionsdauer t, moll^{-1}s^{-1}

k – Geschwindigkeitskonstante, Einheit variabel

$c(A,t)$ – Konzentration des Reaktanten A zum Zeitpunkt t, moll^{-1}

a, b, c – partielle Reaktionsordnung der einzelnen Reaktanten

- **Geschwindigkeitskonstante – Zentrale Größe der Reaktionskinetik**

Die Geschwindigkeitskonstante k entspricht der Proportionalitätskonstante zwischen der Reaktionsgeschwindigkeit v(t) und den Konzentrationen der Reaktanten (Gl. 13.5). Sie ist spezifisch für die jeweilige Reaktion, und hängt von der Temperatur ab (▶ Abschn. 14.3.1), ist unabhängig von den Eduktkonzentrationen und muss experimentell bestimmt werden. Je größer der Wert der Geschwindigkeitskonstante, desto schneller verläuft die Reaktion.

Die Temperaturabhängigkeit der Geschwindigkeitskonstante k ist umso ausgeprägter, je höher die Aktivierungsenergie (E_A) einer Reaktion ist. Wird die Geschwindigkeitskonstante bei verschiedenen Temperaturen bestimmt, lässt sich die Aktivierungsenergie einer Reaktion berechnen (▶ Abschn. 13.3.4).

Die Einheit der Geschwindigkeitskonstante variiert je nach Reaktionsordnung (RO, s. u.) und wird so angepasst, dass die Reaktionsgeschwindigkeit v(t) die Einheit moll^{-1}s^{-1} erhält. Allgemein ausgedrückt lautet die Einheit der Geschwindigkeitskonstante mol^{1-RO}l^{RO-1}s^{-1}.

Für Reaktionen erster und höherer Ordnung entspricht die Geschwindigkeitskonstante k der Reaktionsgeschwindigkeit, wenn die Eduktkonzentrationen jeweils 1 moll^{-1} betragen.

Tab. 13.1 Kinetische Daten für die Synthese von Nitrosylchlorid (NOCl) aus Stickstoffmonoxid (NO) und Chlor (Cl_2)

Nr.	$c(NO,t)$, mol·l^{-1}	$c(Cl_2,t)$, mol·l^{-1}	$v(NOCl,t)$, mol·l^{-1}s^{-1}	k, l^{2}mol^{-2}s^{-1}
1	0,1	0,1	0,0918·10^{-6}	91,8·10^{-6}
2	0,1	0,2	0,181·10^{-6}	90,5·10^{-6}
3	0,2	0,1	0,364·10^{-6}	91,0·10^{-6}
4	0,2	0,2	0,726·10^{-6}	90,8·10^{-6}

■ **Reaktionsordnung – Einfluss der Eduktkonzentrationen auf die Reaktionsgeschwindigkeit**

Das Geschwindigkeitsgesetz beschreibt die Reaktionsgeschwindigkeit v(t) als Funktion der Konzentrationen der Reaktanten c(A,t), c(B,t), c(C,t), …

Die partielle Reaktionsordnung (RO) a, b, c, … gibt an, mit welcher Potenz die Konzentration eines bestimmten Edukts die Reaktionsgeschwindigkeit beeinflusst. Die Gesamtreaktionsordnung ergibt sich als Summe der partiellen Reaktionsordnungen der einzelnen Reaktanten (Gl. 13.6).

$$RO = a + b + c + \ldots \quad \text{Gesamtreaktionsordnung} \quad (13.6)$$

Je nach Gesamtreaktionsordnung (RO) handelt es sich um Reaktionen 0. Ordnung (RO = 0), 1. Ordnung (RO = 1), 2. Ordnung (RO = 2) usw. In vielen Fällen sind Reaktionsordnungen ganzzahlig, müssen es aber nicht notwendigerweise sein.

Es ist wichtig zu betonen, dass die Reaktionsordnungen der Reaktanten nichts mit den stöchiometrischen Koeffizienten der Reaktionsgleichung zu tun haben, auch wenn sie zufällig übereinstimmen können. Reaktionsordnungen sind empirische Größen, die nicht aus der stöchiometrischen Gleichung abgeleitet werden können, sondern experimentell bestimmt werden müssen. Reaktionsordnungen erlauben keinerlei Rückschlüsse auf den konkreten Reaktionsmechanismus, bestenfalls können bestimmte Mechanismen ausgeschlossen werden.

▶ **Beispiel**

Es sollen die Reaktionsordnungen der Edukte für die Reaktion von Stickstoffmonoxid (NO) mit Chlor (Cl_2) zu Nitrosylchlorid (NOCl) anhand folgender kinetischer Daten bestimmt werden.

$$2\,NO + Cl_2 \rightarrow 2\,NOCl \quad (13.7)$$

Der Vergleich von Zeile 1 und Zeile 3 zeigt, dass die Bildungsrate v(NOCl,t) sich vervierfacht, wenn die NO-Konzentration verdoppelt wird. Daraus folgt, dass die partielle Reaktionsordnung für Stickstoffmonoxid gleich zwei ist (RO = 2).

Der Vergleich der Zeilen 1 und 2 ergibt, dass sich die Bildungsrate von NOCl verdoppelt, wenn die Chlorkonzentration verdoppelt wird. Somit besteht ein linearer Zusammenhang und die partielle Reaktionsordnung für Chlor beträgt eins (RO = 1). Das Geschwindigkeitsgesetz lautet somit:

$$\begin{aligned} v(NOCl,t) &= k \cdot c^2(NO,t) \cdot c^1(Cl_2,t) \\ &= k \cdot c^2(NOCl,t) \cdot c(Cl_2,t) \end{aligned} \quad (13.8)$$

Zur Überprüfung, ob das Geschwindigkeitsgesetz korrekt ist, berechnen wir die Geschwindigkeitskonstante mit Gl. 13.9 für alle vier Fälle (◘ Tab. 13.1, k, rechte Spalte).

$$k = v(NOCl,t) / \left[c^2(NO,t) \cdot c(Cl_2,t) \right] \quad (13.9)$$

Da die berechneten Werte für die Geschwindigkeitskonstanten im Rahmen der Fehlergenauigkeit übereinstimmen, sind die partiellen Reaktionsordnungen korrekt bestimmt. Die Gesamtreaktionsordnung ergibt sich aus der Summe der partiellen Reaktionsordnungen (RO = RO_{NO} + RO_{Cl2} = 2 + 1 = 3) zu drei. ◀

13.3.1 Reaktion 0. Ordnung – Die Eduktkonzentration hat keinen Einfluss auf die Reaktionsgeschwindigkeit

Reaktionen 0. Ordnung (RO = 0) sind Reaktionen, bei denen die Reaktionsgeschwindigkeit v(P,t) konstant bleibt und **nicht** von der Konzentration eines Edukts beeinflusst wird.

Beispiele für solche Reaktionen sind Enzymreaktionen, die bei hohem Überschuss an Substrat ablaufen wie etwa der Abbau von Alkohol in der Leber durch das Enzym Alkoholdehydrogenase. Auch heterogenkatalytische Prozesse gehören dazu, bei denen die Adsorption gasförmiger Edukte an die aktiven Metallzentren wesentlich schneller erfolgt als die chemische Umwandlung am katalytischen Zentrum (▶ Abschn. 14.3.3).

Differenzielles Geschwindigkeitsgesetz

Für eine chemische Reaktion 0. Ordnung (A → P) gelten die folgenden mathematischen Zusammenhänge. Da die Reaktionsgeschwindigkeit unabhängig von der Konzentration des Edukts A ist (RO = 0), ergibt sich für das differenzielle Geschwindigkeitsgesetz:

$$v(t) = -\frac{d}{dt}c(A,t) = k_0 \cdot c^0(A,t) = k_0 = \frac{d}{dt}c(P,t) \quad \textit{differenzielles Geschwindigkeitsgesetz} \quad (13.10)$$

v(t) – Reaktionsgeschwindigkeit zum Zeitpunkt t, moll^{-1}s^{-1}

d/dt – Differenzialoperator für die zeitliche Ableitung

dc(A,t)/dt – differenzielle Konzentrationsänderung des Edukts A im Zeitintervall dt, moll^{-1}s^{-1}

dt – Zeitintervall, Zeitdifferenzial, s

k_0 – Geschwindigkeitskonstante für Reaktion nullter Ordnung, moll^{-1}s^{-1}

c(A,t) – Konzentration des Edukts A zum Zeitpunkt t, moll^{-1}

t – Reaktionszeit, s

dc(P,t)/dt – differenzielle Konzentrationsänderung des Produkts P im Zeitintervall dt, moll^{-1}s^{-1}

Das heißt, die Reaktionsgeschwindigkeit wird einzig und allein von der reaktionsspezifischen Geschwindigkeitskonstante k_0 bestimmt.

Integriertes Geschwindigkeitsgesetz

Um den Konzentrationsverlauf des Produkts über die Zeit prognostizieren zu können, müssen wir Gl. 13.10 integrieren. Dazu führen wir für Gl. 13.10 eine Variablentrennung (siehe Exkurs, ▶ Abschn. 13.3.2) durch, was bedeutet, dass auf beiden Seiten der Gl. 13.11 nur noch eine unabhängige Variable [dc(A,t) resp. dt] vorhanden ist.

$$-dc(A,t) = k_0 \cdot dt \quad \textit{Variablentrennung} \quad (13.11)$$

Anschließend können beide Seiten nach der jeweiligen Variablen integriert werden.

$$-\int_{c(A,0)}^{c(A,t)} 1 \cdot dc(A,t) = k_0 \cdot \int_0^t 1 \cdot dt \quad \textit{Integrationsansatz} \quad (13.12)$$

Die Stammfunktion der linken Seite ist die Konzentration c(A,t) und die der rechten Seite die Zeit t (◻ Tab. 9.1, Regel 1).

$$-\left[c(A,t)\right]_{c(A,0)}^{c(A,t)} = k_0 \cdot \left[t\right]_0^t \quad \textit{Stammfunktionen} \quad (13.13)$$

Zur Bestimmung der Integralwerte setzen wir die Integralgrenzen in die Stammfunktionen ein, allgemein gilt $\left[F(x)\right]_a^b = F(b) - F(a)$.

$$-c(A,t) + c(A,0) = +k_0 \cdot (t-0) \quad \textit{Integralwerte} \quad (13.14)$$

Multiplizieren beider Seiten mit −1 und Auflösen nach c(A,t) ergibt das integrierte Geschwindigkeitsgesetz:

$$c(A,t) = -k_0 \cdot t + c(A,0) \quad \textit{integriertes Geschwindigkeitsgesetz für Edukt A} \quad (13.15)$$

c(A,t) – Konzentration des Edukts A zum Zeitpunkt t, moll^{-1}

k_0 – Geschwindigkeitskonstante einer Reaktion nullter Ordnung, moll^{-1}s^{-1}

t – Reaktionszeit, s

c(A,0) – Ausgangskonzentration des Edukts A zum Zeitpunkt t = 0, moll^{-1}

Das integrierte Geschwindigkeitsgesetz ermöglicht es, Aussagen über die Reaktionsdauer und die Ausbeute zu treffen. Trägt man die Konzentration des Edukts A gegen die Zeit t auf, so wird eine Gerade mit der Steigung −k_0 und dem Ordinatenabschnitt c(A,0), der Ausgangskonzentration des Edukts A, erhalten (◻ Abb. 13.5g).

◻ Abb. 13.5 wurde mit folgenden Annahmen erstellt:

Reaktion nullter Ordnung:	c(A,0) = 1,0 moll^{-1}, k_0 = 0,025 moll^{-1}min^{-1}
Reaktion erster Ordnung:	c(A,0) = 1,0 moll^{-1}, k_1 = 0,0462 moll^{-1}min^{-1}
Reaktion zweiter Ordnung:	c(A,0) = 1,0 moll^{-1}, k_2 = 0,10 moll^{-1}min^{-1}

13.3 · Reaktionsgeschwindigkeit – Einfluss der Eduktkonzentration

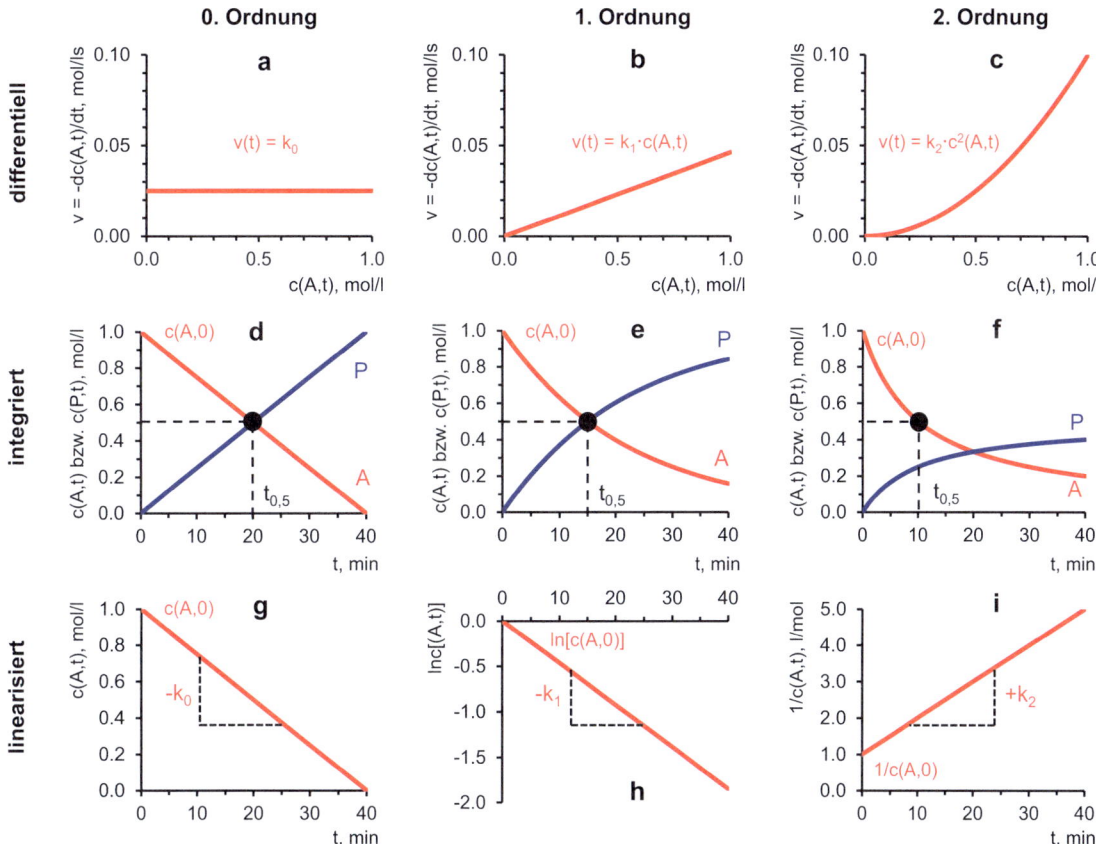

Abb. 13.5 Funktionsgraphen für die differenziellen, integrierten und linearisierten Geschwindigkeitsgesetze chemischer Reaktionen 0., 1. und 2. Ordnung

Welches integrierte Geschwindigkeitsgesetz gilt für die Bildung des Produkts P? Dieses lässt sich entweder vollständig analog nach der oben durchgeführten Vorgehensweise herleiten oder durch die Nebenbedingung, dass zu jedem Zeitpunkt die Konzentration von Edukt und Produkt der Ausgangskonzentration c(A,0) entsprechen muss.

$$c(A,t) + c(P,t) = c(A,0) \;\rightarrow\; c(P,t) = c(A,0) - c(A,t) \quad \text{Massenkonstanz} \tag{13.16}$$

Einsetzen von Gl. 13.15 für c(A,t) ergibt das integrierte Geschwindigkeitsgesetz für das Produkt P:

$$c(P,t) = c(A,0) - \left[-k_0 \cdot t + c(A,0)\right] \tag{13.17}$$

Daraus folgt:

$$c(P,t) = +k_0 \cdot t \quad \text{integriertes Geschwindigkeitsgesetz für Produkt P} \tag{13.18}$$

■ **Halbwertszeit**

Die Halbwertszeit $t_{0,5}$, also die Zeit, in der die Hälfte der Ausgangskonzentration des Edukts A verbraucht ist, ergibt sich, wenn man ½·c(A,0) für c(A,t) in Gl. 13.15 einsetzt:

$$c(A, t_{0,5}) = 0,5 \cdot c(A,0) = -k_0 \cdot t_{0,5} + c(A,0) \tag{13.19}$$

Auflösen nach $t_{0,5}$ ergibt für die Halbwertszeit:

$$t_{0,5} = \frac{c(A,0)}{2 \cdot k_0} \tag{13.20}$$

Halbwertszeit Reaktion nullter Ordnung

$t_{0,5}$ – Halbwertszeit, s
c(A,0) – Ausgangkonzentration des Edukts A (t = 0), moll^{-1}
k_0 – Geschwindigkeitskonstante einer Reaktion nullter Ordnung, s^{-1}

Zusammenfassend lässt sich festhalten, dass eine Reaktion nullter Ordnung folgende Charakteristika aufweist:
- Eine linear abnehmende Eduktkonzentration (◘ Abb. 13.5g) und eine linear zunehmende Produktkonzentration (◘ Abb. 13.5d).
- Die Reaktionsgeschwindigkeit hängt ausschließlich von der Geschwindigkeitskonstante k_0 ab, nicht jedoch von der Eduktkonzentration (Gl. 13.18).
- Da die Reaktionsgeschwindigkeit nicht von der Eduktkonzentration abhängt, bleibt sie über den ganzen Reaktionszeitraum hinweg konstant (◘ Abb. 13.5a).
- Die Halbwertszeit und damit die Reaktionsdauer sind linear zur Eduktmenge. Je mehr Edukt orhanden ist, desto länger dauert die Reaktion (Gl. 13.20).

13.3.2 Reaktion 1. Ordnung – Die Reaktionsgeschwindigkeit ist proportional zur Eduktkonzentration

■ **Differenzielles Geschwindigkeitsgesetz**

Für eine chemische Reaktion erster Ordnung (A → P) gilt folgendes differenzielles Geschwindigkeitsgesetz (Differenzialgleichung):

$$v(t) = -\frac{dc(A,t)}{dt} = k_1 \cdot c^1(A,t) = k_1 \cdot c(A,t) = +\frac{dc(P,t)}{dt} \quad \textit{differenzielles Geschwindigkeitsgesetz} \quad (13.21)$$

$dc(A,t)/dt$ – differenzielle Konzentrationsänderung des Edukts A im Zeitintervall dt, $\text{moll}^{-1}\text{s}^{-1}$

dt – Zeitintervall, s

k_1 – Geschwindigkeitskonstante für Reaktion erster Ordnung, s^{-1}

$c(A,t)$ – Konzentration des Edukts A zum Zeitpunkt t, moll^{-1}

t – Reaktionszeit, s

$dc(P,t)/dt$ – differenzielle Konzentrationsänderung des Produkts P im Zeitintervall dt, $\text{moll}^{-1}\text{s}^{-1}$

Das bedeutet, die Reaktionsgeschwindigkeit, also die zeitliche Konzentrationsänderung des Reaktanten A, ist linear zur dessen momentaner Konzentration $c(A,t)$ mit k_1 als Geschwindigkeitskonstante. Die Geschwindigkeitskonstante hat die Einheit s^{-1}.

■ **Integriertes Geschwindigkeitsgesetz**

Um den Konzentrationsverlauf über die Zeit prognostizieren zu können, müssen wir Gl. 13.21 integrieren. Dazu führen wir wieder eine Variablentrennung für Gl. 13.21 durch. Dadurch erhalten wir auf der linken Seite nur Größen, die von der Konzentration des Edukts A abhängen, und auf der rechten Seite nur Größen, die von der Variablen t abhängen.

$$-\frac{dc(A,t)}{c(A,t)} = k_1 \cdot dt \quad \text{Variablentrennung} \quad (13.22)$$

▶ **Exkurs – Integration nach Variablentrennung**
- Ausgangspunkt ist die Ableitungsfunktion dc/dt (Gl. 13.21).
- Alle Terme, die die Variable c enthalten, inklusive dc, werden auf die linke Seite geschrieben.
- Alle Terme, die die Variable t enthalten, inklusive dt, werden auf die rechte Seite gebracht.
- Als Resultat befinden sich die Differenziale dc und dt im Zähler auf verschiedenen Seiten der Gleichung. (Gl. 13.22).
- Jetzt kann die linke Seite nach der Variablen dc und die rechte Seite nach der Variablen dt integriert werden (Gl. 13.23) ◀

Gl. 13.22 besagt, dass in jedem Zeitintervall dt die relative Konzentrationsänderung des Edukts A $dc(A,t)/c(A,t)$ immer gleich $k_1 \cdot dt$ ist. Integration beider Seiten führt zu:

$$-\int_{c(A,0)}^{c(A,t)} \frac{dc(A,t)}{c(A,t)} = k_1 \cdot \int_0^t 1 \cdot dt \quad \textit{Integrationsansatz}$$

$$(13.23)$$

13.3 · Reaktionsgeschwindigkeit – Einfluss der Eduktkonzentration

Die Stammfunktion der linken Seite ist das Standardintegral ln[c(A,t)] (▶ Tab. 9.1, Regel 3.3) und die der rechten Seite die Zeit t (▶ Tab. 9.1, Regel 1).

$$-\left[\ln\left[c(A,t)\right]\right]_{c(A,0)}^{c(A,t)} = k_1 \cdot [t]_0^t \quad \text{Stammfunktionen} \tag{13.24}$$

Auflösen der bestimmten Integrale in den Integrationsgrenzen ergibt:

$$-\left\{\ln\left[c(A,t)\right] - \ln\left[c(A,0)\right]\right\} = k_1 \cdot (t-0) \quad \text{Integralwerte} \tag{13.25}$$

Zusammenfassen der natürlichen Logarithmen [ln(a) − ln(b) = ln(a/b)] ergibt:

$$-\ln\left[\frac{c(A,t)}{c(A,0)}\right] = +k_1 \cdot t \tag{13.26}$$

Multiplizieren mit −1, beidseitiges Delogarithmieren durch Anwendung der Exponentialfunktion (e$^{...}$) und Multiplizieren mit c(A,0) ergibt:

$$c(A,t) = c(A,0) \cdot e^{-k_1 \cdot t} \quad \begin{array}{l}\text{integriertes}\\ \text{Geschwindigkeitsgesetz für Edukt A}\end{array} \tag{13.27}$$

c(A,t) – Konzentration des Edukts A zum Zeitpunkt t, moll^{-1}

c(A,0) – Ausgangskonzentration des Edukts A zum Zeitpunkt t = 0, moll^{-1}

k$_1$ – Geschwindigkeitskonstante einer Reaktion erster Ordnung, s^{-1}

t – Reaktionszeit, s

Welches integrierte Geschwindigkeitsgesetz gilt für die Bildung des Produkts P? Wir können wieder die Nebenbedingung, dass zu jedem Zeitpunkt t die Konzentrationen von Edukt A und Produkt P der Ausgangskonzentration c(A,0) entsprechen müssen, nutzen.

$$c(A,t) + c(P,t) = c(A,0) \rightarrow c(P,t) = c(A,0) - c(A,t) \quad \text{Massenkonstanz} \tag{13.28}$$

Trägt man die Konzentration des Edukts A gegen die Zeit t auf, so wird ein exponentiell abklingender Kurvenverlauf erhalten (◘ Abb. 13.5e). Einsetzen von Gl. 13.27 für die Eduktkonzentration c(A,t) ergibt für das Produkt P folgendes integrierte Geschwindigkeitsgesetz:

$$c(P,t) = c(A,0) - c(A,0) \cdot e^{-k_1 \cdot t} \tag{13.29}$$

Ausklammern der Ausgangskonzentration c(A,0) ergibt für den zeitlichen Verlauf der Produktkonzentration c(P,t):

$$c(P,t) = c(A,0) \cdot \left(1 - e^{-k_1 \cdot t}\right) \quad \text{integriertes Geschwindigkeitsgesetz für Produkt P} \tag{13.30}$$

Das integrierte Geschwindigkeitsgesetz erlaubt Prognosen zur Reaktionsdauer und Ausbeute einer chemischen Reaktion.

■ **Halbwertszeit**

Die Halbwertszeit $t_{0,5}$, also die Zeit, zu der die Hälfte der Ausgangskonzentration des Edukts A verbraucht ist und in Produkt P umgewandelt wurde, ergibt sich nach Einsetzen von ½·c(A,0) für c(A,t) in Gl. 13.27.

$$c(A, t_{0,5}) = 0{,}5 \cdot c(A,0) = c(A,0) \cdot e^{-k_1 \cdot t_{0,5}} \tag{13.31}$$

Dividieren beider Seiten mit c(A,0), Logarithmieren und Umstellen nach $t_{0,5}$ ergibt:

$$\ln\left(\frac{1}{2}\right) = \ln\left(e^{-k_1 \cdot t_{0,5}}\right) \rightarrow$$
$$\ln(1) - \ln(2) = -k_1 \cdot t_{0,5} \xrightarrow{mit\ \ln(1)=0}$$
$$t_{0,5} = \frac{\ln(2)}{k_1} \quad \text{Halbwertszeit} \tag{13.32}$$

Zusammenfassend ist festzustellen, dass eine Reaktion erster Ordnung folgende Charakteristika aufweist:
- Die momentane Reaktionsgeschwindigkeit ist direkt proportional zur Konzentration des Reaktanten A (Gl. 13.21).
- Die Reaktionsgeschwindigkeit dc(A,t)/dt ist zu Beginn am größten und nimmt dann exponentiell ab (Gl. 13.27).
- Die Halbwertszeit und somit der zeitliche Verlauf einer Reaktion erster Ordnung ist unabhängig von der Ausgangskonzentration des Edukts c(A,0). Somit ist die Reaktionsdauer immer gleich lang für alle Eduktmengen (Gl. 13.32).

Der radioaktive Zerfall, das Abklingen von Pharmazeutika im Blut, Isomerisierungsreaktionen von Kohlenwasserstoffen und Dissoziationsreaktionen wie der Zerfall von Distickstoffpentoxid in Stickstoffdioxid und Sauerstoff ($N_2O_5 \rightarrow 4\,NO_2 + O_2$) sind Beispiele für Reaktionen 1. Ordnung.

Radiokarbonmethode – C-14-Datierung organischer Präparate mithilfe des radioaktiven Zerfalls

Im Jahr 1991 legte ein abschmelzender Gletscher am Tisenjoch in den Ötztaler Alpen eine mumifizierte Leiche frei. Der Zustand der Leiche und ihrer Kleidung ließ darauf schließen, dass diese bereits seit Jahrtausenden im Eis gelegen haben musste. Zur präzisen Altersbestimmung wurde die 1941 vom amerikanischen Chemiker und Geophysiker Willard Libby (Nobelpreis 1960) entwickelte Kohlenstoff-14-Methode eingesetzt.

Prinzip

Die von der Sonne emittierte kosmische Strahlung erzeugt in der obersten Atmosphärenschicht Neutronen, die durch Kollision mit dem Stickstoffnuklid N-14 unter Protonenemission das Kohlenstoffisotop C*-14 erzeugen (◘ Abb. 13.6). Das C*-14-Isotop ist ein Betastrahler (e-Emission), was durch den Asterisk angezeigt wird.

Somit existieren in der Atmosphäre die drei Kohlenstoffisotope C-12 (98,89 %), C-13 (1,11 %) und C*-14 ($1,2 \cdot 10^{-10}$ %). Alle drei Kohlenstoffisotope reagieren mit Luftsauerstoff (O_2) zu Kohlenstoffdioxid (CO_2), das Pflanzen durch Photosynthese in Glucose umwandeln. Über die Nahrungskette gelangt dieses C^*O_2 schließlich auch in den menschlichen Stoffkreislauf. Durch Nahrungsaufnahme, Ausatmen und andere Austauschprozesse stellt sich eine Gleichgewichtskonzentration des radioaktiven Kohlenstoffisotops C*-14 in lebenden Organismen ein. Das Verhältnis von C*-14 zu C-12 in lebenden Organismen (A_0) ist bekannt, beträgt konstant $1,2 \cdot 10^{-12}$ zu 1 und wird auf 100 % normiert (◘ Abb. 13.6, Abklingkurve).

Sobald ein Lebewesen (Mensch, Tier, Pflanze) verblasst, stellt es die Aufnahme von „frischem" C*-14 ein. Als Folge sinkt das Verhältnis von C*-14 zu C-12 über die Zeit, da C*-14 mit einer Halbwertszeit ($t_{0,5}$) von 5730 Jahren in N-14 übergeht. Pro zerfallenem C*-14-Atom wird ein Elektron (β-Strahlung) emittiert (◘ Abb. 13.6).

Da der Zerfall den mathematischen Gesetzen einer Reaktion 1. Ordnung (Gl. 13.27) folgt, muss nur das Verhältnis C*-14 zu C-12 mittels Massenspektroskopie (▶ Abschn. 2.4) bestimmt werden, um das Alter der Probe bestimmen zu können.

Je länger „Ötzi" im Eis lag, desto geringer ist seine Restaktivität A(t) an C*-14. Für „Ötzi" wurde eine relative Restaktivität von 53,3 % ermittelt (◘ Abb. 13.6, blau punktierte Linie). Der Todeszeitpunkt kann man mithilfe der Zerfallskurve graphisch festmachen oder mit dem integrierten Zeitgesetzes (Gl. 13.27) mathematisch ermitteln.

Der radioaktive Zerfall folgt einer Reaktion 1. Ordnung, sodass in Gl. 13.27 lediglich die Konzentrationen gegen die Aktivitäten ausgetauscht werden müssen. Umformen ergibt für die relative Aktivität von C*-14:

$$A(C\text{-}14,t) = A(C14,0) \cdot e^{-k_1 \cdot t} \rightarrow$$
$$rel.A(C\text{-}14,t) = \frac{A(C\text{-}14,t)}{A(C\text{-}14,0)} = e^{-k_1 \cdot t} \qquad (13.33)$$

A(C-14,t) Aktivität C-14 zum Zeitpunkt t, die seit dem Absterben des Organismus vergangen ist, Bq

A(C-14,0) Aktivität C-14 zum Zeitpunkt des Absterbens des Organismus, Bq

rel. A(C-14,t) relative Aktivität zum Zeitpunkt t, verglichen mit der Aktivität zum Zeitpunkt des Absterbens, dimensionslos

k_1 Geschwindigkeitskonstante für den radioaktiven Zerfall von C*-14, a^{-1}

t Zeit, die seit dem Absterben des Organismus vergangen ist, a

Logarithmieren beider Seiten mit dem natürlichen Logarithmus (ln…) ergibt:

$$\ln\left[rel.\,A(C14,t)\right] = -k_1 \cdot t \qquad (13.34)$$

13.3 · Reaktionsgeschwindigkeit – Einfluss der Eduktkonzentration

Multiplizieren der Gleichung mit −1 und umstellen nach t ergibt die Zeitdauer für den Abfall der Aktivität von 100 % (t = 0) auf 53,3 %.

$$t = -\frac{\ln\left[rel.\, A(C\text{-}14,t)\right]}{k_1} \quad (13.35)$$

Die Geschwindigkeitskonstante des radioaktiven Zerfalls von C*-14 kann über dessen Halbwertszeit ($t_{0,5}$) und Gl. 13.32 ausgedrückt werden.

$$t_{0,5} = \frac{\ln(2)}{k_1} \quad \rightarrow \quad k_1 = \frac{\ln(2)}{t_{0,5}} \quad (13.36)$$

Einsetzen von Gl. 13.36 in Gl. 13.35 ergibt:

$$t = -\frac{\ln\left[\dfrac{A(C\text{-}14,t)}{A(C\text{-}14,0)}\right] \cdot t_{0,5}}{\ln(2)} \quad \rightarrow \quad t = -\frac{\ln(0{,}533) \cdot 5730\,a}{\ln(2)} = 5200\,a \quad (13.37)$$

Somit ist „Ötzi" vor ca. 5200 Jahren, d. h. ca. 3200 v. Chr. verstorben.

Die Radiokarbonmethode ist für organische Präparate geeignet, die nicht älter als 50.000 Jahre sind. Bei älteren Proben ist die Restaktivität von C*-14 zu klein (< 0,2 %), wodurch die Ungenauigkeit der Messung einfach zu groß wird, sodass das Ergebnis keine Aussagekraft mehr hat.

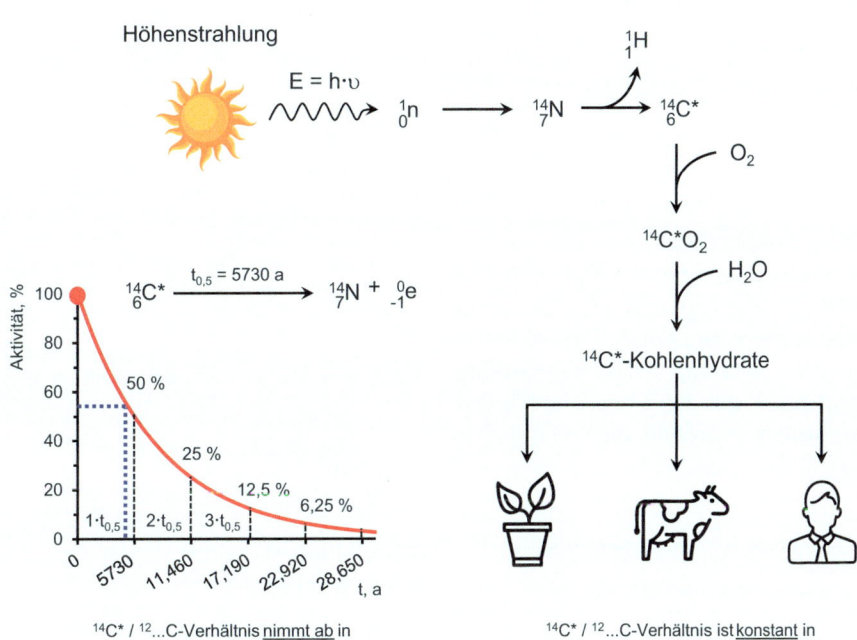

Abb. 13.6 Entstehung, Verteilung und Abklingen des C*-14-Isotops in der Biosphäre (© Avatare: Studio Barcelona, AlekseyVanin, sokolfly, howcolour/► Shutterstock.com)

13.3.3 Reaktion zweiter Ordnung – Die Reaktionsgeschwindigkeit nimmt mit dem Quadrat der Eduktkonzentration zu

■ **Differenzielles Geschwindigkeitsgesetz**

Für eine chemische Reaktion zweiter Ordnung (A + B → P) gilt folgende Differenzialgleichung:

$$v(t) = -\frac{dc(A,t)}{dt} = k_2 \cdot c^1(A,t) \cdot c^1(B,t)$$

$$= k_2 \cdot c(A,t) \cdot c(B,t) = +\frac{dc(P,t)}{dt}$$

$$differenzielles\ Geschwindigkeitsgesetz \quad (13.38)$$

dc(A,t)/dt – differenzielle Konzentrationsänderung des Edukts A im Zeitintervall dt, moll^{-1}s^{-1}

dt – Zeitintervall, s

k_2 – Geschwindigkeitskonstante für eine Reaktion zweiter Ordnung, mol^{-1}ls^{-1}

c(A,t) – Konzentration des Edukts A zum Zeitpunkt t, moll^{-1}

c(B,t) – Konzentration des Edukts B zum Zeitpunkt t, moll^{-1}

t – Reaktionszeit, s

dc(P,t)/dt – differenzielle Konzentrationsänderung des Produkts P im Zeitintervall dt, moll^{-1}s^{-1}

Das bedeutet, dass die Reaktionsgeschwindigkeit, also die zeitliche Konzentrationsänderung des Reaktanten A, linear von dessen Konzentration c(A,t) sowie der Konzentration des Edukts B abhängt, mit k_2 als Geschwindigkeitskonstanten. Die Geschwindigkeitskonstante hat die Einheit lmol^{-1}s^{-1}. Die Reaktion hat für A und B eine partielle Reaktionsordnung von 1. Die Gesamtreaktionsordnung (RO) beträgt daher 2.

Um den mathematischen Aufwand zu vereinfachen, nehmen wir an, dass die Ausgangskonzentrationen der Reaktanten A und B identisch sind (B = A → 2 A → P).

Damit die Reaktion erfolgt, müssen zwei Moleküle des Reaktanten A miteinander kollidieren, weshalb die Reaktionsordnung bzgl. A zwei ist. Je häufiger Kollisionen stattfinden, desto größer ist die Reaktionsgeschwindigkeit. Für eine Reaktion zweiter Ordnung steigt die Anzahl der Kollisionen und damit die Reaktionsgeschwindigkeit v(t) mit dem Quadrat der Konzentration c(A,t):

$$v(t) = -\frac{dc(A,t)}{dt} = k_2 \cdot c^2(A,t) = +\frac{dc(P,t)}{dt} \quad \text{differenzielles Geschwindigkeitsgesetz für Edukt A} \tag{13.39}$$

■ **Integriertes Geschwindigkeitsgesetz**

Um den Konzentrationsverlauf über die Zeit vorherzusagen, müssen wir Gl. 13.38 integrieren. Hierfür führen wir erneut eine Variablentrennung durch. Das bedeutet, auf der linken Seite der Gleichung stehen nur Größen, die von der Konzentration des Eduktes A abhängen, und auf der rechten Seite nur Größen, die von der Zeitvariable t abhängen.

$$-\frac{1}{c^2(A,t)} dc(A,t) = k_2 \cdot dt \quad \text{Variablentrennung} \tag{13.40}$$

Jetzt können wir beide Seiten nach den Variablen dc respektive dt integrieren.

$$-\int_{c(A,0)}^{c(A,t)} \frac{1}{c^2(A,t)} dc(A,t) = k_2 \cdot \int_0^t 1 \cdot dt \quad \text{Integrationsansatz} \tag{13.41}$$

Die Stammfunktion der linken Seite entspricht dem Standardintegral $-1/c(A,t)$ (▶ Tab. 9.1, Regel 3.1) und die der rechten Seite der Zeit t (▶ Tab. 9.1, Regel 1).

$$-\left[\frac{-1}{c(A,t)}\right]_{c(A,0)}^{c(A,t)} = k_2 \cdot [t]_0^t \quad \text{Stammfunktion} \tag{13.42}$$

Auflösen der bestimmten Integrale in den Integrationsgrenzen ergibt:

$$\frac{1}{c(A,t)} - \frac{1}{c(A,0)} = k_2 \cdot (t-0) \quad \text{Integralwerte} \tag{13.43}$$

Alleinstellen von c(A,t) ergibt:

$$\frac{1}{c(A,t)} = \frac{1}{c(A,0)} + k_2 \cdot t \tag{13.44}$$

Multiplizieren beider Seiten mit c(A,t) und Auflösen nach c(A,t) ergibt:

$$1 = \frac{c(A,t)}{c(A,0)} + k_2 \cdot t \cdot c(A,t) = c(A,t) \cdot \left[\frac{1}{c(A,0)} + k_2 \cdot t\right]$$

$$\rightarrow c(A,t) = \frac{1}{\frac{1}{c(A,0)} + k_2 \cdot t} \tag{13.45}$$

Multiplizieren von Zähler und Nenner der rechten Seite mit c(A,0) führt zu:

$$c(A,t) = \frac{c(A,0)}{1 + k_2 \cdot c(A,0) \cdot t} \quad \text{integriertes Geschwindigkeitsgesetz für Edukt A} \tag{13.46}$$

c(A,t) – Konzentration des Edukts A zum Zeitpunkt t, moll^{-1}

13.3 · Reaktionsgeschwindigkeit – Einfluss der Eduktkonzentration

$c(A,0)$ – Ausgangskonzentration des Edukts A zum Zeitpunkt t = 0, mol l^{-1}

k_2 – Geschwindigkeitskonstante für Reaktion zweiter Ordnung, l mol^{-1}s^{-1}

t – Reaktionszeit, s

Welches integrierte Geschwindigkeitsgesetz gilt für die Bildung des Produkts P? Es gilt folgender stöchiometrischer Zusammenhang:

$$2\,A \rightarrow P$$

Da aus 2 mol A 1 mol Produkt P entsteht, gilt für die Massengleichung der Reaktion:

$$c(A,t) + 2 \cdot c(P,t) = c(A,0) \rightarrow c(P,t) = 0{,}5 \cdot [c(A,0) - c(A,t)] \quad \text{Massenkonstanz} \quad (13.47)$$

Einsetzen von Gl. 13.46 für die Eduktkonzentration $c(A,t)$ in Gl. 13.47 und Ausklammern von $c(A,0)$ ergibt für das Produkt P folgendes integrierte Geschwindigkeitsgesetz:

$$c(P,t) = 0{,}5 \cdot c(A,0) \cdot \left[1 - \frac{1}{1 + k_2 \cdot c(A,0) \cdot t}\right] \quad \text{integriertes Geschwindigkeitsgesetz für Produkt P} \quad (13.48)$$

Das integrierte Geschwindigkeitsgesetz ermöglicht Vorhersagen zur Reaktionsdauer und Ausbeute der Reaktion. Trägt man die Konzentration des Produkts P gegen die Zeit t auf, so wird ein logarithmisch ansteigender Kurvenverlauf erhalten (◘ Abb. 13.5f). Aus der Grafik ist ersichtlich, dass maximal 0,5 mol Produkt aus 1 mol Edukt entsteht (2 A → P).

■ **Halbwertszeit**

Die Halbwertszeit $t_{0,5}$, also die Zeit, zu der genau die Hälfte der Ausgangskonzentration des Edukts A verbraucht ist und in Produkt umgewandelt wurde, ergibt sich durch Einsetzen von ½·$c(A,0)$ für $c(A,t)$ in Gl. 13.46.

$$c(A,t_{0,5}) = 0{,}5 \cdot c(A,0) = \frac{c(A,0)}{1 + k_2 \cdot c(A,0) \cdot t_{0,5}} \quad (13.49)$$

Dividieren beider Seiten mit $c(A,0)$ ergibt:

$$0{,}5 = \frac{1}{1 + k_2 \cdot c(A,0) \cdot t_{0,5}} \rightarrow$$
$$0{,}5 \cdot [1 + k_2 \cdot c(A,0) \cdot t_{0,5}] = 1 \quad (13.50)$$

Auflösen nach $t_{0,5}$ zeigt, dass bei Reaktionen zweiter Ordnung die Halbwertszeit mit zunehmender Ausgangskonzentration des Reaktanten A abnimmt:

$$t_{0,5} = \frac{1}{k_2 \cdot c(A,0)} \quad \text{Halbwertszeit} \quad (13.51)$$

Zusammenfassend ist festzustellen, dass eine Reaktion zweiter Ordnung folgende Charakteristika aufweist:

— Eine Verdoppelung der Ausgangskonzentration des Edukts A führt zur vierfachen Anfangsreaktionsgeschwindigkeit $dc(A,t)/dt$ (Gl. 13.39, ◘ Abb. 13.5c).
— Die Halbwertszeit halbiert sich bei Verdoppelung der Ausgangskonzentration $c(A,0)$, Gl. 13.51.
— Der Stoffmengenumsatz ist zu Beginn groß, flacht mit zunehmender Reaktionszeit jedoch stark ab (◘ Abb. 13.5f).

Eine Kinetik zweiter Ordnung beobachtet man beispielsweise bei der Veresterung von Alkohol und Säuren zu Estern und Wasser und bei der Hydrolyse von Estern mit Wasser zu Alkohol und Säure. Ein weiteres Beispiel ist der Zerfall von Stickstoffdioxid in Stickstoffmonoxid und Sauerstoff (2 NO_2 → 2 NO + O_2).

13.3.4 Reaktionsordnung (RO) und Geschwindigkeitskonstante (k)

Reaktionsordnungen und Geschwindigkeitskonstanten können mit unterschiedlichen Methoden bestimmt werden.

Bei der grafischen Integrationsmethode (◘ Abb. 13.8) wird die Konzentration des Reaktanten A über die Zeit t gemessen und dann $c(A,t)$, $\ln[c(A,t)]$ und $1/c(A,t)$ über die Reaktionsdauer t abgetragen. Falls die chemische Reaktion eine geradzahlige Reaktionsordnung aufweist, muss einer der drei Funktionsgraphen einen linearen Verlauf aufweisen. Je nachdem, ob c(A,t), ln[c(A,t) oder 1/c(A,t) eine Linearität zur Reaktionsdauer aufweist, handelt es sich um eine chemische Reaktion nullter (Abb. 13.8a), erster (Abb. 13.8b) oder zweiter Ordnung (Abb. 13.8c).

▶ **Beispiel - Reaktionsordnung des Zerfalls von Distickstoffpentoxid**

Distickstoffpentoxid zerfällt in Tetrachlormethan zu Stickstoffdioxid und Sauerstoff (Abb. 13.7). Die experimentell ermittelten Konzentrationen von Distickstoffpentoxid nach unterschiedlichen Zeiten sind in Tab. 13.3 (Spalte 2) gegeben. Bestimmen Sie die Reaktionsordnung, die Geschwindigkeitskonstante und die Halbwertszeit der Reaktion.

Zuerst berechnen wir $\ln[c(N_2O_5,t)]$ und $1/c(N_2O_5,t)$ aus den gemessenen Daten für $c(N_2O_5,t)$. Anschließend tragen wir $c(N_2O_5,t)$, $\ln[c(N_2O_5,t)]$ und $1/c(N_2O_5,t)$ gegen die Reaktionsdauer t auf, um die Reaktionsordnung zu bestimmen.

Die Reaktion ist weder 0. noch 2. Ordnung, da die Funktionsgraphen von $c(N_2O_5,t)$ und $1/c[N_2O_5,t]$ offensichtlich keinen linearen Zusammenhang (gestrichelte Linien) mit der Reaktionszeit t aufweisen. Da jedoch der natürliche Logarithmus $\ln[c(N_2O_5,t)]$ mit zunehmender Zeit linear abnimmt (Abb. 13.8b), ergibt sich eine Reaktionsordnung (RO) von 1.

Um die Geschwindigkeitskonstante k der Reaktion zu bestimmen, müssen wir lediglich die Steigung der Gerade ermitteln, da diese dem Wert $-k_1$ entspricht (Tab. 13.2). Durch Einsetzen der Werte des Steigungsdreiecks (Abb. 13.8b, gestrichelte Linien) erhält man:

$$-k_1 = \frac{\Delta y}{\Delta x} \rightarrow k_1 = -\frac{\Delta y}{\Delta x} = \frac{-\Delta \ln[c(N_2O_5,t)]}{\Delta t}$$
$$= -\frac{[-0{,}20 - 0{,}52]}{280\,min - 100\,min} = 0{,}004\,min^{-1} \quad (13.52)$$

Das Geschwindigkeitsgesetz für den thermischen Zerfall von N_2O_5 lautet somit:

$$v(t) = -\frac{dc(N_2O_5,t)}{dt}$$
$$= -0{,}004 \cdot c(N_2O_5,t),\, mol \cdot min^{-1} \quad (13.53)$$

Die Halbwertszeit der Reaktion erster Ordnung ergibt sich gemäß Gl. 13.32 zu:

$$t_{0{,}5} = \frac{\ln(2)}{k_1} = \frac{\ln(2)}{0{,}004\,min^{-1}} = 173\,min$$

◀

$$N_2O_5 \xrightarrow{T} 2\,NO_2 + 1/2\,O_2$$

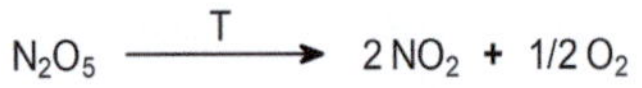

Abb. 13.7 Distickstoffpentoxid (N_2O_5) zerfällt zu Stickstoffdioxid (NO_2) und Sauerstoff (O_2)

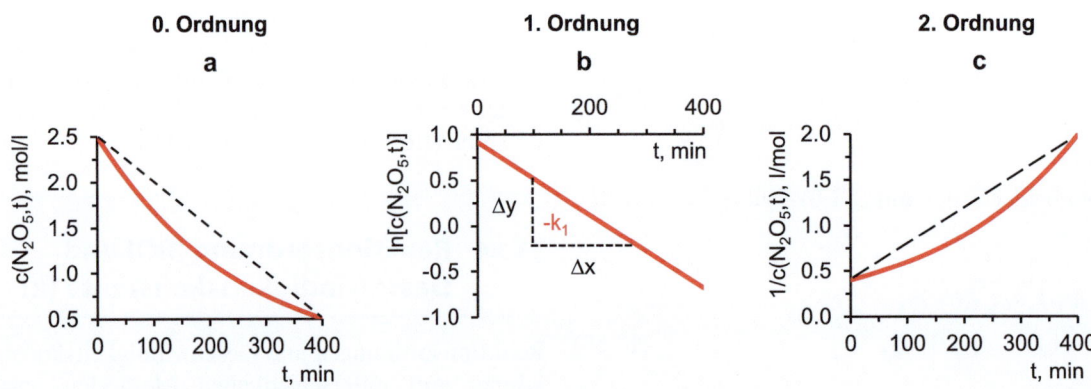

Abb. 13.8 Grafische Bestimmung der Reaktionsordnung des thermischen Zerfalls von N_2O_5

13.3 · Reaktionsgeschwindigkeit – Einfluss der Eduktkonzentration

Tab. 13.2 Zusammenfassung kinetischer Größen für Reaktionen nullter, erster und zweiter Ordnung

Reaktionsordnung	Nullte Ordnung	Erste Ordnung	Zweite Ordnung
Reaktionsgleichung	$A \rightarrow P$	$A \rightarrow P$	$2A \rightarrow P$
Differenzielles Geschwindigkeitsgesetz für Edukt A	$\dfrac{dc(A,t)}{dt} = -k_0$	$\dfrac{dc(A,t)}{dt} = -k_1 \cdot c(A,t)$	$\dfrac{dc(A,t)}{dt} = -k_2 \cdot c^2(A,t)$
Integriertes Geschwindigkeitsgesetz für Edukt A	$c(A,t) = -k_0 \cdot t + c(A,0)$	$c(A,t) = c(A,0) \cdot e^{-k_1 \cdot t}$	$c(A,t) = \dfrac{c(A,0)}{1 + k_2 \cdot c(A,0) \cdot t}$
Integriertes Geschwindigkeitsgesetz für Produkt P	$c(P,t) = k_0 \cdot t$	$c(P,t) = c(A,0) \cdot \left(1 - e^{-k_1 \cdot t}\right)$	$c(P,t) = \dfrac{1}{2} \cdot c(A,0) \cdot \left[1 - \dfrac{c(A,0)}{1 + k_2 \cdot c(A,0) \cdot t}\right]$
Halbwertszeit $t_{0,5}$	$t_{0,5} = \dfrac{c(A,0)}{2 \cdot k_0}$	$t_{0,5} = \dfrac{\ln(2)}{k_1}$	$t_{0,5} = \dfrac{1}{k_2 \cdot c(A,0)}$
Einheit der Geschwindigkeitskonstante k	$mol \cdot l^{-1} \cdot s^{-1}$	s^{-1}	$mol^{-1} \cdot l \cdot s^{-1}$
Linearisiertes Geschwindigkeitsgesetz für Edukt A	$c(A,t) = -k_0 \cdot t + c(A,0)$	$\ln[c(A,t)] = -k_1 \cdot t + \ln[c(A,0)]$	$\dfrac{1}{c(A,t)} = k_2 \cdot t + \dfrac{1}{c(A,0)}$
Geradensteigung	$-k_0$	$-k_1$	$+k_2$
Ordinatenabschnitt	$c(A,0)$	$\ln[c(A,0)]$	$\dfrac{1}{c(A,0)}$

Tab. 13.3 Thermischer Zerfall von Distickstoffpentoxid (N_2O_5) in Tetrachlormethan bei 30 °C

Gemessene Daten		Berechnete Daten	
Reaktionsdauer t, min	$c(N_2O_5,t)$, mol l^{-1}	$\ln[c(N_2O_5,t)]$	$1/[c(N_2O_5,t)]$, l mol^{-1}
0	2,50	0,92	0,40
40	2,13	0,76	0,47
80	1,82	0,60	0,55
120	1,55	0,44	0,65
160	1,32	0,28	0,76
200	1,12	0,12	0,89
240	0,96	−0,04	1,04
280	0,82	−0,20	1,23
320	0,70	−0,36	1,44
360	0,59	−0,52	1,69
400	0,50	−0,68	1,98

Kinetik komplexer Reaktionen und Reaktionsgeschwindigkeit

Inhaltsverzeichnis

14.1 Komplexe Reaktionen – Mehrere einfache Reaktionen greifen ineinander – 326
14.1.1 Folgereaktionen – Edukte reagieren über Intermediate zu Endprodukten – 326
14.1.2 Parallelreaktionen – Edukt reagiert simultan zu zwei Produkten – 328
14.1.3 Gleichgewichtsreaktionen – Edukt und Produkt stehen im dynamischen Gleichgewicht – 330
14.1.4 Enzymkinetik – Biokatalysatoren beschleunigen Stoffwechselvorgänge – 334

14.2 Reaktionsmechanismen – Betrachtung chemischer Reaktionen auf molekularer Ebene – 338
14.2.1 Reaktionsmechanismus – Zerlegung chemischer Reaktionen in Elementarschritte – 338
14.2.2 Elementarreaktion – Moleküle kollidieren miteinander – 338
14.2.3 Molekularität – Anzahl der Moleküle, die an einer Elementarreaktion beteiligt sind – 338
14.2.4 Reaktionsordnung – Einfluss der Eduktkonzentration auf die Reaktionsgeschwindigkeit – 338

14.3 Reaktionsgeschwindigkeit – Einfluss der Temperatur – 339
14.3.1 Arrhenius-Gesetz – Einfluss von Temperatur und Aktivierungsenergie auf die Reaktionsgeschwindigkeit – 339
14.3.2 Arrhenius-Plot – Bestimmung der Aktivierungsenergie und des präexponentiellen Faktors – 341
14.3.3 Katalysatoren – Zunahme der Reaktionsgeschwindigkeit durch Absenken der Aktivierungsenergie – 344

© Der/die Autor(en), exklusiv lizenziert an Springer-Verlag GmbH, DE, ein Teil von Springer Nature 2025
J. K. Felixberger, *Physikalische Chemie für Einsteiger*, https://doi.org/10.1007/978-3-662-69767-2_14

14.1 Komplexe Reaktionen – Mehrere einfache Reaktionen greifen ineinander

Bisher haben wir ausschließlich Reaktionen betrachtet, die durch eine einzige Geschwindigkeitskonstante (k) beschrieben werden können, sogenannte einfache Reaktionen (A → B).

Chemische Reaktionen, die sich aus mehreren Teilreaktionen mit unterschiedlichen Geschwindigkeitskonstanten zusammensetzen, werden als komplexe Reaktionen bezeichnet. Typische Beispiele hierfür sind Folgereaktionen (A → B → C), Parallelreaktionen (B ← A → C) und Gleichgewichtsreaktionen (A ⇌ B).

14.1.1 Folgereaktionen – Edukte reagieren über Intermediate zu Endprodukten

Radioaktive Zerfallsreihen, biochemische Stoffwechselvorgänge und Polymerisationsreaktionen sind

$$A \xrightarrow{k_1} B \xrightarrow{k_2} C$$

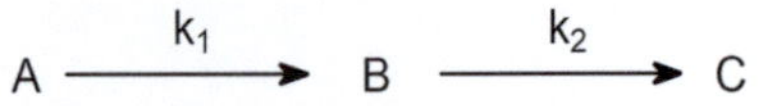

Abb. 14.1 Folgereaktion. Edukt A reagiert über Intermediat B zu Endprodukt C

Beispiele für Folgereaktionen (Abb. 14.1). Bei Folgereaktionen reagiert ein Edukt A über ein Zwischenprodukt B zum Endprodukt C. Das Intermediat B wird einerseits durch die erste Teilreaktion gebildet und andererseits durch die zweite Teilreaktion verbraucht.

Wir nehmen an, dass beide Teilreaktionen (A → B und B → C) Reaktionen erster Ordnung sind. Die Kinetik der ersten Reaktion wird durch die Geschwindigkeitskonstante k_1 und die der zweiten Reaktion durch die Geschwindigkeitskonstante k_2 charakterisiert.

Die Geschwindigkeitsgesetze in differenzieller und integrierter Form für die Teilreaktion A → B sind bereits bekannt (▶ Abschn. 13.3.2).

$$\frac{dc(A,t)}{dt} = -k_1 \cdot c(A,t) \quad \text{differenzielles Geschwindigkeitsgesetz für Edukt A} \tag{14.1}$$

$$c(A,t) = c(A,0) \cdot e^{-k_1 \cdot t} \quad \text{integriertes Geschwindigkeitsgesetz für Produkt A} \tag{14.2}$$

Das Zwischenprodukt B wird mit der Rate $+k_1 \cdot c(A,t)$ gebildet und mit der Rate $-k_2 \cdot c(B,t)$ verbraucht. Somit lautet dessen differenzielles Geschwindigkeitsgesetz:

$$\frac{dc(B,t)}{dt} = +k_1 \cdot c(A,t) - k_2 \cdot c(B,t) \quad \text{differenzielles Geschwindigkeitsgesetz für Intermediat B} \tag{14.3}$$

Einsetzen von Gl. 14.2 für c(A,t) und Umstellen ergibt:

$$\frac{dc(B,t)}{dt} + k_2 \cdot c(B,t) = k_1 \cdot c(A,0) \cdot e^{-k_1 \cdot t} \tag{14.4}$$

Die Integration von Gl. 14.4 ist mit den Standardregeln nicht möglich und Bedarf tieferer Kenntnisse der Mathematik. In Anhang 21.7 wird die Herleitung des Integrals Schritt für Schritt erklärt. Die Lösung des integrierten Geschwindigkeitsgesetzes für den Konzentrationsverlauf c(B,t) des Zwischenprodukts B lautet:

$$c(B,t) = \frac{k_1}{k_2 - k_1} \cdot c(A,0) \cdot \left(e^{-k_1 \cdot t} - e^{-k_2 \cdot t}\right) \quad \text{integriertes Geschwindigkeitsgesetz für Intermediat B} \tag{14.5}$$

14.1 · Komplexe Reaktionen – Mehrere einfache Reaktionen greifen ineinander

Über die Stoffmengenbilanz (Gl. 14.6) lässt sich das integrierte Geschwindigkeitsgesetz für den Konzentrationsverlauf des Endprodukts C ausdrücken.

$$c(A,t) + c(B,t) + c(C,t) = c(A,0) \rightarrow c(C,t) = c(A,0) - c(A,t) - c(B,t) \quad \textit{Massenbilanz} \tag{14.6}$$

Einsetzen von Gl. 14.2 für $c(A,t)$ und Gl. 14.5 für $c(B,t)$ ergibt:

$$c(C,t) = c(A,0) - c(A,0) \cdot e^{-k_1 \cdot t} - \frac{k_1}{k_2 - k_1} \cdot c(A,0) \cdot \left(e^{-k_1 \cdot t} - e^{-k_2 \cdot t} \right) \tag{14.7}$$

Ausklammern von $c(A,0)$ und Erweitern des zweiten Terms mit $k_2 - k_1$ ergibt:

$$c(C,t) = c(A,0) \cdot \left[1 - \frac{k_2 - k_1}{k_2 - k_1} \cdot e^{-k_1 \cdot t} - \frac{k_1}{k_2 - k_1} \cdot \left(e^{-k_1 \cdot t} - e^{-k_2 \cdot t} \right) \right] \tag{14.8}$$

Ausmultiplizieren und Zusammenfassen der Exponentialterme auf einen Bruchstrich mit dem gemeinsamen Nenner $k_2 - k_1$ ergibt:

$$c(C,t) = c(A,0) \cdot \left[1 - \frac{k_2 \cdot e^{-k_1 \cdot t} - k_1 \cdot e^{-k_2 \cdot t}}{k_2 - k_1} \right] \quad \textit{integriertes Geschwindigkeitsgesetz für Produkt C} \tag{14.9}$$

In ◘ Abb. 14.2 sind für zwei unterschiedliche Folgereaktionen die Konzentrationsverläufe wiedergegeben. In beiden Fällen beträgt die Anfangskonzentration $c(a,0) = 1\ mol\ l^{-1}$.

In ◘ Abb. 14.2a beträgt das Verhältnis der Geschwindigkeitskonstanten k_1 zu k_2 gleich 1 zu 0,1. Dies führt dazu, dass das Ausgangsprodukt A schnell und exponentiell abgebaut wird (rote Linie). Das Intermediat B erreicht im zeitlichen Verlauf ein ausgeprägtes Maximum und fällt aufgrund der geringen Reaktionskonstante k_2 nur allmählich mit zunehmender Reaktionsdauer t auf null ab (blaue Linie).

In ◘ Abb. 14.2b hingegen beträgt das Verhältnis der Geschwindigkeitskonstanten k_1 zu k_2 gleich 0,1 zu 1. Dadurch wird der Reaktant A deutlich langsamer in das Intermediat B umgewandelt, was am flacheren Verlauf der roten Linie erkennbar ist. Das Intermediat B (blaue Linie) reichert sich nur geringfügig an, da es mit hoher Geschwindigkeit zu Produkt C (grüne Linie) weiterreagiert.

Überraschenderweise ist der Konzentrationsverlauf des Endprodukts C (grüne Linie) in beiden Fällen identisch. Im ersten Fall (◘ Abb. 14.2a) bildet sich aus Reaktant A sehr schnell eine hohe Konzentration von B, die dann langsam zu Produkt C weiterreagiert. Im zweiten Fall (◘ Abb. 14.2b) entstehen nur langsam geringe Mengen von B, die jedoch schnell zu Produkt C weiterreagieren.

Mathematisch wird dieses Phänomen durch Gl. 14.9 verifiziert. Vertauscht man die Konstanten k_1 und k_2 in Gl. 14.9, erhält man das identische Ergebnis für $c(C,t)$.

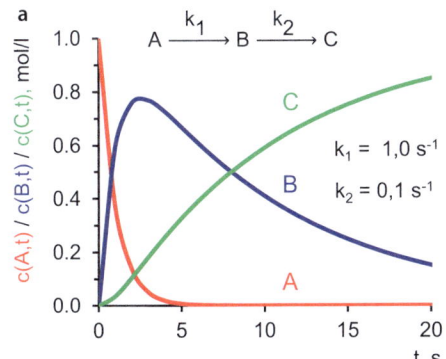 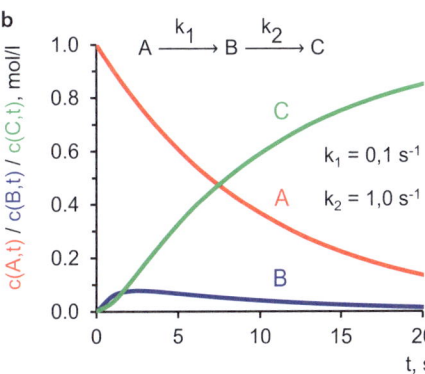

◘ **Abb. 14.2** Zeitliche Konzentrationsverläufe des Edukts A, des Zwischenprodukts B und des Endprodukts C für Folgereaktionen erster Ordnung mit unterschiedlichen Geschwindigkeitskonstanten k_1 und k_2

Wenn sich die beiden Geschwindigkeitskonstanten stark unterscheiden, konvergiert im Fall
- $k_1 \gg k_2$ der Term $k_2 \cdot e^{-k_1 \cdot t}$ gegen null und der Nenner wird zu $-k_1$. Dadurch vereinfacht sich Gl. 14.9 zu $c(C,t) = c(A,0) \cdot \left(1 - e^{-k_2 \cdot t}\right)$.
- $k_2 \gg k_1$ der Term $k_1 \cdot e^{-k_2 \cdot t}$ gegen null und der Nenner wird zu $+k_2$. In diesem Fall vereinfacht sich Gl. 14.9 zu $c(C,t) = c(A,0) \cdot \left(1 - e^{-k_1 \cdot t}\right)$.

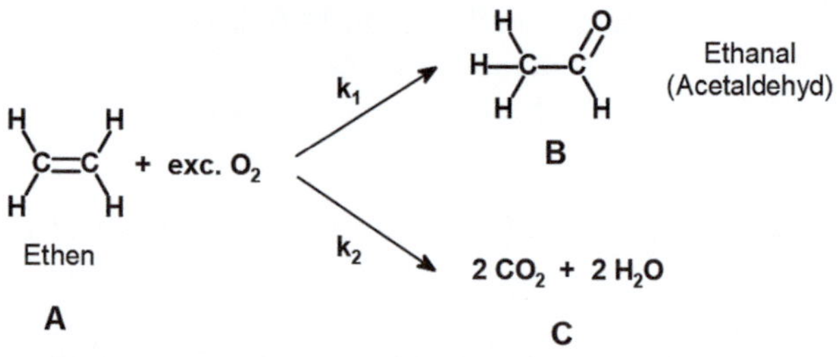

14.1.2 Parallelreaktionen – Edukt reagiert simultan zu zwei Produkten

Bei einer Parallelreaktion reagiert ein Edukt A zu zwei Produkten B und C, was bedeutet, dass mindestens zwei Teilreaktionen (B ← A → C) gleichzeitig ablaufen. Ein Beispiel hierfür ist die palladiumkatalysierte Direktoxidation von Ethen (A) nach dem Wacker-Hoechst-Verfahren, bei der das gewünschte Oxidationsprodukt Acetaldehyd (B) entsteht, während gleichzeitig ein kleinerer Teil des Ethens zu Kohlenstoffdioxid (C) oxidiert wird (◘ Abb. 14.3).

◘ **Abb. 14.3** Direktoxidation von Ethen mit Sauerstoff zu Acetaldehyd, parallel dazu entsteht Kohlenstoffdioxid

Wir gehen davon aus, dass beide Teilreaktionen erster Ordnung sind und nehmen zusätzlich an, dass zum Zeitpunkt t = 0 die Konzentrationen c(B,0) und c(C,0) null betragen und nur das Edukt A mit der Ausgangskonzentration c(A,0) vorhanden ist.

■ **Differenzielle Geschwindigkeitsgesetze**

Das Geschwindigkeitsgesetz für den Verbrauch von A berücksichtigt, dass Edukt A sowohl für die Bildung von B [$k_1 \cdot c(A,t)$] als auch von C [$k_2 \cdot c(A,t)$] Edukt A verbraucht wird:

$$\frac{dc(A,t)}{dt} = -k_1 \cdot c(A,t) - k_2 \cdot c(A,t) \quad \textit{differenzielles Geschwindigkeitsgesetz für Edukt A} \tag{14.10}$$

c(A,t) – Konzentration des Edukts A zum Zeitpunkt t, moll^{-1}
k_1 – Geschwindigkeitskonstante für die Teilreaktion 1, s^{-1}
k_2 – Geschwindigkeitskonstante für die Teilreaktion 2, s^{-1}
t – Reaktionszeit, s

Die Geschwindigkeitsgesetze für die Bildung von B respektive C können in völliger Analogie formuliert werden:

$$\frac{dc(B,t)}{dt} = +k_1 \cdot c(A,t) \quad \textit{differenzielles Geschwindigkeitsgesetz für Produkt B} \tag{14.11}$$

$$\frac{dc(C,t)}{dt} = +k_2 \cdot c(A,t) \quad \textit{differenzielles Geschwindigkeitsgesetz für Produkt C} \tag{14.12}$$

c(B,t) – Konzentration des Produkts B zum Zeitpunkt t, moll^{-1}
c(C,t) – Konzentration des Produkts C zum Zeitpunkt t, moll^{-1}

■ **Integrierte Geschwindigkeitsgesetze**

Da die Konzentrationen der Stoffe A, B und C mit der Zeit variieren, muss über die Zeit integriert werden, um Voraussagen über die Konzentrationsverläufe treffen zu können.

Die Integration der Verbrauchsreaktion des Edukts A erfolgt, wie im ▶ Abschn. 13.3.2 beschrieben, mit den vier Schritten Variablentrennung, Integration beider Seiten, Aufsuchen der Stammfunktionen und Berechnen der Integralwerte in den Integrationsgrenzen.

Im ersten Schritt führen wir für Gl. 14.10 die Variablentrennung durch, sodass auf der linken Seite nur zeitabhängige Ausdrücke der Konzentration A und rechts nur Geschwindigkeitskonstanten und die Variable dt orkommen.

14.1 · Komplexe Reaktionen – Mehrere einfache Reaktionen greifen ineinander

$$-\frac{dc(A,t)}{c(A,t)} = (k_1 + k_2) \cdot dt \quad \textit{Variablentrennung} \quad (14.13)$$

Jetzt können beide Seiten nach der jeweiligen Variable integriert werden.

$$-\int_{c(A,0)}^{c(A,t)} \frac{dc(A,t)}{c(A,t)} = (k_1 + k_2) \cdot \int_0^t dt \quad \textit{Integrationsansatz} \quad (14.14)$$

Als Stammfunktionen (▶ Tab. 9.1, Regel 3.3 resp. Regel 1) erhalten wir folgende Ausdrücke:

$$-\left[\ln[c(A,t)]\right]_{c(A,0)}^{c(A,t)} = (k_1 + k_2) \cdot [t]_0^t \quad \textit{Stammfunktionen} \quad (14.15)$$

Die Integralwerte für die bestimmten Integrale betragen:

$$-\{\ln[c(A,t)] - \ln[c(A,0)]\} = (k_1 + k_2) \cdot [t - 0] \quad \textit{Integralwerte} \quad (14.16)$$

Die beiden Logarithmusausdrücke können zusammengefasst [ln(a) − ln(b) = ln(a/b)] werden.

$$-\ln\left[\frac{c(A,t)}{c(A,0)}\right] = (k_1 + k_2) \cdot t \quad (14.17)$$

Multiplizieren der Gleichung mit −1, Delogarithmieren durch beidseitige Anwendung der Exponentialfunktion ($e^{\cdots}$) und Auflösen nach c(A,t) ergibt für das Edukt A:

$$c(A,t) = c(A,0) \cdot e^{-(k_1 + k_2) \cdot t} \quad \textit{integriertes Geschwindigkeitsgesetz für Edukt A} \quad (14.18)$$

Um das integrierte Geschwindigkeitsgesetz für das Produkt B berechnen zu können, setzen wir Gl. 14.18 in Gl. 14.11 ein und gehen völlig analog zu Produkt A vor.

$$\frac{dc(B,t)}{dt} = k_1 \cdot c(A,0) \cdot e^{-(k_1 + k_2) \cdot t} \quad (14.19)$$

$$dc(B,t) = \left[k_1 \cdot c(A,0) \cdot e^{-(k_1 + k_2) \cdot t}\right] dt \quad \textit{Variablentrennung} \quad (14.20)$$

$$\int_{c(B,0)}^{c(B,t)} 1 \cdot dc(B,t) = k_1 \cdot c(A,0) \cdot \int_0^t e^{-(k_1 + k_2) \cdot t} dt \quad \textit{Integrationsansatz} \quad (14.21)$$

Für das linke Integral erhalten wir mit Regel 1 (▶ Tab. 9.1) die Stammfunktion, für das rechte Integral wenden wir Regel 4 (▶ Tab. 9.1) an.

$$[c(B,t)]_{c(B,0)}^{c(B,t)} = -\frac{k_1 \cdot c(A,0)}{k_1 + k_2} \cdot \left[e^{-(k_1 + k_2) \cdot t}\right]_0^t \quad \textit{Stammfunktionen} \quad (14.22)$$

$$c(B,t) - c(B,0) = -\frac{k_1 \cdot c(A,0)}{k_1 + k_2} \cdot \left[e^{-(k_1 + k_2) \cdot t} - e^{-(k_1 + k_2) \cdot 0}\right] = -\frac{k_1 \cdot c(A,0)}{k_1 + k_2} \cdot \left[e^{-(k_1 + k_2) \cdot t} - 1\right] \quad \textit{Integralwerte} \quad (14.23)$$

Da c(B,0) am Anfang (t = 0) gleich null ist, ergibt sich für den zeitlichen Konzentrationsverlauf des Parallelprodukts B:

$$c(B,t) = \frac{k_1}{k_1 + k_2} \cdot c(A,0) \cdot \left[1 - e^{-(k_1 + k_2) \cdot t}\right] \quad \textit{integriertes Geschwindigkeitsgesetz für Produkt B} \quad (14.24)$$

Völlig analog zur Berechnung von c(B,t) oder alternativ über den Ansatz der Massenkonstanz [c(A,0) = c(A,t) + c(B,t) + c(C,t)] und Einsetzen der Gl. 14.18 und 14.24 in Gl. 14.25 ergibt für das zweite Produkt C den Konzentrationsverlauf c(C,t):

$$c(C,t) = c(A,0) - c(A,t) - c(B,t) \quad \textit{Massenkonstanz} \quad (14.25)$$

$$c(C,t) = c(A,0) - c(A,0) \cdot e^{-(k_1 + k_2) \cdot t} - \frac{k_1}{k_1 + k_2} \cdot c(A,0) \cdot \left[1 - e^{-(k_1 + k_2) \cdot t}\right] \quad (14.26)$$

Ausmultiplizieren, Kürzen und Ausklammern ergibt als integrierte Geschwindigkeitsgleichung für den zeitlichen Konzentrationsverlauf der Komponente C:

$$c(C,t) = \frac{k_2}{k_1+k_2} \cdot c(A,0) \cdot \left[1 - e^{-(k_1+k_2) \cdot t}\right] \qquad \text{integriertes Geschwindigkeitsgesetz für Produkt C} \qquad (14.27)$$

c(C,t) – Konzentration des Produkts C zum Zeitpunkt t, moll^{-1}

c(A,0) – Konzentration des Edukts A zum Reaktionsbeginn, moll^{-1}

k_1 – Geschwindigkeitskonstante für die Bildung von Produkt B, mol^{-1}ls^{-1}

k_2 – Geschwindigkeitskonstante für die Bildung von Produkt C, mol^{-1}ls^{-1}

t – Reaktionszeit, s

Setzt man die integrierten Geschwindigkeitsgesetze der Produkte B und C ins Verhältnis, so zeigt sich, dass die Konzentrationen der beiden Produkte zu jedem Zeitpunkt t im Verhältnis zu den Geschwindigkeitskonstanten ihrer Bildungsreaktionen k_1 und k_2 stehen.

$$\frac{c(B,t)}{c(C,t)} = \frac{k_1}{k_2} \qquad (14.28)$$

Das Produkt mit der größeren Geschwindigkeitskonstante bildet sich in höherer Konzentration (◘ Abb. 14.4, Produkt B).

14.1.3 Gleichgewichtsreaktionen – Edukt und Produkt stehen im dynamischen Gleichgewicht

Chemische Reaktionen sind häufig reversibel, d. h., ein Edukt A kann zu Produkt B reagieren (Hinreaktion) und Produkt B auch wieder zu Edukt A „zurückreagieren" (Rückreaktion). Die Geschwindigkeiten und Geschwindigkeitskonstanten der Hinreaktion (k_1) und der Rückreaktion (k_{-1}) sind dabei in der Regel unterschiedlich. In Reaktionsgleichungen wird dies durch einen Doppelpfeil dargestellt (◘ Abb. 14.5).

Zu Beginn der Reaktion wird zunächst Produkt B gebildet, das mit zunehmender Konzentration c(B,t) immer schneller zu Verbindung A zurückreagiert. Mit fortschreitender Reaktionszeit nimmt die Geschwindigkeit der Hinreaktion ab, während die Geschwindigkeit der Rückreaktion zunimmt. Schließlich erreichen beide Reaktionsgeschwindigkeiten den gleichen Wert und es stellt sich ein dynamisches Gleichgewicht zwischen den Verbindungen A und B ein. Die Konzentrationen der beiden Substanzen im Gleichgewicht hängen dabei von den jeweiligen Geschwindigkeitskonstanten k_1 und k_{-1} ab (Gl. 14.37). Obwohl im Gleichgewichtszustand keine Konzentrationsänderungen mehr beobachtet werden, entstehen auf molekularer Ebene pro Zeiteinheit ebenso viele Moleküle B aus A wie Moleküle A aus B. Dieses Phänomen bezeichnet man als dynamisches Gleichgewicht (▸ Abschn. 12.3.2).

Für die Ausgangskonzentrationen der Verbindungen A und B wird angenommen, dass beide 1 moll^{-1} betragen. Die Differenzialgleichungen für die Bildungsraten der Substanzen A und B lassen sich dann einfach formulieren. So muss beispielsweise für das differenzielle Geschwindigkeitsgesetz der Verbindung A sowohl der Abbau von A [$-k_1 \cdot c(A,t)$] als auch die Bildung von A durch die Rückreaktion [$+k_{-1} \cdot c(B,t)$] berücksichtigt werden. Das differenzielle Geschwindigkeitsgesetz für B lässt sich entsprechend formulieren.

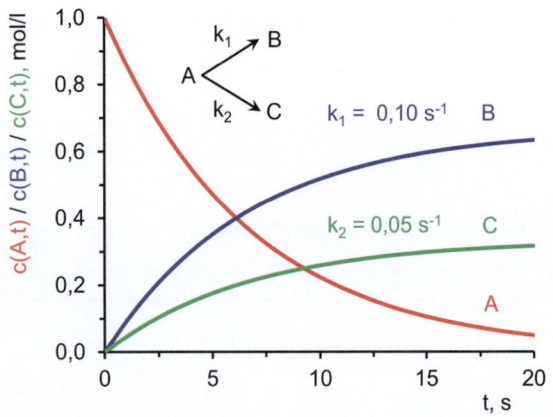

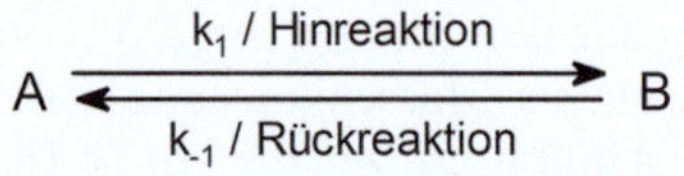

◘ Abb. 14.4 Parallelreaktion. Aus Edukt A bilden sich simultan die Produkte B und C

◘ Abb. 14.5 Gleichgewichtsreaktion - A und B sind sowohl Edukt als auch Produkt

14.1 · Komplexe Reaktionen – Mehrere einfache Reaktionen greifen ineinander

$$\frac{dc(A,t)}{dt} = -k_1 \cdot c(A,t) + k_{-1} \cdot c(B,t) \quad \textit{differenzielles Geschwindigkeitsgesetz für A} \quad (14.29)$$

$$\frac{dc(B,t)}{dt} = +k_1 \cdot c(A,t) - k_{-1} \cdot c(B,t) \quad \textit{differenzielles Geschwindigkeitsgesetz für B} \quad (14.30)$$

Des Weiteren gilt die Massenkonstanz, d. h., zu jedem Zeitpunkt muss die Summe der Konzentrationen der Verbindungen A und B der Ausgangskonzentration c(A,0) von Verbindung A entsprechen.

$$c(A,t) + c(B,t) = c(A,0) \rightarrow c(B,t) = c(A,0) - c(A,t) \quad \textit{Massenkonstanz} \quad (14.31)$$

Da die Herleitung der integrierten Geschwindigkeitsgesetze relativ komplex ist, wurde sie in Anhang 21.7 ausgelagert, sodass wir uns hier auf die Lösungen fokussieren können.

$$c(A,t) = c(A,0) \cdot \frac{k_1 \cdot e^{-(k_1 + k_{-1}) \cdot t} + k_{-1}}{k_1 + k_{-1}} \quad \textit{integriertes Geschwindigkeitsgesetz für A} \quad (14.32)$$

c(A,t) – Konzentration des Produkts A zum Zeitpunkt t, mol l^{-1}

c(A,0) – Konzentration des Edukts A zum Reaktionsbeginn (t = 0), mol l^{-1}

k_1 – Geschwindigkeitskonstante für die Hinreaktion von A nach B, mol^{-1} l s^{-1}

k_{-1} – Geschwindigkeitskonstante für die Rückreaktion von B nach A, mol^{-1} l s^{-1}

t – Reaktionszeit, s

Das integrierte Geschwindigkeitsgesetz für die Substanz B kann durch Einsetzen von Gl. 14.32 in die Gleichung der Massenkonstanz (Gl. 14.31) hergeleitet werden.

$$c(B,t) = c(A,0) \cdot \left[1 - \frac{k_1 \cdot e^{-(k_1 + k_{-1}) \cdot t} + k_{-1}}{k_1 + k_{-1}} \right] \quad \textit{integriertes Geschwindigkeitsgesetz für B} \quad (14.33)$$

c(B,t) – Konzentration des Produkts B zum Zeitpunkt t, mol l^{-1}

In ◘ Abb. 14.6 sind die zeitlichen Verläufe der Konzentrationen c(A,t) und c(B,t) dargestellt. In Grafik ◘ 14.6b sind die Geschwindigkeitskonstanten der Hin-

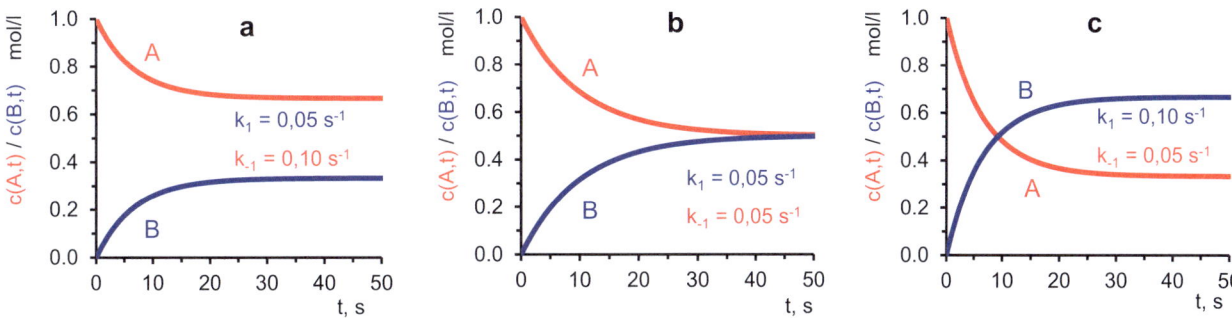

◘ **Abb. 14.6** Gleichgewichtsreaktionen. Das Produkt, das schneller gebildet wird, liegt im dynamischen Gleichgewicht (k_1: A → B/k_{-1}: A ← B) in höherer Konzentration vor

reaktion (k_1) und der Rückreaktion (k_{-1}) gleich groß, wodurch die beiden Gleichgewichtskonzentrationen c(A,∞) und c(B,∞) ebenfalls gleich groß sind. In diesem Fall berühren sich die beiden Kurven, ohne sich zu kreuzen.

In der Grafik ◘ 14.6c ist die Hinreaktion (k_1, A → B) schneller als die Rückreaktion (k_{-1}, A ← B), sodass im Gleichgewicht Substanz B in höherer Konzentration als A vorliegt (K > 1). Die Funktionsgraphen kreuzen sich.

In der Grafik ◘ 14.6a ist die Rückreaktion (k_{-1}, A ← B) schneller als die Hinreaktion (k_1, A → B), weshalb die Gleichgewichtskonstante kleiner eins und somit im Gleichgewicht c(A,∞) > c(B,∞) ist.

Wie die Gl. 14.32 und 14.33 zeigen, stellt sich die Gleichgewichtskonzentration der beiden Reaktanten A und B erst nach einer gewissen Zeit ein. Da die Exponentialfunktion in Gl. 14.32 einen negativen Exponenten aufweist, wird der erste Summand im Zähler von Gl. 14.32 mit zunehmender Reaktionszeit (t) immer kleiner und konvergiert schließlich für t → ∞ gegen null. Die Konzentration des Stoffes A im Gleichgewicht (t = ∞) beträgt somit:

$$c(A,\infty) = c(A,0) \cdot \frac{k_{-1}}{k_1 + k_{-1}} \quad (14.34)$$

Zur Bestimmung der Gleichgewichtskonzentration c(B,∞) wird c(A,∞) in Gl. 14.31 für c(A,t) eingesetzt und die Ausgangskonzentration c(A,0) ausgeklammert.

$$c(B,\infty) = c(A,0) - c(A,0) \cdot \frac{k_{-1}}{k_1 + k_{-1}} = c(A,0) \cdot \left(1 - \frac{k_{-1}}{k_1 + k_{-1}}\right)$$
$$(14.35)$$

Nun bringen wir den Klammerausdruck auf einen gemeinsamen Nenner und erhalten für c(B,∞):

$$c(B,\infty) = c(A,0) \cdot \left(\frac{k_1 + k_{-1} - k_{-1}}{k_1 + k_{-1}}\right) = c(A,0) \cdot \frac{k_1}{k_1 + k_{-1}}$$
$$(14.36)$$

Setzen wir die beiden Gleichgewichtskonzentrationen c(B,∞) und c(A,∞) ins Verhältnis, so erhalten wir die Gleichgewichtskonstante K der Gleichgewichtsreaktion A ⇌ B.

$$K = \frac{c(B,\infty)}{c(A,\infty)} = \frac{c(A,0) \cdot k_1 \cdot (k_1 + k_{-1})}{c(A,0) \cdot k_{-1} \cdot (k_1 + k_{-1})} = \frac{k_1}{k_{-1}} \quad (14.37)$$

Die Gleichgewichtskonstante gibt die Lage des Gleichgewichts einer chemischen Reaktion (A ⇌ B) an. Ist die Gleichgewichtskonstante K > 1, so liegt ein Überschuss des Produkts B vor. Ist K < als 1, so ist die Konzentration des Edukts A größer als die des Produkts B.

Die Gleichgewichtskonstante verbindet das thermodynamische Gleichgewicht der Konzentrationen der Reaktionsteilnehmer nach langer Reaktionszeit (t → ∞) mit den Geschwindigkeitskonstanten der Teilreaktionen (Kinetik), die im Verlauf der Zeit zum dynamischen Gleichgewicht führen. Kennt man die Gleichgewichtskonstante einer Reaktion, reicht es aus, nur eine der Geschwindigkeitskonstanten experimentell zu bestimmen, da die zweite ergibt sich aus Gl. 14.37 ergibt.

- **Massenwirkungsgesetz – Gleichgewicht zwischen Produkten und Edukten**

Chemische Reaktionen verlaufen häufig nicht vollständig, sondern erreichen nach einer bestimmten Zeit ein Gleichgewicht zwischen Produkten (Hinreaktion) und Edukten (Rückreaktion).

Ein Beispiel hierfür ist die Veresterung von Essigsäure mit Ethanol zu Essigsäureethylester und Wasser (◘ Abb. 14.7). Der Doppelpfeil indiziert, dass es sich um eine Gleichgewichtsreaktion handelt.

Anfänglich reagieren Essigsäure und Ethanol zu Ester und Wasser (Hinreaktion). Mit fortschreitender Reaktion sinken die Konzentrationen von Ethanol und Essigsäure ab (◘ Abb. 14.8, blaue Kurve), während die Konzentrationen von Ester und Wasser steigen (rote Kurve). Dadurch erhöht sich mit fortschreitender Reaktionszeit die Wahrscheinlichkeit, dass Ester- und Wassermoleküle miteinander kollidieren und eine Rückreaktion auslösen.

Nach einer gewissen Zeit erreicht die Reaktion einen Zustand, in dem genauso viele Estermoleküle durch Rückreaktion zerfallen wie durch Hinreaktion gebildet werden. Makroskopisch betrachtet ändern sich die Konzentrationen der Reaktanten Essigsäure und Ethanol sowie der Produkte Essigsäureethylester und Wasser nicht mehr. Mikroskopisch betrachtet werden in jeder Zeiteinheit genauso viele Moleküle Essigsäureethylester gebildet, wie wieder zerfallen. Deshalb wird so ein Gleichgewicht als dynamisch bezeichnet. Im Fall der Veresterung von Essigsäure mit Ethanol ist das dynamische Gleichgewicht erreicht, wenn 0,667 mol Essigsäureethylester und Wasser gebildet wurden (◘ Abb. 14.8a), sodass von den einzelnen Reaktanten nur noch 0,333 mol vorhanden ist.

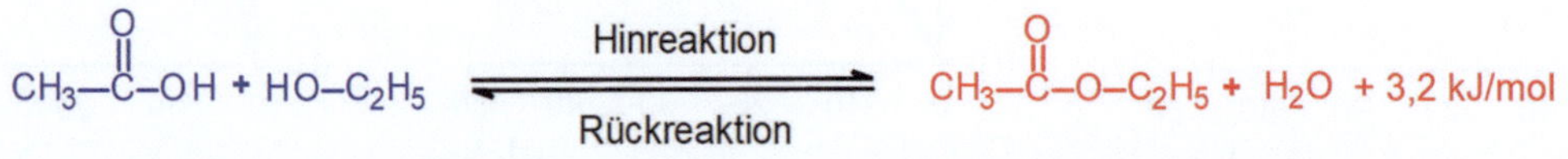

$$CH_3-\overset{O}{\underset{\|}{C}}-OH + HO-C_2H_5 \underset{\text{Rückreaktion}}{\overset{\text{Hinreaktion}}{\rightleftharpoons}} CH_3-\overset{O}{\underset{\|}{C}}-O-C_2H_5 + H_2O + 3{,}2 \text{ kJ/mol}$$

◘ **Abb. 14.7** Die Veresterung von Essigsäure mit Ethanol zu Essigsäureethylester ist eine Gleichgewichtsreaktion

14.1 · Komplexe Reaktionen – Mehrere einfache Reaktionen greifen ineinander

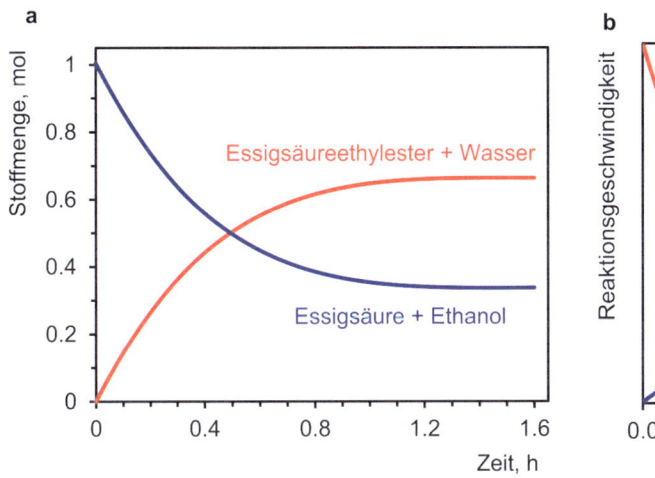
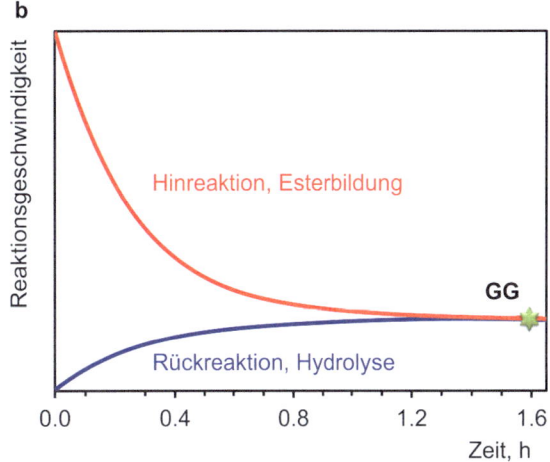

Abb. 14.8 Nach der Einstellzeit ändern sich die Konzentrationen der Edukte und Produkte (a) und die Reaktionsgeschwindigkeiten (b) nicht mehr

Reaktionskinetisch betrachtet handelt es sich bei der Veresterung um eine Reaktion zweiter Ordnung. Die differenziellen Zeitgesetze können wie folgt formuliert werden:

$$\frac{dc(Ester,t)}{dt} = k_{hin} \cdot c(\text{Säure},t) \cdot c(\text{Alkohol},t) \quad \text{\textit{differenzielles Bildungsgesetz}} \tag{14.38}$$

$$\frac{dc(Ester,t)}{dt} = k_{rück} \cdot c(Ester,t) \cdot c(Wasser,t) \quad \text{\textit{differenzielles Zerfallsgesetz}} \tag{14.39}$$

Im dynamischen Gleichgewicht (Zeitpunkt t_{GG}) sind die Geschwindigkeiten für die Bildung und den Zerfall des Esters identisch, sodass folgender Ansatz greift:

$$k_{hin} \cdot c(\text{Säure},t_{GG}) \cdot c(\text{Alkohol},t_{GG}) = k_{rück} \cdot c(Ester,t_{GG}) \cdot c(Wasser,t_{GG}) \tag{14.40}$$

Umformulieren der Gleichung ergibt für die Gleichgewichtskonstante K:

$$K = \frac{k_{hin}}{k_{rück}} = \frac{c(Ester,t_{GG}) \cdot c(Wasser,t_{GG})}{c(\text{Säure},t_{GG}) \cdot c(\text{Alkohol},t_{GG})} \tag{14.41}$$

Setzt man die empirisch ermittelten Gleichgewichtskonzentrationen ein, ergibt sich für die Esterbildung als Gleichgewichtskonstante K:

$$K = \frac{k_{hin}}{k_{rück}} = \frac{0{,}667\,\text{mol} \cdot 1 \cdot 0{,}667\,\text{mol} \cdot 1}{0{,}333\,\text{mol} \cdot 1 \cdot 0{,}333\,\text{mol} \cdot 1} = \frac{4}{1} = 4 \tag{14.42}$$

Das Gleichgewicht liegt auf der Seite des Esters, da die Hinreaktion viermal schneller abläuft als die Hydrolysereaktion (Rückreaktion, ◘ Abb. 14.8b).

Die Beschreibung chemischer Gleichgewichte mithilfe der Gleichgewichtskonstante wird als Massenwirkungsgesetz (MWG) bezeichnet (Gl. 14.43). Beim MWG werden die Konzentrationen der Produkte, unter Berücksichtigung der **stöchiometrischen Faktoren** (ν), als Produkt in den Zähler und die Konzentrationen der Edukte als Produkt in den Nenner geschrieben (Gl. 14.43). Die Konzentrationen flüssiger Reaktionspartner werden in $\text{mol}\,l^{-1}$ und im Fall von gasförmigen Stoffen in bar angegeben. Für eine definierte Temperatur bleibt die Konstante K konstant, unabhängig davon, wie sich die Konzentrationen der Reaktanten oder Produkte ändern.

Für eine allgemeine chemische Gleichung ergibt sich das Massenwirkungsgesetz wie folgt:

$$a\,A + b\,B + c\,C + \ldots \rightleftarrows m\,M + n\,N + o\,O + \ldots$$

$$K = \frac{\left[c(M,t_{GG})\right]^m \cdot \left[c(N,t_{GG})\right]^n \cdot \left[c(O,t_{GG})\right]^o \cdots}{\left[c(A,t_{GG})\right]^a \cdot \left[c(B,t_{GG})\right]^b \cdot \left[c(C,t_{GG})\right]^c \cdots} \quad \textit{Massenwirkungsgesetz} \quad (14.43)$$

a, b, c, ... m, n, o, ... stöchiometrische Faktoren von Edukten resp. Produkten

> **▶ Beispiel**
>
> Bei äquimolaren Stoffmengen von Ethanol (1 mol) und Essigsäure (1 mol) werden 66,7 % Ester (0,667 mol) gebildet. Der Chemiker möchte die Ausbeute an Essigsäureethylester erhöhen, indem er das entstehende Wasser durch azeotrope Destillation aus dem Gleichgewicht (◘ Abb. 14.7) entfernt und auf 0,01 mol reduziert. Die Gleichgewichtskonstante K der Esterreaktion beträgt 4. Berechnen Sie, welche Konzentration an Essigsäureethylester nach der Reduktion des Wassers auf 0,01 mol vorliegt.
>
> **Lösung**
>
> Da sich sowohl Reaktanten als auch Produkte im gleichen Lösungsvolumen befinden, genügt es, mit Stoffmengen (mol) anstelle von Konzentrationen (mol/l) zu rechnen.
>
> Es ist bekannt, dass im Gleichgewicht 0,01 mol Wasser vorhanden sind und die Stoffmenge an Ethylester (x) berechnet werden soll. Die Ausgangsmengen an Ethanol und Essigsäure betragen jeweils 1 mol. Da im Gleichgewicht x mol Essigsäureethylester vorliegen, beträgt die Stoffmenge an Ethanol und Essigsäure jeweils 1 – x mol.
>
> Das Massenwirkungsgesetz (MWG) lautet wie folgt:
>
> $$K = \frac{x\,mol \cdot 0{,}01\,mol}{(1-x)\,mol \cdot (1-x)\,mol} = \frac{0{,}01\,x}{(1-x)^2} = 4 \to 0{,}01 \cdot x$$
> $$= 4 \cdot (1 - 2 \cdot x + x^2) \quad \textit{mit } x = \textit{Stoffmenge Ethylester}$$
>
> Auflösen nach x^2 und Lösen der quadratischen Gleichung ergibt:
>
> $$x^2 - \frac{8{,}01 \cdot x}{4} + 1 = 0 \to$$
> $$x_{1,2} = \frac{8{,}01}{4 \cdot 2} \pm \sqrt{\left(\frac{8{,}01}{4 \cdot 2}\right)^2 - 1} = 1{,}00125 \pm 0{,}050$$
>
> Die beiden Lösungen der quadratischen Gleichung ergeben $x_1 = 1{,}051$ mol und $x_2 = 0{,}951$ mol.
>
> Da ja aus 1 mol Ethanol und 1 mol Essigsäure maximal 1,00 mol Essigsäureethylester entstehen kann, ist nur die zweite Lösung $x_2 = 0{,}951$ mol chemisch sinnvoll. Nach der Wasserabtrennung aus dem Gleichgewicht, entstehen also 0,951 mol Essigsäureethylester anstelle der ursprünglich 0,667 mol ohne Wasserabtrennung. ◀

14.1.4 Enzymkinetik – Biokatalysatoren beschleunigen Stoffwechselvorgänge

Enzyme (E) sind Biokatalysatoren, die Stoffwechselvorgänge beschleunigen. Sie fixieren Substratmoleküle (S) über Wasserstoffbrückenbindungen und ionische Wechselwirkungen an das sogenannte aktive Zentrum. Dabei entsteht ein Enzym-Substrat-Komplex (ES), der die Umwandlung des Substratmoleküls zum Stoffwechselprodukt (P) ermöglicht. Aufgrund der unterschiedlichen elektrischen Polarisierung und der veränderten räumlichen Struktur des Produktmoleküls im Vergleich zum Substratmolekül, wird das Produktmolekül nicht mehr vom aktiven Zentrum des Enzyms festgehalten. Das Stoffwechselprodukt (P) wird freigesetzt und das Enzym liegt wieder unverändert vor, sodass es ein weiteres Substratmolekül verstoffwechseln kann.

Die Kinetik von Enzymreaktionen wurde von Michaelis und Menten untersucht. Die Michaelis-Menten-Gleichung beschreibt die Bildungsgeschwindigkeit des Stoffwechselprodukts (P) als Funktion der Anfangskonzentration des Enzyms [c(E,0)] und des Substrats [c(S,0)].

Das System setzt sich aus einer Gleichgewichtsreaktion (E + S ⇌ ES), einer Folgereaktion (A → ES → P) und einer Parallelreaktion (E + S ← ES → P) zusammen (◘ Abb. 14.9). Die Bildung (k_1) und der Zerfall (k_{-1}) des Enzym-Substrat-Komplexes in die Ausgangsverbindungen erfolgen schnell und reversibel, während die irreversible Abreaktion (k_2) des Enzym-Substrat-Komplexes zum Stoffwechselprodukt (P) dagegen langsam und geschwindigkeitsbestimmend ist.

Für die differenzielle Geschwindigkeitsgleichung des reversiblen Enzym-Substrat-Komplexes ergibt sich:

$$\frac{dc(ES,t)}{dt} = k_1 \cdot c(E,t) \cdot c(S,t) - k_{-1} \cdot c(ES,t) - k_2 \cdot c(ES,t)$$

differenzielles Geschwindigkeitsgesetz für ES

(14.44)

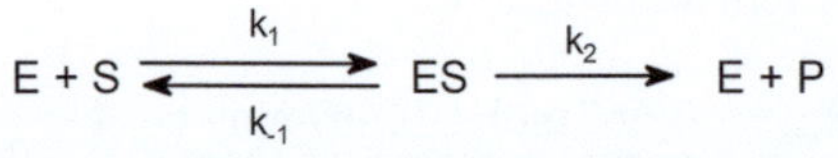

$$E + S \underset{k_{-1}}{\overset{k_1}{\rightleftarrows}} ES \overset{k_2}{\to} E + P$$

◘ Abb. 14.9 Michaelis-Menten-Kinetik. Enzym (E) und Substrat (S) bilden einen aktivierten Enzym-Substrat-Komplex (ES), der in Produkt (P) und Ausgangsenzym (E) zerfällt

14.1 · Komplexe Reaktionen – Mehrere einfache Reaktionen greifen ineinander

c(ES,t) – Konzentration Enzym-Substrat-Komplex als Funktion der Zeit, moll^{-1}

c(E,t) – Konzentration Enzym als Funktion der Zeit, moll^{-1}

c(S,t) – Konzentration Substrat als Funktion der Zeit, moll^{-1}

k_1 – Geschwindigkeitskonstante der Bildung von ES, s^{-1}

k_{-1} – Geschwindigkeitskonstante des Zerfalls von ES zu den Ausgangsstoffen E und S, s^{-1}

k_2 – Geschwindigkeitskonstante der Bildung des Stoffwechselprodukts P aus ES, s^{-1}

Die Bildung von ES entspricht einer Reaktion zweiter Ordnung, jeweils erster Ordnung bzgl. Enzym (E) und Substrat (S). Die beiden Abbaureaktionen des Enzym-Substrat-Komplexes (ES) in die Reaktanten (E und S) und in das Produkt (P) sind jeweils erster Ordnung.

$$\frac{dc(P,t)}{dt} = k_2 \cdot c(ES,t) \quad \textit{differenzielles Geschwindigkeitsgesetz für P} \qquad (14.45)$$

c(P,t) – Konzentration des Stoffwechselprodukts P als Funktion der Zeit, moll^{-1}

Die folgenden Überlegungen und Formeln dienen dazu, die unbekannten Konzentrationen c(ES,t) und c(E,t) zu isolieren oder durch messbare Größen zu ersetzen.

Für die Enzymkonzentration gilt selbstverständlich auch das Prinzip der Massenkonstanz (Gl. 14.46). Die Anfangskonzentration des Enzyms [c(E,0)] ist bekannt, sodass die schwer bestimmbare, zeitlich variierende Konzentration des Enzyms [c(E,t)] in Gl. 14.46 eliminiert werden kann.

$$c(E,0) = c(E,t) + c(ES,t) \rightarrow$$
$$c(E,t) = c(E,0) - c(ES,t) \quad \textit{Massenbilanz} \qquad (14.46)$$

c(E,0) – Gesamtkonzentration des Enzyms zu Reaktionsbeginn (t = 0), moll^{-1}

Einsetzen von Gl. 14.46 in Gl. 14.44 eliminiert c(E,t).

$$\frac{dc(ES,t)}{dt} = k_1 \cdot c(S,t) \cdot c(E,0) - \left[k_1 \cdot c(S,t) + k_{-1} + k_2\right] \cdot c(ES,t) \quad \textit{differenzielles Geschwindigkeitsgesetz} \qquad (14.47)$$

Geht man davon aus, dass der intermediäre Enzym-Substrat-Komplex (ES) nach der Anlaufzeit genauso schnell gebildet wird, wie er wieder in die Ausgangsstoffe zerfällt, und die Gleichgewichtseinstellung wesentlich schneller erfolgt als der Zerfall des Enzym-Substrat-Komplexes zum Stoffwechselprodukt (P), dann stellt sich nach einer kurzen Anlaufphase ein Fließgleichgewicht ein, der sogenannte quasi-stationäre Zustand (Gl. 14.48). Das bedeutet, dass die Konzentration des ES-Komplexes über die Zeit konstant bleibt, was die weitere mathematische Behandlung wesentlich vereinfacht.

$$\frac{dc(ES,t)}{dt} \approx 0 \quad \textit{quasistationärer Zustand} \qquad (14.48)$$

Einsetzen in Gl. 14.47 ergibt:

$$0 = k_1 \cdot c(S,t) \cdot c(E,0) - \left[k_1 \cdot c(S,t) + k_{-1} + k_2\right] \cdot c(ES,t) \qquad (14.49)$$

Jetzt kann nach c(ES,t) umgestellt werden.

$$c(ES,t) = \frac{k_1 \cdot c(S,t) \cdot c(E,0)}{k_{-1} + k_2 + k_1 \cdot c(S,t)} = c(E,0) \cdot \frac{c(S,t)}{\frac{k_{-1} + k_2}{k_1} + c(S,t)}$$

$$= c(E,0) \cdot \frac{c(S,t)}{K_M + c(S,t)} \quad \text{mit } K_M = \frac{k_{-1} + k_2}{k_1} \qquad (14.50)$$

K_M – Michaelis-Konstante, moll^{-1}

In der Michaelis-Konstante (K_M) stehen die Geschwindigkeitskonstanten der Zerfallsreaktionen des Enzym-Substrat-Komplexes im Zähler und die der Bildungsreaktion im Nenner.

Die K_M-Konstante erlaubt Rückschlüsse auf die Affinität eines Enzyms zu „seinem" Substrat. Aus Gl. 14.50 geht hervor, dass die Einheit der Michaelis-Konstante einer Konzentration entspricht. Die

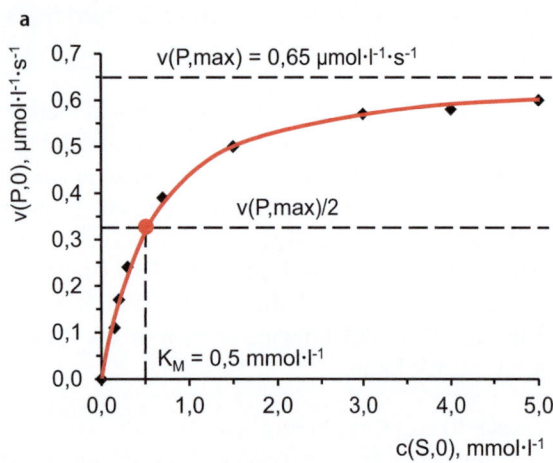
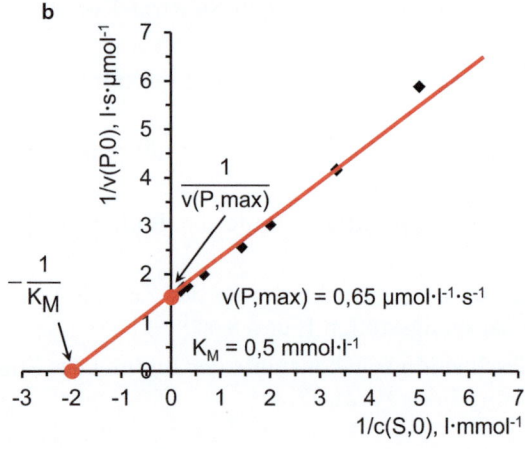

Abb. 14.10 Michaelis-Menten-Diagramm (a) und doppelt reziproke Auftragung nach Lineweaver-Burk (b)

Michaelis-Konstante (K_M) ist definiert als die Substratkonzentration $c(S,t)$, bei der die Hälfte der aktiven Zentren des Enzyms (E) mit Substrat (S) belegt ist und somit die Bildung von P mit halbmaximaler Geschwindigkeit abläuft (Abb. 14.10a).

Setzt man Gl. 14.50 in Gl. 14.45 ein, ergibt sich für die Bildungsgeschwindigkeit des Stoffwechselprodukts (P) folgende Beziehung:

$$v(P,0) = \frac{dc(P,0)}{dt} = k_2 \cdot c(E,0) \cdot \frac{c(S,t)}{K_M + c(S,t)} \quad (14.51)$$

Da der Bruch der rechten Seite maximal den Wert 1 annehmen kann, kann die Bildungsgeschwindigkeit des Produkts P maximal den Wert $v(P,\max) = k_2 \cdot c(E,0)$ erreichen. Außerdem bleibt die Konzentration des freien Substrats $c(S,t)$ während der Reaktion nahezu konstant und nur geringfügig unter der Substratanfangskonzentration $c(S,0)$. Dies liegt daran, dass die Enzymkonzentration $c(E,0)$ wesentlich kleiner ist als die Substratkonzentration $c(S,0)$, sodass nur ein geringer Anteil des Substrats in Form des Komplexes $c(ES,t)$ vorliegt. Aus diesem Grund verwenden wir im Folgenden die Ausgangskonzentration $c(S,0)$, da sie im Gegensatz zu $c(S,t)$ experimentell leicht bestimmbar ist. Somit ergibt sich für das Michaelis-Menten-Gesetz die folgende Näherung:

$$\frac{dc(P,0)}{dt} = v(P,0) = v(P,\max) \cdot \frac{c(S,0)}{K_M + c(S,0)} \quad mit\ v(P,\max) = k_2 \cdot c(E,0) \quad und\ K_M = \frac{k_{-1} + k_2}{k_1} \quad (14.52)$$

dc(P,0)/dt – Konzentrationsänderung des Stoffwechselprodukts P im Zeitintervall dt zu Reaktionsbeginn (t = 0), $mol\,l^{-1}s^{-1}$

dt – Zeitintervall, Zeitdifferenzial, s

v(P,0) – Geschwindigkeit der Bildung des Stoffwechselprodukts P zu Beginn (t = 0), $mol\,l^{-1}s^{-1}$

v(P,max) – maximale Bildungsgeschwindigkeit des Stoffwechselprodukts P, $mol\,l^{-1}s^{-1}$

K_M – Michaelis-Konstante, $mol\,l^{-1}$

c(S,0) – Konzentration Substrat zu Beginn (t = 0), $mol\,l^{-1}$

c(E,0) – Konzentration Enzym zu Beginn (t = 0), $mol\,l^{-1}$

k_1 – Geschwindigkeitskonstante der Bildung von ES, s^{-1}

k_{-1} – Geschwindigkeitskonstante des Zerfalls von ES zu den Ausgangsstoffen E und S, s^{-1}

k_2 – Geschwindigkeitskonstante der Bildung des Produkts P aus ES, s^{-1}

Zur grafischen Darstellung des Michaelis-Menten-Diagramms (Abb. 14.10a) müssen experimentelle Daten erhoben werden. Hierzu wird einer Enzymlösung definierter Konzentration $c(E,0)$ eine Reihe unterschiedlicher Ausgangskonzentrationen des Substrat $c(S,0)$ zugesetzt und die jeweils resultierenden Anfangsgeschwindigkeiten $v(P,0)$ ermittelt (Tab. 14.1).

Die gemessenen Anfangsgeschwindigkeiten $v(P,0)$ werden schließlich gegen die zugehörigen Ausgangs-

Tab. 14.1 Kinetische Werte für unterschiedliche Substratkonzentrationen c(S,0)

Messung	1	2	3	4	5	6	7	8	9	10
c(S,0), mmoll^{-1}	0	0,15	0,20	0,30	0,50	0,70	1,50	3,00	4,00	5,00
v(P,0), µmoll^{-1}s^{-1}	0	0,11	0,17	0,24	0,33	0,39	0,50	0,57	0,58	0,60

konzentrationen des Substrats c(S,0) aufgetragen (◻ Abb. 14.10a). In der Regel werden zehn Messungen durchgeführt, um ein Michaelis-Menten-Diagramm zu erstellen, aus dem die Michalis-Konstante K_M sowie die Maximalgeschwindigkeit v_{max} bestimmt werden können.

▶ **Beispiel**

Für eine Enzymreaktion wurden die Anfangsgeschwindigkeiten des Stoffwechselprodukts v(P,0) bei verschiedenen Substratausgangskonzentrationen c(S,0) gemessen. Ziel ist es zu überprüfen, ob die enzymatische Reaktion der Michaelis-Menten-Kinetik folgt. Falls dies zutrifft, sollen die Parmeter v_{max} und K_M bestimmt werden.

Lösung

Zur Überprüfung auf Michaelis-Menten-Kinetik werden die Messwerte in einem v(P,0)-c(S,0)-Diagramm aufgetragen (◻ Abb. 14.10a, schwarze Punkte). Der Kurvenverlauf entspricht einer hyperbolischen Sättigungskurve, wie sie für Michaelis-Menten-Kinetik charakteristisch ist. Allerdings lässt sich v(P,*max*) nur ungefähr abschätzen, da sich die Geschwindigkeitskurve für P nur asymptotisch der Maximalgeschwindigkeit nähert. Entsprechend kann auch die Michaelis-Konstante nur grob abgeschätzt werden. ◀

■ **Lineweaver-Burk-Diagramm – Linearisierung der Michaelis-Menten-Kinetik**

Lineweaver und Burk schlugen zur genaueren Auswertung experimenteller Daten vor, die hyperbolische Form der Michaelis-Menten-Gleichung durch Kehrwertbildung (Gl. 14.53) in eine lineare Funktion zu überführen. Dadurch ergeben sich eindeutige Schnittpunkte mit den Koordinatenachsen, wie in ◻ Abb. 14.10b dargestellt.

$$v(P,0) = v(P,\max) \cdot \frac{c(S,0)}{K_M + c(S,0)} \rightarrow \frac{1}{v(P,0)} = \frac{K_M}{v(P,\max)} \cdot \frac{1}{c(S,0)} + \frac{1}{v(P,\max)} \qquad \textit{Lineweaver – Burk – Gleichung}$$

(14.53)

Die Lineweaver-Burk-Gleichung entspricht formal einer linearen Gleichung der Form y = m · x + b, wobei y = 1/v(P,0), x = 1/c(S,0), der Ordinatenabschnitt b = 1/v(P,max) und die Geradensteigung m = K_M/v(P,max) entsprechen.

Die Michaelis-Konstante K_M kann alternativ auch aus dem Abszissenabschnitt des Lineweaver-Burk-Plots mit y = 1/v(P,0) = 0 bestimmt werden (Gl. 14.54). Der x-Achsenabschnitt entspricht dann $-1/K_M$.

$$\frac{1}{v(P,0)} = \frac{K_M}{v(P,\max) \cdot c(S,0)} + \frac{1}{v(P,\max)}$$
$$= 0 \rightarrow \frac{1}{c(S,0)} = -\frac{1}{K_M} \qquad (14.54)$$

v(P,0) – Geschwindigkeit der Bildung des Stoffwechselprodukts P zu Beginn (t = 0), moll^{-1}s^{-1}

K_M – Michaelis-Konstante, moll^{-1}

v(P,max) – maximale Geschwindigkeit der Bildungsrate des Stoffwechselprodukts P, moll^{-1}s^{-1}

c(S,0) – Konzentration des Substrats zu Beginn (t = 0), moll^{-1}

◻ Abb. 14.10b zeigt die doppelt-reziproke Auftragung der in ◻ Tab. 14.1 zusammengestellten Wertepaare von v(P,0) gegen c(S,0). Der daraus resultierende lineare Zusammenhang bestätigt, dass die enzymatische Reaktion der Michaelis-Menten-Kinetik folgt. Die maximale Bildungsgeschwindigkeit für die Bildung des Stoffwechselprodukts P lässt sich aus dem Ordinatenabschnitt der Lineweaver-Burk-Gerade zu v(P,max) = 0,65 µmoll^{-1}s^{-1} bestimmen. Aus dem Abszissenabschnitt ergibt sich für die Michaelis-Konstante K_M ein Wert von 0,5 mmoll^{-1}.

14.2 Reaktionsmechanismen – Betrachtung chemischer Reaktionen auf molekularer Ebene

14.2.1 Reaktionsmechanismus – Zerlegung chemischer Reaktionen in Elementarschritte

Die stöchiometrische Gleichung einer chemischen Reaktion beschreibt, aus welchen und wie vielen Eduktmolekülen welche und wie viele Produktmoleküle entstehen. Diese Information ist besonders wichtig für die präparative Chemie und die industrielle Produktion, da sie angibt, welche Mengen an Ausgangsstoffen benötigt werden, um eine bestimmte Menge an Produkt zu erhalten. Allerdings erlaubt die stöchiometrische Gleichung keine Aussagen über die Reaktionsgeschwindigkeit oder zum Reaktionsmechanismus, also den tatsächlichen Ablauf der Reaktion auf molekularer Ebene.

In der Realität verlaufen Reaktionen meist komplexer als es die stöchiometrische Gleichung vermuten lässt. Sie bestehen meist aus einer Abfolge mehrerer Elementarreaktionen. Es bilden sich dabei instabile Intermediate, die durch die nächste Elementarreaktion wieder verbraucht werden. Die Gesamtheit und Abfolge aller Elementarreaktionen bezeichnet man als Reaktionsmechanismus.

14.2.2 Elementarreaktion – Moleküle kollidieren miteinander

Eine Elementarreaktion beschreibt die direkte Kollision einzelner Moleküle und kann nicht mehr in weitere Teilschritte zerlegt werden. In jedem Elementarschritt werden chemische Bindungen gebrochen und neue gebildet, sodass neue Moleküle entstehen. Wie bereits erwähnt, setzt sich ein vollständiger Reaktionsmechanismus in der Regel aus mehreren Elementarreaktionen zusammen.

14.2.3 Molekularität – Anzahl der Moleküle, die an einer Elementarreaktion beteiligt sind

Die Reaktionsmolekularität gibt an, wie viele Teilchen (Atome, Moleküle, Ionen) gleichzeitig an einer Elementarreaktion beteiligt sind. Je nachdem, ob ein, zwei oder drei Moleküle simultan zu einem aktivierten Komplex führen, bezeichnet man diese als mono-, bi- oder trimolekulare Reaktion. Die Molekularität ist immer ganzzahlig. Bei einer monomolekularen Reaktion zerfällt ein Molekül ohne Kollision wie z. B ein Chlormolekül durch Einwirken eines Lichtquants in zwei Chlorradikale ($Cl_2 \rightarrow 2\ Cl\cdot$). Trimolekulare Elementarreaktionen, d. h. die gleichzeitige Kollision dreier Teilchen werden nur äußerst selten beobachtet.

Die Reaktionsmolekularität ist aufwendig zu bestimmen, da chemische Reaktionen oft in mehreren Teilschritten erfolgen, wovon jeder eine eigene Molekularität aufweisen kann.

14.2.4 Reaktionsordnung – Einfluss der Eduktkonzentration auf die Reaktionsgeschwindigkeit

Die Reaktionsordnung (RO) beschreibt den experimentell bestimmten Zusammenhang zwischen der Konzentration der Reaktanten und der Reaktionsgeschwindigkeit (▶ Abschn. 13.2). Wir haben folgende Geschwindigkeitsgesetze kennen gelernt:

$v(t) = k$ – Reaktion nullter Ordnung

$v(t) = k \cdot c^1(A, t)$ – Reaktion erster Ordnung

$v(t) = k \cdot c^2(A, t)$ – Reaktion zweiter Ordnung

$v(t) = k \cdot c^1(A, t) \cdot c^1(B, t)$ – Reaktion mit Gesamtreaktionsordnung 2, bestehend aus Teilordnungen von 1 bezüglich der Edukte A und B

Reaktionsordnungen lassen sich einfach bestimmen. Unter Ceteris-paribus-Bedingungen (*ceteris paribus*, lat. für unter sonst gleichen Bedingungen) wird lediglich die Konzentration eines Reaktanten variiert und der Einfluss auf die Reaktionsgeschwindigkeit v(t) gemessen. Im Gegensatz zur Molekularität können Reaktionsordnungen ganzzahlig sein, müssen es aber nicht.

Zwischen Reaktionsmolekularität (mikroskopische Betrachtung auf molekularer Ebene) und Reaktionsordnung (makroskopische Betrachtung, experimentell bestimmt) besteht kein direkter Zusammenhang. Während die Reaktionsordnung maßgeblich vom geschwindigkeitsbestimmenden Schritt einer chemischen Reaktion beeinflusst wird, bezieht sich die Reaktionsmolekularität immer auf einen einzelnen Elementarschritt.

Für die Reaktion Wasserstoff (H_2) mit Brom (Br_2) zu Bromwasserstoff (HBr) werden die Begriffe Reaktionsmechanismus, Molekularität und Reaktionsordnung exemplarisch veranschaulicht.

14.3 · Reaktionsgeschwindigkeit – Einfluss der Temperatur

$H_2 + Br_2 \rightarrow 2\,HBr$ stöchiometrische Reaktionsgleichung

$$v(HBr,t) = \frac{dc(HBr,t)}{dt} = \frac{k \cdot c(H_2,t) \cdot c(Br_2,t)^{3/2}}{c(Br_2,t) + k' \cdot c(HBr,t)} \quad \text{empirisches, differenzielles Geschwindigkeitsgesetz} \quad (14.55)$$

Reaktionsmechanismus mit den einzelnen Elementarreaktionen:

$Br_2 \xrightarrow{k_1} 2\,Br\cdot$ Startreaktion → zwei Radikale $v_1(t) = k_1 \cdot c^2(Br_2, t)$

$Br\cdot + H_2 \xrightarrow{k_2} HBr + H\cdot$ Kettenreaktion 1 → Produkt und Radikal $v_2(t) = k_2 \cdot c(Br\cdot, t) \cdot c(H_2, t)$

$H\cdot + Br_2 \xrightarrow{k_3} HBr + Br\cdot$ Kettenreaktion 2 → Produkt und Radikal $v_3(t) = k_2 \cdot c(H, t) \cdot c(Br_2, t)$

$H\cdot + HBr \xrightarrow{k_4} H_2 + Br\cdot$ Inhibierungsreaktion → Produktverbrauch $v_4(t) = k_4 \cdot c(H, t) \cdot c(HBr, t)$

$2\,Br\cdot \xrightarrow{k_5} Br_2$ Abbruchreaktion → Neutralisation von Radikalen $v_5(t) = k_5 \cdot c^2(Br\cdot, t)$

Mit einigem mathematischem Aufwand lässt sich aus den Elementarreaktionen des Reaktionsmechanismus das Geschwindigkeitsgesetz für die Bildung von HBr herleiten:

$$v(HBr,t) = \frac{dc(HBr,t)}{dt} = \frac{2 \cdot k_2 \cdot \sqrt{\frac{k_1}{k_5}} \cdot c(H_2,t) \cdot c(Br_2,t)^{3/2}}{c(Br_2,t) + \frac{k_4}{k_3} \cdot c(HBr,t)} \xrightarrow{\text{Vergleich mit Gl. 14.55}} k = 2 \cdot k_2 \cdot \sqrt{\frac{k_1}{k_5}} \quad k' = \frac{k_4}{k_3} \quad (14.56)$$

Die Übereinstimmung des mechanistisch abgeleiteten Geschwindigkeitsgesetzes (Gl. 14.56) mit dem empirischen Geschwindigkeitsgesetz (Gl. 14.55) belegt die Plausibilität des vorgeschlagenen Reaktionsmechanismus einschließlich seiner Elementarreaktionen.

14.3 Reaktionsgeschwindigkeit – Einfluss der Temperatur

Es ist eine alltägliche Erfahrung: Chemische Reaktionen laufen bei höheren Temperaturen schneller ab. Nicht ohne Grund lagern wir Lebensmittel im Kühlschrank oder waschen verschmutzte Wäsche bei 60 °C.

14.3.1 Arrhenius-Gesetz – Einfluss von Temperatur und Aktivierungsenergie auf die Reaktionsgeschwindigkeit

In ▶ Abschn. 13.2 haben wir mit dem Geschwindigkeitsgesetz (▶ Gl. 13.5) bereits die Konzentrationsabhängigkeit der Reaktionsgeschwindigkeit kennen gelernt. Die Exponenten a, b, c werden als Reaktionsordnungen bezeichnet. Sie beschreiben in welchem Maß die Eduktkonzentrationen A, B, C, … die Reaktionsgeschwindigkeit beeinflussen.

$$v(P,t) = k \cdot c^a(A,t) \cdot c^b(B,t) \cdot c^c(C,t) \ldots \text{Geschwindigkeitsgesetz} \quad (14.57)$$

v(P,t) – Bildungsgeschwindigkeit des Produkts P, moll^{-1}s^{-1}

k – Geschwindigkeitskonstante

A, B, C – Reaktanten

c(A,t) – Konzentration des Edukts A zur Reaktionszeit t, moll^{-1}

a, b, c – Reaktionsordnung der Reaktanten A, B und C; Wichtig: Nicht identisch mit den stöchiometrischen Faktoren!

t – Reaktionszeit, s

Alle übrigen Faktoren die Einfluss auf die Reaktionsgeschwindigkeit haben, wie Temperatur oder der Einsatz von Katalysatoren, gehen in die Geschwindigkeitskonstante (k) ein.

Der schwedische Physikochemiker Svante Arrhenius war der Erste, der durch umfangreiche Laborversuche eine quantitative Beziehung zwischen der Reaktionsgeschwindigkeitskonstante (k), der Reaktionstemperatur (T) und der Aktivierungsenergie (E_A, ▶ Abschn. 13.1) einer chemischen Reaktion herstellen konnte. Er formulierte auf dieser Grundlage ein Gesetz (Gl. 14.58), das bis heute von zentraler Bedeutung für die physikalische Chemie ist. Mit seiner nach ihm benannten Gleichung 14.58 legte Arrhenius die Basis für das Verständnis der temperaturabhängigen Reaktionskinetik.

$$k = A \cdot e^{-\frac{E_A}{R \cdot T}} \quad \text{Arrhenius – Gleichung} \quad (14.58)$$

k – Reaktionsgeschwindigkeitskonstante

A – präexponentieller Faktor

E_A – Aktivierungsenergie, Jmol^{-1}

R – allgemeine Gaskonstante, J K^{-1}mol^{-1}

T – absolute Temperatur, K

Welche physikalische Bedeutung haben die einzelnen Komponenten der Arrhenius-Gleichung (◘ Abb. 14.11)?

■ Aktivierungsenergie – Mindestenergie für die Bildung von Übergangszuständen

Die Aktivierungsenergie E_A beschreibt den höchsten Energiezustand entlang des Reaktionspfads einer chemischen Reaktion und definiert den sogenannten Übergangszustand (▶ Abb. 13.2). Die Aktivierungsenergie E_A entspricht der Mindestenergie, die die Eduktmoleküle aufbringen müssen (◘ Abb. 14.12, Fall 1), um den Übergangszustand zu erreichen und in Richtung Produktmoleküle weiterreagieren zu können. Falls die Moleküle nicht über genügend Energie aufweisen, können sie zwar miteinander kollidieren, es erfolgt jedoch keine Reaktion, da die Energie nicht ausreicht, um bestehende Bindungen in den Eduktmolekülen zu lösen (◘ Abb. 14.12, Fall 2).

Die Aktivierungsenergie ist abhängig von der chemischen Reaktion und wird experimentell bestimmt (◘ Abb. 14.14). Die Einheit ist kJ · mol^{-1}.

Je höher die Aktivierungsenergie einer chemischen Reaktion, desto mehr thermische Energie (◘ Abb. 14.11, R · T) muss dem System zugeführt werden, damit genügend Teilchen den Übergangszustand erreichen können. Umgekehrt verlaufen Reaktionen mit niedriger Aktivierungsenergie auch bei geringem Energieeintrag schnell und effizient.

Arrhenius ging davon aus, dass der präexponentielle Faktor temperaturunabhängig sei. Inzwischen weiß

◘ **Abb. 14.11** Svante Arrhenius (Nobelpreis 1903) quantifizierte den Einfluss der Temperatur auf chemische Reaktionen

Svante Arrhenius (1859 – 1927)

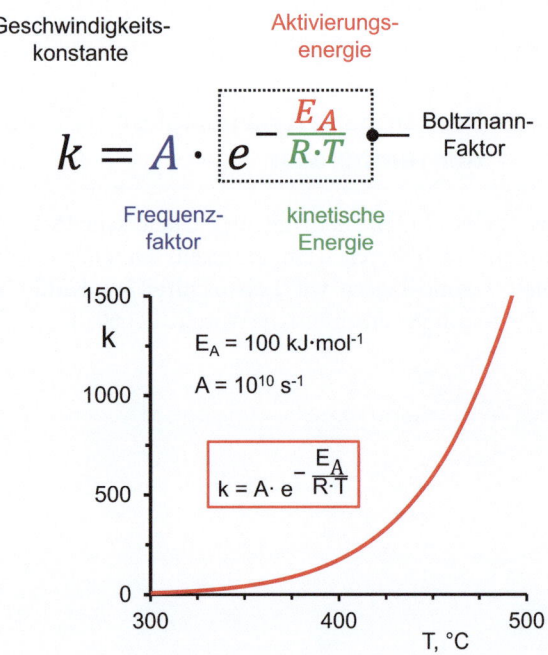

14.3 · Reaktionsgeschwindigkeit – Einfluss der Temperatur

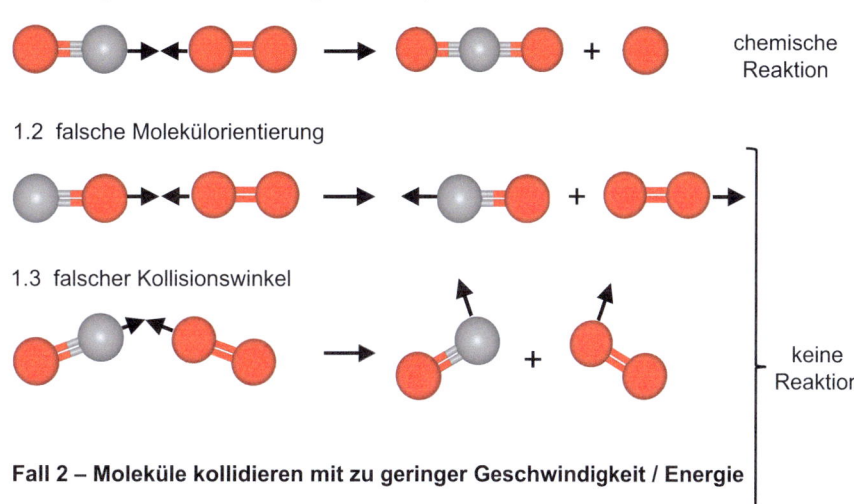

Abb. 14.12 Einfluss von Aktivierungsenergie, Molekülorientierung und Kollisionswinkel auf chemische Reaktionen

Fall 1 – Moleküle kollidieren mit ausreichender Geschwindigkeit / Energie

1.1 richtige Molekülorientierung und richtiger Kollisionswinkel

→ chemische Reaktion

1.2 falsche Molekülorientierung

1.3 falscher Kollisionswinkel

→ keine Reaktion

Fall 2 – Moleküle kollidieren mit zu geringer Geschwindigkeit / Energie

---

man, dass der Stoßfaktor A proportional zur Wurzel der absoluten Temperatur ist $\left(A \sim \sqrt{T}\right)$. Das liegt daran, dass sich Moleküle bei höheren Temperaturen schneller bewegen und daher häufiger pro Zeiteinheit kollidieren. Allerdings ist die Temperaturabhängigkeit des präexponentiellen Faktors (A) deutlich schwächer als die des sogenannten Boltzmann-Faktors, der exponentiell von der Temperatur abhängt und daher einen stärkeren Einfluss auf die Reaktionsgeschwindigkeit ausübt.

Da der Boltzmann-Faktor maximal den Wert 1 annehmen kann (s. u.), begrenzt der präexponentielle Faktor (A) die obere Grenze für die Geschwindigkeitskonstante (k).

- **Kinetische Energie ($R \cdot T$ resp. $k_B \cdot T$) – Die absolute Temperatur ist entscheidend**

Der Ausdruck $R \cdot T$ entspricht der durchschnittlichen Bewegungsenergie (▶ Abschn. 10.3.5), auch als kinetische Energie bezeichnet, eines Mols idealer Gasmoleküle. Alternativ kann die mittlere Bewegungsenergie auch auf ein einzelnes Molekül bezogen werden, dann verwendet man die Boltzmann-Konstante (k_B). Schließlich sind die allgemeine Gaskonstante R (8,314 Jmol^{-1}K^{-1}) und die Boltzmann-Konstante k_B (1,38 10^{-23} JK^{-1}) über die Avogadro-Zahl N_A miteinander verknüpft ($R = N_A \cdot k_B$).

- **Boltzmann-Faktor [$e^{-(E_a/R \cdot T)}$] – Anteil der Moleküle mit ausreichend Energie zur Reaktion**

Der sogenannte Boltzmann-Faktor $e^{-(E_A/R \cdot T)}$ beschreibt den Bruchteil der Moleküle, die bei gegebener Temperatur mindestens die Aktivierungsenergie E_A aufweisen und dadurch in der Lage sind, den Übergangszustand zu erreichen und die Reaktion durchzuführen. Der österreichische Physiker Ludwig Boltzmann hat diesen Zusammenhang mithilfe statistischer Betrachtungen hergeleitet (▶ Abschn. 10.3).

Der Boltzmann-Faktor $e^{-(E_A/R \cdot T)}$ hängt exponentiell von der Aktivierungsenergie und der Temperatur ab und kann Werte zwischen

- null ($E_A/RT \rightarrow \infty \rightarrow k = e^{-\infty} \rightarrow k = 0$) für große Aktivierungsenergien E_A und kleine Temperaturen T, keine Moleküle reaktionsbereit und
- eins ($E_A/RT \rightarrow 0 \rightarrow k = e^0 \rightarrow k = A$) für kleine Aktivierungsenergien E_A und große Temperaturen T, alle Moleküle reaktionsbereit, annehmen.

Dies ist im Einklang damit, dass mit zunehmender Temperatur und abnehmender Aktivierungsenergie der Anteil an reaktionsfähigen Moleküle zunimmt (◘ Abb. 14.16). So entnehmen wir ◘ Abb. 14.13b, dass beispielsweise bei 300 °C und einer Aktivierungsenergie von 100 kJ/mol nur etwa jedes Milliardste Molekül (Anteil 10^{-9}) die erforderliche Aktivierungsenergie aufweist, bei einer Aktivierungsenergie von 20 kJ/mol allerdings bereits jedes Hundertste Molekül (Anteil 10^{-2}).

14.3.2 Arrhenius-Plot – Bestimmung der Aktivierungsenergie und des präexponentiellen Faktors

Die Temperaturabhängigkeit der Geschwindigkeitskonstanten (k) lässt sich besonders deutlich durch die

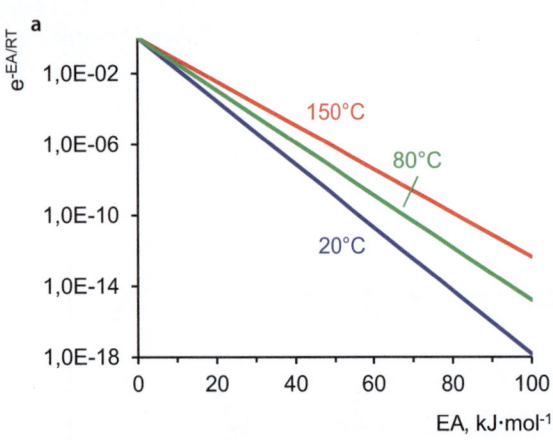
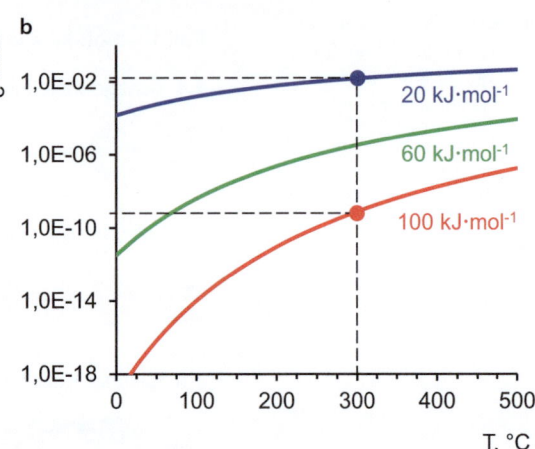

Abb. 14.13 Der Anteil an Molekülen, die die Aktivierungsenergie E_a aufweisen, steigt mit zunehmender Temperatur (**b**) und abnehmender Aktivierungsenergie (**a**)

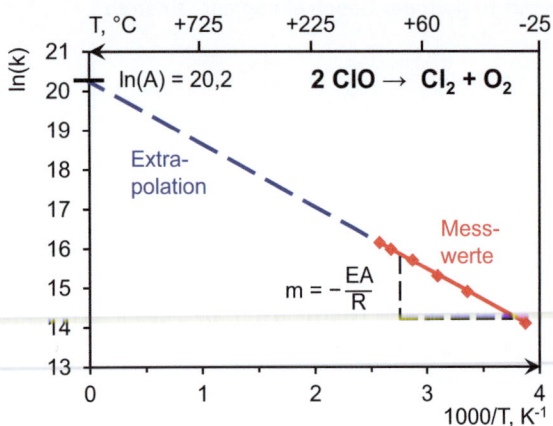

Abb. 14.14 Linearisierte Arrhenius-Gleichung des thermischen Zerfalls von Chlormonoxid zu Chlor und Sauerstoff

Linearisierung der Arrhenius-Gleichung darstellen. Dazu wird der natürliche Logarithmus (ln) auf Gl. 14.58 angewendet:

$$\ln(k) = -\frac{E_A}{R \cdot T} + \ln(A) \quad \text{linearisierte Arrhenius–Gleichung}$$
(14.59)

Die linearisierte Form der Arrhenius-Gleichung zeigt, dass der Logarithmus der Geschwindigkeitskonstante k in einem reziproken Verhältnis zur absoluten Temperatur T steht und sich proportional zur Aktivierungsenergie E_A verhält. Die negative Steigung der Geraden verdeutlicht, dass die Geschwindigkeitskonstante mit steigender Temperatur zunimmt (◘ Abb. 14.14, Celsius-Skala).

Gl. 14.60 ordnet den Termen der linearisierten Arrhenius-Gleichung die Elemente m, x und b einer allgemeinen Geradengleichung zu:

$$y = m \cdot x + b \xrightarrow{\text{Abgleich mit Gl. 14.59}} y = \ln(k)$$
$$m = -\frac{E_A}{R} \quad x = \frac{1}{T} \quad b = \ln(A) \quad (14.60)$$

m – Geradensteigung
b – Ordinatenabschnitt

Durch Messung der Geschwindigkeitskonstante (k) bei verschiedenen Temperaturen (◘ Abb. 14.14, rote Messwerte) und Auftragen von ln(k) gegen 1/T kann aus der Geradensteigung die Aktivierungsenergie (E_A) bestimmt werden. Für den Zerfall von beispielsweise Chlormonoxid (ClO) zu Chlor (Cl_2) und Sauerstoff (O_2) errechnet sich die Aktivierungsenergie wie folgt:

$$m = -\frac{E_A}{R} = \frac{15{,}9 - 14{,}2}{\frac{1}{1000\,K} \cdot (2{,}75 - 3{,}80)} = -1619\,K \rightarrow E_A$$
$$= 13.460\,J \cdot mol^{-1} \approx 13{,}5\,kJ/mol$$
(14.61)

Die Arrhenius-Gerade (◘ Abb. 14.14, rot) kann bis zur y-Achse extrapoliert werden (blau gestrichelte Gerade). Der Schnittpunkt mit der y-Achse entspricht ln(A), sodass aus dem y-Achsenabschnitt der präexponentielle Faktor (A) abgeschätzt werden kann.

$$b = \ln(A) \xrightarrow{\text{mit } e^{\cdots}} e^b = A \rightarrow A = e^{20{,}2} \approx 6 \cdot 10^8$$
(14.62)

Neben der grafischen Methode (◘ Abb. 14.14) können die Aktivierungsenergie (E_A) und der Frequenzfaktor (A) auch mit der sogenannten Zweipunktmethode bestimmt werden. Dazu genügen zwei Messwerte der Geschwindigkeitskonstante (k) bei zwei unterschiedlichen

14.3 · Reaktionsgeschwindigkeit – Einfluss der Temperatur

Temperaturen (T), um mithilfe der linearisierten Arrhenius-Gleichung die gewünschten Größen zu ermitteln.

$$\ln(k_1) = \ln(A) - \frac{E_A}{R \cdot T_1} \quad \text{Messwert 1} \quad (14.63)$$

$$\ln(k_2) = \ln(A) - \frac{E_A}{R \cdot T_2} \quad \text{Messwert 2} \quad (14.64)$$

Subtraktion Gl. 14.63 von Gl. 14.64 ergibt:

$$\ln(k_2) - \ln(k_1) = \ln(A) - \frac{E_A}{R \cdot T_2} - \ln(A) + \frac{E_A}{R \cdot T_1} \quad (14.65)$$

Durch Zusammenfassen der Logarithmen zu einem Logarithmus [ln(a) – ln(b) = ln(a/b)] und Ausklammern des Faktors E_A/R auf der rechten Seite ergibt sich:

$$\ln\left(\frac{k_2}{k_1}\right) = \frac{E_A}{R} \cdot \left(\frac{1}{T_1} - \frac{1}{T_2}\right) \quad (14.66)$$

Gleichung 14.66 zeigt, dass für ein gegebenes Temperaturintervall ($1/T_1 - 1/T_2$) der Einfluss der Aktivierungsenergie auf die Geschwindigkeitskonstante linear ist. Das bedeutet, je höher die Aktivierungsenergie, desto stärker reagiert die Geschwindigkeitskonstante (k) auf Temperaturänderungen, umso gekrümmter sind die Kurvenverläufe in ◘ Abb. 14.13b.

> **▶ Übung - Reaktionsgeschwindigkeit-Temperatur-Regel (RGT)**
>
> Eine Faustregel (RGT-Regel) besagt, dass sich die Reaktionsgeschwindigkeit einer chemischen Reaktion in etwa verdoppelt, wenn die Temperatur um 10 °C steigt. In welchem Bereich muss die Aktivierungsenergie liegen, damit die RGT-Regel bei Temperaturen um 60 °C gültig ist?
>
> **Lösung**
>
> Wenn die Temperatur von 60 °C (T_1 = 333,15 K) auf 70 °C (T_2 = 343,15 K) ansteigt, soll sich die Reaktionsgeschwindigkeit verdoppeln. Da die Reaktionsgeschwindigkeit im Wesentlichen von der Geschwindigkeitskonstante (k) beeinflusst wird, muss $k_2 = 2 \cdot k_1$ gelten.

$$\ln\left(\frac{2 \cdot k_1}{k_1}\right) = \frac{E_A \, K \cdot mol}{8{,}314 \, J \cdot K} \cdot \left(\frac{1}{333{,}15} - \frac{1}{343{,}15}\right) \rightarrow E_A = \frac{8{,}314 \cdot \ln\left(\frac{2}{1}\right) J \cdot K}{\left(\frac{1}{333{,}15} - \frac{1}{343{,}15}\right) K \cdot mol} = 65{,}898 \, J \cdot mol^{-1} \approx 65{,}9 \, kJ \cdot mol^{-1}$$

Damit die RGT-Regel angewandt werden kann, muss die Aktivierungsenergie zur Temperatur „passen" (◘ Abb. 14.15). Für T in °C gilt allgemein:

$$E_A = \frac{8{,}314 \cdot \ln\left(\frac{2}{1}\right) J}{\left(\frac{1}{T + 273{,}15} - \frac{1}{T + 273{,}15 + 10}\right) mol}$$

◘ Abb. 14.15 gibt den Kurvenverlauf für letztere Gleichung wieder und beschreibt, bei welcher Aktivierungsenergie und Reaktionstemperatur die RGT-Regel strikt angewendet werden kann.

Während bei 50 °C die Aktivierungsenergie im Bereich von 60 kJmol^{-1} sein sollte, sind es bei 150 °C bereits ca. 105 kJmol^{-1}. ◂

- **Maxwell-Boltzmann-Verteilung – Nur ein Teil der Gasmoleküle besitzt die Aktivierungsenergie**

Gasmoleküle bewegen sich innerhalb eines Behälters völlig ungeordnet, kollidieren ständig miteinander und tauschen dabei kinetische Energie aus. Dadurch werden einige Moleküle beschleunigt, während andere abgebremst werden. Da die Anzahl der Gasmoleküle extrem hoch ist (~2,7 · 10^{22} Moleküle pro Liter bei 20 °C und 1 bar) erfährt jedes einzelne Molekül mehrere Milliarden Kollisionen pro Sekunde. Diese Vielzahl an Wechselwirkungen führt zu einer statistischen Verteilung der Geschwindigkeiten und damit auch der kinetischen Energie n - aller Teilchent (▶ Abschn. 10.3.1). Die Boltzmannsche Energiefunktion beschreibt diese Verteilung quantitativ:

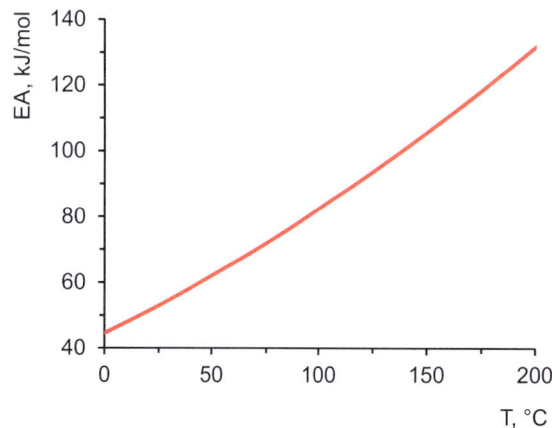

◘ **Abb. 14.15** Anwendbarkeit der RGT-Regel als Funktion der Temperatur und Aktivierungsenergie

$$f(E) = \frac{2}{\sqrt{\pi}} \cdot \left(\frac{1}{R \cdot T}\right)^{1,5} \cdot \sqrt{E} \cdot e^{-\frac{E}{R \cdot T}} \quad Maxwell-Boltzmann-Energieverteilung \tag{14.67}$$

f(E) – Energieverteilungsfunktion, gibt die Wahrscheinlichkeit an, Moleküle mit kinetischer Energie E anzutreffen, molJ^{-1}

E – kinetische Energie der Gasmoleküle, Jmol^{-1}

R – allgemeine Gaskonstante, Jmol^{-1}K^{-1}

T – absolute Temperatur, K

Wie in ◘ Abb. 14.16 zu sehen ist, wird die Verteilung bei steigender Temperatur (blaue Linie) breiter und das Kurvenmaximum verschiebt sich zu höherer Energie. Das Flächenintegral ist für beide Verteilungsfunktionen auf 1 mol normiert.

Da die Fläche unter der blauen Kurve rechts von der gestrichelten schwarzen Linie (Aktivierungsenergie) größer ist als die analoge Fläche unter der roten Linie, weist bei 600 °C ein wesentlich höherer Molekülanteil die erforderliche Aktivierungsenergie von 20 kJ/mol auf als bei 200 °C. Dies erklärt, warum bei höheren Temperaturen chemische Reaktionen schneller ablaufen.

Reduziert ein Katalysator die Aktivierungsenergie z. B. von 20 auf 10 kJ/mol, vergrößert sich der Anteil der Moleküle mit ausreichender Energie nochmals erheblich und somit auch die Reaktionsgeschwindigkeit.

14.3.3 Katalysatoren – Zunahme der Reaktionsgeschwindigkeit durch Absenken der Aktivierungsenergie

Wie bereits in den ▶ Abschn. 13.1 und 14.3 erläutert, müssen die Eduktmoleküle eine bestimmte Aktivierungsenergie (E_A) überwinden, um durch Kollisionen einen hochreaktiven Übergangszustand (ÜZ) zu bilden. ◘ Abb. 14.16 verdeutlicht, dass abhängig von der Temperatur - nur ein vergleichsweise kleiner Teil der Moleküle über genügend kinetische Energie verfügt, um den Aktivierungsenergie zu überwinden. Deshalb ist die Reaktionsgeschwindigkeit bei niedrigen Temperaturen meist gering.

▶ **Übung**

Wievielmal schneller läuft eine chemische Reaktion bei 200 °C (473 K) ab, wenn die Aktivierungsenergie von 20 auf 10 kJ/mol abgesenkt wird?

Lösung

Da die Reaktionsgeschwindigkeit proportional zur Geschwindigkeitskonstante k ist, kann durch Verhältnissetzung der Geschwindigkeitskonstanten bei Aktivierungsenergien von 10 respektive 20 kJ/mol gemäß der Arrhenius-Gleichung der Beschleunigungsfaktor berechnet werden.

$$Beschleunigungsfaktor = \frac{k_{10}}{k_{20}} = \frac{A \cdot e^{-\frac{10000\, J \cdot mol \cdot K}{8{,}314\, J \cdot mol \cdot 473\, K}}}{A \cdot e^{-\frac{20000\, J \cdot mol \cdot K}{8{,}314\, J \cdot mol \cdot 473\, K}}}$$

$$= \frac{e^{-2,54}}{e^{-5,09}} = e^{+2,55} = 12,8$$

Das heißt, durch Absenkung der Aktivierungsenergie von 20 auf 10 kJ/mol läuft die Reaktion 12,8-mal schneller ab.

Eine andere Zielsetzung könnte sein, bei gleicher Reaktionsgeschwindigkeit die Reaktionstemperatur zu verringern. Auch diese Fragestellung kann mit der Arrhenius-Gleichung gelöst werden.

$$A \cdot e^{-\frac{20000\, J \cdot mol \cdot K}{8{,}314\, J \cdot mol \cdot 473\, K}} = A \cdot e^{-\frac{10000\, J \cdot mol \cdot K}{8{,}314\, J \cdot mol \cdot x\, K}} \xrightarrow{\cdot \frac{1}{A}} e^{-5,09}$$

$$= e^{-\frac{1203\, K}{x\, K}} \xrightarrow{\ln\ldots} -5,09 = -\frac{1203}{x} \rightarrow x = 236\, K = -37\,°C$$

Das heißt, die Reaktion läuft bei −37 °C genauso schnell ab wie bei 200 °C, wenn die Aktivierungsenergie von 20 auf 10 kJ/mol abgesenkt wird. ◀

Mit zunehmender Temperatur erhöht sich der Anteil an Molekülen, die die erforderliche Aktivierungsenergie aufweisen, was zu einer Zunahme der Reaktionsgeschwindigkeit gemäß der Arrhenius-Gleichung (Gl. 14.58) führt. Allerdings ist das Aufheizen industrieller Großanlagen nicht nur teuer, sondern kann auch

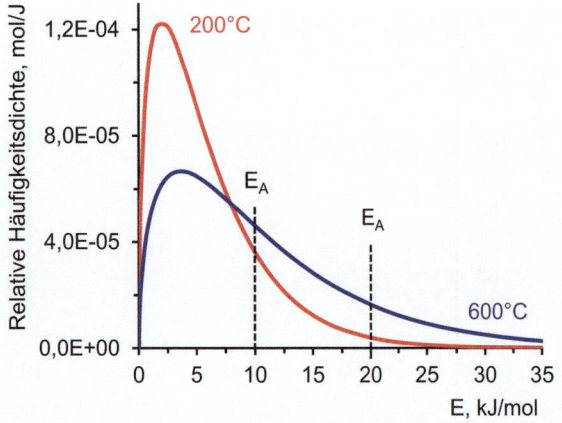

◘ **Abb. 14.16** Energieverteilung von Sauerstoffmolekülen bei 200 respektive 600 °C

14.3 · Reaktionsgeschwindigkeit – Einfluss der Temperatur

ungewünschte Zersetzungsreaktionen von Edukt- und Produktmolekülen hervorrufen.

Eine weitere Möglichkeit den Anteil aktivierter Moleküle zu steigern, besteht darin die Aktivierungsenergie zu senken. Wenn die Aktivierungsenergie in ◘ Abb. 14.16 beispielsweise von 20 auf lediglich 10 kJ/mol reduziert wird, verschiebt sich die gestrichelte Linie nach links, wodurch der Anteil Moleküle, die die Aktivierungsenergie aufweisen, erheblich zunimmt.

Die Ausführungen sind mathematisch nachvollziehbar, aber wie lässt sich in der Praxis die Aktivierungsenergie einer chemischen Reaktion tatsächlich senken? Dies geschieht durch den Einsatz von Katalysatoren. Diese werden nicht nur in der chemischen Industrie zur Herstellung großvolumiger Grundchemikalien wie Ammoniak, Schwefelsäure und Ethylen verwendet, sondern auch als Umweltkatalysatoren, wie beispielsweise der Drei-Wege-Katalysator zum Entgiften von Autoabgasen.

Im menschlichen Körper sorgen Biokatalysatoren, sogenannte Enzyme, dafür, dass Stoffwechselvorgänge sanft bei Normaldruck, 37 °C und in wässeriger Umgebung effizient ablaufen.

Definition – Katalysator
Wilhelm Ostwald (Nobelpreis 1909) definierte Katalysatoren als Substanzen, die die Geschwindigkeit einer chemischen Reaktion erhöhen, ohne dabei selbst verbraucht zu werden. Katalysatoren haben keinen Einfluss auf die thermodynamische Gleichgewichtslage und die Gleichgewichtsparameter (K, $\Delta_{RE}H$) einer chemischen Reaktion, sodass der energetische Zustand der Reaktanten und Produkte durch den Katalysator unverändert bleibt.

Katalysatoren eröffnen den Eduktmolekülen einen alternativen Reaktionspfad (◘ Abb. 14.17, rote Linien), sodass die Reaktanten nicht mehr den energetisch ungünstigen hohen Übergangszustandsberg (ÜZ, blaue Linie) überwinden müssen. Stattdessen gelangen sie über einen energetisch deutlich günstigeren, „roten" Übergangszustand (ÜZ) zum Produkt, was eine deutlich höhere Reaktionsgeschwindigkeit zur Folge hat.

Dies ist vergleichbar mit einem Tourengeher (Reaktant), der einen steilen Berggipfel (ÜZ, unkatalysiert) erklimmen muss, um anschließend zu einer Hütte im Tal (Produkt 2) abzufahren. Ein weiterer Tourengeher möchte ebenfalls zur Hütte (Produkt 2), scheut aber den beschwerlichen Aufstieg. Mithilfe eines ortskundigen Bergführers (Katalysator) findet er einen Pass - einen alternativen, weniger anstrengenden Weg (Reaktionspfad) - der ihn sehr viel schneller und mit geringem Energieaufwand direkt zur Hütte 2 führt. Ein weiterer Vorteil dieses alternativen Weges (◘ Abb. 14.17, rote Linien) besteht darin, dass er selektiv zur Hütte 2 (Produkt 2) führt. Wäre der Tourengeher dagegen zum Berggipfel aufgestiegen, dann könnte er zur Hütte 1 (Produkt 1) oder Hütte 2 (Produkt 2) abfahren, das Ergebnis wäre unselektiv.

Auf eine chemische Reaktion übertragen, bedeutet dies: Eine katalysierte Reaktion verläuft selektiv und führt gezielt zu einem gewünschten Produkt. Im Gegensatz dazu stehen bei unkatalysierter Reaktion dem Übergangszustand mehrere Reaktionspfade (Produkttäler) zur Verfügung, wodurch neben dem gewünschten Hauptprodukt auch Nebenprodukte entstehen.

Der katalytische Effekt beruht auf der Bildung hochreaktiver Intermediate zwischen Katalysator und Reaktant im Übergangszustand. Der Katalysator wirkt dabei wie eine „Matrize" für die Eduktmoleküle. Durch

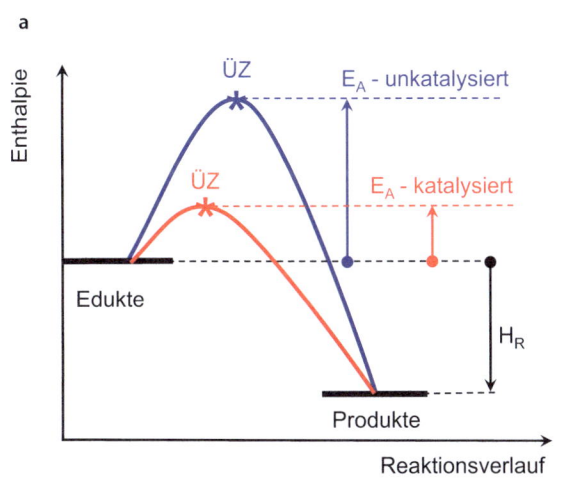
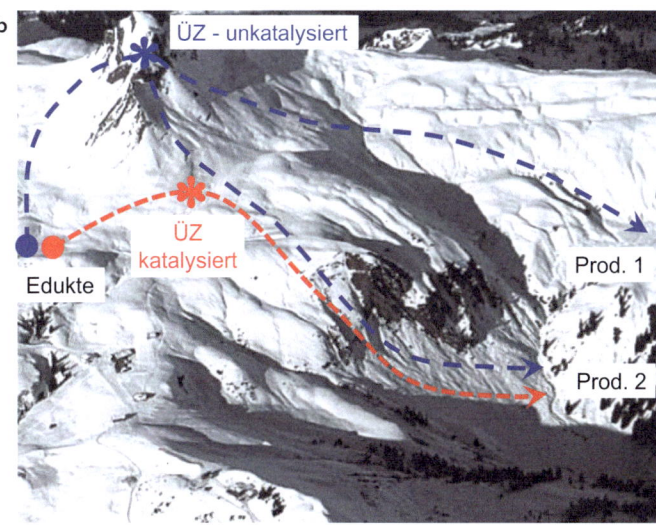

◘ **Abb. 14.17** Katalysatoren senken die Aktivierungsenergie chemischer Reaktionen ab (**a**, rote Linie) und können den Reaktionsverlauf selektiver gestalten (**b**)

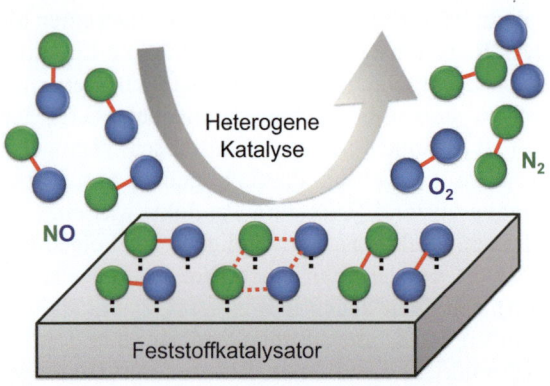

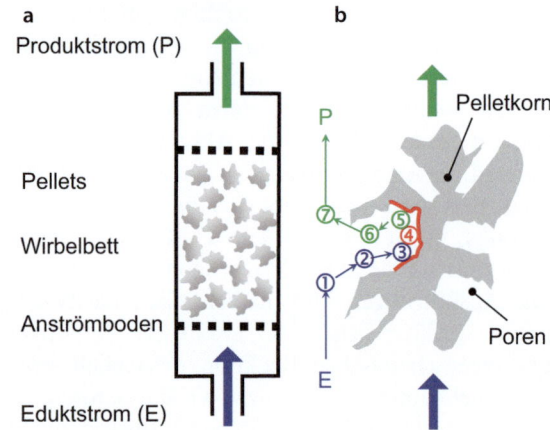

◘ **Abb. 14.18** Aktive Edelmetallzentren des Drei-Wege-Katalysators adsorbieren giftige Stickstoffmonoxidmoleküle (NO), wodurch diese in räumliche Nähe zueinander geraten und dadurch zu ungiftigem Stickstoff (N_2) und Sauerstoff (O_2) abreagieren können

◘ **Abb. 14.19** Wirbelschichtreaktor (**a**) und zerklüftetes Katalysatorkorn mit aktivem Zentrum (**b**, rot)

schwache Van-der-Waals-Kräfte (◘ Abb. 14.18, schwarz gestrichelte Linien) lagern sich die Reaktanten - beispielsweise Stickstoffmonoxid (NO) - an der Katalysatoroberfläche an und gelangen so in räumliche Nähe und optimaler Orientierung zueinander. Diese räumliche Anordnung begünstigt die Ausbildung eines Übergangszustands: Bestehende Bindungen zwischen N und O lockern sich, während gleichzeitig neue Bindungen (◘ Abb. 14.18, rot punktierte Linien) zwischen zwei N- und O-Atomen entstehen. Nach abgeschlossener Reaktion hat sich die räumliche und elektronische Struktur der Produktmoleküle so verändert, dass sie nicht mehr durch van-der-Waals-Kräfte, an die Katalysatoroberfläche gebunden sind und freigesetzt werden. Damit sind die aktiven Zentren des Katalysators erneut verfügbar und die nächsten Eduktmoleküle können andocken.

■ **Homogene Katalyse – Edukte, Produkte und Katalysator in einer Phase**

Grundsätzlich unterscheidet man zwischen homogener und heterogener Katalyse. Bei der homogenen Katalyse befinden sich Edukte, Produkte und Katalysator molekular gelöst in einer Flüssigphase. Dadurch kann die Wechselwirkung zwischen Katalysatormolekül und Eduktmolekülen bei größtem denkbaren Zerteilungsgrad des Katalysators erfolgen, was höchstmögliche Reaktionsgeschwindigkeit zur Folge hat. Homogene Katalysatoren sind diskrete Moleküle, deren dreidimensionale Struktur gezielt an die zu katalysierende Reaktion angepasst werden kann. Dies ermöglicht hohe Selektivität und Effizienz. Ein wesentlicher Nachteil der homogenen Katalyse ist jedoch die aufwendige und kostspielige Abtrennung des in Lösung befindlichen Katalysators vom Reaktionsprodukt. Typischerweise verlaufen homogen katalysierte Reaktionen unter milden Bedingungen bei Temperaturen zwischen 20 und 200 °C. Beispiele für homogen katalysierte Reaktionen:

— Veresterungs- und Hydrolysereaktionen
— Alkylierungsreaktionen von Aromaten
— Polymerisationsreaktionen
— Hydroformylierungsreaktionen
— Biochemische Stoffwechselvorgänge.

■ **Heterogene Katalyse – Edukte, Produkte und Katalysator in unterschiedlichen Phasen**

Bei der heterogenen Katalyse liegen Edukte und Katalysator in unterschiedlichen Phasen vor. Typischerweise strömen gasförmige Reaktanten über die Oberfläche eines festen Katalysators, dem sogenannten Kontakt. Die chemische Reaktion erfolgt durch Oberflächenreaktion (◘ Abb. 14.19) in In der industriellen Praxis werden hierfür meist Festbett- oder Wirbelschichtreaktoren verwendet (◘ Abb. 14.19a).

Heterogene Katalysatoren bestehen in der Regel aus hochporösen Trägermaterialien (Aktivkohle, Aluminiumoxid oder Siliciumdioxid), die mit Edelmetallschlämmen imprägniert werden.

Da die katalytisch aktiven, fein verteilten Edelmetallatome sich hauptsächlich in den Poren und Kapillaren der hochporösen Trägermaterialien befinden (◘ Abb. 14.19b, roter Bereich), müssen die Eduktmoleküle aus dem Gasstrom ① in die Poren ② diffundieren und am Edelmetallzentrum andocken ③. Nach erfolgter chemischer Umsetzung ④ müssen die resultierenden Produktmoleküle vom aktiven Zentrum desorbieren ⑤ und aus den Poren ⑥ in den Fluidstrom ⑦ zurückdiffundieren.

Da die chemische Reaktion am Katalysatorzentrum meist schneller abläuft als die Diffusion von Edukt- und Produktmolekülen in den Porenkanälen, sind heterogen katalysierte Reaktionen meist diffusionslimitiert.

Da Ausgangsstoffe, Produkte und Katalysator sich bei der heterogenen Katalyse in unterschiedlichen Phasen befinden, gibt es keine Abtrennprobleme. Deshalb

14.3 · Reaktionsgeschwindigkeit – Einfluss der Temperatur

wird der überwiegende Teil der großindustriellen chemischen Prozesse heterogenkatalytisch durchgeführt.

Beispiele für heterogen katalysierte Reaktionen:
- Ammoniaksynthese nach dem Haber-Bosch-Verfahren
- Ammoniakverbrennung nach dem Ostwald-Verfahren
- Oktanzahlerhöhung von Leichtbenzin durch katalytisches Reforming
- Blausäureherstellung nach dem Andrussow-Verfahren und
- Abgasreinigung im Drei-Wege-Katalysator (◘ Abb. 14.20a).

Exkurs – Drei-Wege-Katalysator

Bei der Verbrennung von Benzin entsteht giftiges Kohlenstoffmonoxid (CO). Zudem gelangen auch Spuren unverbrannter Kohlenwasserstoffe (CH) in den Abgasstrom. Außerdem wird der mit dem Kraftstoff-Luft-Gemisch angesaugte Stickstoff bei der hohen Verbrennungstemperatur teilweise zu Stickstoffoxiden (NO_x) oxidiert. Mit zunehmender Verkehrsdichte und den daraus resultierenden Umweltbelastungen wurde in den 1980er-Jahren die nachträgliche Abgasreinigung gesetzlich vorgeschrieben, was zur Einführung des Drei-Wege-Katalysators führte.

Der Name „Drei-Wege-Katalysator" bezieht sich auf das gleichzeitige „Entgiften" von drei verschiedenen Schadstoffen:
- Reduktion von Stickstoffoxiden (NO_x) zu Stickstoff (N_2),
- Oxidation von Kohlenstoffmonoxid (CO) zu Kohlenstoffdioxid (CO_2)
- Oxidation von Kohlenwasserstoffen (CH) zu Wasser (H_2O) und Kohlenstoffdioxid (CO_2).

Der Wirkungsgrad eines Drei-Wege-Katalysators ist dann optimal, wenn im Verbrennungsraum des Motors Luft mit Benzin im Massenverhältnis 14,6 zu 1 vernebelt wird. Das Verhältnis von tatsächlicher Luftmenge zur idealen stöchiometrischen Luftmenge (14,6) wird durch den Lambdawert (λ-Wert) ausgedrückt. Dabei sind folgende Szenarien möglich:
- $\lambda = 1$: Ideales Verhältnis; vollständige Verbrennung des Benzins, Katalysator konvertiert alle drei Schadstoffe optimal (◘ Abb. 14.21)
- $\lambda > 1$: Luftüberschuss; Katalysator entgiftet CO und CH im Abgasstrom vollständig, die NO_x-Reduktion (rote Kurve) dagegen ist eingeschränkt.
- $\lambda < 1$: Luftmangel; Katalysator entgiftet NO_x im Abgasstrom vollständig, dagegen erfolgt nur eine unvollständige Oxidation von CO (blaue Kurve) und CH.

Der optimale Wirkungsgrad des Drei-Wege-Katalysators und ein minimaler Schadstoffausstoß werden nur dann erreicht, wenn der λ-Wert in einem engen Bereich um $\lambda = 1$ (Lambdafenster) geregelt wird. Diese Regelung übernimmt die Lambdasonde, die direkt vor dem Drei-Wege-Katalysator im Abgastrakt positioniert ist. Sie vergleicht ständig den Sauerstoffgehalt des Abgases mit dem der Ansaugluft und passt die einzuspritzende Benzinmenge entsprechend an.

Technisch erfolgt die Entgiftung des Abgases im wabenförmigen Keramik-Monolith, der aus rund 8000 dünnwandigen, parallel verlaufenden Kanälen mit einem Querschnitt von etwa 1 mm^2 besteht (◘ Abb. 14.20b). Die katalytisch aktiven Edelmetalle Palladium, Platin und Rhodium werden durch Eintauchen des Monolithen in Edelmetallsuspensionen (Washcoat) schichtweise aufgebracht und befinden sich auf den Innenseiten der Kanäle. Platin und Palladium katalysieren die Entgiftung von Kohlenstoffmonoxid (CO) und Kohlenwasserstoffen (CH) zu Kohlenstoffdioxid (CO_2) und Wasser (H_2O), während Rhodium bevorzugt die Reduktion der Stickstoffoxide (NO_x) zu Stickstoff (N_2) beschleunigt.

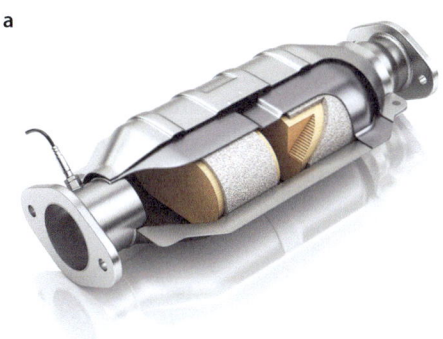
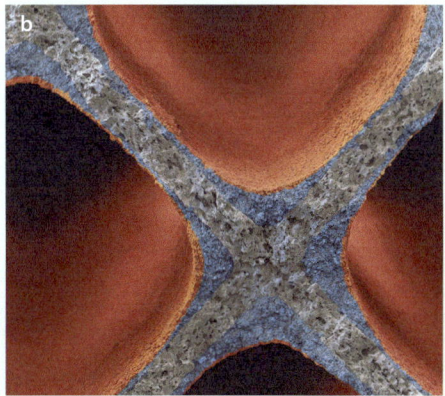

◘ **Abb. 14.20** Keramischer Monolith, eingebettet in Drahtgestrick und Edelstahlgehäuse (**a**) (© mipan/▶ Shutterstock.com), Kanäle des keramischen Monoliths (**b**) beschichtet mit edelmetallhaltigem Washcoat (gelb-grau = Keramik; blau = Palladium; rot = Platin, © BASF)

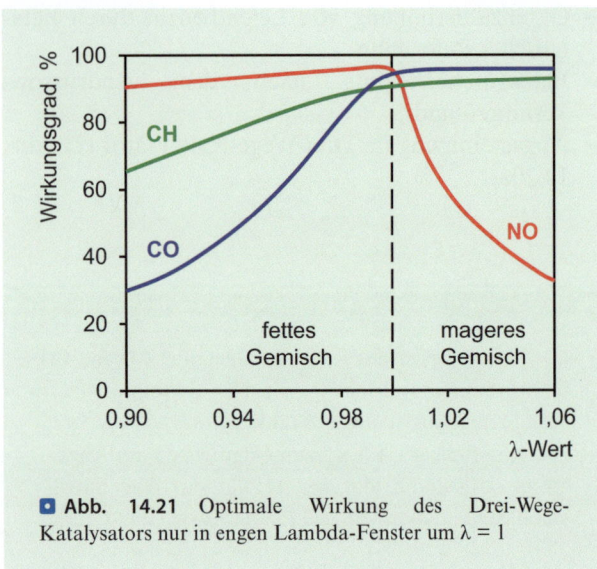

Abb. 14.21 Optimale Wirkung des Drei-Wege-Katalysators nur in engen Lambda-Fenster um $\lambda = 1$

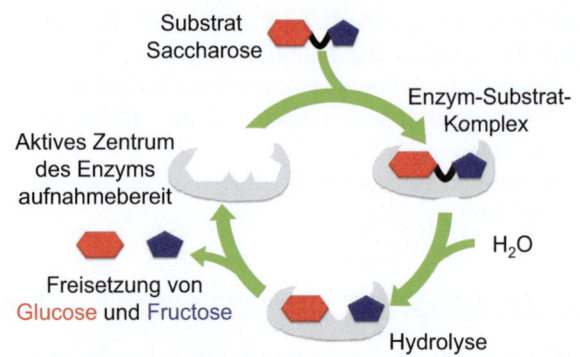

Abb. 14.22 Schlüssel-Schloss-Prinzip am Beispiel der Hydrolyse von Saccharose in Glucose (rot) und Fructose (blau)

Biokatalysatoren – Proteine beschleunigen Stoffwechselvorgänge

Enzyme sind Proteine, die biochemische Reaktionen in lebenden Zellen beschleunigen, indem sie die Aktivierungsenergie der jeweiligen Reaktion herabsetzen. Da Enzyme selbst aus Proteinmolekülen bestehen und biologische Reaktionen beschleunigen, werden sie auch als Biokatalysatoren bezeichnet. Enzyme wirken unter milden Bedingungen wie 37 °C, Normaldruck und im wässrigen Milieu. Die Absenkung der Aktivierungsenergie geschieht durch die Bildung eines Enzym-Substrat-Komplexes, wobei Substratmoleküle durch nichtkovalente Wechselwirkungen am aktiven Zentrum des Enzyms festgehalten werden.

Enzyme weisen eine hohe Substratpezifität auf und beschleunigen meist nur einen Stoffwechselvorgang, sodass biologische Zellen Tausende verschiedene Enzyme enthalten, um den Metabolismus aufrecht erhalten zu können. Darüberhinaus sind sie wirkungsspezifisch, d. h., sie katalysieren nur eine ganz bestimmte Reaktion, beispielsweise eine Hydrolyse, auch wenn das Substratmolekül noch andere Reaktionen wie Redox-Reaktionen eingehen könnte.

Schlüssel-Schloss-Prinzip

Während technische Katalysatoren häufig unspezifisch wirken – etwa bei der Hydrolyse von Ethern zu Alkoholen – zeichnen sich Enzyme durch eine ausgeprägte Substratspezifität aus. So beschleunigt beispielsweise α-Amylase ausschließlich die Spaltung von Glucoseketten in Stärke, nicht jedoch die von Cellulose. Diese Spezifität lässt sich anschaulich durch das sogenannte Schlüssel-Schloss-Prinzip erklären (Abb. 14.22). Das Substratmolekül, z. B. Saccharose, dockt an das Aktivitätszentrum – eine dreidimensionale Tasche in der Tertiärstruktur (Raumstruktur) des Enzyms – an. Aufgrund der dreidimensionalen Struktur und Oberflächenpolarisierung passt nur Saccharose (Schlüssel) in die Tasche (Schloss) des Enzyms. Durch die räumliche Nähe von Enzym und Substratmolekül erfolgt anschließend durch elektrostatische Wechselwirkungen eine Ladungsverschiebung mit einhergehender Polarisierung des Substratmoleküls, sodass Saccharose schließlich mit Wasser in Glucose und Fructose aufspaltet. Die entstehenden Produktmoleküle unterscheiden sich deutlich in Struktur und Ladungsverteilung vom Substratmolekül, wodurch sie vom aktiven Zentrum (Schloss) freigesetzt werden und das aktive Zentrum des Enzymmoleküls wieder in seiner ursprünglichen Konfiguration vorliegt. Die dreidimensionale Struktur des aktiven Zentrums sowie dessen elektrostatische Wechselwirkungen erklären somit die Substrat- und Wirkungsspezifität von Enzymen.

Hinweis. Die Enzymkinetik wurde bereits in Abschn. ▶ 14.1.4 behandelt. Die Geschwindigkeit enzymatischer Reaktionen für eine gegebene Enzymkonzentration $c(E,0)$ lässt sich in Abhängigkeit von der Substratkonzentration mit der Michaelis-Menten-Gleichung (Gl. 14.52, 14.68) beschreiben.

$$v(P,0) = k_2 \cdot c(E,0) \cdot \frac{c(S,0)}{K_M + c(S,0)} = \frac{v_{max} \cdot c(S,0)}{K_M + c(S,0)} \quad \text{mit} \quad v_{max} = k_2 \cdot c(E,0) \quad \text{und} \quad K_M = \frac{k_{-1} + k_2}{k_1} \tag{14.68}$$

v(P,0) – Geschwindigkeit der Bildung des Stoffwechselprodukts P zu Beginn (t = 0), $mol\,l^{-1}s^{-1}$

k_2 – Geschwindigkeitskonstante der Bildung des Produkts P aus ES, s^{-1}

c(E,0) – Konzentration Enzym zu Beginn (t = 0), $mol\,l^{-1}$

c(S,0) – Konzentration Substrat zu Beginn (t = 0), $mol\,l^{-1}$

K_M – Michaelis-Konstante, $mol\,l^{-1}$

v_{max} – maximale Geschwindigkeit der Bildung des Stoffwechselprodukts P, $mol\,l^{-1}s^{-1}$

k_{-1} – Geschwindigkeitskonstante des Zerfalls von ES in die Ausgangsstoffe E und S, s^{-1}

k_1 – Geschwindigkeitskonstante der Bildung von ES, s^{-1}

K_M wird als Michaelis-Konstante bezeichnet und entspricht der Substratkonzentration c(S,t), bei der eine Enzymreaktion 50 % ihrer maximalen Reaktionsgeschwindigkeit (v_{max}) erreicht (◘ Abb. 14.10a). Je kleiner die Michaelis-Konstante K_M, desto weniger Substrat wird benötigt, um die Hälfte der aktiven Zentren des Enzyms zu besetzen, desto höher ist die Affinität des Enzyms zu einem Substrat.

Es können zwei Extremfälle der Michaelis-Menten-Gleichung formuliert werden:

$$Fall\,1: v(P,0) = v_{max} = k_2 \cdot c(E,0)\; falls\; c(S,0) \gg K_M$$
$$Fall\,2: v(P,0) = \frac{v_{max} \cdot c(S,0)}{K_M}\; falls\; c(S,0) \ll K_M$$
(14.69)

Aus Gl. 14.68 ergibt sich, dass die Maximalgeschwindigkeit der Enzymreaktion (v_{max}) proportional zur Anfangskonzentration des Enzyms c(E,0) ist. Je mehr Enzymmoleküle vorhanden sind, desto mehr Enzym-Substrat-Komplexe können gebildet werden, umso mehr Produktmoleküle (P) können entstehen. Entsprechend nimmt auch die halbmaximale Reaktionsgeschwindigkeit zu, jedoch bleibt die Michaelis-Konstante K_M konstant. Das bedeutet, dass die Affinität des Substrats unabhängig ist von der Enzymkonzentration. Die maximale Geschwindigkeit einer Enzymreaktion wird neben der Enzymkonzentration auch durch die Geschwindigkeitskonstante k_2 begrenzt.

Die Wechselzahl (k_{cat}) oder TON (*turnover number*) entspricht der Anzahl an Substratmolekülen, die bei vollständiger Sättigung des Enzyms pro Sekunde in Produktmoleküle umgesetzt werden. Die Wechselzahl k_{cat} ist identisch mit der Geschwindigkeitskonstante k_2 und kann gemäß Gl. 14.68 aus der maximalen Reaktionsgeschwindigkeit und der Anfangskonzentration des Enzyms c(E,0) berechnet werden [$k_2 = v_{max}/c(E,0)$].

Wenn die Substratkonzentration deutlich kleiner ist als die Michaelis-Konstante, also bei sehr geringer Belegung der aktiven Zentren (Gl. 14.69, Fall 2) des Enzyms, hängt die Produktbildungsrate v(P,0) nicht nur von der Geschwindigkeitskonstante k_2 und der Enzymkonzentration c(E,0), sondern zusätzlich von der Substratkonzentration c(S,0) und der Michaelis-Konstante K_M ab.

Zum Vergleich der katalytischen Leistungsfähigkeit verschiedener Enzyme wird häufig die katalytische Effizienz, das heißt der Quotient k_{cat}/K_M herangezogen. Unter physiologischen Bedingungen sind Enzyme in der Regel nicht vollständig mit Substrat gesättigt, sodass Fall 2 der Gl. 14.69 Anwendung findet. Je höher die Wechselzahl und die chemische Affinität (K_M wird dadurch kleiner), desto größer ist dieser Quotient und desto effizienter arbeitet das Enzym. Die katalytische Effizienz k_{cat}/K_M wird durch die Diffusionsgeschwindigkeit limitiert, mit der sich Substrat- und Enzymmoleküle in Lösung einander annähern. Das physikalische Maximum für die katalytische Effizienz k_{cat}/K_M liegt etwa bei $10^8\,l\,mol^{-1}s^{-1}$. Einige Enzyme erreichen diesen Wert tatsächlich (◘ Tab. 14.2), was bedeutet, dass diese En-

◘ **Tab. 14.2** Michaelis-Konstante (K_M), Wechselzahl (k_{cat}) und katalytische Effizienz (k_{cat}/K_M) einiger Enzyme

Enzym (E)	Substrat (S)	Produkt (P)	K_M, $mol\,l^{-1}$	k_{cat}, s^{-1}	k_{cat}/K_M, $l\,mol^{-1}s^{-1}$
Katalase	H_2O_2	H_2O/O_2	$2,5 \cdot 10^{-2}$	10^7	$4,0 \cdot 10^8$
Fumarase	Fumarat	Malat	$5 \cdot 10^{-6}$	$8 \cdot 10^2$	$1,6 \cdot 10^8$
Carboanhydrase	H_2O/CO_2	HCO_3^-	$1,3 \cdot 10^{-2}$	10^6	$7,7 \cdot 10^7$
Urease	$H_2N-CO-NH_2$	NH_4^+/CO_3^{2-}	$2,5 \cdot 10^{-2}$	10^4	$4 \cdot 10^5$
Alkoholdehydrogenase	RCH_2-OH	R-CHO	$1,3 \cdot 10^{-3}$	$1,7 \cdot 10^2$	$1,3 \cdot 10^5$

zyme sich im Verlauf der Evolution so optimiert haben, dass sie an der maximal möglichen Effizienz angekommen sind.

Zusammenfassend gilt:
- Je kleiner die Michaelis-Konstante K_M, desto höher ist die Substrataffinität des Enzyms.
- Je größer die Wechselzahl k_{cat}, desto schneller verläuft die katalysierte Reaktion.
- Je größer das Verhältnis k_{cat}/K_M, desto effizienter ist das Enzym hinsichtlich Substratumsetzung unter physiologischen Bedingungen.

Elektrochemie

Inhaltsverzeichnis

Kapitel 15 Grundlagen der Elektrochemie – 353

Kapitel 16 Elektrische Leitfähigkeit – Transport elektrischer Ladungen – 373

Kapitel 17 Galvanische Elemente – Umwandlung von chemischer in elektrische Energie – 381

Kapitel 18 Elektrolyse – Elektrischer Strom erzwingt chemische Reaktionen – 405

Grundlagen der Elektrochemie

Inhaltsverzeichnis

15.1 Elektrische Basisgrößen – 354
15.1.1 Elektrische Ladung – Ursprung elektrischer Felder – 354
15.1.2 Coulombkraft – Elektrische Ladungen üben wechselseitig Anziehungskräfte aus – 356
15.1.3 Elektrische Stromstärke – Ladungsstrom pro Zeiteinheit – 357
15.1.4 Elektrisches Potential – Elektrische Spannung als Differenz elektrischer Potentiale – 359
15.1.5 Elektrische Spannung – Voraussetzung für elektrischen Stromfluss – 360
15.1.6 Elektrischer Widerstand – Begrenzung der elektrischen Stromstärke – 360
15.1.7 Elektrischer Leitwert – Kehrwert des elektrischen Widerstands – 363

15.2 Elektrolyte – Lösungen, Schmelzen oder Feststoffe als Ionenleiter – 363
15.2.1 Elektrolytische Dissoziation – Elektrolyte zerfallen in Ionen – 364
15.2.2 Hydratation – Wassermoleküle stabilisieren Ionen – 364
15.2.3 Thermodynamische Betrachtung des Lösevorgangs – 365

15.3 Redoxvorgänge – Elektronenübergang zwischen Atomen – 367
15.3.1 Oxidationszahl – Definition und Bestimmung – 367
15.3.2 Oxidation – Die Oxidationszahl nimmt zu – 369
15.3.3 Reduktion – Die Oxidationszahl nimmt ab – 369
15.3.4 Redoxreaktionen – Oxidation und Reduktion sind miteinander gekoppelt – 369

Die Elektrochemie beschäftigt sich mit dem Transfer von elektrischen Ladungsträgern (Elektronen, Protonen, Ionen), der wechselseitigen Umwandlung von chemischer in elektrische Energie sowie den resultierenden elektrischen Strömen und Potenzialen.

Elektrochemische Vorgänge zeichnen sich durch Wechselwirkungen an der Phasengrenze zwischen elektrischen Leiter 1. Ordnung (Metalle, Elektronenleiter) und Leitern 2. Ordnung (Elektrolyte, Ionenleiter) aus, also durch Prozesse zwischen Elektrodenoberfläche und Elektrolytlösung.

Bei elektrolytischen Prozessen (Elektrolyse) werden chemische Reaktionen durch das Anlegen einer elektrischen Spannung erzwungen, während galvanische Prozesse (galvanische Elemente) elektrische Spannung durch freiwillig ablaufende chemische Prozesse erzeugen.

Um elektrochemische Prozesse auf atomarer Ebene zu verstehen, müssen wir uns mit Redoxreaktionen, d. h. chemischen Reaktionen mit Elektronenübergang auseinandersetzen.

Im Alltag begegnen wir zahlreichen Anwendungen elektrochemischer Prozesse. So liefern Bleiakkumulatoren (galvanische Elemente) den elektrischen Strom, um Verbrennungsmotoren konventioneller Pkw zu starten.

Lithium-Ionen-Akkus treiben nicht nur Elektroautos (◘ Abb. 15.1) an, sondern versorgen auch Laptops, Tablets, Smartphones etc. mit Energie.

Aluminium, das unter anderem als Leichtmetall im Fahrzeug- und Flugzeugbau Anwendung findet, wird mittels Schmelzflusselektrolyse aus Aluminiumoxid hergestellt.

Der sogenannte grüne Wasserstoff, der als Treibstoff der Zukunft gehandelt wird, soll in industriellen Mengen durch Elektrolyse von Wasser mithilfe erneuerbarer Energiequellen wie Photovoltaik oder Windkraft produziert werden.

Aber auch biologische Prozesse, wie die Photosynthese grüner Pflanzen und neurologische Vorgänge im menschlichen Zentralnervensystem, beruhen auf elektrochemischen Vorgängen.

Elektrochemische Prozesse bringen aber nicht nur Vorteile, sondern sind auch ursächlich für Korrosion und die damit einhergehenden wirtschaftlichen Schäden. So verursacht Rost jährlich Milliardenschäden an tragenden Gebäudestrukturen und Fahrzeugchassis.

15.1 Elektrische Basisgrößen

Bevor wir uns näher mit elektrochemischen Prozessen beschäftigen, wollen wir zunächst die grundlegenden physikalischen Größen des elektrischen Stroms sowie die zentralen Eigenschaften von Elektrolyten und Redoxgleichungen kennen lernen.

15.1.1 Elektrische Ladung – Ursprung elektrischer Felder

Elektrische Ladungen sind unter anderem die Ursache für natürliche Phänomene wie furchteinflößende Gewitterblitze (◘ Abb. 15.6) oder faszinierende Polarlichter.

Atome bestehen aus einem elektrisch positiv geladenen Kern und einer negativ geladenen Elektronenhülle (▶ Abschn. 2.3). Die positive Ladung des Kerns ist auf Protonen, die negativ Ladung der Hülle auf Elektronen zurückzuführen. Jedes Proton trägt genau eine positive Elementarladung (+e). In der Hülle befinden sich genauso viele Elektronen wie Protonen im Kern. Jedes Elektron trägt eine negative Elementarladung (−e), sodass ein Atom nach außen elektrisch neutral ist. Überwiegt die Anzahl der Protonen, spricht man von Kationen, bei einem Überschuss von Elektronen von Anionen (◘ Abb. 15.2).

Die Elementarladung ist die kleinstmögliche elektrische Ladungsmenge und ist eine fundamentale Eigenschaft der sie tragenden Elementarteilchen. Die Elementarladung (e) wurde experimentell mit dem berühmten Millikan-Versuch (▶ Abschn. 2.3.1) bestimmt und beträgt $1{,}6022 \cdot 10^{-19}$ As. Ein Proton weist eine elektrische Ladung von $+1{,}6022 \cdot 10^{-19}$ A s (+e) und ein Elektron von $-1{,}6022 \cdot 10^{-19}$ A · s (−e) auf.

Jede elektrische Ladung (Q, von lat. *quantum*) ist ein ganzzahliges Vielfaches (N) der Elementarladung (Gl. 15.1). Somit ist die elektrische Ladung eine gequantelte Größe.

$$Q = N \cdot e \tag{15.1}$$

Q – elektrische Ladung, As oder C
N – natürliche Zahl, Anzahl
e – Elementarladung, Naturkonstante, As oder C

◘ Abb. 15.1 Angewandte Elektrochemie. Lithium-Ionen-Akku eines Elektroautos (© Chesky/▶ Shutterstock.com)

15.1 · Elektrische Basisgrößen

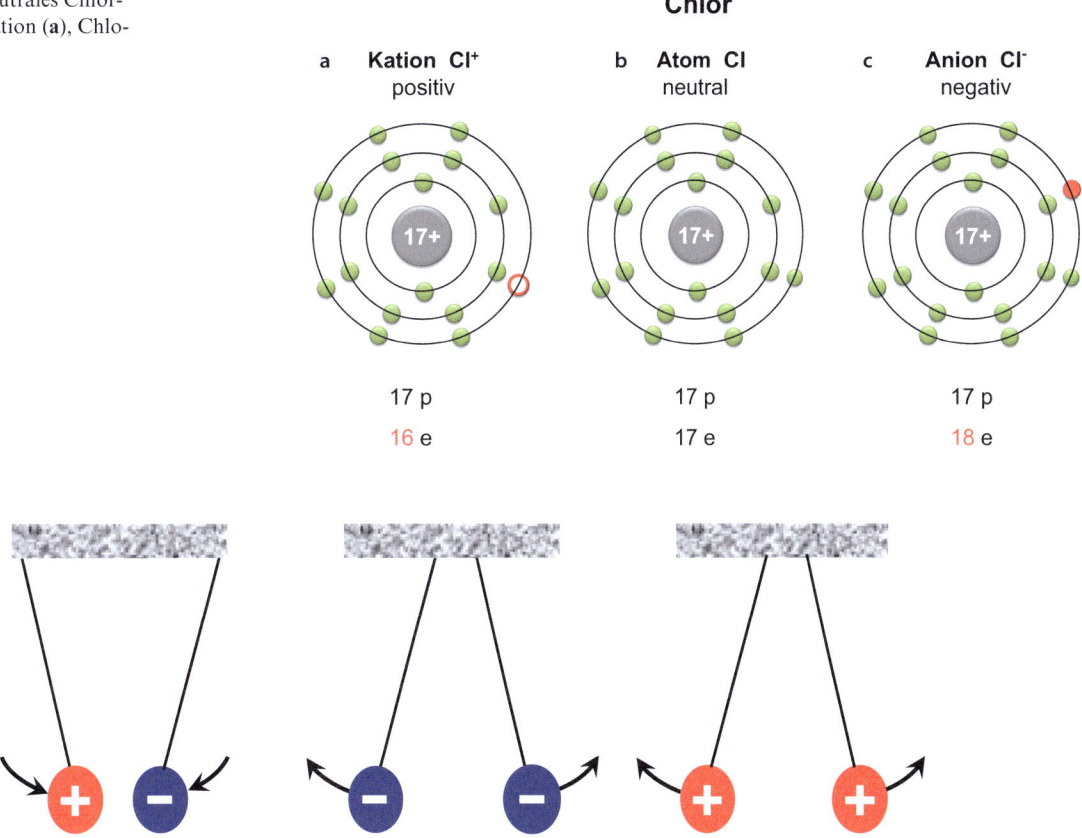

Abb. 15.2 Neutrales Chloratom (**b**), Chlorkation (**a**), Chloranion (**c**)

Abb. 15.3 Ungleiche elektrische Ladungen ziehen sich an, gleiche stoßen sich ab

Die Einheit der elektrischen Ladung ist das Coulomb (C). Ein Coulomb entspricht einer Amperesekunde (C = As) und beschreibt diejenige Ladungsmenge, die ein elektrischer Strom der Stärke ein Ampere innerhalb einer Sekunde durch einen Leiterquerschnitt transportiert.

Die grundlegende Natur der elektrischen Ladung ist bislang nicht vollständig geklärt. Allerdings lässt sich ihre Wirkung wie die Anziehungs- und Abstoßungskräfte zwischen Teilchen ungleicher oder gleicher elektrischer Ladung deutlich beobachten (◘ Abb. 15.3).

Elektrische Ladungen können weder erzeugt noch vernichtet werden. Allerdings ist es möglich, positive und negative Ladungen voneinander zu trennen. So trennt ein Bandgenerator Ladungen durch das Abrollen eines Endlosbandes aus isolierendem Gummi an einer Rolle. Eine weitere Methode ist das Freisetzen von Elektronen aus Metallen durch thermisches Ausdampfen oder Lichtbestrahlung (▶ Abschn. 8.2).

Zu den grundlegenden Eigenschaften elektrischer Ladungen zählen ihre Quantelung, ihre positive oder negative Ausprägung und das mit ihr verbundene Kraftfeld.

► **Grundlegende elektrische Größen**

Elektrische Ladung

Alle elektrischen Phänomene werden durch elektrische Ladungen (Q) verursacht. Es gibt negative und positive elektrische Ladungen. Elektrische Ladungen üben Kräfte aufeinander aus. Gleiche Ladungen stoßen sich ab, ungleiche ziehen sich an. Die kleinste bekannte elektrische Ladung ist die Elementarladung, die der Ladung eines Elektrons bzw. Protons entspricht. Die Einheit der elektrischen Ladung ist das Coulomb (C = As).

Elektrisches Feld

Elektrische Ladungen sind von elektrischen Feldern (E) umgeben. Diese Felder übertragen die Kraftwirkung einer elektrischen Ladung auf andere Ladungen in ihrer Umgebung. Elektrische Felder werden durch gedachte Feldlinien dargestellt. Feldlinien beginnen bei positiven Ladungen und enden bei negativen Ladungen (◘ Abb. 15.4). Je dichter die Feldlinien verlaufen, desto stärker ist das elektrische Feld. Die Einheit der elektrischen Feldstärke ist Volt pro Meter (Vm^{-1}). Sie beschreibt, welche Kraft auf eine Probeladung wirkt und zwar unabhängig von deren Größe.

Elektrisches Potential

Das elektrische Potential [φ(r)] beschreibt wie viel potentielle Energie pro elektrischer Ladung eine Punktladung an einer bestimmten Position (r) im elektrischen Feld besitzt. Die Potenzialdifferenz zwischen zwei Positionen bezeichnet man als Spannungsabfall oder kurz als elektrische Spannung (U).

Das elektrische Potential beschreibt also, welche potentielle Energie eine Probeladung im elektrischen Feld an der Stelle r aufweist unabhängig von ihrer Ladung.

Elektrische Spannung

Die elektrische Spannung (U) entspricht der Potenzialdifferenz [$\Delta\varphi(r)$] zwischen zwei Positionen im elektrischen Feld (◘ Abb. 15.8). Sie gibt an, wie viel potentielle Energie (Arbeit) aufgewendet werden muss, um die elektrische Ladung von einem Punkt zum anderen zu bewegen. In der Praxis wird die Spannung eines Punkts gegen das Erdpotenzial (Bezugsniveau) gemessen. Die Einheit der elektrischen Spannung ist das Volt (V).

Elektrische Stromstärke

Die elektrische Stromstärke (I) gibt an, wie viele elektrische Ladungen (Q) pro Zeiteinheit (t) durch einen Querschnitt (A) fließen. Die elektrische Spannung (U) wirkt dabei als Antriebskraft, die den Stromfluss (I) verursacht und aufrechterhält (◘ Abb. 15.7 und 15.10). Die Einheit der Stromstärke ist das Ampere (A).

Elektrischer Widerstand

Der elektrische Widerstand (R) ist ein Maß dafür, wie stark der Stromfluss durch einen Leiter bei gegebener Spannung (U) begrenzt wird. Je größer der Widerstand, desto geringer ist die Stromstärke (I). Der Widerstand ist eine Funktion der Länge, des Querschnitts und des Materials des Leiters. Die Einheit des Widerstands ist das Ohm (Ω).

Elektrischer Leitwert

Der elektrische Leitwert (G) ist der Kehrwert des elektrischen Widerstands (R). Je höher der elektrische Leitwert, desto besser ist die Leitfähigkeit des Materials. Die Einheit des elektrischen Leitwerts ist das Siemens ($S = \Omega^{-1}$). ◄

15.1.2 Coulombkraft – Elektrische Ladungen üben wechselseitig Anziehungskräfte aus

Die Kräfte (F_C), die elektrische Ladungen aufeinander ausüben, können mithilfe des Coulombgesetzes berechnet werden. Die Kraft ist umso größer, je größer die einzelnen elektrischen Ladungen (Q_1, Q_2) sind und je kleiner der Abstand (r) zwischen den Ladungen ist.

$$F_C = \frac{Q_1 \cdot Q_2}{4\pi \cdot \varepsilon_0 \cdot \varepsilon_r \cdot r^2} \qquad (15.2)$$

F_C – Coulombkraft, N
Q_1 – elektrische Ladung 1, As
Q_2 – elektrische Ladung 2, As
ε_0 – Dielektrizitätskonstante Vakuum, As V^{-1} m^{-1}
ε_r – relative Dielektrizitätskonstante Material, dimensionslos
r – Abstand der elektrischen Ladungen, m

Je nach Vorzeichen der elektrischen Ladungen von Q_1 und Q_2 ist die Coulombkraft abstoßend (−) oder anziehend (+). Die Abschwächung eines elektrischen Feldes (E) durch Wechselwirkung mit Materie wird durch die dimensionslose relative Dielektrizitätskonstante (ε_r) beschrieben. Polare Moleküle wie Wasser weisen eine hohe relative Dielektrizitätskonstante auf. Da die Dielektrizitätskonstante im Nenner der Coulombgleichung (Gl. 15.2) steht, verringern polare oder leicht polarisierbare Verbindungen die Stärke der Coulombkraft zwischen zwei Ladungen entsprechend. Die relative Dielektrizitätskonstante (ε_r) bezieht sich auf die Dielektrizitätskonstante des Vakuums ($\varepsilon_r = 1$). Sie gibt an, um welchen Faktor die Durchlässigkeit (Permittivität) eines elektrischen Feldes durch Materie geschwächt wird. Die absolute Dielektrizitätskonstante des Vakuums, auch als Permittivität des Vakuums bezeichnet, ist eine Naturkonstante und beträgt $\varepsilon_0 = 8{,}854 \cdot 10^{-12}$ As V^{-1} m^{-1}.

■ **Elektrisches Feld**

Elektrische Ladungen sind die Ursache elektrischer Felder, d. h., jede elektrische Ladung ist von einem elektrischen Feld umgeben. Ähnlich wie Gravitations- und Magnetfelder üben elektrische Felder Kräfte auf andere elektrische Ladungen aus.

Die Richtung der Coulombkraft auf eine positive Ladung wird durch gedachte elektrische Feldlinien dargestellt. Die Coulombkraft wirkt stets tangential zu den Feldlinien. Positive Ladungen bewegen sich in Richtung der Feldlinien.

Elektrische Felder sind Quellenfelder. Feldlinien beginnen bei einer positiven Ladung (Quelle) oder im Unendlichen und enden bei einer negativen Ladung (Senke) oder im Unendlichen (◘ Abb. 15.4). Elektrische Feldlinien kreuzen sich nie und beginnen bzw. enden senkrecht zur jeweiligen Ladung.

Je dichter Feldlinien verlaufen, desto größer ist die elektrische Feldstärke (E). Bei einer kugelförmigen Ladung ist die Feldstärke in der Nähe der elektrischen Ladung hoch und nimmt mit zunehmendem Abstand (r) ab.

Die Kraft (F), die ein elektrisches Feld auf eine elektrische Ladung (Q) ausübt, ist direkt proportional zur Ladung (F ~ Q). Die Feldstärke (E = F/Q) beschreibt somit die Kraft pro Ladung an einem bestimmten Punkt im Raum.

$$E = \frac{F}{Q} \rightarrow F = E \cdot Q \qquad (15.3)$$

E – elektrische Feldstärke, N A^{-1} s^{-1} bzw. Vm^{-1}
F – Kraft, N
Q – elektrische Ladung, As

15.1 · Elektrische Basisgrößen

Da Kräfte eine räumliche Richtung aufweisen, ist auch die elektrische Feldstärke eine vektorielle Größe. Die Richtung der elektrischen Feldstärke ($\vec{E}$) entspricht der Richtung des Kraftvektors ($\vec{F_{el}}$), dem eine positive Probeladung (+Q) an diesem Punkt im Feld ausgesetzt ist (◘ Abb. 15.5).

Elektrische Punktladungen erzeugen inhomogene elektrische Felder (◘ Abb. 15.4). Die Feldlinien verlaufen radial von der Punktladung aus, sodass deren Feldstärke mit dem Quadrat der Entfernung (r) abnimmt, da Kugeloberflächen mit dem Quadrat der Entfernung anwachsen ($4 \cdot \pi \cdot r^2$).

$$E = \frac{F}{Q} \xrightarrow{\text{mit Gl. 15.2 für F folgt}} E = \frac{Q}{4 \cdot \pi \cdot \varepsilon_0 \cdot \varepsilon_r \cdot r^2} \quad (15.4)$$

Mathematisch einfacher zu beschreiben sind homogene Felder, wie sie z. B. im Inneren von Plattenkondensatoren auftreten (◘ Abb. 15.5). Die Feldlinien verlaufen parallel und äquidistant zueinander, sodass die Feldstärke überall gleich groß ist. Im Randbereich des Plattenkondensators treten jedoch Inhomogenitäten auf.

Die elektrische Feldstärke im homogenen Innenbereich ergibt sich definitionsgemäß aus der Kraft (F), die pro Ladung (Q) wirkt (Gl. 15.5).

Erweitern des Bruchs mit dem Plattenabstand (d) ergibt im Zähler den Term für Arbeit ($W = F \cdot d$). Da elektrische Spannung ($U = W/Q$) der Arbeit (W) entspricht, die aufgebracht werden muss, um die elektrische Ladung (Q) auf Plattenabstand (d) zu halten, ergibt sich für die elektrische Feldstärke (E) eines Plattenkondensators:

$$E = \frac{F}{Q} \xrightarrow{\text{Erweitern um d}} E = \frac{F \cdot d}{Q \cdot d} \xrightarrow{\text{mit } W = F \cdot d} E = \frac{W}{Q \cdot d} \xrightarrow{\text{mit } U = W/Q} E = \frac{U}{d} \quad (15.5)$$

E – elektrische Feldstärke, N A^{-1} s^{-1} bzw. Vm^{-1}
F – Kraft, N
Q – elektrische Ladung, As
d – Abstand Kondensatorplatten, m
W – Arbeit, Nm
U – elektrische Spannung, N m A^{-1} s^{-1} bzw. V

Beispiele elektrischer Feldstärken

• TV-Antenne	0,001 Vm^{-1}
• Stromleitung Wohnhaus	0,01 Vm^{-1}
• Atmosphäre	100 Vm^{-1}
• Durchschlagfestigkeit Luft	$30 \cdot 10^3$ Vm^{-1}
• Hochspannungsleitung	10^6 Vm^{-1}
• Kondensator	10^7 Vm^{-1}
• Laser	bis 10^{12} Vm^{-1}

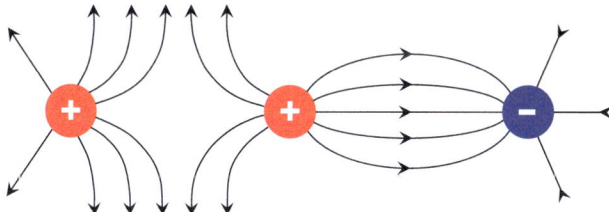

◘ **Abb. 15.4** Elektrische Feldlinien zwischen gleichen und ungleichen elektrischen Ladungen

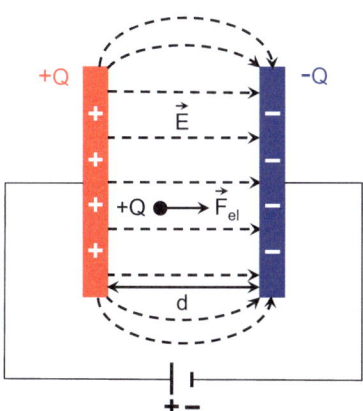

◘ **Abb. 15.5** Plattenkondensatoren weisen im Innern ein homogenes elektrisches Feld auf

15.1.3 Elektrische Stromstärke – Ladungsstrom pro Zeiteinheit

Den Begriff Strom kennen wir aus dem Alltag, z. B. Wasserstrom, Luftstrom, Wärmestrom etc., und meinen dabei die Menge Materie oder Energie, die pro Zeiteinheit durch einen bestimmten Querschnitt fließt. Voraussetzung für jede Form von Strömung ist ein Gefälle (Gradient) wie z. B. ein Höhen-, Druck- oder Temperaturgefälle. Der elektrische Strom beschreibt den Fluss elektrischer Ladungen (Elektronen, Ionen). Die Ursache dafür ist ein elektrisches Potenzialgefälle (▶ Abschn. 15.1.4), hervorgerufen durch inhomogene Ladungsverteilung. So erfolgt beispielsweise bei Gewittern ein Ladungsaustausch durch Blitze zwischen den negativ aufgeladenen Wolken und der positiv aufgeladenen Erdoberfläche (◘ Abb. 15.6).

Die mittlere Stromstärke (I_m) gibt an, wie viele elektrische Ladungen (ΔQ) in einer bestimmten Zeitspanne (Δt) durch einen Leiterquerschnitt (A) fließen (◘ Abb. 15.7).

◘ **Abb. 15.6** Blitze sind spektakulär aber auch zerstörerisch, da kurzzeitig Stromstärken von über 100.000 A auftreten können (© Vasin Lee/▶ Shutterstock.com)

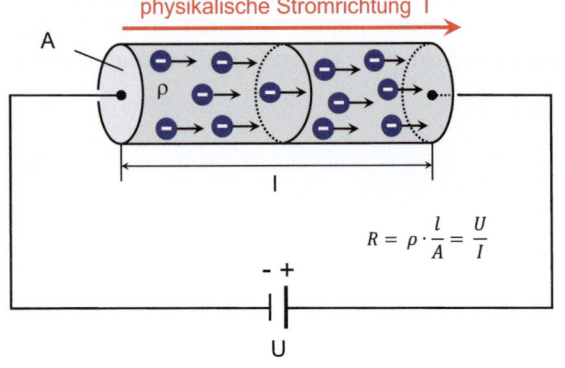

◘ **Abb. 15.7** Elektrischer Stromfluss (I) und elektrischer Widerstand (R)

$$I_m = \frac{\Delta Q}{\Delta t} \quad (15.6)$$

I_m – mittlere Stromstärke, A
ΔQ – fließende Ladungsmenge, C bzw. A s
Δt – Zeitspanne, s

Die momentane Stromstärke [I(t)], d. h. die differenzielle Änderung der elektrischen Ladung (dQ) in einem infinitesimalen Zeitabschnitt (dt), entspricht der Ableitung der elektrischen Ladung nach der Zeit (▶ Abschn. 9.2) und beschreibt die Menge der zu einem Zeitpunkt (t) strömenden Ladungsmenge.

$$I(t) = \lim_{\Delta t \to 0} \frac{\Delta Q}{\Delta t} = \frac{dQ}{dt} = \frac{d}{dt}Q = \dot{Q} \quad (15.7)$$

Die Einheit der elektrischen Stromstärke ist das Ampere (A). Es ist eine Basiseinheit des SI-Einheitensystems (▶ Abschn. 1.2).

- **Beispiele von Stromstärken**

Stromempfindlichkeit Mensch	≈ 1 mA
Glühlampe	≈ 0,1 A
Tauchsieder	≈ 1 A
Autoanlasser	≈ 100 A
Straßenbahn	≈ 100 A
Fahrstrom ICE	≈ 1000 A
Blitzschlag	≈ 100.000 A

- **Welche Richtung hat der elektrische Strom?**

Ende des 18. Jahrhunderts definierte André-Marie Ampere, dass der elektrische Strom von der positiven zur negativen Elektrode fließt. Erst später wurde erkannt, dass negativ geladene Teilchen, die Elektronen (Entdeckung 1897), die Ursache des elektrischen Stroms sind, also der Stromfluss vom negativen zum positiven Pol erfolgt.

Da die sich damals rasant entwickelnde Elektrotechnik auf die technische Stromrichtung (Plus → Minus) festgelegt hatte, wäre eine Umstellung auf die physikalische Stromrichtung (Minus → Plus) zu aufwendig gewesen. Bis heute wird daher in technischen Anwendungen (z. B. Schaltpläne) die technische Stromrichtung verwendet. In der Naturwissenschaft orientiert man sich hingegen an der physikalischen Stromrichtung, also an der tatsächlichen Strömungsrichtung der Elektronen.

Physiologische Wirkung des elektrischen Stroms

Die Wirkung des elektrischen Stroms auf den menschlichen Körper hängt von der durchfließenden Stromstärke ab. Der menschliche Körper weist einen Widerstand von ca. 1000 Ω auf. Somit ist die durch den Körper fließende Stromstärke proportional zur einwirkenden Spannung. Der Widerstand einer Person und damit die Heftigkeit eines elektrischen Schlags werden aber auch von Kleidung, Schuhwerk, Bodenbelag, Weg des Stroms durch den Körper und von der Einwirkzeit des Stroms beeinflusst.

Nachfolgend stehen in Klammern die Mindestspannungen, die erforderlich sind, damit die aufgeführten Stromstärken durch einen menschlichen Körper fließen.

- < 5 mA (< 5 V) Kribbeln, leichter Schlag
- 5–15 mA (5–15 V) Muskelverkrampfung, Loslassen noch möglich
- > 15 mA (> 15 V) Muskelverkrampfung, Loslassen nicht mehr möglich
- > 50 mA (> 50 V) Bewusstlosigkeit
- > 80 mA (> 80 V) Herzkammerflimmern
- > 3000 mA (> 3000 V) Verbrennungen, Herzstillstand

Besonders gefährlich ist das durch einen Stromschlag ausgelöste Herzkammerflimmern. Dabei kontrahieren die zahlreichen Herzmuskeln völlig unkoordiniert, sodass die rhytmische Pumpfunktion des Herzens aussetzt. In der Folge kommt der Blutkreislauf zum Erliegen, was zum Sauerstoffmangel wichtiger Organe einschließlich des Gehirns führt. Da Herzkammerflimmern auch zeitverzögert auftreten kann, ist nach jedem Stromschlag eine ärztliche Untersuchung (EKG) erforderlich.

15.1.4 Elektrisches Potential – Elektrische Spannung als Differenz elektrischer Potentiale

Potential (potentia, lat. für Leistungsfähigkeit, Macht, Kraft) bezeichnet in der Physik die Fähigkeit, Arbeit zu verrichten. Elektrische Ladungen (Q) sind von elektrischen Feldern (E) umgeben, die Kräfte (F) auf andere elektrische Ladungen ausüben. Der Zustand des elektrischen Feldes an einem Ort (r) kann durch die potentielle Energie bzw. die Arbeit (Wp) beschrieben werden, die erforderlich ist, um eine Ladung (Q) aus unendlicher Entfernung (∞, Wp = 0) bis zu diesem Punkt r zu bewegen. Anders ausgedrückt: Die potentielle Energie (Wp) einer Ladung hängt sowohl von ihrer Position (r) im elektrischen Feld als auch von der Ladungsmenge Q ab. Dividiert man die potentielle Energie durch die Ladungsmenge, so erhält man das elektrische Potential (φ) am Punkt r.

$$\varphi(r) = \frac{W_p(r)}{Q} \xrightarrow{gem.\ Gl.\ 15.5\ W = E \cdot Q \cdot r} \varphi(r)$$
$$= \frac{E \cdot Q \cdot r}{Q} = E \cdot r \qquad (15.8)$$

φ(r) – elektrisches Potential an der Position r, V oder JC^{-1}

W$_p$(r) – potenzielle Energie an der Position r, J oder Nm oder V A s

Q – elektrische Ladung, C oder As

E – elektrische Feldstärke, Vm^{-1}

r – Position, m

Das elektrische Potential beschreibt die Fähigkeit eines elektrischen Feldes, an einer elektrischen Ladung Arbeit zu verrichten.

Da jedem Punkt im Raum ein bestimmter Potenzialwert zugeordnet werden kann, spricht man von einem Potenzialfeld (Abb. 15.8). Während die elektrische Feldstärke eine gerichtete Größe (Vektorgröße) ist, handelt es sich beim elektrischen Potential um eine skalare Größe, das heißt, es ist über Zahlenwerte definiert und hat keine räumliche Orientierung. Anders ausgedrückt: Soll eine positive Ladung Q aus großer Entfernung bis zur Position P2 gebracht werden, dann muss dabei Arbeit [W($\infty \to r_2$)] errichtet werden. Diese Arbeit entspricht dem elektrischen Potential $\varphi(r)$ an der Position P2.

Einsetzen der Feldstärke (E) eines radialen Feldes (Gl. 15.4) in die Gleichung für das elektrische Potential (Gl. 15.8) zeigt, dass das elektrische Potenzialfeld einer Punktladung (Abb. 15.8) mit zunehmendem radialem Abstand (r) hyperbolisch (r^{-1}) abnimmt:

$$\varphi(r) = E \cdot r = \frac{Q}{4 \cdot \pi \cdot \varepsilon_0 \cdot r} \qquad (15.9)$$

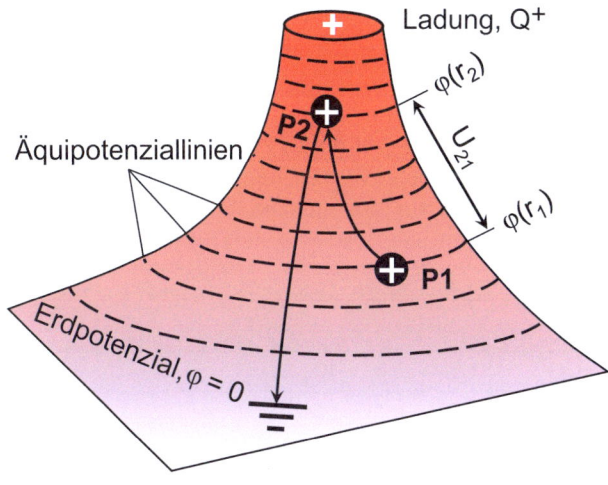

Abb. 15.8 Elektrisches Potenzialfeld. Spannung (U$_{21}$) als Differenz der elektrischen Potentiale (φ) zweier Positionen (P)

Das elektrische Potential ist somit ausschließlich eine Funktion des Ortes (r) und der elektrischen Feldstärke (E, Gl. 15.9), jedoch nicht von der Probeladung. Die elektrische Feldkonstante des Vakuums (ε_0) – eine Naturkonstante – beschreibt die Durchlässigkeit (Permittivität) des Vakuums für elektrische Felder (E).

15.1.5 Elektrische Spannung – Voraussetzung für elektrischen Stromfluss

Wahrscheinlich ist bereits aufgefallen, dass das elektrische Potential (φ) die gleiche Einheit aufweist wie der elektrische Spannungsabfall (U_{21}), kurz: die elektrische Spannung.

Offensichtlich besteht ein Zusammenhang zwischen diesen Größen. Während sich das elektrische Potential auf einen bestimmten Ort im elektrischen Feld bezieht, beschreibt die elektrische Spannung die Differenz der elektrischen Potentiale zwischen zwei Punkten innerhalb eines elektrischen Feldes (◘ Abb. 15.8).

$$U_{21} = \varphi(r_2) - \varphi(r_1) \qquad (15.10)$$

U_{21} – elektrische Spannung zwischen den Feldpunkten P2 und P1, V

$\varphi(r_2)$ – elektrisches Potential an der Position P2, V

$\varphi(r_1)$ – elektrisches Potential an der Position P1, V

Die elektrische Spannung entspricht der Energie, die erforderlich ist, um eine elektrisch positive Ladung im elektrischen Feld in Richtung des positiven Ladungspols zu verschieben. Wird eine elektrische Ladung von einem Punkt mit niedrigerem Potential (P1) zu einem Punkt mit höherem Potential (P2) befördert (◘ Abb. 15.8), so muss gegen die abstoßende Coulombkraft potenzielle Energie aufgebracht werden. Als Ergebnis weist die bewegte Ladung am Punkt P2 eine höhere potenzielle Energie auf als an Punkt P1. Die dabei aufzuwendende Arbeit (W_{21}) ist unabhängig vom zurückgelegten Weg, sondern ausschließlich von der Differenz der Potentiale, also von deren Spannung (U_{21}), abhängig.

$$W_{21} = Q \cdot \varphi(r_2) - Q \cdot \varphi(r_1) = Q \cdot [\varphi(r_2) - \varphi(r_1)]$$
$$= Q \cdot U_{21} \rightarrow U_{21} = \frac{W_{21}}{Q} \qquad (15.11)$$

In der Praxis wird für Spannungsmessungen das Erdpotential als Bezugspotential verwendet, dem per Definition der Wert Null zugewiesen wird (◘ Abb. 15.8). Die gemessene elektrische Spannung ist dann relativ zum

◘ Abb. 15.9 Mithilfe von Hochspannungsleitungen kann elektrischer Strom über weite Strecken transportiert werden (© David Calvert/▶ Shutterstock.com Shutterstock)

◘ Abb. 15.10 Ohm'sches Gesetz. Die Stromstärke (I) wird vom Ohm'schen Widerstand (R) begrenzt, die Spannung (U) treibt die Elektronen (e) durch den Leiter (© Ilse Bruining/▶ Shutterstock.com)

Erdpotenzial entweder positiv (+) oder negativ (−) (◘ Abb. 15.8).

Die elektrische Spannung wirkt als treibende Kraft für die Elektronen, damit diese eine gewisse Wegstrecke in einem Leiter gegen den elektrischen Widerstand zurücklegen können (◘ Abb. 15.10). Aus diesem Grund erfolgt der Transport elektrischer Energie über weite Entfernungen mit Hochspannungsleitungen von bis zu 380 kV (◘ Abb. 15.9), um Verluste gering zu halten.

15.1.6 Elektrischer Widerstand – Begrenzung der elektrischen Stromstärke

Metalle bestehen aus einem Gitter kationischer Atomrümpfe und delokalisierten, frei beweglichen Elektronen (▶ Abschn. 3.4.1). Diese Elektronen umgeben die Atomrümpfe des Metallgitters wie ein Gas (Elektronengas) und halten dadurch das Metallgitter zusammen.

15.1 · Elektrische Basisgrößen

Um in einem metallischen Leiter einen Stromfluss zu erzeugen, muss die angelegte Spannung (U) umso größer sein, je größer die gewünschte Stromstärke (I) ist (Gl. 15.12). Der lineare Zusammenhang zwischen Spannung und Stromstärke in einem Leiter ist als Ohm'sches Gesetz in die wissenschaftliche Literatur eingegangen.

$$U = R \cdot I \rightarrow R = \frac{U}{I} \tag{15.12}$$

U – elektrische Spannung, V
R – elektrischer Widerstand, Ω oder VA^{-1}
I – elektrische Stromstärke, A

Der Proportionalitätsfaktor R, also der Quotient aus Spannung und Stromstärke, wird als elektrischer Widerstand bezeichnet und hat die Einheit Ohm (Ω).

Generell gilt, dass der elektrische Widerstand (R) eines metallischen Leiters proportional zur Leiterlänge (l) ist, mit zunehmendem Leiterquerschnitt (A) abnimmt und vom Material (ρ, spezifischer Widerstand) abhängt.

$$R = \rho \cdot \frac{l}{A} \tag{15.13}$$

R – elektrischer Widerstand, Ω
ρ – spezifischer elektrischer Widerstand, Ωm
l – Leiterlänge, m
A – Leiterquerschnitt, m^2

Der spezifische elektrische Widerstand (ρ) ist eine Materialkonstante, da der Widerstand eines metallischen Leiters je nach Abstand der Atomrümpfe des Metalls variiert. Gute Leiter wie Kupfer weisen einen niedrigen spezifischen Widerstand auf, dagegen elektrische Isolatoren wie Kunststoffe einen sehr hohen (◘ Tab. 15.1).

- **Exkurs – Driftgeschwindigkeit und Impulsgeschwindigkeit**
- *Driftgeschwindigkeit freier Elektronen*

Wird eine elektrische Spannungsdifferenz (U) an den Enden eines metallischen Leiters angelegt, wird die ungeordnete Temperaturbewegung der freien Elektronen von einer geordneten Driftbewegung der Elektronen überlagert (◘ Abb. 15.11). Dadurch bewegen sich die Elektronen in Richtung des positiven Pols. Da die Elektronen zum einen mit den um ihre Gleichgewichtslage schwingenden Atomrümpfen kollidieren und zum anderen an Fehlstellen des Metallgitters (Verunreinigungen) gestreut werden, erfolgt ein Spannungsabfall (U) entlang des metallischen Leiters. Je höher die

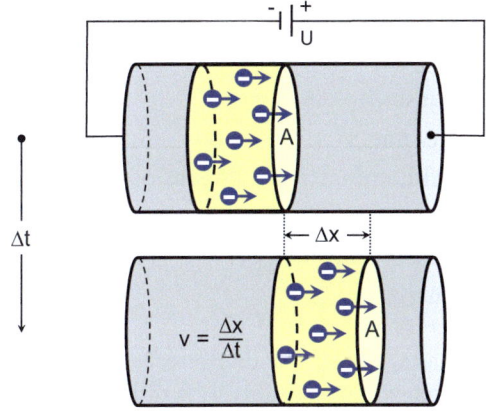

◘ **Abb. 15.11** Die Spannungsdifferenz (U) treibt die freien Elektronen (blau) mit der Driftgeschwindigkeit (v) in Richtung Anode

◘ **Tab. 15.1** Spezifischer Widerstand und spezifische Leitfähigkeit ausgewählter Stoffe

Material	Spezifischer Widerstand ρ, Ωm	Spezifische Leitfähigkeit κ, Sm^{-1} oder Ω^{-1}m^{-1}	Bemerkung
Kupfer	$0{,}017 \cdot 10^{-6}$	$59 \cdot 10^6$	Leiter
Eisen	$0{,}10 \cdot 10^{-6}$	10^7	
Silicium	$4 \cdot 10^3$	$2{,}5 \cdot 10^{-4}$	Halbleiter
Meerwasser	$0{,}2$	5	Elektrolyt
Leitungswasser	20	$0{,}05$	
Glas	$2 \cdot 10^{12}$	$0{,}5 \cdot 10^{-12}$	Nichtleiter
Porzellan	$5 \cdot 10^{12}$	$0{,}2 \cdot 10^{-12}$	
Polyethen (PE)	$6 \cdot 10^{16}$	$1{,}7 \cdot 10^{-17}$	
Polytetrafluorethen (PTFE)	10^{16}	10^{-16}	

Temperatur des Leiters, desto stärker schwingen die Atomrümpfe, desto kleiner wird die Driftgeschwindigkeit und die spezifische Leitfähigkeit des Leiters.

Durch konsequente Anwendung bekannter physikalischer Beziehungen lässt sich die Driftgeschwindigkeit der Elektronen in einem Leiter abschätzen.

— Die Stromstärke (I) ist definiert als die Ladungsmenge (Q), die innerhalb eines bestimmten Zeitintervalls (Δt) einen Leiterquerschnitt (A) durchfließt.
— Diese Ladungsmenge ergibt sich aus der Anzahl (N) der transportierten Elektronen und der Elementarladung (e). Drückt man noch die Zeitdifferenz (Δt) durch die Definition der Geschwindigkeit (v) aus und löst nach der Driftgeschwindigkeit (v) auf, so erhält man:

$$I = \frac{Q}{\Delta t} \xrightarrow{mit\ Q = N \cdot e} I = \frac{N \cdot e}{\Delta t} \xrightarrow{mit\ v = \Delta x / \Delta t}$$

$$I = \frac{N \cdot e \cdot v}{\Delta x} \rightarrow v = \frac{I \cdot \Delta x}{N \cdot e} \qquad (15.14)$$

I – Stromstärke, A

Q – Ladungsmenge, As

Δt – Zeitspanne, s

N – Anzahl Ladungsträger, dimensionslos

e – Elementarladung, As

v – Driftgeschwindigkeit, ms^{-1}

Δx – Driftstrecke, m

Um unabhängig von der Driftstrecke (Δx) zu werden, substituieren wir die Anzahl (N) der Elementarladungen durch die Elektronendichte (n), d. h., das Verhältnis aus Anzahl der Elektronen (N; ◘ Abb. 15.11, blau) pro Volumeneinheit (gelbe Zylinderscheibe, A · Δx). Dann erhalten wir für die Anzahl der Elektronen:

$$n = \frac{N}{V} = \frac{N}{A \cdot \Delta x} \rightarrow N = n \cdot A \cdot \Delta x \qquad (15.15)$$

N – Anzahl Ladungsträger, dimensionslos

n – Elektronendichte, m^{-3}

A – Leiterquerschnitt, m^2

Δx – Driftstrecke, m

Einsetzen von Gl. 15.15 in Gl. 15.14 ergibt für die Driftgeschwindigkeit (v):

$$v = \frac{I \cdot \Delta x}{N \cdot e} = \frac{I \cdot \Delta x}{n \cdot A \cdot \Delta x \cdot e} = \frac{I}{n \cdot A \cdot e} \qquad (15.16)$$

▶ **Beispiel**

Wie groß ist die Driftgeschwindigkeit der Elektronen in einem Stromkabel aus Kupfer (M_{Cu} = 63,5 gmol^{-1}) mit 1,5 mm^2 Querschnitt, wenn durch einen 2000-W-Heizlüfter ca. 10 A Stromstärke fließen?

Lösung

I = 10 A

e = 1,602 · 10^{-19} As

A = 1,5 mm^2 = 1,5 · 10^{-6} m^2

M_{Cu} = 63,5 gmol^{-1}

ρ_{Cu} = 8,96 gcm^{-3} = 8960 kgm^{-3}

1. Berechnen der Elektronendichte (n)

— Um die Elektronendichte (n) zu bestimmen, betrachten wir ein Leiterstück von 1 m Länge. Das Volumen beträgt 1000 mm · 1,5 mm^2 = 1500 mm^3 = 1,5 · 10^{-6} m^3. Die Masse des Kupferdrahts (m = ρ · V) ist 1,5 · 10^{-6} m^3 · 8960 kg · m^{-3} = 0,0134 kg.
— Kupfer hat die molare Masse von 63,5 gmol^{-1}. In diesen 63,5 g Kupfer befinden sich 6,02 · 10^{23} Kupferatome. Jedes Kupferatom weist als Element der ersten Nebengruppe ein freies Elektron auf, das zur Stromleitung beitragen kann, sodass sich in 63,5 g Kupfer N = 6,02 · 10^{23} leitfähige Elektronen befinden. Somit befinden sich in dem Leiterstück von 1 m Länge mit 1,5 mm^2 Querschnitt N = (0,0134 kg/0,0635 kg) · 6,02 · 10^{23} Elektronen = 1,27 · 10^{23} freie Elektronen.
— Da das Leiterstück ein Volumen von 1,5 · 10^{-6} m^3 aufweist, beträgt die Dichte der frei beweglichen Elektronen in diesem Kupferdraht (n = N/V) n = 1,27 · 10^{23} Elektronen/1,5 · 10^{-6} m^3 = 8,47 · 10^{28} m^{-3}.

2. Berechnen der Driftgeschwindigkeit (v)

Durch Einsetzen in Gl. 15.16 erhalten wir für die Driftgeschwindigkeit:

$$v = \frac{10\ A \cdot m^3}{8,47 \cdot 10^{28} \cdot 1,5 \cdot 10^{-6} m^2 \cdot 1,602 \cdot 10^{-19} As}$$

$$= 0,000491 \frac{m}{s} \approx 0,5 \frac{mm}{s}$$

Somit beträgt die Driftgeschwindigkeit der freien Elektronen lediglich 0,5 mms^{-1} oder 1,8 mh^{-1}. ◀

■ **Impulsgeschwindigkeit des elektrischen Stroms**

Wenn sich Elektronen mit diesem „Schneckentempo" bewegen, wie kann es dann sein, dass beispielsweise die Gartenbeleuchtung in 4 m Entfernung sofort aufleuchtet, sobald der Lichtschalter im Haus betätigt wird?

15.2 · Elektrolyte – Lösungen, Schmelzen oder Feststoffe als Ionenleiter

◉ **Abb. 15.12** Fortpflanzung des elektrischen Stroms als Bewegungsimpuls

Der Denkfehler liegt in der Vorstellung, dass genau die Elektronen, die von der Kathode in Richtung Anode wandern, auch diejenigen sind, die die Gartenlampen zum Leuchten bringen. Das kann nicht sein. Schließlich würden die freien Elektronen bei einer Driftgeschwindigkeit von 1,8 m/h mindestens 2 h benötigen, um den Weg zur Lampe zurückzulegen. In der Realität beginnt die Lampe jedoch augenblicklich zu leuchten, wenn man den Schalter betätigt. Es scheint so, als bewegen sich die Elektronen mit nahezu Lichtgeschwindigkeit durch die Leitung. Wie kann das sein?

Wie im Übungsbeispiel bereits gezeigt, ist die gesamte Leitung mit freien Elektronen „gefüllt". Wird der Stromkreis geschlossen, drückt die Spannung am Leiteranfang quasi Elektronen mit der Driftgeschwindigkeit in die Leitung (◉ Abb. 15.12, oben). Damit die Ladungsneutralität des Leiters bewahrt bleibt, muss sofort am Leiterende ein freies Elektron den Leiter verlassen. Ähnlich wie beim Kugelstoßpendel wandert nicht das Elektron selbst entlang des ganzen Weges, sondern „lediglich" der masselose Bewegungsimpuls des driftenden Elektrons, was die hohe Impulsgeschwindigkeit des Stroms erklärt.

15.1.7 Elektrischer Leitwert – Kehrwert des elektrischen Widerstands

Der elektrische Leitwert (G) entspricht dem Kehrwert des elektrischen Widerstands (R).

$$G = \frac{1}{R} \quad (15.17)$$

G – elektrischer Leitwert, S (Siemens) oder Ω^{-1}
R – elektrischer Widerstand, Ω oder VA^{-1}

Je höher der elektrische Leitwert, desto besser leitet ein Material den elektrischen Strom, desto kleiner ist der spezifische Widerstand des Materials. Die Einheit des elektrischen Leitwerts ist das Siemens (S = Ω^{-1}).

Um den Leitwert unabhängig von Leiterdimensionen angeben zu können, wird die spezifische elektrische Leitfähigkeit (κ) verwendet, gleichbedeutend mit dem Kehrwert des spezifischen elektrischen Widerstands (ρ).

$$\kappa = \frac{1}{\rho} \xrightarrow{\text{Einsetzen von Gl. 15.13 für } \rho} \kappa = \frac{l}{R \cdot A} \quad (15.18)$$

κ – spezifische elektrische Leitfähigkeit, Sm^{-1}
ρ – spezifischer elektrischer Widerstand, Ωm
l – Leiterlänge, m
R – elektrischer Widerstand, Ω
A – Leiterquerschnitt, m^2

15.2 Elektrolyte – Lösungen, Schmelzen oder Feststoffe als Ionenleiter

Grundsätzlich unterscheidet man zwischen „echten" und „potenziellen" Elektrolyten. Bei echten Elektrolyten, wie beispielsweise Natriumchlorid (NaCl), liegen die Ionen bereits in der Reinsubstanz vor. Potenzielle Elektrolyte wie Chlorwasserstoff (HCl) hingegen bilden Ionen erst in Gegenwart eines Lösungsmittels. So reagiert das polare Molekül Chlorwasserstoff (HCl) mit Wasser zu Salzsäure [HCl + ex. $H_2O \rightarrow H_3O^+$(aq) + Cl^-(aq)]. Die resultierenden Ionen sind von einer Hydrathülle umgeben, was durch den Zusatz (aq. für aqua, lat. für Wasser) gekennzeichnet wird (◉ Abb. 15.13b).

Außerdem wird zwischen starken und schwachen Elektrolyten unterschieden. Starke Elektrolyte sind in Lösung bei jeder Konzentration vollständig in Ionen dissoziiert. Der Dissoziationsgrad (α) schwacher Elektrolyte hingegen ist stark konzentrationsabhängig.

■ **Leiter erster und zweiter Ordnung**

Metalle und Graphit sind sogenannte Leiter 1. Ordnung, d. h. Elektronenleiter, da der Ladungstransport durch die negativ geladenen Elektronen erfolgt (▶ Abschn. 3.4.3). Leiter 1. Ordnung werden durch den Ladungstransport (Stromfluss) stofflich nicht verändert.

In Elektrolytlösungen hingegen liegen frei bewegliche Ionen, also elektrisch geladene Atome oder Moleküle vor (◉ Abb. 15.13b). Nach dem Anlegen einer elektrischen Spannung wandern diese Ionen im elektrischen Feld und transportieren dabei elektrische Ladung - es kommt zum Stromfluss. Positiv geladene Ionen (Kationen) wandern zur negativ geladenen Kathode, negativ geladene Ionen (Anionen) zur positiv geladenen Anode. An der Kathode nehmen die Kationen Elektronen auf (Reduktion); während die Anionen an der positiv geladenen Anode Elektronen abgeben (Oxidation). Dadurch kommt es zu stofflichen Veränderungen im Elektrolyten: Solche Leiter, in denen der Stromfluss durch den Transport von Ionen erfolgt, werden als Leiter 2. Ordnung (Ionenleiter) bezeichnet. Sobald alle Ionen an den Elektroden entladen wurden, ist kein weiterer Ladungstransport möglich, und der Stromkreis bricht zusammen.

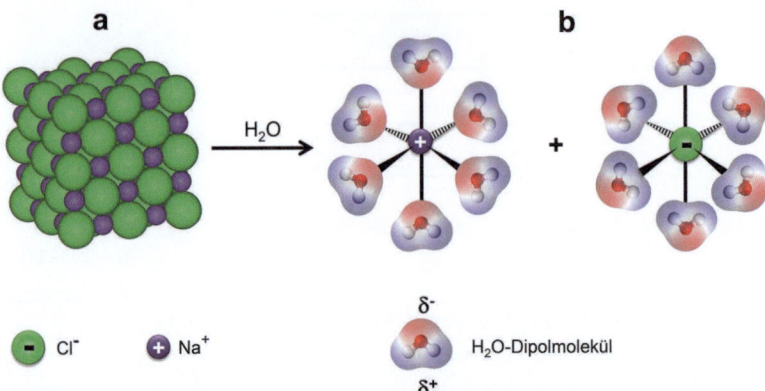

Abb. 15.13 Festes Natriumchlorid dissoziiert in Wasser zu Ionen, die oktaedrisch von Hydrathüllen umgeben sind

Im Gegensatz zu Elektronenleitern nimmt die Leitfähigkeit von Ionenleitern mit zunehmender Temperatur zu. Grund dafür ist die abnehmende Viskosität des Lösungsmittels, wodurch die Ionen sich freier bewegen können und der elektrische Widerstand des Elektrolyten abnimmt.

Generell leiten jedoch Elektronenleiter (Metalle) Strom besser als Ionenleiter (Elektrolyte).

15.2.1 Elektrolytische Dissoziation – Elektrolyte zerfallen in Ionen

Unpolare kovalente Verbindungen, wie etwa Kohlenhydrate liegen in Lösung alst elektrisch neutrale Einzelmoleküle vor. Sie zerfallen nicht in Ionen und leiten deshalb den elektrischen Strom nicht.

Ionenverbindungen (Salze, Säuren, Basen) dagegen dissoziieren (dissociare, lat. für trennen, vereinzeln) in Wasser in ihre Ionen (◘ Abb. 15.13) und leiten somit den elektrischen Strom (Leiter 2. Ordnung, Ionenleiter). Ionenhaltige Lösungen werden als Elektrolytlösungen bezeichnet.

Der Dissoziationsgrad (α) beschreibt das Verhältnis der zerfallenen Moleküle zur Gesamtzahl der gelösten Moleküle einer Substanz und ist eine dimensionslose Größe. Der Dissoziationsgrad kann Werte von 0–1 (0–100 %) annehmen und hängt sowohl von der Konzentration der Lösung als auch von der Temperatur ab.

$$\alpha = \frac{\text{Anzahl dissoziierter Moleküle}}{\text{Gesamtzahl gelöster Moleküle}} \quad (15.19)$$

Starke Elektrolyte wie Chlorwasserstoff (HCl), Natriumhydroxid (NaOH) oder Natriumchlorid (NaCl) zerfallen in wässriger Lösung vollständig in Ionen ($\alpha = 1$) und sind daher gute elektrische Leiter.

Schwache Elektrolyte wie Essigsäure (CH_3COOH) oder Ammoniumhydroxid (NH_4OH) dagegen dissoziie-

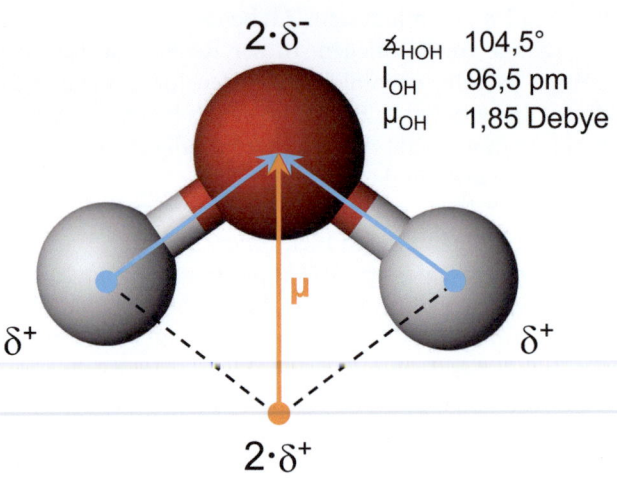

Abb. 15.14 Das Wassermolekül (H - rot, O - grau) hat gewinkelte Struktur und ist deshalb ein elektrischer Dipol

ren nur zu einem geringen Teil ($\alpha \ll 1$), weshalb ihre Lösungen schlechte elektrische Leiter sind.

15.2.2 Hydratation – Wassermoleküle stabilisieren Ionen

Der Lösevorgang von Salzen in Wasser (◘ Abb. 15.13) beginnt durch Wechselwirkungen zwischen Dipolen und Ionen. Wassermoleküle weisen polare Atombindungen und eine gewinkelte Struktur auf (◘ Abb. 15.14). Da Sauerstoff (EN = 3,5) eine höhere Elektronegativität aufweist als Wasserstoff (EN = 2,2), trägt Sauerstoff eine negative Partialladung ($2 \cdot \delta^-$) und die Wasserstoffatome jeweils eine positive Partialladung (δ^+). Somit ergibt sich zwischen den Wasserstoffatomen und dem Sauerstoffatom ein elektrisches Dipolmoment (◘ Abb. 15.14, blaue Pfeile). Treten in einem Molekül wie Wasser mehrere solcher Dipolmomente auf, dann addieren sich diese vektoriell zu einem Gesamtdipolmoment (orangefarbener Pfeil, μ). Deshalb ist Wasser ein permanenter elektrischer Dipol mit einem negativen Partialladungsschwerpunkt am Sauerstoffatom und einem gegenüberliegenden positiven Partialladungsschwerpunkt zwischen den Wasserstoffatomen (◘ Abb. 15.14).

Festes Natriumchlorid (NaCl) besteht aus einem Ionengitter, in dem sich die positiven Natriumionen (Na^+, violett) und die negativen Chloridionen (Cl^-, grün) in allen drei Raumdimensionen alternierend anordnen (◘ Abb. 15.15a). Die Anziehungskräfte (Coulombkräfte) zwischen den Ionen des Ionengitters, sind sehr hoch und müssen beim Auflösen in Wasser überwunden werden.

Dank ihres Dipolcharakters können sich Wassermoleküle zwischen die Ionen drängen. Dabei orientieren sie sich so, dass die negativ polarisierten Sauerstoffatome sich dem postiven Natriumkation nähern und eine Hydrathülle (aq) um das Natriumion bilden. Als Ergebnis, wird das Natriumkation von sechs Wassermolekülen oktaedrisch umgeben (◘ Abb. 15.15b).

Das negative Chloridion bildet ebenfalls eine Hydrathülle aus sechs Wassermolekülen. Allerdings wenden sich jetzt die positiven Ladungsschwerpunkte der Wassermoleküle dem negativen Chloridion zu.

Da die einzelnen Ionen jeweils von Hydrathüllen umgeben sind, werden die Ladungen der Ionen zum einen abgeschirmt, abgepuffert und zum anderen können sich die Ionen nicht mehr genügend annähern, um wieder ein Ionenbindung einzugehen. Einen besonders hohen Abschirmeffekt weisen Lösungsmittel mit hoher relativer Dielektrizitätskonstante (ε_r) auf. Wasser mit seiner relativen Dielektrizitätskonstante (ε_r) von 80 schwächt Ionenbindungen im Vergleich zu Hexan ($\varepsilon_r \sim$ 2) um den Faktor 40 (Gl. 15.2, Coulombkraft). Somit haben hydratisierte Ionen keine Chance mehr, wieder ein Kristallgitter aufzubauen, da die Hydrathülle und die thermische Bewegung eine „Coulombinteraktion" der Ionen nicht mehr zulässt.

15.2.3 Thermodynamische Betrachtung des Lösevorgangs

Gemäß dem 2. Hauptsatz der Thermodynamik (▶ Kap. 12) sind die entscheidenden Faktoren für das spontane Auflösen von Salzen zum einen die molare Lösungsenthalpie ($\Delta_{LE}H_m$) und zum anderen die molare Lösungsentropie ($\Delta_{LE}S_m$). Falls die freie molare Lösungsenthalpie ($\Delta_{LE}G_m$, Gibbs-Energie) negativ ist, löst sich der Elektrolyt spontan und „freiwillig" im Lösungsmittel auf.

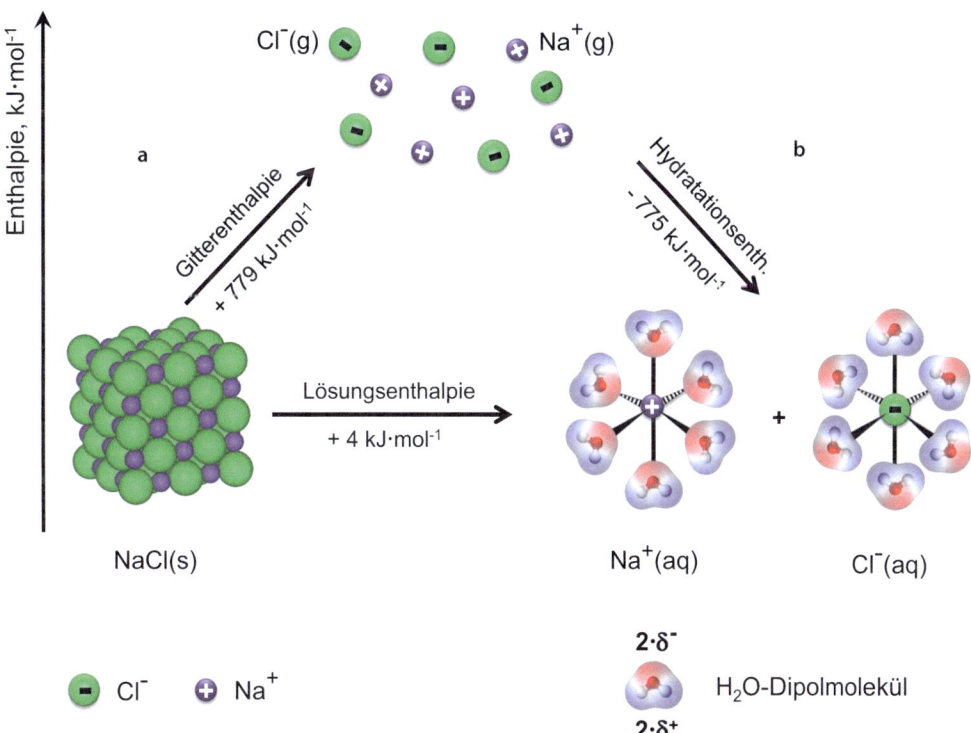

◘ Abb. 15.15 Energieumsätze beim Auflösen von kristallinem Natriumchlorid in Wasser

$$\Delta_{LE}G_m = \Delta_{LE}H_m - T \cdot \Delta_{LE}S_m \qquad (15.20)$$

$\Delta_{LE}G_m$ – freie molare Lösungsenthalpie, Jmol^{-1}
$\Delta_{LE}H_m$ – molare Lösungsenthalpie, Jmol^{-1}
T – absolute Temperatur, K
$\Delta_{LE}S_m$ – molare Lösungsentropie, J mol^{-1} K^{-1}

Da Lösevorgänge in der Regel unter isobaren Bedingungen (p = const.) erfolgen, betrachtet man Enthalpien statt Energien. Um Salze miteinander vergleichen zu können, werden die einzelnen Größen auf ein Mol Salz bezogen.

Die molare Lösungsenthalpie ($\Delta_{LE}H$) ergibt sich aus der Differenz zweier gegensätzlich energetischer Prozesse: Der molarer Gitterenthalpie, die zum Aufbrechen des Ionengitters benötigt wird und der molaren Hydratationsenthalpie, die beim Anlagern von Wassermolekülen an die Ionen (Hydratation) freigesetzt wird.

$$\Delta_{LE}H_m = \Delta_{GE}H_m - \Delta_{HE}H_m \qquad (15.21)$$

$\Delta_{GE}H_m$ – molare Gitterenthalpie, Jmol^{-1}
$\Delta_{HE}H_m$ – molare Hydratationsenthalpie, Jmol^{-1}

■ **Gitterenthalpie**

Die Gitterenergie entspricht der Bindungsenergie zwischen den Ionen eines Salzes und basiert auf elektrostatischen Wechselwirkungen (Coulombkräfte) zwischen den Ionen (◘ Abb. 15.15a). Die Gitterenergie ist diejenige Energie, die freigesetzt wird, wenn Ionen ein Kristallgitter ausbilden, und aufgebracht werden muss, um beispielsweise Na-Kationen und Cl-Anionen des NaCl-Kristallgitters komplett voneinander zu trennen. Erfolgt die Trennung bei konstantem Druck, dann spricht man von Gitterenthalpie.

$$NaCl(s) \rightarrow Na^+(g) + Cl^-(g)$$
$$\Delta_{GE}H_m = +779 \, kJ \cdot mol^{-1}$$

Die Gitterenthalpie eines Salzes ist umso größer, je kleiner die Abstände (r) zwischen den Ionen im Kristallgitter und je größer deren Ladungen (Q) sind (Gl. 15.2). Deshalb hat Magnesiumchlorid (MgCl$_2$, $\Delta_{GE}H_m$ = 2500 kJmol^{-1}) als zweiwertiges Salz eine wesentlich größere Gitterenthalpie als Natriumchlorid (NaCl, 779 kJmol^{-1}), dessen Ionenabstände (r) zudem größer sind als die von Magnesiumchlorid.

■ **Hydratationsenthalpie**

Durch das Anlagern von Wassermolekülen an Ionen, d. h. die Ausbildung einer Hydrathülle (aq, ◘ Abb. 15.15b), formen sich Dipol-Ionen-Bindungen, wobei die sogenannte Hydratationsenergie freigesetzt wird. Allgemein ist die Hydratationsenthalpie stets negativ. Bei der Hydratation von Natrium- und Chloridionen werden beispielsweise −775 kJmol^{-1} frei. Analog zur Gitterenergie ist der Betrag umso höher, je größer die elektrische Ladung und kleiner der Radius des Ions ist.

$$Na^+(g) + Cl^-(g) + ex. \, H_2O(l) \rightarrow Na^+(aq) + Cl^-(aq) \qquad \Delta_{HE}H_m = -775 \, kJ \cdot mol^{-1}$$

Das energieverbrauchende Aufbrechen des Kristallgitters und die energiefreisetzende Hydratation der Ionen laufen simultan ab. Ist die molare Hydratationsenthalpie größer als die molare Gitterenthalpie ($\Delta_{GE}H_m < \Delta_{HE}H_m$), erwärmt sich die Salzlösung. Falls die molare Hydratationsenthalpie kleiner ist als die molare Gitterenthalpie ($\Delta_{GE}H_m > \Delta_{HE}H_m$), kühlt die Lösung ab, da die für den Lösevorgang noch benötigte Energie aus dem Wärmereservoir des Wassers entnommen wird.

Die molare Lösungsenthalpie für NaCl ist somit:

$$NaCl(s) + ex.H_2O \rightarrow Na^+(aq) + Cl^-(aq) \qquad \Delta_{LE}H_m = +779 \, kJ \cdot mol^{-1} - 775 \, kJ \cdot mol^{-1} = +4 \, kJ \cdot mol^{-1}$$

Trotzdem lösen sich solche Salze auf, da die Zunahme der molaren Lösungsentropie ($\Delta_{LE}S_m$, s. u.) einen endothermen Vorgang ($\Delta_{LE}H_m > 0$, Gl. 15.21) in einen exergonischen Vorgang ($\Delta_{LE}G_m < 0$, Gl. 15.20) überführt.

■ **Lösungsentropie**

Die Lösungsentropie (Entropiezunahme, $\Delta_{LE}S_m > 0$) ist ein entscheidender Faktor dafür, dass sich viele Salze spontan in Wasser lösen, selbst wenn der Vorgang Energie benötigt, also endotherm ist. Durch den Lösevorgang nimmt die Entropie ($\Delta_{LE}S_m$) stark zu, da den Ionen in wässeriger Lösung wesentlich mehr Möglichkeiten der Verteilung (Freiheitsgrade) zur Verfügung stehen als im hochgeordneten Salzkristall. Das bedeutet, der hochsymmetrische Salzkristall ist ein entropiearmer und somit thermodynamisch unwahrscheinlicher Zustand, den man nur mit Energieaufwand (Entfernen von Wasser) realisieren kann. Beim Auflösen des Salzes wird diese Energie wieder frei. Andererseits nimmt beim Lösen durch die Hydratation der Ionen die Entropie auch wieder etwas ab. Der Nettoeffekt der molaren Entropieänderung beträgt für Natriumchlorid ($\Delta_{LE}S_m$ =

15.3 · Redoxvorgänge – Elektronenübergang zwischen Atomen

42 J mol^{-1} K^{-1}). Diese Entropiezunahme ($\Delta_{LE}S_m > 0$) ist die Triebfeder für das „freiwillige" Auflösen ($\Delta_{LE}G_M < 0$) von Natriumchlorid in Wasser.

Das Auflösen von Natriumchlorid in Wasser ist endotherm ($\Delta_{LE}H_m = +4$ kJmol^{-1}). Trotzdem erfolgt es spontan und ohne äußere Energiezufuhr, da die Entropiezunahme durch die Dissoziation des festen Natriumchlorids in hydratisierte Ionen den Lösevorgang zu einem exergonischen Vorgang macht ($\Delta_{LE}G_m = -9$ kJmol^{-1}, ◘ Abb. 15.16).

$$\Delta_{LE}G_m = \Delta_{LE}H_m - T \cdot \Delta_{LE}S_m = +4 kJ \cdot mol^{-1} - 298 K \cdot 42 J \cdot mol^{-1} \cdot K^{-1} \approx -8,5 kJ \cdot mol^{-1} \qquad (15.22)$$

15.3 Redoxvorgänge – Elektronenübergang zwischen Atomen

Viele alltägliche und industrielle Prozesse – wie die Verbrennung von Kohle, die Korrosion von Metallen oder die Gewinnung von Metallen aus Erzen (◘ Abb. 15.17) – beruhen auf sogenannten Redoxreaktionen. Redoxreaktionen setzen sich grundsätzlich aus zwei gekoppelten Halbreaktionen zusammen – einer Oxidations- und einer Reduktionsreaktion. Bei der Oxidation gibt ein Atom Elektronen ab, bei der Reduktion dagegen nimmt ein Atom Elektronen auf.

15.3.1 Oxidationszahl – Definition und Bestimmung

Die Oxidationszahlern der an einer Redoxreaktion beteiligten Elemente ermöglichen es, den Elektronenfluss nachzuvollziehen. Wir erkennen, welches Element Elektronen abgibt (Oxidation) bzw. welches Element Elektronen aufnimmt (Reduktion). Die Änderung der Oxidationszahl gibt an, wie viele Elektronen ein Atom formal aufgenommen oder abgegeben hat. Wichtig: Oxidationszahlen sind keine reale elektrische Ladungen, sondern hypothetische Werte, die den Atomen in einer Verbindung nach festen Regeln zugewiesen werden.

Um Oxidationszahlen korrekt bestimmen zu können, ist ein Verständnis der Elektronegativität erforderlich (▶ Abschn. 2.7.2). Die formale Oxidationszahl eines Atoms ist diejenige elektrische Ladung, die ein Atom hätte, wenn die Verbindung nur aus Ionen bestehen würde. Dabei werden die Bindungselektronen vollständig dem elektronegativeren Element zugewiesen. Oxidationszahlen werden in der Regel als römische Ziffern mit vorgesetztem Plus- oder Minuszeichen über dem Elementsymbol angegeben.

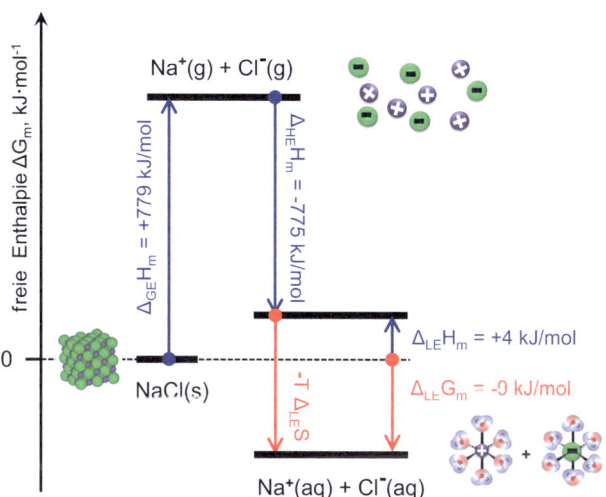

◘ **Abb. 15.16** Das Auflösen von Natriumchlorid erfolgt spontan, da die freie Enthalpie $\Delta_{LE}G_m$ negativ ist

■ **Regeln zur Bestimmung von Oxidationszahlen**
- Elemente im elementaren Zustand (z. B. N$_2$, O$_2$, F$_2$, Cl$_2$, Br$_2$, H$_2$, Metalle, Edelgase) besitzen die Oxidationszahl null (OZ = 0).
- In einatomigen Ionen entspricht die Oxidationszahl des Atoms der Ionenladung, z. B. Na$^+$ → OZ = +I, Cl$^-$ → OZ = –I, Ca^{2+} → OZ = +II.
- Für Moleküle und Molekülionen gelten folgende Regeln:
  – Dem elektronegativeren Element werden die bindenden Elektronen vollständig zugeordnet (rote Hilfslinien in ◘ Tab. 15.2).
  – Bindungselektronen zwischen zwei identischen Atomen, wie z. B. den Kohlenstoffatomen in Ethan (H$_3$C–CH$_3$) oder den Sauerstoffatomen in Wasser-

◘ **Abb. 15.17** Eisenherstellung. Redoxreaktion von Eisenerz mit Kohle (© Shestakov Dmytro/▶ Shutterstock.com)

Tab. 15.2 Übungsbeispiele zur Bestimmung von Oxidationszahlen

	Elektronenzuordnung nach EN)*	Formale OZ (HG – AZ e⁻)	ΣOZ identisch mit Gesamtladung?	Begründung, Kommentar
Na	Na•	$OZ_{Na} = 1 - 1 = 0$	$(0) = 0$	Neutrales Atom
Na⁺	Na	$OZ_{Na} = 1 - 0 = +I$	$(+I) = 1+$	Einfach positiv geladenes Kation
Cl	|Cl̄|•	$OZ_{Cl} = 7 - 7 = 0$	$(0) = 0$	Neutrales Atom
Cl⁻	|Cl̄||	$OZ_{Cl} = 7 - 8 = -I$	$(-I) = 1-$	Einfach negativ geladenes Anion
Cl₂	|Cl̄ + Cl̄|	$OZ_{Cl} = 7 - 7 = 0$	$(0) + (0) = 0$	Molekül besteht aus zwei identischen Atomen, neutrales Molekül
H₂O	H–Ō–H	$OZ_H = 1 - 0 = +I$ $OZ_O = 6 - 8 = -II$	$2 \cdot (+I) + (-II) = 0$	Sauerstoff ist elektronegativer als Wasserstoff, neutrales Molekül
H₂O₂	H–Ō + Ō–H	$OZ_H = 1 - 0 = +I$ $OZ_O = 6 - 7 = -I$	$2 \cdot (+I) + 2 \cdot (-I) = 0$	Sauerstoff-Sauerstoff-Bindung, gleichmäßige Aufteilung der Elektronen
F₂	|F̄ + F̄|	$OZ_F = 7 - 7 = 0$	$(0) + (0) = 0$	Molekül besteht aus zwei identischen Atomen, neutrales Molekül
F₂O	|F̄–Ō–F̄|	$OZ_F = 7 - 8 = -I$ $OZ_O = 6 - 4 = +II$	$2 \cdot (-I) + (+II) = 0$	Fluor ist elektronegativer als Sauerstoff, Sauerstoffdifluorid
NaH	Na–H	$OZ_{Na} = 1 - 0 = +I$ $OZ_H = 1 - 2 = -I$	$(+I) + (-I) = 0$	Wasserstoff ist elektronegativer als Natrium, Natriumhydrid
CH₄	H–C(H)(H)–H	$OZ_C = 4 - 8 = -IV$ $OZ_H = 1 - 0 = +I$	$(-IV) + 4 \cdot (+I) = 0$	Kohlenstoff ist elektronegativer als Wasserstoff, neutrales Molekül
C₂H₆	H₃C + CH₃	$OZ_C = 4 - 7 = -III$ $OZ_H = 1 - 0 = +I$	$(-III) + 3 \cdot (+I) = 0$	Kohlenstoff-Kohlenstoff-Bindung, gleichmäßige Aufteilung der Elektronen

)* Die roten Linien in den Strichformeln veranschaulichen die Elektronenzuordnung nach heterolytischer Aufspaltung des bindenden Elektronenpaars gemäß dem Elektronegativitätsprinzip

stoffperoxid (HO–OH), werden gleichmäßig auf beide Atome verteilt – also jedes Atom erhält ein Elektron eines bindenden Elektronenpaares.
- Die formale Oxidationszahl (OZ) eines Hauptgruppenelements errechnet sich aus der Gruppenzahl gemäß PSE minus der Anzahl der entsprechend der Elektronegativität zugeordneten Elektronen (Tab. 15.2, Spalte 3).
- Das Element Fluor hat in allen Verbindungen stets die Oxidationszahl OZ = –I, außer im elementaren Zustand (F₂, OZ = 0).
- Die Summe der Oxidationszahlen eines neutralen Moleküls ist null. In ionischen Molekülverbindungen entspricht die Summe der Oxidationszahlen der Gesamtladung des Moleküls (Tab. 15.2, Spalte 4).

▶ **Beispiel – Essigsäureethylester**
- $EN_C = 2{,}5$; $EN_H = 2{,}2$; $EN_O = 3{,}5$: Die Elektronegativität nimmt somit in der Reihenfolge O > C > H ab.
- Vollständige Zuordnung der bindenden Elektronenpaare zu den Atomen höherer Elektronegativität (Abb. 15.18, rote Striche).
- Die OZ des „linken" Kohlenstoffatoms errechnet sich aus der Differenz 4 (vier Valenzelektronen, Kohlenstoff ist ein Element der vierten Hauptgruppe) minus 7 (Anzahl Elektronen am C nach der heterolytischen Spaltung, 3 · 2 von den C–H-Bindungen und ein Elektron von der C–C-Bindung). Somit ist die Oxidationszahl für das linke Kohlenstoffatom $OZ_C = 4 - 3 \cdot 2 - 1 = -III$.
- Da die einzelnen C-Atome des Beispiels mit unterschiedlichen Atomen verknüpft sind, weisen die C-Atome Oxidationszahlen von –III über –I bis hin zu +III auf.

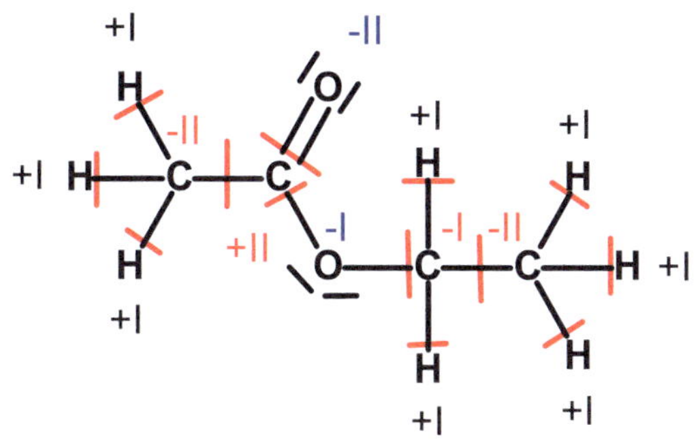

Abb. 15.18 Bestimmung der formalen Oxidationszahlen der Atome in Essigsäureethylester

– Da das Molekül neutral ist, muss die Summe der Oxidationszahlen der Atome null ergeben.
$8 \cdot (+I) + 2 \cdot (-II) + 2 \cdot (-III) + (-I) + (+III) = 0$,
q. e. d. ◄

15.3.2 Oxidation – Die Oxidationszahl nimmt zu

Oxidation wurde ursprünglich als die Reaktion eines Stoffes mit Sauerstoff verstanden. Diese historische Definition aus dem Jahr 1774 geht auf den französischen Chemiker Lavoisier zurück. Er beobachtete, dass bei der Verbrennung von Kohlenstoff (◘ Abb. 15.19, obere Zeile) Oxygenium (lat. für Sauerstoff) verbraucht wird, und prägte daraufhin den Begriff Oxidation. Das resultierende Verbrennungsprodukt CO_2 (Kohlenstoffdioxid) bezeichnete er als Oxid.

Da jedoch auch andere Stoffe wie z. B. Chlor mit Magnesium ein vergleichbares Reaktionsverhalten zeigen (◘ Abb. 15.19, untere Zeile), ohne dass Sauerstoff beteiligt ist, wurde der Oxidationsbegriff später erweitert. Heute versteht man unter Oxidation allgemein die Abgabe von Elektronen eines Atoms, wobei dessen Oxidationszahl zunimmt.

So steigt bei der Verbrennung von Kohlenstoff dessen Oxidationszahl von 0 auf +IV (◘ Abb. 15.19). Magnesium gibt bei der Reaktion mit Chlor zwei Elektronen ab, seine Oxidationszahl steigt von 0 auf +II und wird somit oxidiert.

15.3.3 Reduktion – Die Oxidationszahl nimmt ab

Für chemische Reaktionen, bei denen Verbindungen Sauerstoff entzogen wird, prägte Lavoisier den Begriff Reduktion. Ein klassisches Beispiel ist die Reduktion von Eisenoxid im Hochofenprozess. Dabei entreißt Kohlenmonoxid (CO) dem Eisenoxid den Sauerstoff, wodurch elementares Eisen entsteht (◘ Abb. 15.21).

Abb. 15.19 Bei Oxidationsreaktionen nimmt die Oxidationszahl (rot) eines Elements zu

Abb. 15.20 Kohlefeuer. Oxidation von Kohlenstoff durch Sauerstoff (© Romolo Tavani/► Shutterstock.com)

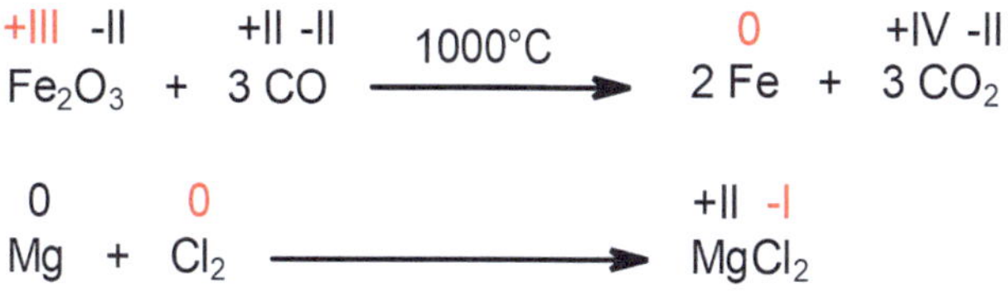

Abb. 15.21 Bei Reduktionsreaktionen nimmt die Oxidationszahl eines Elements ab

Im erweiterten, modernen Verständnis bezeichnet man als Reduktion die Aufnahme von Elektronen durch ein Element, wobei dessen Oxidationszahl abnimmt. Folgerichtig nimmt bei der Reduktion von Eisen(+III)-oxid (Fe_2O_3) mit Kohlenmonoxid (CO) die Oxidationszahl von Eisen von +III auf 0 ab, da jedes Eisenatom formal drei Elektronen aufnimmt (◘ Abb. 15.21, obere Zeile).

15.3.4 Redoxreaktionen – Oxidation und Reduktion sind miteinander gekoppelt

In den Reaktionen dargestellt in ◘ Abb. 15.19 und 15.21 fließen zwar Elektronen, aber sie erscheinen nicht explizit in den Reaktionsgleichungen, da Oxidations- und Reduktionsprozesse stets miteinander gekoppelt sind. Im Fall der Verbrennung von Kohlenstoff (◘ Abb. 15.19, obere Zeile) wird z. B. das Kohlenstoffatom oxidiert (OZ_C: 0 → +IV) und gleichzeitig werden zwei Sauerstoffatome durch die vier freigesetzten Elektronen des Kohlenstoffatoms reduziert (OZ$_O$: 0 → −II). Das heißt, die vier Elektronen „wandern" vom Kohlenstoffatom zu den beiden Sauerstoffatomen.

Auch viele Stoffwechselvorgänge beruhen auf Redoxreaktionen, also Elektronenübertragungen (◘ Abb. 15.22). So entsteht beispielsweise bei der Photosynthese aus sechs Molekülen Kohlenstoffdioxid (CO_2) und sechs Molekülen Wasser (H_2O) mithilfe von Sonnenlicht ein energiereiches Glucosemolekül ($C_6H_{12}O_6$). Als Nebenprodukt fällt elementarer Sauerstoff (O_2) an. ◘ Abb. 15.22 zeigt, dass dabei Kohlenstoff reduziert (OZ$_C$: +IV → 0, roter Pfeil) und Sauerstoff oxidiert (OZ$_O$: −II → 0, blauer Pfeil) wird.

- **Systematisches Aufstellen von Redoxgleichungen**

Das Aufstellen stöchiometrisch korrekter Redoxgleichungen kann - je nach Reaktion - sehr einfach sein, wie etwa bei der Verbrennung von Kohlenstoff, aber auch deutlich komplexer. In folgendem Beispiel wird eine systematische Vorgehensweise für das Aufstellen stöchiometrischer Stoffgleichungen von Redoxreaktionen mithilfe von Oxidationszahlen anhand eines konkreten Beispiels erläutert.

- **Beispiel - Auflösen von Kupfer in Salpetersäure**

Werden Kupferspäne (Cu) zu verdünnter Salpetersäure (HNO_3) gegeben (◘ Abb. 15.23), so entsteht Stickstoffmonoxid (NO) und ein zweiwertiges Kupfersalz (Cu^{2+}). Gesucht wird die stöchiometrische Reaktionsgleichung für diesen Redoxvorgang.

1. *Ausgangsstoffe und Produkte bestimmen*

Zunächst gilt es, Edukte und Produkte zu erkennen, sodass eine Rohgleichung aufgestellt werden kann. Aus der Aufgabenstellung ergibt sich eindeutig, dass Kupfer und Salpetersäure die Edukte sind und daraus zweiwertiges Kupfer und Stickstoffmonoxid entsteht.

Edukte:	Cu, HNO_3
Produkte:	Cu^{2+}, NO
Rohgleichung:	Cu + HNO_3 → Cu^{2+} + NO

2. *Oxidationszahl der Elemente festlegen*

Um zu verstehen, welche Elemente der Rohgleichung oxidiert bzw. reduziert werden, werden die Oxidationszahlen aller Elemente der Rohgleichung ermittelt.

3. *Ermitteln der Halbreaktionen für Oxidation und Reduktion*

Anhand der Oxidationszahlen ist ersichtlich, dass Kupfer oxidiert (0 → +II, Oxidationszahl wird größer) und das Element Stickstoff reduziert (+V → +II, Oxidationszahl wird kleiner) wird (◘ Abb. 15.23).

4. *Formulieren der Halbreaktionen und Ausgleich der OZ durch Elektronen*

Anschließend wird die Elektronenbilanz für die Oxidations- und Reduktionshalbgleichungen ausgeglichen. Da elementares Kupfer (OZ = 0) in den zweiwertigen Zustand (OZ = +II) übergeht, werden pro Atom Kupfer zwei Elektronen abgegeben.

Stickstoff dagegen geht vom fünfwertigen Zustand in HNO_3 (OZ$_N$ = +V) in zweiwertigen Stickstoff in NO (OZ$_N$ = +II) über, sodass das Stickstoffatom drei Elektronen aufnimmt.

Oxidation:	Cu	→ Cu^{2+} + 2 $e^−$
Reduktion:	HNO_3 + 3 $e^−$	→ NO

5. *Ausgleich der Elementarladungen mit H_3O^+ oder $OH^−$, je nachdem, ob saures oder alkalisches Milieu vorliegt*

Die Elektronenbilanz wurde in Schritt 4 für die beiden Halbreaktionen ausgeglichen. Allerdings stimmt jetzt die Ladungsbilanz für die Reduktionsreaktion noch nicht, da links vom Reaktionspfeil drei negativ geladene Elektronen vorliegen, während rechts vom Reaktionspfeil ein elektrisch ungeladenes NO-Molekül steht.

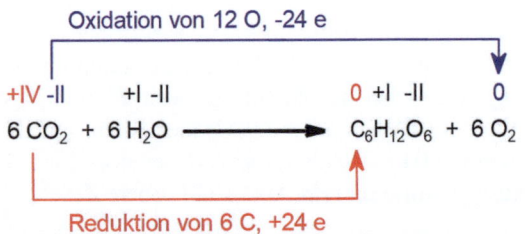

◘ **Abb. 15.22** Photosynthese als Redoxreaktion. Kohlenstoff wird reduziert und Sauerstoff oxidiert

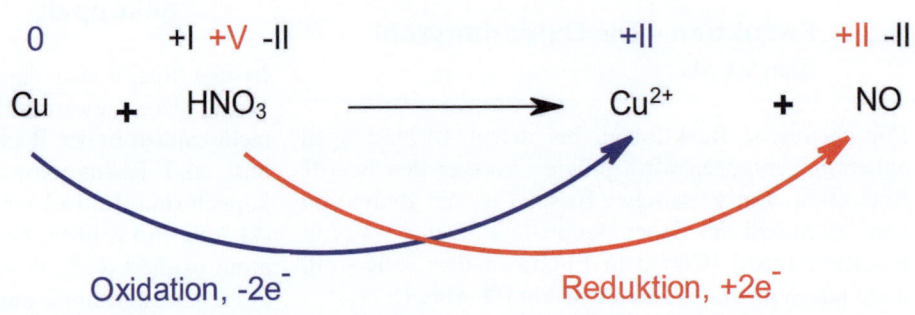

◘ **Abb. 15.23** Oxidationszahlen der Elemente der Rohgleichung

Da die Reaktion in saurer Lösung stattfindet, wird der Ladungsausgleich mit drei Hydroniumionen (H_3O^+) durchgeführt.

Oxidation: $Cu \rightarrow Cu^{2+} + 2\,e^-$

Reduktion: $HNO_3 + 3\,e^- + 3\,H_3O^+ \rightarrow NO$

6. Ausgleich der Atombilanz durch Wassermoleküle

Jetzt stimmen zwar die Elektronen- und Ladungsbilanzen für die Reduktionsgleichung, allerdings ist deren Atombilanz noch unausgeglichen

Linke Seite:	10 H	1 N	6 O
Rechte Seite:	0 H	1 N	1 O

Auf der rechten Seite fehlen somit zehn H-Atome und fünf O-Atome, sodass die Atombilanz durch Hinzufügen von fünf Wassermolekülen auf der rechten Seite der Reduktionsgleichung ausgeglichen werden muss.

Oxidation: $Cu \rightarrow Cu^{2+} + 2\,e^-$

Reduktion: $HNO_3 + 3\,e^- + 3\,H_3O^+ \rightarrow NO + 5\,H_2O$

7. Ausgleich der Gesamtelektronenbilanz

Da Oxidations- und Reduktionshalbgleichung in einer Redoxgleichung gekoppelt sind, muss Kupfer so viele Elektronen abgeben wie Stickstoff aufnimmt. Da das Kupferatom zwei Elektronen abgibt und das Stickstoffatom drei Elektronen aufnimmt, muss das kleinste gemeinsame Vielfache gesucht werden, damit die Anzahl der abgegebenen Elektronen mit den aufgenommenen Elektronen übereinstimmt. Im vorliegenden Fall ist das kleinste gemeinsame Vielfache $2 \cdot 3 = 6$, sodass die Oxidationshalbgleichung mit dem Faktor 3 und die Reduktionshalbgleichung mit dem Faktor 2 multipliziert werden muss.

3 · Oxidation: $3\,Cu \rightarrow 3\,Cu^{2+} + 6\,e^-$

2 · Reduktion: $2\,HNO_3 + 6\,e^- + 6\,H_3O^+ \rightarrow 2\,NO + 10\,H_2O$

8. Aufstellen der Gesamt-Redoxionengleichung durch Addition der beiden Halbreaktionen

Da jetzt die Anzahl der von den Kupferatomen abgegebenen Elektronen und die Anzahl der durch die Sickstoffatome aufgenommenen Elektronen identisch ist, können Oxidations- und Reduktionsreaktion addiert werden, wobei sich wie beabsichtigt die Elektronen herauskürzen.

3 · Oxidation +
2 · Reduktion:
$3\,Cu + 2\,HNO_3 + 6\,e^- + 6\,H_3O^+ \rightarrow$
$3\,Cu^{2+} + 6\,e^- + 2\,NO + 10\,H_2O$

Redoxionen-Gleichung:
$3\,Cu + 2\,HNO_3 + 6\,H_3O^+ \rightarrow$
$3\,Cu^{2+} + 2\,NO + 10\,H_2O$

9. Überführen der Redoxionengleichung in eine Stoffgleichung

Die Ionengleichung kann letztendlich in eine Stoffgleichung überführt werden. Die sechs Hydroniumionen (H_3O^+) der Ionengleichung werden durch Salpetersäure ($6\,HNO_3 + 6\,H_2O$) zugeführt, sodass sich sechs Wassermoleküle herauskürzen und die Stoffgleichung wie folgt aussieht:

$$3\,Cu + 8\,HNO_3 + 6\,H_2O \rightarrow$$
$$3\,Cu(NO_3)_2 + 2\,NO + 10\,H_2O\,/ -6\,H_2O$$

$$\mathbf{3\,Cu + 8\,HNO_3 \rightarrow 3\,Cu(NO_3)_2 + 2\,NO + 4\,H_2O}$$

Mit der systematisch hergeleiteten Stoffgleichung ist nicht nur gewährleistet, dass der Elektronenübergang der Redoxpartner übereinstimmt, sondern dass auf beiden Seiten des Reaktionspfeils die gleiche Anzahl an Atomen der jeweiligen Elemente vorhanden ist. Schließlich kann Materie bei chemischen Reaktionen nicht verloren gehen oder aus dem Nichts entstehen.

> **Wesentliche Begriffe der Elektrochemie**
> **Oxidationszahl** – Fiktive Ladung von Elementen in Verbindungen nach heterolytischer Aufteilung der bindenden Elektronenpaare gemäß der Elektronegativität der Atome.
>
> **Oxidation** – Elektronen**abgabe**/-verlust; *Erhöhung der Oxidationszahl* eines Atoms, d. h., dessen Oxidationszahl wird „positiver".
>
> **Oxidationsmittel** – Elektronenakzeptoren/-fänger; Atome, Ionen oder Moleküle, die anderen Elementen Elektronen entziehen, dadurch diese oxidieren und dabei selbst reduziert werden; typischerweise Elemente hoher Elektronegativität wie O_2 oder Cl_2.
>
> **Reduktion** – Elektronen**aufnahme**; *Erniedrigung der Oxidationszahl* eines Elements, d. h., dessen Oxidationszahl wird „negativer".
>
> **Reduktionsmittel** – Elektronendonatoren/-spender; Atome, Ionen, Moleküle, die auf andere Elemente Elektronen übertragen, dadurch reduzieren und dabei selbst oxidiert werden; typischerweise Elemente niedriger Elektronegativität wie H_2 oder Na.
>
> **Redoxreaktion** – Oxidations- und Reduktionsreaktion sind stets miteinander gekoppelt. Somit beinhaltet eine Redoxreaktion stets zwei Redoxpaare (◘ Abb. 15.23).

Elektrische Leitfähigkeit – Transport elektrischer Ladungen

Inhaltsverzeichnis

16.1 Leitfähigkeit von Elektrolytlösungen – Grundlagen – 374
16.1.1 Molare Leitfähigkeit und Äquivalentleitfähigkeit – 374
16.1.2 Ionenbeweglichkeit und Wanderungsgeschwindigkeit – 375

16.2 Leitfähigkeit von Elektrolyten – Konzentrationsabhängigkeit – 377
16.2.1 Schwache Elektrolyten – Ostwald'sches Verdünnungsgesetz – 377
16.2.2 Starke Elektrolyten – Kohlrausch'sches Quadratwurzelgesetz – 378

In Elektrolytlösungen dienen frei bewegliche Ionen als Ladungsträger. Grundsätzlich unterscheidet man zwischen starken und schwachen Elektrolyten. Während starke Elektrolyte über den gesamten Konzentrationsbereich vollständig in ihre Ionen dissoziieren (α = 1), ist der Dissoziationsgrad schwacher Elektrolyte deutlich kleiner und hängt von der Konzentration der Elektrolytlösung ab (α << 1).

16.1 Leitfähigkeit von Elektrolytlösungen – Grundlagen

Wie bei Elektronenleitern beschreibt auch bei Ionenleiter das Ohm'sche Gesetz den Zusammenhang zwischen Spannung, Stromstärke und elektrischen Widerstand.

$$R = \rho \cdot \frac{l}{A} \xrightarrow{mit\,\kappa = \frac{1}{\rho}} R = \frac{l}{\kappa \cdot A} = \frac{C}{\kappa} \qquad (16.1)$$

R – elektrischer Widerstand, Ω
ρ – spezifischer elektrischer Widerstand, Ωm
l – Elektrodenabstand, m
A – Elektrodenfläche, m^2
κ – spezifische elektrische Leitfähigkeit, Sm^{-1}
C – Zellkonstante, m^{-1}

Das Verhältnis von Elektrodenlänge (l) zu -fläche (A) ist bei Ionenleitern von der Geometrie der Elektroden und der Zelle abhängig und wird als Zellkonstante C zusammengefasst. Die Bestimmung der Zellkonstante (C) erfolgt durch Messung des elektrischen Widerstands (R) für eine Elektrolytlösung bekannter spezifischer Leitfähigkeit (κ).

Für den elektrischen Leitwert (G) von Ionenlösungen braucht nur noch der Kehrwert des elektrischen Widerstands (R) gebildet werden:

$$G = \frac{1}{R} = \frac{\kappa}{C} = \frac{\kappa \cdot A}{l} \qquad (16.2)$$

G – elektrischer Leitwert, Ω^{-1} oder S

16.1.1 Molare Leitfähigkeit und Äquivalentleitfähigkeit

Die spezifische elektrische Leitfähigkeit (κ) ist sehr stark von der Konzentration der Elektrolytlösung abhängig (◘ Abb. 16.5a). Um die spezifische Leitfähigkeit verschiedener Elektrolytlösungen miteinander vergleichen zu können, wird die spezifische Leitfähigkeit auf einmolare Lösungen normiert.

$$\Lambda_m = \frac{\kappa}{c} \qquad (16.3)$$

Λ_m – molare elektrische Leitfähigkeit, Sm^{2}mol^{-1}
c – Elektrolytkonzentration, molm^{-3}

Die molare elektrische Leitfähigkeit beschreibt den elektrischen Leitwert einer einmolaren Elektrolytlösung gemessen zwischen planparallelen Elektroden im Abstand von einem Meter.

Die molare Leitfähigkeit ist somit nicht mehr direkt von der Elektrolytkonzentration abhängig. Bestimmt man jedoch die molare Leitfähigkeit unterschiedlicher Elektrolytkonzentrationen, so ergibt sich ein leichter Abfall der molaren Leitfähigkeit starker Elektrolyten mit zunehmender Konzentration (◘ Abb. 16.5b). Um die molaren Leitfähigkeiten verschiedener Elektrolyten vergleichbar zu machen, extrapoliert man die Werte der molaren Leitfähigkeit auf unendliche Verdünnung (c → 0). Bei hoher Verdünnung beeinflussen sich die einzelnen Ionen nicht mehr wechselseitig, sodass die molare Leitfähigkeit ihren maximalen Wert erreicht. Dieser Grenzwert wird als molare Grenzleitfähigkeit ($\Lambda_{m,0}$) bezeichnet.

$$\Lambda_{m,0} = \lim_{c \to 0} \frac{\kappa}{c} \qquad (16.4)$$

$\Lambda_{m,0}$ – molare Grenzleitfähigkeit, Sm^{2}mol^{-1}

Zweiwertige Ionen wie Ca^{2+} oder SO$_4^{2-}$ transportieren pro Ion doppelt so viele elektrische Elementarladungen wie einwertige Ionen, beispielsweise Na$^+$ oder Cl$^-$. Dieser Unterschied in der Ladung beeinflusst den Beitrag der Ionen zur elektrischen Leitfähigkeit einer Lösung. Teilt man die molare elektrische Leitfähigkeit (Λ_m) durch die elektrochemische Ionenwertigkeit (z), wird die molare Äquivalentleitfähigkeit ($\Lambda_{m,eq}$) erhalten. Die molare Äquivalentleitfähigkeit gibt also an, wie viel elektrische Leitfähigkeit pro Äquivalent des Elektrolyten zur Leitfähigkeit beiträgt.

$$\Lambda_{m,eq} = \frac{\Lambda_m}{|z|} \xrightarrow{mit\,Gl.\,16.3} \Lambda_{eq} = \frac{\kappa}{|z| \cdot c} = \frac{\kappa}{c_{eq}} \text{ mit } c_{eq} = |z| \cdot c \qquad (16.5)$$

Λ_{eq} – Äquivalentleitfähigkeit, Sm^{2}mol^{-1}
z – Ionenwertigkeit, dimensionslos
c – Elektrolytkonzentration, molm^{-3}
c_{eq} – äquivalente Stoffmengenkonzentration Elektrolyt, molm^{-3}

16.1 · Leitfähigkeit von Elektrolytlösungen – Grundlagen

Analog zur molaren Grenzleitfähigkeit nimmt auch die molare Äquivalentleitfähigkeit bei unendlicher Verdünnung einen Maximalwert an, der elektrolytspezifisch ist und als molare Grenzäquivalentleitfähigkeit ($\Lambda_{m,eq,0}$) bezeichnet wird.

$$\Lambda_{m,eq,0} = \frac{\Lambda_{m,0}}{|z|} = \lim_{c \to 0} \frac{\kappa}{|z| \cdot c} \quad (16.6)$$

$\Lambda_{m,eq,0}$ – molare Grenzäquivalentleitfähigkeit, Sm^{2}mol^{-1}

Die Grenzäquivalentleitfähigkeit eignet sich am besten zum direkten Vergleich verschiedener Ionen, da eine Korrektur der Werte hinsichtlich Wertigkeit oder Konzentration nicht mehr erforderlich ist.

16.1.2 Ionenbeweglichkeit und Wanderungsgeschwindigkeit

Die elektrische Leitfähigkeit von Elektrolytlösungen ist nicht nur von der Konzentration des Elektrolyten (▶ Abschn. 16.2) abhängig, sondern auch von der Geschwindigkeit, mit der sich die Ionen durch die Lösung bewegen.

Wird an eine Elektrolytlösung ein elektrisches Feld angelegt (◘ Abb. 16.1), wirkt auf jedes Anion und Kation einerseits die elektrische Kraft (F_{el}; Gl. 16.7, ▶ Abschn. 15.1.2), die das Ion zusammen mit seiner Hydrathülle in Richtung der entgegengesetzt geladenen Kathode oder Anode beschleunigt. Andererseits wirkt eine entgegengesetzt gerichtete Reibungskraft gemäß Stokes auf die Ionen (F_R, Gl. 16.8).

Nachdem das Ion anfänglich durch das elektrische Feld beschleunigt wird (Gl. 16.7),

$$F_{el} = |z| \cdot e \cdot E \quad (16.7)$$

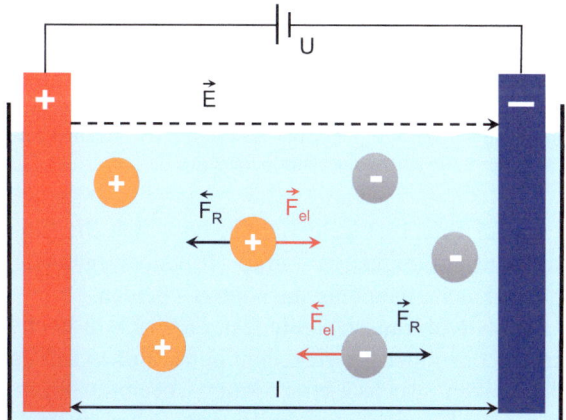

◘ **Abb. 16.1** Elektrolytionen wandern im elektrischen Feld: Anionen zur Kathode (+) und Kationen zur Anode (−)

F_{el} – elektrische Kraft, N
$|z|$ – Betrag der Ionenwertigkeit, dimensionslos
e – elektrische Elementarladung, As
E – elektrische Feldstärke Vm^{-1}

wirkt mit zunehmender Ionengeschwindigkeit die Viskosität des Lösungsmittels verstärkt als bremsende Kraft (Gl. 16.8),

$$F_R = 6 \cdot \pi \cdot \eta \cdot r_h \cdot v \quad (16.8)$$

F_R – Reibungskraft nach Stokes, N
η – dynamische Viskosität Lösungsmittel, Nm^{-2}s
r_h – hydrodynamischer Radius, m
v – Wanderungsgeschwindigkeit, Driftgeschwindigkeit, ms^{-1}

bis sich ein stationärer Zustand (Gl. 16.9) und somit eine gleichförmige Ionengeschwindigkeit einstellt. Die maximale Ionengeschwindigkeit (v) wird als Driftgeschwindigkeit bezeichnet.

$$F_{el} = F_R \to |z| \cdot e \cdot E = 6 \cdot \pi \cdot \eta \cdot r_h \cdot v \to$$
$$v = \frac{|z| \cdot e \cdot E}{6 \cdot \pi \cdot \eta \cdot r_h} \quad (16.9)$$

Die Wanderungsgeschwindigkeit nimmt mit der elektrischen Feldstärke linear zu (Gl. 16.9). Teilt man die Wanderungsgeschwindigkeit durch die elektrische Feldstärke, so erhält man mit der Ionenbeweglichkeit (u) eine ionenspezifische, feldunabhängige Größe.

Die Ionenbeweglichkeit (u) ist definiert als die Wanderungsgeschwindigkeit (v) von Ionen bei 25 °C und einer elektrischen Einheitsfeldstärke von 1 Vm^{-1}.

$$u = \frac{v}{E} \xrightarrow{mit\, Gl.\, 16.9} u = \frac{|z| \cdot e}{6 \cdot \pi \cdot \eta \cdot r_h} \quad (16.10)$$

u – Ionenbeweglichkeit, m^{2}V^{-1}s^{-1}

Aus Gl. 16.10 geht hervor, dass die Ionenbeweglichkeit (u) von der Viskosität des Lösungsmittels (η), der Temperatur (η, r_h) und der Art des Ions (z, r_h) abhängt.

■ **Allgemeine Tendenzen der Ionenbeweglichkeit**

Gemäß Gl. 16.10 ist die Ionenbeweglichkeit umgekehrt proportional zum hydrodynamischen Radius (r_h). ◘ Tab. 16.1 zeigt jedoch, dass die Ionenbeweglichkeit von Li$^+$ (Ionenradius 76 pm) über Na$^+$ (102 pm) zum K$^+$ (138 pm) zunimmt, obwohl auch der Ionenradius ansteigt.

◘ **Tab. 16.1** Grenzäquivalentleitfähigkeit ($\lambda_{m,eq,0}$) und Ionenbeweglichkeit (u) ausgewählter Ionen in Wasser bei 25 °C

Ion	Einheit	H$^+$	Li$^+$	Na$^+$	K$^+$	Et$_4$N$^+$	OH$^-$	F$^-$	Cl$^-$	CH$_3$COO$^-$
$\lambda_{m,eq,0}$	S · cm^2 · mol^{-1}	349,6	38,7	50,1	73,5	32,4	199,1	55,4	76,4	40,9
1000 · u	cm^2 · s^{-1} · V^{-1}	3,62	0,40	0,52	0,76	0,47	2,06	0,57	0,79	0,42
r$_{Ion}$	pm	–	76	102	138	–	110	133	181	–
r$_{Hydrathülle}$	pm	450	300	200	150	–	175	175	150	225

Die Erklärung liegt darin, dass der hydrodynamische Radius nicht identisch ist mit dem „reinen" Ionenradius, sondern das Ion mit seiner Hydrathülle beschreibt (▶ Abb. 15.13b). Da das Ion und dessen Hydrathülle sich als Gesamtheit durch das Lösungsmittel bewegt, bestimmen Reibungskräfte zwischen Hydtathülle und Lösungsmittel maßgeblich die Beweglichkeit von Ionen. Kleinere Ionen besitzen bei gleicher Ladung (e) auf der Oberfläche eine höhere Ladungsdichte (e/4 · π · r^2) als größere Ionen und sind deshalb stärker hydratisiert. Infolge dessen nimmt der hydrodynamische Radius von Lithium zu Cäsium sukzessive ab (r$_h$), während die Ionenbeweglichkeit (u) entsprechend zunimmt.

■ **Grotthuß-Mechanismus**

Eine außergewöhnlich hohe Ionenbeweglichkeit und damit Grenzleitfähigkeit in wässriger Lösung zeigen die Dissoziationsprodukte von Wasser: Hydronium-Ion (H$_3$O$^+$) und das Hydroxid-Ion (OH$^-$) (◘ Tab. 16.1). Scheinbar wandern diese Ionen deutlich schneller durch die Lösung als alle anderen Ionen.

Diese Beobachtung lässt sich durch den Grotthuß-Mechanismus erklären. Dabei wandern nicht die Hydroniumionen respektive Hydroxidionen selbst durch die Elektrolytlösung, sondern „lediglich" deren positive bzw. negative Ladung. Die Ladung wird über ein Netzwerk von Wasserstoffbrückenbindungen von einem Wassermolekül zum nächsten weitergereicht. Ein Prozess, der als Protonhopping, ◘ Abb. 16.2a) in die wissenschaftliche Literatur Eingang gefunden hat. Da keine Masse (Zentralion plus Ionenwolke) bewegt wird, sondern „nur" Bindungen gelöst und neu geknüpft werden, erfolgt die Ladungsweiterleitung rasend schnell. Dieser Mechanismus ist in seiner Wirkung vergleichbar mit einem Dominoeffekt oder dem Impulsübertrag in einem Kugelstoßpendel (◘ Abb. 16.2b).

■ **Gesetz der unabhängigen Ionenwanderung**

Bei der Leitfähigkeitsmessung wird die molare Leitfähigkeit (Λ_m) als Summe der einzelnen molaren Ionen-Grenzleitfähigkeiten ($\lambda_{m,eq,0}$) erfasst. Die einzelnen Ionen-Grenzleitfähigkeiten können nicht direkt gemessen werden.

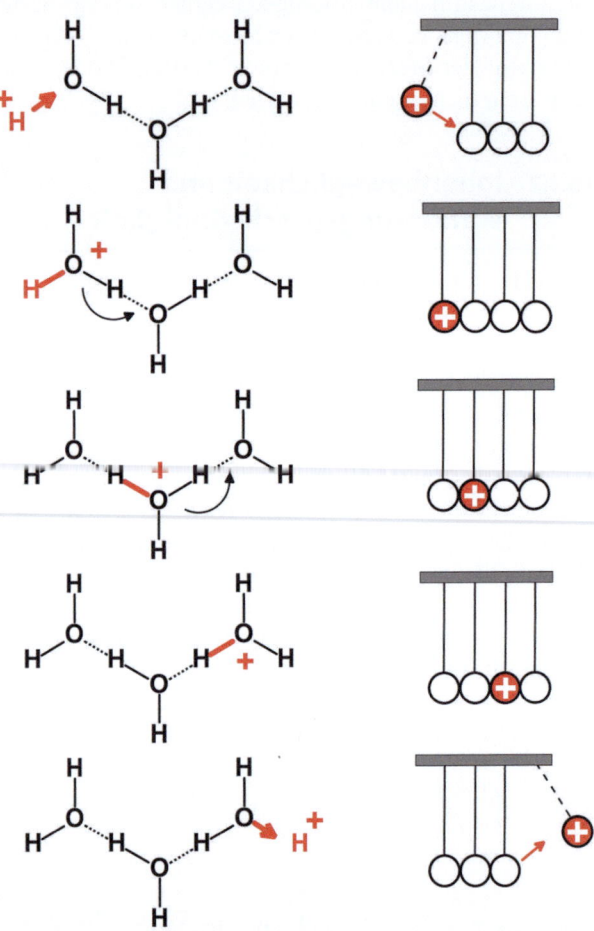

◘ **Abb. 16.2** Der Grotthuß-Mechanismus (**a**) erklärt die hohe Grenzäquivalentleitfähigkeit ($\lambda_{eq,0}$) respektive Beweglichkeit (u) von Protonen in Wasser. Fortpflanzung des Protons (H+) analog zur Impulswanderung in einem Kugelstoßpendel (**b**)

Aus ◘ Tab. 16.1 geht hervor, dass sich die Grenzäquivalentleitfähigkeiten und Ionenbeweglichkeiten verschiedener Ionen teils stark unterscheiden.

Bereits Kohlrausch stellte fest, dass sich in hochverdünnten Lösungen die einzelnen Zentralionen mit ihren Ionenwolken wechselseitig kaum beeinflussen und somit unabhängig voneinander im elektrischen Feld wandern können. Daraus folgt, dass die molare Grenz-

16.2 · Leitfähigkeit von Elektrolyten – Konzentrationsabhängigkeit

leitfähigkeit eines Elektrolyten der Summe der molaren Grenzleitfähigkeiten der Kationen und Anionen entspricht (Gl. 16.11).

Das hat zu Konsequenz, dass z. B. K$^+$-Ionen in hochverdünnten Lösungen von Kaliumbromid (K$^+$Br$^-$) und Kaliumacetat (CH$_3$COO$^-$K$^+$) dieselbe Ionenbeweglichkeit (u) und Grenzleitfähigkeit ($\lambda_{eq,0}$) aufweisen.

$$\Lambda_{m,0} = \Sigma\left(\nu_+ \cdot \lambda_{m,+,0}\right) + \Sigma\left(\nu_- \cdot \lambda_{m,-,0}\right) \tag{16.11}$$

$\Lambda_{m,0}$ – molare Grenzleitfähigkeit eines Elektrolyten
ν_+ – stöchiometrischer Faktor der Kationen, dimensionslos
$\lambda_{m,+,0}$ – molare Grenzleitfähigkeit von Kationen
ν_- – stöchiometrischer Faktor der Anionen, dimensionslos
$\lambda_{m,-,0}$ – molare Grenzleitfähigkeit von Anionen

Das Gesetz der unabhängigen Ionenwanderung erlaubt es, die molare Grenzleitfähigkeit schwacher Elektrolyten zu bestimmen. Da schwache Elektrolyten nur in hochverdünnter Lösung vollständig dissoziieren ($\alpha = 1$), sind direkte Leitfähigkeitsmessungen oft ungenau und dadurch auch das Ergebnis für die Grenzleitfähigkeit durch Extrapolation (◘ Abb. 16.5b, goldfarbene Kurve).

Stattdessen kann die molare Grenzleitfähigkeit beispielsweise für Essigsäure (HAc) mithilfe des Gesetzes der unabhängigen Ionenwanderung nach Kohlrausch aus der Summe der molaren Ionen-Grenzleitfähigkeiten für das Hydroniumion (H$^+$) und das Acetation (Ac$^-$, z. B. Natriumacetat) berechnet werden.

$$\Lambda_{m,0}(HAc) = 1 \cdot \lambda_{m,0}(H^+) + 1 \cdot \lambda_{m,0}(Ac^-) = 349{,}6\, S \cdot cm^2 \cdot mol^{-1} + 40{,}9\, S \cdot cm^2 \cdot mol^{-1} = 390{,}5\, S \cdot cm^2 \cdot mol^{-1} \tag{16.12}$$

16.2 Leitfähigkeit von Elektrolyten – Konzentrationsabhängigkeit

Da die Leitfähigkeit von Elektrolytlösungen von deren Dissoziationsgrad (α) abhängt, werden schwache ($\alpha \ll 1$) und starke Elektrolyten ($\alpha = 1$) getrennt voneinander betrachtet.

16.2.1 Schwache Elektrolyten – Ostwald'sches Verdünnungsgesetz

Wenn schwache Elektrolyten in Wasser gelöst werden, zerfällt nur ein geringer Teil der Moleküle in Ionen.

Somit stehen die Ionen im Gleichgewicht mit den undissoziierten Molekülen (◘ Abb. 16.3), was Wilhelm Ostwald (Nobelpreis 1909) veranlasste, das Massenwirkungsgesetz (MWG; ▶ Abschn. 14.1.3, Gl. 14.43) auf das Dissoziationsgleichgewicht anzuwenden.

Wird Essigsäure in einer Anfangskonzentration von c_0 in Wasser gelöst, so beträgt die Konzentration an dissoziierten Protonen (H$^+$) und Acetatanionen (CH$_3$COO$^-$) im Gleichgewichtszustand jeweils $\alpha \cdot c_0$. Die Konzentration der undissoziierten Essigsäure beträgt demnach $c_0 - \alpha \cdot c_0 = c_0 \cdot (1 - \alpha)$.

Einsetzen der Gleichgewichtskonzentrationen in das Massenwirkungsgesetz ergibt das Ostwald'sche Verdünnungsgesetz:

$$K_D = \frac{c(H^+) \cdot c(CH_3COO^-)}{c(CH_3COOH)} = \frac{\alpha \cdot c_0 \cdot \alpha \cdot c_0}{c_0 \cdot (1-\alpha)} = \frac{\alpha^2}{1-\alpha} \cdot c_0 \xrightarrow{mit\, \alpha \ll 1\, folgt} K_D \approx c_0 \cdot \alpha^2 \to \alpha \approx \sqrt{\frac{K_D}{c_0}} \tag{16.13}$$

K_D – Dissoziationskonstante, moll^{-1}
α – Dissoziationsgrad, dimensionslos
c_0 – Ausgangskonzentration Elektrolyt, moll^{-1}

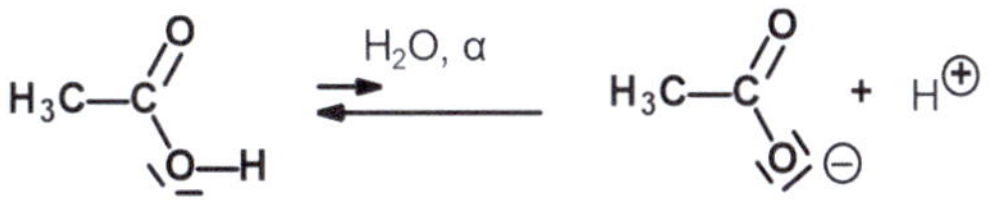

Da nur die dissoziierten Ionen zur Leitfähigkeit beitragen und sich die molare Grenzleitfähigkeit ($\Lambda_{m,0}$) auf den vollständig dissoziierten Zustand eines Elektrolyten bezieht, ergibt sich die gemessene molare Leitfähigkeit (Λ_m) eines schwachen Elektrolyten als Produkt aus der molaren Grenzleitfähigkeit ($\Lambda_{m,0}$) und dem Dissoziationsgrad (α).

$$\Lambda_m = \alpha \cdot \Lambda_{m,0} \to \alpha = \frac{\Lambda_m}{\Lambda_{m,0}} \ll 1 \tag{16.14}$$

◘ Abb. 16.3 Dissoziation von Essigsäure in wässriger Lösung

Λ_m – gemessene molare Leitfähigkeit, Sm^2mol^{-1}

$\Lambda_{m,0}$ – molare Grenzleitfähigkeit, Sm^2mol^{-1}

Der Dissoziationsgrad (α) eines schwachen Elektrolyten konvergiert bei hohen Konzentrationen gegen null, während er bei starker Verdünnung gegen eins ($\alpha \to 1$) strebt. Für eine gegebene Konzentration (c_0) lässt sich der Wert des Dissoziationsgrads (α) aus dem Verhältnis der gemessenen Leitfähigkeit (Λ_m) zur Grenzleitfähigkeit ($\Lambda_{m,0}$) bestimmen.

Die Grenzleitfähigkeiten gelten gleichermaßen für schwache und starke Elektrolyten, da sie jeweils für unendliche Elektrolytverdünnungen bestimmt werden, bei denen sowohl schwache als auch starke Elektrolyten vollständig dissoziiert sind ($\alpha = 1$). Daher können zur Berechnung des Dissoziationsgrads schwacher Elektrolyten die für starke Elektrolyten experimentell bestimmten Grenzleitfähigkeiten ($\Lambda_{m,0}$) verwendet werden.

Einsetzen von α (Gl. 16.14) in Gl. 16.13 unter Berücksichtigung, dass α sehr viel kleiner eins ist, ergibt für das Ostwald'sche Verdünnungsgesetz:

$$K_D = c_0 \cdot \left(\frac{\Lambda_m}{\Lambda_{m,0}}\right)^2 \longrightarrow \Lambda_m = \Lambda_{m,0} \cdot \sqrt{\frac{K_D}{c_0}}$$

Ostwald'sches Verdünnungsgesetz (16.15)

Der Zusammenhang (Gl. 16.15) beschreibt für schwache Elektrolyten wie Essigsäure einen hyperbelförmigen Verlauf der molaren Leitfähigkeit in Abhängigkeit der Elektrolytkonzentration (◘ Abb. 16.5b, goldfarbene Linie).

16.2.2 Starke Elektrolyten – Kohlrausch'sches Quadratwurzelgesetz

Starke Elektrolyten dissoziieren im gesamten Konzentrationsbereich vollständig ($\alpha = 1$) in ihre Ionen. Daher wäre zu erwarten, dass mit zunehmender Elektrolytkonzentration, gleichbedeutend mit steigender Konzentration an Ladungsträgern (Ionen), die spezifische Leitfähigkeit starker Elektrolyte kontinuierlich zunimmt.

In der Praxis zeigt sich jedoch ein abweichendes Verhalten. Zwar nimmt anfänglich die spezifische Leitfähigkeit mit der Elektrolytkonzentration linear zu, doch bei Konzentrationen um ca. 5 mol/l wird ein Maximum erreicht. Bei weiterer Konzentrationszunahme sinkt die spezifische Leitfähigkeit wieder (◘ Abb. 16.5a).

Eine Erklärung für das beschriebene Verhalten lieferten Debye und Hückel mit ihrem Ionenwolkenmodell. Sie zeigten, dass die weitreichenden Coulombkräfte der Ionen zu inhomogenen Nahordnungen um die Ionen führen. Im zeitlichen Mittel ist jedes Ion (Zentralion, ◘ Abb. 16.4a) von einer kugelsymmetrischen Ionenwolke aus entgegengesetzt geladenen Ionen umgeben. Jedes Ion ist gleichzeitig Zentralion seiner eigenen Ionenwolke, aber auch Bestandteil anderer Ionenwolken wodurch sich die inhomogenen lokalen Ladungsverteilungen innerhalb der gesamten Elektrolytlösung herausmitteln. Mit zunehmender Entfernung vom Zentralion nehmen die Coulombkräfte ab, sodass die Struktur der Ionenwolke allmählich verloren geht.

Die Ausdehnung der Ionenwolke ist eine Funktion der Konzentration und Wertigkeit der Ionen, der Temperatur und der relativen Dielektrizitätskonstante (ε_r) des Lösungsmittels.

◘ **Abb. 16.4** Nahordnung von Ionen starker Elektrolyte (**a**). Nach Anlegen eines elektrischen Feldes bewegen sich Zentralion und Ionenwolke in entgegengesetzte Richtung (**b**)

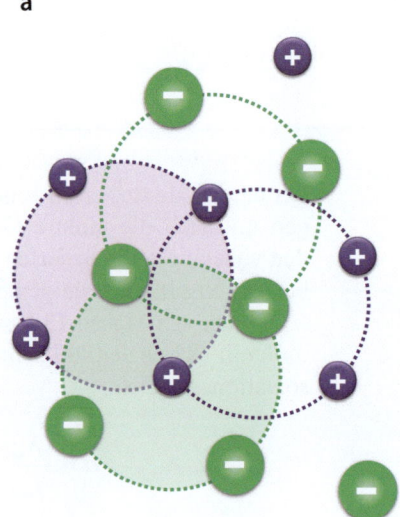
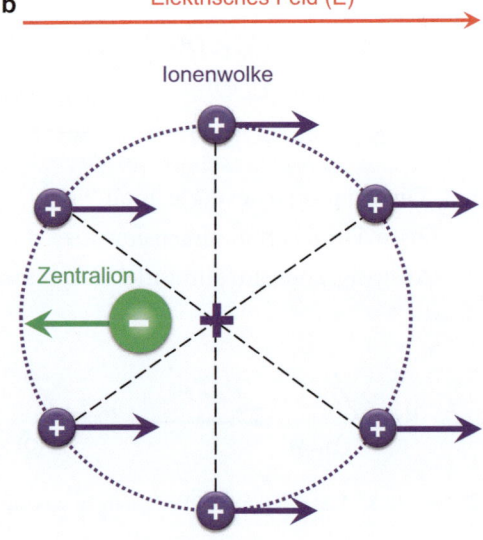

16.2 · Leitfähigkeit von Elektrolyten – Konzentrationsabhängigkeit

● **Abb. 16.5** Die spezifische Leitfähigkeit starker Elektrolyte wird sehr stark von der Konzentration beeinflusst (**a**), während die Äquivalentleitfähigkeit nur geringfügig mit der Konzentration abfällt (**b**)

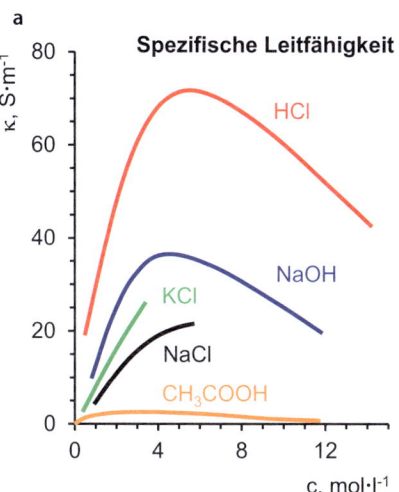
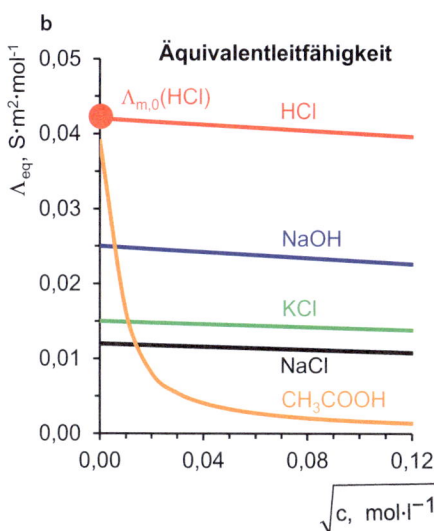

Beim Anlegen eines externen elektrischen Feldes (E) wird die Nahordnung von Zentralion und Ionenwolken gestört (● Abb. 16.4b). Die Beweglichkeit der Ionen (Zentralion und Ionenwolke) und somit auch die elektrische Äquivalentleitfähigkeit nehmen durch folgende zwei Effekte ab:

- Elektrophoretischer Effekt: Das Zentralion und dessen Ionenwolke bewegen sich nach Anlegen eines elektrischen Feldes in entgegengesetzte Richtungen (● Abb. 16.4b). Dabei erzeugen die Ionenwolken mit ihrer Solvathülle eine Flüssigkeitsströmung, gegen die das Zentralion mit seiner Hydrathülle ankämpfen muss und dadurch abgebremst wird.
- Relaxationseffekt/Asymmetrieeffekt: Da das Zentralion und die Ionenwolke in entgegengesetzte Richtungen wandern, muss sich die Ionenwolke um das Zentralion kontinuierlich neu ausbilden. Der Neuaufbau erfolgt etwas zeitverzögert zur Bewegung des Zentralions, sodass das Zentralion dem Ladungsschwerpunkt der Ionenwolke leicht vorauswandert. Durch die elektrostatische Wechselwirkung zwischen dem Zentralion und dem rückversetzten Ladungsschwerpunkt der Ionenwolke wird das Zentralion zusätzlich abgebremst (● Abb. 16.4b).

Die Äquivalentleitfähigkeit starker Elektrolyten nimmt mit **zunehmender Verdünnung** zu, da sich die Zentralionen mit ihren Ionenwolken wechselseitig weniger stören, beweglicher sind und somit pro Zeiteinheit mehr elektrische Ladung transportieren können. Die Grenzäquivalentleitfähigkeit ($\Lambda_{eq,0}$) wird durch eine Verdünnungsreihe des Elektrolyten und Messung der jeweiligen Äquivalentleitfähigkeit (Λ_{eq}) bestimmt. Bei unendlicher Verdünnung (c → 0) treten keine elektrostatischen Coulombwechselwirkungen mehr zwischen den Ionen auf, sodass die Ionen die größtmögliche Beweglichkeit aufweisen und die Grenzäquivalentleitfähigkeit ($\Lambda_{eq}, 0$) gemessen wird (● Abb. 16.5b).

Die moderate Konzentrationsabhängigkeit der Äquivalentleitfähigkeit starker Elektrolyten (● Abb. 16.5b) wird durch das empirisch ermittelte Kohlrausch'sche Quadratwurzelgesetz beschrieben:

$$\Lambda_{eq} = \Lambda_{eq,0} - k \cdot \sqrt{c_{eq}} \quad \text{und } \Lambda_{eq,0} = \lim_{c,eq \to 0}\left[\Lambda_{eq}\left(c_{eq}\right)\right] \quad \text{mit } c_{eq} = c_0 \cdot |z| \quad \textit{Kohlrausch'sches Gesetz} \quad (16.16)$$

Λ_{eq} – Äquivalentleitfähigkeit, Sm^2mol^{-1}

$\Lambda_{eq,0}$ – Grenzäquivalentleitfähigkeit, Sm^2mol^{-1}

k – Konstante, $Sm^2l^{1/2}mol^{-3/2}$

c_{eq} – äquivalente Stoffmengenkonzentration des Elektrolyten, $moll^{-1}$

c_0 – Ausgangskonzentration, $moll^{-1}$

z – Ionenwertigkeit, dimensionslos

Das Kohlrausch'sche Gesetz gilt ausschließlich für starke Elektrolyte und streng genommen nur für Konzentrationen < 0,01 $moll^{-1}$. Es ermöglicht durch Messung der Äquivalentleitfähigkeit (Λ_{eq}) bei verschiedenen Stoffmengenkonzentrationen (c_{eq}) und grafischer Darstellung von Λ_{eq} gegen die Quadratwurzel der Konzentration, die Grenzäquivalentleitfähigkeit ($\Lambda_{eq,0}$) durch Extrapolation als Ordinatenabschnitt zu bestimmen (● Abb. 16.5b).

Schwache Elektrolyte wie Essigsäure (● Abb. 16.5b, goldfarbene Kurve) folgen hingegen nicht dem Kohlrausch'schen Quadratwurzelgesetz (Gl. 16.16, $\Lambda_{eq} \sim \sqrt{c_{eq}}$), sondern dem Ostwald'schen Verdünnungsgesetz (Gl. 16.15, $\Lambda_{eq} \sim 1/\sqrt{c_{eq}}$).

Im 20. Jahrhundert gelang es Debye und Hückel, das ursprünglich empirisch ermittelte Kohlrausch'sche Quadratwurzelgesetz (Gl. 16.16) auf Basis theoretischer Annahmen mathematisch herzuleiten, was allerdings den Rahmen dieses Kapitels bei weitem sprengen würde.

> **Übersicht - Leitfähigkeit von Elektrolyten**
>
> **Spezifische Leitfähigkeit (κ)**
>
> Die spezifische Leitfähigkeit (κ) ist der Kehrwert des spezifischen elektrischen Widerstands (ρ). Die spezifische Leitfähigkeit ist ein um die Geometriefaktoren der Elektroden und Messzelle bereinigter, *materialspezifischer* Faktor des elektrischen Leitwerts. Die spezifische Leitfähigkeit ist jedoch von der Elektrolytkonzentration abhängig (◘ Abb. 16.5a). Die Einheit der spezifischen Leitfähigkeit ist Siemens pro Meter (Sm^{-1}).
>
> $$\kappa = G \cdot C \qquad (16.17)$$
>
> **Molare Leitfähigkeit (Λ_m)**
>
> Die spezifische Leitfähigkeit (κ) ist eine Funktion der Konzentration der Elektrolytlösung. Für ideal verdünnte Lösungen verhält sich $\kappa \sim c$. Um verschiedene Elektrolytlösungen besser miteinander vergleichen zu können, wird die molare Leitfähigkeit (Λ_m) herangezogen. Sie ergibt sich aus der spezifischen Leitfähigkeit dividiert durch die Elektrolytkonzentration (c). Die molare Leitfähigkeit gibt an, welchen Beitrag ein Mol Elektrolyt zur Leitfähigkeit beiträgt. Die Einheit der molaren Leitfähigkeit ist Sm^{2}mol^{-1}.
>
> $$\Lambda_m = \frac{\kappa}{c} \qquad (16.18)$$
>
> **Molare Grenzleitfähigkeit ($\Lambda_{m,0}$)**
>
> Kohlrausch konnte empirisch zeigen, dass die molare Leitfähigkeit starker Elektrolyte mit der Wurzel der Elektrolytkonzentration abnimmt. Trägt man die molare Leitfähigkeit (Λ_m) gegen die Wurzelbeträge der jeweiligen Elektrolytkonzentration auf, ergibt sich eine Gerade, deren Schnittpunkt mit der Ordinate (c = 0, unendliche Verdünnung) der molaren Grenzleitfähigkeit entspricht ($\Lambda_{m,0}$, ◘ Abb. 16.5b). Die molare Grenzleitfähigkeit ist charakteristisch für einen bestimmten Elektrolyten und hat die Einheit Sm^{2}mol^{-1}. Bezieht man die einzelnen Grenzleitfähigkeiten nicht auf den Gesamtelektrolyten, sondern auf einzelne Ionen, verwendet man die Symbole λ_m und $\lambda_{m,0}$.
>
> $$\Lambda_{m,0} = \lim_{c \to 0}\left[\Lambda_m(c)\right] \; bzw. \; \lambda_{m,0} = \lim_{c \to 0}\left[\lambda_m(c)\right] \qquad (16.19)$$
>
> **Äquivalentleitfähigkeit (Λ_{eq})**
>
> Ionen wie Calcium (Ca^{2+}) transportieren bei gleicher molarer Konzentration zwei elektrische Ladungen, also doppelt so viele elektrische Ladungen wie z. B. einwertige Natriumionen (Na$^+$). Um dies zu berücksichtigen, teilt man die molare Leitfähigkeit (Λ_m) durch den Betrag der Ionenwertigkeit (|z|). Das Ergebnis ist die Äquivalentleitfähigkeit (Λ_{eq}), die die Leitfähigkeit pro Elementarladung beschreibt. Die Äquivalentleitfähigkeit ist die geeignetste Größe für den Vergleich unterschiedlicher Elektrolyte. Die Einheit der Äquivalentleitfähigkeit ist S · m^2 · mol^{-1}.
>
> $$\Lambda_{eq} = \frac{\Lambda_m}{|z|} = \frac{\kappa}{c \cdot |z|} \qquad (16.20)$$
>
> **Grenzäquivalentfähigkeit ($\Lambda_{eq,0}$)**
>
> Die Äquivalentleitfähigkeit nimmt mit steigender Konzentration ab. Trägt man die Äquivalentleitfähigkeit (Λ_{eq}) gegen die Quadratwurzelbeträge der jeweiligen Konzentration auf, ergibt sich für starke Elektrolyte eine Gerade, die die Ordinate (c = 0, unendliche Verdünnung) beim Wert der Grenzäquivalentleitfähigkeit ($\Lambda_{eq,0}$) schneidet. Die Grenzäquivalentleitfähigkeit ist charakteristisch für die jeweilige Ionenspezie und hat die Einheit Sm^{2}mol^{-1}.
>
> $$\Lambda_{eq,0} = \lim_{c \to 0}\left[\frac{\Lambda_m(c)}{|z|}\right] \qquad (16.21)$$
>
> **Wanderungsgeschwindigkeit (v)**
>
> Die Wanderungsgeschwindigkeit beschreibt, mit welcher Geschwindigkeit sich Ionen in einer Elektrolytlösung im elektrischen Feld bewegen. Die Wanderungsgeschwindigkeit ergibt sich als Gleichgewichtszustand zwischen der antreibenden Kraft des elektrischen Feldes (E) und der hemmenden Stokes'schen Reibungskraft (η, r_h) des Lösungsmittels. Die Wanderungsgeschwindigkeit hat die Einheit ms^{-1}. Sie nimmt proportional mit der elektrischen Feldstärke zu.
>
> $$v = \frac{|z| \cdot e \cdot E}{6 \cdot \pi \cdot \eta \cdot r_h} \qquad (16.22)$$
>
> **Ionenbeweglichkeit (u)**
>
> Die Wanderungsgeschwindigkeit (v) ist linear zur elektrischen Feldstärke (E). Die feldstärkenunabhängige Ionenbeweglichkeit (u), entspricht dem Verhältnis aus Wanderungsgeschwindigkeit (v) dividiert durch die elektrische Feldstärke (E). Die Ionenbeweglichkeit (u) hat die Einheit m^{2}s^{-1}V^{-1}.
>
> $$u = \frac{v}{E} \qquad (16.23)$$

Galvanische Elemente – Umwandlung von chemischer in elektrische Energie

Inhaltsverzeichnis

17.1 Die Anfänge – Die Volta'sche Säule als erste zuverlässige Stromquelle – 382

17.2 Halbzellen – Metalle verfügen über einen charakteristischen Lösungsdruck – 382

17.3 Galvanische Zellen – Kombination zweier Halbzellen – 383
17.3.1 Daniell-Element – Kombination von Kupfer- und Zinkhalbzelle – 383
17.3.2 Normalpotenzial – Normalwasserstoffelektrode als Referenz – 385
17.3.3 Elektrochemische Spannungsreihe – Auflistung von Redoxpaaren nach ihren Normalpotenzialen – 386

17.4 Nernst-Gleichung – Einfluss von Temperatur und Elektrolytkonzentration auf das Zellpotenzial – 387
17.4.1 Nernst-Gleichung – Herleitung – 387
17.4.2 Nernst-Gleichung – Anwendungsbeispiele – 388

17.5 Primärelemente und Sekundärelemente – Nichtaufladbare und aufladbare galvanische Elemente – 393
17.5.1 Zink-Kohle-Batterie (Leclanché-Element) – Die erste Trockenbatterie – 393
17.5.2 Alkali-Mangan-Batterie – Universalbatterie mit hohem Auslaufschutz – 395
17.5.3 Bleiakkumulator – Aufladbare Starterbatterie mit hoher Stromstärke – 396
17.5.4 Brennstoffzelle – Kontrollierte „Verbrennung" von Wasserstoff erzeugt elektrischen Strom – 397
17.5.5 Lithiumionenakkumulatoren – Hohe Energiedichte, prädestiniert für E-Mobilität – 399

17.6 Korrosion – Galvanische Prozesse zerstören Metalle – 401
17.6.1 Lokalelement – Unterschiedliche Metalle werden durch Elektrolytlösung kurzgeschlossen – 401
17.6.2 Korrosionsschutz – 402

17.1 Die Anfänge – Die Volta'sche Säule als erste zuverlässige Stromquelle

Im Jahr 1791 beobachtete der italienische Arzt Luigi Galvani, dass die Muskulatur von Froschschenkeln zuckte, wenn diese mit unterschiedlichen Metallen in Berührung kamen.

Alessandro Volta erkannte, dass der Effekt auf elektrische Ströme zurückzuführen ist, die durch die leitfähige Gewebeflüssigkeit der Froschmuskulatur von einem Metall zum anderen flossen. Basierend auf dieser Erkenntnis entwickelte er zunächst eine sogenannte Becherapparat. Die Becher enthielten Salzlösungen und wurden mit Metallbügeln überbrückt, deren Enden aus verschiedenen Metallen - üblicherweise Kupfer und Zink - bestanden. Voltas Becherapparatur war in der Lage, über längere Zeit Strom zu erzeugen und gilt als die erste funktionstüchtige Batterie.

In zahlreichen Versuchen verbesserte Volta den Versuchsaufbau und landete schließlich bei einem säulenartigen Apparat (◘ Abb. 17.1), der kaum noch Elektrolytlösung benötigte. Die nach ihm benannte Volta'sche Säule bestand aus alternierend übereinandergeschichteten Kupfer- und Zinkscheiben, die durch mit Salzlösung getränkte Filzscheiben voneinander getrennt waren. Die Volta'sche Säule stellte die erste Stromquelle dar, die elektrischen Strom auf Abruf mit einer Spannung von etwa 30 V liefern konnte. Volta konnte zeigen, dass das Kupfer- und das Zinkende der Säule unterschiedliche elektrische Ladungen trugen. Anfassen der beiden Enden erzeugte ein Kribbeln in den Händen, das sofort aufhörte, wenn eine Hand losließ. Diese Beobachtung war nur mit fließendem Strom erklärbar, ein Novum zu jener Zeit. Die Volta'sche Säule machte Allesandro Volta berühmt und leitete das Zeitalter der Elektrizität ein. Zu seinen Ehren wurde die Maßeinheit der elektrischen Spannung (▶ Abschn. 15.1.5) Volt genannt.

Die Möglichkeit, Strom bei Bedarf zu erzeugen, war die Voraussetzung für weitere bahnbrechende Entdeckungen. Die Beobachtung Hans Christian Ørsteds, dass stromdurchflossene Leiter Magnetnadeln ablenken, war der Einstieg in das Zeitalter des Elektromagnetismus.

17.2 Halbzellen – Metalle verfügen über einen charakteristischen Lösungsdruck

Galvanische Elemente bestehen aus zwei sogenannten Halbzellen, die elektrisch leitend miteinander verbunden sind. Eine Halbzelle besteht jeweils aus einem Metallstab (Elektrode), der in eine wässrige Salzlösung des entsprechenden Metallions (Elektrolyt) eintaucht (◘ Abb. 17.2).

Je nach Metall lösen sich mehr oder weniger Metallionen aus der Elektrode und gehen in den Elektrolyten über, wobei die zurückbleibenden Elektronen die Elektrode negativ aufladen. Da Metalle unterschiedlichen Lösungsdruck aufweisen, laden sich Elektroden verschieden stark negativ auf. Allgemein gilt, je unedler ein

◘ Abb. 17.1 Volta'sche Säule (1799). Die erste elektrische Stromquelle, die Strom auf Bedarf bereitstellte (© JJ Osuna Caballero/► Shutterstock.com)

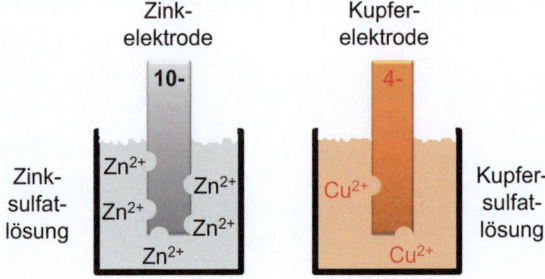

◘ Abb. 17.2 Halbzellen. Zink besitzt einen höheren Lösungsdruck als Kupfer

Metall, desto höher ist sein Lösungsdruck und umso stärker ist die negative Auflagung der Elektrode.

Beispielsweise gehen deutlich mehr Zinkionen aus einer Zinkelektrode in eine 1-molare Zinksulfatlösung über als Kupferionen aus einer Kupferelektrode in eine 1-molare Kupfersulfatlösung (◘ Abb. 17.2).

Daraus folgt, dass die Zinkelektrode stärker negativ geladen ist als die Kupferelektrode. Anders ausgedrückt, das unedlere Zink lässt sich leichter oxidieren als das edlere Kupfer. Mit der Zeit laden sich die Elektroden unterschiedlich stark negativ auf, während sich die Elektrolytlösungen entsprechend positiv auflädt. Dadurch fällt es zum einen den Metallkationen immer schwerer, die entgegengesetzt geladene Elektrode zu verlassen, und zum andern scheiden sich vermehrt Metallkationen an der Elektrode ab. Nach einiger Zeit wird ein Gleichgewicht (Steady State) erreicht, d. h. genauso viele Metallkationen gehen in Lösung wie Metallkationen sich auf der Elektrode abscheiden.

- **Elektrochemische Doppelschicht**

Wird eine Metallelektrode in eine Elektrolytlösung getaucht, gehen Metallionen (◘ Abb. 17.3, graue Kreise) in Lösung und deren Elektronen (grün) bleiben auf der Elektrode zurück. Sie verteilen sich auf der Elektrodenoberfläche (Faraday'sches Prinzip), sodass diese negativ geladen ist. Die negativen Ladungen der Elektrode werden von einer gleichen Anzahl an Gegenionen (positive Metallionen) in der elektrochemischen Doppelschicht Elektrode/Elektrolytlösung ausgeglichen. Die resultierenden Coulombkräfte zwischen negativer Elektrodenoberfläche und Gegenionen sorgen dafür, dass ein Teil der freigesetzten Metallionen nicht sofort ins Elektrolytinnere diffundieren, sondern an der Phasengrenze verbleibt (◘ Abb. 17.3, Sternschicht). Durch die Ladungstrennung zwischen Elektrode und Gegenionen entsteht ein negatives Elektrodenpotenzial, das in der starren Sternschicht linear bis auf das sogenannte Sternpotenzial abfällt (Analogie zum Kondensator).

An die statische Sternschicht schließt sich zum Ladungsausgleich eine mit frei beweglichen Gegenionen des Elektrolyten (blaue Kreise) angereicherte, diffuse Schicht an. Die Dicke der diffusen Schicht (Sternschicht) resultiert aus dem dynamischen Gleichgewicht der Wechselwirkung von elektrostatischen Kräften, thermischer Bewegung und den generellen Elektrolytströmungsverhältnissen. In der diffusen Schicht fällt die Konzentration der Gegenionen und somit auch das elektrische Potential (φ) mit zunehmendem Abstand (d) von der Elektrodenoberfläche exponentiell ab.

Das elektrische Restpotenzial an der Abscherebene bezeichnet man als Zetapotenzial (ξ). Es wird beispielsweise zur Charakterisierung von Kolloid-Suspensionen und Emulsionen herangezogen. Ist das Zetapotenzial > 50 mV, so verhindern die elektrostatischen Abstoßungskräfte zwischen den Partikeln deren Aggregation, die Dispersion bleibt stabil und segregiert nicht.

Die gesamte elektrochemische Doppelschicht, bestehend aus Stern- und diffuser Schicht ist nur wenige Nanometer dick und wird als Helmholtz-Doppelschicht bezeichnet.

17.3 Galvanische Zellen – Kombination zweier Halbzellen

Galvanische Zellen bestehen aus zwei Halbzellen und sind die einfachste Form von Batterien (▶ Abschn. 17.5). Durch die Trennung der Oxidations- und Reduktionsreaktion in den Halbzellen sind diese räumlich voneinander getrennt. Durch den höheren Lösungsdruck von Zink ist die Zinkelektrode in ◘ Abb. 17.5 stärker negativ geladen als die Kupferelektrode. Dadurch liegt eine Potenzialdifferenz (▶ Abschn. 15.1.5), auch elektrische Spannung bezeichnet, von 1,11 V zwischen der Zink- und der Kupferelektrode vor. Diese Potenzialdifferenz der Halbzellen wird auch als elektromotorische Kraft (EMK) bezeichnet, da sie die Triebkraft für den Elektronenfluss der Zelle ist.

17.3.1 Daniell-Element – Kombination von Kupfer- und Zinkhalbzelle

Der britische Chemiker Daniell hat als erster die Zink- und die Kupferhalbzelle zu einer galvanischen Zelle, dem sogenannten Daniell-Element, kombiniert. Dabei wandern die überschüssigen Elektronen der Zinkanode über einen externen Stromkreis zur Kupferkathode. Dort werden Kupferionen aus der Kupfersulfatlösung reduziert und scheiden sich an der Kupferkathode ab

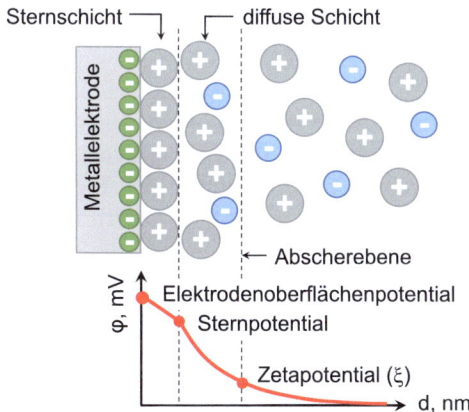

◘ Abb. 17.3 Struktur der elektrochemischen Doppelschicht an einer Metallelektrode

(◘ Abb. 17.5). Mit der Zeit löst sich die Zinkanode auf, während die Kupferkathode an Masse zulegt.

> **Wichtiger Hinweis!**
> Für alle **galvanischen Zellen** gilt:
> - Die Anode ist immer negativ geladen (Minuspol). An der Anode werden Teilchen oxidiert (Zn → Zn^{2+}), d. h. sie geben Elektronen ab.
> - Die Kathode ist immer positiv geladen (Pluspol). An der Kathode werden Teilchen reduziert (Cu^{2+} → Cu), d. h. sie nehmen Elektronen auf.
>
> Die an der Anode (Elektronendonator) freigesetzten Elektronen fließen über einen externen Stromkreis zur Kathode (Elektronenakzeptor).
> **Notation**
> Bei der verkürzten Schreibweise (◘ Abb. 17.4) galvanischer Zellen gelten folgende Regeln:
> - Die anodische Halbzelle wird auf die linke Seite geschrieben, die kathodische Halbzelle auf die rechte Seite.
> - Die beiden Halbzellen werden durch eine doppelte vertikale Linie (‖) voneinander getrennt.
> - Diese doppelte vertikale Linie steht für eine Membran, Salzbrücke oder ein Diaphragma.
> - Eine einzelne vertikale Linie (|) entspricht einer Phasengrenze zwischen Elektrode (Metall) und Elektrolytlösung.

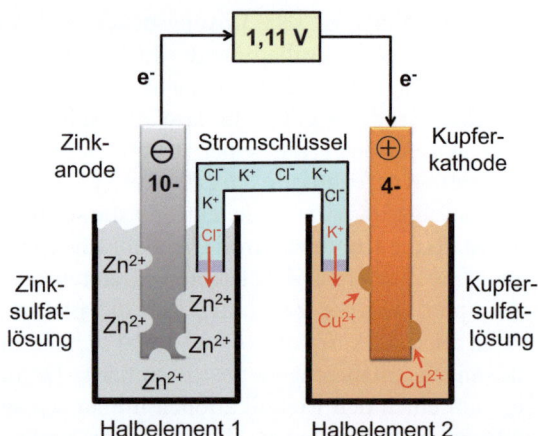

◘ **Abb. 17.5** Daniell-Element. Zink- und Kupferhalbzelle ergeben eine Zellspannung von 1,11 V

Die an der Zinkanode freigesetzten Elektronen werden an der Kupferkathode benötigt, um die Kupferionen zu reduzieren.

Die beiden Halbzellen (◘ Abb. 17.5) müssen voneinander getrennt sein, damit sich die Elektrolytlösungen ($CuSO_4$ und $ZnSO_4$) der beiden Halbzellen nicht vermischen, weil sich sonst die „edleren" Cu^{2+}-Ionen auf der negativen Zinkanode abscheiden würden. Es könnten keine Zinkionen mehr in die Elektrolytlösung überwechseln, wodurch der externe Elektronenfluss von der Zink- zur Kupferelektrode zum Erliegen käme.

Durch den externen Elektronenfluss von der Zinkanode zur Kupferkathode verringert sich die Anzahl an Elektronen innerhalb des Halbelements 1. Dies führt zu einer positiven Auflandung des Elektrolyten durch den Zn^{2+}-Überschuss im Anodenraum (◘ Abb. 17.5). Dadurch nimmt der Lösungsdruck der Zinkanode ab und es gehen mit der Zeit keine Zinkionen mehr in Lösung.

Der Zufluss von Elektronen über den externen Stromkreis zur Kupferkathode führt zur Abscheidung von Kupferionen an der Kathode. Dadurch entsteht ein Überschuss an SO_4^{2-}-Ionen, wodurch sich die Elektrolytlösung der Kupferhalbzelle negativ auflädt. Die zunehmende Coulombkraft des negativen Elektrolyten würde keine weitere Abscheidung von Kupferionen mehr zulassen.

Als Ergebnis würde die zum externen Elektronenfluss entgegengesetzte Auflandung der Elektrolytlösungen den externen Elektronenfluss unterbrechen, da der Stromkreis innerhalb des Elektrolyten nicht mehr geschlossen wäre.

Die Zinkelektrode entspricht der Anode, da dort Zn zu Zn^{2+} oxidiert wird. Die Kupferelektrode ist die Kathode, da dort Cu^{2+}-Ionen zu elementarem Cu reduziert werden.

Kurzschreibweise Daniell-Zelle: $- Zn \mid Zn^{2+} \parallel Cu^{2+} \mid Cu$
Anode, Oxidation von Zink: $- Zn \rightarrow Zn^{2+} + 2\,e$
Kathode, Reduktion von Kupfer: $- Cu^{2+} + 2\,e \rightarrow Cu$
Redoxgleichung: $- Zn + Cu^{2+} \rightarrow Zn^{2+} + Cu$

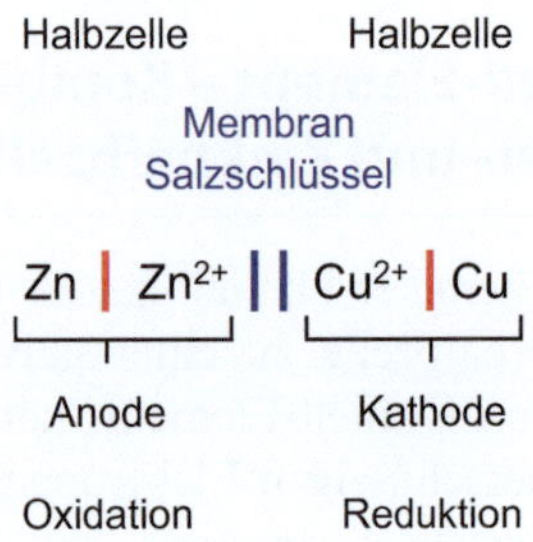

■ **Salzbrücke – Poröse Membran**

Beide Problemstellungen – die räumliche Trennung von Anoden- und Kathodenraum sowie das Überbrücken des internen Stromkreises – können durch sogenannte Salzbrücken bzw. Membranen gelöst werden.

Halbzelle	Halbzelle
\multicolumn{2}{c}{Membran Salzschlüssel}
Zn | Zn^{2+} ‖ Cu^{2+} | Cu	
Anode	Kathode
Oxidation	Reduktion

◘ **Abb. 17.4** Kurzschreibweise galvanischer Elemente am Beispiel des Daniell-Elements

In Laborexperimenten erfolgt die räumliche Trennung von Anodenreaktion (Halbelement 1) und Kathodenreaktion (Halbelement 2) durch zwei Bechergläser die über eine Salzbrücke verbunden sind. Eine solche Salzbrücke wird auch als Stromschlüssel bezeichnet.

Die Salzbrücke ist ein umgedrehtes U-Rohr, das mit einer gesättigten Elektrolytlösung, z. B. K_2SO_4, gefüllt ist. Der Elektrolyt muss so gewählt sein, dass er weder eine elektrochemische Reaktion mit den beiden Elektroden noch eine chemische Reaktion mit den Elektrolyten der beiden Halbzellen eingeht. Üblicherweise kommt KCl, KNO_3 oder K_2SO_4 zum Einsatz. Die Elektrolytlösung wird mit Gelatine oder Agar verdickt und die Enden des Schlüssels werden mit einer Membran versehen, um Diffusionseffekte zu minimieren.

Der Stromschlüssel sorgt für den Ladungsausgleich zwischen den beiden Halbzellen, indem er beispielsweise zwei Chloridionen pro in Lösung gegangenes Zinkkation an den Anodenraum und zwei Kaliumionen pro abgeschiedenes Kupferatom an den Kathodenraum abgibt. Der elektrische Stromkreis bleibt dadurch geschlossen, sodass der externe Elektronenfluss weiter erfolgen kann, bis entweder die Zinkanode aufgebraucht ist oder sämtliches Kupfer des Elektrolyten auf der Kathode abgeschieden wurde.

Zusammengefasst erfüllen Salzbrücken folgende Funktionen:
- Sie verhindern das Vermischen der Elektrolytlösungen der beiden Halbelemente.
- Sie sorgen für den Ladungsausgleich zwischen den Elektrolytlösungen der beiden Elektrodenkammern.
- Sie schließen den internen Stromkreis (Ionenleitung), sodass der externe Stromkreis (Elektronenleitung) nicht zum Erliegen kommt.

Im Labor werden aus Gründen der Einfachheit und Flexibilität meist Salzbrücken in Form von U-Rohren verwendet. Für den kommerziellen Einsatz in Batterien sind diese jedoch ungeeignet. Stattdessen kommen semipermeable Membranen – auch als Diaphragma bezeichnet – zum Einsatz, die aus Papier, Kunststoff oder Vlies bestehen. Diese Membranen (◘ Abb. 17.6) sind nur für bestimmte Ionen durchlässig, sodass der Ladungsausgleich durch Diffusion erfolgen kann.

17.3.2 Normalpotenzial – Normalwasserstoffelektrode als Referenz

Das Potential respektive die elektrische Spannung galvanischer Zellen hängt von Faktoren ab, wie dem

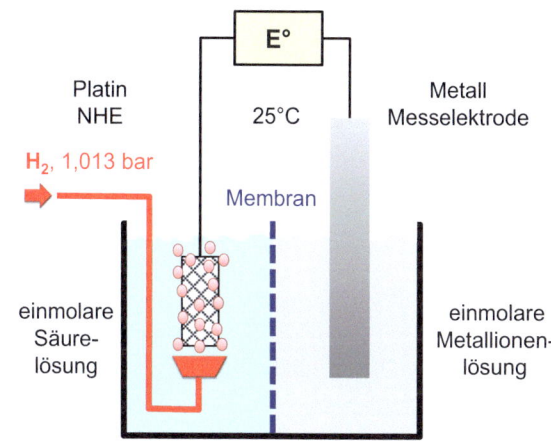

◘ **Abb. 17.6** Bestimmung des Normalpotenzials (E^0). Normalwasserstoffelektrode (NHE) als Referenzpunkt

Elektrodenmaterial, der Elektrolytkonzentration, der Temperatur usw.

Um die Potentiale verschiedener galvanischer Halbzellen vergleichen zu können, wurde international die Wasserstoffelektrode als Referenzhalbzelle festgelegt.

Die Normal-Wasserstoffelektrode besteht aus einem platinierten Platinblech – einem Platinblech, auf das fein verteiltes Platin abgeschieden wurde. Dieses Blech befindet sich in einer Säurelösung und wird von Wasserstoff umspült (◘ Abb. 17.6). An der Pt-Elektrode wird Wasserstoff an der Oberfläche des fein verteilten Platins adsorbiert und katalytisch oxidiert ($H_2 \rightarrow 2\,H^+$).

Unter Standardbedingungen beträgt der Wasserstoffdruck 101.325 Pa (1 atm) und die Aktivitäten der Elektrolytlösungen (Säure und Salzlösung) jeweils 1 mol/l. Wenn zusätzlich die Systemtemperatur 298 K (25 °C) beträgt, spricht man von Normalbedingungen.

Das Normalpotenzial der Normalwasserstoffelektrode (NHE, engl. Abkürzung für normal hydrogen electrode) ist seit 1912 definitionsgemäß auf $E° = 0\,V$ festgelegt. Durch Kombination der Normalwasserstoffelektrode mit Halbzellen von Metallelektroden, die in eine einmolare Salzlösung des jeweiligen Metalls tauchen, können die Normalpotenziale ($E°$) einzelner Halbzellen bestimmt werden (◘ Abb. 17.6 und 17.7).

Beispielsweise wird für die Zink/Zinksulfat-Halbzelle relativ zur NHE als Normalpotenzial $E° = -0{,}76\,V$ gemessen. Somit wird Zink oxidiert und geht als Zn^{2+}-Ionen in Lösung (Anode: $Zn \rightarrow Zn^{2+} + 2\,e^-$), wodurch die Elektrode mit der Zeit aufgebraucht wird. Die Elektronen fließen von der Zinkelektrode in Richtung NHE, wo sie Protonen zu Wasserstoff reduzieren (Kathode: $2\,H^+ + 2\,e^- \rightarrow H_2$). Wasserstoff löst quasi Zink auf.

Im Fall der Kupfer/Kupfersulfat-Halbzelle wird als Normalpotenzial $E^0 = +0{,}35\,V$ gemessen. Wasserstoff wird somit an der NHE zu Protonen oxidiert (Anode:

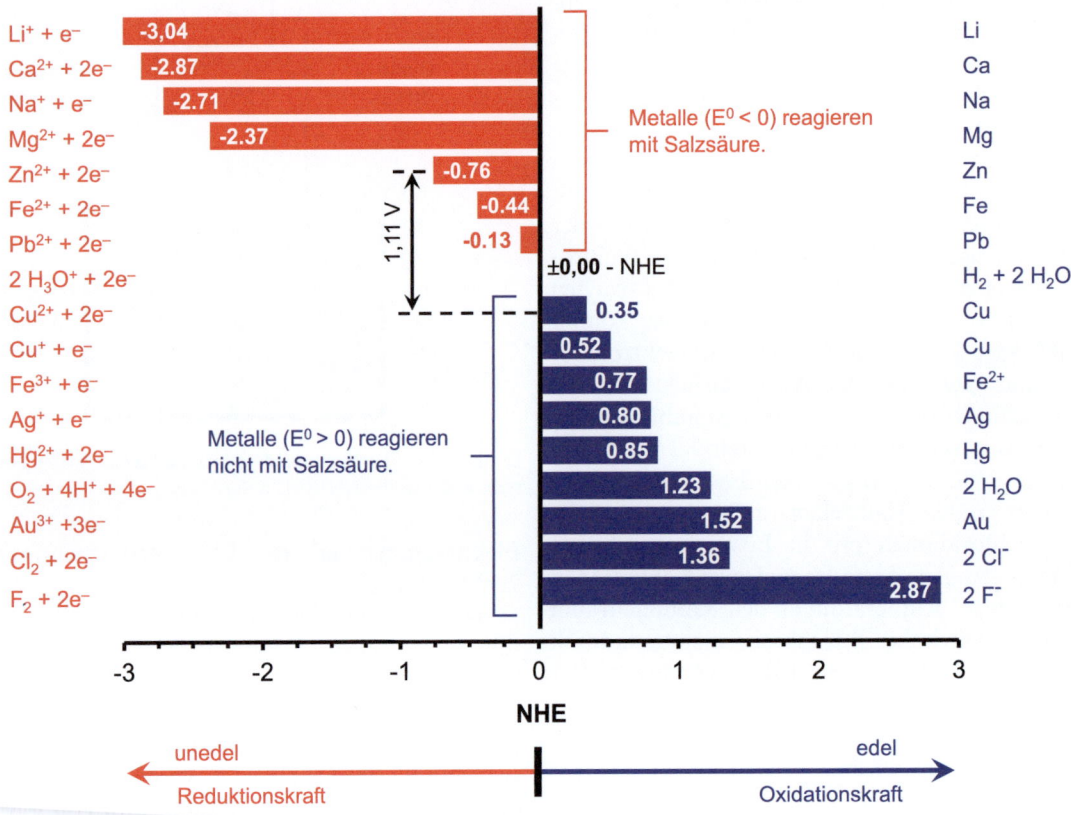

Abb. 17.7 Elektrochemische Spannungsreihe. Redoxverhalten der Elemente

$H_2 \rightarrow 2\,H^+ + 2\,e^-$) und die dadurch auf dem Platinblech der Normalwasserstoffelektrode zurückbleibenden Elektronen fließen zur Kupferelektrode, um Kupferionen des Elektrolyten als Kupfermetall abzuscheiden (Kathode: $Cu^{2+} + 2\,e^- \rightarrow Cu$). Kupfer löst quasi Wasserstoff auf.

Zusammengefasst oxidiert Kupfer Wasserstoff und Wasserstoff Zink. Anders ausgedrückt: Kupfer ist edler als Wasserstoff und dieser wiederum edler als Zink und somit ist Kupfer edler als Zink.

17.3.3 Elektrochemische Spannungsreihe – Auflistung von Redoxpaaren nach ihren Normalpotenzialen

Reiht man die Elemente gemäß ihrem Normalhalbzellenpotenzial auf, so wird die elektrochemische Spannungsreihe erhalten. Sie erstreckt sich über einen Potenzialbereich (Abb. 17.7) von −3 V (Elektronendonatoren) bis +3 V (Elektronenakzeptoren). Das Vorzeichen der Normalpotenziale (E°) ist so festgelegt, dass es sich jeweils auf die Reduktionsreaktion in der Halbzelle bezieht.

Je negativer das Normalpotenzial ist, desto leichter gibt das Element Elektronen ab, ein umso stärkeres Reduktionsmittel ist es. Lithium mit einem Normalpotenzial von −3,04 V ist das stärkste Reduktionsmittel.

Das andere Extrem ist Fluor mit einem Normalpotenzial von +2,87 V. Es ist das stärkste chemische Oxidationsmittel, da es begierig Elektronen aufnimmt unter Bildung von Fluoridionen (Elektronenoktett).

Metalle mit negativem Normalpotenzial lösen sich in verdünnten Säuren und setzen dabei Wasserstoff frei. Elemente mit positivem Normalpotenzial hingegen lösen sich in verdünnten Säuren nicht auf.

Die elektrochemische Spannungsreihe erklärt, warum elementares Zink (E° = −0,76 V) beim Kontakt mit Kupfersalzlösungen (E° = +0,35 V) korrodiert (Zn → Zn^{2+} + 2 e^-) und sich gleichzeitig Kupfer abscheidet (Cu^{2+} + 2e^- → Cu↓, Abb. 17.5). Dagegen wird Silberblech (E° = +0,80 V) von Kupferlösungen nicht angegriffen, da das Normalpotenzial von Silber positiver ist als das von Kupfer. Das bedeutet, Silber ist edler als Kupfer.

Allgemein ergibt sich die Zellspannung ($E°_{Zell}$) eines galvanischen Elements (z. B. Batterie, Akku, Brennstoffzelle) oder einer elektrolytischen Zelle aus der Differenz der Normalpotenziale der Kathoden- ($E°_K$) und Anodenhalbzelle ($E°_A$).

$$E^0_{Zell} = E^0_K - E^0_A \qquad (17.1)$$

Die Normalzellspannung des Daniell-Elements beispielsweise berechnet sich als Differenz der Normalpotenziale von Kupfer und Zink zu:

$$E^0_{Zell} = +0{,}35\,V - (-0{,}76\,V) = +1{,}11\,V$$

Es fällt auf, dass Lithium das stärkste Reduktionsmittel ist, obwohl die Ionisierungsenergie und die Elektronegativität innerhalb der Gruppe der Alkalimetalle mit zunehmender Periodenzahl abnehmen (▶ Abschn. 2.7.2). Wie bereits bei der Ionenbeweglichkeit (▶ Abschn. 16.1.2) festgestellt wurde, ist das kleine Lithiumkation stärker hydratisiert. Die große Hydratationsenergie von Li^+ überkompensiert die höhere Ionisierungsenergie, wodurch Lithium leichter oxidiert wird als beispielsweise Natrium (E° = −2,71 V).

17.4 Nernst-Gleichung – Einfluss von Temperatur und Elektrolytkonzentration auf das Zellpotenzial

Normalpotenziale beschreiben das Elektrodenpotenzial von Halbzellen unter Standardbedingungen: bei einer Elektrolytkonzentration von 1 mol/l und einer Temperatur von 25 °C. Sie ermöglichen die Zellpotenziale beliebiger galvanischer Elemente vorherzusagen.

In der Praxis weichen Elektrolytkonzentration und Temperatur jedoch häufig von den Standardbedingungen ab. Das tatsächliche Elektrodenpotenzial (E) einer Halbzelle unterscheidet sich daher vom Normalpotenzial (E°).

Diese Abweichung lässt sich mithilfe der Nernst-Gleichung berechnen, die 1889 von Walther Nernst (◘ Abb. 17.8, Nobelpreis 1920) hergeleitet wurde. Allgemein kann mit der Nernst-Gleichung (Gl. 17.7) das Elektrodenpotenzial einer Halbzelle in Abhängigkeit von der Elektrolytkonzentration, der Temperatur und dem zugrunde liegenden Redoxsystem berechnet werden.

Die Nernst-Gleichung ist eine der zentralen Gleichungen der Elektrochemie. Sie dient nicht nur für die Berechnung von Redoxpotenzialen und Zellspannungen, sondern findet auch Anwendung bei der Berechnung von Löslichkeitsprodukten, pH-Werten oder Membranpotenzialen in biologischen Zellen.

◘ **Abb. 17.8** Walther Nernst (1864–1941, Nobelpreis für Chemie 1920), Mitbegründer der physikalischen Chemie, Pionier der Elektrochemie

17.4.1 Nernst-Gleichung – Herleitung

Die Redoxprozesse in einem galvanischen Element laufen spontan ab, also unter Abgabe freier Enthalpie (ΔG), sodass eine Beziehung zwischen Zellspannung (ΔE) und freier Enthalpie (ΔG) gegeben ist.

■ **Freie Energie**

Für eine chemische Reaktion ergibt sich die Änderung der freien Enthalpie zu (▶ Abschn. 12.3.2):

$$\Delta G = \Delta G^0 + R \cdot T \cdot \ln K \qquad (17.2)$$

ΔG – Änderung der freien Enthalpie der Redoxreaktion, Jmol^{-1}

ΔG° – Änderung der freien Enthalpie der Redoxreaktion unter Normalbedingungen, Jmol^{-1}

R – allgemeine Gaskonstante, JK^{-1}mol^{-1}

T – absolute Temperatur, K

K – Gleichgewichtskonstante der Redoxreaktion, dimensionslos

Redoxreaktionen werden per Konvention immer als Reduktion formuliert.

$$Ox + z \cdot e \rightleftarrows Red \quad (17.3)$$

Ox – oxidierte Spezies des Redoxpaars
Red – reduzierte Spezies des Redoxpaars
z – Anzahl der übertragenen Elektronen

Somit ergibt sich als Gleichgewichtskonstante (K) für das Redoxsystem:

$$K = \frac{c_{Red}}{c_{Ox}} \quad (17.4)$$

c_{Red} – Konzentration der reduzierten Spezies des Redoxpaars, $moll^{-1}$

c_{Ox} – Konzentration der oxidierten Spezies des Redoxpaars, $moll^{-1}$

■ **Elektrische Arbeit**

Die von einer galvanischen Zelle geleistete elektrische Arbeit (W_{el}) ergibt sich aus dem Produkt der Zellspannung (E) und der fließenden elektrischen Ladung (Q). Falls beispielsweise 1 mol Zinkionen (z = 2) im Anodenraum in Lösung geht, fließen 2 mol Elektronen (e⁻) über die externe Leitung und leisten elektrische Arbeit. Die Ladungsmenge (Q) beträgt somit allgemein $z \cdot N_A \cdot e$. Die Ladungsmenge von 1 mol Elektronen ($N_A \cdot e$) entspricht 96.485 C und wird in der Elektrochemie als Faraday-Konstante (F) bezeichnet. Da der Vorgang freiwillig abläuft, wird diese Energie der galvanischen Zelle an die Umgebung abgegeben, wodurch sich das Negativzeichen erklärt.

$$\begin{aligned} W_{el} &= E \cdot Q \xrightarrow{mit\ Q = z \cdot N_A \cdot e} W_{el} \\ &= -z \cdot E \cdot N_A \cdot e \xrightarrow{mit\ F = N_A \cdot e} W_{el} \\ &= -z \cdot E \cdot F = \Delta G \end{aligned} \quad (17.5)$$

W_{el} – elektrische Arbeit, J
E – Zellspannung des Redoxpaars, V
Q – elektrische Ladungsmenge, C
z – Anzahl der übergehenden Elektronen, dimensionslos
N_A – Avogadro-Konstante, mol^{-1}
e – Elementarladung, C
F – Faraday-Konstante, $Cmol^{-1}$

Unter isobaren (dp = 0) und isothermen (dT = 0) Bedingungen entspricht die Änderung der freien Reaktionsenthalpie (ΔG) der maximal möglichen elektrischen Arbeit (W_{el}). Für diesen Fall kann Gl. 17.5 in Gl. 17.2 eingesetzt werden. Umstellen der Gleichung ergibt:

$$\begin{aligned} -z \cdot E \cdot F &= -z \cdot E^0 \cdot F + R \cdot T \cdot lnK \rightarrow \\ E &= E^0 - \frac{R \cdot T}{z \cdot F} \cdot lnK \end{aligned} \quad (17.6)$$

Einsetzen der Gleichung 17.4 für die Gleichgewichtskonstante (K) und vereinfachen des Logarithmus [−lnK = +ln(1/K)] ergibt schließlich die Nernst-Gleichung:

$$E = E^0 + \frac{R \cdot T}{z \cdot F} \cdot \ln\left(\frac{c_{Ox}}{c_{Red}}\right) \quad Nernst-Gleichung \quad (17.7)$$

E – Elektrodenpotenzial unter gegebenen Bedingungen, V
E° – Elektrodenpotenzial bei Normalbedingungen, V
R – allgemeine Gaskonstante, $JK^{-1}mol^{-1}$
T – absolute Temperatur, K
z – Anzahl der bei der Redoxreaktion übergehenden Elektronen, dimensionslos
F – Faraday-Konstante, $Cmol^{-1}$
c_{Ox} – Konzentration der oxidierten Spezies eines Redoxpaars, $moll^{-1}$
c_{Re} – Konzentration der reduzierten Spezies eines Redoxpaars, $moll^{-1}$

17.4.2 Nernst-Gleichung – Anwendungsbeispiele

▶ **Beispiel 1 – Galvanische Konzentrationszellen**

Ein Spezialfall galvanischer Elemente ist das sogenannte Konzentrationselement. In einer solchen Zelle bestehen beide Halbzellen aus dem gleichen Elektrodenmetall (◘ Abb. 17.9, z. B. Zn) und enthalten denselben Elektrolyten (z. B. $ZnSO_4$), weisen aber unterschiedliche Elektrolytkonzentrationen ($c_K > c_A$) auf.

Zu Beginn ist die Zinkionenkonzentration in der kathodischen Halbzelle (c_K, Halbzelle 2) höher als die der anodischen Halbzelle (c_A, Halbzelle 1). Da die Elektrolytlösung der Anode weniger Zinkionen enthält, ist der Lösungsdruck der metallischen Zinkelektrode in der Anodenzelle höher als der der Kathodenzelle. Daher lösen sich im Anodenraum mehr Zinkatome aus der Elektrode als im Kathodenraum.

Dadurch wird die Anodenelektrode negativer aufgeladen als die Kathodenelektrode, weshalb die Anode der negative Pol und die Kathode der positive Pol der Konzentrationszelle ist.

17.4 · Nernst-Gleichung – Einfluss von Temperatur und Elektrolytkonzentration auf das Zellpotenzial

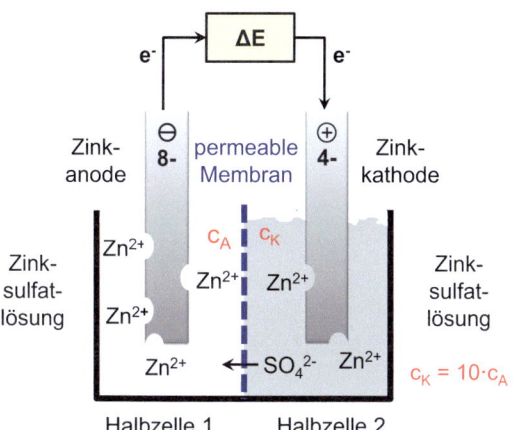

Abb. 17.9 Konzentrationszellen sind galvanische Zellen, deren Halbzellen sich nur in der Elektrolytkonzentration unterscheiden

Die entstehende Potenzialdifferenz ($\Delta E = U$) zwischen den beiden Halbzellen ist messbar und es erfolgt ein externer Stromfluss (Q) von der Anode in Richtung Kathode.

Damit der Stromkreis intern geschlossen wird und der Ladungsausgleich gegeben ist, wandern Sulfatanionen über eine permeable Membran vom Kathoden- in den Anodenraum (Halbzelle 1).

Der Konzentrationsunterschied der beiden Halbzellen versucht sich über die Zeit anzugleichen. Da ein Konzentrationsausgleich über die für Zinkionen undurchlässige Membran nicht möglich ist, erfolgt dieser durch fortlaufende Redoxreaktionen an den Elektroden. Das bedeutet,

an der Anode gehen so lange Zinkionen in Lösung, bis die Konzentration an Zinkionen im Anodenraum (c_A) mit der im Kathodenraum (c_K) übereinstimmt oder die Anode vollständig verbraucht ist.

Aufgabe

Es soll das Elektrodenpotenzial einer Zinkkonzentrationszelle berechnet werden, wobei die Zinksulfatkonzentration im Kathodenraum zehnmal so groß ist wie die im Anodenraum.

Lösung

Kurzschreibweise: – $Zn(s) \mid Zn^{2+}(aq, klein) \parallel Zn^{2+}(aq, groß) \mid Zn(s)$

Anodenreaktion (Oxidation, Minuspol): – $Zn(s) \rightarrow Zn^{2+}(aq) + 2\,e^-$

Kathodenreaktion (Reduktion, Pluspol): – $Zn^{2+}(aq) + 2\,e^- \rightarrow Zn(s)$

Zellreaktion: – $Zn(s) + Zn^{2+}(aq) \rightarrow Zn^{2+}(aq) + Zn(s)$

Die Elektrodenpotenziale der beiden Konzentrationshalbzellen und dadurch die Zellspannung können mithilfe der Nernst-Gleichung (▶ Gl. 17.7) berechnet werden. Da Reinstoffe (Feststoffe, Flüssigkeiten) eine Aktivität von 1 besitzen, kann für die reinen Elektrodenmetalle die Konzentration von 1 mol/l angesetzt werden. Es sei erwähnt, dass für die Elektrolytkonzentration streng genommen Aktivitäten eingesetzt werden müssten, mit guter Näherung aber auch Konzentrationen ausreichen.

Anodenraum

$$E_A = E^0_A + \frac{R \cdot T}{z \cdot F} \cdot \ln\left(\frac{c_{Ox}}{c_{Red}}\right) = -0{,}76\,V + \frac{8{,}314\,JK^{-1} \cdot mol^{-1} \cdot 298\,K}{2 \cdot 96\,485\,As \cdot mol^{-1}} \cdot \ln\left[\frac{c_A\left(Zn^{2+}\right)}{1\,mol \cdot l^{-1}}\right]$$

$$= -0{,}76\,V + 0{,}01284\,V \cdot \ln\left[c_A\left(Zn^{2+}\right)\right]$$

Kathodenraum

$$E_A = -0{,}76\,V + 0{,}01284\,V \cdot \ln\left[c_K\left(Zn^{2+}\right)\right]$$

Zellspannung der Konzentrationszelle

$$E^0_{Zell} = E_K - E_A = -0{,}76\,V + 0{,}01284\,V \cdot \ln\left[c_K\left(Zn^{2+}\right)\right] - \left(-0{,}76\,V + 0{,}01284\,V \cdot \ln\left[c_A\left(Zn^{2+}\right)\right]\right)$$

$$= 0{,}01284\,V \cdot \ln\left[\frac{c_K\left(Zn^{2+}\right)}{c_A\left(Zn^{2+}\right)}\right]$$

Da die Elektrolytkonzentration im Kathodenraum zehnfach höher ist als im Anodenraum, ergibt sich für das Elektrodenpotenzial der Konzentrationszelle:

$$E^0_{Zell} = 0{,}01284\,V \cdot ln\left[\frac{c_K(Zn^{2+})}{c_A(Zn^{2+})}\right] \xrightarrow{mit\, c_K = 10 \cdot c_A} E^0_{Zell} = 0{,}01284\,V \cdot ln\left[\frac{10 \cdot c_A(Zn^{2+})}{c_A(Zn^{2+})}\right]$$

$$= 0{,}01284\,V \cdot ln(10) = 0{,}0296\,V$$

Wie das Beispiel zeigt, haben die Absolutkonzentrationen des Elektrolyten keinen Einfluss auf das Elektrodenpotenzial der Konzentrationszelle, allein der Konzentrationsunterschied zwischen Kathoden- und Anodenraum bestimmt das Elektrodenpotential.

Allgemein gilt folgende Formel zur Berechnung des Elektrodenpotenzials einer Konzentrationszelle:

$$E = \frac{R \cdot T}{z \cdot F} \cdot ln\left(\frac{c_K}{c_A}\right) \qquad c_K > c_A \qquad (17.8)$$

c_K – Elektrolytkonzentration im Kathodenraum, Elektronenakzeptorhalbzelle, moll^{-1}

c_A – Elektrolytkonzentration im Anodenraum, Elektronendonatorhalbzelle, moll^{-1} ◂

▶ **Beispiel 2 – Konzentrations- und Temperaturabhängigkeit des Zellpotenzials eines galvanischen Elements**

Stellen Sie die Konzentrations- und Temperaturabhängigkeit des Zellenpotenzials eines Daniell-Elements grafisch dar. Die Standardpotentiale für Zink und Kupfer sind wie folgt:

$E^0(Zn) = -0{,}76\,V, E^0(Cu) = +0{,}35\,V$

Variieren Sie dabei:
— die Konzentration des Kupfersulfats im Kathodenraum von 0,1–10 moll^{-1}, bei konstanter Konzentration des Zinksulfats im Anodenraum von 0,1 moll^{-1}. Die Temperatur beträgt 25 °C (◘ Abb. 17.10a).
— die Temperatur im Bereich von 0 bis +60 °C bei konstanter Zinksulfatkonzentration von 0,001 moll^{-1} und Kupfersulfatkonzentration von 1 moll^{-1} (◘ Abb. 17.10b).
— Die Aktivität fester Elektrodenmetalle wird mit 1 resp. 1 mol/l angesetzt (Standardzustand).

Lösung

Kurzschreibweise: – $Zn(s) | Zn^{2+}(aq) \| Cu^{2+}(aq) | Cu(s)$

Anodenreaktion (Oxidation, Minuspol): – $Zn(s) \rightarrow Zn^{2+}(aq) + 2\,e$

Kathodenreaktion (Reduktion, Pluspol): – $Cu^{2+}(aq) + 2\,e \rightarrow Cu(s)$

Zellreaktion: – $Zn(s) + Cu^{2+}(aq) \rightarrow Zn^{2+}(aq) + Cu(s)$

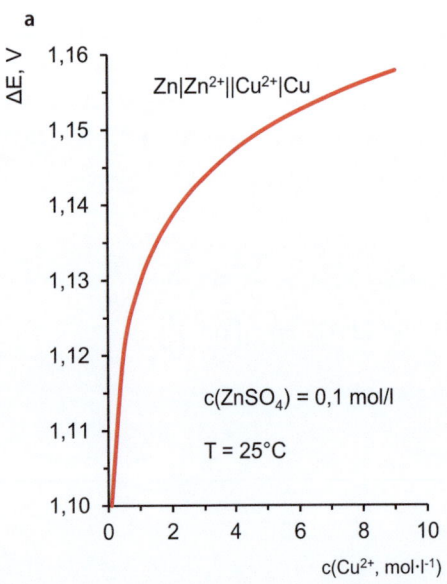
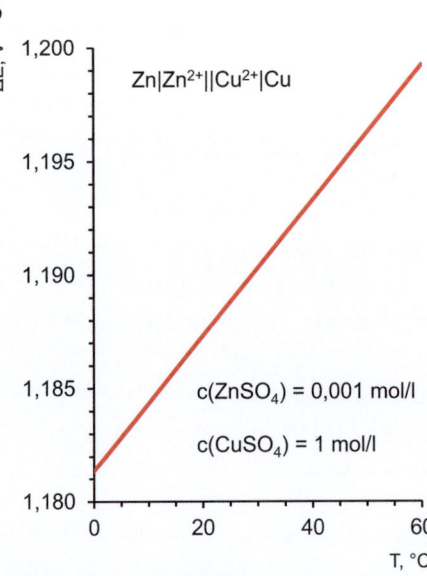

◘ **Abb. 17.10** Konzentrations- (**a**) und Temperaturabhängigkeit (**b**) des Zellpotenzials einer Daniell-Zelle

17.4 · Nernst-Gleichung – Einfluss von Temperatur und Elektrolytkonzentration auf das Zellpotenzial

Für beide Halbzellen wird die Nernst-Gleichung (▶ Gl. 17.7) angesetzt:

Konzentrationsabhängigkeit (◘ Abb. 17.10a)

$$E_A = E_A^0 + \frac{R \cdot T}{z \cdot F} \cdot \ln\left(\frac{c_{ox}}{c_{red}}\right) = -0{,}76\,V + \frac{8{,}314\,JK^{-1} \cdot mol^{-1} \cdot 298\,K}{2 \cdot 96.485\,As \cdot mol^{-1}} \cdot \ln\left[\frac{c(Zn^{2+})}{1\,mol\,l^{-1}}\right] = -0{,}76\,V + 0{,}01284\,V \cdot \ln\left[c(Zn^{2+})\right]$$

$$E_K = E_K^0 + \frac{R \cdot T}{z \cdot F} \cdot \ln\left(\frac{c_{ox}}{c_{red}}\right) = +0{,}35\,V + \frac{8{,}314\,JK^{-1} \cdot mol^{-1} \cdot 298\,K}{2 \cdot 96.485\,As \cdot mol^{-1}} \cdot \ln\left[\frac{c(Cu^{2+})}{1\,mol\,l^{-1}}\right] = +0{,}35\,V + 0{,}01284\,V \cdot \ln\left[c(Cu^{2+})\right]$$

Einsetzen der beiden Halbzellengleichungen in Gl. 17.1 zur Berechnung des Zellpotenzials einer galvanischen Zelle ergibt:

$$E_{Zell} = E_K - E_A = +0{,}35\,V - (-0{,}76\,V) + 0{,}01284\,V \cdot \left[\ln(c(Cu^{2+}) - \ln(c(Zn^{2+}))\right] = +1{,}11\,V + 0{,}01284\,V \cdot \ln\left[\frac{c(Cu^{2+})}{c(Zn^{2+})}\right]$$

Unter Berücksichtigung der konstanten Zinksulfat-Konzentration ergibt sich als Gleichung für die Zellspannung als Funktion der Konzentration des Kupfersulfatelektrolyten (◘ Abb. 17.10a).

$$E_{Zell} = +1{,}11\,V + 0{,}01284\,V \cdot \left[\ln \frac{c(Cu^{2+})}{0{,}1\,mol\,l^{-1}}\right]$$

Allgemein berechnet sich die Zellspannung eines galvanischen Elements zu:

$$E_{Zell} = E_K^0 - E_A^0 + \frac{R \cdot T}{z \cdot F} \cdot \ln\left(\frac{c_K}{c_A}\right) \qquad (17.9)$$

E_K° – Normalpotenzial der Redoxreaktion der Kathodenhalbzelle, Elektronenakzeptorhalbzelle, V

E_A° – Normalpotenzial der Redoxreaktion der Anodenhalbzelle, Elektronendonatorhalbzelle, V

c_K – Elektrolytkonzentration der Kathodenhalbzelle, mol l^{-1}

c_A – Elektrolytkonzentration der Anodenhalbzelle, mol l^{-1}

Temperaturabhängigkeit

Die Temperaturabhängigkeit errechnet sich aus der soeben hergeleiteten Gleichung 17.9 durch Variation der Temperatur.

$$E_{Zell} = +1{,}11\,V + \frac{R \cdot T}{z \cdot F} \cdot \ln\left[\frac{c(Cu^{2+})}{c(Zn^{2+})}\right]$$

Einsetzen der Konstanten ergibt für den linearen Temperaturanstieg der Normalzellspannung des Daniell-Elements (◘ Abb. 17.10b):

$$E_{Zell} = +1{,}11\,V + \frac{8{,}314\,JK^{-1} \cdot mol^{-1}\,T}{2 \cdot 96.485\,As \cdot mol^{-1}} \cdot \ln\left[\frac{1\,mol\,l^{-1}}{0{,}001\,mol\,l^{-1}}\right] = 1{,}11\,V + \frac{0{,}000298\,V \cdot T}{K} \quad \blacktriangleleft$$

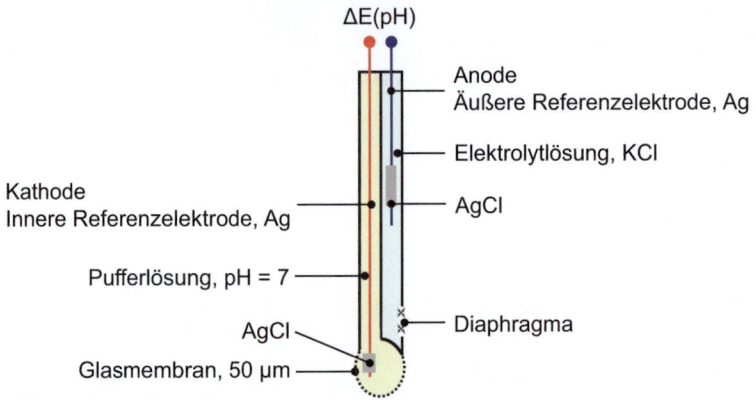

Abb. 17.11 Glaselektrode als Einstabmesskette zur Messung von pH-Werten

▶ Beispiel 3 – pH-Wert-Messungen

Die Messung und Einstellung des pH-Werts sind in der Chemie von zentraler Bedeutung, etwa zur Gewährleistung optimaler Reaktionsverläufe. Eine pH-Wert-Messung entspricht definitionsgemäß der Bestimmung der Konzentration von Hydroniumionen (H_3O^+) in einer Lösung.

Die Bestimmung des pH-Werts erfolgt mithilfe einer galvanischen Zelle, die zur praktischen Handhabung als sogenannte Einstabmesskette ausgeführt ist (Abb. 17.11). In dieser Bauform sind sowohl die pH-Wert-Messelektrode als auch die äußere Referenzelektrode in einem Doppelglasrohr integriert.

Funktionsweise

Eine dünnwandige Glasmembran ist das Herzstück einer pH-Glaselektrode. Sie ist mit einer Pufferlösung (Abb. 17.11, gelb) auf einen konstanten pH-Wert von 7 eingestellt. Sowohl die innere (rot) als auch die äußere Referenzelektrode (blau) sind in der Regel Ag/AgCl-Halbzellenelemente.

Die entscheidende Messgröße ist die Potenzialdifferenz zwischen den beiden Referenzelektroden. Sie ergibt sich aus dem Unterschied der H^+-Ionenkonzentrationen und damit der pH-Werte zwischen Außenseite und Innenseite der Glaskugelmembran.

Kurzschreibweise pH-Elektrode

— Ag(s) | AgCl(s) | Cl^-(aq) ∥ H^+(aq, außen) ∥ H^+(aq, innen) | AgCl(s) | Ag(s)

Je kleiner der pH-Wert der zu bestimmenden Lösung, desto mehr Natriumionen in der äußeren Silikatschicht (Quellschicht; Außenseite) der Glasmembran werden gegen Hydroniumionen (H_3O^+) ausgetauscht. Die Konzentration der Hydroniumionen auf der Außenseite der Glasmembran beeinflusst, über die beweglichen Natriumionen der Glasmembran, die Konzentration der Hydroniumionenkonzentration in der Silikatschicht der Innenseite der Glasmembran.

Steigt die Konzentration an Hydroniumionen an der Innenseite, wird diese durch die Pufferlösung neutralisiert. Um die durch die Neutralisation verlorenen Anionenladungen auszugleichen, gehen Chloridanionen des AgCl-Vorrats (grau) in Lösung, während die freigesetzten Silberkationen an der inneren Silberelektrode (Abb. 17.11, roter Stab) reduziert werden.

Zur Reduktion der Silberkationen auf der inneren Referenzelektrode (rot) werden Elektronen von der äußeren Silberelektrode (blau) bereitgestellt. Dadurch wirkt die innere Referenzelektrode als Kathode (Elektronenakzeptor) und die äußere Referenzelektrode als Anode (Elektronendonator).

Dadurch entsteht eine Potenzialdifferenz zwischen den beiden Silberelektroden, die proportional zur Hydroniumionenkonzentration (pH-Wert) der Messlösung ist. Nach Umrechnung des natürlichen in den dekadischen Logarithmus (ln = 2,303 · lg) ergibt sich:

$$\Delta E_{Membran} = \Delta E(pH) = E_{außen} - E_{innen} = \frac{R \cdot T}{z \cdot F} \cdot ln\left[c\left(H_3O^+, außen\right)\right] - \frac{R \cdot T}{z \cdot F} \cdot ln\left[c\left(H_3O^+, innen\right)\right]$$

$$= 2{,}303 \cdot \frac{R \cdot T}{z \cdot F} \cdot lg\left[c\left(H_3O^+, außen\right)\right] - 2{,}303 \cdot \frac{R \cdot T}{z \cdot F} \cdot lg\left[c\left(H_3O^+, innen\right)\right] \tag{17.10}$$

Berücksichtigt man noch, dass der pH-Wert als negativer dekadischer Logarithmus der H_3O^+-Ionenkonzentration {pH = $-\log[c(H_3O^+)]$} definiert ist, und unter Annahme konstanter Bedingungen (z = 1, T = 298 K), ergibt sich:

$$\Delta E(pH) = 2{,}303 \cdot \frac{8{,}314\, JK^{-1} \cdot mol^{-1} \cdot 298\, K}{96485\, As \cdot mol^{-1}} \cdot \left[-pH_{außen} - (-pH_{innen})\right] = 0{,}0592\, V \cdot \left[pH_{innen} - pH_{außen}\right] \quad (17.11)$$

Da der pH-Wert innerhalb der Membran durch die Pufferlösung konstant bleibt, kann dieser konstante Spannungsbeitrag per Kalibrierung eliminiert werden. Die gemessene Potenzialdifferenz hängt dann nur noch vom pH-Wert der zu vermessenden Lösung ($pH_{außen}$) ab.

$$\Delta E(pH) = -0{,}0592\, V \cdot pH_{außen} \xrightarrow{\text{generell mit } pH_{außen} = pH} pH = 10^{-\Delta E(pH)/0{,}0592\, V} \quad (17.12)$$

$\Delta E(pH)$ – Potenzialdifferenz zwischen der inneren und äußeren Referenzelektrode, V

$pH_{außen}$ – pH-Wert der zu vermessenden Lösung, dimensionslos ◂

17.5 Primärelemente und Sekundärelemente – Nichtaufladbare und aufladbare galvanische Elemente

Galvanische Zellen werden in zwei Hauptgruppen unterteilt: Primärelemente (Batterien, nicht wiederaufladbar) und Sekundärelement (Akkumulatoren, wiederaufladbar.) Elektrische Primärsysteme, umgangssprachlich oft als Batterien bezeichnet, sind galvanische Zellen, in denen die freiwillig ablaufende Redoxreaktion elektrische Energie liefert. Batterien verbrauchen sich mit der Zeit und können nicht wieder aufgeladen werden.

Elektrische Sekundärsysteme, auch Akkumulatoren genannt, sind dagegen wiederaufladbare galvanische Elemente. Beim Aufladen wird die Redoxreaktion des Entladevorgangs umgekehrt und elektrische Energie wieder in chemische Energie zurückverwandelt.

Generell laufen in galvanischen Zellen stromliefernde Redoxreaktionen freiwillig ab ($\Delta G < 0$), während die mit elektrischem Strom erzwungenen Aufladevorgänge ($\Delta G > 0$) mit den Redoxprozessen in Elektrolysezellen (▶ Kap. 18) vergleichbar sind.

17.5.1 Zink-Kohle-Batterie (Leclanché-Element) – Die erste Trockenbatterie

Im Jahr 1867 wurde von dem französischen Chemiker Georges Leclanché die erste kommerziell erfolgreiche galvanische Zelle auf der Weltausstellung in Paris vorgestellt. In abgewandelter Form ist sie als Zink-Kohle-Batterie, auch als Zink-Braunstein-Batterie bezeichnet, bis heute von kommerzieller Bedeutung. Als Trockenbatterie fand sie schnell breite Anwendung, z. B. als Taschenlampenbatterie.

Die Zink-Kohle-Batterie besteht aus einem Zinkbecher, der als Anode (Minuspol) dient, und einer in der Mitte platzierten Graphitkathode (Pluspol), die von einer Paste aus Braunstein (MnO_2), Ammoniumchlorid (NH_4Cl) und Graphit (C) umgeben ist (◘ Abb. 17.12a). Die technische Innovation zum Zeitpunkt der Weltausstellung war der Einsatz einer angedickten Elektrolytpaste anstelle einer Elektrolytlösung. Dadurch konnte die Batterie nicht nur in vertikaler Position eingesetzt werden, ein entscheidender Vorteil im Alltagsgebrauch.

Die Elektrolytpaste mit Ammoniumchlorid ermöglicht die Diffusion des an der Kathode entstehenden Ammoniaks zur Anode. Anodenraum und Kathodenraum sind durch eine Papiermembran, die jedoch für Ammoniak durchlässig ist, voneinander elektrisch getrennt. Die elektrische Leitung der Elektronen erfolgt durch die Graphitkathode (Pluspol) und den Zinkbecher (Minuspol).

Die Zellspannung des Elements beträgt 1,5 V, die Energiedichte liegt bei etwa 50 Wh/kg. Leclanché-Batterien sind in zahlreichen Bauformen erhältlich - von kleinen Rundzellen bis zu großen, prismatischen Batterien.

Die an der Kathode freigesetzten Hydroxidanionen (OH^-) reagieren mit dem Ammoniumchlorid des Elektrolyten und setzen Ammoniak (NH_3) frei. Dieser diffundiert durch die Zelle zur Anode, um dort die entstehenden Zinkionen zu komplexieren. Da das entstehende Diamminzinkchlorid, $[Zn(NH_3)_2]Cl_2$, sich in der Elektrolytpaste nicht löst, setzt es sich auf der Elektrode ab, wodurch der Innenwiderstand des Elements mit der Zeit ansteigt und dessen Leistung abfällt. Da die Komplexierungsreaktion irreversibel ist, können Zink-Braunstein-Elemente nicht wieder aufgeladen werden.

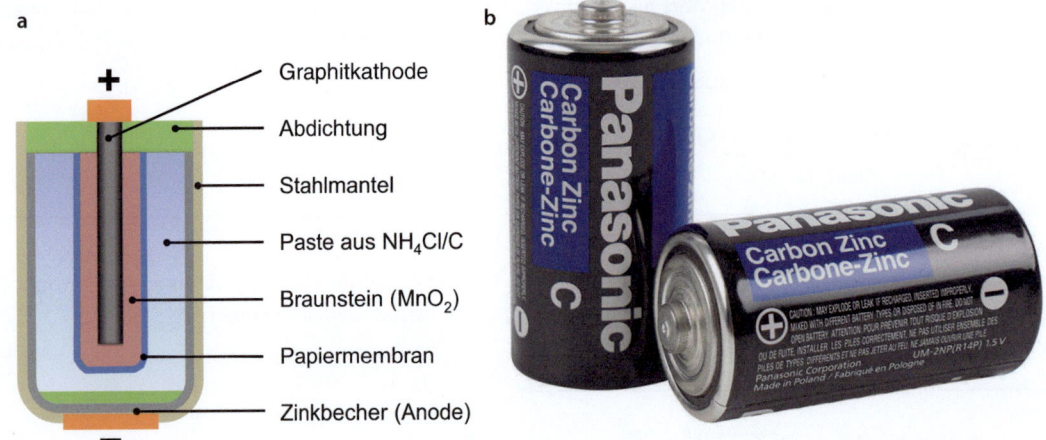

Abb. 17.12 Zink-Kohle-Batterie nach Leclanché. Schematischer Aufbau (**a**) und handelsübliche Taschenlampenbatterien (**b**) (© Panasonic Energy Co., Ltd)

Wichtige Begriffe der Elektrochemie

Elektrolyt – Ionenleitendes Medium, das den Ladungstransport zwischen zwei Halbzellen ermöglicht.

Halbzelle – Elektrode, die in eine Elektrolytlösung ihres entsprechenden Ions eintaucht, z. B. Zinkstab in Zinksulfatlösung.

Galvanische Zelle – Kombination zweier Halbzellen zu einer galvanischen Zelle, wodurch ein elektrisches Potential zwischen zwei Elektroden entsteht; kleinste eigenständige elektrochemische Speichereinheit.

Monozelle – Eine einzelne, eigenständige galvanische Zelle, oft in handelsüblichen Batterien verwendet.

Standardpotenzial – Das Standard- respektive Normalpotenzial einer Redoxreaktion ist die maximale elektrische Spannung zwischen Normalwasserstoffelektrode und der Halbzelle des Redoxpaars.

Zellspannung – Die Zellspannung (Ruhespannung, Klemmspannung) ist die messbare elektrische Spannung zwischen den Elektroden einer galvanischen Zelle oder einer Elektrolysezelle im Leerlauf.

Primärzellen – Galvanische Zellen, die sich verbrauchen und nicht wieder aufgeladen werden können, umgangssprachlich als Batterien bezeichnet.

Sekundärzellen – Wiederaufladbare galvanische Zellen, die auch als Akkumulatoren bezeichnet werden.

Batterie – Ein Verbund mehrerer galvanischer Zellen, die elektrisch in Reihe oder parallel geschaltet sind, um höhere Spannungen oder Kapazitäten zu erreichen.

Elektrolyse – Mithilfe des elektrischen Stroms an Elektroden erzwungene, chemische Redoxreaktionen.

Galvanisieren – Elektrochemisches Verfahren zur Abscheidung von Metallen auf einem leitfähigen Werkstück.

Kurzschreibweise für das Leclanché-Element
$$Zn(s) \mid Zn^{2+}(aq) \parallel MnO_2 \mid MnO(OH) \mid C$$

Halbzellen und Redoxreaktionen – Entladevorgang

Anode (Minuspol), Oxidation:	$Zn \rightarrow Zn^{2+} + 2\,e^-$
	$Zn^{2+} + 2\,NH_3 + 2\,Cl^- \rightarrow [Zn(NH_3)_2]Cl_2$
Kathode (Pluspol), Reduktion:	$2\,MnO_2 + 2\,H_2O + 2\,e^- \rightarrow 2\,MnO(OH) + 2\,OH^-$
	$2\,NH_4Cl + 2\,OH^- \rightarrow 2\,NH_3 + 2\,H_2O + 2\,Cl^-$
Redoxgleichung:	$Zn + 2\,MnO_2 + 2\,NH_4Cl \rightarrow [Zn(NH_3)_2]Cl_2 + 2\,MnO(OH)$

ℹ️ Mit der Zeit verbraucht sich die Anode (Zinkbecher) und wird löchrig, sodass der Elektrolyt auslaufen kann. Um dies möglichst zu verhindern, ist das Element von einem dichten Stahlmantel umgeben.

Ein wesentlicher Vorteil von Zink-Kohle-Batterien ist ihr günstiger Preis. Als Nachteile sind deren geringe Energiedichte und insbesondere das Auslaufrisiko nach längerer Nutzungsdauer zu nennen, was zu erheblichen Schäden an elektrischen Geräten führen kann.

17.5.2 Alkali-Mangan-Batterie – Universalbatterie mit hohem Auslaufschutz

Alkali-Mangan-Batterien (◉ Abb. 17.13) stellen eine Weiterentwicklung der Zink-Kohle-Batterie dar. Sie kamen in den 1970er-Jahren auf den Markt. Seit den frühen 1990er-Jahre sind auch wiederaufladbare Varianten (Akkumulatoren) im Handel erhältlich. Alkali-Mangan-Batterien verfügen über eine höhere Strom- und Energiedichte und eine längere Betriebs- und Lagerdauer als Zink-Kohle-Batterien. Alkali-Mangan-Zellen haben deshalb Zink-Kohle-Batterien in vielen Anwendungsbereichen weitgehend verdrängt.

Die Anordnung der Elektroden von Alkali-Mangan-Batterien ist umgekehrt zur Zink-Kohle-Zelle, weshalb man auch vom Inside-out-Design spricht. Die Kathodenpaste besteht aus hochreinem Braunstein (MnO_2), dem zur Verbesserung der Leitfähigkeit Graphit beigemischt wird (◉ Abb. 17.13).

Die Anode enthält feines Zinkpulver (Partikelgröße ca. 200 μm), das mit Kaliumhydroxid und einem Verdickungsmittel zur Anodenpaste angeteigt ist. Die frei werdenden Elektronen werden via Messingstift zur negativen Anode abgeleitet.

Eine Membran aus elektrolytgetränktem Filterpapier trennt Anoden- und Kathodenpaste. Sie verhindert, dass Zinkionen zur Kathode wandern, ist jedoch durchlässig für Hydroxidionen, wodurch der ionische Stromkreis intern geschlossen wird.

Zwar wird mit zunehmender Entladung die Zinkanodenpaste allmählich zersetzt. Da sie sich im Inneren der Alkali-Mangan-Batterie befindet, bleibt das Gehäuse dicht und läuft nicht aus.

Die Zellspannung ergibt sich aus der Oxidation des Zinks an der Annode und der Reduktion des Braunsteins an der Kathode und beträgt 1,5 V. Wird die Alkali-Mangan-Zelle über einen Verbraucher (Kamera, Fernbedienung etc.) kurzgeschlossen, dann fließen im externen Stromkreis Elektronen von der Anode zur Kathode (Elektronenwanderung). Der interne Stromkreis wird durch den Fluß von Hydroxidanionen (OH^-) von der Kathode zur Anode (Ionenwanderung) geschlossen.

Kurzschreibweise für Alkali-Mangan-Zellen
- $Zn(s) | ZnO(s) | KOH(aq) \| KOH(aq) | MnO(OH)(s) | MnO_2(s) | C(s)$

Halbzellen und Redoxreaktionen – Entladevorgang

Anode (Minuspol), Oxidation: – $Zn + 2\ OH^- \rightarrow ZnO + H_2O + 2\ e^-$

Kathode (Pluspol), Reduktion: – $2\ MnO_2 + 2\ H_2O + 2\ e^- \rightarrow 2\ MnO(OH) + 2\ OH^-$

Redoxgleichung: – $Zn + 2\ MnO_2 + H_2O \rightarrow ZnO + 2\ MnO(OH)$

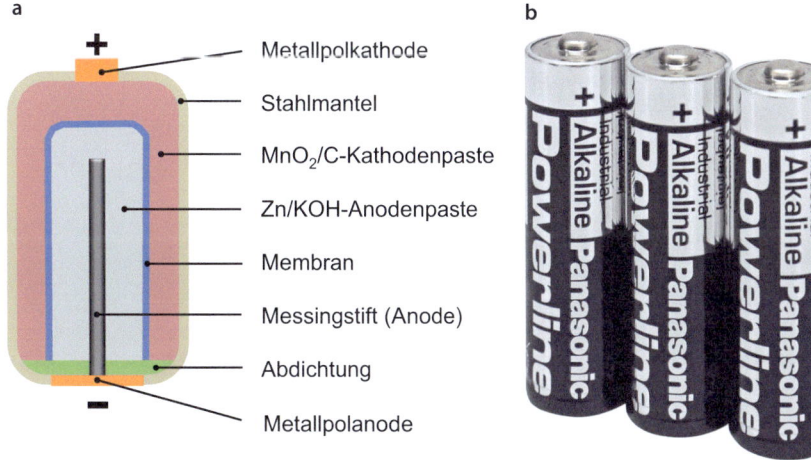

◉ Abb. 17.13 Alkali-Mangan-Zelle. Schematischer Aufbau und handelsübliche Batterien (© Panasonic Energy Co., Ltd)

17.5.3 Bleiakkumulator – Aufladbare Starterbatterie mit hoher Stromstärke

Der Bleiakkumulator ist eines der am häufigsten verwendeten wiederaufladbaren Sekundärsysteme. Klassische Bleiakkumulatoren (Nassbatterien) bestehen aus einem säurefesten Polypropylengehäuse, das als Elektrolyt eine etwa 37 %ige Schwefelsäure (H_2SO_4) enthält. In den Schwefelsäureelektrolyten tauchen Bleigitterelektroden ein. Die Zwischenräume der Gitterelektroden sind im geladenen Zustand alternierend mit Blei (◘ Abb. 17.14, negativer Pol, blau, Anode) und Bleidioxid (PbO_2, positiver Pol, rot, Kathode) gefüllt. Mikroporöse PVC-Folien dienen als Separatoren, um Kurzschlüsse zwischen den Elektroden zu verhindern und gleichzeitig den Ionentransport zu ermöglichen.

Ein Nachteil klassischer Bleiakkus besteht darin, dass sie als Nassbatterien nur in aufrechter Position betrieben werden können. In modernen Bleiakkus (Trockenbatterien) ist die flüssige Schwefelsäure mit Kieselsäure als Schwefelsäuregel gebunden, sodass diese in beliebiger Lage – auch über Kopf – eingesetzt werden können.

Die Zellspannung eines einzelnen galvanischen Elements, bestehend aus einer Blei- und Bleidioxidelektrode, beträgt etwa 2 V. In einem Zellkompartiment des Bleiakkus sind mehrere Bleidioxid- (Kathodenplatten) und Bleiplatten (Anodenplatten) parallel geschaltet. Dadurch wird die Kapazität des Akkus vervielfacht, sodass ein Bleiakku kurzfristig sehr hohe Stromstärken abgeben kann. Die Zellspannung von 2 V erhöht sich durch die Parallelschaltung der Elektrodenplatten nicht.

In einer typischen Autobatterie sind zusätzlich sechs solcher Zellkompartimente in Serie geschaltet, was eine Gesamtspannung von 12 V ergibt. Die Nennkapazität einer handelsüblichen Starterbatterie beträgt etwa 75 Ah. Ein Anlasser benötigt beim Startvorgang eine Stromstärke von ca. 150 A. Rein rechnerisch könnte man den Anlasser eine halbe Stunde (t = 75 Ah/150 A) betätigen. In der Praxis reicht die Kapazität jedoch nur für zehn bis 20 Startversuche, zumal der Akku nicht vollständig entladen werden soll.

■ **Entladevorgang – Abgabe elektrischer Energie**

Beim Starten eines Kraftfahrzeugs fließen Elektronen vom negativen Pol des Bleiakkus (Anode aus Blei, blaue Elektrode, ◘ Abb. 17.14) über den Anlasser zum positiven Pol (Kathode aus Bleidioxid, rote Elektrode). Dabei wird Blei am negativen Pol zu Pb^{2+} oxidiert und PbO_2 am positiven Pol zu Pb^{2+} reduziert.

An beiden Polen reagieren die Bleiionen (Pb^{2+}) mit dem Schwefelsäureelektrolyten (H_2SO_4) zu schwer löslichem Bleisulfat ($PbSO_4$), sodass beide Elektroden im Verlauf der Entladung mit einer weißen Schicht aus Bleisulfat bedeckt werden.

Während des Entladevorgangs wird Schwefelsäure verbraucht und gleichzeitig Wasser gebildet, wodurch die Dichte des Elektrolyten von 1,28 auf 1,10 g/ml abnimmt. Daher lässt sich der Ladezustand einer Autobatterie über die Messung der Dichte der Batteriesäure kontrollieren.

Kurzschreibweise für Bleiakkus
— $Pb(s) \mid PbSO_4(s) \mid H_2SO_4(aq) \parallel H_2SO_4(aq) \mid PbSO_4(s) \mid PbO_2(s)$

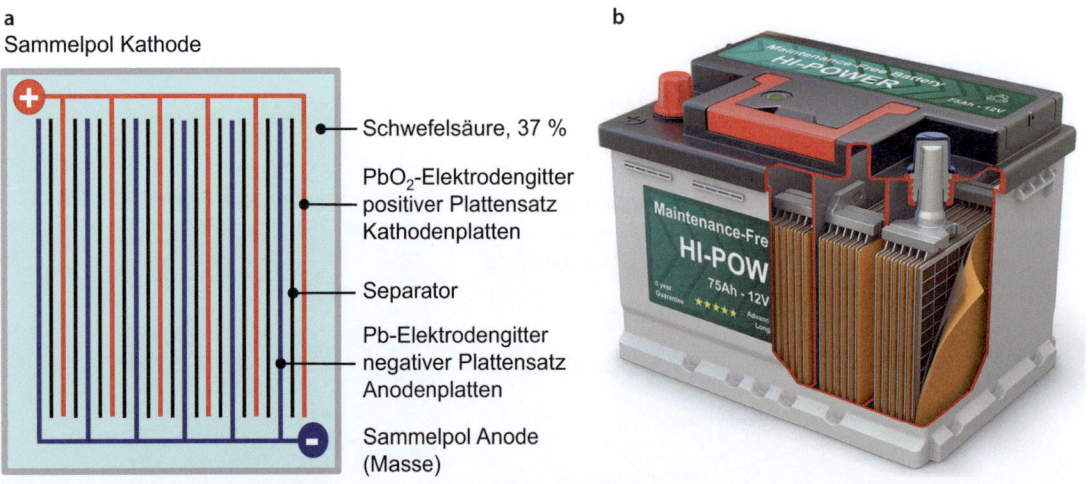

◘ **Abb. 17.14** Bleiakku. Schematischer Aufbau einer Pb/PbO_2-Nassbatterie (**a**) und als handelsübliche 12-V-Starterbatterie (**b**, © mipan/► Shutterstock.com)

Halbzellen und Redoxreaktion – Entladevorgang

Anode (Minuspol), Oxidation: − $Pb + H_2SO_4 + 2\ H_2O \rightarrow PbSO_4 + 2\ H_3O^+ + 2\ e^-$

Kathode (Pluspol), Reduktion: − $PbO_2 + H_2SO_4 + 2\ H_3O^+ + 2\ e^- \rightarrow PbSO_4 + 4\ H_2O$

Redoxgleichung des Entladevorgangs: − $Pb + PbO_2 + 2\ H_2SO_4 \rightarrow 2\ PbSO_4 + 2\ H_2O$

Autobatterien sollten nicht vollständig entladen werden, da eine Tiefentladung irreparable Schäden verursachen kann. Dabei kommt es insbesondere an den Kathodenplatten (Pluspol) zu übermäßiger Sulfatierung, wodurch grobkörniges Bleisulfat entsteht. Die scharfkantigen Bleisulfatkristalle zerstören zum einen die Separatorenfolien und bilden zum anderen am Batterieboden eine Schlammschicht, was zu Kurzschlüssen zwischen den Bleielektroden führen kann.

- Ladevorgang - Zufuhr elektrischer Energie

Bleiakkumulatoren lassen sich durch Anlegen „entgegengesetzter" Gleichspannung, also durch Zufuhr elektrischer Energie, wieder aufladen. Durch die Umkehrung der Stromrichtung werden die durch den Entladevorgang mit Bleisulfat überzogenen Elektroden wieder in Blei- und Bleidioxidelektroden überführt, sodass der Akku wieder „geladen" ist. Ein Überladen des Akkus muss vermieden werden, da dies zu gefährlicher Knallgasbildung ($2\ H_2O \rightarrow 2\ H_2 + O_2$) führen würde. Knallgasgemische sind hochexplosiv und bergen deshalb ein erhebliches Sicherheitsrisiko.

Während der Fahrt wird der Akku kontinuierlich über die vom Verbrennungsmotor angetriebene Lichtmaschine geladen, sodass nur nach längerem Stillstand des Wagens oder bei tiefentladenem Akku mit einem externen Ladegerät aufgeladen werden muss.

Halbzellen und Redoxreaktion – Ladevorgang

Minuspol des Ladegeräts an Minuspol Bleiakku, Reduktion: − $PbSO_4 + 2\ H_3O^+ + 2\ e^- \rightarrow Pb + H_2SO_4 + 2\ H_2O$

Pluspol des Ladegeräts an Pluspol Bleiakku, Oxidation: − $PbSO_4 + 4\ H_2O \rightarrow PbO_2 + H_2SO_4 + 2\ H_3O^+ + 2\ e^-$

Redoxgleichung des Ladevorgangs: − $2\ PbSO_4 + 2\ H_2O \rightarrow Pb + PbO_2 + 2\ H_2SO_4$

Durch den Ladeprozess (Elektrolyse, ▶ Kap. 18) werden mithilfe elektrischer Energie die beim Entladen freiwillig ablaufenden Redoxreaktionen umgekehrt.

Theoretisch ist der Ladezyklus unendlich oft wiederholbar. In der Praxis begrenzt jedoch die Bildung von sogenanntem Bleischlamm die Lebensdauer. Der Bleischlamm lagert sich am Boden des Akkus ab, wodurch ein Kurzschluß der Elektroden entsteht, der den Bleiakku zerstören kann.

Bleiakkus verfügen über eine hohe Leistungsdichte, d. h., sie liefern kurzzeitig hohe Stromstärken, was sie für den Startvorgang von Verbrennungsmotoren prädestiniert. Außerdem sind Bleiakkus einfach aufzuladen und kostengünstig.

Der Hauptnachteil ist ihre geringe Energiedichte. Deshalb sind Bleiakkumulatoren groß und schwer und macht sie für den Einsatz in Elektrofahrzeugen ungeeignet.

17.5.4 Brennstoffzelle – Kontrollierte „Verbrennung" von Wasserstoff erzeugt elektrischen Strom

Brennstoffzellen sind galvanische Elemente, die bereits in den 1960er-Jahren in der Raumfahrt (Gemini-Projekt) zur Energieversorgung eingesetzt wurden.

Heute sind PEM-FC (englische Abkürzung für *polymer electrolyte membrane fuel cells*) die bevorzugten Brennstoffzellen in der Mobilitätsbranche. Führende Automobilhersteller haben seit einigen Jahren Brennstofffahrzeuge in ihren Produktportfolios, obwohl der große Marktdurchbruch bisher ausblieb.

Brennstoffzellen erzeugen elektrische Energie durch kontrollierte Redoxreaktion von Wasserstoff mit Sauerstoff, was der Umkehrung der Elektrolyse von Wasser entspricht. Die Oxidations- und Reduktionsreaktion laufen räumlich getrennt voneinander ab, sodass das Risiko einer Knallgasreaktion nicht gegeben ist. Die Oxidation des Wasserstoffs zu Protonen (H^+) erfolgt an der Anode, die Reduktion des Sauerstoffs zu Oxidanionen (O^{2-}) an der Kathode.

Die dabei freigesetzten Elektronen fließen wegen des Potenzialgefälles von 1,23 V über den externen Stromkreis (◘ Abb. 17.15) unter Verrichtung elektrischer Arbeit zur Kathode, wo Sauerstoffmoleküle (O_2) zu Oxidanionen (O^{2-}) reduziert werden. Die an der Anode frei-

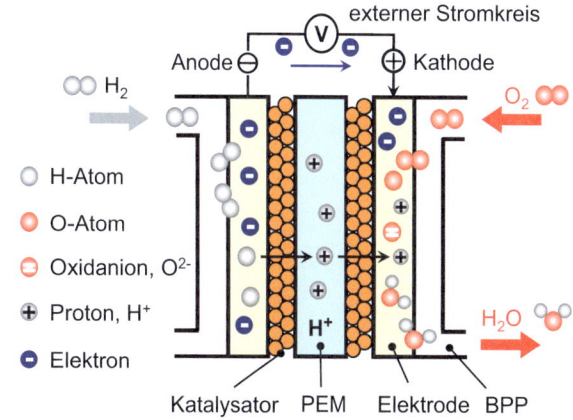

◘ **Abb. 17.15** Schematischer Aufbau einer Brennstoffzelle

gesetzten Protonen wandern durch die angefeuchtete Polymerelektrolytmembran (PEM) zur Kathode und vereinigen sich dort mit den Oxidanionen zu Wasser (4 $H^+ + 2\,O^{2-} \rightarrow 2\,H_2O$). Die freigesetzte Reaktionsenthalpie ($\Delta_{RE}H$) beträgt pro mol Wasser 286 Kilojoule.

Kurzschreibweise für Brennstoffzellen

- $Pt(s) \mid H_2(g) \parallel O_2(g) \mid Pt(s)$

Anode (Minuspol), Oxidation: $-\,2\,H_2 \rightarrow 4\,H^+ + 4\,e^-$

Kathode (Pluspol), Reduktion: $-\,O_2 + 4\,e^- \rightarrow 2\,O^{2-}$

Redoxreaktion: $-\,2\,H_2 + O_2 \rightarrow 2\,H_2O \quad \Delta_{RE}H = -286\,kJ/mol$

Die wesentlichen Komponenten einer PEM-Brennstoffzelle sind:

- **Protonenaustauschmembran (PEM)**

Die Protonenaustauschmembran (PEM, engl. für proton exchange membran) besteht aus einem perfluorierten, sulfonierten Polymer (Nafion™). Die chemische Struktur von Nafion™ (◘ Abb. 17.16) ermöglicht im befeuchteten Zustand eine hohe Protonenleitfähigkeit, bei gleichzeitiger Undurchlässigkeit für Anionen, Gase und Elektronen.

Die nur wenige Mikrometer dicke Membran erfüllt folgende Funktionen in der PEM-Brennstoffzelle:
- Elektrolytfunktion: Ermöglicht Protonen (H^+) von der Anode zur Kathode zu wandern.
- Sperrfunktion für Gase: Trennt Anoden- und Kathodenbereich, verhindert dadurch eine Knallgasbildung.
- Sperrfunktion für Elektronen: Verhindert den direkten Elektronentransport zwischen Anode und Kathode, sodass der Strom nur über den externen Stromkreis fließen kann.
- Trägerfunktion: Anode und Kathode werden auf den gegenüberliegenden Seiten der Membran aufgebracht.

- **Elektroden**

Die Elektroden (Anode und Kathode) bestehen aus einer Rußstruktur, die mit Katalysator- und Membranpartikeln versetzt ist. Die Elektroden werden direkt auf den gegenüberliegenden Seiten der Membran aufgebracht und sind jeweils nur wenige Mikrometer dick.

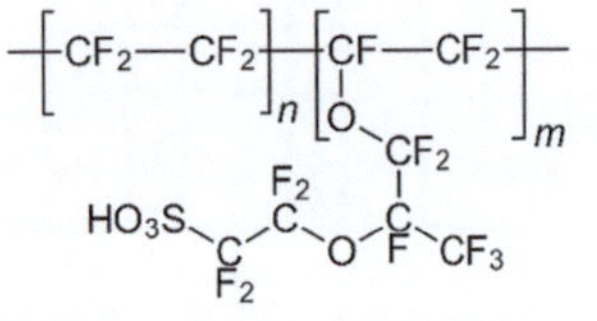

◘ **Abb. 17.16** Strukturformel von Nafion™. Polymer für Protonenaustauschmembranen in Brennstoffzellen

Damit die elektrochemischen Reaktionen effizient ablaufen können, müssen die Elektroden durchlässig für Gas, Wasser und Elektronen sein. Um Überspannungen zu minimieren, müssen sie außerdem über eine große spezifische innere Oberfläche verfügen, also möglichst porös sein. Die Oxidations- und Reduktionsreaktion erfolgen an der gemeinsamen Dreiphasengrenze, wo nanoskalige Katalysatorkörner (Pt), PEM und Elektrode aufeinander treffen.

Die Elektroden leiten die an der Anode bei der Wasserstoffoxidation freigesetzten Elektronen über einen externen Stromkreis zur Kathode, wo sie den Sauerstoff zu Oxidanionen reduzieren.

Die Kombination aus Membran und beidseitig aufgebrachten Elektroden wird als MEA (engl. für *membrane electrode assembly*) bezeichnet. Die MEA weist eine Gesamtdicke von etwa 0,1 mm auf und ist die zentrale Einheit einer Brennstoffzelle.

- **Gasdiffusionslagen (GDL)**

Auf beiden Seiten der MEA angrenzend befinden sich sogenannte Gasdiffusionslagen. Sie bestehen aus einem feinen, leitfähigen Fasergewebe von wenigen Zehntel Millimeter Dicke. Sie dienen zum einen zur gleichmäßigen Feinverteilung des über die Bipolarplatten anströmenden Wasserstoffs respektive Sauerstoffs auf die Elektroden und zum anderen zur Ableitung der Elektronen von den Elektroden in den externen Stromkreis. Zudem führen sie das entstehende Reaktionswasser ab und befeuchten zugleich die PEM, essenziell für deren Protonenleitfähigkeit.

- **Bipolarplatten (BPP)**

Die Bipolarplatten befinden sich auf den Außenseiten der Gasdiffusionslagen und trennen die einzelnen Zellen eines Brennstoffzellenstapels (Stack) (◘ Abb. 17.16, 17.17). Die Strömungskanäle der Bipolarplatten sorgen dafür, dass die Reaktionsgase Wasserstoff und Sauerstoff flächendeckend zu den einzelnen Gasdiffusionslagen gelangen. Sie trennen einerseits Anode und Kathode und ermöglichen andererseits die elektrische Serienschaltung zur nächsten Zelle. Außerdem führen die Bipolarplatten überschüssige Reaktionsgase sowie Reaktionswasser-/wärme kontrolliert aus dem Stack ab, wodurch Überhitzung oder Wasseransammlung vermieden wird.

- **Stack**

Eine einzelne Brennstoffzelle (Dicke ca. 2,5 mm) liefert eine Zellspannung von rund 0,6 V sowie eine elektrische Leistung von mehreren Hundert Watt. Um höhere Spannungen und Leistungen zu erzielen, werden mehrere Hundert Einzelzellen in Reihe geschaltet (Anode-Kathode-Anode-Kathode usw.) und sandwichartig zu einem Stack (engl. für Zellenstapel) aneinandergereiht. Die äußern Endplatten des Stacks bestehen aus druck-

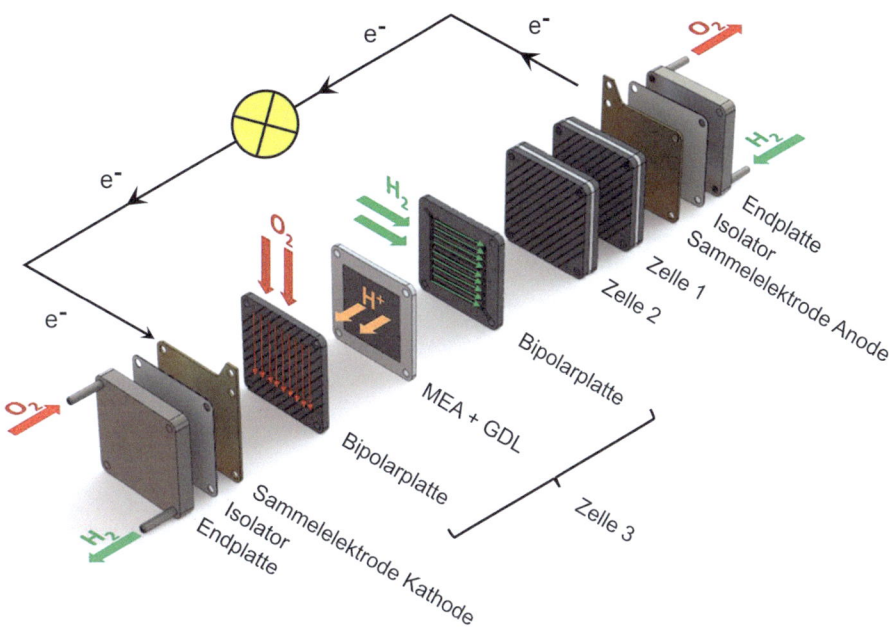

• **Abb. 17.17** Schematische Darstellung eines Brennstoffzellenstacks mit den wesentlichen Komponenten (© Diogo Montalvao)

stabilen Aluminium-Druckgussformen und dienen der mechanischen Fixierung der Zellkomponenten. Der Aufbau des Stacks erinnert an die historische Volta'sche Säule (• Abb. 17.1).

PEM-Brennstoffzellen gelten als Schlüsseltechnologie für eine nachhaltige Mobilität. Sie können in PKWs den klassischen Verbrennungsmotor als auch die Lithium-Ionen-Batterie in E-Autos ersetzen.

PEM-Brennstoffzellen emittieren ausschließlich Wasserdampf und keine umweltschädlichen Gase (CO, NO_x, CO_2, SO_2) oder Rußpartikel. Sie sind leise, vibrationsfrei und verfügen über eine hohe Akzeptanz. Die Wasserstoffbetankung eines Pkw erfolgt in wenigen Minuten und reicht für 500 km.

Das nach wie vor sehr lückenhafte Tankstellennetz steht derzeit einer flächendeckenden Verbreitung von Wasserstoffautos im Wege. Zudem ist die ökologische Bilanz der Brennstoffzelle nur dann positiv, wenn der benötigte Wasserstoff durch die Elektrolyse von Wasser mit Strom aus erneuerbaren Energiequellen (Photovoltaik, Wind, Wasser) hergestellt wird.

17.5.5 Lithiumionenakkumulatoren – Hohe Energiedichte, prädestiniert für E-Mobilität

Wegen seines hohen negativen Standardpotenzials (E° = −3,04 V) und seiner geringen Dichte (ρ = 0,53 gcm^{-3}) ist Lithium ein ideales Anodenmaterial (Minuspol) für Batterien. Allerdings erfordert die hohe Reaktivität des Lithiums den Einsatz wasserfreier Elektrolyten sowie die Montage der Zellen unter Schutzgas. Die ersten Lithiumprimärzellen kamen in den 1970er-Jahren auf den Markt. Sie zeichneten sich durch eine hohe Zellspannung und Energiedichte aus und fanden Anwendung in Uhren, Taschenrechnern etc.

Lithiumakkumulatoren werden heute in zahlreichen Elektrogeräten wie Tablets, Smartphones, Spielzeugen, Camcordern, Elektroautos und Elektrowerkzeugen eingesetzt (• Abb. 17.18). Aufgrund ihrer hohen Energiedichte können Lithiumionenakkumulatoren wesentlich leichter gebaut werden als beispielsweise Bleiakkus, was insbesondere bei Elektroautos von Vorteil ist. Der erste Lithiumionenakkumulator wurde 1991 auf den Markt gebracht und verfügte über eine Zellspannung von 3,6 V sowie eine Energiedichte von etwa 120 Wh/kg.

Es gibt verschiedene Typen von Lithiumionenakkumulatoren, die sich vor allem im Kathodenmaterial und im Elektrolytsystem unterscheiden. Die grundlegende Funktionsweise (• Abb. 17.20) wird anhand des Beispiels Lithiumcobalt(III)-oxid ($LiCoO_2$, • Abb. 17.19) als Kathodenmaterial erläutert.

■ **Bestandteile eines Lithiumionenakkumulators**
Minuspol (Anode)
Der Minuspol eines Lithiumionenakkus besteht aus einer Kupferfolie, die als Stromableiter dient und auf der Graphit aufgebracht ist. Graphit besteht aus Schichten von Graphen (• Abb. 17.20, schwarze Linien), die einen Abstand von 0,33 nm zueinander aufweisen. In den

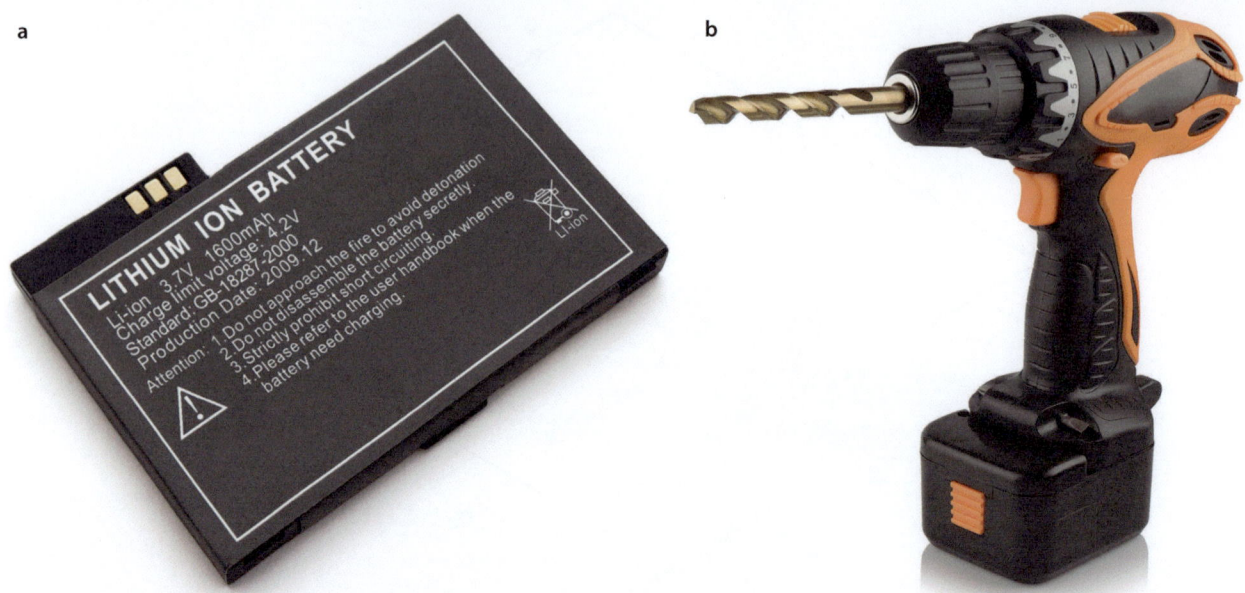

 Abb. 17.18 Lithiumionenakku für Smartphones (**a**, © Anton Starikov/▶ Shutterstock.com) und in auswechselbarer Version für eine Bohrmaschine (**b**, © OlegSam/▶ Shutterstock.com)

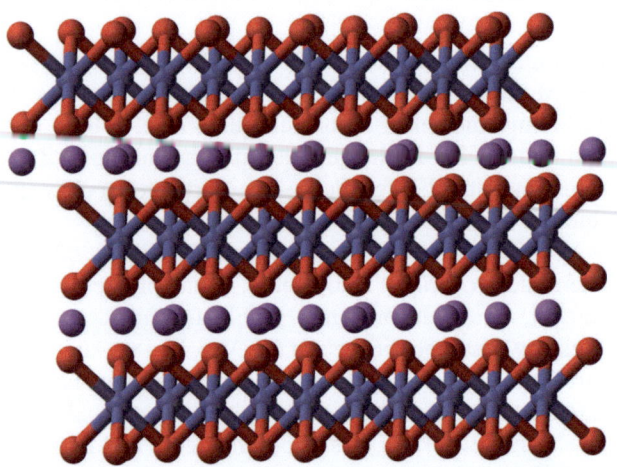

 Abb. 17.19 Das Kathodenmaterial $LiCoO_2$ (Li, violett; Co, blau; O, rot) lagert Lithiumionen zwischen CoO_2-Schichten ein

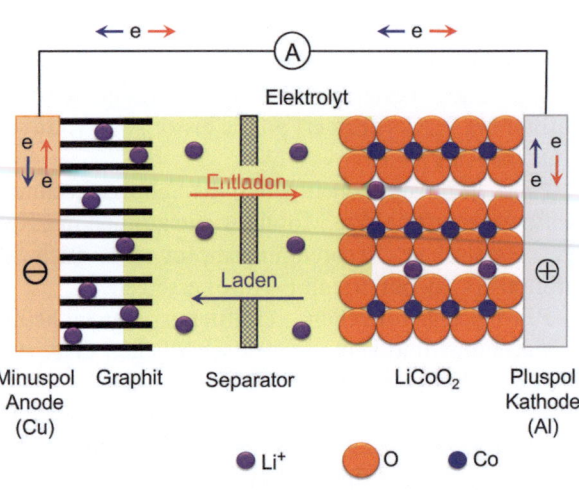

 Abb. 17.20 Schematische Darstellung des Be- und Entladevorgangs eines Lithiumionenakkumulators

Schichten ist jedes Kohlenstoffatom mit jeweils drei anderen Kohlenstoffatomen verbunden, wodurch ein zweidimensionales Netzwerk aus Kohlenstoffsechsecken (C_6) entsteht. Lithiumionen können sich zwischen den Graphenschichten reversibel einlagern, wobei sogenannte Interkalationsverbindungen entstehen. Pro Kohlenstoffsechseck kann ein Lithiumion eingelagert werden (LiC_6). Die Lithiumionen, die als Gäste zwischen den Graphenschichten (Wirtsmatrix) sitzen, sind dort frei beweglich. Im Auslieferungszustand besteht der Minuspol aus reinem Graphit ohne Lithiumeinlagerungen.

Pluspol (Kathode)
Der Pluspol besteht aus Alufolie, die als Stromableiter dient, sowie aus Cobaltdioxid (CoO_2). Im Auslieferungszustand ist pro CoO_2-Einheit ein Lithiumion ($LiCoO_2$) interkaliert.

Lithiumcobaltdioxid besteht aus Cobaltdioxidschichten zwischen denen sich Lithiumionen einlagern (Abb. 17.19 und 17.20), die aber mobil bleiben. Bei der Abgabe von Lithiumionen (Ladevorgang) an den Elektrolyten bleibt die verbleibende Cobaltdioxidstruktur stabil, sodass beim Entladevorgang wieder reversibel Lithiumionen eingelagert werden können.

Separator
Der Separator hat die Aufgabe, die beiden Elektroden räumlich und elektrisch voneinander zu trennen, um Kurzschlüsse zu vermeiden. Er muss jedoch durchlässig für Lithiumionen sein, damit diese während des

Lade- und Entladevorgangs zwischen den Elektroden wandern können. Der Separator ist undurchlässig für Elektronen, sodass diese den externen Stromkreis nutzen müssen und dadurch Arbeit verrichten können. Für Separatoren werden mikroporöse Membranen aus Glasvlies, Keramik oder Kunststoffen eingesetzt.

Elektrolyt

Der Elektrolyt bildet die Matrix, in der die Lithiumionen zwischen den Elektroden wandern. Der Elektrolyt muss sowohl mit den Elektroden in Kontakt stehen als auch den Separator durchtränken.

Als Flüssigelektrolyte werden Lithiumsalze, beispielsweise Lithiumhexafluorophosphat ($LiPF_6$) in einem nichtwässrigen Lösungsmittel wie Ethylencarbonat gelöst. Flüssigelektrolyte zeichnen sich durch eine hohe elektrische Leitfähigkeit aus, müssen jedoch unter Inertgasatmosphäre verarbeitet werden. Festelektrolyte auf Basis leitfähiger Polymere oder Lithiumverbindungen können ohne Inertgastechnologie verarbeitet werden, weisen jedoch in der Regel geringere Leitfähigkeiten auf.

- **Ent- und Beladen**

Nach der Auslieferung befinden sich die Li^+-Ionen im Kathodenmaterial ($LiCoO_2$). Beim ersten Aufladevorgang wird die Anode negativ aufgeladen, wodurch die Lithiumionen durch den Elektrolyten und den Separator in Richtung Graphitelektrode wandern. Die Lithiumionen werden quasi von der Kathode zur Anode „gepumpt". Für jeweils ein Elektron des externen Stromkreises wird ein Li^+-Ion im Graphit interkaliert (LiC_6). Mit zunehmendem Ladezustand ändert sich die Farbe des Graphits von Schwarz über Rot zu Goldfarben.

Da die Lithiumionen eine höhere Affinität zum Kathodenmaterial (CoO_2) als zum Anodenmaterial (C_6) haben, wandern nach Schließen des externen Stromkreises (Entladevorgang; ◘ Abb. 17.20, rote Pfeile) sowohl Elektronen als auch Li^+-Ionen spontan von der Graphitanode zur CoO_2-Kathode. Für jedes Elektron im Stromkreis wird ein Li^+-Ion in das Kathodenmaterial ($LiCoO_2$) eingelagert. Dabei sinkt die Zellspannung mit zunehmendem Lithiumgehalt in der Kathode.

Durch Anlegen einer Ladespannung (blaue Pfeile) mit umgekehrter elektrischer Polung werden die Abläufe umgekehrt (Ladevorgang). Das Hin- und Herbewegen der Lithiumionen wird als „Schaukelstuhlprinzip" bezeichnet.

Prinzipiell könnte der Minuspol auch aus reinem Lithium bestehen, anstatt aus Lithium-Graphit (Li_xC_n). Allerdings würden sich beim Wiederaufladen kleine Lithiumnadeln, sogenannte Dendriten, am Minuspol bilden. Diese könnten den Separator perforieren und letztendlich einen Kurzschluss verursachen.

Kurzschreibweise für Lithiumionenakkumulatoren
— $LiC_6(s) | C(s) | Li^+ \| Li^+, CoO_2(s) | LiCoO_2(s)$

Halbzellen und Redoxreaktion – Entladevorgang

Anode (Minuspol), Oxidation: — $LiC_6 \rightarrow Li^+ + C_6 + e^-$
Kathode (Pluspol), Reduktion: — $CoO_2 + Li^+ + e^- \rightarrow LiCoO_2$
Redoxgleichung: — $LiC_6 + CoO_2 \rightarrow C_6 + LiCoO_2$

17.6 Korrosion – Galvanische Prozesse zerstören Metalle

Korrosion (*corrodere*, lat. für zernagen) ist die chemische oder elektrochemische Veränderung von Werkstoffoberflächen durch Umgebungsstoffe. Hier konzentrieren wir uns auf Korrosion, die durch Redoxreaktionen, also durch elektrochemische Zerstörung von Metalloberflächen, verursacht wird. Metalle befinden sich in einem thermodynamisch instabilen Zustand. So wird beispielsweise Eisen in Gegenwart von Wasser oder Luftfeuchtigkeit durch Luftsauerstoff zu den energetisch stabileren Oxiden oder Hydroxiden oxidiert. Die dabei entstehende Rostschicht ist brüchig und porös (◘ Abb. 17.21). Dadurch gelangen Sauerstoff und Wasser weiterhin in Kontakt mit dem Metall, sodass mit der Zeit die Korrosion voranschreitet. Korrosionsschäden an Rohrleitungen, Bauwerken, Produktionsanlagen und Fahrzeugen verursachen jährlich Milliardenschäden.

17.6.1 Lokalelement – Unterschiedliche Metalle werden durch Elektrolytlösung kurzgeschlossen

Wenn ein edles Metall ($E° > 0\,V$) wie Zinn ($E° = +0{,}15\,V$) benachbart zu einem unedleren Metall ($E° < 0\,V$) wie Eisen ($E° = -0{,}41\,V$) ist und diese mit einer Elektrolytlösung wie Wasser leitfähig überbrückt werden, entsteht

◘ **Abb. 17.21** Korrosion verursacht hohe volkswirtschaftliche Schäden (© A_Lesik/▶ Shutterstock.com)

ein kurzgeschlossenes galvanisches Element. Da dieses nur in der unmittelbaren Umgebung der Kontaktstelle wirkt, wird es als Lokalelement bezeichnet. Wenn im Wasser Salz vorhanden ist, beispielsweise nach dem Einsatz von Tausalzen, erfolgt die Korrosion wegen der höheren Elektrolytleitfähigkeit wesentlich schneller. Deshalb beobachtet man an Schiffen und Autos verstärkt Korrosionsschäden.

Letztlich sind Lokalelemente nichts anderes als kleine galvanische Zellen. Das edlere Metall wirkt dabei als Kathode (Pluspol), während das unedlere Metall als Anode (Minuspol) fungiert.

Die Kontaktflächen betragen oft weniger als 1 mm² und sind Ausgangspunkte von Lochfraßkorrosion. Klassische Beispiele für potenzielle Lokalelemente sind Vernietungen, Verschraubungen, beschädigte Metallüberzüge, Lötstellen usw.

Folgende elektrochemische Prozesse laufen in einem Lokalelement (◘ Abb. 17.22) ab:

An der Anode gehen Eisenionen (Fe^{2+}) in Lösung, wobei die Elektronen auf der Anode verbleiben. Die freigesetzten Elektronen wandern zum edleren Metall (◘ Abb. 17.22, Zinn) und reduzieren dort den im Elektrolyten gelösten Sauerstoff zu Hydroxidanionen (OH^-). Die in den Elektrolyten übergetretenen Eisenionen verbinden sich anschließend mit den Hydroxidionen zu schwer löslichem Eisen(II)-hydroxid [$Fe(OH)_2$].

- **Redoxreaktion des Lokalelements**

Anode (Minuspol), Oxidation: $-2\,Fe \rightarrow 2\,Fe^{2+} + 4\,e^-$

Kathode (Pluspol), Reduktion: $-O_2 + 2\,H_2O + 4\,e^- \rightarrow 4\,OH^-$

Redoxgleichung: $-2\,Fe + O_2 + 2\,H_2O \rightarrow 2\,Fe(OH)_2$

In einer Sekundärreaktion wird ein Teil des Eisen(II)-hydroxids durch Sauerstoff zu dreiwertigen Eisenverbindungen wie Eisen(III)-oxidhydroxid [FeO(OH)] und Eisen(III)-oxid (Fe_2O_3) weiteroxidiert. Das daraus resultierende Gemisch aus $Fe(OH)_2$, Fe_2O_3 und FeO(OH) wird

als Rost bezeichnet. Rost ist porös und besitzt ein lockeres Gefüge, sodass die darunterliegende Eisensubstanz nicht wirksam vor weiterem Sauerstoffzutritt geschützt ist, wodurch die Korrosion voranschreiten kann.

17.6.2 Korrosionsschutz

- **Aktiver Korrosionsschutz**

Beim aktiven Korrosionsschutz wird gezielt in elektrochemische Redoxprozesse eingegriffen, um die Korrosion eines Metalls zu verhindern. Das zu schützende Werkstück, beispielsweise eine Stahlpipeline, wird mit einem kathodischen Schutzstrom elektrisch negativ geladen. Die negative Auflagung verhindert die Oxidation von Eisenatomen zu Eisenkationen (Fe^{2+}), wodurch ein Metallverlust unterbunden wird.

Die negative Auflagung des Werkstücks kann entweder direkt durch eine externe Gleichstromquelle oder durch elektrisch leitende Verbindung mit einem galvanisch unedleren Metall wie Zink oder Magnesium erfolgen. Das unedlere Metall dient als kostengünstige Opferanode, da es bevorzugt oxidiert wird. Es löst sich selbst in Kationen auf, die zurückbleibenden Elektronen fließen zum Werkstück (z. B. Pipeline), das dadurch vor Korrosion geschützt wird, während die Opferanode korrodiert. Der Schutz des galvanisch edleren Metalls (z. B. Stahl) ist gegeben, solange die Opferanode nicht komplett aufgebraucht ist. Durch regelmäßige Inspektion und rechtzeitigen Austausch der Opferanode kann der zu schützende Gegenstand dauerhaft vor Korrosion geschützt werden.

Ein klassisches Anwendungsbeispiel für den aktiven Korrosionsschutz sind Schiffe (◘ Abb. 17.23). Da Schiffspropeller aus Bronze und der Schiffsrumpf aus Stahl hergestellt werden, würde der stählerne Schiffsrumpf als unedleres Metall bevorzugt korrodieren. Um dies zu verhindern, werden Opferanoden aus Zink an der Unterwasserlinie des Schiffsrumpfs befestigt.

- **Passiver Korrosionsschutz**

Beim passiven Korrosionsschutz wird das Metall durch eine gasdichte Beschichtung vor korrosiven Fluiden (Luft, Wasser, Salzlösungen) geschützt. Die Schutzschicht verhindert den Kontakt zwischen dem zu schützenden Metall, dem Elektrolyten (Wasser, Salzlösung) und dem Oxidationsmittel Sauerstoff. Typische Materialien für passive Korrosionsschutzschichten sind Lacke und Farben, Kunststoffüberzüge, galvanisch abgeschiedene Metallschichten, Feuerverzinkung und Passivschichten.

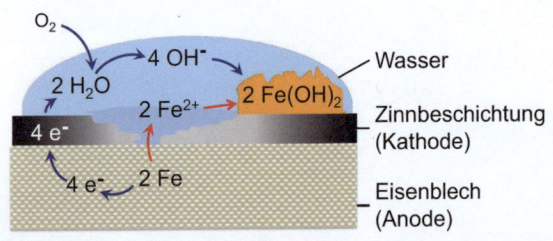

◘ **Abb. 17.22** Weißblech. Korrosion durch Ausbildung eines Lokalelements

Abb. 17.23 Opferanoden aus Zink als Korrosionsschutz an den Mänteln von Schiffpropellern aus Bronze (© Manciej Mienciuk/▶ Shutterstock.com)

Abb. 17.24 Aluminiumprofile passiviert und eingefärbt nach dem Eloxal-Verfahren (© Photobac/▶ Shutterstock.com)

Ein Klassiker für passiven Korrosionsschutz ist Weißblech, das hauptsächlich für Getränke- und Lebensmitteldosen verwendet wird. Weißblech ist ein etwa 0,3 mm dickes Stahlblech, das mit Zinn galvanisch beschichtet ist (▶ Abschn. 18.2.3). Der gasdichte Zinnüberzug schützt das Stahlblech vor Korrosion. Wird die Zinnschicht jedoch beschädigt, bilden sich Lokalelemente, die die Korrosion des unedleren Stahlblechs sogar beschleunigen.

- **Passivierung**

Bestimmte Metalle, darunter Aluminium, Chrom und Zinn, bilden an der Luft nur wenige Nanometer dicke, aber sehr kompakte Metalloxidschichten. Diese „natürlichen" Passivschichten sind nach kurzer Zeit luft- und sauerstoffundurchlässig, wodurch der Korrosionsvorgang zum Erliegen kommt. Der metallische Glanz von beispielsweise Aluminium bleibt dabei erhalten. Die natürliche Passivschicht reicht allerdings nicht aus, um Aluminium gegen aggressive Medien wie Säuren oder Laugen zu schützen.

Durch **el**ektrolytische **Ox**idation des **Al**uminiums (Eloxal-Verfahren) lässt sich eine dickere und besonders dichte oxidische Passivschicht erzeugen. Dazu wird das Werkstück aus Aluminium als Anode geschaltet und in eine schwefelsaure Elektrolytlösung getaucht. Dabei oxidiert Aluminium zu dreiwertigen Al^{3+}-Kationen, die anschließend mit Wasser zu Aluminiumoxid (Al_2O_3) reagieren. An der Kathode werden Protonen (H^+) zu Wasserstoffgas (H_2) reduziert.

Die resultierende Oxidschicht beträgt bis zu 30 μm im Vergleich zu wenigen Nanometern der natürlichen Oxidschicht. Die frische, noch poröse Oxidschicht erlaubt ein Einfärben der Aluminiumoberfläche in nahezu allen Farben (■ Abb. 17.24). Durch anschließendes Eintauchen des eingefärbten Werkstücks in heißes Wasser, verschließen sich die Poren der Oxidschicht mit Aluminiumhydroxidgel. Eloxiertes Aluminium ist optisch ansprechend, beständig gegen Meerwasser und selbst gegenüber aggressiven Chemikalien weitestgehend resistent.

Anode (Pluspol), Oxidation:	$2\,Al \rightarrow 2\,Al^{3+} + 6\,e$
Anode - Sekundärreaktion	$2\,Al^{3+} + 9\,H_2O \rightarrow Al_2O_3 + 6\,H_3O^+$
Kathode (Minuspol), Reduktion:	$6\,H_3O^+ + 6\,e \rightarrow 6\,H_2O + 3\,H_2$
Redoxgleichung:	$2\,Al + 3\,H_2O \rightarrow Al_2O_3 + 3\,H_2$

Elektrolyse – Elektrischer Strom erzwingt chemische Reaktionen

Inhaltsverzeichnis

18.1 Elektrolyse – Grundlagen – 406
18.1.1 Elektroden – Anode als Oxidationsmittel, Kathode als Reduktionsmittel – 406
18.1.2 Faraday'sche Gesetze – Elektrodenumsätze sind proportional zur Ladungsmenge – 407

18.2 Elektrolyse – Anwendungen – 407
18.2.1 Chloralkalielektrolyse – Großtechnische Herstellung von Chlor und Natronlauge – 407
18.2.2 Schmelzflusselektrolyse – Industrielle Herstellung schwer reduzierbarer Metalle – 408
18.2.3 Galvanotechnik – Korrosionsschutz und Ästhetik durch Metallabscheidung – 410

18.1 Elektrolyse – Grundlagen

Während in galvanischen Zellen durch spontan ablaufende Redoxreaktionen elektrische Energie erzeugt wird, erzwingt man in Elektrolysezellen mithilfe des elektrischen Stroms gezielt chemische Reaktionen. Die Elektrolyse kann somit als Umkehrung galvanischer Prozesse verstanden werden.

Viele anorganische Verbindungen sind ionischer Natur und bilden in wässriger Lösung oder im geschmolzenen Zustand frei bewegliche Ionen. Mithilfe des elektrischen Stroms können solchen Elektrolyten gezielt Redoxreaktionen aufgezwungen werden. Die Elektrolyse ist, kurz gesagt, die erzwungene chemische Zerlegung eines Elektrolyten mithilfe des elektrischen Stroms.

18.1.1 Elektroden – Anode als Oxidationsmittel, Kathode als Reduktionsmittel

Die Bezeichnung der Elektroden bei elektrochemischen Prozessen führt häufig zur Verwirrung. Grundsätzlich gilt jedoch, unabhängig davon, ob es sich um eine galvanische Zelle oder eine Elektrolysezelle handelt, dass an der Anode stets eine Oxidationsreaktion und an der Kathode eine Reduktionsreaktion stattfindet.

- Bei freiwillig ablaufenden Redoxreaktionen wie in galvanischen Zellen ($\Delta G < 0$) ist die Anode negativ und die Kathode positiv gepolt (Tab. 18.1).
- Bei erzwungenen Redoxreaktionen ($\Delta G > 0$) wie in Elektrolysezellen kehrt sich die Stromflussrichtung um. Die Kathode (Reduktion) ist dann negativ und die Anode (Oxidation) positiv geladen (Tab. 18.1).

- Deshalb lässt die elektrische Polung allein keinen Rückschluss auf Kathode oder Anode zu. Entscheidend ist stets die Art der chemischen Reaktion (Oxidation oder Reduktion) an der jeweiligen Elektrode.

Bei der Elektrolyse tauchen sowohl die positive Anode als auch die negative Kathode in einen Elektrolyten ein (Abb. 18.1). Die positiv geladenen Ionen (*ion*, griech. für wandern) des Elektrolyten bewegen sich zur negativ geladenen Kathode, weshalb sie als Kationen bezeichnet werden. Dort nehmen sie Elektronen auf und werden reduziert.

Die negativ geladenen Anonen hingegen wandern zur Anode. Dort geben sie Elektronen ab und werden somit oxidiert.

Insgesamt gilt: Die Anode wirkt als Oxidationsmittel und die Kathode als Reduktionsmittel. Damit sich die

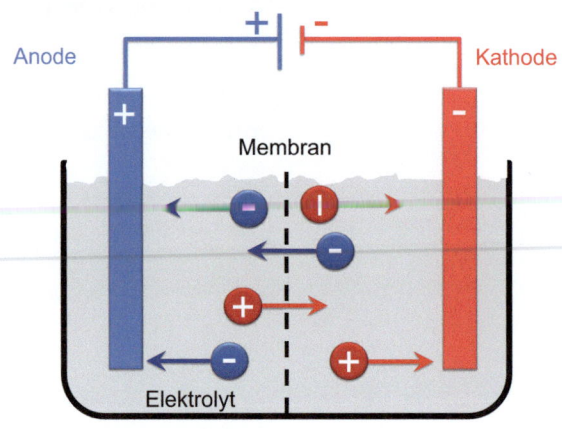

Abb. 18.1 Eine Elektrolysezelle besteht aus positiver Anode, einer negativen Kathode, einem Elektrolyten und einer trennenden Membran

Tab. 18.1 Vergleich galvanischer und elektrolytischer Prozesse

	Galvanische Zelle	Elektrolysezelle
Prinzip	Spontane chemische Reaktionen erzeugen elektrische Energie	Elektrische Energie erzwingt gezielt chemische Reaktionen
ΔG^0_m	< 0, spontaner Verlauf	> 0, erzwungener Verlauf
Zellspannung	Wird spontan erzeugt	Muss aufgebracht werden
Anodenpotenzial	Negativ	Positiv
Kathodenpotenzial	Positiv	Negativ
Anodenreaktion	Oxidation	Oxidation
Kathodenreaktion	Reduktion	Reduktion
Anodenpolung	Negativ	Positiv
Kathodenpolung	Positiv	Negativ

an den Elektroden entstehenden Elektrolyseprodukte nicht miteinander vermischen und unerwünschte chemische Folge- oder Rückreaktionen eingehen, sind Anoden- und Kathodenraum in der Regel durch eine Membran, auch als Diaphragma bezeichnet, voneinander getrennt.

18.1.2 Faraday'sche Gesetze – Elektrodenumsätze sind proportional zur Ladungsmenge

Der englische Naturforscher Michael Faraday (1791–1867) erkannte als Erster die grundlegenden Gesetzmäßigkeiten der Elektrolyse. So stellte er fest, dass die an den Elektroden umgesetzte Ionenstoffmenge (n) proportional zur durch den Elektrolyten geflossenen elektrischen Ladungsmenge (Q) ist. Die Ladungsmenge ergibt sich als Produkt aus der Stromstärke (I) und der Elektrolysedauer (t):

$$n \sim Q = I \cdot t \quad \text{1. Faraday'sches Gesetz} \tag{18.1}$$

n – Stoffmenge, mol
Q – elektrische Ladungsmenge, As
I – elektrische Stromstärke, A
t – Elektrolysedauer, s

Die durch den Elektrolyten transportierte Ladungsmenge ist identisch mit der an der Kathode respektive Anode im Zeitraum umgesetzten Ladungsmenge. Die an den Elektroden umgesetzten Ladungsmenge ergibt sich aus der Anzahl der umgesetzten Ionen ($n \cdot N_A$) multipliziert mit der elektrischen Elementarladung (e^-) und der Wertigkeit (z) des Ions (2. Faraday'sches Gesetz). Schließlich saugt ein zweiwertiges Ca^{2+}-Ion (z = 2) im Zeitraum t doppelt so viele Elektronen von der Kathode ab, wie ein einwertiges Na^+-Ion (z = 1).

Das Produkt aus Avogadra-Zahl und Elementarladung ($N_A \cdot e$) entspricht der elektrischen Ladung von 1 mol Elektronen ($\approx$ 96.465 Cmol^{-1}). Da sowohl N_A als auch e Naturkonstanten sind, ist das Produkt ebenfalls eine Konstante und wird zu Ehren des Elektrolysepioniers Michael Faraday als Faraday-Konstante (1 F = 96.485 Cmol^{-1}) bezeichnet.

$$Q = n \cdot N_A \cdot e \cdot z \xrightarrow{\text{mit } N_A \cdot e = F} Q = n \cdot F \cdot z$$
$$\text{2. Faraday'sches Gesetz} \tag{18.2}$$

n – Stoffmenge, mol
N_A – Avogadro-Zahl, mol^{-1}
e – elektrische Elementarladung, As
z – Ionenwertigkeit, dimensionslos
F – Faraday-Konstante, A s mol^{-1}

Durch das Gleichsetzen der durch den Elektrolyten transportierten elektrischen Ladungsmenge ($n \cdot F \cdot z$) mit der an den Elektroden während der Elektrolyse umgesetzten Ladung ($I \cdot t$) lässt sich die umgesetzte Ionenmenge berechnen:

$$I \cdot t = n \cdot F \cdot z \rightarrow n = \frac{I \cdot t}{F \cdot z} \xrightarrow{\text{mit } n = \frac{m}{M}} m = \frac{I \cdot t \cdot M}{F \cdot z}$$
$$= \frac{M}{F \cdot z} \cdot I \cdot t = \text{const.} \cdot I \cdot t \tag{18.3}$$

m   Stoffmenge der elektrolysierten Substanz, g
M   molare Masse, gmol^{-1}

Fazit: Die bei der Elektrolyse umgesetzte Masse (m) an Ionen lässt sich allein durch die Stromstärke (I) und die Elektrolysedauer (t) regeln. Alle anderen Faktoren sind entweder ionenspezifische Größen (M, z) oder Naturkonstanten (F).

18.2 Elektrolyse – Anwendungen

18.2.1 Chloralkalielektrolyse – Großtechnische Herstellung von Chlor und Natronlauge

Weltweit werden jährlich ca. 100 Mio. Tonnen elementares Chlor durch Chloralkalielektrolyse produziert. Bei diesem Verfahren wird eine Natriumchloridsole mithilfe elektrischen Stroms zu Chlor, Wasserstoff und Natronlauge zerlegt (◘ Abb. 18.2). Im Laufe der Zeit haben

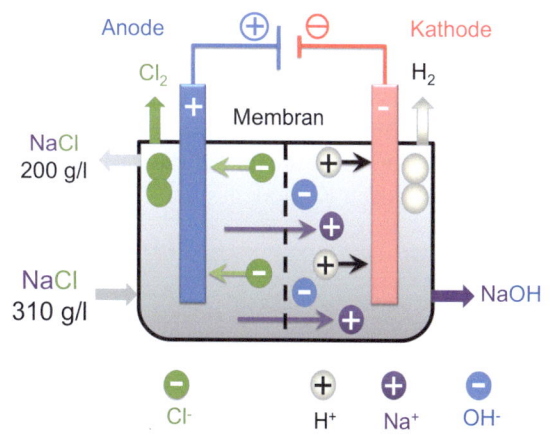

◘ Abb. 18.2 Schema des Membranverfahrens zur Chloralkalielektrolyse

sich drei Verfahrensvarianten etabliert: Das Amalgam-, das Diaphragma- und das Membranverfahren. Heutzutage wird bei Neuanlagen aus ökologischen Gründen ausschließlich das Membranverfahren eingesetzt.

- **Elektrolysezelle**

Die Elektrolysezelle besteht aus einem Anoden- und einem Kathodenraum, die durch eine spezielle Membran voneinander getrennt sind. Die Membran ist für Chlor, Wasserstoff, Chlorid- und Hydroxidanionen undurchlässig, lässt jedoch Natriumkationen passieren. Als Membranmaterial werden sulfonierte Perfluorverbindungen (▶ Abb. 17.16) verwendet, da nur diese den harschen Bedingungen wie Chlor, Natronlauge, und heißer Salzsole standhalten können. Die Elektrolyse erfolgt bei einer Spannung von etwa 3 Volt und einer Stromstärke von 400.000 A.

- **Elektrolyt**

Die Elektrolysezelle wird mit gesättigter, hochreiner Salzsole gespeist, die etwa 310 g NaCl pro Liter enthält. Damit die Membranporen nicht durch Magnesium- oder Calciumionen verstopfen, muss deren Gehalt unter 20 ppb (20 mg pro Tonne Sole) reduziert werden. Die Reinheit der Sole ist entscheidend für die Lebensdauer der Membran.

Während der Elektrolyse sinkt der Gehalt an Natriumchlorid im Anodenraum auf 200 g/l ab. Die verbrauchte Sole wird ausgeschleust, mit festem Steinsalz wieder aufkonzentriert und anschließend der Elektrolysezelle wieder zugeführt (◘ Abb. 18.2).

- **Anodenraum**

An der Anode aus Titan werden Chloridanionen (Cl$^-$, grün, ◘ Abb. 18.2) zu Chlorgas (Cl$_2$) oxidiert (E^0 = +1,36 V, ◘ Abb. 18.3), das die Elektrolysezelle gasförmig mit einer Temperatur von 90 °C verlässt. Anschließend wird das Chlorgas abgekühlt, getrocknet und zur weiteren Reinigung (Entfernung von Sauerstoff) destilliert. Wird das Chlor nicht direkt vor Ort verwendet, wird es verflüssigt und per Lkw oder Kesselwagen zum Zielort transportiert. Die durch die Chloridanionenoxidation „überschüssigen" Natriumkationen (violett) wandern vom Anodenraum durch die selektiv permeable Membran in den Kathodenraum.

Theoretisch könnte an der Anode auch Wasser zu Sauerstoff (E^0 = +0,82 V) oxidiert werden. In der Praxis tritt diese Reaktion jedoch nur untergeordnet auf (Restgehalt Sauerstoff im Chlor), da durch die sogenannte Überspannung das effektive Abscheidepotential für Sauerstoff etwa +1,9 V beträgt.

- **Kathodenraum**

An der negativ geladenen Kathode aus Nickel werden ausschließlich Protonen (H$^+$, grau) zu Wasserstoff (E^0 = −0,83 V) reduziert (◘ Abb. 18.3). Die Reduktion von Natriumkationen (violett) findet nicht statt, da dafür eine Zellspannung von E^0 = −2,71 V notwendig wäre. Da der entstehende Wasserstoff in vielen Fällen vor Ort nicht chemisch verwendet werden kann, wird er zur Energieerzeugung verbrannt. Die im Kathodenraum „überschüssigen" Hydroxidanionen (OH$^-$, blau) formen mit den eingewanderten Natriumkationen (s. o.) eine 32 %ige Natronlauge, die weniger als 30 ppm Chlorid enthält. Je nach Bedarf kann die Lauge direkt genutzt, auf 50 % aufkonzentriert oder zu Schuppen oder Pellets weiterverarbeitet werden.

Damit die Produkte (H$_2$, Cl$_2$, NaOH) rein anfallen, ist es entscheidend, dass Hydroxidanionen nicht in den Anodenraum gelangen, da dort Chlor mit Hydroxidanionen zu Chlorid (Cl$^-$) und Hypochlorit (ClO$^-$) reagieren würde (Cl$_2$ + 2 OH$^-$ → ClO$^-$ + Cl$^-$ + H$_2$O). Genauso wichtig ist, dass Chloridanionen nicht in den Kathodenraum gelangen, da dies die Natronlauge mit NaCl verunreinigen würde. Verfahrensbedingt sind Chlor und Natronlauge Koppelprodukte. Pro Tonne Chlor entstehen zwangsläufig 1130 kg Natriumhydroxid.

18.2.2 Schmelzflusselektrolyse – Industrielle Herstellung schwer reduzierbarer Metalle

Aluminium wird industriell aus gereinigter Tonerde (Al$_2$O$_3$) gewonnen. Eine chemische Reduktion der Tonerde etwa mit Kohlenstoff ist aufgrund der hohen thermodynamischen Stabilität von Aluminiumoxid ($\Delta_{RE}H$ = −1676 kJ/mol) nicht möglich. Deshalb erfolgt die Reduktion elektrolytisch – also durch Stromzufuhr. Dazu wird Tonerde in eine Elektrolysezelle gegeben und

Kathodenreaktion	2 H$_2$O + 2 e$^-$	$\xrightarrow{\text{Reduktion}}$	H$_2$ + 2 OH$^-$
Anodenreaktion	2 Cl$^-$	$\xrightarrow{\text{Oxidation}}$	Cl$_2$ + 2 e$^-$
Summengleichung	2 NaCl + 2 H$_2$O	$\longrightarrow$	Cl$_2$ + H$_2$ + 2 NaOH

◘ **Abb. 18.3** Summen- und Elektrodenteilgleichungen der Chloralkalielektrolyse

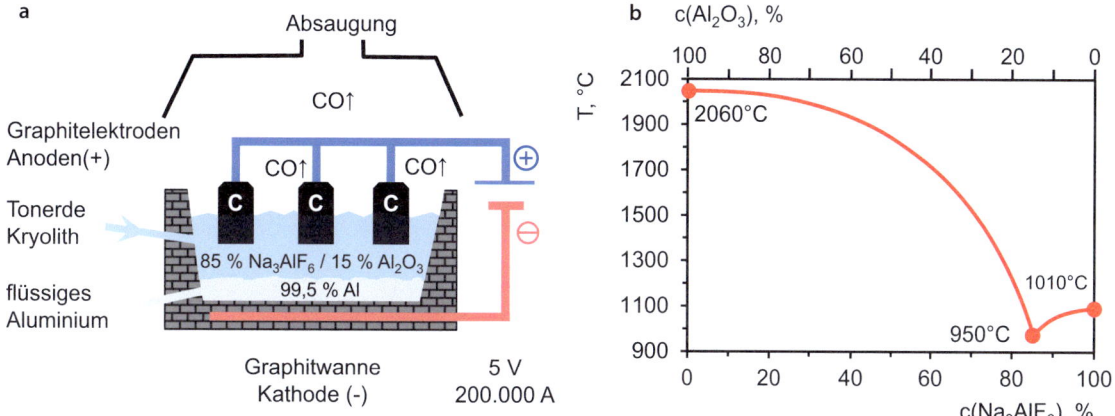

◘ Abb. 18.4 Aluminiumherstellung durch Schmelzflusselektrolyse von Aluminiumoxid nach dem Hall-Héroult-Verfahren

dort aufgeschmolzen. Da reines Aluminiumoxid einen sehr hohen Schmelzpunkt von 2060 °C besitzt, wird es mit Kryolith (Na_3AlF_6, Schmelzpunkt ≈ 1010 °C) vermengt. Es entsteht ein eutektisches Gemisch der Zusammensetzung 85 % Al_2O_3 und 15 % Na_3AlF_6 mit einem Schmelzpunkt von 950 °C und einer Dichte von 2,16 gcm^{-3} (◘ Abb. 18.4b).

Die Elektrolysezelle besteht aus einer Graphitwanne, die als Kathode (Minuspol) geschaltet ist, und mehreren Graphitanoden (Pluspole), die in die Aluminiumoxid-Kryolith-Schmelze eintauchen (◘ Abb. 18.4a).

Die Elektrolyse erfolgt mit einer Gleichspannung von 5 V und Stromstärken bis zu 200.000 A. Die durch den elektrischen Widerstand der Schmelze entstehende Wärme reicht aus, um die Schmelze flüssig zu halten.

Die Aluminiumionen (Al^{3+}) wandern zur Kathode (Minuspol) und werden dort zu Aluminium (Reinheit 99,8 %) reduziert. Das elementare Aluminium sammelt sich aufgrund seiner Dichte (2,36 gcm^{-3}) am Boden der Graphitwanne.

Die Oxidanionen (O^{2-}) werden an der Anode zu Sauerstoff oxidiert. Er reagiert mit dem Anodenmaterial (Graphit, C) zu Kohlenmonoxid (CO), wodurch die Anoden mit der Zeit verbraucht werden.

Die Elektrolyse erfolgt kontinuierlich, indem ständig neues Aluminiumoxid-Kryolith-Gemisch nachgefüllt und das flüssige Aluminium entnommen wird.

Anode (Pluspol), Oxidation:	$6\,O^{2-} \rightarrow 3\,O_2 + 12\,e^-$
Sekundärreaktion an der Anode:	$3\,O_2 + 6\,C \rightarrow 6\,CO$
Kathode (Minuspol), Reduktion:	$4\,Al^{3+} + 12\,e^- \rightarrow 4\,Al$
Redox-Gesamtreaktion:	$2\,Al_2O_3 + 6\,C \rightarrow 4\,Al + 6\,CO$

Insgesamt ist die Aluminiumelektrolyse sehr stromintensiv (15 kWh/kg Al). Das Umschmelzen von Recycling-Aluminium benötigt nur 10 % dieser Energie. Aus diesem Grund hat Sekundäraluminium (Recycling-Aluminium) einen bedeutenden Marktanteil.

■ Überspannung

Man könnte vermuten, dass die benötigte Zellspannung von Elektrolysen sich näherungsweise gemäß ► Gl. 17.1 ($E^0_{Zell} = |E^0_{Kathode} - E^0_{Anode}|$) aus den Normalpotentialen (thermodynamische Betrachtung, reversibler Prozess) der Halbzellenreaktionen abschätzen lässt. Für die Schmelzflusselektrolyse von Al_2O_3 ergäbe sich somit eine Zellspannung von ca. 4 V.

In der Praxis werden jedoch ca. 5 V Spannung benötigt. Die zusätzliche Spannung von etwa 1 V wird als Überspannung bezeichnet.

Überspannungen treten an Phasengrenzen zwischen Elektrolyt (Ionen) und Elektrode (Elektronen) auf. Sie sind unabhängig davon, ob es sich um elektrolytische Prozesse (Elektrolyse, Galvanisieren) oder galvanische Zellen (Batterien, Akkus, Brennstoffzellen) handelt. Bei der „erzwungenen" Elektrolyse muss die Betriebsspannung größer als die theoretische Zellspannung sein, in „spontanen" galvanischen Zellen ist die tatsächlich abgegebene Spannung dagegen kleiner als berechnet.

Die Überspannung hängt von zahlreichen Faktoren ab, wie z. B. dem Elektrodenmaterial, der Elektrodengeometrie, der Stromdichte, der Temperatur und den beteiligten Materialien. Generell können Überspannungen nicht berechnet, sondern müssen experimentell ermittelt werden.

Wesentliche Prozesse, die die Elektronenübertragung von Elektroden auf Ionen kinetisch hemmen, sind:

— Diffusionsüberspannung (gehemmter Stofftransport): Diese Komponente der Überspannung entsteht durch Konzentrationsunterschiede der Ionen an der Elektrodenoberfläche und dem umgebenden Elektrolyten. Wenn die Spannung zu gering ist, gelangen die Ionen nur bis zur Elektrodenoberfläche und verweilen dort, ohne dass sie entladen werden.

Die Diffusion der Ionen durch die Wassermatrix wird außerdem erschwert durch entgegenströmende Ionen entgegengesetzter Polung und deren Hydrathülle. Damit mehr Ionen aus dem Elektrolyten zur Elektrode gelangen, ist eine höhere Spannung erforderlich.

- Durchtrittsüberspannung (gehemmter Elektronentransfer): Wenn die Elektrode mit Reaktionsgasblasen bedeckt ist, müssen die Ionen quasi um die Blasen herum ihren Weg zur Elektrodenoberfläche finden. Dies erfordert ebenfalls eine höhere Spannung.

  Ein Beispiel dafür ist die Oxidation von Wasserstoff. Elektrodenmetalle wie Platin oder Palladium adsorbieren bereitwillig Wasserstoff und bilden dabei legierungsähnliche Phasen. Durch diesen innigen Kontakt können die Wasserstoffatome leicht Elektronen an die Anode abgeben, wodurch die Überspannung sehr klein ist. Dagegen geht Quecksilber keine Anlagerungsverbindungen mit Wasserstoff ein, entsprechend groß ist in diesem Fall die Überspannung für Wasserstoff.

- Kristallisationsüberspannung (gehemmte Metallabscheidung): Bei der kathodischen Abscheidung eines Metalls aus einem Elektrolyten müssen sich die reduzierten Metallatome in das Kristallgitter der Metallelektrode einlagern – ein Vorgang, der ebenfalls gehemmt ist und Aktivierungsenergie in Form von elektrischer Spannung benötigt.

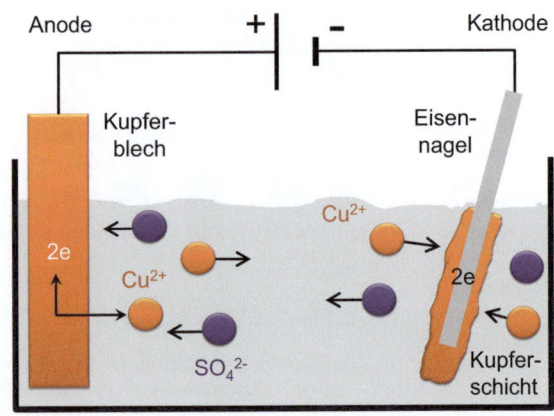

Abb. 18.5 Galvanisieren. Elektrolytische Abscheidung von Kupfer auf einem Eisennagel

Abb. 18.6 Dekorativ verchromte Stoßstange eines Oldtimers (© ABC Photo/► Shutterstock.com)

18.2.3 Galvanotechnik – Korrosionsschutz und Ästhetik durch Metallabscheidung

Galvanisieren dient entweder der optischen Veredelung (z. B. Verchromen, Versilbern, Vergolden) oder der Verbesserung der Gebrauchseigenschaften, insbesondere durch Korrosionsschutz.

Galvanisieren ist ein elektrolytischer Prozess, bei dem mithilfe elektrischer Energie Redoxreaktionen erzwungen werden. Ziel ist die Abscheidung eines Metalls auf einem Werkstück wie z. B. Kupfer, Nickel oder Chrom (◘ Abb. 18.6).

Das zu beschichtende Werkstück wird mithilfe einer Gleichstromquelle negativ aufgeladen, sodass Metallionen aus der Elektrolytlösung an der Werkstückoberfläche reduziert und als Metall abgeschieden werden (◘ Abb. 18.5). Soll ein nichtleitendes Werkstück, beispielsweise Kunststoff „galvanisiert" werden, muss dieses zunächst mit Leitlack behandelt werden, um als Kathode fungieren zu können. Die Anode (Pluspol) besteht meist aus dem gleichen Metall, mit dem das kathodische Werkstück (Minuspol) beschichtet werden soll. Sie gibt während des Galvanisierens Metallionen an die Lösung ab, sodass der Elektrolyt dauerhaft aktiv bleibt.

■ **Verchromen**

Beim Verchromen wird zwischen dekorativem Verchromen (Schichtdicke < 1 µm) und Hartverchromen (> 100 µm) unterschieden.

Beim dekorativen Verchromen z. B. von Felgen, Auspuffrohren, Radkappen oder Stoßstangen wird das Werkstück zunächst gereinigt, poliert und entfettet. Anschließend wird eine Nickelschicht elektrochemisch aufgebracht, auf die dann eine ca. 0,5 µm dicke Chromschicht abgeschieden wird. Diese verleiht dem Werkstück den typischen Chromglanz (◘ Abb. 18.6). Da diese dünne Chromschicht nicht korrosionsbeständig gegen Auftausalze ist, sollte man dekorativ verchromte Autoteile im Winter möglichst nicht dem Streusalz der Straßen aussetzen. Ansonsten verbraucht sich die Chromdeckschicht und das darunterliegende Nickel tritt mit einem gelben Schimmer hervor.

18.2 · Elektrolyse – Anwendungen

Zusammenfassend kann man feststellen, dass elektrolytische Prozesse großtechnische Bedeutung haben. Sie ermöglichen die Gewinnung schwer reduzierbarer oder oxidierbarer Elemente wie Aluminium, Natrium, Chlor oder Fluor. Durch galvanisches Beschichten wie das Verchromen werden Werkstücke sowohl dekorativ aufgewertet als auch gegen Korrosion geschützt. Metalle wie Kupfer, Silber, Zink und Gold können durch Elektrolyse auf über 99,99 % Reinheit gereinigt werden. Auch das Aufladen von Batterien wie Bleiakkumulatoren beruht auf elektrolytischen Vorgängen.

Ein bedeutender Zukunftsaspekt ist die elektrochemische Herstellung von Wasserstoff aus Wasser. Diese Technologie gilt als Schlüsselelement der Energiewende. Allerdings ist dafür ein erheblicher Strombedarf erforderlich. Damit die Herstellung des Wasserstoffs klimaneutral ist, muss der Strom aus erneuerbaren Energiequellen (Photovoltaik, Wind, Wasser) stammen. Nur so lassen sich Treibhausgasemissionen nachhaltig reduzieren.

Atom- und Molekül-spektroskopie

Inhaltsverzeichnis

Kapitel 19 Grundlagen der Spektroskopie – 415

Kapitel 20 Spektroskopische Methoden – 439

Grundlagen der Spektroskopie

Inhaltsverzeichnis

19.1 Absorption – Transmission – Reflexion – 418
19.1.1 Lambert-Beer-Gesetz – Grundlage der quantitativen Spektralanalyse – 419
19.1.2 Wechselwirkung von Licht mit Atomen und Molekülen – 422
19.1.3 Jablonski-Termschema – Schematische Darstellung der Elektronenübergänge – 422
19.1.4 Signalaufweitung – Heisenberg'sche Unschärfe, Dopplereffekt, Molekülkollisionen – 424

19.2 Spektren – Übergänge zwischen Energieniveaus erzeugen Spektrallinien und -bänder – 426
19.2.1 Atome – Linienspektren durch Elektronenübergänge – 426
19.2.2 Moleküle – Bandenspektren durch eng benachbarte Energiezustände – 435
19.2.3 Fourier-Transformation – Gleichzeitige Anregung sämtlicher Energiezustände – 437

Der Begriff Spektroskopie (skopein, griech. für ansehen) wurde erstmals vor ca. 150 Jahren für das Messen und die Interpretation von Spektren (spectrum, lat. für Bild) verwendet. Heute bezeichnet man mit Spektroskopie die Aufnahme und Interpretation von Spektren, die durch Wechselwirkung elektromagnetischer Strahlung mit Materie entstehen. Spektren zeigen den Zusammenhang einer Größe, z. B. der Intensität der elektromagnetischen Strahlung (y-Achse) als Funktion von deren Energie, Frequenz oder Wellenlänge (x-Achse). Mithilfe spektroskopischer Methoden lassen sich Aussagen über die Identität, chemische und räumliche Struktur sowie die Zusammensetzung von Stoffen treffen.

Den Grundstein legte Isaac Newton (1642–1726) als er 1666 mit einem Glasprisma Sonnenlicht in die Spektralfarben des Regenbogens zerlegte (Abb. 19.1). Während Newton das Spektrum des Sonnenlichts als Kontinuum betrachtete, entdeckten Wollaston (1766–1828) und Fraunhofer (1787–1826) Anfang des 19. Jahrhunderts dunkle Linien im Sonnenspektrum (Abb. 19.2a). Diese als Fraunhofersche Absorptionslinien bekannten Phänomene wurden später von Kirchhoff (1824–1887) und Bunsen (1811–1899) als elementspezifische Merkmale erkannt. Bunsen und Kirchhoff nutzten die Spektrallinien als „Fingerabdruck" zur analytischen Identifikation von Elementen (Spektralanalyse).

Balmer (1825–1898) und Rydberg (1854–1919) konnten zeigen, dass für die Wellenlängen der Spektrallinien des Wasserstoffs (Abb. 19.2) ein einfacher mathematischer Zusammenhang gilt:

Abb. 19.1 Sonnenlicht wird durch ein Glasprisma in die Spektralfarben zerlegt (© Tartila/Shutterstock.com)

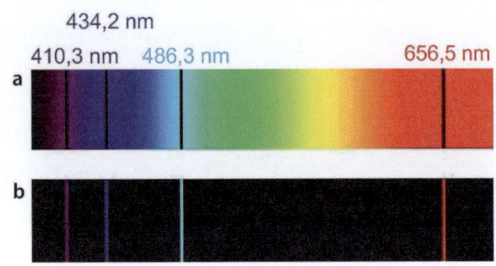

Abb. 19.2 Absorptionsspektrum (**a**) und Emissionsspektrum (**b**) des Wasserstoffs (© Jan Homann – https://commons.wikimedia.org/wiki/File:Visible_spectrum_of_hydrogen.jpg)

$$\lambda = \frac{91{,}14\,\text{nm}}{\frac{1}{n_1^2} - \frac{1}{n_2^2}} \quad \text{mit } n_2 > n_1 = 2 \text{ und } n_2, n_1 \text{ sind natürliche Zahlen} \tag{19.1}$$

λ - Wellenlänge der Spektrallinie, nm

Erst durch das bahnbrechende Atommodell von Bohr (1885–1962, Nobelpreis 1922, ▶ Abschn. 2.5), das erstmals quantenmechanische Überlegungen einbezog, konnten die Spektrallinien als Elektronenübergänge zwischen quantenmechanisch erlaubten Elektronenbahnen erklärt und berechnet werden. Die richtungsweisenden Arbeiten von Schrödinger (1887–1961, Nobelpreis 1933), Heisenberg (1901–1976, Nobelpreis 1932) und de Broglie (1892–1987, Nobelpreis 1929) lieferten die theoretischen Grundlagen für die Interpretation von Spektren chemischer Verbindungen.

Heute wird das gesamte elektromagnetische Spektrum (Tab. 19.1) von Radiowellen über sichtbares Licht bis hin zu Gammastrahlen für spektroskopische Anwendungen genutzt. Mikrowellen ermöglichen beispielsweise das Studium von Molekülrotationen (10^{12}-mal pro Sekunde), während Infrarotstrahlen zur Untersuchung der schnelleren Molekülschwingungen (10^{14}-mal pro Sekunde) eingesetzt werden. Elektronenübergänge dauern nur etwa 10^{-15} Sekunden, weshalb für deren Untersuchung hochfrequente UV-Strahlung herangezogen wird. Fast alles, was wir heute über die Struktur von Atomen, Molekülen und chemische Bindungen wissen, wurde mit Hilfe von spektroskopischen Methoden vorhergesagt oder zumindest bestätigt.

Elektromagnetische Strahlung wird durch ihre Energie charakterisiert. Dabei gilt, je höher die Frequenz, desto energiereicher ist die Strahlung ($E \sim \nu$). Als Proportionalitätskonstante wurde von Planck (1858–1947, Nobelpreis für Physik 1918), das nach ihm

Grundlagen der Spektroskopie

Tab. 19.1 Elektromagnetisches Spektrum – Eigenschaften und Anwendungen

	Radio-wellen	Mikro-wellen	Infrarot-strahlung	Sichtbares Licht	Ultraviolett-strahlung	Röntgen-strahlung	Gamma-strahlung
Wellen-längen-bereich	1-10.000 m	0,001–1 m	780 nm–1 mm	380–780 nm	10–380 nm	0,01–10 nm	< 0,01 nm
Frequenz-bereich, s^{-1}	$3 \cdot 10^4 - 3 \cdot 10^8$	$3 \cdot 10^8 - 3 \cdot 10^{11}$	$3 \cdot 10^{11} - 4 \cdot 10^{14}$	$4 \cdot 10^{14} - 8 \cdot 10^{14}$	$8 \cdot 10^{14} - 3 \cdot 10^{16}$	$3 \cdot 10^{16} - 3 \cdot 10^{19}$	$> 3 \cdot 10^{19}$
Anregung	Kernspin	Molekül-rotation Elektronenspin	Molekül-schwingungen	chemische Bindungen Elektronen der Außenschale		Elektronen innerer Schalen	Atom-kerne
Spektro-skopische Anwendung	NMR	ESR	IR, Raman	UV-VIS		RFA	Möß-bauer
An-wendungen im Alltag	TV, Radio, Mobilfunk, MRT	Mikrowellen-herd, Radar, WLAN, Blue-tooth, GPS, 5G	Heizung, Fernbe-dienungen, Wärmebild-kameras	Sichtbares Licht, Schwarzlicht, Härten von Klebstoffen, Sonnenstudios, Laser, Leucht-diode, DVD		Röntgengerät, Tomographie	Radio-aktivität, Strahlen-therapie

benannte Wirkungsquantum (h) eingeführt. Das Plancksche Wirkungsquantum hat die Dimension Energie mal Zeit (Js) und gehört wie die Lichtgeschwindigkeit und die Gravitationskonstante zu den fundamentalen Naturkonstanten. Mit Hilfe der Planckschen Gleichung lässt sich die Energie elektromagnetischer Strahlung berechnen zu :

$$E = h \cdot \nu \quad Planck - Einstein - Gleichung \quad (19.2)$$

E – Energie elektromagnetischer Strahlung, J = Nm
h – Plancksches Wirkungsquantum, Js
ν – Frequenz elektromagnetischer Strahlung, s^{-1}

Da sich elektromagnetische Strahlung mit Lichtgeschwindigkeit ausbreitet und Wellenlänge (λ) und Frequenz (ν) über die Lichtgeschwindigkeit (c) miteinander gekoppelt sind, lässt sich die Energie elektromagnetischer Strahlung auch als Funktion der Wellenlänge darstellen.

$$c = \lambda \cdot \nu \;\rightarrow\; \nu = \frac{c}{\lambda} \xrightarrow{\text{eingesetzt in Gl. 2}} E = \frac{h \cdot c}{\lambda}$$
(19.3)

c – Lichtgeschwindigkeit, Naturkonstante, ms^{-1}
λ – Wellenlänge der elektromagnetischen Strahlung, m

Methoden der analytischen Chemie liefern Antworten für zentrale Fragestellungen:

- Identifikation und Nachweis von Stoffen (qualitative Analytik)
- Menge und Konzentration eines Stoffes (quantitative Analytik)
- Zusammensetzung und geometrische Struktur von Molekülen (Strukturanalytik)

Die Anzahl und Vielfalt der angewandten analytischen Methoden ist enorm. Anwendungsbeispiele sind die Bestimmung des Blutzuckergehalts, der Nachweis von Herbizidrückständen in Lebensmitteln, die Überwachung von Gewässerqualitäten, der Nachweis von Dopingmitteln, die Untersuchung auf genetische Erkrankungen bereits im Mutterleib, die Messung von Feinstaub in der Luft, sowie die Qualitätskontrolle von Rohstoffen und Produkten, um nur einige zu nennen.

Im Folgenden konzentrieren wir uns auf spektroskopische Methoden. Diese Verfahren basieren auf der Wechselwirkung elektromagnetischer Strahlung mit dem Probenmaterial. Spektroskopischen Methoden lassen sich danach klassifizieren,

- ob elektromagnetische Strahlung von der Probe absorbiert (Absorptionsspektroskopie), emittiert (Emissionsspektroskopie), reflektiert (Reflexionsspektroskopie) oder gestreut (Raman-Spektroskopie) wird,
- welche elektromagnetische Strahlung, z. B. ultraviolettes und sichtbares Licht (UV/VIS-Spektroskopie), Infrarotstrahlung (IR-Spektroskopie), Röntgenstrahlung (Röntgenfluoreszenzanalyse) usw. zum Einsatz kommt,

- ob Atome (Atomspektroskopie), Moleküle (Molekülspektroskopie) oder Festkörper (Festkörperspektroskopie) mit elektromagnetischer Strahlung wechselwirken,
- ob Elektronen (Elektronenspektroskopie), Molekülschwingungen/-rotationen (Schwingungsspektroskopie, Rotationsspektroskopie), Atomkerne (NMR-Spektroskopie) etc. angeregt werden.

19.1 Absorption – Transmission – Reflexion

Wie bereits Isaac Newton erkannte, umfasst der sichtbare Bereich des elektromagnetischen Spektrums alle Wellenlängen im Bereich von 380–750 nm.

Die Farbe von Stoffen korreliert mit deren Absorptionsverhalten. Wenn ein Objekt alle Wellenlängen des Lichts absorbiert, erscheint es schwarz. Reflektiert das Objekt sämtliche Wellenlängen, erscheint es weiß.

Chemische Verbindungen absorbieren meist nur in einem kleinen Wellenlängenbereich des Lichts. Beispielsweise absorbiert der Farbstoff Rhodamin B im Wellenlängenbereich von 530–570 nm (◨ Abb. 19.8a) und reflektiert alle anderen Wellenlängen des Lichts. Die beobachtete Farbe Magenta (◨ Abb. 19.8b) entspricht der Komplementärfarbe des absorbierten Wellenlängenbereichs von 530–570 nm (Hellgrün, ◨ Abb. 19.3).

Wenn elektromagnetische Strahlung (I_0) auf eine Küvette mit Probelösung trifft, wird ein Teil der Strahlung durch die Lösung absorbiert (A), ein Teil reflektiert (R) und ein Teil transmittiert (T, ◨ Abb. 19.4).

Bei der **Absorption** (A; *absorptio*, lat. für Aufsaugung) wird die von der Probelösung aufgenommene Strahlung ($I_0 - I$) in eine andere Energieform, meist Wärme, umgewandelt. Die Strahlungsintensität (I), die die Probe passiert, nimmt durch Absorptionsprozesse ab. Die Absorption ist somit ein Maß für die Undurchlässigkeit einer Probelösung. Die **Reflexion** (R; *reflectere*, lat. für zurück-

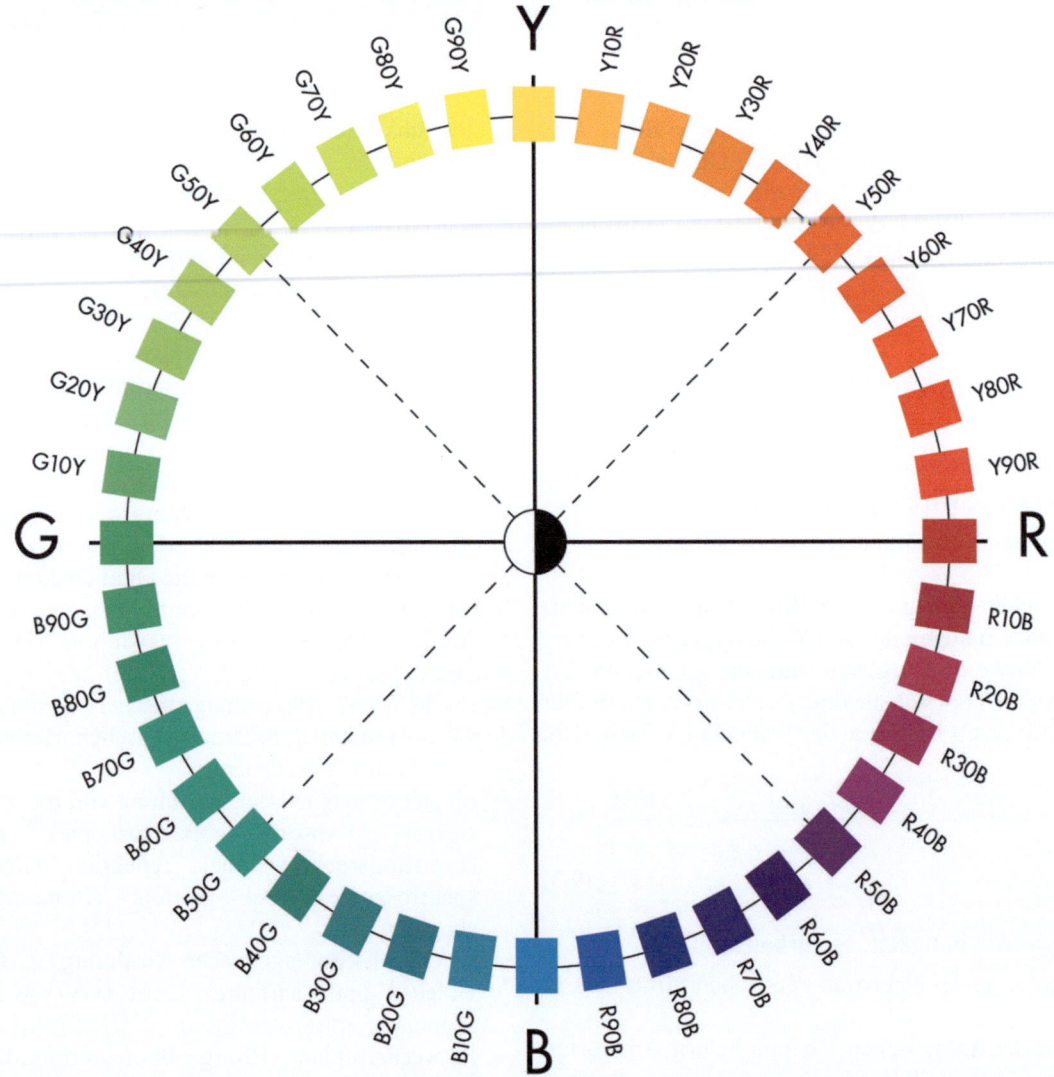

◨ **Abb. 19.3** Komplementärfarben liegen im Farbkreis diametral gegenüber und löschen sich wechselseitig aus (© NCS INFO, NCS_Colour_Circle, wikipedia)

19.1 · Absorption – Transmission – Reflexion

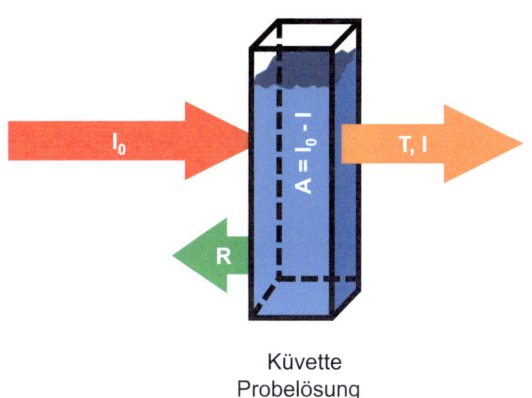

Abb. 19.4 Schematische Darstellung von Absorption (A), Transmission (T) und Reflexion (R)

werfen) beschreibt den Anteil der elektromagnetischen Strahlung, der an der Küvettenoberfläche gestreut wird. Die **Transmission** (T; *transmittere*, lat. für hinüberschicken) ist der Anteil (I) der einfallenden Strahlung (I_0), der Küvette und Probelösung passiert. Die Transmission ist somit ein Maß für die Durchlässigkeit der Probelösung. Die Summe aller Anteile - Transmission, Reflexion und Absorption - ergibt stets 100 % und entspricht der Intensität der einfallenden Strahlung (I_0).

$$A + R + T = 1 \quad (19.4)$$

A – Absorptionsgrad: Anteil der Strahlung, der von der Probe „verschluckt" wird

R – Reflexionsgrad: Anteil der Strahlung, der von Küvette und Probe reflektiert wird

T – Transmissionsgrad: Anteil der Strahlung, der die Probe durchdringt

Der Anteil an Absorption, Reflexion und Transmission ist energieabhängig, also eine Funktion der Frequenz bzw. Wellenlänge der Strahlung. Dies liegt an der Quantelung der Elektronenzustände in Atomen und Molekülen. Nur Strahlung, deren Energie der Energiedifferenz zwischen zwei Zuständen entspricht, kann absorbiert werden (◘ Abb. 19.10).

In der Spektroskopie wird die energieabhängige Absorption von Proben gemessen und als Spektrum aufgezeichnet.

Bei der Absorptionsspektroskopie wird die Transmission durch Messung der einfallenden Intensität (I_0) vor der Küvette und durch Messung der durchgelassenen Intensität (I) nach der Küvette ermittelt. Das Verhältnis von durchgelassener und eingestrahlter Strahlungsintensität ergibt den Transmissionsanteil. Die wellenlängen- bzw. energieabhängige Variation dieses Anteils wird durch das λ-Zeichen in Klammern angezeigt.

$$T(\lambda) = \frac{I(\lambda)}{I_0(\lambda)} \qquad \%T(\lambda) = \frac{I(\lambda)}{I_0(\lambda)} \cdot 100\% \quad (19.5)$$

T(λ) – Transmissionsanteil bei der Wellenlänge λ, dimensionslos

%T(λ) – prozentualer Transmissionsanteil bei der Wellenlänge λ, %

I_0(λ) – eingestrahlte Intensität der elektromagnetischen Strahlung, Wm^{-2}

I(λ) – durchgelassene Intensität der elektromagnetischen Strahlung bei Wellenlänge λ, Wm^{-2}

Der Reflexionsanteil kann durch messtechnische Maßnahmen eliminiert werden (R = 0). Damit ergeben sich für die Absorption folgende Zusammenhänge:

$$A(\lambda) + T(\lambda) = 1 \xrightarrow{mit\,Gl.\,19.5} A(\lambda) = \frac{I_0(\lambda) - I(\lambda)}{I_0(\lambda)} \; bzw.$$

$$\%A(\lambda) = \frac{I_0(\lambda) - I(\lambda)}{I_0(\lambda)} \cdot 100\% = 100\% - \%T(\lambda)$$

(19.6)

A(λ) – Absorptionsanteil bei der Wellenlänge λ, dimensionslos

%A(λ) – prozentualer Absorptionsanteil bei der Wellenlänge λ, %

19.1.1 Lambert-Beer-Gesetz – Grundlage der quantitativen Spektralanalyse

Das Lambert-Beer-Gesetz bildet die mathematische Basis, um mithilfe der Absorptionsspektroskopie (IR-Spektroskopie, UV/VIS-Spektroskopie) quantitative Aussagen zu Probekonzentrationen treffen zu können.

Lambert und Beer stellten empirisch fest, dass die Lichtintensität (I) bzw. Transmission mit zunehmender Schichtdicke (d) und Konzentration (c) einer Probelösung exponentiell abnimmt (Gl. 19.8). ◘ Abb. 19.5 veranschaulicht dies anhand eines Beipiels, bei dem die Lichtintensität pro Küvette jeweils um 50 % abnimmt (I = 0,5·I_0). Das austretende Licht der ersten Küvette trifft mit 50 % der Ausgangsintensität (I_0) auf die zweite Küvette, die wiederum die Hälfte der Lichtintensität „ver-

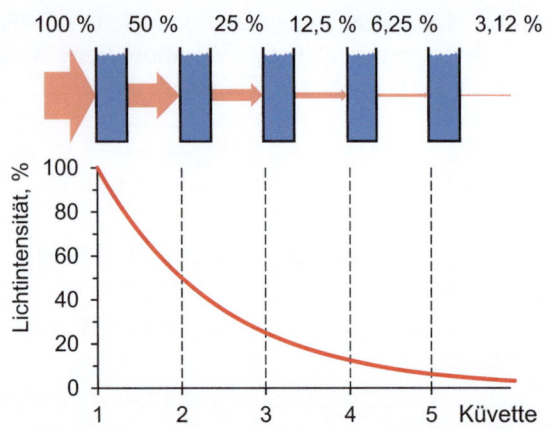

Abb. 19.5 Exponentieller Abfall der Lichtintensität/Transmission mit zunehmender Weglänge des Lichtstrahls in der Probelösung

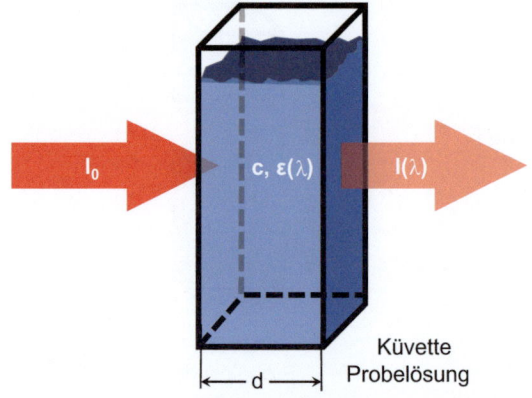

Abb. 19.6 Die durchgelassene Lichtintensität [I(λ)] hängt von der Weglänge (d) und der Konzentration (c) der Probelösung ab

schluckt", sodass nur noch 25 % der ursprünglichen Lichtintensität austreten. Dieser Vorgang setzt sich fort, wobei jede Küvette prozentual den gleichen Anteil der einfallenden Lichtintensität absorbiert.

$$I(\lambda) = I_0(\lambda) \cdot e^{-\varepsilon^*(\lambda) \cdot c \cdot d} \quad (19.7)$$

$I(\lambda)$ – durchgelassene Intensität der elektromagnetischen Strahlung bei Wellenlänge λ, Wm^{-2}

$I_0(\lambda)$ – eingestrahlte Intensität der elektromagnetischen Strahlung bei Wellenlänge λ, Wm^{-2}

$\varepsilon^*(\lambda)$ – natürlicher molarer Extinktionskoeffizient bei Wellenlänge λ, l mol^{-1} cm^{-1}

c – Konzentration der Probelösung, mol l^{-1}

d – Weglänge des Lichtstrahls durch die absorbierende Lösung, Küvettenbreite, cm

Der gleiche exponentielle Abfall der Lichtintensität (I) (Transmission) tritt auf, wenn nur eine Küvette durchstrahlt wird, jedoch die Konzentration der absorbierenden Probe sich verdoppelt, verdreifacht, vervierfacht oder verfünffacht (Gl. 19.7, Abb. 19.6).

$$T(\lambda) = \frac{I(\lambda)}{I_0(\lambda)} \xrightarrow{mit\,Gl.\,19.7} \frac{I(\lambda)}{I_0(\lambda)} = \frac{I_0(\lambda) \cdot e^{-\varepsilon^*(\lambda) \cdot c \cdot d}}{I_0(\lambda)} = e^{-\varepsilon^*(\lambda) \cdot c \cdot d} \rightarrow T(\lambda) = e^{-E(\lambda)} \; mit\, E(\lambda) = \varepsilon^*(\lambda) \cdot c \cdot d \quad (19.8)$$

$T(\lambda)$ – Transmissionsanteil als Funktion der Wellenlänge der eingestrahlten Strahlung, dimensionslos

$E(\lambda)$ – Extinktion der elektromagnetischen Strahlung bei Wellenlänge λ, dimensionslos

Da die Transmission (Gl. 19.5, 19.8) und somit auch die Absorption (Gl. 19.6) exponentiell von der Konzentration (c) und der Küvettenbreite (d) abhängen (Abb. 19.7a), suchten Lambert und Beer nach einer einfacheren Größe, die eine lineare Abhängigkeit von diesen Parametern aufweist. Durch Logarithmieren der Transmission (Gl. 19.8), also des Quotienten der Intensität des austretenden [I(λ)] und des einfallenden Lichts [I$_0$(λ)] wird als dimensionslose Größe die negative Extinktion (*extinctio*, lat. für auslöschen) erhalten (Gl. 19.9, Abb. 19.7b).

$$E(\lambda) = -\ln[T(\lambda)] = \ln\left[\frac{1}{T(\lambda)}\right] = \ln\left[\frac{I_0}{I(\lambda)}\right]$$
$$= \varepsilon^*(\lambda) \cdot c \cdot d \quad (19.9)$$

Da Naturwissenschaftler den dekadischen Logarithmus (log) oft als leichter verständlich empfinden als den natürlichen Logarithmus (ln) und unter Berücksichtigung des negativen Vorzeichens ergibt sich für das Lambert-Beer-Gesetz (Gl. 19.10):

$$E(\lambda) = \varepsilon(\lambda) \cdot c \cdot d \quad Lambert-Beer-Gesetz \quad (19.10)$$

$E(\lambda)$ – Extinktion, dimensionslos

$\varepsilon(\lambda)$ – dekadischer molarer Extinktionskoeffizient bei Wellenlänge λ, l mol^{-1} cm^{-1}

c – Konzentration Lösung, mol l^{-1}

d – Weglänge Licht in der absorbierenden Probelösung resp. Küvettenbreite, cm

Der Proportionalitätsfaktor der Lambert-Beer-Gleichung, der dekadische molare Extinktionskoeffizient (ε), ist eine stoffspezifische Konstante. Unter definierten Messbedingungen (z. B. Lösungsmittel, Temperatur, pH-Wert) hängt der Proportionalitätsfaktor ausschließlich von der Wellenlänge ab (Abb. 19.8a). Der molare Extinktionskoeffizient gibt an, wie stark eine 1-molare Lösung eines Stoffes bei einer Küvettenlänge von 1 cm einer bestimmten Wellenlänge absorbiert. Für viele Substanzen sind die molaren Extinktionskoeffizienten in Tabellenwerken aufgelistet. In der Praxis wird jedoch häufig auf die tabellierten Werte des molaren Extinktionskoeffizienten verzichtet, da dieser von zahlreichen Einflussfaktoren abhängig ist - darunter Wellenlänge, Lösungsmittel, Temperatur, pH-Wert sowie die Geräteeigenschaften. Stattdessen wird der Extinktionskoeffizient experimentell durch Kalibrierung ermittelt.

> ▶ **Übung – Extinktionskoeffizient**
> **Aufgabe**
> Es soll der dekadische molare Extinktionskoeffizient für Rhodamin B bei einer Wellenlänge von 553 nm (λ_{max}) berechnet werden.
>
> **Angaben**
>
> Wellenlänge: $\lambda = 553$ nm
>
> Extinktion bei 553 nm: $E(553) = 1{,}57$
>
> Konzentration der Lösung: $c = 0{,}000015$ mol/l
>
> Küvettenbreite: $d = 1$ cm
>
> **Lösung**
> Umstellen der Lambert-Beer-Gleichung (Gl. 19.10) nach dem Extinktionskoeffizienten ergibt:
>
> $$\varepsilon(\lambda) = \frac{E(\lambda)}{c \cdot d} \rightarrow \varepsilon(553) = \frac{1{,}57\, l}{0{,}000015\, mol \cdot 1\, cm}$$
> $$= 104{.}667\, l \cdot mol^{-1} \cdot cm^{-1}$$
> ◀

Da die Weglänge (d) des Lichtstrahls durch die Küvette festgelegt ist und der Extinktionskoeffizient (ε) eine stoffspezifische Größe darstellt, lässt sich die Konzentration einer Probelösung über die gemessene Extinktion (E) mithilfe des Lambert-Beer-Gesetzes berechnen. Hierzu misst man die Extinktion mehrerer Probelösungen mit bekannten Konzentrationen und trägt die Ergebnisse in einem Diagramm gegen die Konzentration auf (Abb. 19.9). Die resultierende Kalibrationsgerade zeigt - innerhalb des Gültigkeitsbereichs des Lambert-Beer-Gesetzes - eine lineare Beziehung zwischen Extinktion und Konzentration sowie einen Durchgang durch den Nullpunkt. Zur Bestimmung der Konzentration einer unbekannten Probe genügt es, deren Extinktion (E) zu messen (Abb. 19.9, blauer Punkt). Über die Kalibrationsgerade kann anschließend direkt auf die Probenkonzentration geschlossen werden (gestrichelte Linien).

Der lineare Zusammenhang zwischen Extinktion und Konzentration gemäß dem Lambert-Beer-Gesetzes gilt unter folgenden Voraussetzungen:
— Die Messstrahlung ist streng monochromatisch, d. h. es wird Licht einer genau definierten Wellenlänge verwendet.
— Die Konzentration der zu analysierenden Substanz liegt unter < 0,01 mol/l.
— Die Probe ist im Lösungsmittel vollständig molekular gelöst.
— Das Lösungsmittel selbst zeigt im gewählten Wellenlängenbereich keine Eigenabsorption.
— Das Lösungsmittel reagiert nicht mit der zu untersuchenden Substanz und beeinflusst deren chemische Eigenschaften nicht.

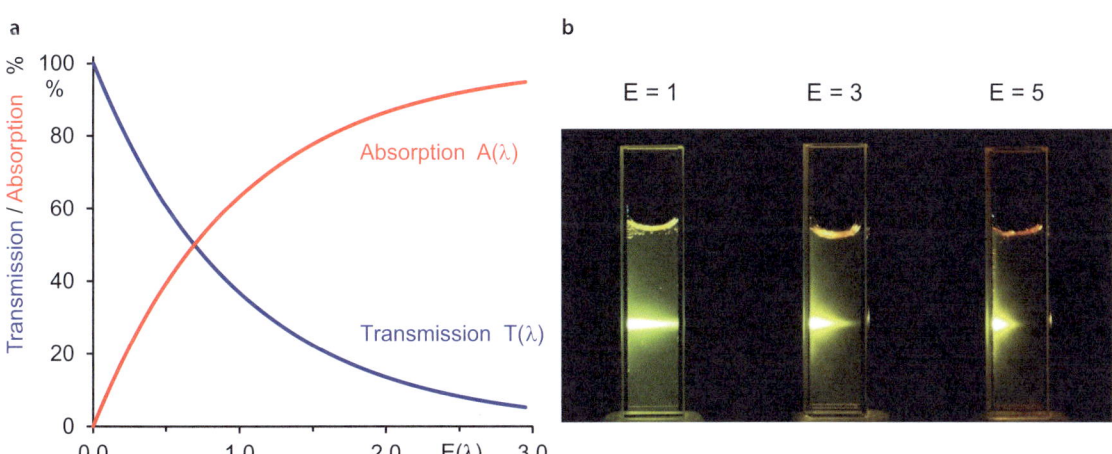

Abb. 19.7 Transmission und Absorption als Funktion der Extinktion (**a**), Abschwächung einer 510-nm-Laserstrahlung durch Rhodamin-6G-Lösungen unterschiedlicher Extinktion (**b**, © Edinburgh Instruments Ltd.)

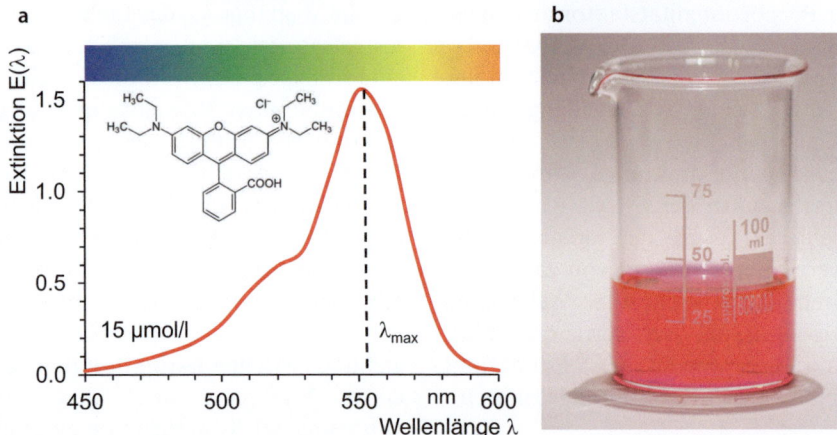

Abb. 19.8 Extinktion E(λ) einer Rhodamin-B-Lösung in Abhängigkeit der Wellenlänge (**a**). Wässrige Rhodamin-B-Lösung (**b**) (© Aleksander Sobolewski, wikimedia, CC BY-SA 4.0)

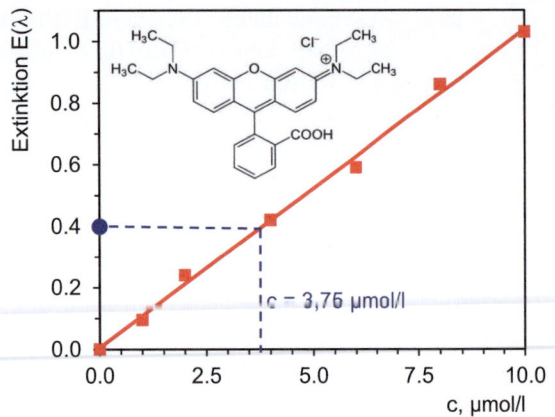

Abb. 19.9 Kalibrierungsgerade für Rhodamin B bei λ = 553 nm

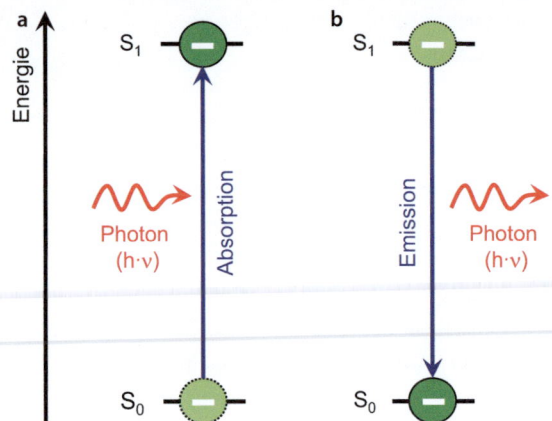

Abb. 19.10 Anregung eines Elektrons durch ein Photon (**a**), Enenergieabgabe durch Emission eines Photons (**b**)

19.1.2 Wechselwirkung von Licht mit Atomen und Molekülen

Der innere Energiezustand eines Moleküls setzt sich aus seiner elektronischen Energie (Molekülorbitale), Schwingungsenergie und Rotationsenergie zusammen. Ohne äußere Anregung befindet sich ein Molekül im Grundzustand, also im energetisch niedrigsten Zustand. Durch die Absorption elektromagnetischer Strahlung kann ein Elektron aus dem Grundzustand (S_0) in einen höheren elektronischen Zustand (S_1) angeregt werden (■ Abb. 19.10). Dabei entspricht die Energiedifferenz zwischen Grundzustand und angeregtem Zustand der Energie der absorbierten Strahlung ($\Delta E = h \cdot \nu$, Bohr'sche Frequenzbedingung, ■ Abb. 19.10a).

Je energiereicher der angeregte Molekülzustand, desto kürzer ist seine Lebensdauer. Das angeregte Molekül kann seine überschüssige Energie prinzipiell auf drei Wegen loswerden:

— Strahlung: Emission eines Lichtquants (Lumineszenz, ■ Abb. 19.10b)
— Strahlungsfrei: durch Schwingungsrelaxation, bei der die Energie in Wärme umgewandelt wird
— Strukturänderung: Änderung der chemischen Bindungsverhältnisse

19.1.3 Jablonski-Termschema – Schematische Darstellung der Elektronenübergänge

Der polnische Physiker Jablonski (1898–1980) etablierte 1935 ein nach ihm benanntes schematisches Modell (■ Abb. 19.11) zur übersichtlichen Darstellung von Energieniveaus und Elektronenübergängen in Molekülen. Um das Schema nicht zu überfrachten, werden hier lediglich die elektronischen Zustände und Schwingungs-

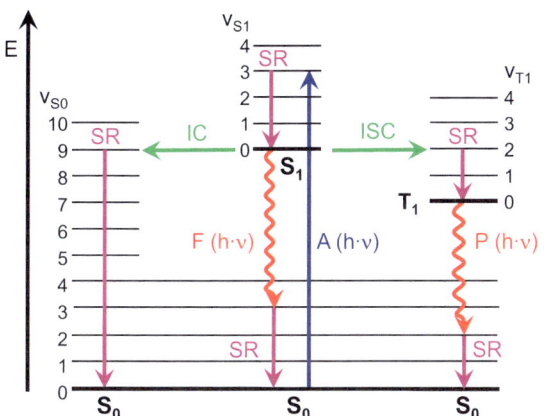

Abb. 19.11 Das Jablonski-Termschema zeigt die verschiedenen Relaxationswege angeregter Moleküle

zustände berücksichtigt. Die energetisch noch feiner abgestuften Rotationszustände, die die Energieniveaus der Schwingungsenergien überlagern, werden später behandelt.

- Absorption (A): Das Valenzelektron nimmt die Energie der elektromagnetischen Strahlung auf (◘ Abb. 19.11, blauer Pfeil) und wird vom elektronischen Grundzustand (Singulett, S_0) in einen elektronisch höher gelegenen Singulettzustand (S_1) gehievt. Je nach Energie der Strahlung kann das Elektron auch in angeregte Schwingungszustände (◘ Abb. 19.11, S_1, z. B. v_{S1} = 3) innerhalb des S_1-Zustands gelangen. Der Anregungsvorgang erfolgt sehr schnell (10^{-15} s) und ohne Spinumkehr.
- Schwingungsrelaxation (SR): Überschüssige Schwingungsenergie wird innerhalb eines elektronischen S-Zustands durch Kollisionen mit anderen Molekülen schrittweise und strahlungsfrei in Wärme umgewandelt, bis der Schwingungsgrundzustand ($v = 0$) des elektronischen Zustands erreicht wird. Schwingungsrelaxationen erfolgen innerhalb von 10^{-12} s.
- *Internal conversion* (IC, innere Umwandlung): IC ist ein strahlungsloser Übergang, bei dem ein Elektron ohne Spinumkehr aus dem Schwingungsgrundzustand (v_0) des elektronisch angeregten Zustands (S_1) in den elektronischen Grundzustand (S_0) übergeht. Da es sich um einen intramolekularen Vorgang handelt und der Energieerhaltungssatz gilt, muss das Elektron in einen hochangeregten Schwingungszustand (S_0, v_{S0} = 9) des elektronischen Grundzustands S_0 wechseln. Dabei wird elektronische Energie (potentielle Energie) in Schwingungsenergie (kinetische Energie) umgewandelt. Da die Gesamtenergie des Elektrons dabei konstant bleibt, wird ein IC-Übergang im Jablonski-Diagramm durch einen waagrechten Pfeil dargestellt (◘ Abb. 19.11, grüner Pfeil). Durch anschließende Schwingungsrelaxation (SR, ◘ Abb. 19.11, violetter Pfeil), gibt das Molekül durch Kollisionen mit umgebenden Molekülen schrittweise und strahlungsfrei seine überschüssige Energie in Form von Wärme ab. Dabei fällt das Elektron letztlich in den Schwingungsgrundzustand (v_0) des elektronischen Grundzustands S_0 zurück. Die absorbierte Lichtenergie wird somit in Wärme umgewandelt.
- Fluoreszenz (F): Bei Fluoreszenz erfolgt ein direkter Übergang des Elektrons vom Schwingungsgrundzustand (v_0) des elektronisch angeregten Zustands (S_1) in angeregte Schwingungszustände (z. B. v_{S0} = 3) des elektronischen Grundzustands S_0 unter Abgabe eines Lichtquants. Da sich der Spinzustand des Elektrons nicht ändert, erfolgt die Energieabgabe durch Fluoreszenzstrahlung sehr schnell (10^{-8} s) und mit hoher Intensität. Vor der Fluoreszenz findet jedoch eine Schwingungsrelaxation (SR) des angeregten elektronischen Zustand statt. Deshalb ist die emittierte Fluoreszenzstrahlung stets energieärmer und langwelliger als die absorbierte Strahlung (Stokes-Verschiebung, ▶ Abschn. 20.2.6) und auch unabhängig von der ursprünglichen Absorptionsenergie (A).
- *Intersystem crossing* (ISC): ISC ist in Analogie zur Inneren Umwandlung (IC) ein strahlungsloser, isoenergetischer Übergang eines Elektrons. ISC erfolgt vom Schwingungsgrundzustand eines angeregten elektronischen Zustands (z. B. S_1, v_{S1} = 0) in einen hoch angeregten Schwingungszustand eines energetisch tiefer liegenden Triplettzustands (T_1, z. B. v_{T1} = 2). Auch hier wird elektronische Energie in Schwingungsenergie umgewandelt. Der wesentliche Unterschied zum IC besteht im Spinwechsel des Elektrons während des Übergangs. Da die Energie des Elektrons dabei gleichbleibt (isoenergetisch), wird ein ISC-Übergang im Jablonski-Diagramm durch einen waagrechten Pfeil dargestellt (◘ Abb. 19.11, grüner Pfeil). Durch nachfolgende Schwingungsrelaxation (SR) durch Molekülkollisionen, fällt das Elektron in den Schwingungsgrundzustand (T_1, v_{T1} = 0) des Triplettzustands T_1 zurück.
- Phosphoreszenz (P): Nachdem das Elektron durch ISC unter Spinumkehr in den Triplettzustand (T_1) und durch Schwingungsrelaxation (SR) in den Schwingungsgrundzustand (v_{T1} = 0) des Triplettzustands übergegangen ist, fällt das Elektron bei erneuter Spinumkehr und Abgabe eines Lichtquants (Phosphoreszenzlicht) in einen angeregten Schwingungszustand (v_{S0} = 2) des elektronischen Grundzustands (S_0). Da Übergänge mit Spinumkehr quantenmechanisch „verboten" sind (▶ Abschn. 20.1.2), ist die Strahlungsintensität gering und der

Übergang verläuft langsam (Millisekunden bis Stunden). Deshalb zeigen phosphoreszierende Substanzen oft ein längeres Nachleuchten.
— Chemische Reaktion (CR): Ein Elektron im elektronisch angeregten Zustand (S_1 oder T_1) ist weiter von den Atomkernen entfernt und somit weniger stark an ein Molekül gebunden als im Grundzustand. Dadurch werden chemische Bindungen geschwächt.

Das Molekül kann dann seine überschüssige Energie durch das Lösen von Bindungen, Umlagerung seiner chemischen Struktur oder durch chemische Reaktionen abbauen.

19.1.4 Signalaufweitung – Heisenberg'sche Unschärfe, Dopplereffekt, Molekülkollisionen

Bislang haben wir angenommen, dass Absorption und Emission bei einer diskreten Frequenz bzw. Wellenlänge erfolgen, die der Bohr'schen Frequenzbedingung ($\Delta E = E_2 - E_1 = h \cdot \nu$) entsprechen. Die Liniensignale für diese Übergänge sollten daher theoretisch unendlich „scharf" sein. Exakte Messungen zeigen jedoch, dass die Signale ein Linienprofil mit einer Halbwertsbreite $\Delta \nu$ aufweisen (◘ Abb. 19.12). Die Halbwertsbreite entspricht der Breite des Signals auf halber Höhe. Linienverbreiterungen treten vor allem bei Gasproben auf, da in Flüssigproben durch den geringen Abstand der Moleküle ohnehin eine starke Stoßverbreiterung (s. u.) „auftritt", sodass Flüssigproben stets breite, sich überlappende Signalbanden zeigen.

Es gibt im Wesentlichen drei Gründe für Linienverbreiterungen:

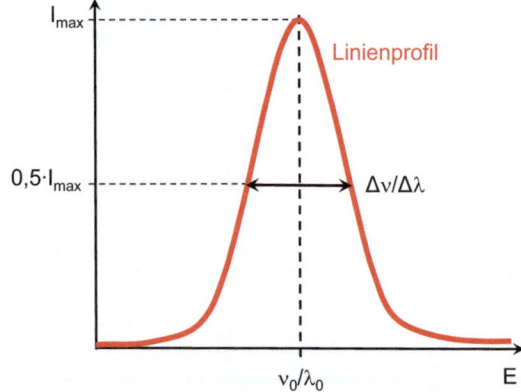

◘ Abb. 19.12 Linienprofil und Halbwertsbreite $\Delta \nu / \Delta \lambda$ eines Signals

■ **Natürliche Linienverbreiterung (Heisenberg'sche Unschärferelation)**

Die natürliche Linienbreite ist stets vorhanden und begrenzt die maximale Auflösung einer Spektrallinie. Die natürliche Linienbreite wird von der Verweildauer des Elektrons im angeregten Energiezustand E_2 (◘ Abb. 19.11) bestimmt. Sehr kurze Verweildauern (Δt) von nur wenigen Nanosekunden führen aufgrund der Heisenberg'schen Unschärferelation zu einer energetischen Unschärfe (ΔE), zur Verschmierung des angeregten Zustands (Gl. 19.12), und damit zu einer Frequenzunschärfe ($\Delta \nu$) des Signals. Die Frequenzunschärfe entspricht der Halbwertsbreite der Spektrallinie, gleichbedeutend der Breite des Signals auf halber Höhe. Da der Grundzustand in der Regel eine unendliche Lebensdauer ($\Delta t \to \infty$) hat, weist er praktisch keine Unschärfe auf.

$$\Delta E \cdot \Delta t \geq \frac{h}{4\pi} \xrightarrow{\Delta E = h \cdot \Delta \nu} h \cdot \Delta \nu \cdot \Delta t \geq \frac{h}{4\pi} \to \Delta \nu = \frac{1}{4\pi \cdot \Delta t} \qquad \textit{Heisenberg'sche Unschärferelation} \qquad (19.11)$$

$\Delta \nu$ – Halbwertsbreite, s^{-1}
ν_0 – Mittenfrequenz, s^{-1}
$\Delta \lambda$ – Halbwertsbreite, m
λ_0 – Mittenwellenlänge, m
Δt – Verweildauer Elektron im angeregten Zustand, s
h – Planck'sches Wirkungsquantum, Js

Die Unschärferelation der Frequenz kann in eine Unschärfe der Wellenlänge umgerechnet werden. Dazu wird die Wellenlänge nach der Frequenz differenziert. Durch Einsetzen in Gl. 19.11 ergibt sich die Heisenberg'sche Unschärferelation für die Wellenlänge:

$$c = \lambda \cdot \nu \to \nu = \frac{c}{\lambda} \xrightarrow{Tab.\,9.1\,Regel\,3.2} \frac{d\nu}{d\lambda} = \left| -\frac{c}{\lambda^2} \right| \to \Delta \nu = \frac{c}{\lambda_0^2} \cdot \Delta \lambda \xrightarrow{eingesetzt\,in\,Gl.\,19.11} \Delta \lambda = \frac{\lambda_0^2}{4\pi \cdot c \cdot \Delta t} \qquad (19.12)$$

19.1 · Absorption – Transmission – Reflexion

▶ **Beispiel**

Der angeregte Zustand, der zur Emission der gelben Natriumlinie führt, hat eine Lebensdauer von etwa 16 ns. Die Emission erfolgt bei einer Wellenlänge von $\lambda_0 = 589{,}6$ nm.

Aufgrund dieser kurzen Verweildauer ergibt sich für die natürliche Halbwertsbreite der gelben Linie:

$$\text{Natürliche Linienbreite}: \Delta \nu = \frac{1}{4\pi \cdot 16 \cdot 10^{-9}\, s} \sim 4{,}97 \cdot 10^6\, s^{-1} \quad \Delta \lambda = \frac{\left(589{,}6 \cdot 10^{-9}\right)^2 m^2 s}{4\pi \cdot 16 \cdot 10^{-9}\, s \cdot 3 \cdot 10^8\, m} = 7{,}13 \cdot 10^{-15}\, m$$

$$\text{Frequenz elektronischer Übergang}: \nu_0 = \frac{c}{\lambda_0} = \frac{3 \cdot 10^8\, m}{589{,}6 \cdot 10^{-9}\, m \cdot s} \sim 5{,}09 \cdot 10^{14}\, s^{-1}$$

◀

Somit ist die relative Energieunschärfe ($\Delta\nu/\nu$ resp. $\Delta\lambda/\lambda$) um den Faktor 10^8 kleiner als die zentrale Wellenlänge respektive Frequenz der Natrium-D-Linie. Derart geringe energetische Abweichungen sind – wenn überhaupt – nur mit äußerst aufwendiger Messtechnik nachweisbar. Die folgenden beiden Effekte hingegen tragen deutlich stärker zur Linienverbreiterung bei.

■ **Dopplerverbreiterung (Dopplereffekt)**

Es ist allgemein bekannt, dass der Ton einer Sirene eines sich nähernden Rettungswagen höher klingt, während er beim Entfernen tiefer wird. Dieses physikalische Phänomen ist als Dopplereffekt bekannt. Das gleiche Prinzip gilt auch für Atome und Moleküle in der Gasphase, die Photonen emittieren. Erfolgt die Photonenabgabe, wenn sich ein Molekül auf einen Detektor zubewegt, dann wird das Signal zu höherer Frequenz (Blauverschiebung), im Fall eines sich entfernenden Moleküls zu tieferer Frequenz (Rotverschiebung) verschoben.

In der Gasphase bewegen sich alle Teilchen ungeordnet in alle Raumrichtungen mit unterschiedlichen Geschwindigkeiten, die gemäß der Maxwell-Boltzmann-Verteilung (▶ Abschn. 10.3.1) verteilt sind. Da jedes Teilchen eine andere Geschwindigkeit hat, emittiert es durch den Dopplereffekt Licht mit leicht unterschiedlicher Frequenz. Dadurch ergibt sich ein Linienprofil mit Normalverteilung. Die Halbwertsbreite dieses Doppler-verbreiterten Signalprofils beträgt:

$$\Delta \nu = \frac{\nu_0}{c} \cdot \sqrt{\frac{8 \cdot \ln 2 \cdot R \cdot T}{M}} \Delta \lambda$$
$$\Delta \lambda = \frac{\lambda_0}{c} \cdot \sqrt{\frac{8 \cdot \ln 2 \cdot R \cdot T}{M}}. \tag{19.13}$$

ν_0 – Frequenz ruhendes Teilchen (v = 0), s^{-1}

λ_0 – Wellenlänge ruhendes Teilchen (v = 0), m

c – Lichtgeschwindigkeit, ms^{-1}

R – allgemeine Gaskonstante, $JK^{-1}mol^{-1}$

T – absolute Temperatur, K

M – molare Masse der Teilchen, $kgmol^{-1}$

Je höher die Temperatur und leichter ein Gas, desto größer fällt die Dopplerverbreiterung aus. Bei niedrigem Druck ist sie der dominierende Beitrag zur beobachteten Linienbreite, da Kollisiseinflüsse gering ausfallen.

▶ **Beispiel**

Wie groß ist die Dopplerverbreiterung der gelben Natriumlinie bei der Sonnenoberflächentemperatur von 6000 K?

Die molare Masse von Natrium beträgt 0,023 kg/mol und die Ruhefrequenz der Linie liegt bei ν_0 $5{,}09 \cdot 10^{14}$ Hz.

$$\Delta \nu = \frac{5{,}09 \cdot 10^{14}\, s}{3 \cdot 10^8\, m \cdot s} \cdot \sqrt{\frac{8 \cdot \ln 2 \cdot 8{,}314\, kgm^2 \cdot 6000\, Kmol}{0{,}023\, kgs^2 molK}} = 5{,}88 \cdot 10^9\, s^{-1} \sim 5{,}9\, GHz \quad \text{analog } \Delta \lambda = 0{,}0068\, nm \quad \blacktriangleleft$$

Die Energie- bzw. Frequenzunschärfe ist in etwa um den Faktor 10^5 kleiner als die entsprechende Energie bzw. Frequenz der Natrium-D-Linie. Generell ist die Dopplerverbreiterung um ca. drei Größenordnungen größer als die natürliche Linienverbreiterung.

■ **Stoß-/Druckverbreiterung**

Eine zusätzliche Verbreiterung des Signals findet bei hohem Gasdruck statt, wenn der Abstand zwischen den Teilchen so klein wird, dass die Zeit zwischen zwei Stößen in etwa der Lebensdauer der angeregten Zustände entspricht. Elastische Stöße erzwingen, dass angeregte Moleküle ihre Anregungsenergie schneller abgeben, was deren Lebensdauer verkürzt, wodurch die energetische Unschärfe des angeregten Zustands und letztendlich die Signalbreite des emittierten Photons zunehmen. Die Linienverbreiterung nimmt linear mit dem Gasdruck zu, weshalb dieser Effekt als Druckverbreiterung bezeichnet wird.

19.2 Spektren – Übergänge zwischen Energieniveaus erzeugen Spektrallinien und -bänder

Die innere Energie (▶ Abschn. 10.2.4) chemischer Verbindungen verteilt sich auf verschiedene Beiträge:
- die elektronischen Zustände der Elektronen,
- die Schwingungsbewegungen (Vibrationen) der Atomkerne,
- die Rotationsbewegung des gesamten Moleküls sowie
- den Spinzustand der Elektronen.

Da diese Energiezustände gequantelt sind, können Übergänge nur zwischen bestimmten, diskreten Energieniveaus erfolgen (◘ Abb. 19.13a). Da Atome ausschließlich über elektronische Zustände mit relativ großen Energiedifferenzen verfügen, führen Übergänge zu Linienspektren (◘ Abb. 19.13b). In mehratomigen Molekülen hingegen werden die elektronischen Energieniveaus zusätzlich von erheblich feiner gequantelten Schwingungs- und Rotationszuständen überlagert. Dadurch ergeben sich ein Vielzahl möglicher Übergänge, was in der Summe zu Bandenspektren führt (◘ Abb. 19.21b).

19.2.1 Atome – Linienspektren durch Elektronenübergänge

■ **Einelektronensysteme**

Das Spektrum des Wasserstoffatoms besteht aus einzelnen, diskreten Spektrallinien (◘ Abb. 19.13b). Dies liegt daran, dass die Übergänge in Atomen rein elektronischer Natur sind und nicht - wie bei Molekülen - zusätzlich von eng gequantelten Schwingungs- und Rotationsenergiezuständen überlagert werden.

Das Bohr'sche Atommodell postuliert, dass das Elektron im Wasserstoffatom strahlungsfrei auf bestimmten, diskreten, kreisförmigen Bahnen um den Atomkern kreist. Die Energie dieser Zustände (E_n) hängt ausschließlich von der Hauptquantenzahl bzw. Schalenzahl (n) ab und ist somit gequantelt (▶ Abschn. 21.1).

$$E_n = -\frac{m_e \cdot e^4}{8 \cdot \varepsilon_0^2 \cdot h^2} \cdot \frac{1}{n^2} = -\frac{R_H \cdot h \cdot c}{n^2} \; mit \; R_H$$

$$= \frac{m_e \cdot e^4}{8 \cdot \varepsilon_0^2 \cdot h^3 \cdot c} \tag{19.14}$$

E_n – Energieniveau der Hauptschale n, J

m_e – Ruhemasse Elektron, kg

ε_0 – elektrische Feldkonstante, AsV^{-1}m^{-1}

h – Planck'sches Wirkungsquantum, Js

n – Hauptquantenzahl, Hauptschalenzahl, dimensionslos

R_H – Rydberg-Konstante, m^{-1}

c – Lichtgeschwindigkeit, ms^{-1}

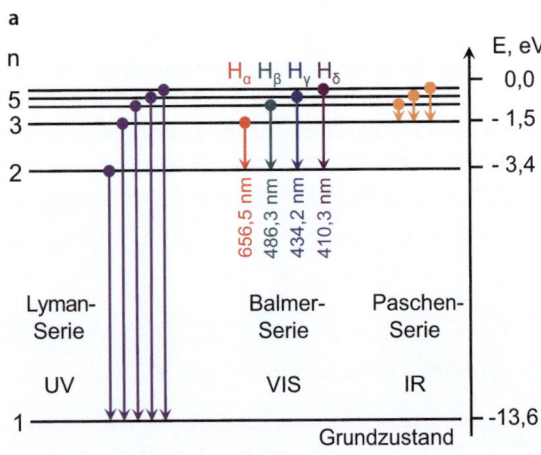
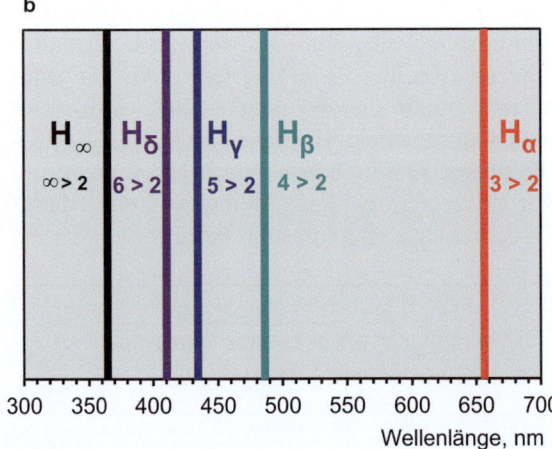

◘ **Abb. 19.13** Übergänge im Einelektronensystem Wasserstoff (**a**), Balmer-Spektrallinienserie ($n_1 = 2$) des Wasserstoffemissionsspektrums (**b**)

19.2 · Spektren – Übergänge zwischen Energieniveaus erzeugen Spektrallinien und -bänder

Damit ein Photon ein Elektron aus dem Grundzustand ($n_1 = 1$) in einen angeregten Zustand ($n_2 > 1$), also auf eine höhere Elektronenschale, „hochhieven" kann, muss seine Wellenlänge exakt der Bedingung gemäß Gl. 19.15 entsprechen. Photonen mit abweichender Energie vermögen Elektronen nicht in einen höheren Zustand zu überführen, selbst wenn die Energie etwas größer ist als erforderlich. Angeregte Elektronen fallen nach kurzer Verweildauer (Δt) aus der energetisch höher angesiedelten Schale (z. B. $n = 4$) wieder in den Grundzustand ($n = 1$) zurück. Dies kann direkt oder in mehreren Schritten erfolgen. Bei jedem dieser Übergänge wird ein Photon mit der Wellenlänge ($\lambda_{n2 \to n1}$) emittiert, die exakt der Energiedifferenz zwischen dem Ausgangs- (n_2) und dem Zielniveau (n_1) entspricht. ◘ Abb. 19.13a zeigt schematisch einige typische Elektronenübergänge im Wasserstoffatom. Die Übergänge der Lyman-Serie ($n_2 > 1$, $n_1 = 1$) erfolgen im ultravioletten Bereich (UV), die Übergänge der Paschen-Serie ($n_2 > 3$, $n_1 = 3$) im infraroten Bereich (IR) und sind somit mit dem bloßen Auge nicht sichtbar. Lediglich die Übergänge H_α bis H_δ der Balmer-Serie (◘ Abb. 19.13b, $n_2 > 2$, $n_1 = 2$) liegen im sichtbaren Bereich (VIS, ◘ Tab. 19.2).

$$\Delta E_{n2 \to n1} = -\frac{R_H \cdot h \cdot c}{n_2^2} - (-)\frac{R_H \cdot h \cdot c}{n_1^2}$$
$$= R_H \cdot h \cdot c \cdot \left(\frac{1}{n_1^2} - \frac{1}{n_2^2}\right) \quad (19.15)$$

$$\lambda_{n2 \to n1} = \frac{1}{R_H \cdot \left(\frac{1}{n_1^2} - \frac{1}{n_2^2}\right)} \quad (19.16)$$

$E_{n2 \to n1}$ – Energiedifferenz zwischen Schale n_2 und Schale n_1, J

$\lambda_{n2 \to n1}$ – Wellenlänge Photon für Elektronenübergang n_2 nach n_1, nm

R_H – Rydberg-Konstante für Wasserstoff, R_H = 0,01097 nm^{-1}

n_1 – Schale mit Hauptquantenzahl n_1, $n_1 < n_2$

n_2 – Schale mit Hauptquantenzahl n_2

Während Bohr in seinem Atommodell noch einen klassischen Ansatz verfolgte und den Quantenaspekt eher intuitiv integrierte, stammen die ersten vollständig quantenmechanischen Berechnungen für Einelektronensysteme von Erwin Schrödinger (► Abschn. 2.6). Schrödinger beschreibt den Bewegungszustand des Elektrons durch eine dreidimensionale stehende Wellenfunktion $\Psi(x,y,z)$. Das Quadrat der Wellenfunktion, also $\Psi^2(x,y,z)dV$, liefert die Wahrscheinlichkeit, das Elektron im Volumenelement $dV(x,y,z)$ anzutreffen. Die diskreten, räumlichen Bewegungszustände, auch als Orbitale bezeichnet, werden in Schrödingers Theorie durch drei Quantenzahlen charakterisiert: die Hauptquantenzahl (n), die Bahndrehimpulsquantenzahl (l) und die magnetische Quantenzahl (m) (◘ Tab. 19.3).

Ein Orbital kann maximal zwei Elektronen aufnehmen, wobei sich diese gemäß dem Pauli-Verbot (► Abschn. 2.7.1) in ihrer Spinquantenzahl (s) unterscheiden müssen. Der Satz der vier Quantenzahlen (n, l, m, s) eines Elektrons wird als dessen Zustand bezeichnet und mit der Wellengleichung Ψ_{nlms} beschrieben. Die möglichen Werte und Beschränkungen für die jeweilige Quantenzahl sind in ◘ Tab. 19.3 in der vorletzten Spalte aufgeführt.

Insgesamt beträgt die Gesamtzahl möglicher Orbitale für eine Hauptschale n^2. Da in einem Orbital maximal zwei Elektronen mit unterschiedlichem Spin platziert werden können, kann eine Hauptschale n maximal $2 \cdot n^2$ Elektronenzustände aufweisen, die alle über die gleiche Energie E_n verfügen. Für Einelektronensysteme wie Wasserstoff gilt nach Schrödinger, dass die Energie des Elektrons ausschließlich von der Hauptquantenzahl (n) abhängt (Gl. 19.14). Daher weisen alle n^2 Orbitale einer Hauptschale die gleiche Energie auf. Man bezeichnet Orbitale gleicher Energie als energetisch entartet, somit verfügt eine Schale über n^2 entartete Orbitale und $2 \cdot n^2$ entartete Elektronenzustände.

Das Linienspektrum des Wasserstoffatoms ist deshalb relativ einfach, da Elektron und Atomkern Punktladungen sind und das klassische Coulomb-Wechselwirkungsgesetz gilt. Zudem befinden sich die Unterschalen (l) auf demselben energetischen Niveau (entartet) und der Elektronenspin ($\bar{s}$) des einzigen Elektrons kann keine Wechselwirkungen mit anderen Elekt-

◘ **Tab. 19.2** Linienspektrum von Wasserstoffatomen. Wellenlängen einzelner Elektronenübergänge

Serie	$n_2 = 2$	$n_2 = 3$	$n_2 = 4$	$n_2 = 5$	$n_2 = 6$	$n_2 = \infty$
Lyman, $n_1 = 1$	121,5 nm	102,5 nm	97,2 nm	94,9 nm	93,7 nm	91,1 nm
Balmer, $n_1 = 2$	–	656,5 nm	486,3 nm	434,2 nm	410,3 nm	364,6 nm
Paschen, $n_1 = 3$	–	–	1874,5 nm	1281,4 nm	1093,5 nm	820,1 nm

Tab. 19.3 Einelektronenatome. Orbitale und Elektronen werden durch drei resp. vier Quantenzahlen eindeutig charakterisiert

Quantenzahl	Bezeichnung	Bedeutung	Mögliche Werte	Anzahl möglicher Zustände
n	Hauptquantenzahl	Energieniveau der Hauptschale, Größe des Orbitals. Abstand Elektron vom Kern	1, 2, 3, 4, … alt: K, L, M, N, …	n
l	Nebenquantenzahl Bahndrehimpulsquantenzahl	Geometrische Form der Unterschalen resp. der Orbitale	$0 \leq l \leq n-1$ 0, 1, 2, 3, … alt: s, p, d, f, …	n
m_l	Magnetische Richtungsquantenzahl des Bahndrehimpulses ($\vec{l}$)	räumliche Orientierung der Orbitale resp. des Drehimpulses relativ zu einem äußeren Magnetfeld	$-l \leq m_l \leq +l$ $0, \pm 1, \pm 2, \pm 3, … \pm l$	$2 \cdot l + 1$
s	Spinquantenzahl	Spin/Drall/Eigendrehimpuls des Elektrons	$s = 1/2$	1
m_s	Magnetische Richtungsquantenzahl des Spins ($\vec{s}$)	räumliche Orientierung des Elektronenspins zur z-Achse in einem äußeren Magnetfeld	$m_s = \pm s = \pm 1/2$	2

ronen eingehen, da nicht vorhanden. Die Energie des Elektrons wird daher nur durch die Hauptquantenzahl (n, Gl. 19.14) bestimmt. Die Spektrallinien entsprechen den Übergängen des Elektrons zwischen den verschiedenen Elektronenschalen (Gl. 19.15, 19.16).

- **Mehrelektronensysteme – Russel-Saunders-Terme**

In Mehrelektronensystemen, bei denen mehrere Elektronen um einen Atomkern kreisen, werden die Linienspektren komplexer. Mit hochauflösenden Spektrometern ist beobachtbar, dass Emissionsspektren von Atomen beispielsweise in Doppellinien aufspalten. Ein bekanntes Beispiel ist die tiefgelbe Natrium-D-Linie, die aus zwei Spektrallinien (589,0 nm, 589,6 nm) besteht und einen bedeutenden Beitrag zur Entdeckung des Elektronenspins leistete.

In Atomen mit mehreren Elektronen wirken sowohl anziehende Kräfte zwischen dem positiven Atomkern und den negativen Elektronen als auch abstoßende Coulomb-Wechselwirkungskräfte zwischen den Elektronen. Daher gilt das klassische Coulombgesetz für einzelne Punktladungen nicht mehr, sodass die Hauptschalen (n) in Unterschalen (l) mit energetisch unterschiedlichen Niveaus aufspalten. Während beim Einelektronensystem 2s- und 2p-Orbitale dasselbe Energieniveau haben, weisen s- und p-Orbitale in Mehrelektronenatomen unterschiedliche Energieniveaus auf. Das bedeutet, die Unterschalenentartung (l) des Einelektronenatoms wird aufgehoben. Allerdings bleibt die energetische Entartung der magnetischen Quantenzahl (m) so lange erhalten, bis ein äußeres Magnetfeld auf das Mehrelektronensystem einwirkt.

Die Energie der einzelnen Orbitale hängt daher nicht mehr ausschließlich von der Hauptquantenzahl (n) ab, sondern auch von der Drehimpulsquantenzahl (l) und der Spinquantenzahl (s). Dies führt zu zahlreichen Übergängen und komplexeren Linienspektren für Mehrelektronenatome im Vergleich zum einfacheren Einelektronensystem des Wasserstoffatoms.

Der Energiezustand eines Mehrelektronensystems wird durch Termsymbole, auch als Russel-Saunders-Terme bezeichnet, charakterisiert. Diese Termsymbole (T) ergeben sich aus dem Gesamtbahndrehimpuls ($\vec{L}$), dem Gesamtspinimpuls ($\vec{S}$) und dem Gesamtdrehimpuls ($\vec{J}$) des Systems.

- **Gesamtbahndrehimpuls ($\vec{L}$)**

Klassisch betrachtet entsteht der Bahndrehimpuls ($\vec{l}$) eines Elektrons durch seine kreisförmige Bewegung um den Atomkern. Dieser Vektor steht senkrecht zur Kreisfläche der Elektronenbewegung (▶ Abschn. 6.4.3). Eine Elektronenbahn im Bohr'schen Sinne kann es aber nicht geben, da das Elektron aufgrund der Heisenberg'schen Unschärfe kein starres Masseteilchen ist, sondern eher das Bild einer verschmierten Elektronenwolke zutrifft.

In der Quantenmechanik werden Elektronen als dreidimensionale stehende Welle um den Atomkern beschrieben, die sich mit bestimmter Wahrscheinlichkeit in sogenannten Orbitale aufhalten (▶ Abschn. 2.6, ▶ Abb. 2.23) Der quantenmechanische Bahndrehimpuls ($\vec{l}$) eines Elektrons ist eine in Betrag und Richtung gequantelte Größe.

In leichten Atomen addieren sich die Bahndrehimpulse der einzelnen Elektronen ($\vec{l}_i$), **ungestört** vom

19.2 · Spektren – Übergänge zwischen Energieniveaus erzeugen Spektrallinien und -bänder

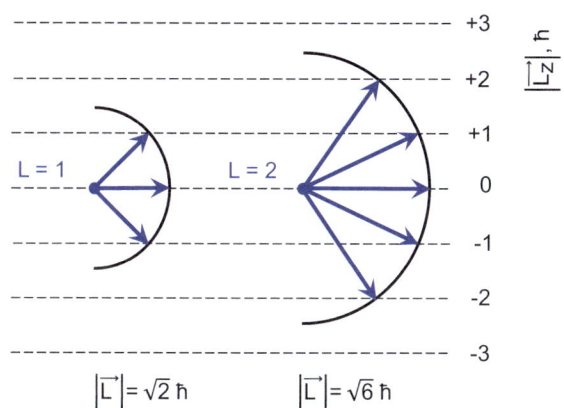

Abb. 19.14 Orientierungsmöglichkeiten (Richtungsquantelung) des Gesamtbahndrehimpulses ($\vec{L}$) im magnetischen Feld

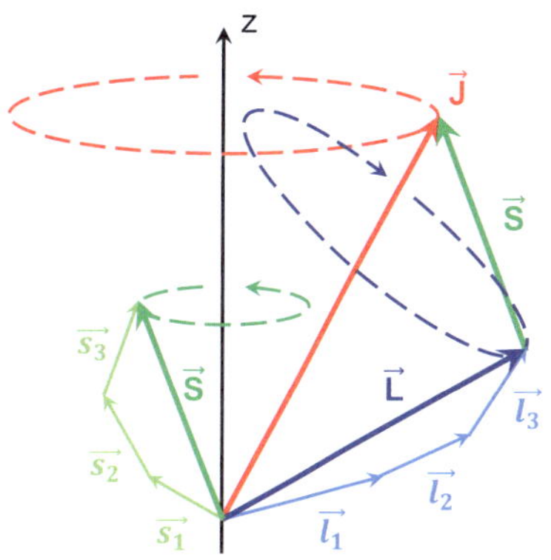

Abb. 19.15 Russel-Saunders-Kopplung. Vektorielle Addition von Gesamtbahndrehimpuls ($\vec{L}$, blau) und Gesamtspinimpuls ($\vec{S}$, grün) zum Gesamtdrehimpuls ($\vec{J}$, rot) in einem Dreielektronensystems

Elektronenspin, vektoriell zu einem Gesamtbahndrehimpuls ($\vec{L}$ ◘ Abb. 19.15, blaue Vektoren). Die zugehörige Quantenzahl (L) kann die Werte 0, 1, 2, 3, 4, … - respektive S, P, D, F, … in Anlehnung an die Bezeichnungen für Einelektronensysteme - annehmen.

Der Betrag, also die Länge, des Gesamtbahndrehimpulses $|\vec{L}|$ ist gequantelt und weist deshalb in z-Richtung ebenfalls eine gequantelte Betragskomponente von $|\vec{L_z}|$ auf (Abb. 19.14).

$$\vec{L} = \sum_i \vec{l_i} \quad L = \sum_i l_i \quad |\vec{L}| = \sqrt{L \cdot (L+1)} \cdot \hbar \quad |\vec{L_z}| = M_L \cdot \hbar \quad M_L = L, L-1, \ldots, -L, \quad \text{Multiplizität} = 2 \cdot L + 1 \quad (19.17)$$

$\vec{L}$ – Gesamtbahndrehimpuls
$\vec{l_i}$ – Bahndrehimpuls eines einzelnen Elektrons i
L – Quantenzahl des Gesamtbahndrehimpulses
l_i – Quantenzahl des Bahndrehimpulses des Elektrons i
$|\vec{L}|$ – Betrag des Gesamtbahndrehimpulses
$|\vec{L_z}|$ – Betrag der z-Komponente des Gesamtbahndrehimpulses
M_L – magnetische Richtungsquantelungszahl des Gesamtbahndrehimpulses

Die räumliche Orientierung des Gesamtbahndrehimpulses ($\vec{L}$) ergibt sich, wie für alle anderen Drehimpulsvektoren – Gesamtspinimpuls ($\vec{S}$), Gesamtdrehimpuls ($\vec{J}$) – auch, aus dem jeweiligen Betrag ($|\vec{L}|, |\vec{S}|, |\vec{J}|$) und der zugehörigen z-Betragskomponente ($|\vec{L_z}|, |\vec{S_z}|, |\vec{J_z}|$) des Vektors (◘ Abb. 19.14). In Abhängigkeit von der Gesamtbahndrehimpulsquantenzahl (L) ergeben sich $2 \cdot L + 1$ Orientierungsmöglichkeiten (Multiplizität) für den Gesamtbahndrehimpulsvektor ($\vec{L}$).

■ **Gesamtspinimpuls ($\vec{S}$)**
Spin im klassischen Sinn beschreibt die Rotation eines Masseteilchens um seine Schwerpunktsachse. Der Spin eines Elektrons lässt sich jedoch nicht als Eigenrotation des Elektrons deuten, da sonst z. B das Elektron eine Radialgeschwindigkeit von mehrfacher Lichtgeschwindigkeit aufweisen müsste (▶ Abschn. 6.4.4). Im quantenmechanischen Sinn ist der Spin eine unveränderliche, immanente Eigenschaft des Elektrons, ähnlich wie dessen Masse oder elektrische Ladung. Der Spinvektor eines einzelnen Elektrons ($\vec{s}$) ist hinsichtlich Betrag und räumlicher Orientierung gequantelt. Der Spinimpulsvektor eines einzelnen Elektrons hat einen Betrag (Länge) von $|\vec{s}| = \sqrt{3}/2\,\hbar$ mit einer z-Komponente von $|\vec{s_z}| = +1/2\,\hbar$ (Spin-up, ↑) respektive $|\vec{s_z}| = -1/2\,\hbar$ (Spin-down, ↓). In leichten Atomen addieren sich die Spinimpulsvektoren der einzelnen Elektronen, unabhängig vom Bahndrehimpuls (s. o.), zu einem Gesamtspinimpuls ($\vec{S}$, Abb. 19.15, grüne Vektoren). Die zugehörige Quantenzahl (S) ergibt sich aus der Anzahl ungepaarter Elektronen und kann Werte wie 0, ½, 1, 3/2, … annehmen. Der Betrag des Gesamtspinimpulses $|\vec{S}|$ ist gequantelt und weist in z-Richtung eine gequantelte Betragskomponente von $|\vec{S_z}|$ auf.

$$\vec{S} = \sum_i \vec{s_i} \quad S = \sum_i s_i \quad |\vec{S}| = \sqrt{S \cdot (S+1)} \cdot \hbar \quad |\vec{S_z}| = M_S \cdot \hbar$$
$$M_S = S, S-1, \ldots, -S \quad \text{Multiplizität} = 2 \cdot S + 1$$

(19.18)

$\vec{S}$ – Gesamtspinimpuls

$\vec{s_i}$ – Spinimpuls eines einzelnen Elektrons i

S – Quantenzahl des Gesamtspinimpulses

s_i – Quantenzahl des Spinimpulses des Elektrons i

$\vec{S_z}$ – z-Komponente des Gesamtspinimpulses

$|\vec{S}|$ – Betrag des Gesamtspinimpulses

$|\vec{S_z}|$ – Betrag der z-Komponente des Gesamtspinimpulses

M_S – magnetische Richtungsquantelungszahl des Gesamtspinsimpulses

- **Spinmultiplizität ($2 \cdot S + 1$)**

In Abhängigkeit von der Gesamtspinimpulsquantenzahl (S) ergeben sich $2 \cdot S + 1$ Orientierungsmöglichkeiten (Multiplizität) für den Gesamtspinimpulsvektor ($\vec{S}$). Diese Anzahl wird als Spinmultiplizität bezeichnet. Sie beschreibt die Aufspaltung eines Spektralsignals unter dem Einfluss eines äußeren Magnetfeldes. Befinden sich in einem Atom ausschließlich gepaarte Elektronen, also alle Orbitale sind doppelt besetzt, dann ergibt sich für die Gesamtspinimpulsquantenzahl (S) null und somit für die Spinmultiplizität $2 \cdot 0 + 1 = 1$. In diesem Fall erfolgt keine Aufspaltung der Energieniveaus bzw. der Spektrallinien. Dieser Zustand wird als Singulettzustand bezeichnet.

Für ein, zwei oder drei ungepaarte Elektronen wird beim Anlegen eines äußeren magnetischen Feldes die Spektrallinie in ein Dublett (S = ½, $2 \cdot S + 1 = 2$), Triplett (S = 1, $2 \cdot S + 1 = 3$) respektive Quartett (S = 3/2, $2 \cdot S + 1 = 4$) aufgespalten, was die Feinstruktur des Signals erklärt.

- **Gesamtdrehimpuls ($\vec{J}$) – LS-Kopplung (Russel-Saunders-Kopplung)**

Die Russel-Saunders-Kopplung beschreibt die Wechselwirkung von Elektronen in leichten Atomen mit Kernladungszahl < 36 (Krypton). In diesen Atomen ist die Spin-Bahn-Kopplung einzelner Elektronen im Vergleich zur elektronischen Coulombabstoßung relativ schwach. Daher erfolgt die Kopplung der Drehimpulse wie folgt:

– Zuerst addieren sich die einzelnen Elektronenspinimpulse ($\vec{s_i}$) zum Gesamtspinimpulsvektor ($\vec{S} = \sum_i \vec{s_i}$)

– Unabhängig davon addieren sich die Bahndrehimpulse der einzelnen Elektronen ($\vec{l_i}$) zum Gesamtbahndrehimpulsvektor ($\vec{L} = \sum_i \vec{l_i}$).

– Erst dann addieren sich Gesamtspinimpulsvektor ($\vec{S}$) und Gesamtbahndrehimpulsvektor ($\vec{L}$) zum Gesamtdrehimpulsvektor ($\vec{J} = \vec{L} + \vec{S}$, ◘ Abb. 19.15, rot).

$$\vec{J} = \vec{L} + \vec{S} \quad J = L+S, L+S-1, \ldots, |L-S| \geq 0 \quad |\vec{J}| = \sqrt{J \cdot (J+1)} \cdot \hbar \quad |\vec{J_z}| = M_J \cdot \hbar \quad M_J = J, J-1, \ldots, -J \quad \text{Multiplizität} = 2 \cdot J + 1$$

(19.19)

$\vec{J}$ – Gesamtdrehimpuls

$\vec{L}$ – Gesamtbahndrehimpuls

$\vec{S}$ – Gesamtspinimpuls

J – Quantenzahl des Gesamtdrehimpulses

L – Quantenzahl des Gesamtbahndrehimpulses

S – Quantenzahl des Gesamtspinimpulses

$\vec{J_z}$ – z-Komponente des Gesamtdrehimpulses

$|\vec{J}|$ – Betrag des Gesamtdrehimpulses

$|\vec{J_z}|$ – Betrag der z-Komponente des Gesamtdrehimpulses

M_J – magnetische Richtungsquantelungszahl des Gesamtdrehimpulses

Die Quantenzahl J beschreibt den Betrag, die Länge des Gesamtdrehimpulsvektors ($\vec{J}$) eines Atoms, der sich aus dem Gesamtspin ($\vec{S}$) und dem Gesamtbahndrehimpuls ($\vec{J}$) zusammensetzt ($\vec{J} = \vec{L} + \vec{S}$). Die Quantenzahl J kann $2 \cdot J + 1$ ganz- oder halbzahlige Werte im Bereich von L + S bis |L – S| annehmen. Der Vektor des Gesamtdrehimpulses hat also $2 \cdot J + 1$ Möglichkeiten, sich bei Einwirkung eines äußeren Magnetfelds auszurichten (◘ Abb. 19.16).

Der Betrag des Gesamtdrehimpulses ist gequantelt und weist in z-Richtung diskrete Betragskomponenten von $|\vec{J_z}|$ auf (◘ Tab. 19.4).

- **Termsymbole, Russel-Saunders-Terme**

Zur eindeutigen Beschreibung der Energiezustände der Valenzelektronen in Mehrelektronensystemen mit Russel-Saunders-Kopplung reicht die Angabe der Elektronenkonfiguration allein nicht aus. Einer einzelnen Elektronenkonfiguration können mehrere Mikrozustände zugeordnet werden, die sich durch verschiedene Kombinatonen von Gesamtspindrehimpuls und Gesamtbahndrehimpuls unterscheiden und somit unterschiedliche Energieniveaus aufweisen.

19.2 · Spektren – Übergänge zwischen Energieniveaus erzeugen Spektrallinien und -bänder

Termsymbole oder Spektralterme (T = $^{2S+1}L_J$) beschreiben eindeutig Energieniveau und Spektraleigenschaften eines atomaren Mehrelektronensystems. Zur Bestimmung der Termsymbole reicht es aus die Valenzelektronen, also die Elektronen der äußeren Elektronenschale, heranzuziehen. Elektronen abgeschlossener, elektronisch gesättigter Schalen und Unterschalen (Rumpfelektronensystem) tragen nicht zum Gesamtspin oder Gesamtbahndrehimpuls bei, da sich die Gesamtspinimpulsquantenzahl (S), die Gesamtbahndrehimpulsquantenzahl (L) und die Gesamtdrehimpulsquantenzahl (J) zu null addieren (1. Hund'sche Regel, s. u.).

Bei unvollständig besetzten Unterschalen bestehen mehrere Möglichkeiten, die Valenzelektronen auf die verfügbaren Orbitale zu verteilen (◘ Tab. 19.5). Diese unterschiedlichen Möglichkeiten, die sog. Mikrozustände, werden eindeutig durch die Terme $^{2S+1}L_J$ beschrieben. Charakteristisch für diese Terme (T) sind deren energetische Lage und die Quantenzahlen für den Gesamtdrehimpuls (J) und den Gesamtspinimpuls (S, ◘ Tab. 19.6). Die Termsymbole entsprechen diskreten Energieniveaus und erklären das Spektralverhalten von Atomen.

$^{2S+1}L_J$	Termsymbol
S	Quantenzahl des Gesamtspinimpulses
$2 \cdot S + 1$	Multiplizität des Gesamtspinimpulses
L	Quantenzahl des Gesamtbahndrehimpulses
J	Quantenzahl des Gesamtdrehimpulses

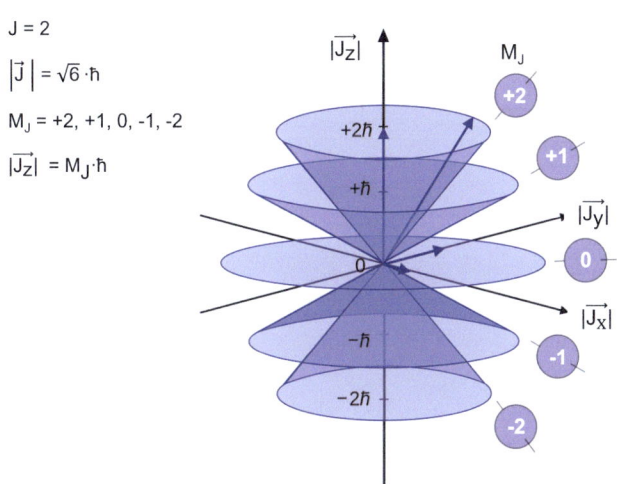

◘ **Abb. 19.16** Orientierungsmöglichkeiten (Richtungsquantelung, Multiplizität) des Gesamtdrehimpulses ($\vec{J}$) bei der Quantenzahl J = 2 im äußeren Magnetfeld

J = 2
$|\vec{J}| = \sqrt{6} \cdot \hbar$
$M_J = +2, +1, 0, -1, -2$
$|\vec{J_z}| = M_J \cdot \hbar$

Elektronischer Grundzustand und Hund'sche Regeln

Der elektronische Grundzustand eines Atoms entspricht der Elektronenkonfiguration mit der niedrigsten Energie. Die einzelnen Orbitale werden dabei gemäß dem Aufbauprinzip (▶ Abschn. 2.7) und dem Pauli-Prinzip in aufsteigender Energie mit Elektronen besetzt. Da gemäß dem Pauli-Prinzip, auch als Pauli-Verbot bezeichnet, zwei Elektronen nicht in allen vier Quantenzahlen n, l, m_l, s übereinstimmen dürfen, kann ein Orbital (Kästchen, ◘ Tab. 19.5) maximal zwei Elektronen mit antiparallelen Spins (Spin-up, Spin-down) aufnehmen.

◘ **Tab. 19.4** Mehrelektronenatome in der Übersicht

	Gesamtbahndrehimpuls ($\vec{L}$)	Gesamtspinimpuls ($\vec{S}$)	Gesamtdrehimpuls ($\vec{J}$)
Definition Impuls	$\vec{L} = \sum_{i=1}^{N} \vec{l_i}$	$\vec{S} = \sum_{i=1}^{N} \vec{s_i}$	$\vec{J} = \vec{L} + \vec{S}$
Definition Quantenzahl	$L = 0, 1, 2, 3, \ldots = \sum_{i=1}^{N} l_i$	$S = 0, 1/2, 1, 3/2, 2, \ldots = \sum_{i=1}^{N} s_i$	$J = 0, 1/2, 1, 3/2,\ldots = L + S$
Eigenwert / Betrag	$|\vec{L}| = \sqrt{L(L+1)} \cdot \hbar$	$|\vec{S}| = \sqrt{S(S+1)} \cdot \hbar$	$|\vec{J}| = \sqrt{J(J+1)} \cdot \hbar$
Quantenzahl für z-Orientierung	$M_L = 0, \pm 1, \pm 2, \ldots, \pm L$	$M_S = 0, \pm 1/2, \pm 1, \ldots, \pm S$	$M_J = 0, \pm 1/2, \pm 1, \ldots, \pm J$
Definition Quantenzahl der z-Orientierung	$M_L = \sum_{i=1}^{N} m_{l,i}$	$M_S = \sum_{i=1}^{N} m_{s,i}$	$M_J = \sum_{i=1}^{N} m_{j,i}$
Eigenwert / Betrag der z-Komponente	$|\vec{L_z}| = M_L \cdot \hbar$	$|\vec{S_z}| = M_S \cdot \hbar$	$|\vec{J_z}| = M_J \cdot \hbar$
Multiplizität	$2 \cdot L + 1$	$2 \cdot S + 1$	$2 \cdot J + 1$

Tab. 19.5 Elektronenkonfiguration von Atomen. Anwendung der Hund'schen Regeln

Element	Elektronenkonfiguration				Bemerkung
	Bahndrehimpulsquantenzahl (l)	s/0	p/1		
	Magnetische Quantenzahl (m_l)	0	+1	0	−1	
C	[He]2s²2p²	↑↓	↑↓			Verstoß gegen 2. Hund'sche Regel
C	[He]2s²2p²	↑↓	↑		↑	Verstoß gegen 3. Hund'sche Regel Im Einklang mit 2. Hund'scher Regel
C	[He]2s²2p²	↑↓	↑	↑		Im Einklang mit 2. und 3. Hund'scher Regel
N	[He]2s²2p³	↑↓	↑	↑	↑	Im Einklang mit 2. Hund'scher Regel
Ca	[Ar]4s²	↑↓				Im Einklang mit 1. Hund'scher Regel
Ar	[Ne]3s²3p⁶	↑↓	↑↓	↑↓	↑↓	Im Einklang mit 1. Hund'scher Regel

Tab. 19.6 Termsymbole (T) für Elemente im elektronischen Grundzustand

Element	Elektronenkonfiguration									S Σs_i	L $\Sigma m_{l,i}$	J L+S bzw. L−S	T $^{2S+1}L_J$
	Bahndrehimpulsquantenzahl (l)	s/0	p/1			d/2							
	Magnetische Quantenzahl (m_l)	0	+1	0	−1	+2	+1	0	−1	−2			
Ag	[Kr]4d¹⁰5s¹	↑				↑↓	↑↓	↑↓	↑↓	↑↓	1/2	0	1/2	$^2S_{1/2}$
Fe	[Ar]4s²3d⁶	↑↓				↑↓	↑	↑	↑	↑	2	2	4	$^5D_4$
Ca	[Ar]4s²	↑↓									0	0	0	$^1S_0$
K	[Ar]4s¹	↑									1/2	0	1/2	$^2S_{1/2}$
Ar	[Ne]3s²3p⁶	↑↓	↑↓	↑↓	↑↓						0	0	0	$^1S_0$
Cl	[Ne]3s²3p⁵	↑↓	↑↓	↑↓	↑						1/2	1	3/2	$^2P_{3/2}$
C	[He]2s²2p²	↑↓	↑	↑							1	1	0	$^3P_0$

Die exakte Anordnung der Elektronen in den Orbitalen nicht vollständig gefüllter Schalen wird mit Hilfe der Hundschen Regeln ermittelt. Mit diesen Regeln kann aus den zahlreichen Variations- und Kopplungsmöglichkeiten von Elektronenspin (s) und Bahndrehimpuls (l) der elektronische Grundzustand eines Atoms bestimmt werden. Die Hund'schen Regeln ordnen die Elektronen so an, dass sie die geringsten Abstoßungskräfte untereinander aufweisen, somit das Atom energetisch den stabilsten Zustand einnimmt. Für den Grundzustand gelten folgende vier Hund'sche Regeln:

1. **Hund'sche Regel**

Für vollständig gefüllte Schalen oder Unterschalen (ns², np⁶, nd¹⁰) gilt, dass der Gesamtspinimpuls S = 0, der Gesamtbahndrehimpuls L = 0 und damit auch der Gesamtdrehimpuls J = 0 ist. Solche Atome besitzen als Spektralterm (T) den Zustand $^1S_0$ (S = 0 → 2·S + 1 = **1**, L = 0 → S, J = S + L = **0**). Edelgase und Erdalkalimetalle haben gefüllte Unterschalen und daher als energetischen Grundzustand $^1S_0$.

Bei Atomen mit teilweise gefüllten Schalen (Tab. 19.5) genügt es zur Bestimmung des Termsymbols (Spektralterms) des elektronischen Grundzustands, nur die Elektronen der unvollständigen Schalen zu berücksichtigen. Das Rumpfelektronensystem ist energetisch und drehimpulstechnisch inaktiv (S = L = J = 0).

2. **Hund'sche Regel - Maximierung des Gesamtspins (S_{max})**

Bei teilweise gefüllten Unterschalen (l) ist der Term mit der maximalen Spinmultiplizität, d. h. mit der größten Gesamtspinimpulsquantenzahl (S_{max}), energetisch am günstigsten. Daher werden die Orbitale zunächst **einzeln** mit gleichgerichtetem Spin besetzt. bevorzugt mit Spin-up-Elektronen (m_s = +½, Abb. 19.17). Diese Anordnung minimiert die Elektron-Elektron-Abstoßung und führt dadurch zu einem besonders stabilen Zustand.

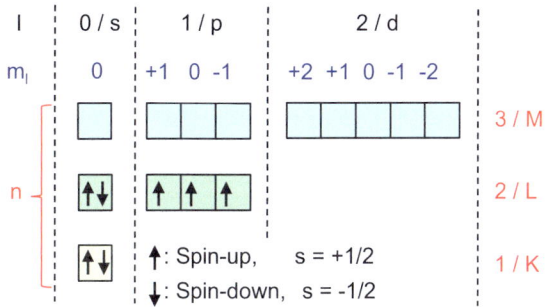

◘ **Abb. 19.17** Elektronenkonfiguration des Stickstoffs unter Berücksichtigung der Hund'schen Regeln und des Pauli-Prinzips

3. **Hund'sche Regel - Maximierung des Gesamtbahndrehimpulses (L_{max})**

Wenn mehrere Zustände mit gleichem maximalen Spin (S_{max}) möglich sind, ist derjenige Termzustand der energetische Grundzustand, der die maximale Gesamtbahndrehimpulsquantenzahl (L_{max}) aufweist.

Zur Bestimmung des Grundzustandes, werden die Orbitale zunächst mit abnehmendem magnetischen Quantenzahlen (m_l) und Spin-up-Elektronen ($m_s = +½$) besetzt (◘ Tab. 19.6, Element C). Sobald jedes Orbital einer entarteten Unterschale einfach mit einem Spin-up-Elektronen belegt ist, werden verbleibende Elektronen mit Spin-down ($m_s = -½$) in Orbitale mit abnehmendem m_l-Wert platziert (◘ Tab. 19.6, Element Cl).

4. **Hund'sche Regel - Bestimmung des Gesamtdrehimpulses (J)**

Innerhalb eines Terms ($^{2S+1}L_J$) gibt es mehrere mögliche Werte für die Gesamtdrehimpulsquantenzahl J, die von $|L - S|$ bis $|L + S|$ reichen. Die 4. Hundsche Regel bestimmt, welche dieser J-Komponenten dem Grundzustand eines Atoms entspricht:

- Ist die Unterschale weniger als halb gefüllt, so ist der kleinstmögliche J-Wert ($J_{min} = |L - S|$) energetisch am günstigsten (◘ Tab. 19.6, C).
- Ist die Unterschale mehr als halb gefüllt, so entspricht der größtmögliche J-Wert ($J_{max} = L + S$) dem energetischen Grundzustand (◘ Tab. 19.6, Cl).

▶ **Beispiel 1 – Natrium – Term des elektronischen Grundzustands?**

- Elektronenkonfiguration Na: $1s^22s^22p^63s^1 \triangleq [Ne]3s^1$
  Für die Bestimmung des Termsymbols muss nur das $3s^1$-Elektron berücksichtigt werden. Alle inneren Unterschalen (Ne-Rumpf) sind vollständig besetzt und tragen nicht zum Gesamtspin oder Gesamtbahndrehimpuls bei, S = L = J = 0 (1. Hund'sche Regel).
- Gesamtspin: $3s^1$: nur ein Spin-up → $S_{max} = +½$ → Multiplizität = $2 \cdot S + 1 = 2 \cdot ½ + 1 = 2$, Dublettzustand
- Gesamtbahndrehimpuls: $3s^1$: s-Orbital → l = 0 → $L_{max} = 0$ → S-Zustand
- Gesamtdrehimpuls: J = L + S = 0 + ½ = ½
- Somit lautet der Term für den elektronischen Grundzustand von Natrium $^2S_{1/2}$. ◀

▶ **Beispiel 2 – Natrium – Term für angeregten elektronischen Zustand**

Bei Verwendung hochauflösender Spektrometer zeigt das Emissionsspektrum von Natrium zwei markante gelbe Linien bei 589,0 und 589,6 nm. Diese Linien werden aus historischen Gründen als Natrium-D-Linien bezeichnet.

Erklären Sie die beobachtete Doppellinie, indem Sie die Spektralterme für den elektronisch angeregten Zustand des Natriumatoms bestimmen.

Lösung

Bei Anregung des Natriumatoms geht das $3s^1$-Valenzelektron in den $3p^1$-Zustand über. Die Elektronenkonfiguration des angeregten Natriumatoms lautet: $1s^22s^22p^63p^1 \triangleq [Ne]3p^1$

Auch für diesen Zustand können die Elektronen der inneren Hauptschalen 1 und 2 unberücksichtigt bleiben, da mit Elektronen vollständig besetzt. Lediglich das Valenzelektron ist entscheidend für die Bestimmung des Termsymbols. Das ungepaarte Valenzelektron ist im 3p-Orbital und weist die Spinquantenzahl S = +½ und die Bahndrehimpulsquantenzahl L = +1 auf. Bahndrehimpuls und Spin können zum Gesamtdrehimpuls J = 1 + ½ = 3/2 und J = 1 - ½ = ½ kombinieren.

Somit ergeben sich je nach vektorieller Addition von L und S zwei angeregte Zustände:

- S = ½ → $2 \cdot S + 1 = 2$, L = 1 entspricht P, J = 1 + ½ = 3/2, Termsymbol: $^2P_{3/2}$
- S = ½ → $2 \cdot S + 1 = 2$, L = 1 entspricht P, J = 1 - ½ = 1/2, Termsymbol: $^2P_{1/2}$
- Die beiden Terme unterscheiden sich geringfügig in ihrer Energie aufgrund der Spin-Bahn-Kopplung. Da die 3p-Schale mit einem Elektron weniger als halb gefüllt ist, ist gemäß der vierten Hund'schen Regel $^2P_{1/2}$ der energetisch etwas tiefer liegende Zustand.

Physikalische Interpretation

Es werden zwei Spektrallinien für Natrium beobachtet, da das Elektron aus dem angeregten $^2P_{3/2}$-Zustand (589,0 nm, D2-Linie) respektive $^2P_{1/2}$-Zustand (589,6 nm D1-Linie) in den Natriumgrundzustand $^2S_{1/2}$ (Übung 1) übergehen kann. Der Energieunterschied beträgt lediglich 0,2 kJ/mol. ◀

Auswahlregeln

Bei der Spektralanalyse von Atomen werden nicht alle theoretisch möglichen Elektronenübergänge der energetisch unterschiedlichen Niveaus (Spektralterme) beobachtet. Sowohl empirische Beobachtungen als auch quantenmechanische Berechnungen zeigen, dass nur bestimmte Übergänge „erlaubt" sind. Um nicht komplizierte quantenmechanische Kalkulationen durchführen zu müssen, gibt es einfache Auswahlregeln zur Vorhersage, ob elektronische Übergänge „erlaubt" (wahrscheinlich) oder „verboten" (unwahrscheinlich) sind.

Die Begriffe „erlaubt" und „verboten" haben sich in der spektroskopischen Literatur etabliert. Dabei bedeutet verboten nicht, dass solche Elektronenübergänge überhaupt nicht stattfinden. Sie erfolgen nur sehr viel seltener, weniger wahrscheinlicher und mit geringerer Intensität. So ist beispielsweise der Extinktionskoeffizient im Lambert-Beer-Gesetz (Gl. 19.10) für verbotene Übergänge um Größenordnungen kleiner als für erlaubte Übergänge.

Bei der Absorption und Emission von Photonen kann sich die Hauptquantenzahl (n) prinzipiell beliebig ändern. Das bedeutet, dass Elektronen grundsätzlich zwischen allen Hauptschalen wechseln können.

Die wichtigste Auswahlregel (Tab. 19.7) für elektronische Übergänge betrifft den Erhalt der Multiplizität ($2 \cdot S + 1 =$ const. → $\Delta S = 0$). Somit sind nur Übergänge innerhalb gleicher Spinmultiplizitäten (Singulett → Singulett, Triplett → Triplett) erlaubt. Verboten sind dagegen Elektronenübergänge zwischen Zuständen unterschiedlicher Spinmultiplizitäten (Singulett → Triplett, Triplett → Singulett). Dieses sogenannte „Spinverbot" (▶ Abschn. 20.1.3) besagt, dass die Spinorientierung des Elektrons beim Elektronenübergang erhalten bleiben muss.

Da der Drehimpulserhaltungssatz auch in der Quantenmechanik gilt, die Spinmultiplizität erhalten bleibt ($\Delta S = 0$) und Photonen einen Spin von 1 besitzen, der bei der Absorption eines Photons auf das Elektronensystem des Atoms übertragen (+1) wird bzw. bei der Emission eines Photons (−1) verloren geht, sind nur solche Strahlungsübergänge zwischen Elektronenniveaus erlaubt, bei denen sich der Gesamtbahndrehimpuls ($\Delta L = \pm 1$) um eine Einheit ändert (Abb. 19.18 und 19.19). Das ist der Grund, warum Abb. 19.18 keine senkrechten Emissionslinien aufweist, da aufgrund der Auswahlregel $\Delta L = \pm 1$ Übergänge zwischen gleichen Unterschalen wie s → s, p → p, d → d verboten sind.

Abb. 19.19 zeigt die Emission eines Photons unter Erhalt der Spinmultiplizität ($\Delta S = 0$) im Rahmen der L-S-Kopplung. Da dabei ein Photon mit Spin +1 abgegeben wird, muss der Bahndrehimpuls des Elektronensystem um eine Einheit abnehmen ($\Delta L = -1$), wodurch sich sämtliche Drehimpulsektoren neu ausrichten müssen.

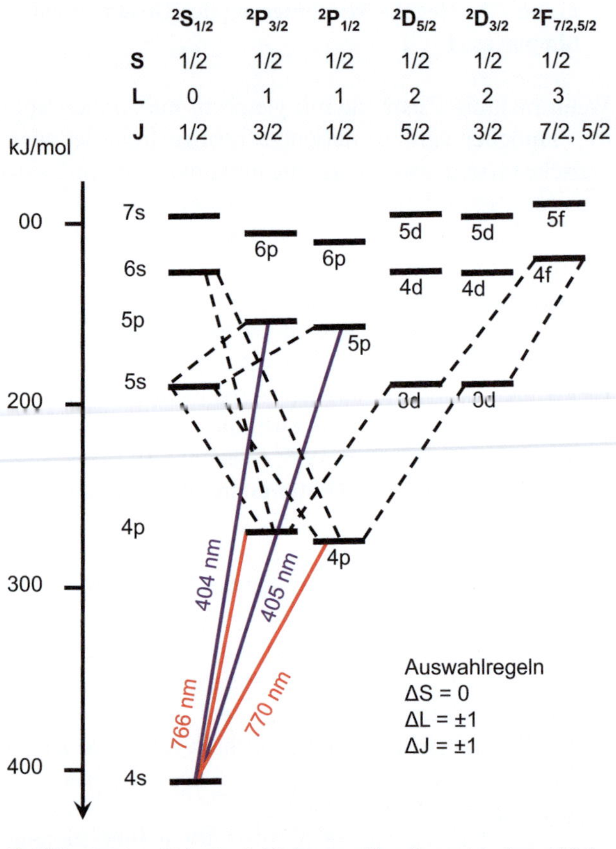

Abb. 19.18 „Erlaubte" Elektronenübergänge in einem Mehrelektronensystem am Beispiel Kalium

Tab. 19.7 Auswahlregeln für die Absorption/Emission eines Photons

Quantenzahl	Einelektronensystem	Mehrelektronensystem mit L-S-Kopplung
Hauptschale	Δn = beliebig	Δn = beliebig
Drehspin, Multiplizität	$\Delta s = 0$, bleibt erhalten	$\Delta S = 0$, bleibt erhalten
Bahndrehimpuls	$\Delta l = \pm 1$, Absorption (+), Emission (−)	$\Delta L = \pm 1$, Absorption (+), Emission (−)
Gesamtdrehspin	$\Delta j = 0, \pm 1$, aber $j = 0 \to j = 0$ ist verboten	$\Delta J = 0, \pm 1$, aber $J = 0 \to J = 0$ ist verboten
Magnetische Quantenzahl	$\Delta m_j = 0, \pm 1$	$\Delta M_J = 0, \pm 1$

19.2 · Spektren – Übergänge zwischen Energieniveaus erzeugen Spektrallinien und -bänder

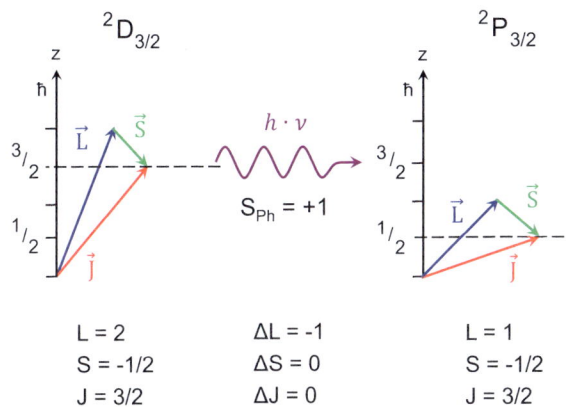

• Abb. 19.19 Bei Emission eines Photons bleibt bei L-S-Kopplung die Multiplizität erhalten: $^2D_{3/2} \rightarrow\, ^2P_{1/2}$

19.2.2 Moleküle – Bandenspektren durch eng benachbarte Energiezustände

■ Linien- und Bandenspektren

Moleküle bestehen aus mehreren Atomen und besitzen eine deutlich komplexere Elektronenstruktur als einzelne Atome. Dadurch sind vielfältigere Energieübergänge möglich. Im Gegensatz zu den klar separierten Linien von Atomspektren (• Abb. 19.21a) zeigen Molekülspektren typischerweise sogenannte Banden (• Abb. 19.21b). Der Grund liegt in der feinen Struktur der elektronischen Energieniveaus von Molekülen (• Abb. 19.20). Aufgrund der zahlreichen Freiheitsgrade (Möglichkeiten) für Molekülschwingungen und -rotationen ergeben sich viele Übergänge mit nur geringen Energieunterschieden. Die dabei entstehenden Absorptions- respektive Emissionslinien liegen sehr dicht beieinander und überlappen teilweise. Es entstehen breite, asymmetrische Linienbündel, die als Banden bezeichnet werden.

Dabei sind die Energiedifferenzen elektronischer Zustände (ca. 5 eV, 0,25 μm, 40.000 cm^{-1}, 500 kJ/mol, UV/VIS-Bereich) typischerweise zehnmal größer als die Energieunterschiede von Schwingungszuständen (ca. 0,4 eV, 3,3 μm, 3000 cm^{-1}, 40 kJ/mol, IR-Bereich) und die wiederum drei Größenordnungen größer als die Energieunterschiede einzelner Rotationsniveaus (ca. 0,6 meV, 2000 μm, 5 cm^{-1}, 0,06 kJ/mol, Mikrowellenbereich).

Generell gilt, dass bei der Anregung von Elektronenübergängen mit UV/VIS-Strahlung gleichzeitig auch Schwingungs- und Rotationszustände (vibronische Übergänge) angeregt werden und dadurch sehr breite Banden entstehen (• Abb. 19.21b). Bei der Anregung von Schwingungsübergängen mit IR-Strahlung werden

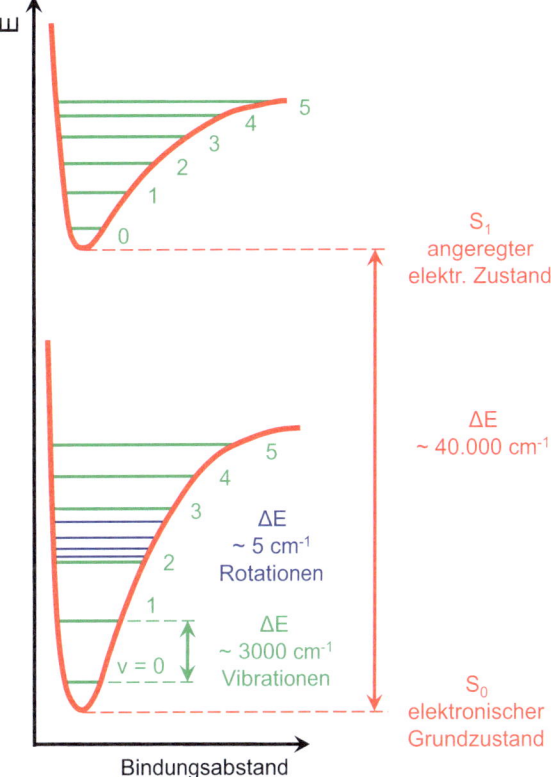

• Abb. 19.20 Energiezustände in Molekülen. Rotations-, Vibrationsniveaus und elektronische Energielevel

stets auch Rotationszustände angeregt, was ebenfalls Bandenspektren ergibt (• Abb. 19.21c). Nur unter speziellen Bedingungen, z. B in stark verdünnten Gasproben, ist es möglich, mit Mikrowellenstrahlung ausschließlich Rotationsübergänge anzuregen. In solchen Fällen werden tatsächlich Linienspektren erhalten (• Abb. 19.21d).

■ Linienintensität

Die Intensität eines Spektrallinienübergangs hängt zum einen von der Besetzung der einzelnen Energieniveaus und zum anderen von der Übergangswahrscheinlichkeit ab.

Die Besetzung der einzelnen Energieniveaus folgt der Boltzmann-Verteilung (Gl. 19.20). Somit sind bei tieferen Temperaturen die energieärmeren Zustände bevorzugt besetzt. Die Intensität von Absorptionen aus dem Grundzustand ist umso höher, je niedriger die Probentemperatur ist. Die Besetzungsdifferenz zwischen energieärmerem Grundzustand und energetisch angeregtem Zustand ist dann groß, es sind mehr Übergänge möglich, was sich in einer höheren Linienintensität äußert.

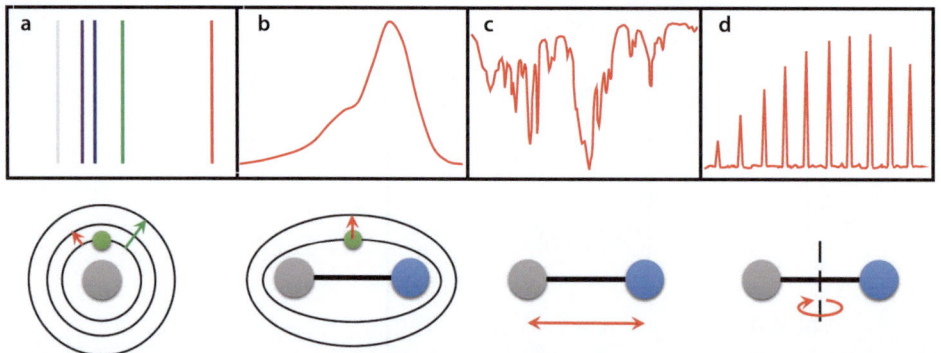

● **Abb. 19.21** Vergleich von Linien- (**a**, **d**) und Bandenspektren (**b**, **c**) respektive Atom- (**a**) und Molekülspektren (**b**, **c**, **d**)

$$\frac{N_{an}}{N_{gr}} = e^{\frac{E_{Gr}-E_{an}}{RT}} = e^{-\frac{\Delta E}{RT}} \qquad (19.20)$$

N_{an} – Besetzung angeregter Zustand, dimensionslos

N_{gr} – Besetzung Grundzustand, dimensionslos

E_{gr} – Energieniveau Grundzustand, J

E_{an} – Energieniveau angeregter Zustand, J

R – allgemeine Gaskonstante, $JK^{-1}mol^{-1}$

T – absolute Temperatur, K

Neben der Probentemperatur ist die Energiedifferenz (ΔE) zwischen dem Grundzustand und dem angeregten Zustand entscheidend für das Besetzungsverhältnis der beiden Energiezustände. Bei elektronischer Anregung (UV/VIS, ~500 kJ/mol, ~40.000 cm^{-1}) und Schwingungsanregung (IR, ~35 kJ/mol, ~3000 cm^{-1}) ist die Energiedifferenz (ΔE) zwischen den Energiezuständen deutlich größer als die thermische Energie der Moleküle bei Raumtemperatur (~2,4 kJ/mol, ~ 200 cm^{-1}). Das bedeutet, dass bei Raumtemperatur nahezu ausschließlich der energetische Grundzustand besetzt ist, wodurch die Übergänge sehr intensiv sind.

Die Stärke der Übergänge wird zudem maßgeblich von ihrer Übergangswahrscheinlichkeit beeinflusst. Quantenmechanisch lässt sich zeigen, dass Lichtphotonen nur dann absorbiert oder emittiert werden, wenn sich das elektrische Dipolmoment (μ) des Moleküls während des Übergangs ändert. Mithilfe einfacher Auswahlregeln können die Übergänge identifiziert werden, bei denen eine Änderung des elektrischen Dipolmoments erfolgt. Solche Übergänge werden als erlaubt (wahrscheinlich, intensitätsstark) bezeichnet. Übergänge, bei denen sich das elektrische Dipolmoment nicht ändert, gelten als verbotene (unwahrscheinliche, intensitätsschwache) Übergänge. Eine ausführliche Diskussion der Auswahlregeln für die einzelnen spektroskopischen Methoden findet in ▶ Kap. 20 statt.

■ **Absorptions- und Emissionsspektren**

Während glühende Feststoffe (Temperaturstrahler) wie die Glühwendel einer Glühlampe, als sogenannte schwarze Strahler (▶ Abschn. 1.3) ein kontinuierliches Spektrum (● Abb. 19.22a) emittieren, entstehen bei der Anregung von Atomen Linienspektren, die aus wenigen, scharfen Spektrallinien bestehen (● Abb. 19.22b). Diese Spektrallinien sind wie ein „Fingerabdruck" eines Elements, weshalb Atomspektren zur Identifikation von Elementen herangezogen werden können.

Aktiviert man beispielsweise Wasserstoffgas durch elektrische Hochspannungsentladungen, so werden mit dem Spektrometer wenige farbige Spektrallinien auf meist schwarzem Hintergrund als Emissionsspektrum beobachtet (● Abb. 19.22b).

Wird das gleiche Gas im kalten Zustand durch eine weiße Lichtquelle, etwa Sternenlicht oder eine Glühlampe, durchstrahlt, so beobachtet man ein kontinuierliches Regenbogenspektrum, das an bestimmten Stellen durch dunklen Linie unterbrochen ist. Dieses Spektrum bezeichnet man als Absorptionsspektrum (● Abb. 19.23c). Interessanterweise liegen die farbigen Linien im Emissionsspektrum und die dunklen Linien des Absorptionsspektrums exakt bei den gleichen Wellenlängen.

Es wird zwischen Absorptions- und Emissionsspektroskopie unterschieden.

– Absorptionsspektroskopie (● Abb. 19.23c): Bei dieser Methode wird weißes Licht, beispielsweise von einer Glühfadenlampe, durch eine kalte Gasprobe geleitet. Am Detektor erkennt man, welche Energien (schwarze Linien) vom Gas absorbiert werden. Absorptionsspektren sind relativ einfach struk-

19.2 · Spektren – Übergänge zwischen Energieniveaus erzeugen Spektrallinien und -bänder

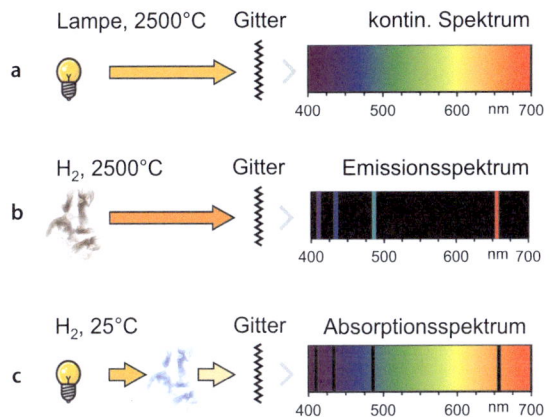

○ **Abb. 19.22** Emissions- (b) und Absorptionsspektrum (c) eines Elements ergeben ein kontinuierliches Spektrum (a)

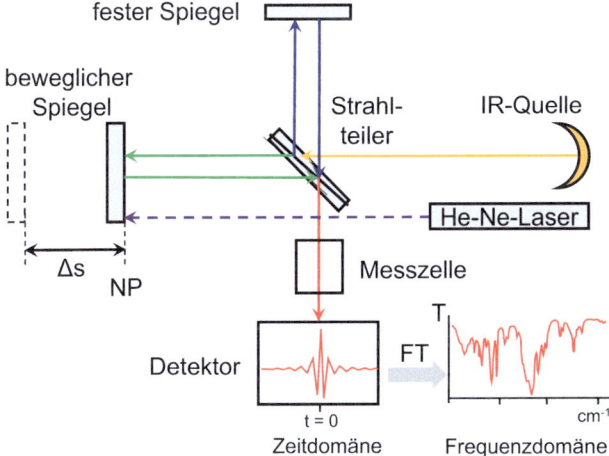

○ **Abb. 19.23** Prinzipieller Aufbau eines FTIR-Spektrometers

turiert, da die Gasprobe im elektronischen Grundzustand vorliegt und somit nur relativ wenige Energien absorbiert werden können.
— Emissionsspektroskopie (○ Abb. 19.23b): Bei dieser Methode wird mit einer Gasentladungslampe Gas erhitzt oder in ein Plasma überführt, wobei zahlreiche vibronische Zustände angeregt werden, was zu einer Vielzahl von Emissionslinien führt. Die resultierenden Spektren sind meist deutlich komplexer als Absorptionsspektren.

19.2.3 Fourier-Transformation – Gleichzeitige Anregung sämtlicher Energiezustände

Bis in die 1970er-Jahre wurden Infrarotspektren durch Abscannen der Probe im Wellenlängenbereich von 400–4000 Wellenzahlen aufgenommen (Continuous-Wave-Verfahren). Dabei wurde nach Durchgang der IR-Strahlung durch die Probe die IR-Strahlungsintensität wellenzahlabhängig nacheinander registriert. Der Vorgang dauerte mehrere Minuten, wodurch kinetische Verläufe chemischer Reaktionen nicht verfolgt werden konnten.

Mitte des 20. Jahrhunderts wurden erste Versuche unternommen, die Proben gleichzeitig mit allen IR-Frequenzen zu bestrahlen. Dadurch konnten IR-Spektren innerhalb von Bruchteilen von Sekunden aufgenommen werden. Der Nachteil dieses Verfahren ist, dass die Signale verschiedener IR-Frequenzen interferieren (überlagern), was zu komplexen Interferenzmustern, sogenannten Interferogrammen, führt. Die anfallenden großen Datenmengen müssen anschließend schnell verarbeitet werden. Erst die Fortschritte in der Lasertechnologie, Feinmechanik und or allem die rasante Entwicklung der Computerleistung ermöglichten seit den 1980er-Jahren die Kommerzialisierung dieser sogenannten Fourier-Transform-Infrarot-Spektrometer (FTIR-Spektrometer).

Ein FTIR-Spektrometer besteht im Wesentlichen aus fünf Komponenten: einer IR-Strahlungsquelle, einem Michelson-Interferometer, einer Messzelle, einem Detektor und einem Computer, der das komplexe Interferogramm in ein herkömmliches IR-Spektrum umwandelt.

Die entscheidende Komponente ist das Michelson-Interferometer, das aus einem feststehenden Spiegel, einem beweglichen Spiegel und einem Strahlteiler (*beamsplitter*) besteht (○ Abb. 19.23).

Die IR-Quelle strahlt gleichzeitig alle Wellenlängen im Bereich von 400–4000 Wellenzahlen ab. Die IR-Strahlung (○ Abb. 19.23, gelb) wird auf den Strahlteiler gelenkt, der 50 % der Strahlung zum feststehenden Spiegel ablenkt (blau) und 50 % zum beweglichen Spiegel durchlässt (grün).

An den beiden Spiegeln werden die jeweiligen IR-Strahlen wieder zum Strahlteiler zurückgespiegelt, sodass sie dort interferieren. Solange der bewegliche Spiegel sich auf gleicher Entfernung vom Strahlteiler befindet wie der feste Spiegel (Nullpunkt), ist die Phasendifferenz für alle IR-Wellenlängen gleich null. In diesem Fall überlagern sich alle IR-Wellen konstruktiv, sodass am Detektor ein Signal mit maximaler Intensität ankommt (Weißlichtposition). Da sich der bewegliche Spiegel jedoch mit gleichmäßiger Geschwindigkeit bewegt und sich dabei eine Weglänge (Δs) von wenigen Millimetern vom Strahlteiler entfernt und anschließend wieder zurückbewegt, unterscheiden sich die Phasendifferenzen der einzelnen IR-Wellen zeitabhängig unterschiedlich stark. Dies führt dazu, dass sich nur einige Wellenlängen der IR-Strahlung konstruktiv überlagen, während andere Wellenlängen destruktiv interferieren. Nach der Überlagerung am Strahlteiler entsteht somit ein zeitabhängiges, hochkomplexes Interferogramm (roter Pfeil). Dieses Interferogramm ist die Summe der Interferenzeffekte aller IR-Wellenlängen bei einer bestimmten Auslenkung des beweglichen Spiegels, also der Weglängendifferenz (Δs) relativ zum Nullpunkt (NP) des beweglichen Spiegels. Die exakte Position des beweglichen Spiegels wird mithilfe eines He-Ne-Lasers gesteuert und mit dem Signal am Detektor gekoppelt. Dadurch kann jedem Datenpunkt des Interferogramms eindeutig die jeweilige Position des Spiegels zugeordnet werden.

Das Interferogramm wird in die Messzelle geleitet, wo spezifische IR-Frequenzen von der Probe absorbiert werden. Anschließend wird die Intensität des modifizierten Interferogramms am Detektor aufgezeichnet. Im Idealfall ist das Interferogramm symmetrisch um den Nullpunkt, wobei der maximale Ausschlag am Nullpunkt (Weißlichtposition) bei zunehmender Auslenkung des Spiegels rasch abnimmt (Abb. 19.23, Detektor). Die Informationen über die Probe befinden sich in den kleinen Amplitudenmodulationen der Flanken zur Weißlichtposition.

Angenommen, das IR-Licht besteht aus n Wellenlängen, so setzen sich die am Detektor ankommenden Gesamtintensitäten (messbar, bekannt) für jede einzelne Spiegelstellung bzw. jeden Zeitpunkt (Zeitdomäne) aus n Einzelintensitäten (nur als Gesamtintensität messbar) zusammen. Die Aufzeichnung der Gesamtintensität bei n verschiedenen Spiegelstellungen resp. Zeitpunkten (Zeitdomäne) ergibt ein Gleichungssystem mit n verschiedenen Unbekannten (Einzelintensitäten). Dieses System kann durch mathematische Fourier-Transformation (FT) von der Zeitdomäne in ein gewohntes IR-Spektrum (Frequenzdomäne) überführt werden.

FTIR-Spektrometer arbeiten nach der Einkanalmethode. Zunächst wird ein Referenzspektrum ohne Probe und anschließend das Probenspektrum aufgenommen. Durch Substraktion der beiden Spektren werden alle Effekte eliminiert, die nicht vom Probenmaterial stammen.

Vorteile der FT-Technologie im Vergleich zur Continuous-Wave-Methode:
- Messzeit von weniger als eine Sekunde pro Scan statt Minuten, kinetische Studien chemischer Reaktionen in Echtzeit sind möglich
- Hohe spektrale Auflösung von Signalen, die von der maximalen Auslenkung des beweglichen Spiegels abhängt ($\Delta \tilde{v} = 1/\Delta s_{max}$)
- Um Größenordnungen besseres Signal-Rausch-Verhältnis (50.000:1) durch Spektrenakkumulation, sodass geringe Konzentrationen nachweisbar sind.
- Hohe Präzision der Wellenzahlachse (<0,01 cm^{-1}) durch interne Kalibrierung mit He-Ne-Laser
- Digitalisierte Spektren, die elektronisch verglichen, weiterverarbeitet und kommuniziert werden können
- Kompakte und langlebige Bauweise. Da kaum bewegliche Teile vorhanden sind, ist das Gerät robust und wartungsarm.

Spektroskopische Methoden

Inhaltsverzeichnis

20.1 UV/VIS-Spektroskopie – Anregung von Elektronenübergängen durch Lichtphotonen – 441

20.1.1 Prinzip – Anregung von Elektronenübergängen mithilfe von Lichtphotonen – 441

20.1.2 Physikalische Grundlagen – Elektronenübergang zwischen Grenzorbitalen – 441

20.1.3 Intensität der Absorptionsbanden – Auswahlregeln erlaubter/verbotener Elektronenübergänge – 445

20.1.4 Lage der Absorptionsbanden – Auxochrome vertiefen die Farbe von Chromophoren – 447

20.1.5 Spektrometer – Aufbau und Probenvorbereitung – 452

20.1.6 Anwendung in der quantitativen Analytik – 453

20.2 IR-Spektroskopie – Anregung von Molekülschwingungen durch Wärmestrahlung – 454

20.2.1 Prinzip – Anregung von Molekülschwingungen durch IR-Photonen – 454

20.2.2 Physikalische Grundlagen – Klassischer und anharmonischer Oszillator – 455

20.2.3 Spektren – Streckschwingungen, Deformationsschwingungen und Fingerprintbereich – 462

20.2.4 Rotationsschwingungsspektren – Gleichzeitige Anregung von Molekülrotationen und -schwingungen – 465

20.2.5 Spektrometer – Komponenten und Probenvorbereitung – 469

20.2.6 Raman-Spektroskopie – Inelastische Streuung von Photonen an Molekülorbitalen – 471

20.2.7 Anwendung in der Qualitätssicherung und zum Stoffnachweis – 473

20.3 NMR-Spektroskopie – Anregung von Atomkernen durch Radiowellen – 474

20.3.1 Prinzip – Radiowellen zwingen Atomkerne zu antiparalleler Ausrichtung im Magnetfeld – 474

20.3.2 Physikalische Grundlagen – Wasserstoffatome verhalten sich wie Stabmagneten – 475

20.3.3 Spektrometer – Supraleitende Magneten erzeugen homogene Magnetfelder hoher Feldstärke – 478

© Der/die Autor(en), exklusiv lizenziert an Springer-Verlag GmbH, DE, ein Teil von Springer Nature 2025
J. K. Felixberger, *Physikalische Chemie für Einsteiger*, https://doi.org/10.1007/978-3-662-69767-2_20

20.3.4 Spektren – Chemische Verschiebung, Integrale, Spin-Spin-Kopplung und Signalmultiplizität – 481

20.3.5 ^{13}C-NMR-Spektroskopie – Ideale Ergänzung zur ^{1}H-NMR-Spektroskopie – 492

20.3.6 NMR – Anwendung in der Strukturaufklärung und medizinischen Diagnostik – 495

Spektroskopische Analyseverfahren nutzen elektromagnetische Strahlung, um die Eigenschaften und die Struktur von Materie zu untersuchen.
- UV/VIS-Spektroskopie: Anregung von Elektronenübergängen durch UV-Strahlung und sichtbares Licht - Das Verfahren eignet sich für den Nachweis von beispielsweise aromatischen Kohlenwasserstoffen, organische Moleküle mit Doppelbindungssystemen und Übergangsmetallkomplexen.
- IR-Spektroskopie: Anregung von Molekülschwingungen und -rotationen durch Absorption von infraroter Strahlung im Wellenlängenbereich von 2,5–25 μm (4000–400 Wellenzahlen). Dieses Verfahren eignet sich zum Nachweis funktioneller Molekülgruppen.
- Raman-Spektroskopie: Analyse des von Molekülen reflektierten Streulichts, wodurch komplementär zur IR-Spektroskopie Rückschlüsse auf Molekülschwingungen auch bei kleinen Wellenzahlen möglich sind.
- NMR-Spektroskopie: Anregung von Atomkernen durch Radiowellen - Dieses Verfahren liefert detaillierte Informationen über die molekulare Struktur, insbesondere bei organischen Verbindungen.

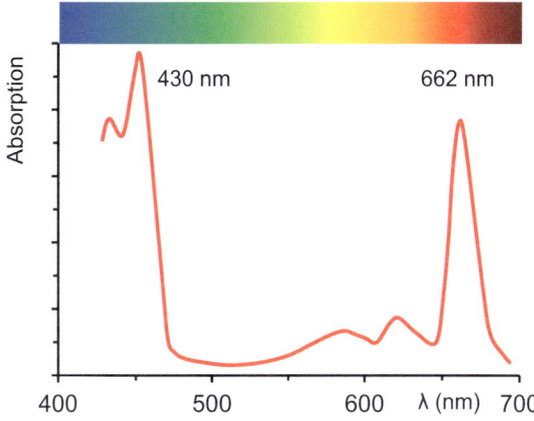

■ **Abb. 20.1** Sichtbarer Wellenlängenbereich des UV/VIS-Spektrums von Chlorophyll a

(■ Abb. 20.1). Beispielsweise zeigt das Spektrum von Chlorophyll a je ein Absorptionsmaximum im blauen (430 nm) und im roten Spektralbereich (662 nm). Grüngelbes Licht (470–650 nm) wird von Chlorophyll a reflektiert, weshalb Pflanzenblätter grün erscheinen.

20.1 UV/VIS-Spektroskopie – Anregung von Elektronenübergängen durch Lichtphotonen

20.1.1 Prinzip – Anregung von Elektronenübergängen mithilfe von Lichtphotonen

Die UV/VIS-Spektroskopie beruht auf der Wechselwirkung von ultraviolettem (UV, 190–400 nm) respektive visuellem (VIS, 400–750 nm) Licht mit Materie. Durch Bestrahlung von Molekülen mit UV/VIS-Licht werden Übergänge der am weitesten von den Atomkernen entfernten Elektronen, der sogenannten Valenzelektronen, angeregt. Die eingestrahlten Photonen hieven dabei Elektronen aus dem energetisch am höchsten liegenden besetzten Molekülorbital (HOMO, *highest occupied molecular orbital*) in das energetisch an niedrigsten liegende unbesetzte Molekülorbital (LUMO, *lowest unoccupied molecular orbital*), sodass das Molekül in einen „angeregten" Zustand übergeht. Handelsübliche UV/VIS-Spektrometer überstreichen einen Spektralbereich von 190–800 nm. Unterhalb von 190 nm wird das UV-Licht von Luft absorbiert, sodass Messungen nur mit evakuierbarem Strahlengang durchgeführt werden können.

Bei Aufnahme eines UV/VIS-Spektrums wird sukzessive mit zunehmender Wellenlänge zwischen 190 und 800 nm auf die Probe eingestrahlt und die Absorption in Abhängigkeit der Wellenlänge aufgezeichnet

20.1.2 Physikalische Grundlagen – Elektronenübergang zwischen Grenzorbitalen

Bevor wir die möglichen Elektronenübergänge in organischen Molekülen betrachten, wollen wir uns nochmals mit den zentralen Begriffen der Bindungstheorie (▶ Abschn. 3.3) vertraut machen.

Elementare Begriffe der chemischen Bindungstheorie
- **Atombindungen**
    Atombindungen werden insbesondere zwischen Nichtmetallatomen (z. B. C, H, N, O) ausgebildet. Dabei überlappen die Atom-/Hybridorbitale der Valenzelektronen, sodass sich zwei Nichtmetallatome mindestens ein Elektronenpaar teilen, um die energetisch bevorzugte „Edelgaskonfiguration" zu erzielen.
- **Atomorbitale (AO)**
    Ein Orbital ist der Aufenthaltsraum eines Elektrons, anders ausgedrückt, die Oberfläche des kleinstmöglichen Volumens, in dessen Inneren sich ein Elektron mit 90 % Wahrscheinlichkeit aufhält. Je nach geometrischer Form und räumlicher Ausrichtung wird zwischen s-, p-, d- und f-Orbitalen unterschieden (▶ Abb. 2.23).
- **Antibindende Molekülorbitale**
    Destruktive Überlappung/Interferenz von Atom-/Hybridorbitalen zu einem antibindenden

Molekülorbital, auch als lockernde Orbitale bezeichnet. Antibindende Molekülorbitale führen zur Abnahme der Elektronendichte, zur Zunahme der Abstoßungskräfte zwischen zwei Atomkernen und somit zur Schwächung der Bindung. Antibindende Molekülorbitale weisen stets eine zusätzliche Knotenebene senkrecht und mittig zur Bindungsachse auf. Die Elektronen selbst befinden sich außerhalb der Bindungsachse.

Zu jedem bindenden Molekülorbital korreliert ein antibindendes Molekülorbital. Die Energie antibindender Molekülorbitale ist größer als die Summe der Energien der einzelnen Atom-/Hybridorbitale. Antibindende Molekülorbitale werden mit einem Stern gekennzeichnet (◻ Abb. 20.2b).

- **Bindende Molekülorbitale (MO)**
  Positive Überlappung/Interferenz von Atom-/Hybridorbitalen zu einem bindenden Molekülorbital. Bindende Molekülorbitale führen zur Zunahme der Elektronendichte und der Anziehungskräfte zwischen zwei Atomkernen und somit zur Stärkung der Bindung. Die Energie bindender Molekülorbitale ist kleiner als die Summe der Energien der einzelnen Atomorbitale.

- **Bindungsordnung (BO)**
  Die Bindungsordnung errechnet sich aus der Differenz der Anzahl der Bindungselektronen (Elektronen in bindenden MO) minus der Anzahl der antibindenden Elektronen dividiert durch zwei. In der Regel ist die Bindung umso stärker, je höher die Bindungsordnung ist.

- **Grenzorbitale**
  Oberbegriff in der Molekülorbitaltheorie für HOMO und LUMO. Entscheidende Molekülorbitale für chemische Reaktionen und für die UV/VIS-Spektroskopie.

- **HOMO**
  Highest occupied molecular orbital; das energetisch am höchsten gelegene Molekülorbital, das mit Elektronen (Valenzelektronen) besetzt ist.

- **Hybridorbitale**
  Hybrid (hibrida, lat. für Mischform) verschiedener Atomorbitale zu harmonisierten Atomorbitalen. So entstehen bei der Linearkombination des 2s-Orbitals mit den drei 2p-Orbitalen des Kohlenstoffatoms vier energetisch gleichwertige sp^3-Molekülorbitale (sp^3-Hybridisierung, ◻ Abb. 20.2a).

- **LUMO**
  Lowest unoccupied molecular orbital; das energetisch am tiefsten gelegene Molekülorbital, das nicht mit Elektronen besetzt ist.

- **Molekülorbitale (MO)**
  Durch Überlappen zweier Atom-/Hybridorbitale entsteht ein sogenanntes Molekülorbital (◻ Abb. 20.2b), das sich über beide Atomkerne erstreckt. In Analogie zum Atomorbital ist das Molekülorbital der geometrische Aufenthaltsort von Elektronen. Je nach Beitrag zur chemischen Bindung wird zwischen bindenden, nichtbindenden und antibindenden Molekülorbitalen unterschieden.

- **Nichtbindende Molekülorbitale**
  Orbital, das an einem Atom lokalisiert ist und an keiner Bindung mit einem anderen Atom beteiligt ist. Elektronen in einem nichtbindenden Molekülorbital werden als freie oder nichtbindende Elektronenpaare bezeichnet.

- **Valenzelektronen**
  Elektronen der energetisch am höchsten liegenden Atom- oder Molekülorbitale (HOMO). Valenzelektronen, auch als Außenelektronen bezeichnet, gehen chemische Bindungen ein bzw. bilden freie Elektronenpaare.

- **σ-Molekülorbitale/Bindungen**
  σ-Bindungen sind bindende Molekülorbitale mit positivem Überlappungsbereich der Atom-/Hybridorbitale und rotationssymmetrischer Ladungsverteilung entlang der Bindungsachse (◻ Abb. 20.3a). σ-Bindungen sind stärker als π-Bindungen.

- **σ*-Molekülorbitale/Bindung**
  Destruktive Überlappung rotationssymmetrischer Atom-/Hybridorbitale, z. B. s-Orbitale mit unterschiedlichen Vorzeichen, sodass ein Molekülorbital mit mindestens einer Knotenebene senkrecht zur Kern-Kern-Achse entsteht (◻ Abb. 20.3a). Falls dieses antibindende MO mit zwei Elektronen besetzt ist, wird die Bindung zweier Atome um eine Bindungsordnung geschwächt. Mit Elektronen besetzte σ*-Molekülorbitale sind stärker abstoßend (energiereicher) als π*-Molekülorbitale.

- **π-Molekülorbitale/Bindungen**
  π-Bindungen sind bindende Molekülorbitale mit einer Knotenebene, die die Bindungsachse beider Atome enthält. Die π-Bindung besteht aus einer geschlossenen Elektronenwolke ober- und unterhalb der Bindungsachse der beiden Atome, also außerhalb der Bindungsachse (◻ Abb. 20.3a). Die Ladungsdichte in der Knotenebene, d. h. direkt auf der Bindungsachse, ist null.

- **π*-Molekülorbitale/Bindung**
  Destruktive Überlappung von p-Orbitalen, wodurch ein Molekülorbital mit je einer Knotenebene parallel und senkrecht zur Kern-Kern-Achse entsteht (◻ Abb. 20.3a). Falls ein solches antibindendes MO mit zwei Elektronen besetzt ist, wird die Bindung zweier Atome um eine Bindungsordnung geschwächt.

20.1 · UV/VIS-Spektroskopie – Anregung von Elektronenübergängen durch Lichtphotonen

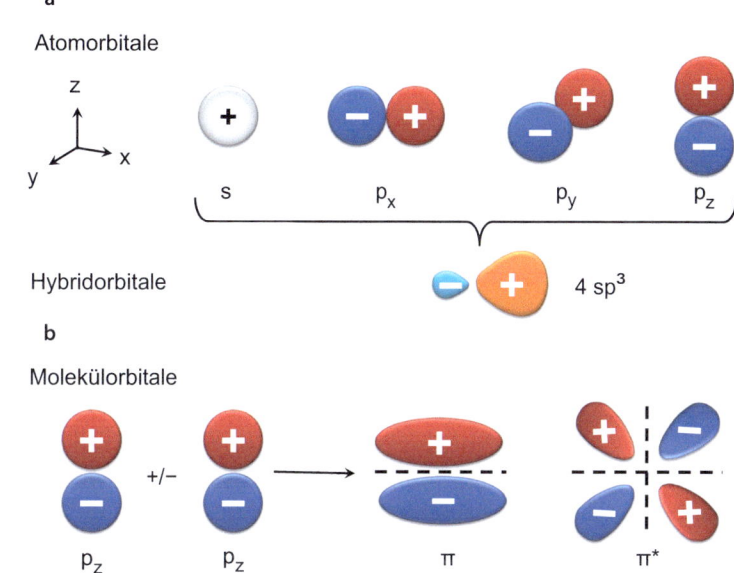

Abb. 20.2 Atomorbitale (**a**) „verschmelzen" zu Hybrid- und Molekülorbitalen (**b**)

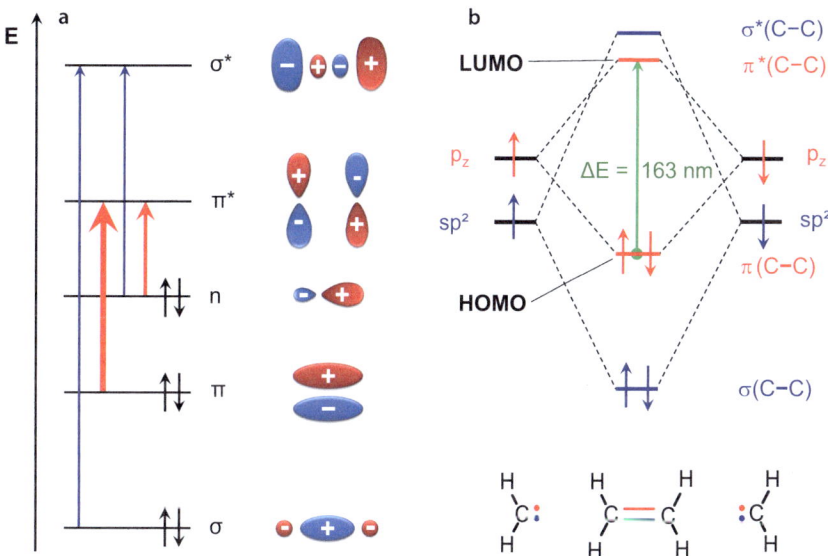

Abb. 20.3 Generelles Energieschema für Elektronenübergänge in organischen Molekülen (**a**), Energieschema der Ethen-Kohlenstoff-Kohlenstoff-Doppelbindung mit HOMO/LUMO-Übergang (**b**)

■ Elektronenübergänge organischer Moleküle

Durch die Absorption von UV/VIS-Strahlung werden Übergänge zwischen elektronischen Energieniveaus angeregt (◘ Abb. 20.3a). Der Elektronenübergang erfolgt zwischen den Grenzorbitalen, d. h. dem energiereichsten mit Elektronen besetzten Molekülorbital (HOMO, *highest occupied molecular orbital*) und dem energieärmsten unbesetzten Molekülorbital (LUMO, *lowest unoccupied molecular orbital*).

Entscheidend für die UV/VIS-Spektroskopie ist der Energieunterschied (ΔE) zwischen HOMO und LUMO (◘ Abb. 20.3b, grüner Pfeil). Die Energieaufspaltung (ΔE) zwischen HOMO und LUMO nimmt mit zunehmender Überlappung der Orbitale aufgrund des abnehmenden Kernabstands zu. Deshalb spalten die auf der Bindungsachse stark überlappenden σ-Bindungen wesentlich stärker auf als die nur seitlich leicht überlappenden π-Bindungen (◘ Abb. 20.3a). Deshalb benötigen σ → σ*-Übergänge zur Anregung Wellenlängen unterhalb 180 nm (UV-Licht), während π → π*-Übergänge im nahen UV oder sichtbaren Wellenlängenbereich (400–750 nm) erfolgen. Nichtbindende Elektronen (n) können von UV/VIS-Strahlung sowohl in π*- als auch in σ*-Orbitale gehievt werden. Dabei ist für n → σ*-Übergänge mehr Energie erforderlich als für n → π*-Übergänge. Übergänge von Elektronen in antibindende Molekülorbitale führen zur Schwächung einer chemischen Bindung bis hin zur Spaltung.

Abb. 20.3b zeigt das MO-Schema für die Bindungselektronen der beiden Kohlenstoffatome des Ethens. Die zwei 2p-Elektronen ($2p_x$, $2p_y$) der Kohlenstoffatome hybridisieren mit dem 2s-Orbital des Kohlenstoffs zu drei sp^2-Hybridorbitalen. Zwei sp^2-Hybridorbitale jedes Kohlenstoffatoms gehen mit den 1s-Orbitalen der vier Wasserstoffatome σ(C–H)-Bindungen ein. Sie sind im Schema nicht abgebildet, da die σ-Orbitale respektive σ*-Orbitale dieser vier Bindungen energetisch viel zu tief respektive hoch liegen, um Grenzorbitale zu sein. Die σ(C–C)-Bindung, entstanden durch Überlappung des restlichen sp^2-Orbitals je Kohlenstoffatom, entspricht der σ(C–C)-Bindung zwischen den beiden Kohlenstoffatomen (blau).

Jedes Kohlenstoffatom weist noch ein nichthybridisiertes $2p_z$-Elektron (rote Pfeile) auf, dessen Orbitale senkrecht zur σ(C–C)-Bindung stehen und lateral (lateralis, lat. für an der Seite) unter Bildung einer π(C–C)-Bindung überlappen. Da die seitliche Überlappung der p_z-Orbitale aus geometrischen Gründen geringer ausfällt als die Überlappung der sp^2-Hybridorbitale auf der Bindungsachse, ist die Aufspaltung des bindenden und antibindenden Molekülorbitals für σ-Orbitale wesentlich größer als für π-Orbitale. Die π(C–C)-Bindung entspricht somit dem HOMO von Ethen (rote Pfeile).

σ → σ*-Übergänge

Gesättigte Kohlenwasserstoffe (Alkane) enthalten nur Kohlenstoff-Kohlenstoff-Einfachbindungen (σ-Bindungen). Solche Moleküle weisen deshalb nur elektronische σ → σ*-Übergänge auf, die von Vakuumultraviolettstrahlung (VUV-Strahlung, < 180 nm, > 55.000 cm^{-1}) angeregt werden (Abb. 20.4).

n → σ*-Übergänge

Solche Übergänge werden in gesättigten Kohlenwasserstoffen mit Einfachbindungen zu Heteroatomen (O, N, Cl etc.) wie Aminen, Alkoholen etc. beobachtet. Die Anregungsenergien liegen bei mehr als 40.000 Wellenzahlen (170–220 nm) und sind meist etwas intensiver als n → π*-Übergänge. n → σ*-Übergänge von Lösungsmitteln wie Wasser (185 nm), Methanol (215 nm), Ether (215 nm) etc. begrenzen deren Einsatz in der UV/VIS-Spektroskopie.

π → π*-Übergänge

Ungesättigte Kohlenwasserstoffe (Alkene, Alkine, Aromaten) weisen π-Bindungen auf, die sich durch seitliches Überlappen von p-Elektronen ausbilden. In einfachen Alkenen erfolgt die π → π*-Anregung durch VUV-Strahlung von ca. 180 nm. Mit zunehmender Anzahl konjugierter Doppelbindungen im Molekül verschiebt sich der Elektronenübergang immer mehr zum sichtbaren Bereich des Spektrums (▶ Abschn. 20.1.4). Die Extinktionskoeffizienten (ε) der Übergänge betragen bis zu 10^5 l·mol^{-1}·cm^{-1}.

n → π*-Übergänge

Solche Übergänge finden nur statt, wenn ansonsten gesättigte Moleküle Kohlenstoff-Heteroatom-Doppelbindungen (Aldehyde, Ketone, Imine, Isocyanate etc.) aufweisen. Da nichtbindende Elektronenpaare in der Regel energetisch höher liegen als bindende Molekülorbitale, nehmen Erstere die Funktion des HOMO ein. Der n → π*-Übergang erfolgt im Bereich von 230–330 nm (Abb. 20.4). Da nichtbindende und antibindende π*-Molekülorbitale in Molekülfunktionen wie C=O oder C=N– räumlich relativ weit voneinander entfernt sind, überlappen diese kaum, sodass n → π*-Übergänge wenig intensiv sind (ε < 100 l·mol^{-1}·cm^{-1}). n → π*-Übergänge sind quantenmechanisch verboten (s. u.) und somit wesentlich weniger intensiv als die erlaubten π → π*-Übergänge.

d → d-Übergänge in Übergangsmetallkomplexen

Ab der vierten Periode des Periodensystems sind auch d-Orbitale den Elektronen energetisch zugänglich. Die fünf d-Orbitale können bis zu zehn Elektronen aufnehmen, wodurch sich die zehn Nebengruppenmetalle ab der vierten Periode erklären.

Übergangsmetallverbindungen weisen wegen der d → d-Elektronenübergänge oft eine charakteristische Farbe auf. Das Phänomen kann mithilfe der Ligandenfeldtheorie erklärt werden. Ohne den Einfluss von Liganden sind die fünf d-Orbitale der Übergangsmetallelemente energetisch entartet, weisen also den gleichen Energiezustand auf (Abb. 20.5a).

In einem Übergangsmetallkomplex gruppieren sich Liganden (Abb. 20.5b, schwarze Punkte) um das zentrale Übergangsmetallatom. Die meisten Übergangsmetallkomplexe verfügen über eine oktaedrische (ML$_6$) oder tetraedrische (ML$_4$) Ligandenumgebung. Durch **unterschiedliche** elektrostatische Wechselwirkung, je

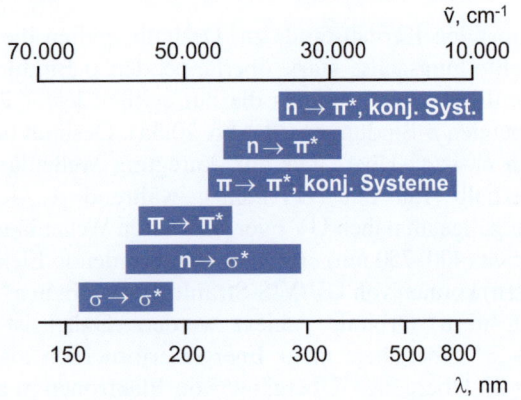

 Abb. 20.4 Absorptionsbereiche von Elektronenübergängen organischer Verbindungen

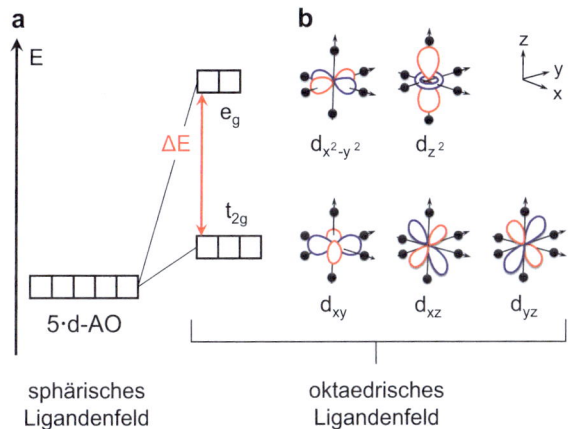

Abb. 20.5 Aufspaltung der fünf d-Orbitale (**a**) eines Zentralatoms in einem oktaedrischen Ligandenfeld (**b**)

nach räumlicher Orientierung der Liganden und der fünf d-Orbitale des Zentralmetallatoms, wird die energetische Entartung der d-Orbitale aufgehoben, sodass diese unterschiedliche Energiezustände einnehmen.

Am Beispiel Hexaaquaeisen(III) $[Fe(H_2O)_6]^{3+}$ sei dies für ein oktaedrisches Ligandenfeld veranschaulicht:

— Das freie Eisenion weist fünf entartete d-Orbitale auf (◘ Abb. 20.5a). Je nach räumlicher Orientierung der d-Orbital-Lappen werden die einzelnen Orbitale als d_{xy}, d_{yz}, d_{xz}, $d_{x^2-y^2}$, d_{z^2} bezeichnet. Im Fall des d_{xy}-Orbitals liegen alle vier Orbitallappen in der durch die x- und y-Achse aufgespannten Ebene. Im Fall der $d_{x^2-y^2}$- und d_{z^2}-Orbitale liegen die Orbitallappen direkt auf den entsprechenden Achsen.
— Durch Annäherung der sechs Liganden (Wassermoleküle) auf den Raumachsen x, y, z in Richtung Eisenion spaltet der fünffach entartete Zustand der d-Orbitale in einen dreifach und einen zweifach entarteten Zustand auf (◘ Abb. 20.5b).
— Die Orbitale $d_{x^2-y^2}$ und d_{z^2} werden energetisch stark angehoben, da deren Orbitallappen direkt auf den kartesischen Achsen liegen und somit eine intensive elektrostatische Wechselwirkung mit dem negativen Pol der sich annähernden Wassermoleküle eingehen.
— Die Orbitale d_{xy}, d_{yz}, d_{xz} werden energetisch weniger stark angehoben, da deren Orbitallappen zwischen den kartesischen Achsen zu liegen kommen und nicht direkt den Wassermolekülen zugewandt sind und somit die elektrostatische Wechselwirkung mit dem negativen Pol der Wassermoleküle geringer ausfällt.
— Der energetische Unterschied zwischen d_{xy}-, d_{yz}-, d_{xz}- und $d_{x^2-y^2}$-, d_{z^2}-Orbitalen wird als Ligandenfeldaufspaltungsenergie ΔE bezeichnet (◘ Abb. 20.5b, roter Pfeil). Diese Aufspaltung mit den korrelierenden Elektronenübergängen erklärt u. a. die Farbigkeit von vielen Übergangsmetallkomplexen ($\Delta E = h \cdot \upsilon$).
— Die Größe der Aufspaltung nimmt mit der positiven Ladung des Zentralmetalls zu, da mit zunehmender positiver Ladung des Metalls die Liganden stärker angezogen werden, was eine stärkere Wechselwirkung von d-Orbitalen und Liganden zur Folge hat. So beträgt ΔE für $[Fe(H_2O)_6]^{3+}$ ca. 165 kJ/mol und für $[Fe(H_2O)_6]^{2+}$ nur ca. 125 kJ/mol. Außerdem hängt ΔE auch von den Liganden selbst ab. ΔE nimmt gemäß der empirisch bestimmten spektrochemischen Reihe $I^- < Br^- < Cl^-, F^- < OH^- < H_2O < NH_3 < CN^- < CO$ zu.

Die Größe der Ligandenfeldaufspaltungsenergie ΔE lässt sich u. a. durch UV/VIS-Spektroskopie ermitteln. Zwar sind reine d-d-Übergänge symmetrieverboten (g-Parität, Laporte-Verbot, ▶ Abschn. 20.1.3). Aufgrund unsymmetrischer Schwingungen der Liganden gegen das Metallzentrum wird das Symmetrieverbot immer wieder kurzzeitig aufgehoben, wodurch elektronische d-d-Übergänge mit geringer Intensität ($\varepsilon < 100$ l · mol^{-1} · cm^{-1}) beobachtbar sind.

20.1.3 Intensität der Absorptionsbanden – Auswahlregeln erlaubter/verbotener Elektronenübergänge

Während eines Elektronenübergangs muss Elektronendichte aus dem Grundzustand in einen angeregten Zustand übergehen. Das heißt, durch die Anregung des Elektrons mit UV/VIS-Strahlung erfolgt eine Änderung der elektrischen Ladungsverteilung, sodass ein elektrisches Übergangsdipolmoment gegeben ist. Die Intensität der Absorptionsbanden hängt davon ab, ob die Elektronenübergänge erlaubt oder verboten sind. Erlaubte Übergänge weisen ein hohes Übergangsdipolmoment auf.

Anhand von Auswahlregeln kann festgestellt werden, welche elektronischen Übergänge erlaubt, d. h. wahrscheinlich sind und somit eine hohe Intensität (ε bis 100.000 l · mol^{-1} · cm^{-1}) aufweisen. Verbotene Übergänge dagegen sind unwahrscheinlich und haben wesentlich geringere Intensitäten ($\varepsilon < 1000$ l · mol^{-1} · cm^{-1}).

▪ Spinverbot

Die strikteste Auswahlregel für elektronische Übergänge ist das Spinverbot ($\Delta S = 0$). Die Spinrichtung des Elektrons bleibt beim Übergang des Elektrons von HOMO zum LUMO erhalten. Gemäß Pauli-Regel (▶ Abschn. 2.7.1) müssen zwei Elektronen mit gleichem energetischem Niveau, d. h. die sich in einem Orbital aufhalten, entgegengesetzten Spin (↑↓) aufweisen. Einen solchen Zustand nennt man Singulettzustand ($S = +½ + (-)½ = 0 \rightarrow$ Multiplizität $= 2 \cdot S + 1 = 2 \cdot 0 + 1 = 1 \equiv S$ für Singulett). Im Umkehrschluss gilt, dass zwei Elektronen im Triplettzustand

($\uparrow\uparrow$, S = + ½ + (+)½ = 1 → Multiplizität = 2 · S + 1 = 2 · 1 + 1 = 3 ≡ T für Triplett) über einen parallelen Spin verfügen. Bei Anregung von Elektronen durch UV/VIS-Strahlung bleibt die Gesamtspinimpulsquantenzahl S der Elektronen unverändert. Das heißt, aus einem Singulettgrundzustand (S_0) entsteht ein angeregter Singulettzustand (S_1). Bei einem Übergang aus einem Singulettgrundzustand (S_0) in einen angeregten Triplettzustand (T_1) müsste sich der Spin des Elektrons umdrehen, was durch Strahlung verboten (ΔS = 0) ist. Zusammengefasst gilt: S ↔ S-Übergänge sind erlaubt, S ↔ T-Übergänge sind verboten (◘ Abb. 20.6a).

- **Symmetrieverbot**

Weist ein Molekül Punktsymmetrie (Zentrosymmetrie) bezüglich eines Inversionszentrums auf, dann werden Molekülorbitale als gerade (g, gerade Parität) bezeichnet, wenn das MO bei Spiegelung am Inversionszentrum das Vorzeichen nicht wechselt, andernfalls als ungerade (u, ungerade Parität). Beispielsweise weist das π*-Orbital in ◘ Abb. 20.6b g-Parität auf, während das π-Orbital ungerade ist. Das Laporte-Verbot verbietet Elektronenübergänge gleicher Parität (g ↔ g, u ↔ u) und erlaubt nur Übergänge zwischen Orbitalen verschiedener Parität (g ↔ u, u ↔ g). Der physikalische Hintergrund des Symmetrieverbots ist, dass bei gleicher Ladungsverteilung vor und nach dem Elektronenübergang keine Änderung der Ladungsverteilung erfolgt und somit kein Übergangsdipolmoment auftreten kann.

Durch Spin-Bahn-Kopplung, Wechselwirkungen mit Molekülschwingungen etc. kann sich die Elektronenverteilung verändern, sodass das Symmetrieverbot durchbrochen wird. Verbotene Übergänge werden dadurch möglich, wenngleich mit geringer Intensität, d. h. kleinem molarem Extinktionskoeffizienten (ε_{max}).

- **Überlappungsverbot**

Das Überlappungsverbot verbietet Elektronenübergänge zwischen HOMO und LUMO, wenn diese keine räumliche Überlappung aufweisen. Ein typisches Beispiel hierfür sind die nichtbindenden Elektronenpaare von Heteroatomen in organischen Verbindungen mit Kohlenstoff-Heteroatom-Doppelbindung. ◘ Abb. 20.7 zeigt dies am konkreten Fall einer Carbonylgruppe. Da die beiden nichtbindenden Elektronenpaare des Sauerstoffatoms (◘ Abb. 20.7, grün, in der angedeuteten Ebene liegend) senkrecht zum leeren π*-MO (◘ Abb. 20.7, gestrichelte Kreise) stehen, können sie sich räumlich nicht überlappen und somit ist ein n → π*-Elektronenübergang **nicht** möglich.

Im Gegensatz dazu ist der π → π*-Elektronenübergang sowohl aus Gründen der Symmetrie als auch der gegebenen Überlappung von HOMO und LUMO erlaubt.

> **UV/VIS-Spektroskopie - Verbotsregeln**
>
> Spinverbot: Spinmultiplizität muss bei Elektronenübergängen erhalten bleiben, ΔS = 0!, d. h., S ↔ S-Übergänge sind erlaubt, S ↔ T-Übergänge sind verboten.
>
> Symmetrieverbot: Elektronenübergänge zwischen Orbitalen gleicher Parität (Symmetrie) sind verboten, d. h., g ↔ u-Übergänge sind erlaubt, g ↔ g und u ↔ u-Übergänge sind verboten.
>
> Überlappungsverbot: Elektronenübergänge zwischen MO, die sich nicht überlappen, sind verboten.

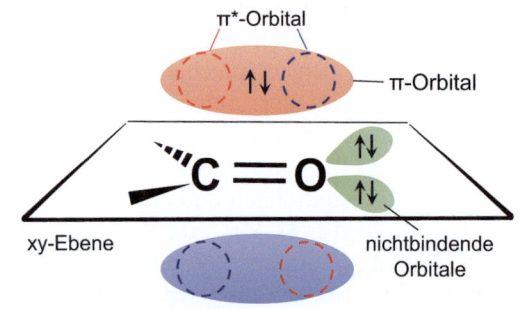

◘ **Abb. 20.7** Nichtbindende Elektronen (grün) überlappen nicht mit dem π*-Orbital (gestrichelt)

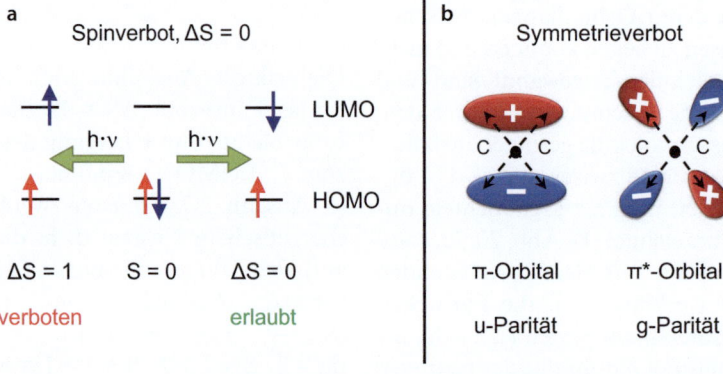

◘ **Abb. 20.6** Visualisierung des Spinverbots (**a**) und des Symmetrieverbots nach Laporte (**b**)

■ **Form von UV/VIS-Banden**

Betrachtet man das Energieübergangsschema (◘ Abb. 20.3a), dann könnte man meinen, dass UV/VIS-Spektren scharfe Absorptionslinien aufweisen. In der Praxis beobachtet man jedoch breite, wenig strukturierte Banden (◘ Abb. 20.1).

Die Gründe hierfür sind mannigfaltig:

— Die UV/VIS-Anregung des Elektrons erfolgt in verschiedene Schwingungs- und Rotationszustände des angeregten Elektronenniveaus (S_1), die energetisch sehr eng beieinanderliegen (◘ Abb. 20.8, graue Schraffur). Die Erklärung hierfür liefert das Franck-Condon-Prinzip. Bei der Anregung eines Elektrons durch UV/VIS-Strahlung erfolgt der Übergang vom elektronischen Grundzustand (S_0, $v_0 = 0$) in den ersten angeregten elektronischen Zustand (S_1). Da durch den Übergang des Elektrons von einem bindenden HOMO-Orbital in ein antibindendes LUMO-Molekülorbital (◘ Abb. 20.3b) die Bindungsordnung zwischen zwei Atomkernen abnimmt, d. h. die Bindung geschwächt wird, ist der Bindungsabstand r_1 für den elektronisch angeregten Zustand größer als für den elektronischen Grundzustand (r_0, ◘ Abb. 20.8). Da Elektronen um drei Größenordnungen leichter sind als Atomkerne, stellt sich die Ladungsverteilung der Elektronenwolke des angeregten S_1-Zustands wesentlich schneller (10^{-15} s) auf die veränderten Bindungsverhältnisse ein als die schweren, behäbigeren Atomkerne (10^{-13} s) durch Schwingung. Deshalb erfolgt der Elektronenübergang aus dem Elektronengrundzustand **bei Kernabstand r_0** in den angeregten Elektronenzustand S_1 mit Kernabstand (r_1), weshalb der Übergangspfeil in ◘ Abb. 20.8 senkrecht verläuft. Das Elektron endet in einem angeregten Schwingungszustand ($v_1 = 3$, ◘ Abb. 20.8), da das Molekül durch die plötzliche Ruhelageänderung stark ausgelenkt ist. Aufgrund der geringen Energiedifferenzen werden gleichzeitig energetisch dicht beieinanderliegende Rotationsenergiezustände angeregt. Im Absorptionsspektrum können diese nicht aufgelöst werden, sodass die meisten Verbindungen UV/VIS-Absorptionsspektren mit breiten Banden ergeben.

Das Franck-Condon-Prinzip in aller Kürze: Elektronische Übergänge sind schnell im Vergleich zur Änderung des Bindungsabstands durch Molekülschwingung. Da die Gleichgewichtslagen (r_0, r_1) des elektronischen Grundzustands (S_0) und des ersten angeregten Zustands (S_1) verschieden sind, ergibt sich bei einem Elektronenübergang stets eine Schwingungsanregung der Bindung.

— Die Breite der Banden hängt auch von der Lebensdauer des S_1-Zustands ab: je instabiler, desto breiter die Absorptionsbande, da aufgrund der Heisenberg'schen Unschärferelation (▶ Abschn. 19.1.4) die Energieniveaus breiter werden. Deshalb sind Banden von Proben in Lösungsmittel breiter als im gasförmigen Zustand, da durch Kollision mit Lösungsmittelmolekülen die Lebensdauer des angeregten elektronischen Zustands verkürzt wird.

— Polare Lösungsmittelmoleküle (Wasser, Ethanol, Aceton) verfügen über Dipolmomente, die mit dem sich beim Elektronenübergang ($S_0 \rightarrow S_1$) ändernden elektrischen Dipolmoment der Probensubstanz wechselwirken. Je polarer das Lösungsmittel ist, desto breiter sind die UV/VIS-Banden. Anders ausgedrückt: Absorptionsbanden sind wesentlich schärfer in unpolaren Lösungsmitteln (z. B. Hexan) als in polaren Lösungsmitteln (z. B. Tetrahydrofuran).

20.1.4 Lage der Absorptionsbanden – Auxochrome vertiefen die Farbe von Chromophoren

Im ▶ Abschn. 20.1.2 wurde festgestellt, dass mittels UV/VIS-Spektroskopie im Wellenlängenbereich von 200–800 nm Übergänge von π-Elektronen und nichtbindenden Elektronen organischer Verbindungen sowie d → d-Übergänge von Übergangsmetallkomplexen beobachtbar sind.

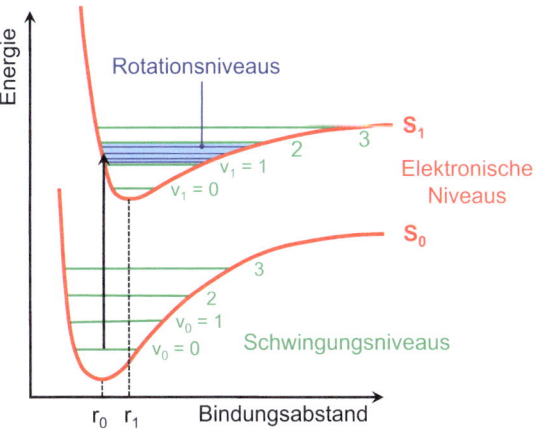

◘ **Abb. 20.8** Franck-Condon-Prinzip. Molekülschwingungen sind langsam im Vergleich zu Formveränderungen von Molekülorbitalen, weshalb Elektronenübergänge aus dem elektronischen Grundzustand (S_0, $v_0 = 0$) in höhere Schwingungszustände des angeregten elektronischen Zustands (hier: S_1, $v_1 = 3$) erfolgen

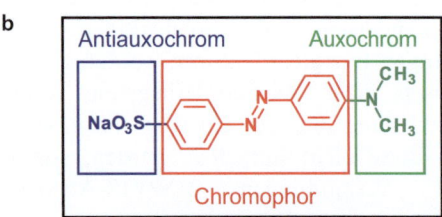

Abb. 20.9 β-Carotin (**a**) ist orange aufgrund eines ausgedehnten alternierenden Doppelbindungssystems. Azobenzen (**b**, Chromophor, rot) in Kombination mit einem elektronenschiebenden Auxochrom (grün) und einem elektronenziehenden Antiauxochrom (blau) ergeben die orange Farbe von Methylorange

Chromophore

Chromophor (chróma und phorós, altgriech. für Farbe und tragend) ist derjenige Teil eines Moleküls, der für dessen prinzipielle Farbigkeit verantwortlich ist. Chromophore beinhalten meist eine größere Anzahl konjugierter Doppelbindungen (Abb. 20.9a), sodass die π-Elektronen über viele Atome delokalisiert sind, wodurch der π-π*-Energieübergang mit zunehmender Anzahl konjugierter Doppelbindungen sich in Richtung sichtbarer Bereich verschiebt (s. u.). Klassische Beispiele hierfür sind konjugierte Polyene (Chlorophylle, Carotine; Abb. 20.9a), aromatische Kohlenwasserstoffe (Pikrinsäure), Azofarbstoffe Ar–N=N–Ar' (Kongorot, Methylorange) etc.

Auxochrome

Substituenten des Chromophors, die die Elektronendichte des chromophoren Systems erhöhen und somit die Wellenlänge der maximalen Absorption (λ_{max}, Farbe) und/oder die maximale Absorption (ε_{max}, Bandenintensität) verändern, werden als Auxochrome bezeichnet (Abb. 20.9b).

Beispiele für auxochrome Gruppen sind Substituenten mit freien Elektronenpaaren wie –NR_2, –NH_2, –Hal, –OH etc. Die freien Elektronenpaare der auxochromen Gruppe treten in Konjugation mit den π-Elektronen des Chromophors, delokalisieren dadurch das π-Elektronen-System zusätzlich, wodurch sich die π-π*-Energiedifferenz verkleinert und sich die Absorptionsbande nach „Rot" verschiebt. Auxochrome Gruppen wirken zusätzlich als Elektronenpaardonatoren, d. h., sie erhöhen durch Mesomerie die Elektronendichte des Chromophors (Push-Gruppen, +M-Effekt), sodass die Elektronen leichter angeregt werden.

Antiauxochrome

Antiauxochrome Gruppen wie C=O, –NO_2, R_4N^+ erweitern in Kombination mit auxochromen Gruppen ebenfalls durch Mesomerie das π-Elektronen-System des Chromophors. Sie ziehen Elektronen (Elektronenpaarakzeptoren) aus der chromophoren Einheit ab (Pull-Gruppen, –M-Effekt).

Farbstoffe

Eine besonders starke Verschiebung des Absorptionsmaximums in den längerwelligen Bereich wird beobachtet, wenn Push- und Pull-Substituenten gleichzeitig vorhanden sind (Abb. 20.9b). Organische Farbstoffe sind chromophore Moleküle, in denen Elektronendonatoren (+M-Substituenten, Auxochrome) über das π-Elektronen-System des Chromophors hinweg mit Elektronenakzeptoren (–M-Substituenten, Antiauxochrome) wechselwirken.

Eine Verschiebung der UV/VIS-Absorption zum längerwelligen Bereich (Rotverschiebung) wird als bathochromer Effekt bezeichnet, der gegenteilige Effekt, eine Verschiebung zum kürzerwelligen Bereich (Blauverschiebung), als hypsochromer Effekt (Abb. 20.10). Eine Intensivierung/Abschwächung einer UV/VIS-Absorption durch Auxochrome wird als hyperchromer respektive hypochromer Effekt bezeichnet.

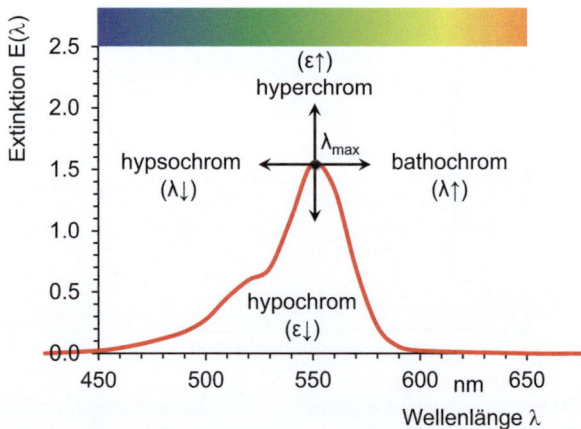

Abb. 20.10 UV/VIS-Spektroskopie, Begriffsdefinitionen

UV/VIS-Spektroskopie - Grundregeln

- *Vergrößerung des π-Elektronen-Systems eines Chromophors verschiebt die Absorptionsbande des π-π*-Übergangs in den längerwelligen Bereich (Bathochromie, Rotverschiebung) und intensiviert die Bande (hyperchromer Effekt, Farbvertiefung).*
- *Je mehr sich Einfach- und Doppelbindung des konjugierten π-Elektronen-Systems durch Mesomerie angleichen, desto größer ist der bathochrome Effekt.*
- *Auxochrome und antiauxochrome Substituenten verursachen eine Verschiebung des Absorptionsmaximums in den langwelligen Bereich (Bathochromie, Rotverschiebung). Eine besonders intensive bathochrome Verschiebung erfolgt, wenn gleichzeitig eine auxochrome (+M-Effekt) und eine antiauxochrome Gruppe (−M-Effekt) in Konjugation mit dem π-Elektronen-System des Chromophors treten (Abb. 20.9b und Abb. 20.11).*

Durch Analyse von Bandenlage und -intensität können Schlussfolgerungen zur chemischen Struktur von Verbindungen getroffen werden. Nachfolgend werden exemplarisch ein paar plakative Beispiele diskutiert.

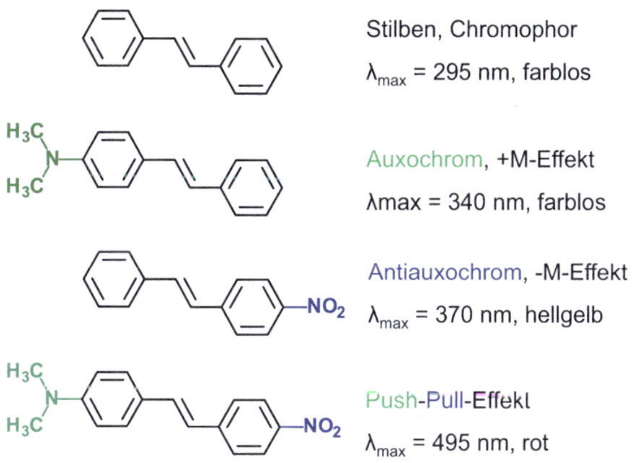

Stilben, Chromophor
λ_{max} = 295 nm, farblos

Auxochrom, +M-Effekt
λmax = 340 nm, farblos

Antiauxochrom, -M-Effekt
λ_{max} = 370 nm, hellgelb

Push-Pull-Effekt
λ_{max} = 495 nm, rot

Abb. 20.11 Einfluss auxochromer und antiauxochromer Gruppen auf den Chromophor Stilben

■ Konjugierte Doppelbindungssysteme

Konjugierte Doppelbindungen bestehen aus alternierenden C=C-Doppelbindungen und C−C-Einfachbindungen. Kohlenwasserstoffe mit konjugierten Doppelbindungssystemen werden als Polyene bezeichnet. Carotinoide beispielsweise sind eine Klasse von Polyenen, die in der Natur vorkommen (Abb. 20.9a). Carotinoide verursachen beispielsweise die orange bis rötliche Färbung von Hummern, Garnelen, Lachsen, Flamingos, Karotten, Tomaten etc.

Mit zunehmender Größe des konjugierten π-Elektronen-Systems wird die Anregungsenergie signifikant kleiner und das Absorptionsmaximum verschiebt sich stetig in Richtung sichtbaren Lichts (Rotverschiebung, bathochromer Effekt). Absorbiert Ethen bei 163 nm (VUV-Region), liegt das Absorptionsmaximum für Octa-1,3,5,7-tetraen bei 289 nm (UV-Region) und für β-Carotin (Abb. 20.9a) mit elf konjugierten Doppelbindungen bereits bei 450 nm (VIS-Region, absorbierte Farbe Blau, beobachtete Farbe Gelb). Außerdem nimmt mit zunehmender Doppelbindungszahl pro Molekül die Intensität, d. h. der molare Extinktionskoeffizient (ε_{max}) der Absorptionsbanden zu (Tab. 20.1, hyperchromer Effekt).

Der bathochrome Effekt ist auf die abnehmende Energiedifferenz (ΔE) zwischen HOMO und LUMO des Chromophors mit zunehmender Anzahl konjugierter Doppelbindungen des Polyens zurückzuführen. Der Vergleich der MO-Schemata von Ethen und Buta-1,3-dien (Abb. 20.12) erklärt dieses Phänomen. Abb. 20.12 bildet links und rechts jeweils das bindende (π_1, π_2) und das antibindende MO (π_1^*, π_2^*) von Ethen ab. In der Mitte werden die beiden Ethenmoleküle zu Buta-1,3-dien kombiniert. Durch die Linearkombination der MO (π_1, π_2 resp. π_1^*, π_2^*) entstehen zwei bindende MO ($\pi_1 + \pi_2$) und ($\pi_1 - \pi_2$) sowie zwei antibindende MO ($\pi_1^* - \pi_2^*$) und ($\pi_1^* + \pi_2^*$). Eine Kombination der bindenden MO und antibindenden MO der Ethenmoleküle ist nicht erforderlich, da sie energetisch zu unterschiedlich sind, um überlappen zu können.

Tab. 20.1 Spektroskopische Kennzahlen für Polyene, $CH_3-(CH=CH-)_nCH_3/C_6H_5-(CH=CH-)_nC_6H_5$

n	1	2	3	4	5	6	11, β-Carotin	Benzen
λ_{max}, nm	174/295	227/334	274/358	310/384	342/403	380/420	450	254
ε_{max}, l · mol^{-1} · cm^{-1}	24.000	24.000	30.200	76.500	122.000	146.500	139.500	205

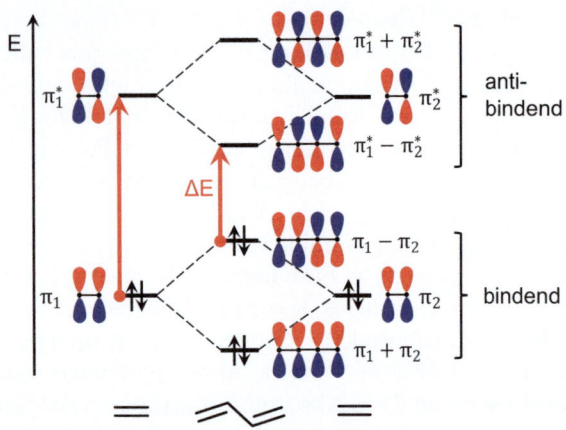

◻ Abb. 20.12 Durch die Linearkombination zweier Ethenmoleküle zu Buta-1,3-dien verkleinert sich die HOMO-LUMO-Differenz (ΔE)

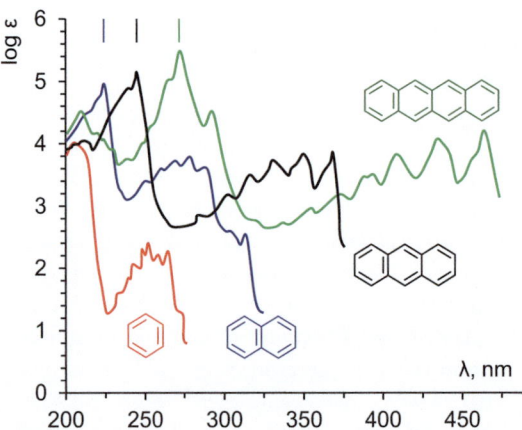

◻ Abb. 20.13 Zunahme des bathochromen Effekts in der Reihe Benzen (rot), Naphthalin (blau), Anthracen (schwarz) Naphthacen (grün)

Die entscheidende Erkenntnis ist, dass das bindende MO ($\pi_1 - \pi_2$) von Butadien höher liegt als das HOMO von Ethen (π_1, π_2). Gleichzeitig kommt das antibindende MO ($\pi_1^* - \pi_2^*$) des Butadiens energetisch tiefer zu liegen als das LUMO (π_1^*, π_2^*) von Ethen. Dadurch ist die HOMO-LUMO-Differenz (ΔE) des Butadiens (roter Pfeil) kleiner als die von Ethen. Dies hat wiederum zur Konsequenz, dass im Fall von Butadien für die Anregung des HOMO-Elektrons weniger Energie respektive längerwelliges Licht ($\Delta E \downarrow \rightarrow \lambda \uparrow$) ausreicht als für Ethen. Mit zunehmender Doppelbindungszahl respektive Zunahme der Chromophore pro Molekül wird die HOMO-LUMO-Differenz stetig kleiner.

Erweitert man das π-Elektronen-System von Polyenen durch Substitution der endständigen Methylgruppen durch Phenylgruppen, so ist gerade für die kurzkettigen Polyene eine erhebliche bathochrome Verschiebung des UV/VIS-Absorptionsmaximums erkennbar (◻ Tab. 20.1).

■ **Polyaromatische Kohlenwasserstoffe (PAK)**

Ein weiteres Beispiel für die bathochrome Verschiebung durch Erweiterung des π-Elektronen-Systems sind die UV/VIS-Spektren für Benzen, Naphthalin, Anthracen und Naphthacen (◻ Abb. 20.13). Die Spektren dieser polyaromatischen Kohlenwasserstoffe (PAK) zeigen typischerweise drei mehr oder weniger separierte Absorptionsbanden, wobei die energiereichste Bande meist um den Faktor 100 intensiver ist. Die beobachtbare Feinstruktur (Benzen bei 250 nm, Naphthacen bei 425 nm) ist lösungsmittelabhängig und auf Schwingungszustände im elektronisch angeregten S_1-Zustand zurückzuführen. Die Rotverschiebung mit steigender Anzahl an kondensierten aromatischen Kernen der PAK erklärt sich wie folgt: PAK bestehen aus zwei oder mehr kondensierten Benzenkernen. Da alle Benzenkerne der PAK in einer Ebene liegen, überlappen alle konjugierten π-Elektronen über sämtliche Kerne hinweg zu einem gemeinsamen π-Molekülorbital (HOMO). Dadurch verschiebt sich in Analogie zu den Polyenen die Wellenlänge maximaler Absorption (λ_{max}) von 180 nm (sechs π-Elektronen) für Benzen zu 225 nm für Naphthalin (zehn π-Elektronen), zu 246 nm für Anthracen (14 π-Elektronen) und letztlich zu 273 nm für Naphthacen (18 π-Elektronen).

Während Benzen, Naphthalin und Anthracen farblos sind, weist Naphthacen eine hellrote Farbe auf. Naphthacen absorbiert als einziges der vier PAK im VIS-Bereich bei 400–450 nm (Blau), sodass als Komplementärfarbe Hellrot beobachtet wird.

■ **Sterische Effekte**

Unter sterischen Effekten wird der Einfluss von Molekülsubstituenten auf die räumliche Gestalt eines Gesamtmoleküls verstanden. Die Lage von Absorptionsbanden im UV/VIS-Spektrum kann von der 3D-Konformation eines Moleküls beeinflusst werden. So kann beispielsweise mithilfe der UV/VIS-Spektroskopie im direkten Vergleich zwischen transoiden und cisoiden Dienen differenziert werden (◻ Abb. 20.14, oben). Moleküle mit transoid angeordneten Doppelbindungen (A) weisen in der Regel einen höheren molaren Extinktionskoeffizienten auf als deren cisoide Analoga (B), weil die Dipollänge (roter Pfeil) und damit das Übergangsdipolmoment respektive die Übergangswahrscheinlichkeit des transoiden Moleküls größer ist.

Der Einfluss der Verdrillung der Phenyleinheiten in Biphenyl auf die Lage der Absorptionsbande ist ein weiteres Beispiel für den sterischen Effekt. Biphenyl zeigt ein Absorptionsmaximum bei 247 nm (◻ Abb. 20.14, Molekül C). Die entsprechende Bande (p-Bande) des Benzens liegt bei 205 nm (◻ Abb. 20.13). Das heißt, der Substituent Phenyl (C_6H_5) erzeugt einen bathochromen

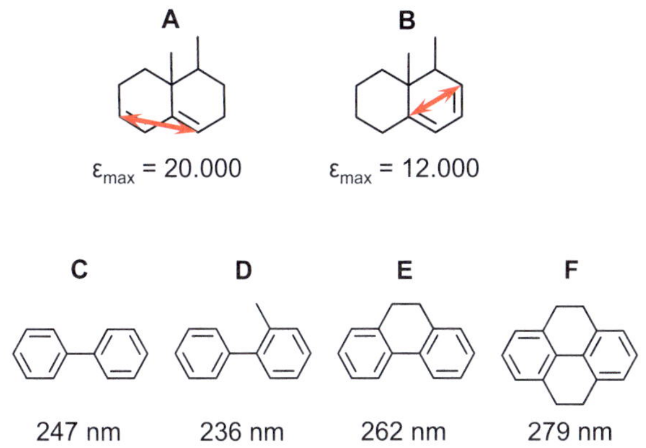

Abb. 20.14 Sterische Effekte beeinflussen die Bandenintensität (A, B) und die Lage des Absorptionsmaximums (C, D, E, F)

A: ε_max = 20.000
B: ε_max = 12.000
C: 247 nm
D: 236 nm
E: 262 nm
F: 279 nm

Effekt. Wenn beide Phenyleinheiten in einer Ebene liegen, kommen sich die ortho-ständigen Wasserstoffatome der beiden Phenyleinheiten sehr nahe, sodass dies energetisch eine ungünstige Konformation des Moleküls darstellt. Deshalb verdrillen sich die beiden Phenyleinheiten, um der sterischen Hinderung der ortho-Wasserstoffatome aus dem Weg zu gehen bzw. einen energieärmeren Zustand einzunehmen. Der energieoptimierte Gleichgewichtstorsionswinkel zwischen den beiden Phenyleinheiten beträgt 44°.

Allerdings ist die Rotationsbarriere mit 6 kJ/mol sehr klein, sodass in Lösung bei Raumtemperatur freie Rotation zwischen den Phenyleinheiten gegeben ist. Je höher die Rotationsbarriere ist, desto gehinderter ist die freie Rotation, umso weniger können die π-Elektronen der beiden Phenylringe miteinander konjugieren, desto größer ist der hypsochrome Effekt (Blauverschiebung) und vice versa.

Deshalb wird das Absorptionsmaximum des Biphenyls durch ortho-Methyl-Substituenten (D) im Vergleich zu Biphenyl (C) zu kürzeren Wellenlängen verschoben, da durch die Methylsubstituenten die Rotation der Phenyleinheiten behindert wird.

Dagegen wird durch zunehmende Fixierung der planaren Anordnung der beiden Phenyleinheiten in den Molekülen E und F das Absorptionsmaximum bathochrom, d. h. zu längeren Wellenlängen verschoben, da sämtliche π-Elektronen mit zunehmender Einebnung intensiver konjugieren.

■ **Regeln für die Bandenlage**

Die Chemiker Woodward und Fieser haben empirisch Regeln aufgestellt (Woodward-Fieser-Regeln), mit denen man die Lage der Absorptionsmaxima (λ_{max}) des $\pi \rightarrow \pi^*$-Übergangs von konjugierten Dienen, Polyenen und α,β-ungesättigten Carbonylverbindungen vorhersagen kann. Dabei werden zu einem Basiswert des Chromophors (Dien, Polyen, Carbonylverbindung) für die Substituenten je nach Art, Anzahl und Substitutionsmuster Inkremente, d. h. festgelegte Werte, addiert. Das Lösungsmittel wird ebenfalls durch einen Inkrementwert berücksichtigt.

Woodward-Fieser-Regeln für konjugierte Polyene

Basiswert Chromophor: konjugiertes Dien (Abb. 20.15, rot)	214 nm
Inkremente:	
• Jede weitere konjugierte Doppelbindung	+30 nm
• Doppelbindung innerhalb eines Ringes (endozyklisch)	+39 nm
• Doppelbindung außerhalb eines Ringes (exozyklisch)	+5 nm
• Je Alkylsubstituent	+5 nm

▶ **Beispiel - Bicyclisches Molekül (Abb. 20.15)**

Die Woodward-Fieser-Regeln sind einfach zu handhaben und relativ genau. Andererseits zeigt sich, dass starke sterische Beanspruchung des Chromophors sehr schnell zu Abweichungen führt. Da es sehr viele Ausnahmen gibt und mittlerweile elektronische Spektrenbibliotheken zur Verfügung stehen, haben die Woodward-Fieser-Regeln mit der Zeit an Bedeutung verloren.

■ **Lösungsmitteleinfluss**

Generell gilt, dass das Lösungsmittel im zu analysierenden Bereich keine UV/VIS-Strahlung absorbieren darf. Der Einsatz von Lösungsmitteln in der UV-Spektroskopie wird durch n → σ*-Elektronenübergänge limitiert. Eines der meistverwendeten Lösungsmittel ist 95 %iges Ethanol, da es kostengünstig ist, viele polare und apolare Stoffe löst und ab Wellenlängen von 205 nm für UV/VIS-Strahlung transparent ist. Die kleinste Wellenlänge anderer Lösungsmittel beträgt für Wasser (für polare und ionische Substanzen) 200 nm, Hexan 210 nm (für apolare Stoffe) und Tetrachlormethan 270 nm.

Sowohl Lage als auch Intensität der Absorptionsbanden können durch Lösungsmittel beeinflusst werden.

Da der angeregte π*-Zustand (S_1) polarer ist als der elektronische π-Grundzustand (S_0) hat die Polarität des Lösungsmittels einen erheblichen Einfluss auf die Lage der Absorptionsbanden des Chromophors. Polare Lösungsmittel wie Wasser, Tetrahydrofuran, Ethanol etc. stabilisieren durch Dipol-Dipol-Wechselwirkungen das polarere π*-LUMO stärker als das weniger polare π-HOMO, sodass die Lücke zwischen HOMO und LUMO kleiner wird, was eine Rotverschiebung (Bathochromie) verursacht.

Dagegen wird bei n → π*-Übergängen das nichtbindende Elektronenpaar des Grundzustands durch Wasserstoffbrückenbindungen mit polaren Lösungsmitteln stabi-

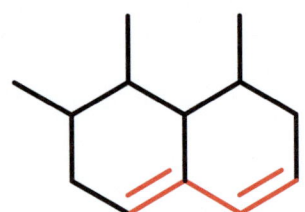

Chromophor - Dien	214 nm
Exocyclische Doppelbindung	+ 5 nm
3 Alkylsubstituenten, 3·5 nm	+15 nm
$\lambda_{max, berechnet}$	234 nm
$\lambda_{max, gemessen}$	235 nm

Abb. 20.15 Errechneter und empirischer Wert des Absorptionsmaximums stimmen überein

Tab. 20.2 Lösungsmitteleinfluss auf die Elektronenübergänge in Mesityloxid (4-Methyl-3-penten-2-on)

Lösungsmittel	$\pi \to \pi^*$-Übergang (C=C)		$n \to \pi^*$-Übergang (C=O)	
	λ_{max}, nm	ε_{max}, l · mol^{-1} · cm^{-1}	λ_{max}, nm	ε_{max}, l · mol^{-1} · cm^{-1}
Hexan	230	12.600	327	98
Ethanol	237	12.600	325	78
Wasser	245	10.000	305	60

lisiert und dadurch energetisch abgesenkt. Da dem LUMO diese Option nur eingeschränkt möglich ist, kommt es zu einer Aufweitung der HOMO-LUMO-Differenz und somit zur Blauverschiebung (Hypsochromie).

Da Mesityloxid sowohl eine Kohlenstoff-Kohlenstoff-Doppelbindung (C=C, $\pi \to \pi^*$-Übergang) als auch eine Kohlenstoff-Sauerstoff-Doppelbindung (C=O, $n \to \pi^*$-Übergang) aufweist, können obige Effekte an ein und derselben Verbindung demonstriert werden (Tab. 20.2).

Durch Variation des Lösungsmittels kann Absorptionsbanden der Typ des Elektronenübergangs zugeordnet werden:
- $n \to \pi^*$-Übergang: Blauverschiebung mit steigender Lösungsmittelpolarität (Hypsochromie)
- $\pi \to \pi^*$-Übergang: Rotverschiebung mit steigender Lösungsmittelpolarität (Bathochromie)

20.1.5 Spektrometer – Aufbau und Probenvorbereitung

Prinzipiell wird zwischen Einstrahlspektrometern und Zweistrahlspektrometern unterschieden. Während bei Einstrahlgeräten Lösungsmittel (Referenz) und Probe (Analyt) nacheinander vermessen werden, wird in Zweistrahlspektrometern das monochromatische Licht mittels eines Strahlteilers in zwei Strahlen aufgeteilt, sodass Lösungsmittel und Probe gleichzeitig vermessen werden können (Abb. 20.16).

Die wesentlichen Komponenten eines UV/VIS-Spektrometers sind:
- *Strahlungsquelle:*
Ein Spektrometer mit Monochromator verfügt über zwei Strahlungsquellen – typischerweise eine Deuteriumlampe für den UV-Bereich (185–365 nm) und eine Wolframhalogenlampe für den VIS-Bereich (340–1100 nm). Der Wechsel erfolgt während eines Scans automatisch bei ca. 350 nm.
- *Monochromator:*
Für die Lichtzerlegung werden insbesondere Beugungsgitter und vereinzelt Glasprismen verwendet. Durch das Monochromatorsystem wird das Licht vor der Probenküvette zerlegt, sodass die Probelösung von monochromatischem Licht durchstrahlt wird. Dagegen strahlt beim Polychromatorsystem das volle Lichtspektrum auf die Probenküvette ein und die Zerlegung des Lichts erfolgt erst nach der Küvette.
- *Probenraum:*
Meist werden Flüssigproben vermessen. Aber auch Gase und Feststoffe (ATR, ▶ Abschn. 20.2.5) können mit speziellen Küvetten und Vorrichtungen im Probenraum positioniert und analysiert werden. Flüssigkeitsküvetten weisen typischerweise eine Schichtdicke (d) von 10 mm auf und sind für den VIS-Bereich meist aus Acrylglas (ab 300 nm verwendbar) oder optischem Glas (Einsatzbereich 320–1400 nm). Für den VIS-Bereich werden hochqualitative Küvetten aus Quarzglas (170–3500 nm) eingesetzt.

In Zweistrahlspektrometern sind Halterungen für zwei Küvetten (Referenz und Probe) nebeneinander vorhanden.
- *Detektor:*
Als Detektor kommen Photomultiplier für Geräte mit Monochromator oder Diodenarraydetektoren (bis zu 1000 Photodioden) für polychromatische Strahlung zum Einsatz. Photodioden zeichnen sich zwar durch ihre Robustheit und ihren großen spektra-

20.1 · UV/VIS-Spektroskopie – Anregung von Elektronenübergängen durch Lichtphotonen

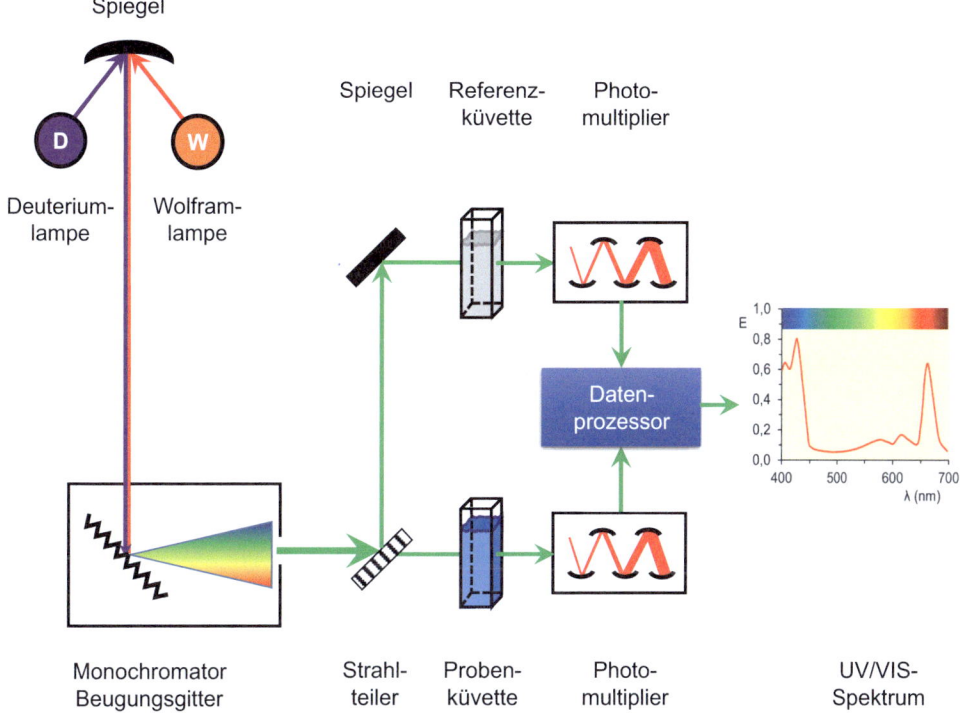

◘ **Abb. 20.16** Schema eines Zweistrahlgeräts mit Beugungsgitter als Monochromator

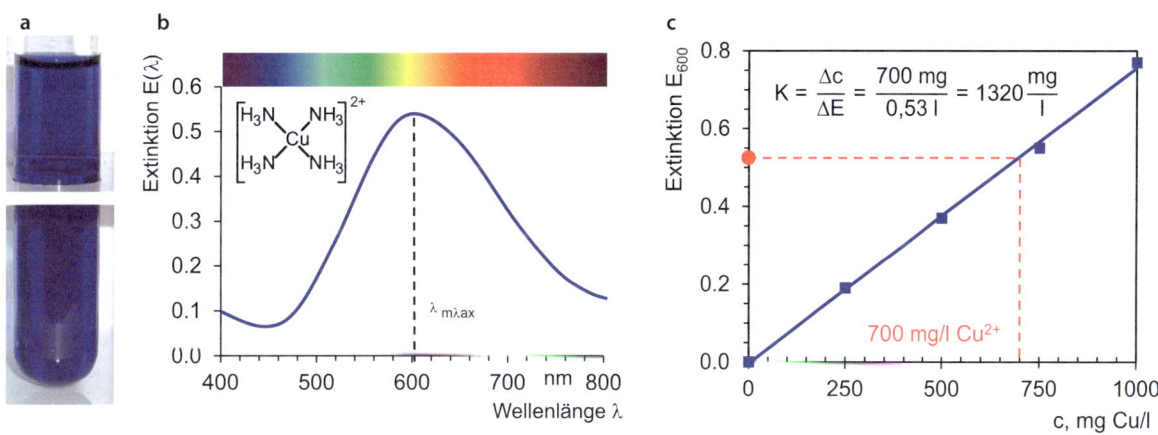

◘ **Abb. 20.17** Lösung (**a**), UV/VIS-Spektrum (**b**) und Kalibrierungsgerade (**c**) für Tetraamminkupfer $[Cu(NH_3)_4]^{2+}$

len Empfindlichkeitsbereich (170–1100 nm) aus, sprechen aber generell schwächer an, sodass das Signal nachverstärkt werden muss. Photomultiplier dagegen sind um sechs Größenordnungen empfindlicher als Photodioden und zeigen geringeres Rauschen, weisen aber einen eingeschränkten Empfindlichkeitsbereich auf und sind wesentlich teurer.
— *Computer:*
  Die Auswertung, Darstellung und Archivierung der digitalen Messdaten erfolgt elektronisch.

20.1.6 Anwendung in der quantitativen Analytik

Da bei der UV/VIS-Spektroskopie stets auch mehrere Vibrations- und zahlreiche Rotationszustände angeregt werden, sind UV/VIS-Spektren breitbandig (◘ Abb. 20.17b) und nur wenig strukturiert. Deshalb ist die UV/VIS-Spektroskopie für die qualitative Stoffidentifikation weniger geeignet, wenngleich durch direkten Spektrenvergleich wichtige Strukturhinweise auf

Doppelbindungen, Heteroatome etc. erhalten werden können (▶ Abschn. 20.1.4).

Wesentlich bedeutender ist die Konzentrationsbestimmung (quantitative Analyse) organischer Farbstoffe, Vitamine, anorganischer Komplexverbindungen etc. durch Messen der Lichtabsorption/-extinktion im UV/VIS-Bereich mit einem sogenannten Photometer. Die Messung erfolgt üblicherweise mit monochromatischem Licht bei λ_{max}, da die Messung bei dieser Wellenlänge am empfindlichsten ist. Der Zusammenhang zwischen Lichtextinktion (E) und Konzentration (c) der zu bestimmenden Substanz ist durch das Lambert-Beer-Gesetz (▶ Abschn. 19.1.1) gegeben.

$$E(\lambda) = \varepsilon(\lambda) \cdot c \cdot d \rightarrow c = \frac{E(\lambda)}{\varepsilon(\lambda) \cdot d} \rightarrow$$
$$c = K(\lambda) \cdot E(\lambda) \, mit \, K(\lambda) = \frac{1}{\varepsilon(\lambda) \cdot d} \quad (20.1)$$

$E(\lambda)$ – Extinktion, dimensionslos

$\varepsilon(\lambda)$ – dekadischer molarer Extinktionskoeffizient, $lmol^{-1}cm^{-1}$

c – Konzentration Probelösung, $moll^{-1}$

d – Weglänge Licht in der absorbierenden Lösung, Küvettenbreite, cm

$K(\lambda)$ – Proportionalitätsfaktor, gerätespezifische Konstante, $moll^{-1}$

> ▶ **Beispiel - Spektralphotometrische Analytik**
> Es soll der Kupfergehalt einer Messingprobe photometrisch bestimmt werden.
>
> Um photometrische Messungen durchführen zu können, muss zuerst eine definierte Menge der Messingprobe in Salpetersäure gelöst werden. Nach Zugabe von Ammoniak entsteht der dunkelblaue Tetraamminkupferkomplex $[Cu(NH_3)_4]^{2+}$. Je höher die Kupferkonzentration, desto dunkelblauer die Lösung (◘ Abb. 20.17a).
>
> Durch Messung der Extinktion [$E(\lambda)$] bei der Wellenlänge mit maximaler Lichtabsorption (λ_{max}) lässt sich der Gehalt an Kupfer (c) ermitteln, vorausgesetzt, man kennt die gerätespezifische Konstante [$K(\lambda)$]. Theoretisch entspricht $K(\lambda)$ dem Produkt des dekadischen molaren Extinktionskoeffizienten [$\varepsilon(\lambda)$] und der Küvettenbreite (d), allerdings ist sie auch von Geräteparametern abhängig, weshalb man in der Praxis auf Kalibrierungsgeraden zurückgreift (◘ Abb. 20.17c).
>
> In der Praxis geht man wie folgt vor:
> - Messen des UV/VIS-Spektrums einer Tetraamminkupferlösung → λ_{max} = 600 nm (◘ Abb. 20.17b).
> - Messen der Extinktionswerte [E(600)] für verschiedene, aber bekannte Konzentrationen von Tetraamminkupferlösungen und Erstellen der Extinktionskalibrierungsgerade (◘ Abb. 20.17c, blaue Messquadrate).
> - Auflösen von 100 mg der Messingprobe in Salpetersäure und Überführen in eine Tetraamminkupferlösung durch Zugabe von Ammoniak und Verdünnen mit destilliertem Wasser auf exakt 100 ml in einem Messkolben.
> - Anschließende Messung des Extinktionswerts dieser Lösung [E(600) = 0,53].
> - Aus der Kalibrierungsgerade liest man für E(600) = 0,53 (◘ Abb. 20.17c, roter Punkt) eine Konzentration an Kupfer von 700 mg/l Lösung ab.
> - Da die Messingprobe in 100 ml gelöst wurde, enthält der Messkolben 70 mg Cu. Die 70 mg Kupfer sind in 100 mg Messing enthalten, sodass die Kupferkonzentration des Messings 70 % beträgt. ◀

UV/VIS-Spektroskopie findet wegen ihrer Genauigkeit und Einfachheit in der Bedienung Anwendung in der Medizin, Umweltanalytik, Lebensmittel- und pharmazeutischen Industrie zur quantitativen Bestimmung von z. B. Vitaminen, Enzymen, Verunreinigungen etc. Im Gegensatz zur IR-Spektroskopie (▶ Abschn. 20.2) wird die UV/VIS-Spektroskopie bevorzugt für quantitative Analysenthemen verwendet.

20.2 IR-Spektroskopie – Anregung von Molekülschwingungen durch Wärmestrahlung

Generell wird zwischen nahem IR (NIR, $\tilde{v}$ = 12.500–4000 cm^{-1}, λ = 800–2500 nm), mittlerem IR (MIR, $\tilde{v}$ = 4000–200 cm^{-1}, λ = 2500–50.000 nm) und fernem IR (FIR, $\tilde{v}$ = 200^{-3} cm^{-1}, λ = 0,05–3 mm) unterschieden. In der Chemie findet insbesondere MIR Anwendung, das nachfolgend als IR-Spektroskopie bezeichnet wird. In der Raman-Spektroskopie (▶ Abschn. 20.2.6) kommt insbesondere NIR-Strahlung zur Anwendung.

20.2.1 Prinzip – Anregung von Molekülschwingungen durch IR-Photonen

Bei der klassischen Infrarotspektroskopie (IR-Spektroskopie) werden Moleküle durch Wärmestrahlung (IR-Strahlung) zu Molekülschwingungen und -rotationen angeregt. Das IR-Spektrum ist eine grafische Darstellung der Transmission (y-Achse), also der nicht durch die Probe absorbierten IR-Strahlung in Abhängigkeit der Wellenzahl (x-Achse). Da mehratomige Moleküle zahlreiche Schwingungsmöglichkeiten mit unter-

20.2 · IR-Spektroskopie – Anregung von Molekülschwingungen durch Wärmestrahlung

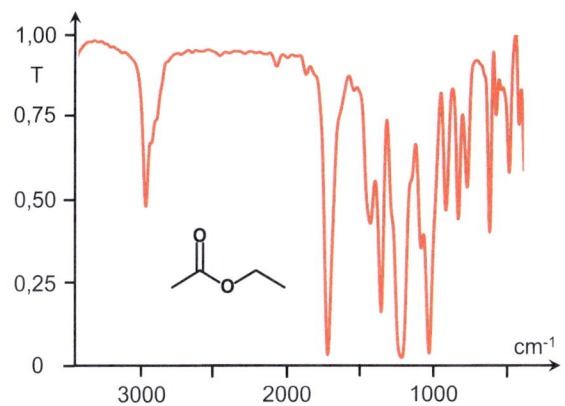

Abb. 20.18 IR-Spektrum von Ethylacetat. Transmission der IR-Strahlung als Funktion abnehmender Wellenzahl, d. h. abnehmender Energie der IR-Strahlung (© Artphotonics)

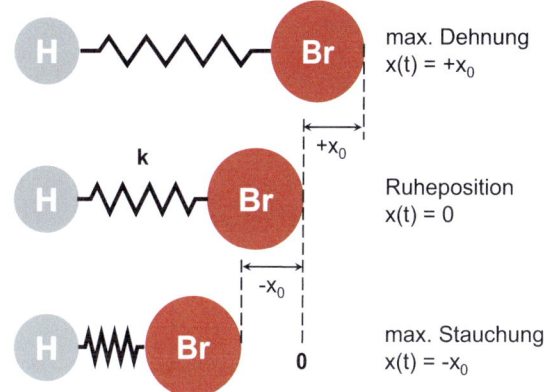

Abb. 20.19 Durch IR-Strahlung angeregte Atome des Bromwasserstoffs (HBr) schwingen um ihre Ruheposition

schiedlichen Resonanzenergien aufweisen, bestehen IR-Spektren aus zahlreichen Absorptionsbanden (■ Abb. 20.18).

20.2.2 Physikalische Grundlagen – Klassischer und anharmonischer Oszillator

■ Klassischer Oszillator – Schwingungsfrequenz

Die durch IR-Strahlung angeregte Molekülschwingung, d. h. das periodische Hin- und Herschwingen zweier Atomkerne um die Ruheposition, kann als klassische harmonische Schwingung betrachtet werden.

Am Beispiel des zweiatomigen Moleküls Bromwasserstoff (HBr) soll die Schwingungsfrequenz der harmonischen Schwingung bestimmt werden. Dabei betrachten wir die Valenzschwingung (Streckschwingung), bei der die Atome auf der Kernverbindungslinie gegeneinander schwingen, d. h. der Abstand zwischen den Atomen oszilliert fortlaufend um die Ruheposition (■ Abb. 20.19).

Die Atome Wasserstoff (H) und Brom (Br) entsprechen zwei Massepunkten, die über eine Feder (chemische Bindung) miteinander verbunden sind. Werden die Atome aus der Ruheposition ausgelenkt, d. h. die Bindung (Feder) zwischen den beiden Atomen wird gestreckt, so wirkt eine Kraft, die gemäß dem Hooke'schen Gesetz umso größer ist, je größer die Auslenkung (x) und je stärker die chemische Bindung (Federkonstante, Bindungsstärke, k) ist (Gl. 20.2). Da die Rückstellkraft (Reactio) entgegen der Auslenkungsrichtung (Actio) wirkt, erklärt sich das Minuszeichen.

$$F(x) = -k \cdot x(t) \quad (20.2)$$

F(x) – Rückstellkraft, N
k – Bindungsstärke zwischen Atomen, Nm^{-1}
x(t) – Auslenkung Atome zum Zeitpunkt t

Da sowohl die Masse des Wasserstoffatoms (m_H) als auch die Masse des Bromatoms (m_{Br}) gegeneinander um einen gemeinsamen Schwerpunkt schwingen, kann das Zweiteilchenproblem auf eine Schwingung eines einzigen hypothetischen Atomkerns mit der reduzierten Masse (μ) vereinfacht werden (Einteilchenproblem).

Die reduzierte Masse für Bromwasserstoff errechnet sich zu:

$$\mu_{HBr} = \frac{m_H \cdot m_{Br}}{m_H + m_{Br}} \quad allgemein: \mu = \frac{m_1 \cdot m_2}{m_1 + m_2} \quad (20.3)$$

μ_{HBr} – reduzierte Masse Bromwasserstoff, kg
m_H – absolute Atommasse Wasserstoff, kg
m_{Br} – absolute Atommasse Brom, kg

Werden die Atome durch Infrarotstrahlung angeregt, schwingen sie aus der Ruheposition, bis die Atome die maximale Auslenkung an den Umkehrpunkten ($+x_0, -x_0$) erreicht haben (■ Abb. 20.20). An den Umkehrpunkten werden die Atome respektive reduzierte Masse (μ) durch die Federkraft [F(x)] in Richtung Ruheposition beschleunigt. Die Beschleunigung [a(t)] entspricht der zweiten Ableitung des Weges nach der Zeit $\left[\frac{d^2}{dt^2}x(t)\right]$.

$$F(x) = \mu \cdot a(t) = \mu \cdot \frac{d^2}{dt^2}x(t) \quad (20.4)$$

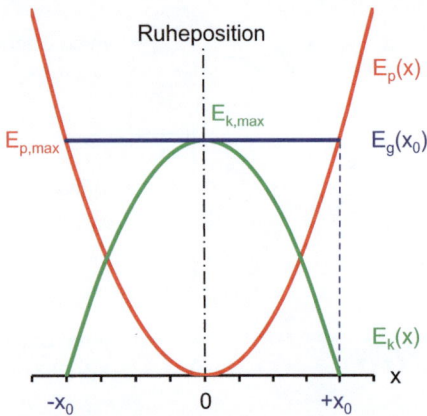

Abb. 20.20 Harmonische Schwingung. Potenzielle Energie (rote Kurve) wandelt sich kontinuierlich in kinetische Energie (grüne Kurve) um und vice versa. Die Gesamtenergie (blaue Linie) bleibt konstant

Durch Gleichsetzen der Gl. 20.2 und 20.4 wird die Bewegungsgleichung eines harmonischen Oszillators (z. B. Pendelbewegung) erhalten:

$$-k \cdot x(t) = \mu \cdot \frac{d^2}{dt^2} x(t) \tag{20.5}$$

Am Umkehrpunkt ($+x_0$) ist die Bindung maximal gestreckt, die Atome weisen dadurch maximale potenzielle Energie (E_p, Lageenergie; ◘ Abb. 20.20, rote Kurve) auf. Die Geschwindigkeit der Atome ist null und sie kehren ihre Bewegungsrichtung um. Der Betrag der kinetischen Energie (E_k, Bewegungsenergie) ist an den Umkehrpunkten null.

An den Umkehrpunkten beschleunigt die Rückstellkraft die Atome (Gl. 20.4) in Richtung Ruheposition, wo die potenzielle Energie null und dafür die kinetische Energie (E_k, ◘ Abb. 20.20, grüne Kurve) maximal ist.

Durch ihre hohe kinetische Energie schwingen die Atome über die Ruheposition (0) hinaus bis zum anderen Umkehrpunkt ($-x_0$), wobei die Bindungsfeder zwischen den Atomen gestaucht wird und sich kinetische Energie wieder sukzessive in potenzielle Energie umwandelt.

Während des Schwingungsvorgangs bleibt die Gesamtenergie (E_g), also die Summe aus potenzieller und kinetischer Energie, konstant (◘ Abb. 20.20, blaue Linie).

Zeichnet man die Auslenkung [x(t)] der Atome gegen die Zeit (t) auf, so erhält man einen sinusförmigen Verlauf (Gl. 20.6) mit der Amplitude (x_0) und der Schwingungsfrequenz (ν). Die Schwingungsfrequenz entspricht der Anzahl an Schwingungen pro Zeiteinheit. Da die Atome sinusförmig (harmonisch) um die Ruheposition schwingen und die Rückstellkraft F(x) linear mit der Auslenkung zunimmt, wird das System als harmonischer Oszillator bezeichnet.

$$x(t) = x_0 \cdot \sin(2\pi \cdot \nu \cdot t) \tag{20.6}$$

x(t) – Auslenkung der Atome zum Zeitpunkt t, m

x_0 – Amplitude, d. h. maximale Auslenkung der Atome, m

ν – Schwingungsfrequenz, Anzahl Schwingungen pro Zeiteinheit, s^{-1}

Gl. 20.6 ist die allgemeine Lösung für harmonische Schwingungen gemäß der Differenzialgleichung zweiter Ordnung (Gl. 20.5)

Zum Beweis wird die erste Ableitung (Gl. 20.7, Geschwindigkeit der Atome v(t)) und die zweite Ableitung der Auslenkung (Gl. 20.8, Beschleunigung der Atome a(t)) nach der Zeit von Gl. 20.6 berechnet und in Gl. 20.5 eingesetzt.

$$v(t) = \frac{d}{dt} x(t) = 2\pi \cdot \nu \cdot x_0 \cdot \cos(2\pi \cdot \nu \cdot t) \tag{20.7}$$

$$a(t) = \frac{d^2}{dt^2} x(t) = -(2\pi \cdot \nu)^2 x_0 \cdot \sin(2\pi \cdot \nu \cdot t) \tag{20.8}$$

Einsetzen der Gleichungen Gl. 20.6 und Gl. 20.8 in Gl. 20.5 ergibt:

$$-k \cdot x_0 \cdot \sin(2\pi \cdot \nu \cdot t) = -\mu \cdot x_0 \cdot (2\pi\nu)^2 \cdot \sin(2\pi \cdot \nu \cdot t) \rightarrow k = \mu \cdot (2\pi \cdot \nu)^2 \tag{20.9}$$

Auflösen von Gl. 20.9 nach ν ergibt für die Schwingungsfrequenz eines zweiatomigen Moleküls:

$$\nu = \frac{1}{2\pi} \sqrt{\frac{k}{\mu}} \quad \text{mit } \mu = \frac{m_1 \cdot m_2}{m_1 + m_2} \tag{20.10}$$

ν – Schwingungsfrequenz, Anzahl Schwingungen pro Zeiteinheit des Moleküls, s^{-1}

k – Federkonstante, Bindungsstärke zwischen den Atomen, Nm^{-1}

μ – reduzierte Masse des schwingenden, zweiatomigen Moleküls, kg

m_1, m_2 – absolute Masse des Atoms 1 resp. des Atoms 2

Die Schwingungsfrequenz ist somit umso höher,
- je größer die chemische Bindungsstärke (k) zwischen den Atomen und
- je kleiner die Atommassen (µ) sind, die gegeneinander schwingen.

Da in der IR-Spektroskopie die Energieachse (x-Achse) in Wellenzahlen ($\tilde{v}$) angegeben wird, drücken wir Gl. 20.10 in Wellenzahlen aus. Die Wellenzahl ($\tilde{v}$) gibt die Anzahl der Wellen pro Längeneinheit wieder und entspricht dem Kehrwert der Wellenlänge. In der IR-Spektroskopie ist die Wellenzahl pro Zentimeter üblich, sodass wir von Meter auf Zentimeter umrechnen (1 m = 100 cm).

$$\tilde{v} = \frac{1 \cdot m}{100 \cdot \lambda \cdot cm} \xrightarrow{mit\, c = \lambda \cdot v \to \lambda = \frac{c}{v}} v = 100 \cdot \tilde{v} \cdot c \cdot \frac{cm}{m} \quad (20.11)$$

Einsetzen von Gl. 20.11 in Gl. 20.10 ergibt die Schwingungsfrequenz eines zweiatomigen Moleküls als Wellenzahl.

$$100 \cdot \tilde{v} \cdot c \cdot \frac{cm}{m} = \frac{1}{2\pi} \sqrt{\frac{k}{\mu}} \to \tilde{v} = \frac{1}{200\pi \cdot c} \cdot \frac{m}{cm} \sqrt{\frac{k}{\mu}} \quad (20.12)$$

Zur weiteren Vereinfachung der Gl. 20.12 drücken wir die reduzierte Masse (μ_{12}) der gegeneinander schwingenden Atome nicht in Absolutmassen (m_1, m_2), sondern in relativen Atommassen (A_1, A_2) aus.

$$\mu_{12} = \frac{m_1 \cdot m_2}{m_1 + m_2} \xrightarrow{mit\, m = A \cdot u\, und\, u = atomare\, Masseneinheit} \mu_{12} = \frac{A_1 \cdot u \cdot A_2 \cdot u}{A_1 \cdot u + A_2 \cdot u} = \frac{A_1 \cdot A_2}{A_1 + A_2} \cdot u \quad (20.13)$$

Einsetzen der reduzierten Masse (Gl. 20.13) in Gl. 20.12 führt zu:

$$\tilde{v} = \frac{1}{200\pi \cdot c} \cdot \frac{m}{cm} \sqrt{\frac{k \cdot (A_1 + A_2)}{A_1 \cdot A_2 \cdot u}} \quad (20.14)$$

$\tilde{v}$ – Wellenzahl der Streckschwingung, cm^{-1}
c – Lichtgeschwindigkeit, ms^{-1}
k – Bindungsstärke, Nm^{-1}
A_1, A_2 – relative Atommassen, der an der Streckschwingung beteiligten Atome, dimensionslos
u – atomare Masseneinheit, kg

Setzt man die atomare Masseneinheit u = 1,661 · 10^{-27} kg ein, so erhält man für die Wellenzahl ($\tilde{v}$) von Streckschwingungen als Zahlenwertgleichung:

$$\tilde{v} = 130{,}2 \cdot \frac{s}{cm} \sqrt{\frac{k \cdot (A_1 + A_2)}{A_1 \cdot A_2 \cdot kg}} \quad (20.15)$$

▶ **Beispiel – Frequenz der C–H-Streckschwingung in Wellenzahlen ($\tilde{v}$)**

Gegeben: $A_H = 1$, $A_C = 12$, k = 480 N · m^{-1} = 480 kg · s^{-2}
Gesucht: Streckschwingung $\tilde{v}$(C–H)
  Lösung:

$$\tilde{v}(CH) = 130{,}2 \frac{s}{cm} \sqrt{\frac{480 \cdot (1+12) kg}{1 \cdot 12 \cdot kgs^2}} \approx 2970\, cm^{-1}$$

Das Ergebnis stimmt hervorragend mit den empirischen Messwerten überein (▶ Abschn. 20.2.3, ◨ Tab. 20.3). ◀

Die Gesamtenergie (E_g) eines harmonischen Oszillators (◨ Abb. 20.20, blaue Linie) nimmt mit zunehmender, maximaler Amplitude (x_0) im Quadrat zu. Für eine definierte maximale Amplitude (x_0) bleibt jedoch die Gesamtenergie über den ganzen Schwingungsbereich ($-x_0$ bis $+x_0$) konstant.

$$E_g(x) = E_p(x) + E_k(x) \quad (20.16)$$

Die kinetische Energie in der klassischen Mechanik errechnet sich zu:

$$E_k = \frac{1}{2} \cdot \mu \cdot v^2 \xrightarrow{mit\, Gl.\, 20.7} E_k = \frac{1}{2} \cdot \mu \cdot [2\pi \cdot v x_0 \cdot cos(2\pi \cdot v \cdot t)]^2 \quad (20.17)$$

Für die potenzielle Energie einer Feder gilt:

$$E_p(x) = \frac{1}{2} \cdot k \cdot x^2 \xrightarrow{mit\, Gl.\, 20.6} E_p(x) = \frac{1}{2} \cdot k \cdot [x_0 \cdot sin(2\pi \cdot v \cdot t)]^2 \quad (20.18)$$

$$E_g(x) = \frac{1}{2} k \cdot [x_0 \cdot sin(2\pi v t)]^2 + \frac{1}{2} \mu \cdot [2\pi v x_0 \cdot cos(2\pi v t)]^2 = \frac{1}{2} x_0^2 \cdot [k \cdot sin^2(2\pi v t) + \mu \cdot (2\pi v)^2 \cdot cos^2(2\pi v t)] \quad (20.19)$$

Tab. 20.3 Charakteristische Schwingungsbereiche funktioneller Gruppen organischer Verbindungen

Funktion	Chemische Verbindung	Schwingung	Wellenzahlen (cm^{-1})	Signalstärke)*
–OH	H$_2$O, Alkohole, Phenole, Alkansäuren	υ(O–H)	3600–3200	stark, breit
–NH$_2$	Amine, Imine, Amide	υ(N–H)	3500–3300	mittel, breit
≡C–H	Alkine	υ(C–H)	3300	stark, scharf
C$_6$H$_6$	Benzen, aromatische Kohlenwasserstoffe	υ(C–H)	3100–3000	mittel
=CH$_2$	Alkene	υ(C–H)	3100–3010	mittel
–CH$_3$	aliphatische Kohlenwasserstoffe	υ(C–H)	3000–2850	mittel
–CH$_3$	aliphatische Kohlenwasserstoffe	δ(C–H)	1480–1350	variabel
–C≡N	Nitrile	υ(C≡N)	2260–2210	mittel
C≡C	Alkine	υ(C≡C)	2250–2100	variabel
C=C	Alkene	υ(C=C)	1680–1620	variabel
C=C	„Doppelbindungen" aromatischer Kerne	υ(C=C)	1600–1400	mittel
C=O	Aldehyde, Ketone, Alkansäuren, Ester	υ(C=O)	1820–1670	sehr stark
C–O–C	Ether	υ(C–O)	1300–1000	sehr stark
R$_3$C–F	Fluorkohlenwasserstoffe	υ(C–F)	1400–1000	stark
R$_3$C–Cl	Chlorkohlenwasserstoffe	υ(C–Cl)	800–650	stark
R$_3$C–Br	Bromkohlenwasserstoffe	υ(C–Br)	600–500	stark

)* sehr stark, T < 25 %; stark, T = 25–50 %; mittel, T = 50–75 %; schwach, T > 75 %, T = Transmission

Durch Umformen von Gl. 20.10 folgt:
$\frac{k}{\mu} = (2\pi\nu)^2 \rightarrow \mu = \frac{k}{(2\pi\nu)^2}$, Einsetzen in Gl. 20.19 ergibt:

$$E_g(x) = \frac{1}{2} \cdot k \cdot x_0^2 \cdot \left[sin^2(2\pi \cdot \nu \cdot t) + cos^2(2\pi \cdot \nu \cdot t) \right] \xrightarrow{mit \left[sin^2(2\pi \cdot \nu \cdot t) + cos^2(2\pi \cdot \nu \cdot t) \right]=1} = \frac{1}{2} \cdot k \cdot x_0^2 \quad (20.20)$$

$$E_g(x) = \frac{1}{2} \cdot k \cdot x_0^2 \quad q.e.d. \quad (20.21) \qquad E_p = -\int F dx = -\int -k \cdot x dx = \frac{1}{2} k \cdot x^2 \quad (20.22)$$

Quantenmechanischer Oszillator

Der klassische Oszillator beschreibt sehr gut periodische Schwingungen von makroskopischen Objekten wie Federpendel, Unruh, Gitarrensaite etc. Im atomaren Bereich machen sich jedoch sowohl die Energiequantelung als auch die Heisenberg'sche Unschärfebeziehung bemerkbar, sodass Schwingungen von Atomen quantenmechanisch betrachtet werden müssen.

Die potenzielle Energie (E_p) entspricht dem Integral der Rückstellkraft entlang der Auslenkung x und stimmt völlig mit dem klassischen Modell (Gl. 20.18) überein. Die potenzielle Energie ändert sich mit dem Quadrat der Auslenkung [x(t)] aus der Ruheposition, sodass die potenzielle Energie einer Parabelfunktion entspricht (Abb. 20.20, rote Parabel).

Die Schwingungsenergie ist im Unterschied zum klassischen Oszillator gequantelt (Abb. 20.21, blaue Linien) und nimmt nur diskrete Werte an (Gl. 20.23). Die diskreten Energieeigenwerte der einzelnen Schwingungen (Sprossen der Energieleiter, blaue Linien, Abb. 20.21) ergeben sich aus der Schrödingergleichung ohne Herleitung zu:

20.2 · IR-Spektroskopie – Anregung von Molekülschwingungen durch Wärmestrahlung

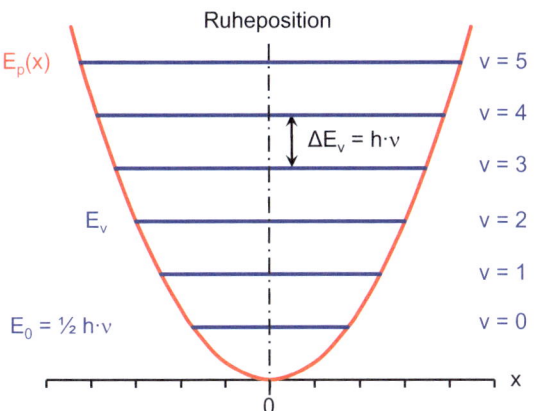

◘ Abb. 20.21 Quantenmechanischer Oszillator (rot) mit äquidistanten, gequantelten Schwingungsenergiewerten (blau)

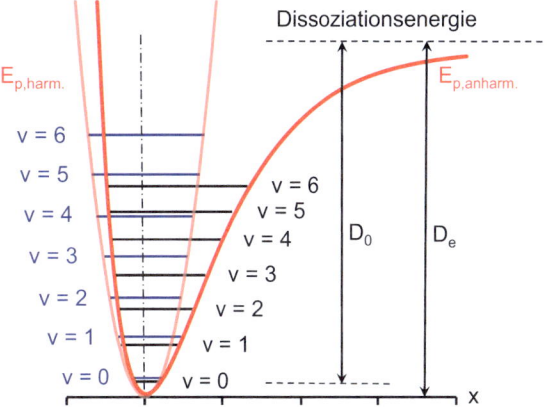

◘ Abb. 20.22 Direkter Vergleich des anharmonischen Oszillators (rot) mit dem harmonischen Oszillator (pink)

$$E_v = h \cdot \nu \cdot \left(v + \frac{1}{2}\right) \tag{20.23}$$

E_v – Schwingungs-, Vibrationsenergie, J

h – Planck'sches Wirkungsquantum, Js

ν – Schwingungsfrequenz, s^{-1}

v – Schwingungsquantenzahl, dimensionslos

Die Abstände zwischen den einzelnen diskreten Energieniveaus sind äquidistant und betragen $\Delta E = h \cdot \nu$, sodass man auch von einer Energieleiter spricht. Die Energiedifferenz (ΔE) kann IR-spektroskopisch bestimmt werden.

Im Unterschied zum klassischen Oszillator (Fadenpendel in Nullstellung) weist der quantenmechanische Oszillator am absoluten Temperaturnullpunkt noch eine Restenergie ($v = 0$, $E_0 = 0{,}5 \cdot h \cdot \nu$) auf. Dies entspricht der Heisenberg'schen Unschärferelation, da Ort und Impuls atomarer Teilchen nicht gleichzeitig exakt bestimmt werden können. Die Nullpunktenergie sorgt beispielsweise dafür, dass Helium bei Normaldruck auch durch noch so intensives Abkühlen nicht fest wird, sondern flüssig bleibt.

■ **Anharmonischer Oszillator**

Das Modell des harmonischen Oszillators impliziert, dass chemische Bindungen beliebig gestreckt werden können. Wir wissen aber, dass Moleküle dissoziieren, wenn deren Bindungen zu stark gestreckt werden, was letztendlich chemische Reaktionen erst ermöglicht.

Durch Substitution der quadratischen Potenzialfunktion durch das nach P. M. Morse benannte anharmonische Morse-Potenzial (◘ Abb. 20.22) lässt sich die potenzielle Energie zweier Atome als Funktion des Abstands und somit das Schwingungsverhalten realistischer beschreiben. Bei Abständen kleiner als die Ruheposition steigt das Morse-Potenzial steiler an und beschreibt dadurch die Abstoßungskräfte der Atomkerne besser als das harmonische Potenzial. Bei Abständen größer als die Ruheposition beschreibt es die abnehmenden Rückstellkräfte realistischer als das harmonische Potenzial. Um die Ruheposition gibt es eine gute Übereinstimmung mit dem parabolischen Verlauf des harmonischen Potenzials. Es ist leicht erkennbar, dass das Morse-Potenzial einen Bindungsbruch (D_e) bei hohen Schwingungsquantenzahlen zulässt. Anharmonizität bedeutet, dass die Rückstellkraft nicht linear zur Auslenkung der Atome aus der Ruheposition ist. Der Verlauf des Morse-Potenzials wird durch Gl. 20.24 beschrieben.

$$E_{p,anh.}(x) = D_e \cdot \left[1 - e^{-k \cdot x}\right]^2 \tag{20.24}$$

$E_{p,anh.}$ – anharmonische potenzielle Energie, J

D_e – Dissoziationsenergie, J

D_0 – experimentelle Dissoziationsenergie, J

k – Kraftkonstante der Bindung, m^{-1}

x – Auslenkung der Atome aus der Ruhelage, m

Im Unterschied zum harmonischen Oszillator sind die Abstände der Energieeigenwerte des anharmonischen Oszillators (◘ Abb. 20.22, schwarze Sprossen) nicht äquidistant, sondern werden mit zunehmender Schwingungsquantenzahl ($\tilde{\nu}$) kleiner.

Die Energieeigenwerte und die Abstände der Energieeigenwerte eines anharmonischen Oszillators errechnen sich ohne Herleitung wie folgt:

$$E_{v,anh.} = h\nu\left(v + \frac{1}{2}\right) - \frac{h^2\nu^2}{4D_e}\left(v + \frac{1}{2}\right)^2 \quad \Delta v = \pm 1, \pm 2, \pm 3, \ldots \tag{20.25}$$

$$\Delta E_{v,anh.} = h\nu - \frac{h^2 \nu^2}{4 D_e}(v+1) \tag{20.26}$$

$E_{v,anh.}$ – Energieeigenwert anharmonischer Oszillator, J
h – Planck'sches Wirkungsquantum, Js
ν – Schwingungsfrequenz, s⁻¹
v – Schwingungsquantenzahl
D_e – Dissoziationsenergie, J

> ▶ **Übung - Harmonischer vs. Anharmonischer Oszillator**
> Berechnen Sie die Energieeigenwerte der Grundschwingung (v = 0) von Kohlenstoffmonoxid (CO) bei harmonischer und anharmonischer Betrachtung. Die Wellenzahl für die Streckschwingung beträgt ν = 2140 cm⁻¹ und die Dissoziationsenergie D_e = 1070 kJ/mol.

Lösung

Im ersten Schritt wird die Energieeinheit der Valenzschwingung von Wellenzahlen nach J/mol umgerechnet. Die Wellenlänge der Valenzschwingung in Meter ergibt sich aus dem Kehrwert der Wellenzahl pro Zentimeter ($\tilde{\nu}$) dividiert durch 100. Um die Einheit J/mol zu erhalten, muss außerdem noch mit der Avogadro-Zahl (N_A) multipliziert werden. Somit erhalten wir für die Schwingungsenergie als Funktion der Wellenzahl:

$$E = N_A \cdot h \cdot \nu = \frac{N_A \cdot h \cdot c}{\lambda} \xrightarrow{\lambda = \frac{1}{100 \cdot \tilde{\nu}}} E = 100 \cdot \frac{cm}{m} \cdot N_A \cdot h \cdot c \cdot \tilde{\nu} \tag{20.27}$$

Einsetzen der Werte ergibt für die Streckschwingung des CO-Moleküls:

$$E = 100\frac{cm}{m} \cdot 6{,}022 \cdot 10^{23} \frac{1}{mol} \cdot 6{,}626 \cdot 10^{-34} J \cdot s \cdot 2{,}998 \cdot 10^{8} \frac{m}{s} \cdot 2140 \frac{1}{cm} = 25.600 \, J/mol$$

Die C=O-Streckschwingung von 2140 Wellenzahlen entspricht somit einer Energie von 25.600 J/mol.

Im zweiten Schritt berechnen wir die Energieeigenwerte anhand von Gl. 20.23 und 20.25 für ein Mol CO.

$$E_{0,harm.} = N_A h \nu \left(0 + \frac{1}{2}\right) = 0{,}5 \cdot N_A h\nu = 0{,}5 \cdot 25.600 \frac{J}{mol} = 12.800 \frac{J}{mol}$$

$$E_{0,anh.} = 12.800 \frac{J}{mol} - \frac{\left(25.600 \frac{J}{mol}\right)^2}{4 \cdot 1.070.000 \frac{J}{mol}} \left(0 + \frac{1}{2}\right)^2$$

$$= 12.800 \frac{J}{mol} - 38 \frac{J}{mol} = 12.762 \frac{J}{mol}$$

Ergebnis

Der Energieeigenwert der Grundschwingung des Morse-Potenzials ist um ca. 38 J/mol (0,3 %) kleiner als der Energieeigenwert der Grundschwingung des harmonischen Oszillators.

Da die meisten Übergänge zwischen den Schwingungsquantenzahlen 0 und 1 stattfinden und das Morse-Potenzial in diesem Schwingungsbereich nahezu identisch mit dem harmonischen Potenzial ist, reicht die Modellierung der meisten Schwingungen mit dem Modell des harmonischen Oszillators aus. ◀

■ **Dipolmoment**

Elektrische Dipolmomente entsprechen Ladungsungleichgewichten in Molekülen, hervorgerufen beispielsweise durch unterschiedliche Elektronegativitäten von über eine Atombindung verknüpften Atomen. So zieht in Bromwasserstoff (H–Br, ◻ Abb. 20.19) das elektronegativere Brom (EN = 3,0) das Bindungselektronenpaar stärker auf seine Seite als der weniger elektronegative Wasserstoff (EN = 2,2). Dadurch weist das Bromatom eine negative Partialladung (δ^-) und das Wasserstoffatom eine positive Partialladung (δ^+) auf. Bromwasserstoff kann über sein elektrisches Dipolmoment mit dem periodisch fluktuierenden elektrischen Feld einer elektromagnetischen Strahlung wie z. B. der IR-Strahlung in Resonanz treten.

■ **IR-Aktivität und Auswahlregeln**

Damit Moleküle IR-aktiv sind, d. h. durch IR-Photonen zum Schwingen angeregt werden können, muss nicht nur die Anregungsenergie der Bohr'schen Frequenzbedingung ($\Delta E = h \cdot \nu$) entsprechen, sondern zusätzlich das elektrische Feld der IR-Strahlung mit dem Schwingungsübergang des Moleküls in Resonanz treten. Voraussetzung hierfür ist, dass während der Schwingung, d. h. der zeitlichen Änderung des Kern-Kern-Abstands, das Molekül ein sich periodisch veränderndes, elektrisches Dipolmoment (μ) aufweist. Es ist nicht erforderlich, dass das Molekül permanent polar ist. Es reicht aus, wenn ein temporärer Dipol während des Übergangs durch die Änderung der Elektronenverteilung induziert wird. Die periodische Oszillation des Dipols muss der Frequenz des anregenden IR-Photons entsprechen, da nur dann das durch die Molekülschwingung erzeugte elektromagnetische Feld in Resonanz mit dem elektromagnetischen Feld der einfallenden IR-Strahlung treten kann und Energietransfer möglich ist. Je stärker das induzierte Dipolmoment ist, desto wahrscheinlicher wird ein Photon absorbiert, desto intensiver ist die Bande im IR-Spektrum.

Zweiatomige Moleküle wie H_2, O_2, N_2, Cl_2, Br_2 weisen selbst bei Schwingungsanregung keine Elektronegativitätsunterschiede und somit kein Dipolmoment auf. Sie sind somit nicht IR-aktiv, ergeben kein IR-Spektrum, da positive und negative Ladungsschwerpunkte stets zusammenfallen. Generell gilt, dass Schwingungen, die symmetrisch zu einem Symmetriezentrum erfolgen, das Dipolmoment eines Moleküls nicht ändern und somit nicht IR-aktiv sind.

Die empirische Analyse von IR-Spektren ergab, dass nicht alle vorstellbaren Übergänge zwischen Energieeigenwerten beobachtet werden. Der Übergang zwischen Energieeigenwerten wird durch Auswahlregeln beschrieben. Je nachdem, ob die Absorption oder Emission eines Photons möglich ist oder nicht, wird ein Übergang als erlaubt oder verboten bezeichnet (▶ Abschn. 20.1.3). Dies deckt sich mit den Berechnungen von Schrödinger, dass im Fall eines harmonischen Oszillators nur Übergänge zwischen benachbarten Energieeigenwerten ($\Delta v = \pm 1$) erlaubt sind.

Im Fall des anharmonischen Oszillators erweitern sich die Auswahlregeln und es sind neben der Grundschwingung ($v_{0 \rightarrow 1}$) auch Übergänge mit Schwingungsquantenzahlendifferenzen $\Delta v = \pm 2, \pm 3$ erlaubt, wenngleich mit deutlich geringerer Intensität. Für $\Delta v = +2$ erfolgt ein Übergang von v_0 direkt nach v_2, was der ersten Oberschwingung entspricht, die bei ca. doppelt so hohen Wellenzahlen zu liegen kommt wie die Grundschwingung ($\Delta v = +1$, Übergang $v_{0 \rightarrow 1}$).

> **▶ Auswahlregeln IR-Spektroskopie**
> Auswahlregeln für Schwingungsübergänge im IR-Bereich:
> – Dipolmoment: $d\mu/dt \neq 0$
> – harmonischer Oszillator: $\Delta v = \pm 1$, streng gültig
> – anharmonischer Oszillator: $\Delta v = \pm 1, \pm 2, \pm 3, \ldots$ ◀

Normalschwingungen und Freiheitsgrade

In einem mehratomigen Molekül können zahlreiche Schwingungen auftreten, weshalb deren IR-Spektren meist komplexe Bandenmuster aufweisen (◘ Abb. 20.26b).

Jedes Atom kann in drei Raumdimensionen schwingen, sodass jedes Atom über drei Bewegungsfreiheitsgrade verfügt. Ein Molekül aus N Atomen hat somit insgesamt $3 \cdot N$ Bewegungsfreiheitsgrade.

Moleküle können sich als Ganzes in den drei Raumrichtungen bewegen, ohne dass sich die Positionen der Atome zueinander ändern, also keine Schwingungen ausüben, dadurch gehen drei Freiheitsgrade für diese Translationsbewegungen verloren (◘ Abb. 20.23).

Außerdem können Moleküle um die drei Raumachsen rotieren, wobei sich ebenfalls die Positionen der

Valenzschwingungen (ν)

Deformationsschwingungen (δ)

◘ **Abb. 20.23** Die vier Normalschwingungen des Kohlenstoffdioxids, wovon nur drei IR-aktiv und zwei entartet sind

Atome zueinander nicht ändern, wodurch nochmals drei Freiheitsgrade für Molekülrotationen verloren gehen. Lineare Moleküle wie Kohlenstoffdioxid (CO_2) verlieren nur zwei Freiheitsgrade für Molekülrotationen, da die Rotation um die Bindungsachse energetisch zu hoch liegt und dadurch nicht angeregt wird. Schwingungsfreiheitsgrade werden als **Normalschwingungen** bezeichnet.

> **Normalschwingungen - Eigenschaften**
> – Der Schwerpunkt des Moleküls bewegt sich nicht.
> – Das Molekül zeigt keine Rotation um den Schwerpunkt.
> – Alle Atome bewegen sich gleichzeitig durch ihre Ruhelage.
> – Die einzelnen Normalschwingungen beeinflussen sich wechselseitig nicht, tauschen keine Energie aus.
> – Jede einzelne Normalschwingung verhält sich wie ein separater, harmonischer Oszillator.
> – Anzahl der unabhängigen Molekülschwingungen (A_{vib}) eines N-atomigen Moleküls:
>   – Nichtlineares Molekül: $A_{vib} = 3 \cdot N - 6$, N = Anzahl Atome im Molekül
>   – Lineares Molekül: $A_{vib} = 3 \cdot N - 5$

Einfluss von Masse und Bindungsordnung

Die Wellenzahlen für Streckschwingungen können mit guter Näherung mit der Zahlenwertgleichung Gl. 20.15 respektive Gl. 20.28 berechnet werden. Die Zahlenwertgleichung zeigt, dass Streckschwingungen umso hochfrequenter sind, je größer die Kraftkonstante (k) der chemischen Bindung zwischen zwei schwingenden Atomen ist, und umso niedrigfrequenter, je größer die Masse der schwingenden Atome ist.

$$\tilde{v} = 130{,}2 \frac{s}{cm} \cdot \sqrt{\frac{k \cdot (A_1 + A_2)}{A_1 \cdot A_2 \cdot kg}} \quad (20.28)$$

$\tilde{v}$ – Wellenzahl Streckschwingung, cm^{-1}

k – Bindungsstärke, Nm^{-1}

A_1, A_2 – relative Atommassen, der an der Streckschwingung beteiligten Atome, dimensionslos

Der Effekt der Atommasse auf die Streckschwingung tritt besonders deutlich bei deuterierten Kohlenwasserstoffverbindungen in Erscheinung, da Deuterium (^{2}H) doppelt so schwer ist wie das normale Wasserstoffisotop (^{1}H, Protium). Die Ladungsverhältnisse – ein Proton im Kern, ein Elektron auf der ersten Schale – sind identisch, sodass Deuterium und Protium mit Kohlenstoff gleichstarke Bindungen eingehen, d. h., C–H und C–D haben die gleiche Kraftkonstante (k = 480 N·m^{-1}), während sich die Massen um 100 % unterscheiden. Die Berechnungen der Streckschwingungen ergeben:

$$\tilde{v}(CH) = 130{,}2 \frac{s}{cm} \cdot \sqrt{\frac{480 \cdot (1+12) kg}{1 \cdot 12 \cdot kgs^2}} \approx 2970\, cm^{-1}$$

$$\tilde{v}(CD) = 130{,}2 \frac{s}{cm} \cdot \sqrt{\frac{480 \cdot (2+12) kg}{2 \cdot 12 \cdot kgs^2}} \approx 2180\, cm^{-1}$$

Das Verhältnis von $\tilde{v}$(CH) zu $\tilde{v}$(CD) beträgt somit 2970 cm^{-1}/2180 cm^{-1} = 1,36. Im empirischen Vergleich von Chloroform (CHCl$_3$) und deuteriertem Chloroform (CDCl$_3$) wird ein Abfall der Streckschwingungsfrequenz von 3019 cm^{-1} [$\tilde{v}$(CH)] auf 2250 cm^{-1} [$\tilde{v}$(CD)] Wellenzahlen beobachtet. Das Verhältnis der Streckschwingungen $\tilde{v}$(CH) zu $\tilde{v}$(CD) ist somit 3019/2250 = 1,34, was in guter Übereinstimmung mit dem theoretischen Wert ist.

Die Kraftkonstante (k) hängt entscheidend von der Bindungsordnung zwischen den Atomen ab. So beträgt die Streckschwingungsfrequenz für dreifach gebundenen Kohlenstoff in Alkinen [$\tilde{v}$(C≡C)] 2125 cm^{-1}, für doppelt gebundenen Kohlenstoff in Alkenen [$\tilde{v}$(C=C)] 1640 cm^{-1} und für Kohlenstoff-Kohlenstoff-Einfachbindungen [$\tilde{v}$(C–C)] ca. 1150 cm^{-1} (◘ Tab. 20.3). Mit diesen Werten für die Streckschwingung und Gl. 20.28 errechnen sich die Kraftkonstanten zwischen den Kohlenstoffatomen zu k(C≡C) = 1600 N·m^{-1}, k(C=C) = 953 N·m^{-1} und k(C–C) = 468 N·m^{-1}. Somit verhalten sich die Kraftkonstanten in Analogie zur Bindungsordnung in etwa wie 3:2:1.

20.2.3 Spektren – Streckschwingungen, Deformationsschwingungen und Fingerprintbereich

Arten von Normalschwingungen

Es gibt unterschiedliche Schwingungsarten, was am Beispiel der Methylengruppe (–CH$_2$–) erläutert wird (◘ Abb. 20.24). Prinzipiell wird zwischen Streckschwingungen (ν), Deformationsschwingungen (δ) und Gerüstschwingungen unterschieden.

Streckschwingungen (ν) zeichnen sich durch Bewegungen entlang der Bindungsachse (C–H) aus. Dadurch ändern sich die C–H-Bindungsabstände periodisch, die Bindungswinkel (∡HCH) bleiben aber konstant. Da das Kohlenstoffatom der Methylengruppe (CH$_2$) zwei Wasserstoffatome trägt, sind zwei Streckschwingungen möglich. Bei der symmetrischen Streckschwingung ($ν_s$) ändern sich die Bindungsabstände des Kohlenstoffatoms zu den zwei Wasserstoffatomen gleichermaßen (◘ Abb. 20.24a). Die Molekülsymmetrie bleibt erhalten. Bei der asymmetrischen Streckschwingung ($ν_a$) dehnt sich eine C–H-Bindung, während die andere C–H-Bindung gleichzeitig gestaucht wird (◘ Abb. 20.24b), die Symmetrie des Moleküls geht dabei verloren.

Bei **Deformationsschwingungen (δ, γ)** ändern sich Bindungswinkel periodisch, die Bindungslängen dagegen bleiben konstant. Je nachdem, wie das Molekül deformiert wird (◘ Abb. 20.24c), spricht man von Scher- oder Spreizschwingung, Schaukel- oder Pendelschwingung, Kipp- oder Nickschwingung und Dreh- oder Torsionsschwingung. Bei der Scher- und Schaukel-

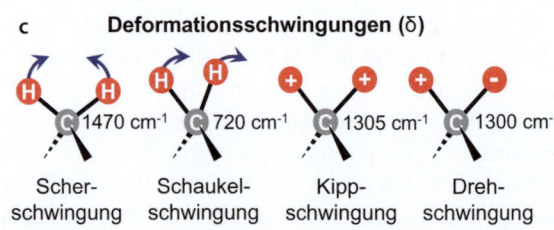

◘ Abb. 20.24 Normalschwingungen eines CH$_2$-Fragments (H, rot; C, grau)

schwingung (δ) erfolgen die Bewegungen in einer Ebene (*in-plane*) während bei der Kipp- und Drehschwingung (γ) die beiden Wasserstoffatome aus der Molekülebene herausschwingen (*out-of-plane*). In ◘ Abb. 20.24c indiziert das Pluszeichen eine Bewegung vor die Papierebene respektive Molekülebene und das Minuszeichen hinter die Molekülebene. Das zentrale Kohlenstoffatom liegt in der vom Fragment CH_2 aufgespannten Molekülebene.

■ Gerüstschwingungen – Fingerprintbereich

Neben den spezifischen Streckschwingungen funktioneller Gruppen wie z. B. C≡N, C=O etc. gibt es sogenannte Gerüstschwingungen, die das Molekül als Ganzes betreffen. Gerüstschwingungen treten unterhalb 1600 cm^{-1} auf, sind zahlreich und überlagern mit den C–H-Deformationsschwingungen, sodass sich meist komplexe Schwingungsmuster ergeben und eine Bandenzuordnung im Regelfall nicht möglich ist. Das Schwingungsmuster ist jedoch charakteristisch für ein Molekül als Ganzes, sodass der Bereich eines IR-Spektrums unter 1600 Wellenzahlen als Fingerprintbereich (*fingerprint*, engl. für Fingerabdruck) bezeichnet wird. Durch Abgleich des Fingerprintbereichs eines aufgenommenen Spektrums mit Referenzspektren einer Datenbank ist die Identifikation von Substanzen innerhalb von Sekunden möglich.

Eine tiefgehende Interpretation von IR-Spektren bedarf reichlich Erfahrung. Anhand von IR-Spektren kann man aber sehr schnell funktionelle Gruppen organischer Verbindungen identifizieren oder ausschließen. Aussagen, die schnell mithilfe eines IR-Spektrums getroffen werden können, sind:
— ob ein Kohlenwasserstoff aliphatischer oder aromatischer Natur ist,
— ob ein organisches Molekül Doppel- und/oder Dreifachbindungen enthält,
— welches Substitutionsmuster am Benzenkern und an den Doppelbindungen vorliegt und
— ob das Molekül funktionelle Gruppen wie –OH, –NH_2, –NO_2, C=O, CHO, COOH, C–Cl etc. trägt.

Es ist nicht möglich, anhand eines IR-Spektrums die komplette Strukturformel einer unbekannten Verbindung zu erschließen, dafür sind die Spektren gerade im Fingerprintbereich (< 1600 cm^{-1}, ◘ Abb. 20.25) mit den vielen sich überlagernden Banden zu komplex. Erst seit den 1980er-Jahren können dank fortgeschrittener Computerleistung durch automatisierten Abgleich gemessener Spektren mit Referenzspektren Strukturformeln in Sekundenschnelle identifiziert werden.

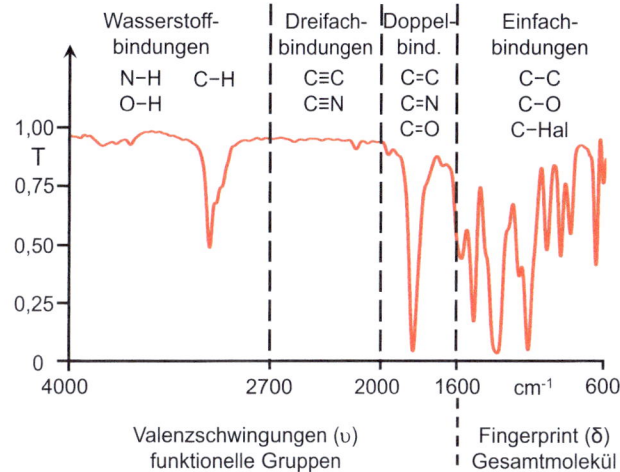

◘ **Abb. 20.25** Einteilung des IR-Spektrums in vier Bereiche

■ Grundstruktur von IR-Spektren

Prinzipiell lässt sich ein IR-Spektrum in die vier Regionen Wasserstoffbindungen, Dreifachbindungen, Doppelbindungen und Einfachbindungen einteilen (◘ Abb. 20.25).

Im Wellenzahlenbereich > 1600–4000 cm^{-1} treten signifikante Streckschwingungen (υ) funktioneller Gruppen organischer Moleküle auf (◘ Tab. 20.3). Beispiele hierfür sind Streckschwingungen von Wasserstoffatomen (Wasser, Alkohole, Amine, Kohlenwasserstoffe), Kohlenstoffdreifachbindungen (Alkine, Nitrile) und Kohlenstoffdoppelbindungen (Alkene, Imine, Carbonyl, Aldehyde, Ester etc.).

Im Wellenzahlenbereich < 1600 Wellenzahlen ist die Identifikation einzelner Banden nur im Einzelfall möglich. Deformationsschwingungen, Einfachschwingungen, Gerüst- und Kombinationsschwingungen überlagern zu einem komplexen Muster (Fingerprintbereich), das charakteristisch für das gesamte Molekül ist und somit zur digitalen Substanzidentifikation per Computerabgleich herangezogen werden kann.

◘ Tab. 20.3 listet exemplarisch wichtige Schwingungsbanden auf, die zur Charakterisierung organischer Verbindungen herangezogen werden können.

■ Beispiel – Methylbenzen

In ◘ Abb. 20.26b sind die Streckschwingungen für aromatische C–H-Bindungen (1) und aliphatische C–H-Bindungen (2) ausgeprägt erkennbar. Ein sicherer Hinweis auf eine aromatische Verbindung sind die C=C-Ringschwingungen bei 1600, 1500 und 1450 Wellenzahlen (4). Die für Aromaten typischen, schwa-

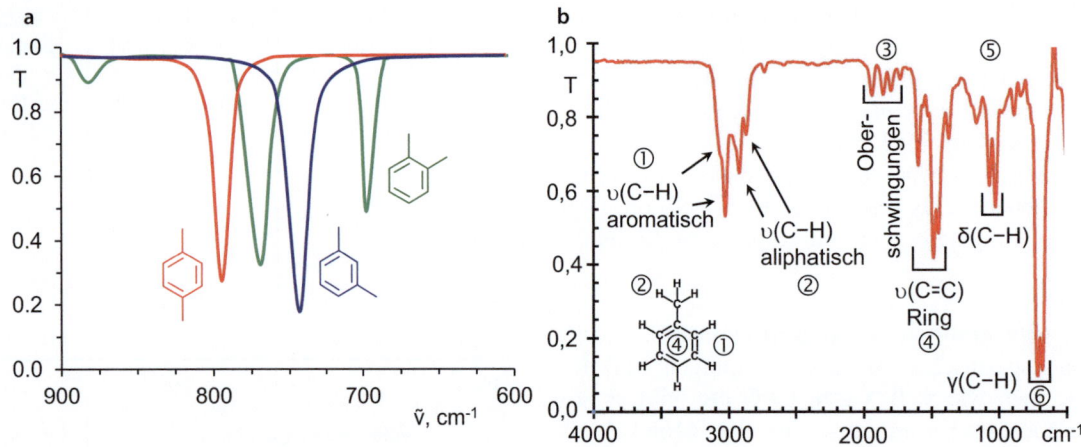

◻ **Abb. 20.26** Bandenmuster der Xylole (**a**), IR-Spektrum von Methylbenzen (C$_6$H$_5$CH$_3$, **b**, © Artphotonics)

chen Oberschwingungen (3), die sogenannten Benzenfinger, treten im Bereich von 2000–1650 Wellenzahlen auf. Da es sich um vier gut separierte Banden handelt, liegt ein monosubstituierter Aromat vor. Generell kann über die Anzahl und den Abstand der Benzenfinger untereinander das Substitutionsmuster am Benzenkern bestimmt werden. Die beiden Banden 730 und 700 cm^{-1} für aromatische, *out-of-plane* C–H-Deformationsschwingungen (6) belegen zusätzlich, dass es sich um einen einfach substituierten Aromaten handelt. Die Bandenlagen der verschiedenen aromatischen Substitutionsmuster können Referenztabellen entnommen werden. ◻ Abb. 20.26a zeigt, dass ortho-, meta- und para-Isomerie am Benzen via IR-Spektroskopie eindeutig unterscheidbar sind.

Zusammengefasst handelt es sich um ein einfach substituiertes Benzen mit einem aliphatischen Substituenten. Das Molekül enthält definitiv keine Hydroxid-, Amin-, Alkin-, Alken- und Carbonylfunktion. Diese Befunde sind in völliger Übereinstimmung mit dem Probenmaterial Methylbenzen.

■ **Beispiel – Essigsäureethylester**

In ◻ Abb. 20.27 erkennt man auf einen Blick, dass nur aliphatische (< 3000 cm^{-1}) und keine aromatischen C–H-Streckschwingungen (> 3000 cm^{-1}) vorhanden sind. Außerdem fehlen die für Aromaten typischen Kohlenstoffgerüstschwingungen bei 1500 cm^{-1}. Besonders charakteristisch für dieses Spektrum ist die sehr starke Carbonylschwingung (2) bei 1740 Wellenzahlen.

Die Schwingung bei 1230 cm^{-1} (3) hat in etwa die gleiche Breite und Intensität wie die Carbonylschwingung bei 1740 cm^{-1}, was die Vermutung aufkommen lässt, dass beide Banden zusammengehören. Tatsächlich handelt es sich um eine Streckschwingung einer Kohlenstoff-Sauerstoff-Einfachbindung.

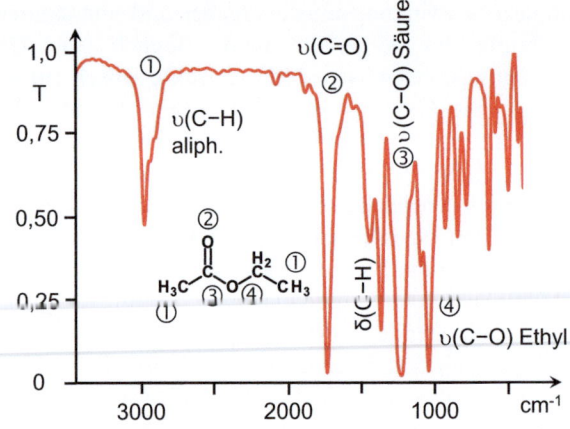

◻ **Abb. 20.27** IR-Spektrum von Essigsäureethylester (CH$_3$COOC$_2$H$_5$) (© Artphotonics)

Das einfach gebundene Sauerstoffatom ist mit dem gleichen Kohlenstoffatom verbunden, wie das doppelt gebundene Sauerstoffatom der Carbonylfunktion. Da keine –OH-Funktion über 3000 Wellenzahlen als breiter Peak erkennbar ist, muss ein aliphatischer Ester vorliegen. Alle Befunde sind im Einklang mit der Probensubstanz Ethylacetat.

■ **Beispiel – Ethanol**

◻ Abb. 20.28 zeigt eine breite, intensive Bande (1) jenseits von 3300 Wellenzahlen. Es handelt sich um die Streckschwingung der Hydroxyfunktion υ(O–H). Während im verdünnten oder gasförmigen Zustand der Peak für die Hydroxyfunktion schmal und bei ca. 3650 cm^{-1} anzutreffen ist, wird im konzentrierten, wässrigen Zustand die O–H-Bindung durch Wasserstoffbrückenbindung aufgeweitet und geschwächt, sodass der Peak eine Verschiebung zu kleineren Wellenzahlen erfährt. Letztendliche Gewissheit für das Vorliegen einer Hydroxyfunktion liefern die beiden Banden bei 1100

20.2 · IR-Spektroskopie – Anregung von Molekülschwingungen durch Wärmestrahlung

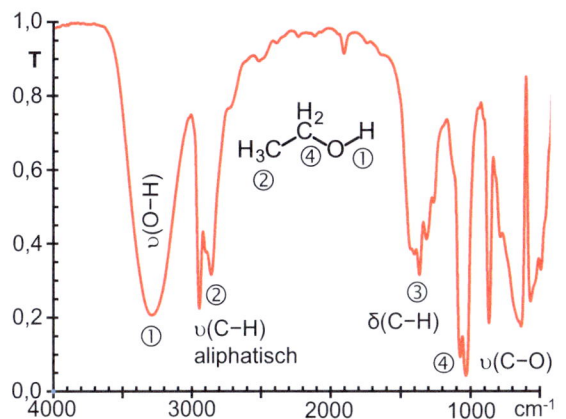

Abb. 20.28 IR-Spektrum von Ethanol (C_2H_5OH) mit der charakteristischen breiten Bande für die OH-Funktion bei 3300 cm^{-1} (© Artphotonics)

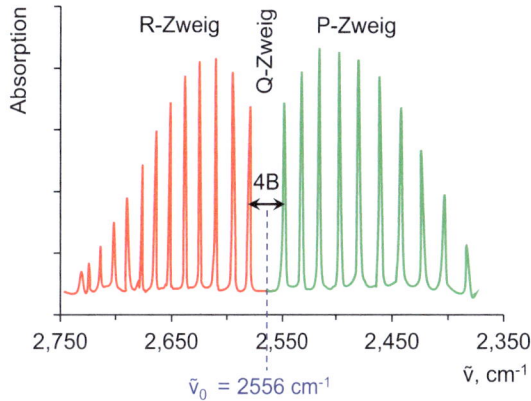

Abb. 20.29 Rotationsschwingungsspektrum von gasförmigem Bromwasserstoff (HBr)

und 1050 Wellenzahlen (4) für die C–O-Streckschwingung.

Des Weiteren sind Peaks im Bereich von 2900–3000 cm^{-1} für aliphatische Streckschwingungen (2) und aliphatische Deformationsschwingungen δ(C–H) bei 1400 Wellenzahlen (3) vorhanden. Aromatische Kohlenwasserstoffstreckschwingungen (3000–3100 cm^{-1}) liegen nicht vor.

Zusammengefasst sind die Merkmale eines aliphatischen Alkohols gegeben. Aromatische Merkmale fehlen ebenso wie Banden für Carbonylfunktionen oder Kohlenstoff-Kohlenstoff-Mehrfachbindungen. Es handelt sich um das IR-Spektrum von Ethanol.

20.2.4 Rotationsschwingungsspektren – Gleichzeitige Anregung von Molekülrotationen und -schwingungen

Werden Infrarotspektren von verdünnten Gasen mit hochauflösenden Geräten aufgenommen, so werden dicht nebeneinanderliegende, schmale Einzelbanden beobachtet (Abb. 20.29). Die einzelnen Linien entsprechen diskreten Rotationszuständen von Gasmolekülen, da die Rotationsbewegungen/-übergänge von Gasmolekülen wie die Schwingungen nur gequantelte Energiezustände annehmen können.

Da der Energieunterschied zwischen einzelnen Rotationszuständen nur wenige Wellenzahlen (1–10 cm^{-1}) beträgt, überlagern die Rotationslinien die Schwingungsbanden, deren Energieunterschied typischerweise 100–1000 cm^{-1} beträgt. Die resultierenden Spektren werden als Rotationsschwingungsspektren bezeichnet. Flüssigkeiten oder Feststoffe zeigen die Rotationsfeinstruktur ohnehin nicht, da aufgrund des dicht aggregierten Zustands die Teilchen intensiv miteinander wechselwirken und somit nicht frei rotieren können, sondern via Kollision Energie austauschen, sodass die einzelnen Rotationsbanden zu den bekannten breiten Schwingungsbandenspektren überlagern.

■ **Starrer Rotator**

Mit dem Modell des starren Rotators (Abb. 20.30) können in erster Näherung die Rotationsspektren zweiatomiger Moleküle beschrieben werden. Die Lösung der Schrödingergleichung ergibt für die Energieniveaus (Energieeigenwerte) eines zweiatomigen Moleküls:

$$E_r = \frac{h^2}{8 \cdot \pi^2 \cdot \mu \cdot r^2} \cdot J \cdot (J+1) = h \cdot c \cdot B^* \cdot J \cdot (J+1) \quad \text{mit} \quad B^* = \frac{h}{8 \cdot \pi^2 \cdot c \cdot I} \quad \text{und} \quad I = \mu \cdot r^2 \quad \text{und} \quad \mu = \frac{m_1 \cdot m_2}{m_1 + m_2} \quad (20.29)$$

E_r – Rotationsenergie, J
h – Planck'sches Wirkungsquantum, Js
μ – reduzierte Masse, kg
r – Bindungsabstand, m

J – Rotationsquantenzahl, 0, 1, 2, 3, …
B^* – Rotationskonstante, m^{-1}
I – Trägheitsmoment, kgm^2
m_1, m_2 – absolute Massen der Atome 1 und 2, kg

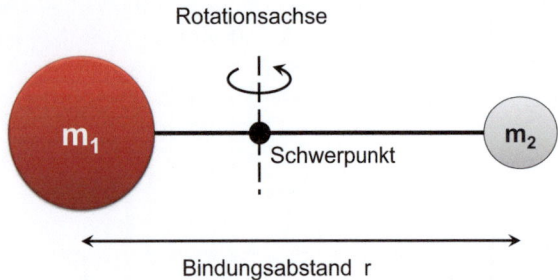

$$E_r = h \cdot \nu \xrightarrow{mit\, c = \lambda \cdot \nu} E_r = \frac{h \cdot c}{\lambda} \xrightarrow{\lambda = \frac{1}{100 \cdot \tilde{\nu}} \cdot \frac{m}{cm}}$$

$$E_r = \frac{100 \cdot \tilde{\nu}_J \cdot h \cdot c \cdot cm}{m} \quad (20.30)$$

Einsetzen von Gl. 20.29 für E_r und Auflösen nach $\tilde{\nu}_J$ ergibt für die Rotationsenergie des Moleküls als Funktion der Rotationsquantenzahl J.

○ Abb. 20.30 Starrer Rotator. Zwei Atome kreisen um einen gemeinsamen Schwerpunkt

$$\tilde{\nu}_J = \frac{h \cdot c \cdot B^* \cdot J \cdot (J+1)}{100 \cdot h \cdot c} = \frac{B^* \cdot J \cdot (J+1)}{100} = B \cdot J \cdot (J+1) \xrightarrow{mit\, B = \frac{B^*}{100}\, und\, B^*,\, Gl.\, 20.29} \tilde{\nu}_J = \frac{h \cdot (m_1 + m_2) \cdot J \cdot (J+1) \cdot m}{800 \cdot \pi^2 \cdot r^2 \cdot c \cdot m_1 \cdot m_2 \cdot cm}$$

(20.31)

$\tilde{\nu}$ – Rotationsenergie in Wellenzahl, cm^{-1}
B – Rotationskonstante, cm^{-1}

Die Rotationskonstanten B und B* sind molekülspezifisch, da sie von der reduzierten Masse (μ) und dem Bindungsabstand (r) abhängen. Moleküle mit großer reduzierter Masse und großem Bindungsabstand weisen ein großes Trägheitsmoment (I = μ · r^2) auf. Dadurch werden die Rotationskonstante (B, Gl. 20.29) und die Abstände (2B, Gl. 20.33) zwischen zwei Rotationslinien klein. Die einzelnen Linien rücken zusammen bzw. können nicht mehr aufgelöst werden.

■ **Auswahlregeln**

Analog zur Schwingungsspektroskopie kann das elektrische Feld von IR-Photonen nur mit Molekülrotationen in Resonanz treten, wenn die Moleküle ein periodisch änderndes elektrisches Dipolmoment aufweisen. Im Gegensatz zur Schwingung bleibt bei der Molekülrotation der Bindungsabstand zwischen den Atomen konstant, sodass sich das Dipolmoment des Moleküls zeitlich nicht ändert. Allerdings polt sich ein permanenter Moleküldipol durch Rotation periodisch um, sodass ein oszillierendes Dipolmoment entsteht, das wie eine Hertz'sche Antenne (▶ Abschn. 8.1.1) auf molekularer Ebene mit dem oszillierenden Feldvektor des IR-Photons in Resonanz treten kann. Zweiatomige symmetrische Moleküle wie Stickstoff (N_2), Sauerstoff (O_2) und lineare Moleküle wie Kohlenstoffdioxid (CO_2) besitzen kein permanentes Dipolmoment und ergeben somit kein Rotationsspektrum.

Da Photonen Spin-1-Teilchen sind und bei der Absorption von Photonen der Drehimpulserhaltungssatz gilt, überträgt das Photon eine Einheit Drehimpuls auf die Molekülrotation. Dadurch gilt als Auswahlregel für die Rotationsniveaus ΔJ = +1 (R-Zweig) bzw. ΔJ = −1 (P-Zweig, ○ Abb. 20.32a).

Die absolute Energie der einzelnen Rotationszustände ($\tilde{\nu}_J$) steigt mit zunehmender Rotationsquantenzahl J parabolisch an (Gl. 20.31, $\tilde{\nu}_J \sim J^2$). Die Linien im Rotationsspektrum entsprechen der Energiedifferenz (Δ$\tilde{\nu}$) zweier benachbarter Rotationsniveaus (○ Abb. 20.31b, Gl. 20.32).

$$\Delta\tilde{\nu} = \tilde{\nu}_{J+1} - \tilde{\nu}_J = B(J+1)(J+2) - BJ(J+1) = 2B(J+1)$$

(20.32)

Im Rotationsspektrum (○ Abb. 20.31b) erkennt man, dass die einzelnen Rotationslinien eine äquidistante Energiedifferenz (ΔΔ$\tilde{\nu}$) von 2B aufweisen, was sich auch durch Differenzbildung zweier Rotationslinien ergibt (Gl. 20.33).

$$\Delta\Delta\tilde{\nu} = \Delta\tilde{\nu}_{J+1} - \Delta\tilde{\nu}_J = 2B(J+2) - 2B(J+1) = 2B$$

(20.33)

■ **Rotationsschwingungsspektrum**

Warum sind die Linien im Rotationsschwingungsspektrum von Bromwasserstoff (○ Abb. 20.29) nahezu spiegelsymmetrisch um die nicht vorhandene Resonanzlinie der H–Br-Streckschwingung ($\tilde{\nu}_0$, $\upsilon_{0 \to 1}$) bei 2556 Wellenzahlen angeordnet? Dazu betrachten wir die Auswahlregeln für die Rotationsschwingungsspektroskopie (Δυ = +1 und ΔJ = ±1 nochmals genauer (○ Abb. 20.32a). Für den Schwingungsübergang gilt die Auswahlregel (Δυ = +1, Absorption) und für die Rotationsübergänge (ΔJ = +1 und ΔJ = −1).

20.2 · IR-Spektroskopie – Anregung von Molekülschwingungen durch Wärmestrahlung

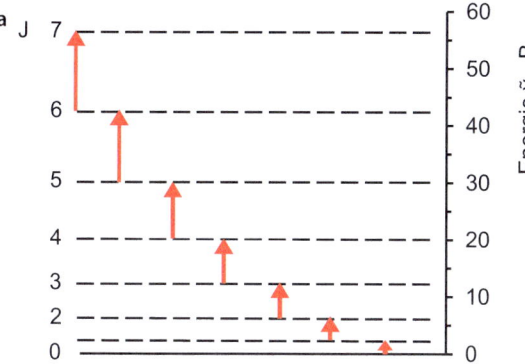

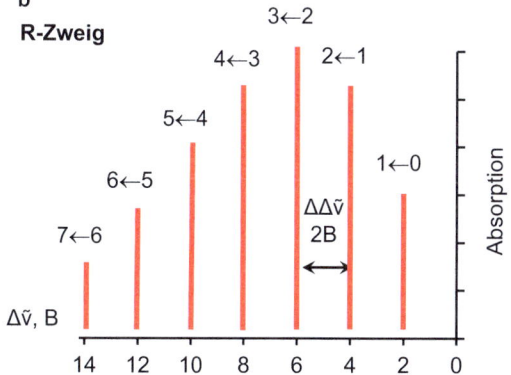

Abb. 20.31 Gequantelte Energieeigenwerte des starren Rotators (**a**) und die zugehörigen Absorptionslinien im Rotationsspektrum (**b**)

Somit gelten für Rotationsschwingungsspektren zweiatomiger Moleküle folgende Auswahlregeln:
- Dipolmoment: $d\mu/dt \neq 0$
- harmonischer Oszillator: $\Delta v = +1$, Schwingungsbanden
- starrer Rotator: $\Delta J = \pm 1$, Rotationslinien

Der Übergang $\Delta v = +1$ in Kombination mit $\Delta J = 0$ ist verboten, da nach der Absorption der Drehimpuls des Photons in der Molekülrotation aufgehen muss ($\Delta J = +1$). Die klassische Erklärung ist, dass bei einem Schwingungsübergang ($v_0 \to v_1$) sich der Bindungsabstand zwischen den Atomen aufweitet ($r\uparrow$), wodurch das Trägheitsmoment des Moleküls zunimmt ($I\uparrow$) und dadurch dessen Rotationsgeschwindigkeit abnimmt. Wir kennen das vom Eiskunstlauf. Mit eng anliegenden Armen (I klein, ◘ Abb. 20.32b) drehen Eiskunstläufer schneller als mit ausgestreckten Armen (I groß).

Die reinen Streckschwingungsübergänge (◘ Abb. 20.32a, Q-Zweig, blaue Linien) mit $\Delta J = 0$ sind verboten (◘ Tab. 20.4), wodurch der Peak für die Streckschwingung ($\tilde{v}_0 = 2556$ cm^{-1}) im Zentrum des Rotationsschwingungsspektrums (◘ Abb. 20.29) fehlt.

Der R-Zweig entspricht den Rotationslinien, die durch Übergänge vom Rotationszustand J_0 (v_0) nach $J_1 = J_0 + 1$ (v_1) mit der Auswahlregel $\Delta J = +1$ (◘ Tab. 20.4) hervorgerufen werden (◘ Abb. 20.32a, R-Zweig, rote Linien).

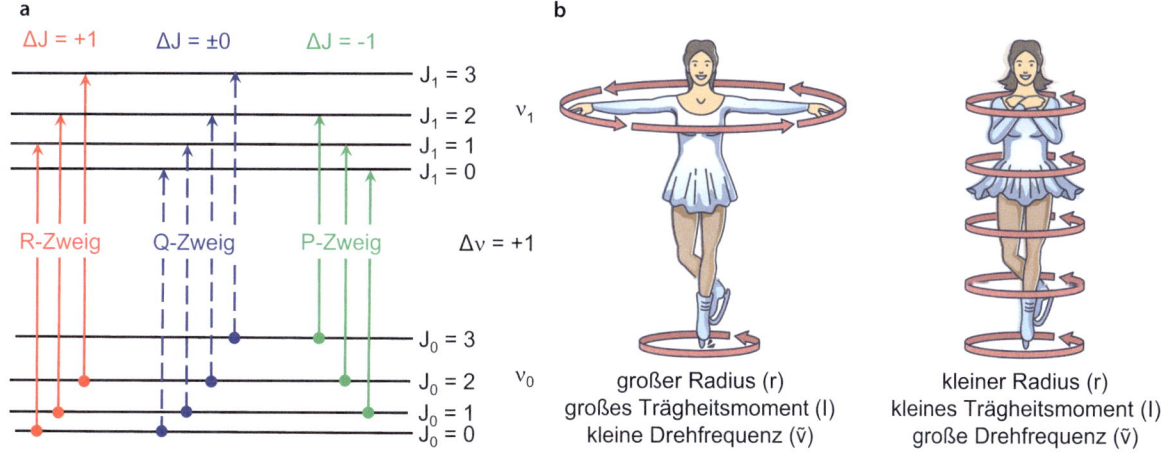

Abb. 20.32 Termschema für die gleichzeitige Anregung von Schwingungs- und Rotationsübergängen (**a**), Einfluss des Trägheitsmoments auf die Rotationsfrequenz (**b**, © VectorMine/► Shutterstock.com)

◘ Tab. 20.4 Zweige von Rotationsschwingungsspektren zweiatomiger Moleküle

Zweig	Lage Resonanzlinien	Schwingungsübergang	Rotationsübergang	Anmerkung
R-Zweig	$\tilde{v} = \tilde{v}_0 + 2B(J+1)$	$v_0 \to v_1$, $\Delta v = +1$	$\Delta J = +1$	Addition der Rotations- zur Schwingungsenergie
Q-Zweig	$\tilde{v} = \tilde{v}_0$	$v_0 \to v_1$, $\Delta v = +1$	$\Delta J = 0$	Verbotener Übergang
P-Zweig	$\tilde{v} = \tilde{v}_0 - 2BJ$	$v_0 \to v_1$, $\Delta v = +1$	$\Delta J = -1$	Subtraktion der Rotations- von der Schwingungsenergie

Der P-Zweig bildet die Rotationspeaks ab, die durch Übergänge vom Rotationszustand J_0 (v_0) nach $J_1 = J_0 - 1$ (v_1) mit der Auswahlregel $\Delta J = -1$ entstehen (◘ Abb. 20.32a, P-Zweig, grüne Linien).

Der Abstand zwischen den einzelnen Rotationslinien beträgt 2B (Gl. 20.33). Da der Peak für den reinen Schwingungsübergang ($\Delta J = 0$) fehlt, beträgt der Abstand zwischen den zentralen zwei Resonanzlinien 4B (◘ Abb. 20.29).

Wie schon mehrfach geschildert, kann die reine Schwingungslinie (Q-Zweig) nicht beobachtet werden, da aufgrund der Drehimpulserhaltung gleichzeitig die Molekülrotation angeregt wird ($\Delta J = +1$). Dazu wird etwas mehr Photonenenergie (+2B) als zur Anregung der reinen Schwingungsanregung benötigt, sodass sich die Linien in Richtung höhere Energie und Wellenzahlen (R-Zweig) verschieben. Wenn das Molekül bereits rotiert, bevor es das Photon zur Schwingungsanregung absorbiert, kann Rotationsenergie (2B) zur Schwingungsanregung transferiert werden. Als Folge davon rotiert das Molekül langsamer ($\Delta J = -1$) und für die Schwingungsenergie wird etwas weniger Photonenenergie benötigt ($\tilde{v}_0 - 2B$), sodass sich die Resonanzlinien zu niedrigeren Wellenzahlen verschieben (P-Zweig).

■ **Intensität der Rotationslinien**

Mit zunehmendem Abstand der Rotationslinien von der Schwingungsfrequenz ($\tilde{v}_0$) nimmt zuerst deren Intensität zu, erreicht ein Maximum und fällt schließlich wieder ab (◘ Abb. 20.29, 20.31b).

Dies ist zum einen dem Entartungsgrad der einzelnen Rotationsniveaus E_J geschuldet. Mit zunehmender Rotationsquantenzahl (J) nimmt die Anzahl der Rotationszustände mit derselben Energie E_J (2J + 1 Eigenfunktionen bzw. 2J + 1 Ausrichtungsmöglichkeiten des Drehimpulsvektors) linear zu, sodass das statistische Gewicht der einzelnen Rotationsenergiezustände zunimmt. Dies rührt daher, dass nicht nur die Rotationsenergie (E_r), sondern auch die Ausrichtung der Rotationsachse (Drehimpuls) gequantelt ist.

Zum anderen ist die Besetzung (Population) der Rotationsausgangsniveaus, aus denen die Übergänge erfolgen, für die Intensität der Linien von Bedeutung. Da die Raumtemperatur einer Energie von ca. 200 Wellenzahlen entspricht, was groß ist im Vergleich zu der „Energieeinheit" Rotationskonstante B (0–10 cm^{-1}), sind viele Rotationsausgangsniveaus aktiv. Die relative Besetzung der einzelnen Rotationszustände (N_J/N_0) ergibt sich im thermischen Gleichgewicht gemäß der Boltzmann-Verteilung ($e^{-\Delta E/kT}$), nimmt also mit zunehmender Rotationsenergie (E_r) gegenüber der Population des Rotationsgrundzustands (N_0) ab.

Die Hüllkurve der Intensitätsverteilung der Zweige (◘ Abb. 20.29) resultiert somit aus den beiden gegenläufigen Effekten: Intensitätszunahme durch zunehmende Entartung der Rotationszustände einerseits und exponentieller thermischer Abfall der Population der Rotationsausgangsniveaus mit zunehmender Rotationsquantenzahl (◘ Abb. 20.31b) andererseits.

J_{max} ist die Rotationsquantenzahl der Spektrallinie, die im Spektrum am intensivsten ist. Da J_{max} neben der molekülspezifischen Rotationskonstante B* nur noch von der absoluten Temperatur abhängt, kann mit Gl. 20.34 auch die Temperatur in der Messzelle abgeschätzt werden.

$$J_{max} = \sqrt{\frac{kT}{2hcB^*}} - \frac{1}{2} \rightarrow T = \frac{2hcB^*}{k}\left(J_{max} + \frac{1}{2}\right)^2 \quad (20.34)$$

J_{max} – Rotationsquantenzahl der intensivsten Rotationsbande

k – Boltzmann-Konstante, JK^{-1}

T – absolute Temperatur in der Messzelle, K

h – Planck'sches Wirkungsquantum, Naturkonstante, Js

c – Lichtgeschwindigkeit, Naturkonstante, ms^{-1}

B* – molekülspezifische Rotationskonstante, m^{-1}

■ **Abstand der Rotationslinien**

In erster Näherung beträgt der Abstand zwischen den Rotationslinien ($\Delta\Delta\tilde{v}$) das Doppelte der Rotationskonstante (Gl. 20.33). Bei genauer Analyse stellt man jedoch fest, dass mit zunehmender Rotationsquantenzahl J der Abstand zwischen den Linien abnimmt.

Das ist auf die Schwingungs-Rotations-Kopplung und die Zentrifugalaufweitung des Moleküls zurückzuführen. Da die Schwingungsfrequenz eines Moleküls wesentlich höher ist als dessen Rotationsfrequenz, finden mehrere Schwingungen während einer Molekülrotation statt. Der Abstand der Atome (r) geht als Quadrat in das Trägheitsmoment ($I = \mu r^2$) ein. Durch den Schwingungsübergang nimmt der Abstand von r auf r + s zu. Aufgrund der quadratischen Mittelung nimmt das Trägheitsmoment des Moleküls (I) bei der Schwingungsanregung etwas zu (Gl. 20.36), während die Rotationskonstante (B ~ 1/I, Gl. 20.26) kleiner wird, sodass der Abstand zwischen zwei Rotationslinien (2B) durch die Schwingung der Atomkerne abnimmt.

Trägheitsmoment starrer Rotator $I_{st} = \mu r^2$ \quad (20.35)

$$\text{Trägheitsmoment schwingender Rotator } I_{flex} = \mu(r \pm s)^2 = \mu(r^2 + 2rs - 2rs + s^2) = \mu(r^2 + s^2) > I_{st} \quad (20.36)$$

Der gleiche Effekt tritt für zunehmende Rotationsquantenzahlen J des R-Zweigs auf. Durch die zunehmenden Rotationsgeschwindigkeiten zerren steigende Zentrifugalkräfte an den Atomkernen, wodurch sich der Abstand zwischen den Atomkernen (r↑) mit zunehmender Rotationsgeschwindigkeit des Moleküls aufweitet, wodurch das Trägheitsmoment (I↑) ebenfalls zunimmt, die Rotationskonstante (B↓) abnimmt und letztendlich der Abstand zwischen zwei Rotationslinien (ΔΔṽ↓) kleiner wird. Im P-Zweig nimmt dagegen die Rotationsgeschwindigkeit durch die $J_0 \rightarrow J_1 = J_0 - 1$-Übergänge ab, wodurch der Bindungsabstand (r↓) kürzer wird, das Trägheitsmoment (I↓) abnimmt, die Rotationskonstante (B↑) zunimmt und letztendlich die Abstände der Rotationslinien (ΔΔṽ↑) zunehmen (◘ Abb. 20.29).

20.2.5 Spektrometer – Komponenten und Probenvorbereitung

Wegen des besseren Signal-Rausch-Verhältnisses, des schnelleren Messverfahrens und der digitalen Verarbeitbarkeit des Spektrums werden fast nur noch FTIR-Spektrometer eingesetzt. Der relativ einfache Aufbau eines FTIR-Spektrometers wurde bereits in Abb. 19.23 gezeigt. Die Hauptkomponenten sind eine IR-Strahlungsquelle, ein He-Ne-Laser, ein Michelson-Interferometer, ein Detektor und ein Computer für die Umrechnung des Interferogramms (Zeitdomäne) in ein übliches IR-Spektrum (Frequenz- resp. Wellenzahldomäne).

Als IR-Strahlungsquelle kommen keramische Stäbe, sogenannte thermische Schwarzkörperstrahler, zum Einsatz. Durch Erhitzen strahlen sie gemäß dem Planck'schen Strahlungsgesetz (▶ Gl. 8.7) bevorzugt IR-Strahlung ab. Die bekanntesten thermischen Strahler sind Nernst-Stifte – ein Gemisch aus Zirkonoxid (90 %), Yttriumoxid (7 %), Erbiumoxid (3 %) –, die auf ca. 1700 °C erhitzt werden. Globare (Siliciumcarbid) werden bei ca. 1200 °C betrieben. Sie sind im Vergleich zu Nernst-Stiften wesentlich robuster und werden deshalb weitverbreitet eingesetzt. Aufgrund der geringeren Betriebstemperatur ist deren Strahlungsintensität geringer als die von Nernst-Stiften.

Der größte Vorteil der FTIR-Spektrometrie besteht darin, dass mit allen Wellenlängen gleichzeitig gemessen werden kann. Der generelle Aufbau und die Wirkungsweise eines Michelson-Interferometers wurden bereits in ▶ Abschn. 19.2.3 beschrieben. Ein Spiegelsystem sorgt dafür, dass die IR-Strahlung in ein strukturiertes polychromatisches Interferogramm überführt wird, was erst die gleichzeitige Messung mit allen IR-Wellenlängen und die Auswertung des transmittierten Signals ermöglicht.

Mithilfe eines He-Ne-Lasers kann die Position des beweglichen Spiegels des Michelson-Interferometers exakt aufgezeichnet werden. Da das Lasersignal ebenfalls das Interferometer durchläuft, ist es mit dem Interferogramm gekoppelt, was Grundvoraussetzung für die Fourier-Transformation des Interferogramms in die Wellenzahldomäne ist.

Als Standarddetektoren werden in der FTIR-Spektroskopie pyroelektrische Infrarotsensoren eingesetzt. Bei Änderung der Infrarotstrahlungsleistung führt das zu einer Ladungsänderung am Detektor und letztendlich zu einem Spannungssignal. Der Spannungsimpuls ist umso höher, je größer die zeitliche Änderung der einfallenden IR-Strahlungsleistung ist.

■ **Probenaufbereitung**

Quarzglas ist ungeeignet als Küvettenmaterial für Infrarotmessungen, da es unterhalb von 2500 Wellenzahlen eine zu starke Eigenabsorption für IR-Strahlung aufweist (◘ Abb. 20.33, blaue Linie), sodass unter 2500 Wellenzahlen Schwingungen funktioneller Gruppen nicht beobachtet werden können. Salze wie Kaliumbromid (rote Linie) sind dagegen bis 400 Wellenzahlen für IR-Strahlung transparent. Da Kaliumbromid hygroskopisch ist und Wasser starke Absorptionsbanden bei 3400 und 1700 Wellenzahlen aufweist, müssen KBr-Fenster in trockener Atmosphäre (Exsikkator) gelagert werden.

Gasproben

In Gasproben sind die Absolutkonzentrationen (c) der einzelnen Komponenten des Gasgemischs niedrig.

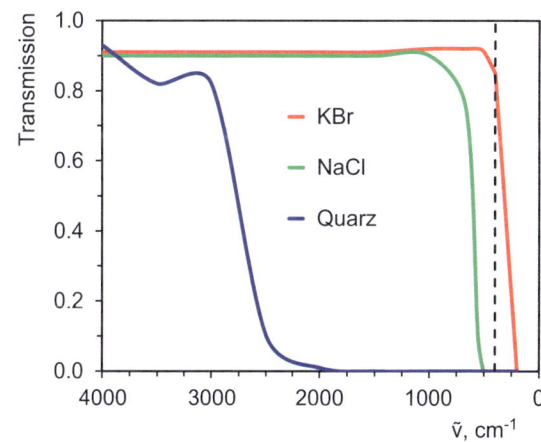

◘ **Abb. 20.33** IR-Durchlässigkeit von Kaliumbromid, Natriumchlorid und Quarzglas

◘ **Abb. 20.34** Gasküvette für die FTIR-Spektroskopie (© Piketech Technologies)

Deshalb weisen Gasküvetten (l = 5–10 cm) eine große Länge auf. Da Glas nicht durchlässig für IR-Licht ist, müssen die Eintritts- und Austrittsfenster der Küvetten aus Kaliumbromid gefertigt sein. Eine Gaszelle (◘ Abb. 20.34) wird über zwei Glashähne mit Gas befüllt.

Flüssigproben

Da Flüssigkeiten eine etwa 1000-fach größere Dichte aufweisen als Gase, genügen Schichtdicken von einem Zehntel Millimeter, um ein IR-Spektrum aufzunehmen. Die einfachste Methode ist die Platzierung eines Tropfens Flüssigprobe zwischen zwei Natriumchloridfenster (Dünnfilmpräparation). Anschließend werden die beiden NaCl-Platten in einem Metallrahmen (◘ Abb. 20.35) fixiert und im Strahlengang des FTIR-Geräts platziert.

Will man eine definierte Schichtdicke an Flüssigprobe vermessen, kann man zwischen den Natriumchloridfenstern Abstandsrahmen definierter Dicke (0,01–1,00 mm) platzieren.

Flüssigproben können in Reinform oder in Lösung vermessen werden. Es muss allerdings ein Lösungsmittel gewählt werden, dass im IR-Bereich von 600–4000 Wellenzahlen selbst nur sehr wenige, nicht störende Absorptionsbanden aufweist. Ein häufig verwendetes Lösungsmittel ist Tetrachlorkohlenstoff (CCl_4).

Feststoffe

Um von Feststoffen ein IR-Spektrum aufnehmen zu können, wird die Feststoffprobe mit Kaliumbromidpulver in einem Mörser fein verrieben und in einer Presse (◘ Abb. 20.36) unter hohem Druck zu einer

◘ **Abb. 20.35** Metallhalter mit Natriumchloridplatten als Flüssigkeitsküvette (© Specac Ltd)

◘ **Abb. 20.36** Presswerkzeug zum Herstellen von Kaliumbromid-Tabletten (© Dr. Reiner Düren, Labor für Kunststoffprüfungen, CC BY-SA 3.0)

transparenten Tablette (ca. 10 mm Durchmesser, 1 mm Dicke) gepresst.

Während des Pressens wird das Werkzeug evakuiert, um Gaseinschlüsse in der Tablette zu vermeiden. Gegenüber der Lösungsmittelmethode hat die Tablettenmethode den Vorteil, dass keine Lösungsmittelbanden das Spektrum stören. Allerdings ist diese Art der Probenpräparation zeitaufwendig, sodass sie inzwischen weitestgehend durch die ATR-Reflexionsmethode verdrängt wurde.

Abgeschwächte Totalreflexion (ATR)

Bei der Methode der abgeschwächten Totalreflexion (ATR für *attenuated total reflection*) wird die Probe auf der Oberfläche eines stark brechenden ATR-Kristalls (Zinksulfid, Diamant oder Germanium) platziert. IR-Licht wird mit einem Winkel α in den stark brechenden ATR-Kristall eingestrahlt, sodass an der Grenzfläche des Kristalls Totalreflexion erfolgt (◘ Abb. 20.37).

Am Ort der Totalreflexion dringt der IR-Strahl aufgrund seiner Wellennatur weniger als einen Mikrometer (d) in die Probe ein (◘ Abb. 20.37, oben).

In der Probe wechselwirkt der IR-Strahl mit der Probe, wobei die gleichen Absorptionsvorgänge ablaufen wie bei der Durchstrahlungsmethode, und kehrt dann wieder in den Kristall zurück. Der intensitätsschwächere, totalreflektierte IR-Strahl trägt das IR-Spektrum der Probensubstanz in sich.

Die Eindringtiefe des IR-Strahls in die Probe ist umso größer, je langwelliger das IR-Licht ist. Generell errechnet sich die Eindringtiefe ohne Herleitung nach Gl. 20.37.

$$d = \frac{\lambda}{2\pi \cdot n_1 \sqrt{sin^2\alpha - \left(\frac{n_2}{n_1}\right)^2}} \qquad (20.37)$$

d – Eindringtiefe, μm
λ – Wellenlänge IR-Licht, μm
n_1 – Brechungsindex ATR-Kristall
α – Einfallwinkel IR-Strahl, °
n_2 – Brechungsindex Probe

Im Gegensatz zur Transmissionsmethode ist die Pfadlänge des IR-Strahls unabhängig von der Probendicke. Der Vorteil der ATR-FTIR-Spektroskopie besteht darin, dass das IR-Licht nur einen Bruchteil eines Mikrometers in die Probe (Feststoff, Flüssigkeit) eindringen muss, um FTIR-Spektren hoher Qualität zu erhalten. Nichtlösliche Feststoffe wie Kunststoffe, Metalle, Lacke, Suspensionen und wässrige Lösungen können dadurch bequem untersucht werden.

20.2.6 Raman-Spektroskopie – Inelastische Streuung von Photonen an Molekülorbitalen

Die Raman-Spektroskopie gehört wie die IR-Spektroskopie zu den Methoden der Schwingungsspektroskopie. Während bei der IR-Spektroskopie die Schwingungsanregung durch Absorption eines IR-Photons erfolgt, geschieht die Anregung bei der Raman-Spektroskopie durch inelastische Streuung der IR-Strahlung an der Elektronenhülle von Molekülen.

Bestrahlt man eine Probe mit monochromatischem Laserlicht (Nd:YAG-Laser, 1064 nm), so durchstrahlt der überwiegende Anteil (99,99 %) des Laserlichts die Probe. Nur ein kleiner Anteil des Laserlichts (0,01 %) trifft auf die Elektronenhülle der Moleküle und regt über sein oszillierendes elektrisches Feld die Elektronenhülle eines Moleküls zum periodischen Schwingen an, sodass die Elektronenhülle einem periodisch schwingenden Hertz'schen Dipol (▶ Abschn. 8.1.1) entspricht, der elektromagnetische Wellen in alle Raumrichtungen streut. Der überwiegende Anteil davon wird elastisch gestreut (Rayleigh-Streuung) und weist die gleiche Wellenlänge (Energie) auf wie das eingestrahlte, monochromatische Laserlicht (λ_0, ◘ Abb. 20.38a). Die Rayleigh-Streuung ist beispielsweise der Grund dafür, dass wir Laserlicht als Punkt erkennen, wenn dieses auf Materie trifft. Ein noch sehr viel geringerer Anteil der gestreuten Laserphotonen (10^{-6} %) wird inelastisch gestreut und nach dem Entdecker als Raman-Streuung bezeichnet (◘ Tab. 20.5). Die Streuung der Laserphotonen erfolgt durch inelastische Wechselwirkung der Lichtphotonen mit der Elektronenhülle von Molekülen, wobei Schwingungsenergie ausgetauscht wird. Die Elektronenhülle wird dadurch deformiert und polarisiert, sodass ein angeregter, virtueller Zustand entsteht (◘ Abb. 20.38b). Der virtuelle Zustand ist nur äußerst kurzlebig (10^{-13} s), sodass das Photon gleich wieder emittiert wird.

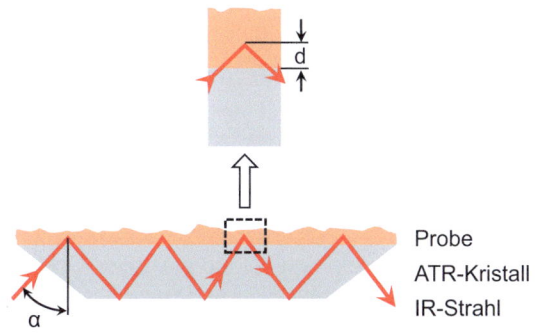

◘ **Abb. 20.37** ATR-FTIR. Schematische Darstellung der IR-Spektroskopie durch abgeschwächte Totalreflexion

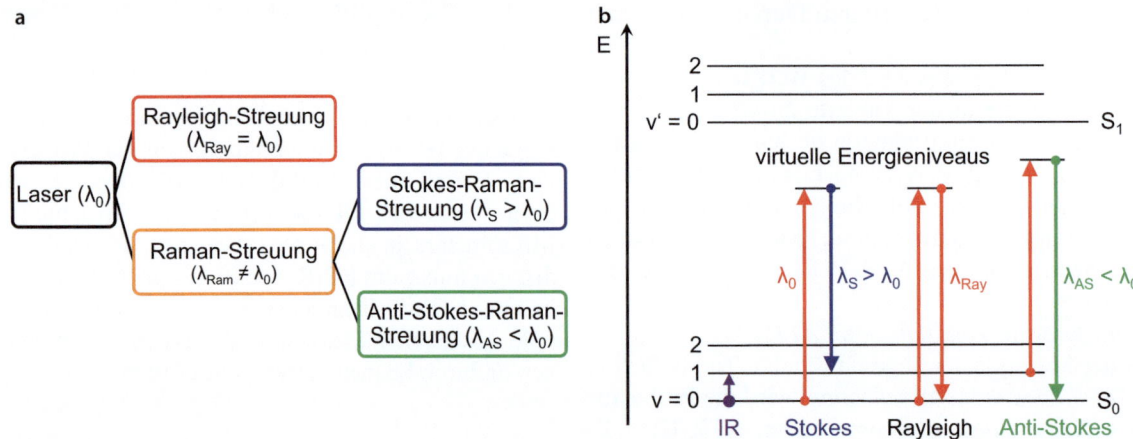

◨ **Abb. 20.38** Moleküle streuen Licht (**a**), Raman-Streuung als Zweiphotoneneffekt (**b**)

◨ **Tab. 20.5** Stokes-Raman-, Rayleigh- und Anti-Stokes-Raman-Streuung im Überblick

	Stokes-Raman-Streuung	Rayleigh-Streuung	Anti-Stokes-Raman-Streuung
Streuung	Inelastisch	Elastisch	Inelastisch
Intensität	Gering	Sehr hoch	Sehr gering
Energieübertragung	Photon auf Molekül	Keine	Molekül auf Photon
Photon nach Streuung	Langwelliger Zweiphotoneneffekt Richtungsumkehr	Gleiche Wellenlänge Zweiphotoneneffekt Richtungsumkehr	Kurzwelliger Zweiphotoneneffekt Richtungsumkehr
Molekül nach Streuung	Höherer Schwingungszustand	Keine Änderung des Schwingungszustands	Niedrigerer Schwingungszustand

Im Fall der Stokes-Streuung weist das Molekül nach dem inelastischen Stoß eine höhere Schwingungsenergie ($v_0 \rightarrow v_1$, Anregung eines Schwingungszustands) auf, das emittierte Streulicht dagegen ist energieärmer und damit langwelliger als die Primärstrahlung (◨ Abb. 20.38b, blauer Pfeil).

Bei der Anti-Stokes-Streuung wird die Schwingungsenergie des Moleküls (v_1) auf das emittierte Streulichtphoton übertragen, sodass dieses energiereicher, kurzwelliger als die Primärstrahlung und aufgrund des Energieerhaltungssatzes das Molekül energieärmer ($v_1 \rightarrow v_0$, Eliminierung eines Schwingungszustands) ist.

Stokes- und Anti-Stokes-Streulicht sind um den gleichen Energiebetrag ($\Delta E = E_1 - E_0$) symmetrisch um die Rayleigh-Streuung verschoben (Raman-Shift, ◨ Abb. 20.39) und enthalten die gleiche Information über die Schwingungszustände (IR-Spektrum) des Moleküls. Da bei Raumtemperatur der Schwingungsgrundzustand (v_0) wesentlich stärker besetzt ist als der erste angeregte Schwingungszustand (v_1), sind die Stokes-Linien intensiver als die Anti-Stokes-Linien, sodass für die Raman-Spektroskopie der Zweig der Stokes-Streuung verwendet wird.

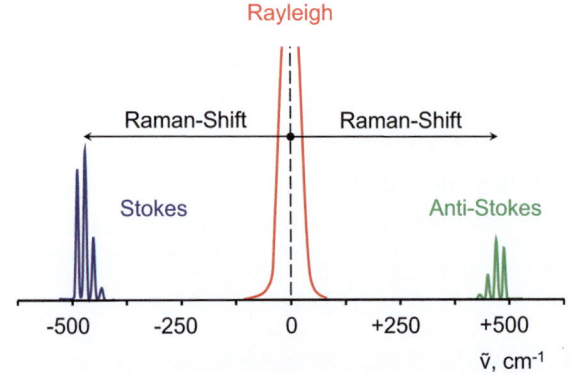

◨ **Abb. 20.39** Äquidistante Gruppierung der inelastischen Stokes- und Anti-Stokes-Streustrahlung um die Anregungsstrahlung (Rayleigh)

Das Raman-Spektrum ist die grafische Darstellung der vom Detektor registrierten Anzahl von Stokes-Raman-Streuvorgängen pro Sekunde (y-Achse) vs. des Raman-Shifts (x-Achse). Der Raman-Shift entspricht der Energiedifferenz zwischen Rayleigh-Photonen (eingestrahltes Laserlicht) und den inelastisch gestreuten Stokes-Banden. Der Raman-Shift, üblicherweise in Wellenzahlen ($\tilde{v}$) ausgedrückt, hängt nur von den Schwingungsverhältnissen des Moleküls und nicht von der Wellenzahl des Lasers ab. Der Raman-Shift bewegt sich im Bereich von 100–4000 Wellenzahlen. Um eine direkte Vergleichbarkeit mit IR-Spektren herzustellen, wird das Zentrum der Rayleigh-Streuung auf die Wellenzahl 0 gesetzt (◘ Abb. 20.39).

Da die Raman-Streuung (◘ Tab. 20.5) sehr schwach ist, werden intensives Laserlicht als Primärquelle und hochempfindliche Detektoren benötigt. Darüber hinaus bedarf es des Einsatzes der Fourier-Transformationstechnik, um das Signal-Rausch-Verhältnis zu verbessern. Damit die um Größenordnungen intensivere Rayleigh-Streuung die Stokes-Raman-Streuung nicht überdeckt, wird die Rayleigh-Streuung optisch ausgeblendet und die Stokes-Streuung im Winkel von 90° zur Primärstrahlung beobachtet.

Während IR-Absorptionen periodische Änderungen des elektrischen Dipolmoments während einer Molekülschwingung voraussetzen, ist für die Raman-Streuung eine zeitliche Änderung der Polarisierbarkeit, gleichbedeutend mit einer Deformation des Molekülorbitals der Bindungselektronen, erforderlich. Eine Bindung ist umso Raman-aktiver, je leichter polarisierbar die Elektronenhülle ist. Die Polarisierbarkeit ($\tilde{\alpha}$) gibt an, wie leicht durch das elektrische Feld einer elektromagnetischen Strahlung ein Dipolmoment (μ_{ind}) im Molekül periodisch induziert werden kann.

IR- und Raman-Spektroskopie ergänzen sich, da
- symmetrische Schwingungen zum Symmetriezentrum IR-verboten, dagegen Raman-erlaubt sind, und
- unsymmetrische Schwingungen zum Symmetriezentrum IR-erlaubt, dagegen Raman-verboten sind.

Generell eignet sich die IR-Spektroskopie besonders für Moleküle mit heteropolaren chemischen Gruppen wie (C=O, C≡N, O–H etc.). Aufgrund der starken Elektronegativitätsunterschiede weisen solche Funktionen von Haus aus ein Dipolmoment (Ladungstrennung) auf, andererseits lassen sich die Bindungselektronen nur schwer räumlich verschieben, sodass sie nicht Raman-aktiv sind. Dagegen weisen die Atome unpolarer chemischer Funktionen (C–C, C=C, Hal–Hal, O=O, N≡N etc.) keine Elektronegativitätsunterschiede auf, sodass die Bindungselektronen zwischen den Atomen leicht deformiert und dadurch polarisiert werden können und deshalb Raman-aktiv, aber nicht IR-aktiv sind.

20.2.7 Anwendung in der Qualitätssicherung und zum Stoffnachweis

Aufgrund seiner Robustheit, hohen Aussagekraft und schnellen Messdurchführung in Realtime findet die IR-Raman-Spektroskopie zahlreiche Anwendungen sowohl in Forschung als auch Industrie.

In der Forschung ist die IR-Spektroskopie eine unverzichtbare Methode zur Identifikation von Substanzen. Durch Aufbau einer Referenzspektrenbibliothek können durch visuellen oder noch besser digitalen Vergleich sehr schnell Verbindungen identifiziert werden. Nicht von ungefähr wird die IR-Spektroskopie in der Forensik zur Identifikation von Lackspuren, Textilfasern oder Fälschungen eingesetzt.

In der Industrie wird die IR-Spektroskopie in der Qualitätssicherung zur qualitativen und quantitativen Bestimmung von Verunreinigungen in Medikamenten, Polymeren, Kunststoffen, Lösungsmitteln etc. verwendet.

Durch Aufnahme von IR-Spektren von Reaktionslösungen in kurzen zeitlichen Abständen (◘ Abb. 20.40) kann mithilfe von Peakgrößen spezifischer Edukt- oder Produktbanden der Reaktionsfortschritt (Kinetik) in Echtzeit ermittelt werden.

Ein großer Vorteil der Raman-Spektroskopie ist die einfache Probenpräparation. Die zu untersuchenden Proben können in verschlossenen Plastikbeuteln oder Glasgefäßen (z. B. Ampullen, Flaschen) vermessen wer-

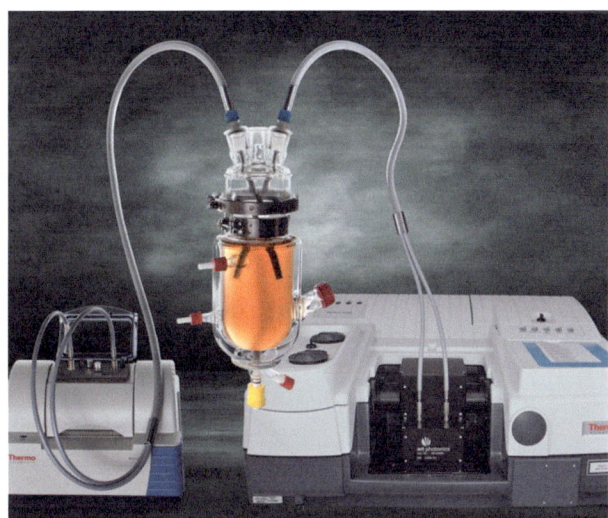

◘ Abb. 20.40 Monitoring des Reaktionsfortschritts einer chemischen Reaktion mithilfe von IR-Spektroskopie (© Viacheslav Artyushenko ▶ artphotonics.com)

den. Im Gegensatz zur IR-Spektroskopie können aufgrund der geringen Raman-Aktivität von Wasser selbst wässrige Lösungen vermessen werden.

Typische Anwendungsbereiche der Raman-Spektroskopie ist die Qualitätskontrolle des Wareneingangs in der pharmazeutischen, chemischen und Kosmetikindustrie oder als Schnelldiagnostik auf Drogen durch Zoll und Polizei.

Da Quarzglas im Wellenlängenbereich des Raman-Lichts nicht absorbiert, kann mit Quarzglasfasern über mehrere Meter Entfernung eine Onlineprozesskontrolle durchgeführt werden. Anwendungsbeispiele hierfür sind die Überwachung von Destillationsanlagen in der erdölverarbeitenden Industrie oder Reaktionsanlagen in der industriellen Chemie.

20.3 NMR-Spektroskopie – Anregung von Atomkernen durch Radiowellen

Die NMR-Spektroskopie (NMR von *nuclear magnetic resonance*, engl. für magnetische Kernresonanz) ist die aussagekräftigste Methode zur Strukturaufklärung organischer Moleküle. Wegen der hohen Anschaffungs- und Unterhaltskosten beschränkt sich der Einsatz von NMR-Spektrometern hauptsächlich auf staatliche Forschungseinrichtungen und große chemischen Firmen.

20.3.1 Prinzip – Radiowellen zwingen Atomkerne zu antiparalleler Ausrichtung im Magnetfeld

Atomkerne wie Wasserstoff (^{1}H) oder Kohlenstoff (^{13}C) weisen ein magnetisches Moment (μ, ◘ Abb. 20.41a) auf. Bildlich gesprochen verhalten sich solche Nuklide wie winzige Stabmagneten. Gibt man eine Lösung einer organischen Substanz in ein starkes äußeres Magnetfeld (B_0), dann verhalten sich die Atomkerne von Wasserstoffatomen wie Kompassnadeln und richten sich aus energetischen Gründen bevorzugt parallel (◘ Abb. 20.41a, α-Spin-Position) zum äußeren Magnetfeld aus. Somit kommen die magnetischen Momente (μ, Pfeil Atomkern) der Atomkerne und die Feldlinien des externen Magnetfelds (B_0) parallel zu liegen. Durch Einstrahlen eines zweiten Magnetfelds in Form eines kurzen Radiofrequenzimpulses, dessen Energie der Energiedifferenz ΔE (60–1000 MHz, λ = 0,5–5 m) entspricht, klappen die Atomkerne in den energiereicheren antiparallelen Zustand (β-Spin-Position) um. Nach Abschalten des Radiofrequenzimpulses kehren die angeregten Wasserstoffkerne innerhalb von Sekunden in den energieärmeren Zustand (α) zurück. Die dabei emittierte elektromagnetische Strahlung (ΔE) ist abhängig von der „chemischen Umgebung" des Atomkerns und ergibt ein NMR-Spektrum mit charakteristischen Signalen für die magnetisch unterschiedlichen Wasserstoffatome (◘ Abb. 20.41b).

Die Anregungsenergie (ΔE) für die Spinumkehr (β-Spin) der Atomkerne hängt von folgenden Parametern ab:

- vom Atomkern selbst, z. B. ^{1}H, ^{13}C, ^{31}P
- von der Stärke des äußeren Magnetfelds (B_0)
- von der chemischen Umgebung, d. h. den elektronischen Verhältnissen benachbarter Molekülfunktionen
- von den magnetischen Momenten der direkt benachbarten Atomkerne

Da die Energiedifferenz (ΔE) sehr sensibel auf die unmittelbare elektronische und somit magnetische Umgebung des angeregten Atomkerns reagiert, werden zahlreiche Signalbanden mit mehr oder weniger komplexen Mustern erhalten, die eine hohe Aussagekraft hinsichtlich der chemischen Struktur der Probe haben (◘ Abb. 20.41b).

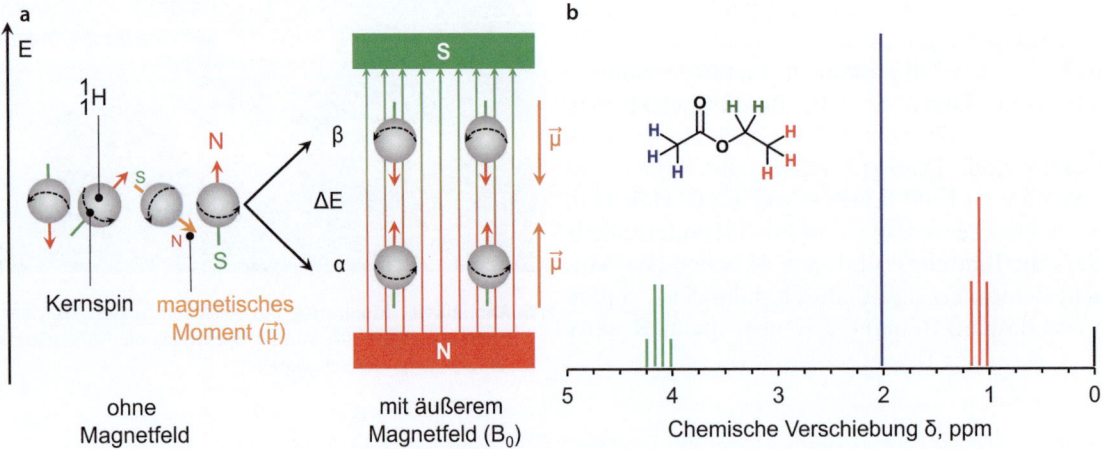

◘ **Abb. 20.41** Kernspinorientierung von ^{1}H im magnetischen Feld (**a**); ^{1}H-NMR-Spektrum von Ethylacetat (**b**)

20.3.2 Physikalische Grundlagen – Wasserstoffatome verhalten sich wie Stabmagneten

■ **Atomkerne**

Atomkerne bestehen aus Neutronen und Protonen (▶ Abschn. 2.3). Abhängig von der Anzahl an Neutronen und Protonen weisen Atomkerne ein magnetisches Moment ($\vec{\mu}$) auf oder nicht.

Es gelten folgende Regeln:
- Atomkerne mit gerader Anzahl an Protonen und gerader Massenzahl (gg-Kerne) sind magnetisch inaktiv, verfügen über kein magnetisches Moment. Darunter befinden sich die in organischen Verbindungen häufig vorhandenen Nuklide $^{12}_{6}C$ und $^{16}_{8}O$.
- Atomkerne mit ungerader Anzahl an Protonen und gerader Massenzahl (ug-Kerne) weisen ein ganzzahliges magnetisches Moment (I = 1) auf, z. B. Deuterium ($^{2}_{1}H$).
- Atomkerne mit ungerader Protonenzahl und ungerader Massenzahl (uu-Kerne) und gerader Protonenzahl und ungerader Massenzahl (gu-Kerne) verfügen über ein halbzahliges magnetisches Moment. Dazu zählen die Nuklide ^{1}H, ^{13}C und ^{31}P, die in der NMR-Spektroskopie organischer Verbindungen eine herausragende Bedeutung haben.

■ **Magnetisches Moment ($\vec{\mu}$)**

Damit Atomkerne „NMR-aktiv" sind, müssen sie ein magnetisches Moment ($\vec{\mu}$) aufweisen. Klassisch betrachtet, stellt man sich den Atomkern als rotierende Kugel mit dem Radius r vor, die über einen Eigendrehimpuls ($\vec{L}$) verfügt.

Gemäß den Gesetzen der klassischen Mechanik errechnet sich der Drehimpuls eines Masseteilchens (m), das sich im Abstand r mit der Geschwindigkeit v kreisförmig um das Kernzentrum bewegt zu:

$$\vec{L} = m \cdot v \cdot r \xrightarrow{mit\ v = 2\pi \cdot \frac{r}{t}} \vec{L} = 2 \cdot m \cdot \frac{\pi \cdot r^2}{t} \rightarrow \frac{\pi \cdot r^2}{t} = \frac{\vec{L}}{2 \cdot m} \quad (20.38)$$

Da Atomkerne elektrisch positiv geladen sind (Q), generiert deren Rotation einen Ringstrom (I), wodurch ein magnetisches Moment ($\vec{\mu}$) senkrecht zur Kreisfläche (A) des Ringstroms und parallel zum Eigendrehimpuls ($\vec{L}$) wirkt.

Das magnetische Moment errechnet sich zu:

$$\vec{\mu} = I \cdot A \xrightarrow{mit\ I = \frac{Q}{t}\ und\ A = \pi \cdot r^2} \vec{\mu} = Q \cdot \frac{\pi \cdot r^2}{t} \quad (20.39)$$

Durch Einsetzen von Gl. 20.38 in Gl. 20.39 erhält man einen proportionalen Zusammenhang zwischen dem magnetischen Moment und dem Eigendrehimpuls. Die Proportionalitätskonstante wird als gyromagnetisches Verhältnis (γ) bezeichnet.

$$\vec{\mu} = \frac{Q}{2 \cdot m} \cdot \vec{L} \xrightarrow{mit\ \gamma = \frac{Q}{2 \cdot m}} \vec{\mu} = \gamma \cdot \vec{L} \rightarrow \gamma = \frac{\vec{\mu}}{\vec{L}} \quad (20.40)$$

$\vec{\mu}$ – magnetisches Moment des Atomkerns, Am^2
Q – Ladung des Atomkerns, As
$\vec{L}$ – Eigendrehimpuls des Atomkerns, Js
m – Masse des Atomkerns, kg
γ – gyromagnetisches Verhältnis des Atomkerns, $As\,kg^{-1}T^{-1}s^{-1}$

Abhängig von der Kernladung (Q) und der Kernmasse (m) weist jedes Nuklid ein spezifisches gyromagnetisches Verhältnis (γ) auf. Die Nachweisempfindlichkeit eines Atomkerns ist in der NMR-Spektroskopie umso höher, je größer dessen gyromagnetisches Verhältnis (γ) und natürliche Häufigkeit ist (◘ Tab. 20.6).

Das Wasserstoffnuklid ^{1}H ist ein uu-Kern mit einer Kernspinquantenzahl von I = ½. Die natürliche Häufigkeit ist nahezu 100 % und das gyromagnetische Verhältnis sehr groß, sodass ^{1}H-Atome sehr leicht NMR-spektroskopisch beobachtbar sind. Dagegen haben die in organischen Verbindungen häufig vorkommenden Nuklide $^{12}_{6}C$ und $^{16}_{8}O$ gg-Kerne eine Kernspinquantenzahl von I = 0 und sind somit nicht NMR-aktiv. Seit dem kommerziellen Durchbruch der FT-NMR-Spektroskopie in den 1970er-Jahren ist es aber möglich, die wesentlich seltener vorkommenden gu-Nuklide $^{13}_{6}C$ und $^{17}_{8}O$ durch Aufsummieren von Einzelmessungen routinemäßig nachzuweisen. Da es von fast allen Elementen ein Nuklid mit Kernspin gibt, können nahezu alle Elemente NMR-spektroskopisch gemessen werden. Dabei hat jedes Nuklid seine eigene Resonanzbedingung (ΔE) und dadurch Messbedingungen, sodass z. B. bei der ^{1}H-NMR-Spektroskopie ausschließlich Protonen beobachtet werden und andere Nuklide die Messung nicht stören.

■ **Wasserstoffkern im Magnetfeld**

Wie schon beschrieben, weisen rotierende ^{1}H-Atomkerne neben dem Eigendrehimpuls ($\vec{L}$) ein magnetisches Moment ($\vec{\mu}$) senkrecht zur Rotationsfläche der ^{1}H-Kerne auf (◘ Abb. 20.42).

Solange kein äußeres Magnetfeld (B_0) auf die rotierenden Protonen einwirkt, weisen die Vektoren der magnetischen Momente (grün-rote Pfeile) keine Vorzugsrichtung auf (◘ Abb. 20.41a) und orientieren sich zufällig im Raum.

■ Tab. 20.6 NMR-relevante Kerneigenschaften verschiedener Nuklide

Nuklid	Kerntyp	Kernspinquantenzahl I	Natürliche Häufigkeit, %	Gyromagnetisches Verhältnis γ, $10^7 \cdot T^{-1} s^{-1}$	Relative Empfindlichkeit
^1_1H	uu	1/2	99,98	26,8	1
^2_1H	ug	1	0,015	4,1	0,0000015
$^{12}_6C$	gg	0	98,9	0	0
$^{13}_6C$	gu	1/2	1,1	6,7	0,00018
$^{16}_8O$	gg	0	99,96	0	0
$^{17}_8O$	gu	5/2	0,037	−3,6	0,000011
$^{19}_9F$	uu	1/2	100	25,2	0,83
$^{31}_{15}P$	uu	1/2	100	10,8	0,066
$^{195}_{78}Pt$	gu	1/2	33,8	5,7	0,0034

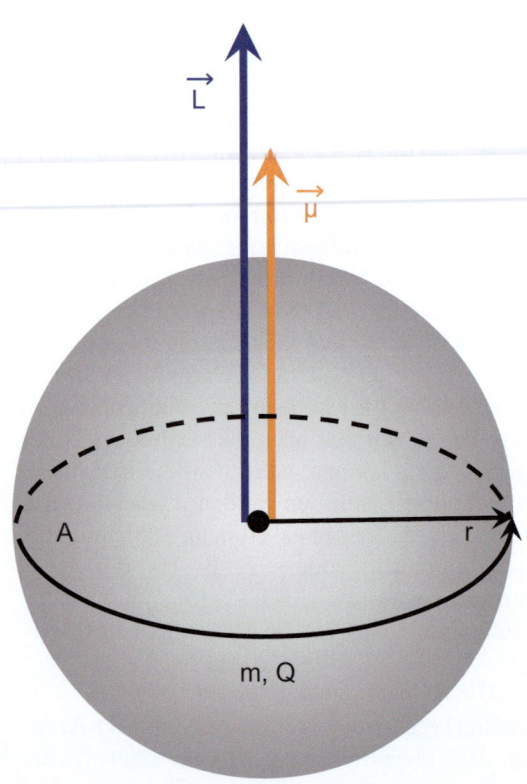

■ Abb. 20.42 Das gyromagnetische Verhältnis γ eines Atomkerns entspricht dem Verhältnis von dessen magnetischem Moment ($\vec{\mu}$) zu dessen Eigendrehimpuls ($\vec{L}$)

In Gegenwart eines äußeren Magnetfelds haben die Protonen analog zu einer Magnetnadel zwei Möglichkeiten, sich zu den Feldlinien des äußeren Magnetfelds zu orientieren: parallel (α-Spin-Position, gegen den Uhrzeigersinn drehendes Proton, energiearm) und antiparallel (β-Spin-Position, im Uhrzeigersinn drehendes Proton, energiereich).

Wie bereits gezeigt wurde, sind magnetisches Moment (μ) und Eigendrehimpuls (L) über das gyromagnetische Verhältnis (γ) verknüpft (Gl. 20.40, $\vec{\mu} = \gamma \cdot \vec{L}$).

Während im klassischen Fall sich eine Kompassnadel im Magnetfeld beliebig orientieren kann, kann sich der Eigendrehimpuls von Atomkernen und damit auch der Vektor des magnetischen Moments nur in diskrete Richtungen, also gequantelt ausrichten (■ Abb. 20.43a). Quantenmechanische Berechnungen ergeben, dass sich das magnetische Moment $\vec{\mu}$ so zum äußeren Magnetfeld orientiert, dass die z-Komponente des magnetischen Moments $\vec{\mu}_z$ ein ganz- oder halbzahliges Vielfaches des reduzierten Planck'schen Wirkungsquantums ($\hbar = h/2\pi$) einnimmt.

$$\vec{\mu} = \gamma \cdot \vec{L} \xrightarrow{mit\ \vec{L} = \sqrt{I(I+1)} \cdot \hbar} \vec{\mu} = \gamma \cdot \sqrt{I(I+1)} \cdot \hbar \quad (20.41)$$

I – Kernspinquantenzahl

$\hbar$ – reduziertes Planck'sches Wirkungsquantum, Js

Im Fall der ^{1}H-NMR-Spektroskopie beträgt die Kernspinquantenzahl I = 1/2. Es gelten folgende mathematische Zusammenhänge:
- Anzahl möglicher Orientierungen des Kernspins: 2 · I + 1 H: 2 · 1/2 + 1 = 2
- magnetische Quantenzahl/Orientierungsquantenzahl m_z = I, I − 1, ..., 0,..., 1 − I, −I H: $m_z = -\frac{1}{2}, +\frac{1}{2}$

Abb. 20.43 Zeeman-Effekt. Energetische Aufspaltung der beiden ¹H-Kernspinniveaus im magnetischen Feld

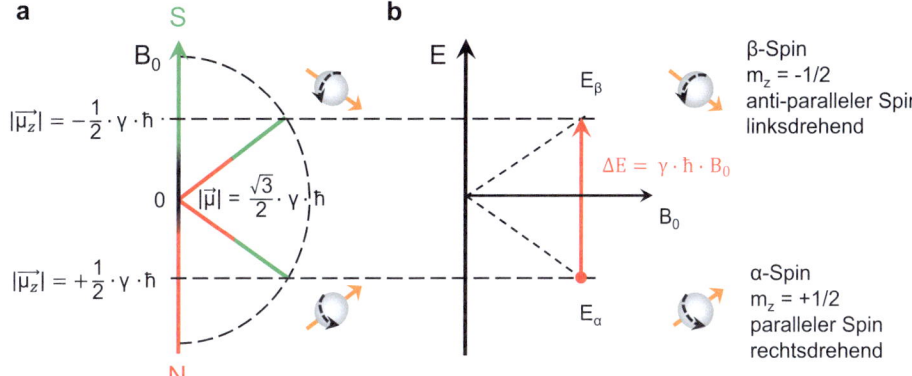

- magnetisches Moment in z-Richtung (μ_z) von ¹H:
  $\mu_z = m_z \cdot \gamma \cdot \hbar$ H: $\mu_z = \pm 1/2 \cdot \gamma \cdot \hbar$
- Betrag/Länge des Eigendrehimpulses (L) von ¹H:
  $L = |\vec{L}| = \sqrt{I(I+1)}$ H: $L_H = \frac{1}{2}\sqrt{3} \approx 0{,}866$

Somit kann aufgrund der Richtungsquantelung des magnetischen Moments ($\vec{\mu_z}$) der Kern des Wasserstoffatoms (2·1/2 + 1 = 2) zwei Orientierungen ($m_z = +1/2$ resp. $-1/2$). einnehmen (Abb. 20.43). Im Unterschied zur einführenden Betrachtung (Abb. 20.41a) richtet sich das magnetische Moment nicht völlig parallel oder antiparallel zum äußeren Magnetfeld aus. Trotzdem werden wir weiterhin wegen der sprachlichen Einfachheit von paralleler und antiparalleler Ausrichtung sprechen.

Das magnetische Moment ($\vec{\mu_z}$) und somit auch der ¹H-Atomkern präzediert wie ein Kreisel um die Feldlinien des äußeren Magnetfelds (B_0, z-Achse). Die Frequenz (ν_L) dieser Präzessions-/Kreiselbewegung wird als Larmorfrequenz bezeichnet. Die Larmorfrequenz (ν_L) nimmt proportional mit der Stärke des äußeren Magnetfelds (B_0, Gerätekonstante) und dem gyromagnetischen Verhältnis (γ, Nuklidkonstante) zu und errechnet sich zu:

$$\nu_L = \left|\frac{\gamma}{2\pi}\right| \cdot B_0 \qquad (20.42)$$

ν_L – Larmorfrequenz, Larmorpräzession, s^{-1}

γ – gyromagnetisches Verhältnis Atomkern, $T^{-1} \cdot s^{-1}$

B_0 – magnetische Flussdichte, externes Magnetfeld, T (T = Tesla)

■ **Resonanzbedingung**

Wie schon erwähnt, weist der α-Kernspinzustand des ¹H-Atoms (parallele Orientierung des magnetischen Moments zu den Feldlinien B_0) ein geringeres Energieniveau auf als der β-Kernspinzustand (antiparallele Ausrichtung). Generell berechnet sich die Energie eines Protons im externen Magnetfeld mit der magnetischen Flussdichte B_0 zu:

$$E = -\mu_z \cdot B_0 = -\gamma m \hbar B_0 \qquad (20.43)$$

E – Energie Proton im Magnetfeld, Nm oder J

μ_z – magnetisches Moment Atomkern, Am²

B_0 – magnetische Flussdichte, externes Magnetfeld, T ≡ NA^{-1}m^{-1}

$\hbar$ – reduziertes Planck'sches Wirkungsquantum, Js

Somit ergeben sich für die beiden Kern-Zeeman-Energieniveaus des Protons ($m_z = +1/2$ resp. $-1/2$, Abb. 20.43):

$$E_\alpha = -\frac{1}{2} \cdot \gamma \cdot \hbar \cdot B_0 \; und \; E_\beta = +\frac{1}{2} \cdot \gamma \cdot \hbar \cdot B_0 \qquad (20.44)$$

Mit zunehmender magnetischer Flussdichte (B_0) nimmt die Energiedifferenz (ΔE) zwischen den beiden Kernspinzuständen α und β linear zu (Abb. 20.43b, Gl. 20.45).

$$\Delta E = E_\beta - E_\alpha = \gamma \cdot \hbar \cdot B_0 \qquad (20.45)$$

Die Energiedifferenz für einen Wasserstoffkern ($\gamma = 26{,}8 \cdot 10^7$ T^{-1}·s^{-1}) in einem Magnetfeld von 7 T (300-MHz-¹H-NMR-Gerät) errechnet sich zu:

$$\Delta E = 26{,}8 \cdot 10^7 T^{-1} \cdot s^{-1} \cdot 1{,}055 \cdot 10^{-34} J \cdot s \cdot 7T$$
$$= 2{,}0 \cdot 10^{-25} J \approx 0{,}12 J \cdot mol^{-1}$$

Da der α-Kernspinzustand energieärmer ist als der β-Kernspinzustand, sollte im thermischen Gleichgewicht der α-Zustand stärker besetzt sein. Allerdings ist die Energiedifferenz ΔE, hervorgerufen durch das äußere Magnetfeld, nur sehr klein im Vergleich zur inneren thermischen Energie der Teilchen ($E_{therm} = R \cdot T = 2400$ J · mol^{-1}), sodass die beiden Energiezustände α und β in etwa gleichstark besetzt sind.

Eine quantitative Abschätzung der thermischen Gleichgewichtsbesetzung der unterschiedlichen Kern-Zeeman-Energieniveaus ist mithilfe der Boltzmann-Statistik möglich.

$$\frac{N_\beta}{N_\alpha} = e^{\frac{-\Delta E}{RT}} = e^{\frac{-0{,}12\,Jmol^{-1}}{2400\,Jmol^{-1}}} = 0{,}99995 \rightarrow N_\beta = 0{,}99995 \cdot N_\alpha \qquad (20.46)$$

N_β – Population des β-Spinzustands, dimensionslos
N_α – Population des α-Spinzustands, dimensionslos
ΔE – Energiedifferenz der beiden Spinzustände, Jmol^{-1}
R – allgemeine Gaskonstante, JK^{-1}mol^{-1}
T – absolute Temperatur, K

Das bedeutet, wenn 100.000 Protonen parallel zum Magnetfeld orientiert sind (Energieniveau α), sind gleichzeitig 99.995 Protonen antiparallel zum Magnetfeld ausgerichtet (Energieniveau β), also eine nahezu identische Besetzung.

Um Kerne vom energieärmeren α-Niveau in das energiereichere β-Niveau überzuführen, muss dem präzedierenden Kern genau die Energiedifferenz (ΔE) durch elektromagnetische Strahlung (Radiowellen) mit der Frequenz (ν) zugeführt werden.

$$\Delta E = h \cdot \nu = \gamma \cdot \hbar \cdot B_0 \rightarrow \nu = \frac{\gamma}{2\pi} \cdot B_0 \qquad (20.47)$$

h – Planck'sches Wirkungsquantum, Js
ν – Frequenz, die den Kernspin umklappt, s^{-1}
γ – gyromagnetisches Verhältnis Atomkern, Askg^{-1}
ℏ – reduziertes Planck'sches Wirkungsquantum, Js
B_0 – magnetische Flussdichte, externes Magnetfeld, T oder NA^{-1}m^{-1}

Diese Frequenz entspricht genau der Larmorfrequenz (ν_L, Gl. 20.42) und ist wie diese proportional zum externen B_0-Feld (B_0). Das heißt, strahlt man mit einem Hochfrequenzpuls (HF-Puls) der Larmorfrequenz (ν_L) auf eine Probelösung ein, dann entsteht Resonanz mit den mit Larmorfrequenz präzedierenden Kernen und die Spinrichtung der Kerne klappt in die energiereichere β-Spin-Position um (Spinumkehr). Dieser Übergang ist quantenmechanisch erlaubt, da sich die magnetische Quantenzahl (m_z) um eine Einheit (Einquantenübergang, $\Delta m_z = \pm 1$) ändert.

Die ersten NMR-Spektrometer wiesen magnetische Feldstärken von 1,4 T auf, sodass elektromagnetische Wellen der Frequenz von 60 MHz (5 m Wellenlänge, UKW) für die Spinumkehr von Wasserstoffkernen (^{1}H) benötigt wurden. Moderne NMR-Spektrometer generieren magnetische Felder mit Stärken bis zu 21 T, sodass Frequenzen von 900 MHz (0,33 m Wellenlänge, TV) notwendig sind, um die Spinorientierung der Wasserstoffkerne umzuklappen.

Da die gyromagnetische Konstante (γ) für die einzelnen Nuklide wie ^{1}H, ^{19}F etc. stark differieren (◘ Tab. 20.6), ist es möglich, die einzelnen Kernsorten selektiv mit verschiedenen Hochfrequenzspulen (Sonden) anzuregen, ohne dass sie sich wechselseitig stören. Das heißt, wenn die Larmorfrequenz für Protonen (Wasserstoffsonde) eingestrahlt wird, werden nur Protonen angeregt und keine anderen Nuklide wie z. B. ^{13}C, ^{19}F etc.

20.3.3 Spektrometer – Supraleitende Magneten erzeugen homogene Magnetfelder hoher Feldstärke

■ **Messprinzip**

Wird eine makroskopische Probe (ca. 0,3 ml Lösung, wenige Milligramm Substanz) in das äußere Magnetfeld (B_0) eines NMR-Spektrometers gebracht, so enthält diese ca. 10^{17} Protonen (^{1}H). Da das α-Energieniveau energieärmer ist, sind gemäß Boltzmann-Verteilung (Gl. 20.46) etwas mehr Wasserstoffatome parallel zum äußeren Magnetfeld ausgerichtet als antiparallel, sodass die Addition der einzelnen magnetischen Momente ($\vec{\mu}$) über alle Protonen einen makroskopischen Magnetisierungsvektor ($\vec{M}_0$) parallel zu den Feldlinien des äußeren Magnetfelds (B_0) ergibt (◘ Abb. 20.44a).

Durch kurzzeitiges Einstrahlen eines elektromagnetischen Hochfrequenzimpulses (HF-Puls) mit der Larmorfrequenz (ν_L) für Wasserstoffatome über eine Senderspule entlang der x-Achse (◘ Abb. 20.44a) werden einzelne Spins in die energiereichere β-Spin-Position umgeklappt und somit der makroskopische Magnetisierungsvektor ($\vec{M}_0$) ausgelenkt. Dabei wird die Zeitdauer des Pulses so gewählt, dass die Auslenkung des Magnetisierungsvektors exakt 90° beträgt, sodass der Magnetisierungsvektor in der xy-Ebene zu liegen kommt (◘ Abb. 20.44b). Die makroskopische Magnetisierung ist dann in z-Richtung null ($|\vec{M}_z| = 0$) und in y-Richtung maximal ($|\vec{M}_{xy}|$ = max.). Der Magnetisierungsvektor präzediert jetzt kreisförmig in der xy-Ebene. Dies bezeichnet man als Quermagnetisierung oder transversale Magnetisierung.

Da der HF-Puls nur wenige Mikrosekunden (t_p) dauert, enthält dieser aufgrund der Heisenberg'schen Unschärferelation (▶ Abschn. 19.1.4) nicht nur die Larmorfrequenz (ν_L) des Wasserstoffs, sondern ein kontinuierliches Frequenzband symmetrisch zur Larmorfrequenz ν_L. Die spektrale Breite des Frequenzbands

20.3 · NMR-Spektroskopie – Anregung von Atomkernen durch Radiowellen

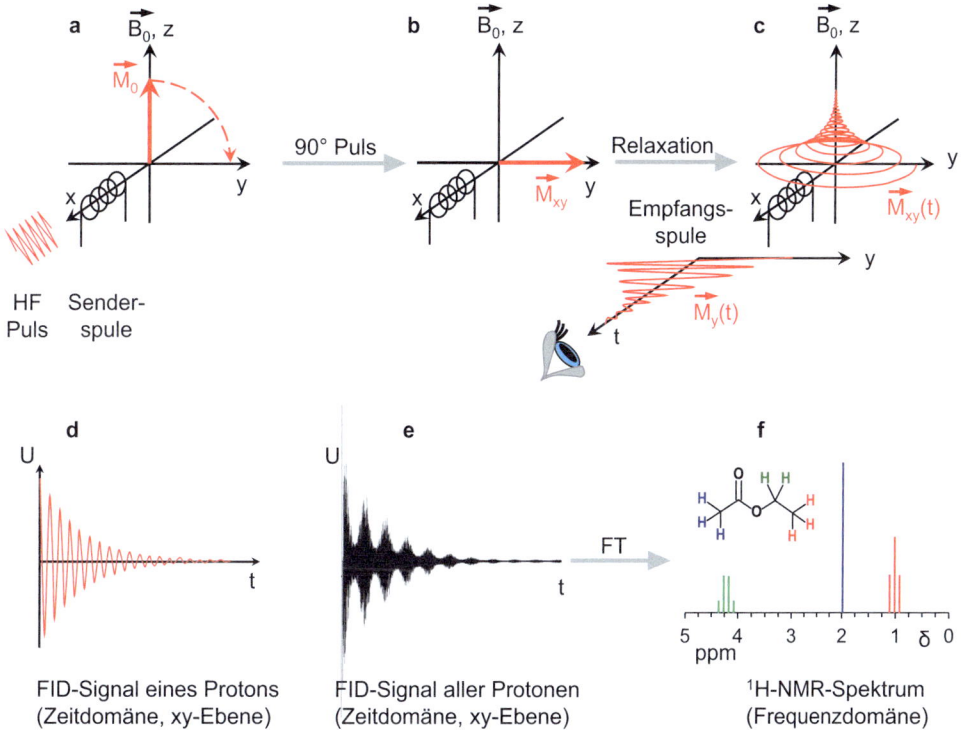

○ **Abb. 20.44** Anregung, Empfang (**a**) und Fourier-Transformation (**b**) des NMR-Signals

($\Delta\nu \approx 1/t_p$) beträgt ca. 100 kHz, je nach Länge des HF-Pulses. Dadurch werden alle Protonen eines Moleküls, die aufgrund unterschiedlicher chemischer Umgebung leicht unterschiedliche Larmorresonanzfrequenzen aufweisen, durch einen einzigen HF-Puls um 90° gedreht.

Nach Abschalten des HF-Anregungspulses taumelt die makroskopische Magnetisierung aus der Quermagnetisierung ($\vec{M}_{xy}$) wieder in das energetisch stabilere thermische Gleichgewicht, die Ausgangssituation ($\vec{M}_0, |\vec{M}_z| = \text{max.}$), zurück (○ Abb. 20.44c). Dabei nimmt der Betrag der Magnetisierung in der xy-Ebene (Spin-Spin-Relaxation) ab und in z-Richtung (longitudinale Spin-Gitter-Relaxation) zu, sodass sich die Spitze des präzedierenden Magnetisierungsvektors $[\vec{M}_{xy}(t)]$ spiralförmig in z-Richtung auf die thermische Gleichgewichtslage zubewegt (○ Abb. 20.44c). Die Zeitdauer dieses Relaxationsprozesses liegt für Wasserstoffkerne meist unter einer Sekunde.

Die longitudinale Relaxation des Magnetisierungsvektors in z-Richtung ($\vec{M}_z$) ist auf Energieabgabe durch Spinumkehr ($\beta \rightarrow \alpha$) zurückzuführen, bis sich das thermische α/β-Boltzmann-Gleichgewicht wieder eingestellt hat. Die überschüssige Energie wird an die Umgebung durch Kollision mit Lösungsmittelmolekülen, der Probengefäßwand etc. in Form von Wärme abgegeben. Der Prozess wird als Spin-Gitter-Relaxation bezeichnet.

Die Relaxation, der Abfall der Quermagnetisierung ($\vec{M}_{xy}$), wird durch Spin-Spin-Wechselwirkung mit benachbarten Kernspins (chemische Umgebung) und durch Inhomogenitäten des Magnetfelds ($\vec{B}_0$) verursacht. Das abklingende Signal wird als FID (*free induction decay*) bezeichnet und als Messsignal (NMR-Signal) der Kernspinresonanz aufgezeichnet. Dabei dient die senkrecht zum statischen Magnetfeld B_0 in der xy-Ebene liegende HF-Senderspule (○ Abb. 20.44c) nach der Abgabe des HF-Pulses als Empfängerspule für den in der xy-Ebene mit Larmorfrequenz präzedierenden Magnetisierungsvektor ($\vec{M}_{xy}$) respektive für die in der Spule induzierte und mit Larmorfrequenz schwingende Wechselspannung (U). Aus der Spulenperspektive entspricht das zeitabhängige FID-Signal des spiralförmig präzedierenden Magnetisierungsvektors ($\vec{M}_{xy}$) einer gedämpften Cosinusfunktion in der xy-Ebene (○ Abb. 20.44d). Da durch den kurzen HF-Impuls alle Protonen mit unterschiedlicher chemischer Umgebung und somit verschiedenen Resonanzfrequenzen gleichzeitig angeregt werden, entspricht der Gesamt-FID der Überlagerung der einzelnen FIDs (○ Abb. 20.44e).

Letztendlich wird durch Fourier-Transformation das FID-Signal von der Zeitdomäne U(t) in ein vertrautes Frequenzspektrum U(ν) überführt (○ Abb. 20.44f). Um das Signal-Rausch-Verhältnis zu verbessern, werden die FID-Signale n-mal gemessen und aufaddiert. Das Signal wird dadurch n-mal stärker, das statistisch auftretende elektronische Rauschen nimmt aber nur um den Faktor $\sqrt{n}$ zu, sodass sich das Signal-Rausch-Verhältnis mit zunehmender Anzahl an Messungen (n) um

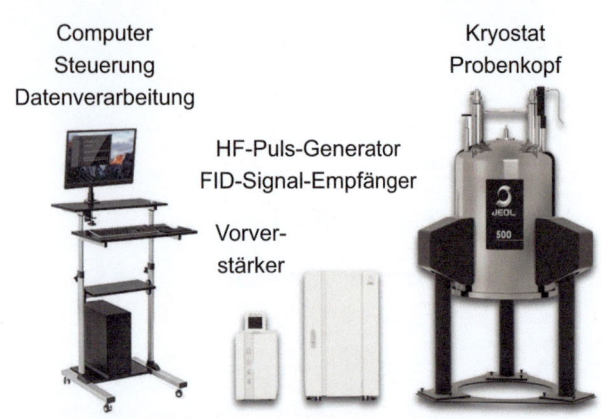

Abb. 20.45 Modernes FT-NMR-Impulsspektrometer mit 500-MHz-Magneten (© JEOL USA Inc)

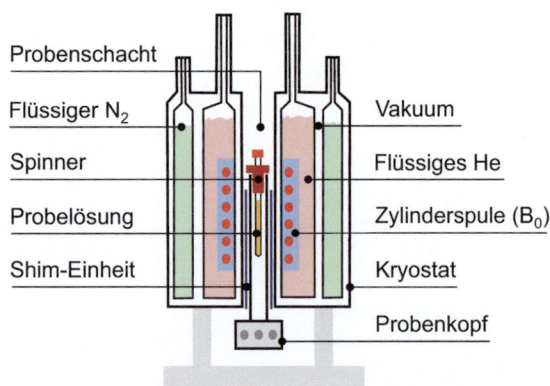

Abb. 20.46 Querschnitt durch einen supraleitenden Magneten mit Probenkopf und Substanzprobe

den Faktor Wurzel $\sqrt{n}$ verbessert. In der ^{1}H-NMR-Spektroskopie werden üblicherweise 16 Messungen durchgeführt. Da die Relaxationszeit zwischen den HF-Pulsen abgewartet werden muss, dauert die Aufnahme eines ^{1}H-NMR-Spektrums ca. eine Minute.

Die wesentlichen Komponenten eines modernen NMR-Impulsspektrometers (Abb. 20.45) sind:
- ein supraleitender Kryostat hoher Feldstärke zur Erzeugung eines homogenen Magnetfelds (B_0)
- ein Probenkopf, der die Substanzprobe aufnimmt und diverse Spulen wie z. B. Sender-, Empfänger-, Gradientenspulen etc. enthält
- ein Radiofrequenzgenerator für die Einstrahlung eines HF-Pulses auf die zu analysierende Probe
- einen Radiofrequenzempfänger, der das FID-Signal empfängt und verstärkt
- Computer mit Software, der das NMR-Experiment steuert und das FID-Signal in die Frequenzdomäne transformiert

■ **Supraleitender Magnet**

Stärke, Homogenität und Stabilität des magnetischen Flusses (B_0) sind von entscheidender Bedeutung für das Auflösevermögen eines NMR-Spektrometers. Heute kommen ausschließlich supraleitende Magneten (Kryomagneten) mit magnetischen Flussdichten von 7–18,8 T zum Einsatz. NMR-Spezialisten klassifizieren die Stärke des Magneten in Relation zur Resonanz-/Larmorfrequenz von Protonen (^{1}H) und sprechen von 300- bis 800-MHz-Magneten. Einzelne Magneten weisen bereits magnetische Flussdichten von 28 T (1,2 GHz) auf. Zum Vergleich: In Mitteleuropa hat das Erdmagnetfeld eine Flussdichte von ca. 50 µT und ist somit um den Faktor 200.000 schwächer als das Magnetfeld gängiger NMR-Spektrometer.

Das Herzstück eines supraleitenden Magneten ist eine große Zylinderspule (Abb. 20.46), die aus supraleitendem Niobzinndraht (Nb_3Sn) gewickelt ist. Unterhalb der sogenannten Sprungtemperatur ist der Draht supraleitend, d. h., Strom fließt ohne messbaren elektrischen Widerstand. Ist die Stromzirkulation in der Niobzinndrahtwicklung angeregt, bedarf es keiner äußeren Energiequelle mehr, um das Magnetfeld aufrechtzuerhalten.

Die supraleitende Zylinderspule befindet sich in einem Reservoir flüssigen Heliums, sodass die Temperatur der Spule stets unter der Sprungtemperatur des Niobzinns verharrt. Da der Innenbereich des Kryostats nicht absolut von eindringender Wärme isoliert werden kann, verdampft stets etwas des sehr teuren Heliums. Um den Heliumverbrauch zu minimieren, befindet sich der Heliumbehälter (Sdp. 4 K) samt Zylinderspule in einem Tank mit flüssigem Stickstoff (Sdp. 77 K). Üblicherweise ist alle zwei Wochen flüssiger Stickstoff und halbjährlich flüssiges Helium nachzufüllen.

Der Heliumpegel darf keinesfalls ein Minimum unterschreiten, da ansonsten die Spulentemperatur über die Sprungtemperatur ansteigen würde, wodurch der Spulendraht seine supraleitenden Eigenschaften verlieren und normalleitend würde. Der einsetzende elektrische Widerstand würde die Spule aufheizen, wodurch schlagartig die gesamte magnetische Energie von mehreren Megajoule in Wärme umgewandelt und das flüssige Helium innerhalb weniger Minuten verdampfen würde. Die Risiken eines solchen Quenches sind irreversible mechanische Schäden am Magneten und Erstickungsgefahr des Bedienpersonals.

Durch kleine Inhomogenitäten in der Zylinderspule und durch äußere Einflüsse wie z. B. benachbarte Stahlkonstruktionen ist das Magnetfeld im Inneren der Zylinderspule nicht absolut homogen. Mithilfe fest positionierter, supraleitender Shim-Spulen außerhalb der Zylinderspule werden kleine Magnetfelder erzeugt, womit Inhomogenitäten der Hauptspule (B_0) weitestgehend kompensiert werden. Das Fine-Shimming erfolgt mit zusätzlichen normalleitenden Spulen, die von der Computerkonsole aus gesteuert werden, damit im Be-

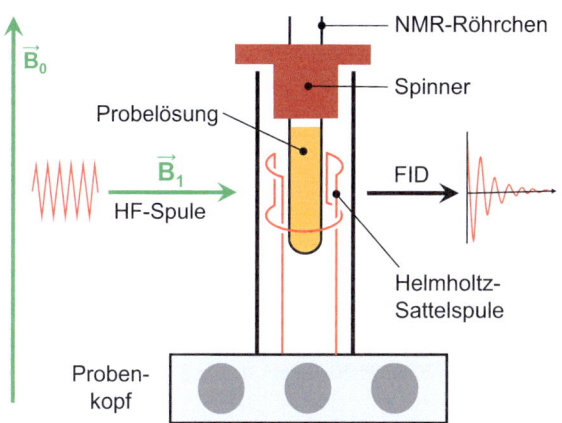

● Abb. 20.47 Probenkopf mit Helmholtz-Sattelspule und eingefahrener Probelösung

das damit verbundene Magnetfeld ($\vec{B}_1$) wird mithilfe des Sattelspulenpaars senkrecht zum statischen Magnetfeld ($\vec{B}_0$) in die Probelösung eingestrahlt (● Abb. 20.44a). Die Form der Sattelspulen ermöglicht sowohl die senkrechte Einstrahlung von $\vec{B}_1$ als auch ein problemloses Ein- und Ausfahren des NMR-Röhrchens.

Durch das Magnetfeld $\vec{B}_1$ wird der makroskopische Magnetisierungsvektor $\vec{M}_0$ in die xy-Ebene gedreht ($\vec{M}_{xy}$). Nach Abschalten des HF-Pulses relaxiert der transversale Magnetisierungsvektor $\vec{M}_{xy}$ über die Zeit (● Abb. 20.44c). Das abklingende Magnetsignal induziert in der Helmholtz-Sattelspule ein zur Quermagnetisierung proportionales, hochfrequentes elektrisches Spannungssignal, was als FID-Signal (● Abb. 20.47) an den Vorverstärker und letztendlich an den Computer zur digitalen Aufbereitung weitergeleitet wird.

reich der Probelösung (● Abb. 20.47) ein möglichst homogenes Magnetfeld ($\vec{B}_0$) vorherrscht.

■ Probenkopf

Der elementspezifische (^{1}H, ^{13}C, ^{19}F etc.) Probenkopf, ein längliches Rohr, wird von unten in den Probenschacht eingeführt. Das Probekopfrohr endet im Zentrum des supraleitenden Magneten (Zylinderspule) und nimmt das NMR-Röhrchen mit Probelösung und Spinner auf. Je nach Design des Probenkopfs kann dieser NMR-Röhrchen mit 5 oder 10 mm Durchmesser aufnehmen.

Der Probenkopf hat im Wesentlichen folgende Aufgaben:
- Tragen und Zentrieren des NMR-Röhrchens
- Temperaturkontrolle der Probelösung
- Einstrahlen des HF-Pulses in die Probelösung
- Empfangen des FID-Signals der Probelösung

Die Probelösung wird in einem NMR-Röhrchen von oben in den Probenschacht (zentrale „Bohrung" des Magneten von ca. 5 cm Durchmesser) in den supraleitenden Magneten (Zylinderspule) eingefahren. Letztendlich kommt der Spinner mit NMR-Röhrchen auf dem Probenkopfrohr zu sitzen, sodass die Probelösung (● Abb. 20.47, gelb) zwischen einem Helmholtz-Sattelspulenpaar positioniert ist. Luft strömt von unten durch den Probenkopf am Spinner vorbei, wodurch das NMR-Röhrchen mit etwa zehn Umdrehungen pro Sekunde um seine Längsachse rotiert und Feldinhomogenitäten in der Probelösung minimiert werden. Außerdem kann der Luftstrom bei Bedarf beheizt oder gekühlt werden, wodurch Messungen dynamischer Molekülprozesse bei unterschiedlichen Temperaturen durchgeführt werden können.

Der vom Generator erzeugte HF-Radiofrequenzpuls (Larmorfrequenz, wenige Mikrosekunden Dauer) und

20.3.4 Spektren – Chemische Verschiebung, Integrale, Spin-Spin-Kopplung und Signalmultiplizität

Wie schon der erste Blick auf ein einfaches NMR-Spektrum (● Abb. 20.49) erkennen lässt, liefern NMR-Spektren Informationen über
- die Anzahl von Signalen (magnetisch unterschiedliche Wasserstoffatome),
- die Signallage (chemische Umgebung der H-Atome),
- die Signalintensität (Integral, Anzahl der H-Atome) und
- die Signalstruktur (Multiplizität),

die zur Strukturaufklärung organischer Verbindungen herangezogen werden können.

■ Anzahl der Signale

Die Anzahl der beobachtbaren NMR-Signale wird von der chemischen Struktur und den Symmetrieeigenschaften eines Moleküls bestimmt. Falls Wasserstoffatome durch eine auf das ganze Molekül anwendbare Symmetrieoperation (Rotation, Spiegelung, Inversion) oder durch schnelle Molekülfluktuationen ineinander überführt werden können, sind diese wechselseitig chemisch äquivalent und haben somit die gleiche Larmorfrequenz respektive chemische Verschiebung (s. u.). Wasserstoffatome sind chemisch äquivalent, wenn sie die gleiche chemische Umgebung aufweisen.

● Abb. 20.48 zeigt Beispiele für chemisch äquivalente Wasserstoffe an unterschiedlichen Molekülen. In Methan (A) sind alle vier Protonen chemisch äquivalent. Durch Rotation und Spiegelungen lassen sich die H-Atome ineinander überführen. In Chlormethan (B) sind ebenfalls alle drei Protonen chemisch äquivalent,

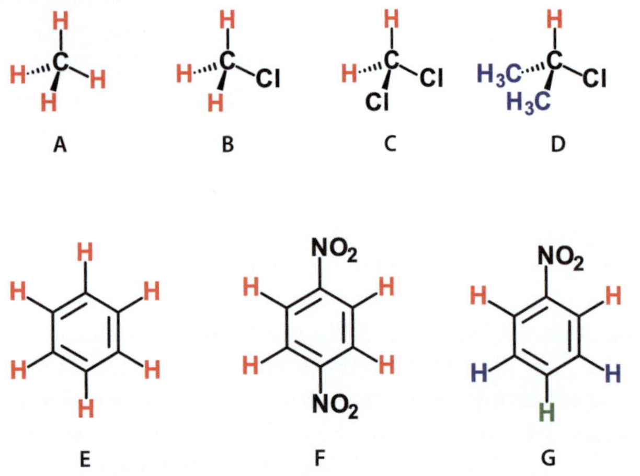

Abb. 20.48 Chemisch äquivalente Wasserstoffkerne sind farblich gekennzeichnet

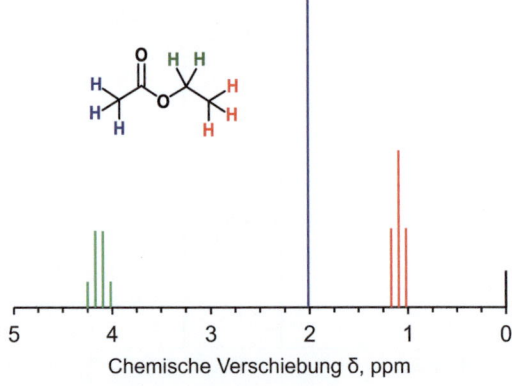

Abb. 20.49 Das ^{1}H-NMR-Spektrum von Ethylacetat besteht aus drei Signalgruppen

da beispielsweise Rotation um die C–Cl-Bindungsachse die drei H-Atome ineinander überführt (Rotationssymmetrie). Die ^{1}H-NMR-Spektren der Verbindungen A, B und C bestehen jeweils aus einem Signal (Singulett).

2-Chlorpropan (D) weist dagegen zwei chemisch verschiedene H-Atome auf. Die sechs Methylprotonen (blau) sind durch Spiegelung zur Deckung zu bringen. Das Methinproton (rot) hat eine völlig andere chemische Umgebung als die sechs Methylprotonen. Das ^{1}H-Spektrum besteht somit aus zwei Signalen.

Alle sechs Protonen des Benzens (E) können durch Rotation oder Spiegelung zur Deckung gebracht werden, sodass alle die gleiche chemische Verschiebung aufweisen und ein NMR-Signal ergeben.

In 1,4-Dinitrobenzen (F) sind alle vier Protonen chemisch identisch und ergeben somit ebenfalls ein einziges Signal im ^{1}H-NMR.

Nitrobenzen (G) dagegen weist drei chemisch unterschiedliche Wasserstoffe auf, sodass das Spektrum aus drei Signalen besteht.

■ Chemische Verschiebung und innerer Standard

Um das Funktionsprinzip der NMR-Spektroskopie zu verstehen, haben wir bisher einzelne Wasserstoffkerne, Protonen (^{1}H), im Magnetfeld betrachtet. Durch Einstrahlen der Larmorfrequenz (ν_L, Gl. 20.48) wird ein Proton aus der energieärmeren α-Kernspin-Position in die energiereichere β-Kernspin-Position umgeklappt.

Dies würde bedeuten, dass für alle Wasserstoffatome nur ein einziges Kernresonanzsignal erhalten würde, schließlich hängt das Kernresonanzsignal isolierter ^{1}H-Atome ausschließlich vom statischen Magnetfeld (B_0) ab.

$$\nu_L = \left|\frac{\gamma}{2\pi}\right| \cdot B_0 \qquad (20.48)$$

Der Blick auf das sehr übersichtliche ^{1}H-NMR-Spektrum von Essigsäureethylester (● Abb. 20.49) zeigt aber bereits, dass für die drei unterschiedlichen „Sorten" von Wasserstoffatomen drei verschiedene Signalgruppen mit unterschiedlichen Mustern erhalten werden. Es ist somit naheliegend, dass die chemische Verschiebung (δ) der Signale der einzelnen Wasserstoffatome im Spektrum von deren chemischer Umgebung maßgeblich beeinflusst wird.

Der Wasserstoffkern (^{1}H) präzediert gemäß Gl. 20.48 mit der Larmorfrequenz (ν_L) um die Feldlinien des äußeren Magnetfelds (B_0). Bisher haben wir das um den Kern „kreisende" Elektron vernachlässigt. Das Elektron wechselwirkt allerdings ebenfalls mit dem statischen Magnetfeld ($\vec{B}_0$) und erzeugt gemäß der Lenz'schen Regel ein dem äußeren Magnetfeld entgegengesetzt gerichtetes Magnetfeld ($\sigma \cdot \vec{B}_0$), sodass auf die Wasserstoffkerne, sprich Protonen, lediglich das effektive Magnetfeld ($\vec{B}_{eff}$, Gl. 20.49) einwirkt. Die Abschirmungskonstante (σ) beschreibt die Stärke der Abschirmung, d. h. Schwächung des äußeren Magnetfelds, durch die elektronische Situation am Proton. Je höher die Elektronendichte um das Proton, desto größer ist die Abschirmungskonstante (σ). Die Abschirmungskonstante ist eine dimensionslose Zahl und hat für Wasserstoffatome einen Wert in der Größenordnung von 10^{-6} (ppm).

$$B_{eff} = B_0 - \sigma \cdot B_0 = (1-\sigma) \cdot B_0 \qquad (20.49)$$

B_{eff} – effektive magnetische Flussdichte am Atomkern (Proton), T

B_0 – äußere magnetische Flussdichte des supraleitenden Magneten, T

σ – Abschirmungskonstante, dimensionslos

Die Abschirmungskonstante (σ) ist unabhängig vom äußeren Magnetfeld (B_0) und wird einzig und allein von der chemischen Umgebung (Elektronen, Nachbarkerne) bestimmt. Dadurch weisen Wasserstoffatome mit unter-

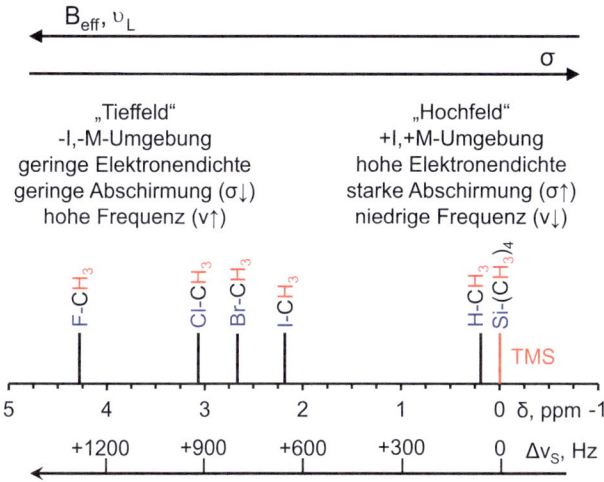

Abb. 20.50 Chemische Verschiebung diverser Methylverbindungen (300-MHz-NMR-Spektrometer)

schiedlicher chemischer Umgebung unterschiedliche Larmorfrequenzen (Gl. 20.50) und somit unterschiedliche chemische Verschiebungen auf (Abb. 20.50), weshalb die NMR-Methode bevorzugt im Wissenschaftsbereich für die Aufklärung von chemischen Strukturen organischer Verbindungen eingesetzt wird.

$$\nu_L = \left|\frac{\gamma}{2\pi}\right| \cdot B_0 \cdot (1-\sigma) \qquad (20.50)$$

Im Fall von Wasserstoffatomen ist die Abschirmungskonstante (σ) maximal, da dem Proton ein „ganzes" Elektron zur Abschirmung zur Verfügung steht. Durch die Einbindung von Wasserstoffatomen in einen Molekülverbund variiert die elektronische Abschirmung der Protonen je nach chemischer „Nachbarschaft". Im Normalfall ist die Abschirmungskonstante (σ) kleiner als für elementaren Wasserstoff, weil z. B. elektronegative Heteroatome Elektronendichte via Kovalenzbindung vom Wasserstoffatom abziehen. Da dadurch die effektive magnetische Flussdichte am Proton größer wird, nimmt die Larmorfrequenz eines solchen Protons zu (Gl. 20.50, Abb. 20.50).

Abb. 20.50 zeigt den Einfluss von Substituenten auf das ^{1}H-NMR-Signal einer Methylgruppe (–CH_3). Als Referenzpunkt dient das Signal von Tetramethylsilan (TMS), dessen zwölf chemisch gleichwertige Protonen per Definition international die chemische Verschiebung $\delta = 0$ ppm zugeordnet wird. Wird das Spektrum mit einem 300-MHz-Gerät (B_0) aufgezeichnet, dann präzedieren gemäß Konvention die Protonen des TMS mit 300 MHz um die Feldlinien des statischen Magnetfelds. Eine weitere Konvention legt fest, dass die NMR-Signale mit zunehmender Abschirmungskonstante von links nach rechts aufgetragen werden, links somit die Resonanzfrequenzen höher sind.

Substituiert man Silicium (Elektronegativität EN = 1,9) durch Wasserstoff (EN 2,2), Iod (EN 2,66), Brom (EN 2,96), Chlor (EN 3,16) und Fluor (EN 3,98), dann wird mit zunehmender Elektronegativität des „blauen" Substituenten immer mehr Elektronendichte von den Wasserstoffatomen der Methylgruppe (–CH_3, rot) abgezogen. Dadurch werden die Wasserstoffatome zunehmend mehr „entschirmt", d. h., die Abschirmungskonstante (σ) wird kleiner. Als Folge dessen nimmt das effektive Magnetfeld, das an den Protonen der Methylgruppe ankommt, zu und die Larmorfrequenz der Protonen wird größer. Es gilt somit folgende logische Kette für den Einfluss von Substituenten auf Protonen: EN↑ → σ↓ → B_{eff}↑ → ν_L↑.

TMS gibt bei 300.000.000 Hz (300 MHz) ein Signal bei 0 Hz. Im Vergleich zu TMS ist das Protonensignal des Chlormethans um 930 Hz zu höherer Frequenz verschoben, sodass die Larmorfrequenz der Protonen in Chlormethan 300.000.930 Hz (300,00093 MHz) beträgt.

■ **Interner Standard**

Wie in Abb. 20.50 illustriert, erfolgt die Angabe des NMR-Signals (ν_S) als Frequenzabstand ($\Delta\nu_S$) zu einer Referenzsubstanz (ν_R). Die Referenzfrequenz (ν_R) ist per Konvention identisch mit der Larmorfrequenz des äußeren Magnetfelds (ν_L).

$$\Delta\nu_S = \nu_S - \nu_R = \left|\frac{\gamma}{2\pi}\right| \cdot (\sigma_R - \sigma_S) \cdot B_0 \qquad (20.51)$$

$\Delta\nu_S$ – Frequenzabstand des NMR-Signals vom Referenzsignal, Hz

ν_S – Larmorfrequenz des NMR-Signals, Hz

ν_R – Larmorfrequenz des Referenzsignals, Hz

σ_R – Abschirmungskonstante für Protonen der Referenz, dimensionslos

σ_S – Abschirmungskonstante für Protonen des NMR-Signals, dimensionslos

B_0 – äußere magnetische Flussdichte des supraleitenden Magneten, T

Die Standardreferenzsubstanz in der ^{1}H-NMR-Spektroskopie ist Tetramethylsilan [TMS, Si(CH_3)$_4$]. Da geringe Mengen von TMS vor Beginn der Messung zu der Probelösung gegeben werden, spricht man von einem internen Standard.

TMS eignet sich als interner Standard, da
- es chemisch inert ist,
- alle zwölf Protonen magnetisch äquivalent sind und sich somit ein scharfes Singulettsignal ergibt,

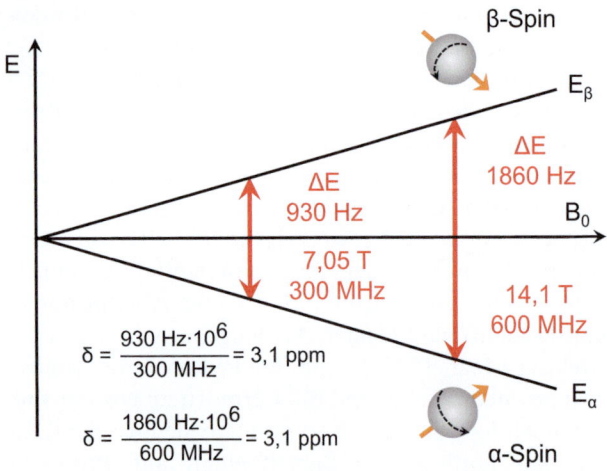

$$\delta_S = \frac{(\nu_S - \nu_R) \cdot 10^6 \, ppm}{\nu_L} \xrightarrow{\nu_L = \nu_R} \delta_S = \frac{\Delta\nu_S \, (Hz)}{\nu_R \, (MHz)} ppm$$
(20.52)

δ_S – chemische Verschiebung eines NMR-Signals, ppm
ν_S – Larmorfrequenz des NMR-Signals, MHz
ν_R – Larmorfrequenz des Referenzsignals, MHz
$\Delta\nu_S$ – Frequenzabstand des NMR-Signals vom Referenzsignal, Hz

Der Referenzsubstanz TMS wird die chemische Verschiebung $\delta = 0$ ppm zugewiesen. Da moderne FT-NMR-Spektrometer extrem empfindlich sind, braucht Proben kein TMS mehr zugegeben werden, sondern man kalibriert auf das Restsignal eines deuterierten Lösungsmittels (z. B. $CHCl_3$, $\delta = 7{,}26$ ppm). Nahezu alle ^1H-NMR-Signale fallen in den Verschiebungsbereich $\delta = 0$–12 ppm.

▶ **Beispiel**

Der Frequenzabstand für Fluormethan, aufgenommen mit einem 300-MHz-Gerät, beträgt 1290 Hz relativ zu TMS. Berechnen Sie die chemische Verschiebung (δ) in ppm. ◀

$$\delta_S = \frac{1290 \, Hz \cdot ppm}{300 \, MHz} = 4{,}3 \, ppm$$

■ **Einflussfaktoren auf die chemische Verschiebung (δ)**

Elektronendichte am Wasserstoffatom

Wie schon erwähnt, hat die Elektronendichte am Wasserstoffatom entscheidenden Einfluss auf dessen chemische Verschiebung. Je höher die Elektronendichte, desto größer die Abschirmung (σ) des Wasserstoffatoms und desto kleiner die chemische Verschiebung (δ). ◘ Abb. 20.50 ist ein perfektes Beispiel hierfür. Vom Methan zum Fluormethan nimmt über Iodmethan, Brommethan und Chlormethan die Elektronegativität des „blauen" Substituenten stetig zu und somit die Elektronendichte an den Protonen stetig ab. Als Folge davon nehmen die effektive Magnetfeldstärke und die Resonanzfrequenz der drei äquivalenten Methylprotonen stetig zu. Substituenten, die die Elektronendichte an Protonen verringern (−I, −M-Substituenten), verschieben deren NMR-Signale zu höheren δ-Werten. Dieser Effekt addiert sich bei der Präsenz mehrerer elektronenziehender Substituenten. So nimmt die chemische Verschiebung mit sukzessiver Substitution von Wasserstoff- gegen Chloratome in Methan stetig zu: $\delta(CH_4) = 0{,}2$ ppm $< \delta(CH_3Cl) = 3{,}1$ ppm $< \delta(CH_2Cl_2) = 5{,}3$ ppm $< \delta(CHCl_3) = 7{,}3$ ppm.

◘ Abb. 20.51 Die Aufspaltung der Zeeman-Niveaus (ΔE) nimmt mit zunehmender magnetischer Feldstärke (B_0) linear zu

- nahezu alle NMR-Messsignale bei höherer Frequenz, also tieffeldverschoben, vom TMS-Signal zu liegen kommen und somit keine Überlagerung mit dem Referenzsignal gegeben ist und
- es leicht flüchtig (Bp. 27 °C) ist und deshalb aus der Probelösung wieder abdestilliert werden kann.

Der Nachteil der Angabe des Frequenzabstands ($\Delta\nu_S$) in Hz ist dessen proportionale Abhängigkeit von der magnetischen Feldstärke ($\Delta\nu_S \sim B_0$, Gl. 20.51). Für Chlormethan beträgt die chemische Verschiebung der Wasserstoffatome bei Aufnahme mit einem 300-MHz-Spektrometer 930 Hz relativ zu TMS. Bei Messung mit einem 600-MHz-Gerät würde die chemische Verschiebung 1860 Hz betragen (◘ Abb. 20.51). Das heißt, bei Angabe der chemischen Verschiebung in Hz muss stets die Magnetstärke des Geräts mit angegeben werden, was den Nutzen der Angabe reduziert.

Um eine von der äußeren Magnetfeldstärke (B_0) unabhängige Größe zu erhalten, normiert man die chemische Verschiebung ($\Delta\nu_S$) mit der Messfrequenz des Spektrometers ($\nu_{L, Gerät} = \nu_R$, Gl. 20.52). Da sowohl der Frequenzabstand (ν_S) als auch die Messfrequenz ($\nu_{0,L}$) proportional zur äußeren Magnetfeldstärke (B_0) sind, kürzt sich diese raus (Gl. 20.52). Da die Werte für die chemische Verschiebung in der Größenordnung von 10^{-6} liegen würden, führt man zur Vereinfachung noch den Multiplikator 10^6 ein und gibt die chemische Verschiebung in ppm (*parts per million*) an. Im NMR-Spektrum wird die Änderung der magnetischen Feldstärke (B_0) relativ zu TMS in ppm aufgetragen. Da die chemischen Verschiebungen (δ) in ppm geräteunabhängig sind, kann man diese tabellarisieren.

Substituenten, die die Elektronendichte an Protonen erhöhen (+I, +M-Substituenten), führen dagegen zu einer Hochfeldverschiebung des NMR-Signals.

Anisotropieeffekte

Da sich Elektronen in dreidimensionalen Molekülorbitalen aufhalten, ist die Elektronendichte um chemische Bindungen anisotrop (an/isos/tropos, altgriech. für un/gleich/Richtung also ungleiche Verteilung) verteilt. Die magnetische Abschirmung durch das induzierte Magnetfeld der Elektronen um Mehrfachbindungen ist dadurch ebenfalls anisotrop und somit die chemische Verschiebung (δ) der NMR-Signale von der räumlichen Anordnung der Protonen abhängig.

Beispielsweise induziert das statische Magnetfeld (B_0) oberhalb und unterhalb der Ringebene von Aromaten einen Kreisstrom der π-Elektronen (◘ Abb. 20.52a, grün). Dieser Kreisstrom erzeugt seinerseits ein magnetisches Sekundärfeld (rote Feldlinien), das sich torusförmig um das Kohlenstoffgerüst gruppiert und dessen Richtung im Inneren des Benzenrings dem statischen Magnetfeld (B_0) entgegenwirkt und dadurch dieses schwächt. Außerhalb des Rings dagegen verstärkt das Sekundärfeld das statische Magnetfeld (◘ Abb. 20.52a). Anders ausgedrückt: Außerhalb des Rings verspüren die Protonen des Benzens ein starkes effektives Magnetfeld (B_{eff}). Die sechs Protonen des Benzens sind quasi entschirmt ($\sigma\downarrow$), stark tieffeldverschoben und weisen somit ein Resonanzsignal bei $\delta = 7{,}3$ ppm auf.

Besonders ausgeprägt ist dieser Effekt bei [18]Annulen (◘ Abb. 20.52b). [18]Annulen ist aromatisch, da es die Hückel-Aromatenbedingung ($4 \cdot n + 2 = 18$, $n = 4$) für konjugierte π-Elektronen-Systeme erfüllt. Somit erzeugt ein äußeres Feld (B_0) Ringströme ober- und unterhalb des planaren Kohlenstoffrings. Im Bereich der inneren Protonen (blau) ist die magnetische Abschirmung (σ) hoch, B_{eff} klein und dadurch deren NMR-Signal hochfeldverschoben ($\delta = -3{,}0$ ppm), während für die äußeren Ringprotonen (rot) die Abschirmung gering, B_{eff} groß und somit das NMR-Signal tieffeldverschoben ($\delta = +9{,}3$ ppm) ist.

Ähnliche Kreisstromeffekte treten auch bei anderen Verbindungen mit Mehrfachbindungen wie Alkenen, Aldehyden, Ketonen, Alkinen etc. auf. Die resultierenden Anisotropieeffekte werden üblicherweise mit Doppelkegel angegeben (◘ Abb. 20.53). Bereiche mit hoher magnetischer Abschirmung (kleiner chemischer Verschiebung δ) werden mit positivem Vorzeichen gekennzeichnet, Bereiche mit geringer magnetischer Abschirmung (großem δ) mit negativem Vorzeichen.

So ist das „linke" Proton der Methylenbrücke von Bicyclo[2.2.1]hept-2-en (◘ Abb. 20.53) im Einflussbereich des positiven Anisotropiekegels der Doppelbindung und wird deshalb stärker abgeschirmt als das „rechte" Proton. Dadurch beträgt die chemische Verschiebung des „linken" Protons lediglich 1,08 ppm, während das „rechte" Proton seine Resonanz bei 1,31 ppm hat.

Wasserstoffbrücken

Protonen an Heteroatomen, die durch ihre starke Polarisierung Wasserstoffbrückenbindungen eingehen wie z. B. −OH, −NH, −COOH, −CHO, ergeben Resonanzsignale über einen sehr breiten Verschiebungsbereich. Abhängig von Konzentration, Temperatur, Solvationsprozessen etc. formen und lösen sich ständig Wasserstoffbrückenbindungen, wodurch die magneti-

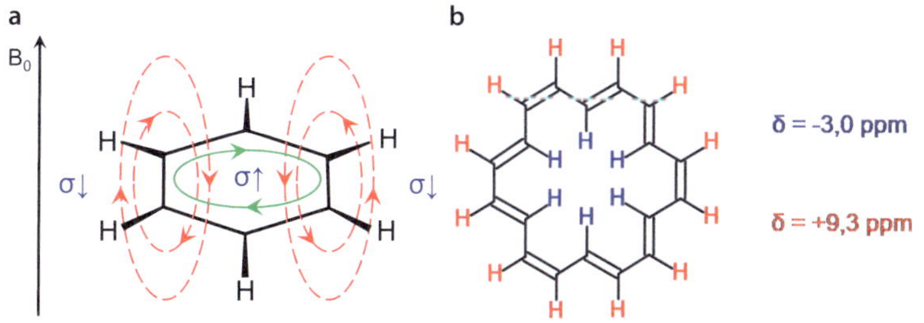

◘ **Abb. 20.52** Ringströme des Benzenkerns verstärken das statische Magnetfeld (B_0) außerhalb des Rings (Tieffeldverschiebung) und schwächen es innerhalb des Rings (Hochfeldverschiebung)

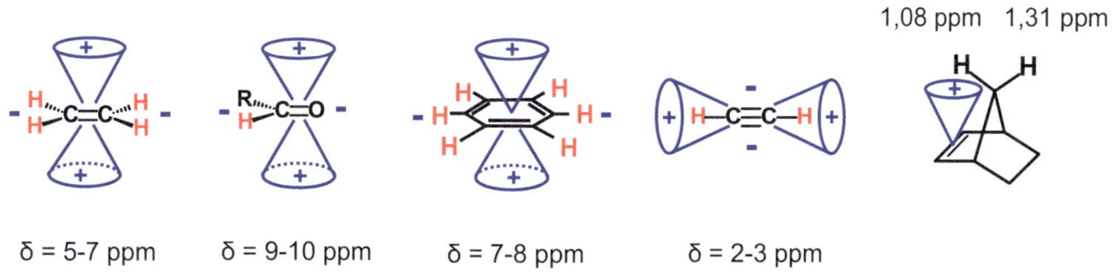

◘ **Abb. 20.53** Anisotropiekegel einiger Mehrfachbindungssysteme mit hoher (+) respektive geringer (−) magnetischer Abschirmung σ führen zu kleiner respektive großer chemischer Verschiebung δ

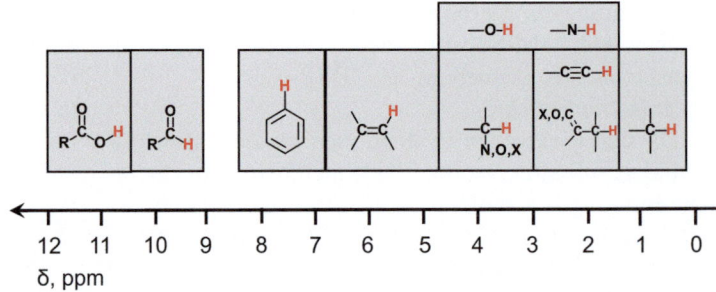

■ Abb. 20.54 Chemische Verschiebungen (δ) organischer Verbindungsklassen

sche Entschirmung fluktuiert und dadurch die Signale für solche austauschbaren Protonen unvorhersehbar tieffeldverschoben und relativ breit sind.

■ Abb. 20.54 zeigt für einige organische Verbindungsklassen die chemischen Verschiebungsbereiche. In der Praxis kann man für die Spektreninterpretation Bibliotheken und Inkrementtafeln heranziehen, um Spektren interpretieren bzw. voraussagen zu können.

■ **Integral**

Die Fläche („Integral") eines ^{1}H-NMR-Signals ist ein Maß für die Anzahl an Wasserstoffatomen, die bei einer chemischen Verschiebung in Resonanz treten. Die Integrale werden vom Computer entweder als Stufenkurven (■ Abb. 20.55) oder/und direkt als Zahlenwerte ausgegeben.

Die Höhe der Stufenkurve bzw. die Zahlen geben nicht die absolute Anzahl der Wasserstoffatome der einzelnen Signale an, sondern das relative Verhältnis der Wasserstoffatome.

■ Abb. 20.55 zeigt nochmals das ^{1}H-NMR-Spektrum von Ethylacetat samt Integralen für die drei chemisch verschiedenen Wasserstoffatome. Die Integrale verhalten sich wie 3:3:2. Vergleicht man mit der chemischen Strukturformel, so kann man die Signalgruppe bei 4,15 ppm mit dem Integral 2 eindeutig der CH_2-Gruppe (grüne Wasserstoffatome) zuordnen. Das Singulett bei 2 ppm mit dem Integral 3 entspricht der Essigsäuremethylgruppe (blaue Wasserstoffatome), da die benachbarte COO-Funktion stärker Elektronen abzieht und somit die Methylgruppe stärker entschirmt als die zweite Methylgruppe (rote Wasserstoffatome) durch die weniger elektronegative Methylenfunktion. Stärkere Entschirmung bedeutet ein stärkeres effektives Magnetfeld an den „blauen" Wasserstoffatomen und dadurch eine größere chemische Verschiebung. Somit gehört das Singulettsignal bei 2 ppm eindeutig zu den Wasserstoffatomen der Methylgruppe der Essigsäure und das Triplettsignal bei 1,1 ppm zur Methylgruppe (rot) der Ethylfunktion.

Damit Integrale für eine quantitative Aussage herangezogen werden können, muss der Magnetisierungsvektor M_{xy} für alle unterschiedlichen Wasserstoffarten zwischen den HF-Pulsen komplett relaxieren. Da Wasserstoffatome schnell relaxieren, ist diese Vorausset-

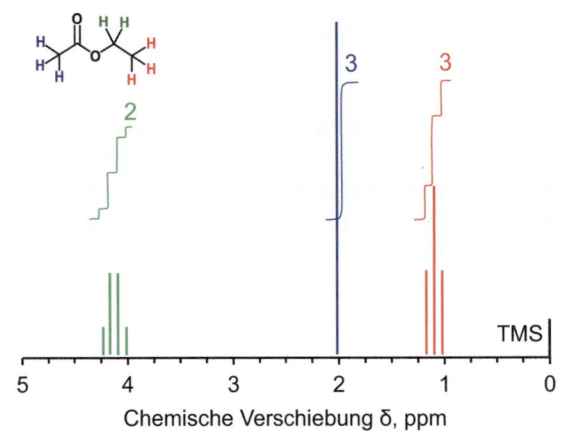

■ Abb. 20.55 Ethylacetat. - Die Integrale der Wasserstoffatome stehen im Verhältnis 3:3:2

zung bei der Aufnahme eines Standard-^{1}H-NMR-Spektrums so gut wie immer erfüllt.

■ **Indirekte Spin-Spin-Kopplung**

Das Spektrum von Ethylacetat (■ Abb. 20.55) enthält erwartungsgemäß drei Signale, die aufgrund ihrer chemischen Verschiebung und in Kombination mit den Integralverhältnissen leicht den jeweiligen Molekülprotonen zugeordnet werden können. Beim Betrachten des Spektrums fällt auf, dass das Signal bei 1,1 ppm für die Methylprotonen (rot) in ein Triplett und das Signal für die Methylenprotonen (grün) bei 4,15 ppm in ein Quartett aufspalten.

Die Aufspaltung des Signals in ein Multiplett wird durch Spin-Spin-Kopplung der Protonen mit magnetisch aktiven Nachbarprotonen über Molekülbindungen hinweg hervorgerufen und wird als skalare Kopplung bezeichnet.

Damit Kerne überhaupt miteinander koppeln können, müssen sie chemisch und magnetisch inäquivalent sein, ansonsten erhält man keine Aufspaltung des NMR-Signals (Singulett) wie z. B. für Methan (CH_4) oder Tetramethylsilan [$Si(CH_3)_4$].

Die Kopplung gleicher Kerne, z. B. Wasserstoff, bezeichnet man als homonukleare Kopplung $^nJ(H,H)$, die verschiedener Kerne, z. B. $^nJ(C,H)$, als heteronukleare Kopplung. Die Indexzahl n gibt an, über wie viele che-

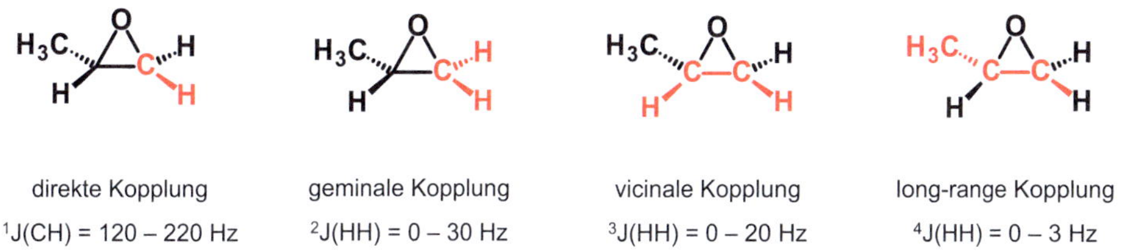

20.3 · NMR-Spektroskopie – Anregung von Atomkernen durch Radiowellen

direkte Kopplung	geminale Kopplung	vicinale Kopplung	long-range Kopplung
$^1J(CH) = 120 – 220$ Hz	$^2J(HH) = 0 – 30$ Hz	$^3J(HH) = 0 – 20$ Hz	$^4J(HH) = 0 – 3$ Hz

Abb. 20.56 H,H-Kopplungen mit typischen Werten für die Kopplungskonstanten $^nJ(H,H)$

mische Bindungen hinweg die Kopplung erfolgt. Je mehr Bindungen die beiden koppelnden Kerne trennt, umso kleiner ist die Kopplungskonstante ^nJ (Abb. 20.56).

Allgemein werden
- direkte Kopplungen über eine Bindung [$^1J(C,H)$],
- geminale Kopplungen über zwei Bindungen [$^2J(H,H)$],
- vicinale Kopplungen über drei Bindungen [$^3J(H,H)$] und
- Long-Range-Kopplungen über mindestens vier Bindungen [$^4J(H,H)$] unterschieden (Abb. 20.56).

In der Laborpraxis sind insbesondere geminale und vicinale Kopplungen von analytischer Bedeutung. Long-Range-Kopplungen ($n \geq 4$) sind meist sehr klein und werden bei Alkenen, Alkinen, Aromaten und zyklischen Kohlenwasserstoffen beobachtet.

Wie kann man sich die skalare Spin-Spin-Kopplung, d. h. die Kopplung der Protonenspins via Bindungselektronen, beispielsweise für geminal gekoppelte Protonen vorstellen? Das magnetische Dipolmoment des Protons A verursacht einen entgegengesetzten Spin des Elektrons (Fermi-Kontakt-Wechselwirkung) in der H–C-Kovalenzbindung. Aufgrund des Pauli-Verbots muss das zweite Elektron dieser Kovalenzbindung ein entgegengesetztes magnetisches Moment zum ersten Elektron aufweisen. Die beiden Elektronen am Kohlenstoffatom weisen aus energetischen Gründen maximale Spinmultiplizität auf (zweite Hund'sche Regel). In der zweiten C–H-Kovalenzbindung ist der Spin des zweiten Elektrons wieder entgegengesetzt (Pauli-Verbot) und überträgt dann die Spininformation mittels Fermi-Kontakt-Wechselwirkung auf das Proton B (Abb. 20.57). Das heißt, die Information des Spinzustands des Protons A wird über Elektronen kovalenter Bindungen auf das Proton B übertragen.

Abhängig von der Spinorientierung des Kerns A (Spin-up ↑ oder Spin-down ↓) wird das effektive magnetische Feld am Kern B leicht erhöht oder abgeschwächt, woraus eine leichte Tieffeld- respektive Hochfeldverschiebung des NMR-Signals resultiert. Aufgrund der geringen Energiedifferenz (ΔE) sind beide Spinorientierungen gleich häufig, sodass das Signal für das Wasserstoffatom B in zwei Linien gleicher Intensität (Dublett) aufspaltet. Da vice versa das Gleiche für das

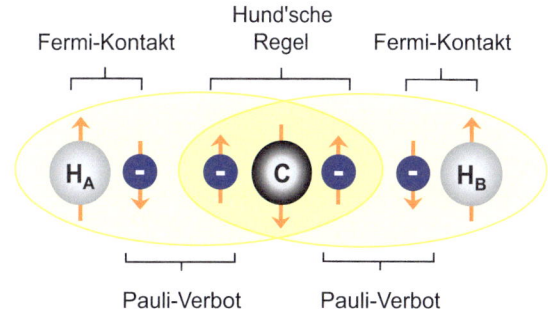

Abb. 20.57 Skalare Kopplung der Wasserstoffkerne in einem Methylenfragment (H–C–H) durch Übertragen des Spins via Bindungselektronen

Wasserstoffatom A gilt, spaltet dessen Signal ebenfalls in ein Dublett auf.

Je nach Komplexität der NMR-Signalmuster unterscheidet man Spektren nullter, erster und höherer Ordnung.

- Ein Spektrum nullter Ordnung besteht nur aus Singuletts, sodass die chemischen Verschiebungen der Signale direkt ablesbar sind.
- Ein Spektrum erster Ordnung besteht aus klar erkennbaren Multipletts, wobei die Linienintensitäten der Binomialverteilung (Pascal'sches Dreieck, Abb. 20.59) entsprechen. Spektren erster Ordnung werden erhalten, wenn die Differenz der chemischen Verschiebungen ($\Delta\delta$ in Hz) der koppelnden Kerne um den Faktor 10 größer ist als deren Kopplungskonstante ($\Delta\delta > 10 \cdot J$). Sowohl chemische Verschiebungen (Mitte des Multipletts) als auch Kopplungskonstanten (Abstand zwischen Multiplettlinien) können problemlos dem Spektrum entnommen werden.
- Von Spektren höherer Ordnung spricht man, wenn mehr Linien auftreten als erwartet, die Linienintensitäten nicht der Binomialverteilung entsprechen und keine äquidistante Linienaufspaltung gegeben ist. Eine schnelle Aussage zu chemischen Verschiebungen (δ) und Kopplungskonstanten (J) ist nicht möglich. Das Spinmuster muss durch mathematische Simulation entschlüsselt werden. Spektren höherer Ordnung werden beobachtet, wenn die Differenz der chemischen Verschiebungen der koppelnden Kerne und deren Kopplungskonstante in etwa die gleiche Größenordnung ($\Delta\delta < 10 \cdot J$) aufweisen.

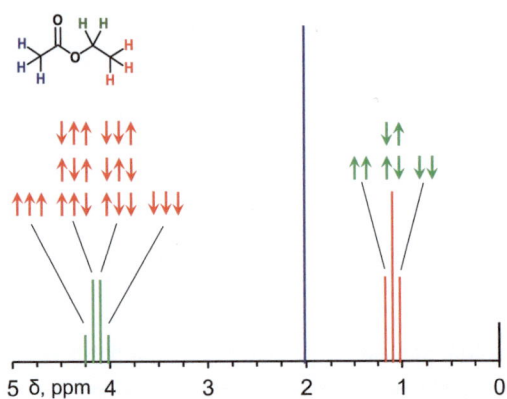

Abb. 20.58 ¹H-NMR von Ethylacetat. Aufspaltung von CH$_3$-Protonen zu einem Triplett und der CH$_2$-Protonen zu einem Quartett durch ^{3}J(H,H)-Spinkopplung

Wir beschränken uns auf Spektren nullter und erster Ordnung, ansonsten würde der Rahmen des Buches gesprengt. Um die Aufspaltung von Signalen in Multipletts zu verstehen, betrachten wir nochmals das ¹H-NMR-Spektrum von Ethylacetat (Abb. 20.58).

Die drei Wasserstoffatome der „roten" Methylgruppe (–CH$_3$) sind äquivalent, haben also die gleiche chemische Verschiebung (δ = 1,1 ppm). Gehen wir davon aus, dass diese drei Wasserstoffatome durch einen HF-Impuls angeregt werden, somit in Resonanz sind. Die direkt benachbarten Wasserstoffatome der „grünen" Methylengruppe (–CH$_2$–, δ = 4,12 ppm) sind in diesem Moment nicht in Resonanz. Somit kann sich jedes der beiden Methylenwasserstoffatome entweder parallel oder antiparallel zum äußeren Magnetfeld (B$_0$) ausrichten. Somit spüren die drei Methylprotonen sowohl das äußere Magnetfeld als auch die kleineren Magnetfelder der benachbarten Methylenprotonen. Es können drei Fälle auftreten:

- Beide Methylenprotonen (Abb. 20.58, grüne Pfeile) sind parallel zum äußeren Magnetfeld ausgerichtet, verstärken es somit, sodass die Resonanzlinie der Methylprotonen zu größeren chemischen Verschiebungen (Tieffeld) wandert (Wahrscheinlichkeit 1:4, P = 25 %).
- Ein Methylenproton ist parallel und das andere antiparallel zum äußeren Magnetfeld ausgerichtet. Der magnetische Nettoeffekt der Methylenprotonen beträgt somit null und die Larmorfrequenz (chemische Verschiebung) der Methylprotonen wird nicht verändert. Dieser Spinzustand ist doppelt so wahrscheinlich wie die beiden anderen, da beide Methylenprotonen sowohl Spin-up (α) als auch Spin-down (β) vorliegen können (P = 50 %).
- Beide Methylenprotonen sind antiparallel zum äußeren Magnetfeld ausgerichtet, schwächen es somit, sodass die Resonanzlinie der Methylprotonen zu kleineren chemischen Verschiebungen (Hochfeld) wandert (P = 25 %).

Aufgrund der hohen Anzahl an Ethylacetatmolekülen von ca. 10^{20} Molekülen im NMR-Probenröhrchen sind alle drei Spinzustände der Methyleneinheit gemäß der statistischen Wahrscheinlichkeit anzutreffen. Als Folge spaltet das Signal der Methylprotonen in drei Linien auf. Die Intensität der einzelnen Triplettlinien (rot) verhalten sich wie 1:2:1.

Versetzen wir jetzt die Methylenprotonen in Resonanz, dann können die benachbarten Methylprotonen (rote Pfeile) folgende Spinzustände zum äußeren Magnetfeld einnehmen:

- alle drei Protonen parallel (Wahrscheinlichkeit 1:8, P = 12,5 %), linkes Signal des grünen Quartetts (Abb. 20.58)
- zwei Protonen parallel, ein Proton antiparallel (P = 37,5 %)
- zwei Protonen antiparallel, ein Proton parallel (P = 37,5 %)
- alle drei Protonen antiparallel (P = 12,5 %), rechtes Signal des grünen Quartetts (Abb. 20.58)

Somit spaltet das Signal der Methylenprotonen (grün) in vier Linien (Quartett) mit den Intensitäten 1:3:3:1 auf.

Da die Protonen der „blauen" Methylgruppe über keine direkt benachbarten Wasserstoffatome verfügen und die nächsten fünf Bindungen entfernt sind, koppeln diese Protonen nicht mit anderen Protonen und ergeben somit ein Singulett. Außerdem befindet sich zwischen den Protonen noch eine chemische Funktion mit sehr elektronegativen Heteroatomen (Sauerstoff, EN = 3,5), die Kopplungen ohnehin kaum weiterleiten.

Da es in der Praxis umständlich und langwierig wäre, bei der Auswertung von NMR-Signalen Spinorientierungsstatistiken aufzuzeichnen, gibt es zwei pragmatische Hilfsmittel, die die Interpretation und Prognose von Signalmultipletts erheblich vereinfachen.

Signalmultiplizität – n + 1-Regel und Pascal'sches Dreieck

Die n + 1-Regel sagt die Multiplizität eines ¹H-NMR-Signals voraus. Wenn das betrachtete Wasserstoffatom kein benachbartes Wasserstoffatom aufweist (n = 0), ist das Signal ein Singulett (0 + 1 = 1), bei einem (n = 1) benachbarten Proton ein Dublett (1 + 1 = 2), bei zwei (n = 2) äquivalenten Protonen als Nachbarn ein Triplett (2 + 1 = 3), bei drei (n = 3) benachbarten Protonen ein Quartett (3 + 1 = 4) etc.

20.3 · NMR-Spektroskopie – Anregung von Atomkernen durch Radiowellen

Abb. 20.59 Die Intensitäten der Signallinien eines Multipletts folgen dem Pascal'schen Zahlendreieck.

Mithilfe des Pascal'schen Dreiecks (Abb. 20.59) – einer grafischen Darstellung der Binomialkoeffizienten – kann die Intensität der einzelnen Linien eines Multipletts ermittelt werden.

> ▶ **Übung**
>
> Prognostizieren Sie das ^{1}H-NMR-Spektrum von (Z)-1,2-Diethoxyethen:
>
> Das Molekül (Abb. 20.60) weist eine Spiegelebene auf, sodass drei Protonenarten mit unterschiedlicher chemischer Umgebung vorliegen. Mithilfe von Abb. 20.54 und dem Pascal'schen Dreieck (Abb. 20.59) können wir die chemischen Verschiebungen und Signalmultiplizitäten qualitativ vorhersagen:
> - Die Methylprotonen (rot) sollten eine chemische Verschiebung im Bereich 0,7–1,2 ppm aufweisen.
>   Das Signal der Methylprotonen muss ein Triplett (Intensitäten 1:2:1) ergeben, da es mit zwei (n = 2) Methylenprotonen (grün) koppelt.
> - Die Methylenprotonen (grün) sollten ihre Resonanz bei 3–4 ppm haben.
>   Das Signal wird in ein Quartett (1:3:3:1) aufspalten, da es mit drei (n = 3) Methylprotonen (rot) koppelt.
> - Die Olefinprotonen (blau) sollten ein Singulett (n = 0) im Bereich von 5–6,5 ppm ergeben.
> - Die Integrale der Signalgruppen sollten sich wie 3 (Methylprotonen, rot) zu 2 (Methylenprotonen, grün) zu 1 (Olefinprotonen, blau) verhalten. ◀

Der Vergleich mit dem ^{1}H-NMR-Spektrum zeigt die gute Übereinstimmung zwischen Theorie und Empirie (Abb. 20.61).

■ **Kopplungskonstanten**

Bisher interessierte die chemische Verschiebung und Multiplizität von NMR-Signalen. In diesem Absatz steht der Abstand zwischen benachbarten Multiplettlinien, die sogenannte Kopplungskonstante (J), im

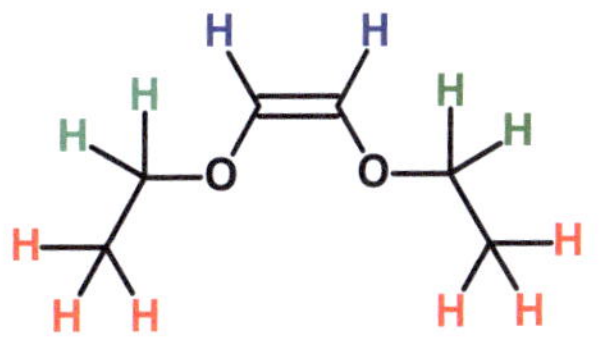

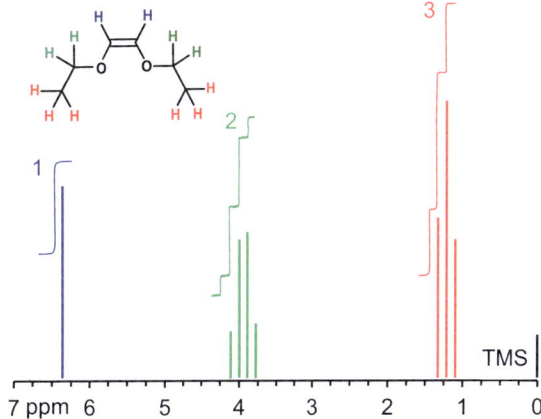

Abb. 20.60 (Z)-1,2-Diethoxyethen weist drei chemisch unterschiedliche Wasserstoffatome auf

Abb. 20.61 Simuliertes ^{1}H-NMR-Spektrum von (Z)-1,2-Diethoxyethen

Fokus. Die Kopplungskonstante (J) wird in Hertz angegeben, ist substanzspezifisch und **unabhängig** von Messparametern. Das heißt, auf die Kopplungskonstante haben weder das Messgerät noch die externe magnetische Flussdichte des Magnetfelds (B_0) Einfluss.

Die Spinsysteme miteinander koppelnder Kerne werden mit Buchstabenkombinationen charakterisiert. Dabei gilt folgende Notation:

Notation für NMR-Spinsysteme
- Ein Spinsystem besteht aus n Kernen der Kernspinquantenzahl I = ½, die miteinander skalar koppeln.
- Chemisch äquivalente Kerne (gleiche chemische Verschiebung) erhalten alle denselben Großbuchstaben. Die Anzahl der äquivalenten Kerne wird als tiefgestellte Indexzahl angegeben, z. B. Methan (CH_4) ist ein A_4-Spinsystem.
- Chemisch nichtäquivalente Kerne werden mit unterschiedlichen Großbuchstaben gekennzeichnet:
  – Falls die Differenz der chemischen Verschiebungen der koppelnden Kerne kaum größer ist als deren Kopplungskonstante ($\Delta\delta_{AX} < 10 \cdot J_{AX}$), werden Buchstaben verwen-

det, die im Alphabet benachbart sind, z. B. ist Iodethan (CH$_3$CH$_2$Br) ein A$_3$B$_2$-Spinsystem.
- Falls die Differenz der chemischen Verschiebungen der koppelnden Kerne sehr viel größer ist als deren Kopplungskonstante ($\Delta\delta_{AX} > 10 \cdot J_{AX}$), werden Buchstaben verwendet, die im Alphabet weit voneinander entfernt sind, z. B. A und M oder A und X für sehr weit voneinander entfernte Signale.
- Chemisch äquivalente (gleiche chemische Verschiebung) aber magnetisch verschiedene Kerne (Kopplung untereinander, ◘ Abb. 20.62b) erhalten zwar den gleichen Großbuchstaben, werden aber mit einem Apostroph unterschieden, z. B. AA'BB'.

Protonen sind chemisch äquivalent, wenn sie sich in identischer chemischer Umgebung befinden. Chemisch äquivalente Kerne weisen die gleiche chemische Verschiebung (δ) auf. Chemische äquivalente Kerne können magnetisch äquivalent sein, müssen es aber nicht. Beispielsweise sind in 1,4-Dichlorbenzen (◘ Abb. 20.62a) alle vier Protonen chemisch und magnetisch äquivalent, da alle Wasserstoffatome mit Symmetrieoperationen ineinander überführt werden können.

Kerne sind magnetisch äquivalent, wenn sie zum einen chemisch äquivalent sind und sämtliche Kopplungskonstanten mit anderen Kernen gleich groß sind.

In 1-Chlor-4-iodbenzen (◘ Abb. 20.62b) liegen zwei chemisch äquivalente Protonenpaare H$_A$ und H$_B$ vor. Die beiden H$_A$-Protonen sind jedoch nicht magnetisch äquivalent, da die Kopplungen der beiden H$_A$-Protonen zum H$_B$-Proton unterschiedlich ($J_{AB} \neq J_{A'B}$) sind. Bei J_{AB} handelt es sich um eine ortho-Kopplung, bei $J_{A'B}$ dagegen um eine para-Kopplung. Für das H$_B$-Protonenpaar gelten die gleichen Betrachtungen. Die magnetische Nichtäquivalenz wird durch Apostrophe gekennzeichnet (◘ Abb. 20.62b).

Weitere Beispiele für die Notifikation der Spinsysteme am Beispiel der Moleküle in ◘ Abb. 20.49:

• CH$_4$ (A) – A$_4$	CH$_3$Cl (B) – A$_3$	CH$_2$Cl$_2$ (C) – A$_2$	(CH$_3$)$_2$CHCl (D) – A$_6$X-System
• C$_6$H$_6$ (E) – A$_6$	p-C$_6$H$_4$(NO$_2$)$_2$ (F) – A$_4$	C$_6$H$_5$(NO$_2$) (G) – AA'BB'C	

Eine Orientierungshilfe für die Größe von Kopplungskonstanten gibt ◘ Abb. 20.63 wieder. Da Kopplungskonstanten von der Elektronendichte am Kern, der Anzahl der Bindungen zwischen den koppelnden Kernen, der Molekülgeometrie etc. beeinflusst werden, stellen sie neben der Multiplizität des Signals eine weitere wichtige Information für die Spektreninterpretation dar.

Beispielsweise kann anhand der Kopplungskonstante unterschieden werden, ob ein Alken in cis- oder trans-Konfiguration vorliegt (◘ Abb. 20.64). Zimtsäure in trans-Konfiguration (◘ Abb. 20.64a) weist für die olefinischen Protonen eine Kopplungskonstante von $J_{AX} = 15{,}6$ Hz auf, in cis-Konfiguration (◘ Abb. 20.64b) beträgt J_{AX} lediglich 9,5 Hz, sodass eine klare Differenzierung möglich ist.

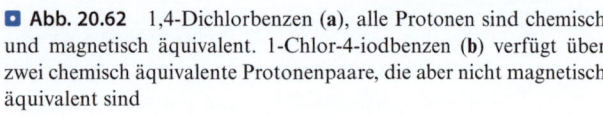

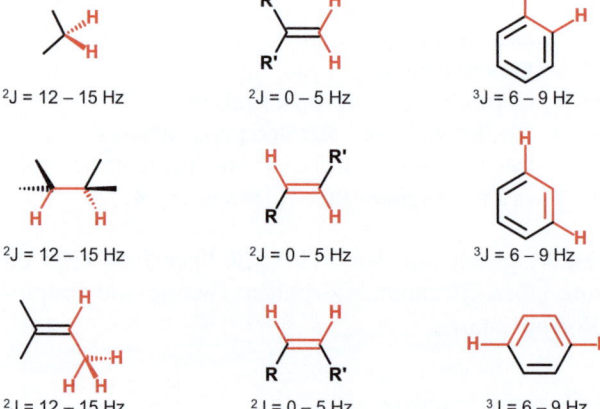

◘ Abb. 20.62 1,4-Dichlorbenzen (a), alle Protonen sind chemisch und magnetisch äquivalent. 1-Chlor-4-iodbenzen (b) verfügt über zwei chemisch äquivalente Protonenpaare, die aber nicht magnetisch äquivalent sind

◘ Abb. 20.63 Beispiele für typische Kopplungskonstanten

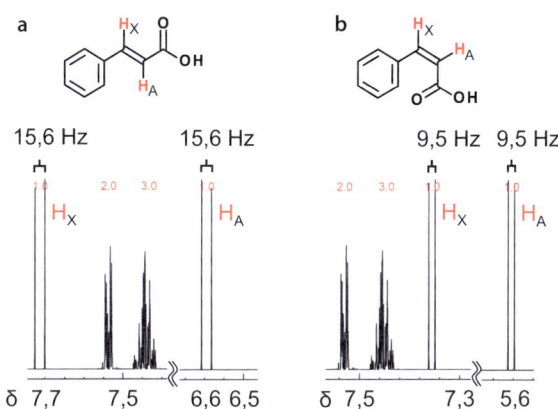

Abb. 20.64 Trans- (a) und cis-Zimtsäure (b) können anhand der Kopplungskonstanten der Alkenprotonen $^3J(H_A,H_X)$ unterschieden werden

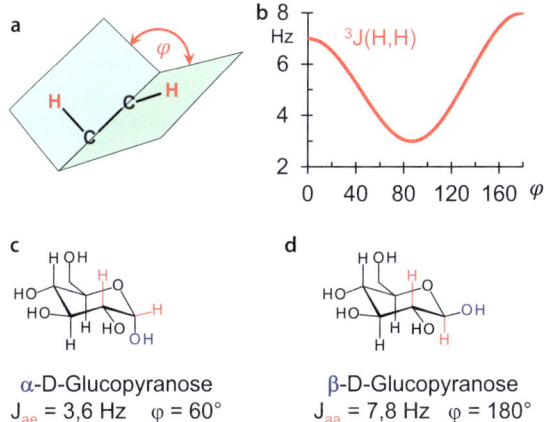

Abb. 20.65 Unterscheidung der anomeren D-Glucopyranose-Konfigurationen über die vicinale $^3J_{HH}$-Kopplung

Ein weiteres Beispiel für die analytische Aussagekraft von Kopplungskonstanten ist die vicinale Kopplung von Wasserstoffatomen in gesättigten Kohlenwasserstoffen. Der Betrag der Kopplungskonstante erlaubt über die Karplus-Gleichung (Gl. 20.53) Rückschlüsse auf die räumliche Orientierung der gekoppelten Protonen. Der Betrag der Kopplungskonstante $^3J(H,H)$ variiert mit dem Diederwinkel (φ, ■ Abb. 20.65b) zwischen den C–H-Bindungen. Dabei ist die Kopplung minimal bei einem Diederwinkel von 90 und maximal für 0 und 180°. Nach Karplus errechnet sich die Kopplungskonstante in Abhängigkeit des Diederwinkels für Kohlenhydrate zu:

$$^3J(H,H) = \left(3 + 4{,}5 \cdot cos^2\varphi - 0{,}5 \cdot cos\varphi\right),\ Hz$$
$$Karplus-Gleichung \qquad (20.53)$$

^3J – vicinale Kopplungskonstante, Hz

φ – Diederwinkel, °

Die Winkelabhängigkeit der vicinalen Kopplungskonstante ist bei starren Kohlenstoffgerüsten wie z. B. der Ringform der beiden anomeren Glucosemoleküle gut zu beobachten. So ist der Betrag der vicinalen Kopplung zwischen den axialen Wasserstoffatomen (■ Abb. 20.65d, rot) aufgrund des Diederwinkels von ca. 180° groß, während er für die Kopplung zwischen dem axialen und äquatorialen Wasserstoffatom des α-Anomers (■ Abb. 20.65c, rot) in Übereinstimmung mit der Karplus-Gleichung lediglich 3,6 Hz (Diederwinkel ca. 60°) beträgt.

Obwohl die externe Magnetfeldstärke (B_0) keinen Einfluss auf Kopplungskonstanten (J) hat, ist der Trend zu NMR-Geräten mit hohen Feldstärken ungebrochen. Warum? Weder chemische Verschiebungen (δ) noch Kopplungskonstanten (J) sind von der externen Magnetfeldstärke abhängig und sind somit identisch bei Messungen mit einem 60-, 300- oder 600-MHz-Spektrometer. Allerdings nimmt die absolute Resonanzfrequenz pro ppm-Verschiebung ($\Delta\nu_S$) von 60, 300 auf 600 Hz zu, sodass bei höherer Feldstärke Multiplettsignale im Idealfall nicht mehr überlagern und zu leicht interpretierbaren Spektren erster Ordnung werden. ■ Abb. 20.66 zeigt eindrucksvoll am Beispiel von 2-Methylpentan-3-on, wie ein Spektrum komplexer Ordnung (■ Abb. 20.66a) zu einem leicht interpretierbaren Spektrum erster Ordnung (■ Abb. 20.66b) wird, wenn die Aufnahme des ^{1}H-NMR-Spektrums mit einem 600- anstatt mit einem 60-MHz-Spektrometer erfolgt.

Das Methinseptett (CH, rot) bei 2,35 ppm besteht – nomen est omen – aus sieben Linien (■ Abb. 20.66b), die eine Kopplungskonstante von $^3J(H,H) = 7{,}0$ Hz aufweisen. Somit überdeckt dieses Signal insgesamt 42 Hz (6 · 7 Hz), was beim 60-MHz-Gerät einem Verschiebungsbereich von 0,7 ppm und beim 600-MHz-Gerät von 0,07 ppm entspricht. Das ist der tiefere Grund, warum sich die Signale bei kleiner Feldstärke zu Signalen höherer Ordnung überlagern.

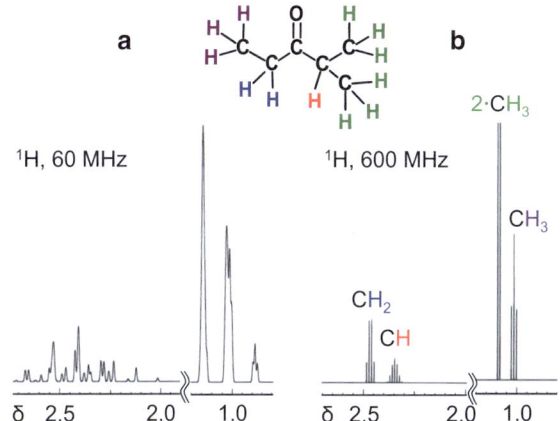

Abb. 20.66 Hohe Feldstärke (B_0) vereinfacht ein komplexes Spektrum (a) zu einem einfachen Spektrum erster Ordnung (b)

Kopplungskonstante (J) - Typische Merkmale
- Chemisch und magnetisch äquivalente Kerne koppeln nicht (J = 0).
- Die Anzahl der Bindungen (n), über die sich die Kopplung erstreckt, wird als Hochzahl n angegeben (^{n}J).
- Durch Kopplung spalten NMR-Signale in Multipletts auf.
- Multiplizität = n + 1, n = Anzahl benachbarter, chemisch äquivalenter Wasserstoffatome.
- Die Kopplungskonstante gibt an, welchen Abstand die einzelnen Linien eines Multipletts aufweisen.
- Die Intensität der Linien ergibt sich gemäß dem Pascal'schen Dreieck (◘ Abb. 20.59).
- Die Größe von Kopplungskonstanten wird in Hertz angegeben.
- Kopplungskonstanten sind unabhängig von der äußeren Magnetfeldstärke (B_0).
- Der Betrag der Kopplungskonstante ist von der Molekülgeometrie und vom Abstand der koppelnden Atome abhängig.
- Die Kopplungskonstante gilt wechselseitig für miteinander koppelnde Atome.
- Kopplungen über magnetisch nicht aktive Heteroatome (O, N, S) hinweg werden kaum beobachtet.
- Kopplungskonstanten liefern Informationen
  - zu der Anzahl an Wasserstoffatomen (n), die zum beobachteten Kern benachbart sind (Multiplizität, n + 1),
  - darüber, welche Kerne miteinander koppeln (Kopplungskonstante, J),
  - zu den geometrischen Verhältnissen im Molekül wie Diederwinkel zwischen vicinalen CH-Bindungen, cis/trans-Isomerie, Abstand koppelnder Kerne etc.

20.3.5 ^{13}C-NMR-Spektroskopie – Ideale Ergänzung zur ^{1}H-NMR-Spektroskopie

Die ^{13}C-NMR-Spektroskopie liefert aussagekräftige Informationen über das Kohlenstoffgerüst organischer Moleküle. Die physikalischen Grundlagen der ^{13}C-NMR-Spektroskopie sind analog der ^{1}H-NMR-Spektroskopie, schließlich weist das Nuklid ^{13}C die gleiche Kernspinquantenzahl (I = ½) wie ^{1}H auf. Quantenmechanisch betrachtet, nimmt das ^{13}C-Atom wie das Proton bei Einwirkung eines äußeren Magnetfelds ($\vec{B}_0$) entweder die energieärmere α- oder die energiereichere β-Spin-Position ein (◘ Abb. 20.43). Die beiden Energiezustände unterscheiden sich für ^{13}C nicht groß, sodass α- und β-Niveau nahezu gleich besetzt sind.

Im Vergleich zur ^{1}H-NMR-Spektroskopie weist die ^{13}C-NMR-Spektroskopie eine geringere Empfindlichkeit auf, da

- die natürliche Häufigkeit des NMR-aktiven Isotops ^{13}C lediglich 1,1 % beträgt (^{12}C, 98,9 % ist nicht NMR-aktiv),
- das gyromagnetische Verhältnis (γ) von ^{13}C nur etwa ein Viertel so groß ist wie das von ^{1}H.

Die Larmorfrequenz von ^{13}C ist somit ebenfalls um ein Viertel kleiner ($\nu = \frac{\gamma}{2\pi} \cdot B_0$). Das bedeutet, dass ein 300-MHz-^{1}H-NMR-Spektrometer zum 75,5-MHz-^{13}C-NMR-Spektrometer wird.

Summa summarum ist die Messempfindlichkeit bei der ^{13}C-NMR-Spektroskopie um vier Größenordnungen kleiner als bei der ^{1}H-NMR-Spektroskopie (◘ Tab. 20.7). Das ist der Hauptgrund, warum die ^{13}C-NMR-Spektroskopie erst nach Einführung der FT-NMR-Spektroskopie in den 1980er-Jahren in der Breite Fuß fassen konnte.

Kopplung

Die Wahrscheinlichkeit, dass einem Wasserstoffatom ein ^{13}C-Atom direkt benachbart ist, beträgt 1,1 %, weshalb in ^{1}H-NMR-Spektren die ^{1}J(H,C)-Kopplung nur als kleine Satelliten um das zugehörige Hauptsignal beobachtet werden. Die Wahrscheinlichkeit, dass in einer organischen Verbindung zwei ^{13}C-Atome direkt benachbart sind, beträgt nur 0,012 %. Somit sind in der ^{13}C-NMR-Spektroskopie die Kopplungen benachbarter Kohlenstoffatome nicht beobachtbar, da deren Intensität einfach zu klein ist, was zu einer Vereinfachung von ^{13}C-Spektren beiträgt. Falls man ^{13}C–^{13}C-Kopplungen bestimmen will, muss man ^{13}C-markierte Verbindungen vermessen.

^{13}C-Kerne koppeln mit ^{1}H-Kernen, sodass in ^{13}C-NMR-Spektren CH-Kopplungen beobachtet werden. CH_3-Gruppen ergeben ein Quartett (n + 1-Regel), CH_2-Funktionen ein Triplett, CH-Einheiten ein Dublett und quartäre C-Atome ergeben Singuletts. Dies hat zur Folge, dass die ohnehin schwachen ^{13}C-Signale weiter aufgespalten und geschwächt werden. Außerdem sind die Kopplungskonstanten relativ groß, sodass sich die Signalmultipletts überlagern und nur schwer interpretierbar sind.

Breitbandentkopplung (BB-Entkopplung)

Deshalb werden ^{13}C-NMR-Spektren routinemäßig breitbandentkoppelt. Neben der ^{13}C-Larmormessfrequenz werden während des gesamten Messvorgangs zusätzlich alle ^{1}H-Resonanzfrequenzen eingestrahlt. Die

Tab. 20.7 Wichtige NMR-Parameter der Kerne ^{1}H und ^{13}C im direkten Vergleich

Eigenschaft	^{1}H-NMR	^{13}C-NMR
Natürliche Häufigkeit	99,98 %	1,1 %
Gyromagnetisches Verhältnis	26,8	6,7
Resonanzfrequenz, ν_L	300–800 MHz	75–201 MHz
Relative Empfindlichkeit	1	10^{-4}
Chemischer Verschiebungsbereich, δ	0–12 ppm	0–400 ppm
Signalintegration möglich	Ja	Nein
Typische Relaxationszeiten	1 s	1 s bis 5 min
Typische Scanzahl/Messdauer	16/1 min	1024/1 h
Probenbedarf	Wenige Milligramm	30 mg
Homonukleare Kopplung	Sehr ausgeprägt	Nicht beobachtbar, da natürliche Häufigkeit von ~ 1 % zu klein
Heteronukleare Kopplung	Ja	Ja

HF-Strahlung regt dadurch alle Protonen an, sodass alle ^{1}H-Niveaus gleich besetzt sind und kein Nettomagnetfeld an ^{1}H-Atomen vorhanden ist. Dadurch sind Kopplungen zwischen ^{1}H-Atomen und ^{13}C-Atomen nicht möglich und alle ^{13}C-Signale ergeben Singuletts, vorausgesetzt, es sind keine weiteren NMR-aktiven Kerne wie ^{19}F oder ^{31}P im Molekül vorhanden. Die dadurch erzielte Verbesserung des Signal-Rausch-Verhältnisses und Vereinfachung des Spektrums überkompensiert den Informationsverlust durch den Wegfall der Signalmultiplizitäten.

- **Nuclear-Overhauser-Effekt (NOE)**

Durch die Breitbandentkopplung sind die β-Spin-Positionen der ^{1}H-Atome im Vergleich zum thermischen Besetzungsgleichgewicht stärker besetzt. Das Molekül kompensiert dieses Ungleichgewicht durch schnellere Relaxation der direkt mit den angeregten Wasserstoffatomen gebundenen ^{13}C-Kerne, wodurch deren Grundzustände (α-Spin-Positionen) im Vergleich zum thermischen Gleichgewicht übersetzt werden. Dadurch werden bei Einstrahlung des HF-Impulses mehr ^{13}C-Kerne angeregt als ohne Breitbandentkopplung, sodass die ^{13}C-Signalintensität zunimmt. Der Vorteil liegt in der Signalverstärkung, was andererseits aber eine Auswertung der Signalintegrale nicht zulässt.

- **DEPT-Spektren**

Bei der ^{13}C{^{1}H}-Breitbandentkopplung geht die Signalmultiplizität und somit auch wertvolle Strukturinformation verloren. Seit den 1980er-Jahren hat sich deshalb die sogenannte DEPT-Technologie etabliert. Sie gibt Auskunft über die Anzahl der mit dem ^{13}C-Kern ge-

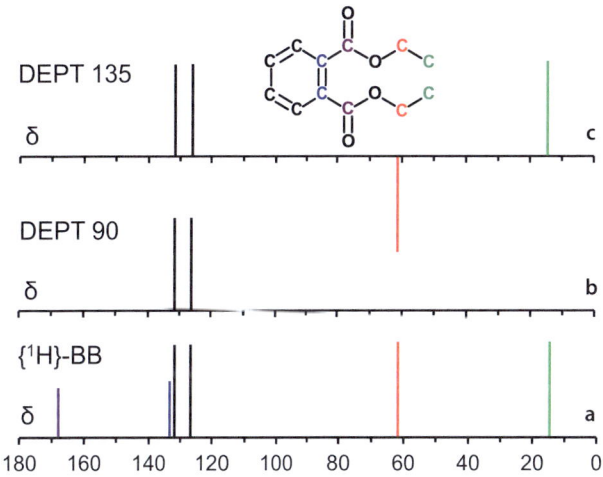

Abb. 20.67 Unterschiedliche ^{13}C-NMR-Aufnahmetechniken von Phthalsäureethylester

koppelten Wasserstoffatome. Durch spezielle Pulssequenzen werden ^{13}C-Spektren erhalten, die nur Singuletts für CH-Einheiten (DEPT 90) zeigen. Andere Pulsfolgen (DEPT 135) ergeben positive Signale für CH- und CH$_3$-Einheiten. CH$_2$-Einheiten werden dagegen als negative Signale ausgegeben.

Somit kann man durch drei ^{13}C-NMR-Messungen (BB-Entkopplung, DEPT 90, DEPT 135) für jedes ^{13}C-Signal bestimmen, ob es sich um ein primäres, sekundäres, tertiäres oder quartäres Kohlenstoffatom handelt.

Abb. 20.67 zeigt die Leistungsfähigkeit der DEPT-Methode am Beispiel Phthalsäureethylester. Das breitbandentkoppelte ^{13}C-Spektrum (Abb. 20.67a) ergibt erwartungsgemäß sechs Signale für das spiegelsym-

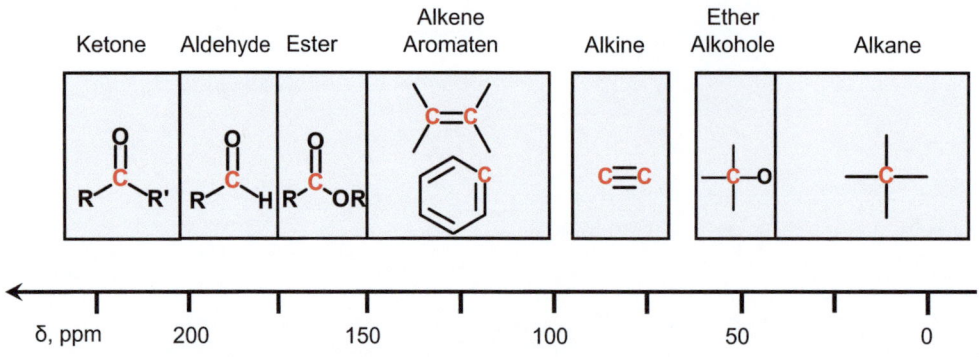

● **Abb. 20.68** Typische Verschiebungsintervalle in der ^{13}C-NMR-Spektroskopie

● **Tab. 20.8** DEPT-Spektren geben Auskunft über die Multiplizitäten von ^{13}C-NMR-Signalen

	Quartär (C)	Tertiär (CH)	Sekundär (CH$_2$)	Primär (CH$_3$)
^{13}C{^{1}H}-BB	Ja	Ja	Ja	Ja
DEPT 90	Nein	Ja	Nein	Nein
DEPT 135	Nein	Ja, positiv	**Ja, negativ**	Ja, positiv

metrische Molekül: ein Signal für ein Alkan-C-Atom (14 ppm), ein Signal für ein an Sauerstoff gebundenes Kohlenstoffatom (61 ppm), drei Signale für eine Aromateneinheit (128, 131, 133 ppm) und ein Signal für die Esterfunktion (168 ppm). Das DEPT-135-Experiment (● Abb. 20.67c) unterscheidet eindeutig zwischen der CH$_3$-Gruppe (grünes Signal) und der CH$_2$-Gruppe (negatives Signal, rot). Der blaue Peak ist eindeutig den quartären Kohlenstoffatomen des aromatischen Rings zuzuordnen, da dieses Signal weder im DEPT-90- (● Abb. 20.67b) noch im DEPT-135-Spektrum auftritt. Der violette Peak ist durch seine hohe chemische Verschiebung von 168 ppm dem Kohlenstoffatom der Esterfunktion zuzuordnen (● Abb. 20.68). Eine Differenzierung und Zuordnung der beiden schwarzen Peaks (128, 131 ppm) zu den restlichen aromatischen Kohlenstoffatomen ist anhand dieser Messungen nicht möglich (● Tab. 20.8).

■ **Chemische Verschiebung (δ)**

Durch die Breitbandentkopplung werden für alle Kohlenstoffatome Singuletts erhalten. Somit kann ^{13}C-NMR-Spektren als einzige Information die chemische Verschiebung der einzelnen Kohlenstoffatome entnommen werden.

Zur Kalibrierung der chemischen Verschiebung dient analog zur ^{1}H-NMR-Spektroskopie Tetramethylsilan (TMS) als Referenz. Dem ^{13}C-Signal von Si(CH$_3$)$_4$ wird die chemische Verschiebung δ = 0 ppm zugeordnet.

Die chemische Verschiebung der ^{13}C-Signale liegt für organische Verbindungen üblicherweise in einem Bereich von 0 bis +220 ppm, kann aber für metallorganische Verbindungen durchaus bis zu +400 ppm betragen. Aufgrund des großen Verschiebungsbereichs sind Signalüberlagerungen selten, zumal ja ohnehin nur Singuletts vorliegen.

Die chemische Verschiebung von Kohlenstoffatomen hängt insbesondere von deren Hybridisierung und Ladungsdichte (Abschirmung) ab. Die Tieffeldverschiebung nimmt von sp^3- über sp- zu sp^2-hybridisierten Kohlenstoffatomen zu (● Abb. 20.68). Aromatische Verbindungen ergeben aufgrund entschirmender Ringströme (● Abb. 20.52) tieffeldverschobene Resonanzen im Bereich von Alken-Kohlenstoffatomen.

Elektronenziehende Substituenten vermindern die Elektronendichte am ^{13}C-Atom. Durch die Entschirmung verschiebt sich nicht nur das Signal des direkt benachbarten ^{13}C-Atoms zu höheren δ-Werten, sondern auch die Signale benachbarter Kohlenstoffatome.

■ **Signalintensität**

Die Relaxationszeit der angeregten Kohlenstoffatome (1 s bis 5 min) ist umso kürzer, je mehr Wasserstoffatome ein Kohlenstoffatom trägt. Somit nimmt die Signalintensität in der Reihenfolge CH$_3$ > CH$_2$ > CH > C ab. ^{13}C-NMR-Integrale eignen sich deshalb nicht zur Integration (● Abb. 20.55) und zur Bestimmung der Anzahl an Kohlenstoffatomen in einem Molekül.

20.3.6 NMR – Anwendung in der Strukturaufklärung und medizinischen Diagnostik

NMR-Spektroskopie wird insbesondere im Forschungsbereich zur Strukturaufklärung von organischen Verbindungen eingesetzt. Zwar bedarf die Interpretation von ^{1}H-NMR-Spektren Erfahrung, aber mithilfe von Vergleichsspektren, Tabellen, Inkrementtafeln und insbesondere der Historie der Probe ist die Zuordnung der Signale anhand der chemischen Verschiebung möglich. Die erhaltene Direktinformation wie chemische Verschiebung, Anzahl und Intensität von Signalen und Multiplizität lässt Aussagen zu Art und Anzahl von Nachbarkernen, funktionellen Gruppen, Konstitution, Konfiguration und sogar Konformation zu. Allerdings, eine vollständige Strukturaufklärung allein anhand von NMR-Spektren ist nur für einfache Moleküle möglich. Komplexere Strukturen lassen sich erst durch zusätzliche Daten aus Elementaranalyse, Massenspektrometrie, IR-Spektroskopie etc. aufklären.

Eine weitere Anwendung der NMR-Spektroskopie ist die schnelle Überprüfung von geplanten Reaktionsverläufen. Durch Fortschritte in den Bereichen Magnettechnologie, HF-Elektronik und Mikrospulen ermöglichen mittlerweile mobile Benchtop-NMR-Geräte (80 MHz, $Nd_2Fe_{14}B$-Permanentmagnet, Gewicht 10–100 kg) die Aufnahme von ^{1}H-NMR-Spektren direkt neben der Syntheseapparatur. Oft will ein synthetischer Chemiker nur überprüfen, ob eine Reaktion den geplanten Reaktionsweg eingeschlagen hat bzw. wie weit die Reaktion vorangeschritten ist. Dabei ist der kurzfristige Zugang zu einem NMR-Gerät entscheidend, was bei zentralen NMR-Geräten hoher Magnetstärken (enge Messslots, lange Wartelisten) meist nicht gegeben ist.

In-vivo-^{13}C-/^{31}P-NMR-Spektroskopie erlaubt, den Metabolismus lebender Organismen zu untersuchen. So können beispielsweise nach Fütterung von ^{13}C-markierten Substraten durch Identifikation und Quantifizierung der Stoffwechselintermediate/-produkte Rückschlüsse auf den Zustand des Zentralstoffwechsels getroffen werden. Die breite Verteilung der chemischen Verschiebungswerte in ^{13}C-/^{31}P-NMR-Spektren ergibt meist einfach zu interpretierende Spektren.

^{31}P ist ein sehr empfindlicher Kern mit 100 % natürlicher Häufigkeit. So eignet sich die ^{31}P-NMR-Spektroskopie zur In-vivo-Analyse von phosphorhaltigen Stoffen wie dem ATP/ADP-Verhältnis, NADPH, Zuckerphosphaten etc., die für den Energiemetabolismus von Zellen eine herausragende Rolle spielen. Da die Anzahl phosphorhaltiger Verbindungen in der Zelle überschaubar ist und die Anzahl der Phosphoratome in den physiologischen Molekülen gering ist, werden sehr übersichtliche, leicht interpretierbare Spektren erhalten. NMR-Messungen sind gut verträglich für biologische Strukturen, da durch einen HF-Impuls weniger als 1 J/mol eingestrahlt wird.

Fand die NMR-Spektroskopie bis in die 1980er-Jahre fast ausschließlich in chemischen Forschungslaboratorien Anwendung, nutzen seit Ende der 1980er-Jahre auch Radiologen weltweit die Magnetresonanztechnologie (MRT) für die medizinische Diagnostik (◘ Abb. 20.69a).

Magnetresonanztomographie und NMR basieren auf dem gleichen physikalischen Prinzip. Statt des NMR-Röhrchens wird bei der MRT der menschliche Körper in ein homogenes Magnetfeld ($\vec{B}_0$) von ca. 1 T

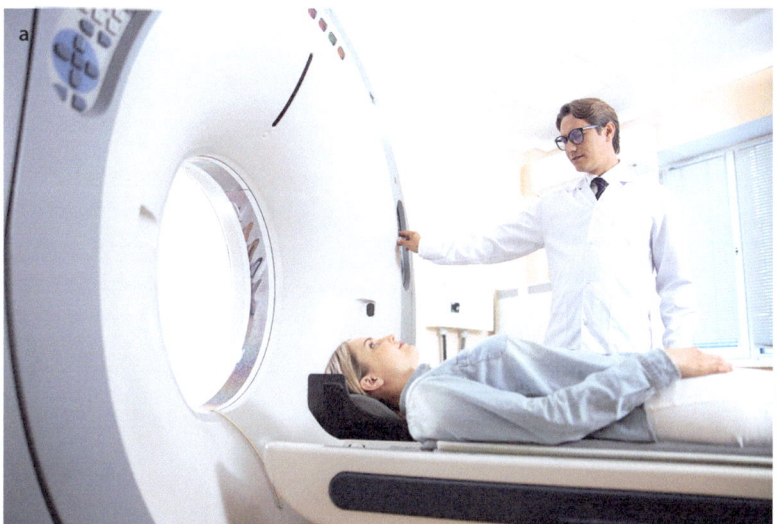 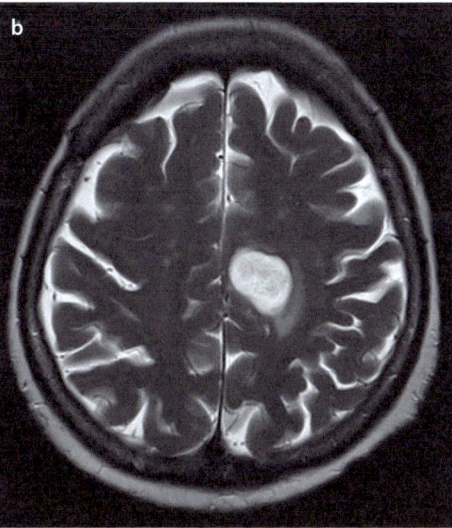

◘ Abb. 20.69 Angewandte NMR-Technologie in der medizinischen Diagnostik. Modernes MRT-Gerät (© Olena Yakobchuk/▶ Shutterstock.com) für die Diagnose von z. B. Gehirntumoren (© Yok_onepiece/▶ Shutterstock.com)

Flussdichte (B_0) gebracht (◘ Abb. 20.69a). Die Längsachse des Körpers entspricht der z-Achse. Die Protonen werden auch im MRT mit einer HF-Spule angeregt. Nach Abgabe des HF-Impulses zeichnen die HF-Spulen als Empfangsspulen das resultierende FID-Signal auf.

Die Mediziner nutzen dabei, dass verschiedene Gewebearten (Muskeln, Gehirn, Sehnen, Tumorgewebe etc.) unterschiedliche Wassergehalte und Dichten aufweisen, was gewebespezifische Protonendichten und Relaxationszeiten zur Folge hat. Dadurch ermöglicht die MRT „gestochen scharfe" Bilder von Weichteilen (Gehirn, Knochenmark, Bänder, Tumore, Zysten etc.) mit hohem Kontrast, selbst wenn das Gewebe von Knochen umgeben ist (◘ Abb. 20.69b).

Der Preis hierfür sind hohe Gerätekosten und relativ lange Aufnahmezeiten. Für die Verarbeitung der anfallenden Daten braucht man leistungsfähige Computer, weshalb die Magnetresonanztomographie erst seit den 1990er-Jahren der Allgemeinheit zur Verfügung steht.

Serviceteil

Inhaltsverzeichnis

Kapitel 21 Anhänge – 499

Anhänge

Inhaltsverzeichnis

21.1 Bohr'sches Atommodell – 500

21.2 Schrödingergleichung – 504

21.3 Van-der-Waals-Konstanten und kritischer Punkt – 505

21.4 Barometrische Höhenformel – 506

21.5 Kolligative Eigenschaften – 508

21.6 Joule-Thomson-Effekt – 512

21.7 Reaktionskinetik – 515

21.8 Namensgleichungen – 520

21.1 Bohr'sches Atommodell

Wasserstoff als einfachstes chemisches Element besteht aus einem Proton im Atomkern und einem Elektron auf der innersten Elektronenschale mit der Hauptquantenzahl n = 1. Höher gelegene Elektronenschalen (n = 2, 3, …) bleiben im Grundzustand, also im energieärmsten Zustand des Atoms, unbesetzt.

De Broglie erkannte im Jahr 1924 den Welle-Teilchen-Dualismus (▶ Abschn. 2.3.1) des Elektrons. Diese Erkenntnis war entscheidend für das Verständnis des ersten Bohr'schen Postulats. Abhängig vom experimentellen Design verhalten sich Elektronen entweder wie Masseteilchen oder wie Wellen mit einer bestimmten Wellenlänge (λ_e). Nach de Broglie errechnet sich die Wellenlänge eines Elektrons zu:

$$\lambda_e = \frac{h}{m_e \cdot v_e} \quad (21.1)$$

λ_e – Wellenlänge des Elektrons, m

h – Planck'sches Wirkungsquantum, Js

m_e – Ruhemasse des Elektrons, kg

v_e – Bahngeschwindigkeit des Elektrons, ms^{-1}

Betrachtet man das Elektron als eine stehende Welle, so muss der Elektronenbahnumfang ($2 \cdot \pi \cdot r_e$) ein ganzzahliges Vielfaches der Wellenlänge des Elektrons (n · λ_e) sein. Nur unter dieser Randbedingung bildet sich eine stationäre, stehende Welle auf der Elektronenbahn aus. Nur dann ist gewährleistet, dass sich die Welle konstruktiv überlagert, d. h. Wellental auf Wellental und Wellenberg auf Wellenberg trifft (▶ Abb. 2.16). Ist diese Bedingung hingegen nicht erfüllt, kommt es zu destruktiver Interferenz. Wellenberge überlagern mit Wellentälern und das Elektron „löscht" sich quasi von selbst aus. Eine stabile Elektronenwelle kann nicht existieren. Das erste Bohr'sche Postulat, lässt sich somit mathematisch wie folgt formulieren:

$$2 \cdot \pi \cdot r_{e,n} = n \cdot \lambda_e \xleftrightarrow{(Gl.\ 21.1)} \frac{n \cdot h}{m_e \cdot v_{e,n}} \Rightarrow$$

$$v_{e,n} = \frac{n \cdot h}{2 \cdot \pi \cdot r_{e,n} \cdot m_e} \quad (21.2)$$

$r_{e,n}$ – Radius der Elektronenbahn mit der Quantenzahl n, m

n – Schalenzahl, Quantenzahl der Bahn auf der sich das Elektron aufhält

$v_{e,n}$ – Geschwindigkeit des Elektrons auf der n-ten Schale, ms^{-1}

Durchmesser des Wasserstoffatoms

Für das kreisende Elektron auf einer erlaubten Elektronenbahn (n = 1, 2, 3, …) gilt, dass sich dessen Fliehkraft $F_{z,e,n}$ und die elektrostatische Anziehungskraft durch das Proton des Kerns ($F_{el,n}$) die Waage halten müssen.

$$F_{z,e,n} = F_{el,n} \quad (21.3)$$

Sowohl die Zentrifugalkraft $F_{z,e,n}$ als auch die elektrostatische Coulombanziehung $F_{el,n}$ lassen sich durch Gesetzmäßigkeiten der klassischen Physik ausdrücken.

$$F_{z,e,n} = \frac{m_e \cdot v_{e,n}^2}{r_{e,n}} \quad (21.4)$$

$$F_{el,n} = \frac{q_{el} \cdot q_{pr}}{4 \cdot \pi \cdot \varepsilon_0 \cdot r_{e,n}^2} \text{ Coulombgesetz} \quad (21.5)$$

q_{el} – Elektrische Ladung des Elektrons, Elementarladung, As

q_{pr} – Elektrische Ladung des Protons, Elementarladung, As

ε_0 – Dielektrizitätskonstante Vakuum, AsV^{-1}m^{-1}

Da die elektrische Ladung des Elektrons (q_{el}) und die elektrische Ladung des Protons (q_{pr}) der elektrischen Elementarladung (e) entsprechen, kann Gl. 21.5 zu Gl. 21.6 vereinfacht werden.

$$F_{el,n} = \frac{e^2}{4 \cdot \pi \cdot \varepsilon_0 \cdot r_{e,n}^2} \quad (21.6)$$

e – elektrische Elementarladung, As

Den Ausdruck Gl. 21.6 für $F_{el,n}$ und Gl. 21.4 für $F_{z,e,n}$ eingesetzt in Gl. 21.3 ergibt:

$$\frac{m_e \cdot v_{e,n}^2}{r_{e,n}} = \frac{e^2}{4 \cdot \pi \cdot \varepsilon_0 \cdot r_{e,n}^2} \quad (21.7)$$

Durch Einsetzen von Gl. 21.2 für $v_{e,n}$ in Gl. 21.7 und anschließendes Umstellen nach $r_{e,n}$ ergibt für den Radius der n-ten Elektronenbahn:

$$r_{e,n} = \frac{\varepsilon_0 \cdot h^2}{\pi \cdot m_e \cdot e^2} \cdot n^2 \quad (21.8)$$

Für den Grundzustand (n = 1) errechnet sich der Durchmesser des Wasserstoffatoms (d_H) zu:

$$d_H = 2 \cdot r_{e,1} = \frac{2 \cdot \varepsilon_0 \cdot h^2}{\pi \cdot m_e \cdot e^2} \cdot 1^2 = \frac{2 \cdot 8{,}854 \cdot 10^{-12} \frac{A \cdot s}{V \cdot m} \cdot \left(6{,}626 \cdot 10^{-34}\ J \cdot s\right)^2}{\pi \cdot 9{,}110 \cdot 10^{-31}\ kg \cdot \left(1{,}602 \cdot 10^{-19}\ A \cdot s\right)^2} \cdot 1^2 = 1{,}058 \cdot 10^{-10}\ m = 0{,}106\ nm \quad (21.9)$$

21.1 · Bohr'sches Atommodell

■ **Geschwindigkeit der Elektronen auf den Kreisbahnen**

Von Gl. 21.2 ist bekannt, dass die Geschwindigkeit des Elektrons mit zunehmendem Schalenradius ($r_{e,n}$) abnimmt. Substituieren von $r_{e,n}$ in Gl. 21.2 durch Gl. 21.8 ergibt für $v_{e,n}$:

$$v_{e,n} = \frac{e^2}{2 \cdot \varepsilon_0 \cdot h} \cdot \frac{1}{n} \tag{21.10}$$

Gemäß Gl. 21.10 bewegen sich Elektronen auf äußeren Bahnen (n > 1) langsamer als ein Elektron auf der Bahn n = 1.

Die Geschwindigkeit des Elektrons des Wasserstoffatoms im Grundzustand (n = 1) errechnet sich zu:

$$v_{e,1} = \frac{\left(1{,}602 \cdot 10^{-19}\,A \cdot s\right)^2}{2 \cdot 8{,}854 \cdot 10^{-12}\,\frac{A \cdot s}{V \cdot m} \cdot 6{,}626 \cdot 10^{-34}\,J \cdot s} \cdot \frac{1}{1}$$

$$= 2{,}187 \cdot 10^6\,\frac{m}{s}$$

■ **Wasserstoffspektrum – Wellenlänge, Frequenz, Energie**

Gemäß dem zweiten Bohr'schen Postulat (Frequenzbedingung, ▶ Abschn. 2.5) können Elektronen keine Zustände zwischen den erlaubten Elektronenkreisbahnen einnehmen. Das bedeutet, wird ein Elektron energetisch angeregt, dann springt es vom Grundzustand (n = 1) z. B. in die Bahn n = 2. So ein Quantensprung erfolgt jedoch nur, wenn das Elektron **genau** mit der Energiedifferenz $\Delta E_{1 \to 2}$ angeregt wird. Davon abweichende Energiebeträge führen nicht zum Quantensprung (▶ Abb. 2.13). Um den Energiebetrag $\Delta E_{1 \to 2}$ für das Wasserstoffatom zu berechnen, müssen die Energieinhalte des Elektrons auf den Bahnen 1 und 2 bestimmt werden. Generell ist die Gesamtenergie des Elektrons die Summe seiner Bewegungsenergie (kinetische Energie, $E_{kin,e,n}$) und seiner Lageenergie (potenzielle Energie, $E_{pot,e,n}$).

Die kinetische Energie ergibt sich nach den Gesetzen der klassischen Physik zu:

$$E_{kin,e,n} = \frac{m_e \cdot v_{e,n}^2}{2} \xrightarrow{mit\,Gl.\,21.10} \frac{m_e \cdot e^4}{8 \cdot \varepsilon_0^2 \cdot h^2} \cdot \frac{1}{n^2} \tag{21.11}$$

Für die potenzielle Energie des Elektrons gilt folgende physikalische Überlegung. Ein Elektron (negative Ladung), das sich aus unendlicher Entfernung dem Proton (positive Ladung) des Wasserstoffatomkerns nähert, verliert an potenzieller Energie (Lageenergie) relativ zum Wasserstoffkern, da der Abstand zum Proton geringer wird und der Bahnradius somit kleiner. Je mehr sich das Elektron dem Proton nähert, umso mehr Energie wird durch die elektrostatische Anziehung (Coulombanziehung) freigesetzt und umso geringer ist die potenzielle Energie des Elektrons.

Wichtig! Definitionsgemäß wird dem Elektron mit Abstand unendlich vom Atomkern eine potenzielle Energie von null zugeordnet. So erklärt sich das negative Vorzeichen in Gl. 21.12. Mathematisch ausgedrückt, ist eine Integration vom unendlichen Abstand bis zur Kreisbahn $r_{e,n}$ im radialen elektrischen Feld (Coulomb-Kraft) des Protons durchzuführen.

$$E_{pot,e,n} = \frac{e^2}{4 \cdot \pi \cdot \varepsilon_0} \cdot \int_{\infty}^{r_{e,n}} \frac{dr_e}{r_e^2} \xrightarrow{mit\,Regel\,3.1,\,Tab.\,9.1} E_{pot,e,n}$$

$$= -\frac{e^2}{4 \cdot \pi \cdot \varepsilon_0} \cdot \frac{1}{r_{e,n}} \tag{21.12}$$

Substituiert man $r_{e,n}$ durch Gl. 21.8, so erhält man für die potenzielle Energie des Elektrons auf der n-ten Bahn:

$$E_{pot,e,n} = -\frac{m_e \cdot e^4}{4 \cdot \varepsilon_0^2 \cdot h^2} \cdot \frac{1}{n^2} \tag{21.13}$$

Die potenzielle Energie des Elektrons nimmt mit steigender Schalenzahl zu, da n im Nenner steht und somit weniger Energie freigesetzt wird relativ zum Nullniveau (n = ∞) der potenziellen Energie! Die potentielle Energie des Elektrons ist doppelt so groß wie dessen kinetischen Energie.

Die Gesamtenergie eines Elektrons ist die Summe aus kinetischer Energie (Gl. 21.11) und potenzieller Energie (Gl. 21.13):

$$E_{ges,e,n} = -\frac{m_e \cdot e^4}{8 \cdot \varepsilon_0^2 \cdot h^2} \cdot \frac{1}{n^2} \tag{21.14}$$

Für einen Quantensprung des Elektrons von der Schale n_1 auf die Schale n_2 muss somit folgende Energiedifferenz aufgebracht werden:

$$\Delta E_{n1 \to n2} = E_{ges,e,n2} - E_{ges,e,n1}$$

$$= \frac{m_e \cdot e^4}{8 \cdot \varepsilon_0^2 \cdot h^2} \cdot \left(\frac{1}{n_1^2} - \frac{1}{n_2^2}\right) = h \cdot \upsilon_{n1 \to n2} \tag{21.15}$$

Da diese Energie (E = h · υ) als Strahlungsquant absorbiert wird, kann mithilfe der Gleichung c = λ · ν die Wellenlänge der für den Quantensprung notwendigen Strahlung errechnet werden.

$$\upsilon_{n1 \to n2} = \frac{m_e \cdot e^4}{8 \cdot \varepsilon_0^2 \cdot h^3} \cdot \left(\frac{1}{n_1^2} - \frac{1}{n_2^2}\right) = \frac{c}{\lambda_{n1 \to n2}} \tag{21.16}$$

Tab. 21.1 Bahnradius, Geschwindigkeit und Energie des Elektrons auf der n-ten Bahn

• Gl. 21.14	$E_{ges,e,n} = -\dfrac{m_e \cdot e^4}{8 \cdot \varepsilon_0^2 \cdot h^2} \cdot \dfrac{1}{n^2}$		Gesamtenergie des Elektrons auf der n-ten Schale, J
• Gl. 21.15	$\Delta E_{n1 \to n2} = \dfrac{m_e \cdot e^4}{8 \cdot \varepsilon_0^2 \cdot h^2} \cdot \left(\dfrac{1}{n_1^2} - \dfrac{1}{n_2^2}\right)$		Energiebedarf Elektron für Quantensprung $n_1 \to n_2$, J
• Gl. 21.16	$\upsilon_{n1 \to n2} = \dfrac{m_e \cdot e^4}{8 \cdot \varepsilon_0^2 \cdot h^3} \cdot \left(\dfrac{1}{n_1^2} - \dfrac{1}{n_2^2}\right)$		Frequenz Photon erforderlich für Quantensprung $n_1 \to n_2$, s^{-1}
• Gl. 21.17	$\lambda_{n1 \to n2} = \dfrac{8 \cdot \varepsilon_0^2 \cdot h^3 \cdot c}{m_e \cdot e^4 \cdot \left(\dfrac{1}{n_1^2} - \dfrac{1}{n_2^2}\right)}$		Wellenlänge Photon erforderlich für Quantensprung $n_1 \to n_2$, m
ε_0	Dielektrizitätskonstante Vakuum	$\varepsilon_0 = 8{,}854 \cdot 10^{-12}$ A · s · V^{-1} · m^{-1}	
h	Planck'sches Wirkungsquantum	$h = 6{,}626 \cdot 10^{-34}$ J · s	
m_e	Ruhemasse des Elektrons	$m_e = 9{,}110 \cdot 10^{-31}$ kg	
e	Elementarladung	$e = 1{,}602 \cdot 10^{-19}$ A · s	
n		Schalenzahl, Quantenzahl	
c	Lichtgeschwindigkeit	$c = 2{,}998 \cdot 10^8$ m · s^{-1}	

$$\lambda_{n1 \to n2} = \dfrac{8 \cdot \varepsilon_0^2 \cdot h^3 \cdot c}{m_e \cdot e^4 \cdot \left(\dfrac{1}{n_1^2} - \dfrac{1}{n_2^2}\right)} \quad (21.17)$$

Bahnradius, Geschwindigkeit und Energie des Elektrons auf verschiedenen Elektronenbahnen wurden mit den Gl. 21.8, 21.10 und 21.14 berechnet und in ◘ Tab. 21.2 zusammengefasst. Der Radius für den Grundzustand (n = 1) des Wasserstoffatoms wird in der Literatur auch Bohr'scher Radius genannt und mit a_0 abgekürzt. Die Gesamtenergie des Elektrons im Ruhezustand (n = 1) beträgt $-21{,}80 \cdot 10^{-19}$ J. Da solch kleine Energiemengen unhandlich sind, drückt der Kernphysiker Energien in Elektronenvolt (eV) aus. Ein Elektronenvolt ist die Energiemenge (ΔE), die ein Elektron aufnimmt, wenn es eine Spannungsdifferenz (ΔU) von einem Volt durchläuft. Multipliziert man die Elementarladung des Elektrons von $1{,}602 \cdot 10^{-19}$ As mit 1 V für die Beschleunigungsspannung ΔU, so ergibt sich für die Energiemenge 1 eV ein Energieäquivalent von $1{,}602 \cdot 10^{-19}$ J. Per Dreisatz können damit Energien von der Maßeinheit Joule (J) in die Maßeinheit Elektronenvolt (eV) umgerechnet werden und vice versa.

$$\Delta E = e \cdot \Delta U \Rightarrow 1 \text{eV} = 1{,}602 \cdot 10^{-19} \text{ J} \quad (21.18)$$

Das Elektron im Grundzustand (n = 1, ◘ Tab. 21.1) weist eine Gesamtenergie von −13,60 eV auf. Um das Elektron vollständig aus dem Einflussbereich des Wasserstoffkerns zu entfernen, muss somit eine Energie von +13,60 eV bzw. $+21{,}80 \cdot 10^{-19}$ J aufgebracht werden (▶ Abb. 2.15, ◘ Tab. 21.2).

> **Übersicht**
>
> Die wichtigsten Gleichungen in der Zusammenschau:
>
> — Gl. 21.8 $r_{e,n} = \dfrac{\varepsilon_0 \cdot h^2}{\pi \cdot m_e \cdot e^2} \cdot n^2$ Radius der n − ten Elektronenschale, m
>
> — Gl. 21.10 $v_{e,n} = \dfrac{e^2}{2 \cdot \varepsilon_0 \cdot h} \cdot \dfrac{1}{n}$ Geschwindigkeit des Elektrons auf der n − ten Schale, m · s − 1

Tab. 21.2 Zahlenwerte für Bahnradius, Geschwindigkeit und Energie des Elektrons auf der n-ten Bahn

Elektronenbahn	n = 1	n = 2	n = 3	n = 4	n = 5
$r_{e,n}$ (Gl. 21.8)	$0{,}529 \cdot 10^{-10}$ m = a_0	$2{,}117 \cdot 10^{-10}$ m	$4{,}763 \cdot 10^{-10}$ m	$8{,}467 \cdot 10^{-10}$ m	$13{,}229 \cdot 10^{-10}$ m
$v_{e,n}$ (Gl. 21.10)	$2{,}18 \cdot 10^6$ m/s	$1{,}09 \cdot 10^6$ m/s	$0{,}73 \cdot 10^6$ m/s	$0{,}55 \cdot 10^6$ m/s	$0{,}44 \cdot 10^6$ m/s
$E_{ges,e,n}$ (Gl. 21.14)	$-21{,}80 \cdot 10^{-19}$ J −13,60 eV	$-5{,}45 \cdot 10^{-19}$ J −3,40 eV	$-2{,}42 \cdot 10^{-19}$ J −1,51 eV	$-1{,}36 \cdot 10^{-19}$ J −0,85 eV	$-0{,}87 \cdot 10^{-19}$ J −0,54 eV

21.1 · Bohr'sches Atommodell

Für verschiedene Quantenübergänge, z. B. von $n_2 = 3, 4, 5, 6, \infty$ nach $n_1 = 2$ (Balmer-Serie, ▶ Abb. 2.15) wurde mit Gl. 21.15 die Energie der emittierten elektromagnetischen Strahlung errechnet und in Joule (J) und Elektronenvolt (eV) angegeben. Mithilfe der Planck'schen Beziehung (Gl. 21.19) kann die Energie der elektromagnetischen Strahlung alternativ auch als Frequenz (Hz = s^{-1}) oder Wellenlänge (nm) ausgedrückt werden (◘ Tab. 21.3).

$$\Delta E = h \cdot \nu \Rightarrow \nu = \frac{\Delta E}{h} = \frac{c}{\lambda} \quad (21.19)$$

Die drei physikalischen Größen Energie, Wellenlänge und Frequenz sind äquivalente Aussagen für elektromagnetische Strahlungen. Bei der Balmer-Serie liegen die Elektronenübergänge im sichtbaren Spektralbereich. Die entstehenden farbigen Spektrallinien können mit bloßem Auge beobachtet werden (◘ Tab. 21.3).

Die Spektrallinien der Lyman-Serie sind deutlich energiereicher und liegen im Bereich der Ultraviolettstrahlung (UV-Strahlung), die für das menschliche Auge unsichtbar ist. Im Gegensatz dazu gehören die Spektrallinien der Paschen-, Brackett- und Pfund-Serie zur langwelligen Infrarotstrahlung (IR-Strahlung), die ebenfalls nicht sichtbar, jedoch als Wärmestrahlung messbar ist.

Da alle in Gl. 21.16 auftretenden Größen Naturkonstanten (ε_0, h, c, m_e, e) oder natürliche Zahlen sind, können diese zu der nach Johannes Rydberg (schwedischer Physiker, 1854–1919) benannten Rydberg-Konstante zusammengefasst werden. Diese Konstante spielt eine zentrale Rolle in der Beschreibung von Wasserstoffspektren.

$$R = \frac{m_e \cdot e^4}{8 \cdot \varepsilon_0^2 \cdot h^3 \cdot c} = 1{,}097 \cdot 10^7 \, m^{-1} \quad (21.20)$$

Mit der Definition der Rydberg-Konstante (R, Gl. 21.20) eingesetzt in Gl. 21.17 ergibt sich für die Wellenlänge der Spektrallinien des Wasserstoffatoms:

$$\lambda_{n1 \to n2} = \frac{1}{R \cdot \left(\frac{1}{n_1^2} - \frac{1}{n_2^2} \right)} \quad (21.21)$$

Der große Erfolg des Bohr'schen Atommodells liegt darin, dass mit nur wenigen, aber grundlegenden Annahmen sowohl die Emissions- als auch die Absorptionsspektren des Wasserstoffs erklärt werden konnten. Insbesondere ließ sich der zuvor empirisch gefundene Zusammenhang von Balmer für die Wellenlängen der emittierten Spektrallinien (▶ Abschn. 2.5) theoretisch herleiten.

Ein Vergleich zwischen den aus der Balmer-Formel und den aus den Bohr'schen Annahmen abgeleiteten Wellenlängen (Balmer-Emissionslinien) verdeutlicht diese Übereinstimmung. Zur Erinnerung: Die Balmer-Emissionslinien enstehen durch Elektronenübergänge aus energetisch höher liegenden Bahnen ($n_2 = 3, 4, 5, 6$) in die energetisch tiefer liegende zweite Elektronenbahn ($n_1 = 2$) des Wasserstoffatoms. Dabei wird Strahlung im sichtbaren Bereich emittiert.

$$\frac{91{,}14 \, nm}{\frac{1}{2^2} - \frac{1}{n_2^2}} = \frac{1}{R \cdot \left(\frac{1}{2^2} - \frac{1}{n_2^2} \right)} \to 91{,}14 \, nm = \frac{1}{R} \quad (21.22)$$

◘ **Tab. 21.3** Wellenlänge, Frequenz und Energie von Elektronenübergängen des Wasserstoffatoms

$n_2 = 2$	$n_2 = 3$	$n_2 = 4$	$n_2 = 5$	$n_2 = 6$	$n_2 = \infty$	Schale	Serie
121,6 nm 2,47·10^{15} Hz 16,35·10^{-19} J 10,20 eV	102,6 nm 2,92·10^{15} Hz 19,38·10^{-19} J 12,09 eV	97,3 nm 3,08·10^{15} Hz 20,44·10^{-19} J 12,75 eV	95,0 nm 3,16·10^{15} Hz 20,93·10^{-19} J 13,06 eV	93,8 nm 3,20·10^{15} Hz 21,19·10^{-19} J 13,22 eV	91,2 nm 3,29·10^{15} Hz 21,80·10^{-19} J 13,60 eV	$n_1 = 1$	Lyman
	656,5 nm 4,57·10^{14} Hz 3,03·10^{-19} J 1,89 eV	486,3 nm 6,17·10^{14} Hz 4,09·10^{-19} J 2,55 eV	434,2 nm 6,90·10^{14} Hz 4,58·10^{-19} J 2,86 eV	410,3 nm 7,30·10^{14} Hz 4,84·10^{-19} J 3,02 eV	364,7 nm 8,22·10^{14} Hz 5,45·10^{-19} J 3,40 eV	$n_1 = 2$	Balmer
		1876 nm 1,60·10^{14} Hz 1,06·10^{-19} J 0,66 eV	1282 nm 2,34·10^{14} Hz 1,55·10^{-19} J 0,97 eV	1094 nm 2,74·10^{14} Hz 1,81·10^{-19} J 1,13 eV	820,6 nm 3,65·10^{14} Hz 2,42·10^{-19} J 1,51 eV	$n_1 = 3$	Paschen
			4052 nm 7,40·10^{13} Hz 0,49·10^{-19} J 0,31 eV	2626 nm 1,14·10^{14} Hz 0,75·10^{-19} J 0,47 eV	1459 nm 2,05·10^{14} Hz 1,36·10^{-19} J 0,85 eV	$n_1 = 4$	Brackett

Der Kehrwert der Rydberg-Konstante (Gl. 21.20) beträgt $1/R = 91{,}16 \cdot 10^{-9}$ m $= 91{,}16$ nm. Dieser Wert stimmt innerhalb der Rundungsgenauigkeit vollständig mit dem empirisch bestimmten Balmer-Faktor von 91,14 nm überein. Somit liefern der empirische Ansatz Balmers und die quantenphysikalische Betrachtung (diskrete Elektronenbahnen) Bohrs das gleiche Ergebnis. Ein eindrucksvoller Beleg für die Richtigkeit des Bohr'schen Atommodells.

21.2 Schrödingergleichung

In Tab. 21.4 sind die Lösungen der Schrödingergleichung (▶ Abschn. 2.6) getrennt nach ihrem radialen Anteil $R_n(r)$, polaren Anteil $P_l(\Theta)$ und azimutalen Anteil $A_m(\phi)$, bis zur Hauptquantenzahl n = 3 aufgeführt. Die Parameter n, l, m, r, Θ und Φ wurden in ▶ Abschn. 2.6 erläutert.

$$\Psi_{nlm}(r,\Theta,\Phi) = R_n(r) \cdot P_l(\Theta) \cdot A_m(\Phi) \qquad (21.23)$$

Tab. 21.4 Normierte Wellenfunktionen

	Ψ_{nlm}	n	l	m	Radialanteil $R_n(r)$	Winkelanteil $P_l(\theta)$	$A_m(\phi)$
1s	Ψ_{100}	1	0	0	$\dfrac{2}{a_0^{3/2}} \cdot e^{-\frac{r}{a_0}}$	$\dfrac{1}{\sqrt{2}}$	$\dfrac{1}{\sqrt{2\pi}}$
2s	Ψ_{200}	2	0	0	$\dfrac{1}{2\sqrt{2} \cdot a_0^{3/2}} \cdot \left(2 - \dfrac{r}{a_0}\right) \cdot e^{-\frac{r}{2a_0}}$	$\dfrac{1}{\sqrt{2}}$	$\dfrac{1}{\sqrt{2\pi}}$
2p	Ψ_{211}	2	1	−1	$\dfrac{1}{2\sqrt{6} \cdot a_0^{3/2}} \cdot \dfrac{r}{a_0} \cdot e^{-\frac{r}{2a_0}}$	$\dfrac{\sqrt{3}}{2} \cdot \sin\Theta$	$\dfrac{1}{\sqrt{2\pi}} \cdot \cos\Phi$
2p	Ψ_{210}	2	1	0	$\dfrac{1}{2\sqrt{6} \cdot a_0^{3/2}} \cdot \dfrac{r}{a_0} \cdot e^{-\frac{r}{2a_0}}$	$\dfrac{\sqrt{6}}{2} \cdot \cos\Theta$	$\dfrac{1}{\sqrt{2\pi}}$
2p	Ψ_{211}	2	1	+1	$\dfrac{1}{2\sqrt{6} \cdot a_0^{3/2}} \cdot \dfrac{r}{a_0} \cdot e^{-\frac{r}{2a_0}}$	$\dfrac{\sqrt{3}}{2} \cdot \sin\Theta$	$\dfrac{1}{\sqrt{2\pi}} \cdot \sin\Phi$
3s	Ψ_{300}	3	0	0	$\dfrac{2}{81\sqrt{3} \cdot a_0^{3/2}} \cdot \left(27 - 18\dfrac{r}{a_0} + 2\dfrac{r^2}{a_0^2}\right) \cdot e^{-\frac{r}{3a_0}}$	$\dfrac{1}{\sqrt{2}}$	$\dfrac{1}{\sqrt{2\pi}}$
3p	Ψ_{311}	3	1	−1	$\dfrac{1}{81\sqrt{6} \cdot a_0^{3/2}} \cdot \left(6 - \dfrac{r}{a_0}\right) \cdot \dfrac{r}{a_0} \cdot e^{-\frac{r}{3a_0}}$	$\dfrac{\sqrt{3}}{2} \cdot \sin\Theta$	$\dfrac{1}{\sqrt{2\pi}} \cdot \cos\Phi$
3p	Ψ_{310}	3	1	0	$\dfrac{4}{81\sqrt{6} \cdot a_0^{3/2}} \cdot \left(6 - \dfrac{r}{a_0}\right) \cdot \dfrac{r}{a_0} \cdot e^{-\frac{r}{3a_0}}$	$\dfrac{\sqrt{6}}{2} \cdot \cos\Theta$	$\dfrac{1}{\sqrt{2\pi}}$
3p	Ψ_{311}	3	1	+1	$\dfrac{1}{81\sqrt{6} \cdot a_0^{3/2}} \cdot \left(6 - \dfrac{r}{a_0}\right) \cdot \dfrac{r}{a_0} \cdot e^{-\frac{r}{3a_0}}$	$\dfrac{\sqrt{3}}{2} \cdot \sin\Theta$	$\dfrac{1}{\sqrt{2\pi}} \cdot \sin\Phi$
3d	Ψ_{322}	3	2	−2	$\dfrac{4}{81\sqrt{30} \cdot a_0^{3/2}} \cdot \dfrac{r^2}{a_0^2} \cdot e^{-\frac{r}{3a_0}}$	$\dfrac{\sqrt{15}}{4} \cdot \sin^2\Theta$	$\dfrac{1}{\sqrt{2\pi}} \cdot \cos 2\Phi$
3d	Ψ_{321}	3	2	−1	$\dfrac{4}{81\sqrt{30} \cdot a_0^{3/2}} \cdot \dfrac{r^2}{a_0^2} \cdot e^{-\frac{r}{3a_0}}$	$\dfrac{\sqrt{15}}{2} \cdot \sin\Theta \cdot \cos\Theta$	$\dfrac{1}{\sqrt{2\pi}} \cdot \cos\Phi$

Tab. 21.4					Normierte Wellenfunktionen		
					Radialanteil	Winkelanteil	
3d	Ψ_{320}	3	2	0	$\dfrac{4}{81\sqrt{30}\cdot a_0^{3/2}}\cdot \dfrac{r^2}{a_0^2}\cdot e^{-\frac{r}{3a_0}}$	$\dfrac{\sqrt{10}}{4}\cdot(3\cos^2\Theta-1)$	$\dfrac{1}{\sqrt{2\pi}}$
3d	Ψ_{321}	3	2	+1	$\dfrac{4}{81\sqrt{30}\cdot a_0^{3/2}}\cdot \dfrac{r^2}{a_0^2}\cdot e^{-\frac{r}{3a_0}}$	$\dfrac{\sqrt{15}}{2}\cdot \sin\Theta\cdot\cos\Theta$	$\dfrac{1}{\sqrt{2\pi}}\cdot\sin\Phi$
3d	Ψ_{322}	3	2	+2	$\dfrac{4}{81\sqrt{30}\cdot a_0^{3/2}}\cdot \dfrac{r^2}{a_0^2}\cdot e^{-\frac{r}{3a_0}}$	$\dfrac{\sqrt{15}}{4}\cdot \sin^2\Theta$	$\dfrac{1}{\sqrt{2\pi}}\cdot\sin 2\Phi$

$a_0 = \dfrac{\varepsilon_0\cdot h^2}{\pi\cdot m_e\cdot e^2} = 0{,}0529\,nm$, Bohr'scher Radius für den Grundzustand $(n=1)$ des Wasserstoffatoms

21.3 Van-der-Waals-Konstanten und kritischer Punkt

Zur Ermittlung der Van-der-Waals-Konstanten wird die Van-der-Waals-Zustandsgleichung für reale Gase (Gl. 5.4) nach dem Druck umgestellt (Gl. 21.24). Am kritischen Punkt, der einem Wendepunkt entspricht (▶ Abb. 5.14, Punkt K), müssen im p-V-Diagramm sowohl die erste Ableitung (Gl. 21.25, horizontaler Verlauf) als auch die zweite Ableitung (Gl. 21.26, Wendepunkt) des Drucks nach dem Volumen gleich null sein (▶ Abschn. 9.4).

$$p_K = \dfrac{R\cdot T_K}{(V_K-b)} - \dfrac{a}{V_K^2} = R\cdot T_K\cdot(V_K-b)^{-1} - a\cdot V_K^{-2} \quad (21.24)$$

p_K – Druck am kritischen Punkt, Nm^{-2} oder Pa
a – Kohäsionsdruck Moleküle, Nm^{-2} oder Pa
V_K – molares Gasvolumen am kritischen Punkt, m^3
b – Eigenvolumen Moleküle, m^{3}mol^{-1}
R – allgemeine Gaskonstante, Jmol^{-1}K^{-1}
T_K – absolute Temperatur am kritischen Punkt, K

Die erste Ableitung des kritischen Drucks nach dem kritischen Volumen

$\left(\text{Tab. 9.1, Regel 3.1,}\ \dfrac{d}{dV}V^{-n} = -n\cdot V^{-n-1}\right)$ ergibt:

$$\dfrac{d}{dV_K}p_K = \dfrac{d}{dV_K}\left[R\cdot T_K\cdot(V_K-b)^{-1} - a\cdot V_K^{-2}\right] = -R\cdot T_K\cdot(V_K-b)^{-2} + 2\cdot a\cdot V_K^{-3} = 0 \rightarrow$$

$$2\cdot a\cdot V_K^{-3} = R\cdot T_K\cdot(V_K-b)^{-2} \rightarrow a = \dfrac{R\cdot T_K\cdot(V_K-b)^{-2}}{2\cdot V_K^{-3}} = \dfrac{R\cdot T_K\cdot V_K^3}{2\cdot(V_K-b)^2} \quad (21.25)$$

Die zweite Ableitung des kritischen Drucks nach dem kritischen Volumen ergibt:

$$\dfrac{d^2}{dV_K^2}p_K = \dfrac{d}{dV_K}\left[-R\cdot T_K\cdot(V_K-b)^{-2} + 2a\cdot V_K^{-3}\right] = 2\cdot R\cdot T_K\cdot(V_K-b)^{-3} - 6\cdot a\cdot V_K^{-4} = 0 \rightarrow$$

$$3\cdot a\cdot V_K^{-4} = R\cdot T_K\cdot(V_K-b)^{-3} \rightarrow a = \dfrac{R\cdot T_K\cdot(V_K-b)^{-3}}{3\cdot V_K^{-4}} = \dfrac{R\cdot T_K\cdot V_K^4}{3\cdot(V_K-b)^3} \quad (21.26)$$

Gleichsetzen von Gl. 21.25 und 21.26 für die Konstante a führt zur Elimination von a, wodurch nach dem kritischen Volumen aufgelöst werden kann:

$$\frac{R \cdot T_K \cdot V_K^3}{2 \cdot (V_K - b)^2} = \frac{R \cdot T_K \cdot V_K^4}{3 \cdot (V_K - b)^3} \rightarrow 1 = \frac{2 \cdot V_K}{3 \cdot (V_K - b)} \rightarrow 3 \cdot (V_K - b) = 2 \cdot V_K \rightarrow \boldsymbol{V_K = 3 \cdot b} \tag{21.27}$$

Setzt man das Ergebnis für das kritische Volumen in die Gl. 21.26 ein, wird die kritische Temperatur als Funktion der Van-der-Waals-Konstanten a und b erhalten.

$$a = \frac{R \cdot T_K \cdot V_K^3}{2 \cdot (V_K - b)^2} \xrightarrow{mit\, V_K = 3 \cdot b} a = \frac{R \cdot T_K \cdot (3 \cdot b)^3}{2 \cdot (3 \cdot b - b)^2} = \frac{R \cdot T_K \cdot 27 \cdot b^3}{8 \cdot b^2} \rightarrow \boldsymbol{T_K = \frac{8 \cdot a}{27 \cdot b \cdot R}} \tag{21.28}$$

Setzt man die Ergebnisse für das kritische Volumen und die kritische Temperatur schließlich in Gl. 21.24 ein, wird der kritische Druck ebenfalls als Funktion der Van-der-Waals-Konstanten a und b erhalten.

$$p_K = \frac{R \cdot T_K}{(V_K - b)} - \frac{a}{V_K^2} = \frac{R \cdot 8 \cdot a}{27 \cdot b \cdot R \cdot (3 \cdot b - b)} - \frac{a}{(3b)^2} = \frac{8 \cdot a}{54 \cdot b^2} - \frac{a}{9b^2} = \frac{8 \cdot a - 6 \cdot a}{54 \cdot b^2} \rightarrow \boldsymbol{p_K = \frac{a}{27 \cdot b^2}} \tag{21.29}$$

Setzt man die Van-der-Waals-Konstanten für Kohlenstoffdioxid (▶ Tab. 5.2) in die Gleichungen ein, so werden für den kritischen Punkt (▶ Abb. 5.14, Punkt K) folgende Werte erhalten:

$$p_K = \frac{0{,}366\, Pa \cdot m^6 \cdot mol^{-2}}{27 \cdot (4{,}28 \cdot 10^{-5}\, m^3 \cdot mol^{-1})^2} = 7.399.967\, Pa \approx 74\, bar$$

$$T_K = 304{,}7\, K = 31{,}6°C$$

$$V_K = 0{,}1284 \cdot 10^{-3}\, m^3 \cdot mol^{-1} = 128{,}4\, cm^3/mol$$

Diese aus der Van-der-Waals-Theorie abgeleiteten Größen stimmen hervorragend mit den experimentellen Werten für die kritische Temperatur (31,0 °C) und für den kritischen Druck (73,8 bar) überein. Lediglich der experimentelle Wert des kritischen Molvolumens weicht mit 94,1 cm³/mol vom errechneten Wert (128,4 cm³/mol) stärker ab.

21.4 Barometrische Höhenformel

Die Erde ist von einer kilometerdicken Gashülle, der Atmosphäre, umgeben. Aufgrund die Gravitationskraft der Erde übt die Atmosphäre einen aerostatischen Druck auf die Erdoberfläche aus. Auf jeden Quadratmeter der Erdoberfläche lastet das Gewicht einer etwa 10.300 kg Luft schweren Luftsäule, was auf Meereshöhe zu einem mittleren Luftdruck von etwa $1{,}013 \cdot 10^5$ N/m² (1,013 bar) führt. Da die Luftdichte mit zunehmender Höhe abnimmt, nimmt auch der Luftdruck entsprechend ab.

Die sogenannte barometrische Höhenformel ermöglicht die Berechnung des Luftdrucks in Abhängigkeit von der Atmosphärenhöhe (h). Zur Herleitung der barometrischen Höhenformel betrachten wir ein kleines Volumenelement (ΔV) einer Luftschicht in Höhe h mit der Dicke Δh und der Grundfläche A.

Der Druck (p_u) respektive die Kraft (F_u) ist an der Unterseite des Volumenelements größer als an der Oberseite ($p_o = p_u - \Delta p$). Durch die Druckdifferenz Δp wirkt eine Aufwärtsraft, die sich im Gleichgewichtszustand mit der Gewichtskraft (F_G) des Volumenelements die Waage hält (◘ Abb. 21.1).

Somit gilt für jede Luftschicht im Gleichgewicht die aerostatische Grundgleichung:

$$F_u = F_o + F_G \tag{21.30}$$

Über die Definition des Drucks (p = F/A) lassen sich die am Volumenelement wirkenden Drücke in Kräfte ausdrücken. Unter Berücksichtigung der Luftdichte (ρ) kann die Gewichtskraft des Volumenelements außerdem mithilfe seiner geometrischen Abmessungen berechnet werden.

21.4 · Barometrische Höhenformel

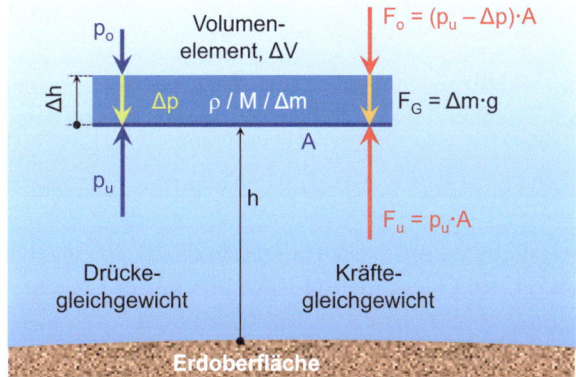

Abb. 21.1 Drücke- respektive Kräftegleichgewicht am Volumenelement einer Luftschicht

$$F_u = p_u \cdot A \quad F_o = (p_u - \Delta p) \cdot A \quad F_G = \Delta m \cdot g \xrightarrow{\Delta m = \rho \cdot \Delta V}$$
$$F_g = \rho \cdot \Delta V \cdot g \rightarrow F_g = \rho \cdot A \cdot \Delta h \cdot g$$
(21.31)

F_u – an der Unterseite der Luftschicht wirkende Kraft, N

F_o – an der Oberseite der Luftschicht wirkende Kraft, N

F_G – Gewichtskraft der Luftschicht, N

P_o – Luftdruck an der Oberseite der Luftschicht, Nm^{-2}

p_u – Luftdruck an der Unterseite der Luftschicht, Nm^{-2}

A – Grundfläche der Luftschicht, m^2

Δp – Luftdruckdifferenz zwischen Unter- und Oberseite der Luftschicht, Nm^{-2}

Δm – Masse des betrachteten Volumenelements der Luftschicht, m^3

ρ – Dichte der Luftschicht, kgm^{-3}

ΔV – Volumenelement der Luftschicht, m^3

g – Erdbeschleunigung, ms^{-2}

Δh – Dicke der Luftschicht, m

Einsetzen der Gl. 21.31 in Gl. 21.30 ergibt die Druckdifferenz zwischen Unterseite und Oberseite des Volumenelements als Funktion der Schichtdicke (Δh) und der Dichte der Luftschicht (ρ).

$$p_u \cdot A = (p_u - \Delta p) \cdot A + \rho \cdot A \cdot \Delta h \cdot g \rightarrow \Delta p = \rho \cdot g \cdot \Delta h$$
(21.32)

Die Luftdichte hängt vom Umgebungsdruck (p) und von der Lufttemperatur (T) ab und kann über die ideale Gasgleichung ausgedrückt werden (Gl. 21.33).

$$p \cdot V = n \cdot R \cdot T = \frac{m}{M} \cdot R \cdot T \rightarrow \frac{m}{V} = \frac{p \cdot M}{R \cdot T} = \rho$$
(21.33)

R – allgemeine Gaskonstante, $JK^{-1}mol^{-1}$

T – absolute Temperatur, K

ρ – Dichte der Luftschicht, kgm^{-3}

Substituieren der Luftschichtdichte (ρ) in Gl. 21.32 durch Gl. 21.33 ergibt die differenzielle Form der barometrischen Höhenformel.

$$\Delta p = \frac{p \cdot M \cdot g \cdot \Delta h}{R \cdot T} \rightarrow \frac{dp}{p} = \frac{M \cdot g \cdot dh}{R \cdot T}$$
(21.34)

dp – Differenzial, d. h. infinitesimaler (unendlich) kleiner Druckunterschied, Nm^{-2}

M – molare Masse der Luftschicht, $kgmol^{-1}$

dh – infinitesimale Höhendifferenz, m

Für die Berechnung konkreter Drücke als Funktion der Atmosphärenhöhe wird Gl. 21.34 integriert. Da dp/p mit zunehmender Höhe (h) abnimmt, muss noch ein Negativzeichen berücksichtigt werden. Die nicht höhenabhängigen Parameter und Konstanten können vor das Integral gezogen werden.

$$\int_{p_{h0}}^{p_h} \frac{1}{p} dp = -\int_{h_0}^{h} \frac{M \cdot g}{R \cdot T} dh = -\frac{M \cdot g}{R \cdot T} \cdot \int_{h_0}^{h} dh$$
(21.35)

p_h – Luftdruck in Höhe h, Nm^{-2}

p_0 – Ausgangsluftdruck, z. B. auf Meereshöhe (p_0 = $1{,}013 \cdot 10^5$ Nm^{-2}), Nm^{-2}

h – Höhe, m

h_0 – Ausgangshöhe, z. B. Meereshöhe (h_0 = 0 m), m

Nach der Integration (▶ Tab. 9.1, Regel 3.3 und Regel 1) werden die Stammfunktionen für Druck und Höhe erhalten (Gl. 21.36).

$$[ln(p)]_{p_0}^{p_h} = -\frac{M \cdot g}{R \cdot T} \cdot [h]_{h_0}^{h} \rightarrow ln(p_h) - ln(p_0) = ln\left(\frac{p_h}{p_0}\right) = -\frac{M \cdot g}{R \cdot T} \cdot (h - h_0)$$
(21.36)

Durch Delogarithmieren (Anwendung der Exponentialfunktion e···) und Umstellung nach p_h ergibt sich die barometrische Höhenformel in expliziter Form:

$$p_h = p_0 \cdot e^{-\frac{M \cdot g \cdot (h-h_0)}{R \cdot T}} \quad \text{barometrische Höhenformel}$$
(21.37)

Die barometrische Höhenformel ermöglicht die Berechnung des Luftdrucks für eine beliebige Atmosphärenhöhe (h) über einem Referenzniveau (h_0), sofern der Luftdruck am Referenzpunkt (p_0) bekannt ist. Die Formel gilt streng genommen nur unter der Annahme, dass sich die Temperatur (T), die Erdbeschleunigung (g) sowie die Atmosphärenzusammensetzung (M) mit der Höhe nicht ändern. In der Realität kann insbesondere die Temperatur mit der Höhe stark variieren. Dennoch liefert Gl. 21.37 bis 5 km Atmosphärenhöhe verlässliche Näherungswerte für den Luftdruck.

21.5 Kolligative Eigenschaften

Im Folgenden betrachten wir binäre Systeme (Zweistoffgemische), also Lösungen, die aus einem Lösungsmittel (A) und einer nichtflüchtigen Komponente (B) bestehen.

Solche Lösungen zeigen charakteristische kolligative Eigenschaften, darunter Dampfdruckerniedrigung, Siedepunktserhöhung, Gefrierpunktserniedrigung und osmotischer Druck. Kolligative Eigenschaften werden ausschließlich von der Anzahl an gelösten Teilchen der Komponente B beeinflusst, aber nicht von deren chemischer Natur.

- **Dampfdruckerniedrigung (Δp)**

Der Dampfdruck über einer Lösung p(A,B) setzt sich aus den Dampfdrücken der einzelnen Komponenten A und B zusammen.

$$p(A,B) = p(A) + p(B)$$
Dalton'sches Gesetz, Abschn. 7.3.1 (21.38)

Da aber die Komponente B nichtflüchtig ist, kann deren Dampfdruck p(B) vernachlässigt werden, sodass der Dampfdruck der Lösung in guter Näherung dem Dampfdruck des Lösungsmittelanteils p(A) der Lösung entspricht.

$$p(A,B) \approx p(A)$$
(21.39)

Der Dampfdruck des Lösungsmittelanteils p(A) errechnet sich nach Raoult aus dessen Sättigungsdampfdruck $p^S(A)$ multipliziert mit dem Stoffmengenanteil x(A).

$$p(A,B) = x(A) \cdot p^S(A)$$
Raoult'sches Gesetz, Abschn. 7.3.2 (21.40)

Die Stoffmengenanteile (x) der beiden Lösungskomponenten A und B addieren sich per Definition zu eins.

$$x(A) + x(B) = 1 \rightarrow x(A) = 1 - x(B)$$
(21.41)

Setzt man den Ausdruck für x(A) in Gl. 21.40 ein, ergibt sich für den Gesamtdampfdruck p(A,B) der Lösung.

$$p(A,B) = [1 - x(B)] \cdot p^S(A)$$
$$= p^S(A) - x(B) \cdot p^S(A) = p^S(A) - \Delta p$$
(21.42)

Somit weist die Lösung einen um Δp niedrigeren Dampfdruck auf als das reine Lösungsmittel $p^S(A)$. Die Dampfdruckerniedrigung Δp ist dabei linear zum Stoffmengenanteil der nichtflüchtigen Komponente B.

$$\Delta p = x(B) \cdot p^S(A)$$
(21.43)

Δp – Dampfdruckerniedrigung, Nm^{-2} oder Pa

x(B) – Stoffmengenanteil der gelösten, nichtflüchtigen Komponente B, dimensionslos

$p^S(A)$ – Sättigungsdampfdruck der Komponente A, Nm^{-2} oder Pa

Die Dampfdruckerniedrigung (Δp) ist ausschließlich von der Stoffmenge, d. h. der Anzahl gelöster Teilchen der nichtflüchtigen Komponente B, nicht aber von deren chemischer Zusammensetzung abhängig.

Eigenschaften, die einzig und allein von der Teilchenzahl abhängig sind, werden als kolligative Eigenschaften bezeichnet. Beispiele hierfür sind neben der Dampfdruckerniedrigung die Siedepunktserhöhung, die Gefrierpunktserniedrigung und der osmotische Druck.

- **Siedepunktserhöhung (ΔT_s)**

Den Einfluss der Dampfdruckerniedrigung, die durch die gelöste, nichtflüchtige Komponente B verursacht wird, auf den Siedepunkt einer Lösung wird in ▶ Abb. 7.14 veranschaulicht.

Die Siedekurve, also die Phasengrenze zwischen dem flüssigen und gasförmigen Zustand, kann mithilfe der Clausius-Clapeyron-Gleichung (Gl. 5.16) beschrieben werden.

$$\ln\left[\frac{p(A,B)}{p^S(A)}\right] = -\frac{\Delta H_{VE}(A)}{R} \cdot \left[\frac{1}{T_S(A,B)} - \frac{1}{T_S(A)}\right] \quad \textit{Clausius-Clapeyron-Gleichung, Abschn. 5.2.2}$$
(21.44)

21.5 · Kolligative Eigenschaften

p(A,B) – Dampfdruck der Lösung, Nm^{-2} oder Pa

p^S(A) – Sättigungsdampfdruck des Lösungsmittels A, Nm^{-2} oder Pa

ΔH_{VE}(A) – molare Verdampfungsenthalpie des Lösungsmittels A am Siedepunkt, Jmol^{-1}

R – allgemeine Gaskonstante, JK^{-1}mol^{-1}

T$_S$(A) – Siedepunkt des Lösungsmittels A, K

T$_S$(A,B) – Siedepunkt der Lösung, K

Drückt man den Dampfdruck der Lösung p(A,B) durch Gl. 21.42 aus, erhält man:

$$ln\left[\frac{p^S(A)-\Delta p}{p^S(A)}\right] = ln\left[1-\frac{\Delta p}{p^S(A)}\right]$$
$$= \frac{\Delta H_{VE}(A)}{R}\cdot\left[\frac{1}{T_S(A,B)}-\frac{1}{T_S(A)}\right] \quad (21.45)$$

Für verdünnte Lösungen ist der Quotient $\Delta p/p^S(A)$ deutlich kleiner als eins. Das ermöglicht es den natürliche Logarithmus von Gl. 21.45 durch die Näherung $-\Delta p/p^S(A)$ zu ersetzen [allgemein: $ln(1-x) = -x$]. Bringt man zudem die Brüche der Temperaturen in der rechten Klammer auf einen gemeinsamen Nenner, so erhält man:

$$-\frac{\Delta p}{p^S(A)} = \frac{\Delta H_{VE}(A)}{R}\cdot\left[\frac{T_S(A)-T_S(A,B)}{T_S(A,B)\cdot T_S(A)}\right] \quad (21.46)$$

Durch Einsetzen von Gl. 21.43 für die Dampfdruckerniedrigung Δp und Ausdrücken der Siedepunktdifferenzen $T_S(A,B) - T_S(A)$ durch die Siedepunktserhöhung ΔT_S ergibt sich:

$$x(B) = \frac{\Delta H_{VE}(A)}{R}\cdot\left(\frac{\Delta T_S}{T_S(A,B)\cdot T_S(A)}\right) \quad (21.47)$$

Für verdünnte Lösungen der Komponente B ist die Siedepunktserhöhung der Lösung nicht sehr groß, sodass in guter Näherung $T_S(A,B) \approx T_S(A)$ angenommen werden kann. Umstellen nach der Siedepunktserhöhung ΔT_S ergibt dann:

$$\Delta T_S = \frac{R\cdot T_S^2(A)}{\Delta H_{VE}(A)}\cdot x(B) \quad (21.48)$$

Da Volumina im Gegensatz zu Massen temperaturabhängig sind und beim Mischen der beiden Komponenten möglicherweise Volumenänderungen auftreten, werden kolligative Eigenschaften auf eine Masseneinheit des Lösungsmittels bezogen. Daher wird die Stoffmengenkonzentration der Komponente B in Molalität b(B) angegeben.

Um den Stoffmengenanteil der Komponente x(B) in Molalität b(B) umzurechnen, berücksichtigen wir die Definition des Stoffmengenanteils der Komponente B und gehen davon aus, dass n(B) << n(A) ist.

$$x(B) = \frac{n(B)}{n(A)+n(B)} \approx \frac{n(B)}{n(A)} \quad (21.49)$$

Die Stoffmengenanteile n errechnen sich aus den Quotienten der Massen der jeweiligen Komponenten (m) und deren molaren Massen (M).

$$x(B) = \frac{m(B)\cdot M(A)}{M(B)\cdot m(A)} = b(B)\cdot M(A) \quad mit$$
$$b = \frac{m(B)}{M(B)\cdot m(A)} = \frac{n(B)}{m(A)} \quad (21.50)$$

b(B) – Molalität, Stoffmengenkonzentration der Komponente B, molkg^{-1}

m(A) – absolute Masse des Lösungsmittels A, kg

m(B) – absolute Masse der nichtflüchtigen Komponente B, kg

M(A) – molare Masse des Lösungsmittel A, kgmol^{-1}

M(B) – molare Masse der nichtflüchtigen Komponente B, kgmol^{-1}

Einsetzen von Gl. 21.50 in Gl. 21.48 ergibt schließlich für die Siedepunktserhöhung der Lösung:

$$\Delta T_S = \frac{R\cdot T_S^2(A)\cdot M(A)}{\Delta H_{VE}(A)}\cdot b(B)$$
$$= K_{eb}(A)\cdot b(B) \quad mit \; K_{eb}(A) = \frac{R\cdot T_S^2(A)\cdot M(A)}{\Delta H_{VE}(A)}$$
$$(21.51)$$

K$_{eb}$(A) – ebullioskopische Konstante des Lösungsmittels A, K kg mol^{-1}

Alle Faktoren des Bruches in Gl. 21.51 sind entweder Konstanten oder physikalische Parameter des Lösungsmittels, wie der Siedepunkt T$_S$(A), die molare Masse M(A) und die molare Verdampfungsenthalpie ΔH_{VE}(A). Diese Konstanten werden zu einer einzigen Konstante zusammengefasst, der sogenannten ebullioskopischen Konstante K$_{eb}$(A) des Lösungsmittels.

Die ebullioskopische Konstante gibt an, dass sich der Siedepunkt eines Lösungsmittels um ΔT_S erhöht, wenn

1 mol der Komponente B in ein Kilogramm Lösungsmittel (A) gelöst ist.

■ **Gefrierpunktserniedrigung (ΔT_G)**

Die Darstellung des Einflusses der Dampfdruckerniedrigung auf den Gefrierpunkt einer Lösung ist ebenfalls in ▶ Abb. 7.14 zu sehen.

Die Schmelzkurve, also die Phasengrenze zwischen festem und flüssigem Zustand, kann wieder mithilfe der Clausius-Clapeyron-Gleichung beschrieben werden.

$$ln\left[\frac{p(A,B)}{p^S(A)}\right] = \frac{\Delta H_{Sm}(A)}{R} \cdot \left[\frac{1}{T_G(A)} - \frac{1}{T_G(A,B)}\right] \quad (21.52)$$

$p(A,B)$ – Dampfdruck der Lösung, Nm^{-2} oder Pa

$p^S(A)$ – Sättigungsdampfdruck des Lösungsmittels A, Nm^{-2} oder Pa

$\Delta H_{Sm}(A)$ – molare Schmelzenthalpie des Lösungsmittels am Gefrierpunkt, $Jmol^{-1}$

R – allgemeine Gaskonstante, $JK^{-1}mol^{-1}$

$T_G(A)$ – Gefrierpunkt des Lösungsmittels A, K

$T_G(A,B)$ – Gefrierpunkt der Lösung, K

Drückt man den Dampfdruck der Lösung $p(A,B)$ durch Gl. 21.42 aus, erhält man:

$$ln\left[\frac{p^S(A) - \Delta p}{p^S(A)}\right] = ln\left[1 - \frac{\Delta p}{p^S(A)}\right]$$
$$= \frac{\Delta H_{Sm}(A)}{R} \cdot \left[\frac{1}{T_G(A)} - \frac{1}{T_G(A,B)}\right] \quad (21.53)$$

Für verdünnte Lösungen ist der Quotient $\Delta p / p^S(A) \ll 1$, wodurch in guter Näherung der natürliche Logarithmus der Gl. 21.53 wieder durch $-\Delta p / p^S(A)$ angenähert werden kann. Bringt man zudem die Brüche der Temperaturen der rechten Seite auf einen gemeinsamen Nenner, so erhält man:

$$-\frac{\Delta p}{p^S(A)} = \frac{\Delta H_{SE}(A)}{R} \cdot \left[\frac{T_G(A,B) - T_G(A)}{T_G(A) \cdot T_G(A,B)}\right] \quad (21.54)$$

Durch Einsetzen von Gl. 21.43 für die Dampfdruckerniedrigung Δp und Ausdrücken der Differenz der Gefrierpunkte durch die Gefrierpunktserniedrigung $\Delta T_G = T_G(A,B) - T_G(A)$ ergibt sich:

$$x(B) = -\frac{\Delta H_{Sm}(A)}{R} \cdot \left[\frac{\Delta T_G}{T_G(A) \cdot T_G(A,B)}\right] \quad (21.55)$$

Für verdünnte Lösungen der Komponente B ist die Gefrierpunktserniedrigung der Lösung nicht sehr groß, sodass in guter Näherung $T_G(A,B) = T_G(A)$ angenommen werden kann. Umstellen nach der Gefrierpunktserniedrigung ΔT_G ergibt dann:

$$\Delta T_G = -\frac{R \cdot T_G^2(A)}{\Delta H_{SE}(A)} \cdot x(B) \quad (21.56)$$

Kolligative Eigenschaften bezieht man auf eine Masseneinheit des Lösungsmittels, da Volumina im Gegensatz zu Massen temperaturabhängig sind und beim Mischen der beiden Komponenten möglicherweise Volumenänderungen auftreten. Deshalb wird die Stoffmengenkonzentration der Komponente B in Molalität b(B) angegeben.

Um den Stoffmengenanteil der Komponente x(B) in Molalität b(B) umzurechnen, berücksichtigen wir die Definition des Stoffmengenanteils der Komponente B und gehen davon aus, dass $n(B) \ll n(A)$ ist.

$$x(B) = \frac{n(B)}{n(A) + n(B)} \approx \frac{n(B)}{n(A)} \quad (21.57)$$

Die Stoffmengenanteile n errechnen sich aus den Quotienten der Massen der jeweiligen Komponenten (m) und deren molaren Massen (M).

$$x(B) = \frac{m(B) \cdot M(A)}{M(B) \cdot m(A)} = b(B) \cdot M(A) = \frac{n(B)}{m(A)} \cdot M(A) \quad (21.58)$$

b(B) – Molalität, Stoffmengenkonzentration der Komponente B, $molkg^{-1}$

m(A) – absolute Masse des Lösungsmittels, kg

m(B) – absolute Masse der nichtflüchtigen Komponente, kg

M(A) – molare Masse des Lösungsmittel A, $kgmol^{-1}$

M(B) – molare Masse der nichtflüchtigen Komponente B, $kgmol^{-1}$

Einsetzen von Gl. 21.58 in Gl. 21.56 ergibt schließlich für die Gefrierpunktserniedrigung ΔT_G der Lösung:

21.5 · Kolligative Eigenschaften

$$\Delta T_G = -\frac{R \cdot T_G^2(A) \cdot M(A)}{\Delta H_{Sm}(A)} \cdot b(B) = -K_{Kr}(A) \cdot b(B) \quad K_{Kr}(A) = \frac{R \cdot T_G^2(A) \cdot M(A)}{\Delta H_{Sm}(A)} \quad und\ b(B) = \frac{m(B)}{M(B) \cdot m(A)} \quad (21.59)$$

Sämtliche Faktoren des Bruchstrichs in Gl. 21.59 sind entweder Konstanten oder physikalische Parameter des Lösungsmittels, wie der Gefrierpunkt $T_G(A)$, die molare Masse $M(A)$ und die molare Schmelzenthalpie $\Delta H_{Sm}(A)$. Diese Konstanten werden zu einer einzigen Konstante zusammengefasst, der sogenannten kryoskopischen Konstante $K_{Kr}(A)$ des Lösungsmittels.

Die kryoskopische Konstante gibt an, dass sich der Gefrierpunkt eines Lösungsmittels um ΔT_G erniedrigt, wenn 1 mol der Komponente B in einem Kilogramm Lösungsmittel (A) gelöst ist.

- **Osmotischer Druck (π)**

Osmotischer Druck entsteht, wenn eine semipermeable Membran zwei Bereiche mit unterschiedlicher Konzentration einer nichtflüchtigen Komponente (B) voneinander trennt (▶ Abschn. 7.5.4). Eine semipermeable Membran - wie etwa die Wand einer Pflanzenzelle - lässt nur Lösungsmoleküle (A) passieren, aber nicht die gelösten Teilchen der Komponente B. Diese sind entweder zu groß oder elektrisch geladen und können daher die Membran nicht passieren. Für die folgenden Betrachtungen befindet sich auf der linken Seite der Membran reines Lösungsmittel (A) und auf der rechten Seite Lösungsmittel und gelöste, nichtflüchtige Komponente (A + B) (▶ Abb. 7.16).

Da die Lösung auf der rechten Seite eine niedrigere Konzentration an Lösungsmittelmolekülen an der Membranfläche besitzt, ist ihr Dampfdruck geringer als der des reinen Lösungsmittels auf der linken Seite. Diese Dampfdruckerniedrigung (Δp) stellt die treibende Kraft der Osmose dar.

Der osmotische Vorgang lässt sich in folgende Teilbetrachtungen gliedern:

- Das Verdampfen eines Teils des Lösungsmittels [dn(A)] auf der Seite des reinen Lösungsmittels ergibt den Dampfdruck $p^S(A)$. Die erforderliche Arbeit (W_V) für die Überführung des Lösungsmittels in den gasförmigen Zustand lässt sich mit der allgemeinen Gasgleichung ($W = p \cdot V = n \cdot R \cdot T$) ausdrücken. Das System verrichtet dabei gegen den Luftdruck Volumenarbeit (W_V), sodass die Energie des Systems abnimmt, was durch das Minuszeichen ausgedrückt wird (Gl. 21.60).

$$W_V = -R \cdot T \cdot dn(A) \quad (21.60)$$

- Der Lösungsmitteldampf diffundiert durch die Membran in Richtung Lösungsseite. Dort herrscht ein um Δp kleinerer Dampfdruck [p(A,B)]. Beim Übergang vom höheren Dampfdruck $p^S(A)$ zum niedrigeren Dampfdruck p(A,B) expandiert das Dampfvolumen. Das System leistet nochmals Volumenarbeit W_E bei der das System ebenfalls Energie an die Umgebung verliert → Minuszeichen (Gl. 21.61).

$$W_E = -\int_{p(A,B)}^{p^S(A)} V dp = -\int_{p(A,B)}^{p^S(A)} \frac{R \cdot T \cdot dn(A)}{p} dp = -R \cdot T \cdot dn(A) \cdot \int_{p(A,B)}^{p^S(A)} \frac{dp}{p} = -R \cdot T \cdot dn(A) \cdot \ln\left[\frac{p(A)}{p^S(A,B)}\right] \quad (21.61)$$

- Im dritten Schritt kondensieren dn(A) Mol des Lösungsmitteldampfs auf der Seite der Lösung. Dabei wird Kondensationswärme (W_K) an das System abgegeben. Das System nimmt Energie auf → Pluszeichen (Gl. 21.62). Die im ersten Schritt aufgewendete Verdampfungsenthalpie und die hier frei werdende Kondensationsenthalpie heben sich wechselseitig auf.

$$W_K = +R \cdot T \cdot dn(A) \quad (21.62)$$

- Um den Kreislauf zu schließen, muss Lösungsmittel A entgegen dem osmotischen Druck (π) von der rechten Seite (Lösungsseite) zur linken Seite (reines Lösungsmittel) zurücktransportiert werden. Damit dieser Nettofluss des Lösungsmittels stattfinden kann, muss auf der Lösungsseite Arbeit in Höhe des osmotischen Drucks (W_{os}) geleistet werden. Dem System wird dadurch zusätzliche Energie zugeführt → Pluszeichen.

$$W_{os} = +\pi \cdot V_m(A) \cdot dn(A) \quad (21.63)$$

- Da wir oben einen Kreislauf beschrieben haben, muss die Addition der Energieanteile [Gl. 21.60– Gl. 21.63] null ergeben:

$$W_V + W_E + W_K + W_{os} = -R \cdot T \cdot dn(A) + R \cdot T \cdot dn(A) \cdot \ln\left[\frac{p(A,B)}{p^S(A)}\right] + R \cdot T \cdot dn(A) + \pi \cdot V_m(A) \cdot dn(A) = 0 \quad (21.64)$$

W_V und W_K kompensieren sich gegenseitig und die Stoffmengenänderung [dn(A)] kann gekürzt werden. Auflösen nach $\pi \cdot V_m(A)$ ergibt:

$$+\pi \cdot V_m(A) = -R \cdot T \cdot ln\left[\frac{p(A,B)}{p^S(A)}\right] \tag{21.65}$$

$$\pi \cdot V_m(A) = -R \cdot T \cdot ln\left[\frac{p^S(A) - \Delta p}{p^S(A)}\right] = -R \cdot T \cdot ln\left[1 - \frac{\Delta p}{p^S(A)}\right] \approx \frac{R \cdot T \cdot \Delta p}{p^S(A)} \quad \text{mit} \quad ln\left[1 - \frac{\Delta p}{p^S(A)}\right] \approx -\frac{\Delta p}{p^S(A)} \tag{21.66}$$

Substituieren der Dampfdruckerniedrigung (Δp) durch Gl. 21.43 ergibt schließlich:

$$\pi \cdot V_m(A) = R \cdot T \cdot x(B) \quad \text{mit} \quad x(B) = \frac{m(B) \cdot M(A)}{M(B) \cdot m(A)} \tag{21.67}$$

Auflösen nach dem osmotischen Druck (π) und Substitution des Stoffmengenanteils x(B) durch Gleichung 21.50 führt zu:

$$\pi = \frac{R \cdot T \cdot x(B)}{V_m(A)} = \frac{R \cdot T \cdot m(B) \cdot M(A)}{V_m(A) \cdot M(B) \cdot m(A)} \quad \text{osmotischer Druck} \tag{21.68}$$

π – osmotischer Druck der Lösung (A,B), Nm^{-2} oder Pa

R – allgemeine Gaskonstante, $JK^{-1}mol^{-1}$

T – absolute Temperatur, K

x(B) – Stoffmengenanteil der gelösten, nichtflüchtigen Komponente B, dimensionslos

V_m(A) – molares Volumen der Komponente A, m^3

m(B) – absolute Masse der nichtflüchtigen Komponente, kg

M(A) – molare Masse des Lösungsmittel A, $kgmol^{-1}$

M(B) – molare Masse der nichtflüchtigen Komponente B, $kgmol^{-1}$

m(A) – absolute Masse des Lösungsmittels, kg

21.6 Joule-Thomson-Effekt

Ein Gas mit dem Druck p wird langsam durch eine enge Öffnung (z. B. eine Drossel oder ein Ventil) entspannt (▶ Abschn. 11.2.5). Der gesamte Apparat ist wärmeisoliert, sodass kein Wärmeaustausch ($\delta Q = 0$) mit der Umgebung stattfindet. Unter diesen Bedingungen, entspricht die Änderung der inneren Energie (dU) der vom Gas verrichteten Volumenarbeit (dU = δW = −p·dV).

Die Gasmoleküle besitzen kinetische Energie. Während der Expansion verteilen sie sich auf ein größeres Volumen. Dadurch stehen den Molekülen viel mehr Verteilungsmöglichkeiten und somit Mikrozustände zur Verfügung, wodurch die Entropie des Gases zunimmt. Den Entropiegewinn zum einen und die mit der Ausdehnung geleistete Volumenarbeit gegen den konstanten äußeren Druck zum anderen, „bezahlt" das Gas mit einem Verlust an kinetischer Energie. Dadurch nimmt die mittlere Geschwindigkeit der Moleküle ab, was zu einer Abkühlung des Gases führt.

Die Herleitung des Joule-Thomson-Effekts ist mit einem gewissen rechnerischen Aufwand verbunden, erfolgt jedoch auf nachvollziehbare Weise und wird nachfolgend Schritt für Schritt erklärt. Für die quantitative Beschreibung des Joule-Thomson-Koeffizienten wird die Enthalpie (H) als Zustandsgröße herangezogen (▶ Abschn. 11.2.3, ▶ Gl. 11.37).

$$H = U + p \cdot V \tag{21.69}$$

Somit ergibt sich für die Änderung des Enthalpiezustandes (dH) im adiabatischen Fall ($\delta Q = 0$):

$$dH = dU + d(p \cdot V) \xrightarrow{mit\, dU = \delta Q - pdV\, und\, \delta Q = 0} dH = 0 - pdV + pdV + Vdp = 0 \quad isobar, dp = 0 \tag{21.70}$$

Somit ändert sich bei einer adiabatischen Expansion die Enthalpie des Gases nicht.

$$dH = 0 \quad isenthalpischer\, Prozess \tag{21.71}$$

Deshalb kann man für das totale Differenzial der Enthalpieänderung (▶ Abschn. 11.4.1, ▶ Gl. 11.81) wie folgt ansetzen:

21.6 · Joule-Thomson-Effekt

$$dH = \left(\frac{\partial H}{\partial p}\right)_T dp + \left(\frac{\partial H}{\partial T}\right)_p dT = 0 \qquad (21.72)$$

Durch Umstellen leitet sich ab:

$$\left(\frac{\partial H}{\partial p}\right)_T dp = -\left(\frac{\partial H}{\partial T}\right)_p dT \qquad (21.73)$$

Dieser Ausdruck kann für Druckänderungen („Division" durch ∂p) bei konstanter Enthalpie wie folgt formuliert werden.

$$\left(\frac{\partial H}{\partial p}\right)_T = -\left(\frac{\partial H}{\partial T}\right)_p \cdot \left(\frac{\partial T}{\partial p}\right)_H \qquad (21.74)$$

Per Definition entspricht die Temperaturänderung eines Gases bei Druckänderung dem Joule-Thomson-Koeffizienten (μ_{JT}).

$$\mu_{JT} = \left(\frac{\partial T}{\partial p}\right)_H \qquad (21.75)$$

Außerdem entspricht die Enthalpieänderung bei variierender Temperatur der Wärmekapazität bei konstantem Druck (▶ Abschn. 11.2.3, ▶ Gl. 11.32):

$$c_p = \left(\frac{\partial H}{\partial T}\right)_p \qquad (21.76)$$

Einsetzen von Gl. 21.75 und Gl. 21.76 in Gl. 21.74 ergibt nach Alleinstellen auf den Joule-Thomson-Koeffizienten:

$$\left(\frac{\partial H}{\partial p}\right)_T = -c_p \cdot \mu_{JT} \rightarrow \mu_{JT} = -\frac{1}{c_p} \cdot \left(\frac{\partial H}{\partial p}\right)_T \qquad (21.77)$$

Für die Änderung der Enthalpie kann gemäß der Fundamentalgleichung des zweiten Hauptsatzes (Gl. 12.73) auch angesetzt werden:

$$dH = \delta Q + \delta W + d(p \cdot V) \qquad (21.78)$$

Mit der Definition der Entropieänderung dS über den zweiten Hauptsatz der Thermodynamik

$$dS = \frac{\delta Q}{T} \rightarrow \delta Q = T \cdot dS \qquad (21.79)$$

und der Volumenarbeit $\delta W = -pdV$ kann Gl. 21.78 formuliert werden zu (Gl. 12.74):

$$dH = T \cdot dS + V \cdot dp \qquad (21.80)$$

Betrachtet man die Enthalpieänderung (Gl. 21.80) als Funktion des variierenden Drucks ($1/\partial p$) bei konstanter Temperatur, so erhalten wir:

$$\left(\frac{\partial H}{\partial p}\right)_T = T \cdot \left(\frac{\partial S}{\partial p}\right)_T + V \qquad (21.81)$$

Gemäß der Maxwell-Relationen (▶ Abschn. 12.3.3, ◻ Tab. 12.2) kann die schwer zu bestimmende Druckabhängigkeit der Entropie ($\partial S/\partial p$) durch die experimentell wesentlich einfacher zugängliche thermische Volumenänderung ($\partial V/\partial T$) ersetzt werden.

$$\left(\frac{\partial S}{\partial p}\right)_T = -\left(\frac{\partial V}{\partial T}\right)_p \qquad (21.82)$$

Einsetzen von Gl. 21.82 in Gl. 21.81 ergibt:

$$\left(\frac{\partial H}{\partial p}\right)_T = -T \cdot \left(\frac{\partial V}{\partial T}\right)_p + V \qquad (21.83)$$

Einsetzen von Gl. 21.83 in Gl. 21.77 ergibt für den Joule Thomson-Koeffizienten:

$$\mu_{JT} = \frac{1}{c_p} \cdot \left[T \cdot \left(\frac{\partial V}{\partial T}\right)_p - V\right] \qquad (21.84)$$

Definition Joule – Thomson – Koeffizient

- μ_{JT} – Joule-Thomson-Koeffizient, $Kbar^{-1}$
- c_p – Wärmekapazität bei konstantem Druck, JK^{-1}
- T – Absolute Gastemperatur, K
- V – Gasvolumen, m^3

■ **Ideales Gas**

Anwendung von Gl. 21.84 auf die Zustandsgleichung eines idealen Gases:

$$p \cdot V = n \cdot R \cdot T \rightarrow V = \frac{n \cdot R \cdot T}{p} \rightarrow \left(\frac{\partial V}{\partial T}\right)_p$$

$$= \frac{n \cdot R}{p} = \frac{V}{T} \quad Gesetz\,von\,Gay-Lussac, Abschn.\,5.2.1$$

$$(21.85)$$

Einsetzen des Ergebnisses in Gl. 21.84 ergibt,

$$\mu_{JT} = \left(\frac{dT}{dp}\right)_H = \frac{1}{c_p} \cdot \left[T \cdot \frac{V}{T} - V\right] = 0 \quad (21.86)$$

dass ideale Gase keinen Joule-Thomson-Effekt aufweisen und somit ihre Temperatur bei Expansion nicht ändern. Da ein ideales Gas per Definition keine Wechselwirkungen zwischen den einzelnen Gasteilchen aufweist, ist die innere Energie (U) nur eine Funktion der Temperatur, nicht aber des Drucks (▶ Abschn. 11.2, Gl. 11.4).

- **Reales Gas**

Dagegen wechselwirken in einem realen Gas die Teilchen untereinander, was in der Van-der-Waals-Zustandsgleichung durch die Parameter a (Binnendruck) und b (Eigenvolumen Gasteilchen) zum Ausdruck kommt (▶ Abschn. 5.2.1, Gl. 5.4). Somit ist die innere Energie eines realen Gases neben der Temperatur auch vom Druck abhängig.

$$\left(p + \frac{a}{V^2}\right) \cdot (V-b) = R \cdot T \quad \text{Van–der–Waals} \\ \quad -\text{Zustandsgleichung} \quad (21.87)$$

p – real messbarer Gasdruck, Nm^{-2}
a – Binnendruck, Kohäsionsdruck Moleküle, Nm^{-2}
V – messbares Gasvolumen, m^3
b – Eigenvolumen Moleküle, $m^3 mol^{-1}$
R – allgemeine Gaskonstante, $Jmol^{-1}K^{-1}$
T – absolute Gastemperatur, K

Ausmultiplizieren von Gl. 21.87 ergibt:

$$p \cdot V - p \cdot b + \frac{a}{V} - \frac{a \cdot b}{V^2} = R \cdot T \quad (21.88)$$

Alleinstellen von p·V und Dividieren durch p ergibt für das Volumen V:

$$V = \frac{R \cdot T}{p} + b - \frac{a}{p \cdot V} + \frac{a \cdot b}{p \cdot V^2} \quad (21.89)$$

Da die Van-der-Waals-Konstanten a und b sehr klein sind im Vergleich zum Produkt p·V respektive p·V² und somit die Quotienten sehr klein sind, kann das Volumen (V) im dritten und vierten Term auf der rechten Seite durch das ideale Gasgesetz angenähert werden (V = R·T/p).

$$V = \frac{R \cdot T}{p} + b - \frac{a \cdot p}{p \cdot R \cdot T} + \frac{a \cdot b \cdot p^2}{p \cdot R^2 \cdot T^2}$$
$$= \frac{R \cdot T}{p} + b - \frac{a}{R \cdot T} + \frac{a \cdot b \cdot p}{R^2 \cdot T^2} \quad (21.90)$$

Dadurch wird eine Gleichung für das Volumen eines realen Gases erhalten, das nach der Temperatur gemäß Gl. 21.84 differenziert werden kann.

$$\left(\frac{\partial V}{\partial T}\right)_p = \frac{\partial}{\partial T}\left(\frac{R \cdot T}{p} + b - \frac{a}{R \cdot T} + \frac{a \cdot b \cdot p}{R^2 \cdot T^2}\right)$$
$$= \frac{R}{p} + 0 + \frac{a}{R \cdot T^2} - \frac{2 \cdot a \cdot b \cdot p}{R^2 \cdot T^3} \quad (21.91)$$

Umstellen von Gl. 21.90 nach R/p ergibt:

$$\frac{R}{p} = \frac{V}{T} - \frac{b}{T} + \frac{a}{R \cdot T^2} - \frac{a \cdot b \cdot p}{R^2 \cdot T^3} \quad (21.92)$$

Einsetzen von Gl. 21.92 in Gl. 21.91 ergibt:

$$\left(\frac{\partial V}{\partial T}\right)_p = \frac{V-b}{T} + \frac{2 \cdot a}{R \cdot T^2} - \frac{3 \cdot a \cdot b \cdot p}{R^2 \cdot T^3} \quad (21.93)$$

Einsetzen von Gl. 21.93 in die Definition des Joule-Thomson-Koeffizienten (Gl. 21.84) ergibt:

$$\mu_{JT} = \frac{1}{c_p} \cdot \left[T \cdot \left(\frac{V-b}{T} + \frac{2 \cdot a}{R \cdot T^2} - \frac{3 \cdot a \cdot b \cdot p}{R^2 \cdot T^3}\right) - V\right]$$
$$= \frac{1}{c_p} \cdot \left[V - b + \frac{2 \cdot a}{R \cdot T} - \frac{3 \cdot a \cdot b \cdot p}{R^2 \cdot T^2} - V\right] \quad (21.94)$$

Letztendlich erhalten wir für den Joule-Thomson-Koeffizienten:

$$\mu_{JT} = \frac{1}{c_p} \cdot \left(\frac{2 \cdot a}{R \cdot T} - \frac{3 \cdot a \cdot b \cdot p}{R^2 \cdot T^2} - b\right) \quad (21.95)$$

μ_{JT} – Joule-Thomson-Koeffizient, $Kbar^{-1}$
c_p – Wärmekapazität bei konstantem Druck, JK^{-1}
a – Binnendruck, Kohäsionsdruck Moleküle, Nm^{-2}
b – Eigenvolumen Moleküle, $m^3 mol^{-1}$
R – allgemeine Gaskonstante, $Jmol^{-1}K^{-1}$
T – absolute Gastemperatur, K
p – real messbarer Gasdruck, Nm^{-2}

Für hohe Temperaturen kann der mittlere Term in der Klammer - mit der Temperatur im Quadrat (großer Wert) im Nenner und den beiden Van-der-Waals-Faktoren (kleine Werte) im Zähler - vernachlässigt werden. Dadurch vereinfacht sich der Ausdruck für den Joule-Thomson Koeffizienten zu.

$$\mu_{JT} = \frac{2 \cdot a - b \cdot R \cdot T}{R \cdot T \cdot c_p} \quad (21.96)$$

Ein Blick auf den Quotienten der Gl. 21.96 zeigt, dass der Nenner stets positiv ist, da alle Faktoren des Nenners positive Werte aufweisen. Der Zähler dagegen ist nur bei kleinen Temperaturen positiv ($2 \cdot a > b \cdot R \cdot T \rightarrow T < 2 \cdot a/b \cdot R$) und bei hohen Temperaturen ($2 \cdot a < b \cdot R \cdot T \rightarrow T > 2 \cdot a/b \cdot R$) negativ. Die Temperatur, bei der der Zähler von Gl. 21.96 den Wert Null annimmt, wird als Inversionstemperatur (T_{inv}) bezeichnet. Bei dieser Temperatur ändert der Joule-Thomson-Koeffizient (μ_{JT}) sein Vorzeichen (◘ Tab. 11.6).

Die Inversionstemperatur (T_{inv}) ergibt sich durch Nullstellen des Zählers.

$$2 \cdot a - b \cdot R \cdot T_{Inv} = 0 \rightarrow T_{Inv} = \frac{2 \cdot a}{R \cdot b} \quad (21.97)$$

Bei Temperaturen unterhalb der Inversionstemperatur ($T < T_{inv}$) kühlen sich Gase bei Expansion ab, oberhalb der Inversionstemperatur ($T > T_{inv}$) erwärmen sie sich bei Expansion.

21.7 Reaktionskinetik

1. Folgereaktion

Bei Folgereaktionen reagiert ein Reaktant (A) über ein Zwischenprodukt (B) zum Endprodukt (C). Das Zwischenprodukt (B) wird dabei zunächst durch die erste Reaktion gebildet (A → B) und anschließend durch die zweite Reaktion verbraucht (B → C).

Wir nehmen an, dass die beiden Teilreaktionen A → B und B → C Reaktionen 1. Ordnung sind. Die Kinetik der ersten Reaktion wird durch die Geschwindigkeitskonstante k_1 beschrieben, die der zweiten Reaktion

$$A \xrightarrow{k_1} B \xrightarrow{k_2} C$$

◘ **Abb. 21.2** Folgereaktionen bestehen aus zwei konsekutiven (consequi, lat. für nachfolgend) Teilreaktionen

durch die Geschwindigkeitskonstante k_2 (◘ Abb. 21.2). Die jeweiligen Geschwindigkeitsgesetze in differenzieller und integrierter Form für die Teilreaktionen sind bekannt (▶ Abschn. 13.3.2).

$$\frac{dc(A,t)}{dt} = -k_1 \cdot c(A,t) \quad (21.98)$$
differenzielles Geschwindigkeitsgesetz für A

$$c(A,t) = c(A,0) \cdot e^{-k_1 \cdot t}$$
integriertes Geschwindigkeitsgesetz für A

Das Zwischenprodukt B wird mit der Rate $+k_1 \cdot c(A,t)$ gebildet und mit der Rate $-k_2 \cdot c(B,t)$ verbraucht. Somit lautet dessen differenzielles Geschwindigkeitsgesetz:

$$\frac{dc(B,t)}{dt} = +k_1 \cdot c(A,t) - k_2 \cdot c(B,t) \quad (21.99)$$
differenzielles Geschwindigkeitsgesetz für B

Einsetzen des integrierten Geschwindigkeitsgesetzes für [c(A,t), Gl. 21.98] ergibt:

$$\frac{dc(B,t)}{dt} + k_2 \cdot c(B,t) = k_1 \cdot c(A,0) \cdot e^{-k_1 \cdot t} \quad (21.100)$$

Die Integration von Gl. 21.100 ist durch reine Variablentrennung nicht möglich, da sie die Struktur f'(x)+f(x) hat. Man löst solche Differenzialgleichungen mit der Methode der Integralfaktoren. Dazu multiplizieren wir beide Seiten mit dem Faktor $e^{k_2 \cdot t}$ und erhalten:

$$\frac{dc(B,t)}{dt} \cdot e^{k_2 \cdot t} + k_2 \cdot c(B,t) \cdot e^{k_2 \cdot t} = k_1 \cdot c(A,0) \cdot e^{-(k_1-k_2) \cdot t}$$
$$(21.101)$$

Jetzt differenzieren wir den ersten Term der linken Seite von Gl. 21.101 gemäß der allgemeinen Produktregel f(t) =u(t)·v(t) → f'(t) = u(t)·v'(t) + u'(t)·v(t) mit hier u(t) = $e^{k_2 \cdot t}$ und v(t) = c(B,t).

$$\frac{d\left[e^{k_2 \cdot t} \cdot c(B,t)\right]}{dt} = e^{k_2 \cdot t} \frac{d\left[c(B,t)\right]}{dt} + k_2 \cdot e^{k_2 \cdot t} \cdot c(B,t) \quad \textit{Differenzieren nach der Produktregel} \quad (21.102)$$

Die rechte Seite der Gl. 21.102 ist identisch mit der linken Seite von Gl. 21.101, sodass wir die linke Seite von Gl. 21.101 durch die linke Seite von Gl. 21.102 ersetzen können.

$$\frac{d\left[e^{k_2 \cdot t} \cdot c(B,t)\right]}{dt} = k_1 \cdot c(A,0) \cdot e^{-(k_1-k_2) \cdot t} \quad (21.103)$$

Jetzt können wir wieder die Variablen trennen.

$$d\left[e^{k_2 \cdot t} \cdot c(B,t)\right] = k_1 \cdot c(A,0) \cdot e^{-(k_1 - k_2) \cdot t} dt \quad \textit{Variablentrennung} \quad (21.104)$$

Integrieren der beiden Seiten ergibt für die Stammfunktionen Gl. 21.106 und nach Einsetzen der Integrationsgrenzen (Gl. 21.107) als bestimmte Integrale Gl. 21.108

$$\int d\left[e^{k_2 \cdot t} \cdot c(B,t)\right] = k_1 \cdot c(A,0) \cdot \int e^{-(k_1 - k_2) \cdot t} dt \quad \textit{Integrationsansatz} \quad (21.105)$$

$$e^{k_2 \cdot t} \cdot c(B,t) + C = \frac{k_1}{-(k_1 - k_2)} \cdot c(A,0) \cdot e^{-(k_1 - k_2) \cdot t} + C \quad \textit{Stammfunktionen} \quad (21.106)$$

$$e^{k_2 \cdot t} \cdot \left[c(B,t)\right]_{c(B,0)}^{c(B,t)} = \frac{k_1}{-(k_1 - k_2)} \cdot c(A,0) \cdot \left[e^{-(k_1 - k_2) \cdot t}\right]_0^t \quad (21.107)$$

$$e^{k_2 \cdot t} \cdot \left[c(B,t) - c(B,0)\right] = \frac{k_1}{-(k_1 - k_2)} \cdot c(A,0) \cdot \left[e^{-(k_1 - k_2) \cdot t} - 1\right] \textit{Integralwerte} \quad (21.108)$$

Unter der Randbedingung, dass zu Reaktionsbeginn kein Zwischenprodukt vorhanden war, also c(B,0) = 0, erhält man:

$$e^{k_2 \cdot t} \cdot c(B,t) = \frac{k_1}{k_2 - k_1} \cdot c(A,0) \cdot \left[e^{-(k_1 - k_2) \cdot t} - 1\right] \quad (21.109)$$

Dividieren beider Seiten durch $e^{k_2 \cdot t}$ respektive Multiplizieren mit $e^{-k_2 \cdot t}$ ergibt:

$$c(B,t) = \frac{k_1}{k_2 - k_1} \cdot c(A,0) \cdot \left[e^{-(k_1 - k_2) \cdot t} - 1\right] \cdot e^{-k_2 \cdot t} \quad (21.110)$$

Ausmultiplizieren des Klammerausdruckes ergibt letztendlich für den zeitlichen Verlauf der Zwischenproduktkonzentration [c(B,t)]:

$$c(B,t) = \frac{k_1}{k_2 - k_1} \cdot c(A,0) \cdot \left(e^{-k_1 \cdot t} - e^{-k_2 \cdot t}\right) \quad \textit{integriertes Geschwindigkeitsgesetz für Intermediat B} \quad (21.111)$$

Über die Stoffmengenbilanz (Gl. 21.112)

$$c(A,t) + c(B,t) + c(C,t) = c(A,0) \rightarrow c(C,t) = c(A,0) - c(A,t) - c(B,t) \quad \textit{Massenkonstanz} \quad (21.112)$$

und durch Einsetzen von Gl. 21.99 für c(A,t) und Gl. 21.111 für c(B,t) erhält man für den zeitlichen Konzentrationsverlauf des Endproduktes [c(C,t)]:

$$c(C,t) = c(A,0) - c(A,0) \cdot e^{-k_1 \cdot t} - \frac{k_1}{k_2 - k_1} \cdot c(A,0) \cdot \left(e^{-k_1 \cdot t} - e^{-k_2 \cdot t}\right) \quad (21.113)$$

Ausklammern von c(A,0) und Erweitern des zweiten Terms mit $k_2 - k_1$ ergibt:

Nach dem Ausmultiplizieren und Zusammenfassen der Exponentialterme auf einem Bruch mit dem gemeinsamen Nenner $k_2 - k_1$ ergibt sich schließlich das integrierte Geschwindigkeitsgesetz für das Endprodukt C.

$$c(C,t) = c(A,0) \cdot \left[1 - \frac{k_2 - k_1}{k_2 - k_1} \cdot e^{-k_1 \cdot t} - \frac{k_1}{k_2 - k_1} \cdot \left(e^{-k_1 \cdot t} - e^{-k_2 \cdot t}\right)\right] \quad (21.114)$$

21.7 · Reaktionskinetik

$$c(C,t) = c(A,0) \cdot \left[1 - \frac{k_2 \cdot e^{-k_1 \cdot t} - k_1 \cdot e^{-k_2 \cdot t}}{k_2 - k_1}\right] \quad \textit{integriertes Geschwindigkeitsgesetz für Produkt C} \quad (21.115)$$

2. Gleichgewichtsreaktionen

Die Reaktanten A und B stehen im Gleichgewicht, wobei die Geschwindigkeitskonstanten für die Hinreaktion (k_1) und die Rückreaktion (k_{-1}) die Lage des Gleichgewichts bestimmen (◘ Abb. 21.3).

■ **Annahmen**
— $t = 0$: Die Anfangskonzentration von A ist ungleich null [$c(A,0) \neq 0$], die Anfangskonzentration von B ist null [$c(B,0) = 0$].
— Hin- und Rückreaktion sind Reaktionen 1. Ordnung hinsichtlich der Reaktanten A respektive B.

Die Differenzialgleichungen für die Bildungsgeschwindigkeiten der Verbindungen A und B lassen sich einfach formulieren. Für das differenzielle Geschwindigkeitsgesetz der Verbindung A muss sowohl dessen Abbau [$-k_1 \cdot c(A,t)$] als auch seine Bildung [$+k_{-1} \cdot c(B,t)$] berücksichtigt werden. Das differenzielle Geschwindigkeitsgesetz für Reaktant B lässt sich analog formulieren.

$$\frac{dc(A,t)}{dt} = -k_1 \cdot c(A,t) + k_{-1} \cdot c(B,t) \quad \textit{differenzielles Geschwindigkeitsgesetz für A} \quad (21.116)$$

$$\frac{dc(B,t)}{dt} = +k_1 \cdot c(A,t) - k_{-1} \cdot c(B,t) \quad \textit{differenzielles Geschwindigkeitsgesetz für B} \quad (21.117)$$

Es handelt sich um gekoppelte Differenzialgleichungen, da die Lösung von Gl. 21.116 Einfluss auf die Lösung von Gl. 21.117 hat und umgekehrt.

Außerdem gilt die Massenkonstanz (Gl. 21.118), d. h., zu jedem Zeitpunkt muss die Summe der Konzentrationen der Stoffe A und B identisch mit der Ausgangskonzentration $c(A,0)$ des Reaktanten A sein. Dadurch können die beiden Gleichungen entkoppelt werden.

$$c(A,t) + c(B,t) = c(A,0) \rightarrow c(B,t) = c(A,0) - c(A,t) \quad \textit{Massenkonstanz}$$
(21.118)

Einsetzen von Gl. 21.118 in Gl. 21.116 und Ausklammern von $c(A,t)$ ergibt:

$$\frac{dc(A,t)}{dt} = -k_1 \cdot c(A,t) + k_{-1} \cdot [c(A,0) - c(A,t)]$$
$$= -(k_1 + k_{-1}) \cdot c(A,t) + k_{-1} \cdot c(A,0) \quad (21.119)$$

Diese Gleichung wird nur noch von der Variablen der zeitlichen Konzentration $c(A,t)$ der Komponente A beeinflusst und kann deshalb nach Variablentrennung integriert werden. Die Variablentrennung ergibt:

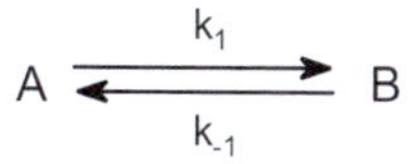

$$A \xrightleftharpoons[k_{-1}]{k_1} B$$

◘ **Abb. 21.3** In Gleichgewichtsreaktionen sind die Teilreaktionen $A \rightarrow B$ und $A \leftarrow B$ im Gleichgewicht

$$\frac{dc(A,t)}{-(k_1 + k_{-1}) \cdot c(A,t) + k_{-1} \cdot c(A,0)} = 1 \cdot dt \quad (21.120)$$

Um die Integration zu vereinfachen, ersetzen wir den Nenner von Gl. 21.120 durch die Hilfsvariable $u[c(A,t)]$.

$$\frac{dc(A,t)}{u[c(A,t)]} = dt \quad \text{mit } u[c(A,t)]$$
$$= -(k_1 + k_{-1}) \cdot c(A,t) + k_{-1} \cdot c(A,0)$$
(21.121)

Jetzt muss noch das Differenzial $dc(A,t)$ durch das Differenzial $du[c(A,t)]$ ersetzt werden, um integrieren zu können. Dazu differenzieren wir $u[c(A,t)]$ nach $c(A,t)$.

$$\frac{d}{dc(A,t)} u[c(A,t)]$$
$$= \frac{d}{dc(A,t)} \left[-(k_1 + k_{-1}) \cdot c(A,t) + k_{-1} \cdot c(A,0)\right] = -(k_1 + k_{-1})$$
(21.122)

Somit erhalten wir durch Umstellen von Gl. 21.122 und Auflösen der Gleichung nach dem Differenzial der Konzentrationsänderung $dc(A,t)$.

$$dc(A,t) = -\frac{du[c(A,t)]}{k_1 + k_{-1}} \quad (21.123)$$

Einsetzen von dc(A,t) in Gl. 21.121 ergibt dann eine leicht zu integrierende Funktion nach der Hilfsvariablen u, die nach der Variablentrennung gemäß der Standardregel 3.3 der ◘ Tab. 9.1) integriert werden kann.

$$-\frac{1}{k_1+k_{-1}} \cdot \frac{du[c(A,t)]}{u[c(A,t)]} = dt \rightarrow \frac{du[c(A,t)]}{u[c(A,t)]} = -(k_1+k_{-1}) \cdot dt$$

Variablentrennung (21.124)

$$\int \frac{du[c(A,t)]}{u[c(A,t)]} = -(k_1+k_{-1}) \cdot \int dt$$

Integrationsansatz (21.125)

Nach Integration der beiden Seiten des Integrationsansatzes werden folgende Stammfunktionen für die unbestimmten Integrale erhalten.

$$\ln\{u[c(A,t)]\} + C = -(k_1+k_{-1}) \cdot t + C$$

Stammfunktionen (21.126)

Nach Rücksubstitution der Hilfsvariablen u (Gl. 21.121) und Einsetzen der jeweiligen Integralgrenzen c(A,0) → c(A,t) respektive 0 → t wird erhalten:

$$\left[\ln\left[-(k_1+k_{-1}) \cdot c(A,t) + k_{-1} \cdot c(A,0)\right]\right]_{c(A,0)}^{c(A,t)} = \left[-(k_1+k_{-1}) \cdot t\right]_0^t$$
(21.127)

Es ergeben sich folgende bestimmte Integrale (Integralwerte):

$$\ln\left[-(k_1+k_{-1}) \cdot c(A,t) + k_{-1} \cdot c(A,0)\right] - \ln\left[-(k_1+k_{-1}) \cdot c(A,0) + k_{-1} \cdot c(A,0)\right] = -(k_1+k_{-1}) \cdot t + (k_1+k_{-1}) \cdot 0 \quad (21.128)$$

Zusammenfassen der Logarithmen zu einem Bruch (allgemein gilt: ln a – ln b = ln a/b) ergibt:

$$\ln \frac{\left[-(k_1+k_{-1}) \cdot c(A,t) + k_{-1} \cdot c(A,0)\right]}{\left[-(k_1+k_{-1}) \cdot c(A,0) + k_{-1} \cdot c(A,0)\right]} = -(k_1+k_{-1}) \cdot t$$
(21.129)

Delogarithmieren der linken Seite durch Anwenden des Exponentialoperators (e···) auf beiden Seiten führt zu:

$$\frac{-(k_1+k_{-1}) \cdot c(A,t) + k_{-1} \cdot c(A,0)}{-(k_1+k_{-1}) \cdot c(A,0) + k_{-1} \cdot c(A,0)} = e^{-(k_1+k_{-1}) \cdot t} \quad (21.130)$$

Zur Alleinstellung von c(A,t) multiplizieren wir im ersten Schritt beide Seiten mit dem Nenner des Bruches der Gl. 21.130.

$$-(k_1+k_{-1}) \cdot c(A,t) + k_{-1} \cdot c(A,0) = \left[-(k_1+k_{-1}) \cdot c(A,0) + k_{-1} \cdot c(A,0)\right] \cdot e^{-(k_1+k_{-1}) \cdot t} \quad (21.131)$$

Im nächsten Schritt subtrahieren wir $k_{-1} \cdot c(A,0)$ von beiden Seiten.

$$-(k_1+k_{-1}) \cdot c(A,t) = \left[-(k_1+k_{-1}) \cdot c(A,0) + k_{-1} \cdot c(A,0)\right] \cdot e^{-(k_1+k_{-1}) \cdot t} - k_{-1} \cdot c(A,0) \quad (21.132)$$

Ausklammern der Ausgangskonzentration c(A,0) auf der rechten Seite und Multiplizieren beider Seiten mit (−1) ergibt:

$$(k_1+k_{-1}) \cdot c(A,t) = c(A,0) \cdot \left[k_1 \cdot e^{-(k_1+k_{-1}) \cdot t} + k_{-1}\right]$$
(21.133)

Im letzten Schritt dividieren wir beide Seiten durch die Summe der beiden Geschwindigkeitskonstanten ($k_1 + k_{-1}$) und erhalten das integrierte Geschwindigkeitsgesetz für den Konzentrationsverlauf [c(A,t)] des Reaktanten A.

$$c(A,t) = c(A,0) \cdot \frac{k_1 \cdot e^{-(k_1+k_{-1}) \cdot t} + k_{-1}}{k_1+k_{-1}} \quad \textit{integriertes Geschwindigkeitsgesetz für A} \quad (21.134)$$

21.7 · Reaktionskinetik

Das integrierte Geschwindigkeitsgesetz für den Konzentrationsverlauf der Substanz B kann durch Einsetzen von Gl. 21.134 in den Ausdruck der Massenkonstanz (Gl. 21.118) berechnet werden.

$$c(B,t) = c(A,0) - c(A,0) \cdot \frac{k_1 \cdot e^{-(k_1+k_{-1}) \cdot t} + k_{-1}}{k_1 + k_{-1}} \quad (21.135)$$

Nach Ausklammern von c(A,0) ergibt sich für das integrierte Geschwindigkeitsgesetz des zeitlichen Konzentrationsverlaufs des Reaktanten B.

$$c(B,t) = c(A,0) \cdot \left[1 - \frac{k_1 \cdot e^{-(k_1+k_{-1}) \cdot t} + k_{-1}}{k_1 + k_{-1}}\right] \quad \textit{integriertes Geschwindigkeitsgesetz für B} \quad (21.136)$$

Die Gleichungen 21.134 und 21.136 zeigen, dass sich die Gleichgewichtskonzentration für die beiden Reaktanten A und B erst nach einiger Zeit einstellt. Da die e-Funktion in Gl. 21.134 einen negativen Exponenten hat, wird der erste Summand im Zähler von Gl. 21.134 mit zunehmender Reaktionsdauer immer kleiner und konvergiert schließlich gegen null. Daraus ergibt sich für die Konzentration des Reaktanten A im Gleichgewicht (t = ∞):

$$c(A,\infty) = c(A,0) \cdot \frac{k_{-1}}{k_1 + k_{-1}} \quad \textit{Gleichgewichtskonzentration Reaktant A} \quad (21.137)$$

Für die Berechnung der Gleichgewichtskonzentration von Komponente B setzen wir Gl. 21.137, also c(A,∞), für c(A,t) in Gl. 21.118 ein und klammern die Ausgangskonzentration c(A,0) aus.

$$c(B,\infty) = c(A,0) - c(A,0) \cdot \frac{k_{-1}}{k_1 + k_{-1}} = c(A,0) \cdot \left(1 - \frac{k_{-1}}{k_1 + k_{-1}}\right) \quad (21.138)$$

Jetzt bringen wir den Klammerausdruck auf einen gemeinsamen Nenner und erhalten für c(B,∞):

$$c(B,\infty) = c(A,0) \cdot \left(\frac{k_1 + k_{-1} - k_{-1}}{k_1 + k_{-1}}\right) = c(A,0) \cdot \frac{k_1}{k_1 + k_{-1}} \quad \textit{Gleichgewichtskonzentration Reaktant B} \quad (21.139)$$

Wenn wir die beiden Gleichgewichtskonzentrationen c(B,∞) und c(A,∞) ins Verhältnis setzen, erhalten wir die Gleichgewichtskonstante (K) als das Verhältnis der Geschwindigkeitskonstanten der Hinreaktion (k_1) und der Rückreaktion (k_{-1}).

$$K = \frac{c(B,\infty)}{c(A,\infty)} = \frac{c(A,0) \cdot k_1 \cdot (k_1 + k_{-1})}{c(A,0) \cdot k_{-1} \cdot (k_1 + k_{-1})} = \frac{k_1}{k_{-1}} \quad (21.140)$$

Wenn man die Gleichgewichtskonzentrationen der Komponente A (Gl. 21.137) und der Komponente B (Gl. 21.139) addiert, so muss gemäß der Massenkonstanz (Gl. 21.118) die Anfangskonzentration der Komponente A, also [C(A,0)] erhalten werden.

$$c(A,\infty) + c(B,\infty) = c(A,0) \cdot \frac{k_{-1}}{k_1 + k_{-1}} + c(A,0) \cdot \frac{k_1}{k_1 + k_{-1}} = c(A,0) \cdot \frac{k_{-1} + k_1}{k_1 + k_{-1}} = c(A,0) \quad q.e.d. \quad (21.141)$$

21.8 Namensgleichungen

Die Tabelle enthält grundlegende Gleichungen der Physikalischen Chemie. Neben einer Kurzbeschreibung ist jeweils eine Gleichungnummer angegeben, unter der die entsprechende Formel im vorliegenden Buch erläutert wird.

Name	Formel	Aussage zu	Gleichung
Arrhenius-Gleichung	$k = A \cdot e^{-\frac{E_A}{R \cdot T}}$	Einfluss von Temperatur und Aktivierungsenergie auf die Reaktionsgeschwindigkeit	▶ 14.58
Bohr'sche Energieniveaus	$E_n = -\frac{m_e \cdot e^4}{8 \cdot \varepsilon_0^2 \cdot h^2} \cdot \frac{1}{n^2}$	Elektronenenergie des Wasserstoffelektrons in der n-ten Schale	▶ 19.14
Boltzmann-Planck-Gleichung	$S = k_B \cdot \ln(W)$	Entropie als Funktion der Anzahl der Mikrozustände, auf die sich die innere Energie eines Moleküls verteilen kann	▶ 12.14
Clausius-Gleichung	$\Delta S \geq \frac{\Delta Q}{T}$	Entropiedefinition von Clausius, phänomenologischer Ansatz	▶ 10.2
Clapeyron-Gleichung	$\frac{dp}{dT} = \frac{\Delta_{PÜ} S_m}{\Delta_{PÜ} V}$	Steigung von Phasengrenzlinien im p-T-Diagramm eines Reinstoffs	▶ 12.125
De-Broglie-Wellenlänge	$\lambda = \frac{h}{m \cdot c}$	Materiewellenlänge subatomarer Teilchen, Welle-Teilchen-Dualismus	▶ 2.6
Einsteins Energie-Masse-Beziehung	$E = m \cdot c^2$	Äquivalenz von Energie und Masse gemäß der speziellen Relativitätstheorie	▶ 2.6
Faraday'sches Gesetz	$n = \frac{I \cdot t}{F \cdot z}$	Stoffmengenumsatz bei elektrochemischen Prozessen	▶ 18.3
Gauß'sche Normalverteilung	$f(x) = \frac{1}{\sigma \cdot \sqrt{2\pi}} \cdot e^{-\frac{1}{2}\left(\frac{x-\mu}{\sigma}\right)^2}$	Verteilungsfunktion als Funktion von Erwartungswert und Standardabweichung	▶ 12.8
Heisenberg'sche Unschärferelation	$\Delta x_e \cdot m_e \cdot \Delta v_e = \frac{h}{4 \cdot \pi}$	Unschärfe in Ort und Geschwindigkeit für Teilchen subatomarer Masse	▶ 2.16
Lambert-Beer-Gesetz	$E(\lambda) = \varepsilon(\lambda) \cdot c \cdot d$	Intensitätsschwächung als Funktion von Konzentration und Schichtdicke einer absorbierenden Substanz	▶ 19.10
Nernst-Gleichung	$E = E^0 + \frac{R \cdot T}{z \cdot F} \ln\left(\frac{c_{Ox}}{c_{Red}}\right)$	Elektrodenpotenzial als Funktion von Temperatur und Konzentration des Redoxpaars	▶ 17.7
Planck-Einstein-Gleichung	$E = h \cdot \nu$	Energiequantelung, Energie tritt in „Paketen" (Quanten) auf, Geburtsstunde der Quantenphysik	▶ 19.2
Schrödingergleichung	$H\Psi(x, y, z) = E\Psi(x, y, z)$	Wellengleichung für die stehende Welle eines Elektrons um einen Wasserstoffatomkern	▶ 2.26

Serviceteil

Stichwortverzeichnis – 523

Stichwortverzeichnis

A

Absolute Atommasse 82
Absorption 418, 423
Absorptionsspektrum 436
Actinoid 41
Aggregatzustand 12, 98
– Feststoff 114
– Flüssigkeit 105
– Gas 98
Aktivierungsenergie 309
Alkali-Mangan-Batterie 395
Amontons Gasgesetz 99
Anergie 255
Anharmonischer Oszillator 459
Anteil
– Massenanteil 136
– Stoffmengenanteil 136
– Volumenanteil 136
Arrhenius-Gesetz 339
Atomare Masseneinheit 82
Atombindung 54
Atommodell
– Bohr'sches 23
– Dalton'sches 13
– Rutherford'sches 13
– Schrödingers 26
– Thomson'sches 13
Auswahlregel 434
Avogadro-Konstante 87
Avogadros Gasgesetz 99
Azeotrop 146

B

Balmer-Formel 24, 416
Balmer-Spektrallinienserie 426
Bandenspektrum 435
Bändermodell 46, 75
Barometrische Höhenformel 506
Basiseinheit 7
Bildungsenthalpie 241
Bleiakkumulator 396
Bohr'sches Atommodell 23, 500
– Frequenzbedingung 24
– Quantisierungsbedingung 24
– Wasserstoffspektrum 501
Bohr'sches Magneton 125
Bombenkalorimeter 239
Born-Haber-Kreisprozess 243
Brechungsindex 160
Brennstoffzelle 397
– Protonenaustauschmembran 398
– Stack 398
Brown'sche Bewegung 12

C

Carnot-Kreisprozess 232
Chemische Bindung
– Bändermodell 75
– Edelgaszustand 50
– Elektronengas 74
– Ionenbindung 53
– Lewis-Formel 50
– Mesomerie 64
– Metallbindung 73
– polare Atombindung 54
– Valence-Bond-Theorie 59
– VSEPR-Modell 55
Chemische Formel
– Hill-Summenformel 87
– Keilstrichformel 88
– Konstitutionsformel 87
– Summenformel 87
– Valenzstrichformel 88
– Verhältnisformel 87
Chemisches Gleichgewicht 272
– Ammoniaksynthese 275
Chemisches Potenzial 286
– Definition 286
– Druckabhängigkeit 288
– Gefrierpunktserniedrigung 294
– kolligative Eigenschaft 293
– osmotischer Druck 296
– Siedepunktserhöhung 296
– Umbildungsbestreben 286
Chloralkalielektrolyse 407
Clausius-Clapeyron-Gleichung 291
Clausius-Theorem 255
Coefficient of performance 235
Coulombkraft 356

D

Dalton'sches Atommodell 13
Dalton'sches Gesetz 141
Dampfdruck 108
Dampfdruckerniedrigung 148, 508
Dampfdruckkurve 138
Daniell-Element 383
De-Broglie-Wellenlänge 18
Deformationsschwingung 462
Deklination 123
Dezimalsystem 9
Diamagnetismus 126
Dichte 105
Differenzialrechnung 172
– Ableitungsregel 175
– Differenzialquotient 173
– Kurvendiskussion 180
– partielles Differenzial 181
– totales Differenzial 181
Driftgeschwindigkeit 361
Dulong-Petit-Gesetz 226

E

Edelgaszustand 50
Elastizitätsmodul 114
Elektrische Ladung 354

Elektrische Leitfähigkeit
– Äquivalentleitfähigkeit 374
– Einfluss der Konzentration 377
– Grotthuß-Mechanismus 376
– Ionenbeweglichkeit 375
– Kohlrausch'sches Quadratwurzelgesetz 378
– molare Leitfähigkeit 374
– Ostwald'sches Verdünnungsgesetz 377
– Wanderungsgeschwindigkeit 375
Elektrische Spannung 360
Elektrischer Leitwert 363
Elektrischer Widerstand 360
Elektrisches Feld 356
Elektrisches Potenzial 359
Elektrochemie
– elektrische Ladung 354
– elektrische Spannung 360
– elektrische Stromstärke 357
– elektrischer Leitwert 363
– elektrischer Widerstand 360
– elektrisches Feld 356
– elektrisches Potenzial 359
– Korrosion 401
– Lokalelement 401
– Nernst-Gleichung 387
– Normalpotenzial 385
– Passivierung 403
– Spannungsreihe 386
Elektrochemische Spannungsreihe 386
Elektrolyse
– Chloralkali- 407
– Elektrolysezelle 406
– Faraday'sche Regel 407
– Schmelzfluss- 408
– Überspannung 409
Elektrolysezelle 406
Elektrolyt 363
– Dissoziation 364
– Hydratation 364
Elektrolytische Doppelschicht 383
Elektromagnetische Strahlung 156, 416
– Ausbreitungsgeschwindigkeit 157
– Brechungsindex 160
– Dipolschwingung 157
– Frequenz 157
– Interferenz 159
– photoelektrischer Effekt 161
– Polarisation 160
– Spektrum 163
– Wellenlänge 156
Elektron 15
– De-Broglie-Wellenlänge 18
– Elementarladung 16
– Spin 18
– stehende Welle 27
– Wellencharakter 17
Elektronegativität 44
Elektronenspin 18
Elektronenübergang 443
Elementarladung 16
Elementarmagnet 121
Elementarreaktion 338
Elementarteilchen 14
– Elektron 14
– Neutron 20
– Proton 19

Eloxal-Verfahren 403
Emissionsspektrum 436
Endergonische Reaktion 268
Endotherme Reaktion 238
Energie 192
Energieerhaltungssatz 208
Energieumwandlung 209
– Wärmeäquivalent 209
Enthalpie 194, 236
Entropie 194, 254
– absoluter Wert 263
– Boltzmann-Planck-Gleichung 261
– Clausius-Definition 194
– Clausius-Theorem 255
– in der Chemie 196
– Energieentwertung 254
– Leben 299
– Makrozustand 257
– Maß für Unordnung 195
– Mikrozustand 257
– schwarzes Loch 302
– statistische Betrachtung 195
– statistische Definition 257
– Universum 302
– Unordnung 262
– Wahrscheinlichkeit 259, 261
– Zeitpfeil 298
Enzymkinetik 334
– Lineweaver-Burk-Diagramm 337
– Michaelis-Konstante 335
– Michaelis-Menten-Kinetik 334
Erster Hauptsatz der Thermodynamik 210
Exergie 255
Exergonische Reaktion 268
Exotherme Reaktion 238
Extinktion 420

F

Faraday'sche Regel 407
Ferromagnetismus 129
Feststoff 114
– E-Modul 114
– Ionenkristall 114
– Metallkristall 114
– Molekülkristall 114
Fingerprintbereich 463
Fluoreszenz 423
Flüssigkeit 105
– Dampfdruck 108
– Dichte 105
– hydrostatischer Druck 109
– hydrostatisches Paradoxon 110
– Kapillarkraft 106
– Oberflächenspannung 106
– Pascal'sches Prinzip 110
– Siedepunkt 108
Folgereaktion 326, 515
Fourier-Transformation 438
Freiheitsgrad
– Gleichverteilungssatz 201
– rotatorischer 222
– translatorischer 222
– vibratorischer 222
Frost'scher Kreis 72
FTIR-Spektrometer 437

Fundamentalgleichung
– der Thermodynamik 266, 280
– Enthalpie 267

G

Galvanik 410
– Verchromen 410
Galvanische Zelle 383
– Alkali-Mangan-Batterie 395
– Bleiakkumulator 396
– Daniell-Element 383
– Halbzelle 382
– Lithiumionenakkumulator 399
– Primärelement 393
– Salzbrücke 384
– Sekundärelement 393
– Stromschlüssel 385
– Volta'sche Säule 382
– Zink-Kohle-Batterie 393
Gasgesetz
– Amontons 99
– Avogadros 99
– Boyle-Mariottes 98
– Gay-Lussacs 99
– ideales 100
– van der Waals 102
Gay-Lussacs Gasgesetz 99
Gefrierpunktserniedrigung 151, 510
Gehaltsangabe 135
Gerüstschwingung 463
Gesamtbahndrehimpuls 428
Gesamtdrehimpuls 430
Geschwindigkeitsgesetz 310, 311
– differenzielles 311
– empirisches 312
– integriertes 314
Geschwindigkeitskonstante 321
Gibbs-Energie 253, 267
– Druckabhängigkeit 269
– Temperaturabhängigkeit 271
Gibbs'sche Phasenregel 139
Gitterenergie 366
Glaselektrode 392
Gleichgewichtskonstante 274
Gleichgewichtskurve 144
Gleichgewichtsreaktion 330, 517
Grotthuß-Mechanismus 376
Gruppenzahl 41

H

Haber-Bosch-Reaktion 276
Halbmetall 45
Halbzelle 382
Harmonische Schwingung 456
Hauptgruppenelement 41
Hauptquantenzahl 31
Hauptsatz der Thermodynamik 205
– dritter (absoluter Nullpunkt) 206
– erster (Energieerhaltung) 205
– nullter (thermisches Gleichgewicht) 205
– zweiter (Entropiesatz) 205
Heisenberg'sche Unschärferelation 27
Hertz'scher Dipol 158
Hess'scher Wärmesatz 242

Hexagonal dichteste Kugelschicht 75
Hill-Summenformel 87
Hückel-Gleichung 71
Hund'sche Regel 39, 432
Hybridisierung 59
Hydratationsenthalpie 366
Hydrostatischer Druck 109
Hysteresezyklus 130

I

Ideales Gasgesetz 100
Impulsgeschwindigkeit 362
Inklination 123
Innere Energie 193, 212
– ideales Gas 212
Integralrechnung 175
– Stammfunktion 177
– Stammfunktion–Regeln 175
Interferenz 159
Internal conversion 423
Internationales Einheitensystem 5
Intersystem crossing 423
Ionenbeweglichkeit 375
Ionenbindung 53
IR-Spektroskopie 454
– anharmonischer Oszillator 459
– ATR-Verfahren 471
– Auswahlregel 460
– Deformationsschwingung 462
– Fingerprintbereich 463
– Flüssigkeitsküvette 470
– Gasküvette 470
– Gerüstschwingung 463
– harmonische Schwingung 456
– klassischer Oszillator 455
– Normalschwingung 461
– Presswerkzeug 470
– quantenmechanischer Oszillator 458
– Spektrometer 469
– Streckschwingung 462
Isotop 20
– Massenspektrometer 21

J

Jablonski-Termschema 422
– Absorption 423
– Fluoreszenz 423
– internal conversion 423
– intersystem crossing 424
– Phosphoreszenz 424
– Schwingungsrelaxation 423
Joule-Thomson-Effekt 228, 512
Joule-Thomson-Koeffizient 513

K

Kapillarkraft 106
Katalyse 344
– Definition Katalysator 345
– Enzym 348
– heterogene 346
– homogene 346
– Schlüssel-Schloss-Prinzip 348
– Wechselzahl 349

Keilstrichformel 88
Kinetische Gastheorie 196
– Gasdruck 202
– Geschwindigkeitsverteilung 196
– innere Energie 201
– kinetische Energie 200
– Maxwell-Boltzmann-Gleichung 196
– Mittelwert des Geschwindigkeitsquadrats 199
– mittlere freie Weglänge 203
– mittlere Geschwindigkeit 199
– Stoßfrequenz 204
– Temperatur 203
– wahrscheinlichste Geschwindigkeit 198
Kirchhoff'sches Gesetz 245
Klassischer Oszillator 455
Kohlrausch'sches Quadratwurzelgesetz 378
Kolligative Eigenschaft 148, 508
– Dampfdruckerniedrigung 148, 508
– Gefrierpunktserniedrigung 151, 510
– osmotischer Druck 152, 511
– Siedepunktserhöhung 149, 508
Komplexbindung 76
– Koordinationszahl 76
– Ligand 76
– Zentralatom 76
Konstitutionsformel 87
Konzentration 135
– Massenkonzentration 136
– Stoffmengenkonzentration 136
– Volumenkonzentration 136
Korrosion 401
– aktiver Korrosionsschutz 402
– Eloxal-Verfahren 403
– passiver Korrosionsschutz 402
Kubisch dichteste Kugelpackung 75
Kubisch raumzentrierte Kugelpackung 76
Kugelkoordinate 31

L

Lambert-Beer-Gesetz 419, 420
Lanthanoid 41
Le-Chatelier-Prinzip 277
Leclanché-Element 393
Lewis-Formel 50
Ligandenfeldtheorie 78
Linde-Kältemaschine 230
Linearkombination 64
Lineweaver-Burk-Diagramm 337
Linienspektrum 426
– Balmer-Spektrallinienserie 426
– Wasserstoff 426
Lithiumionenakkumulator 399
Lokalelement 401
Lorentzkraft 124
Lösungsentropie 366
Luftverflüssigung 230

M

Magnetische Feldstärke 124
Magnetische Quantenzahl 31
Magnetische Suszeptibilität 125
Magnetisches Moment 475
Magnetismus
– Deklination 123
– Diamagnetismus 126
– Elementarmagnet 121
– Erde 122
– Hysteresezyklus 130
– Inklination 123
– magnetische Feldstärke 124
Magnetresonanztomographie (MRT) 495
Makrozustand 257
Massenanteil 135
Massenerhaltung 90
Massenspektrometer 21
Massenwirkungsgesetz 274, 332
– Prinzip des kleinsten Zwanges 277
Massenzahl 83
Maxwell-Relation 280, 282
– Koeffizientenvergleich 282
– partielles Differenzial 282
McCabe-Thiele-Diagramm 145
Mehrelektronensystem 428
– dritte Hund'sche Regel 433
– Elektronenkonfiguration 432
– erste Hund'sche Regel 432
– Gesamtbahndrehimpuls 428
– Gesamtdrehimpuls 430
– Gesamtspinimpuls 429
– Russel-Saunders-Kopplung 430
– Russel-Saunders-Term 430
– vierte Hund'sche Regel 433
– zweite Hund'sche Regel 432
Mesomerie 64
Metall 45
Metallgitter 75
– hexagonal dichteste Kugelpackung 75
– kubisch dichteste Kugelpackung 75
– kubisch raumzentrierte Kugelpackung 76
Michaelis-Konstante 335
Michaelis-Menten-Diagramm 336
Michaelis-Menten-Kinetik 334
Mikrozustand 257
Millikan-Versuch 16
Mol 84
– Definition 84
Molare Masse 83, 84, 87
Molares Volumen 84, 85, 87
Molarität 86, 87
Molekularität 338
Molekülorbital 64
– antibindende 64, 66
– bindende 64, 66
MO-Schema
– Benzen 73
– Hexacarbonylchrom 77
– Kohlenmonoxid 70
– zweiatomiges Molekül 67
MO-Theorie
– HOMO, LUMO 70
– Linearkombination (LCAO) 64
Mulliken-System 77

N

Naturkonstante 8
Nebengruppenelement 41
Nebenquantenzahl 31
Nernst-Gleichung 387
Neutron 20
Nichtmetall 45

NMR-^{13}C-Spektroskopie 492
– Breitbandentkopplung 492
– chemische Verschiebung 494
– DEPT-Methode 493
– Nuclear-Overhauser-Effekt 493
– Signalintensität 494
NMR-Spektroskopie 474
– Impulsspektrometer 480
– magnetisches Moment 475
– Magnetresonanztomographie (MRT) 495
– Messprinzip 478
– Probenkopf 481
– Resonanzbedingung 477
– Zeemann-Effekt 477
NMR-Spektrum 481
– Anisotropieeffekt 485
– Anzahl Signale 481
– chemische Verschiebung 482
– integrales 486
– interner Standard 483
– Karplus-Gleichung 491
– Kopplungskonstante 489
– Signalmultiplizität 488
– Spin-Spin-Kopplung 486
Normalpotenzial 385
Normalschwingung 461
Normalverteilung 259
– Erwartungswert 260
– Standardabweichung 260
Normalwasserstoffelektrode 385

O

Oberflächenspannung 106
Orbital 33
– Hybrid- 59
– Molekül- 64
Ordnungszahl 42
Osmotischer Druck 152, 511
Ostwald'sches Verdünnungsgesetz 377
Oxidation 369
Oxidationszahl 367

P

Parallelreaktion 328
Paramagnetismus 128
Partielles Differenzial 181
Passivierung 403
Pauli-Prinzip 38
Periodensystem (PSE)
– Actinoid 41
– Gruppenzahl 41
– Halbmetall 45
– Lanthanoid 41
– Metall 45
– Nebengruppenelement 41
– Nichtmetall 45
– Ordnungszahl 42
– Periodenzahl 42
– periodischer Verlauf 42
Periodenzahl 42
Phasendiagramm 139
– Kohlenstoffdioxid 292
Phasenübergang 117
– latente Wärme 226

pH-Elektrode 392
Phosphoreszenz 423
Photoelektrischer Effekt 161
Photon 162
Polare Atombindung 54
Primärelement 393
Proton 19
Prozessgröße 191

Q

Quantenmechanischer Oszillator 458

R

Radiale Aufenthaltswahrscheinlichkeit 32, 33
Radiokarbonmethode 318
Raman-Spektroskopie 471
– Anti-Stokes-Streustrahlung 472
– Rayleigh-Streuung 471
– Stokes-Streuung 472
Raoult'sches Gesetz 141
Rayleigh-Streuung 471
Reaktion
– erster Ordnung 316
– nullter Ordnung 313
– zweiter Ordnung 319
Reaktionsgeschwindigkeit
– Arrhenius-Gesetz 339
– Einfluss der Eduktkonzentration 312
– Einfluss der Temperatur 339
– Reaktionsordnung 338
Reaktionsgleichung 90
– Gesetz der konstanten Proportionen 90
– Massenerhaltung 90
Reaktionskinetik 515
– Aktivierungsenergie 309, 340
– Enzymkinetik 334
– Folgereaktion 326
– Geschwindigkeitsgesetz 310
– Geschwindigkeitskonstante 321
– Gleichgewichtsreaktion 330, 517
– Grundlagen 308
– Halbwertszeit 311
– Katalysator 344
– Maxwell-Boltzmann-Verteilung 343
– Parallelreaktion 328
– Reaktionskoordinate 308
– Reaktionsordnung 313, 321
– Reaktionsprofil 308
– Übergangszustand 309
Reaktionsmechanismus 338
– Elementarreaktion 338
Reaktionsordnung 312, 313, 320–323, 338
Reaktionswärme 236
Reales Gas
– kritischer Punkt 103
– Van-der-Waals-Gleichung 103
– Van-der-Waals-Konstante 505
Rechte-Faust-Regel 126
Rechte-Hand-Regel 127
Redoxreaktion 367
– Oxidation 369
– Oxidationszahl 367
– Reduktion 369
– systematische Herleitung 369

Reduktion 369
Reflexion 418
Relative Atommasse 82
Rheologie 111
– Rheopexie 114
– Viskosität 111
Rheologie
– Bingham-Fluid 113
– Newton'sches Fluid 112
– nicht-Newton'sches Fluid 112
– Strukturviskosität 112
Rheopexie 114
Rotationsschwingungsspektrum 465, 466
– Abstand der Rotationslinien 468
– Auswahlregel 466
– Intensität 468
Russel-Saunders-Kopplung 430
Russel-Saunders-Term 430
Rutherford'sches Atommodell 13

S

Salzbrücke 384
Schmelzflusselektrolyse 408
Schrödingergleichung 29, 30, 504
– normierte Wellenfunktion 504
– Radialanteil 504
– Winkelanteil 504
Schrödingers Atommodell 26
– Orbital 33
– radiale Aufenthaltswahrscheinlichkeit 32
– Wahrscheinlichkeitsdichte 32
– winkelabhängige Aufenthaltswahrscheinlichkeit 35
Schwarzes Loch 302
Schwingungsrelaxation 423
Sekundärelement 393
Siedediagramm 143
Siedepunkt 108
Siedepunktserhöhung 149, 151, 152, 508
SI-Einheitensystem 5
– Basiseinheit 7
– Dezimalsystem 9
– metrisches System 5
Signalaufweitung 424
– Dopplerverbreiterung 425
– Druckverbreiterung 426
– Heisenberg'sche Unschärferelation 424
Spektroskopie 416
– Absorption 418
– Absorptionsspektrum 436
– Auswahlregel 434
– Bandenspektrum 435
– Emissionsspektrum 436
– Extinktion 420
– Lambert-Beer-Gesetz 419
– Linienintensität 435
– Reflexion 418
– Transmission 419
Spinmultiplizität 430
Spontane chemische Reaktion 268
Spontaner Prozess 251
Standardentropie 265
Standardreaktionsenthalpie 239
Standardreaktionsentropie 265

Starrer Rotator 465
Stern-Gerlach-Versuch 18
Stöchiometrie 82
Stoffmenge 87
Stoffmengenanteil 137
Streckschwingung 462
Stromschlüssel 385
Strukturviskosität 112
Summenformel 87
– Elementarzusammensetzung 89

T

Teilchenmodell 12
Temperatur 192
– kinetische Gastheorie 203
Temperaturskala 192
Thermochemie 236
– Bildungsenthalpie 241
– Bombenkalorimeter 239
– Born-Haber-Kreisprozess 243
– endotherme Reaktion 238
– exotherme Reaktion 238
– Hess'scher Wärmesatz 242
– Kirchhoff'sches Gesetz 245
– Reaktionswärme 236
– Standardreaktionsenthalpie 239
– Verbrennungsenthalpie 239
Thermodynamik 189
– Hauptsatz 205
– innere Energie 193
– phänomenologischer Ansatz 191
– statistischer Ansatz 192
– System 189
– Volumenarbeit 193
– Wärmeenergie 193
Thermodynamisches Potenzial 280
– totales Differenzial 281
Thixotropie 113
Thomson'sches Atommodell 13
Totales Differenzial 181
Transmission 419

U

Übergangszustand 309
Überspannung 409
Urkilogramm 7
UV/VIS-Spektroskopie 441
– Antiauxochrom 448
– Auswahlregel 445
– Auxochrom 448
– Bandenlage 451
– Chromophor 448
– Elektronenübergang 443
– Farbstoff 448
– konjugiertes Doppelbindungssystem 449
– Lösungsmitteleinfluss 451
– polyaromatischer Kohlenwasserstoff 450
– Spektrometer 452
– Spinverbot 445
– sterischer Effekt 450
– Symmetrieverbot 446
– Überlappungsverbot 446

V

Valence-Bond-Theorie 59
Valenzstrichformel 88
Van-der-Waals-Konstante 505
Vektor 168
– Addition, Subtraktion 169
– Betrag 169
– Produkt 172
– Skalarprodukt 170
Verbrennungsenthalpie 239
Verchromen 410
Verhältnisformel 87
Viskosität 111
Volta'sche Säule 382
Volumenanteil 136
Volumenarbeit 193, 212
– adiabatische 216
– isobare 215
– isochore 214
– isotherme 215
VSEPR-Modell 55

W

Wahrscheinlichkeitsdichte 32
– radiale 33
– winkelabhängige 35
Wanderungsgeschwindigkeit 375
Wärmeenergie 193, 217
Wärmekapazität 217
– Freiheitsgrad 220
Wärmekraftmaschine
– Carnot-Kreisprozess 232
– Wirkungsgrad 233

Wärmepumpe 235
– coefficient of performance 235
Wellenlänge 156
Winkelabhängige Aufenthaltswahrscheinlichkeit 35
Wirkungsgrad 233

Z

Zeeman-Effekt 477
Zeitpfeil 298
Zink-Kohle-Batterie 393
Zustandsänderung 191
– adiabatische 191
– isobare 191
– isochore 191
– isotherme 191
– reversible, irreversible 211
Zustandsfunktion 191
Zustandsgröße 190
– extensive 190
– intensive 190
– spezifische 190
Zweistoffsystem
– Dampfdruckerniedrigung 148
– Gefrierpunktserniedrigung 151
– osmotischer Druck 152
– Siedepunktserhöhung 149
Zweiter Hauptsatz der Thermodynamik 251
Zwischenmolekulare Wechselwirkung
– Debye-Wechselwirkung 96
– Keesom-Kraft 94
– London-Wechselwirkung 96
– Wasserstoffbrückenbindung 95

MIX
Papier aus verantwortungsvollen Quellen
Paper from responsible sources
FSC® C105338

If you have any concerns about our products,
you can contact us on
ProductSafety@springernature.com

In case Publisher is established outside the EU,
the EU authorized representative is:
**Springer Nature Customer Service Center GmbH
Europaplatz 3, 69115 Heidelberg, Germany**

Printed by Libri Plureos GmbH
in Hamburg, Germany